Wie funktioniert das?

Der moderne Staat

Meyer-Nachschlagewerke
aus dem
Bibliographischen Institut

Meyers Enzyklopädisches Lexikon
in 25 Bänden

Meyers Großes Universallexikon
in 15 Bänden

Meyers Neues Lexikon
in 8 Bänden

Meyers Großes Standardlexikon
in 3 Bänden

Meyers Großes Taschenlexikon
in 24 Bänden

Meyers Großes Handlexikon in Farbe

Meyers Großes Jahreslexikon

Meyers Taschenlexikon Geschichte
in 6 Bänden

Meyers Illustrierte Weltgeschichte
in 20 Bänden

Meyers Handbücher
der großen Wissensgebiete

Meyers Enzyklopädie der Erde
in 8 Bänden

Die Erde: Meyers Großkarten-Edition

Meyers Großer Weltatlas

Meyers Neuer Handatlas

Meyers Universalatlas

Wie funktioniert das?

Klipp und klar

Meyers Kinder-Sachbücher

Meyers Jahresreport

Wie funktioniert das?

Der moderne Staat

Herausgegeben von den
Fachredaktionen
des Bibliographischen Instituts

Bearbeitet von
Professor Dr. Richard Bartlsperger, Universität Erlangen-Nürnberg,
Professor Dr. Hans Boldt, Dr. Dieter C. Umbach,
Universität Mannheim

Zweite, vollständig überarbeitete Auflage

Bibliographisches Institut Mannheim/Wien/Zürich
Meyers Lexikonverlag

306 meist zweifarbige Schautafeln

306 Textseiten

16 Registerseiten

Vorgeschlagene Zitierweise für Bibliotheken
und wissenschaftliche Arbeiten:
Bartlsperger/Boldt/Umbach, Der moderne Staat, 2. Aufl.
Mannheim/Wien/Zürich 1979

CIP-Kurztitelaufnahme der Deutschen Bibliothek

Wie funktioniert das? Der moderne Staat/
hrsg. von d. Fachred. d. Bibliograph. Inst. Bearb. von Richard Bartlsperger ... – 2., vollst. überarb. Aufl. – Mannheim, Wien, Zürich: Bibliographisches Institut, 1979.
ISBN 3-411-01733-3
NE: Bartlsperger, Richard [Bearb.], Der moderne Staat

Satz: Bibliographisches Institut AG und
Zechnersche Buchdruckerei, Speyer
(Mono-Photo-System 600)
Druck: Zechnersche Buchdruckerei, Speyer
Bindearbeit: Klambt-Druck, Speyer
Printed in Germany
ISBN 3-411-01733-3

Vorwort zur 2. Auflage

Kaum ein anderes Wissensgebiet wie das vom Staat, seiner Verwaltung und seiner Rechtsordnung hat in den letzten Jahren so viele Veränderungen erleben müssen. Es ist nicht nur zu einer Epoche der Reformen gekommen. Die Gesetzgeber in Bund und Ländern haben es sich auch zum Stile gemacht, auf jede neue Lage und alle berechtigt erscheinenden Interessen durch den Erlaß neuer und durch die Änderung bestehender Gesetze zu reagieren. Beides hat dazu geführt, daß seit dem Erscheinen der ersten Auflage dieses Bandes vor vier Jahren vieles von der Entwicklung überholt worden ist. Darin liegt ein getreuer Ausdruck der Selbstbeschleunigung, die sich der Aufgaben und Tätigkeiten des Staates bemächtigt, wenn dieser sich der ordnenden, leistenden und planenden Intervention gegenüber einer freien Gesellschaft und der Reform des Gewachsenen verschreibt. Um so wichtiger erscheint die Information des Bürgers über seinen Staat, und zwar durch die konkrete, vornehmlich juristische Unterrichtung, wie es das Hauptanliegen dieses Bandes ist. Dem Verlag ist deshalb dafür zu danken, daß er, auch in Würdigung der guten Aufnahme der ersten Auflage, in relativ kurzem Abstand eine zweite Auflage ermöglicht hat. An der grundsätzlichen Anlage und Verwendbarkeit des Bandes hat sich durch die neue Auflage nichts verändert. Die Notwendigkeit, einige Artikel nicht mehr aufnehmen zu können und andere zusammenlegen zu müssen, hat glücklicherweise nur zu einer Beschränkung auf das Wesentliche geführt. Ein besonderer Vorteil der neuen Auflage kann darin gesehen werden, daß nunmehr am Ende jedes Artikels einige Literaturhinweise gegeben werden konnten.
An der Überarbeitung und Ausarbeitung von Texten und Schaubildern waren wiederum zahlreiche Mitarbeiter beteiligt. Ihnen gebührt abermals großer Dank. Ebenso hat sich Dieter Kneifel wieder um die graphische Gestaltung der Schaubilder verdient gemacht.

Im Januar 1979

Richard Bartlsperger Hans Boldt Dieter C. Umbach

Vorwort zur 1. Auflage

Das vorliegende Buch unternimmt es, über die Funktionen und Tätigkeiten des Staates der Bundesrepublik Deutschland und seine bestimmende Stellung in allen gesellschaftlichen Bereichen zu informieren. Hierbei erwies es sich als notwendig, auch völkerrechtliche Vorgänge, Internationale Organisationen, die Europäischen Gemeinschaften sowie die Kirchen einzubeziehen, soweit diese Rechtsgebiete und Einrichtungen die Rechtstellung der Bundesrepublik Deutschland und ihrer Bürger betreffen. Ein besonderes Anliegen war es, den zunehmenden Umfang und die wachsende Intensität staatlicher Interventionen gegenüber der Gesellschaft und der Privatsphäre sichtbar zu machen. Darum sind nicht nur die staatliche Organisation, sondern vor allem die ordnenden, leistenden und lenkenden Tätigkeiten des Staates auf der Ebene der öffentlichen Verwaltung und des Rechtswesens behandelt. Dies versucht der dem Buch gegebene Titel zum Ausdruck zu bringen. „Der moderne Staat" wird hier als gegenwärtige Entwicklungsstufe des neuzeitlichen Staates verstanden. Aufgabe des Buches ist in erster Linie eine juristische Darstellung der Staatsfunktionen. Sein Sinn ist erfüllt, wenn es eine Einführung in das Staats- und Verwaltungsrecht, in die Gerichtsorganisation und in einige wichtige Rechtsgebiete gibt, die, wie z. B. das Eherecht und das Erbrecht, das Arbeitsrecht oder das Grundbuchrecht, in besonderer Weise vom öffentlichen Interesse her geprägt sind. Als Leser sind deshalb alle am öffentlichen Leben Interessierten sowie diejenigen angesprochen, die sich dem Studium des Rechts speziell oder innerhalb einer anderen Fachrichtung widmen. Um die Artikel übersichtlich zu gestalten, wurde auf Zitate einzelner Verfassungs- und Gesetzesbestimmungen grundsätzlich verzichtet. Für den Leser, der sich mit einer Materie näher befassen will, sind Gesetze und sonstige Rechtsquellen angegeben.

Der Band fügt sich in die Reihe „Wie funktioniert das?" ein und bedient sich deshalb der Darstellungsweise lexikalischer Artikel in Verbindung mit textergänzenden Schaubildern. Die Artikel sind repräsentativ für den gesamten staatlichen Bereich ausgewählt. Die Schaubilder erfüllen eine unterschiedliche Funktion. Sie sind zum Teil optische Erläuterungen des Textes, zum Teil echte Ergänzungen. Dem Leser erschließt sich das Buch in dreifacher Weise: Die Artikel können in systematischem Zusammenhang gesehen und durchlaufend gelesen werden. Diesem Zweck dient ihre Zusammenfassung in Kapiteln. Das Buch kann auch als Nachschlagewerk verwendet werden. Daher ist jeder Artikel so gehalten, daß er für sich allein verständlich ist. Die Verweise, die durch Pfeil und Seitenangabe gekennzeichnet sind, ermöglichen auch bei dieser Art des Lesens eine breite und systematische Information. Schließlich ermöglicht das umfangreiche Sachregister den gezielten Einstieg in spezielle Probleme.

An der Ausarbeitung von Texten und Schaubildern waren zahlreiche Mitarbeiter beteiligt. Ihnen sind die Herausgeber und die Bearbeiter sehr zu Dank verpflichtet. Ein besonderer Dank gilt auch Dieter Kneifel für die graphische Gestaltung der Schaubilder.

Mannheim, im Juni 1974

Richard Bartlsperger Hans Boldt Dieter C. Umbach

Inhaltsverzeichnis

Ein umfangreiches, alphabetisch angeordnetes *Register* befindet sich auf den S. 625 bis 640.

Mitarbeiterliste

Regierungsrat z. A. Dieter v. Alberti, Nürnberg
Rechtsreferendar Gerhard Amend, Erlangen
Professor Dr. Dr. Kuno Barth, Mannheim
Dr. Hans-Albrecht Bischoff, Ludwigshafen
Professor Dr. Armin Bohnet, Gießen
Regierungsrätin z. A. Dr. Heike Braunsteffer, Essen
Bundesverfassungsrichter Professor Dr. Hans Joachim Faller, Karlsruhe
Städt. Oberrechtsrat Dr. Hartmut Frommer, Nürnberg
Akad. Oberrat Dr. Ralph L. Ganter, Mannheim
Regierungsrat Karl-Ernst Gehrke, Ludwigshafen
Priv.-Doz. Dr. Werner Geisler, Mannheim
Professor Dr. Kay Hailbronner, Konstanz
Rechtsanwalt Konrad Hildebrandt, Mannheim
Professor Dr. Franz Hilger, Mainz
Professor Dr. Heinrich Hubmann, Erlangen
Dr. Klaus Hübner, Düsseldorf
Wiss. Ass. Assessor Robert Hufnagel, Erlangen
Professor Dr. Max Kaase, Mannheim
Oberregierungsrat Gunter Kodal, St. Augustin
Ministerialdirigent Dr. Kurt Kodal, Bonn
Richter am Verwaltungsgericht Dr. Jürgen Kohl, Mannheim
Professor Dr. Friedrich-Wilhelm Krause, Würzburg
Wiss. Dir. Günter Krcal, Mannheim
Oberregierungsrat Albrecht Kuder, Stuttgart
Richter am Landgericht Dr. Bernfried v. Löbbecke, Bad Dürkheim
Legationsrat Friedrich L. Löhr, B. Phil. (Oxon), Bonn/Belgrad
Landesanwältin Dr. Diemut Majer, Karlsruhe
Rechtsreferendarin Claudia Nolte, Mannheim
Richter am Landgericht Dr. Manfred Onnen, Gebersheim
Regierungsdirektor Eduard J. R. Opp, Koblenz
Studienrätin Liesel Osmers, Rimbach/Odenwald
Wiss. Ass. Assessor Dr. Hans Prütting, Erlangen
Wiss. Ass. Assessor Peter Reinel, Erlangen
Dr. Ekkehart Rudolph, Ludwigshafen
Ministerialrat Dr. Bernd Sandkaulen, Bonn
Professor Dr. Heribert Schatz, Bonn/Duisburg
Dipl.-Hdl. Peter Schmidt, Mannheim
Assessor Dipl.-Kfm. M. Norbert Schmitt, Erlangen
Bundesverfassungsrichter Professor Dr. Helmut Steinberger, Karlsruhe
Professor Dr. Udo Steiner, Bielefeld
Professor Dr. Rolf Stober, Neuhofen
Thomas Straub, Mannheim
Patentanwalt Dr. Dieter Thoenes, München
Rechtsanwalt Gebhard Volk, Heidelberg
Professor Dr. Günther Wiese, Mannheim
Priv.-Doz. Dr. Thomas Würtenberger, Erlangen
Professor Dr. Günther Wüst, Mannheim

Staat

Als Staat bezeichnet man eine dauerhafte Herrschaftsordnung *(Staatsgewalt)* für eine bestimmte Bevölkerung *(Staatsvolk)* auf einem bestimmten Territorium *(Staatsgebiet)* zur Erfüllung von Gemeinschaftsaufgaben. Das Problem der staatlichen Ordnung liegt in der Verbindung von genossenschaftlichen und herrschaftlichen Aspekten (Legitimation der Herrschaft) und in der Notwendigkeit, Leistungen für die Gemeinschaft notfalls unter Anwendung von Zwangsgewalt bei gleichzeitiger Wahrung größtmöglicher Freiheit der Bürger zu erbringen (Grenzen der Staatsgewalt). Nach dem organisatorischen Aufbau unterscheidet man Einheitsstaaten und Staatenverbindungen wie den Staatenbund und den Bundesstaat. Während der *Staatenbund* nur nach außen hin einheitlich auftritt, im Innenverhältnis dagegen die Mitgliedstaaten selbständig bleiben, stellt der *Bundesstaat* eine engere Verbindung mehrerer Staaten dar (↑Bundesstaatliche Ordnung S. 44). In ihm sind die Staatsaufgaben zwischen einer Anzahl von Gliedstaaten (Ländern) und einem Zentralstaat (Bund, Reich) geteilt. Der Bund verfügt meist über das Recht, die Zuständigkeitsverteilung zu bestimmen (Kompetenzkompetenz). Zur Wahrnehmung ihrer Interessen sind die Gliedstaaten in der Regel durch eine besondere Institution an den Entscheidungen des Zentralstaates beteiligt (↑Bundesrat S. 56). Nach der Zahl der an der Herrschaft Beteiligten werden außerdem unterschieden: Monarchie (Einherrschaft) und Republik, d. h. Oligarchie (Herrschaft weniger) oder Aristokratie (Herrschaft des Adels) und Demokratie (Volksherrschaft) sowie Mischformen.

Die historische Entwicklung führte zu einer immer stärkeren Heraushebung des Staates aus der Gesellschaft. Im Lehnsstaat des Mittelalters waren öffentlicher und privater Bereich noch nicht unterschieden. Die Erledigung öffentlicher Aufgaben wurde vom Feudaladel wahrgenommen, der dafür Herrschaftsbefugnisse, Ämter und Güter in Form einer eigentumsähnlichen, vielfach erblichen Leihe (Lehen, feudum) erhielt. Seit Beginn der Neuzeit wurden die öffentlichen Funktionen in zunehmendem Maße von eigens dazu ausgebildeten und bezahlten Agenten (Beamten, Söldnern) erfüllt. Es entwickelte sich eine umfangreiche, nach Funktionen (Kompetenzen) gegliederte, straff hierarchisch strukturierte *Bürokratie*. Gleichzeitig entstanden nunmehr geschlossene Staatsgebiete *(Territorialstaat)* mit genau bestimmter Erstreckung des staatlichen Hoheitsanspruchs (z. B. Dreimeilenzone im offenen Meer) und Ausnahmen (z. B. Exterritorialität von Gesandtschaften). Zusammenschluß und Abgrenzung der Staaten stärkten das nationale Zusammengehörigkeitsgefühl im Staatsvolk und führten zu Forderungen nach einer eigenen staatlichen Organisation auch bei bis dahin nicht darüber verfügenden Völkern *(Nationalstaat)*, was erhebliche politische Probleme aufwarf (Schutz nationaler Minderheiten). Die modernen Territorialstaaten errangen eine starke Unabhängigkeit nach außen und nach innen (Souveränität). Teils setzte sich die Alleinherrschaft des Monarchen durch *(Absolutismus)*, teils bewahrten sich bestimmte Stände (Adel, Geistlichkeit, Bürgertum) mit Hilfe von Vertretungen (Repräsentation) ein Mitspracherecht oder sogar eine eigene Verwaltung *(Ständestaat)*. Aus der ständischen und absoluten Monarchie entwickelte sich, gerichtet gegen den monarchischen Alleinherrschaftsanspruch und die allseitige Reglementierungssucht des absolutistischen *Polizeistaates*, die *konstitutionelle Monarchie* mit ↑Gewaltenteilung (S. 30) und zunächst beschränkter politischer Mitbestimmung. Die weitere Entwicklung führte zur Republikanisierung, zur Ersetzung des Monarchen durch einen volksgewählten Präsidenten (Präsidialdemokratie) bzw. zur Überordnung des Parlaments über die Regierung (↑Parlamentarisches System S. 32) und allgemein zur Demokratisierung des ↑Verfassungsstaates (S. 14).

R. Zippelius, Allgemeine Staatslehre (Politikwissenschaft), 6. Aufl. München 1978.
H. Conrad, Der deutsche Staat. Epochen seiner Verfassungsentwicklung (843–1945), 2. Aufl. Frankfurt u. a. 1974.

Staatsformen

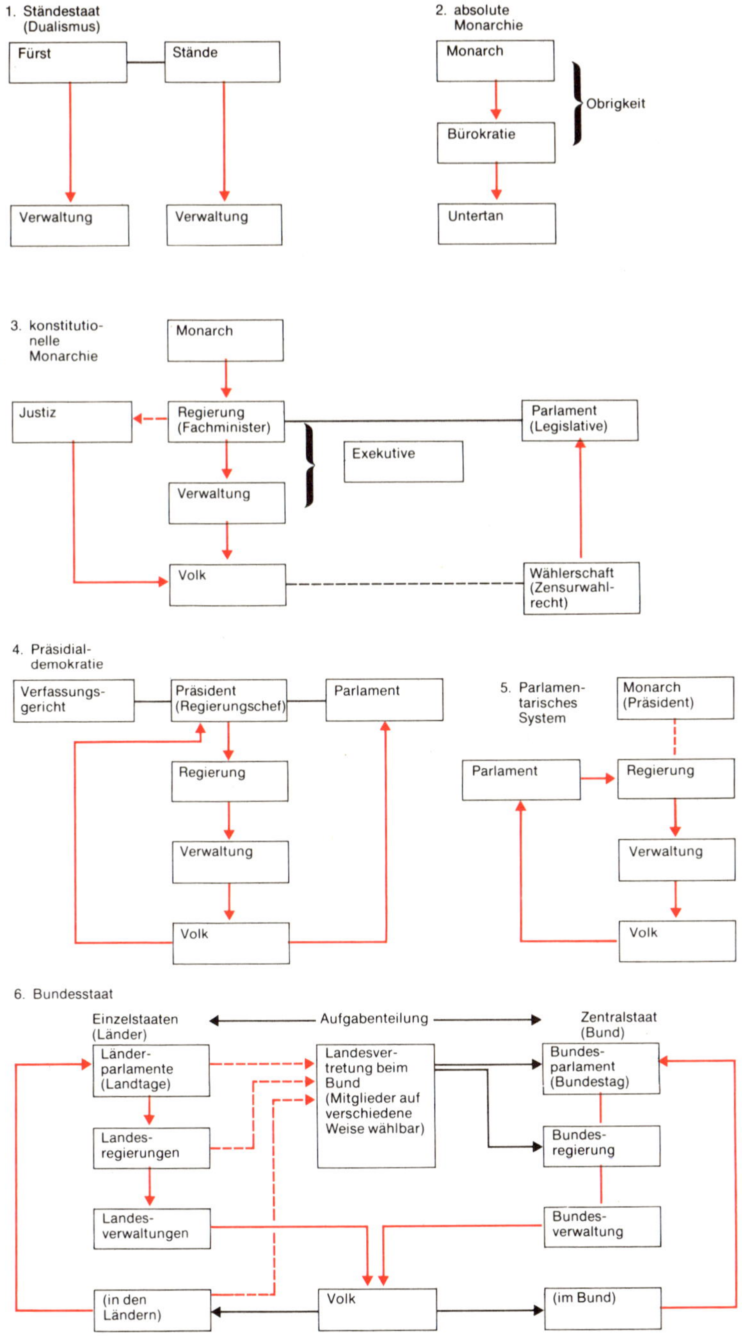

Verfassungsstaat

Verfassungsstaaten entstanden seit Ende des 18. Jahrhunderts (amerikanischer Unabhängigkeitskrieg, französische Revolution). Sie verdanken ihre Entstehung der Erhebung des liberalen Bürgertums gegen den monarchischen Absolutismus, feudale Privilegien und den allseits reglementierenden *Wohlfahrts- und Polizeistaat* (↑Staat S. 12). Die Forderungen des Liberalismus gingen (1) auf Begrenzung der Staatsgewalt durch Anerkennung von Freiheits- und Gleichheitsrechten als *Menschenrechten* (↑Grundrechte S. 122), (2) auf Aufteilung der Staatsgewalt zum Schutz vor ihrem Mißbrauch (↑*Gewaltenteilung* S. 30), (3) auf parlamentarische *Mitbestimmung* durch einen beschränkten Kreis sich durch höhere Steuerleistung auszeichnender Mitbürger (Zensuswahlrecht) und (4) auf eine schriftliche Garantierung dieser Rechte in einer *Verfassungsurkunde* (↑Verfassung S. 16). Der gegen einen umfassenden staatlichen Herrschaftsanspruch gerichtete Gedanke liberaler ↑*Rechtsstaatlichkeit* (S. 34) wurde später radikalisiert zu anarchistischen Forderungen nach einer Abschaffung des Staates und kommunistischen Hoffnungen auf ein Absterben des Staates.

Andererseits verursachte die gleichzeitige industrielle Revolution eine erhebliche Zunahme der Staatstätigkeit, die im Anwachsen und in zunehmender Unabhängigkeit der staatlichen Bürokratie ihren Ausdruck fand. Zu den der Idee nach auf die Wahrung äußerer Sicherheit und Ordnung beschränkten Aufgaben des „Nachtwächterstaates" traten weitere wie die der Infrastrukturerstellung für die industrielle Gesellschaft und der sozialen Sicherung der von der wirtschaftlichen Entwicklung bedrohten Gruppen. Die herkömmliche Öffentliche Fürsorge für spezielle Notfälle wurde durch das System der ↑Sozialversicherung (S. 390) und andere Schutzmaßnahmen ergänzt. Seit den Weltkriegen und der Weltwirtschaftskrise verzeichnen wir immer stärkere und umfassendere Eingriffe des Staates in den wirtschaftlichen und gesellschaftlichen Bereich im Rahmen einer individuelle Existenz und Freiheit erst ermöglichenden Daseinsvorsorge, mehr und mehr ergänzt durch vielfältige Maßnahmen der Wohlstandsförderung *(Interventionsstaat)*. Zum Verlangen nach Freiheit ist das nach sozialer Gerechtigkeit getreten mit Forderungen nach sozialen Grundrechten wie dem ↑„Recht auf Arbeit" (S. 384; ↑Rechts- und Sozialstaatlichkeit S. 34). Verschiedene Staaten gingen zur Verstaatlichung der Produktionsmittel (↑Sozialisierung S. 312) und zur staatlichen Wirtschaftslenkung unter Aufgabe der überkommenen Freiheits- und Gewaltenteilungsstruktur des Verfassungsstaates über *(Sozialismus)* und entwickelten neue autoritäre und totalitäre Formen. – Dem Trend zur *Bürokratisierung* entsprach eine *Demokratisierung* des Staates durch Ausweitung des Wahlrechts auf alle Bürger (↑Wahlen S. 40) und eine *Parlamentarisierung* der Regierung (↑Parlamentarisches System S. 32). Die Beteiligung großer Bevölkerungsgruppen an der politischen Willensbildung führte seit Ende des vorigen Jahrhunderts zur Entstehung von Massenparteien (↑Parteien, S. 66) als Vermittlern zwischen Volk und Staatsorganen und – verbunden mit einer pluralistischen Differenzierung der Industriegesellschaft – zur Formierung von Sonderinteressen vertretenden ↑Verbänden (S. 70) *(Parteienstaat, Verbändestaat)*.

Die gegenwärtige Entwicklung wirft neue Probleme der Effektuierung und Legitimierung staatlicher Gewalt auf. Die Tendenz geht auf eine Erhöhung der Leistungsfähigkeit des Staates durch öffentliche Planung und supranationale Zusammenschlüsse (↑Europäische Gemeinschaften S. 576). Dabei wird versucht, Beeinträchtigungen der überkommenen Freiheits- und Kontrollstrukturen durch Ausweitung der Mitbestimmung in Staat und Gesellschaft (Partizipation, demokratischer Sozialismus) auszugleichen (↑Demokratie S. 36).

C. Friedrich, Der Verfassungsstaat der Neuzeit, Berlin u. a. 1953.
F. Hartung, Deutsche Verfassungsgeschichte vom 15. Jahrhundert bis zur Gegenwart, 9. Aufl. Stuttgart 1969.

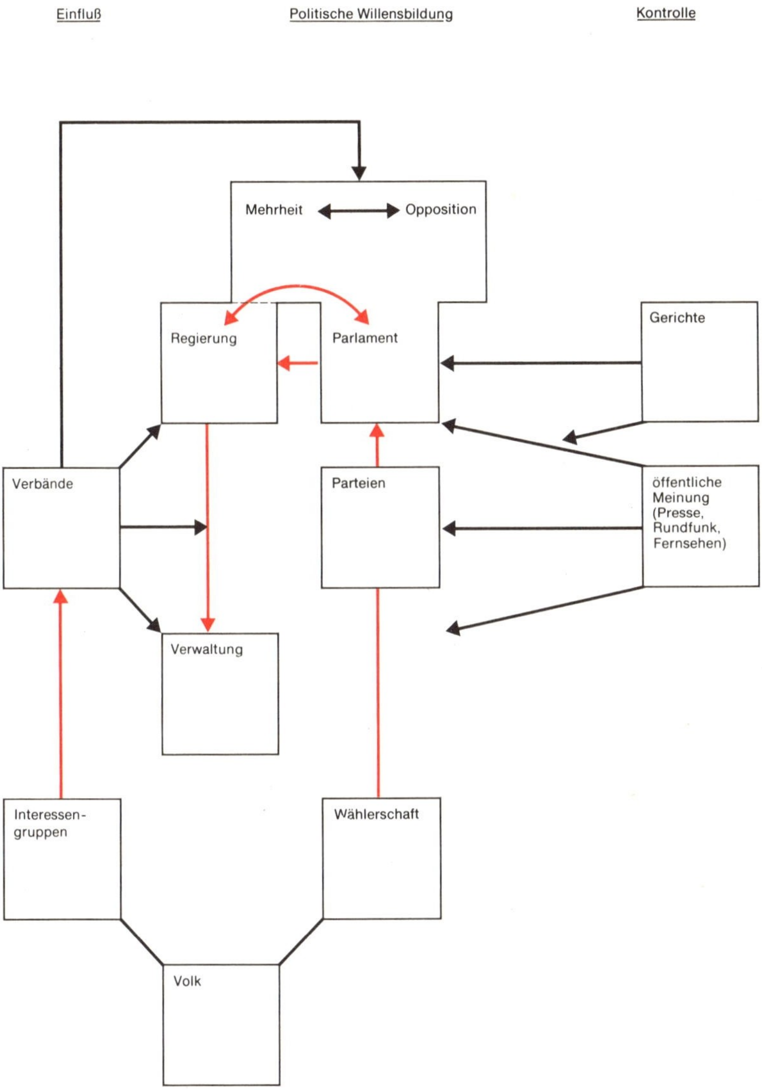
Einfluß
Politische Willensbildung
Kontrolle
Mehrheit
Opposition
Regierung
Parlament
Gerichte
Verbände
Parteien
öffentliche Meinung (Presse, Rundfunk, Fernsehen)
Verwaltung
Interessen-gruppen
Wählerschaft
Volk

Verfassung – Grundgesetz

In einem sehr allgemeinen Sinne besitzt jeder ↑Staat (S. 12) eine Verfassung: seine politische Ordnung. Im engeren Sinn versteht man unter einer Verfassung jedoch die typische Organisationsform des ↑Verfassungsstaates (S. 14): Begrenzung der staatlichen Gewalt durch ↑Grundrechte (S. 56) und ihre Organisation nach dem Prinzip der ↑Gewaltenteilung (S. 30) unter Beteiligung des Volkes an der politischen Willensbildung. Die Organisationsweise ist meist in einer *Verfassungsurkunde* niedergelegt. Es gibt aber auch Verfassungsstaaten ohne Verfassungsurkunden, wie Großbritannien, und Staaten mit Verfassungsurkunden, die keine Gewaltenteilung kennen, wie die Sowjetunion. Die Gewährung von Grundrechten und die Teilung der Gewalten unterscheidet den Verfassungsstaat von der *Diktatur*. Verfassungen werden in ↑Demokratien (S. 36) von verfassungsgebenden Nationalversammlungen ausgearbeitet und durch Volksabstimmung angenommen. Ihre Abänderung ist in der Regel nicht im einfachen Gesetzgebungsverfahren möglich. Nach dem Grad der Erschwerung unterscheidet man flexible und starre Verfassungen. Sie stehen außerdem unter einem besonderen *Verfassungsschutz*. Darunter versteht man: (1) Organisationen, die der Aufspürung von Spionen und Verfassungsgegnern dienen (↑Verfassungs- und Staatsschutz S. 540), (2) die Sanktionen des politischen Strafrechts, (3) die auf Einhaltung der Verfassung durch die Staatsorgane gerichtete Tätigkeit der ↑Verfassungsgerichte (S. 178).

Die Verfassung der Bundesrepublik Deutschland war zunächst als Provisorium gedacht. Sie steht unter dem Vorbehalt der Wiedervereinigung (Präampel, Art. 146 GG). Der Sinn ihrer Regelungen ergibt sich aus einer bewußten Abkehr von der nationalsozialistischen Diktatur und dem Bestreben, die Fehler der Weimarer Verfassung zu vermeiden. Das GG besitzt einen beschränkten Katalog traditioneller Freiheitsrechte mit einer umfassenden gerichtlichen Rechtsschutzgewährung (Art. 1–19). Die Funktionen des Staatsoberhaupts (↑Bundespräsident S. 58) sind stark beschnitten, um eine politische Konkurrenz zwischen ihm und dem Parlament (↑Bundestag S. 46) zu vermeiden. Aus demselben Grunde hat man von der Einführung des ↑Plebiszites (S. 38) außer einem einzigen Fall (Art. 29 GG) abgesehen. Dadurch und durch das Verbot, die Verantwortung durch weite Gesetzgebungsermächtigungen auf die ↑Bundesregierung (S. 60) abzuwälzen (Art. 80 Abs. 1 GG), soll die Funktion des Bundestags als zentralen politischen Entscheidungsorgans erhalten bleiben (↑Regierungssystem der Bundesrepublik S. 24). Gleichzeitig wurde versucht, einer Instabilität der Regierung durch zu große Abhängigkeit von wechselnden Mehrheiten im Parlament vorzubeugen (konstruktives Mißtrauensvotum, ↑Regierungsbildung und -auflösung S. 62). Demselben Zweck dient die gegen Splitterparteien gerichtete 5-Prozent-Klausel im Wahlgesetz (↑Bundestagswahl S. 48). Sie und die Möglichkeit des Verbots verfassungsfeindlicher Parteien (Art. 21 Abs. 2 GG, ↑Parteienrecht S. 68) trugen bisher zur Stabilität der politischen Verhältnisse in der Bundesrepublik bei. Parteienverbot und die Möglichkeit, Verfassungsgegnern den Schutz von Grundrechten zu entziehen (Grundrechtsverwirkung, Art. 18 GG) haben der Bundesrepublik den Ruf einer „streitbaren Demokratie" eingebracht. Eine weitere rechtsstaatliche Neuerung des GG besteht darin, für Verfassungsstreitigkeiten eine gerichtliche Schlichtungsinstanz, das Bundesverfassungsgericht bereitzustellen (↑Verfassungsgerichte S. 178). Der größte Teil des GG ist der Regelung des Verhältnisses von Bund und Ländern gewidmet (↑Bundesstaatliche Ordnung S. 44). Auf diesem Gebiet hat es bisher auch die meisten Verfassungsänderungen gegeben.

K. Löwenstein, Verfassungslehre, 2. Aufl. Tübingen 1969.
J. Seifert, Grundgesetz und Restauration, 3. Aufl. Darmstadt u. a. 1977.
K. Hesse, Grundzüge des Verfassungsrechts der Bundesrepublik Deutschland, 10. Aufl. Karlsruhe 1977.

Änderungen des Grundgesetzes (Art. 79 Abs. 1):

- nur bei Zustimmung von zwei Dritteln der Mitglieder des Bundestags und zwei Dritteln der Stimmen des Bundesrats
- nur durch ein Gesetz, das den Wortlaut des Grundgesetzes ausdrücklich ändert oder ergänzt (ausdrückliche Verfassungsänderung im Gegensatz zur stillschweigenden Verfassungsdurchbrechung; aber stiller Verfassungswandel durch veränderte Auslegung der Verfassungsnormen denkbar)
- nicht im Wege des Gesetzgebungsnotstandes (Art. 81 Abs. 4 GG – ↑Notstandsverfassung S. 86)
- nicht durch den Gemeinsamen Ausschuß im ↑Verteidigungsfall (S. 88 – Art. 115e Abs. 1 GG)

Ausgeschlossen von einer Änderung sind:

- die Verpflichtung aller staatlichen Gewalt, die Würde des Menschen zu schützen
- die Grundrechte, soweit sie unverletzliche und unveräußerliche Menschenrechte darstellen
- die Bindung der Gesetzgebung, vollziehenden Gewalt und Rechtsprechung an Grundrechte als unmittelbar geltendes Recht
- die demokratische Verfassungsform, insbesondere Wahlen und Abstimmungen durch das Volk
- der Bundesstaatscharakter, insbesondere:
- die Gliederung des Bundes in Länder
- die Mitwirkung der Länder bei der Gesetzgebung
- die Prinzipien der Gewaltenteilung und des Rechtsstaates, nämlich:
- die Ausübung der Staatsgewalt durch besondere Organe der Gesetzgebung, der vollziehenden Gewalt und der Rechtsprechung
- die Bindung der Gesetzgebung an die verfassungsmäßige Ordnung sowie der vollziehenden Gewalt und der Rechtsprechung an Gesetz und Recht
- der Sozialstaatscharakter
- das Widerstandsrecht

Provisoriumscharakter des Grundgesetzes:

Art. 146 GG: Dieses Grundgesetz verliert seine Gültigkeit an dem Tage, an dem eine Verfassung in Kraft tritt, die von dem deutschen Volke in freier Entscheidung beschlossen worden ist.

Staatsangehörigkeit

Durch die Staatsangehörigkeit werden bestimmte Rechte und Pflichten im Verhältnis Bürger – Staat begründet. Der Staatsangehörige genießt z. B. den konsularischen Schutz seines Landes im Ausland. ↑Grundrechte (S. 122) stehen häufig nur ihm zu (Bürgerrechte). Andererseits treffen ihn besondere Pflichten (↑Bürgerliche Rechte und Pflichten S. 22). Von den Staatsangehörigen zu unterscheiden sind Ausländer und Staatenlose (↑Ausländerrecht S. 546). Den Erwerb und Verlust der Staatsangehörigkeit regelt jeder Staat nach seinem Recht selbst. Es kann auf diese Weise zu Fällen mehrfacher Staatsangehörigkeit kommen. In der Bundesrepublik gilt grundsätzlich noch das Staatsangehörigkeitsgesetz von 1913, zuletzt abgeändert am 20. 12. 1974 und durch das Adoptionsgesetz v. 2. 7. 1976. Danach gibt es nur eine deutsche, keine spezielle bundesrepublikanische Staatsangehörigkeit. Das bedeutet, daß Bürger der DDR nicht als Ausländer gelten.

Die deutsche Staatsangehörigkeit (dStA) wird erworben durch Geburt, Legitimation, Adoption oder Einbürgerung. Durch *Geburt* erwirbt die dStA das eheliche Kind, wenn ein Elternteil die dStA besitzt und das nichteheliche Kind einer Deutschen (Abstammungsprinzip – ius sanguinis), aber auch das im Bundesgebiet aufgefundene Kind (Findling) unbekannter Eltern (Gebietsprinzip – ius soli). Durch *Legitimation* erwirbt ein nicht-deutsches Kind die dStA bei Anerkennung durch einen deutschen Vater, durch *Adoption* erwirbt es sie, wenn es von einem Deutschen als Kind angenommen wird. Durch *Einbürgerung* können die dStA Ehegatten von Deutschen, nichteheliche minderjährige Kinder eines deutschen Vaters und andere Ausländer auf Antrag erwerben. Sie erfolgt in der Regel, wenn der Antragsteller sich im Inland niedergelassen hat und weitere Voraussetzungen wie z. B. Geschäftsfähigkeit, unbescholtener Lebenswandel u. a. m. gegeben sind. In manchen Fällen bestehen erleichterte Voraussetzungen.

Der *Verlust* der dStA tritt ein (1) auf Antrag durch *Entlassung*, die jedoch in bestimmten Fällen (z. B. bei Beamten oder Wehrpflichtigen) verweigert werden kann, (2) bei mehrfacher Staatsangehörigkeit durch *Verzicht* auf die dStA, vorbehaltlich einer behördlichen Genehmigung, (3) bei *Legitimation* eines nichtehelichen Kindes durch einen ausländischen Vater, (4) durch *Adoption*, wenn dadurch eine ausländische Staatsangehörigkeit erworben wird, (5) in der Regel auch beim *Erwerb* einer ausländischen Staatsangehörigkeit überhaupt. Doch darf die dStA grundsätzlich nicht entzogen werden. Ihr Verlust gegen den Willen des Betroffenen darf nicht zu dessen Staatenlosigkeit führen (Art. 16 Abs. 1 Grundgesetz – GG).

Eine besondere Regelung trifft Art. 116 Abs. 1 GG. Danach ist *Deutscher* i.w.S., wer als Flüchtling oder Vertriebener deutscher Volkszugehörigkeit im Gebiet des Deutschen Reichs nach dem Stande vom 31. 12. 1937 Aufnahme gefunden hat, ohne die deutsche Staatsangehörigkeit zu besitzen. Für ihn und andere deutsche Volkszugehörige besteht nach Maßgabe des Staatsangehörigkeitsregelungsgesetzes von 1955 ein besonderer Einbürgerungsanspruch. Auch frühere deutsche Staatsangehörige, denen zwischen dem 30. 1. 1933 und dem 8. 5. 1945 aus politischen, rassischen oder religiösen Gründen die dStA entzogen wurde, sind auf Antrag wieder einzubürgern. Sie gelten nicht als ausgebürgert, sofern sie nach dem 8. 5. 1945 ihren Wohnsitz in Deutschland genommen haben (Art. 116 Abs. 2 GG). Viele Grundrechte des GG, insbesondere das Auslieferungsverbot (Art. 16 Abs. 2 GG), gelten nicht nur für deutsche Staatsangehörige, sondern für alle *Deutschen*. Dasselbe gilt auch für das Wahlrecht und die Wählbarkeit zum Bundestag sowie mit Einschränkungen für die Wehrpflicht.

R. Grawert, Staat und Staatsangehörigkeit, Berlin 1973.
Das Staatsangehörigkeitsrecht in Deutschland (Bundesrepublik und DDR), hrsg. v. Institut für Internationale Angelegenheiten der Universität Hamburg, Frankfurt 1975.

Erwerb und Verlust der deutschen Staatsangehörigkeit

Erwerb

durch Geburt	– eheliches Kind, wenn mindestens ein Elternteil deutscher Staatsangehöriger – nichteheliches Kind einer deutschen Staatsangehörigen – Findling
durch Legitimation	– nichteheliches Kind eines deutschen Staatsangehörigen
durch Adoption	– Annahme als Kind durch einen deutschen Staatsangehörigen
durch Einbürgerung (auf Antrag)	– Ausländer – Ehegatten eines deutschen Staatsangehörigen – Deutsche im Sinne von Art. 116 Abs. 1 GG – andere deutsche Volkszugehörige – Ausgebürgerte nach Art. 116 Abs. 2 GG } erleichterte Voraussetzungen

Verlust

- durch Erwerb ausländischer Staatsangehörigkeit auf eigenen Antrag (Beibehaltung deutscher Staatsangehörigkeit auf Antrag möglich)
- durch Adoption durch einen Ausländer (wenn dadurch eine ausländische Staatsangehörigkeit erworben wird)
- bei Legitimation durch einen ausländischen Vater (nichteheliches Kind)
- durch Entlassung auf Antrag (wenn keine besondere Versagungsgründe vorliegen)
- durch Verzicht bei mehrfacher Staatsangehörigkeit (vorbehaltlich behördlicher Genehmigung)

Rechtsstellung

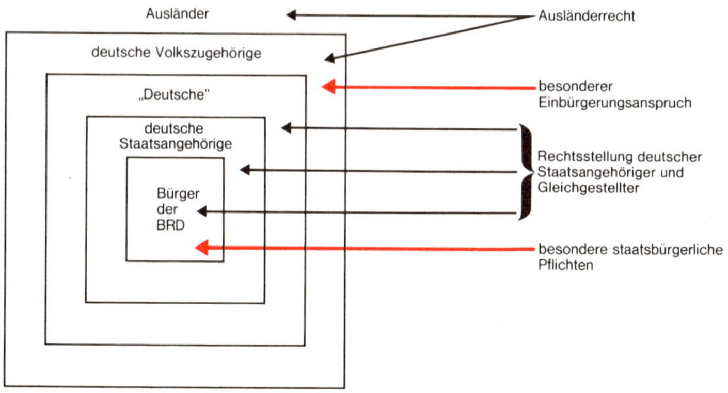

Rechtsordnung

Als Rechtsordnung eines Staates läßt sich das System der Normen bezeichnen, deren Befolgung durch staatliche Sanktionen (↑Strafrecht S. 220, ↑Ordnungswidrigkeiten S. 230) erzwungen werden kann. Die Rechtsordnung beansprucht Geltung gegenüber allen im Staatsgebiet befindlichen Personen *(Territorialprinzip)* und gegenüber allen – auch im Ausland weilenden – Staatsangehörigen *(Personalitätsprinzip)*. An Rechtsquellen unterscheidet man staatlich *gesetztes Recht* und *Gewohnheitsrecht*, das auf langer Übung und sie begleitender Rechtsüberzeugung beruht (z. B. Handelsbrauch unter Kaufleuten). Daneben ist das *Richterrecht* zu beachten, das durch Interpretation bei Anwendung der Rechtsnormen entsteht und das positive Recht vielfach nach Maßgabe allgemeiner Rechtsgrundsätze konkretisiert und ergänzt. Den Entscheidungen des Bundesverfassungsgerichts kommt sogar z. T. Gesetzeskraft zu (↑Verfassungsgerichte S. 178).

Nach der Rangordnung wird unterschieden: Verfassungsgesetz (Grundgesetz – GG) mit erschwerter Abänderbarkeit (↑Verfassung S. 16), einfaches Gesetz, von der Regierung bzw. autonomen Trägern der Selbstverwaltung (↑Körperschaften, Anstalten, Stiftungen S. 244) erlassene Rechtsverordnungen und Satzungen sowie interne Verwaltungsvorschriften (↑Rechtsetzung durch die Verwaltung S. 258) und schließlich auf konkrete Fälle bei der Rechtsanwendung abstellende Regierungs- und ↑Verwaltungsakte (S. 260) (↑Verwaltungshandeln S. 254). Daneben stehen die ebenfalls auf konkrete Fälle bezogenen Urteile und Beschlüsse der ↑Rechtsprechung (S. 158). Man unterscheidet ferner das allgemein geltende und auf Dauer berechnete klassische Gesetz vom auf die Erreichung eines bestimmten Zieles gerichteten *Maßnahmegesetz* und vom *Individualgesetz* (unzulässig im Fall des Art. 19 Abs. 1 GG), sowie von den zuständigen Gesetzgebungsorganen erlassene *formelle* Gesetze von Gesetzen im *materiellen* Sinn, zu denen auch die Rechtsverordnungen gehören.

Für das Verhältnis der Rechtsakte zueinander gibt es verschiedene Systematisierungsregeln. So gehen das jüngere Gesetz dem älteren, die spezielle gesetzliche Anordnung (Sonder-, Ausnahmerecht) der generellen und das höhere Recht dem niederen vor. Allerdings gibt das ranghöhere Recht häufig einen Konkretisierungsspielraum, der z. B. durch Ermessensentscheidungen ausgefüllt werden kann (↑Rechtsgebundenheit der Verwaltung S. 256). Auch ist dort, wo die Norm nicht streng verbindlich gilt, die Möglichkeit zur abweichenden Billigkeitsentscheidung gegeben. Eine Besonderheit stellt das Recht der Begnadigung (generelle Amnestie, Einzel-Gnadenakt) dar. Innerhalb der ↑Bundestaatlichen Ordnung (S. 44) gilt, daß Bundesrecht Landesrecht „bricht" (Art. 31 GG). Dementsprechend gehen selbst Rechtsverordnungen des Bundes dem Landesverfassungsrecht vor (↑Landesverfassungen S. 92).

Eigene Rechtsordnungen, die zum staatlichen Recht in einem unterschiedlichen Verhältnis stehen, bilden das ↑Völkerrecht (S. 586) und das Kirchenrecht (Staat und Kirche S. 610). Höherrangiger als das staatliche Recht ist das *supranationale Recht* der ↑Europäischen Gemeinschaften (S. 574). Innerhalb des staatlichen Rechts unterscheidet man ferner das auf dem Verhältnis der Unterordnung beruhende *öffentliche* Recht vom dem Prinzip der Gleichordnung folgenden *privaten Recht*. Dieses ist entweder zwingender Natur oder dispositiv, d. h. läßt Abänderungen z. B. durch Vertrag oder Allgemeine Geschäftsbedingungen zu (Privatautonomie, ↑Persönlichkeitsrecht S. 124). Als *formelles Recht* bezeichnet man die prozessualen Normen, die der Durchsetzung des *materiellen*, einen Anspruch begründenden Rechts dienen. Besondere Fragen warf bei der Gründung der Bundesrepublik das sog. *vorkonstitutionelle Recht* auf, das vor dem ersten Zusammentritt des Bundestages ergangen ist. Es gilt nach Maßgabe der Art. 123–126 GG als Bundes- oder Landesrecht fort, soweit es dem Grundgesetz nicht widerspricht.

R. Zippelius, Einführung in das Recht, München 1974.
J. Baumann, Einführung in die Rechtswissenschaft, 3. Aufl. München 1974.

Aufbau der bundesstaatlichen Rechtsordnung

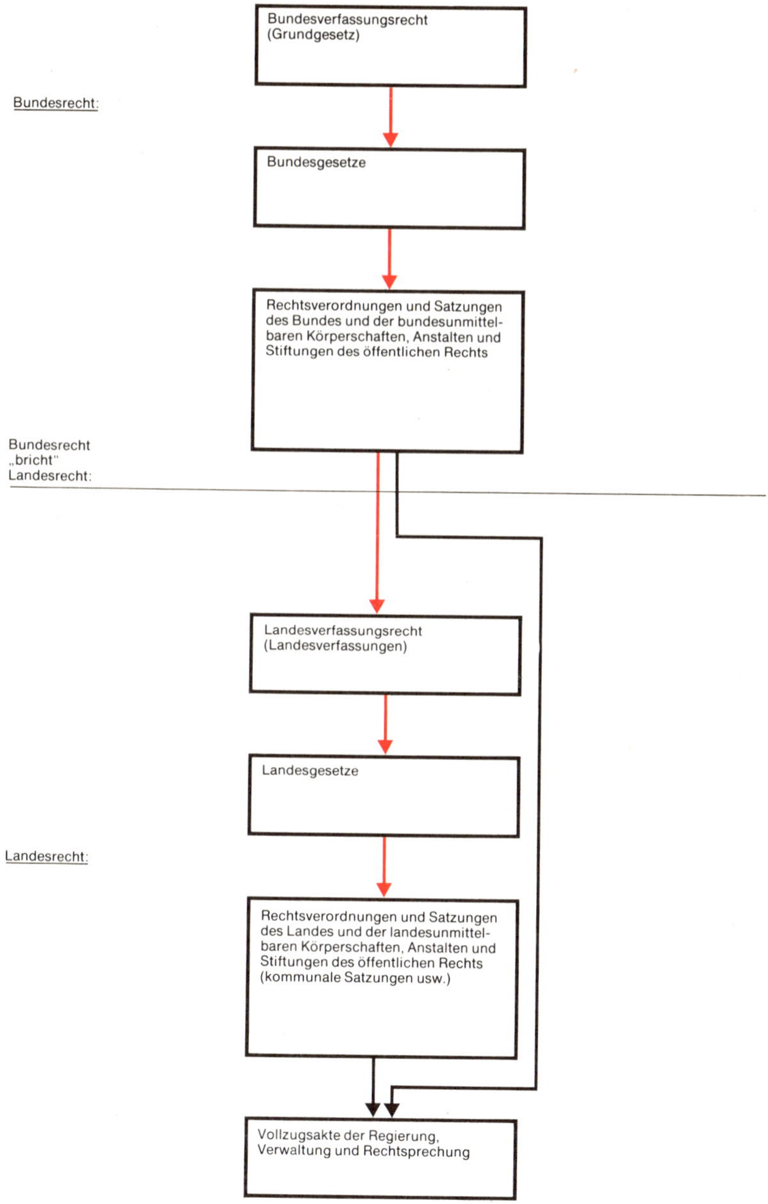

Bürgerliche Rechte und Pflichten

Die ↑ Rechtsordnung (S. 20) gewährt Bürgern und anderen Rechtspersonen subjektive Rechte und legt ihnen zugleich Pflichten auf. Im Unterschied zum objektiven Recht, dem Inbegriff aller Normen einer Rechtsordnung, handelt es sich beim *subjektiven Recht* um daraus abgeleitete Berechtigungen, die sich in Form von Beherrschungsbefugnissen, Gestaltungsrechten und Ansprüchen auf ein Tun, Dulden oder Unterlassen anderer äußern können. Träger von subjektiven Rechten und Pflichten können natürliche und juristische Personen sein. Unter *juristischen Personen* versteht man Organisationen von Personengemeinschaften, Vermögensmassen und Zwecksetzungen, die mit eigener Rechtsfähigkeit ausgestattet sind und Organe oder Amtswalter haben, die für sie handeln und ihre Geschäfte führen Nach der Art der Organisation unterscheidet man Körperschaften (z. B. Aktiengesellschaften, rechtsfähige Vereine oder Gebietskörperschaften wie Gemeinden und Staaten), Anstalten und Stiftungen (↑ Ordnung und Aufbau der Verwaltung S. 242).

Die Unterscheidung von Rechten und Pflichten betrifft sowohl das private als auch das öffentliche Recht. *Private Rechte* können sich auf Sachen (dingliche Rechte) oder auf Personen beziehen (obligatorische Rechte oder Forderungen, Herrschaftsrechte). Sie korrespondieren zumeist mit entsprechenden Pflichten, so z. B. beim Vertragsverhältnis zwischen Käufer und Verkäufer oder im Erziehungsverhältnis zwischen Eltern und Kindern. In ähnlicher Weise läßt sich auch von *öffentlichen Rechten* und *Pflichten* sprechen. Man unterscheidet hier generell Abwehrrechte (z. B. Freiheitsrechte), Gestaltungsrechte (z. B. das Wahlrecht) und Leistungsansprüche (z. B. Schutzansprüche). In dieser Differenzierung kommen die rechtsstaatlich-freiheitlichen, demokratischen Mitbestimmungs- und sozialen Unterstützungs-Aspekte des Grundrechtsverhältnisses zwischen Bürger und Staat zum Ausdruck. Von *subjektiv-öffentlichen Rechten* i. e. S. spricht man, wenn Personen bestimmte öffentliche Rechtspositionen verliehen bekommen haben, auf deren Erhaltung sie einen Anspruch besitzen (↑ Rechtsgebundenheit der Verwaltung S. 256). Demgegenüber gewähren die ↑ Grundrechte (S. 122) eine allgemeine, häufig erst gesetzlich konkretisierte Rechtsposition. Mit ihnen z. T. identisch sind die staatsbürgerlichen Rechte, die aus dem engeren Bürger-Staatsverhältnis folgen, wie z. B. das aktive und passive Wahlrecht, das Stimmrecht, ↑ Petitionsrecht (S. 150), Recht auf Zulassung zu den öffentlichen Ämtern, Kriegsdienstverweigerungs- und Widerstandsrecht. Ihnen gegenüber stehen für alle verbindliche Grundpflichten und speziellere staatsbürgerliche Pflichten wie die Pflicht zur Verfassungstreue und zum Gesetzesgehorsam, die Pflicht der Eltern zur Erziehung ihrer Kinder, die Pflicht zum sozialen Gebrauch des Eigentums, Wehrpflicht, Schulpflicht, Steuerpflicht, allgemeine Dienst-, Lastentragungs- und Leistungspflichten oder die Verpflichtung zur Übernahme von Ehrenämtern (z. B. in der Gemeinde oder als Schöffe).

Voraussetzung der Innehabung von Rechten und Pflichten ist der Besitz eines *Rechtsstatus*. Darunter versteht man die „Fähigkeit" im juristischen Sinne, allgemein oder in einem bestimmten Bereich Rechte haben, von ihnen Gebrauch machen, aber auch verpflichtet und für Handlungen zur Verantwortung gezogen werden zu können. Ein derartiger Rechtsstatus kann ausdrücklich verliehen werden (z. B. der eines Staatsangehörigen durch Einbürgerung oder der eines Beamten durch Ernennung). Er wird von der Rechtsordnung häufig an die Erreichung einer bestimmten Altersstufe geknüpft, wie bei der Geschäftsfähigkeit, der Straffähigkeit, der Wehrfähigkeit oder der Fähigkeit, gewählt zu werden. Er kann bei Eintritt bestimmter Umstände (z. B. Erreichung von Altersgrenzen oder Entmündigung) auch wieder verloren gehen.

H. J. Wolff/O. Bachof, Verwaltungsrecht, 1. Bd., 9. Aufl. München 1974, § 33.
K. Larenz, Allgemeiner Teil des deutschen bürgerlichen Rechts, 4. Aufl. München 1977, §§ 7 und 5 f.

Geburt (vollendete Lebensjahre):	allgemeine Rechtsfähigkeit
6	allgemeine Schulpflicht
7	beschränkte Geschäfts- und Deliktsfähigkeit
14	Selbstbestimmung des religiösen Bekenntnisses Straffähigkeit als „Jugendlicher"
16	Ehemündigkeit der Frau Führerscheinfähigkeit (Klasse 4 und 5)
18	volle Geschäftsfähigkeit („Mündigkeit") aktives und passives Wahlrecht (Bundestag) Wehrpflicht Straffähigkeit als „Heranwachsender" Führerscheinfähigkeit (Klasse 1 und 3)
21	Straffähigkeit als „Erwachsener" Führerscheinfähigkeit (Klasse 2)
27	Fähigkeit, Beamter auf Lebenszeit zu werden
30	Schöffen- und Geschworenenfähigkeit
40	Wahlfähigkeit zum Bundespräsidenten
45	Ende der Wehrpflicht
65	allgemeine Altersgrenze im Beruf

Bundesrepublik Deutschland

Nach der Kapitulation übernahmen die vier Hauptsiegermächte mit Erklärung vom 5. Juni 1945 die „oberste Gewalt in bezug auf Deutschland" zum Zweck der Aufrechterhaltung der Ordnung und der Verwaltung Deutschlands, fügten aber hinzu, daß diese Übernahme nicht die Annexion Deutschlands bewirke. Sie gingen zunächst vom völkerrechtlichen Fortbestand Deutschlands aus, das in vier Besatzungszonen und das Besatzungsgebiet Berlin aufgegliedert wurde; die Gebiete östlich der Oder-Neisse wurden auf der Potsdamer Konferenz 1945 der Administration Polens, das nördliche Ostpreußen der Sowjetunion unterstellt, das Sudetenland der Tschechoslowakei überlassen; die endgültige Festlegung der Grenzen Deutschlands wurde einer Friedensregelung vorbehalten. Umstritten ist, ob 1949 mit Gründung der Bundesrepublik und der DDR das Deutsche Reich untergegangen ist. Während das DDR-Regime diesen Untergang annimmt und sich als staatliche Neugründung versteht und die osteuropäischen Staaten die Bundesrepublik und die DDR als Nachfolgestaaten des Deutschen Reiches ansehen, haben ihre eigenen Staatsorgane, insbesondere das Bundesverfassungsgericht, die Bundesrepublik von Anfang an als Reorganisation des 1866/71 gegründeten deutschen Staates in rechtlicher Kontinuität (Identität), nicht hingegen als Rechtsnachfolger betrachtet; umstritten ist hier, ob sich diese Identität in der Bundesrepublik und Berlin (West) erschöpft (sog. Kern- oder Schrumpfstaattheorie) oder ob sie eine Teilidentität ist und daneben noch ein zu unterscheidendes Rechtssubjekt Gesamtdeutschland besteht (sog. Dachtheorie, u. a. vertreten vom Bundesverfassungsgericht in seiner Entscheidung vom 31. Juli 1973).

Nach vertraglichen Einschränkungen des Besatzungsregimes durch das Petersberg-Abkommen mit den drei westlichen Besatzungsmächten erlangte die Bundesrepublik am 5. 5. 1955 aufgrund des sog. *Deutschlandvertrages* mit den drei Westmächten die Souveränität, wobei sich die Westmächte ihre aus Sieg und Besetzung erlangten Rechte und Verantwortlichkeiten in bezug auf Deutschland als Ganzes und Berlin vorbehielten; die Vertragsparteien waren darin einig, daß das Ziel ihrer Politik eine freie vereinbarte Friedensregelung für ganz Deutschland sowie dessen Wiedervereinigung sei und die Festlegung der Grenzen Deutschlands bis zu dieser Regelung aufgeschoben werden müsse. In Verträgen mit der Sowjetunion und mit Polen von 1970 verpflichtete sich die Bundesrepublik, die Grenzen aller Staaten in Europa, einschließlich der Oder-Neisse-Linie als Westgrenze Polens und der Grenze zur DDR, als unverletzlich zu betrachten, erklärte aber, daß diese Verträge nicht im Widerspruch zu einer friedlichen Wiedervereinigungspolitik stehen. Die drei Westmächte und, wenngleich mit Einschränkungen, die Sowjetunion betrachten Deutschland in seinen Grenzen vom 31. 12. 1937 zumindest noch insoweit als rechtliche Einheit, als es den räumlichen Bereich ihrer in ihren jeweiligen Verträgen mit der Bundesrepublik und der DDR vorbehaltenen Rechte und Verantwortlichkeiten bildet. Mit dem Schwinden der Aussicht auf eine Friedensregelung für ganz Deutschland droht sich dieser Viermächtestatus zu einem Status ständiger Internationalisierung Deutschlands mit permanenten Interventionsansprüchen zu verfestigen. 30 Jahre nach Kriegsende schwindet jedoch die Rechtsgrundlage solcher Ansprüche nach allgemeinem Völkerrecht.

G. Ress, Die Rechtslage Deutschlands nach dem Grundlagenvertrag vom 21. Dezember 1972, Beiträge zum ausländischen öffentlichen Recht und Völkerrecht, Bd. 71, Berlin u. a. 1978.
W. Wengler, Deutschland als Rechtsbegriff, in: Vom Bonner Grundgesetz zur gesamtdeutschen Verfassung, Festschrift für H. Nawiasky, München 1956, S. 49ff.

Deutschland nach 1945

In den Verträgen von Moskau und Warschau 1970 verpflichtet sich die Bundesrepublik Deutschland, die Unverletzlichkeit der Oder–Neiße–Linie als westlicher Staatsgrenze Polens und der Grenze zur DDR zu respektieren. Die endgültige Festlegung der Grenzen Deutschlands ist einer Friedensregelung vorbehalten.

West-Berlin

Gemäß Abmachungen der vier alliierten Hauptsiegermächte von 1944 und 1945 wurde bei Kriegsende ein besonderes Besatzungsgebiet Groß-Berlin gebildet, das in vier Sektoren gegliedert, von den vier Mächten zunächst gemeinsam durch die Berliner Kommandantur verwaltet wurde. Nach dem Rückzug der Sowjetunion aus der Kommandantur am 16. 6. 1948 setzten die Westmächte die Verwaltung gemeinsam fort; seither blieb Berlin gespalten. Die DDR versuchte in der Folgezeit, sich den Ostsektor faktisch und rechtlich einzuverleiben (Mauer). Die Sowjetunion erklärte mit Noten vom 27. 11. 1958 die vertraglichen Grundlagen des Besatzungsregimes der Westmächte für „null und nichtig". Sie und die DDR qualifizieren Westberlin als „besondere politische Einheit" und bestreiten seine Zugehörigkeit zur Bundesrepublik. Die vier Mächte haben sich ihre Rechtspositionen gegenseitig wie gegenüber der deutschen Seite immer vorbehalten. Das Grundgesetz hat Berlin als Land der Bundesrepublik einbezogen, doch darf es zufolge Besatzungsvorbehalts der Westmächte nicht vom Bund „regiert" werden. Die Westsektoren wurden 1948 in das Währungsgebiet und seit 1952 in den Anwendungsbereich der meisten Gesetze und Verträge der Bundesrepublik einbezogen. Berliner Abgeordnete wirken im Bundestag, das Land Berlin im Bundesrat, wenngleich ohne Stimmrecht, mit; Bundesbehörden und -gerichte residieren in den Westsektoren, der Bund unterhält enge, z. B. finanzielle Bindungen. Das vierseitige Abkommen vom 3. 9. 1971 zwischen den vier Mächten bestätigt, unbeschadet der unterschiedlichen Rechtsauffassungen vor allem hinsichtlich des räumlichen Anwendungsbereichs, den Viermächtestatus Berlins, stellt aber nicht eine gemeinsame Verwaltung wieder her. Die Parteien verpflichten sich zu Entspannung, friedlicher Beilegung von Streitigkeiten in einem förmlichen Verfahren, gegenseitiger Achtung ihrer Rechte und Verantwortlichkeiten sowie dazu, die Lage nicht einseitig zu verändern. Die Sowjetunion übernimmt eine Garantie des freien Zugangs für den zivilen Verkehr über Land- und Wasserwege. Die zuständigen deutschen Behörden wurden ermächtigt, innerdeutsche Vereinbarungen über den zivilen Berlin-Verkehr zu schließen; das ist durch Abkommen vom 17. 12. 1971 zwischen der Bundesrepublik und der DDR und durch Vereinbarung vom 20. 12. 1971 zwischen dem Berliner Senat und der DDR geschehen, die mit dem Viermächteabkommen, an dem die deutschen Seiten nicht als Parteien beteiligt sind, am 3. 6. 1972 Geltung erlangt haben. Freizügigkeit innerhalb Berlins ist nicht gewährleistet, sondern lediglich ein Diskriminierungsverbot für Westberliner bei Reisen in den Ostsektor und die DDR. Die Westmächte erklären im Viermächteabkommen, daß die Bindungen zwischen den Westsektoren und der Bundesrepublik aufrechterhalten und entwickelt werden, wobei sie berücksichtigen, daß diese Sektoren so wie bisher kein „konstituierender Teil" der Bundesrepublik seien und auch weiterhin nicht von ihr „regiert" würden; insoweit liegt eine teilweise rechtliche Divergenz zur Rechtslage nach dem Grundgesetz vor. Die Bundesrepublik ist im Einverständnis mit den drei Westmächten befugt, die Interessen der Westsektoren, mit Ausnahme von Status- und Sicherheitsfragen, in ihren auswärtigen Beziehungen, einschließlich internationaler Organisationen, wahrzunehmen; dabei handelt es sich nicht um Vertretung im Rechtssinn. Ebenso wie in bezug auf Deutschland als Ganzes hat das derzeitige Fortbestehen des Viermächtestatus die Nichtendgültigkeit aller territorialen, politischen und rechtlichen Statusfragen zur Folge.

H. Schiedermair, Der völkerrechtliche Status Berlins nach dem Viermächte-Abkommen vom 3. September 1971, Beiträge zum öffentlichen Recht und Völkerrecht, Bd. 64, Berlin u. a. 1975.
E.R. Zivier, Der Rechtsstatus des Landes Berlin, Eine Untersuchung nach dem Viermächte-Abkommen vom 3. September 1971, Berlin 1973.

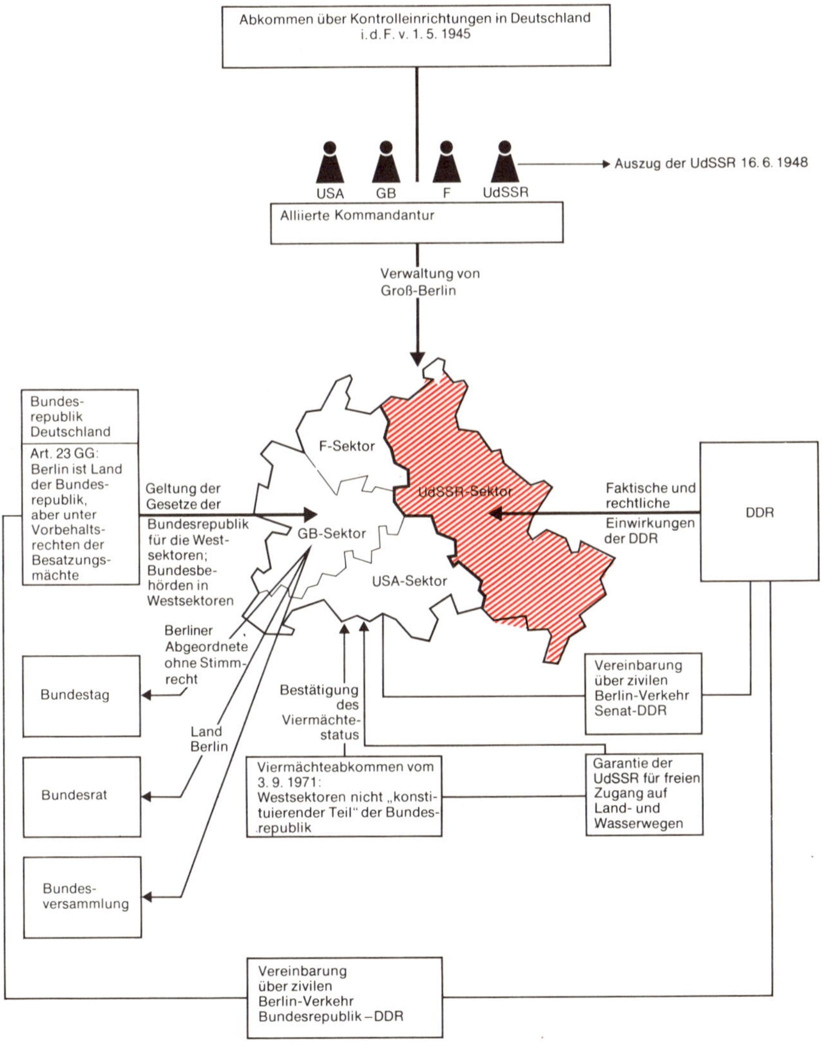

Abkommen über Kontrolleinrichtungen in Deutschland i.d.F. v. 1. 5. 1945
USA
GB
F
UdSSR
Auszug der UdSSR 16. 6. 1948
Alliierte Kommandantur
Verwaltung von Groß-Berlin
F-Sektor
UdSSR-Sektor
GB-Sektor
USA-Sektor
Bundesrepublik Deutschland
Art. 23 GG: Berlin ist Land der Bundesrepublik, aber unter Vorbehaltsrechten der Besatzungsmächte
Geltung der Gesetze der Bundesrepublik für die Westsektoren; Bundesbehörden in Westsektoren
Faktische und rechtliche Einwirkungen der DDR
DDR
Berliner Abgeordnete ohne Stimmrecht
Bundestag
Land Berlin
Bundesrat
Bundesversammlung
Bestätigung des Viermächtestatus
Vereinbarung über zivilen Berlin-Verkehr Senat-DDR
Viermächteabkommen vom 3. 9. 1971: Westsektoren nicht „konstituierender Teil" der Bundesrepublik
Garantie der UdSSR für freien Zugang auf Land- und Wasserwegen
Vereinbarung über zivilen Berlin-Verkehr Bundesrepublik – DDR

Rechtsbeziehungen zur DDR

Die Spaltung Deutschlands hat ihre Ursache in den politischen Gegensätzen der Siegermächte, die Deutschland nach 1945 besetzten. Versuche einer einheitlichen Behandlung unter Einschluß der von der Sowjetunion besetzten Gebiete scheiterten. 1949 kam es zur Bildung der Bundesrepublik und der DDR, die in der Folgezeit in die westlichen bzw. östlichen Militär- und Wirtschaftsbündnisse einbezogen wurden. Die innerdeutschen Beziehungen verschlechterten sich immer mehr und kamen weithin zum Erliegen. Aufrechterhalten blieben der Post- und teilweise der Rechts- und Amtshilfeverkehr; der Handels- und Zahlungsverkehr wurde nach dem Abkommen zwischen den beiden Währungsgebieten von 1951 abgewickelt (1952: 272; 1962: 1 800; 1972: 5 354 Mill. DM). Bis 1967 ging die DDR, wie heute noch die Bundesrepublik, von einer einheitlichen deutschen Staatsangehörigkeit aus; 1967 erließ sie ein eigenes Staatsbürgerschaftsgesetz, unterwirft Deutsche aber bislang nicht der Einbürgerung. Nachdem die Sowjetunion ein Rüstungsgleichgewicht mit den USA erreicht hatte, kam es zur Annäherung beider Großmächte mit dem Ziel, Konfrontationen, darunter auch in Deutschland, die zum Atomkrieg führen könnten, abzubauen. In diesem Rahmen leitete die Regierung Brandt/Scheel ihre Ostpolitik ein und ging in ihrer Erklärung vom 28. 10. 1969 erstmals vom Bestehen zweier Staaten in Deutschland aus, die füreinander jedoch nicht Ausland seien. Nach dem Moskauer Vertrag 1970 schlossen die Bundesrepublik und die DDR den Grundlagenvertrag vom 21. 12. 1972. Darin verpflichten sie sich, unbeschadet der unterschiedlichen Auffassungen zu grundsätzlichen Fragen, darunter dem Selbstbestimmungsrecht und der nationalen Frage, gutnachbarliche Beziehungen auf der Grundlage der Gleichberechtigung zu entwickeln, sich von den Grundsätzen der UNO (↑Vereinte Nationen S. 702), der Selbstbestimmung und den Menschenrechten, leiten zu lassen, Streitfragen friedlich beizulegen, sich der Gewalt zu enthalten und ihre Grenzen, territoriale Unversehrtheit, Unabhängigkeit und Selbständigkeit zu achten. Staatsangehörigkeitsfragen wurden nicht geregelt. Auf weiteren Gebieten, z. B. Wirtschaft, Wissenschaft, Technik, Kultur, Umweltschutz, sollen Abkommen geschlossen und Zusammenarbeit entwickelt werden. Schon zuvor am 17. 12. 1971 wurden das Abkommen über den Transitverkehr von und nach den Westsektoren Berlins und der Verkehrsvertrag vom 26. 5. 1972 unterzeichnet; dieser führte zu einer erheblichen Ausdehnung des Reiseverkehrs aus der Bundesrepublik in die DDR, bislang aber nicht in umgekehrter Richtung. 1974 wurden ständige Vertretungen in Bonn und Ostberlin errichtet. Das Postabkommen vom 30. März 1976 hat den Post- und Fernmeldeverkehr umfassend geregelt. Die im Grundlagenvertrag vorgesehene Grenzkommission hat zahlreiche umstrittene Fragen der Grenzziehung bereinigt. Im September 1973 sind beide deutsche Staaten den Vereinten Nationen beigetreten. Als Folge der Zugehörigkeit zum Deutschen Reich, des Fehlens einer endgültigen Friedensregelung, des derzeit noch bestehenden Viermächtestatus Deutschlands (↑Bundesrepublik Deutschland S. 22), der Rechtslage Berlins (↑Westberlin S. 24) und des Selbstbestimmungsrechts des ganzen deutschen Volkes stellt das Rechtsverhältnis zur DDR ein Sonderverhältnis dar, das sich nicht schlechthin nach Völkerrecht richtet. Es enthält kein Anschlußverbot und hindert nicht eine Politik friedlicher Wiedervereinigung.

Die Entwicklung der Beziehungen zwischen der Bundesrepublik Deutschland und der Deutschen Demokratischen Republik 1969–1976, Hrsgg. vom Bundesministerium für innerdeutsche Beziehungen, Berlin 1977.

K. M. Wilke, Bundesrepublik Deutschland und Deutsche Demokratische Republik, Grundlagen und ausgewählte Probleme des gegenseitigen Verhältnisses der beiden deutschen Staaten, Berlin 1976.

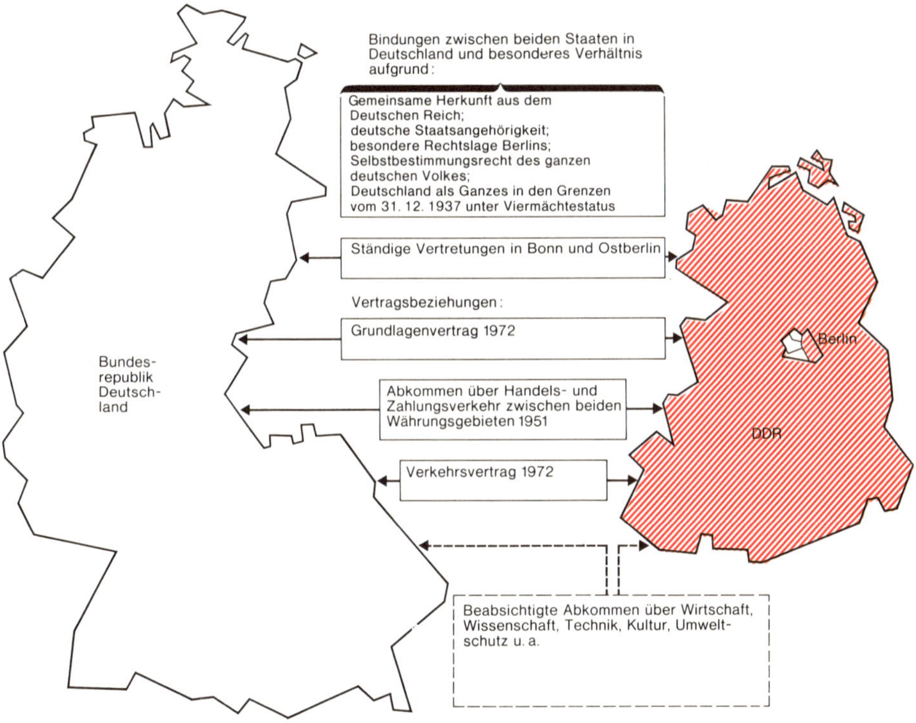
Bindungen zwischen beiden Staaten in Deutschland und besonderes Verhältnis aufgrund:
Gemeinsame Herkunft aus dem Deutschen Reich;
deutsche Staatsangehörigkeit;
besondere Rechtslage Berlins;
Selbstbestimmungsrecht des ganzen deutschen Volkes;
Deutschland als Ganzes in den Grenzen vom 31. 12. 1937 unter Viermächtestatus
Ständige Vertretungen in Bonn und Ostberlin
Vertragsbeziehungen:
Grundlagenvertrag 1972
Abkommen über Handels- und Zahlungsverkehr zwischen beiden Währungsgebieten 1951
Verkehrsvertrag 1972
Beabsichtigte Abkommen über Wirtschaft, Wissenschaft, Technik, Kultur, Umweltschutz u. a.
Bundesrepublik Deutschland
DDR
Berlin

Gewaltenteilung

Die Aufteilung der staatlichen Gewalt auf verschiedene Träger ist eines der wichtigsten Prinzipien des ↑Verfassungsstaates (S. 14). Sie dient der Verhütung von Machtmißbrauch durch gegenseitige Kontrolle. Man unterscheidet des näheren Gewaltentrennung und Gewaltenteilhabe. Die *Gewaltentrennung* teilt die Staatsgewalt nach Funktionen (vgl. Art. 20 Abs. 2 S. 2 Grundgesetz – GG): Gesetzgebung (Legislative), vollziehende Gewalt (Exekutive: Regierung und Verwaltung) und Rechtsprechung (Judikative). Jeder Funktion werden verschiedene Träger zugeordnet. Sie sollen nicht auch zugleich Funktionen einer anderen Gewalt ausüben (Grundsatz der Unvereinbarkeit – *Inkompatibilität)*. Dementsprechend bestimmt z. B. Art. 55 Abs. 1 GG, daß der Bundespräsident weder der Regierung, noch einer gesetzgebenden Körperschaft des Bundes oder eines Landes angehören darf. Entsprechendes gilt für die Bundesverfassungsrichter (Art. 94 Abs. 1 S. 3 GG). Auch die Wählbarkeit von staatlichen Funktionären (z. B. Beamten und Berufssoldaten) kann gesetzlich eingeschränkt werden (Art. 137 Abs. 1 GG). Derzeit gilt, daß sie z. B. bei Annahme ihrer Wahl in den Bundestag in den Ruhestand treten. Sie erhalten neben ihren Abgeordnetenbezügen ein Ruhegehalt und haben nach Beendigung ihrer parlamentarischen Tätigkeit einen Anspruch auf Wiederverwendung im öffentlichen Dienst. Die derzeit große Anzahl von Beamten vor allem in den Parlamenten der Länder ist unter dem Gesichtspunkt der Gewaltenteilung nicht unbedenklich.

Die Legislative gibt den Rahmen für die staatliche Tätigkeit und kontrolliert die Verwaltung, führt ihre Gesetze aber nicht selbst aus. Nach Art. 80 Abs. 1 GG darf sie ihre Funktion nur in beschränktem Umfang, vor allem nicht in Form sog. Ermächtigungsgesetze, auf die Regierung übertragen. Nach Art. 20 Abs. 3 GG sind die Gesetzgebung an die verfassungsmäßige Ordnung, die vollziehende Gewalt und die Rechtsprechung an Gesetz und Recht gebunden. Eine Kontrolle der Gesetzmäßigkeit des Verwaltungshandelns erfolgt insbesondere durch den ↑Verwaltungsrechtsschutz (S. 232). Die Verfassungskonformität der Gesetzgebung wird von ↑Verfassungsgerichten (S. 178) überprüft.

Im Gegensatz zur Gewaltentrennung wird nach dem Prinzip der *Gewaltenteilhabe* dieselbe staatliche Funktion von verschiedenen, sich gegenseitig kontrollierenden Organen ausgeübt *(Gewaltenbalance)*. Dies ist im Bereich der Legislative z. B. beim sog. Zweikammersystem der Fall. In der Bundesrepublik besteht ein entsprechendes Verhältnis zwischen Bundestag und Bundesrat (↑Gesetzgebung S. 74); hier ist eine Doppelmitgliedschaft unzulässig. Auch zwischen Trägern verschiedener Funktionen können Gewaltenverschränkungen vorkommen. So besitzt die Regierung vielfach gegenüber der Gesetzgebung ein Vetorecht wie z. B. der Präsident im Präsidialregime der USA (↑Staat S. 12) oder die Bundesregierung bei finanzwirksamen Gesetzen nach Art. 113 GG. Darüber hinaus hat sie meist wie in der Bundesrepublik das Recht zur Gesetzesinitiative, was ihr eine ausschlaggebende Einflußnahme auf die Legislation gestattet. Überhaupt entspricht das Verhältnis von Parlament und Regierung in der Bundesrepublik und anderen parlamentarischen Staaten nur noch bedingt den klassischen Gewaltenteilungsvorstellungen (↑Parlamentarisches System S. 32).

Auch in der ↑Bundesstaatlichen Ordnung (S. 44) liegt ein gewaltenteilendes Moment, da hier ebenfalls eine Teilung staatlicher Funktionen mit vielfältigen gegenseitigen Kontrollen stattfindet. Die Wahl von Richtern durch Angehörige der Legislative und Exekutive stellt keinen Verstoß gegen das Gewaltenteilungsgebot dar, weil ihre richterliche Unabhängigkeit gewahrt bleibt (Art. 97 GG; ↑Wahl und Ernennung der Verfassungsrichter (S. 180).

K. Löwenstein, Verfassungslehre, 2. Aufl. Tübingen 1969.
H. Rausch (Hrsg.), Zur heutigen Problematik der Gewaltenteilung, Darmstadt 1969.
H. H. Klein, Gefährdungen des Prinzips der Gewaltenteilung in der Bundesrepublik Deutschland, in: „aus Politik und Zeitgeschichte", Beilage zur Wochenzeitung „Das Parlament" B 50, 1974.

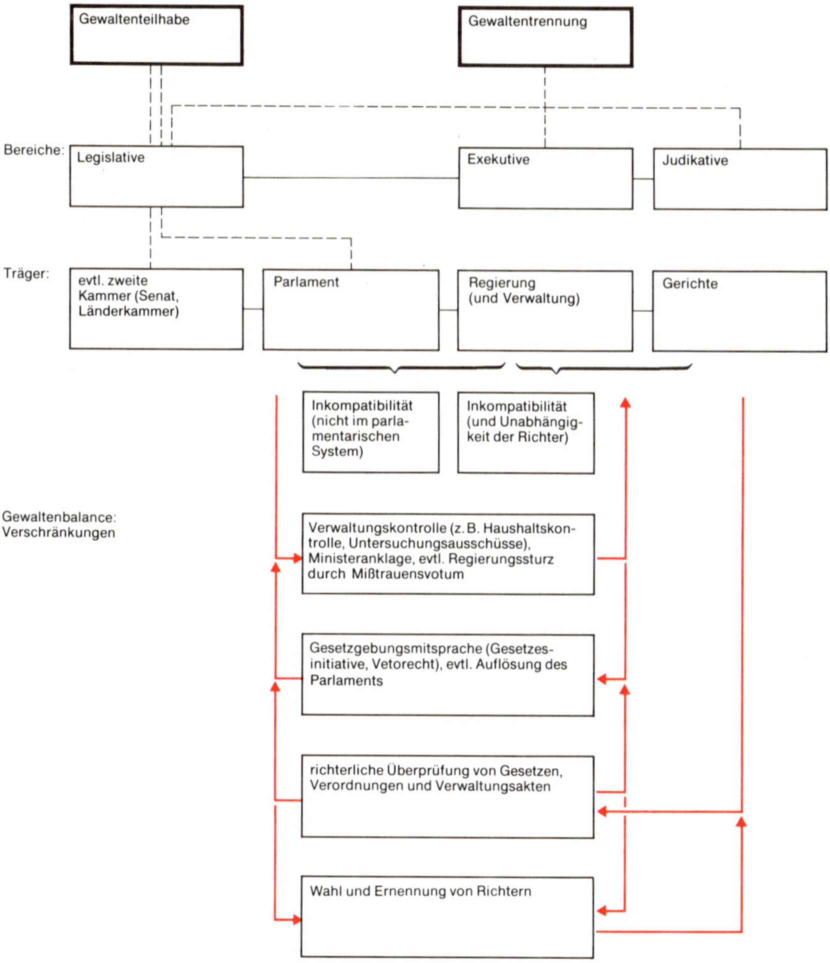
Gewaltenteilhabe
Gewaltentrennung
Bereiche:
Legislative
Exekutive
Judikative
Träger:
evtl. zweite Kammer (Senat, Länderkammer)
Parlament
Regierung (und Verwaltung)
Gerichte
Inkompatibilität (nicht im parlamentarischen System)
Inkompatibilität (und Unabhängigkeit der Richter)
Gewaltenbalance: Verschränkungen
Verwaltungskontrolle (z. B. Haushaltskontrolle, Untersuchungsausschüsse), Ministeranklage, evtl. Regierungssturz durch Mißtrauensvotum
Gesetzgebungsmitsprache (Gesetzesinitiative, Vetorecht), evtl. Auflösung des Parlaments
richterliche Überprüfung von Gesetzen, Verordnungen und Verwaltungsakten
Wahl und Ernennung von Richtern

Parlamentarisches System

Im parlamentarischen System wird die Regierung vom Parlament gebildet. Sie ist darüber hinaus auch in ihrem Bestand von parlamentarischen Vertrauens- und Mißtrauensvoten abhängig. Im Normalfall hat sich das Verhältnis allerdings umgekehrt: Führend ist die Regierung geworden, deren Chef zumeist gleichzeitig Chef der Regierungspartei (manchmal auch Führer der Parlamentsfraktion seiner Partei) ist. In klassischer Weise wurde das parlamentarische System in England entwickelt. Seine Funktionsfähigkeit beruht zu einem guten Teil auf einem ausgebildeten *Zweiparteiensystem*, das der Regierung innerhalb einer Legislaturperiode die Unterstützung durch eine sichere parlamentarische Mehrheit gewährt. Regierungen, die auf einer Koalition von Parteien beruhen, sind dagegen weniger stabil, da ein Koalitionszerfall hier leicht zu einem Wechsel der Mehrheiten und damit zum Regierungssturz führt. In der Bundesrepublik Deutschland hat das parlamentarische System in eingeschränkter Form Eingang gefunden. Die ↑ Regierungsbildung (S. 62) erfolgt durchweg auf parlamentarischem Wege. Doch wurde die Möglichkeit eines Regierungssturzes im Bund und in einigen Ländern durch die Einführung des sog. *konstruktiven Mißtrauensvotums* eingeengt. Demzufolge kann z. B. im Bund nur noch der Bundeskanzler und damit die ganze Regierung durch Wahl eines Nachfolgers, nicht aber mehr ein einzelner Minister gestürzt werden (↑ Regierungssystem der Bundesrepublik S. 42).

Durch die Parlamentarisierung der Regierungsgewalt, die in vielen Staaten im Laufe des 19. Jahrhunderts erfolgte (↑ Staat S. 12), ist das ursprüngliche Gewaltenteilungskonzept des ↑ Verfassungstaates (S. 14) in einem wichtigen Punkt modifiziert worden. Neben die gegenseitige Kontrolle institutioneller Art (Regierung und Verwaltung – Parlament – Gerichte) ist die gegenseitige Kontrolle der ↑ Parteien (S. 66) (regierende Mehrheitsparteien – Opposition) getreten. Dem ist allerdings nicht immer auch durch eine Veränderung der überkommenen Kontrollmechanismen zugunsten der *Opposition* Rechnung getragen worden, was umso bedauerlicher erscheint, als ihr gegenüber eine neue Art von Gewaltenverbindung zwischen Parlamentsmehrheit, Regierung und den Spitzenfunktionären der Ministerialbürokratie stattfindet, die als politische ↑ Beamte (S. 252) bei einem Regierungswechsel ausgetauscht werden können. Diese Entwicklung macht die Bedeutung eines *Zwei-* oder *Mehrparteiensystems* klar ersichtlich. In ↑ Demokratien (S. 36) kann die politische Kontrolle staatlicher Gewalt offenbar nur dann noch effektiv durchgeführt werden, wenn *Parteienkonkurrenz* mit echten Chancen für einen Regierungswechsel herrscht. Sie fehlt bei Einparteiensystemen wie bei Mehrparteiensystemen mit nicht auswechselbarer Führerstellung einer Partei.

Generell ist festzustellen, daß sich gegenüber seiner alten Lösung durch staatliche ↑ Gewaltenteilung (S. 30) das Kontrollproblem heute mehr und mehr in den gesellschaftlichen Raum verlagert. Gewaltenbalance findet gegenwärtig nicht mehr nur zwischen staatlichen Institutionen, sondern vor allem durch Parteienkonkurrenz und in Form des pluralistischen „Gleichgewichts" zwischen den Staat ihrerseits beeinflussenden ↑ Verbänden (S. 70) statt. Die Erweiterung der *Inkompatibilität* auf das Verbot der gleichzeitigen Ausübung von Staatsämtern und Funktionen in Erwerbsunternehmen z. B. für die Mitglieder der Bundesregierung (Art. 66 Grundgesetz) sowie Pflichten zur Offenlegung ihrer gesellschaftlichen Bindungen für ↑ Abgeordnete (S. 50) gewinnen dadurch an Bedeutung. In diesem Zusammenhang ist auch auf die Funktion der öffentlichen Medien, der sog. *Vierten Gewalt*, und auf das Problem der Wahrung ihrer Unabhängigkeit hinzuweisen (↑ Presserecht S. 462, ↑ Rundfunk- und Fernsehanstalten (S. 464).

K. v. Beyme, Die parlamentarischen Regierungssysteme in Europa, 2. Aufl. München 1973.
K. Kluxen (Hrsg.), Parlamentarismus, 3. Aufl. Köln 1971.
U. Thaysen, Parlamentarisches Regierungssystem in der Bundesrepublik Deutschland, Opladen 1976.

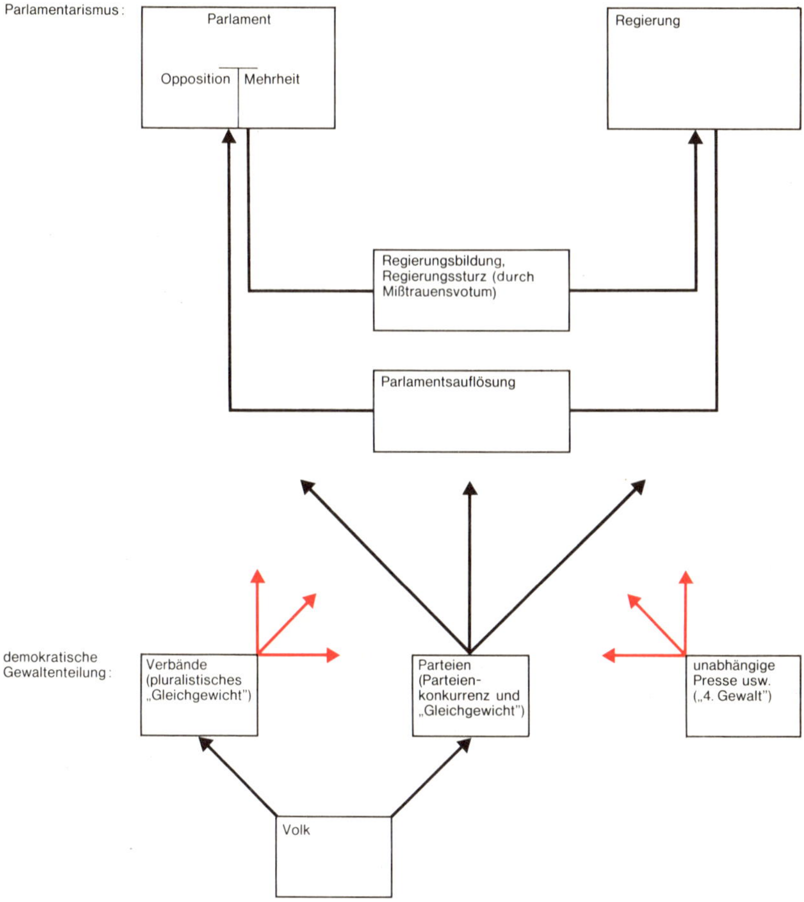
Parlamentarismus:
Parlament
Opposition
Mehrheit
Regierung
Regierungsbildung, Regierungssturz (durch Mißtrauensvotum)
Parlamentsauflösung
demokratische Gewaltenteilung:
Verbände (pluralistisches „Gleichgewicht")
Parteien (Parteien-konkurrenz und „Gleichgewicht")
unabhängige Presse usw. („4. Gewalt")
Volk

Rechts- und Sozialstaatlichkeit

Der ↑Verfassungstaat (S. 14) ist maßgeblich durch die Prinzipien der Rechts- und Sozialstaatlichkeit geprägt. Unter *Rechtsstaat* versteht man eine staatliche Organisationsform nach den Ideen der Freiheit und Rechtssicherheit. Die gesellschaftliche *Freiheit* wird gesichert durch die Anerkennung von ↑Grundrechten (S. 122), in die nur aufgrund eines formellen (vom Parlament beschlossenen) Gesetzes eingegriffen werden darf (Prinzip der *Gesetzmäßigkeit der Verwaltung*). Das Gesetz hat dabei nach Art. 80 Abs. 1 S. 2 Grundgesetz (GG) Inhalt, Zweck und Ausmaß der Eingriffsermächtigung zu bestimmen. Nach Art. 20 Abs. 3 GG ist jedoch nicht nur die vollziehende Gewalt an Gesetz und Recht gebunden, sondern auch die Gesetzgebung ihrerseits an die verfassungsmäßige Ordnung. Gesetzliche Freiheitsbeschränkungen dürfen nicht beliebig erfolgen, sondern müssen sich im Einklang mit den Prinzipien des auf den Schutz der Freiheit bedachten GG befinden. Alle staatlichen Handlungen stehen ferner unter dem Gebot der *Rechtssicherheit*. Sie sollen klar und widerspruchslos sein, berechenbar und meßbar für den Bürger, der ihnen unterworfen ist. Freiheitsbeschränkende Gesetze dürfen demzufolge in der Regel nicht rückwirkend erlassen werden. Eine Bestrafung ohne vorherige gesetzliche Strafandrohung ist unzulässig (nulla poena sine lege, Art. 103 Abs. 2 GG). Geschützt werden diese Gebote durch die ↑Gewaltenteilung (S. 30) (Art. 20 Abs. 2 S. 2 GG), vor allem durch die Garantie der Unabhängigkeit der Richter (↑Rechtspflege S. 156). Das Grundgesetz gewährt einen umfassenden gerichtlichen Rechtsschutz gegen Maßnahmen der öffentlichen Gewalt (Art. 19 Abs. 4 GG). Die Rechtsprechung ist zwar selbst gesetzesgebunden (Art. 20 Abs. 3 GG), Gesetze können aber auf ihre Verfassungskonformität von ↑Verfassungsgerichten (S. 178) überprüft werden.

Die formalen Garantien des Rechtsstaates finden ihre Ergänzung durch die Prinzipien des *Sozialstaats*. Diese zielen auf Existenzsicherung, Wohlstandsförderung und soziale Gerechtigkeit. Die *individuelle Existenzsicherung* erfolgt vor allem durch die ↑Sozialhilfe (S. 388) in Notfällen und durch das weit ausgebaute System der ↑Sozialversicherung (S. 390). Dazu treten Maßnahmen des Arbeitsschutzes, z. B. Regelungen zur ↑Sicherheit des Arbeitsplatzes (S. 382) und der Arbeitszeit. Der *kollektiven Existenzsicherung* und *Wohlstandsförderung* dienen staatliche und kommunale Maßnahmen zur Infrastrukturverbesserung und allgemeinen Daseinsvorsorge. Durch das Stabilitätsgesetz von 1967 wurden überdies Bund und Länder verpflichtet, bei ihren wirtschafts- und finanzpolitischen Maßnahmen zugleich für die Stabilität des Preisniveaus, einen hohen Beschäftigungsstand, ein stetiges und angemessenes Wirtschaftswachstum und ein außenwirtschaftliches Gleichgewicht zu sorgen. Andere Gesetze verpflichten den Staat zur Gesundheitsvorsorge, zur Verbesserung der Lebensverhältnisse durch Wirtschaftsförderung und durch ↑Umweltschutz (S. 430). Dem Gesichtspunkt der *sozialen Gerechtigkeit* schließlich tragen die Umverteilung finanzieller Mittel (z. B. Lastenausgleich), die Förderung des Bildungswesens sowie das Verfassungsgebot, für eine Vereinheitlichung der Lebensverhältnisse zu sorgen, Rechnung. Um diese Ziele zu erreichen, steht dem Staat ein umfangreiches Instrumentarium zur Verfügung wie Planung, Maßnahmegesetzgebung, Steuerung des Verhaltens der Bürger (↑Globalsteuerung (S. 362), sowie generelle Sozialisierungsmaßnahmen (Art. 15 GG) oder Subventionierungen von Unternehmen und ganzen Wirtschaftszweigen.

Gerechtfertigt werden die sozialstaatlichen Eingriffe in den Freiheitsraum des Rechtsstaates u. a. durch die *Sozialstaatsklauseln* des Grundgesetzes (Art. 20, 28 GG). Ihre tiefere Legitimierung finden sie darin, daß mit ihnen versucht wird, die Voraussetzungen für Freiheit unter den Bedingungen einer entwickelten Industriegesellschaft zu erhalten und zu stärken.

E. Forsthoff (Hrsg.), Rechtsstaatlichkeit und Sozialstaatlichkeit, Darmstadt 1968.
H. H. Hartwich, Sozialstaatspostulat und gesellschaftlicher status quo, Köln u. a. 1970.

Rechts- und Sozialstaat

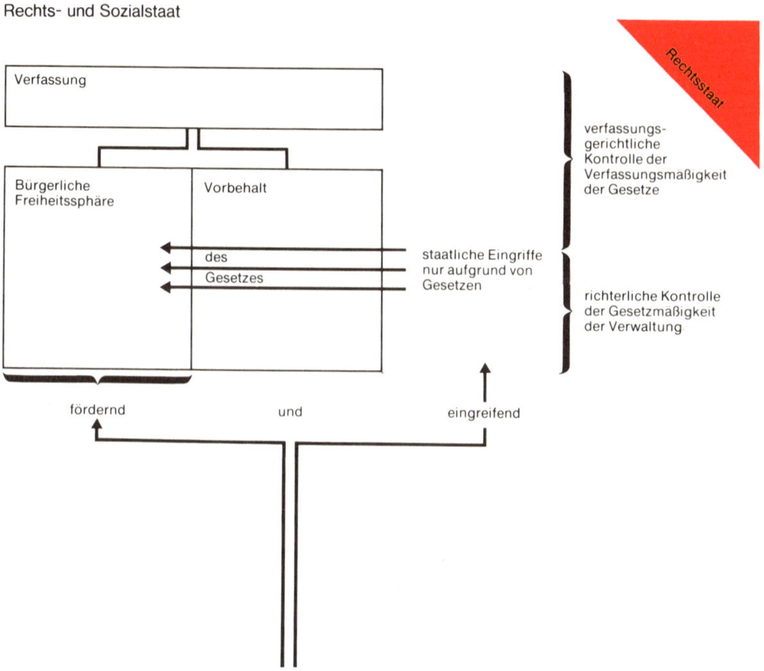

sozialstaatliche Maßnahmen zur individuellen und kollektiven Existenzsicherung und Wohlstandsförderung sowie zur Herstellung sozialer Gerechtigkeit:

Öffentliche Fürsorge (Sozialhilfe)	(Polizeiliche) Sicherheit und Ordnung	abstrakte Chancengleichheit (Gleichheit vor dem Gesetz)	traditionell
Sozialversicherung und Sozialversorgung	allgemeine Daseinsvorsorge (z. B. Infrastrukturmaßnahmen)	Umverteilung (z. B. Lastenausgleich)	modern
Arbeitsschutz	Umweltschutz	Recht auf Naturgenuß (Erholung)	
Vollbeschäftigungsgebot und Preisstabilitätsgebot	Sorge für stetiges Wirtschaftswachstum und für außenwirtschaftliches Gleichgewicht	Vereinheitlichung der Lebensverhältnisse im Bundesgebiet	
Gesundheitsvorsorge	Förderung von Wirtschaftszweigen	Chancengleichheit im Bildungswesen (Bildungsplanung)	

Demokratie

Die Demokratie galt lange Zeit nur als eine Staatsform für Kleinstaaten, da man von der Vorstellung direkter Volksherrschaft, ausgeübt durch alle stimmberechtigten Bürger in einer Volksversammlung, ausging. Erst seit der Französischen Revolution sind Demokratien auch in Territorialstaaten durch Verbindung des Prinzips der *Volkssouveränität* mit dem der *Repräsentation* möglich geworden (↑Staat S. 12). Direkte Demokratie gibt es dagegen nur noch selten. Die *indirekte* oder *repräsentative* Demokratie beruht darauf, daß auch hier zwar alle Gewalt vom Volk ausgeht (Volkssouveränität, Art. 20 Abs. 2 S. 1 Grundgesetz – GG), diese aber im wesentlichen von seinen Vertretern ausgeübt wird, die durch demokratische ↑Wahlen (S. 40) bestellt worden sind und ihre Legitimation anderen, von ihnen abhängigen Staatsorganen vermitteln. In Präsidialdemokratien wird auch der Staatspräsident (Regierungschef) als Gegengewalt zum Parlament vom Volk gewählt (Doppelrepräsentation). Der gewählte ↑Abgeordnete (S. 50) gilt als Repräsentant des ganzen Volkes, nicht nur seiner Wähler, und ist daher an Aufträge und Weisungen nicht gebunden (freies Mandat, Art. 38 Abs. 1 S. 2 GG). Das *freie Mandat* gibt dem Volksvertreter den notwendigen Spielraum für Kompromisse und Mehrheitsbeschlüsse im Parlament, ohne dauernde Rücksprache mit Auftraggebern nehmen zu müssen, wie es das konkurrierende Prinzip des *gebundenen* oder *imperativen* Mandats verlangt. Allerdings reduziert sich damit die Rolle der Wählerschaft auf die Legitimierungsfunktion staatlicher Organe im Wahlakt und die bei Neuwahlen stattfindende Kontrolle durch erneute Mandatsübertragung oder Vertrauensentzug. Diese Mediatisierung des Volkes wurde verstärkt durch die zusätzliche Vermittlerstellung der ↑Parteien (S. 66), die für die Wählerschaft Programme entwickeln, ihr Kandidaten präsentieren und die Abgeordneten in eine weitere Abhängigkeitsbeziehung bringen. Ähnliches gilt für die ↑Verbände (S. 70), die einerseits die vielfältigen Interessen im Volk zur Geltung bringen *(Pluralismus)*, andererseits diesem gegenüber die Art der Interessendurchsetzung selbst bestimmen. Die Kritik an der repräsentativen Demokratie hat hier angesetzt mit dem Vorwurf, daß es sich bei ihr um kaum mehr als eine neue Form oligarchischer Herrschaft durch – auswechselbare – (Partei-) *Eliten* handele. Sie fordert demzufolge eine stärkere Partizipation des Volkes an politischen Entscheidungen, Einfluß auf die Kandidatenaufstellung, mehr innerparteiliche Demokratie und als Voraussetzung für eine verstärkte Mitbestimmung mehr Öffentlichkeit und Transparenz des staatlichen Handelns. Die Forderung der *Demokratisierung* wird heute auch auf Institutionen des gesellschaftlichen Bereichs ausgedehnt (↑Mitbestimmung in Unternehmen S. 380). Vielfach wird dabei auf Prinzipien der *Rätedemokratie* unter Preisgabe verfassungstaatlicher Sicherungen wie der ↑Gewaltenteilung (S. 30) und der Parteienkonkurrenz (↑Parlamentarisches System S. 32) zurückgegriffen. Derartige Vorstellungen begegnen allerdings gravierenden Einwendungen: Sie setzen ein hohes politisches Engagement, Informiertheit und Sachverstand beim Bürger voraus, wie sie unter den Bedingungen einer komplizierten, arbeitsteiligen Industriegesellschaft nicht gegeben sind. Überzogene Forderungen nach strikter Bindung der Mandatsträger und nach durchgängiger Öffentlichkeit staatlicher Entscheidungsprozesse beeinträchtigen die Funktionsfähigkeit des demokratischen Systems. Die Mitbestimmung der in staatlichen und gesellschaftlichen Institutionen Tätigen kann in Widerspruch zu Weisungs- und Kontrollbefugnissen der übergeordneten, vom ganzen Volk legitimierten staatlichen Stellen treten. Schließlich stößt auch radikale Demokratisierung auf die *Grenzen* jeder Demokratie, wie Schutz von Minderheiten und Freiheit des einzelnen, die als unantastbare Grundwerte gegenüber jeder demokratischen Mehrheitsentscheidung Bestand haben und durch die *freiheitlich demokratische Grundordnung* des Grundgesetzes gewährleistet werden.

U. Matz (Hrsg.), Grundprobleme der Demokratie, Darmstadt 1973.
F. Scharpf, Demokratietheorie zwischen Utopie und Anpassung, Konstanz 1970.

Demokratiemodelle

Repräsentative Demokratie – Grundzüge:	Einwendungen/Probleme: (Repräsentative Demokratie)	Einwendungen/Probleme: (Rätedemokratie)	Rätedemokratie – Grundzüge:
1) grundsätzliche Legitimierung der Staatsorgane durch Wahlen (alle Gewalt geht vom Volke aus) Volkabstimmungen nur in besonderen Fällen	1) Reduzierung der Volksherrschaft auf Legitimierungs- und Kontrollfunktionen (Neuwahlen)	1) Überforderung der Basis mit politischen Stellungsnahmen und Entscheidungen	1) Beratungs- und Beschlußkompetenz für grundsätzlich alle Angelegenheiten bei Basisgruppen
2) Einteilung der Wählerschaft nach geographischen Kriterien in Wahlkreise	2) Probleme der Einheitlichkeit der Wahlkreise (Wahlkreisgeometrie) und der Stimmengleichwertigkeit bei verschiedenen Wahlsystemen (Verhältnis-, Mehrheitswahl)	2) Problem der Bildung unterster (Basis-) Einheiten (Kriterien?)	2) Einteilung des Volkes in Basiseinheiten (z.B. Betriebe)
3) Wahlen von Vertretern in staatliche und kommunale Vertretungskörperschaften	3) Beschränkung des demokratischen Prinzips auf den staatlichen Bereich	3) Ausdehnung demokratischer Prinzipien auch auf ihnen nicht zugängliche Bereiche (Schulen, Militär)	3) Wahlen von Vertretern in Organe des staatlichen und gesellschaftlichen Bereichs (z.B. Arbeiterselbstverwaltung)
4) direkte Wahlen auch und vor allem zu den höheren staatlichen Vertretungsorganen (direktes Mandat), Vermittlung der Delegation durch Parteien	4) Mediatisierung des Volkes durch die Parteien, Problem echter Parteien-Alternativen	4) Mediatisierung des Volkes durch Stufendelegation, Parteienkonkurrenz?	4) indirekte Wahlen zu den höheren staatlichen Einheiten über gewählte Vertreter der unteren Einheiten (indirektes Mandat), Vermittlung über Stufendelegation
5) freies (repräsentatives) Mandat (Abhängigkeit der Abgeordneten von Wählerschaften durch periodische Neuwahlen)	5) nur beschränkter Einfluß auf Abgeordnete	5) kein Verhandlungs- und Entscheidungsspielraum für Abgeordnete	5) gebundenes (imperatives) Mandat (Bindung der Abgeordneten an Aufträge der unteren Einheit, jederzeitige Abberufbarkeit – recall)
6) Kontrolle der Bürokratie nach den Prinzipien der Gewaltenteilung und des parlamentarischen Systems, insbesondere Unabhängigkeit der Richter	6) zu wenig direkte, effektive Kontrolle derBürokratie	6) Aufhebung der Organisation und Handlungsfähigkeit des Staatsapparates, Fehlen der Gewaltenteilung (unabhängiger Kontrollinstitutionen)	6) Wahl und Kontrolle (Abberufbarkeit) der Beamten auf jeder Stufe der staatlichen Organisation durch (Kreis-, Bezirks- usw.) Räte, keine Gewaltenteilung
7) Entscheidung nach Mehrheitsprinzip bei grundsätzlichem Schutz der Minderheit (Chance, selbst Mehrheit zu werden)	7) ungenügende Berücksichtigung von Minderheiten und nicht durchsetzungsfähiger Interessen (z.B. Randgruppen, Verbraucher)	7) Kopflastigkeit des Systems durch strikte Bindung an „oben“ gefaßte Beschlüsse zwecks notwendiger Wahrung der gesellschaftlichen Einheit im Widerspruch zum eigentlichen Aufbauprinzip von „unten“ nach „oben“, kein Minderheitenschutz	7) Entscheidungen nach dem Prinzip des demokratischen Zentralismus: Wahlen von unten nach oben, Bindung der Basis an Beschlüsse von oben (evt. Fraktionierungsverbot)

Plebiszite

Volksabstimmungen (Plebiszite) ergänzen in repräsentativen ↑Demokratien (S. 36) die normale Form der Volksbeteiligung am politischen Willensbildungsprozeß durch ↑Wahlen (S. 40) von Entscheidungsträgern. Ihre Abhaltung ist häufig bei wichtigen politischen Angelegenheiten, wie z. B. Verfassungsänderungen, ausdrücklich vorgeschrieben. Sie werden entweder von einem Teil der Stimmbürger eingeleitet *(Volksbegehren)* oder von den staatlichen Instanzen selbst. Man unterscheidet Sach- und Personalplebiszite. Das Problem des *Volksentscheides (Referendum)* in einer repräsentativen Demokratie liegt darin, daß er nur einfache Ja-Nein-Stellungnahmen und keine differenzierteren Bewertungen der zur Abstimmung gestellten Gegenstände zuläßt. Insbesondere Personalplebiszite führen leicht zu hoch emotionalisierten, der Manipulation der Bürger preisgegebenen Entscheidungen.

Im ↑Regierungssystem der Bundesrepublik (S. 42) bilden Volksabstimmungen die Ausnahme. Im Bund sind sie nur im Falle der ↑Neugliederung des Bundesgebietes (S. 90) zulässig. In mehreren ↑Landesverfassungen (S. 92) ist dagegen die Möglichkeit eines Volksentscheides häufiger eingeräumt, in manchen sogar die Parlamentsauflösung durch ein Volksbegehren erzwingbar. Ähnliches gilt für die Gemeinden *(Bürgerbegehren, Bürgerentscheid)*.

Ein *Volksbegehren* wird in den Ländern in der Regel so durchgeführt, daß auf schriftlichen Antrag einer bestimmten Anzahl von Wahlberechtigten das Landesinnenministerium nach Prüfung formeller Voraussetzungen innerhalb einer kurzen Frist in den Gemeinden Listen auslegen lassen muß, in die sich die am Volksbegehren interessierten wahlberechtigten Bürger eintragen können. Wird eine bestimmte Anzahl von Eintragungen erreicht *(Quorum)*, so ist das damit zustandegekommene Volksbegehren zur Volksabstimmung zu stellen. Auch hier sind bestimmte Quoren und Mehrheiten vorgeschrieben, die erreicht werden müssen, wenn das Volksbegehren Erfolg haben soll. Bei einem auf Gesetzgebung gerichteten Volksbegehren wird in der Regel verlangt, daß ihm ein ausgearbeiteter und begründeter Gesetzesentwurf beigefügt wird. Dessen Annahme durch den Landtag kann die Durchführung der Volksabstimmung erübrigen. Andernfalls hat vor der Abstimmung eine Stellungnahme der betroffenen Verfassungsorgane (Regierung, Parlament) zum Volksbegehren, gegebenenfalls unter Publizierung eines eigenen Gegenvorschlages, zu erfolgen. Der Zwang zur Gesetzesausarbeitung und -begründung, sowie die Hürden hoher Quoren erschweren vielfach die erfolgreiche Durchführung des Volksbegehrens.

Regierungsreferenden können obligatorisch vorgeschrieben sein, so in Bayern bei einer vom Landtag beschlossenen Verfassungsänderung. Fakultativ sind sie etwa dann zugelassen, wenn eine Landesregierung gegen einen Gesetzesbeschluß des Landtags oder gegen eine durch diesen erfolgte Ablehnung eines Regierungsentwurfes vorgehen will. In Gemeindeordnungen findet sich überdies die Regel, daß auch die Gemeindevertretung (Gemeinderat) wichtige Angelegenheiten den Stimmbürgern zur Beschlußfassung vorlegen kann. Außerdem können *Bürgerversammlungen* zur Erörterung wichtiger Gemeindeangelegenheiten einberufen werden, deren Vorschläge und Anregungen innerhalb einer bestimmten Frist von den zuständigen kommunalen Organen zu behandeln sind. Ausgeschlossen vom Referendum sind allerdings meist den Haushalt betreffende Gesetze bzw. Satzungen.

Das Interesse an einer stärkeren direkten Beteiligung des Volkes an politischen Entscheidungen hat vielfach zu Forderungen nach einer Verminderung der Quoren geführt.

R. Schiffers, Elemente direkter Demokratie im Weimarer Regierungssystem, Düsseldorf 1971.
E. Fraenkel, Die repräsentative und die plebiszitäre Komponente im demokratischen Verfassungsstaat (Recht und Staat, Heft 219/220), Tübingen 1958.
M. Abelein, Plebiszitäre Elemente in den Verfassungen der Bundesländer, Zeitschrift für Parlamentsfragen, 2. Jg. 1971, S. 187–199.

Durchführung eines Volksbegehrens nach der Bayerischen Verfassung vom 2. 12. 1946 (Art. 74 f. BV und Landeswahlgesetz)

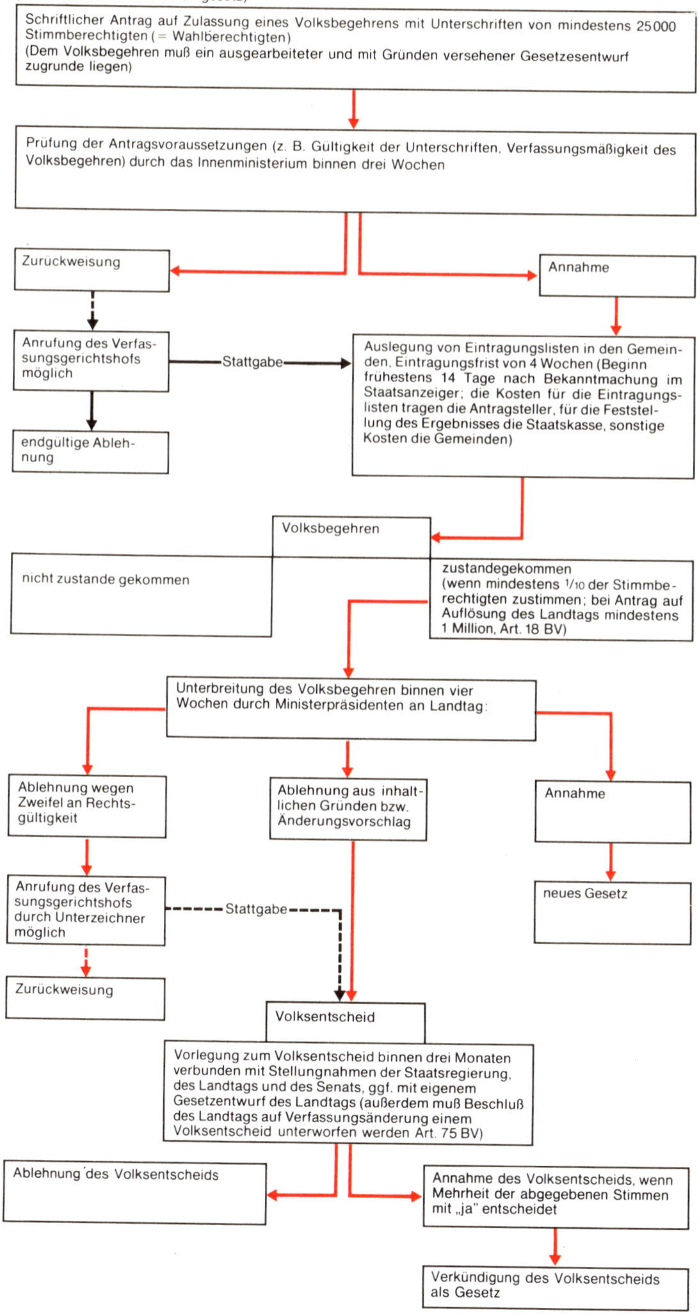

Wahlen

Die *Wahl* ist ein Bestellungsverfahren zur Besetzung von Ämtern. Sie ist vom (Personal-) ↑*Plebiszit* (S. 38), d. h. der Entscheidung über eine allein zur Wahl stehende Person und vom *Referendum*, der Entscheidung über eine Sachfrage, zu unterscheiden. In allen demokratisch verfaßten Gesellschaften ist die Wahl das wesentliche Verfahren zur Besetzung repräsentativer Körperschaften wie z. B. von Parlamenten. Früher war das Wahlrecht häufig auf bestimmte Personengruppen, z. B. auf Männer oder auf Steuerzahler mit hohem Einkommen (Zensuswahlrecht) beschränkt. In der ↑ Demokratie (S. 36) gelten dagegen in der Regel folgende *Wahlprinzipien:* Die Wahlen sind allgemein und gleich. Grundsätzlich darf jeder Bürger wählen *(aktives Wahlrecht)* oder sich wählen lassen *(passives Wahlrecht)*. Jeder Abstimmende verfügt über dieselbe Anzahl von Stimmen. Sie sind ferner unmittelbar (ohne Zwischenschaltung von Wahlmännern), geheim (keine öffentliche Stimmabgabe) und frei (ohne Zwang). Unter diesen Prinzipien besitzt das Kriterium der freien Wahl eine besondere Bedeutung; denn von einer echten Wahl kann nur dann gesprochen werden, wenn der Wahlberechtigte sich mindestens zwischen zwei Alternativen entscheiden kann. Vorgänge in Staaten, in denen eine Entscheidung nur zugunsten eines Wahlvorschlags möglich ist, sind daher nicht als Wahl, sondern als Akklamation zu bezeichnen. Die Ausgestaltung des Wahlverfahrens unterliegt komplizierten technischen Regelungen, die ihrerseits politisch bedeutsame Konsequenzen haben. Grundsätzlich wird zwischen dem System der *Mehrheitswahl* (Persönlichkeitswahl) und dem der *Verhältniswahl* (Listenwahl) unterschieden. Bei der Mehrheitswahl konkurrieren mehrere Bewerber (verschiedener ↑ Parteien S. 66) um ein Amt (Abgeordnetenmandat) in einem Wahlkreis. Gewählt ist je nach zugrundeliegendem Wahlrecht, wer – im ersten oder zweiten Wahlgang – die absolute oder relative Mehrheit der Stimmen auf sich vereinigt. Bei der Verhältniswahl konkurrieren verschiedene Parteien mit Kandidatenlisten im ganzen Wahlgebiet (z. B. Land) um die verfügbaren Mandate. Sie erhalten diese entsprechend den für ihre Liste abgegebenen Stimmen aufgrund bestimmter Auszählverfahren, z. B. dem von d'Hondt. Nach diesem Verfahren wird die auf eine Liste entfallene Stimmenzahl fortlaufend durch 1, 2, 3 usw. dividiert. Die Mandate werden auf die höchsten Quotienten verteilt. Mit der Mehrheitswahl läßt sich in der Regel eine klare Mehrheitsbildung in der zu wählenden Körperschaft erreichen. Allerdings kann hier eine stimmenschwächere Partei u. U. mehr Mandate erringen als eine insgesamt stimmenstärkere. Die Verhältniswahl zielt dagegen auf eine präzisere proportionale Abbildung der Stimmstärke der an der Wahl beteiligten Gruppen im Parlament. Sie erleichtert damit allerdings den Einzug von Splittergruppen in das Parlament und kann auf diese Weise die Mehrheitsbildung dort erschweren.

Manche Wahlgesetze erlauben dem Wähler eine stärkere Differenzierung seiner Präferenzen. So besitzt bei den ↑ Kommunalwahlen (S. 110) in Baden-Württemberg für die Wahl zum Gemeinderat jeder Wähler soviel Stimmen, wie Gemeinderäte zu wählen sind. Er kann davon einem Bewerber bis zu drei Stimmen geben *(kumulieren)* und Kandidaten verschiedener Wahlvorschläge mit seinen Stimmen bedenken *(panaschieren)*, ist also nicht an die Liste einer Partei gebunden. Das Grundgesetz verlangt, daß die Vertretungskörperschaften des Volkes in Bund, Ländern, Kreisen und Gemeinden nach den Prinzipien der allgemeinen, unmittelbaren, freien, gleichen und geheimen Wahl gewählt werden (↑ Bundestagswahl S. 48).

D. Sternberger/B. Vogel, Die Wahl der Parlamente, Bd. I (zwei Halbbände), Berlin 1969.
M. Kaase (Hrsg.), Wahlsoziologie heute, Politische Vierteljahresschrift, Heft 2/3, Opladen 1977.

Beispiel zur
a) Mehrheitswahl
b) Verhältniswahl

a)
drei Parteien, fünf Wahlkreise zu je 10000 Wahlberechtigten

Wahlkreis	Parteien			
	A	B	C	
I	8.000	1.000	1.000	Stimmen
II	6.000	1.500	2.500	Stimmen
III	3.000	5.000	2.000	Stimmen
IV	3.000	4.000	3.000	Stimmen
V	2.000	4.500	3.500	Stimmen
insgesamt:	22.000	16.000	12.000	Stimmen

Gewählt sind die Kandidaten, die in einem Wahlkreis die höchste Stimmenzahl erzielten. Danach entsenden die Partei A zwei, die Partei B drei Abgeordnete ins Parlament und die Partei C keinen, obwohl sie über ein Fünftel der Stimmen insgesamt auf sich vereinigen konnte, nicht viel weniger als die Partei B. Dagegen verfügt die Partei B über die absolute Mehrheit im Parlament, obwohl sie insgesamt weniger Stimmen erhielt als die Partei A.

b)
fünf Parteien, 100.000 Stimmberechtigte, zehn Mandate im Auszählverfahren nach d'Hondt zu verteilen

Divisoren	Parteien					
	A	B	C	D	E	
1	48.000	24.000	15.500	7.500	5.000	= 100.000
2	24.000	12.000	7.750			
3	16.000	8.000				
4	12.000	6.000				
5	9.600					
6	8.000					
7	6.857					

Gewählt sind die sechs ersten Kandidaten auf der Liste der Partei A, drei der Partei B und einer der Partei C. Die Partei A hat mit weniger als der Hälfte der Stimmen die absolute Mehrheit erreicht. Partei B hat mit drei (statt zwei) Mandaten verhältnismäßig besser abgeschnitten als Partei C mit einem (statt zwei) Mandaten. Partei E erhielt kein Mandat, aber auch Partei D nicht.

Regierungssystem der Bundesrepublik

Die Bundesrepublik Deutschland ist ein nach den Prinzipien der parlamentarischen ↑Demokratie (S. 36) gestalteter *Bundesstaat* (↑Bundesstaatliche Ordnung S. 44). Die Erledigung der Staatsaufgaben ist zwischen Zentralstaat (Bund) und Gliedstaaten (Ländern) geteilt und zum Teil auf Organe der *Selbstverwaltung* (↑Körperschaften, Anstalten, Stiftungen S. 244) übertragen. Die *demokratische Legitimation* der Träger staatlicher Gewalt erfolgt über ↑Wahlen (S. 40) zu den zentralen Beschlußorganen (Bundestag, Landtage, kommunale Parlamente). In manchen Ländern werden auch die Bürgermeister, in Bayern sogar der Landrat von der Bevölkerung gewählt. Der politische Willensbildungsprozeß zwischen Volk und Regierung – Parlament wird von ↑*Parteien* (S. 66) als Trägern unterschiedlicher politischer Programme vermittelt. Direkte Volksentscheide kommen dagegen selten vor, am ehesten noch auf der kommunalen Ebene (Bürgerentscheid). Partiell räumen auch ↑Landesverfassungen (S. 92) die Möglichkeit von ↑Plebisziten (S. 38) ein. Im Bund gibt es eine Volksabstimmung nur im Falle der ↑Neugliederung des Bundesgebietes (S. 90). Weitere politische Artikulationsmöglichkeiten bestehen für die Bevölkerung durch Bildung von ↑*Verbänden* (S. 70) zur Vertretung von Sonderinteressen gegenüber den staatlichen Instanzen.

Das zentrale Verfassungsorgan des Bundes ist der ↑*Bundestag* (S. 46). Seine Mitglieder und eine gleiche Anzahl von Abgeordneten der Landtage wählen als Bundesversammlung den ↑Bundespräsidenten (S. 58). Vom Bundestag wird ferner auf Vorschlag des Bundespräsidenten der Bundeskanzler gewählt. Die Bundesminister werden dagegen auf Vorschlag des Bundeskanzlers vom Bundespräsidenten ernannt. Tatsächlich ist die ↑Regierungsbildung (S. 62) allerdings meist das Ergebnis vorheriger Koalitionsabsprachen zwischen den Parteien des Bundestags. Die Bundesregierung ist einer vielfältigen Kontrolle durch den Bundestag, insbesondere durch die Opposition, z. B. in Form von Anfragen und ↑Untersuchungsausschüssen (S. 54) ausgesetzt. Ihre Tätigkeit ist überdies von der Gesetzgebung durch den Bundestag abhängig. Auch in ihrer Existenz ist sie an das Vertrauen der Mehrheit im Bundestag gebunden. Der Bundeskanzler kann allerdings, wenn das Parlament ihm das Vertrauen verweigert und keinen Nachfolger bestimmt, den Bundespräsidenten um Auflösung des Bundestags zwecks Ausschreibung von Neuwahlen ersuchen. Sinn dieser Regelung ist es, die Bildung einer neuen, mehrheitsfähigen Regierung zu ermöglichen. Nur unter erschwerten Bedingungen ist daher einer Minderheitsregierung der Ausweg des Gesetzgebungsnotstandes (↑Notstandsverfassung S. 86) gestattet. Da eine Minderheitsregierung bei schlechten Neuwahlchancen eine Auflösung des Bundestags scheuen wird und das Parlament kein Selbstauflösungsrecht besitzt, kann es hier zu erheblichen Systemfriktionen kommen.

In ähnlicher Weise nach den Prinzipien des ↑parlamentarischen Systems (S. 32) ist das Verhältnis der ↑*Verfassungsorgane der Länder* (S. 94) geregelt. Auch die ↑*Gemeindeverfassungen* (S. 108) sind demokratischen Grundsätzen verpflichtet. Die Länder besitzen außerdem im ↑*Bundesrat* (S. 56) ein Organ, das ihre Interessen vor allem bei der Gesetzgebung und beim Erlaß von Rechtsverordnungen und Verwaltungsvorschriften des Bundes wahrnimmt. Ein Organ der Gemeinden und Gemeindeverbände zur Wahrnehmung kommunaler Interessen beim Bund existiert dagegen nicht. Ein großer Teil der vollziehenden Tätigkeit wird vom Bund in Ermangelung eines eigenen Verwaltungsunterbaus auf die ↑Landesverwaltung (S. 80) übertragen. Streitigkeiten zwischen Bund und Ländern und zwischen Bundesorganen entscheidet das Bundesverfassungsgericht (↑Verfassungsgerichte S. 178).

Th. Ellwein, Das Regierungssystem der Bundesrepublik Deutschland, 4. Aufl. Opladen 1977.
K. Sontheimer, Grundzüge des politischen Systems der Bundesrepublik Deutschland, 5. Aufl. München 1976.

Schema des Regierungssystems der Bundesrepublik

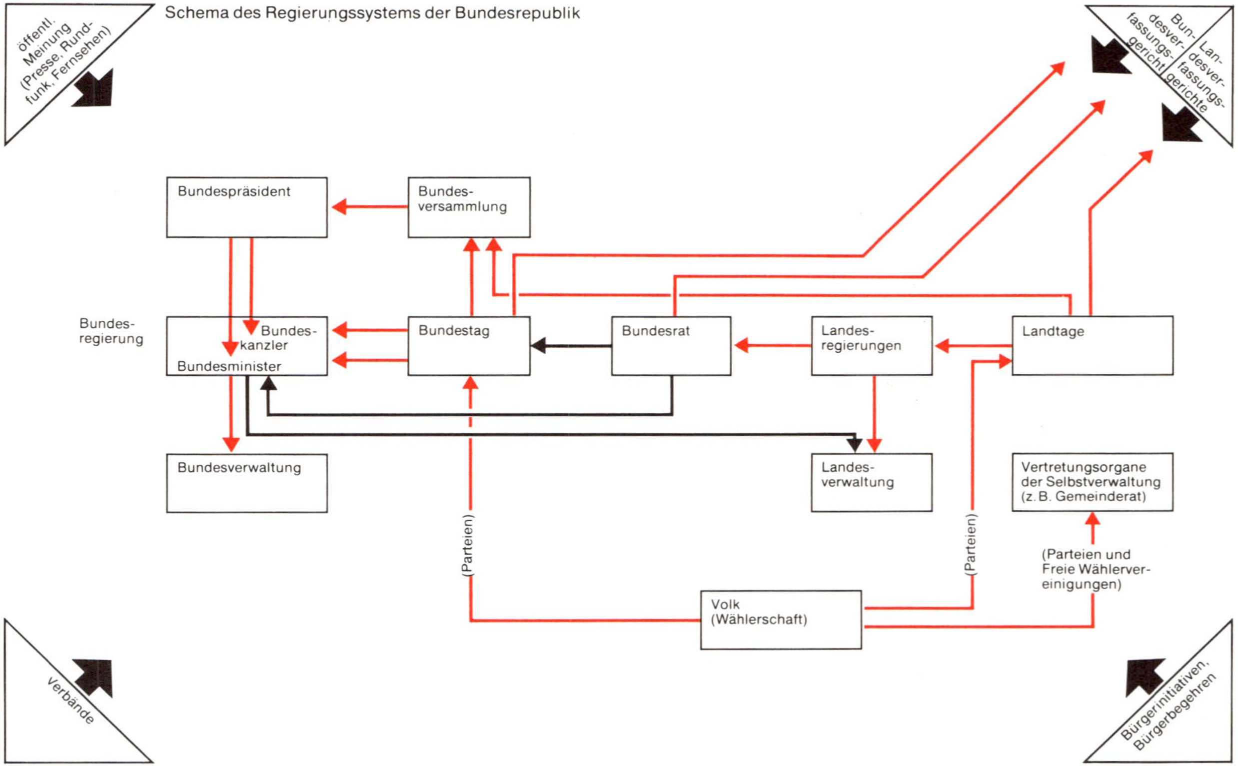

Bundesstaatliche Ordnung

Die Bundesrepublik Deutschland ist ein *Bundesstaat* (↑Staat S. 1). Die staatlichen Aufgaben sind nach Maßgabe des Grundgesetzes (GG) zwischen Bund und Ländern geteilt. Die Interessen der Länder beim Bund werden durch ein besonderes Organ, den ↑Bundesrat (S. 56), wahrgenommen. Nach Art. 30 GG obliegt die Erfüllung der staatlichen Aufgaben grundsätzlich den Ländern. Die Zuständigkeiten des Bundes sind dagegen im GG speziell aufgeführt. Eine ungeschriebene Bundeskompetenz besteht darüber hinaus nur dann, wenn sie kraft Sachzusammenhangs gegeben ist. Diese Regelung täuscht allerdings über die tatsächlichen Verhältnisse hinweg.

Das gilt insbesondere bei der Verteilung der ↑*Gesetzgebungszuständigkeiten* (S. 76). Zwar besitzt hier der Bund nur eine eng umgrenzte ausschließliche Gesetzgebungskompetenz. In sehr vielen Fällen ist seine Zuständigkeit aber mit der der Länder konkurrierend, wobei im Kollisionsfall Bundesrecht Landesrecht vorgeht. Da der Bund von seiner konkurrierenden Gesetzgebungsbefugnis einen umfassenden Gebrauch gemacht hat, um einheitliche Verhältnisse im ganzen Bundesgebiet zu gewährleisten, sind den Ländern tatsächlich nur wenige Bereiche zur selbständigen Regelung verblieben.

Im Gegensatz dazu liegt die *Verwaltung* auch heute noch im wesentlichen in ihrer Zuständigkeit. Sie führen auch die Bundesgesetze, z. T. weisungsgebunden im Auftrag des Bundes, aus (↑Landesverwaltung S. 80). Der Bund verfügt nur in wenigen Fällen über eine ↑bundeseigene Verwaltung (S. 78). Zu der separaten Aufgabenerledigung ist allerdings im Laufe der Zeit auf einigen Gebieten die gemeinschaftliche Erfüllung von Länderaufgaben durch Bund und Länder getreten (↑Kooperation im Bundesstaat S. 82). Der hier beobachtbare Übergang vom sog. separativen zum *kooperativen Föderalismus* bei immer stärkerer finanzieller Abhängigkeit der Länder von Dotationen des Bundes zeigt ebenfalls deutlich, daß sich die staatlichen Aufgaben durch ein Land allein kaum noch zufriedenstellend erledigen lassen (↑Gemeinschaftliche Ländereinrichtungen S. 84). Ebenfalls grundsätzlich in der Hand der Länder liegt die *Rechtsprechung*. Hier sorgt der Bund – von wenigen Ausnahmen abgesehen – lediglich durch oberste Gerichtshöfe als Revisionsinstanzen für eine einheitliche Anwendung des Rechts (↑Gerichtsorganisation S. 160). Eine besondere Regelung haben ferner das ↑*Finanzsystem* der Bundesrepublik (S. 298) und die *auswärtigen Beziehungen* gefunden. Der Abschluß von Verträgen mit anderen Staaten ist grundsätzlich Sache des Bundes. Soweit die Länder für die Gesetzgebung zuständig sind, also z. B. auf dem Kultursektor, können sie jedoch ebenfalls mit Zustimmung der Bundesregierung Verträge abschließen. Entsprechendes gilt für Verwaltungsabkommen.

Die föderative Gliederung der Bundesrepublik ist grundsätzlich unaufhebbar (↑Verfassung S. 16). Das bedeutet allerdings weder, daß die gegenwärtig existierenden Länder in ihrem Bestand geschützt sind (↑Neugliederung des Bundesgebiets S. 90), noch, daß nicht weitere Aufgabenverschiebungen von den Ländern zum Bund stattfinden können. Bund und Länder sind zur gegenseitigen Rechts- und Amtshilfe sowie allgemein zu einem bundesfreundlichen Verhalten verpflichtet. Bei Streitigkeiten zwischen ihnen kann das Bundesverfassungsgericht angerufen werden. Die verfassungsmäßige Ordnung der Länder muß der des Bundes entsprechen (Homogenitätsgebot, ↑Landesverfassungen S. 92). Kommt ein Land seinen Bundespflichten nicht nach, so kann die Bundesregierung es im Wege des Bundeszwanges, eventuell durch Einsetzung eines Staatskommissars, zur Erfüllung seiner Pflichten anhalten (Bundesexekution, Art. 37 GG). Wird ein Land mit inneren Notständen nicht allein fertig, darf die Bundesregierung ebenfalls eingreifen (*Bundesintervention*, ↑Notstandsverfassung S. 86).

K. Hesse, Der unitarische Bundesstaat, Karlsruhe 1962.
H. Laufer, Der Föderalismus der Bundesrepublik Deutschland, Stuttgart u. a. 1974.
F. Scharpf/B. Reisert/F. Schnabel, Politikverflechtung: Theorie und Empirie des kooperativen Föderalismus in der Bundesrepublik, Kronberg/Ts. 1976.

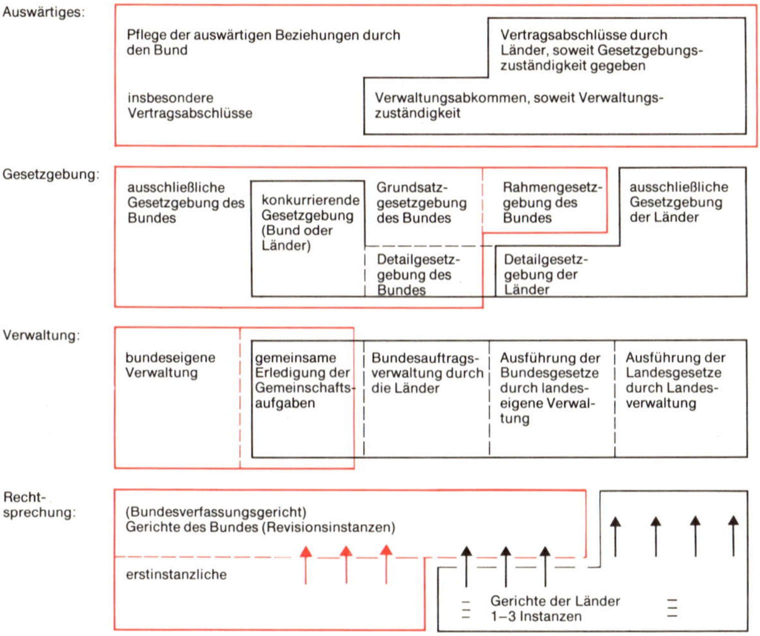
Auswärtiges:
Pflege der auswärtigen Beziehungen durch den Bund
insbesondere Vertragsabschlüsse
Vertragsabschlüsse durch Länder, soweit Gesetzgebungszuständigkeit gegeben
Verwaltungsabkommen, soweit Verwaltungszuständigkeit
Gesetzgebung:
ausschließliche Gesetzgebung des Bundes
konkurrierende Gesetzgebung (Bund oder Länder)
Grundsatzgesetzgebung des Bundes
Detailgesetzgebung des Bundes
Rahmengesetzgebung des Bundes
Detailgesetzgebung der Länder
ausschließliche Gesetzgebung der Länder
Verwaltung:
bundeseigene Verwaltung
gemeinsame Erledigung der Gemeinschaftsaufgaben
Bundesauftragsverwaltung durch die Länder
Ausführung der Bundesgesetze durch landeseigene Verwaltung
Ausführung der Landesgesetze durch Landesverwaltung
Rechtsprechung:
(Bundesverfassungsgericht)
Gerichte des Bundes (Revisionsinstanzen)
erstinstanzliche
Gerichte der Länder
1–3 Instanzen

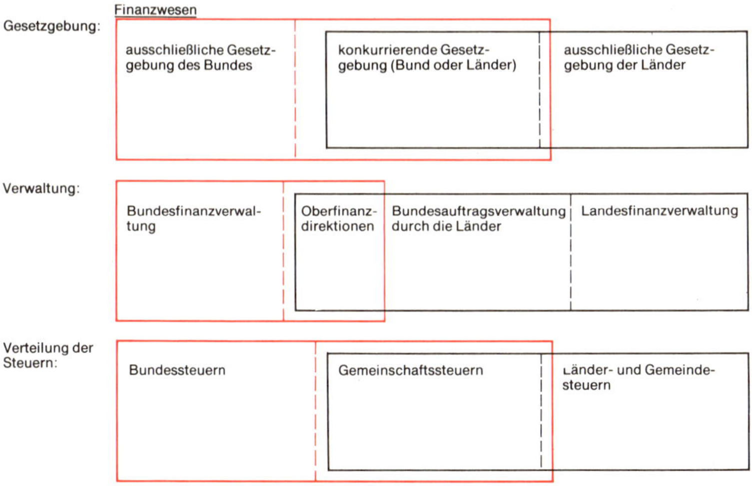
Finanzwesen
Gesetzgebung:
ausschließliche Gesetzgebung des Bundes
konkurrierende Gesetzgebung (Bund oder Länder)
ausschließliche Gesetzgebung der Länder
Verwaltung:
Bundesfinanzverwaltung
Oberfinanzdirektionen
Bundesauftragsverwaltung durch die Länder
Landesfinanzverwaltung
Verteilung der Steuern:
Bundessteuern
Gemeinschaftssteuern
Länder- und Gemeindesteuern

Bundestag

Das Grundgesetz (GG) enthält in den Artikeln 38 bis 49 grundsätzliche Regelungen über den Deutschen Bundestag (BT). Der BT ist die *Volksvertretung* des deutschen Volkes und oberstes staatliches Organ der Bundesrepublik. Durch seine unmittelbare demokratische Legitimation repräsentiert er das Volk, von dem gemäß Art. 20 GG alle Staatsgewalt ausgeht. Der BT ist als Parlament *Verfassungsorgan* und besteht aus einer festgelegten Zahl von ↑Abgeordneten (S. 50). Er ist als oberstes *Staatsorgan* an keine Weisungen gebunden, sondern hat eigene Rechte und Pflichten. Dazu gehören das Recht, seine eigenen Angelegenheiten selbst zu regeln *(Autonomie)*, und das *Selbstversammlungsrecht*, das vor allem auch die Befugnis umfaßt, Ende und Wiederbeginn von Sitzungen zu bestimmen. Der BT und seine Parlamentsausschüsse haben nach Art. 43 das Recht, jederzeit die Anwesenheit jedes Mitglieds der Bundesregierung zu verlangen. Der BT kann weiterhin das Bundesverfassungsgericht anrufen und ↑Untersuchungsausschüsse (S. 54) einsetzen. Er ist das wichtigste Organ im Gesetzgebungsverfahren, wobei er allerdings an die verfassungsrechtlich vorgeschriebene Mitwirkung des ↑Bundesrats (S. 56) gebunden ist (↑Gesetzgebung S. 74). Der BT beschließt die Bundesgesetze, die gemäß Art. 31 GG Landesrecht brechen, und gemäß Art. 20 Abs. 3 GG Regierung, Verwaltung und Rechtsprechung in Bund und Ländern binden. Der BT hat das Recht, aus seiner Mitte Gesetzesentwürfe einzubringen (*Initiativrecht* gemäß Art. 76 GG).

Außer der Gesetzgebung gehören zu den wichtigsten *Aufgaben* des BT die Beteiligung an der Bestellung von Bundesorganen, insbesondere die Mitwirkung bei der Wahl des Bundespräsidenten durch die Bundesversammlung (Art. 54 GG) und die Wahl des Bundeskanzlers (Art. 63 GG) sowie dessen vorzeitige Abberufung durch ein konstruktuves Mißtrauensvotum nach Art. 67 GG. Der BT ist ferner an der Wahl der Hälfte der Mitglieder des Bundesverfassungsgerichts (Art. 94 Abs. 1 GG) und über den Richterwahlausschuß an der Wahl der Richter der oberen Bundesgerichte beteiligt. Die *Kontrolle* der vollziehenden Gewalt durch den BT erfolgt u. a. durch Anfragen (große und kleine Anfragen), Interpellationen, aktuelle Stunden, Petitionen und Parlamentsbeauftragte (↑Wehrbeauftragter S. 152) sowie Ausschüsse. Ein wichtiges Kontrollmittel ist das Budgetrecht, d. h. die Feststellung des ↑Haushaltsplans (S. 296) und die Entgegennahme der jährlichen Rechnungslegung durch den Finanzminister.

Die Abgeordneten des BT werden in allgemeiner, unmittelbarer, freier, gleicher und geheimer Wahl gewählt (↑Bundestagswahl S. 48). Abgeordnete der gleichen Partei (mindestens 5 v. H.) bilden eine *Fraktion*. Die Fraktionen sind untergliedert in Arbeitskreise, die die Fraktionsbeschlüsse vorbereiten. Das Verfahren und die Organisation des BT werden durch die Geschäftsordnung geregelt (↑Parlamentsrecht S. 52), die als wichtigste Organe den Bundestagspräsidenten, den Ältestenrat und die Ausschüsse aufführt. Auch bei ihrer Zusammensetzung spielen die Fraktionen eine bedeutende Rolle (Mitgliederentsendung nach Größe der Fraktion). Der BT-Präsident hat das Hausrecht und die Polizeigewalt im BT-Gebäude. Die Verhandlungen des BT finden grundsätzlich öffentlich statt; auf Antrag eines Zehntels der Mitglieder oder der Bundesregierung kann die Öffentlichkeit mit Zweidrittelmehrheit ausgeschlossen werden. Soweit das GG nicht anderes bestimmt, erfolgt die Beschlußfassung mit einfacher Mehrheit. Zur Beschlußfähigkeit des BT ist die Anwesenheit von mehr als der Hälfte der Mitglieder erforderlich. Seit einiger Zeit werden von allen Parteien notwendige Reformen (z. B. Redezeitverkürzung, Zwischenfragen, Hearing, Assistenten) zur Straffung und Verbesserung der parlamentarischen Arbeit im BT diskutiert.

F. Schäfer, Der Bundestag, 2. Aufl., Opladen 1975.
U. Thaysen, Parlamentsreform in Theorie und Praxis, Opladen 1972.
Amtl. Handbuch des deutschen Bundestages, 8. Wahlperiode, Bad Honnef 1978.

I. Tätigkeit des Deutschen Bundestages und Bundesrates

Gegenstand der Nachweisung	4.	5.	6.	7.	8.
	Wahlperiode				
Gesetzesvorlagen					
der Bundesregierung	368	415	351	461	95
des Bundestages	245	225	171	136	30
Insgesamt	621	654	546	670	149
Gesetzesbeschlüsse auf Initiative von:					
Bundesregierung	326	372	259	427	51
Bundestag	97	80	58	62	6
Bundesregierung/Bundestag/Bundesrat			5	10	–
Insgesamt	426	461	335	516	61
Vermittlungsausschuß angerufen durch:					
Bundesregierung	3	4	2	7	–
Bundestag	2	1	–	1	–
Insgesamt	39	39	33	104	8
dar.: als Gesetz verkündet	35	29	30	89	7
Sonstige Tätigkeit					
Bundestag					
Verordnungen u. dgl.					
Regierungsvorlagen	480	670	633	79	28
EG-Vorlagen				1 189	324
Selbständige Anträge von Abgeordneten, die keinen Gesetzesentwurf enthalten	181	187	102	141	58
Anträge der Bundesregierung gemäß d. BHO	80	72	68	81	19
Große Anfragen	34	45	31	23	15
Kleine Anfragen	308	487	569	483	113
Mündliche Fragen (Fragestunde)	4786	10733	11073	18497	6256
Aktuelle Stunden	2	17	8	18	3
Sonstige Vorlagen	389	491	431	637	183
Petitionen	583949	33232	22882	49204	12872

II. Gesetzgebung des Deutschen Bundestages

Gesetzentwurf / Ressort	Eingebrachte Gesetze insgesamt		Verabschiedet		Anderweitig erledigt		Nicht mehr erledigt	
	6.	7.	6.	7.	6.	7.	6.	7.
	Wahlperiode							
Gesetzentwürfe								
der Bundesregierung	364	484	264	430	10	6	90	48
des Bundestages	171	138	57	59	54	53	60	26
des Bundesrates	44	96	12	17	13	52	19	27
Ingesamt	579	718	333	506	77	111	169	101
Gesetzentwürfe der Bundesregierung nach Ressorts								
Auswärtiges	22	24	18	21	–	–	4	3
Arbeit und Sozialordnung	54	64	40	58	3	1	11	5
Ernährung, Landwirtschaft und Forsten	21	35	14	30	1	1	6	4
Finanzen	55	77	42	70	1	1	12	6
Inneres	42	59	32	50	2	1	8	8
Justiz	55	70	32	57	1	1	22	12
Verkehr, Post- und Fernmeldewesen	25	44	20	42	–	1	5	1
Verteidigung	11	8	10	7	–	–	1	1
Wirtschaft	40	55	25	53	2	–	13	2
Städtebau, Wohnungswesen	4	7	4	5	–	–	–	2
Familien- und Jugendfragen, Gesundheitswesen	23	27	16	24	–	–	7	3
Innerdeutsche Beziehungen	3	2	3	2	–	–	–	–
Bildung und Wissenschaft	–	7	–	6	–	–	–	1
Forschung und Technologie	9	5	8	5	–	–	1	–
Schatzministerium	–	–	–	–	–	–	–	–
Vertriebene	–	–	–	–	–	–	–	–

Statistisches Bundesamt 1978

Bundestagswahl

Die 518 Abgeordneten des Deutschen Bundestages (BT) werden nach den wenigen im Grundgesetz (GG) niedergelegten *Wahlgrundsätzen* (z. B. Art. 38 GG) und der Regelung im Bundeswahlgesetz von 1972 gewählt. Wahlberechtigt ist, wer das achtzehnte Lebensjahr vollendet hat; wählbar ist, wer volljährig und seit mindestens einem Jahr Deutscher im Sinne des Art. 116 GG ist (↑Staatsangehörigkeit S. 18). Das *aktive Wahlrecht* gewährleistet das Recht zur Mitwirkung und Teilnahme an der Wahl der Abgeordneten zum Bundestag und zur Einreichung von Wahlvorschlägen. Das *passive Wahlrecht* bedeutet das Recht, sich selbst um einen Sitz im BT (Mandat) zu bewerben.

Der BT wird auf vier Jahre gewählt. Seine *Wahl-* oder *Legislaturperiode* endet vier Jahre nach seinem ersten Zusammentreten oder mit seiner Auflösung durch den ↑Bundespräsidenten (S. 58). Der BT kann sich nicht selbst auflösen. Der Bundespräsident hat das Recht, den BT aufzulösen, wenn ein Bundeskanzler nur mit einfacher Mehrheit gewählt wurde (Art. 63 Abs. 4 GG) oder wenn ein Bundeskanzler ohne Erfolg die Vertrauensfrage gestellt hat (Art. 68 Abs. 1 GG). Eine Neuwahl muß im letzten Vierteljahr der laufenden Wahlperiode oder im Fall der Auflösung spätestens nach 60 Tagen stattfinden. Bei Ende der Wahlperiode oder Auflösung des BT gelten alle noch nicht behandelten oder verabschiedeten Gesetzesvorlagen, alle Anträge, großen und kleinen Anfragen als erledigt, da nach dem parlamentarischen Grundsatz der *Diskontinuität* jeder neugewählte BT seine Organe neu wählen und seine Geschäftsordnung neu beschließen muß.

Der BT besteht aus 518 Abgeordneten; davon werden 22 Berliner Abgeordnete mittelbar vom Berliner Abgeordnetenhaus gewählt. Die übrigen 496 Abgeordneten werden von den wahlberechtigten Bundesbürgern in allgemeiner, unmittelbarer, freier, gleicher und geheimer Wahl gewählt (Art. 38 Abs. I GG). Die Wahl findet in dem in 248 Wahlkreise untergliederten Wahlgebiet nach einem personalisierten *Verhältniswahlrecht* statt; eine Reform der Einteilung der Wahlkreise wird diskutiert. Jeder Wähler verfügt über zwei Stimmen: Mit der *Erststimme* wählt er 248 Abgeordnete nach Kreiswahlvorschlägen in den Wahlkreisen, mit der *Zweitstimme* weitere 248 nach einer Landesliste der Parteien. In den Wahlkreisen ist der Bewerber mit den meisten Stimmen gewählt *(relatives Mehrheitswahlrecht)*. Anhand der gültigen Zweitstimmen in jedem Bundesland werden nach dem *d'Hondtschen Höchstzahlverfahren* für jede Partei die Mandate für die Landesliste vergeben (↑Wahlen S. 40). Das Verfahren begünstigt in gewissem Umfang die größeren Parteien und trägt dadurch zur Stabilität bei. Dazu kommt, daß bei der Sitzverteilung auf die Landeslisten nur Parteien berücksichtigt werden, die mindestens 5% der Zweitstimmen auf sich vereinigen oder in mindestens 3 Wahlkreisen Direktmandate erringen. Überhangmandate entstehen dann, wenn die Zahl der *Direktmandate* einer Partei größer ist als die ihr aufgrund der Zweitstimmen zustehende Zahl der Sitze. Die 22 Berliner Abgeordneten werden mittelbar vom Berliner Abgeordnetenhaus gewählt. Vom Bundeswahlleiter ist nach § 52 Bundeswahlgesetz jeweils eine Statistik der Wahlen zum Deutschen Bundestag zu erstellen.

Die Bundeswahlordnung von 1972 regelt den Ablauf des Wahlverfahrens. Beim Tod eines gewählten Kandidaten oder sonstigen Ausscheiden aus dem BT wird der freigewordene Sitz aus der Landesliste derjenigen Partei neu besetzt, für die der Ausgeschiedene kandidiert hat. Den Parteien werden die notwendigen Kosten des Bundestagswahlkampfes ersetzt, sofern sie eigene Bewerber vorgeschlagen haben (Wahlkampfkostenpauschale je Wahlberechtigter; ↑Parteienrecht S. 68). Bestehen Zweifel über die Gültigkeit einer Wahl, entscheidet der Bundestag nach dem Wahlprüfungsgesetz. Die Entscheidung wird durch den Wahlprüfungsausschuß vorbereitet.

M. Kaase (Hrsg.), Wahlsoziologie heute, Opladen 1977.
W. Kaltefleiter, Vorspiel zum Wechsel. Eine Analyse der Bundestagswahl 1976, Berlin 1977.
J. Hahlen, Vorbereitung und Durchführung der Wahl zum Deutschen BT, Köln 1976.

Sitze im Deutschen Bundestag 1972 und 1976

Land (a = in Wahlkreisen und aus Landeslisten, b = in Wahlkreisen)		Insgesamt 1972	Insgesamt 1976	SPD 1972	SPD 1976	CDU 1972	CDU 1976	CSU 1972	CSU 1976	F.D.P. 1972	F.D.P. 1976
		Bundestagswahl									
Schleswig-Holstein	a	22	22	11	10	9	10	–	–	2	2
	b	11	11	9	6	2	5	–	–	–	–
Hamburg	a	16	14	9	8	5	5	–	–	2	1
	b	8	8	8	8	–	–	–	–	–	–
Niedersachsen	a	62	62	30	29	27	28	–	–	5	5
	b	30	30	23	18	7	12	–	–	–	–
Bremen	a	4	5	3	3	1	2	–	–	–	–
	b	3	3	3	3	–	–	–	–	–	–
Nordrhein-Westfalen	a	148	148	75	70	61	66	–	–	12	12
	b	73	73	52	45	21	28	–	–	–	–
Hessen	a	47	47	23	22	19	21	–	–	5	4
	b	22	22	20	17	2	5	–	–	–	–
Rheinland-Pfalz	a	31	31	14	13	15	16	–	–	2	2
	b	16	16	9	6	7	10	–	–	–	–
Baden-Württemberg	a	72	71	28	26	36	38	–	–	8	7
	b	36	36	12	4	24	32	–	–	–	–
Bayern	a	86	88	33	29	–	–	48	53	5	6
	b	44	44	13	4	–	–	31	40	–	–
Saarland	a	8	8	4	4	4	4	–	–	–	–
	b	5	5	3	3	2	2	–	–	–	–
Bundesgebiet ohne Berlin	a	496	496	230	214	177	190	48	53	41	39
	b	248	248	152	114	65	94	31	40	–	–
Berlin (West)		22	22	12	10	9	11	–	–	1	1
Bundesgebiet		518	518	242	224	186	201	48	53	42	40

Wahlen zum Deutschen Bundestag

Gegenstand der Nachweisung	Jahr		Bundesgebiet ohne Berlin	Schleswig-Holstein	Hamburg	Niedersachsen	Bremen	Nordrhein-Westfalen	Hessen	Rheinland-Pfalz	Baden-Württemberg	Bayern	Saarland
Wahlbeteiligung	1969	%	86,7	86,0	87,6	87,5	86,3	87,3	88,2	87,0	85,1	85,2	89,1
	1972	%	91,1	90,5	92,2	91,4	91,0	91,8	91,7	91,6	90,2	89,8	92,9
	1976	%	90,7	90,6	91,1	91,4	90,0	91,3	91,9	91,5	89,1	89,6	92,9
Von den gültigen Stimmen entfallen auf:													
SPD	1969	%	42,7	43,5	54,6	43,8	52,0	46,8	48,2	40,1	36,5	34,6	39,9
	1972	%	45,8	48,6	54,4	48,1	58,1	50,4	48,5	44,9	38,9	37,8	47,9
	1976	%	42,6	46,4	52,6	45,7	54,0	46,9	45,7	41,7	36,6	32,8	46,1
CDU bzw. CSU	1969	%	46,1	46,2	34,0	45,2	32,3	43,6	38,4	47,8	50,7	54,4	46,1
	1972	%	44,9	42,0	33,3	42,7	29,6	41,0	40,3	45,9	49,8	55,1	43,4
	1976	%	48,6	44,1	35,9	45,7	32,5	44,5	44,8	49,9	53,3	60,0	46,2
F.D.P.	1969	%	5,8	5,2	6,3	5,6	9,3	5,4	6,7	6,3	7,5	4,1	6,7
	1972	%	8,4	8,6	11,2	8,5	11,1	7,8	10,2	8,1	10,2	6,1	7,1
	1976	%	7,9	8,8	10,2	7,9	11,8	7,8	8,5	7,6	9,1	6,2	6,6
Sonstige Parteien	1969	%	5,5	5,1	5,1	5,4	6,4	4,2	6,7	5,8	5,3	7,0	7,3
	1972	%	0,9	0,8	1,0	0,7	1,2	0,8	1,0	1,1	1,1	1,0	1,6
	1976	%	0,9	0,7	1,4	0,7	1,6	0,8	1,0	0,9	1,0	1,0	1,1

Abgeordnete

Der ↑ Bundestag (S. 46) besteht aus 518 gewählten Abgeordneten, die in der Regel einer bestimmten Partei (CDU/CSU, FDP, SPD) angehören. Mitglieder der gleichen Partei bilden im Bundestag eine *Fraktion*, deren Mindestzahl in der Geschäftsordnung (GO) des Bundestags (BT) festgesetzt wird. Augenblicklich beträgt die Fraktionsstärke mindestens 5 v. H. der Abgeordneten. Da die Abgeordneten nach Art. 38 Abs. 1 Grundgesetz (GG) Vertreter des ganzen Volkes sind, können sie an Weisungen und Aufträge nicht gebunden werden (freies Mandat). Sie sind nur ihrem Gewissen unterworfen. Weder von der Partei noch von den Wählern können Abgeordnete während der Legislaturperiode vom BT ausgeschlossen werden. In gewissem Gegensatz zur Weisungsfreiheit der Abgeordneten stehen die *Fraktionssolidarität* und der *Fraktionszwang*, d. h. die Verpflichtung des Abgeordneten, sich bei Abstimmungen im BT entsprechend dem in der Fraktionssitzung gefaßten Mehrheitsbeschluß zu verhalten. Der Abgeordnete hat die Aufgabe und die Pflicht, an den Arbeiten des BT teilzunehmen, weshalb in jeder Sitzung eine Anwesenheitsliste geführt wird und Urlaub über eine Woche dem Abgeordneten vom Bundestagspräsidenten grundsätzlich nur im Benehmen mit dem Ältestenrat gewährt wird.

Die Mitwirkungspflicht der Abgeordneten betrifft vor allem die Teilnahme an der Beschlußfassung des BT, an der Willensbildung der Fraktion und der Mitarbeit in den Parlamentsausschüssen. Nach Art. 46 GG darf ein Abgeordneter zu keiner Zeit wegen seiner Abstimmung oder wegen einer Äußerung, die er im BT oder in einem seiner Ausschüsse getan hat, gerichtlich oder dienstlich verfolgt oder sonst außerhalb des BT zur Verantwortung gezogen werden *(Indemnität)*. Diese Verantwortungsfreiheit schützt ihn allerdings nicht bei verleumderischen Beleidigungen und privaten Äußerungen. Die *Immunität* des Abgeordneten schützt diesen davor, wegen einer mit Strafe bedrohten Handlung ohne Genehmigung des Bundestags zur Verantwortung gezogen oder verhaftet zu werden. Eine Ausnahme gilt nach Art. 46 Abs. 2 GG für den Fall, daß der Abgeordnete bei Begehung der Tat oder im Laufe des folgenden Tages festgenommen wird. Auf Verlangen des BT sind weiterhin jedes Strafverfahren und jede Haft eines Abgeordneten auszusetzen. Nach Art. 47 GG steht dem Abgeordneten ein *Zeugnisverweigerungsrecht* zu, das das zwischen dem Abgeordneten und dem Staatsbürger bestehende Vertrauensverhältnis schützen soll.

Art. 48 Abs. 1 GG regelt den Anspruch des Abgeordneten auf den zur Vorbereitung seiner Wahl erforderlichen Urlaub. Weder darf jemand gehindert werden, ein BT-Mandat zu übernehmen und auszuüben, noch ist eine Kündigung aus diesem Grunde zulässig. Die vermögensrechtlichen Ansprüche der BT-Abgeordneten in Art. 48 Abs. 3 GG umfassen außer dem Recht auf Freifahrt (Bundesbahn, Bundespost) vor allem den *Diätenanspruch*. Nach der Entscheidung des BVerfG zur Diätenbesteuerung wurde 1976 das neue Abgeordnetengesetz (AbgG) verkündet; danach ist die Entschädigung der MdB nicht mehr lediglich Ersatz des mit der Mandatswahrnehmung verbundenen Aufwands, sondern dient auch dazu, den Lebensunterhalt zu ermöglichen, und ist daher – wie alle Einkommen – jetzt voll zu versteuern. Damit hat sich die Entwicklung zum Abgeordneten als „Berufspolitiker" fortgesetzt. Das AbgG bestimmt für Beamte bei Annahme der Wahl das Ruhen der Rechte und Pflichten aus dem Beamtenverhältnis. Das Problem der sogenannten Beraterverträge wurde im AbgG jedoch nicht gelöst.

R. Kabel, Das neue Abgeordnetengesetz, Z. f. Parl. 1977, S. 31 f.
M. Weber, Politik als Beruf, Berlin 1964.
F. Schäfer, Der Deutsche Bundestag, Opladen 1975, S. 151 f.
E.-P. Müller, Die sozio-ökonomische und verbandliche Struktur des 8. Bundestags, Köln 1977.

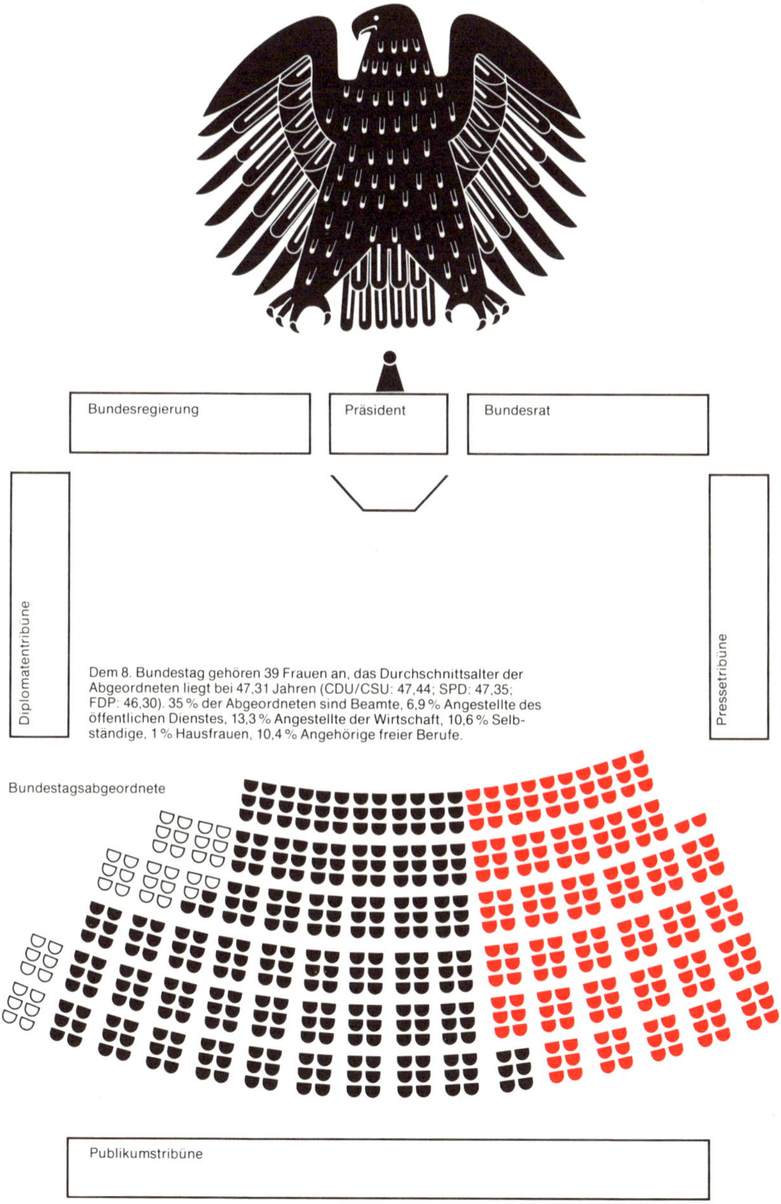

Dem 8. Bundestag gehören 39 Frauen an, das Durchschnittsalter der Abgeordneten liegt bei 47,31 Jahren (CDU/CSU: 47,44; SPD: 47,35; FDP: 46,30). 35 % der Abgeordneten sind Beamte, 6,9 % Angestellte des öffentlichen Dienstes, 13,3 % Angestellte der Wirtschaft, 10,6 % Selbständige, 1 % Hausfrauen, 10,4 % Angehörige freier Berufe.

		Berliner Abgeordnete:
CDU/CSU	243*	11
FDP	39	1
SPD	214	10

*Seit 11.7.1978 242; 1 Abg. Grüne Aktion Zukunft – GAZ

Parlamentsrecht

Unter dem Begriff Parlaments- und Geschäftsordnungsrecht sind alle die rechtlichen Regelungen zu verstehen, die sich mit den Geschäftsordnungsangelegenheiten der aus gewählten Abgeordneten bestehenden gesetzgebenden Institutionen befassen. Art. 40 Abs. 1 Grundgesetz (GG) gibt dem Bundestag das Recht, sich im Rahmen der übrigen Bestimmungen des GG selbst zu organisieren und zu verwalten. Aufgrund dieser *Parlamentsautonomie* kann der BT selbst die Bestimmungen für das Verfahren und das Zustandekommen von Beschlüssen regeln. Er gibt sich eine *Geschäftsordnung*. Das GG enthält bereits selbst zahlreiche Verfahrensvorschriften (z. B. Art. 79 Abs. 2 GG: Notwendigkeit einer Zweidrittelmehrheit bei Grundgesetzänderungen) und bildet insofern die Schranke der Parlamentsautonomie. Grundlage des Parlamentsrechts ist einmal die Verfassung selber, zum andern vor allem die Geschäftsordnung. Daneben gehören z. B. auch das Diätengesetz (↑Abgeordnete S. 50), das Bannmeilengesetz und das Wahlprüfungsgesetz zum Parlamentsrecht. Das Parlaments- und Organisationsrecht ist vor allem für die Einsetzung der Organe des BT von großer Bedeutung. Der BT hat das Recht, seine Organe und Hilfsorgane selbst zu wählen, deren Handeln in den Grenzen ihrer Zuständigkeiten als unmittelbares Handeln des BT selbst zu werten ist. *Hilfsorgane* des BT in diesem Sinne nehmen keine verfassungsrechtlich eingeräumten Zuständigkeiten wahr, sondern unterstützen den BT lediglich bei der Erledigung seiner Aufgaben. Hilfsorgane des BT sind z. B. der ↑Wehrbeauftragte (S. 152) und die Parlamentsausschüsse.

Wichtigster Bestandteil der Parlamentsautonomie ist die *Geschäftsordnung* (GO) des BT, die das parlamentarische Verfahren bei der Arbeit des BT regelt und für alle Abgeordneten bindend ist. Die Geschäftsordnungen üben häufig einen bedeutenden verfassungsgestaltenden Einfluß aus, so daß die Geschäftsordnungsregeln von heute als das Verfassungsrecht von morgen bezeichnet wurden.

Die GO des BT regelt Aufgaben und Verfahren der ständigen Ausschüsse (§ 61 GO), der besonderen Ausschüsse (§ 62 GO) und der ↑Untersuchungsausschüsse (S. 54, § 63 GO). Die Ausschüsse sind *parlamentarische Hilfsorgane* des BT und haben vor allem die Aufgabe, die Arbeit und Beschlußfassung des Bundestags durch die Vorbereitung z. B. von Gesetzesvorlagen und Plenarsitzungen zu unterstützen. Die zahlenmäßige Zusammensetzung der Ausschüsse wird entsprechend der Größe der jeweiligen Fraktionen bestimmt. Keine Ausschüsse in diesem Sinne sind z. B. der Richterwahlausschuß, der Vermittlungsausschuß und der Wahlprüfungsausschuß, da diesen durch Gesetz selbständige Aufgaben zugewiesen worden sind. Mit Ablauf der Wahlperiode werden sämtliche Ausschüsse aufgelöst mit Ausnahme des *ständigen Ausschusses* nach Art. 45 Grundgesetz (GG), der eigentlich ein nichtständiger Ausschuß ist, da er nur zwischen zwei Wahlperioden zur Wahrung der Rechte des Bundestages gegenüber der Bundesregierung besteht. Zwei weitere ständige Ausschüsse bestehen gemäß Art. 45 a GG für Auswärtiges und für Verteidigung. Der Verteidigungsausschuß hat die Rechte eines Untersuchungsausschusses. Gesetzlich vorgeschrieben ist ferner die Bestellung des *Petitionsausschusses* (↑Petitionsrecht S. 150), des *Wahlmännerausschusses* und des *Vermittlungsausschusses* für die gemeinsame Beratung von ↑Bundesrat (S. 56) und BT bei der ↑Gesetzgebung (S. 74).

Die Ausschüsse spielen eine bedeutende, der Öffentlichkeit meist nicht bekannte politische Rolle. Der wesentliche Teil der Gesetzgebungsarbeit des BT wird in ihnen erledigt. Daher sind die Ausschüsse meist mit sachverständigen Abgeordneten besetzt, die bei ihrer Arbeit regelmäßig Vertreter der Ministerialbürokratie hinzuziehen.

H. Trassmann, Parlamentsrecht des Deutschen Bundestags, Bonn 1977.
B. Dechamps, Macht und Arbeit der Ausschüsse, Meisenheim 1954.

Gesetzesberatungen im VIII. Bundestag
durch neunzehn ständige Ausschüsse

SPD: 8 Ausschußvorsitzende
CDU/CSU: 10 Ausschußvorsitzende
FDP: 1 Ausschußvorsitzender

Bundestagsausschüsse: Zahl der Mitglieder	Gesamt	CDU/CSU	SPD	FDP
1. Ausschuß für Wahlprüfung, Immunität u. Gesch.-Ordnung	13	6	6	1
2. Petitionsausschuß	27	13	12	2
3. Auswärtiger Ausschuß	33	16	14	3
4. Innenausschuß	27	13	12	2
5. Sportausschuß	17	8	8	1
6. Rechtsausschuß	27	13	12	2
7. Finanzausschuß	31	15	14	2
8. Haushaltsausschuß	33	16	14	3
9. Ausschuß für Wirtschaft	31	15	14	2
10. Ausschuß für Ernährung, Landwirtschaft und Forsten	27	13	12	2
11. Ausschuß für Arbeit und Sozialordnung	33	16	14	3
12. Verteidigungsausschuß	27	13	12	2
13. Ausschuß für Jugend, Familie und Gesundheit	27	13	12	2
14. Ausschuß für Forschung und Technologie	17	8	8	1
15. Ausschuß für Raumordnung, Bauwesen und Städtebau	27	13	12	2
16. Ausschuß für innerdeutsche Beziehungen	23	11	10	2
17. Ausschuß für Verkehr und für das Post- und Fernmeldewesen	31	15	14	2
18. Ausschuß für Bildung und Wissenschaft	27	13	12	2
19. Ausschuß für wirtschaftliche Zusammenarbeit	23	11	10	2

Parlamentsrecht

Organe des Bundestages

Bundestagspräsident
Präsidium
Ältestenrat
Sitzungsvorstand, Schriftführer
Ausschüsse einschl. Untersuchungsausschuß
Wehrbeauftragter

Rechtsgrundlagen

Gemeinsame Geschäftsordnung der Bundesministerien (GGO)
Geschäftsordnung der Bundesregierung (GOBReg)
Geschäftsordnung des Deutschen BT (GOBT)
Geschäftsordnung des Bundesrates (GOBR)
Gemeinsame Geschäftsordnung des BT und des Bundesrates für den Ausschuß nach Art. 77 GG (Vermittlungsausschuß) (GOVerm A)

Untersuchungsausschüsse

Nach Art. 44 Grundgesetz (GG) hat der ↑Bundestag (S. 46) das Recht und auf Antrag eines Viertels seiner Mitglieder die Pflicht, einen Untersuchungsausschuß (UA) einzusetzen, der in öffentlicher Verhandlung die erforderlichen Beweise erhebt. Die historischen Vorbilder sind im englischen Unterhaus einerseits und im französisch-belgischen Parlamentarismus andererseits zu finden. Der UA ist ein parlamentarisches Hilfsorgan des Bundestags und wird als Kontroll- und Informationsmittel benutzt. Die Aufgaben eines UA sind nach dem Untersuchungsthema zu unterscheiden. Bei *Legislativenquêten* dient der UA dem Parlament als Informationsmittel zur Vorbereitung schwieriger Gesetzesvorlagen. Die Exekutivkontrolle *(Verwaltungsenquête)* dient der Überwachung der Verwaltung durch das Parlament. Schließlich kann ein UA die Aufgabe der Ansehenswahrung des Parlaments (Bestechungsfälle, unkorrektes Verhalten von Abgeordneten) wahrnehmen. Die politische Wirksamkeit des parlamentarischen UA bei der Durchführung von Untersuchungen öffentlicher Mißstände und Skandale ist bis heute zweifelhaft geblieben.

In ihrer Zuständigkeit sind Untersuchungsausschüsse als Hilfsorgan an die Zuständigkeit des Bundestags selbst gebunden, da der Bundestag keine Rechte an einen UA übertragen kann, die er nicht selbst besitzt. Insbesondere darf ein UA nicht in die Rechte der Länder oder Gemeinden eingreifen oder das Prinzip der Gewaltenteilung durchbrechen. Die *Einsetzung* des UA erfolgt entweder auf einen gewöhnlichen Mehrheitsbeschluß des Bundestages hin oder aber in Auswirkung des in Art. 44 verbrieften Minderheitenrechts, wenn der Antrag von mindestens einem Viertel aller Abgeordneten unterstützt wird.

Die Untersuchung wird durch die Thematik des Einsetzungsbeschlusses oder des Minderheitenantrags begrenzt und soll sich in erster Linie nur mit der Tatsachenermittlung beschäftigen. In den meisten Fällen haben die bisher eingesetzten neunzehn UA des Bundestags auch eine Wertung vorgenommen. Allerdings bleiben die politischen Folgerungen in jedem Fall dem Parlament vorbehalten.

Für das *Verfahren* der UA bestehen keine gesetzlichen Vorschriften; eine Reform ist beabsichtigt, um den Ablauf der Untersuchung durch ein Verfahrensgesetz wirksamer zu gestalten. Auf Beweiserhebungen finden gemäß Art. 44 GG die Vorschriften über den Strafprozeß sinngemäß Anwendung. Die Sitzungen finden öffentlich statt, die Öffentlichkeit kann jedoch ausgeschlossen werden. Der Vorsitzende des UA hat entsprechend den Regelungen der Strafprozeßordnung und des Gerichtsverfassungsgesetzes die Zuständigkeiten des Vorsitzenden des Gerichts in einem Strafprozeß. Der UA kann Durchsuchungen, Beschlagnahmen und Verhaftungen nicht selbst vornehmen. Nach Art. 44 Abs. 3 GG haben die Verwaltungsbehörden dem UA Amtshilfe zu leisten, die allerdings hinsichtlich der Pflicht zur Herausgabe von Akten, z. B. aus Staatsschutzgründen, nicht uneingeschränkt ist. Nach Art. 44 Abs. 4 GG sind die Beschlüsse des UA der richterlichen Erörterung entzogen. Andererseits sind die Ergebnisse des UA für die Rechtsprechung der Gerichte unverbindlich.

Die Beweiserhebung des UA endet in der Regel mit der Beratung eines Entwurfs des *Schlußberichts* durch die Ausschußmitglieder. Einigen sich diese nicht auf einen gemeinsamen Schlußbericht, so erfolgt ein eigentlicher Ausschußbericht und ein Minderheitenbericht. Beide werden als Bundestagsdrucksache dem Plenum vorgelegt, das den Ergebnissen zustimmen oder diese ablehnen kann.

Das Bundesverfassungsgericht hat entschieden, daß das Minderheitenrecht auf Einsetzung eines UA grundsätzlich eine Befugnis der Mehrheit ausschließt, das Untersuchungsthema der Minderheit durch Zusatzfragen zu erweitern.

D. C. Umbach, Das Unterhaus als grand inquest, Berlin 1979.
W. Steffani, Funktion und Kompetenz parlamentarischer Untersuchungsausschüsse, Pol. Viertelj. Z. 1960, S. 153.

Die von 1949 bis 1978 angesetzten
Untersuchungsausschüsse nach Wahlperioden.

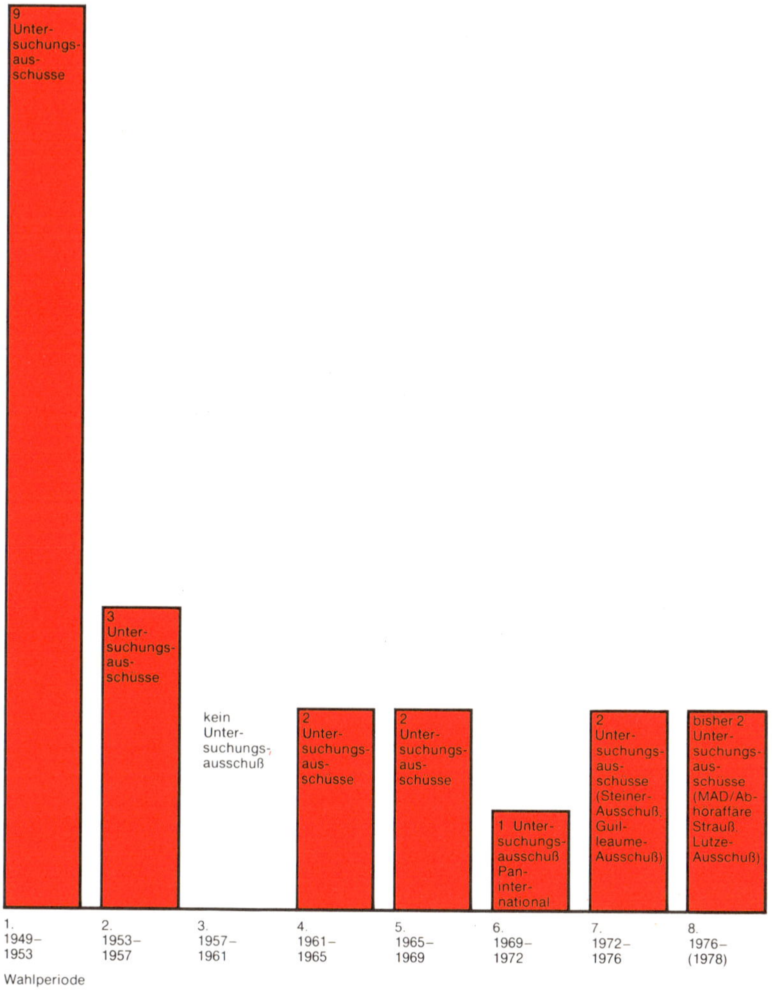

Bundesrat

Bundesstaaten besitzen in der Regel ein Organ, das der Vertretung der Länderinteressen im Bund dient (↑Staat S. 12). Seine Mitglieder können vom Volk in den Ländern direkt gewählt sein (*Senatsprinzip*, vgl. USA) oder von den Landesregierungen entsandt werden *(Bundesratsprinzip)*. Die Länder können in ihm mit gleicher oder nach Maßgabe ihrer Bevölkerungsgröße verschiedener Stimmenzahl vertreten sein. Das Grundgesetz (GG) folgt dem Bundesratsprinzip (Art. 50 GG). Der Bundesrat besteht aus Mitgliedern der Landesregierungen. Sie werden von den Landesregierungen bestellt und abberufen und sind weisungsgebunden. Jedes Land verfügt über mindestens drei Stimmen. Länder mit mehr als zwei Millionen Einwohnern haben vier, Länder mit mehr als sechs Millionen Einwohnern fünf Stimmen. Zwar kann jedes Land soviele Mitglieder entsenden, wie es Stimmen hat, jedoch können die Stimmen eines Landes nur einheitlich abgegeben werden (Art. 51 GG). Zu Mitgliedern des Bundesrats werden in der Regel die Ministerpräsidenten und die Minister für Bundesangelegenheiten der Länder ernannt. Andere Minister fungieren häufig als Stellvertreter. Auf diese Weise wird dafür gesorgt, daß an Entscheidungen jeweils der fachlich zuständige Minister beteiligt ist. Die *Arbeitsweise* des Bundesrats ist im GG und in einer Geschäftsordnung geregelt. Der Bundesrat wählt in jährlichem Turnus einen Präsidenten (jeweils den Regierungschef eines Landes) zum Verhandlungsleiter (Art. 52 Abs. 1 GG). Es finden Plenar- und Ausschußsitzungen statt, an denen auch Mitglieder der ↑Bundesregierung (S. 60) teilnehmen können. Die Mitglieder des Bundesrats haben jederzeit Zutritt und Rederecht im ↑Bundestag S. 46). Eine gleichzeitige Mitgliedschaft in Bundesrat und Bundestag ist nach § 2 der Geschäftsordnung des Bundesrats jedoch ausgeschlossen. Den Ausschüssen des Bundesrats können auch Beauftragte der Landesregierungen angehören (Art. 52 Abs. 4 GG). Diese Bestimmung hat deshalb in der Praxis eine große Bedeutung, weil sie dazu führte, daß die Spezialarbeit in den Ausschüssen vorwiegend durch Beamte der Landesverwaltungen geleistet wird. Man spricht daher auch davon, daß durch den Bundesrat die Landesbürokratie die an der Gesetzgebung des Bundes maßgeblich beteiligte Bundesbürokratie kontrolliere.

Beim Bundesrat handelt es sich um ein ausgesprochenes *Kontrollorgan* mit einer starken Vetoposition. Seine Mitwirkungsrechte sind vielfältig. Er ist vor allem an der ↑Gesetzgebung des Bundes (S. 74) beteiligt, da die Bundesgesetze meist von den Ländern ausgeführt werden (↑Bundesstaatliche Ordnung S. 44). Aus demselben Grunde ist die Bundesregierung auch beim Erlaß von Rechtsverordnungen und Verwaltungsvorschriften an seine Zustimmung gebunden (↑ Landesverwaltung S. 80). Weitere Zuständigkeiten besitzt der Bundesrat bei der Wahl der Richter des Bundesverfassungsgerichts (↑Wahl und Ernennung der Verfassungsrichter S. 180), im Gesetzgebungsnotstand und bei anderen Notstandsfällen (↑Notstandsverfassung S. 86), besonders im ↑Verteidigungsfall (S. 88). Der gegenwärtig anzutreffenden Verlagerung der staatlichen Tätigkeit von den Ländern auf den Bund entspricht eine Zunahme der Bedeutung des Bundesrats als dem Organ, das Länderinteressen schützt. Eine besondere Rolle kann dem Bundesrat dann zufallen, wenn aufgrund unterschiedlicher Mehrheitsverhältnisse in Bundestag und Bundesrat die parlamentarische Opposition als Mehrheit im Bundesrat die Möglichkeit erhält, die Gesetzgebungsbeschlüsse des Bundestags mit ihrem Veto zu blockieren.

Welche hohe Bedeutung das GG dem Bundesrat zumißt, läßt sich auch daran erkennen, daß der Präsident des Bundesrats den Bundespräsidenten vertritt (Art. 57 GG).

H. Laufer, Der Bundesrat, Bonn 1972.
F. K. Fromme, Gesetzgebung im Widerstreit. Wer beherrscht den Bundesrat? Die Kontroverse 1969–1976, Stuttgart 1976.

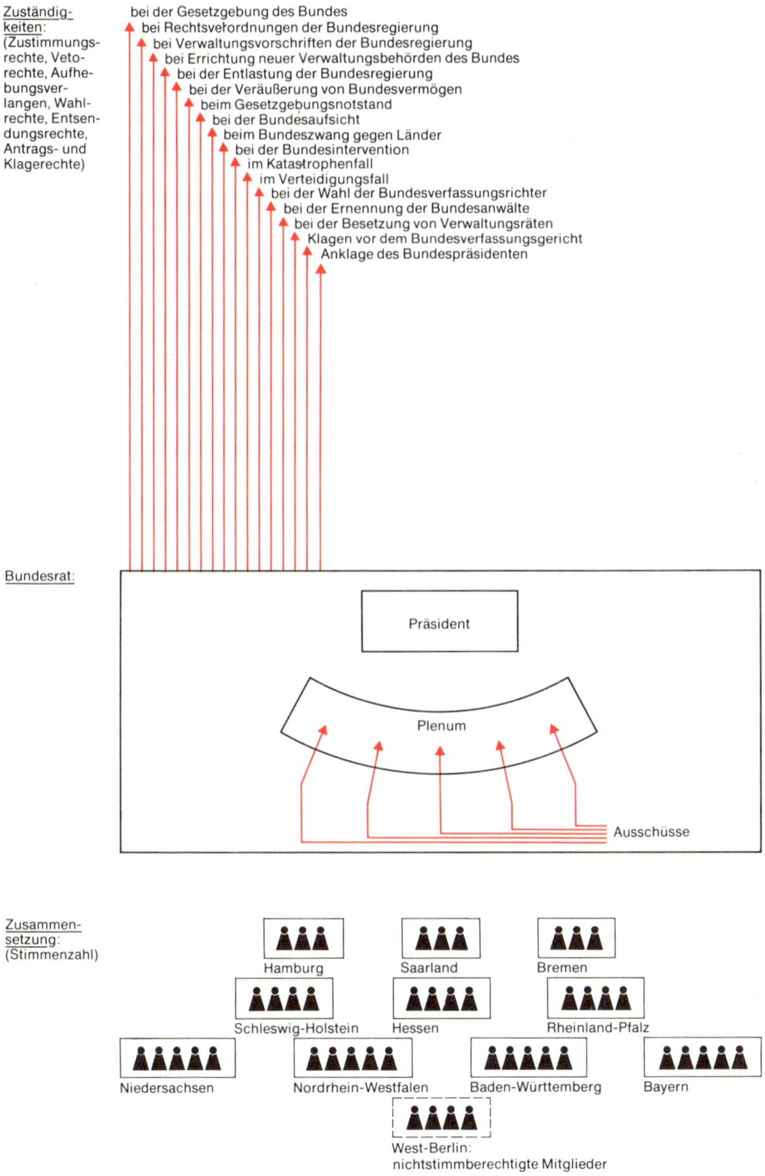
Zuständigkeiten: (Zustimmungsrechte, Vetorechte, Aufhebungsverlangen, Wahlrechte, Entsendungsrechte, Antrags- und Klagerechte)
bei der Gesetzgebung des Bundes
bei Rechtsverordnungen der Bundesregierung
bei Verwaltungsvorschriften der Bundesregierung
bei Errichtung neuer Verwaltungsbehörden des Bundes
bei der Entlastung der Bundesregierung
bei der Veräußerung von Bundesvermögen
beim Gesetzgebungsnotstand
bei der Bundesaufsicht
beim Bundeszwang gegen Länder
bei der Bundesintervention
im Katastrophenfall
im Verteidigungsfall
bei der Wahl der Bundesverfassungsrichter
bei der Ernennung der Bundesanwälte
bei der Besetzung von Verwaltungsräten
Klagen vor dem Bundesverfassungsgericht
Anklage des Bundespräsidenten
Bundesrat:
Präsident
Plenum
Ausschüsse
Zusammensetzung: (Stimmenzahl)
Hamburg
Saarland
Bremen
Schleswig-Holstein
Hessen
Rheinland-Pfalz
Niedersachsen
Nordrhein-Westfalen
Baden-Württemberg
Bayern
West-Berlin: nichtstimmberechtigte Mitglieder

Bundespräsident

Der Bundespräsident ist das Staatsoberhaupt der Bundesrepublik. Ihm obliegt es, die Einheit des Staates nach außen und nach innen zu repräsentieren. Aus diesem Grunde hat er sein Amt unparteiisch auszuüben. Er darf neben ihm keinem anderen Beruf nachgehen, auch keiner Regierung und keinem Parlament angehören (Inkompatibilität).

Der Bundespräsident wird von einer eigens zu diesem Zweck eingerichteten *Bundesversammlung* gewählt. Sie besteht zur Hälfte aus den Abgeordneten des Bundestags (mit Berliner Abgeordneten derzeit 518), zur anderen Hälfte aus Mitgliedern, die von den Länderparlamenten hinzugewählt werden. Die Anzahl der Mitglieder, die ein Land in die Bundesversammlung senden darf, richtet sich nach der Größe seiner Bevölkerungszahl. Als gewählt gilt der Kandidat, der im 1. oder 2. Wahlgang die absolute Mehrheit bzw. in einem 3. Wahlgang die meisten Stimmen auf sich vereinigt. Die Amtszeit des Bundespräsidenten beträgt fünf Jahre. Eine anschließende Wiederwahl ist nur einmal zulässig.

Zu den Aufgaben des Bundespräsidenten gehört es vor allem, dem Bundestag einen Kandidaten für das Amt des Bundeskanzlers vorzuschlagen, den gewählten Bundeskanzler, die Bundesminister, Bundesrichter und Bundesbeamte sowie die Offiziere und Unteroffiziere der Bundeswehr zu ernennen (und zu entlassen), die Bundesgesetze auszufertigen und zu verkünden und die Bundesrepublik völkerrechtlich zu vertreten. Er verleiht das Bundesverdienstkreuz und nimmt Ehrungen und Begnadigungen vor. Seine Amtshandlungen bedürfen der Gegenzeichnung, d. h. der Zustimmung des Bundeskanzlers bzw. der zuständigen Bundesminister.

Das Kanzler-Vorschlagsrecht ist formell. In der Regel einigen sich die Parteien, die über die Mehrheit im Bundestag verfügen, auf einen Kandidaten, den der Bundespräsident dem Bundestag zur Wahl vorschlägt. Bei der Ernennung von Ministern, Beamten usw. ist es fraglich, ob der Bundespräsident jeden Bewerber, der ihm nominiert wird, ernennen muß, oder ob er eine Ernennung z. B. aus politischen Gründen verweigern darf. Ähnliches gilt bei der Ausfertigung von Gesetzen, die er für verfassungswidrig hält. Es ist bereits einige Male zu Streitigkeiten zwischen dem Bundespräsidenten und der Bundesregierung bzw. dem Bundestag gekommen. Sollte eine Kontroverse nicht gütlich beigelegt werden können, müßte darüber das Bundesverfassungsgericht nach Anrufung durch einen der Kontrahenten entscheiden. Ein besonderes politisches Gewicht kommt dem Bundespräsidenten dann zu, wenn sich der Bundestag gegen den von ihm vorgeschlagenen Kanzlerkandidaten ausspricht und einen anderen mit nur einfacher Mehrheit wählt. In diesem Fall kann er die Ernennung des Gewählten verweigern und binnen sieben Tagen den Bundestag auflösen. Ähnlich bedeutsam ist seine Stellung, wenn ein gewählter Bundeskanzler auf seine Anfrage hin kein Vertrauen mehr bei der Mehrheit des Bundestags findet. Auch dies ist ein Fall, in dem der Bundespräsident – auf Wunsch des Bundeskanzlers – den Bundestag auflösen (bzw. auf Wunsch der Bundesregierung mit Zustimmung des Bundesrats den Gesetzgebungsnotstand verkünden) kann. Beiden Regelungen liegt die Absicht zugrunde, durch Neuwahlen eine stabile Mehrheitsbildung im Bundestag zu ermöglichen und eine Regierung, die sich nur auf eine Minderheit im Parlament stützt, zu vermeiden.

Der Bundespräsident wird vom Präsidenten des Bundesrats vertreten. Sollte er sich eine vorsätzliche Verletzung des Grundgesetzes zuschulden kommen lassen, kann er vom Bundestag oder Bundesrat vor dem Bundesverfassungsgericht angeklagt werden. Im Falle seiner Verurteilung wird er seines Amtes für verlustig erklärt.

W. Kaltefleiter, Die Funktionen des Staatsoberhauptes in der parlamentarischen Demokratie, Köln u. a. 1967.
H.-J. Winkler, Der Bundespräsident – Repräsentant oder Politiker? Opladen 1967.

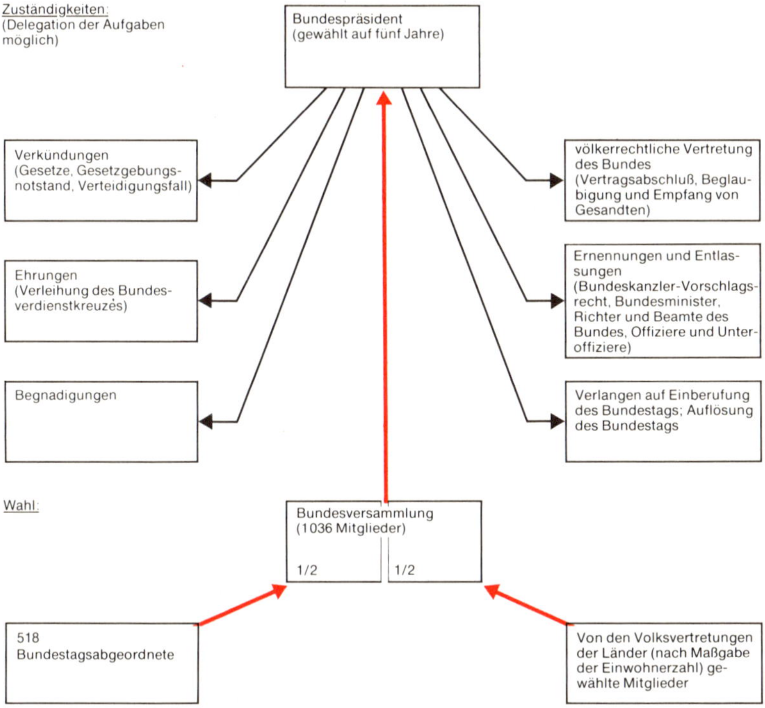
Zuständigkeiten:
(Delegation der Aufgaben möglich)
Bundespräsident
(gewählt auf fünf Jahre)
Verkündungen
(Gesetze, Gesetzgebungsnotstand, Verteidigungsfall)
Ehrungen
(Verleihung des Bundesverdienstkreuzes)
Begnadigungen
völkerrechtliche Vertretung des Bundes
(Vertragsabschluß, Beglaubigung und Empfang von Gesandten)
Ernennungen und Entlassungen
(Bundeskanzler-Vorschlagsrecht, Bundesminister, Richter und Beamte des Bundes, Offiziere und Unteroffiziere)
Verlangen auf Einberufung des Bundestags; Auflösung des Bundestags
Wahl:
Bundesversammlung
(1036 Mitglieder)
1/2
1/2
518
Bundestagsabgeordnete
Von den Volksvertretungen der Länder (nach Maßgabe der Einwohnerzahl) gewählte Mitglieder

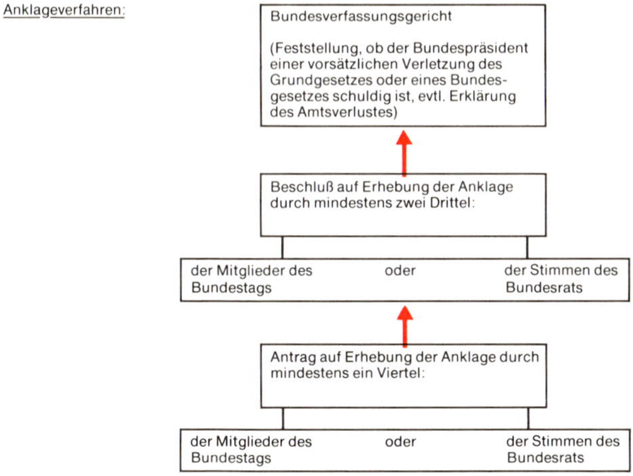
Anklageverfahren:
Bundesverfassungsgericht
(Feststellung, ob der Bundespräsident einer vorsätzlichen Verletzung des Grundgesetzes oder eines Bundesgesetzes schuldig ist, evtl. Erklärung des Amtsverlustes)
Beschluß auf Erhebung der Anklage durch mindestens zwei Drittel:
der Mitglieder des Bundestags
oder
der Stimmen des Bundesrats
Antrag auf Erhebung der Anklage durch mindestens ein Viertel:
der Mitglieder des Bundestags
oder
der Stimmen des Bundesrats

Bundesregierung

Die Bundesregierung besteht aus dem Bundeskanzler und den Bundesministern, die auf Vorschlag des Bundeskanzlers vom ↑Bundespräsidenten (S. 58) ernannt werden (↑Regierungsbildung und Regierungsauflösung S. 62). Nach Art. 65 Grundgesetz bestimmt der Bundeskanzler die *Richtlinien der Politik*. Die einzelnen Minister leiten ihren Geschäftsbereich innerhalb dieser Richtlinien unter eigener Verantwortung *(Ressortprinzip)*. Die Bundesregierung berät und beschließt als Kollegium *(Kabinett)* über alle Angelegenheiten von allgemeiner innen- und außenpolitischer, wirtschaftlicher, sozialer, finanzieller und kultureller Bedeutung, insbesondere über alle Gesetzesentwürfe einschließlich des Bundeshaushalts und alle Ernennungen von höheren Beamten. Ferner obliegt dem Kabinett die Schlichtung von Meinungsverschiedenheiten zwischen einzelnen Bundesministern. Zur Vorbereitung der Beschlußfassung des Kabinetts werden Kabinettausschüsse tätig, die je nach Bedarf eingesetzt werden. In der gegenwärtigen (achten) Legislaturperiode gibt es 13 Kabinettausschüsse. Zu den wichtigsten Ausschüssen zählen der Kabinettausschuß für mittelfristige Finanzplanung, der Kabinettausschuß für Wirtschaft und der Bundessicherheitsrat.

Die hervorgehobene Stellung, die der Bundeskanzler aufgrund der Richtlinienkompetenz gegenüber seinen Ministern hat, wird durch die Regelung verstärkt, daß der Kanzler Minister auch gegen deren Willen aus ihrem Amte entlassen kann. In der politischen Wirklichkeit unterliegt die formal starke Stellung des Bundeskanzlers jedoch vielfachen Einschränkungen. An erster Stelle ist auf die Tatsache zu verweisen, daß nach den Wahlen zum Deutschen Bundestag bisher mit einer Ausnahme (1957) immer die Bildung einer *Koalitionsregierung* notwendig war. Bevor eine solche Koalition endgültig beschlossen wird, sind zwischen den Koalitionspartnern (Koalitions-) Vereinbarungen über das Regierungsprogramm, die Zahl der Ressorts und über die Besetzung der Ministerien und der wichtigsten Beamtenpositionen zu treffen, die dem Bundeskanzler später oft nur wenig Handlungsspielraum lassen. Diese Einschränkung seiner Macht setzt sich auch nach Abgabe der Regierungserklärung und der Aufnahme der Amtsgeschäfte fort. Einzelne Minister entwickeln, gesichert durch das Ressortprinzip, den großen Beamtenapparat ihrer Häuser und die Unterstützung von Interessengruppen und der parlamentarischen Lobby ein hohes Maß an Selbständigkeit, gegen das der Kanzler normalerweise nur wenig ausrichten kann. Dies gilt umso mehr, als sich in den vergangenen Jahren der politische Entscheidungsprozeß auf vielen Sachgebieten so kompliziert hat, daß der nur durch das vergleichsweise kleine Bundeskanzleramt (1978: 450 Beamte und Angestellte gegenüber insgesamt über 19000 in den Bundesministerien) unterstützte Kanzler nur selten über die Informationsbasis verfügt, die zur Erteilung eindeutiger Richtlinien notwendig wäre. In den Jahren 1970/71 wurde versucht, durch die Einführung eines neuen Planungsverfahrens unter der Bezeichnung „Frühkoordinierungssystem der Bundesregierung" die Möglichkeiten des Bundeskanzlers und seines Amtes zu verbessern, lenkend auf die Ressorts einzuwirken. Nach Anfangserfolgen ließ die Wirksamkeit dieser Neuerung aber schnell wieder nach. Das Verfahren dient heute überwiegend der Arbeits- und Zeitplanung für die Sitzungen des Kabinetts und seiner Ausschüsse. Das Kanzleramt fungiert zur Zeit eher als ein großes Sekretariat für den Bundeskanzler denn als Schaltzentrale der Bundesregierung.

Th. Ellwein, Das Regierungssystem der Bundesrepublik Deutschland, 4. Aufl. Opladen 1977.
Th. Stammen, Regierungssysteme der Gegenwart, 2. Aufl. Stuttgart 1972.

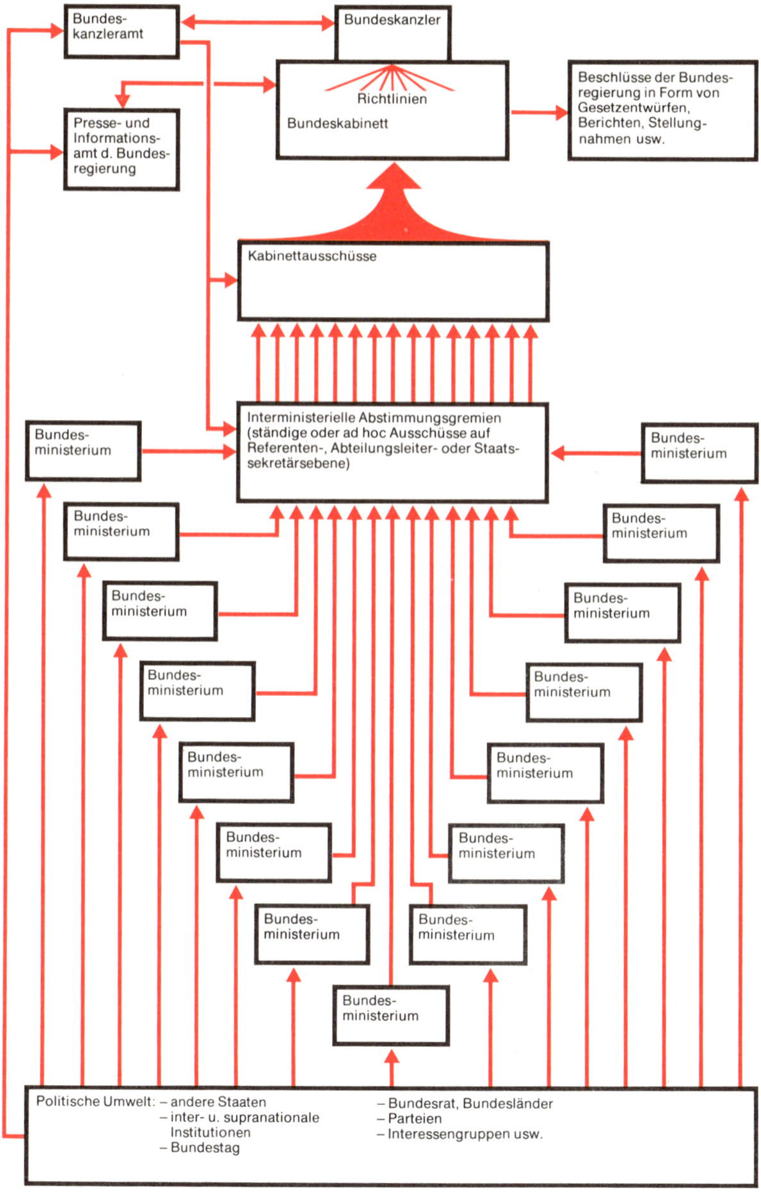
Bundes-
kanzleramt
Bundeskanzler
Presse- und
Informations-
amt d. Bundes-
regierung
Richtlinien
Bundeskabinett
Beschlüsse der Bundes-
regierung in Form von
Gesetzentwürfen,
Berichten, Stellung-
nahmen usw.
Kabinettausschüsse
Interministerielle Abstimmungsgremien
(ständige oder ad hoc Ausschüsse auf
Referenten-, Abteilungsleiter- oder Staats-
sekretärsebene)
Bundes-
ministerium
Politische Umwelt: – andere Staaten
– inter- u. supranationale
Institutionen
– Bundestag
– Bundesrat, Bundesländer
– Parteien
– Interessengruppen usw.

Regierungsbildung und Regierungsauflösung

Das im Grundgesetz (GG) vorgesehene Verfahren zur Regierungsbildung und -auflösung ist von dem Bemühen getragen, handlungsfähige Regierungen zu ermöglichen. Um dieses Ziel zu erreichen, wurde im Vergleich zur Weimarer Reichsverfassung der Einfluß des ↑Bundespräsidenten (S. 58) auf die Ernennung und Entlassung des Bundeskanzlers und der übrigen Mitglieder der ↑Bundesregierung (S. 60) beträchtlich eingeschränkt. Der formale Prozeß der Regierungsbildung beginnt damit, daß der Bundespräsident dem ↑Bundestag (S. 46) einen Kandidaten zur Wahl als Bundeskanzler vorschlägt (Art. 63 Abs. 1 GG). Dabei wird sich der Bundespräsident jedoch an die Mehrheitsverhältnisse im neugewählten Bundestag halten, d. h. denjenigen Kandidaten vorschlagen, der z. B. aufgrund von Koalitionsvereinbarungen die größte Aussicht hat, die absolute Mehrheit der Abgeordnetenstimmen auf sich zu vereinen. Ist dieser Kandidat mit absoluter Mehrheit gewählt, so muß der Bundespräsident ihn zum Bundeskanzler ernennen. Erhält der Kandidat dagegen nicht die absolute Mehrheit der Stimmen, so kann der Bundestag binnen vierzehn Tagen nach dem Wahlgang mit absoluter Mehrheit einen anderen Kandidaten wählen. Gelingt dies nicht, dann muß ein neuer Wahlgang angesetzt werden. Dabei gilt derjenige Kandidat als gewählt, der die meisten Stimmen erhält. Erreicht der Gewählte dabei die absolute Mehrheit, muß er binnen sieben Tagen vom Bundespräsidenten zum Bundeskanzler ernannt werden. Erreicht er diese Mehrheit nicht, so hat der Bundespräsident die Wahl, ihn binnen sieben Tagen trotzdem zu ernennen (Minderheitskanzler) oder den Bundestag aufzulösen. Letzteres wird er tun, wenn die Aussicht besteht, daß eine Neuwahl zum Bundestag zu klaren Mehrheiten führen wird. Dem neugewählten Bundeskanzler obliegt es, dem Bundespräsidenten eine Kabinettsliste vorzulegen, aus der hervorgeht, wer dem Bundeskabinett angehören und welcher der Vorgeschlagenen welches Ressort übernehmen soll. Der Bundespräsident kann zwar Bedenken gegen die Vorschläge des Bundeskanzlers äußern, aber nicht auf einer Änderung der Vorschlagsliste bestehen. Der Bundeskanzler ist bei seinem Vorschlag politisch an die Koalitionsvereinbarung gebunden. Die Zahl der Minister beträgt im allgemeinen zwischen fünfzehn und zwanzig.

Normalerweise endet das Amt des Bundeskanzlers und seiner Minister, sobald ein neuer Bundestag zusammengetreten ist (Art. 69 GG), also nach Ablauf von vier Jahren. Anlässe für eine vorzeitige Beendigung der Amtszeit einer Bundesregierung sind neben Rücktritt, Tod oder Verlust der Amtsfähigkeit des Bundeskanzlers das Zustandekommen eines *konstruktiven Mißtrauensvotums* gegen den Bundeskanzler (Art. 67 GG) oder die vorzeitige Auflösung des Bundestags, nachdem der Bundeskanzler für einen Vertrauensantrag nicht die notwendige absolute Mehrheit erhalten hat (Art. 68 GG). Das konstruktive Mißtrauensvotum schützt die Regierung dadurch, daß es für deren Entlassung die Wahl eines neuen Bundeskanzlers durch eine Mehrheit des Bundestages voraussetzt. Minister können ihr Amt außerdem durch vorzeitige Entlassung durch den Bundeskanzler verlieren. Regierungsumbildungen durch Neubesetzung von Ministerposten während der laufenden Legislaturperiode hat es in den vergangenen sechs Legislaturperioden mehrfach gegeben. Dagegen blieb der Rücktritt eines Bundeskanzlers während der laufenden Legislaturperiode ebenso eine Ausnahme wie die vorzeitige Beendigung der Amtszeit einer Bundesregierung durch die Auflösung des Bundestages. Ersteres war der Fall bei den Amtswechseln Adenauer/Erhard im Jahre 1963, Erhard/Kiesinger im Jahre 1966 und Brandt/Schmidt im Jahre 1974. Die bisher einzige vorzeitige Auflösung des Bundestages erfolgte Ende September 1972.

H. Rausch, Bundestag und Bundesregierung, 4. Aufl. München 1976.
K. von Beyme, Die parlamentarischen Regierungssysteme in Europa, 2. Aufl. München 1972.

Die Wahl des Bundeskanzlers nach Art. 63 GG

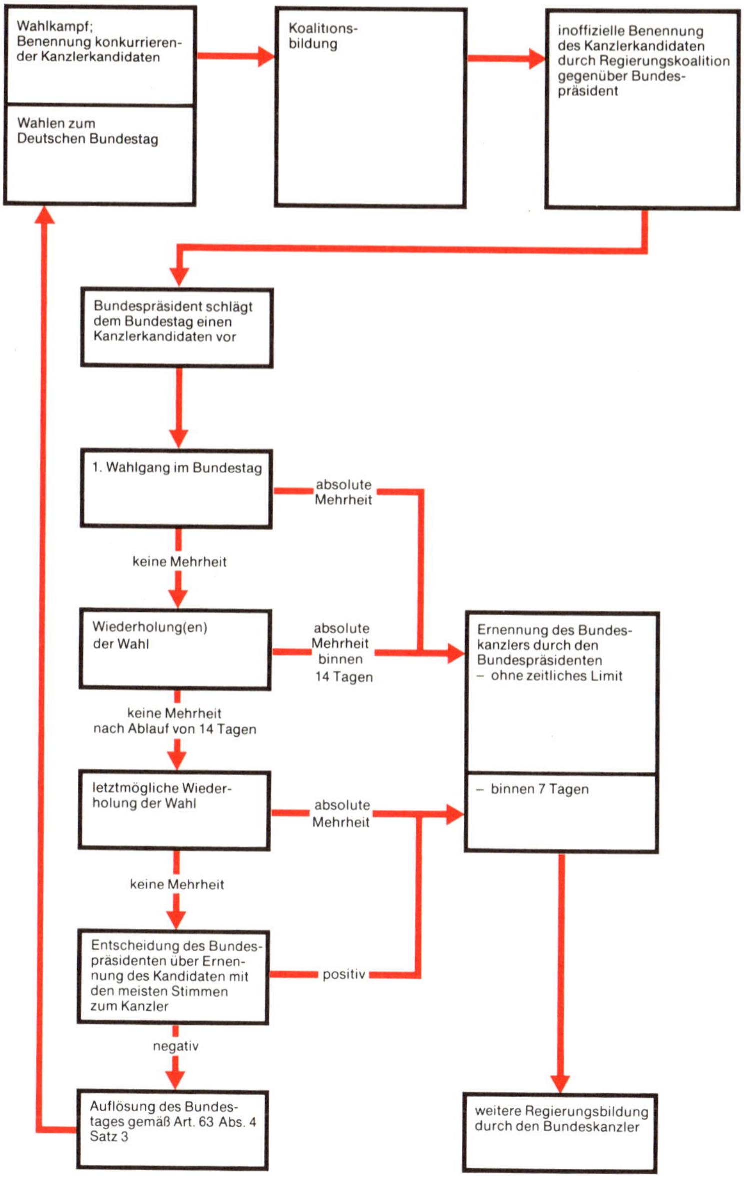

Bundesministerien

Die Bundesminister haben innerhalb der vom Bundeskanzler vorgegebenen Richtlinien ihren Geschäftsbereich selbständig und unter eigener Verantwortung zu leiten (↑ Bundesregierung S. 60). Diesem *Ressortprinzip* entspricht es, daß für alle auf der Ebene der Bundesregierung zu lösenden Sachprobleme eines der fünfzehn bis zwanzig Bundesministerien zuständig ist, die zu Beginn der Amtsperiode einer neuen Regierung aufgrund eines Organisationserlasses des Bundeskanzlers gebildet werden (↑ Regierungsbildung und Regierungsauflösung S. 62). Der Bundeskanzler besitzt keine eigene Sachzuständigkeit, es sei denn, er übernimmt selbst die Leitung eines Ministeriums.

Die Aufgabenstellung der verschiedenen Bundesministerien (BM) weist starke Unterschiede auf. In einigen Ressorts entfällt der größte Teil der Arbeiten auf die Ausarbeitung oder Novellierung von Gesetzen und Rechtsverordnungen mit vergleichsweise geringer Finanzwirksamkeit (z. B. BM des Innern, aber auch BM für Jugend, Familie und Gesundheit). Andere Ministerien sind vorwiegend mit der Planung großer Investitions-, Beschaffungs- oder Förderungsvorhaben, die nur teilweise Gesetzesform erhalten, und der Überwachung ihrer Durchführung beschäftigt (z. B. das BM für Verkehr mit Straßenbauaufgaben, das BM der Verteidigung mit Rüstungskäufen, das BM für Ernährung, Landwirtschaft und Forsten mit Verbesserungen der Agrarstruktur und das BM für Forschung und Technologie mit der Förderung der wissenschaftlichen und technologischen Entwicklung). Bedingt durch die Unterschiedlichkeit der Aufgaben und die Größe der Geschäftsbereiche weichen die verschiedenen Bundesministerien auch bezüglich ihres Personalbestandes und der von ihnen zu verwaltenden Finanzmittel stark voneinander ab. Personalmäßig die größten Ministerien sind zur Zeit (1978) das Verteidigungsministerium (über 8 600 Beamte, Angestellte und Soldaten) und das Finanzministerium (etwa 1 600 Beamte und Angestellte). Die kleinsten Bundesministerien sind gegenwärtig das Ministerium für Bildung und Wissenschaft sowie das Ministerium für innerdeutsche Beziehungen mit jeweils knapp 300 Beamten und Angestellten. Den größten Etat haben das Ministerium für Arbeit und Soziales (1978: rund 43,2 Mrd. DM) und das Verteidigungsministerium (1978: rund 34,2 Mrd. DM), den kleinsten Etat hat das Justizministerium (1973: rund 290 Mill. DM).

Die innere Struktur der meisten Bundesministerien weist fünf Entscheidungsebenen auf: Minister, Staatssekretär, Abteilungen, Unterabteilungen (bzw. Gruppen) und Referate. Auf Staatssekretärsebene wurde 1967 als Neuerung das Amt des *Parlamentarischen Staatssekretärs* eingeführt. Inhaber dieses Amtes müssen Abgeordnete des Bundestages sein. Parlamentarische Staatssekretäre gibt es heute in allen Bundesministerien, im Auswärtigen Amt, im Innenministerium und im Finanzministerium sogar jeweils zwei. Ihre Aufgaben werden vom Minister bestimmt, sie liegen schwerpunktmäßig bei der Wahrnehmung der Verbindungen zu den parlamentarischen Gremien. Wegen der vielfältigen Verflechtungen der meisten Probleme besteht fast immer die Notwendigkeit, die Aktivitäten verschiedener Ministerien miteinander abzustimmen. Zu diesem Zwecke werden bei Bedarf Besprechungen auf Referenten-, Abteilungs- oder Staatssekretärsebene anberaumt oder es werden ständige interministerielle Arbeitskreise oder Ausschüsse gebildet. Eine wichtige Koordinationsfunktion haben auch die Aufstellung des Haushalts- und des Finanzplans durch das BM der Finanzen, die Rechtsförmlichkeitsprüfung durch das BM der Justiz sowie die künftig an Bedeutung noch zunehmende Prüfung der Raumwirksamkeit von Ressortvorhaben durch das BM für Raumordnung, Bauwesen und Städtebau.

Reihe „Ämter und Organisationen der BRD", verschiedene Autoren, Düsseldorf ab 1965.
H. Rausch, Bundestag und Bundesregierung, 4. Aufl. München 1976.

Struktur eines Bundesministeriums

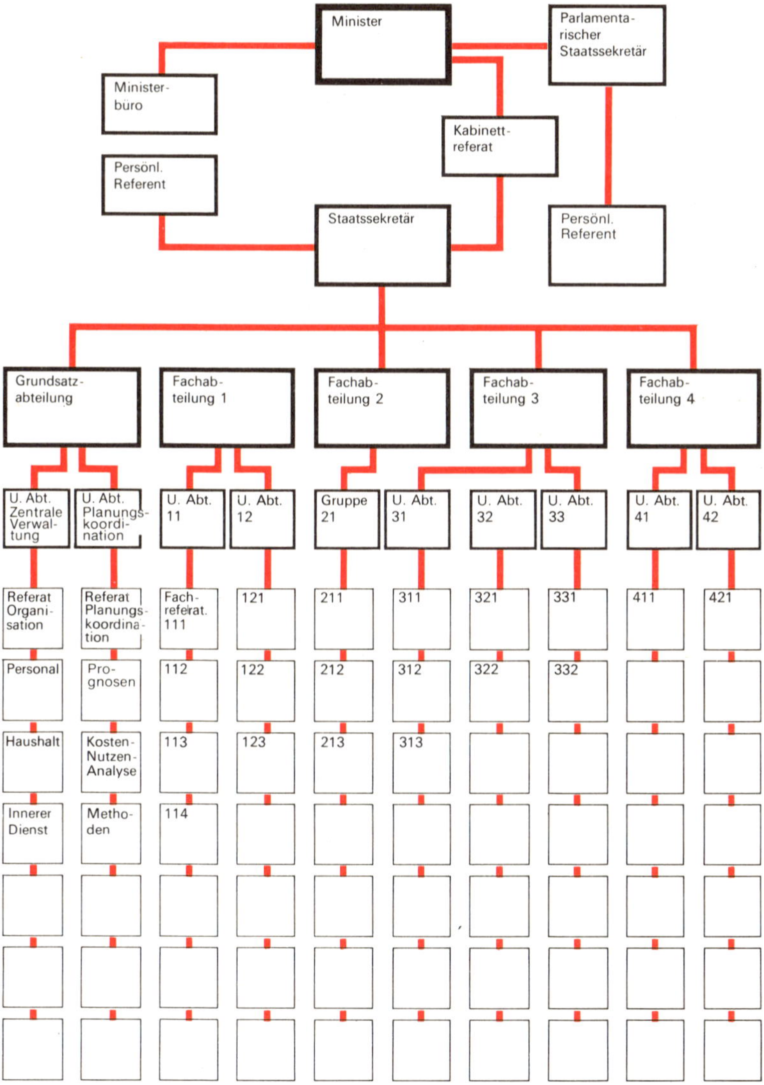

Parteien

Parteien sind Organisationen, die sich kontinuierlich durch Aufstellung von Kandidaten am Wettbewerb um die Stimmen der Bevölkerung zur Besetzung von politischen Ämtern beteiligen. Sie nehmen damit im Vergleich zu sonstigen ↑Verbänden (S. 70) bei nicht grundsätzlich unterschiedlichem Aufbau und ähnlicher Wirkungsweise eine Sonderstellung im politischen Prozeß ein. Dem trägt Art. 21 Grundgesetz dadurch Rechnung, daß er den Parteien die Mitwirkung bei der politischen Willensbildung gewährleistet (↑Parteienrecht S. 68). Im Falle ihrer Verfassungswidrigkeit können Parteien und deren Ersatzorganisationen aufgelöst werden. Sie sind jedoch auch hier anderen Vereinigungen (↑Vereinigungs- und Koalitionsfreiheit S. 140) gegenüber insofern privilegiert, als über ihr Verbot nur das Bundesverfassungsgericht entscheiden darf.

Als Zusammenschlüsse von Bürgern mit dem Ziel der Beeinflussung von Politik sind Parteien ihrer Entstehungsgeschichte nach untrennbar mit der Entwicklung der modernen ↑Demokratie (S. 36) verbunden, die eine möglichst umfassende Beteiligung der Staatsbürger am Prozeß der politischen Willensbildung verlangt. Parteien sollen sich in einen offenen Wettbewerb um die Zustimmung der Bevölkerung zu ihren politischen Programmen begeben. Dabei wird davon ausgegangen, daß sich bei grundsätzlicher Einhaltung bestimmter allgemeiner Spielregeln durch alle am Wettbewerb beteiligten Parteien aufgrund der zur Diskussion gestellten unterschiedlichen Programme jeweils eine Mehrheit der Bevölkerung auf Zeit für eines dieser Programme findet. Entsprechend fällt es den Parteien als wesentliche Aufgabe zu, Parteiorganisationen zu entwickeln, die die Ansichten der Bürger in die Parteien hinein vermitteln und in *(Partei-)Programme* umsetzen können, sowie qualifizierte und interessierte Bürger für sich zu gewinnen, die bereit sind, in einer Partei zu arbeiten und sich für sie um politische Ämter zu bewerben. Durch die Aufstellung von Kandidaten und *(Wahl-)Programmen* bei Wahlen sowie durch ihren Einfluß auf die gewählten Mandatsträger in den Parlamenten (Fraktion, ↑Abgeordnete S. 50) und Regierungen (Regierungsprogramm, Koalitionsregierung, ↑Bundesregierung S. 60) besitzen die Parteien heute eine monopolartige Stellung im politischen Willensbildungsprozeß mit ausgedehntem Einfluß auch auf Verwaltung, Richterwahl und Institutionen der mittelbaren Staatsverwaltung, wie ↑Rundfunk- und Fernsehanstalten (S. 464). Nur auf der Gemeindeebene haben sich neben ihnen Freie Wählervereinigungen behaupten können. Alle in einer Gesellschaft zu einem gegebenen Zeitpunkt vorhandenen Parteien bilden das *Parteiensystem*. Seine Ausgestaltung ist abhängig von einer Reihe von institutionellen, historischen und politischen Einflußgrößen. So hat z. B. die Einführung der 5%-Klausel bei der ↑Bundestagswahl (S. 48) den langfristigen Erfolg von Splitterparteien in der Bundesrepublik außerordentlich erschwert. Dies wiederum förderte die Entwicklung der drei großen Parteien, der CDU/CSU, der FDP und der SPD zu Volksparteien. Der Begriff *Volkspartei* bedeutet dabei, daß eine Partei Wähler aus unterschiedlichen sozialen Schichten für sich gewinnen kann. Er bedeutet nicht, daß alle Volksparteien ihre Wähler gleichermaßen aus allen Bevölkerungsgruppen rekrutieren. Nach ihrer Organisation und anderen Merkmalen unterscheidet man auch andere *Parteitypen* (z. B. Weltanschauungs-, Volks-, Massen- und Kaderparteien). Häufig werden die Parteien eines politischen Systems in ihrer Programmatik entlang eines Links-Rechts-Kontinuums angeordnet, wobei der Bedeutungsgehalt von links zwischen fortschrittlich, kollektivistisch und sozialistisch, der von rechts zwischen reaktionär, konservativ und individualistisch schwankt.

H. Kaack, Geschichte und Struktur des deutschen Parteiensystems, Opladen 1971.
O. K. Flechtheim (Hrsg.), Die Parteien der Bundesrepublik Deutschland, Hamburg 1973.

Verbot von Parteien und Ersatzorganisationen

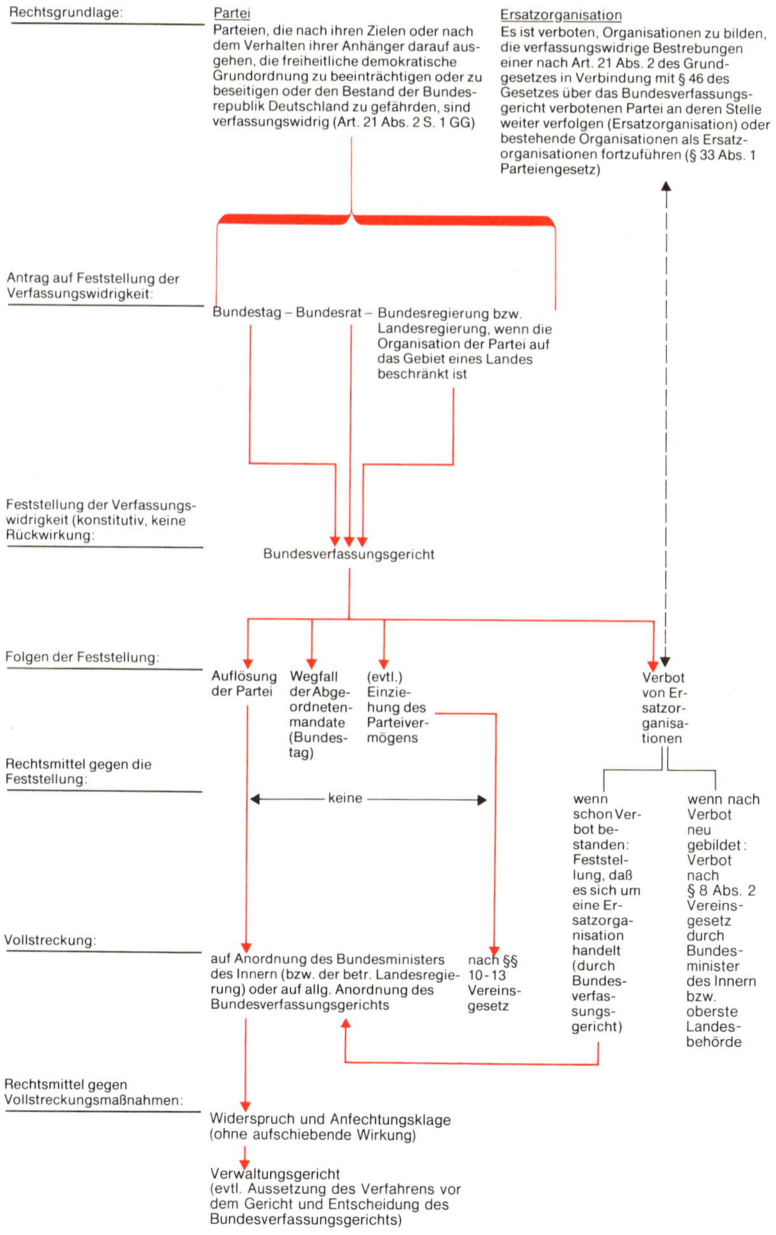

Parteienrecht

Nach Art. 21 Grundgesetz ist die Gründung von ↑Parteien (S. 66) frei. Ihre innere Ordnung muß demokratischen Grundsätzen entsprechen. Über die Herkunft ihrer Mittel haben sie öffentlich Rechenschaft abzulegen. Die näheren Einzelheiten regelt das Parteiengesetz von 1967. Nach diesem Gesetz haben die Parteien verschiedene staatspolitische Aufgaben zu erfüllen, insbesondere zwischen den Bürgern und den staatlichen Institutionen zu vermitteln. Sie verlieren infolgedessen ihre privilegierte Stellung als Partei, wenn sie sechs Jahre lang weder an Bundestags- noch an Landtagswahlen teilgenommen haben.

Für die *innere Ordnung* der Parteien schreibt das Parteiengesetz zwingend einen demokratischen Aufbau vor, um eine oligarchische Elitenbildung und eine bürokratische Verkrustung zu verhindern. Parteien sind regional so weit in kleine Einheiten zu untergliedern, daß auch einzelnen Mitgliedern eine angemessene Mitwirkung an der innerparteilichen Willensbildung ermöglicht wird. Hauptorgan eines Ortsverbandes ist die Mitgliederversammlung. Gebietsverbände höherer Stufen können stattdessen Vertreterversammlungen bilden, deren Delegierte durch die unteren Verbände zu wählen sind. Leitungs- und Geschäftsführungsorgan eines Gebietsverbandes ist der Vorstand, der grundsätzlich von den Verbandsversammlungen zu wählen ist und dem nicht mehr als ein Fünftel auf andere Weise bestellte Mitglieder angehören dürfen. Die Wahlen zum Vorstand und zu den Vertreterversammlungen sind geheim. Zwingend vorgeschrieben sind ferner bestimmte Wahlperioden und Rechenschaftspflichten.

Über die Aufnahme von *Mitgliedern* wird nach Maßgabe der jeweiligen Parteisatzung entschieden. Ein Ausschluß darf nur erfolgen, wenn ein Mitglied vorsätzlich gegen die Satzung oder erheblich gegen Grundsätze oder Ordnung der Partei verstoßen und ihr damit schweren Schaden zugefügt hat.

Eine besondere Regelung haben im Parteiengesetz die *Parteienfinanzierung* und die Offenlegung der Herkunft der den Parteien zufließenden Mittel gefunden. Welche Bedeutung diesen Fragen zukommt, läßt sich daran erkennen, daß der Hauptgrund für die Verschleppung der Verabschiedung des Parteiengesetzes von 1949 bis 1967 in der Unfähigkeit der Parteien lag, sich über diese beiden Punkte zu einigen. Sie kamen erst zu einer Übereinkunft, als das Bundesverfassungsgericht 1966 die bis dahin übliche Form der Verwendung öffentlicher Mittel zur Finanzierung von Parteiaufgaben für verfassungswidrig erklärte. Daraufhin fand man die Lösung, daß den Parteien nur noch die notwendigen Kosten eines angemessenen Wahlkampfes aus öffentlichen Mitteln erstattet werden dürfen. Bei Bundestags- und Landtagswahlen wird z. Zt. eine Pauschale von DM 3.50 pro Wahlberechtigtem an eine Partei gezahlt, sofern sie mindestens 0,5% der gültigen (Zweit-)Stimmen im gesamten Wahlgebiet oder mindestens 10% der gültigen (Erst-)Stimmen in einem Wahlkreis auf sich vereinigt. Darüber hinaus sollen sich die Parteien aus anderen Mitteln finanzieren. Über die Herkunft der Gesamtmittel ist jährlich ein öffentlicher Rechenschaftsbericht abzugeben, der nach Einkunftsarten aufzugliedern ist und Name und Anschrift von Spendern enthalten muß, deren Spenden in einem Kalenderjahr 20 000.– DM übersteigen. Die bisher vorgelegten Rechenschaftsberichte weisen wenig verläßliche Angaben über die Finanzierung auf.

Parteien dürfen nur unter bestimmten erschwerten Voraussetzungen aufgelöst werden *(Parteiverbot)*. Das ist der Fall, wenn sie nach ihren Zielen oder dem Verhalten ihrer Anhänger darauf ausgehen, die freiheitliche demokratische Grundordnung zu beeinträchtigen oder zu beseitigen oder den Bestand der Bundesrepublik Deutschland zu gefährden (Art. 21 Abs. 2 S. 1 GG).

K.-H. Seifert, Die politischen Parteien im Recht der Bundesrepublik Deutschland, Köln u. a. 1975.
W. Henke, Das Recht der politischen Parteien, 2. Aufl., Göttingen 1972.

a) Schema einer Parteiorganisation nach Parteiengesetz

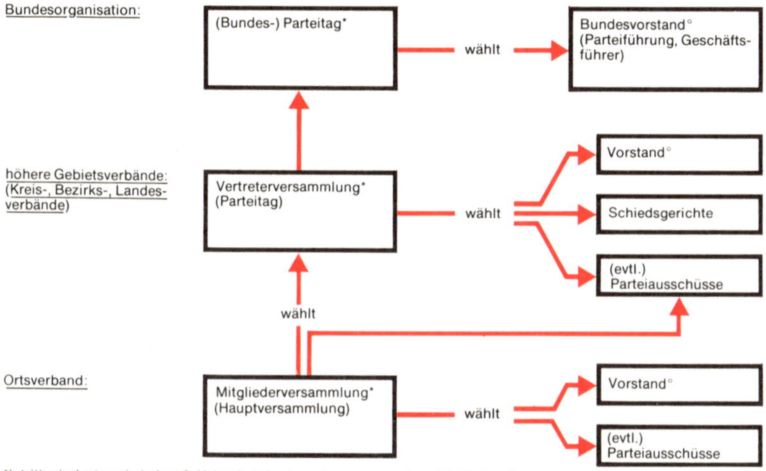

*) tritt mindestens in jedem 2. Kalenderjahr einmal zusammen, beschließt über Programme, Satzung, Beitragsordnung, Schiedsgerichtsordnung, Parteiverschmelzung und -auflösung.

°) wird mindestens in jedem 2. Kalenderjahr gewählt, muß mindestens aus drei Mitgliedern bestehen, darf nicht mehr als ein Fünftel auf andere Weise bestellte Mitglieder besitzen, muß mindestens alle zwei Jahre einen Tätigkeitsbericht erstatten.

b) Aufnahme – Austritt (Ausschluß)

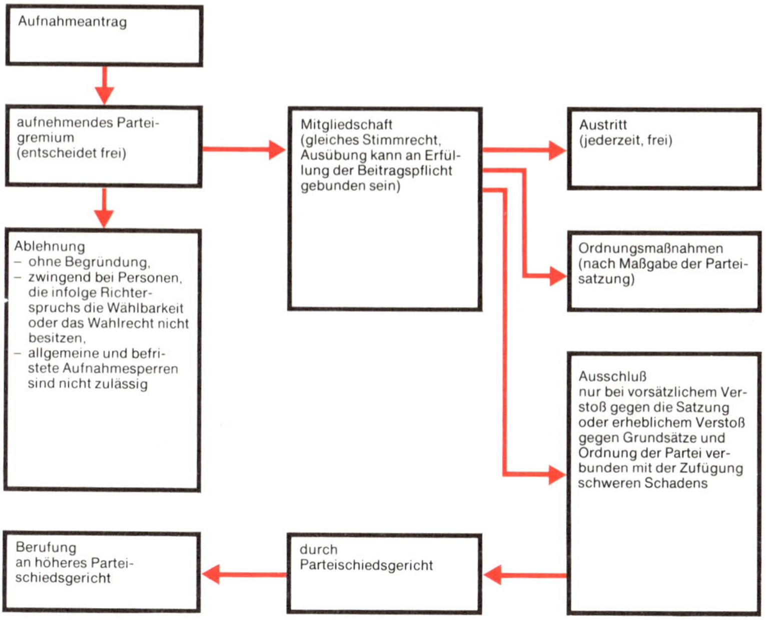

Verbände

Der Begriff des Verbandes wird häufig gleichbedeutend mit dem Begriff der organisierten *Interessengruppe, pressure group* oder *lobby* gebraucht. Gemeint ist damit eine Gruppe von Personen, die sich auf die Wahrung einer ihr zentralen Interessenposition konzentriert und zu diesem Zweck eine feste Organisation begründet. Das moderne Verbandswesen verdankt seine Entstehung der Entwicklung der demokratisch organisierten Industriegesellschaft in den letzten 100 Jahren und ist eine aus ihr nicht wegzudenkende Form der besonderen Interessenartikulation der Bürger. Verbände sind dort, wo ihre Belange durch Entscheidungen einer Regierung berührt werden, bemüht, eine Berücksichtigung ihrer Interessen im politischen Willensbildungsprozeß zu finden. Sie unterscheiden sich von politischen ↑Parteien (S. 66) dadurch, daß sie sich nicht unter eigenem Namen unmittelbar durch Aufstellung von Kandidaten an Wahlen beteiligen. Ihre politischen Einflußmöglichkeiten hängen u. a. von der sozialen Stellung des jeweiligen Verbandes, der Zahl seiner Mitglieder, seinen finanziellen Mitteln und der Handlungsfähigkeit seiner Organisation ab. Um seinen Einfluß geltend zu machen, stehen einem Verband in der Regel eine Vielzahl von Möglichkeiten zur Verfügung: Er kann z. B. seine Mitglieder mobilisieren, die Massenmedien beeinflussen oder seine Vertreter als Mitglieder ihm nahestehender Parteien in Parlamente und öffentliche Ämter lancieren. Die politische Bedeutung von Verbänden dokumentiert sich u. a. in der Beteiligung an öffentlichen Anhörungen, wie z. B. parlamentarischen Hearings, an Beiräten von Ministerien und bei der Vorbereitung von Gesetzen. Die Bundesregierung ist durch ihre Geschäftsordnung verpflichtet, sich bei der Vorbereitung von Gesetzen des Sachverstandes fachlich zuständiger Verbände zu bedienen.

Neben einer außerordentlichen Vielzahl von Verbänden außerhalb des politischen Raumes spielen vor allem drei Arten von Verbänden im politischen Entscheidungsprozeß eine besondere Rolle: die politischen Verbände (z. B. ↑Kommunale Spitzenverbände S. 120), die Religionsgemeinschaften und Kirchen sowie die Wirtschaftsverbände. Die deutsche Wirtschaft besitzt keinen zentralen Verband zur direkten Wahrnehmung ihrer Interessen. Der Gemeinschaftsausschuß der Deutschen Gewerblichen Wirtschaft stellt lediglich eine Art Gesprächskreis dar, der neben der allgemeinen wirtschafts- und sozialpolitischen Interessenvertretung u. a. der internen Konfliktregelung zwischen den verschiedenen Wirtschaftsverbänden dient. Diesem Gemeinschaftsausschuß gehören auch die drei wichtigsten Wirtschaftsverbände an, der Bundesverband der Deutschen Industrie e. V. (BDI), die Bundesvereinigung der Deutschen Arbeitgeberverbände e. V. (BDA) und der Deutsche Industrie- und Handelstag e. V. (DIHT). Der BDI ist der Zusammenschluß der industriellen Wirtschaftsverbände in der Bundesrepublik und nimmt die wirtschaftlichen und wirtschaftspolitischen Interessen seiner Mitglieder wahr. Ausgeschlossen ist laut Satzung die Vertretung sozialpolitischer Belange. Diese Aufgabe obliegt vielmehr der BDA, der neben Vereinigungen der Industrie allerdings auch Mitglieder aus Handwerk, Handel, Landwirtschaft und anderen Branchen angehören (↑Arbeitgeberverbände S. 372). Da die Tariffähigkeit (↑Tarifautonomie S. 374) bei den Fachverbänden verblieben ist, fallen der BDA in erster Linie Programm- und Koordinierungsaufgaben zu. In Fragen der Sozialpolitik ist die BDA offizieller Partner der Bundesregierung und der Gewerkschaften. Eine gewisse Sonderstellung unter den Wirtschaftsverbänden nimmt der Deutsche Industrie- und Handelstag (DIHT) als organisatorische Spitze der selbständigen ↑Industrie- und Handelskammern (S. 336) ein. Auf der Arbeitnehmerseite stehen diesem massiven Interessenblock eine Reihe von ↑Gewerkschaften (S. 370) gegenüber, die überwiegend im Deutschen Gewerkschaftsbund (DGB) als Dachorganisation von siebzehn Einzelgewerkschaften zusammengefaßt sind. Auch hier ist nur die Einzelgewerkschaft tariffähig.

K. v. Beyme, Interessengruppen in der Demokratie, 4. Aufl. München 1974.
H. J. Varain (Hrsg.), Interessenverbände in Deutschland, Köln 1973.

Bundesverband der Deutschen Industrie (BDI)

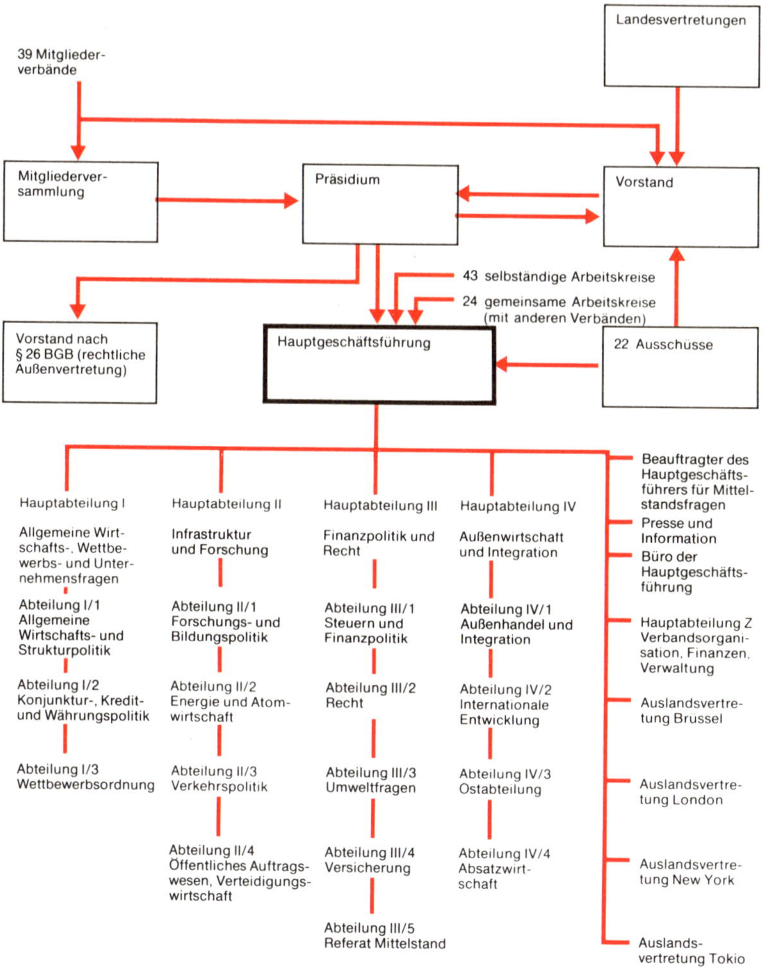

☐ Organe des BDI

Stand Juli 1974

Bürgerbeteiligung – Bürgerinitiativen

Das Verfassungs- und Rechtsleben der Bundesrepublik wird vor allem seit dem Ende der sechziger Jahre in stark zunehmendem Maße von Bemühungen und Forderungen begleitet, Staat und Gesellschaft dem Ideal der unmittelbaren Demokratie anzunähern, in dem eine Identität zwischen Regierenden und Regierten besteht (↑Demokratie, S. 36). Unter den hierbei verwendeten Begriffen sind die von der „Bürgerbeteiligung" oder der „Partizipation" am gebräuchlichsten geworden. Rechtlich kann man von einer *Bürgerbeteiligung* sprechen, wenn in öffentlich-rechtlichen Entscheidungsverfahren Bürger selbst an der Wahrnehmung öffentlich-rechtlicher Kompetenzen mitwirken. Am stärksten ist die Bürgerbeteiligung bei den ↑Plebisziten (S. 38). Diese ermöglichen in Form von Volksbegehren und Volksentscheiden eine Entscheidung direkt und ausschließlich durch das Staatsvolk bzw. die Gesamtheit der Gemeindebürger und betreffen in der Regel gesetzgebende Entscheidungen. Die *Partizipation* in einem engeren Sinne eröffnet eine Mitwirkung von Bürgern nur zusammen mit den ständig als Amtsträgern berufenen Personen. Die Mitwirkungsbefugnisse reichen von der bloßen Mitberatung bis zur Mitentscheidung.

Eine traditionelle Form der Bürgerbeteiligung stellt die in den Verfassungskämpfen des 19. Jahrhunderts errungene Mitwirkung in der Rechtsprechung dar (↑Berufs- und Laienrichter, S. 162). Heute steht dagegen die Partizipation an Entscheidungsverfahren der öffentlichen Verwaltung im Vordergrund. Dabei sind zwei Arten der Bürgerbeteiligung zu unterscheiden. Bei der sogenannten Anhörung geht es um die Beteiligung solcher Bürger in einem Verwaltungsverfahren, die durch die Verwaltungsentscheidung in ihren individuellen Rechten oder Belangen konkret betroffen sind oder sich aus ideellen Gründen zu einem Engagement bewogen fühlen. Hierher gehört die Beteiligung bei Planungs- und Genehmigungsverfahren der Verwaltung, so etwa bei der gemeindlichen ↑Bauleitplanung (S. 510), bei immissionsschutzrechtlichen Genehmigungen (z. B. für Kohlekraftwerke und Ölraffinerien) und bei atomrechtlichen Genehmigungs- und Planfeststellungsverfahren (Kernkraftwerke, Anlagen der Zwischen- und Endlagerung radioaktiver Abfälle). Soweit in solchen Fällen konkret Betroffene angehört werden, erfüllt deren Beteiligung eine Rechtsschutzfunktion. Eine zweite Form der Bürgerbeteiligung dient dem Zweck, die Allgemeinheit und bestimmte interessierte oder sachverständige Gruppen der Öffentlichkeit an Entscheidungen der Verwaltung teilnehmen zu lassen. Beispiele hierfür sind die Bundesprüfstelle für jugendgefährdende Schriften, die Verwaltungsräte von Bundesbahn und Bundespost sowie die Rundfunk- und Fernsehräte. Bei dieser Form der Bürgerbeteiligung erfolgt die Geltendmachung von Bürgerinteressen überwiegend mittels Verbands- und Parteienvertretern (↑Verbände, S. 70, ↑Parteien, S. 66). Eine unmittelbare, ehrenamtliche Mitwirkung von Bürgern an Verwaltungsentscheidungen ist in einigen Landesverfassungen angesprochen, aber in sehr geringem Umfang realisiert. Über die formell geregelten Beteiligungsverfahren hinaus haben die Aktionen von sogenannten *Bürgerinitiativen* gegenüber der Verwaltung eine große Bedeutung erlangt. Diese unterscheiden sich von Verbänden und Parteien dadurch, daß sie sich spontan und kurzfristig organisieren, konkrete, zeitlich begrenzte Ziele und besondere Interessen verfolgen sowie eine unmittelbare Kommunikation unter ihren Mitgliedern herstellen. Die Politikwissenschaft sieht die Bürgerinitiativen vorwiegend als Teil eines allgemeinen demokratischen Lernprozesses. Dem steht die Beobachtung entgegen, daß Bürgerinitiativen eher spezielle eigene Interessen ihrer Mitglieder verfolgen und weniger den demokratischen Konsens über das Allgemeinwohl im Blick haben.

R. Walter/W. Schmitt Glaeser, Partizipation an Verwaltungsentscheidungen, Veröff. d. Vereinigung d. Deutschen Staatsrechtslehrer, Heft 31, Berlin 1973.
W. Schmidt/R. Bartlsperger, Organisierte Einwirkungen auf die Verwaltung, Veröff. d. Vereinigung d. Deutschen Staatsrechtslehrer, Heft 33, Berlin 1975.
P. C. Mayer-Tasch, Die Bürgerinitiativbewegung, Reinbek bei Hamburg 1976.

Schema zur rechtlichen Stellung von Bürgerinitiativen im System der öffentlichen Verwaltung (ohne Anhörungsverfahren)

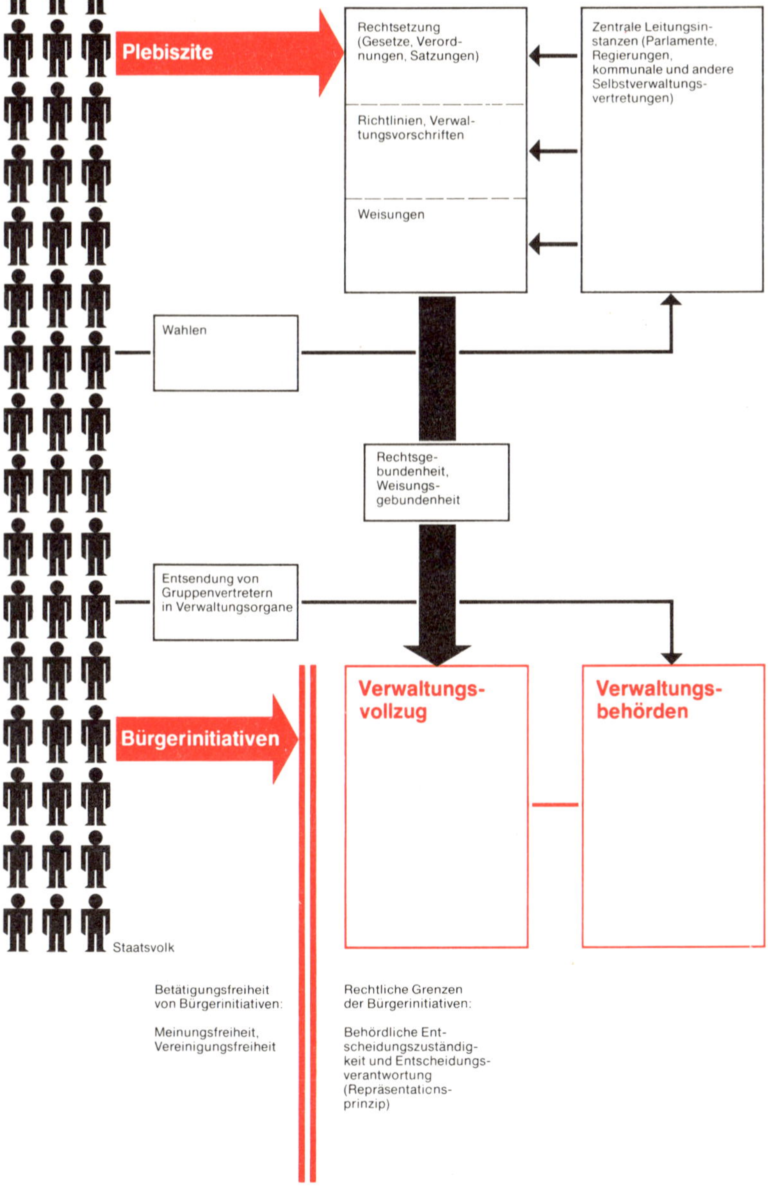

Betätigungsfreiheit von Bürgerinitiativen:

Meinungsfreiheit, Vereinigungsfreiheit

Rechtliche Grenzen der Bürgerinitiativen:

Behördliche Entscheidungszuständigkeit und Entscheidungsverantwortung (Repräsentationsprinzip)

Gesetzgebung des Bundes

An der Gesetzgebung des Bundes sind der Bundestag, die Bundesregierung, der Bundesrat und der Bundespräsident beteiligt. Gesetzesentwürfe werden beim Bundestag entweder durch die Bundesregierung, den Bundesrat oder aus der Mitte des Parlaments selbst eingebracht, wenn Abgeordnete mindestens in Fraktionsstärke die betreffende Vorlage unterstützen. In den meisten Fällen stammen die Entwürfe von der ↑Bundesregierung (S. 60), da sie dort von sachverständigen Ministerialbeamten, denen der Staatsapparat zur Verfügung steht, unter beratender Mitwirkung von Experten der ↑Verbände (S. 70) bearbeitet werden. Die Vorlagen der Bundesregierung sind zunächst dem ↑Bundesrat (S. 56) zuzuleiten, der zu ihnen innerhalb von sechs Wochen (bei Eilbedürftigkeit binnen drei Wochen) eine erste Stellungnahme abgeben kann *(Durchlaufverfahren)*. Umgekehrt erhält die Entwürfe des Bundesrats zunächst die Bundesregierung zur Stellungnahme innerhalb von drei Monaten. Beschlossen werden die Gesetze vom ↑Bundestag (S. 46) und zwar grundsätzlich in drei Lesungen, wobei sich an die erste Aussprache eine intensive Behandlung der Entwürfe in den zuständigen Fachausschüssen des Bundestages anschließt, zu der vielfach auch Vertreter der Regierung hinzugezogen werden (↑Parlamentsrecht S. 52). Die von den Ausschüssen bearbeiteten Vorlagen werden anschließend im Plenum im Detail durchberaten und eventuell zurückverwiesen. In der dritten Lesung wird noch einmal über die Gesetze als Ganzes abgestimmt.

Die vom Bundestag beschlossenen Gesetze sind unverzüglich dem Bundesrat zuzuleiten. Dieser kann ihnen zustimmen oder die Einberufung des *Vermittlungsausschusses* verlangen, der aus elf Bundestagsabgeordneten und elf Mitgliedern des Bundesrats besteht. Seine Aufgabe ist es, einen Kompromiß zwischen den Auffassungen des Bundestags und des Bundesrats herzustellen. Ändert er dabei das umstrittene Gesetz ab, so hat der Bundestag erneut darüber zu beschließen. Kommt es zu keiner Einigung zwischen Bundestag und Bundesrat, so hängt das weitere Verfahren davon ab, ob es sich bei der betreffenden Vorlage um ein Einspruchsgesetz oder um ein Zustimmungsgesetz handelt. Gegen *Einspruchsgesetze* besitzt der Bundesrat nur ein aufschiebendes Veto. Ist sein Einspruch mit einfacher Mehrheit erfolgt, so genügt die einfache Mehrheit der Mitglieder des Bundestags, um ihn zurückzuweisen. Wurde der Einspruch dagegen mit zwei Dritteln der Stimmen des Bundesrats erhoben, so bedarf die Zurückweisung ebenfalls einer Zwei-Drittel-Mehrheit im Bundestag. Handelt es sich dagegen um ein *Zustimmungsgesetz*, so wirkt das Veto des Bundesrats absolut. Seine Überstimmung durch den Bundestag ist ausgeschlossen. Die starke Stellung des Bundesrats erklärt sich daraus, daß die Länder die Gesetze des Bundes in den meisten Fällen durch ihre Verwaltung auszuführen und die dabei entstehenden Kosten zu tragen haben (↑Landesverwaltung S. 80). Die meisten Gesetze, die verabschiedet werden, sind Zustimmungsgesetze.

Die Bundesgesetze werden vom ↑Bundespräsidenten (S. 58) ausgefertigt und im Bundesgesetzblatt verkündet (↑öffentliche Bekanntmachungen S. 470). Sie treten mit dem vierzehnten Tage nach Ablauf des Tages in Kraft, an dem das Bundesgesetzblatt ausgegeben worden ist, wenn sie nicht selbst einen anderen Tag ihres Inkrafttretens bestimmen. Besondere Verfahrensweisen gelten bei der Änderung des ↑Grundgesetzes (S. 16), bei Gesetzen mit besonderen finanziellen Auswirkungen (Zustimmungsvorbehalt der Bundesregierung nach Art. 113 Grundgesetz), beim Gesetzgebungsnotstand (↑Notstandsverfassung S. 86) und im ↑Verteidigungsfall (S. 88).

G. Löwenberg, Parlamentarismus im politischen System der Bundesrepublik Deutschland, Tübingen 1969, S. 319ff.
Regieren im Verfassungsstaat. Rechtsnormen des politischen Handelns in der Bundesrepublik Deutschland, hrsg. v. *U. Echtler* u. *H. Laufer*, München 1970.

Schematische Darstellung des Gesetzgebungsverfahrens im Bund

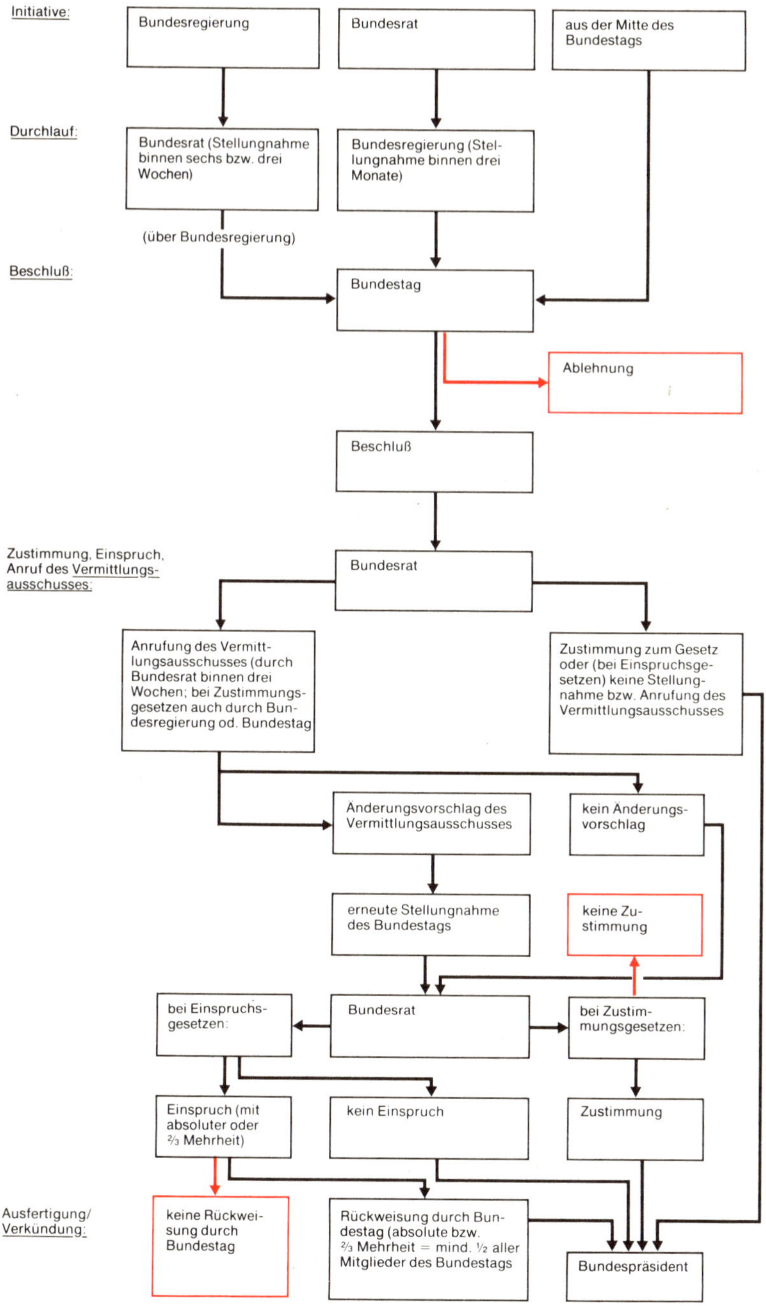

Gesetzgebungszuständigkeiten

Bei der Verteilung der Gesetzgebungszuständigkeiten zwischen Bund und Ländern unterscheidet das Grundgesetz (GG) zwischen *Landesgesetzgebung*, ausschließlicher Gesetzgebung des Bundes, konkurrierender Gesetzgebung von Bund und Ländern und Erlaß von Rahmenvorschriften und Grundsatzregelungen durch den Bund. Grundsätzlich liegt die Gesetzgebungszuständigkeit dem Aufbauprinzip der ↑bundesstaatlichen Ordnung (S. 44) im GG folgend bei den Ländern (Art. 70 GG). Dem Bund ist nur in einigen ausdrücklich genannten Fällen, die – wie z. B. die auswärtigen Angelegenheiten – notwendigerweise einheitlich zu regeln sind, eine *ausschließliche* Gesetzgebungshoheit übertragen worden (Art. 73 GG). In diesem Bereich dürfen die Länder nur dann gesetzgeberisch tätig werden, wenn und soweit sie durch den Bund dazu ermächtigt sind (Art. 71 GG). Ein größerer Bereich ist der *konkurrierenden* Gesetzgebung vorbehalten. Es handelt sich hierbei vor allem um Materien des Wirtschafts-, Arbeits-, Sozial- und Verkehrsrechts sowie um das bürgerliche Recht und das Strafrecht (Art. 74 GG). Hier haben die Länder eine Befugnis zur Gesetzgebung, solange und soweit der Bund von seinem konkurrierenden Gesetzgebungsrecht keinen Gebrauch macht (Art. 72 Abs. 1 GG). Wird dagegen ein Bundesgesetz erlassen, so setzt es ihm entgegenstehende, früher erlassene Landesgesetze außer Kraft („Bundesrecht bricht Landesrecht", Art. 31 GG). Gesetze im Bereich der konkurrierenden Gesetzgebung darf der Bund nur erlassen, soweit ein Bedürfnis nach bundeseinheitlicher Regelung besteht, sei es, daß die betreffende Angelegenheit durch die Länder nicht wirksam geregelt werden kann, sei es, daß die Regelung durch ein Land die Interessen der anderen Länder oder der Gesamtheit beeinträchtigen könnte, oder daß die Wahrung der Rechts- und Wirtschaftseinheit, insbesondere der Einheitlichkeit der Lebensverhältnisse, eine allgemeine Regelung erforderlich macht (Art. 72 Abs. 2 GG). Unter denselben Voraussetzungen hat der Bund das Recht, *Rahmenvorschriften* in bestimmten Fällen wie z. B. zur Vereinheitlichung der Rechtsverhältnisse des öffentlichen Dienstes zu erlassen (Art. 75 GG). Gesetze auf diesem Sektor dürfen allerdings nur allgemeine Richtlinien enthalten und müssen den Ländern Raum zur ausfüllenden Detailgesetzgebung gewähren. Von der Rahmengesetzgebung unterscheidet sich die *Grundsatzgesetzgebung* lediglich dadurch, daß durch sie auch der Bund für seine eigene Detailgesetzgebung auf dem zu regelnden Gebiet (z. B. des Haushaltsrechts) zum Zwecke eines einheitlichen Vorgehens in Bund und Ländern an die von ihm erlassenen Richtlinien gebunden ist.

Die grundsätzliche Zuständigkeitsverteilung des GG täuscht über die tatsächlichen Verhältnisse bei der Gesetzgebung hinweg. Da die wichtigsten Gesetzgebungsmaterien im Bereich der konkurrierenden Gesetzgebung liegen und der Bund von seinem Recht, die Gesetzgebungshoheit auf diesem Gebiet an sich zu ziehen, umfassenden Gebrauch gemacht hat, sind den Ländern tatsächlich nur wenige Materien eigenständiger Gesetzgebung geblieben wie z. B. die kulturellen Angelegenheiten, das Polizei- und Gemeinderecht und die Landesorganisation. Die Notwendigkeit bundeseinheitlicher Regelungen, insbesondere zur *Vereinheitlichung der Lebensverhältnisse*, hat überdies zu zahlreichen Übertragungen von Gesetzgebungskompetenzen auf den Bund, u. a. auf den Gebieten der Kernenergie, der Kriminalpolizei, des Umweltschutzes und des Hochschulwesens, im Wege der Verfassungsrevision (↑Verfassung – Grundgesetz S. 16) geführt und droht die Gesetzgebungszuständigkeit der Länder vollends auszuhöhlen.

Th. Maunz, Deutsches Staatsrecht, 21. Aufl., München 1977.
K. Hesse, Grundzüge des Verfassungsrechts der Bundesrepublik Deutschland, 10. Aufl., Karlsruhe 1977.

Gesetzgebungszuständigkeiten des Bundes (Beispiele):

<u>Ausschließliche Zuständigkeiten:</u>

- Auswärtige Angelegenheiten
- Verteidigung und Schutz der Zivilbevölkerung
- Staatsangehörigkeit, Paßwesen, Ein- und Auswanderung, Auslieferung
- Währung, Geld, Münze, Maße, Gewichte, Zeitbestimmung, Bundesstatistik
- Außenhandel (Waren- und Zahlungsverkehr), Zoll- und Grenzschutz
- Gewerblicher Rechtsschutz, Urheber- und Verlagsrecht
- Bundeseisenbahn, Post- und Fernmeldewesen, Luftverkehr
- Öffentlicher Dienst des Bundes
- Bundeskriminalpolizeiamt, internationale Verbrechensbekämpfung, Zusammenarbeit Bund-Länder bei Verfassungsschutz und Kriminalpolizei
- Neugliederung des Bundesgebiets
- Zölle und Finanzmonopole

<u>Konkurrierende Zuständigkeiten:</u>

- Bürgerliches Recht, Strafrecht und -vollzug, Gerichtsverfassung und Verfahrensrecht, Rechtsanwaltschaft, Notariat
- Personenstandswesen, Ausländerrecht, Flüchtlinge und Vertriebene
- Vereins- und Versammlungsrecht, Waffenrecht
- Sozialhilfe, Kriegsschäden und Wiedergutmachung, Ausbildungsbeihilfen
- wirtschaftliche Sicherung der Krankenhäuser
- Lebensmittel-, Futtermittel-, Pflanzen- und Tierschutz
- Maßnahmen gegen gemeingefährliche Krankheiten, Zulassung zu Heilberufen, Arzneimittelverkehr
- Arbeitsrecht mit Arbeitsschutz, Betriebsverfassung, Arbeitsvermittlung
- Sozialversicherung
- Besoldung und Versorgung des Öffentlichen Dienstes
- Bodenrecht, Wohnungs- und Siedlungswesen
- Wirtschaftsrecht (Bergbau, Industrie, Handwerk, Gewerbe, Handel, Banken, Börsen, Versicherungen)
- Energiewirtschaft, Kernenergie
- Förderung land- und forstwirtschaftlicher Erzeugung
- Sicherung der Ernährung
- Hochsee- und Küstenfischerei, Küstenschutz
- Wettbewerbsrecht
- Umweltschutz
- Sozialisierung
- Förderung wissenschaftlicher Forschung
- Schiffahrt und Wasserstraßen für allgemeinen Verkehr
- Straßenverkehr, Unterhaltung von Fernverkehrsstraßen, Kraftfahrzeugwesen
- Schienenbahnen (außer Bergbahnen)
- Wetterdienst
- Steuern (außer örtliche Verbrauch- und Aufwandsteuern)

<u>Rahmengesetzgebung:</u>

- Rechtsverhältnisse des Öffentlichen Dienstes (Land, Gemeinden)
- Hochschulwesen
- Presse und Film
- Jagdwesen, Naturschutz und Landschaftspflege
- Melde- und Ausweiswesen

<u>Grundsatzgesetzgebung:</u>

- Haushaltswesen und Finanzplanung

außerdem Gesetzgebungszuständigkeiten im Rahmen der <u>Gemeinschaftsaufgaben</u>

Bundeseigene Verwaltung

Die Wahrnehmung der Verwaltungsaufgaben obliegt in der Bundesrepublik Deutschland grundsätzlich den Bundesländern. Eine bundeseigene Verwaltung besteht nur insoweit, als das Grundgesetz (GG) dies besonders bestimmt oder zuläßt. Diese Zuständigkeitsvermutung zugunsten der Länder gilt nach dem GG für die Ausübung aller staatlichen Befugnisse und die Erfüllung aller staatlichen Aufgaben (↑ Bundesstaatliche Ordnung S. 44). Gleichwohl hat der Bund bei der Gesetzgebung ein tatsächliches Übergewicht, weil ihm ↑ Gesetzgebungszuständigkeiten (S. 76) in umfangreichem Maße speziell zugewiesen sind. In der Verwaltung dagegen ist er auf verhältnismäßig wenige Bereiche beschränkt geblieben. So wird auch der überwiegende Teil der Bundesgesetze durch die ↑ Landesverwaltung (S. 80) ausgeführt. Dieser Typ einer bundesstaatlichen Ordnung, der die Gesetzgebungskompetenzen beim Zentralstaat und die Verwaltungskompetenzen bei den Gliedstaaten konzentriert, ist für das deutsche Verfassungsrecht seit 1871 bestimmend. Er entstand bei der Neugründung des Deutschen Reiches aus der Notwendigkeit, die über den Reichstag unitarisch-demokratisch beeinflußte Reichsgesetzgebung durch eine Vollzugskompetenz der großenteils monarchischen Gliedstaaten auszugleichen.

Als klassische Bundesangelegenheiten werden in bundeseigener Verwaltung geführt der auswärtige Dienst, die Bundesbahn, die Bundespost, die Verwaltung der Wasserstraßen sowie der Binnenschiffahrt und der Seeschiffahrt, die Verwaltung des Luftverkehrs, die Bundesfinanzverwaltung einschließlich der Zollverwaltung und der Verwaltung der Finanzmonopole, die Bundeswehr und der Bundesgrenzschutz. In diesen Bereichen konnte der Bund auch einen eigenen Verwaltungsunterbau (Mittelbehörden, untere Behörden oder Außenstellen) einrichten. Bundeseigene Mittel- und Unterbehörden können außerdem durch ein mit Zustimmung des Bundesrates und der Mehrheit der Mitglieder des Bundestages erlassenes Gesetz errichtet werden, wenn dem Bund auf Gebieten der Bundesgesetzgebung neue Aufgaben erwachsen und ein dringender Bedarf besteht. Soweit der Bund im übrigen für die Wahrnehmung von Verwaltungsaufgaben einen Verwaltungsunterbau benötigt, muß er sich der Landesbehörden bedienen. Das gilt vor allem für diejenigen Gebiete, auf denen durch Bundesgesetze *Zentralstellen* für bestimmte Aufgaben gebildet werden können (z. B. für das polizeiliche Auskunfts- und Nachrichtenwesen und die Kriminalpolizei). So bedarf das Bundeskriminalamt, abgesehen von den gesetzlich festgelegten eigenen Polizeivollzugskompetenzen, der Vollzugshilfe durch die Landeskriminalämter und den übrigen Polizeidienst der Länder (↑ Polizeiorganisation S. 528, ↑ Übertragene Aufgaben der Polizei S. 532). Die Zentralstellen gehören zu den nachgeordneten oder *unselbständigen Bundesoberbehörden*. Das sind Bundesbehörden der Zentralstufe für bestimmte Verwaltungsaufgaben, deren Erledigung besondere technische Kenntnisse erfordert. Sie sind daher organisatorisch getrennt von den *obersten Bundesbehörden* (Bundesregierung, Bundesminister, Bundes- ↑ Rechnungshof S. 308). Keiner Vollzugshilfe durch die Landesverwaltungen bedürfen die *selbständigen Bundesoberbehörden*, wie das Bundeskartellamt (↑ Sicherung der Wettbewerbsordnung S. 316) und das Bundesversicherungsamt. Solche Behörden können durch Bundesgesetz für Angelegenheiten errichtet werden, für die dem Bund die Gesetzgebung zusteht.

Auch *bundesunmittelbare* ↑ *Körperschaften und Anstalten* des öffentlichen Rechts (S. 249) können Verwaltungsaufgaben übernehmen. Sie sind im GG selbst vorgesehen (z. B. Träger der ↑ Sozialversicherung S. 390, ↑ Deutsche Bundesbank S. 354) oder können durch Bundesgesetz für Angelegenheiten der Bundesgesetzgebung errichtet werden (z. B. Bundesanstalt für Arbeit).

H. Schäfer, Die bundeseigene Verwaltung, Die öffentliche Verwaltung 1958, S. 241 ff.
Maunz/Dürig/Herzog/Scholz, Grundgesetz (Loseblatt), Art. 87.

Begrenzung und Aufbau der Bundesbehörden

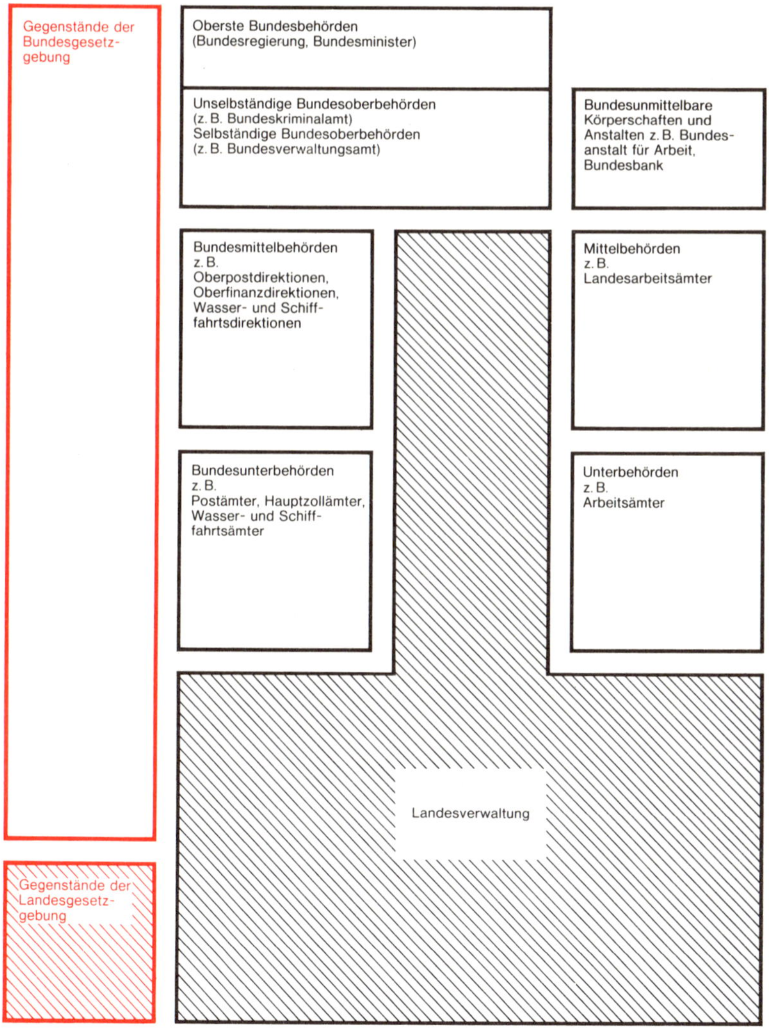

Landesverwaltung

Die Abgrenzung von Bundes- und Landesverwaltung erfolgt nach dem Grundgesetz (GG) mittels einer Zuständigkeitsvermutung zugunsten der Länder. Eine ↑ bundeseigene Verwaltung (S. 78) durch Bundesbehörden oder bundesunmittelbare Körperschaften und Anstalten besteht lediglich insoweit, als das GG dies besonders bestimmt oder zuläßt. Das ist nur in verhältnismäßig geringem Umfang geschehen. Der Verwaltungsvollzug von Landesrecht erfolgt ausschließlich durch das jeweilige Bundesland. Ein großer Teil der Bundesgesetze wird jedoch ebenfalls durch die Landesverwaltung ausgeführt, und zwar grundsätzlich als eigene Angelegenheit der Länder *(landeseigener Vollzug von Bundesrecht)*. Eine besondere Form der Landesverwaltung liegt vor, wenn das GG bestimmt, daß eine Bundesaufgabe von den Ländern im Auftrag des Bundes wahrgenommen wird *(Bundesauftragsverwaltung)*. Die ↑ bundesstaatliche Ordnung (S. 44) des GG unterscheidet sich danach prinzipiell von denjenigen Bundesverfassungen, die bestimmte Staatsaufgaben sowohl hinsichtlich der Gesetzgebung als auch der Verwaltung entweder an den Zentralstaat oder die Gliedstaaten ausschließlich zuweisen (z. B. Verfassung der USA). Demgegenüber kennt das GG den vertikalen Verbund von Bund und Ländern bezüglich ein- und desselben Gegenstandes. Dieser Grundsatz interföderativer Zusammenarbeit kommt besonders in den vom GG abschließend festgelegten Fällen zum Ausdruck, in denen der Bund bei der Erfüllung von Landesaufgaben mitwirkt *(Gemeinschaftsaufgaben,* ↑ Kooperation im Bundesstaat S. 82).

Einer besonderen Ermächtigung durch das GG bedarf der Bund auch dann, wenn er eine Verwaltungsaufgabe unter Verzicht auf hoheitliche Befugnisse in privat-rechtlichen Formen erledigen will (z. B. in Form einer GmbH). Daher war der Versuch des Bundes, eine eigene Fernsehanstalt unter Umgehung der Landeskompetenzen durch eine GmbH zu betreiben, verfassungswidrig. Ebenso ist die nicht unmittelbar gesetzesvollziehende, „gesetzesfreie" Verwaltung landeseigene Verwaltung, wenn dem Bund hierfür nicht eine besondere Zuständigkeit eingeräumt ist. Es gibt jedoch Verwaltungsaufgaben, deren Erledigung durch die Landesverwaltung überhaupt nicht denkbar ist und daher kraft Natur der Sache dem Bund zusteht (z. B. wirtschaftliche Förderungsmaßnahmen eindeutig überregionalen Charakters).

Die Organisations- und Handlungsformen der Landesverwaltung bestimmen die Länder grundsätzlich selbst. Sie sind auch insoweit dem Bund nur aufgrund besonderer Regelungen des GG untergeordnet. Im Bereich des landeseigenen Vollzugs von Landesrecht bestehen Bindungen der Länder lediglich an wenige prinzipielle Normativbestimmungen des GG, vor allem für eine rechtsstaatliche Verwaltung (↑ Landesverfassungen S. 90). Beim landeseigenen Vollzug von Bundesrecht (z. B. des ↑ Gewerberechts S. 330) hat der Bund zur Gewährleistung einer rechtmäßigen und bundeseinheitlichen Verwaltung im ganzen Bundesgebiet bestimmte Einflußrechte (Regelung der Behördeneinrichtung und des Verwaltungsverfahrens, Erlaß allgemeiner Verwaltungsvorschriften, Bundesaufsicht bezüglich der Rechtmäßigkeit der Verwaltung). Im Falle einer Mängelrüge durch die Bundesregierung kann das betroffene Land hierzu eine Feststellung des ↑ Bundesrates (S. 56) beantragen und dagegen das Bundesverfassungsgericht anrufen. Im übrigen stehen dem Bund die Mittel des Bundeszwangs nach Art. 37 GG und die Anrufung des Bundesverfassungsgerichts im sogenannten Bund-Länder-Streit zur Verfügung. Für die Bundesauftragsverwaltung (z. B. bei der Verwaltung der Bundesautobahnen und Bundesstraßen) gelten dieselben Regelungen mit der Besonderheit, daß hier die Landesbehörden auch fachlichen Weisungen der zuständigen obersten Bundesbehörde unterliegen. Im Rahmen ihrer Verwaltungsaufgaben tragen die Länder die Kosten der Verwaltung (Konnexitätsprinzip).

Th. Maunz, Deutsches Staatsrecht, 20. Aufl., München 1975.
K. Hesse, Grundzüge des Verfassungsrechts der Bundesrepublik Deutschland, 9. Aufl., Karlsruhe 1976.

Die Landesverwaltung und ihre Rechtsstellung gegenüber dem Bund nach dem Grundgesetz (GG)

	Landeseigene Verwaltung (Art. 30 GG)	Gemeinschaftsaufgaben (Art. 91a, 91b, 104a Abs. 4 GG)	Ausführung von Bundesrecht in eigener Verantwortung (Art. 83, 84 GG)	Ausführung von Bundesrecht im Auftrag des Bundes (Art. 85 GG)	
Vollzogenes Recht	Landesrecht	Landesrecht in Verbindung mit Bundesgesetzen (Art. 91a GG), Bund-Länder-Vereinbarung (Art. 91b GG), Bundesgesetz oder Bundeshaushaltsgesetz mit Verwaltungsvereinbarung (Art. 104a Abs. 4 GG)	Bundesrecht	Bundesrecht	
Aufgabenträger	Land	Land und Bund	Land	Bund	
Verwaltungsträger	Land	Land	Land Einflußrechte des Bundes nach Art. 84 GG, insbesondere Bundesaufsicht	Land Einflußrechte des Bundes nach Art. 85 GG, insbes. Weisungsrecht	Bund für Finanzierung, Planung, Vermögensträgerschaft
	Anwendung von Bundeszwang (Art. 37 GG) bei rechtlichem Versagen des Landes gegenüber dem Bund				
Kostenträger	Land (Art. 104a Abs. 1 GG)	Land und Bund nach Maßgabe der Einzelregelung	Land (Art. 104a Abs. 1 GG)	Land Verwaltungskosten (Art. 104a Abs. 5 GG)	Bund Sachkosten (Art. 104a Abs. 2 GG)
			Gesetze, die Geldleistungen gewähren (Art. 104a Abs. 3 GG)		
			Bund unter 50%	Bund 50%	

Kooperation im Bundesstaat (Gemeinschaftsaufgaben)

Die ↑bundesstaatliche Ordnung (S. 44) ist in der deutschen Verfassungstradition durch eine Aufgabenteilung zwischen Bund und Ländern gekennzeichnet. Die Verfassungswirklichkeit hat jedoch in zunehmendem Maße gezeigt, daß neu entstehende Verwaltungsaufgaben effektiv und kurzfristig nur bewältigt werden können, wenn zwischen Bund und Ländern eine Koordination stattfindet, wie etwa bei der ↑Globalsteuerung (S. 362) der Gesamtwirtschaft mittels der öffentlichen Haushalte und der Wirtschaftspolitik, oder wenn der Bund bei der Erfüllung von Landesaufgaben mitwirkt, z. B. beim Aus- und Neubau von Hochschulen. Ausdrückliche Regelungen für eine interförderative Kooperation hat das deutsche Verfassungsrecht lange Zeit nicht vorgesehen. Allerdings ist es im Prinzip auf eine interföderative Zusammenarbeit von Zentralstaat und Gliedstaaten angelegt, weil ein großer Teil der Staatsaufgaben in einem *vertikalen Verbund* zwischen Bund und Ländern erledigt wird. Das gilt einmal insofern, als Bundesgesetze überwiegend durch die Länder unter einer beschränkten Bundesaufsicht vollzogen werden. Ferner hat das GG im Bereich der Verwaltung von Anfang an einen interförderativen Verbund in Form der *Bundesauftragsverwaltung* geregelt (Art. 85). Diese besteht darin, daß der Bund eine ihm zustehende Verwaltungskompetenz (z. B. für die Bundesautobahnen und Bundesstraßen) nicht selbst wahrnimmt, sondern den Ländern zur auftragsweisen Erledigung überläßt (↑Landesverwaltung S. 80). Er behält dabei lediglich eine Planungs- und Finanzierungskompetenz sowie ein Weisungsrecht. Diese Verwaltungsform hat den Vorteil, daß sie einerseits eine gewisse föderalistische Gestaltungsfreiheit der Länder ermöglicht, andererseits aber durch die dem Bund verbleibenden Einflußrechte eine interförderative Planung, Lenkung und Finanzierung gewährleistet.

Über die Bundesauftragsverwaltung hinaus gibt es zahlreiche weitere Organisationsformen interföderativer Koordination und Kooperation. Zum Zwecke der Koordination der gesamtwirtschaftlichen Lenkung sind gleiche materiellrechtliche Bedingungen für alle öffentlichen Haushalte festgelegt worden (Art. 109 GG). Das hierzu ergangene Stabilitäts- und Wachstumsgesetz sieht eine Reihe von konjunktursteuernden Koordinierungseinrichtungen zwischen Bund und Ländern vor (↑Konjunkturpolitik S. 364). Vielfach wird die notwendige Vereinheitlichung von Recht und Verwaltung auch durch formlose Koordinierungseinrichtungen hergestellt, an denen Bund und Länder teilnehmen (z. B. Konferenz der Innenminister, Fachausschüsse). Zum Teil erfolgen interföderative Koordination und Kooperation auch mittels privatrechtlicher Einrichtungen. So ist die zur finanziellen Unterstützung von Forschungsvorhaben und zur Förderung des wissenschaftlichen Nachwuchses gegründete Deutsche Forschungsgemeinschaft ein eingetragener Verein des Privatrechts, dessen Mittel überwiegend vom Bund und von den Ländern aufgebracht werden. Dieser Art von Zusammenarbeit zwischen Bund und Ländern liegen meist Verwaltungsabkommen zugrunde (z. B. Königssteiner Abkommen über die Finanzierung der Deutschen Forschungsgemeinschaft und Verwaltungsabkommen über den Wissenschaftsrat). Eine neue Form interföderativer Kooperation hat das GG durch Festlegung sogenannter *Gemeinschaftsaufgaben* anerkannt (Art. 91 a, 91 b und 104 a Abs. 4 GG). Damit hat der Bund die Befugnis erhalten, sich an bestimmten Landesaufgaben, wie am Aus- und Neubau wissenschaftlicher Hochschulen, an der Verbesserung der regionalen Wirtschaftsstruktur, der Agrarstruktur und des Küstenschutzes, durch zweckgebundene Finanzzuweisungen zu beteiligen. Diese Kooperationsform unterscheidet sich von der Bundesauftragsverwaltung dadurch, daß die Länder dem Bund nicht untergeordnet, sondern gleichgeordnet sind. Sie entscheiden mit ihm gemeinsam über Planungsvorhaben.

G. Kisker, Kooperation im Bundesstaat, München 1971.
J. A. Frowein/J. v. Münch, Gemeinschaftsaufgaben im Bundesstaat, Veröff. d. Vereinig. der Deutschen Staatsrechtslehrer, 31 (Berlin u. a. 1973), S. 13ff.

Die Kooperation von Bund und Ländern bei den Gemeinschaftsaufgaben
(am Beispiel des Hochschulbauförderungsgesetzes)

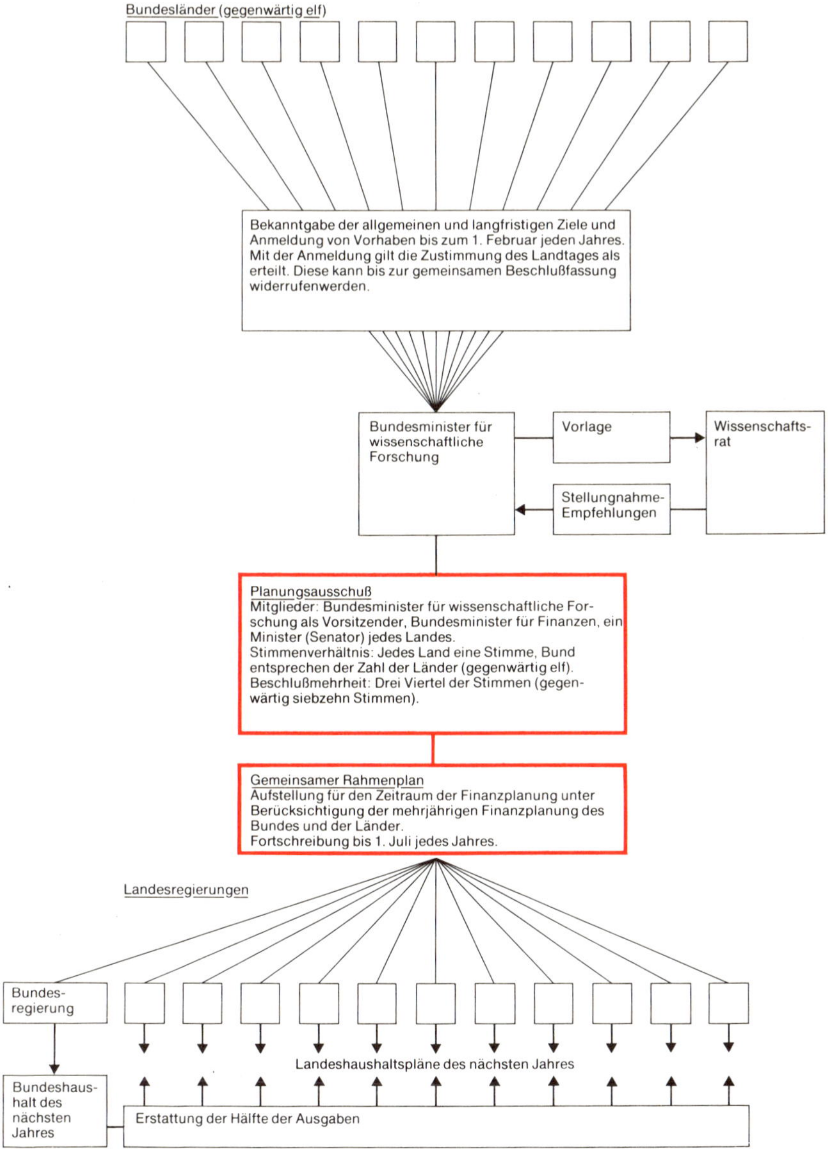

Gemeinschaftliche Ländereinrichtungen

Die interföderative Zusammenarbeit zwischen Bund und Ländern sowie zwischen den Ländern kann als „zweiter Weg zum Zentralismus" angesehen werden. Im Verhältnis zwischen Bund und Ländern war der augenfälligste Schritt die Einführung von Gemeinschaftsaufgaben (↑ Kooperation im Bundesstaat S. 82). Eine vergleichbare Regelung enthält das Grundgesetz (GG) für die Koordination und Kooperation zwischen den Bundesländern nicht. Gleichwohl sind in diesem Bereich eine Reihe von interföderativen Einrichtungen entstanden, die unter dem Begriff der gemeinschaftlichen Ländereinrichtungen zusammengefaßt werden können.

Die Gemeinschaftseinrichtungen der Länder können danach unterteilt werden, ob sie lediglich auf ein einheitliches, aber organisatorisch getrenntes Vorgehen in den einzelnen Ländern gerichtet sind oder der gemeinsamen Wahrnehmung gliedstaatlicher Aufgaben dienen. Um den ersten Fall einer bloßen *Selbstkoordinierung* der Länder im Bereich der Landesaufgaben handelt es sich bei der Ministerpräsidentenkonferenz, in deren Rahmen z. B. das Länderabkommen zur Vereinheitlichung auf dem Gebiet des Schulwesens zustande kam. Ferner zählen hierher verschiedene Konferenzen von Landesressortministern (z. B. der Landesinnenminister und der Landesfinanzminister). Deren bedeutendste ist die Ständige Konferenz der Kultusminister der Länder in der Bundesrepublik Deutschland (Kultusministerkonferenz), die man schon ein „verhindertes Bundeskultusministerium" genannt hat.

Die Ländereinrichtungen zur *gemeinschaftlichen* Erledigung von Landesaufgaben werden zum Teil als Behörden, Körperschaften oder Anstalten des Sitzlandes errichtet (Sitzlandeinrichtungen), wobei die übrigen Länder lediglich intern aufgrund von Verwaltungsabkommen oder Staatsverträgen an der Finanzierung und Verwaltung beteiligt sind (z. B. die Hochschule für Verwaltungswissenschaften in Speyer). Solchen Einrichtungen wurde zum Teil die Befugnis zu Maßnahmen übertragen, denen eine unmittelbare Geltung in den beteiligten Bundesländern zukommt. Das ist der Fall bei der Filmbewertungsstelle der Länder der Bundesrepublik Deutschland, die als nachgeordnete Behörde des Hessischen Ministers für Erziehung und Volksbildung errichtet worden ist. Die von ihr verliehenen Prädikate begründen für die Hersteller und Verleiher von Filmen das Recht auf Steuerbefreiungen oder Steuerermäßigungen sowie auf Subventionen nach dem Filmförderungsgesetz. Die Bewertungsstelle leitet ihre Befugnisse aus einem Verwaltungsabkommen her, das sie mit der Wahrnehmung der Landeskompetenzen beauftragt *(interföderatives Mandat)*. Eine Gemeinschaftseinrichtung kann auch in der Weise zustande kommen, daß Einrichtungen mehrerer Länder äußerlich zusammengefaßt werden und die so geschaffene Institution jeweils als Organ desjenigen Landes tätig wird, dessen Kompetenz sie im Einzelfall ausübt. Eine solche *Mehrländereinrichtung* ist das gemeinsame Oberverwaltungsgericht für die Länder Niedersachsen und Schleswig-Holstein in Lüneburg. Ferner sind gemeinsame Landesversorgungsämter und Landeskriminalämter möglich. Eine besondere Gruppe stellen schließlich diejenigen Gemeinschaftseinrichtungen dar, deren Muttergemeinwesen nicht ein Land oder mehrere Länder sind, sondern eine *Ländergemeinschaft*. Dazu gehören gemeinsame Rundfunkanstalten mehrerer Länder (Norddeutscher Rundfunk, Südwestfunk) und vor allem die durch einen Staatsvertrag aller Bundesländer errichtete Anstalt Zweites Deutsches Fernsehen in Mainz. – Die Institutionen zur gemeinschaftlichen Wahrnehmung gliedstaatlicher Befugnisse sind insofern verfassungsrechtlich bedenklich, als sie auf der Ausgliederung von Teilen der Landesstaatsgewalt aus der Verfassungsordnung der Länder beruhen und so zu einer „dritten Ebene" zwischen Bund und Länder führen. Die staatsrechtliche Praxis und die Rechtsprechung sind über diese Bedenken hinweggegangen.

F. Krapp, Die verfassungsrechtliche Zulässigkeit gemeinsamer Ländereinrichtungen, Bonn 1962.
G. Kisker, Kooperativer Föderalismus, 1971, S. 236ff.
G. Kisker, Kooperation im Bundesstaat, Tübingen 1971, S. 236f.

Organisationsformen gemeinschaftlicher Ländereinrichtungen

I. Koordinationseinrichtungen

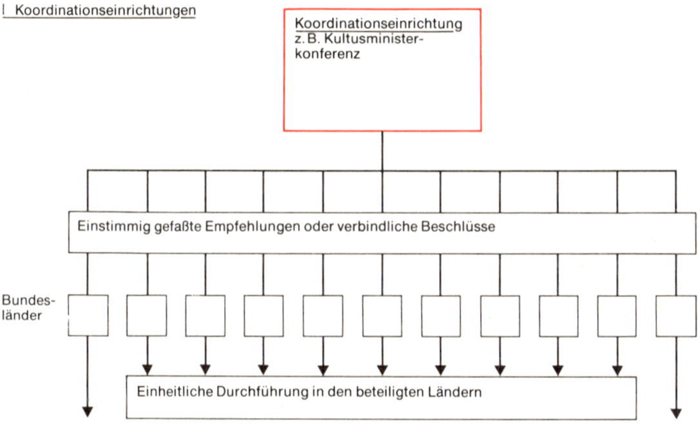

II. Kooperationseinrichtungen

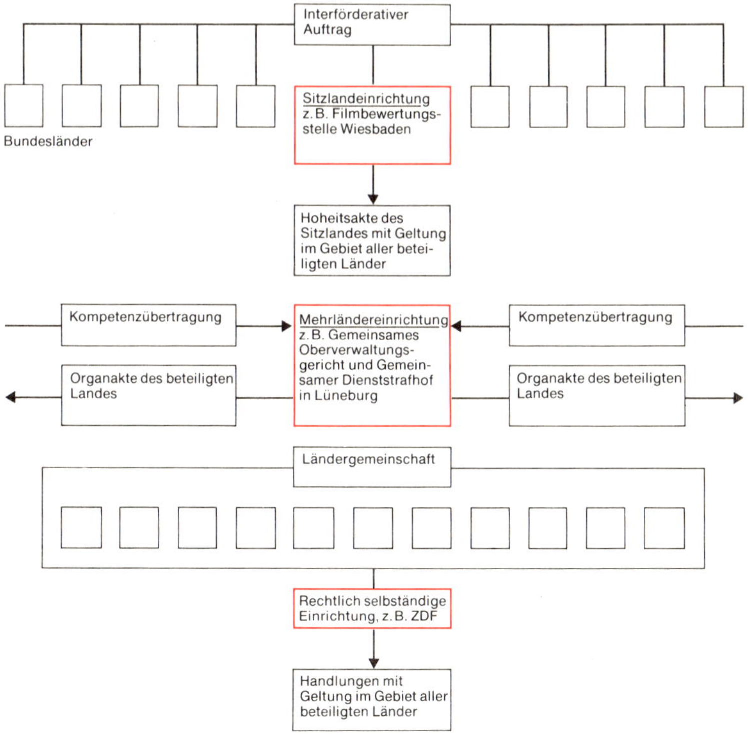

Notstandsverfassung

Die Notstandsverfassung des Grundgesetzes (GG) umfaßt fünf Fälle des Staatsnotstandes: Das Nichtfunktionieren des Verhältnisses von Parlament und Regierung (Gesetzgebungsnotstand) sowie von Bund und Ländern (föderativer Notstand, ↑Bundesstaatliche Ordnung S. 44), die Gefährdung von außen (↑Verteidigungsfall S. 88), den inneren Notstand und den Katastrophenfall. Verteidigungs- und Katastrophenfall wurden durch die Notstandsgesetzgebung 1968 in das GG neu eingefügt.

Gesetzgebungsnotstand (Art. 81 GG): Normalerweise wird eine Regierung von der Mehrheit des Parlaments unterstützt. Gerät sie in die Minderheit, wird sie i. allg. durch ein Mißtrauensvotum gestürzt. Das ist nach Art. 67 GG allerdings nur dann möglich, wenn der Bundestag zugleich einen neuen Bundeskanzler wählt (↑Regierungsbildung S. 62). Es ist denkbar, daß sich dafür keine Mehrheit findet und trotzdem der Bundesregierung die parlamentarische Unterstützung versagt bleibt. In diesem Fall kann ein Minderheitskanzler selbst die Vertrauensfrage stellen und, wenn ihm das Vertrauen verweigert wird, den Bundespräsidenten bitten, den Bundestag aufzulösen (Art. 68 GG). Scheut die Bundesregierung jedoch Neuwahlen, so kann sie den Bundespräsidenten ersuchen, für eine Gesetzesvorlage den Gesetzgebungsnotstand zu erklären. Das hat zur Folge, daß diese auch dann Gesetz wird, wenn der Bundestag sie nicht oder nur in einer für die Regierung unannehmbaren Weise akzeptiert oder verzögert. Da die Erklärung des Gesetzgebungsnotstands wiederholt mit dringlichen Gesetzesvorlagen verbunden werden kann, ist es einer Minderheitsregierung möglich, über längere Zeit hinweg auch gegen den Willen eines zur Bildung einer neuen Regierung unfähigen Parlaments zu regieren. Ihre Befugnis zur Notgesetzgebung ist allerdings mehrfach eingeschränkt. (1) Sie kann auch weiterhin jederzeit vom Bundestag durch ein konstruktives Mißtrauensvotum gestürzt werden. (2) Nicht sie selbst, sondern der Bundespräsident ist für die Erklärung des Gesetzgebungsnotstands zuständig und dabei an die Zustimmung des Bundesrats gebunden. (3) Die betreffenden Gesetzesvorlagen bedürfen auch inhaltlich der Zustimmung des Bundesrats. (4) Die Erklärung des Gesetzgebungsnotstandes ist während der Amtszeit eines Bundeskanzlers nur über eine Frist von sechs Monaten hinweg zulässig. Eine dauernde Ausschaltung des Bundestags ist nicht erreichbar.

Innerer Notstand (Art. 91 GG): Es handelt sich hierbei um die Abwehr drohender Gefahren für den Bestand oder die freiheitliche demokratische Grundordnung des Bundes oder eines Landes. Sie ist in erster Linie Sache der Länder. Das betroffene Land kann zu diesem Zweck u. a. Polizeikräfte anderer Länder und Bundesgrenzschutzeinheiten anfordern. Auch das Recht auf ↑Freizügigkeit (S. 142) kann eingeschränkt werden (Art. 11 Abs. 2 GG). Ist das Land nicht selbst zur Bekämpfung der Gefahr bereit oder in der Lage, so kann die Bundesregierung seine Polizei und zusätzlich Polizeikräfte anderer Länder ihren Weisungen unterstellen sowie Einheiten des Bundesgrenzschutzes einsetzen *(Bundesintervention)*. Erstreckt sich die Gefahr über ein Land hinaus, so kann sie den betroffenen Landesregierungen Weisungen erteilen. Sie darf erforderlichenfalls auch die Bundeswehr zum Schutz ziviler Objekte und gegen militärisch bewaffnete Aufständische einsetzen (Art. 87a Abs. 4 GG). Der Einsatz von Streitkräften ist jedoch einzustellen, wenn Bundestag oder Bundesrat es verlangen. Auch andere Maßnahmen müssen jederzeit auf Verlangen des Bundesrates aufgehoben werden. Sie sind spätestens aufzuheben, wenn die Gefahr vorüber ist. Entsprechendes gilt für den *Katastrophenfall* (Art. 35 Abs. 2 und 3 GG).

E. Fraenkel (Hrsg.), Der Staatsnotstand, Berlin 1965.
H. Oberreuter, Notstand und Demokratie, München 1978.
H. Boldt, Der Ausnahmezustand in historischer Perspektive, in: „Der Staat", 6. Bd. 1967, S. 409–432.

Verfahren beim inneren Notstand und Katastrophenfall (K):

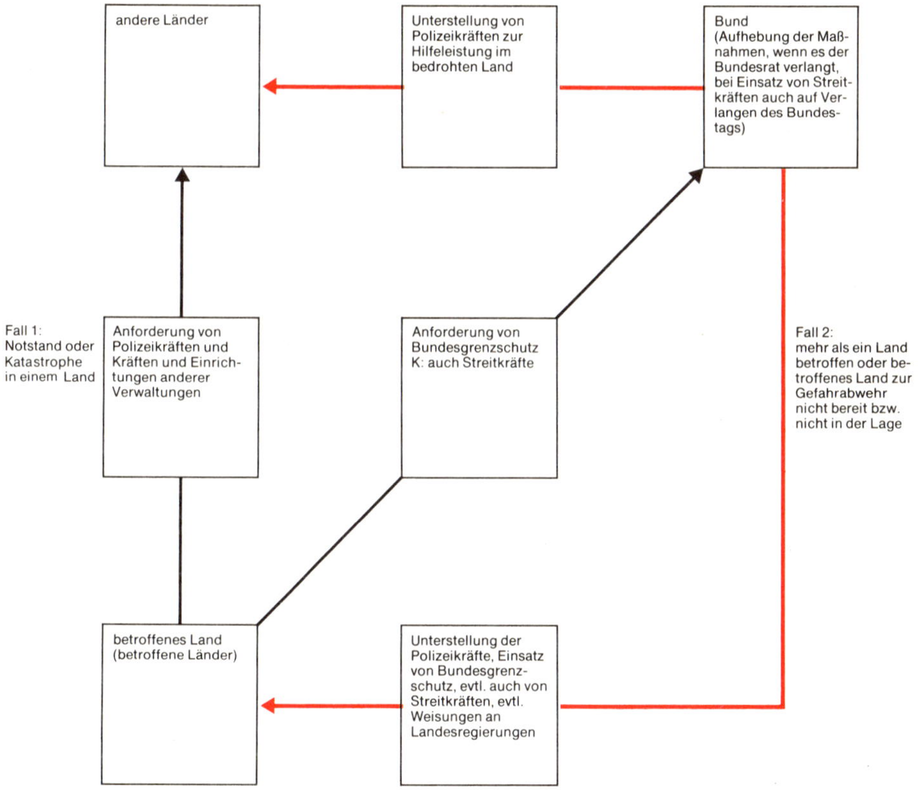

Notstandsgesetze und Verteidigungsfall

Durch die Notstandsgesetzgebung von 1968 wurde die ↑Notstandsverfassung (S. 86) des Grundgesetzes (GG) vor allem für den Fall einer Verteidigung gegen einen Angriff von außen ergänzt und abgeändert. Die neuen Vorschriften lösten die aus der Zeit der Gründung der ↑Bundesrepublik (S. 24) stammenden alliierten Eingriffsvorbehalte ab. Der Verteidigungsfall tritt ein, wenn das Bundesgebiet mit Waffengewalt angegriffen wird oder ein derartiger Angriff unmittelbar droht (Art. 115a GG). Sein Eintritt ist auf Antrag der Bundesregierung vom Bundestag unter Zustimmung des Bundesrats mit Zweidrittelmehrheit festzustellen. Stehen einem rechtzeitigen Zusammentritt des Bundestags unüberwindliche Hindernisse entgegen oder ist er nicht beschlußfähig, so trifft der *Gemeinsame Ausschuß* die Feststellung. Dieses Gremium besteht zu einem Drittel aus Mitgliedern des Bundesrats, von denen jedes Land eines entsendet, und zu zwei Dritteln aus Bundestagsabgeordneten, die entsprechend dem Stärkeverhältnis der Fraktionen bestimmt werden. Der Gemeinsame Ausschuß tagt schon in normalen Zeiten und ist von der Bundesregierung laufend über ihre Planungen zum Verteidigungsfall zu unterrichten (Art. 53a GG).

Die *Feststellung* des Verteidigungsfalls ist vom Bundespräsidenten zu verkünden. Kann sie bei einem Angriff nicht mehr getroffen werden, so treten trotzdem die damit verbundenen Folgen ein wie z. B. der Einsatz des Bundesgrenzschutzes im Innern und auch der Bundeswehr zum Schutz ziviler Objekte oder die Erweiterung der Gesetzgebungszuständigkeit des Bundes und der Weisungsbefugnis der Bundesregierung gegenüber den Ländern und ihren Behörden (Art. 115b ff. GG). Maßnahmen wie die Übernahme der Gesetzgebungskompetenz des Bundestags durch den Gemeinsamen Ausschuß – der notfalls auch einen neuen Bundeskanzler wählen darf – oder Einschränkungen verschiedener Grundrechte können hinzutreten. Auch kann die Bundesregierung von den Ermächtigungen zum Erlaß von Rechtsverordnungen Gebrauch machen, die ihr durch die sog. *Notstandsgesetze* eingeräumt worden sind. Deren Zweck ist zum einen die Sicherstellung der Versorgung der Bevölkerung und der Streitkräfte, zum andern der Schutz der Zivilbevölkerung im Kriege. Sie werden ergänzt durch weitere Regelungen wie z. B. das Luftschutzgesetz, das Bundesleistungsgesetz und das Gesetz zur Beschränkung des Brief-, Post- und Fernmeldegeheimnisses. Ihnen allen ist gemeinsam, daß sie eine Fülle von reglementierenden Eingriffen, u. a. einschneidende Einschränkungen von Grundrechten, vorsehen und dies z. T. schon in normalen Zeiten, z. T. auch anläßlich eines inneren Notstandes oder Katastrophenfalls.

Notstandsbefugnisse können auch von den Landesregierungen wahrgenommen werden, wenn die Bundesorgane dazu außerstande sind. Zum Zweck der Kontrolle der Exekutive auch in Kriegszeiten ist u. a. vorgesehen, daß Bundestag und Landtage nicht neu gewählt werden. Auch darf der Bundestag nicht aufgelöst werden und ist die Funktionsfähigkeit des Bundesverfassungsgerichts aufrechtzuerhalten. Mit Zustimmung des Bundesrats kann der Bundestag den Verteidigungsfall jederzeit für beendet erklären. Wenn dessen Voraussetzungen entfallen sind, hat die Erklärung unverzüglich zu erfolgen.

Verschiedene Maßnahmen dürfen schon vor Eintritt des Verteidigungsfalls getroffen werden, z. B. wenn der Bundestag den Eintritt des sog. *Spannungsfalls* (internationale Krise) feststellt oder ihrer Anwendung besonders zustimmt, u. U. auch aufgrund eines Beschlusses, der von einem internationalen Organ (z. B. ↑NATO S. 604) im Rahmen eines Bündnisvertrages mit Zustimmung der Bundesregierung gefaßt wurde (Art. 80a GG).

H. Oberreuter, Notstand und Demokratie, München 1978.
D. Sterzel (Hrsg.), Kritik der Notstandsgesetze, Frankfurt 1968.
Maunz/Dürig/Herzog/Scholz, Das Grundgesetz, Kommentar (Loseblatt) zu Art. 115a ff. GG.

Stufen der Verteidigungsmaßnahmen

normale Zeit:

Vorbereitungsmaßnahmen auf den Verteidigungsfall, z.B.

- Erlaß von Notstandsgesetzen
- Neuregelungen im Verhältnis von Bund und Ländern für den Verteidigungsfall
- vorbereitende Maßnahmen aufgrund der Notstandsgesetze, z.B.:
- Ausbildungsveranstaltungen für den Zivildienst (Art. 12a GG)
- Aufstellung eines Zivilschutzkorps, Grundausbildung und Übungen
- Bau von Schutzräumen und Maßnahmen des Luftschutzes
- Melde- und Vorratshaltungspflichten aufgrund der Sicherstellungsgesetze

(unabhängig vom Verteidigungsfall:

- Telefonüberwachungen (Art. 10 Abs2 GG)
- Sicherstellung der Wasserversorgung und Ernährung (bei allgemeiner Versorgungsgefahr)
- Überlassen von Sachen (z.B. Pkw) aufgrund des Bundesleistungsgesetzes)

Spannungsfall:

- Einsatz der Bundeswehr im Innern für zivile Sicherungsaufgaben
- Verbot des Arbeitsplatzwechsels (für Männer von 18-65, Frauen von 18-55 Jahren.)
- Zivildienstverpflichtung wehrpflichtiger Männer (18-45 Jahre)
- Maßnahmen der Wirtschaftslenkung
- Maßnahmen zur Sicherstellung der Ernährung und des Verkehrs
- Verbot, den Aufenthaltsort zu wechseln (vgl. Art. 11 Abs. 2 u. 17a Abs.2 GG)
- Evakuierung von Bevölkerungsteilen aus gefährdeten Gebieten
- Einschränkungen des Rechtsweges

Verteidigungsfall:

- Maßnahmen wie im Spannungsfall
- Verpflichtung von Frauen (18-55 Jahre) zu zivilen Dienstleistungen (Art. 12a Abs. 3 GG)
- Anordnungen zum Selbstschutz
- Einsatz des Bundesgrenzschutzes im Innern
- Durchbrechungen der bundesstaatlichen Ordnung im Bereich der Gesetzgebung, der Verwaltung und des Finanzwesens
- beschleunigtes Gesetzgebungsverfahren im Bund, evtl. Gesetzgebung durch den Gemeinsamen Ausschuß (keine Notgesetzgebung durch die Bundesregierung, aber umfangreiche Ermächtigungen zum Erlaß von Rechtsverordnungen durch die Notstandsgesetze)
- Sicherung der Kontrollfunktionen des Bundestags, Bundesrats und Bundesverfassungsgerichts

Gebietsbestand der Bundesländer – Neugliederung des Bundesgebietes

Bei den elf Bundesländern der ↑Bundesrepublik Deutschland (S. 24) handelt es sich zum Teil um Länder traditioneller Art, wie bei den Stadtstaaten Bremen und Hamburg und bei Bayern, zum Teil um Neugründungen nach 1945, wie bei denjenigen Staaten, die an die Stelle Preußens getreten sind (z. B. Nordrhein-Westfalen, Schleswig-Holstein), oder um einen Zusammenschluß alter Länder (Baden-Württemberg).

Bis zur Reichsgründung von 1871 beruhte die Existenz der deutschen Länder im wesentlichen auf ihren Fürstenhäusern. Unter der Reichsverfassung von 1871, d. h. von der Reichsgründung bis zum Revolutionsjahr 1918, umfaßte der deutsche Bundesstaat 25 Gliedstaaten. Deren Bestand war dadurch festgeschrieben, daß das damalige Deutsche Reich in seinen Grundlagen auf einem Vertrag zwischen den Gliedstaaten beruhte und Elemente eines Fürstenbundes trug. Das bundesstaatliche Problem in dieser und in der folgenden Verfassungsepoche war das territoriale Übergewicht Preußens im Reich (hegemonialer Bundesstaat). Bei Schaffung der Weimarer Reichsverfassung von 1919 scheiterten Pläne zur völligen Neugliederung des Reichs. Das Problem der territorialen Dominanz Preußens führte, ab 1924 im Zusammenhang mit einer funktionalen Reichsreform, zu einer Reihe von Neugliederungsvorschlägen. Es wurden jedoch lediglich einzelne Gebietsänderungen aufgrund von Vereinbarungen zwischen den beteiligten Ländern durch Reichsgesetz durchgeführt.

Während der nationalsozialistischen Zeit kam es zu einem Zusammenschluß von Ländern (Mecklenburg 1933), zur Bildung von Groß-Hamburg (1937), zur Vereinigung von Lübeck, des oldenburgischen Landesteils Eutin und von Birkenfeld mit Preußen 1937 sowie zu einem Gebietsaustausch zwischen Oldenburg sowie Mecklenburg und Preußen (1937). Alle Länder verloren jedoch bereits 1934 durch das Gesetz über den Neuaufbau des Reichs ihre Hoheitsrechte zugunsten des Reichs. Die Ministerien und Verwaltungseinrichtungen der Länder blieben zwar bestehen, hatten aber nurmehr die Rechtstellung von Auftragsbehörden des Reichs.

Nach dem zweiten Weltkrieg wurden in den drei westlichen Besatzungszonen von den Besatzungsmächten bis 1947 unter Zusammenfassung früherer kleinerer Staaten zum Teil in recht willkürlicher Form neue Länder geschaffen. Wegen dieser als vorläufig angesehenen Gliederung verfügte das Grundgesetz (GG) in Art. 29 eine allgemeine Neugliederung. Dieser Verfassungsauftrag blieb, obwohl von sachverständigen Kommissionen zweimal Gesamtkonzepte erarbeitet wurden (Luther-Gutachten 1955, Ernst-Bericht 1972), insgesamt unerfüllt. Eine Teilneugliederung erfolgte durch Bildung des Landes Baden-Württemberg 1952. Das Saarland wurde aufgrund eines Vertrags zwischen der Bundesrepublik und Frankreich durch Eingliederungsgesetz mit Wirkung zum 1. 1. 1957 als Bundesland zurückgegliedert.

Mehrere erfolgreiche Volksbegehren und Volksentscheide (Verwaltungsbezirk Oldenburg, Landkreis Schaumburg-Lippe, Regierungsbezirke Montabaur, Trier, Koblenz und Rheinhessen) auf Wiederherstellung früherer Länder (Oldenburg, Schaumburg-Lippe) oder Angliederung an ein anderes Bundesland wurden durch danach notwendige Volksentscheide bzw. Bundesgesetze nicht vollzogen. Die Neugliederungsregelung des Art. 29 GG hat 1969 und 1976 Neufassungen erfahren. In der geltenden Fassung enthält Art. 29 GG keine Verpflichtung zur Neugliederung mehr. Die Möglichkeit zur Neugliederung des Bundesgebiets und zu sonstigen Änderungen des Gebietsbestandes von Ländern ist jedoch beibehalten worden. Danach besteht für die Länder der Bundesrepublik kein Bestands- und Gebietsschutz (labiler Bundesstaat).

H.-U. Evers, Bonner Kommentar zum Grundgesetz, Art. 29.
Amtliche Begründung der Bundesregierung zu dem Entwurf eines Gesetzes zur Änderung des Grundgesetzes (Art. 29 GG) v. 2. 4. 1976, Bundestag-Drucksache 7/4958.

Verfahren der Neugliederung des Bundesgebiets nach Art. 29 GG in der Fassung des 33. Änderungsgesetzes vom 23. 8. 1976 (BGBl. I S. 2381)

Allgemeine Neugliederung (Art. 29 Abs. 1–6 GG)

Zielbestimmung: Die Neugliederung muß gewährleisten, daß die Länder nach Größe und Leistungsfähigkeit die ihnen obliegenden Aufgaben wirksam erfüllen können.

Richtbegriffe: Berücksichtigung der landsmannschaftlichen Verbundenheit, der geschichtlichen und kulturellen Zusammenhänge, der wirtschaftlichen Zweckmäßigkeit sowie der Erfordernisse der Raumordnung und der Landesplanung.

Neugliederungsverfahren aufgrund eines Bundesgesetzes (Art. 29 Abs. 2 und 3 GG)

Bestätigung durch Volksentscheid in den betroffenen Ländern (Art. 29 Abs. 3 GG): Zustimmung der Mehrheit sowohl in dem künftigen Gebiet eines Landes als auch insgesamt in den Gebieten oder Gebietsteilen eines betroffenen Landes.
Die Änderung ist abgelehnt, wenn im Gebiet eines der betroffenen Länder eine Mehrheit die Änderung ablehnt, es sei denn, daß in einem Gebietsteil, dessen Zugehörigkeit zu dem betreffenden Land geändert werden soll, eine Mehrheit von zwei Dritteln der Änderung zustimmt.
Die Änderung ist auf jeden Fall abgelehnt, wenn im Gesamtgebiet des betroffenen Landes eine Mehrheit von zwei Dritteln die Änderung ablehnt.

Neugliederungsverfahren aufgrund eines Volksbegehrens (Art. 29 Abs. 4 und 5 GG)

Voraussetzungen: Abgegrenzter Siedlungs- und Wirtschaftsraum, dessen Teile in mehreren Ländern liegen und der mindestens 1 Mio. Einwohner hat.
Volksbegehren: Ein Zehntel der in dem Gebiet zum Bundestag Wahlberechtigten.
Entscheidung durch Bundesgesetz innerhalb von zwei Jahren, ob die Landeszugehörigkeit geändert wird oder daß in den betroffenen Ländern eine Volksbefragung stattfindet.
Im Falle einer Volksbefragung: Bei Mehrheit für einen Vorschlag ist durch Bundesgesetz innerhalb von zwei Jahren zu bestimmen, ob die Landeszugehörigkeit geändert wird. Bei einer Mehrheit nach Maßgabe des Art. 29 Abs. 3 GG: Bildung des vorgeschlagenen Landes durch Bundesgesetz innerhalb von zwei Jahren.

Mehrheit bei Volksentscheiden und Volksbefragungen:
Mehrheit der abgegebenen Stimmen, wenn sie mindestens ein Viertel der zum Bundestag Wahlberechtigten umfaßt.

Sonstige Änderungen des Gebietsbestandes der Länder (Art. 29 Abs. 7 GG)

Änderung der Landeszugehörigkeit von Gebieten mit nicht mehr als 10.000 Einwohnern.
Staatsverträge der beteiligten Länder oder Bundesgesetz mit Zustimmung des Bundesrats.

Landesverfassungen

Alle elf Länder der Bundesrepublik Deutschland haben eigene, geschriebene ↑Verfassungen (S. 16). Sie sind zum Teil schon vor dem Grundgesetz (GG) entstanden (Verfassung von Bayern und Hessen 1946, Bremen, Rheinland-Pfalz und Saarland 1947) und daher noch weitgehend durch die Verfassung des Deutschen Reichs vom 11. 8. 1919 (Weimarer Reichsverfassung) geprägt, was sich z. B. in umfangreichen programmatischen Abschnitten über die Wirtschafts- und Sozialordnung zeigt. Erst nach dem GG wurden Landesverfassungen für Schleswig-Holstein 1949, Berlin und Nordrhein-Westfalen 1950, Niedersachsen 1951, Hamburg 1952 und Baden-Württemberg 1953 geschaffen. Die Bedeutung der Landesverfassungen erschöpft sich nicht in ihrer positivrechtlichen Funktion. Sie sind zugleich ein wesentlicher Legitimations- und Integrationsfaktor für die nach 1945 neu gegründeten Länder, die wegen der Aufteilung in Besatzungszonen und zum Teil wegen ausdrücklichen Verbots der Besatzungsmächte (gegen eine Wiederherstellung Preußens) nicht einmal mehr territorial an die alten Länder anknüpfen konnten. Diese hatten 1934 ihre Eigenstaatlichkeit verloren und waren zu Verwaltungseinrichtungen für die Erledigung der vom Reich übertragenen Aufgaben und Kompetenzen geworden. Seit dem Ende einer handlungsfähigen Reichsgewalt im Jahre 1945 bis zur Entstehung der Bundesrepublik im Jahre 1949 stellten die Länder, beschränkt durch die besatzungsrechtlichen Vorbehalte in ihrem Gebiet, die einzige deutsche Staatsgewalt dar. Sie nahmen hierbei auch die Angelegenheiten des Deutschen Reichs treuhänderisch für den im Entstehen begriffenen neuen Bundesstaat wahr. Heute sind die Länder Gliedstaaten der Bundesrepublik mit einer beschränkten eigenständigen Staatsgewalt (↑Bundesstaatliche Ordnung S. 44).

Zur *Verfassungsautonomie* der Länder gehören insbesondere Regelungen über die Bildung der ↑Verfassungsorgane (S. 94, Landtage einschließlich zweiter Kammern wie des Bayerischen Senats, Landesregierungen, Landesverfassungsgerichte), ihre Funktionen und ihre Kompetenzen sowie über Wahlen und Wahlperioden. Dieser die Verfassungsordnung der Länder bestimmende Bereich ist für den Bund unantastbar. Allgemeine, im GG formulierte Verfassungsgrundsätze sind dagegen ungeschriebener Bestandteil auch der Landesverfassungen (z. B. ↑Rechts- und Sozialstaatlichkeit S. 34, ↑Gewaltenteilung S. 30, ↑Gleichheitssatz S. 128). Das GG (Art. 28) schreibt den Landesverfassungen allerdings nur wenige Prinzipien verbindlich vor *(Normativ-* oder *Homogenitätsbestimmungen)*. Dazu gehören die Grundsätze des republikanischen, demokratischen und sozialen Rechtsstaats im Sinne des GG, die Gewährleistung einer aus allgemeinen, unmittelbaren, freien, gleichen und geheimen Wahlen hervorgegangenen Volksvertretung in den Ländern, Kreisen und Gemeinden (↑Kommunalwahlen S. 110) sowie die ↑Kommunale Selbstverwaltung (S. 102). Bei einem Widerspruch zwischen Landesverfassungsrecht und Bundesrecht einschließlich dem einfachen Gesetzes-, Verordnungs- und Satzungsrecht des Bundes geht das Bundesrecht vor (Art. 31 GG). Nicht allgemein geklärt ist die Frage, ob Landesverfassungsrecht, das mit Bundesrecht inhaltlich übereinstimmt, weiter besteht. Das GG legt allerdings ausdrücklich fest, daß Bestimmungen der Landesverfassungen insoweit in Kraft bleiben, als sie in Übereinstimmung mit dem GG Grundrechte gewährleisten (Art. 42 GG).

Für *Streitigkeiten* im Bereich des Landesverfassungsrechts sind grundsätzlich Verfassungsgerichtshöfe (Staatsgerichtshöfe) der Länder eingerichtet (↑Verfassungsgerichte S. 178).

Th. Maunz, Deutsches Staatsrecht, 20. Aufl. München 1975, § 26.
W. Böckenförde/R. Grawert, Kollisionsfälle und Geltungsprobleme im Verhältnis von Bundesstaat und Landesverfassung, Die öffentliche Verwaltung 1971, S. 119ff.

Das Landesverfassungsrecht in der bundesstaatlichen Rechtsordnung

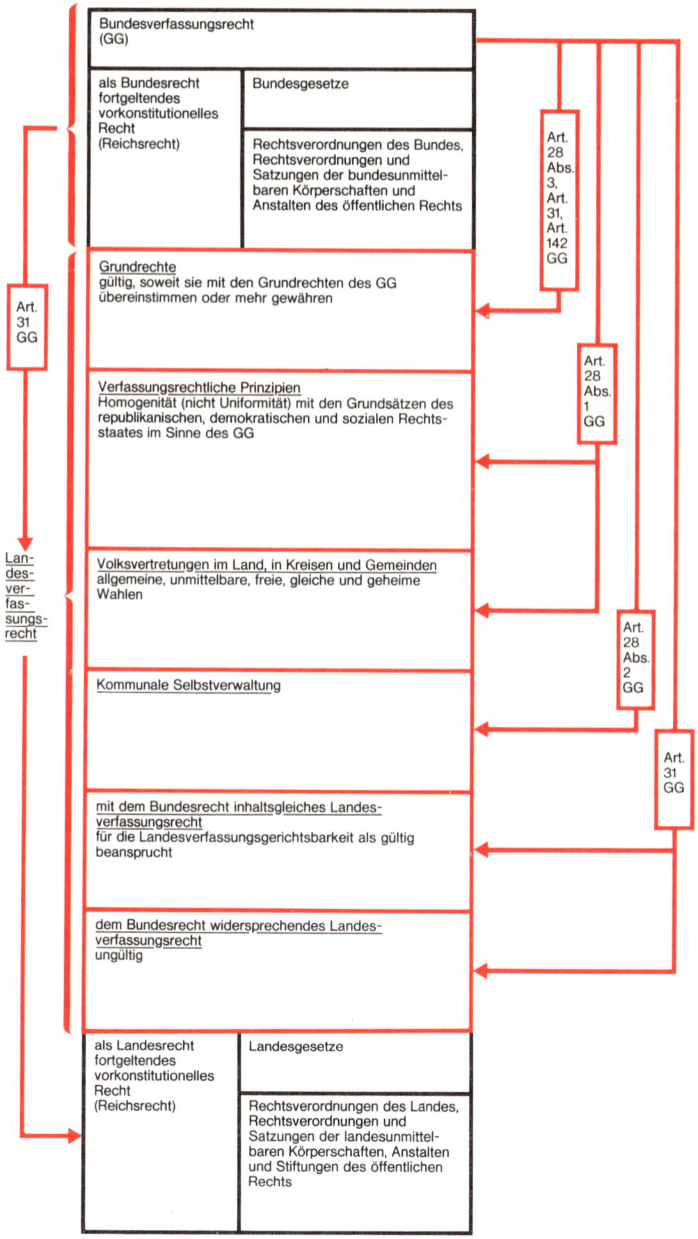

Verfassungsorgane der Länder

Nach Art. 28 Grundgesetz muß die verfassungsmäßige Ordnung der Länder den Grundsätzen des republikanischen, demokratischen und sozialen Rechtsstaats entsprechen. Die Länder müssen eine Volksvertretung haben, die aus allgemeinen, unmittelbaren, gleichen, freien und geheimen Wahlen hervorgegangen ist. Damit ist die Einführung der Monarchie oder eines Rätesystems ausgeschlossen, nicht hingegen die Möglichkeit einer Volkswahl des Regierungschefs wie in Präsidialdemokratien, das Zweikammersystem oder eine Volksabstimmung in bestimmten Fällen.

Die Länder in der Bundesrepublik folgen in ihrer Staatsorganisation durchweg dem Prinzip des ↑ parlamentarischen Systems (S. 32) unter Beachtung der Grundsätze der ↑ Gewaltenteilung (S. 30). Ihre Verfassungsorgane sind: Landtag und Regierung (in den Stadtstaaten Bürgerschaft bzw. Abgeordnetenhaus und Senat genannt) sowie Verfassungsgerichte (Staatsgerichtshöfe). Ein besonderes Staatsoberhaupt sieht keine Landesverfassung vor. Dessen Funktionen (z. B. Ausübung des Begnadigungsrechts) werden gewöhnlich vom Regierungschef des Landes wahrgenommen. Bayern besitzt als einziges Land auch eine zweite Kammer (Senat) als Vertretung der sozialen, kulturellen und gemeindlichen Körperschaften des Landes mit legislativen Mitspracherechten.

Die *Landtage* bestehen aus etwa 100–200 Abgeordneten, die meist, ähnlich wie im Bund, aufgrund eines modifizierten Verhältniswahlsystems (↑ Wahlen S. 40) auf vier Jahre gewählt werden. Die Rechtsstellung der ↑ Abgeordneten (S. 50) entspricht den allgemeinen Gepflogenheiten. Den Landtagen obliegt insbesondere die Wahl des Regierungschefs (Ministerpräsidenten). Bei der Bestellung der weiteren Regierungsmitglieder ist der Ministerpräsident in einigen Verfassungen an die ausdrückliche Zustimmung der Landtage gebunden. Im allgemeinen werden auch hier die Regierungen aufgrund von Koalitionsabsprachen gebildet. Bei der Gesetzgebung haben die meisten Länder im Gegensatz zum Bund auch Volksbegehren zugelassen; zuweilen ist die Einholung eines Volksentscheids sogar vorgeschrieben (↑ Plebiszite S. 38). Die Landtage verfügen – ebenfalls im Gegensatz zum Bund – über ein Selbstauflösungsrecht. Manche Verfassungen sehen auch eine Landtagsauflösung durch Volksentscheid vor, sehr selten dagegen durch die Regierung.

Die *Landesregierungen* bestehen aus dem Ministerpräsidenten (bzw. 1. Bürgermeister), weiteren Ministern (bzw. Senatoren) und Staatssekretären. Ministerien gibt es in der Regel für Inneres, Kultur, Justiz, Finanz, Wirtschaft, Ernährung und Landwirtschaft, Arbeit und Gesundheit, Verkehr und Bundesangelegenheiten. Die Regierungen werden von den Landtagen kontrolliert und sind von ihrem Vertrauen abhängig. Mißtrauensvoten können sich gegen die ganze Regierung oder einzelne Minister richten. Sie sind vielfach allerdings nur gegen den Ministerpräsidenten statthaft und hier häufig wie im Bund mit der Wahl eines Nachfolgers verbunden (konstruktives Mißtrauensvotum). Außerdem sehen die Verfassungen die Möglichkeit einer Ministeranklage bei Verfassungs- oder Gesetzesverletzungen, zuweilen auch bei anderen groben Pflichtverstößen vor. Einige Verfassungen kennen auch die Abgeordnetenanklage bei Mißbrauch der Abgeordnetenstellung.

Die *Verfassungsgerichte* der Länder sind mit fast ausnahmslos von den Landtagen gewählten Berufsrichtern und Laien besetzt. Ihre Zuständigkeit erstreckt sich im wesentlichen auf die Auslegung der Verfassung, Prüfung der Vereinbarkeit von Landesrecht mit der Landesverfassung, Prüfung von Verfassungsbeschwerden, Schlichtung von Streitigkeiten zwischen Staatsorganen und auf das Verfahren bei der Ministeranklage.

D. Kakies (Hrsg.), Die Verfassungen der deutschen Bundesländer, München 1966.
Schunck/De Clerck, Allgemeines Staatsrecht und Staatsrecht des Bundes und der Länder, 7. Aufl. Siegburg 1976.
B. Beutler, Das Staatsbild in den Länderverfassungen nach 1945, Berlin 1973.

Verfassungsorgane in Baden-Württemberg

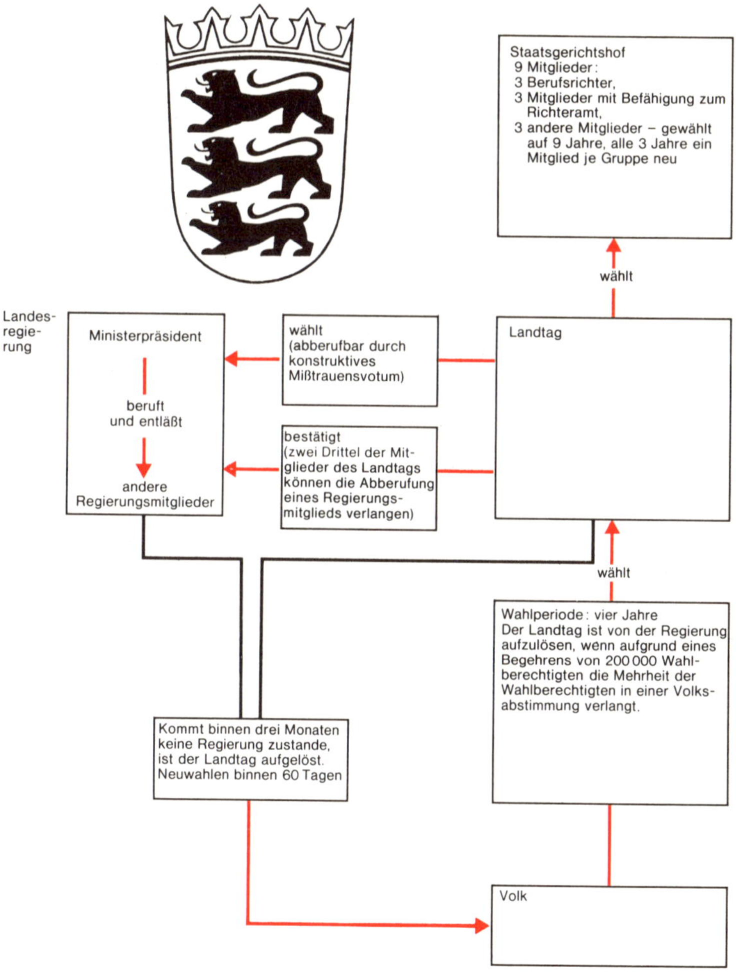

Regierungspräsidien (Bezirksregierungen)

Die Regierungspräsidien stellen in denjenigen Flächenstaaten der Bundesrepublik, die einen dreistufigen Aufbau der Landesverwaltung haben, die Mittelstufe der allgemeinen Staatsverwaltung dar. Sie entstanden im wesentlichen aus einer Überführung ständischer Verwaltungs- und Rechtsprechungseinrichtungen in landesherrliche Ämter für die Kriegs-, Domänen-, Steuer- und Polizeiverwaltung. Die Stadtstaaten Berlin, Bremen und Hamburg haben nur eine einstufige Verwaltung und kennen daher die Einrichtung des Regierungspräsidiums nicht. Im Saarland und in Schleswig-Holstein besteht lediglich eine zweistufige vertikale Gliederung der Verwaltung in die Ministerialebene und die unteren staatlichen Verwaltungsbehörden. Die übrigen sechs Flächenstaaten haben ihr Staatsgebiet in Regierungsbezirke eingeteilt (in Niedersachsen zum Teil Verwaltungsbezirke), für deren Gebiet jeweils ein Regierungspräsidium als *mittlere Verwaltungsbehörde* der allgemeinen Staatsverwaltung besteht. In Bayern ist jeder staatliche Regierungsbezirk mit dem Hoheitsgebiet eines der sieben höheren Gemeindeverbände, der *Bezirke*, identisch (↑Gemeinden u. Gemeindeverbände, S. 108). Den Regierungspräsidien obliegen innerhalb ihres Regierungsbezirks alle Zuständigkeiten der höheren Verwaltungsbehörden für die *allgemeine Landesverwaltung*. Zu dieser gehört die gesamte Landesverwaltung, soweit nicht bestimmte Aufgaben besonderen Verwaltungen *(Sonderverwaltungen)*, zugewiesen sind. Regelmäßig werden außerhalb der allgemeinen Verwaltung erledigt die Finanzverwaltung, die Forstverwaltung, das Vermessungswesen, die Flurbereinigung, die Lastenausgleichsverwaltung, das Versicherungswesen und die Straßenverwaltung sowie bundeseigene Sonderverwaltungen (z. B. Bundesbahn, Bundespost, Bundeswehr). Die Straßenverwaltung ist in Baden-Württemberg und Bayern Teil der allgemeinen Verwaltung, in Nordrhein-Westfalen der höheren Kommunalverwaltung durch die Landschaftsverbände Rheinland und Westfalen-Lippe. Soweit die allgemeine Verwaltung der Regierungspräsidien reicht, stehen diese allen Landesministerien als Mittelbehörden zur Verfügung. Die Regierungspräsidien verwirklichen deshalb weitgehend das Prinzip einer *horizontalen Verwaltungskonzentration*. Im Rahmen der allgemeinen Landesverwaltung haben die Regierungspräsidien im wesentlichen folgende Funktionen wahrzunehmen: Aufsicht und Rechtsmittelentscheidungen gegenüber den unteren Behörden der allgemeinen Landesverwaltung (↑Kreisverwaltung S. 98) und gegenüber den Kommunen; erstinstanzielle Zuständigkeiten (z. B. als Enteignungsbehörde); Information und Beratung der Ministerien; Repräsentation der objektiven Verwaltung im Unterschied zu der politisch beeinflußten Ministerialstufe und der örtlich geprägten unteren Staatsverwaltung und Kommunalverwaltung; Koordination der auf der Ministerialstufe in ressortmäßiger Trennung getroffenen Maßnahmen; Betreuung, Unterrichtung und Beratung der Kommunen, insbesondere der Gemeinden bei der ↑Bauleitplanung (S. 510); Vermittlung zwischen den Kommunen und den Ministerien (z. B. bei der ↑Kommunalreform S. 118); Entlastung der Ministerien von der Erledigung überörtlicher Verwaltungsangelegenheiten. Diese Funktionen würden weitgehend verloren gehen, wenn die größeren Flächenstaaten im Zuge einer ↑Verwaltungsreform (S. 100) die Regierungspräsidien beseitigen würden. Alternativen zu den Regierungspräsidien sind ein zentrales Verwaltungsamt, mehrere Landesoberbehörden, stärker dezentralisierte Regionalämter unter Einbeziehung der unteren Sonderbehörden und eine Kommunalisierung der staatlichen Mittelinstanzen durch Schaffung höherer Kommunalverbände.

F. Fonk, Die Behörde des Regierungspräsidenten, Berlin 1967.

Die Regierungsbezirke und Behörden

Baden-Württemberg	Regierungsbezirk Nordbaden Regierungsbezirk Südbaden Regierungsbezirk Nordwürttemberg Regierungsbezirk Südwürttemberg-Hohenzollern	Regierungs-präsidien
Bayern	Regierungsbezirk Oberbayern Regierungsbezirk Niederbayern Regierungsbezirk Oberpfalz Regierungsbezirk Oberfranken Regierungsbezirk Mittelfranken Regierungsbezirk Unterfranken Regierungsbezirk Schwaben	Regierungen
Hessen	Regierungsbezirk Darmstadt Regierungsbezirk Kassel	Regierungs-präsidenten
Niedersachsen	Regierungsbezirk Hannover Regierungsbezirk Hildesheim Regierungsbezirk Lüneburg Regierungsbezirk Stade Regierungsbezirk Osnabrück Regierungsbezirk Aurich Verwaltungsbezirk Braunschweig Verwaltungsbezirk Oldenburg	Regierungs-präsidenten
Nordrhein-Westfalen	Regierungsbezirk Düsseldorf Regierungsbezirk Köln Regierungsbezirk Münster Regierungsbezirk Detmold Regierungsbezirk Arnsberg	Bezirks-regierungen
Rheinland-Pfalz	Regierungsbezirk Koblenz Regierungsbezirk Trier Regierungsbezirk Rheinhessen-Pfalz	Bezirks-regierungen

Kreisverwaltung (Landratsamt und Landrat)

Die Kreisverwaltung ist durch die Doppelstellung geprägt, die dem Gebiet der ↑Landkreise (S. 106) aufgrund der historischen Entwicklung zukommt. Die *Kreise* entstanden in Preußen und in den übrigen deutschen Ländern (in Bayern Bezirke genannt) als Selbstverwaltungskörperschaften der Landstände und zugleich als staatliche Verwaltungsbezirke. Neben dem Kreistag als ständischem Selbstverwaltungsorgan nahm der Landrat sowohl die Angelegenheiten des Kommunalverbandes (z. B. dessen Steuerverwaltung) als auch die Zuständigkeiten der unteren staatlichen Verwaltungsbehörde (vor allem die staatliche Polizeiverwaltung) wahr. Auch heute noch sind, abgesehen von dem einstufigen Aufbau der Landesverwaltung in den Stadtstaaten, alle Flächenstaaten der Bundesrepublik in Kreise eingeteilt. In den Stadtkreisen (kreisfreien Gemeinden) werden die Aufgaben der unteren staatlichen Verwaltungsbehörden, soweit nicht die Zuständigkeit von Sonderbehörden (z. B. der Forstverwaltung oder der Finanzverwaltung) begründet ist, ausnahmslos von den Gemeinden nach staatlichen Weisungen erledigt. Eine völlige *Kommunalisierung* der allgemeinen unteren Landesverwaltung haben die Länder Niedersachsen und Schleswig-Holstein vorgenommen. Alle Aufgaben der allgemeinen Landesverwaltung werden auf der Kreisebene vom Kreis als kommunaler Gebietskörperschaft nach staatlichen Weisungen durchgeführt. In den niedersächsischen Landkreisen ist der Oberkreisdirektor Hauptverwaltungsbeamter des Kreises, dem auch die Kommunalaufsicht über die kreisangehörigen Gemeinden obliegt. In Schleswig-Holstein wählt der Kreistag einen Kreistagspräsidenten und den Landrat. Dieser ist Leiter der Kreisverwaltung und übt die Kommunalaufsicht über die kreisangehörigen Gemeinden als staatliches Organ aus. In Baden-Württemberg, Bayern und Rheinland-Pfalz bestehen Landratsämter mit der Funktion einer *Doppelbehörde*, in der staatliche und kreiskommunale Aufgaben und Bedienstete äußerlich zusammengefaßt sind. *Landratsamt* und der *Landrat* als dessen Behördenvorstand haben drei Aufgabenbereiche: Den eigenen und den übertragenen kommunalen Wirkungskreis (↑Kommunalverwaltung S. 112) sowie die Tätigkeiten als *untere staatliche Verwaltungsbehörde*. Als Staatsbehörde sind Landratsamt und Landrat ein Teil der staatlichen Verwaltungsorganisation und unterstehen insofern innerdienstlichen Weisungen; als Kommunalbehörden unterliegen sie nur der staatlichen Kommunalaufsicht (↑Kommunale Selbstverwaltung S. 102). In Baden-Württemberg und Bayern ist der Landrat Kommunalbeamter. Er wird in Baden-Württemberg vom Kreistag, in Bayern unmittelbar von der Kreisbevölkerung gewählt. Der Landrat in Rheinland-Pfalz ist Staatsbeamter und wird vom Ministerpräsidenten mit Zustimmung des Kreistages ernannt.

Die Länder Hessen, Nordrhein-Westfalen und Saarland haben für die allgemeine Landesverwaltung eine *eigene untere Verwaltungsbehörde* geschaffen, die äußerlich getrennt von den Landkreisbehörden als Staatsbehörde auftritt. Hierbei wird aber nur im Saarland ein staatlicher Beamter tätig, der vom Ministerpräsidenten mit Zustimmung des Kreistages ernannte Landrat. Dieser leitet auch die Kreisverwaltung. In Hessen und Nordrhein-Westfalen ist für die Kreisebene eine Organleihe durch den Staat festgelegt. In Hessen ist der vom Kreistag gewählte sowie dem Kreistag und dem Kreisausschuß vorsitzende Landrat sowohl Hauptverwaltungsbeamter des Kreises als auch Landesbehörde, vor allem für die Kommunalaufsicht und die Polizeiverwaltung. Der nordrhein-westfälische Landrat wird vom Kreistag gewählt und repräsentiert den Landkreis. Hauptverwaltungsbeamter des Kreises und staatliche Verwaltungsbehörde ist der vom Kreistag gewählte und staatlich bestätigte *Oberkreisdirektor*.

G. Chr. von Unruh, Der Kreis, Köln u. a. 1964.

G. Chr. von Unruh, Gemeinderecht, in: *v. Münch*, Besonderes Verwaltungsrecht, 4. Aufl., Berlin u. a. 1976, S. 129ff.

G. Schmidt/Eichstaedt/W. Hans, Die Kreisordnungen in der Bundesrepublik Deutschland, Berlin u. a. 1975.

Die Systeme der Kreisverwaltung

Stadtstaaten
(Berlin, Bremen, Hamburg) keine besondere Kreis- und Kommunalverwaltung

	Flächenstaaten	
	Stadtkreise	Landkreise
Niedersachsen, Schleswig-Holstein		vollständig kommunalisierte Kreisverwaltung
	übertragener Wirkungskreis	übertragener Wirkungskreis
	eigener Wirkungskreis	eigener Wirkungskreis
Baden-Württemberg, Bayern, Rheinland-Pfalz		Landratsamt (Landrat) als Doppelbehörde
	übertragener Wirkungskreis	untere staatliche Verwaltungsbehörde
		übertragener Wirkungskreis
	eigener Wirkungskreis	eigener Wirkungskreis
Hessen, Nordrhein-Westfalen		eigene staatliche Verwaltungsbehörde (in Form einer Organleihe des Landrats bzw. Oberkreisdirektors)
	übertragener Wirkungskreis	untere staatliche Verwaltungsbehörde
		übertragener Wirkungskreis
	eigener Wirkungskreis	eigener Wirkungskreis
Saarland		eigene staatliche Verwaltungsbehörde (Landrat als Staatsbeamter)
	übertragener Wirkungskreis	untere staatliche Verwaltungsbehörde
		übertragener Wirkungskreis
	eigener Wirkungskreis	eigener Wirkungskreis

Verwaltungsreform

In der Bundesrepublik Deutschland sind die Verwaltungsaufgaben auf mehrere Hoheitsträger verteilt (Bund, Länder, ↑Gemeinden und Gemeindeverbände S. 104, sonstige Körperschaften, Anstalten und Stiftungen des öffentlichen Rechts), wobei in der Bundesverwaltung und in den Flächenstaaten der Verwaltungsaufbau grundsätzlich dreistufig ist (Oberste und obere Behörden, Mittelbehörden, untere Behörden). Diese Staats- und Verwaltungsorganisation ist historisch gewachsen und bedarf einer dauernden Anpassung an die jeweiligen Verwaltungsaufgaben. Deshalb gab es stets Bemühungen um eine Verwaltungsreform. Hierzu gehören im weitesten Sinne auch die Änderung von Verwaltungskompetenzen im Verhältnis zwischen Bund und Ländern (↑Bundesstaatliche Ordnung S. 44) sowie Veränderungen im Bestand und Gebiet der auf Maßnahmen der Besatzungsmächte nach 1945 beruhenden Bundesländer (↑Neugliederung des Bundesgebietes S. 90). Einen besonderen Bereich der Verwaltungsreform stellt schließlich die Neuorganisation der Verwaltung in betrieblicher Hinsicht dar, wie die Einführung maschineller Verwaltungsvorgänge (z. B. ↑EDV in der Verwaltung S. 248) und die Reform des ↑Öffentlichen Dienstes (S. 250). Mit dem Begriff der Verwaltungsreform werden danach alle Maßnahmen bezeichnet, die auf die Aufgaben- und Gebietsneuverteilung zwischen den Verwaltungsträgern und ihren Behörden und auf die Stärkung der Verwaltungskraft gerichtet sind.

Innerhalb der Bundesländer kann zwischen einer *Gebietsreform* und einer *Funktionalreform* unterschieden werden. Letztere bezieht sich auf die Aufgabenneuverteilung und die Stärkung der Verwaltungskraft. Die auf die Gemeinden und Gemeindeverbände bezogene Gebiets- und Funktionalreform wird unter dem Begriff der ↑*Kommunalreform* (S. 118) zusammengefaßt. In den Stadtstaaten (Berlin, Bremen und Hamburg) unterscheidet sich die Verwaltungsreform von derjenigen in den Flächenstaaten notwendigerweise dadurch, daß es in den Stadtstaaten grundsätzlich keine mehrstufige Landesverwaltung gibt. Ein bedeutsames Beispiel für die Verwaltungsreform in den Stadtstaaten ist die Bezirksverwaltungsreform in Berlin. Sie verwirklicht das Berliner Modell einer Bezirksstadt, nach dem die Bezirksverwaltung primär von der aus unmittelbaren Wahlen hervorgegangenen Bezirksverordnetenversammlung und ihren Ausschüssen bestimmt wird.

In den Flächenstaaten entstand die Verwaltungsreform vor allem aus den Schwierigkeiten, die bei der Koordinierung örtlicher Verwaltungsmaßnahmen in den Ballungsräumen (z. B. Rhein-Ruhr-Gebiet) und städtischen Verflechtungsgebieten (z. B. Bremen) auftreten, etwa bei der Planung des Straßenbaus, des Nahverkehrs und bei der städtebaulichen Ordnung (↑Bauleitplanung S. 510). Die aus mehreren Verwaltungsträgern gebildeten Planungsverbände wurden als unzureichend angesehen, weil ihnen für den Planungsraum die entsprechende Durchführungskompetenz (Verwaltungsraum) fehlt. Ein wesentlicher Ansatzpunkt war auch, daß die kleinen Gemeinden nicht die nötige Finanzkraft und die erforderlichen hauptamtlichen Fachkräfte sowie keine ausreichenden Einrichtungen der öffentlichen Daseinsvorsorge haben können, um eine Gleichwertigkeit der Lebensverhältnisse für alle zu gewährleisten. Daraus erwuchs die Forderung, durch eine kommunale Gebiets- und Funktionalreform die historische Selbstverwaltung in gewachsenen Gemeinschaften durch eine geplante Selbstverwaltung zu ersetzen. Ebenso wurde die Wirtschaftlichkeit und Verwaltungskraft kleiner Landkreisverwaltungen bemängelt. Aus der in den einzelnen Bundesländern unterschiedlich einsetzenden Verwaltungsreform sind hervorzuheben: Die Verringerung von Regierungsbezirken, Land- und Stadtkreisen; der Zusammenschluß von Gemeinden; die Bildung gemeindlicher Verwaltungsgemeinschaften als Teil einer kommunalen Funktionalreform.

F. Wagener, Neubau der Verwaltung, Berlin 1969.
N. Wimmer, Das Einmaleins der Verwaltungsreform, Berlin 1977.

Verwaltungsträger und Verwaltungsstufen

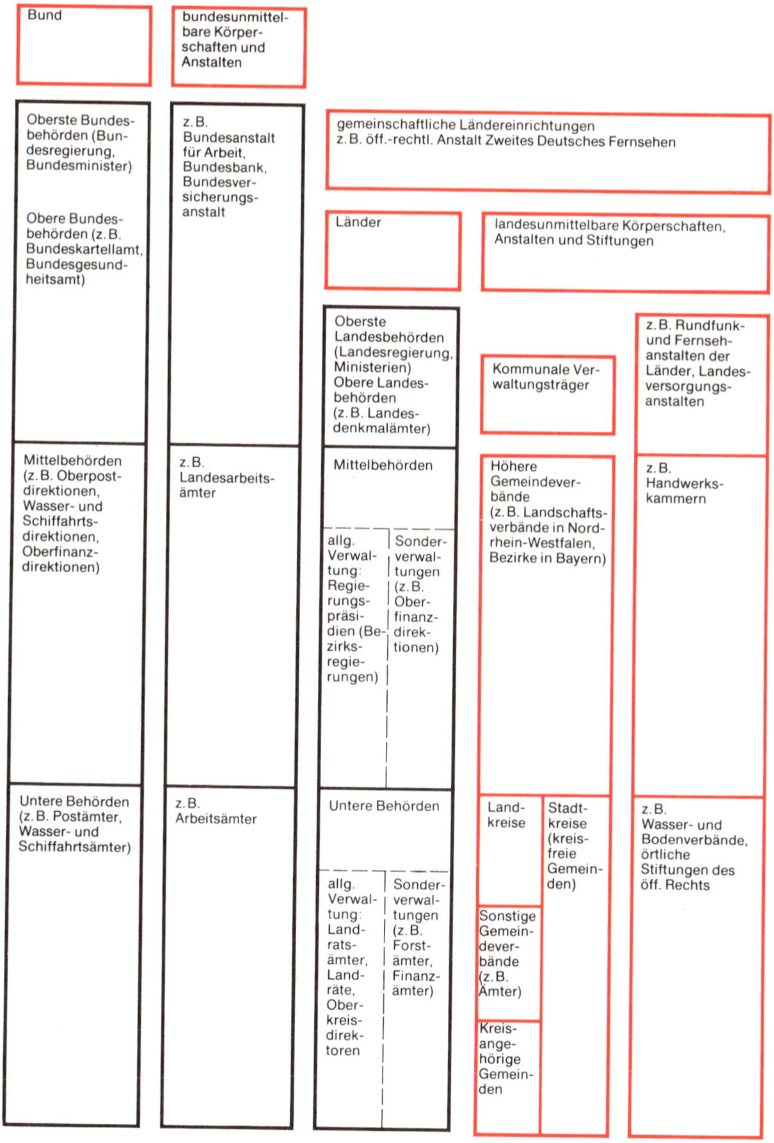

Kommunale Selbstverwaltung

Kommunale Selbstverwaltung *im politischen Sinne* ist die bürgerschaftlich-ehrenamtliche Form örtlicher Verwaltung, die im neunzehnten Jahrhundert wiederbelebt wurde. Um den Gemeinsinn des Bürgers zu wecken, wurde die zentralisierte Staatsverwaltung des absolutistischen Staates zurückgedrängt und erneuerte man genossenschaftliche Formen örtlicher Selbstregierung (self-government).

Juristisch bedeutet kommunale Selbstverwaltung die selbständige und eigenverantwortliche Erledigung öffentlicher Angelegenheiten der örtlichen Gemeinschaft durch ↑Gemeinden und Gemeindeverbände (S. 104). Sie ist eine Form dezentralisierter öffentlicher Verwaltung (↑Organisation und Aufbau der Verwaltung S. 242) durch unterstaatliche, d. h. vom Staat getrennte und seiner Aufsicht unterstellte Träger öffentlicher Verwaltung (mittelbare Staatsverwaltung).

Das Grundgesetz (Art. 28 Abs. 2) und die Landesverfassungen gewährleisten den Gemeinden und Gemeindeverbänden das Recht, alle Angelegenheiten der örtlichen Gemeinschaft im Rahmen der Gesetze in eigener Verantwortung zu regeln. Das Verfassungsrecht gibt auf diese Weise eine *institutionelle Garantie* der kommunalen Selbstverwaltung als solcher und begründet für bestehende Gemeinden und Gemeindeverbände einen gerichtlich durchsetzbaren Anspruch gegenüber dem Staat auf Respektierung ihres Selbstverwaltungsrechts. Ein Schutz für Bestand, Gebiet und Rechtsstellung einzelner Gemeinden oder Gemeindeverbände besteht jedoch grundsätzlich nicht (↑Kommunalreform S. 118). Der Umfang der Selbstverwaltungsangelegenheiten ist bis auf einen Kernbereich durch Gesetz beschränkbar. Vorbehaltlich abweichender gesetzlicher Regelungen besitzen die Gemeinden eine *Allzuständigkeit* für die Angelegenheiten der örtlichen Gemeinschaft (Grundsatz der *Universalität)*. Diese bezieht sich insbesondere auf den Bereich der öffentlichen Daseinsvorsorge (z. B. Wasser- und Energieversorgung, Abwasserbeseitigung, Nahverkehrsbetrieb, Sport- und Kinderspielplätze). In diesem Rahmen haben die Gemeinden eine *autonome Satzungsbefugnis*. Für die eigenverantwortliche Ordnung und Gestaltung des Gemeindegebiets besteht eine gemeindliche Planungshoheit (↑Bauleitplanung S. 510).

Die gemeindliche Finanzhoheit umfaßt das Recht auf eine eigene Finanzwirtschaft und eine eigene Haushaltsführung. Hinzu kommen eine begrenzte Abgabenhoheit (↑kommunale Abgaben S. 114) sowie eine eigene Organisations- und Personalhoheit. Neben den Selbstverwaltungsangelegenheiten (eigener Wirkungskreis) sind den Kommunen durch Bundes- und Landesgesetze auch staatliche Aufgaben zur Erledigung als Auftragsangelegenheiten (übertragener Wirkungskreis) zugewiesen (↑Kommunalverwaltung S. 112). Bei den Selbstverwaltungsangelegenheiten beschränkt sich die Staatsaufsicht auf eine Kontrolle der Gesetzmäßigkeit (Rechtsaufsicht). Daneben bestehen zum Teil staatliche Genehmigungsvorbehalte, besonders im Bereich der Kommunalwirtschaft.

Gegen Verletzungen ihres Selbstverwaltungsrechts ist den Kommunen der Rechtsweg eröffnet, und zwar bei Einzeleingriffen (etwa im Rahmen der Rechtsaufsicht) die Anfechtungsklage zu den Verwaltungsgerichten (↑Verwaltungsrechtsschutz S. 232). Gegen Eingriffe durch ein Bundesgesetz kann ↑Verfassungsbeschwerde (S. 182) zum Bundesverfassungsgericht erhoben werden. Diese ist bei Eingriffen durch ein Landesgesetz nur zulässig, soweit nach dem Recht des betreffenden Bundeslandes eine Verfassungsbeschwerde beim Landesverfassungsgericht (Staatsgerichtshof) nicht möglich ist.

H. Pagenkopf, Kommunalrecht, Bd. 1, 2. Aufl., Köln u. a. 1975, S. 41 ff.

Staatliche Kommunalaufsicht

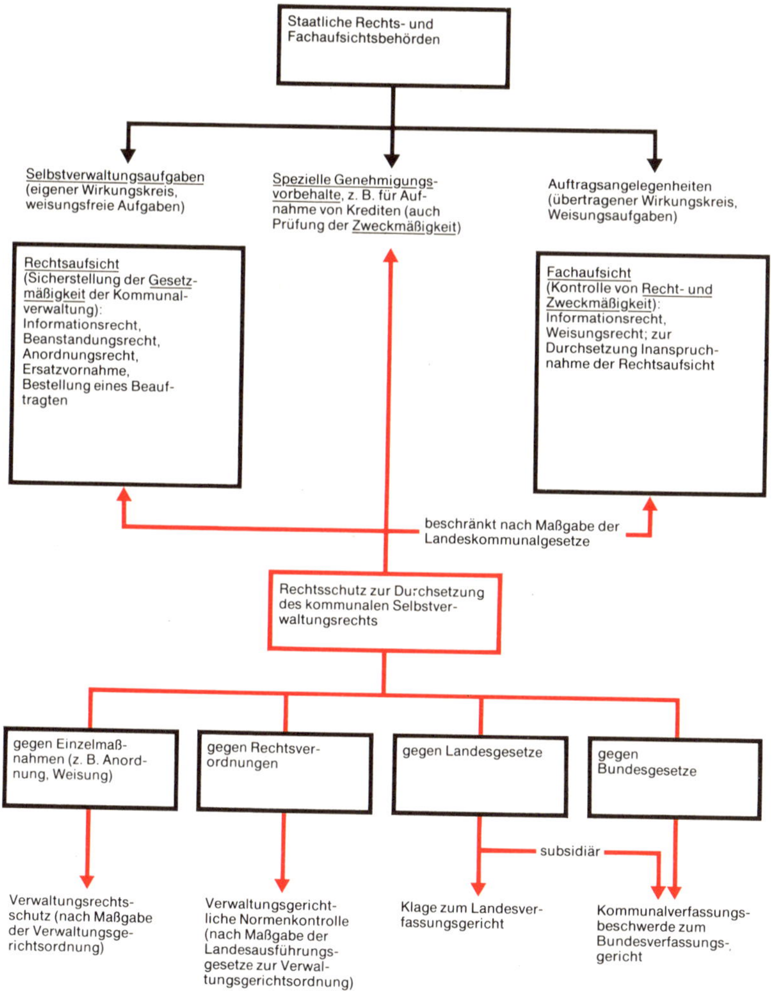

Gemeinden und Gemeindeverbände

Die *Gemeinden* sind kommunale Gebietskörperschaften des öffentlichen Rechts. Sie üben eine Gebietshoheit aus, der jedermann unterliegt, der sich auf ihrem Gebiet aufhält. Aus der institutionellen Garantie der ↑kommunalen Selbstverwaltung (S. 102) folgt eine Vermutung für eine gemeindliche Allzuständigkeit für die Angelegenheiten der örtlichen Gemeinschaft in ihrem Gebiet (↑Kommunalverwaltung S. 112). Das Gemeindegebiet besteht aus der Gesamtheit der zu einer Gemeinde gehörenden Grundstücke. Aus besonderen Gründen des öffentlichen Wohls können jedoch Grundstücke außerhalb einer Gemeinde verbleiben oder ausgegliedert werden (gemeindefreie Grundstücke, ausmärkische Gebiete). Solche Gründe liegen vor, wenn die Grundstücke im Eigentum des Bundes oder Landes stehen, ihre Benutzung ein Gemeindeleben ausschließt und eine ausreichende Verwaltung innerhalb einer Gemeinde nicht gewährleistet ist (z. B. Truppenübungsplätze, Gebirgsforste). Die Bezeichnung Stadt, mit der heute keine Sonderrechte mehr verbunden sind (↑Gewerberecht S. 330), kann solchen Gemeinden verliehen werden, die nach Einwohnerzahl, Siedlungsform sowie kulturellen und wirtschaftlichen Verhältnissen städtisches Gepräge haben. Die Gemeinden sind nach ihrer Stellung zur Kreisebene (↑Landkreise S. 106) in *kreisangehörige* und *kreisfreie Gemeinden* einzuteilen. Die kreisfreien Gemeinden (in der Regel kreisfreie Städte, in Baden-Württemberg Stadtkreise) erfüllen in ihrem Gebiet neben den gemeindlichen Angelegenheiten auch alle Aufgaben, die sonst den Landkreisen obliegen und nehmen für ihren Bereich auch die Zuständigkeiten der allgemeinen unteren staatlichen Verwaltungsbehörde (↑Kreisverwaltung S. 98) als Auftragsangelegenheiten wahr. Eine Sonderstellung besitzen größere Gemeinden, die, obgleich kreisangehörig, in gewissem Umfang Aufgaben der unteren staatlichen Verwaltungsbehörden wie die kreisfreien Städte erledigen (↑Kommunalverwaltung S. 112).

Gemeindeverbände sind aus Gemeinden oder Landkreisen zusammengesetzte Körperschaften des öffentlichen Rechts mit Selbstverwaltungsbefugnissen (↑Körperschaften – Anstalten – Stiftungen S. 244). Der Aufgabenkreis der Gemeindeverbände ist vom Grundsatz subsidiärer Universalität bestimmt: Innerhalb ihres Verbandsgebietes obliegen ihnen grundsätzlich alle übergemeindlichen Aufgaben, die innerhalb dieses Gebiets anfallen. Engere Gemeindeverbände sind die Samtgemeinden (Ämter, Verbandsgemeinden) als öffentlich-rechtliche Zusammenschlüsse mehrerer selbständig bleibender Gemeinden zu einem kommunalen Verband mit der Aufgabe, mehrere oder alle gemeinsamen Angelegenheiten der Gemeinden zu erfüllen. Zu den höheren oder regionalen Gemeindeverbänden gehören die ↑Landkreise (S. 106), die Bezirke (in Bayern) und die Landschaftsverbände (in Nordrhein-Westfalen). Sie sind zugleich Gebietskörperschaften.

Der *Zweckverband* ist ein öffentlich-rechtlicher Zusammenschluß von Gemeinden und Gemeindeverbänden zur gemeinsamen Erfüllung einzelner, von vornherein bestimmter Aufgaben. Er ist keine Gebietskörperschaft, sondern ein öffentlich-rechtlicher Personenverband mit der Rechtstellung einer Körperschaft des öffentlichen Rechts. Gegenstand eines Zweckverbandes können alle Aufgaben sein, zu deren Durchführung die Gemeinden und Gemeindeverbände berechtigt oder verpflichtet sind: Wasserversorgung, Straßenbau, Feuerwehr, Sozialhilfe (↑Sozialhilfe und Freie Wohlfahrtspflege S. 388). Man unterscheidet zwischen Freiverbänden und Pflichtverbänden, wenn Zweckverbände durch freiwillige Vereinbarung oder infolge dringender Gründe des öffentlichen Wohls gegen den Willen der beteiligten kommunalen Körperschaften durch staatliche Anordnung gegründet wurden. Durch Bildung von Zweckverbänden können kommunale Körperschaften grenzübergreifende Angelegenheiten des örtlichen Wirkungskreises in einer beweglichen Form erledigen.

H. Pagenkopf, Kommunalrecht, Bd. 1, 2. Aufl., Köln u. a. 1975, S. 24 ff., 113 ff., 269 ff.
H. J. Wolff u. *O. Bachof*, Verwaltungsrecht II, 4. Aufl., München 1976, §§ 86, 89–91.

Bildung von Zweckverbänden

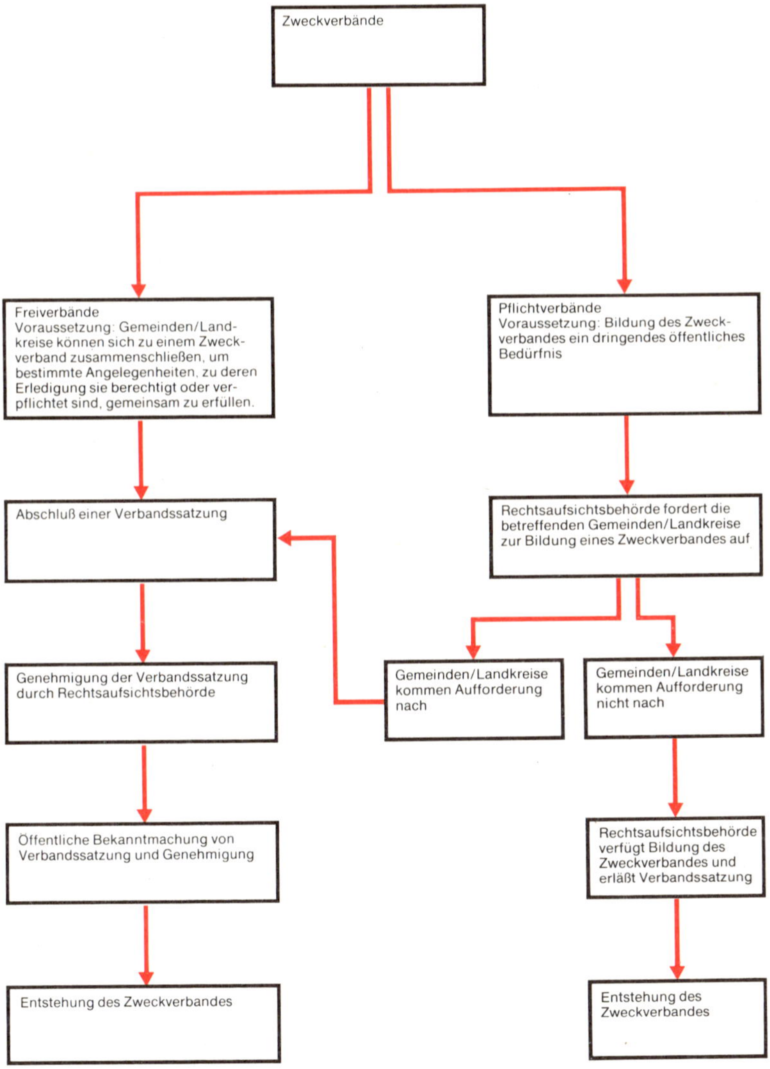

Landkreise

Die Landkreise bilden übergemeindliche Verwaltungseinheiten. Sie sind einerseits kreiskommunale Körperschaften zur Erledigung überörtlicher Angelegenheiten der ↑kommunalen Selbstverwaltung (S. 102). Andererseits stellt ihr Gebiet den Zuständigkeitsbereich der allgemeinen unteren staatlichen Verwaltungsbehörde dar (↑Kreisverwaltung S. 98).

Als Selbstverwaltungskörperschaften sind die Landkreise aus den kreisangehörigen Gemeinden zusammengesetzte Gemeindeverbände (↑Gemeinden und Gemeindeverbände S. 104). Da sie in bezug auf die Kreisaufgaben Gebietshoheit ausüben, sind sie zugleich Gebietskörperschaften. Die Selbstverwaltungsaufgaben der Landkreise grenzen sich von denen der Gemeinden nach dem Grundsatz der subsidiären Allzuständigkeit (Universalität) ab. Während Art. 28 Abs. 2 Grundgesetz für die Gemeinden eine Vermutung der Allzuständigkeit ausspricht, besteht sie für die Landkreise nicht. Überörtliche Aufgaben der Landkreise sind daher in der Regel solche Angelegenheiten, die von den kreisangehörigen Gemeinden wegen ihrer begrenzten Leistungsfähigkeit und Größe nicht erledigt werden können oder einer einheitlichen Durchführung auf Kreisebene bedürfen (z. B. Kreiskrankenhäuser, Kreisschulen, Kreisstraßen). Im Rahmen ihres gesetzlichen Aufgabenkreises nehmen die Landkreise an der institutionellen Garantie der kommunalen Selbstverwaltung und ihrer gerichtlich durchsetzbaren Rechtsgewährleistung teil.

Die innere Verfassung der Landkreise ergibt sich aus den Landkreisordnungen der Länder. Hauptorgane sind überall der Kreistag, der Kreisausschuß (Kreisrat) und der Kreisvorsteher (Oberkreisdirektor, Landrat). Der *Kreistag* ist in allen Ländern das Repräsentationsorgan der Einwohner des Kreises. Seine Mitglieder (unterschiedlich benannt Kreisräte, Kreistagsabgeordnete, Kreistagsmitglieder) werden überwiegend für vier oder fünf, teilweise für sechs Jahre gewählt. Sie haben die gleiche Stellung wie die Mitglieder einer Gemeindevertretung und sind ehrenamtlich tätige Bürger. Der *Kreisausschuß* ist das Leitungsorgan des Landkreises. Als Kollegialorgan besteht er, abgesehen von Hessen, aus einer Anzahl von Mitgliedern des Kreistages (zwischen 6 und 17), die von diesem gewählt werden. Teilweise gehört ihm auch der Kreisvorsteher (so der Landrat in Bayern) mit Stimmberechtigung an. Der *Kreisvorsteher (Oberkreisdirektor, Landrat)* ist überall Berufsbeamter auf Zeit. In den Ländern Rheinland-Pfalz und im Saarland wird er vom Staat mit Zustimmung des Kreistages ausgewählt und ernannt. In diesen Ländern ist seine Stellung kommunalisiert, d. h. er ist Kreisbeamter auf Zeit. Am ausgeprägtesten ist diese Kommunalisierung in Niedersachsen, wo der Oberkreisdirektor vom Kreistag auf zwölf Jahre gewählt wird, ohne daß eine Zustimmung des Staates erforderlich ist. Der Landrat in Bayern wird von der Bevölkerung unmittelbar für sechs Jahre gewählt; eine staatliche Zustimmung ist nicht erforderlich. In den übrigen Ländern wird der Kreisvorsteher vom Kreistag gewählt, wobei durchweg Mitwirkungsrechte des Staates (Zustimmungsbedürftigkeit, bindende alternative Wahlvorschläge u. ä.) vorgesehen sind.

Die Landkreise decken ihren Finanzbedarf aus Kreissteuern (Jagdsteuer, Schankerlaubnissteuer) sowie Gebühren und Beiträgen (↑kommunale Abgaben S. 114), allgemeinen Finanzzuweisungen, zweckgebundenen Zuweisungen und der jährlich festzusetzenden Kreisumlage der Gemeinden.

H. Pagenkopf, Kommunalrecht, Bd. 1, 2. Aufl., Köln u. a. 1975, S. 281 ff.
H. J. Wolf u. *O. Bachof*, Verwaltungsrecht II, 4. Aufl., München 1976, § 89.

Organe des Landkreises
(am Beispiel der Landkreisordnung
von Baden-Württemberg)

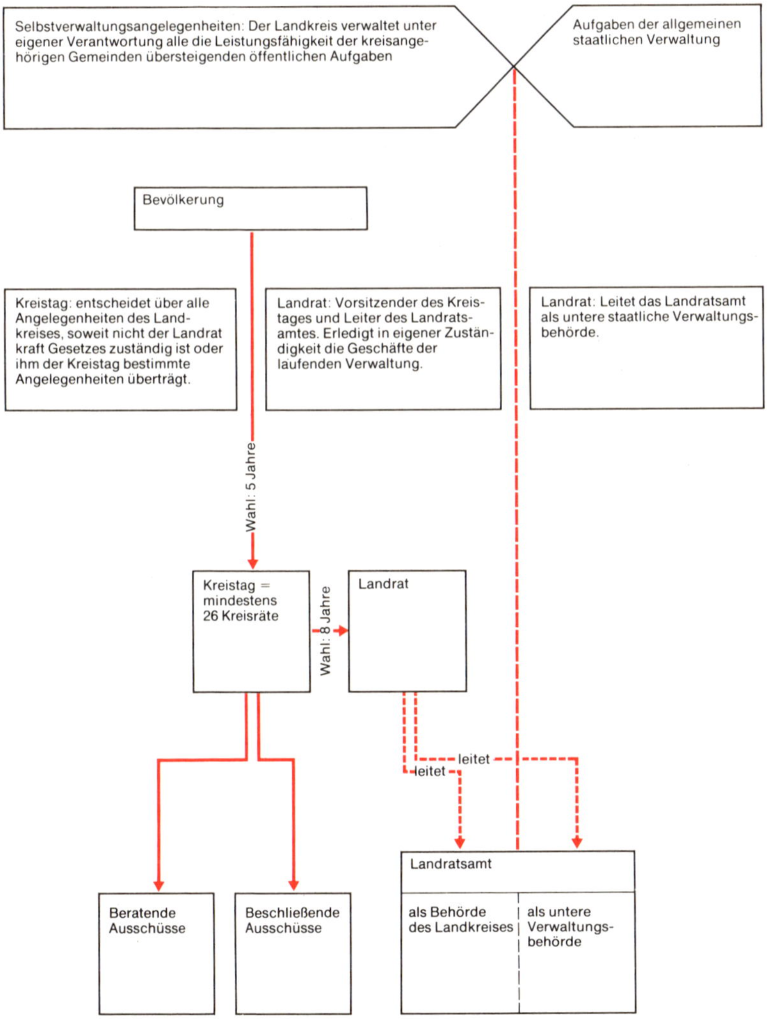

Gemeindeverfassung

Das Gemeindeverfassungsrecht regelt das Eigenleben der Gemeinde. Die *äußere* Gemeindeverfassung befaßt sich u. a. mit der Rechtsstellung der Gemeinde im Privatrecht und Öffentlichen Recht oder mit den Hoheitsrechten der Gemeinden (wie Gebietshoheit, Organisationshoheit, Personalhoheit, Finanzhoheit). Die *innere* Gemeindeverfassung ordnet die Bildung und Zuständigkeiten der Gemeindeorgane und hat die Rechte und Pflichten der Gemeindeangehörigen zum Inhalt.

Die Bildung der Gemeindeorgane steht unter dem Demokratiegebot des Grundgesetzes (Art. 28 Abs. 1). Danach muß das Volk in den Gemeinden und Landkreisen eine gewählte Vertretung haben (↑Kommunalwahlen S. 110). Elemente unmittelbarer Demokratie im Prozeß kommunaler Willensbildung sind in einigen Ländern die Bürgerversammlungen, die allerdings nur beratende Funktion haben. In Baden-Württemberg kann die Bürgerschaft über eine wichtige Gemeindeangelegenheit einen Bürgerentscheid (Bürgerbegehren) beantragen, freilich unter Voraussetzungen, die in der Praxis nur schwer erreichbar sind (↑Plebiszite S. 38). Die Regelung der Zuständigkeiten und des Verhältnisses der Gemeindeorgane zueinander ist Sache der Länder. Grundsätzlich lassen sich zwei kommunale Verfassungssysteme unterscheiden, das monistische und das dualistische. Die *monistische* Form kennt grundsätzlich nur ein allzuständiges Gemeindeorgan, nämlich die gewählte Gemeindevertretung, von der sich die Zuständigkeiten der anderen Organe ableiten. Der dualistische Verfassungstyp weist hingegen zwei Organen eigene Zuständigkeiten zu, nämlich der Gemeindevertretung eine Grundsatzzuständigkeit und dem Gemeindevorstand (Bürgermeister, Magistrat) spezielle Zuständigkeiten, insbesondere für die laufende Verwaltung. Der Gemeindevorstand ist dabei teils Kollegialorgan (Magistrat), teils Ein-Mann-Organ (Bürgermeister, Oberbürgermeister). Das monistische Prinzip prägte ursprünglich die sogenannte *norddeutsche Ratsverfassung*, an der sich die Gemeindeordnungen der Länder der ehemaligen britischen Besatzungszone orientierten. Bei ihr ist der Gemeindedirektor (Stadtdirektor, Oberstadtdirektor) als Gemeindehauptbeamter weitgehend Vollzugsorgan der Gemeindevertretung. Die Gemeindeverfassung von Nordrhein-Westfalen entspricht heute – trotz dualistischer Abänderungen – noch am ehesten diesem Typ. Die dualistische Form ist in der sogenannten *unechten Magistratsverfassung* verwirklicht, die dem Magistrat als Kollegialorgan eigene Zuständigkeiten zuerkennt. Dabei besteht der Magistrat aus dem Bürgermeister und den Beigeordneten. Sie werden von der Gemeindevertretung gewählt und nehmen ihr Amt ehrenamtlich oder hauptberuflich wahr. Dem Magistrat obliegen die typischen Verwaltungsfunktionen, d. h. vor allem die Vollzugsaufgaben und die Geschäfte der laufenden Verwaltung. Der Bürgermeister ist Vorsitzender des Magistrats, Leiter der Gemeindeverwaltung und erledigt die laufenden Geschäfte. Für bestimmte Geschäftsbereiche und für Einzelfälle bildet der Magistrat Ausschüsse. Dualistisch ist schließlich auch die sogenannte *süddeutsche Ratsverfassung*, nach der die Stellung des Bürgermeisters (Oberbürgermeisters) infolge seiner unmittelbaren Wahl durch die Bevölkerung zusätzliches Gewicht erlangt.

Bei den Rechten und Pflichten der Gemeindeangehörigen ist zwischen Einwohnern und Bürgern zu unterscheiden. Wer in einer Gemeinde wohnt (↑Meldepflicht S. 544) ist Einwohner. Bürger einer Gemeinde ist, wer Deutscher im Sinne des Art. 116 GG ist (↑Staatsangehörigkeit S. 18), das achtzehnte Lebensjahr vollendet hat (↑Bürgerliche Rechte und Pflichten S. 22) und seit mindestens drei Monaten in der Gemeinde wohnt. Einwohner und Bürger sind verpflichtet, die Gemeindelasten zu tragen und berechtigt, die öffentlichen Einrichtungen der Gemeinde zu benutzen. Die Bürger sind bei den Gemeindewahlen wahlberechtigt und bei sonstigen Gemeindeangelegenheiten mitwirkungsberechtigt (z. B. Mitberatungsrecht in Bürgerversammlungen); verpflichtet sind die Bürger zur Übernahme ehrenamtlicher Tätigkeit in der Gemeinde.

H. Pagenkopf, Einführung in die Kommunalwissenschaft, 3. Aufl., Münster 1975, S. 75ff., 148ff.
H. J. Wolff u. *O. Bachof*, Verwaltungsrecht II, 4. Aufl., München 1975, §§ 86, 87.

Norddeutsche Ratsverfassung (Beispiel Nordrhein-Westfalen)

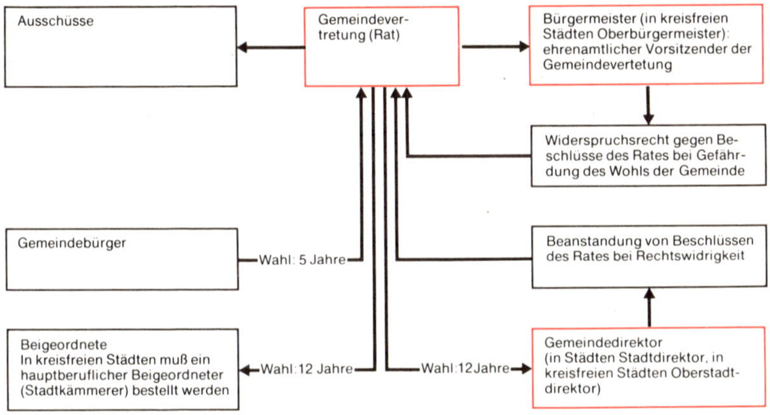

Süddeutsche Ratsverfassung (Beispiel Baden-Württemberg)

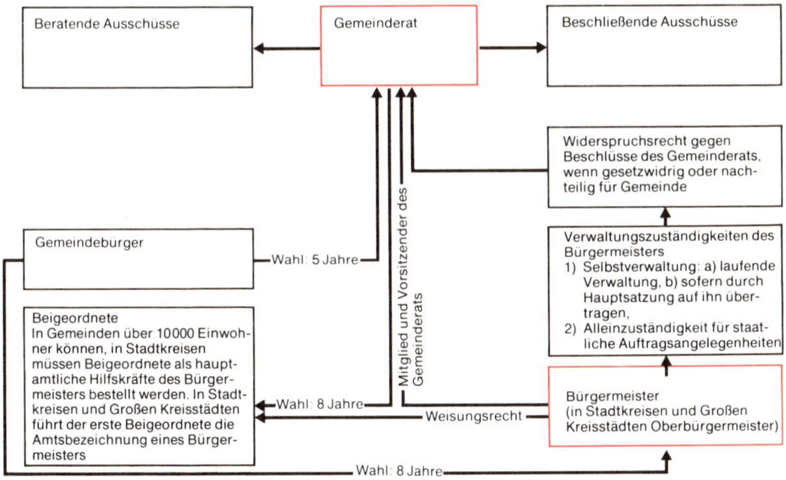

Kommunalwahlen

Das Recht der Kommunalverfassung (↑Gemeindeverfassung S. 108) steht unter dem Demokratiegebot des Grundgesetzes (Art. 28 Abs. 1). Danach muß die Bevölkerung in den Gemeinden und Landkreisen eine Vertretung haben, die aus allgemeinen, unmittelbaren, freien, gleichen und geheimen Wahlen hervorgegangen ist. Die nähere Ausgestaltung des Kommunalwahlrechts steht den Ländern zu, die es in ihren *Kommunalwahlgesetzen*, Gemeinde- und Landkreisordnungen teilweise unterschiedlich geregelt haben.

Aus unmittelbaren Wahlen gehen die Gemeindevertretungen, die Kreistage und teilweise auch die Vertretungsorgane höherer Gemeindeverbände hervor. Unmittelbar gewählt werden außerdem der Bürgermeister in Baden-Württemberg und Bayern sowie der Landrat in Bayern. Das aktive Wahlrecht hat jeder Deutsche im Sinne des Art. 116 Grundgesetz (↑Staatsangehörigkeit S. 18), der das achtzehnte Lebensjahr vollendet hat und mindestens eine bestimmte Zeit in dem Gebiet der kommunalen Körperschaft wohnt (↑Gemeindeverfassung S. 108). Wählbar zu den Gemeindevertretungen und den Kreistagen sind die Wahlberechtigten, wobei teilweise die Vollendung des 21. Lebensjahres gefordert wird. Die Mitglieder der Gemeindevertretungen und Kreistage werden in der Regel aufgrund von Wahlvorschlägen (Listen, die die Kandidaten aufführen) nach den Grundsätzen der Verhältniswahl gewählt (↑Wahlen S. 40). Die Wahlvorschläge müssen von einer bestimmten Zahl Wahlberechtigter unterschrieben sein. Bei Wahlvorschlägen von Parteien, die im Landtag vertreten sind, und von Parteien und Wählervereinigungen, die bisher schon in dem zu wählenden Organ vertreten sind, wird von diesem Erfordernis abgesehen. Jeder Wähler hat in der Regel soviele Stimmen, wie Mitglieder der Gemeindevertretung bzw. des Kreistages zu wählen sind. Bei gebundenen Listen werden die Sitze nach der Reihenfolge der Höchstzahlen (d'Hondt'sches Verfahren) zugeteilt. Teilweise wird das Verhältniswahlrecht mit Grundsätzen der Mehrheitswahl gemischt (Nordrhein-Westfalen, Schleswig-Holstein). In Baden-Württemberg und Bayern hat der Wähler die Möglichkeit, einem Bewerber (innerhalb des gleichen Wahlvorschlags) bis zu drei Stimmen zu geben *(kumulieren)* und von der ihm zustehenden Stimmenzahl seine Stimmen Bewerbern aus verschiedenen Wahlvorschlägen zu geben *(panaschieren)*. Dadurch wird ein Element der Persönlichkeitswahl eingeführt. Hierbei werden die Sitze nach dem Verhältnis der Gesamtstimmenzahl zugeteilt, die auf die in einem Wahlvorschlag aufgestellten Bewerber abgegeben werden. Die auf die einzelnen Wahlvorschläge entfallenden Sitze werden den Bewerbern dann in der Reihenfolge der von ihnen erreichten Stimmenzahl zugewiesen.

Die Gültigkeit der Wahlen zu den Gemeindevertretungen und Kreistagen ist durch die Rechtsaufsichtsbehörde (Landratsamt, Regierungspräsidium usw.) binnen einer Frist von einem Monat zu prüfen *(Wahlprüfung)*. Gegen die Wahl kann binnen einer Woche nach der öffentlichen Bekanntmachung des Wahlergebnisses von jedem Wahlberechtigten und von jedem Bewerber Einspruch bei der Rechtsaufsichtsbehörde erhoben werden *(Wahlanfechtung)*. Der Einspruch eines Wahlberechtigten, der keine Verletzung eigener Rechte geltend macht, erfordert regelmäßig, daß ihm noch eine gesetzlich bestimmte Zahl weiterer Wahlberechtigter beitreten. Gegen die Entscheidung über den Einspruch können der Wahlberechtigte, der Einspruch erhoben hat, und der durch die Entscheidung betroffene Bewerber unmittelbar Anfechtungs- oder Verpflichtungsklage zum Verwaltungsgericht erheben (↑Verwaltungsrechtsschutz S. 232).

K. Schmiemann, Wahlprüfung im Kommunalwahlrecht, Siegburg 1972.

Wahlverfahren bei Gemeinderatswahl (am Beispiel des Kommunalwahlgesetzes von Baden-Württemberg)

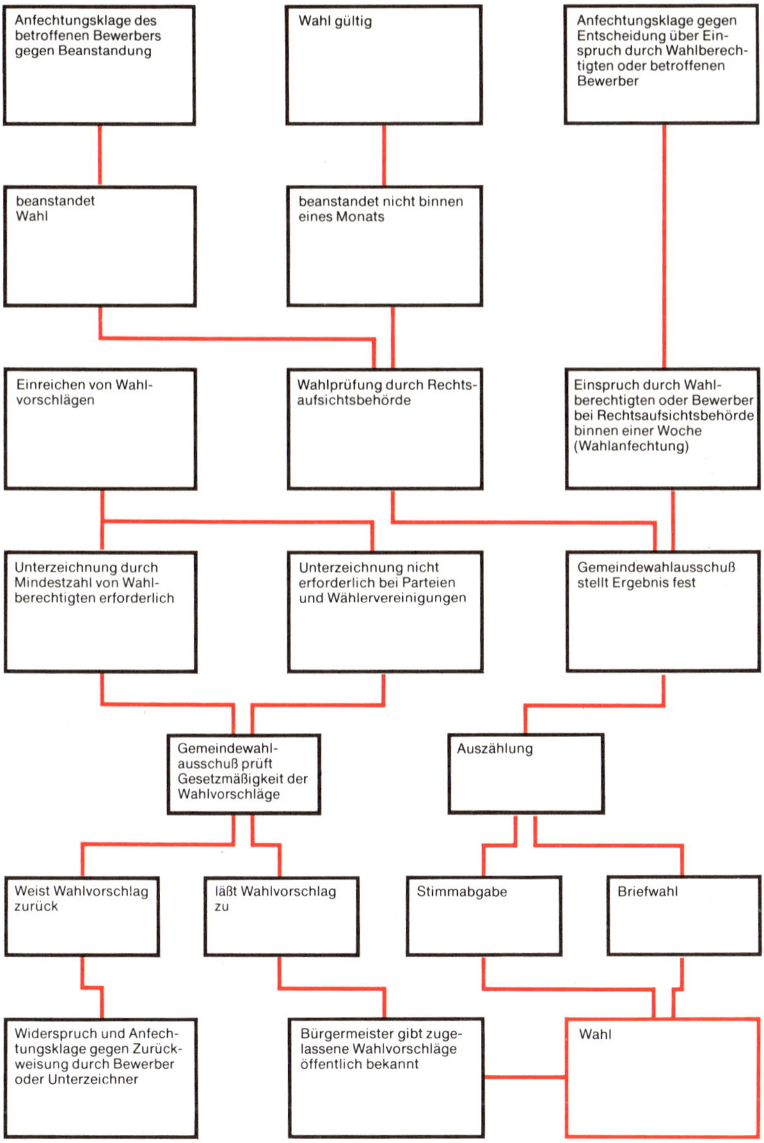

Kommunalverwaltung

Herkömmlich werden zwei große Aufgabenbereiche kommunaler Verwaltungstätigkeit unterschieden. Neben dem aus der ↑kommunalen Selbstverwaltung (S. 102) der örtlichen Angelegenheiten erwachsenden *eigenen Wirkungskreis* steht die vom Staat übertragene Auftragsverwaltung *(übertragener Wirkungskreis)*. Dabei umfaßt der Selbstverwaltungsbereich nicht nur solche Aufgaben, die die ↑Gemeinden und Gemeindeverbände (S. 104) nach freiem Entschluß ausführen oder unterlassen können *(freiwillige Selbstverwaltungsaufgaben)*, sondern auch solche, deren Erfüllung ihnen gesetzlich zur Pflicht gemacht ist *(Pflichtaufgaben)*. Zu den freiwilligen Angelegenheiten zählen die Einrichtung und Unterhaltung von Krankenhäusern, Jugendheimen, Altersheimen, Theatern, Sportplätzen, Schwimmbädern. Pflichtaufgaben der Gemeinden sind etwa die öffentliche Daseinsvorsorge durch Wasser- und Energieversorgung, und Abwasserbeseitigung sowie gegebenenfalls der städtische Verkehrsbetrieb, ferner das Feuerlöschwesen, das Bestattungswesen und die Verwaltung der Gemeindestraßen. Im Bereich der eigenverantwortlichen Selbstverwaltung unterliegen die Kommunen der Aufsicht des Staates, die sich im wesentlichen auf die Sicherstellung der Gesetzmäßigkeit ihrer Tätigkeit *(Rechtsaufsicht)* beschränkt. Die *staatlichen Auftragsangelegenheiten* werden den Kommunen durch Bundes- und Landesgesetze übertragen, z. B. die Aufgaben der Bauaufsicht und der Polizei (↑Polizeiorganisation S. 528). Insoweit unterliegen die Kommunen einer umfassenden Aufsicht auch bezüglich der Zweckmäßigkeit ihrer Maßnahmen und einem unbeschränkten Weisungsrecht *(Fachaufsicht)*. Der Umfang der staatlichen Auftragsangelegenheiten nimmt ständig zu.

Die überkommene Zweiteilung kommunaler Verwaltungstätigkeit ersetzten einige Bundesländer teilweise dadurch, daß sie die in dem sogenannten Weinheimer Entwurf von 1948 vorgeschlagene Kategorie der kommunalen Pflichtaufgaben zur Erfüllung nach Weisung übernahmen. Während die traditionellen Auftragsangelegenheiten, die die Kommunen unter einem unbeschränkten Weisungsrecht des Staates verrichten, als staatliche Aufgaben gelten, werden die *Pflichtaufgaben nach Weisung* überwiegend als ein neuer kommunaler Aufgabentyp angesehen, weil das Weisungsrecht des Staates nur dann und insoweit besteht, als es vom Gesetzgeber ausdrücklich vorbehalten ist. Mit dieser Einschränkung übt der Staat auch bei ihnen die Fachaufsicht aus. Im Rahmen ihrer Organisations- und Personalhoheit stellen die Kommunen auch für die Auftrags- bzw. Weisungsaufgaben die erforderlichen Dienstkräfte, Einrichtungen und Mittel eigenverantwortlich bereit. Sie haben eine eigene Entscheidungsgewalt, soweit Weisungen nicht ergehen. Die Auftrags- und Weisungsaufgaben werden finanziert durch Verwaltungsgebühren, durch pauschale staatliche Zuschüsse und schließlich durch eigene Deckungsmittel.

Das Landkreisgebiet ist zugleich der Bezirk der (allgemeinen) unteren staatlichen Verwaltungsbehörde (↑Kreisverwaltung S. 98). Im Gebiet einer kreisfreien Gemeinde (Stadtkreis) werden die Aufgaben der unteren staatlichen Verwaltungsbehörde von der Gemeinde im Auftrag des Staates, d. h. unter staatlicher Weisung durchgeführt. Eine besondere Stellung haben kreisangehörige Städte mit über 20 000, 30 000 bzw. 40 000 Einwohnern, die aufgrund ihrer besonderen verwaltungsmäßigen Leistungsfähigkeit z. B. zu großen kreisangehörigen Städten (Rheinland-Pfalz) oder zu großen Kreisstädten (Bayern, Baden-Württemberg) erklärt worden sind, und zum Teil die Aufgaben der unteren staatlichen Verwaltungsbehörde als Weisungsaufgaben wahrnehmen.

H. Pagenkopf, Kommunalrecht, Bd. 1, 2. Aufl., Köln u. a. 1975, S. 168 ff., 367 ff.
I. Holzinger, Mittelstädte in der Reform, Würzburg 1974.

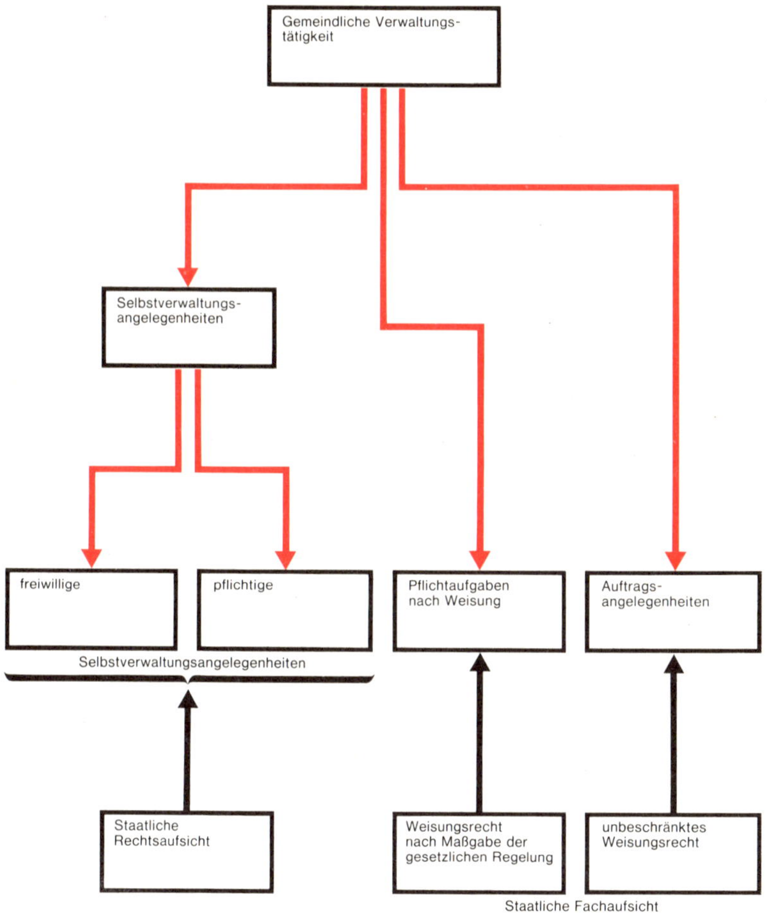
Gemeindliche Verwaltungs-
tätigkeit
Selbstverwaltungs-
angelegenheiten
freiwillige
pflichtige
Pflichtaufgaben
nach Weisung
Auftrags-
angelegenheiten
Selbstverwaltungsangelegenheiten
Staatliche
Rechtsaufsicht
Weisungsrecht
nach Maßgabe der
gesetzlichen Regelung
unbeschränktes
Weisungsrecht
Staatliche Fachaufsicht

Kommunalhaushalte und kommunale Abgaben

Das Recht auf eine eigene Finanzwirtschaft und eine eigene Haushaltsführung der ↑Gemeinden und Gemeindeverbände (S. 104) wird zum Kernbestand der ↑kommunalen Selbstverwaltung (S. 102) gerechnet. Die Ausübung dieses Rechts ist durch zahlreiche Vorschriften der Kommunalgesetze und dazu ergangener Durchführungsverordnungen geregelt. Im Anschluß an die Reform des Haushaltsrechts für Bund und Länder durch das Haushaltsgrundsätzegesetz von 1969 wurde auch das *kommunale Haushaltsrecht* von den meisten Ländern einer weitgehend übereinstimmenden Reform unterzogen. Diese ist vor allem darauf gerichtet, eine zweckmäßigere Gliederung der kommunalen Haushalte zu erreichen und sie auf eine stärkere Berücksichtigung der Ziele staatlicher ↑Konjunkturpolitik (S. 364) und ↑Globalsteuerung (S. 362) festzulegen. Aufgrund von § 16 Stabilitäts- und Wachstumsgesetz ist landesgesetzlich überwiegend vorgeschrieben, daß die Kommunen in ihrer Haushaltswirtschaft den Erfordernissen gesamtwirtschaftlichen Gleichgewichts grundsätzlich Rechnung zu tragen und eine fünfjährige Finanzplanung zugrunde zu legen haben, deren Kernstück ein Investitionsprogramm ist. Ferner ist ihnen aufgetragen, bei der Aufstellung und Fortschreibung des Finanzplanes die vom jeweiligen Landesinnenministerium auf der Grundlage von Empfehlungen des Finanzplanungsrates (↑ Mittelfristige Finanzplanung S. 302) bekannt gegeben Orientierungsdaten zu berücksichtigen.

Die Kommunen haben für jedes Haushaltsjahr eine *Haushaltssatzung* zu erlassen. Diese kann neuerdings auch für zwei Haushaltsjahre, getrennt nach Jahren, erlassen werden. Die Haushaltssatzung enthält folgende Festsetzungen: (1) Den ↑Haushaltsplan (S. 296) unter Angabe des Gesamtbetrages der voraussichtlichen Einnahmen und Ausgaben des Haushaltsjahres, der vorgesehenen Kreditaufnahmen (Kreditermächtigung) und der Verpflichtungsermächtigungen, (2) den Höchstbetrag der Kassenkredite, (3) die Steuersätze (Hebesätze) der jährlich festzulegenden Kommunalsteuern. Die bisherige Einteilung des Haushaltes in einen ordentlichen (laufende Einnahmen und laufende Ausgaben, insbesondere Personalausgaben) und einen außerordentlichen (außerordentliche Einnahmen, insbesondere Kreditaufnahme; einmalige Ausgaben, insbesondere Investitionen; auch Investitionshaushalt genannt) wird nunmehr durch die Gliederung in Verwaltungs- und Vermögenshaushalt ersetzt.

Die laufenden eigenen Einnahmen der Kommunen stammen überwiegend aus den von ihnen erhobenen ↑öffentlichen Abgaben (S. 272). Diese *Kommunalabgaben* sind die Kommunalsteuern, die Verwaltungsgebühren für Amtshandlungen, die auf Veranlassung oder im Interesse einzelner vorgenommen werden, die Benutzungsgebühren für die Benutzung öffentlicher Einrichtungen (Grundsätze der Kostendeckung und der Äquivalenz von Leistung und Gebühr) und schließlich die Beiträge zur Deckung des Aufwands für die Herstellung öffentlicher Einrichtungen. Beiträge hat derjenige zu entrichten, der einen dauernden Sondervorteil von einer öffentlichen Einrichtung oder Anlage hat. Zu den laufenden Einnahmen gehören im übrigen die staatlichen Finanzzuweisungen (↑Finanzausgleich S. 300). – Der Entwurf der Haushaltssatzung ist nach ortsüblicher Bekanntgabe während einer gesetzlich bestimmten Frist öffentlich auszulegen. Über Einwendungen der Einwohner beschließt die Vertretung der kommunalen Körperschaft in öffentlicher Sitzung. Die beschlossene Haushaltssatzung ist der Rechtsaufsichtsbehörde vorzulegen, um die erforderlichen Genehmigungen (z. B. für den Gesamtbetrag der vorgesehenen Kreditaufnahmen) zu erlangen. Nach deren Erteilung ist die Haushaltssatzung gemäß den Kommunalgesetzen öffentlich bekanntzumachen. Nach Abschluß des Haushaltsjahres ist die Jahresrechnung zu erstellen, in der das Ergebnis der Haushaltswirtschaft einschließlich des Vermögens und der Schulden zu Beginn und am Ende des Haushaltsjahres nachzuweisen ist. Sie ist die Grundlage der Rechnungsprüfung und der Entlastung der Verwaltung.

H. Pagenkopf, Kommunalrecht, Bd. 2, 2. Aufl., Köln u. a. 1976, S. 47 ff., 195 ff.

Einnahmen und Ausgaben der Gemeinden und Gemeindeverbände (1975)

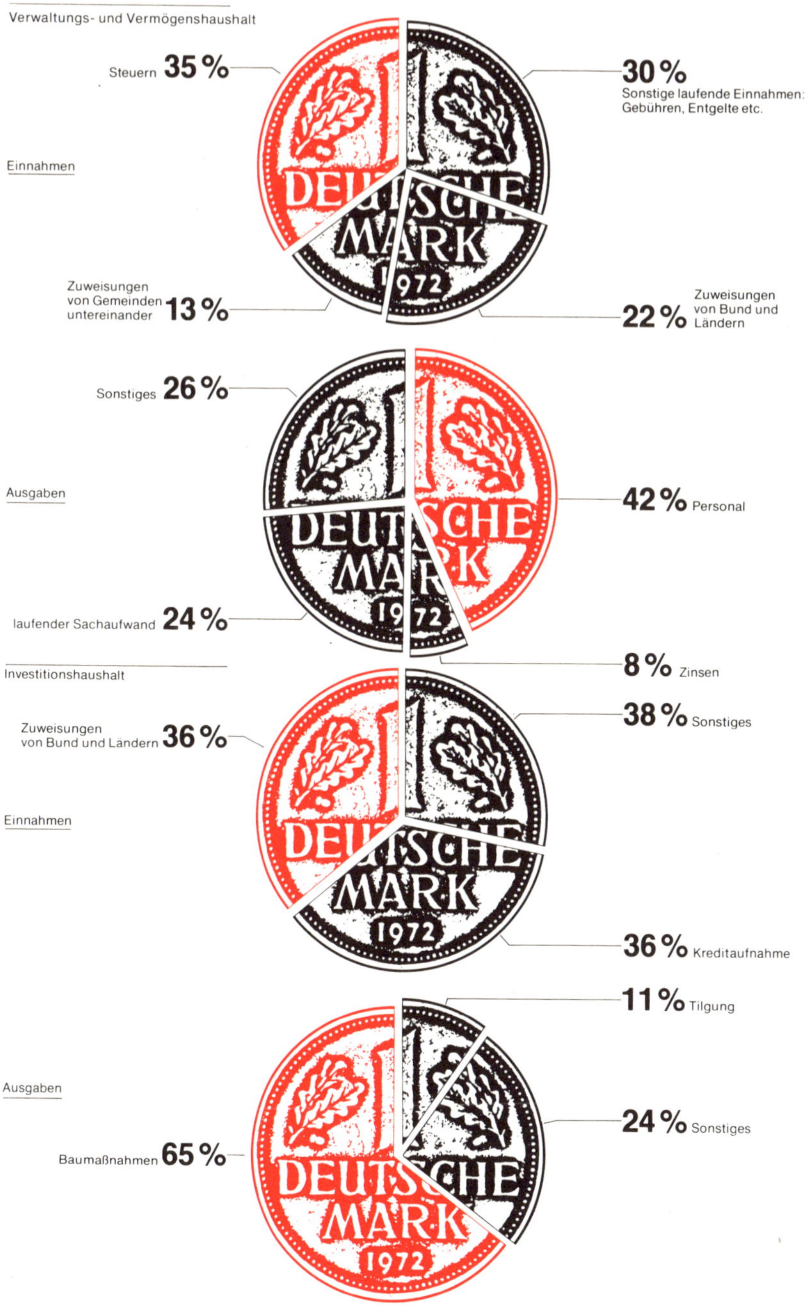

Gemeindewirtschaft und öffentliche Einrichtungen von Gemeinden

Im Rahmen des gemeindlichen Wirkungskreises (↑Kommunale Selbstverwaltung S. 102) sind die Gemeinden nicht nur mit hoheitlicher Eingriffsverwaltung (↑Verwaltungshandeln S. 254), sondern vor allem mit der öffentlichen *Daseinsvorsorge* befaßt. Diese ist darauf gerichtet, das wirtschaftliche, soziale und kulturelle Wohl der Gemeindeeinwohner zu fördern. Innerhalb der öffentlichen Daseinsvorsorge lassen sich wirtschaftliche und nichtwirtschaftliche Aufgaben unterscheiden. Nichtwirtschaftlich ist die Wahrnehmung von Aufgaben, zu denen die Gemeinde gesetzlich verpflichtet ist (z. B. Feuerlöschwesen, Friedhöfe), und von solchen Angelegenheiten, die herkömmlich für eine private Gewinnerzielung ungeeignet sind und deshalb als gemeinnützig angesehen werden. Dies sind vor allem Versorgungs- und Verkehrsbetriebe sowie Einrichtungen des Unterrichts-, Erziehungs- und Bildungswesens, der Kunstpflege, der körperlichen Ertüchtigung, der Gesundheits- und Wohlfahrtspflege. Im nichtwirtschaftlichen Bereich wird eine Gemeinde auch tätig, wenn sie ↑öffentliche Sachen (S. 246), wie öffentliche Straßen und Wege (↑Straßenverwaltung S. 488), bereitstellt, die jedermann ohne besondere Zulassung benutzen kann (Sachen im Gemeingebrauch). Ein gemeindliches Wirtschaftsunternehmen im materiellen Sinne liegt dagegen vor, wenn dieselbe Tätigkeit auch von einem privaten Unternehmer mit der Absicht der Gewinnerzielung vorgenommen werden könnte. Der sparsamen und wirtschaftlichen Haushaltsführung dient der in den Gemeindeordnungen verankerte Grundsatz, daß eine Gemeinde ein wirtschaftliches Unternehmen nur errichten, übernehmen oder wesentlich erweitern darf, wenn der öffentliche Zweck dies rechtfertigt und das Unternehmen nach Art und Umfang in einem angemessenen Verhältnis zur Leistungsfähigkeit der Gemeinde und zum voraussichtlichen Bedarf steht. Diese Begrenzung gemeindlicher Wirtschaftstätigkeit wirkt sich auch als Schutz der privaten Wirtschaft vor einer Konkurrenz gemeindlicher Unternehmen aus. Ein entsprechender Unterlassungsanspruch kann von einem Privaten daraus allerdings grundsätzlich nicht geltend gemacht werden. Die Aufgaben kommunaler Daseinsvorsorge können in öffentlichrechtlicher oder privatrechtlicher Form durch rechtlich unselbständige oder selbständige Anstalten durchgeführt werden. Rechtlich unselbständig sind der *Regiebetrieb*, der auch organisatorisch ein Teil der allgemeinen Gemeindeverwaltung bleibt und dessen Einnahmen und Ausgaben im gemeindlichen Haushalt ausgewiesen werden, und der *Eigenbetrieb*, der als gemeindliches Sondervermögen verwaltet und geführt wird und daher für die wirtschaftliche Betätigung geeigneter ist. Für eine gemeindliche Betätigung mittels rechtlich selbständiger Einrichtungen stehen die Aktiengesellschaft und die Gesellschaft mit beschränkter Haftung (GmbH) zur Verfügung. Diese Gesellschaftsformen ermöglichen eine beschränkte Haftung der Gemeinden. Abgesehen von diesem Gesichtspunkt unterliegen die Gemeinden bei der Beteiligung an rechtlich selbständigen wirtschaftlichen Unternehmen denselben Beschränkungen wie bei der unmittelbaren wirtschaftlichen Tätigkeit. Begrifflich werden unterschieden *Eigengesellschaften*, bei denen die Gemeinde Alleinaktionärin bzw. Alleingesellschafter ist, *Gemeinschaftsunternehmen*, an denen mehrere kommunale Körperschaften beteiligt sind, und *gemischtwirtschaftliche Unternehmen*, die neben kommunalen Körperschaften auch Private als Gesellschafter haben. Nach überwiegender Regelung der Gemeindeordnungen kann eine Gemeinde durch Satzung für die Grundstücke ihres Gebiets bei öffentlichem Bedürfnis den Anschluß an Wasserleitung, Abwasserbeseitigung, Straßenreinigung und ähnliche, der Volksgesundheit dienende Einrichtungen anordnen *(Anschlußzwang)* und die Benutzung dieser Einrichtungen sowie der Schlachthöfe vorschreiben *(Benutzungszwang)*.

H. Pagenkopf, Kommunalrecht, Bd. 2, 2. Aufl., Köln u. a. 1976, S. 145 ff.

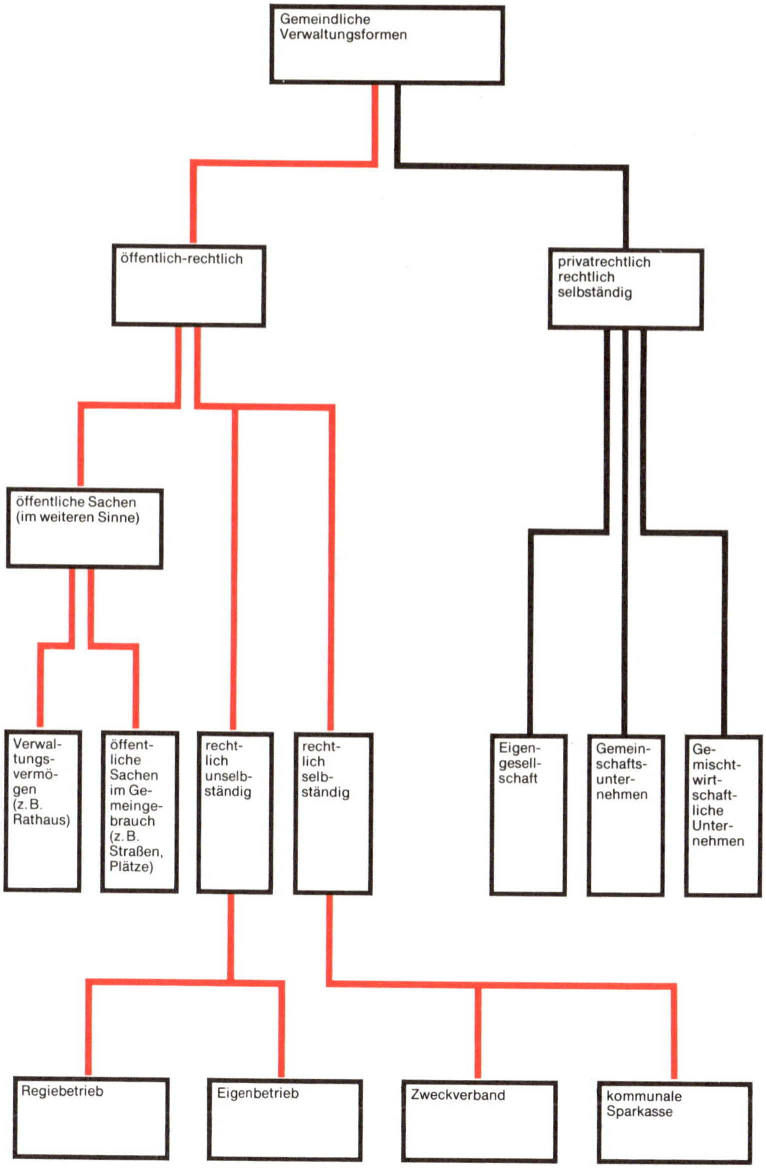
Gemeindliche Verwaltungsformen
öffentlich-rechtlich
privatrechtlich rechtlich selbständig
öffentliche Sachen (im weiteren Sinne)
Verwal-tungs-vermö-gen (z. B. Rathaus)
öffent-liche Sachen im Ge-meinge-brauch (z. B. Straßen, Plätze)
recht-lich unselb-ständig
recht-lich selb-ständig
Eigen-gesell-schaft
Gemein-schafts-unter-nehmen
Ge-mischt-wirt-schaft-liche Unter-nehmen
Regiebetrieb
Eigenbetrieb
Zweckverband
kommunale Sparkasse

Kommunalreform

Gegen Ende der sechziger Jahre kam eine umfassende, heute vielfach abgeschlossene Kommunalreform in Gang. Mit von Land zu Land unterschiedlichen Neugliederungsmodellen stärkte man die kommunale Verwaltungskraft auf der unteren und mittleren Ebene durch die Schaffung von an Einwohnerzahl und Fläche größeren ↑Gemeinden und Gemeindeverbänden (S. 104), damit die kommunalen Körperschaften die von ihnen in einem sozialen Rechtsstaat erwarteten Leistungen zu erfüllen in der Lage sind. Mit der Gebietsreform war eine teilweise Veränderung der Aufgabenverteilung verbunden (Funktionalreform). Bei der gemeindlichen Gebietsreform werden eine oder mehrere Gemeinden in eine andere Gemeinde eingegliedert (Eingemeindung) oder mehrere Gemeinden zu einer neuen Gemeinde zusammengeschlossen; hierbei strebt man eine gemeindliche Mindestgröße von 7000 bis 8000 Einwohnern an. Teilweise wurde in Anlehnung an die Samtgemeinde die Verbandsgemeinde (Rheinland-Pfalz) als neuartiger Selbstverwaltungstyp geschaffen, teilweise ermöglichte man kleinen Gemeinden, sich zu Verwaltungsgemeinschaften zusammenzuschließen (Baden-Württemberg; Bayern).

Die Voraussetzungen und das Verfahren für die Änderung von Gemeinde- und Gemeindeverbandsgrenzen sind in den Gemeinde- und Landkreisordnungen der Länder geregelt. Veränderungen der Gemeindegrenzen können freiwillig vorgenommen werden oder durch staatlichen Rechtssetzungsakt erfolgen. Freiwillige Grenzänderungen werden von den Gemeindevertretungen der beteiligten Gemeinden beschlossen und bedürfen der Zustimmung der staatlichen Aufsichtsbehörde. Sie spielten in der ersten Phase der Kommunalreform eine erhebliche Rolle, zumal die Landesregierungen verschiedentlich durch besondere finanzielle Zuwendungen („Hochzeitsprämien") auf freiwillige Zusammenschlüsse hinwirkten. In den Gemeinde- und Landkreisordnungen ist vorgesehen, daß die Grenzen der kommunalen Gebietskörperschaften auch gegen deren Willen verändert werden können. Dies ist verfassungsrechtlich möglich, weil die institutionelle Garantie der ↑kommunalen Selbstverwaltung (S. 102) diese nur als solche gewährleistet, grundsätzlich jedoch nicht den Fortbestand, das Gebiet oder die Rechtsstellung bestehender einzelner Gemeinden sichert. Die überwiegend vorgesehene Anhörung der Gemeindebürger in den betroffenen Gemeinden ist ohne bindende Wirkung. In den Landesverfassungen, Gemeinde- und Landkreisordnungen ist vorgeschrieben, daß derartige Grenzänderungen nur aus Gründen des öffentlichen Wohls vorgenommen werden dürfen. Bei der Entscheidung über Gebietsänderungen von Gemeinden und Gemeindeverbänden ist der Gesetzgeber gehalten, die bisherige Selbständigkeit von Gemeinden und Gemeindeverbänden nur aus Gründen des öffentlichen Wohles zu beseitigen. Hierbei gelten das allgemeine rechtsstaatliche Willkürverbot und der Grundsatz der Verhältnismäßigkeit. Danach muß die Gebietsänderung zur Erreichung des mit ihr verfolgten Zieles geeignet, erforderlich und verhältnismäßig sein. Gegen das die Gebietsänderung verfügende Landesgesetz steht den betroffenen Gemeinden und Gemeindeverbänden die Klage zum Landesverfassungsgericht (Staatsgerichtshof) oder, sofern ein entsprechendes landesverfassungsgerichtliches Verfahren nicht vorgesehen ist, die Verfassungsbeschwerde zum Bundesverfassungsgericht offen. Die ↑Verfassungsgerichte (S. 178) können überprüfen, ob eine Neugliederung durch Gründe des öffentlichen Wohls gedeckt ist. Über Wertungen und Erwägungen des Landesgesetzgebers kann sich das Verfassungsgericht nur dann hinwegsetzen und die Neugliederungsmaßnahme für verfassungswidrig erklären, wenn sie eindeutig widerlegbar oder offensichtlich fehlsam ist. Dem einzelnen Bürger einer betroffenen Gemeinde steht ein Rechtsweg nicht zur Verfügung, weil dieser durch das Neugliederungsgesetz nicht unmittelbar in seinen Rechten verletzt sein kann.

H. Pagenkopf, Kommunalrecht, Bd. 1, 2. Aufl., Köln u. a. 1975, S. 127ff.

Größe der Gemeinden nach Einwohnern (1976)

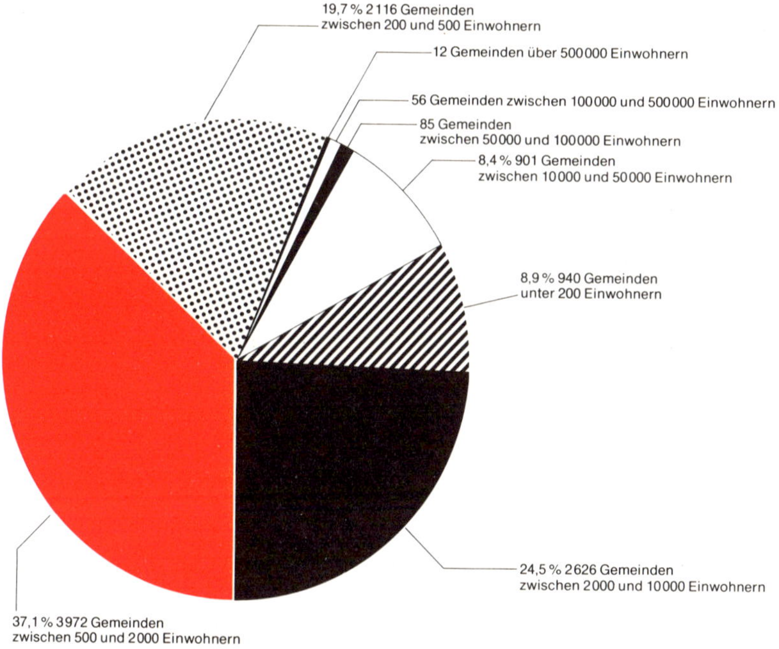

Kommunale Gebietsreform

Zahl der Gemeinden	31. 12. 1967: 24357	31. 12 1971: 19793	30. 6. 1976: 10718
Zahl der Landkreise	31. 12. 1969: 405	31. 12. 1972: 283	30. 6. 1976: 249
Zahl der kreisfreien Städte	31. 12. 1969: 136	31. 12. 1972: 110	30. 6. 1976: 91

Kommunale Spitzenverbände

Die kommunalen Spitzenverbände sind freiwillige Vereinigungen von Gemeinden und Gemeindeverbänden zum Zwecke der Vertretung ihrer Interessen und zum Erfahrungsaustausch. Derzeit bestehen auf Bundesebene drei kommunale Spitzenverbände: der *Deutsche Städtetag* – vornehmlich für die Stadtkreise und kreisfreien Städte – der *Deutsche Gemeinde- und Städtebund* – vornehmlich für kreisangehörige Städte und Gemeinden – und der *Deutsche Landkreistag* – für die Landkreise. Der Deutsche Städtebund und der Deutsche Gemeindetag schlossen sich ab 1. 1. 1973 zum Deutschen Gemeinde- und Städtebund zusammen. Entsprechend dem förderativen Aufbau der Bundesrepublik sind die drei kommunalen Spitzenverbände auf Landesebene jeweils als Landesverbände organisiert. 1953 gründeten die kommunalen Spitzenverbände die Bundesvereinigung der Kommunalen Spitzenverbände, deren Federführung beim Deutschen Städtetag liegt. Die kommunalen Spitzenverbände sind als nichtrechtsfähige Vereine, also privatrechtlich organisiert. Mitglieder sind die unmittelbaren Mitglieder (insbesondere die betreffenden Städte und Gemeinden bzw. Gemeindeverbände), die Mitgliederverbände (auf Landesebene), die mittelbaren Mitglieder (über die Landesverbände) und die außerordentlichen Mitglieder.

Organe der kommunalen Spitzenverbände sind die Mitgliederversammlung, der Hauptausschuß, der Hauptvorstand (Präsidium), der Präsident und der Hauptgeschäftsführer. Innerhalb der einzelnen kommunalen Spitzenverbände werden Fachausschüsse gebildet, die die Aufgabe haben, die Entscheidungen der Organe vorzubereiten und den Erfahrungsaustausch zu pflegen. Insbesondere auf der Bundesebene weisen die kommunalen Spitzenverbände teilweise recht umfangreiche Geschäftsstellen auf.

Die verfassungspolitische Rolle der kommunalen Spitzenverbände ergibt sich insbesondere daraus, daß die Gemeinden innerhalb des bundesstaatlichen Aufbaus der Bundesrepublik verfassungsrechtlich als Teile der Länder gelten und die Verfassungsordnung auf Bundesebene ein eigenes Vertretungsorgan der Gemeinden (neben Bundestag und Bundesrat) nicht vorsieht. Die kommunalen Spitzenverbände trachten, diese Lücke verfassungspolitisch auszufüllen und den Einfluß der Gemeinden sowohl im Gesetzgebungsverfahren als auch im Verwaltungsvollzug geltend zu machen. Neben den Mitteln allgemeiner Einflußnahme (Lobbyismus) ist hierbei besonders wichtig, daß für zahlreiche Gremien auf Bundes- und Landesebene die Mitgliedschaft von Vertretern der kommunalen Spitzenverbände vorgesehen ist, z. B. im Deutschen Bildungsrat, im Beirat für Raumordnung beim Bundesminister des Innern, beim Deutschen Rat für Stadtentwicklung, aber auch etwa im Fernsehrat des Zweiten Deutschen Fernsehens. In der jüngsten Entwicklung ist besonders wichtig eine Teilnahme im Konjunkturrat nach dem Stabilitäts- und Wachstumsgesetz (↑Konjunktur- und Strukturpolitik S. 364) und im Finanzplanungsrat nach dem Haushaltsgrundsätzegesetz (↑Globalsteuerung S. 362). Durch ihre Mitgliedschaft in der Vereinigung der kommunalen Arbeitgeber sind die Spitzenverbände auch an den Tarifabschlüssen beteiligt (↑Tarifautonomie und Tarifvertrag S. 374). Als Teil ihrer intensiven Öffentlichkeitsarbeit geben die kommunalen Spitzenverbände Monatszeitschriften („Der Städtetag", „Der Gemeinde- und Städtebund", „Der Landkreis") und andere Publikationen heraus. Zur Förderung der kommunalwissenschaftlichen Forschungen gründeten der Deutsche Städtetag und der Berliner Senat 1951 den Verein für Kommunalwissenschaften, dessen Forschungsstellen 1966 zum Kommunalwissenschaftlichen Forschungszentrum zusammengeschlossen wurden und der dieses 1973 in das neugegründete Deutsche Institut für Urbanistik (DIFU) in Berlin einbrachte. Die kommunale Gemeinschaftsstelle für Verwaltungsvereinfachung (kGSt) mit Sitz beim Deutschen Städtetag in Köln hat die Aufgabe, die Gemeinden in verwaltungsorganisatorischen Fragen zu beraten.

F. Geißelmann, Die kommunalen Spitzenverbände, Berlin 1975.

Deutscher Städtetag

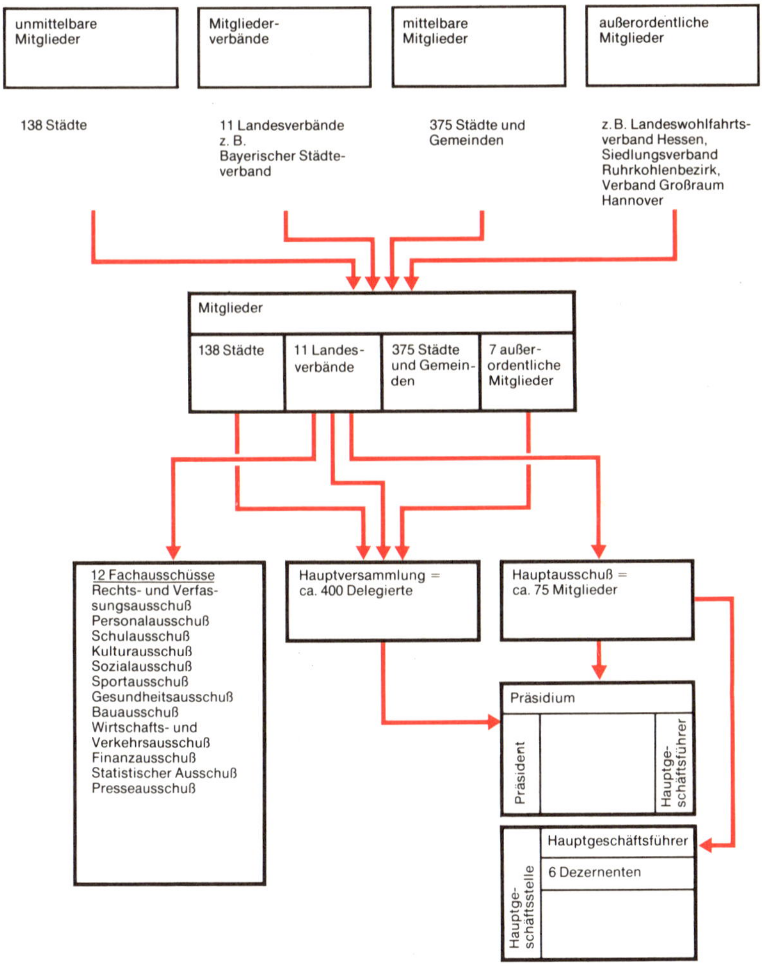

Grund- und Menschenrechte

Die im Grundgesetz (GG) normierten Grundrechte binden als unmittelbar geltendes Recht Gesetzgebung, vollziehende Gewalt und Rechtsprechung. Alle Träger öffentlicher Gewalt haben sie bei allen Entscheidungen zu beachten und ihre Verwirklichung zu fördern. Die Grundrechte stehen zum Teil jedermann zu (Menschenrechte), zum Teil können sich nur Deutsche (im Sinne von Art. 116 GG, ↑Staatsangehörigkeit S. 18) auf sie berufen. Auch für inländische juristische Personen, nichtrechtsfähige Handelsgesellschaften und Vereine gelten die Grundrechte, soweit sie ihrem Wesen nach auf diese anwendbar sind. Die Grundrechte lassen sich unterscheiden in Freiheits-, Gleichheits- und Verfahrensrechte (↑Bürgerliche Rechte und Pflichten, S. 22).

Die Grundrechte sind in erster Linie für das Verhältnis des Bürgers zu den staatlichen Gewalten bestimmend. Die in den Grundrechten insgesamt zum Ausdruck kommende objektive Wertordnung wirkt aber auch auf das Verhältnis zwischen den Bürgern ein (*Drittwirkung* der Grundrechte). Die Gerichte haben bei der Auslegung von Vorschriften des Zivilrechts, insbesondere der Generalklauseln des Bürgerlichen Gesetzbuchs, den grundrechtlichen Wertungen Rechnung zu tragen (z. B. Verbot sittenwidriger Rechtsgeschäfte, Boykottmaßnahmen).

Die besondere Bedeutung der Grundrechte für den einzelnen Bürger liegt darin, daß sie ihm subjektive öffentliche Rechte geben, auf die er sich dem Staat gegenüber berufen, d. h. aufgrund deren er vom Staat ein Tun oder Unterlassen verlangen und vor Gericht durchsetzen kann. Die Grundrechte schaffen dem einzelnen damit einen gegenüber staatlichen Eingriffen geschützten Freiheitsraum. Die Grundrechte sind nicht allein Abwehrrechte. Sie sind – zumindest zum Teil – auch Leistungsrechte, die den Staat verpflichten, dazu beizutragen, dem Bürger die Verwirklichung seiner (Grund-) Rechte zu ermöglichen (z. B. Ausbildungsfreiheit).

Die Grundrechtsbestimmungen gelten nicht schrankenlos. *Einschränkungen* ergeben sich aus einer begriffs- und inhaltsbestimmenden Auslegung des Geltungsbereichs des einzelnen Grundrechts, seiner Abgrenzung zu anderen Grundrechten und einer Einordnung in den Sinngehalt aller Verfassungsnormen. Einschränkungen der Grundrechte sind auch aufgrund von *Gesetzesvorbehalten* möglich, durch die der Gesetzgeber ermächtigt wird, die Grenzen der Gewährleistung zu bestimmen. Einen für alle Grundrechte geltenden, ungeschriebenen Gesetzes- bzw. Gemeinschaftsvorbehalt gibt es allerdings nicht. Bei Eingriffen in Grundrechte ist der Grundsatz der *Verhältnismäßigkeit* zu beachten. In keinem Fall darf ein Grundrecht durch einen Eingriff oder eine Einschränkung in seinem *Wesensgehalt* angetastet werden. Grundsätzlich können die Grundrechtsbestimmungen unter den besonderen Voraussetzungen der Verfassungsrevision geändert oder gestrichen werden. Unabänderlich sind nur die in Art. 1 und 20 GG niedergelegten Grundsätze. Aus der Anerkennung der Menschenwürde (Art. 1 GG) sowie dem Charakter einzelner Grundrechte als Menschenrechte ergibt sich jedoch, daß eine völlige Beseitigung der Grundrechte ausgeschlossen ist.

Neben dem GG normieren einzelne Landesverfassungen sowie die Europäische Konvention zum Schutze der Menschenrechte und Grundfreiheiten Grundrechte. Letztere ist durch Bundesgesetz zu innerstaatlichem Recht geworden. Ihrem Inhalt nach decken sich die Menschenrechte der Konvention weitgehend mit den Grundrechten des GG. Zur Wahrung der Europäischen Menschenrechtskonvention besteht ein Europäischer Gerichtshof für Menschenrechte (↑Europarat S. 608).

G. Öestreich, Geschichte und Theorie der Grundrechte und ihre Entwicklung in Deutschland, in: Neumann/Nipperdey/Scheuner, Bd. I, Berlin 1962.
R. Schnur (Hrsg.), Zur Geschichte der Erklärung der Menschenrechte, 2. Aufl., Darmstadt 1974.
H. Bethge, Zur Problematik von Grundrechtskollisionen, München 1977.
Europäische Grundrechte-Zeitschrift, Kehl, ab 1975.

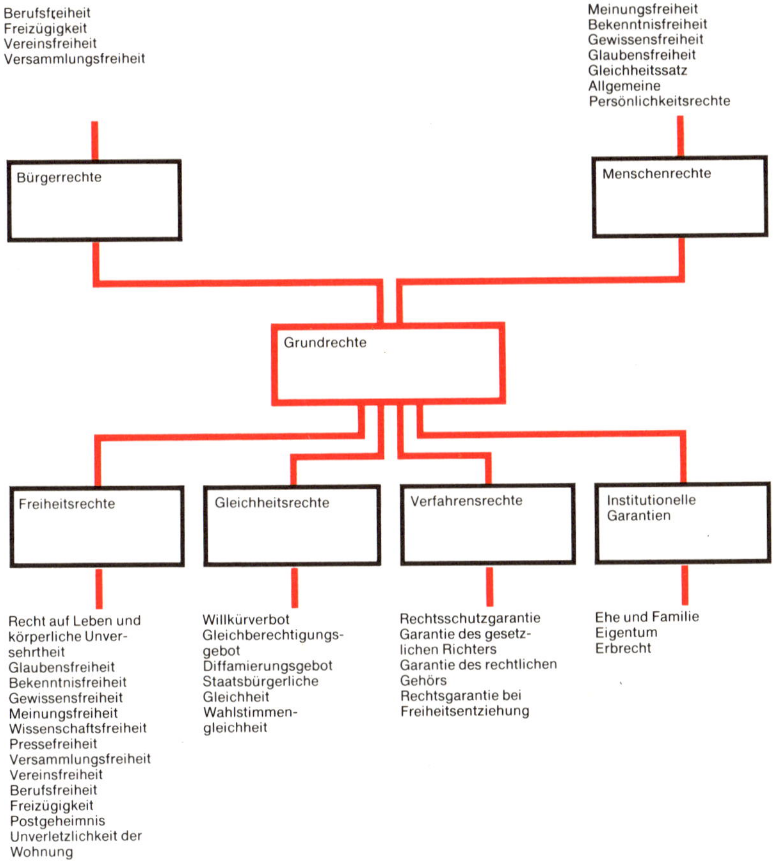
Berufsfreiheit
Freizügigkeit
Vereinsfreiheit
Versammlungsfreiheit
Meinungsfreiheit
Bekenntnisfreiheit
Gewissensfreiheit
Glaubensfreiheit
Gleichheitssatz
Allgemeine Persönlichkeitsrechte
Bürgerrechte
Menschenrechte
Grundrechte
Freiheitsrechte
Gleichheitsrechte
Verfahrensrechte
Institutionelle Garantien
Recht auf Leben und körperliche Unversehrtheit
Glaubensfreiheit
Bekenntnisfreiheit
Gewissensfreiheit
Meinungsfreiheit
Wissenschaftsfreiheit
Pressefreiheit
Versammlungsfreiheit
Vereinsfreiheit
Berufsfreiheit
Freizügigkeit
Postgeheimnis
Unverletzlichkeit der Wohnung
Willkürverbot
Gleichberechtigungsgebot
Diffamierungsgebot
Staatsbürgerliche Gleichheit
Wahlstimmengleichheit
Rechtsschutzgarantie
Garantie des gesetzlichen Richters
Garantie des rechtlichen Gehörs
Rechtsgarantie bei Freiheitsentziehung
Ehe und Familie
Eigentum
Erbrecht

Persönlichkeitsrecht

Art. 2 Abs. 1 Grundgesetz (GG) verbürgt jedermann das Recht auf freie Entfaltung seiner Persönlichkeit und schützt damit die menschliche Handlungsfreiheit in einem umfassenden Sinne. Die Freiheitsgarantie dieses Hauptgrundrechts unserer Verfassung kommt überall dort zur Geltung, wo eine Konkretisierung des Freiheitsschutzes in speziellen Grundrechten (z. B. Gewerbefreiheit, Eigentumsgarantie) fehlt. Schranken sind dieser Freiheit gesetzt durch die Rechte Dritter, die verfassungsmäßige Ordnung und das Sittengesetz. Zu den Rechten gehören alle von der Rechtsordnung anerkannten subjektiven privaten oder öffentlichen Rechte, insbesondere die Grundrechte. Verfassungsmäßige Ordnung im Sinne des Art. 2 Abs. 1 GG ist die Gesamtheit der Normen, die formell und materiell der Verfassung gemäß sind. Mit dem Begriff Sittengesetz nimmt das GG auf allgemeine Wertvorstellungen der Rechtsgemeinschaft Bezug.

Aus dem Recht auf freie Entfaltung der Persönlichkeit und der Garantie der Menschenwürde (Art. 1 Abs. 2 GG) wird das Recht des Einzelnen auf Achtung seiner individuellen Persönlichkeit durch den Staat und im privaten Rechtsverkehr durch Dritte (Drittwirkung des Grundrechts) abgeleitet. Dieses allgemeine Persönlichkeitsrecht umfaßt den Anspruch des Einzelnen auf Achtung des engsten Bereichs seiner privaten Lebensgestaltung, d. h. der Intimsphäre mit ihren Äußerungen, wie z. B. vertraulichen Briefen und Gesprächen, Tagebuchaufzeichnungen. Im übrigen Bereich des privaten Lebens muß jedermann staatliche Maßnahmen hinnehmen, die im überwiegenden Interesse der Allgemeinheit und der Beachtung des Verhältnismäßigkeitsgebots getroffen werden. Spezielle gesetzliche Regelungen, nämlich das Namensrecht, das Recht am eigenen Bild und das Urheberrecht konkretisieren das allgemeine Persönlichkeitsrecht für bestimmte Bereiche. Die rechtswidrige Beeinträchtigung des Persönlichkeitsrechts gibt dem Verletzten Ansprüche auf Unterlassung und Beseitigung (Widerruf, Berichtigung, Gegendarstellung). Bei schuldhafter Verletzung des Rechts kann Schadensersatz, bei besonders schwerer Beeinträchtigung auch Schmerzensgeld verlangt werden.

Zusammen mit den Grundrechten der Freizügigkeit, der Vereinigungs-, Eigentums- und Berufsfreiheit gewährleistet das allgemeine Persönlichkeitsrecht auch die freie, eigenverantwortliche Betätigung im gesellschaftlichen und besonders im wirtschaftlichen Bereich *(Privatautonomie)*. Diese konkretisiert sich u. a. in der freien Verfügung über Sachen und Vermögen, in der Vertragsfreiheit, der Testierfreiheit, d. h. dem Recht, das eigene Vermögen nach Belieben zu vererben, in der Freiheit der Eheschließung, der freien Berufswahl und der Freiheit sich zu Gesellschaften und Vereinen zusammenzuschließen. Schranken für die Vertragsfreiheit ergeben sich z. B. durch das Verbot von Knebelungsverträgen und der Ausnutzung wirtschaftlicher Notlagen (Wucher) oder den Schutz wirtschaftlich Schwacher vor unangemessenen Benachteiligungen durch allgemeine Geschäftsbedingungen.

Der besonderen Gefährdung der persönlichen Sphäre des Einzelnen durch die Erfassung und Speicherung seiner personenbezogenen Daten sowie deren Übermittlung, Veränderung oder Löschung (Datenverarbeitung) versuchen das Bundesdatenschutzgesetz sowie die Datenschutzgesetze der Länder durch Schutzbestimmungen entgegenzuwirken mit Geheimhaltungs-, Sicherungs- und Auskunftspflichten (↑Datenschutz S. 248).

G. Rüpke, Der verfassungsrechtliche Schutz der Privatheit, Baden-Baden 1976.
J. Schwabe, Die sog. Drittwirkung des Grundrechts. Zur Einwirkung der Grundrechte auf den Privatrechtsverkehr, München 1971.

Eingriffe in das allgemeine Persönlichkeitsrecht

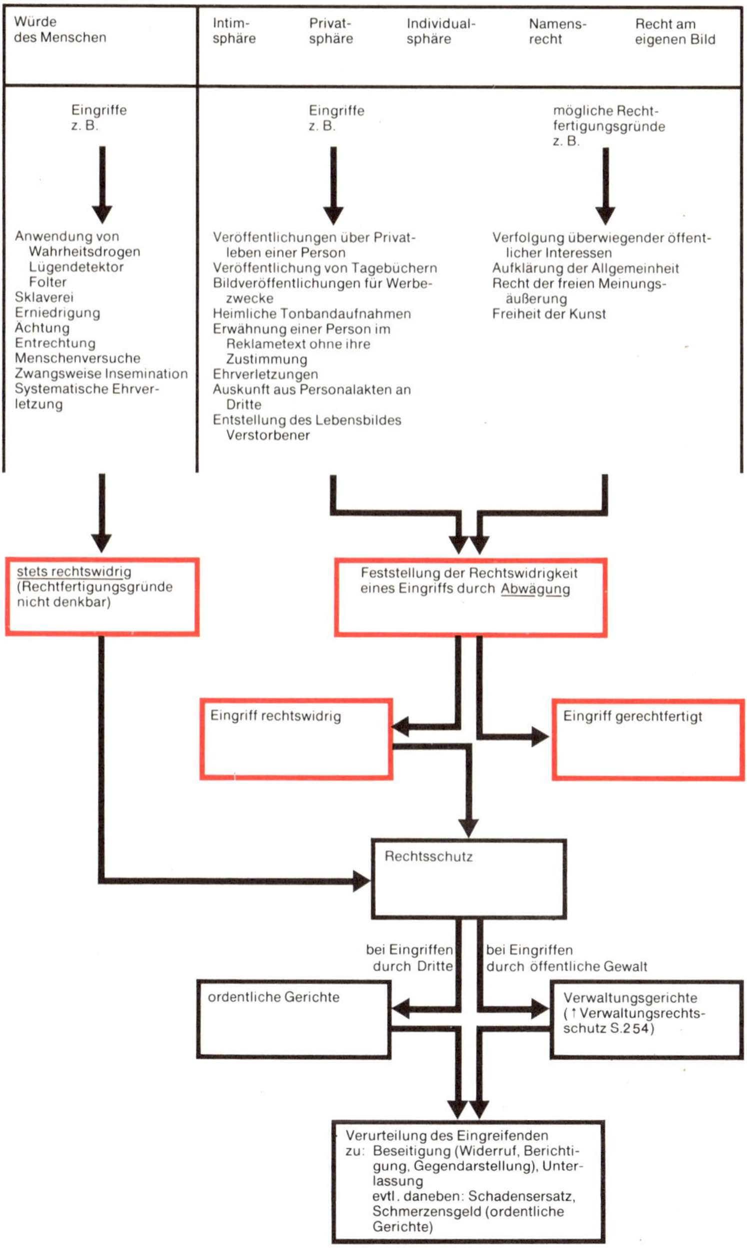

Recht der Freiheitsentziehung

Zur freien Entfaltung der Persönlichkeit gehört das Recht, den Aufenthaltsort nach Belieben zu wählen und aufzugeben. Dieses aus der allgemeinen Handlungsfreiheit folgende Recht ist ausdrücklich in Art. 2 Abs. 2 S. 2 Grundgesetz (GG) gewährleistet. Es schützt allerdings nur vor dem Freiheitsentzug als solchem und hindert die öffentliche Gewalt nicht, z. B. das Erscheinen einer Person zu gebieten, etwa einen Zeugen vorzuladen oder einen Verkehrsteilnehmer zu verpflichten, am Verkehrsunterricht teilzunehmen. Besondere Beschränkungen des Grundrechts sind nach Art. 104 Abs. 1 GG nur aufgrund eines förmlichen Gesetzes und nur unter Beachtung der darin vorgeschriebenen Formen zulässig. Rechtsgrundlagen für *Freiheitsbeschränkungen* finden sich vor allem in den Strafgesetzen (↑Strafrecht S. 220), den Unterbringungsgesetzen, die eine Einweisung von Geisteskranken und suchtkranken Personen in Heil- oder Pflegeanstalten vorsehen, in den Polizeigesetzen und in der Strafprozeßordnung.

Den Entzug der Freiheit kann letztlich nur ein Gericht (ein Richter) durch Strafurteil, durch Haftbefehl oder durch Unterbringungsbeschluß anordnen. Die Polizei darf eine Person nur in Gewahrsam nehmen, wenn Gefahr im Verzuge ist, d. h. wenn eine richterliche Entscheidung ohne Gefährdung anderer Rechtsgüter, z. B. des öffentlichen Interesses an der Festnahme eines Verbrechers, nicht abgewartet werden kann. So darf die Polizei z. B. eine Person im Rahmen der Aufklärung einer Straftat zur Feststellung der Personalien zur Dienststelle mitnehmen, wenn die notwendigen Feststellungen und Ermittlungen an Ort und Stelle nicht oder nur schwer vorgenommen werden können oder wenn sich der Betroffene weigert, die notwendigen Angaben zu machen. Die Polizei kann ferner Personen in Gewahrsam nehmen, um die unmittelbar bevorstehende Begehung oder die Fortführung einer Straftat zu verhindern. Spätestens am Tage nach der Festnahme ist der vorläufig Festgenommene aber dem Richter vorzuführen. Dieser muß ihm die Gründe der Festnahme mitteilen und Gelegenheit zu Einwänden geben. Aufgrund der Vorführung ist vom Richter entweder die Freilassung anzuordnen oder ein mit Gründen versehener, schriftlicher *Haftbefehl* zu erlassen. Der Erlaß eines Haftbefehls ist nur zulässig, wenn der Beschuldigte der Mitgliedschaft in einer terroristischen Vereinigung oder einer Straftat gegen das Leben dringend verdächtig ist oder – bei anderen Straftaten – Flucht- oder Verdunklungsgefahr besteht. Erläßt der Richter keinen Haftbefehl, weil er der Ansicht ist, daß die Voraussetzungen dafür nicht vorliegen, kann eine erneute Verhaftung des Betroffenen nur erfolgen, wenn nunmehr neue, weitere Gründe festgestellt sind, die den Erlaß eines Haftbefehls rechtfertigen. Wenn ein Richter bis zum Ende des Tages (24 Uhr) nach dem Ergreifen einer Person nicht erreicht werden kann oder die Vorführung versäumt worden ist, muß der Festgenommene freigelassen werden. Von jeder richterlichen Entscheidung über die Anordnung oder Fortsetzung einer Freiheitsentziehung ist, auch wenn der Festgenommene dies eventuell nicht will, ein Angehöriger des Festgehaltenen oder eine Person seines Vertrauens zu benachrichtigen.

Wird jemand bei Verübung einer Straftat auf frischer Tat angetroffen oder verfolgt, so ist, wenn Fluchtverdacht besteht oder seine Persönlichkeit nicht sofort festgestellt werden kann, auch eine Privatperson befugt, ihn festzunehmen und der Polizei zu übergeben.

Soweit in den Gesetzen, die eine Freiheitsentziehung ermöglichen, keine Regelungen über die Zuständigkeit und das Verfahren enthalten sind, ist das Gesetz über das gerichtliche Verfahren bei Freiheitsentziehungen anzuwenden. Für die Durchführung der Freiheitsentziehung in Strafanstalten gilt das Strafvollzugsgesetz.

Th. Kleinknecht, Strafprozeßordnung, 33. Aufl., München 1977, §§ 112ff.
E. Saage/H. Göppinger, Freiheitsentziehung und Unterbringung, Kommentar, 2. Aufl., München 1975.

Recht der Freiheitsentziehung

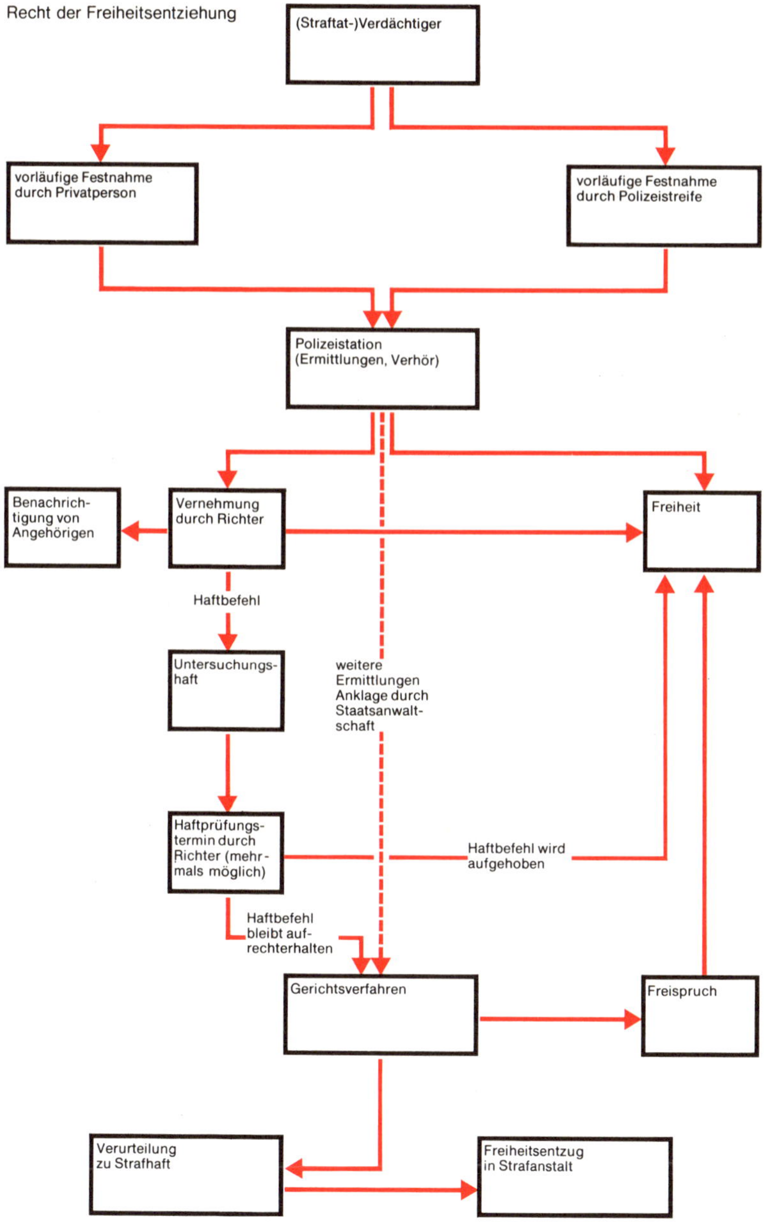

Gleichheitssatz

Der Grundsatz der Gleichheit aller Menschen ist ein wesentliches Element moderner Verfassungen. Auch im Grundgesetz (GG) stellt der allgemeine Gleichheitssatz (alle Menschen sind vor dem Gesetz gleich, Art. 3 Abs. 1 GG) ein grundlegendes Prinzip dar. Das bedeutet, daß vom Tatbestand her gesehen Gleiches gleich, Ungleiches dagegen ungleich geregelt werden muß. Dem Gesetzgeber ist es allerdings weitgehend überlassen, die Merkmale zu bestimmen, nach denen Sachverhalte gleich oder ungleich anzusehen sind, also eine Gleichbehandlung oder Differenzierung geboten ist. Eine Verletzung des Gleichheitssatzes liegt daher nicht schon dann vor, wenn der Gesetzgeber bei der Regelung eines bestimmten Lebensgebietes nicht alle tatsächlichen Verschiedenheiten der Lebensverhältnisse berücksichtigt. Entscheidend ist vielmehr, ob die tatsächlichen Ungleichheiten in dem jeweils in Betracht kommenden Zusammenhang so bedeutsam sind, daß ihre Gleichbehandlung mit einer am Gerechtigkeitsgedanken orientierten Betrachtungsweise unverträglich erscheint. Art. 3 Abs. 1 GG bedeutet daher für den Gesetzgeber lediglich das Gebot, Differenzierungen nach sachlichen Gesichtspunkten vorzunehmen *(Willkürverbot)*.

Im Bereich der Gesetzesanwendung, insbesondere für die Verwaltung, liegt die Bedeutung des Art. 3 Abs. 1 GG wesentlich auf den Gebieten, bei denen bei der Gesetzesanwendung ein Spielraum besteht, vor allem im Rahmen des Ermessens (↑ Rechtsgebundenheit der Verwaltung S. 256). Eine Behörde darf von einer mehrmals in gleicher Weise ausgeübten Ermessenshandhabung oder einer Verwaltungsvorschrift nur abweichen, wenn sie für die verschiedene Behandlung einen sachlichen Grund vorweisen kann (Selbstbindung der Verwaltung). Ein solcher kann gegeben sein, wenn die bisherige Praxis rechtswidrig war (keine Gleichheit im Unrecht), wenn neue Tatsachen vorliegen, wenn sich die Rechtslage geändert hat oder wenn sich die bisherige Praxis als unzweckmäßig herausgestellt hat. Konkretisierungen des allgemeinen Gleichheitssatzes finden sich im GG an verschiedenen Stellen. Nach Art. 3 Abs. 2 GG sind Männer und Frauen gleichberechtigt (z. B. in der Familie, am Arbeitsplatz). Nach Art. 3 Abs. 3 GG darf niemand wegen seines Geschlechts, seiner Abstammung, Rasse, Sprache, Heimat oder Herkunft, seines Glaubens, seiner religiösen oder politischen Anschauungen benachteiligt oder bevorzugt werden. Eine unterschiedliche Behandlung von Mann und Frau ist jedoch dann gerechtfertigt, wenn der biologische Geschlechtsunterschied den Sachverhalt so entscheidend prägt, daß vergleichbare Elemente daneben vollkommen zurücktreten (z. B. Mutterschutzgesetz). Auch ist es etwa aus der Natur der Sache heraus zulässig, bei der Wahl eines Bürgermeisters auf dessen politische Anschauungen, bei einem Bewerber für ein Lehramt an einer Bekenntnisschule auf das Bekenntnis abzustellen oder bei einer Einbürgerung Abstammung, Sprache und Herkunft zu berücksichtigen. Nach Art. 33 Abs. 1 GG hat jeder Deutsche in jedem Bundesland die gleichen staatsbürgerlichen Rechte und Pflichten. Art. 33 Abs. 2 GG garantiert jedem Deutschen gleichen Zugang zu jedem öffentlichen Amt nach seiner Eignung, Befähigung und fachlichen Leistung (↑ öffentlicher Dienst S. 250). Nach Art. 38 Abs. 1 S. 1 GG gilt für die Wahl des Bundestages das Prinzip der Gleichheit jeder Wahlstimme (↑ Wahlen S. 40). Die Chancengleichheit der politischen Parteien folgt aus Art. 21 GG (↑ Parteienrecht S. 68). Der Bund hat die Pflicht, für eine Einheitlichkeit der Lebensverhältnisse im gesamten Bundesgebiet zu sorgen, z. B. bei der Ausübung der konkurrierenden ↑ Gesetzgebungszuständigkeit (S. 76) gemäß Art. 72 Abs. 2 Nr. 3 GG und bei der ↑ Raumplanung (S. 504).

G. Leibholz/H. J. Rink, Grundgesetz für die Bundesrepublik Deutschland, Art. 3 GG, 5. Aufl., Köln 1975.
F. Heifen, Gleichheitssatz und Bildungsplanung, Baden-Baden 1975.
A. Podlech, Gehalt und Funktion des allgemeinen verfassungsrechtlichen Gleichheitssatzes, Berlin 1971.

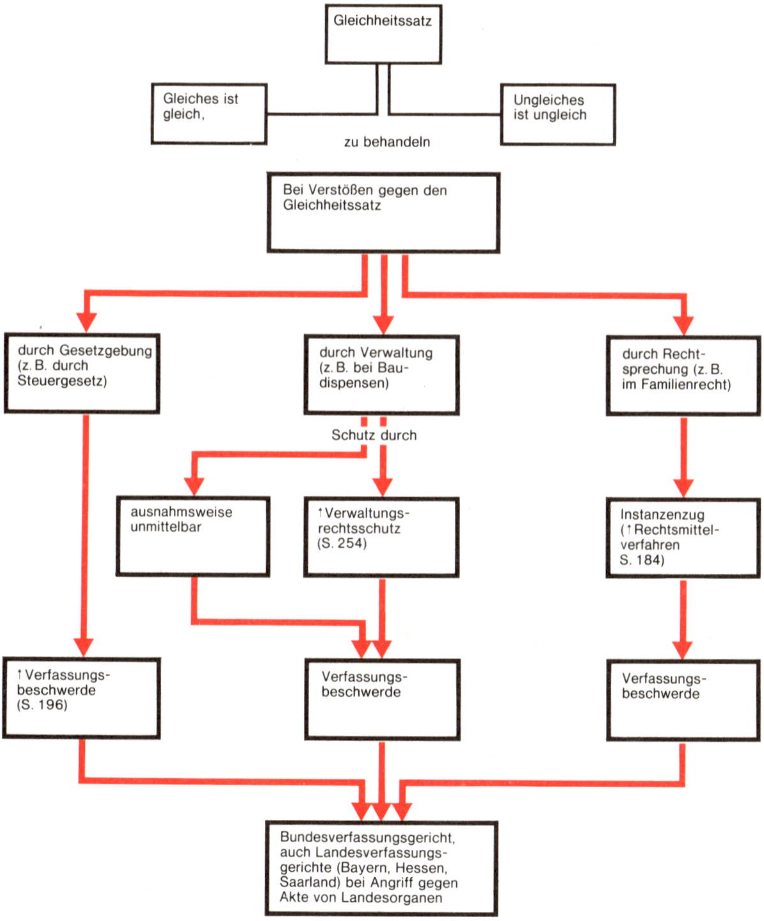
Gleichheitssatz
Gleiches ist gleich,
Ungleiches ist ungleich
zu behandeln
Bei Verstößen gegen den Gleichheitssatz
durch Gesetzgebung (z. B. durch Steuergesetz)
durch Verwaltung (z. B. bei Baudispensen)
durch Rechtsprechung (z. B. im Familienrecht)
Schutz durch
ausnahmsweise unmittelbar
↑ Verwaltungsrechtsschutz (S. 254)
Instanzenzug (↑ Rechtsmittelverfahren S. 184)
↑ Verfassungsbeschwerde (S. 196)
Verfassungsbeschwerde
Verfassungsbeschwerde
Bundesverfassungsgericht, auch Landesverfassungsgerichte (Bayern, Hessen, Saarland) bei Angriff gegen Akte von Landesorganen

Glaubens-, Religions- und Gewissensfreiheit

Das Grundrecht des Art. 4 Grundgesetz (GG) garantiert die Freiheit des Glaubens, des Gewissens und des religiösen und weltanschaulichen Bekenntnisses. Die *Religionsfreiheit* (Glaubens- und Bekenntnisfreiheit) gewährt jedermann das Recht, einen Glauben oder eine Weltanschauung einzeln oder in Gemeinschaft zu bekennen oder abzulehnen oder über beides zu schweigen (negative Bekenntnisfreiheit). Niemand darf zum Eintritt in eine bestimmte Glaubensgemeinschaft oder zum Austritt aus einer solchen oder zur Offenlegung seines Bekenntnisses gezwungen werden. Die Offenlegung kann nur verlangt werden, wenn dies zur Feststellung eines öffentlich-rechtlichen Tatbestandes erforderlich ist (z. B. Kirchensteuererhebung). Ein Eid kann ohne religiöse Beteuerung geleistet werden. Die Religionsfreiheit gewährleistet darüber hinaus dem einzelnen wie auch den Religionsgemeinschaften oder Vereinigungen, deren Zweck und Ziel die Pflege und Verkündung des Glaubens ihrer Mitglieder ist, die ungestörte Religionsausübung. Diese umfaßt die Vornahme von Kultushandlungen im privaten, häuslichen oder sonst geschlossenen Bereich wie auch in der Öffentlichkeit. Zu ihr gehört über das Bekennen des Glaubens hinaus die Freiheit, für ein Bekenntnis einzutreten, dafür zu werben und von fremdem Glauben abzuwerben. Die Art der Kundgabe des eigenen Glaubens ist gleichgültig (Wort, Schrift, Bild, Plastik). Grundrechtlich geschützt sind demnach auch die Teilnahme an einer Prozession oder die Veranstaltung religiöser caritativer Sammlungen.

Lediglich die allgemeine Wertordnung des GG und die Menschenwürde setzen der Religionsfreiheit und der Freiheit der Religionsausübung Schranken. Sie verbieten es z. B., die Glaubenswerbung oder -abwerbung mit unlauteren Mitteln zu betreiben. Die Pflicht zur Respektierung jeglichen Bekenntnisses, nicht nur irgendeines religiösen, sondern auch areligiöser und antireligiöser Weltanschauungen zwingt den Staat zu weltanschaulicher Neutralität. Dies bedeutet einerseits, daß es keine Staatskirche gibt, andererseits auch, daß der Staat sich Eingriffen in bestehende Religionsgemeinschaften enthalten muß (↑Staat und Kirche, S. 610). Diese ordnen und verwalten ihre Angelegenheiten daher selbständig innerhalb der Schranken der für alle geltenden Gesetze. Sie verleihen ihre Ämter ohne Mitwirkung des Staates.

Die *Gewissensfreiheit* ist das Recht, nach eigenem Gewissen handeln zu dürfen. Eine Gewissensentscheidung muß sich an ernsten, sittlichen Gesichtspunkten, d. h. an den Kategorien von „gut" und „böse" orientieren, die der einzelne in einer bestimmten Lage als für sich bindend und unbedingt verpflichtend innerlich erfährt, so daß er gegen sie nicht ohne ernste Gewissensnot handeln kann. Auch die Gewissensfreiheit ist durch die Verfassung selbst, die in ihr zum Ausdruck gebrachte Wertordnung und die Würde des Menschen begrenzt.

In Konsequenz der Anerkennung der Gewissensfreiheit garantiert Art. 4 Abs. 3 GG das Recht der ↑*Kriegsdienstverweigerung* (S. 570). Durch dieses Grundrecht soll ein Wehrpflichtiger vor dem Zwang bewahrt werden, in einer Kriegshandlung einen anderen töten zu müssen, wenn ihm sein Gewissen eine Tötung grundsätzlich und ausnahmslos zwingend verbietet. In Art. 12 a Abs. 2 GG ist geregelt, daß ein Kriegsdienstverweigerer auch in Friedenszeiten nicht zum Dienst mit der Waffe herangezogen werden soll. Er kann aber zur Ableistung eines Ersatzdienstes verpflichtet werden.

R. Bäumlein/E. W. Böckenförde, Das Grundrecht der Gewissensfreiheit, Veröffentlichungen der Deutschen Staatsrechtslehrer Bd. 28, 1970.

I. von Münch, Artikel 5 GG in: I. von Münch (Hrsg.), Grundgesetz-Kommentar, Band 1, Frankfurt 1974.

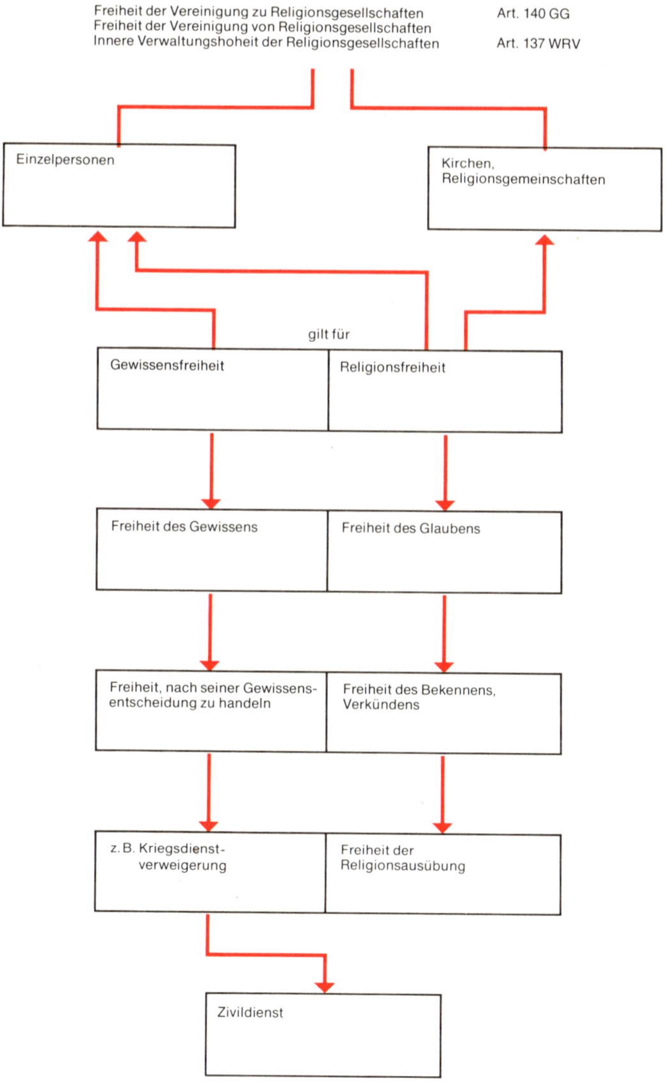
Freiheit der Vereinigung zu Religionsgesellschaften
Freiheit der Vereinigung von Religionsgesellschaften
Innere Verwaltungshoheit der Religionsgesellschaften
Art. 140 GG
Art. 137 WRV
Einzelpersonen
Kirchen, Religionsgemeinschaften
gilt für
Gewissensfreiheit
Religionsfreiheit
Freiheit des Gewissens
Freiheit des Glaubens
Freiheit, nach seiner Gewissensentscheidung zu handeln
Freiheit des Bekennens, Verkündens
z. B. Kriegsdienstverweigerung
Freiheit der Religionsausübung
Zivildienst

Meinungs- und Informationsfreiheit

Die Meinungs- und Informationsfreiheit ist durch Art. 5 Abs. 1 Satz 1 Grundgesetz (GG) geschützt. Es handelt sich bei ihr nicht nur um eine Konkretisierung des allgemeinen Freiheitsrechts für einzelne Personen, sondern vor allem auch um eine grundlegende Voraussetzung der freiheitlich demokratischen Gesellschaftsordnung überhaupt: denn erst die Meinungs- und Informationsfreiheit ermöglicht Kritik und Kontrolle sowie die Austragung von politischen Gegensätzen, wie sie für eine Demokratie unabdingbar sind. Ergänzt und verstärkt werden der Schutz und die Wirkung der Meinungs- und Informationsfreiheit durch die besonderen Garantien der ↑Pressefreiheit (S. 134) sowie der Freiheit der Berichterstattung durch Rundfunk und Film in Art. 5 Abs. 1 Satz 2 GG. Zusammen mit dem Grundrecht der ↑Versammlungsfreiheit (S. 138) (Art. 8 GG) gewährleistet die Meinungsfreiheit auch die Darstellung von Meinungen in Form von Demonstrationen. Nicht garantiert wird durch die Meinungs- und Informationsfreiheit ein Anspruch auf Zugang zu den Massenmedien oder auf Einrichtung von allgemeinen Informationsquellen durch den Staat.

Die *Meinungsfreiheit* umfaßt sowohl die Meinungsbildung als auch die Äußerung und Verbreitung von Meinungen. Die Freiheit zur Meinungsäußerung verleiht dem einzelnen das Recht, Meinungen, d. h. insbesondere Stellungnahmen, Beurteilungen, Kritiken und Wertungen, aber auch Nachrichten, die bestimmt sind, die Meinungsbildung zu ermöglichen oder zu beeinflussen, zu äußern und zu verbreiten. Die Form der Kundgabe, ob in Wort, Schrift, Bild oder auf andere Weise, ist dabei gleichgültig. Die *Informationsfreiheit* ist eine notwendige Voraussetzung der Meinungsfreiheit. Nur umfassende Informationen, für die durch ausreichende Informationsquellen Sorge getragen wird, ermöglichen eine freie Meinungsbildung für den einzelnen und für die Gemeinschaft. Geschützt ist nicht nur das aktive Handeln der Informationsbeschaffung, sondern ebenso die schlichte Entgegennahme von Informationen. Die Informationsfreiheit wird durch Art. 5 Abs. 1 Satz 1 GG allerdings nur insoweit gewährleistet, als die Informationsquelle „allgemeinzugänglich", d. h. allgemein oder zumindest im Einzelfall dazu geeignet und bestimmt ist, daß ein individuell nicht bestimmbarer Personenkreis von ihrem Inhalt Kenntnis erhält. Zeitungen und andere Kommunikationsmittel sind daher von ihrer Natur her allgemeinzugängliche Informationsquellen. Sie verlieren diese Eigenschaft auch nicht, wenn durch staatliche Maßnahmen wie z. B. eine Importbeschränkung die Möglichkeit des allgemeinen Zugangs erschwert wird. Bereits eine auf staatlicher Kontrolle beruhende Verzögerung der Publikation bedeutet eine Beschränkung der Informationsfreiheit. Innerbehördliche Vorgänge, Akten, Protokolle usw. sind dagegen in der Regel nicht allgemeinzugänglich und stehen deshalb einer unbeschränkten Information nicht ohne weiteres zur Verfügung.

Die Meinungs- und Informationsfreiheit findet ihre Schranken in den Vorschriften der allgemeinen Gesetze, in Bestimmungen zum Schutze der Jugend und in dem Recht der persönlichen Ehre. So sind z. B. Meinungsäußerungen beleidigender oder verleumderischer Art strafrechtlich untersagt. Auch der Vertrieb jugendgefährdender Schriften ist verboten (↑Jugendschutz S. 414). Im Einzelfall ist stets aufgrund einer Güterabwägung zu entscheiden, ob das Recht der freien Meinungsäußerung gegenüber schutzwürdigen Interessen Dritter, die durch die Betätigung der Meinungsfreiheit verletzt würden, zurücktreten muß. Die Meinungs- und Informationsfreiheit wird durch das Verbot der Zensur verstärkt (↑Presse- und Rundfunkfreiheit S. 134).

Bestimmte Personen, z. B. Beamte, Soldaten, Strafgefangene, Schüler, können zusätzlichen Einschränkungen ihrer Meinungsfreiheit (Strafgefangene auch ihrer Informationsfreiheit) unterliegen.

P. Lerche, Informationsfreiheit, in: Evangelisches Staatslexikon, 2. Aufl., Stuttgart 1975.
R. Herzog, Artikel 5 GG, in: Th. Maunz/G. Dürig/R. Herzog/R. Scholz, Grundgesetz-Kommentar, München 1968.

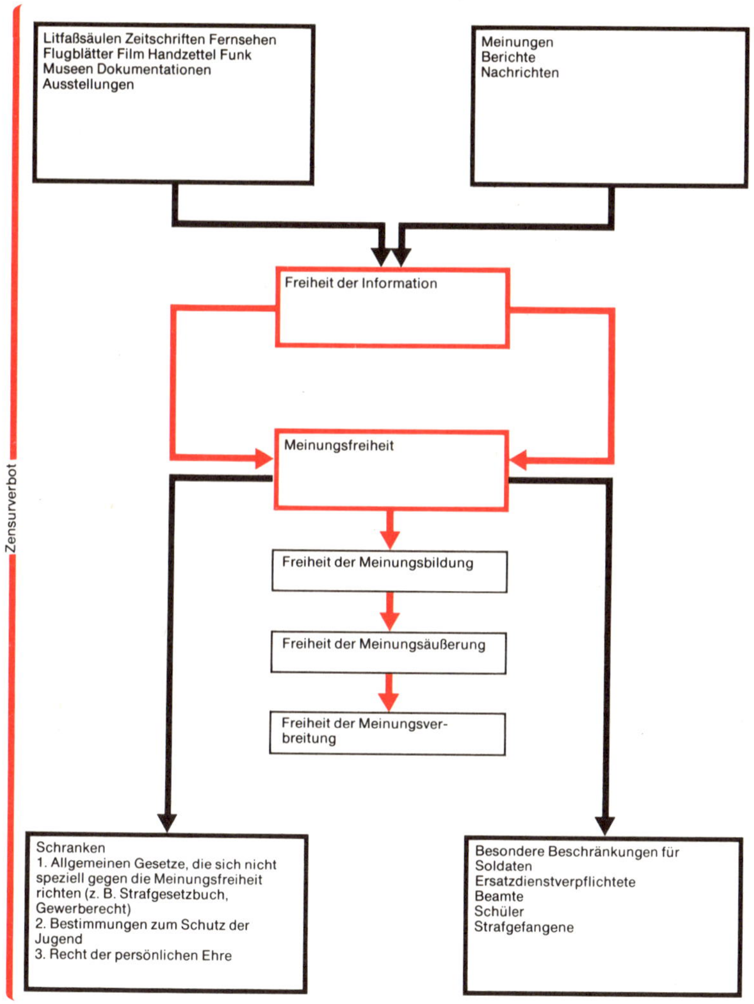
Zensurverbot
Litfaßsäulen Zeitschriften Fernsehen
Flugblätter Film Handzettel Funk
Museen Dokumentationen
Ausstellungen
Meinungen
Berichte
Nachrichten
Freiheit der Information
Meinungsfreiheit
Freiheit der Meinungsbildung
Freiheit der Meinungsäußerung
Freiheit der Meinungsver-
breitung
Schranken
1. Allgemeinen Gesetze, die sich nicht speziell gegen die Meinungsfreiheit richten (z. B. Strafgesetzbuch, Gewerberecht)
2. Bestimmungen zum Schutz der Jugend
3. Recht der persönlichen Ehre
Besondere Beschränkungen für
Soldaten
Ersatzdienstverpflichtete
Beamte
Schüler
Strafgefangene

Presse- und Rundfunkfreiheit

Die Freiheit von Presse und Rundfunk ist ebenso wie die ↑ Meinungs- und Informationsfreiheit (S. 132) Voraussetzung und Wesenselement der freiheitlichen demokratischen Grundordnung.

Durch die *Pressefreiheit* werden alle mittels eines zur Massenherstellung geeigneten Vervielfältigungsverfahrens hergestellten und zur Verbreitung bestimmten schriftlichen, bildlichen oder akustischen Erzeugnisse geschützt, ohne daß es auf ihren Inhalt ankommt. Das gilt auch für die Unterhaltungs- und Sensationspresse und den Anzeigenteil von Druckschriften. Darüber hinaus verbürgt sie allen im Pressewesen tätigen Personen Freiheit gegenüber staatlichem Zwang bei ihrer Arbeit. Die Träger der Pressefreiheit genießen in verschiedener Hinsicht eine bevorzugte Rechtsstellung. So wird z. B. das Vertrauensverhältnis zwischen der Presse und ihren Informanten durch ein Zeugnisverweigerungsrecht geschützt. Außerdem sind die Behörden verpflichtet, den Vertretern der Presse die der Erfüllung ihrer öffentlichen Aufgabe dienenden Auskünfte zu erteilen. Eine Beschlagnahme von Presseerzeugnissen ist nur unter besonderen Voraussetzungen möglich. Schließlich gewährleistet die Pressefreiheit auch das Institut der „freien Presse". Sie setzt voraus, daß innerhalb der deutschen Presse eine größere Anzahl von selbständigen, nach ihrer Tendenz, politischen Färbung oder weltanschaulichen Grundhaltung miteinander konkurrierenden Presseerzeugnissen existiert. Umfang und Beschränkungsmöglichkeiten der Pressefreiheit sind in den Landespressegesetzen geregelt.

Für *Rundfunk* und *Fernsehen* (Film) gewährleistet Art. 5 Abs. 1 Satz 2 Grundgesetz (GG) lediglich die Freiheit der Berichterstattung. Diese umfaßt sowohl die Auswahl des angebotenen Stoffes als auch die Entscheidung über die Art und Weise der Darstellung einschließlich der gewählten Form der Sendung. Daneben stehen aber auch Rundfunk und Fernsehen die Rechte des Art. 5 Abs. 1 Satz 1 GG zu (Informations- und Meinungsfreiheit). Da die Zahl der Träger von Rundfunk- und Fernsehunternehmen aus technischen und finanziellen Gründen klein ist, sind besondere Vorkehrungen getroffen, daß die Rundfunk- und Fernsehsender die Vielfalt der bestehenden Meinungsrichtungen wiedergeben. Die kollegialen Organe der – als öffentlich-rechtliche Anstalten organisierten – ↑ Rundfunk- und Fernsehanstalten (S. 464) sind in einem angemessenen Verhältnis aus Repräsentanten aller bedeutsamen politischen, weltanschaulichen und gesellschaftlichen Gruppen zusammengesetzt. Sie haben die Pflicht und die Befugnis, auf ein Mindestmaß von Ausgewogenheit und Sachlichkeit in den Sendungen hinzuwirken.

Eine vorbeugende Überwachung und Prüfung von Veröffentlichungen in Druck, Bild oder Ton *(Vorzensur)* durch staatliche Stellen wird vom GG verboten (Art. 5 Abs. 1 Satz 3 GG). Dagegen ist das nachträgliche Vorgehen gegen Veröffentlichungen, die die Schranken der Meinungsfreiheit überschreiten, nicht untersagt (↑ Presserecht S. 462). Umstritten ist, ob bzw. inwieweit Verleger bzw. Herausgeber von Druckerzeugnissen sowie die Intendanten der Rundfunk- und Fernsehanstalten das Erscheinen von Artikeln bzw. Sendungen, in denen eine von ihrer Meinung abweichende Auffassung vertreten wird, verhindern dürfen. Diese Frage der *„inneren Pressefreiheit"*, d. h. der Unabhängigkeit der Journalisten und der Redaktionen von ihren Verlegern harrt ebenso noch einer endgültigen Lösung wie das Problem der Pressekonzentration und der damit verbundenen Gefahren für das freie Pressewesen. Gemäß § 23 Abs. 1 Satz 7 des Gesetzes gegen Wettbewerbsbeschränkungen sind Fusionen von Presseunternehmen mit Gesamtumsätzen von mehr als 25 Mio DM dem Bundeskartellamt anzuzeigen. Umstritten ist, ob durch einen längeren Streik (bzw. Aussperrung) das Recht verletzt wird, sich aus allgemeinen zugänglichen Quellen zu informieren.

M. Löffler, Presserecht, 2 Bde., 2. Aufl., München 1969.
H. Klein, Die öffentliche Aufgabe der Presse, Düsseldorf 1973.
G. Herrmann, Fernsehen und Hörfunk in der BR Deutschland, Tübingen 1975.

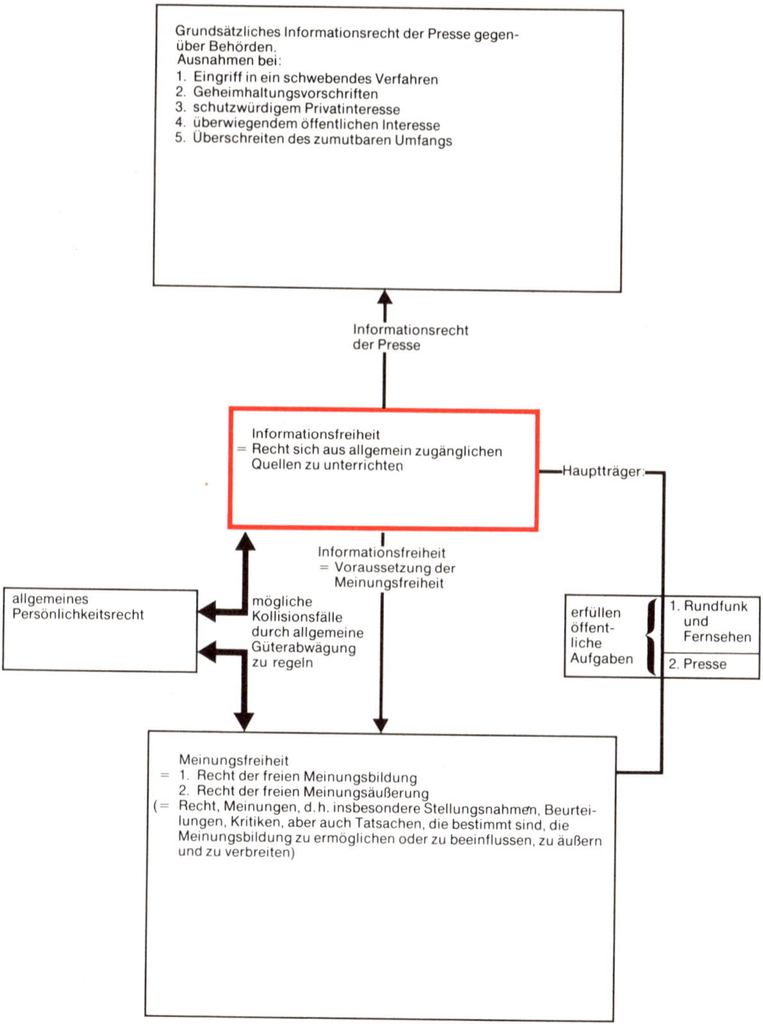
Grundsätzliches Informationsrecht der Presse gegenüber Behörden.
Ausnahmen bei:
1. Eingriff in ein schwebendes Verfahren
2. Geheimhaltungsvorschriften
3. schutzwürdigem Privatinteresse
4. überwiegendem öffentlichen Interesse
5. Überschreiten des zumutbaren Umfangs
Informationsrecht der Presse
Informationsfreiheit
= Recht sich aus allgemein zugänglichen Quellen zu unterrichten
Hauptträger:
Informationsfreiheit
= Voraussetzung der Meinungsfreiheit
allgemeines Persönlichkeitsrecht
mögliche Kollisionsfälle durch allgemeine Güterabwägung zu regeln
erfüllen öffentliche Aufgaben
1. Rundfunk und Fernsehen
2. Presse
Meinungsfreiheit
= 1. Recht der freien Meinungsbildung
2. Recht der freien Meinungsäußerung
(= Recht, Meinungen, d. h. insbesondere Stellungsnahmen, Beurteilungen, Kritiken, aber auch Tatsachen, die bestimmt sind, die Meinungsbildung zu ermöglichen oder zu beeinflussen, zu äußern und zu verbreiten)

Freiheit der Wissenschaft und der Kunst

Art. 5 Abs. 3 Grundgesetz (GG) gewährleistet jedem, der sich wissenschaftlich oder künstlerisch betätigt, einen gegenüber Eingriffen der öffentlichen Gewalt grundsätzlich vorbehaltlos geschützten Freiheitsraum. Weder die Wissenschafts- noch die Kunstfreiheit können durch Gesetz oder aufgrund eines Gesetzes eingeschränkt werden. Die Grenzen der durch Art. 5 Abs. 3 GG garantierten Freiheiten sind vielmehr aus der Verfassung selbst zu bestimmen.

Der Begriff der *Wissenschaft* in Art. 5 Abs. 3 GG umfaßt die auf wissenschaftlicher Eigengesetzlichkeit beruhenden Prozesse, Verhaltungsweisen und Entscheidungen beim Auffinden von Erkenntnissen, ihrer Deutung und Weitergabe und umschließt insoweit auch die Lehre *(Freiheit von Forschung und Lehre)*. Die Wissenschaftsfreiheit verbietet es, daß die Methoden und Arbeitsziele wissenschaftlicher Tätigkeit vom Staat vorgeschrieben werden. Geschützt werden nicht nur „reine" Wissenschaft und Grundlagenforschung, sondern auch angewandte Wissenschaft und Zweckforschung. Die bloße Anwendung gesicherter Erkenntnisse oder die bloße Wissensvermittlung fällt nicht in den Schutzbereich des Art. 5 Abs. 3 GG.

Angesichts der Bedeutung von Wissenschaft und Lehre für die Gesellschaft und angesichts der enormen Kosten wissenschaftlicher Forschung ist heute eine Pflicht des Staates anerkannt, die Pflege der freien Wissenschaft durch Bereitstellung von personellen, finanziellen und organisatorischen Mitteln zu ermöglichen und zu fördern. Im Hochschulbereich hat der Staat deshalb durch geeignete organisatorische Maßnahmen dafür zu sorgen, daß das Grundrecht der freien wissenschaftlichen Betätigung soweit unangetastet bleibt, als das unter Berücksichtigung der anderen legitimen Aufgaben der Wissenschaftseinrichtungen und der Grundrechte der verschiedenen Beteiligten möglich ist. Eine undifferenzierte Mitbestimmung aller an der Hochschule vorhandenen Gruppen (z. B. Professoren, Assistenten, Studenten, Verwaltungsangehörige) in Angelegenheiten der Forschung und Lehre ist nicht zulässig. Dieser besonderen Stellung der Hochschullehrer als Wissenschaftler trägt § 38 Hochschulrahmengesetz Rechnung, indem er bestimmt, daß in allen gruppenmäßig zusammengesetzten Hochschulgremien mit Entscheidungsbefugnissen in Angelegenheiten, die Forschung, künstlerische Entwicklungsvorhaben, Lehre oder die Berufung von Professoren berühren, die Professoren über die absolute Mehrheit der Stimmen zu verfügen haben.

Durch das Grundrecht der *Kunstfreiheit* sollen die auf der Eigengesetzlichkeit der Kunst beruhenden, von ästhetischen Rücksichten bestimmten Prozesse, Verhaltensweisen und Entscheidungen von jeglichen Eingriffen öffentlicher Gewalt freigehalten werden. Dieses Verbot staatlichen Einwirkens auf ein Kunstwerk bedeutet, daß dem Künstler nicht die Art und Weise vorgeschrieben werden darf, wie er die Wirklichkeit gestaltet. Der Künstler ist frei in Themenwahl und Gestaltung seines Werkes. Auch die Bereiche der „engagierten" Kunst, des „engagierten" Theaters, des „tendenziösen" Films sind von der Freiheitsgarantie nicht ausgenommen, ebensowenig Kommentarwerke oder Kunstwerke, die weder Handlung noch Gegenstand erkennen lassen. Auch die Darstellung wertlosen oder wertwidrigen Verhaltens kann Kunst sein. Im Sinne des Art. 5 Abs. 3 GG kann man von einem Kunstwerk sprechen, wenn in einer Gestaltung, unabhängig von der Art und Weise der Darstellung, irgendein geistigseelisches Erlebnis offenbar wird und wenn ein künstlerischer Gestaltungswille des Schöpfers des Werkes erkennbar ist, der objektiv eine eigenständige Form und Gestaltung gefunden hat, so daß eine neue, künstlerische Wirklichkeit der Aussage entstanden ist.

Th. Oppermann, Kulturverwaltungsrecht, Tübingen 1964.
G. Roellecke, Hochschule und Wissenschaft, Stuttgart u. a. 1974.
W. Mallmann/H.-J. Strauch, Die Verfassungsgarantie der freien Wissenschaft, Bonn-Bad Godesberg 1976.

Freiheit der Kunst

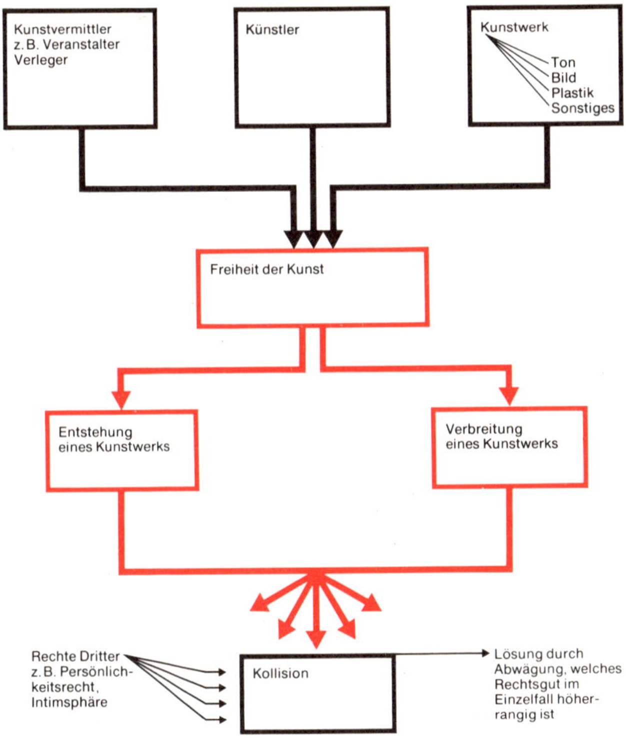

Versammlungsfreiheit

Art. 8 Abs. 1 Grundgesetz (GG) gibt allen Deutschen das Recht, sich ohne Anmeldung oder Erlaubnis friedlich und ohne Waffen zu versammeln. Das GG stellt damit die öffentlichen und privaten Zusammenkünfte von mindestens zwei Staatsbürgern zum Zwecke der Information, Diskussion und Propaganda, d. h. der Meinungs- und Willensbildung *(Versammlungen)* unter besonderen Schutz vor Verbot, Behinderung oder Auflösung durch Träger öffentlicher Gewalt. Geschützt sind Veranstalter, Leiter und Teilnehmer der Versammlungen, sei es, daß sie unter freiem Himmel, in geschlossenen Räumen oder in Form eines Aufzuges (Demonstration) stattfinden.

Der Schutz des Art. 8 Abs. 1 GG ist jedoch beschränkt auf Versammlungen, die friedlich und ohne Waffen abgehalten werden. Zusammenkünfte, für die ein gewalttätiger oder aufrührerischer Ablauf angestrebt wird oder die einen solchen Verlauf nehmen, bei denen bewaffnete Teilnehmer Zutritt haben oder solche Teilnehmer vom Versammlungsleiter nicht ausgeschlossen werden, können verboten und aufgelöst werden.

Für *Versammlungen unter freiem Himmel* kann das Grundrecht des Art. 8 Abs. 1 GG durch Gesetz oder aufgrund eines Gesetzes beschränkt werden (Art. 8 Abs. 2 GG). Beschränkungen durch Gesetz finden sich z. B. in den Bannmeilengesetzen des Bundes und der Länder, in § 43 Bundesseuchengesetz, in ↑Straßenverkehrsvorschriften und im Wegerecht (↑Benutzung der öffentlichen Straßen und Wege. S. 490). Im übrigen ist für Beschränkungen das Gesetz über Versammlungen und Aufzüge (VersG) maßgeblich. Das VersG gibt jedermann, d. h. auch Ausländern (ohne daß diese einen grundrechtlich gesicherten Anspruch darauf haben) das Recht, öffentliche Versammlungen und Aufzüge zu veranstalten und an solchen Veranstaltungen teilzunehmen. Das Gesetz betrifft nur öffentliche Versammlungen, d. h. Versammlungen, die einem unbeschränkten Personenkreis zugänglich sind, und regelt abschließend die Pflichten der Veranstalter und Leiter sowie die Gründe für das Verbot und die Auflösung solcher Zusammenkünfte. Danach hat derjenige, der zu einer öffentlichen Versammlung oder einem Aufzug öffentlich einlädt, als Veranstalter in der Einladung seinen Namen anzugeben. Soll die Veranstaltung unter freiem Himmel oder als Aufzug stattfinden, ist sie spätestens 48 Stunden vorher bei der Polizeibehörde anzumelden. Der Leiter der Versammlung ist anzugeben. Diese Pflichten sollen der Polizei Gelegenheit geben, rechtzeitig Vorkehrungen zum Schutz der Versammlung zu treffen. Bei unmittelbarer Gefährdung der öffentlichen Sicherheit oder Ordnung (↑Aufgaben und Kompetenzen der Polizei S. 530) können Versammlungen und Aufzüge verboten, von der Erfüllung bestimmter Auflagen abhängig gemacht oder aufgelöst werden. Die Polizei kann somit geeignete Maßnahmen gegen Versammlungen und Demonstrationen ergreifen, bei deren Verlauf z. B. andere Menschen mit Gewalt bedroht oder verletzt oder Sachen beschädigt werden oder der Verkehr (z. B. durch Sitzstreiks) lahmgelegt oder die Lehr- und Lernfreiheit beeinträchtigt wird. Auch kann derjenige, der sich an Gewalttätigkeiten gegen Menschen oder Sachen oder Bedrohungen von Menschen mit einer Gewalttätigkeit, die aus einer Versammlung (Demonstration) in einer die öffentliche Sicherheit gefährdenden Weise mit vereinten Kräften begangen wird, beteiligt (Landfriedensbruch begeht) mit Freiheitsstrafe bis zu drei Jahren, wer bei der Tat eine Schuß- oder andere Waffe bei sich führt oder bedeutenden Schaden an fremden Sachen anrichtet, mit Freiheitsstrafe bis zu zehn Jahren bestraft werden. Strafbar ist auch die Störung oder Vereitelung der Durchführung nicht verbotener Demonstrationen.

A. Dietel/K. Gintzel, Demonstrations- und Versammlungsfreiheit, Kommentar zum Gesetz über Versammlungen und Aufzüge, 5. Aufl., Köln u. a. 1977.
U. Schwäble, Das Grundrecht der Versammlungsfreiheit, Berlin 1975.

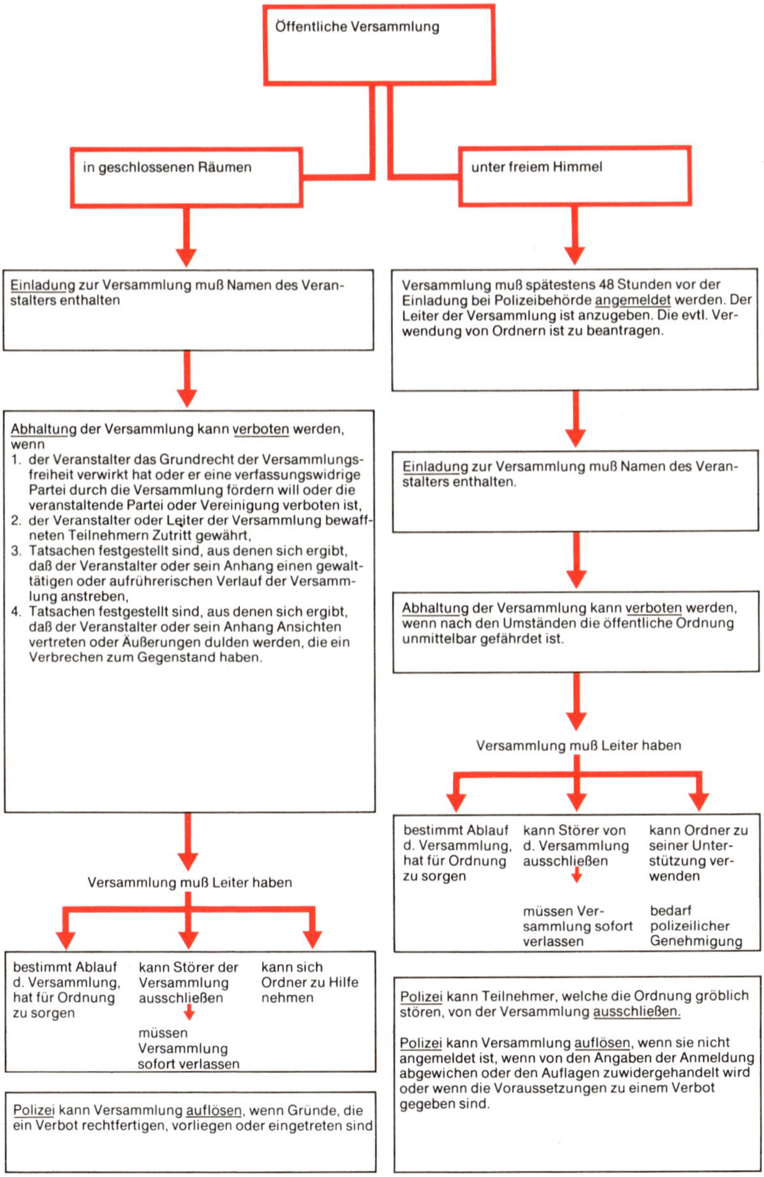
Öffentliche Versammlung
in geschlossenen Räumen
unter freiem Himmel
Einladung zur Versammlung muß Namen des Veranstalters enthalten
Abhaltung der Versammlung kann verboten werden, wenn
1. der Veranstalter das Grundrecht der Versammlungsfreiheit verwirkt hat oder er eine verfassungswidrige Partei durch die Versammlung fördern will oder die veranstaltende Partei oder Vereinigung verboten ist,
2. der Veranstalter oder Leiter der Versammlung bewaffneten Teilnehmern Zutritt gewährt,
3. Tatsachen festgestellt sind, aus denen sich ergibt, daß der Veranstalter oder sein Anhang einen gewalttätigen oder aufrührerischen Verlauf der Versammlung anstreben,
4. Tatsachen festgestellt sind, aus denen sich ergibt, daß der Veranstalter oder sein Anhang Ansichten vertreten oder Äußerungen dulden werden, die ein Verbrechen zum Gegenstand haben.
Versammlung muß Leiter haben
bestimmt Ablauf d. Versammlung, hat für Ordnung zu sorgen
kann Störer der Versammlung ausschließen
müssen Versammlung sofort verlassen
kann sich Ordner zu Hilfe nehmen
Polizei kann Versammlung auflösen, wenn Gründe, die ein Verbot rechtfertigen, vorliegen oder eingetreten sind
Versammlung muß spätestens 48 Stunden vor der Einladung bei Polizeibehörde angemeldet werden. Der Leiter der Versammlung ist anzugeben. Die evtl. Verwendung von Ordnern ist zu beantragen.
Einladung zur Versammlung muß Namen des Veranstalters enthalten.
Abhaltung der Versammlung kann verboten werden, wenn nach den Umständen die öffentliche Ordnung unmittelbar gefährdet ist.
Versammlung muß Leiter haben
bestimmt Ablauf d. Versammlung, hat für Ordnung zu sorgen
kann Störer von d. Versammlung ausschließen
müssen Versammlung sofort verlassen
kann Ordner zu seiner Unterstützung verwenden
bedarf polizeilicher Genehmigung
Polizei kann Teilnehmer, welche die Ordnung gröblich stören, von der Versammlung ausschließen.
Polizei kann Versammlung auflösen, wenn sie nicht angemeldet ist, wenn von den Angaben der Anmeldung abgewichen oder den Auflagen zuwidergehandelt wird oder wenn die Voraussetzungen zu einem Verbot gegeben sind.

Vereinigungs- und Koalitionsfreiheit

Art. 9 Abs. 1 Grundgesetz (GG) garantiert allen Deutschen das Recht, Vereine und Gesellschaften zu bilden (allgemeine Vereinigungsfreiheit). Darüber hinaus gewährleistet Art. 9 Abs. 3 GG für jedermann und alle Berufe das Recht, sich zur Wahrung und Förderung der Arbeits- und Wirtschaftsbedingungen zu Vereinigungen zusammenzuschließen (Koalitionsfreiheit).

Unter Vereinen und Gesellschaften im Sinne des Art. 9 Abs. 1 GG ist ohne Rücksicht auf die Rechtsform jede Vereinigung zu verstehen, zu der sich eine Mehrheit natürlicher oder juristischer Personen für längere Zeit freiwillig zusammengeschlossen hat. Der Zweck des Zusammenschlusses kann beliebiger Art sein (Politik, Wissenschaft, Kunst, Erwerbstätigkeit, Wohltätigkeit, Geselligkeit, Sport). Unter den Begriff der Vereinigung im Sinne des Art. 9 GG fallen nicht politische ↑Parteien (S. 66) sowie Religions- und Weltanschauungsgemeinschaften.

Die *allgemeine Vereinigungsfreiheit* umfaßt das Recht, Vereinigungen frei zu gründen sowie frei über den Beitritt und das Verbleiben in der Vereinigung zu entscheiden (positive Vereinigungsfreiheit). Darüber hinaus schützt Art. 9 Abs. 1 GG den Bestand und die Betätigungsmöglichkeit des Vereins selbst. Die *negative Vereinigungsfreiheit* verbietet jeglichen Zwangszusammenschluß zu privatrechtlichen Vereinigungen. Dagegen schützt Art. 9 GG den einzelnen nicht vor einer gesetzlich angeordneten Eingliederung in eine öffentlich-rechtliche Körperschaft, sofern diese legitime öffentliche Aufgaben wahrnimmt (↑Industrie- und Handelskammern S. 336, Ärzte-, Rechtsanwalts-, Landwirtschaftskammern).

Als Spezialfall der allgemeinen Vereinigungsfreiheit garantiert die *Koalitionsfreiheit*, daß Arbeitnehmer und Arbeitgeber Verbände zur Wahrnehmung ihrer Interessen gründen können (↑Gewerkschaften S. 370 ↑Arbeitgeberverbände S. 372). Das Grundrecht steht sowohl den einzelnen Arbeitnehmern und Arbeitgebern als auch ihren Verbänden zu. Die Schwerpunkte der verfassungsrechtlich geschützten Betätigungsbereiche der Koalitionen liegen in der freien Aushandlung der Arbeitsbedingungen und ihrer allgemein verbindlichen Festlegung in Tarifverträgen sowie in der Mitarbeit in den Betriebsräten und Personalvertretungen (↑Tarifautonomie S. 374 ↑Mitbestimmung in Unternehmen S. 380). Kraft ausdrücklicher Vorschrift wird die Koalitionsfreiheit auch gegen Beeinträchtigungen durch private Dritte geschützt (Drittwirkung des Grundrechts). Jegliche Abreden, die die Koalitionsfreiheit einschränken oder zu behindern suchen, sind nichtig, hierauf gerichtete Maßnahmen sind rechtswidrig. Legale ↑Arbeitskämpfe (S. 376), d. h. solche, die zur Wahrung und Förderung der Arbeitsbedingungen von den Gewerkschaften und Arbeitgeberverbänden ausgetragen werden, dürfen nicht durch Notstandsmaßnahmen bekämpft werden.

Verboten sind Vereinigungen, deren Zweck oder Tätigkeit den allgemeinen Strafgesetzen zuwiderlaufen. Dabei muß der Verstoß gegen das Strafgesetz der Vereinigung selbst zuzurechnen sein. Eine strafbare Tätigkeit lediglich einzelner Mitglieder der Vereinigung reicht nicht aus. Verboten sind auch Vereinigungen, die sich kämpferisch aggressiv gegen die freiheitlich-demokratische Grundordnung des Grundgesetzes oder gegen den Gedanken der Völkerverständigung richten. Sie dürfen aber erst dann als verboten behandelt werden, wenn das Verbot durch eine Auflösungsverfügung der zuständigen Behörde ausgesprochen wurde. Nähere Regelungen über die Vereinigungsfreiheit und ihre Schranken, insbesondere über die Zuständigkeiten und das Verfahren bei einem Vereinsverbot finden sich im Gesetz zur Regelung des öffentlichen Vereinsrechts (VereinsG). Besonderheiten gelten für das Verbot von Parteien (↑Parteienrecht S. 68).

P. von Feldmann, Vereinigungsfreiheit und Vereinigungsverbot, München 1972.
R. Scholz, Das Grundrecht der Koalitionsfreiheit, Stuttgart u. a. 1972.

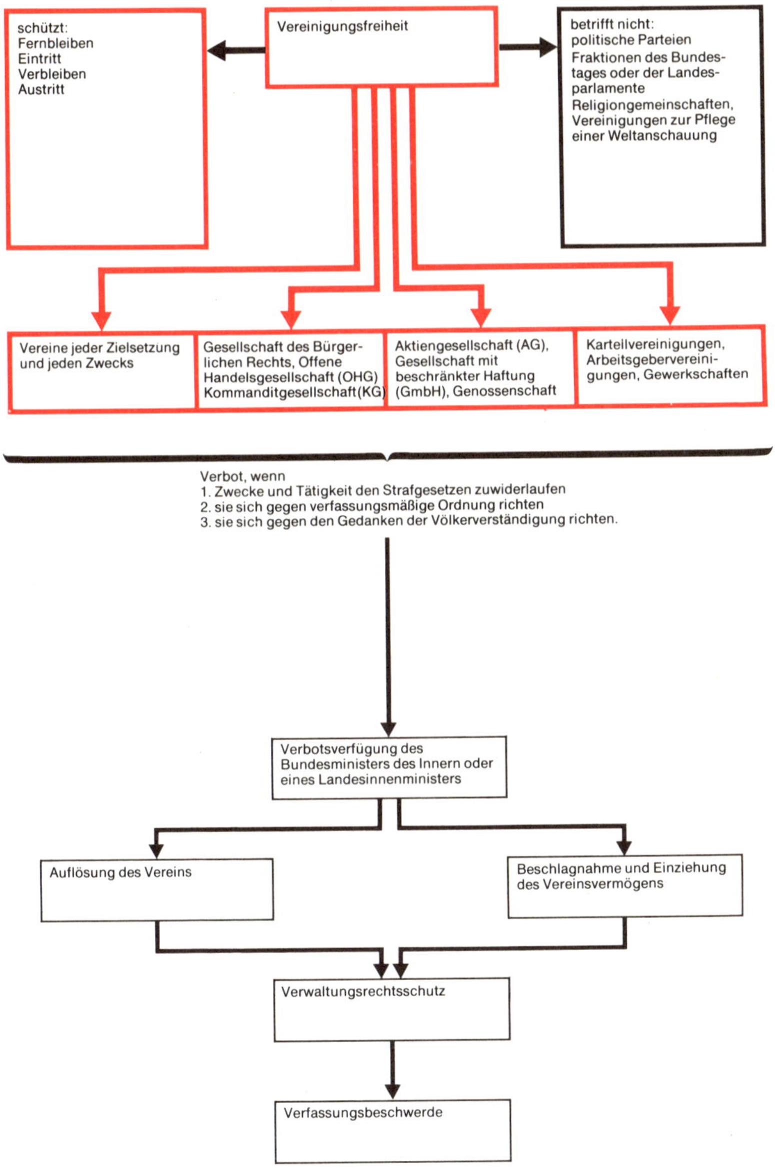

Vereinigungsfreiheit
schützt:
Fernbleiben
Eintritt
Verbleiben
Austritt
betrifft nicht:
politische Parteien
Fraktionen des Bundestages oder der Landesparlamente
Religiongemeinschaften,
Vereinigungen zur Pflege einer Weltanschauung
Vereine jeder Zielsetzung und jeden Zwecks
Gesellschaft des Bürgerlichen Rechts, Offene Handelsgesellschaft (OHG) Kommanditgesellschaft (KG)
Aktiengesellschaft (AG), Gesellschaft mit beschränkter Haftung (GmbH), Genossenschaft
Kartellvereinigungen, Arbeitsgebervereinigungen, Gewerkschaften
Verbot, wenn
1. Zwecke und Tätigkeit den Strafgesetzen zuwiderlaufen
2. sie sich gegen verfassungsmäßige Ordnung richten
3. sie sich gegen den Gedanken der Völkerverständigung richten.
Verbotsverfügung des Bundesministers des Innern oder eines Landesinnenministers
Auflösung des Vereins
Beschlagnahme und Einziehung des Vereinsvermögens
Verwaltungsrechtsschutz
Verfassungsbeschwerde

Freizügigkeit

Alle Deutsche genießen nach Art. 11 Grundgesetz (GG) das Recht der Freizügigkeit *im ganzen Bundesgebiet*, d. h., sie können frei ihren eigenen Aufenthalt und Wohnsitz innerhalb des Bundesgebiets bestimmen. Die Freizügigkeit ist ein wichtiges Element der freien Entfaltung der Persönlichkeit und zusammen mit dem Recht der freien Berufswahl, dem Recht auf freie Wahl der Arbeitsstätte und dem Recht auf freien Erwerb von Eigentum von grundlegender Bedeutung für die Wirtschafts- und Sozialordnung der Bundesrepublik (↑ Wirtschaftsverfassung S. 310).

Das Recht der Freizügigkeit gewährleistet das Recht des freien Umzugs von einer Gemeinde in eine andere und von einem Bundesland in ein anderes. Auf die Dauer und den Zweck des Aufenthalts kommt es dabei nicht an. Freizügig „im ganzen Bundesgebiet" besagt auch, in das Bundesgebiet *einreisen* zu dürfen. Das ist besonders für diejenigen Deutschen im Sinne des Art. 116 Abs. 1 GG bedeutsam, die ihren Wohnsitz außerhalb der Bundesrepublik haben (z. B. Staatsbürger der DDR). Die *Ausreisefreiheit* aus dem Bundesgebiet dagegen ist durch Art. 2 Abs. 1 GG (allgemeine Handlungsfreiheit) geschützt.

Die Freizügigkeit kann nur durch Gesetz oder aufgrund eines Gesetzes und nur für bestimmte, ausdrücklich aufgeführte Fälle eingeschränkt werden. Eine Beschränkung der Freizügigkeit einer Person darf danach nur angeordnet werden, wenn eine ausreichende Lebensgrundlage für sie nicht vorhanden ist und der Allgemeinheit daraus besondere Lasten entstehen würden. Eine ausreichende Lebensgrundlage fehlt dann, wenn nicht zu erwarten ist, daß sich der Betreffende den Daseinsmindestbedarf selbst verdienen kann. Weiterhin kann die Freizügigkeit vorbeugend eingeschränkt werden, wenn es zur Abwehr einer drohenden Gefahr für den Bestand oder die freiheitlich demokratische Grundordnung des Bundes oder eines Landes notwendig ist (↑ Notstandsverfassung, S. 86). Eine Beschränkung der Freizügigkeit kann auch erfolgen zur Bekämpfung von Seuchengefahr, Naturkatastrophen oder besonders schweren Unglücksfällen sowie zum Schutz der Jugend vor Verwahrlosung (↑ Jugendschutz S. 414) und zur Verhinderung von strafbaren Handlungen. Eine wichtige Einschränkung der Freizügigkeit stellt ferner das (Personensorge-) Recht der Eltern dar, den Aufenthalt ihrer minderjährigen Kinder bestimmen zu können.

Von den nach Art. 11 Abs. 2 GG gegebenen Befugnissen zur Einschränkung der Freizügigkeit ist in zahlreichen Gesetzen Gebrauch gemacht worden, z. B. in §§ 34 ff. Bundesseuchengesetz, § 71 Jugendwohlfahrtsgesetz, § 10 Jugendgerichtsgesetz und §§ 68 ff. Strafgesetzbuch (Führungsaufsicht).

Art. 11 GG gilt nur für Deutsche (↑ Staatsangehörigkeit S. 18). Für Ausländer kann die Freizügigkeit in größerem Umfang beschränkt werden. Grundsätzlich bedarf der Ausländer zu einem längeren Aufenthalt in der Bundesrepublik einer besonderen Aufenthaltserlaubnis, die räumlich begrenzt und zeitlich befristet werden kann; auch die Einreise kann ihm verweigert werden (↑ Ausländerrecht S. 546).

Das Gesetz über die Einreise und den Aufenthalt von Staatsangehörigen der Mitgliedstaaten der Europäischen Wirtschaftsgemeinschaft (EWG) räumt Staatsangehörigen der EWG-Mitgliedstaaten gegenüber anderen Ausländern eine Sonderstellung ein: Ihre Einreise in das Bundesgebiet ist von einer Aufenthaltserlaubnis unabhängig. Diese Vergünstigung trifft neben den erwerbstätigen EWG-Ausländern auch deren Familienangehörige. Auch die Freiheit der gewerblichen Niederlassung ist EWG-Ausländern aufgrund des Vertrages zur Gründung der EWG gewährt (Niederlassungsfreiheit).

D. Ch. Dicke, Art. 11 GG, in: I. von Münch (Hrsg.), Grundgesetz-Kommentar, Bd. 1, Frankfurt 1974.
D. Mertenz, Der Inhalt des Freizügigkeitsrechts, Berlin 1970.

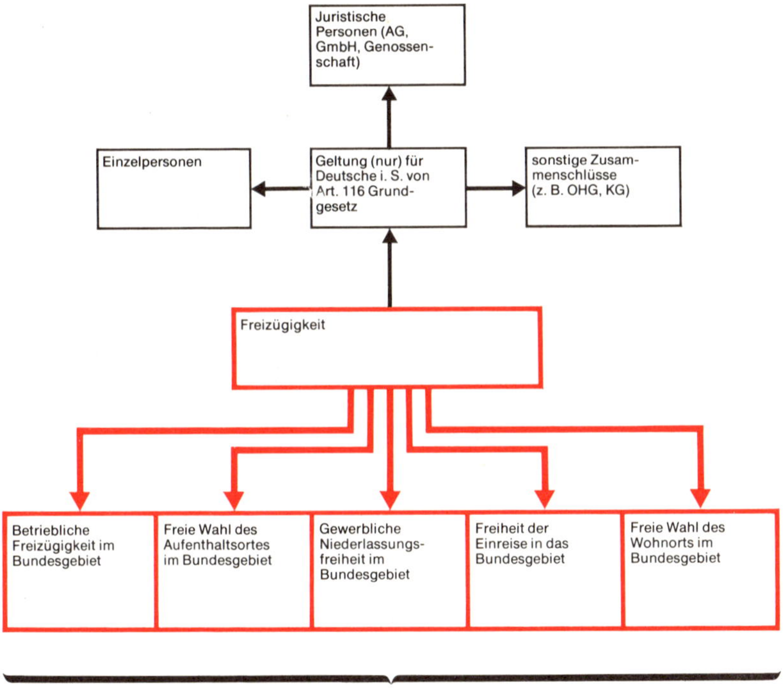

(allein) mögliche Schranken

1. Eine ausreichende Lebensgrundlage ist nicht vorhanden und der Allgemeinheit würden daraus besondere Lasten entstehen.
2. Abwehr einer drohenden Gefahr für den Bestand oder die freiheitliche demokratische Grundordnung des Bundes oder eines Landes.
3. Bekämpfung von Seuchengefahr.
4. Bekämpfung von Naturkatastrophen.
5. Bekämpfung von besonders schweren Unglücksfällen.
6. Schutz der Jugend vor Verwahrlosung.
7. Vorbeugung gegen strafbare Handlungen.

Berufs- und Gewerbefreiheit

Das Recht, Beruf, Arbeitsplatz und Ausbildungsstätte frei zu wählen, wird allen Deutschen durch Art. 12 Abs. 1 Satz 1 GG garantiert. Als Gewährleistung einer allgemeinen Berufs- und Gewerbefreiheit umfaßt der Schutzbereich dieses Grundrechts jede auf Dauer und Gewinnerzielung angelegte, der Schaffung und Erhaltung einer Lebensgrundlage dienende, nicht schlechthin gemeinschaftsschädliche Betätigung. Gleichgültig ist, ob es sich um eine selbständige oder unselbständige, um eine typische oder vom einzelnen frei gewählte untypische Tätigkeit handelt. Den Schutz des Art. 12 GG genießen gleichermaßen freie Berufe (z. B. Unternehmer, selbständige Handwerker), wie staatlich gebundene (z. B. der Notar) oder spezifisch dem Staat vorbehaltene Tätigkeitsbereiche (z. B. Richter, Beamter, Soldat). Allerdings normiert und ermöglicht Art. 33 GG für alle Berufe des ↑öffentlichen Dienstes (S. 250) Sonderregelungen. Die Berufsfreiheit eines Bewerbers für ein Amt im öffentlichen Dienst beschränkt sich daher auf das Recht des gleichen Zugangs und derselben Chance nach Eignung, Befähigung und fachlicher Leistung.

Beschränkungen der Berufsfreiheit durch den Gesetzgeber sind zulässig. Die Eingriffsbefugnis ist abgestuft. Der Gesetzgeber ist um so freier, je mehr er nur die *Berufsausübung* regelt, um so stärker gebunden, je mehr die *Berufswahl* berührt ist (Stufentheorie). Die Freiheit der Berufsausübung kann beschränkt werden, soweit vernünftige Erwägungen des Gemeinwohls es zweckmäßig erscheinen lassen (z. B. Arbeitszeitregelungen, Jugendschutz, Reinhaltungsvorschriften). Die Freiheit der Berufswahl dagegen darf nur eingeschränkt werden, wenn sich anders der Schutz eines überragenden Gemeinschaftsguts nicht erreichen läßt. Dabei ist zu unterscheiden, ob die Aufnahme der Berufstätigkeit von subjektiven Bedingungen abhängig gemacht werden soll, die in der Person des Berufsanwärters liegen (z. B. besondere Vor- oder Ausbildung, Prüfungen, Zuverlässigkeitsnachweise, Höchstaltersgrenzen), oder von objektiven Bedingungen, auf die er keinen Einfluß hat (z. B. Bedürfnisprüfung, Interessen des öffentlichen Verkehrs). Für die *subjektiven Zulassungsvoraussetzungen* gilt das Prinzip der Verhältnismäßigkeit. Sie dürfen zu dem angestrebten Zweck der ordnungsgemäßen Erfüllung der Berufstätigkeit nicht außer Verhältnis stehen. Besonders strenge Anforderungen sind an den Nachweis *objektiver Zulassungsvoraussetzungen* zu stellen. Dieser Eingriff in die freie Berufswahl ist nur gerechtfertigt, wenn er zur Abwehr nachweisbarer oder höchstwahrscheinlicher schwerer Gefahren für ein überragend wichtiges Gemeinschaftsgut notwendig ist. Der Gesetzgeber darf Beschränkungen der Berufsfreiheit jeweils nur auf der „Stufe" vornehmen, die den geringsten Eingriff mit sich bringt. Er darf zur nächsten „Stufe" erst dann übergehen, wenn die befürchteten Gefahren mit den Mitteln der vorausgehenden Stufe nicht bekämpft werden können.

Auch die *freie Wahl der Ausbildungsstätte* kann nur unter den genannten Voraussetzungen (Stufentheorie) eingeschränkt werden. Darüberhinaus hat der Staat in den Ausbildungsbereichen, in denen er ein faktisches Monopol hat, insbesondere also im Hochschulwesen, die Pflicht, soweit dies ohne Verletzung anderer wichtiger Aufgaben möglich ist, so viel Ausbildungskapazität zur Verfügung zu stellen, daß kein krasses Mißverhältnis zwischen der Zahl der Studienbewerber und der -plätze besteht. Zulassungsbeschränkungen für Studienanfänger *(numerus clausus)* sind nur zulässig, wenn sie in den Grenzen des unbedingt erforderlichen unter erschöpfender Nutzung der vorhandenen, mit öffentlichen Mitteln geschaffenen Ausbildungskapazitäten angeordnet werden und wenn die Auswahl und Verteilung der vorhandenen Studienplätze nach sachgerechten Kriterien erfolgt.

Ch. Starck, Berufsfreiheit, Baden-Baden 1968.
B. Schmidt-Bleibtreu/F. Klein, Kommentar zum Grundgesetz für die Bundesrepublik Deutschland, 4. Aufl., Neuwied u. a. 1977, S. 230f.

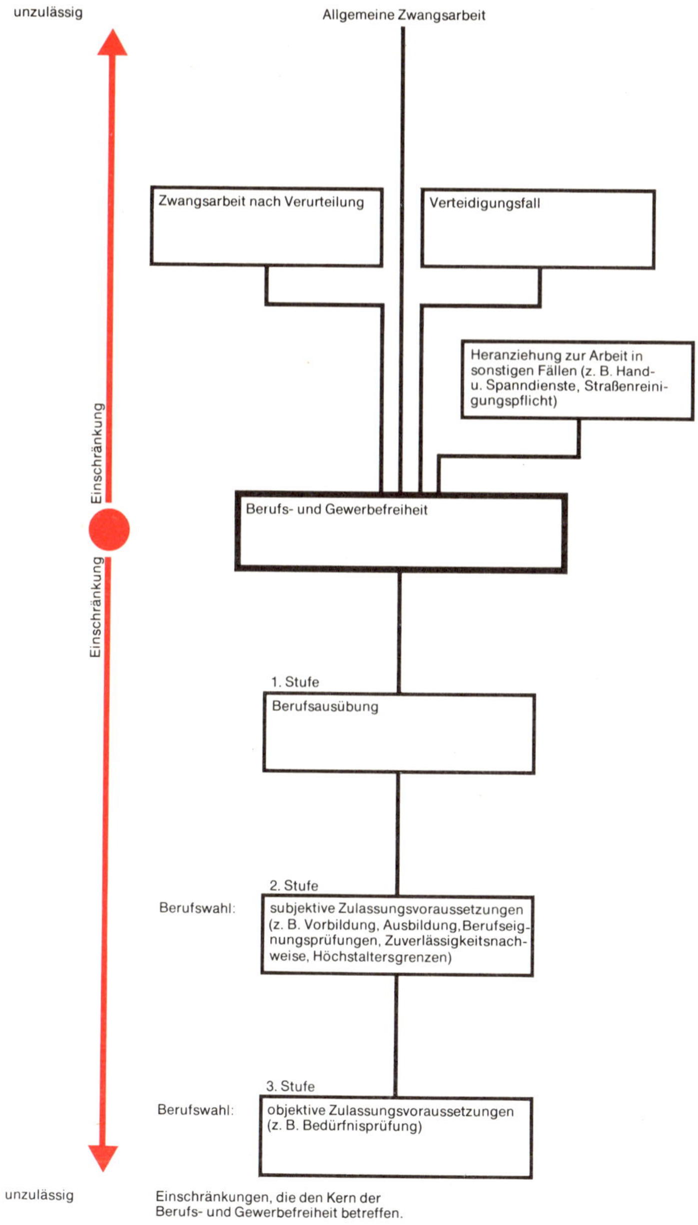

unzulässig
Allgemeine Zwangsarbeit
Zwangsarbeit nach Verurteilung
Verteidigungsfall
Heranziehung zur Arbeit in sonstigen Fällen (z. B. Hand- u. Spanndienste, Straßenreinigungspflicht)
Einschränkung
Berufs- und Gewerbefreiheit
Einschränkung
1. Stufe
Berufsausübung
2. Stufe
Berufswahl:
subjektive Zulassungsvoraussetzungen (z. B. Vorbildung, Ausbildung, Berufseignungsprüfungen, Zuverlässigkeitsnachweise, Höchstaltersgrenzen)
3. Stufe
Berufswahl:
objektive Zulassungsvoraussetzungen (z. B. Bedürfnisprüfung)
unzulässig
Einschränkungen, die den Kern der Berufs- und Gewerbefreiheit betreffen.

Eigentum und Enteignung

Die Garantie des Eigentums in Art. 14 Abs. 1 Grundgesetz (GG) umfaßt zweierlei: Sie gewährleistet das (Privat-) Eigentum als Rechtseinrichtung und als subjektives Recht einer jeden Person in der Form eines Abwehr- und Schutzanspruchs gegen den Staat. *Eigentum* im Sinne des Art. 14 GG sind alle vermögenswerten privaten Rechte, also nicht nur Sacheigentum (z. B. Grundstücke, Fahrzeuge, Waren), sondern z. B. auch Ansprüche aus Arbeits-, Miet-, Bauspar-, Lebensversicherungsverträgen und Renten sowie Mitgliedschaftsrechte und Beteiligungen an Gesellschaften (z. B. Aktien). Öffentlich-rechtliche vermögenswerte Rechtspositionen werden durch Art. 14 GG geschützt, wenn sie dem Inhaber eine der Eigentumsposition entsprechende Rechtsstellung verschaffen (z. B. Zulassung als Kassenarzt). Eigentumsähnlich ist eine Position, die durch Einsatz eigenen Kapitals und eigener Leistung erworben wurde. Kein Eigentum sind Ansprüche, die der Staat in Erfüllung seiner Fürsorgepflicht durch Gesetz einräumt, d. h. Positionen, die ausschließlich oder vorwiegend auf staatlicher Gewährung beruhen (z. B. Sozialhilfeansprüche). Nicht geschützt ist auch das Vermögen als solches.

Der Eigentümer kann nicht ohne weiteres nach Belieben mit seinem Eigentum verfahren. Der Gebrauch des Eigentums soll zugleich dem Wohle der Allgemeinheit dienen *(Sozialpflichtigkeit)*. Auch darf der Gesetzgeber Inhalt und Schranken des Eigentums durch Gesetz bestimmen. Darüber hinaus läßt Art. 14 Abs. 3 GG zum Wohle der Allgemeinheit gegen Entschädigung eine Enteignung zu (↑ Öffentlich-rechtliche Entschädigung S. 270). Die Frage, ob eine entschädigungslose Inhalts- und Schrankenbestimmung des Eigentums oder eine entschädigungspflichtige *Enteignung* vorliegt, ist von erheblicher Bedeutung. Eine Enteignung ist anzunehmen, wenn ein hoheitlicher Eingriff in Eigentum erfolgt ist, der enteignende Wirkung hat. Dies ist in der Regel der Fall, wenn das Eigentum völlig entzogen wird. Liegt eine bloße Eigentumsbeschränkung vor, so handelt es sich um eine Enteignung, wenn der Eingriff die Betroffenen im Vergleich zu anderen ungleich trifft und ihnen ein besonderes, den übrigen nicht zugemutetes Opfer für die Allgemeinheit auferlegt, sie also im Hinblick auf den ↑ Gleichheitssatz (S. 128) besonders belastet. Nur eine Konkretisierung der Sozialpflichtigkeit des Eigentums liegt dagegen z. B. vor, wenn die eigentumsbeschränkende Regelung an eine besondere Situationsgebundenheit eines Grundstücks anknüpft oder eine Sache betrifft, von der eine besondere Gefahr für die Allgemeinheit ausgeht. Keine Enteignung stellen auch Maßnahmen gegen polizeiwidriges Eigentum dar (z. B. Anordnung der Beseitigung eines baurechtswidrigen Hauses). Gleichgültig für die Frage, ob eine Enteignung einen Entschädigungsanspruch auslöst, ist es, ob der Eingriff rechtmäßig, d. h. den Voraussetzungen des Art. 14 Abs. 3 GG entsprechend, oder rechtswidrig war (enteignungsgleicher Eingriff). Dem von einer Enteignung Betroffenen ist von dem Enteignungsbegünstigten, d. h. in der Regel der eingreifenden öffentlich-rechtlichen Körperschaft, eine *angemessene Entschädigung* zu leisten. Diese umfaßt in der Regel nur den Substanzverlust, d. h. den Wert des Objekts, bzw. den Schaden am Objekt, nicht aber den wirtschaftlichen Schaden, der sich als Folge des Eingriffs ergeben hat (z. B. entgangenen Gewinn).

Zu unterscheiden von der Enteignung sind die *Aufopferung* (↑ Öffentlich-rechtliche Entschädigung S. 270), die *Einziehung* (↑ Strafrecht S. 220) und die ↑ *Sozialisierung* (S. 312). Die Garantie des Privateigentums kann durch eine übermäßige Besteuerung von Einkommen und Vermögen ausgehöhlt werden (z. B. ↑ Einkommensteuer S. 282, ↑ Vermögen- und Erbschaftsteuer S. 292). Hohe Besteuerung und Inflation können den Effekt einer Vermögensumverteilung ohne Entschädigung haben.

H. Rittstieg, Eigentum als Verfassungsproblem, Darmstadt 1975.
H. Spanner, Grundrechtsschutz des Eigentums, Heidelberg 1977.

Öffentlichrechtliche Entschädigung und Ersatzleistung
bei Eingriffen in das Eigentum

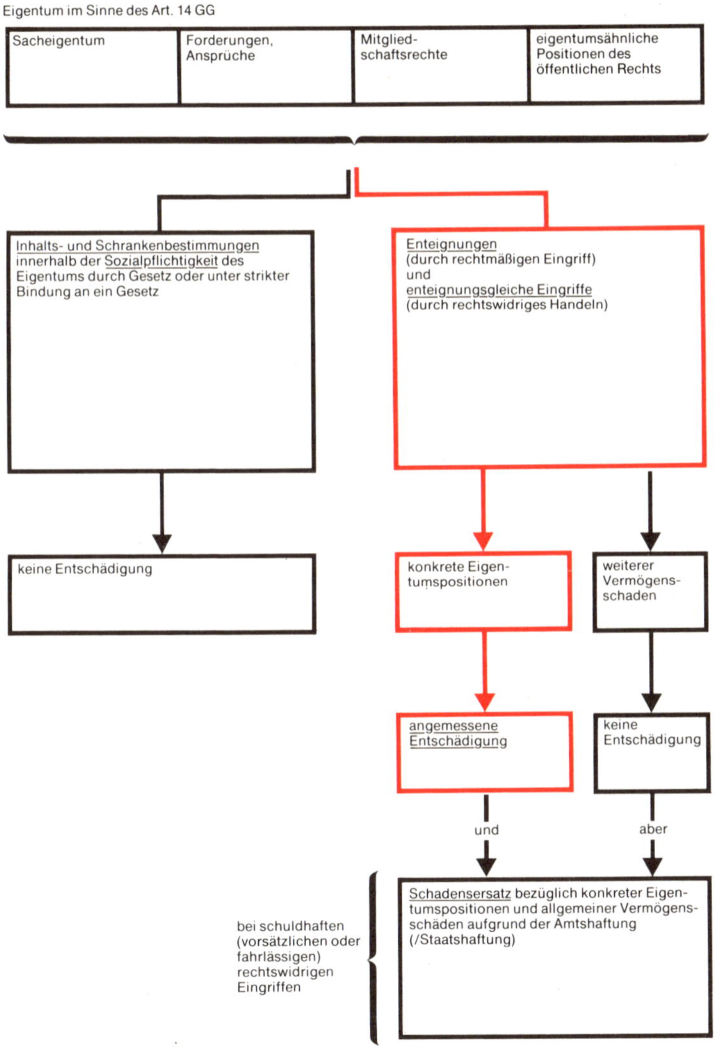

Durchsuchung und Beschlagnahme

Zur Freiheit der Person gehören neben der allgemeinen Handlungsfreiheit (↑Persönlichkeitsrecht S. 124) auch die Freiheit der Verfügung über Sachen und die Unantastbarkeit der häuslichen Sphäre. Die Rechtsordnung gestattet hier jedoch vielfach Eingriffe. So kann z. B. die *Beschlagnahme* (B) von Sachen durch staatliche Organe aufgrund gesetzlicher Ermächtigungen erfolgen, etwa durch den Gerichtsvollzieher im Rahmen der ↑Zwangsvollstreckung (S. 190). Auch die Polizeiorgane sind zur B von Gegenständen ermächtigt, wenn dies zur Verhütung von Straftaten oder zur Abwehr von Gefahren für die öffentliche Sicherheit und Ordnung notwendig ist (polizeiliche Beschlagnahme, ↑Aufgaben und Kompetenzen der Polizei S. 530). Im Strafprozeß (↑Zuständigkeiten und Verfahren im Strafprozeß S. 184) ist die B von Gegenständen gestattet, wenn sie als Beweismittel für die Untersuchung von Bedeutung sein können oder der Einziehung unterliegen. Die B darf in diesem Fall nur von einem Richter, bei Gefahr im Verzug auch von der Staatsanwaltschaft angeordnet werden (richterliche Beschlagnahme). Die B ist keine Enteignung. Die Beschlagnahmebehörden trifft die Pflicht, die beschlagnahmten Gegenstände nach Wegfall des Grundes der Beschlagnahme wieder auszuhändigen. Zum Teil handelt es sich allerdings bei der B um eine Maßnahme in Verfahren, die der Verwertung der betroffenen Gegenstände z. B. im Wege der Versteigerung zwecks Befriedigung der Gläubiger dienen. Sie kann auch mit der *Einziehung*, d. h. Enteignung bei einer Straftat verwandter oder aus ihr herrührender Gegenstände zugunsten des Staates enden (↑Strafrecht S. 220). Aufgrund gesetzlicher Vorschriften sind bestimmte Sachen von der B ausgeschlossen.

Zur Ergreifung von Personen (↑Recht der Freiheitsentziehung S. 126) und zur Sicherstellung von Sachen ist in bestimmten Fällen auch die *Durchsuchung* von Wohnungen bzw. Personen und Sachen erlaubt. So können z. B. Durchsuchungen von Kraftfahrzeugen und Gepäckstücken von Zollbeamten bei Verdacht eines Zollvergehens vorgenommen werden oder Durchsuchungen von Personen nach Waffen auf den Flughäfen. Besondere Regelungen gelten für die *Durchsuchung von Wohnungen*. Art. 13 Grundgesetz garantiert die *Unverletzlichkeit der Wohnung* (des umfriedeten Besitztums, von Geschäftsräumen etc.). Eingriffe und Beschränkungen dürfen nur zur Abwehr einer gemeinen Gefahr oder einer Lebensgefahr für eine Person bzw. aufgrund eines Gesetzes auch zur Verhütung dringender Gefahren für die öffentliche Sicherheit und Ordnung, z. B. zur Behebung der Raumnot, zur Bekämpfung von Seuchen und zum Schutz gefährdeter Jugendlicher vorgenommen werden. Durchsuchungen sind nur aufgrund eines *Durchsuchungsbefehls* statthaft, der – außer bei Gefahr im Verzug – von einem Richter zu erlassen ist. Bei der Durchsuchung im Strafverfahren soll ein Richter oder Staatsanwalt zugegen sein. Die Durchsicht aufgefundener Papiere bleibt dem Richter vorbehalten. In anderen Fällen, z. B. zur Abwehr von Lebensgefahren oder zur Verhütung von dringenden Gefahren für die öffentliche Sicherheit und Ordnung darf die Polizei auch ohne richterliche Ermächtigung in die räumliche Privatsphäre eindringen. Auch der Gerichtsvollzieher ist befugt, zum Zwecke der Zwangsvollstreckung die Wohnung des Schuldners zu durchsuchen. Die Durchsuchung soll nach Möglichkeit in Gegenwart des Wohnungsinhabers erfolgen, notfalls sind andere Zeugen herbeizuziehen. Bei allen Maßnahmen ist der Grundsatz der Verhältnismäßigkeit der angewandten Mittel zu beachten. Besonderen Voraussetzungen unterliegen Durchsuchungen zur Nachtzeit. Gegen das Eindringen Unbefugter ist der Wohnungsinhaber strafrechtlich geschützt (Hausfriedensbruch).

Zur Verfolgung von Straftaten ist auch die *Beschlagnahme der Post*, in bestimmten Fällen sogar die *Überwachung des Telefonverkehrs* von Tatverdächtigen zulässig.

H. P. Dünkel, Beschlagnahme – Durchsuchung, Stuttgart 1976.
M. Kohlhaas, Körperliche Untersuchung und erkennungsdienstliche Maßnahmen, Stuttgart u. a. 1975.

Durchsuchung und Beschlagnahme

Durchsuchung:

aufgrund gesetzlicher Ermächtigung: (sog. polizeiliche Durchsuchung)	aufgrund richterlicher Anordnung (sog. strafprozessuale Durchsuchung)
z.B. Gerichtsvollzieher Polizei Zollbeamte <u>Voraussetzung</u>: von Gegenständen oder Zuständen gehen Gefahren für die öffentliche Sicherheit und Ordnung aus, die anders als durch eine Durchsuchung nicht abgewehrt werden kann.	(im Strafprozeß; bei Gefahr im Verzug auch durch Staatsanwaltschaft und ihre Hilfsbeamten)

bei Durchsuchung von Wohnungen:

ohne Durchsuchungsbefehl:	mit Durchsuchungsbefehl:
bei unmittelbarer Verfolgung von Straftätern <u>zur Nachtzeit</u> (1. 4.–30. 9.: 21–4 Uhr, 1. 10.–31. 3.: 21–6 Uhr): – bei Verfolgung auf frischer Tat – bei Gefahr im Verzug – bei Wiederergreifung entwichener Gefangener	– für die Wohnung von Tatverdächtigen zu deren Ergreifung oder zur Auffindung von Beweismitteln – für die Wohnung anderer: zur Verfolgung von Spuren einer Straftat, – zur Beschlagnahme von Sachen, – zur Ergreifung von Straftätern – zur Nachtzeit nur ausnahmsweise

Beschlagnahme:

aufgrund <u>gesetzlicher Ermächtigung</u>:	aufgrund <u>richterlicher Anordnung</u>: (im Strafprozeß)
z.B. Gerichtsvollzieher Polizei (z.B. Führerschein) Zollbeamte	– Pflicht zur Aufbewahrung der beschlagnahmten Gegenstände – Verwendung je nach Beschlagnahmezweck: – Verwertung (Versteigerung) zugunsten des Gläubigers – strafrechtliche Einziehung – Rückgabe nach Zweckerfüllung – beschlagnahmefreie Gegenstände: – Sachen des notwendigen Lebensunterhalts des Schuldners – Gegenstände im Gewahrsam von zeugnisverweigerungsberechtigten Personen im Strafprozeß

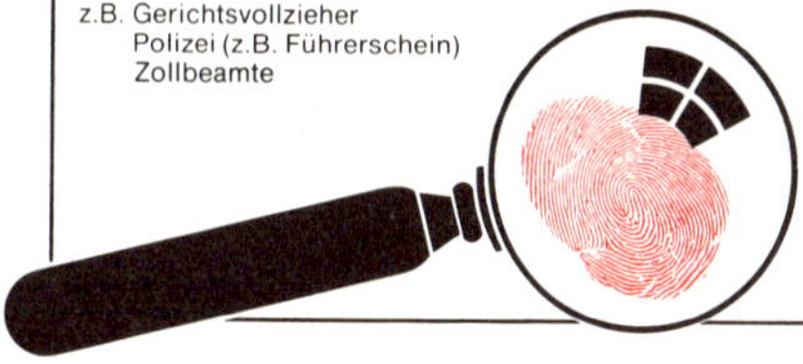

Wohnsitzverteilung der Tatverdächtigen

Straftaten(gruppe)	Tatverdächtigenwohnsitz					ohne festen Wohnsitz
	Tatortgemeinde	Landkrs. des Tatortes	eigenes Bundesland	übriges Bundesgebiet	Ausland	
	1977 in %					
Mord und Totschlag	73,5	7,9	9,9	3,0	1,0	4,7
Vergewaltigung	69,9	10,0	12,5	3,3	0,9	3,4
Gefährliche und schwere Körperverletzung	78,7	7,2	9,4	2,4	0,4	1,8
(Vorsätzliche leichte) Körperverletzung	80,1	7,6	8,3	2,3	0,3	1,5
Betrug	54,0	7,9	18,0	8,5	1,0	10,6
Untreue	68,2	11,3	14,9	3,5	0,4	1,6
Urkundenfälschung	56,5	8,3	15,9	8,8	3,7	6,8
Brandstiftung	82,3	7,1	6,5	2,2	0,3	1,6
Straftaten im Amt	64,2	16,5	17,9	1,3	0,0	0,0
Verletzung der Unterhaltspflicht	56,7	5,8	17,4	9,6	1,2	9,3
Rauschgiftdelikte	59,0	8,2	17,2	7,8	2,2	5,5

Petitionsrecht

Nach Art. 17 Grundgesetz hat jedermann das Grundrecht, sich einzeln oder in Gemeinschaft mit andern schriftlich mit Bitten oder Beschwerden an die zuständigen Stellen und an die Volksvertretung zu wenden. Wichtigster Inhalt des Petitionsrechts ist die Pflicht der Stelle, bei der die Petition eingeht, sich mit der Bitte, dem Antrag oder der Beschwerde sachlich auseinanderzusetzen. Der Bürger, der eine Beschwerdeschrift einreicht – der Petent – hat Anspruch darauf, daß seine Petition entgegengenommen wird. Diese muß er entweder bei einer Volksvertretung oder einer zuständigen Stelle einbringen. Zuständig sind solche Stellen, die sachlich befugt sind, über den Inhalt z. B. der Beschwerde zu entscheiden. Der Instanzenzug muß nicht eingehalten werden, z. B. kann eine Beschwerde direkt an den Ministerpräsidenten unter Außerachtlassung aller vorgeschalteten Instanzen, wie des betreffenden Ressortministers gerichtet werden. Zuständig sind Gerichts- oder Verwaltungsbehörden, Regierungsorgane oder öffentlich-rechtliche Körperschaften. Eine unzuständige Stelle muß die Petition weiterleiten. Zuständig sind in der Regel nationale Stellen, das Petitionsrecht sichert aber auch das Recht, Bitten und Beschwerden an ausländische oder internationale Stellen zu richten: z. B. an die Europäische Kommission für Menschenrechte. Allerdings besteht nur für deutsche Petitionsadressaten eine „Erledigungspflicht": Die jeweilige zuständige Stelle muß die Petition entgegennehmen und vorschriftsmäßig erledigen, sie also einer sachlichen Prüfung unterziehen. Der Petent hat Anspruch auf eine Antwort, die sich nicht in einer Empfangsbestätigung erschöpfen darf. Das Bundesverfassungsgericht hat klargestellt, daß aus der Antwort die Kenntnisnahme des Inhalts der Petition und die Art der Erledigung hervorgehen muß. Eine Begründung muß die Antwort nicht zwingend enthalten, sie sollte aber die Regel sein.

Die weitaus größte Zahl aller Petitionen wird an die Volksvertretung gerichtet. Darunter sind alle das Volk repräsentierenden Körperschaften in Bund und Ländern zu verstehen, in erster Linie der Bundestag, die Landtage, die bremische und hamburgische Bürgerschaft. Damit die Petition zulässig ist, d. h. entgegengenommen, geprüft und beantwortet wird, müssen mehrere Voraussetzungen vorliegen: Art. 17 GG fordert Schriftform und eine eigenhändige Unterschrift oder beglaubigtes Handzeichen. Die Petition darf nicht anonym oder mit einer falschen Unterschrift versehen sein. Sie darf nicht beleidigend sein, und die Bitte oder Beschwerde darf sich nicht auf etwas Verfassungs- oder Gesetzwidriges richten (z. B. Wiedereinführung der Monarchie oder Aufhebung rechtskräftiger Urteile). Auch querulatorische Petitionen sind nicht zulässig; wer einen Bescheid in seiner Sache erhalten hat, kann nicht mit einer weiteren Antwort rechnen. Zulässig sind Masseneingaben, d. h. zahlreiche Petitionen gleichen Inhalts von verschiedenen Absendern. Zuständiger Adressat einer Petition an den Bundestag ist die „Zentralstelle für Petitionen und Eingaben beim Deutschen Bundestag", die einen Teil der Eingaben an die Fachausschüsse überweist. Die Hauptlast trägt der „Petitionsausschuß des Deutschen Bundestages". So wurden in der 1. Wahlperiode 27 000, in der 2. Wahlperiode 33 000 Petitionen bearbeitet. In der 7. Wahlperiode sind 49 205 Petitionen eingegangen, in 183 Fällen wurde dem Anliegen der Einsender voll entsprochen. In der 8. Wahlperiode sind bis 30. 12. 1978 rund 24 000 Eingaben erfolgt.

Für Beamte gelten aufgrund ihres Dienst- und Treueverhältnisses Beschränkungen. Durch Art. 17 a GG ist ausdrücklich das Petitionsrecht von Soldaten eingeengt.

H. Seidel, Das Petitionsrecht, Frankfurt 1972.
R. Pietzner, Petitionsausschuß und Plenum, Berlin 1974.
H.-J. Vonderbeck, Zur Entwicklung des parlamentarischen Petitionsrechts, Z. f. Parlamentsfragen 1975, Heft 6.

Petitionen nach Sachgebieten (8. Wahlperiode bis Oktober 1978)

1	Staats- und Verfassungsrecht	1285	5,44 %
2	Allgemeine innere Verwaltung, insbesondere öffentliches Dienstrecht	2182	9,24 %
3	Besondere Verwaltungszweige der Inneren Verwaltung, Ausländerrecht, Umweltschutz, Kommunalwesen, Statistik	2809	11,90 %
4	Kulturelle Angelegenheiten	401	1,70 %
5	Raumordnung, Wohnungsbau, Siedlungs- und Heimstättenwesen, Wohnraumbewirtschaftung, Grundstücksverkehrsrecht	589	2,50 %
6	Vertriebene, Flüchtlinge, Evakuierte, politische Häftlinge, Kriegsgefangene, Vermißte, sonstige Kriegsgeschädigte	577	2,45 %
7	Wiedergutmachung nationalsozialistischen Unrechts	286	1,21 %
8	Rechtspflege	1323	5,60 %
9	Zivil- und Strafrecht	1873	7,93 %
10	Verteidigung	961	4,07 %
11	Finanzwesen	1366	5,79 %
12	Lastenausgleich	796	3,37 %
13	Kriegsfolgeschäden	118	0,45 %
14	Wirtschaftsrecht	290	1,23 %
15	Geld-, Kredit-, Währungswesen, Privates Versicherungs- und Bausparwesen	502	2,13 %
16	Land- und Ernährungswirtschaft, Forst- und Jagdwesen, Fischerei	268	1,14 %
17	Arbeitsrecht, Arbeitsvermittlung, Arbeitslosenversicherung	1430	6,06 %
18	Sozialversicherung, Kinderbeihilfen, Alterssicherung der freien Berufe	4256	18,02 %
19	Kriegsopferversorgung, Heimkehrerrecht, Kriegsgefangenenentschädigung	639	2,71 %
20	Verkehrswesen, Post- und Fernmeldewesen	997	4,22 %
21	Auswärtige Angelegenheiten	142	0,61 %
22	Verworrener Inhalt, nicht erkennbares Anliegen	527	2,23 %
	insgesamt	23617	100,00 %

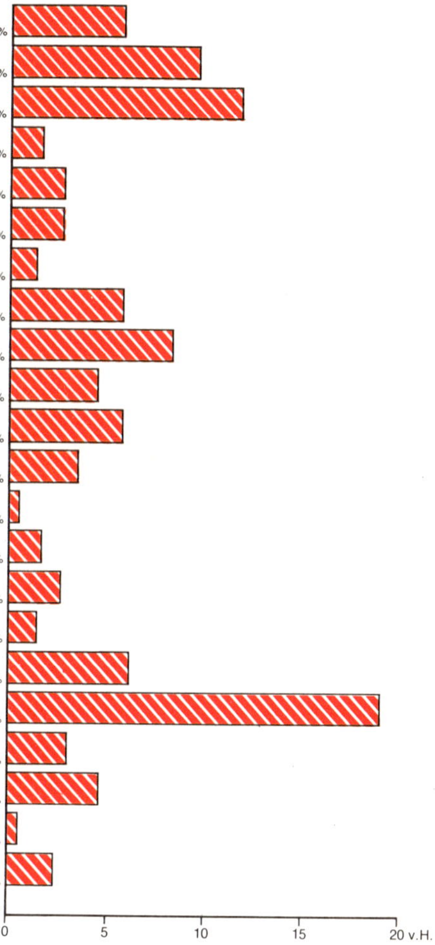

Art der Erledigung der behandelten Petitionen

	8. Wahlperiode	
Dem Anliegen der Einsender von Beschwerden wurde entsprochen	1286	6,01 %
Nach Prüfung der Sach- und Rechtslage erledigt	2095	9,79 %
Durch frühere, in anderem Zusammenhang gefaßte Beschlüsse des Bundestages gegenstandslos geworden	125	0,58 %
Überweisungen an die Bundesregierung		
zur Berücksichtigung, zur Erwägung	57	0,27 %
als Material, zur Kenntnisnahme	543	2,54 %
Als erwägenswerte Anregung zur Kenntnis genommen	4	0,02 %
Überweisungen an die zuständigen Fachausschüsse	569	2,66 %
Überweisungen an die Volksvertretungen der zuständigen Länder	6812	31,82 %
Ungeeignet zur Beratung im Bundestag:		
– schwebende oder abgeschlossene Gerichtsverfahren	869	4,06 %
– Rechtsweg oder Instanzenzug nicht betreten oder nicht erschöpft	1945	9,08 %
– keine neuen Tatsachen oder Beweismittel gegenüber früheren erledigten Eingaben	52	0,24 %
Sonstige endgültige Erledigungen: z. B. durch Rat, Auskunft, Verweisung, Materialübersendung, Rücknahme der Petition	6367	29,74 %
Unbehandelbar: anonym, verworren, beleidigend, ohne Petitum, ohne Anschrift usw.	683	3,19 %
insgesamt	21407	100,00 %

Bürgerbeauftragte – Wehrbeauftragter

Dem Staat fallen zunehmend neue Aufgaben zu, nicht nur solche, die wegen ihrer Schwierigkeit und Gefahren nur der Staat und die Kommunen erledigen können, sondern auch solche, für die der Staatsbürger vor Jahren noch selbst Sorge trug. Die Folge ist eine Vergrößerung und Komplizierung der Verwaltung, eine große Zahl von Gesetzen, Verordnungen und Erlassen. Der von Arbeits-, Verteilungs- und Versorgungssystemen „verwaltete" Bürger fühlt sich häufig im Umgang mit der Verwaltung überfordert; außerdem wächst das Mißtrauen gegenüber einer ständig unübersichtlicher werdenden Verwaltung. Die Folge ist der Wunsch nach stärkerer Kontrolle der Verwaltung und unbürokratischer Hilfe im freiheitlich demokratischen Staat, da die Kontrolle der Verwaltung durch die ↑Verwaltungsgerichtsbarkeit sich häufig wegen ihrer Schwächen (langsamer Rechtsweg, beschränkte Befugnisse: keine Überprüfung der Richtigkeit und der Zweckmäßigkeit des Verwaltungshandelns, sondern nur der Rechtmäßigkeit) nicht als ausreichend erweist. Um das Verhältnis zwischen Bürger und Staat zu verbessern und Hilfe in Einzelfällen zu ermöglichen, sind verschiedene Institutionen geschaffen: ↑Petitionsausschüsse des Bundestages und der Landtage, Ombudsmänner, Bürgerbeauftragte, Datenschutzbeauftragte (↑Datenschutz) und der Wehrbeauftragte. Die Einrichtung des *Ombudsmanns* geht auf skandinavische, insbesondere schwedische Vorbilder zurück („Justitie-Ombudsman", daneben Verbraucher-, Presse-Ombudsmann): ohne Einschaltung von Zwischeninstanzen kann sich der Bürger wegen angeblicher Mißstände oder Fehlentscheidungen der Verwaltung direkt an ihn wenden. Die Institution des Ombudsmann hat sich in zahlreichen Ländern durchgesetzt (Großbritannien: Parliamentary Commissioner; Frankreich: Médiateur); in Deutschland ist er erstmals gesetzlich seit 1974 in Rheinland-Pfalz als *Bürgerbeauftragter* eingeführt worden.

Ebenfalls dem Vorbild des Ombudsmanns nachgeformt ist die Institution des *Wehrbeauftragten*, durch den die parlamentarische Kontrolle über die Bundeswehr verstärkt werden soll. Nach Art. 45 b GG, der 1956 im Rahmen der Wehrverfassungsnovelle eingefügt wurde, wird der Wehrbeauftragte (WB) des Bundestages zum Schutze der Grundrechte und als Hilfsorgan des Bundestages bei der Ausübung der parlamentarischen Kontrolle berufen. Der WB wird vom Bundestag in geheimer Wahl mit der Mehrheit seiner Mitglieder für 5 Jahre gewählt; Vorschlagsberechtigt sind der Verteidigungsausschuß und die Fraktionen. Wählbar ist jeder Deutsche, der über 35 Jahre alt ist, mindestens 1 Jahr Wehrdienst geleistet hat und das Wahlrecht zum Bundestag besitzt. Die Aufgabe des WB liegt im Schutz der Grundrechte und in der parlamentarischen Kontrolle im militärischen Bereich, für den Zivildienst ist er nicht zuständig. Der WB hat keine eigenen Weisungsbefugnisse, sondern er besitzt lediglich Kontrollrechte. Zur Erfüllung seiner Aufgaben hat er umfassende Informations- und Anregungsrechte. Dazu gehört das Recht, vom Bundesminister für Verteidigung und von allen diesem unterstellten Dienststellen und Personen Auskunft und Akteneinsicht zu verlangen, ferner ein allgemeines Visitationsrecht: er kann alle Truppen, Stäbe, Verwaltungsstellen der Bundeswehr und ihrer Einrichtungen jederzeit und ohne vorherige Anmeldung besuchen. Jeder Soldat kann sich einzeln ohne Einhaltung des Dienstweges unmittelbar an den WB wenden und darf deswegen keine dienstlichen Nachteile erfahren.

U. Kempf, Bürgerbeauftragte (Landeszentrale für pol. Bildung, Rheinland-Pfalz), Mainz 1976.
W. R. Vogt, Militär und Demokratie, Funktion und Konflikte der Institution des Wehrbeauftragten, Hamburg 1972.
G. Hahnenfeld, Der Ombudsmann-Gedanke, Zeitschrift für Rechtspolitik 1973, S. 60f.

Der Bürgerbeauftragte des Landes Rheinland-Pfalz

Aufgaben
Der Bürgerbeauftragte hat die Aufgabe, im Rahmen des parlamentarischen Kontrollrechts des Landtags die Stellung des Bürgers im Verkehr mit den Behörden zu stärken.

Eingaberecht
Jeder hat das Recht, sich unmittelbar schriftlich oder mündlich an den Bürgerbeauftragten zu wenden, der diese Eingaben für den Landtag entgegennimmt.

Befugnisse
Der Bürgerbeauftragte kann die Landesregierung, alle Behörden des Landes sowie die Körperschaften, Anstalten und Stiftungen des öffentlichen Rechts, soweit sie der Aufsicht des Landes unterstehen, um
a) mündliche und schriftliche Auskünfte,
b) Einsicht in Akten und Unterlagen,
c) Zutritt zu den von ihnen verwalteten öffentlichen Einrichtungen
ersuchen. Die gleichen Befugnisse bestehen gegenüber juristischen Personen des Privatrechts, nicht rechtsfähigen Vereinigungen und natürlichen Personen, soweit sie unter der Aufsicht des Landes öffentlich-rechtliche Tätigkeiten ausüben.

Der Wehrbeauftragte des Bundestags

Aufschlüsselung der im Berichtsjahr 1977 abgeschlossenen Eingaben und sonstigen Vorgänge nach Einsendern und anderen Erkenntnisquellen

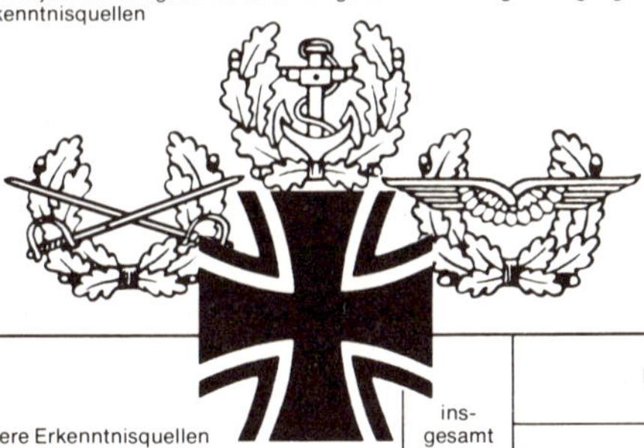

Einsender und andere Erkenntnisquellen	insgesamt	Davon entfallen auf		
		Grundrechte	Innere Führung	Sonstige Vorgänge
Soldaten der Bundeswehr	4437	415	3992	30
Familienangehörige eines Soldaten der Bundeswehr	347	15	323	9
Ehemalige Soldaten der Bundeswehr	551	18	475	58
Abgeordnete des Bundestages	70	5	55	10
Andere Abgeordnete	5	–	4	1
Privatpersonen außerhalb der Bundeswehr	163	14	50	99
Organisationen, Verbände o.ä.	36	6	30	–
Truppenbesuche	27	1	26	–
Presseberichte	22	11	11	–
Besondere Vorkommnisse	811	78	733	–
Nichtgediente Wehrpflichtige	162	17	6	139
Sonstige Urheber	77	3	70	4
	6708	583	5775	350

Widerstandsrecht

Die Grundsätze des Art. 20 Abs. 1 bis 3 Grundgesetz (GG), die Prinzipien der Demokratie, des Sozialstaats, einer bundesstaatlichen Gliederung, der Gewaltenteilung und des Rechtsstaats hat das GG einem besonderen Schutz unterstellt. Gegen jeden, der es unternimmt, diese Ordnung zu beseitigen, haben alle Deutschen das Recht zum Widerstand, wenn andere Abhilfe nicht möglich ist (Art. 20 Abs. 4 GG). Damit wird nicht nur die Verteidigung der freiheitlich-demokratischen Grundordnung gegen Unternehmungen gerechtfertigt, die eine Beseitigung der genannten Verfassungsprinzipien durch Träger hoheitlicher Gewalt zum Ziel haben („Staatsstreich"), sondern auch gegen revolutionäre Bewegungen.

Art. 20 Abs. 4 GG ist vom Gesetzgeber im Zusammenhang mit den sog. Notstandsartikeln in das Grundgesetz eingefügt worden. Die Bestimmung sollte das Gegengewicht zu der in der damaligen Zeit vielfach geäußerten Befürchtung bilden, durch die „Notstandsverfassung" werde ein „Staatsstreich von oben" ermöglicht. Ungeachtet dieser Entstehungsgeschichte gilt dieses Widerstandsrecht auch dann, wenn andere Kräfte, etwa revolutionäre Bewegungen, die Prinzipien unserer Staatsordnung zu beseitigen unternehmen. Das Widerstandsrecht gemäß Art. 20 Abs. 4 GG ist aber nur dann gegeben, „wenn andere Abhilfe nicht möglich ist". Solange die legitime Staatsgewalt funktionsfähig ist, ist allein sie berufen, gegen Umsturzbewegungen vorzugehen. Erst wenn die Staatsorgane nicht mehr fähig sind, gegen umstürzlerische Kräfte vorzugehen bzw. sich gegen sie zu wehren, dürfen die verfassungstreuen Bürger selbst durch aktiven und/oder passiven Widerstand die Grundwerte unserer Verfassungsordnung verteidigen. Die Verwirklichung des Grundrechts auf Widerstand kommt deshalb nur im äußersten Fall des Staatsnotstands, wenn andere Mittel zur Erhaltung der Staatsordnung nicht mehr vorhanden sind, in Betracht.

Abgesehen von dem Fall des Art. 20 Abs. 4 GG steht dem Bürger in der Regel ein Widerstandsrecht gegen Maßnahmen der öffentlichen Gewalt nicht zu. In Zeiten intakter Verfassungsordnung und normal funktionierender Staatsgewalt hat der Bürger die gegen ihn gerichteten Akte der öffentlichen Gewalt, auch rechtswidrige, zunächst hinzunehmen. Die Verfassung verbietet ihm, gegen staatliche Akte Selbstjustiz zu üben. Abgesichert durch die umfassende Rechtsschutzgarantie des Art. 19 Abs. 4 GG mutet sie ihm zu, den Schutz durch die Gerichte abzuwarten. Bis zur Aufhebung oder aufschiebenden Außerkraftsetzung des Aktes ist dieser daher für den Bürger verbindlich, von ihm zu beachten und durch die Behörde vollstreckbar. Zum Schutz des Staatswillens und der zu seiner Ausführung berufenen Organe (z. B. Polizei, Gerichtsvollzieher) ist der *Widerstand gegen die Staatsgewalt*, d. h. gegen die rechtmäßige Amtsausübung durch die Vollstreckungsbeamten, sogar unter die Strafandrohung des § 113 Strafgesetzbuch gestellt. Die Rechtmäßigkeit der Amtshandlung der Vollstreckungsbeamten bemißt sich hierbei nicht danach, ob die Maßnahme objektiv mit dem Recht in Einklang steht. Als rechtmäßig gilt eine Amtsausübung vielmehr schon dann, wenn der Beamte aufgrund sorgfältiger Prüfung in der Annahme gehandelt hat, zu der Amtshandlung berechtigt und verpflichtet zu sein. Widerstand gegen ihn ist daher nur im Fall der Willkür oder des Machtmißbrauchs zulässig.

Rechtswidrige Angriffe privater Dritter braucht der Bürger dagegen in keinem Fall hinzunehmen. Um einen unmittelbar bevorstehenden oder noch nicht abgeschlossenen rechtswidrigen Angriff auf ein Rechtsgut (Leben, Freiheit, Eigentum, Hausrecht, Ehre usw.) von sich oder einem anderen abzuwehren, darf er die Maßnahmen ergreifen, die zur Abwendung des Angriffs – unbedingt – erforderlich sind *(Notwehr)*.

A. Kaufmann (Hrsg.), Widerstandsrecht, Darmstadt 1972.
J. Heuvel, Das legalisierte Widerstandsrecht, Berlin 1969.
H. Mardt, Tyrannis Lex und Widerstandsrecht, Darmstadt 1974.

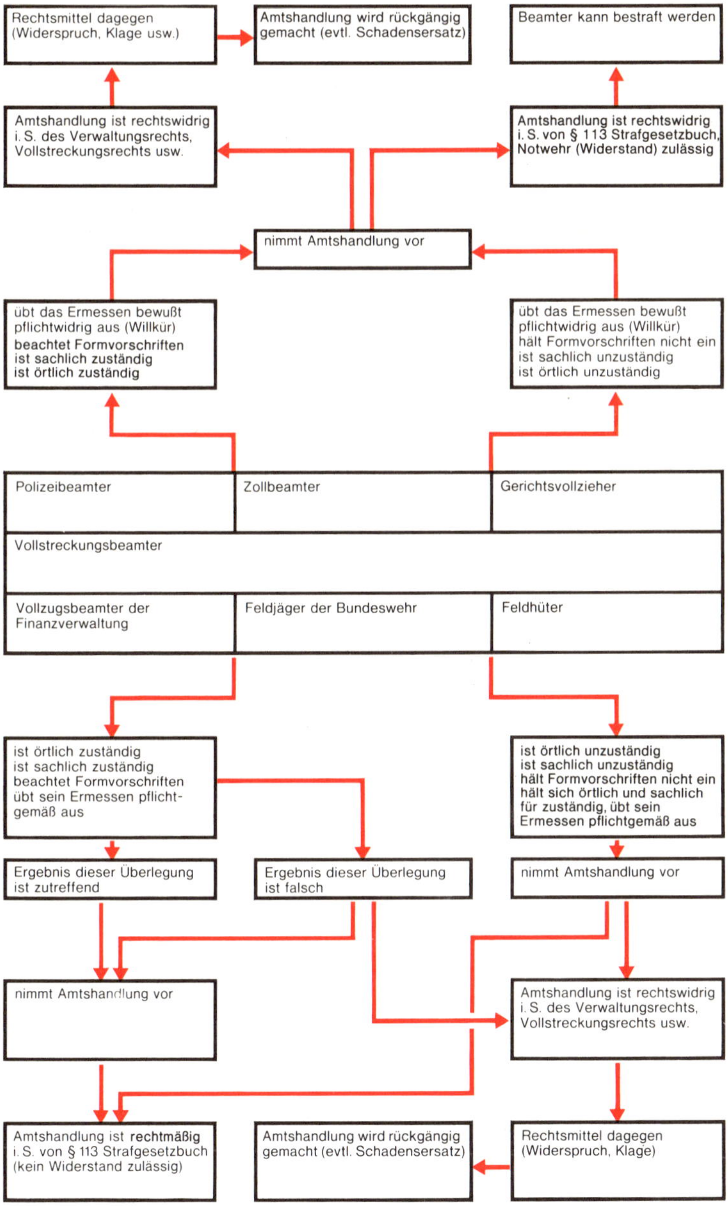
Rechtsmittel dagegen (Widerspruch, Klage usw.)
Amtshandlung wird rückgängig gemacht (evtl. Schadensersatz)
Beamter kann bestraft werden
Amtshandlung ist rechtswidrig i. S. des Verwaltungsrechts, Vollstreckungsrechts usw.
Amtshandlung ist rechtswidrig i. S. von § 113 Strafgesetzbuch, Notwehr (Widerstand) zulässig
nimmt Amtshandlung vor
übt das Ermessen bewußt pflichtwidrig aus (Willkür) beachtet Formvorschriften ist sachlich zuständig ist örtlich zuständig
übt das Ermessen bewußt pflichtwidrig aus (Willkür) hält Formvorschriften nicht ein ist sachlich unzuständig ist örtlich unzuständig
Polizeibeamter
Zollbeamter
Gerichtsvollzieher
Vollstreckungsbeamter
Vollzugsbeamter der Finanzverwaltung
Feldjäger der Bundeswehr
Feldhüter
ist örtlich zuständig ist sachlich zuständig beachtet Formvorschriften übt sein Ermessen pflichtgemäß aus
ist örtlich unzuständig ist sachlich unzuständig hält Formvorschriften nicht ein hält sich örtlich und sachlich für zuständig, übt sein Ermessen pflichtgemäß aus
Ergebnis dieser Überlegung ist zutreffend
Ergebnis dieser Überlegung ist falsch
nimmt Amtshandlung vor
nimmt Amtshandlung vor
Amtshandlung ist rechtswidrig i. S. des Verwaltungsrechts, Vollstreckungsrechts usw.
Amtshandlung ist rechtmäßig i. S. von § 113 Strafgesetzbuch (kein Widerstand zulässig)
Amtshandlung wird rückgängig gemacht (evtl. Schadensersatz)
Rechtsmittel dagegen (Widerspruch, Klage)

Rechtspflege

Wichtigster Teil der Rechtspflege (Rpfl) ist die ↑Rechtsprechung (S. 158). Ferner zählen dazu die Tätigkeiten der Staatsanwaltschaften, der Rechtsanwälte, der Notare (vorsorgende Rpfl, ↑Freiwillige Gerichtsbarkeit S. 196) und die gesamte Justizverwaltung mit ihren zahlreichen Unterabteilungen (z. B. Dienstaufsicht, Strafregister). Der *Staatsanwalt* ist Beamter und muß die „Befähigung zum Richteramt" besitzen. Er führt in Strafsachen das Ermittlungsverfahren, erhebt Anklage und vertritt sie in der Hauptverhandlung. Ihm obliegt auch die Strafvollstreckung. Die Staatsanwaltschaften sind hierarchisch nach strikter Weisungsabhängigkeit aufgebaute Behörden (Amtsanwaltschaft beim Amtsgericht, Staatsanwaltschaften beim Land- und beim Oberlandesgericht). An der Spitze der Staatsanwaltschaft beim Oberlandesgericht steht der Generalstaatsanwalt. Die Bundesanwaltschaft, die der Generalbundesanwalt leitet, vertritt die Revisionen beim Bundesgerichtshof und ist Ermittlungs- und Anklagebehörde in Hoch- und Landesverratssachen. In wenigen Fällen wird der Staatsanwalt auch in Zivilsachen tätig (Ehesachen und Entmündigungsverfahren). Es gibt außerdem Staats-(Landes-)anwaltschaften – Vertreter des öffentlichen Interesses – bei den Verwaltungsgerichten; sie stehen mit den Staatsanwaltschaften der Strafgerichtsbarkeit in keinem organisatorischen Zusammenhang.

Der *Rechtsanwalt* übt einen freien Beruf aus. Seine Stellung und Aufgaben sind in der Bundesrechtsanwaltsordnung vom 1. 8. 1959 geregelt. Danach ist er der berufene und unabhängige Berater und Vertreter in allen Rechtsangelegenheiten. Er ist in der Regel bei einem bestimmten Land- oder Oberlandesgericht zugelassen. Bei diesen Gerichten herrscht Anwaltszwang. Beim Bundesgerichtshof gibt es eine besonders zugelassene Rechtsanwaltschaft, der in Zivilsachen das Vertretungsmonopol zukommt. Der Rechtsanwalt unterliegt einem Standesrecht und einer Ehrengerichtsbarkeit. Die Rechtsanwälte eines Oberlandesgerichtsbezirks bilden eine Rechtsanwaltskammer.

Im Gegensatz zum Rechtsanwalt ist der *Notar* Träger eines öffentlichen Amtes. Seine Tätigkeit erstreckt sich vornehmlich auf die „vorsorgende Rechtspflege" (↑Freiwillige Gerichtsbarkeit S. 196). Er beurkundet Rechtsvorgänge aller Art (z. B. Testamente, Erbverträge, Kaufverträge über Grundstücke) und beglaubigt Unterschriften. Damit sind Belehrung und Beratung verbunden, was das Schwergewicht der notariellen Tätigkeit ausmacht. Für seine Tätigkeit erhält er Gebühren. In einzelnen Teilen der Bundesrepublik (z. B. Bayern) besteht das freie „Nurnotariat", in anderen das Anwaltsnotariat, d. h. ein Rechtsanwalt kann gleichzeitig zum Notar bestellt werden. Abweichende Regelungen gelten für Baden-Württemberg: In Württemberg gibt es Bezirksnotare (mit Rechtspflegerausbildung), in Baden ist der Notar höherer Beamter („Justizrat").

Der *Rechtspfleger* ist Beamter des gehobenen Justizdienstes. Er nimmt zur Entlastung der Richter und Staatsanwälte bestimmte Aufgaben wahr, die an Umfang und Bedeutung ständig zugenommen haben (z. B. Vormundschafts- und Nachlaßsachen, Grundbuchwesen, Registerführung, Mahnverfahren, Unterhaltsfestsetzung, Kostenwesen, Zwangs- und Strafvollstreckung).

Unter einem *Rechtspflegeministerium* versteht man ein Ministerium, das die Verwaltung aller oder jedenfalls der meisten Gerichtsbarkeiten zusammenfaßt. Damit sollen die bisherigen „Hausgerichtsbarkeiten" (z. B. Verwaltungsgerichte beim Innenministerium) abgebaut und die Unabhängigkeit der Gerichte gestärkt werden. Organisatorisch werden die Aufgaben eines Rechtspflegeministeriums von den Justizministerien übernommen.

W. Heyde, Die Rechtspflege in der Bundesrepublik Deutschland, 4. Aufl., Bonn 1975.
A. Schoreit, Gerichte und Justizbehörden der Bundesrepublik Deutschland, Karlsruhe 1976.

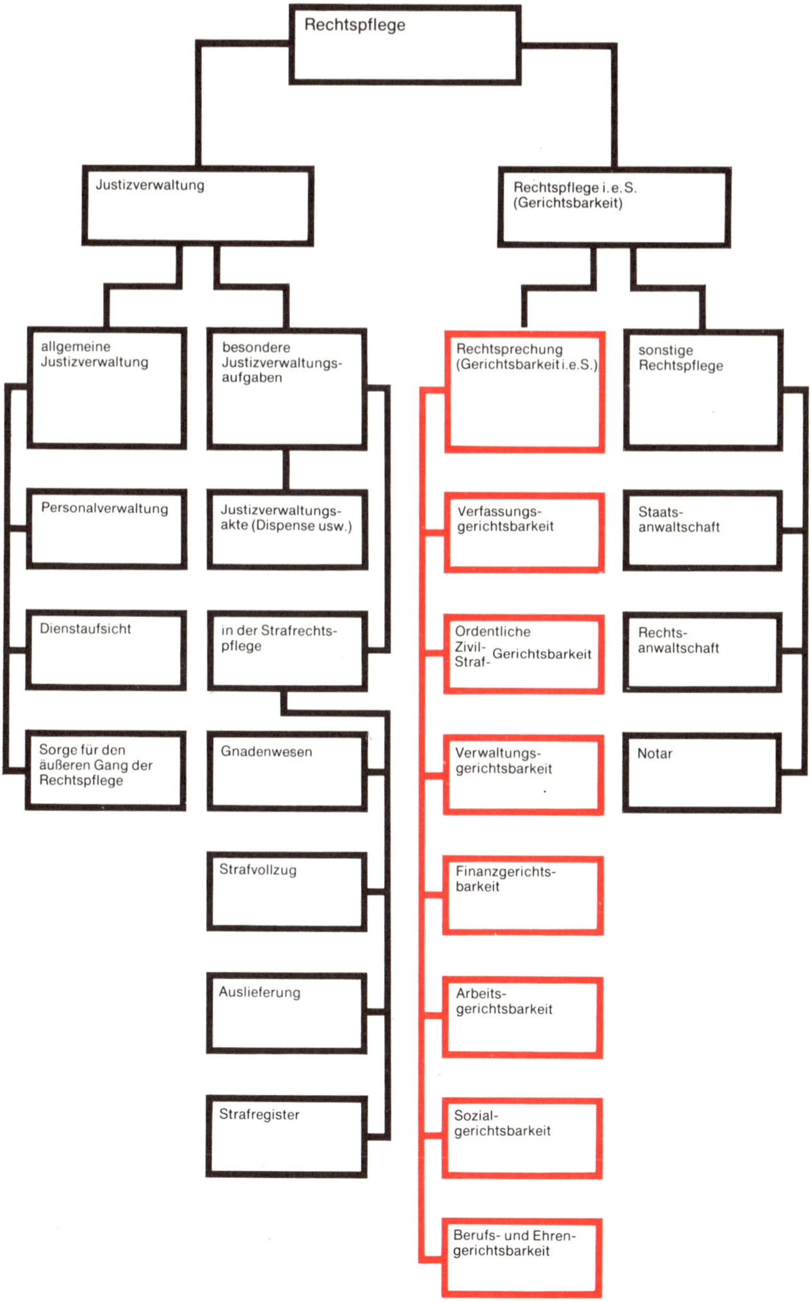
Rechtspflege
Justizverwaltung
Rechtspflege i.e.S. (Gerichtsbarkeit)
allgemeine Justizverwaltung
besondere Justizverwaltungs-aufgaben
Rechtsprechung (Gerichtsbarkeit i.e.S.)
sonstige Rechtspflege
Personalverwaltung
Justizverwaltungs-akte (Dispense usw.)
Verfassungs-gerichtsbarkeit
Staats-anwaltschaft
Dienstaufsicht
in der Strafrechts-pflege
Ordentliche Zivil- Straf- Gerichtsbarkeit
Rechts-anwaltschaft
Sorge für den äußeren Gang der Rechtspflege
Gnadenwesen
Verwaltungs-gerichtsbarkeit
Notar
Strafvollzug
Finanzgerichts-barkeit
Auslieferung
Arbeits-gerichtsbarkeit
Strafregister
Sozial-gerichtsbarkeit
Berufs- und Ehren-gerichtsbarkeit

Rechtsprechung

Die Rechtsprechung (Rspr.) ist der Kernbereich der ↑Rechtspflege (S. 156). Art. 20 Abs. 2 Grundgesetz (GG) verlangt, daß die Rspr. durch besondere Organe des Staates ausgeübt wird. Unter Rspr. in einem *funktionalen* Sinne versteht man daher die nach dem Gewaltenteilungsprinzip gegenüber der Gesetzgebung und der vollziehenden Gewalt selbständige Dritte Gewalt (rechtsprechende Gewalt). Über ihren verfassungsmäßigen Standort enthält der IX. Abschnitt des GG (Art. 92–104) grundlegende Bestimmungen. Die Rspr. ist den Richtern (↑ Berufs- und Laienrichter, S. 162) anvertraut; sie wird durch das Bundesverfassungsgericht (BVerfG), durch die im GG vorgesehenen Bundesgerichte und durch die Gerichte der Länder ausgeübt (Art. 92 GG). Es gibt fünf voneinander unabhängige *Gerichtszweige* (Ordentliche Gerichtsbarkeit für Zivil- und Strafsachen, Verwaltungs-, Finanz-, Arbeits- und Sozialgerichtsbarkeit), an deren Spitze jeweils ein oberster Gerichtshof steht (↑ Gerichtsorganisation, S. 160).

Rspr. kann in einem *formellen* Sinne als die Betätigung der Gerichte aller Art umschrieben werden. Die Gerichte müssen zur Wahrung der richterlichen Neutralität selbständig und von den Verwaltungsbehörden getrennt sein. Das Tätigwerden der Gerichte vollzieht sich in einem genau festgelegten Erkenntnisverfahren (z. B. Zivilprozeß, Strafprozeß, Verwaltungsgerichtsprozeß). Bei der Vielzahl der anhängig werdenden Verfahren bestehen die Gerichte in aller Regel aus mehreren Spruchkörpern, die Einzelrichter oder Richterkollegien (Kammern, Senate) sein können. Die Besetzung dieser Spruchkörper und die Geschäftsverteilung obliegt dem Präsidium des Gerichts. Es legt in einem Geschäftsverteilungsplan jeweils für ein Geschäftsjahr den „gesetzlichen Richter" fest, dem niemand entzogen werden darf (Art. 101 Abs. 1 Satz 2 GG). Die Entscheidungen (Urteile) der unteren Gerichte sind in der Regel mit einem Rechtsmittel anfechtbar. Der Rechtsmittelzug sieht im allgemeinen entsprechend dem dreistufigen Aufbau der meisten Gerichtsbarkeiten zwei weitere Instanzen, eine Berufungsinstanz (rechtliche und tatsächliche Nachprüfung) und eine Revisionsinstanz (nur rechtliche Nachprüfung), vor.

Im *materiellen* Sinne gehört zur Rechtsprechung das Element der Entscheidung, d. h. der Feststellung und des Ausspruchs dessen, was im Einzelfalle rechtens ist. Bei seiner Entscheidung ist der Richter unabhängig und nur dem Gesetz und dem Recht verpflichtet (Art. 20 Abs. 3, 97 Abs. 1 GG). Insofern ist Rspr. nicht nur Anwendung der vom Gesetzgeber vorgegebenen Normen. Zu ihren Aufgaben gehört auch die Fortbildung des Rechts („Schöpferische Rechtsfindung").

Zur Wahrung der Einheitlichkeit der Rspr. ist ein *Gemeinsamer Senat* der obersten Gerichtshöfe des Bundes gebildet, der nach Bedarf zusammentritt und seinen Sitz in Karlsruhe hat. Durch besondere gesetzliche Bestimmungen ist sichergestellt, daß die Gerichte die Gesetze möglichst einheitlich auslegen. Die durch die Rspr. der obersten Gerichte entwickelten Grundsätze („ständige Rechtsprechung") haben in der Praxis einen großen Einfluß auf die Rspr. der unteren Gerichte. Formal verbindlich sind sie jedoch nicht. Hiervon bestehen zwei wichtige Ausnahmen: 1. Bei Aufhebung eines Urteils durch ein höheres Gericht und Zurückverweisung der Sache an das untere Gericht ist dieses im konkreten Falle an die Rechtsansicht des höheren Gerichts gebunden. 2. Die Entscheidungen des BVerfG binden die Verfassungsorgane des Bundes und der Länder sowie alle Gerichte und Behörden. Bestimmte Entscheidungen des BVerfG haben auch Gesetzeskraft.

E. Friesenhahn, Über Begriff und Arten der Rechtsprechung, in: Festschrift für R. Thoma, Tübingen 1949, S. 21.
R. Fischer, Die Weiterbildung des Rechts durch die Rechtsprechung, Karlsruhe 1971.

Rechtsmittelzug gegen Urteile in Zivilsachen

Zuständigkeit	Streitwert bis 3000 DM, Mietstreitigkeiten	Kindschafts-, Unterhalts- und Ehesachen	Streitwert über 3000 DM, Ansprüche aus Amtspflichtverletzungen	Handelssachen
Erste Instanz	Amtsgericht Einzelrichter	Amtsgericht Einzelrichter (Familiengericht)	Landgericht Zivilkammer	Landgericht Kammer für Handelssachen
Berufungsgericht	Landgericht Zivilkammer	Oberlandesgericht Zivilsenat (Familiengericht)	Oberlandesgericht Zivilsenat	
Revisionsgericht		Bundesgerichtshof Zivilsenat	Bundesgerichtshof Zivilsenat	

Rechtsmittelzug gegen Urteile in Strafsachen

Zuständigkeit	leichte Kriminalität	mittlere Kriminalität	schwere Kriminalität	Kapitalverbrechen	Staatsschutzstrafsachen
Erste Instanz	Amtsgericht Einzelrichter	Amtsgericht Schöffengericht erw. Schöffengericht	Landgericht Große Strafkammer	Landgericht Große Strafkammer als Schwurgericht	Oberlandesgericht Staatsschutzstrafsenat
Berufungsgericht	Landgericht Kleine Strafkammer	Landgericht Große Strafkammer			
Revisionsgericht	Oberlandesgericht Strafsenat	Oberlandesgericht Strafsenat	Bundesgerichtshof Strafsenat	Bundesgerichtshof Strafsenat	Bundesgerichtshof Strafsenat

Bundesrichter

Berufsrichter

Ehrenamtliche Richter/in der Strafgerichtsbarkeit: Schöffen

Gerichtsorganisation

Die rechtsprechende Gewalt ist in fünf selbständige *Gerichtszweige* aufgespalten: Ordentliche (Zivil- und Straf-) Gerichtsbarkeit, Verwaltungs-, Finanz-, Arbeits- und Sozialgerichtsbarkeit (Art. 95 Abs. 1 Grundgesetz). Hinzu kommen die Verfassungsgerichte und besondere Gerichte für bestimmte Berufe (z. B. Dienstgerichte für Beamte, Richter und Soldaten, Ehrengerichte für Rechtsanwälte, Ärzte). Wehrstrafgerichte sind nur für Streitkräfte im Ausland oder an Bord von Kriegsschiffen sowie im Verteidigungsfalle vorgesehen. Die Gerichtshoheit zwischen dem Bund und den elf Ländern ist so verteilt, daß in jedem Gerichtszweig die obersten Gerichtshöfe *Bundesgerichte*, alle übrigen Gerichte (mit wenigen Ausnahmen) *Landesgerichte* sind. Der Aufbau innerhalb der Gerichtszweige ist verschieden. Die ordentliche Gerichtsbarkeit ist vierstufig, die Verwaltungs-, Arbeits- und Sozialgerichtsbarkeit dreistufig und die Finanzgerichtsbarkeit zweistufig.

In der ordentlichen Gerichtsbarkeit (die Bezeichnung erklärt sich historisch und bedeutet keine Hervorhebung) sind Gerichte der ersten Instanz das Amtsgericht (AG) und das Landgericht (LG). Mehrere AG-Bezirke bilden einen LG-Bezirk. Das AG ist regelmäßig in Zivilsachen für Verfahren mit einem Streitwert bis 3000,– DM und in Strafsachen für leichte Fälle (Einzelrichter) sowie für die mittlere Kriminalität (Schöffengericht) zuständig. Das AG ist jetzt auch Familiengericht. Das LG ist Eingangsgericht in Zivilsachen mit höherem Streitwert und in Strafsachen für schwere Kriminalität (Große Strafkammer) sowie für Kapitalverbrechen (Schwurgericht). Außerdem ist das LG Berufungsinstanz (Tatsachen- und Rechtsüberprüfung) gegen Urteile des AG (außer Familiengericht). Mehrere LG-Bezirke bilden den Bezirk eines Oberlandesgerichts (OLG). In Bayern gibt es außerdem ein Oberstes Landesgericht. Das OLG ist in Zivilsachen Berufungsinstanz gegen die erstinstanzlichen Urteile des LG und des Familiengerichts sowie in Strafsachen Revisionsgericht (nur rechtliche Nachprüfung) gegen Urteile des AG und Berufungsurteile des LG. Außerdem ist es erste Instanz in Staatsschutzstrafsachen. Oberster Gerichtshof für Zivil- und Strafsachen ist der Bundesgerichtshof (als Nachfolger des früheren Reichsgerichts). Er ist Revisionsinstanz in Zivilsachen gegen die Urteile des OLG sowie in Strafsachen gegen die erstinstanzlichen Urteile des LG und des OLG. In der *Verwaltungsgerichtsbarkeit* ist Eingangsgericht das Verwaltungsgericht, Berufungsinstanz das Oberverwaltungsgericht (Verwaltungsgerichtshof) und Revisionsinstanz das Bundesverwaltungsgericht. Die *Arbeitsgerichtsbarkeit* gliedert sich in Arbeitsgerichte, Landesarbeitsgerichte (Berufungsinstanz) und das Bundesarbeitsgericht (Revisionsinstanz). Die *Sozialgerichtsbarkeit* besteht aus Sozialgerichten, Landessozialgerichten (Berufungsinstanz) und dem Bundessozialgericht (Revisionsinstanz). Die *Finanzgerichtsbarkeit* wird von Finanzgerichten und dem Bundesfinanzhof als Revisionsgericht ausgeübt. Ein besonderes Gericht ist das Bundespatentgericht.

Der Sicherung einer einheitlichen Rechtsprechung in den verschiedenen Gerichtszweigen dient der „Gemeinsame Senat" der fünf obersten Gerichtshöfe. Das Bundesverfassungsgericht (BVerfG) und die Verfassungs- oder Staatsgerichtshöfe der Länder sind besondere, außerhalb der übrigen Gerichtsorganisation stehende Gerichte (↑ Verfassungsgerichte S. 178). Das BVerfG ist ein oberstes Verfassungsorgan und bildet die Spitze der rechtsprechenden Gewalt. Es ist zwar den übrigen Gerichten nicht im Instanzenzug übergeordnet, kann jedoch im Wege der Verfassungsbeschwerde auch gegen die Entscheidungen der anderen obersten Gerichtshöfe angerufen werden.

Zur Zeit ist eine Reform der ordentlichen Gerichtsbarkeit mit dem Ziel im Gange, kleine Gerichtsbezirke abzuschaffen und den dreistufigen Aufbau (LG, OLG, BGH) einzuführen.

E. Kern/M. Wolf, Gerichtsverfassungsrecht, 5. Aufl., München 1975.
P. Stein/M. Jonas, Kommentar zur Zivilprozeßordnung, Bd. 1, Tübingen 1972, S. 3ff.

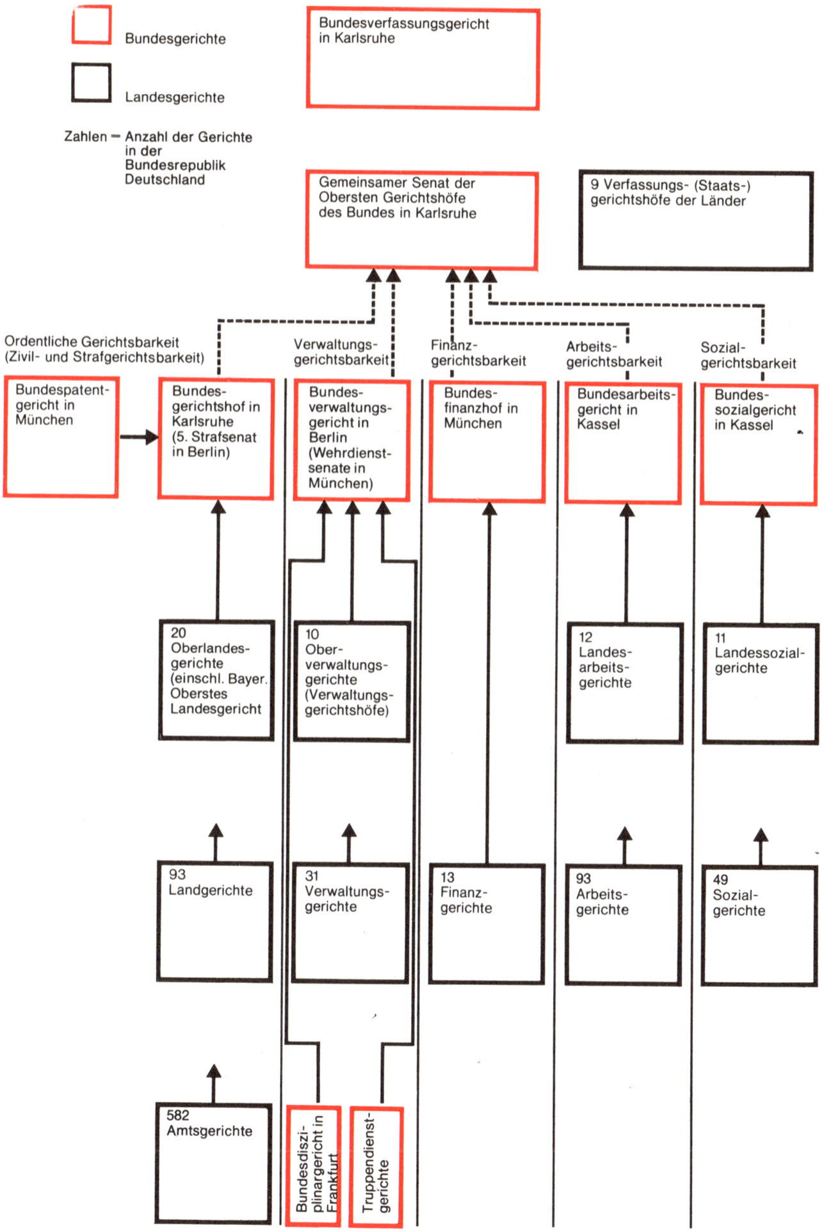
Bundesgerichte
Landesgerichte
Zahlen = Anzahl der Gerichte in der Bundesrepublik Deutschland
Bundesverfassungsgericht in Karlsruhe
Gemeinsamer Senat der Obersten Gerichtshöfe des Bundes in Karlsruhe
9 Verfassungs- (Staats-) gerichtshöfe der Länder
Ordentliche Gerichtsbarkeit (Zivil- und Strafgerichtsbarkeit)
Verwaltungs- gerichtsbarkeit
Finanz- gerichtsbarkeit
Arbeits- gerichtsbarkeit
Sozial- gerichtsbarkeit
Bundespatent- gericht in München
Bundes- gerichtshof in Karlsruhe (5. Strafsenat in Berlin)
Bundes- verwaltungs- gericht in Berlin (Wehrdienst- senate in München)
Bundes- finanzhof in München
Bundesarbeits- gericht in Kassel
Bundes- sozialgericht in Kassel
20 Oberlandes- gerichte (einschl. Bayer. Oberstes Landesgericht
10 Ober- verwaltungs- gerichte (Verwaltungs- gerichtshöfe)
12 Landes- arbeits- gerichte
11 Landessozial- gerichte
93 Landgerichte
31 Verwaltungs- gerichte
13 Finanz- gerichte
93 Arbeits- gerichte
49 Sozial- gerichte
582 Amtsgerichte
Bundesdiszi- plinargericht in Frankfurt
Truppendienst- gerichte

Berufs- und Laienrichter

Nach Art. 92 Grundgesetz (GG) ist die rechtsprechende Gewalt den Richtern anvertraut. Es gibt Berufsrichter und ehrenamtliche Richter. Letztere werden volkstümlich, aber ungenau auch „Laienrichter" genannt. Ehrenamtliche Richter sind bei der Rechtsprechung mitwirkende Personen, die nicht Berufsrichter, sondern im allgemeinen Nichtjuristen (Laien) sind. Zum Berufsrichter kann nur berufen werden, wer durch Ablegung von zwei Staatsprüfungen (Referendar- und Assessorexamen) die „Befähigung zum Richteramt" erworben oder ordentlicher Professor der Rechte an einer Universität ist. Der Berufsrichter ist nicht Beamter. Er steht nicht im Beamtenverhältnis, sondern in einem besonderen öffentlich-rechtlichen Dienstverhältnis (Richterverhältnis), das im Deutschen Richtergesetz (DRiG) geregelt ist. Die Ernennung zum Richter erfolgt durch Aushändigung einer Urkunde. Der Richter ist bei der Ausübung seines Richteramtes unabhängig und nur dem Gesetz unterworfen (persönliche und sachliche Unabhängigkeit – Art. 97 Abs. 1 GG). Hierdurch unterscheidet er sich von den weisungsgebundenen Verwaltungsbeamten. Die Unabhängigkeit des Richters schließt jedoch nicht aus, daß er einer Dienstaufsicht untersteht; sie reicht aber nur soweit, als seine Unabhängigkeit nicht beeinträchtigt wird. Die Berufung der Richter ist im Bund und in den Ländern unterschiedlich geregelt. Sie werden durch den Bundespräsidenten, den Ministerpräsidenten oder den zuständigen Minister ernannt. Im Bund und in mehreren Ländern geht der Ernennung die Wahl durch einen *Richterwahlausschuß* voraus, in dem u. a. Abgeordnete, Richter und Rechtsanwälte mitwirken. Für die Wahl der Verfassungsrichter gelten besondere Bestimmungen (↑Wahl und Ernennung der Verfassungsrichter S. 180). Die planmäßig angestellten Richter werden auf Lebenszeit berufen. Sie können vor Erreichung der Altersgrenze (bei den Richtern der obersten Bundesgerichte 68, sonst 65 Jahre) ohne ihre Zustimmung nur durch das Richterdienstgericht ihres Amts enthoben werden. Sie sind grundsätzlich auch unversetzbar. Als Amtsbezeichnungen der Berufsrichter gibt es nur noch die Bezeichnung „Richter" und „Vorsitzender Richter" jeweils mit einem das Gericht kennzeichnenden Zusatz (z. B. „Richter am Amtsgericht", „Vorsitzender Richter am Landgericht"). Die Bezeichnung „Präsident" ist für den Gerichtspräsidenten erhalten geblieben, beim Amtsgericht heißt dieser „Direktor des Amtsgerichts".

Ehrenamtliche Richter wirken in allen Zweigen der Gerichtsbarkeit mit, in der Zivilgerichtsbarkeit z. B. in der Kammer für Handelssachen des Landgerichts, in der Strafgerichtsbarkeit bei Amts- und Landgerichten, ferner in der Verwaltungs-, Finanz-, Arbeits- und Sozialgerichtsbarkeit, bei den Verfassungsgerichten der Länder und in den Dienst- und Ehrengerichten. Hier gibt es auch Juristen, die als ehrenamtliche Richter tätig sind, z. B. die Rechtsanwälte in den Ehrengerichten für Rechtsanwälte. Die in der Strafgerichtsbarkeit mitwirkenden ehrenamtlichen Richter heißen, wie althergebracht, „Schöffen". Die Bezeichnung „Geschworener" für die Laienrichter des Schwurgerichts ist entfallen. Durch die Mitwirkung ehrenamtlicher Richter soll das Volk an der Rechtsprechung beteiligt (in Strafsachen), besondere Sachkunde genutzt (in der Kammer für Handelssachen) oder die Mitwirkung des betroffenen Berufsstandes (Ehrengerichtsbarkeit) sichergestellt werden. Die ehrenamtlichen Richter haben in der Verhandlung und Beratung die vollen Rechte und Pflichten wie ein Berufsrichter. Sie werden auf eine bestimmte Amtszeit gewählt und können gegen ihren Willen nur durch richterliche Entscheidung vorzeitig abberufen werden. Das Wahl- und Berufungsverfahren ist in den einzelnen Gerichtszweigen verschieden.

A. Wagner, Der Richter, Geschichte, aktuelle Fragen, Reformprobleme, Karlsruhe 1959.
Schmidt/Räntsch, 9. Deutsches Richtergesetz, Kommentar, 2. Aufl., München 1973 (mit Nachtrag 1974).
L. H. Serwe, Richter ohne Robe, Laien im Strafrecht, Köln 1973.

Auswahl von Schöffen alle vier Jahre
(§§ 36-45 Gerichtsverfassungsgesetz)

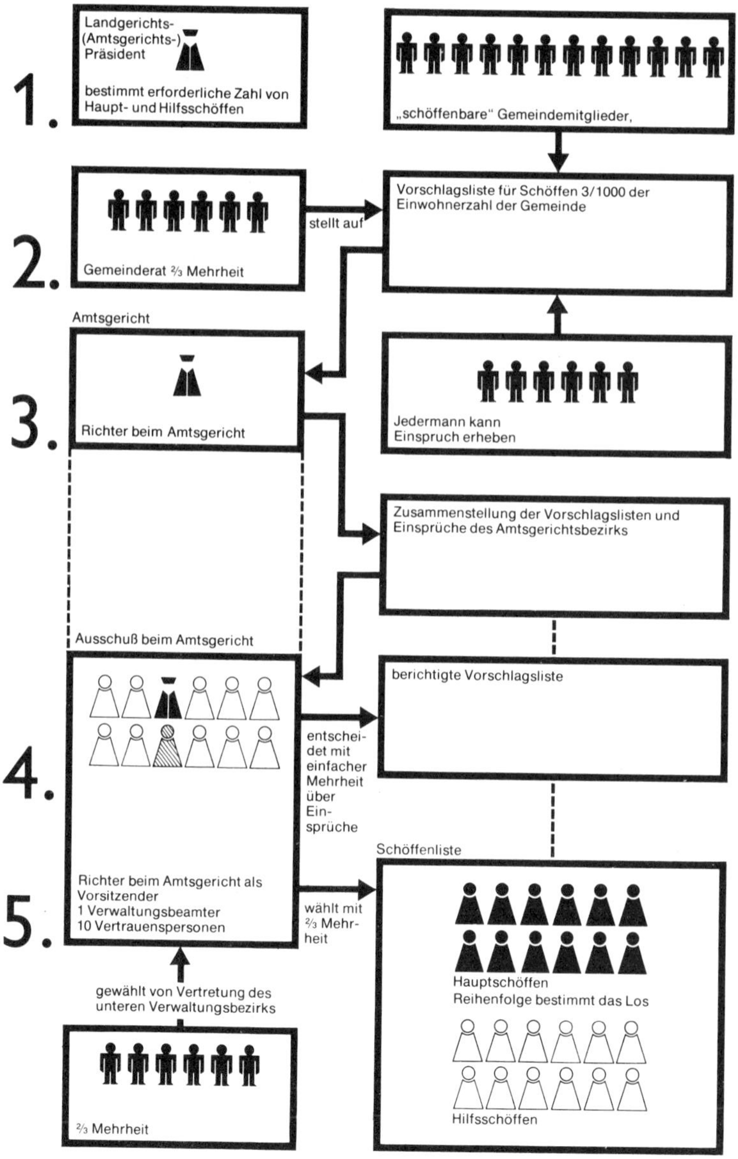

Gerichtliches Verfahren – Prozeßmaximen

In jeder Gemeinschaft gibt es Konfliktsituationen, in denen das Bestehen von Rechten – wie die Zahlung von Schadensersatz bei einem Verkehrsunfall oder die Erteilung einer Baugenehmigung – umstritten ist. Wie diese Rechte festgestellt und notfalls auch mit Hilfe staatlichem Zwang durchgesetzt werden, regeln die verschiedenen *Prozeßordnungen*. Nur so ist es möglich, daß der Staat, von wenigen Ausnahmen abgesehen, den Anspruchsberechtigten verbietet, sich selbst zu befriedigen *(Selbsthilfe-recht)*. Auf diese Weise kann der Rechtsfrieden hergestellt und gesichert werden.

Das gerichtliche Verfahren läuft nach feststehenden Regeln ab. Jedes Verfahren beginnt mit Antrag, Klage oder Anklage, die das Streitprogramm festlegen. In der ↑Freiwilligen Gerichtsbarkeit (S. 196) kann es auch von Amts wegen eröffnet werden. Das Gericht prüft zuerst, ob die *Prozeßvoraussetzungen* vorliegen, z. B. ob seine Zuständigkeit gegeben ist. Daneben hat das Gericht auch noch zu prüfen, ob keine Verfahrenshindernisse bestehen: dieselbe Sache einem anderen Gericht schon zur Entscheidung vorliegt (rechtshängig) oder darüber in einem anderen Verfahren rechtskräftig entschieden worden ist. Letzteres ist immer dann der Fall, wenn die Entscheidung nach Ablauf einer bestimmten Frist unanfechtbar (formell rechtskräftig) geworden ist. Nur ausnahmsweise können solche Entscheidungen in einem neuen Prozeß überprüft werden: wenn die Einhaltung von Rechtsmittelfristen unverschuldet versäumt wurde (Wiedereinsetzung) oder wenn ein Wiederaufnahmegrund vorliegt. Formell rechtskräftige Entscheidungen werden allgemein verbindlich (materiell rechtskräftig).

Wenn die Verfahrensvoraussetzungen bejaht werden, kann das Gericht über die Sache selbst entscheiden. Falls für den Ausgang des Streits bedeutsame Tatsachen umstritten sind, werden sie durch Beweisaufnahme geklärt. Die Arten der Beweiserhebung und der Beweismittel können je nach Prozeßordnung verschieden sein. Ergebnis der Untersuchung ist ein Erkenntnis (Urteil oder Beschluß), das das *Erkenntnisverfahren* abschließt (↑Gerichtliche Entscheidungen und Streitbeendigung S. 168). In den meisten Fällen kann die Entscheidung in ↑Rechtsmittelverfahren (S. 170) angefochten werden. Dem Erkenntnisverfahren schließt sich in vielen Fällen ein (Zwangs-) ↑*Vollstreckungsverfahren* (S. 176) an.

Damit das gerichtliche Verfahren für alle nach gleichen Grundsätzen abläuft, stellen die einzelnen Prozeßordnungen Regeln *(Prozeßmaximen)* auf, wobei die meisten Rechtsnormen in den verschiedenen Prozeßordnungen auf diese zurückführbar sind. Je nach Eigenart des Rechtsgebiets (Zivil-, Straf-, Verwaltungsrecht) sind sie teilweise verschieden. Es kann dabei unterschiedlich bestimmt sein, wer ein Verfahren in Gang bringt, seinen Fortgang betreibt, wem die Verfügung über den Prozeßgegenstand zusteht, wer den Sachverhalt im Prozeß festlegt und wie der Prozeß geführt wird. Es gibt jedoch einige Prozeßmaximen, die in allen Verfahren gleich sind. So ist in allen Prozeßordnungen vorgeschrieben, daß jeder Anspruch auf rechtliches Gehör hat, wenn seine Sache entschieden wird, daß der Prozeß vor einem unabhängigen Richter, der vorher durch Gesetz bestimmt ist, entschieden wird. Diese Grundsätze sind verfassungsrechtlich garantiert. Das Verfahren muß auch zügig abgewickelt werden. Um dies im Zivilprozeß zu erreichen, kann das Gericht für Klageerwiderung und deren Beantwortung eine Frist setzen. Angriffs- und Verteidigungsmittel können zurückgewiesen werden, wenn sie nicht rechtzeitig vorgebracht werden. Vor allem aber haben Verfahren öffentlich stattzufinden. Nur ausnahmsweise kann bei Gefahren für höherrangige Rechtsgüter die Öffentlichkeit ausgeschlossen werden.

K. H. Gössel, Strafverfahrensrecht, Stuttgart 1977.
W. Grunsky, Grundlagen des Verfahrensrechts, 2. Aufl., Bielefeld 1974.
O. Tschira/W. Schmitt Glaeser, Verwaltungsprozeßrecht, 3. Aufl., Stuttgart 1977.

Prozeßmaximen

A. Einleitung des Verfahrens

Offizialmaxime

Einleitung von Amts wegen durch Behörden bzw. Beamte.

Legalitätsprinzip aufgrund einer gesetzlichen Pflicht zur Einleitung: Strafprozeß

Opportunitätsprinzip aufgrund pflichtgemäßen Ermessens: Für Behörden im Verfassungs- und Verwaltungsgerichtsprozeß, im Zivilprozeß in Statussachen (z. B. Vaterschaftsfeststellung).

Parteimaxime
Die Beteiligten entscheiden frei über die Einleitung: Zivilprozeß und für den Bürger auch in allen anderen Prozessen.

B. Betrieb des Verfahrens

Amtsbetrieb
Das Gericht bestimmt den Fortgang des Verfahrens: Heute in allen Prozeßarten.

Parteibetrieb
Die Beteiligten bestimmen den Fortgang des Verfahrens: Im Zivilprozeß nach Erlaß des Urteils.

C. Sachgestaltung

Offizialmaxime
Der Gegenstand des Prozesses unterliegt der Bestimmung des Gerichts oder dem rechtlich gebundenen Ermessen einer Behörde: Im Strafprozeß und von den Behörden her im Verfassungs-, Verwaltungs-, Finanz- und Sozialgerichtsprozeß.

Dispositionsmaxime
Der Gegenstand des Verfahrens unterliegt der freien Verfügung der Beteiligten: Im Zivilprozeß (außer in Ehe- und Statussachen) und vom Bürger her z. B. im Verwaltungsgerichtsprozeß.

D. Sachverhaltsgestaltung

Untersuchungsmaxime
Das Gericht bestimmt, welche Tatsachen in den Prozeß eingeführt und welche Tatsachen bewiesen werden müssen: Im Straf-, Verfassungsgerichts-, Finanzgerichts- und Sozialgerichtsprozeß sowie im Zivilprozeß in Ehe- und Statussachen.

Amtsmaxime
Die Beteiligten bestimmen, welche Tatsachen in den Prozeß eingeführt werden; das Gericht bestimmt, welche Tatsachen bewiesen werden müssen: Im Verfahren über die Zulässigkeit der Klage im Zivilprozeß.

Verhandlungsmaxime
Die Beteiligten bestimmen, welche Tatsachen in den Prozeß eingeführt werden und welche bewiesen werden müssen: Im Zivilprozeß (außer Ehe- und Statussachen).

E. Prozeßführung

Schriftlichkeit
Prozeßstoff wird nur das, was schriftlich vorgetragen wird, z. B. im Vorverfahren des Strafprozesses, in den Erinnerungsverfahren der zivilrechtlichen Zwangsvollstreckung.

Mündlichkeit
Prozeßstoff wird nur das, was mündlich vorgetragen wird: Im Hauptverfahren des Strafprozesses.

Verbindung von Schriftlichkeit und Mündlichkeit
Im Zivilprozeß, Verwaltungsgerichtsprozeß usf.

Vorläufiger Rechtsschutz

Durch die Dauer des gerichtlichen Verfahrens, das sich oft über mehrere Instanzen erstreckt, ergibt sich die Notwendigkeit, den endgültigen Rechtsschutz durch vorläufige Maßnahmen sicherzustellen.

Im Bereich des Zivilrechts sind als Hauptarten des vorläufigen Rechtsschutzes zu unterscheiden: Der vorläufige Rechtsschutz außerhalb des prozessualen Erkenntnisverfahrens, der vorläufige Rechtsschutz während der Verfahren und die Selbsthilfe.

Außerhalb des prozessualen Erkenntnisverfahrens, und zwar vor wie auch während desselben, ermöglicht das *Beweissicherungsverfahren* eine vorsorgliche Beweisaufnahme. Das Beweissicherungsverfahren ist nur in Beziehung auf bestimmte Beweismittel (Einnahme des Augenscheins und Vernehmung von Zeugen und Sachverständigen) und aus bestimmten Gründen (Beweisgefährdung) zulässig. Der Beweissicherungsantrag ist unter Bezeichnung des Gegners und unter Angabe von Beweisthema, Beweisgrund und Beweismittel bei dem Amtsgericht, in dessen Bezirk der Beweis zu sichern ist, anzubringen. Der Beweisgrund ist vom Antragsteller glaubhaft zu machen.

Durch das *Arrestverfahren* soll die künftige Vollstreckung einer Geldforderung gesichert werden. Wo der dingliche, auf das Vermögen des Gegners gerichtete Arrest versagen würde, ist der persönliche Sicherheitsarrest zulässig. Das Arrestverfahren wird durch den Arrestantrag beim Gericht der Hauptsache oder bei dem Amtsgericht, in dessen Bezirk der Arrest verwirklicht werden soll, eingeleitet. Arrestanspruch und Arrestgrund sind glaubhaft zu machen. Aus dem vom Gericht erlassenen Arresturteil oder Beschluß wird dann der Arrest nach den Regeln der Zwangsvollstreckung vollzogen, wobei zu beachten ist, daß der Arrestbefehl seine Vollstreckungskraft einen Monat nach der Zustellung verliert.

Bei anderen als auf Geld oder geldwerte Leistung gerichteten Ansprüchen wird der vorläufige Rechtsschutz auf einstweilige Sicherung der Zwangsvollstreckung durch die *einstweilige Verfügung* gewährleistet, für die im wesentlichen die gleichen Regeln gelten wie für den Arrest.

Dem vorläufigen Rechtsschutz während des Verfahrens dient das Vorbehaltsurteil. Das Vorbehaltsurteil verurteilt den Beklagten zwar, beläßt ihm aber durch die Aufnahme eines entsprechenden Vorbehalts in die Urteilsformel die Möglichkeit, Einwendungen in derselben Instanz, nämlich im Nachverfahren, geltend zu machen. Vorbehaltsurteile sind in erster und zweiter Instanz in zwei Fällen denkbar, nämlich in Ansehung der Aufrechnung mit einer Gegenforderung und im Urkundenverfahren (↑ Verfahrensarten im Zivilprozeß S. 186).

Vorläufigen Rechtsschutz gibt es auch in Ehesachen (↑ Ehesachen S. 188).

Auch im Bereich der Zwangsvollstreckung besteht die Möglichkeit, durch einstweilige Anordnung die Zwangsvollstreckung vorläufig einzustellen oder nur gegen Sicherheitsleistung zu gestatten, wenn dies im Interesse des Vollstreckungsschuldners geboten erscheint (↑ Zwangsvollstreckung S. 190).

Außerhalb des Prozesses ist die *Selbsthilfe* als Fall des vorläufigen Rechtsschutzes anzusehen. Die Selbsthilfe ist jedoch nur dann nicht widerrechtlich, wenn sie der Erhaltung gerichtlich durchsetzbarer Rechte dient und obrigkeitliche Hilfe nicht rechtzeitig zu erlangen ist. Die Selbsthilfe wird widerrechtlich, wenn ihr nicht alsbald gerichtliche Maßnahmen, wie z. B. die Beantragung des dinglichen oder persönlichen Arrestes, folgen.

Auch im öffentlichen Recht, nämlich im Verfassungsstreit, im verwaltungsgerichtlichen Verfahren und im Finanzrechtsstreit gibt es einen vorläufigen Rechtsschutz.

Im Strafrecht sind vorläufige Festnahme und Untersuchungshaft als Fälle des vorläufigen Rechtsschutzes anzusehen.

R. Bruns/O. Peters, Zwangsvollstreckungsrecht, 2. Aufl., München 1977.
D. Leipold, Grundlagen des einstweiligen Rechtsschutzes, München 1971.

Vorläufiger Rechtsschutz im Verwaltungsverfahren

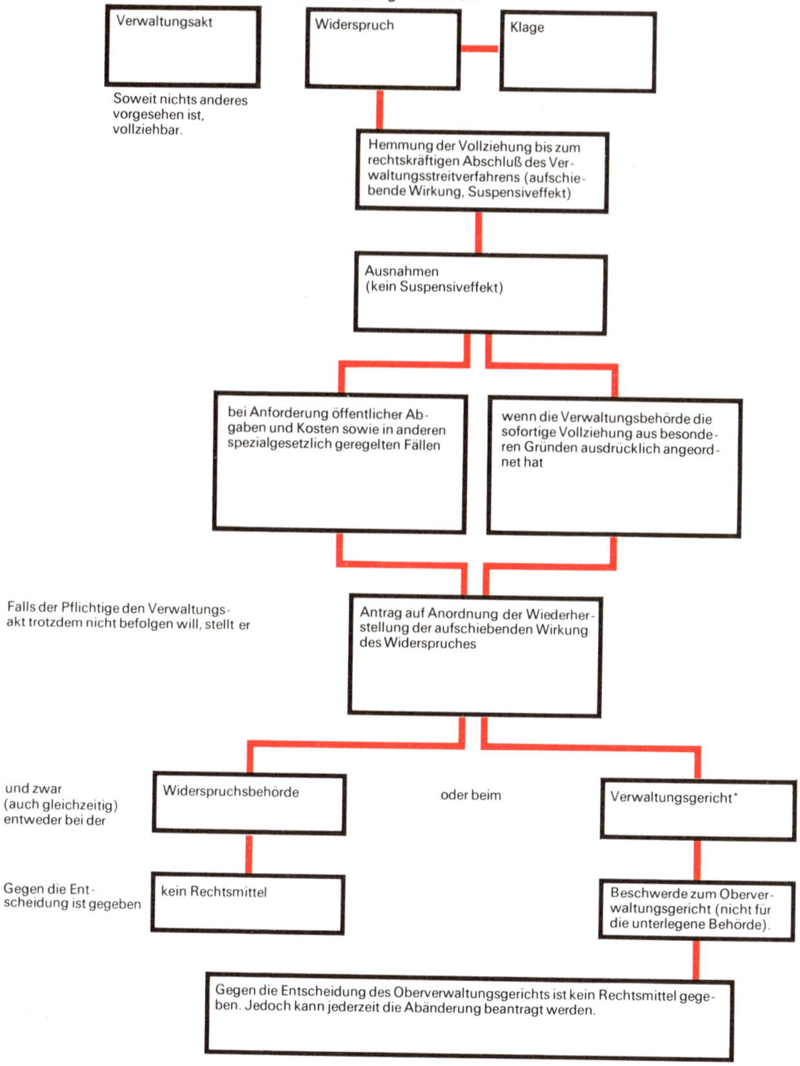

* Zuständig ist stets das Gericht der Hauptsache. Falls die Hauptsache sich bereits in der Berufungs- bzw. Revisionsinstanz befindet, hat deshalb das Oberverwaltungsgericht bzw. das Bundesverwaltungsgericht zu entscheiden; ein Rechtsmittel ist dann nicht gegeben.

Bei Verpflichtungs-, Feststellungs- und Leistungsklagen kann der Kläger – auch schon vor Klagerhebung – beim Gericht einen Antrag auf Erlaß einer einstweiligen Anordnung stellen. Mit dem Antrag kann jedoch nur eine vorläufige Anordnung in Bezug auf den Streitgegenstand, nicht aber eine Vorwegnahme der mit der Klage begehrten Entscheidung erlangt werden. Zuständig ist das Verwaltungsgericht bzw. das Oberverwaltungsgericht, wenn die Hauptsache bereits in den höheren Instanzen anhängig ist. Gegen einen Beschluß des Verwaltungsgerichtes, durch den der Antrag abgewiesen wurde, ist Beschwerde zum Oberverwaltungsgericht gegeben. Wird dem Antrag stattgegeben, so kann die Behörde hiergegen Antrag auf mündliche Verhandlung stellen.

Gerichtliche Entscheidungen und Streitbeendigung

Während eines Rechtsstreits treten Situationen auf, die für die Parteien anfangs noch nicht übersehbar waren. Der Beklagte zahlt nach Klageerhebung oder der Kläger erkennt im Laufe des Rechtsstreits, daß seine Erfolgsaussichten gering sind oder sein Klagebegehren nur teilweise begründet sein wird. Das Prozeßrecht stellt den Parteien daher mehrere Möglichkeiten zur Verfügung, um auf diese Situation angemessen zu reagieren.

Wenn der Kläger nach Klageerwiderung erkennt, daß er den Prozeß nicht gewinnen kann, so kann er bis zur mündlichen Verhandlung ohne Zustimmung des Beklagten die Klage *zurücknehmen*. Danach kann die Rücknahme bis zur Rechtskraft des Urteils nur erfolgen, wenn der Beklagte einwilligt. Über die Kosten, die vom Kläger zu tragen sind, wird durch Beschluß entschieden. Besteht Streit über eine wirksame Rücknahme und wird sie auch bejaht, so ergeht ein Endurteil, das die Klage für zurückgenommen erklärt. Verspricht der Kläger außerhalb der Verhandlung, die Klage zurückzunehmen und geschieht dies nicht, so kann der Beklagte das Klagerücknahmeversprechen einwenden, wenn der Kläger weiter zur Sache verhandelt. Die Klage wird unzulässig.

Wenn der Kläger erkennt, daß seine Klage unbegründet ist, so kann er während der Hauptverhandlung auf die Durchsetzung seiner Rechte verzichten. Es ergeht dann ein *Verzichtsurteil*. Das Gegenstück dazu ist das *Anerkenntnisurteil*. Es ergeht, wenn der Beklagte während der Hauptverhandlung den geltend gemachten Anspruch anerkennt, und es vom Kläger beantragt wird.

Manchmal kommt es auch vor, daß der Schuldner nach Klageerhebung zahlt. Die Klage wäre unbegründet, weil der Kläger schon das erhielt, was er begehrte. Er kann dann *die Hauptsache für erledigt erklären*. Erfolgt dies beiderseitig, so entscheidet das Gericht nur über die Kosten nach billigem Ermessen durch Beschluß. Wird der Antrag nur von einer Partei gestellt, so wird ein besonderer Verfahrensabschnitt eingeleitet, in dem nachgeprüft wird, ob ein Erledigungsereignis vorliegt. Kommt das Gericht zur Überzeugung, daß dies nicht der Fall sei, so ergeht ein Zwischenurteil, das dieses Ergebnis feststellt, oder es wird in den Gründen des Endurteils darauf hingewiesen. Liegt ein erledigendes Ereignis vor, so ergeht ein Endurteil und die Kosten werden dem auferlegt, der unterlegen wäre.

In manchen Situationen ist der Abschluß eines Prozesses mit einem Endurteil nicht die beste Lösung, sondern eine Vereinbarung, bei der beide Parteien gegenüber ihren anfänglichen Standpunkten abrücken *(Vergleich)*. Stehen die Parteien in persönlicher Beziehung zueinander, so kann der Abschluß eines Vergleichs, auch wenn er die gesetzliche Rechtslage nicht genau widerspiegelt, versöhnend wirken. Häufig ist er auch zweckmäßig. Dies ist immer der Fall, wenn zwischen den Parteien mehrere Rechtsstreitigkeiten laufen oder noch nicht anhängige im Entstehen sind. Mit seinem Abschluß können alle streitigen Rechtsbeziehungen geklärt werden. Häufig ist auch der Ausgang eines Verfahrens ungewiß, weil erst durch kostspielige Beweisaufnahmen geklärt werden kann, wie die Rechtslage ist. In einem solchen Fall grenzt ein Vergleich das Gewinn- und Verlustrisiko ein. Sein Abschluß ist nur möglich, wenn die Parteien über das streitige Recht verfügen können. Der vor dem Gericht abgeschlossene und protokollierte Prozeßvergleich beendet das Verfahren unmittelbar. Aus ihm können die Parteien die Zwangsvollstreckung (Zwangsvollstreckung S. 190) betreiben. Leidet der Vergleich unter einem Mangel, so ist er unwirksam. In den meisten Fällen führt dies dazu, daß das ursprüngliche Verfahren wieder aufgenommen wird und im Endurteil auch die Unwirksamkeit des Vergleichs ausgesprochen wird.

W. Grunsky, Grundlagen des Verfahrensrechts, 2. Aufl., Bielefeld 1974.
W. Rosenberg/K. H. Schwab, Zivilprozeßrecht, 12. Aufl., München 1977.

1. Streitbeendigung durch Urteil

Klage → Prozeß → Urteil → Rechtskraft

Urteil allgemein verbindlich; es kann nur beseitigt werden, wenn einer der gesetzlich bestimmten Wiederaufnahmegründe vorliegt: z.B. Urteil durch ausgeschlossenen Richter oder ohne Beteiligung der Parteien.

2. Streitbeendigung durch Prozeßvergleich

Klage → Prozeß → Vergleich

oder

Klage → Urteil → Vergleich (vor Rechtskraft)

Vergleich verbindlich und vollstreckbar; Einwendungen:
a) Irrtum, Täuschung und Drohung, mangelnde Protokollierung.
b) Wegfall der Geschäftsgrundlage, Rücktritt.

wenn a) alter Prozeß → Urteil

wenn b) neue Klage → Prozeß → Urteil

3. Streitbeendigung durch außergerichtlichen Vergleich

Klage → Prozeß → außergerichtlicher Vergleich

a) mit Vereinbarung einer Rücknahme der Klage,
b) ohne Vereinbarung einer Rücknahme der Klage.
wenn a) Kläger nimmt Klage zurück, Beschluß über Kosten, oder Kläger nimmt Klage nicht zurück, darauf auf Antrag des Beklagten abweisendes Urteil.
wenn b) Parteien erklären Rechtsstreit für erledigt, dann Beschluß über Kosten.
Vergleich verbindlich, aber nicht vollstreckbar.
Einwendungen: Irrtum, Täuschung, Wegfall der Geschäftsgrundlage etc.
auch denkbar: Parteien erfüllen Verpflichtungen aus Vergleich nicht, dann

neue Klage → Prozeß → Urteil

Rechtsmittelverfahren

Nach geltendem Prozeßrecht brauchen sich die Beteiligten außer im Verfassungsgerichtsprozeß im allgemeinen nicht mit dem ersten Urteil eines Gerichts zufrieden zu geben. Sie können vielmehr in der Regel das Urteil eines Gerichts, das ihre Sache ungünstig beurteilt – das sie „beschwert" – innerhalb bestimmter Fristen mit Hilfe eines Rechtsmittels anfechten. Auf die Anfechtung hin wird dann über den Rechtsstreit noch einmal in einer „höheren Instanz" verhandelt und entschieden. Erst die letzte Instanz entscheidet unanfechtbar (formell rechtskräftig), was in diesem Fall für die Beteiligten eindeutig und unabänderlich Recht ist, und beendet damit den Prozeß. Gerichtliche Urteile werden also nur formell rechtkräftig, wenn entweder die für sie jeweils bestimmte Rechtsmittelfrist abgelaufen ist – im Strafprozeß z. B. nach einer Woche, im Zivilprozeß nach einem Monat nach Zustellung des Urteils bzw. nach sechs Monaten nach Verkündung des Urteils – oder wenn das Gericht der letzten Instanz entschieden hat und damit der Instanzenzug erschöpft ist.

Unser Prozeßrecht (↑Gerichtliches Verfahren S. 164) kennt verschiedene Rechtsmittel: Die *Berufung* (bei der Anfechtung von Beschlüssen: *Beschwerde*) führt zu einer neuen Verhandlung und Entscheidung vor einem übergeordneten Gericht (zweite Instanz) auch über die tatsächlichen Grundlagen des Rechtsstreits (über „Tatfragen"). Bei der *Revision* (bei der Anfechtung von Beschlüssen: *Rechtsbeschwerde*) kann dagegen in der höheren Instanz nur darüber verhandelt und entschieden werden, ob das Gericht der unteren Instanz den von ihm festgestellten Sachverhalt rechtlich zutreffend beurteilt und ob es die Verfahrensregeln korrekt eingehalten hat. In der Revisionsinstanz wird also nur über Rechtsfragen verhandelt und entschieden. Die Prozeßordnungen sehen die Revision vor, wenn das Gericht, das über das Rechtsmittel zu entscheiden hat, eines der obersten Bundesgerichte oder ein oberes Gericht der Länder ist. Diese Gerichte haben die besondere Aufgabe, die Einheitlichkeit der Rechtsanwendung in ihren Gebieten zu gewährleisten – was die Beschränkung der Revision auf Rechtsfragen erklärt. Die Berufung ist vorgesehen, wenn für ein Verfahren drei Instanzen zur Verfügung stehen oder wenn das Rechtsmittelgericht ein Landgericht ist. Daneben gibt es eine Anzahl besonderer Rechtsmittelzüge, so z. B. in Landwirtschaftssachen, Baulandsachen usf.

Neben den „ordentlichen" Rechtsmitteln Beschwerde, Berufung und Revision, die sich gegen noch nicht endgültige (rechtskräftige) gerichtliche Entscheidungen richten, gibt es noch verschiedene *außerordentliche Rechtsbehelfe* gegen bereits rechtskräftige Urteile. Hier ist einmal die *Wiederaufnahme* zu nennen, mit deren Hilfe man rechtskräftig abgeschlossene Prozesse wieder aufrollen kann, wenn sie zu unrichtigen Urteilen geführt haben. Die Wiederaufnahme ist nur möglich, wenn bestimmte, gesetzlich fixierte Wiederaufnahmegründe vorliegen, die sich überwiegend auf grobe Verfahrensfehler und nicht auf den Inhalt des Urteils beziehen; sie kann im Strafprozeß ohne zeitliche Beschränkung geltend gemacht werden – im Zivil-, Verwaltungsgerichtsprozeß etc. nur binnen einer Frist von fünf Jahren. Ein Rechtsbehelf gegen Urteile, die grundrechtlich geschützte Rechtspositionen eines Bürgers verletzen, ist die ↑*Verfassungsbeschwerde* (S. 182), über die das Bundesverfassungsgericht entscheidet. Verletzungen der Menschenrechtskonvention können zudem vor dem Europäischen Gerichtshof für Menschenrechte in Straßburg (↑Grund- und Menschenrechte S. 122) geltend gemacht werden. Verfassungsbeschwerden und Beschwerden beim Europäischen Gerichtshof für Menschenrechte setzen voraus, daß der gerichtliche Instanzenzug erschöpft ist; sie richten sich also gegen „rechtskräftige" Urteile.

L. Rosenberg/K. H. Schwab, Zivilprozeßrecht, 12. Aufl., München 1977, §§ 135ff.
K. H. Gössel, Strafverfahrensrecht, Stuttgart u. a. 1977, §§ 35ff.

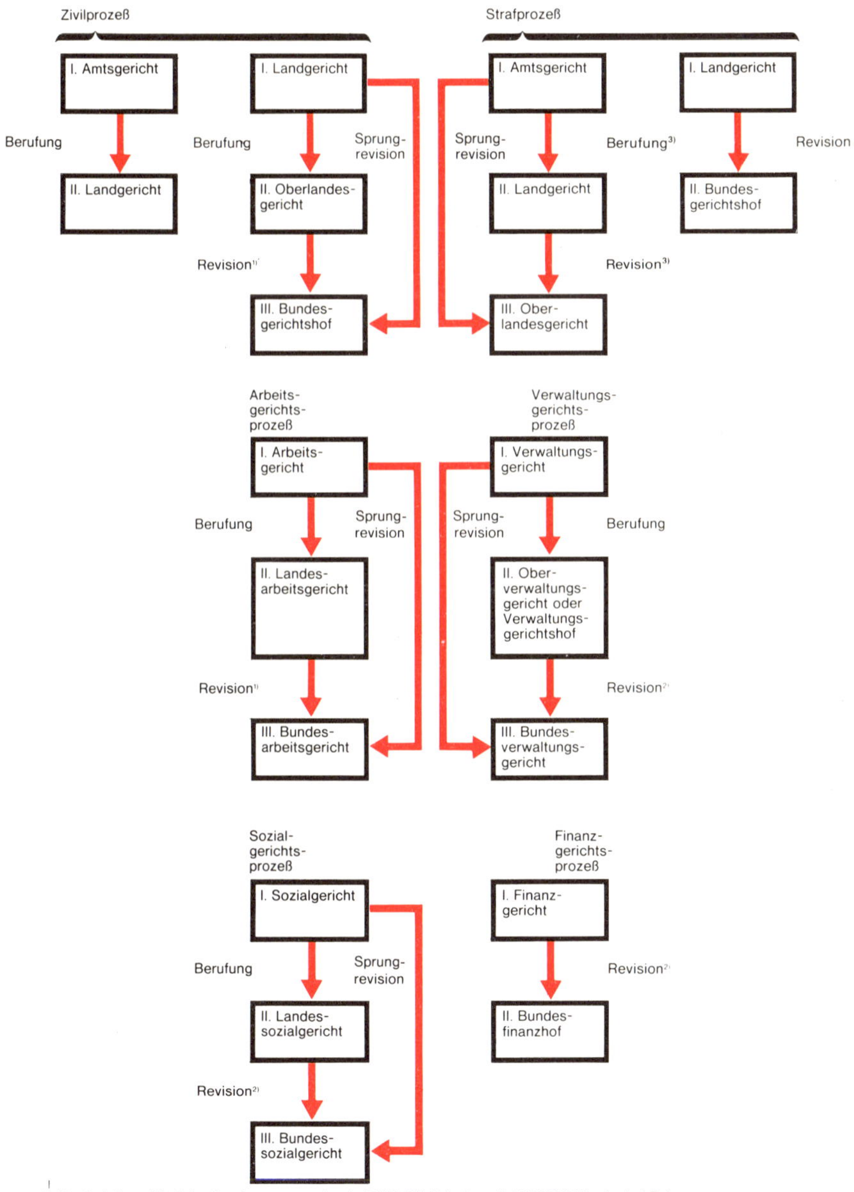

1) Nur bei einem Wert der Beschwer von mehr als 40000 DM (Arbeitsgericht 6000 DM) oder bei Zulassung durch das Oberlandesgericht (bzw. Landesarbeitsgericht) wegen grundsätzlicher Bedeutung der Rechtsfragen sowie bei Abweichen von bestimmten Vorentscheidungen.
2. Nur bei Zulassung durch Oberverwaltungsgericht (Verwaltungsgerichtshof), Landessozialgericht bzw. Finanzgericht wegen grundsätzlicher Bedeutung der Rechtsfragen bzw. wegen eines Verfahrensmangels oder ohne Zulassung wegen bestimmter schwerer Verfahrensfehler – und beim Bundessozialgericht, wenn es um die Beurteilung des ursächlichen Zusammenhangs einer Gesundheitsstörung oder des Todes mit einem Arbeitsunfall, einer Berufskrankheit etc. geht.
3) In Familien- und Landwirtschaftssachen entscheidet über die Berufung (Beschwerde) das Oberlandesgericht und über die Revision (Rechtsbeschwerde) der Bundesgerichtshof.

Zustellungen

Die Zustellung von Schriftstücken ist in allen Rechtsbereichen entscheidende Voraussetzung, um ein Verfahren in Gang zu bringen oder in Gang zu halten. Die Regeln der Zustellung sollen die Übermittlung eines Schriftstückes an den jeweiligen Adressaten sicherstellen und zugleich dem Zustellenden durch Aufnahme einer Urkunde über Ort, Zeit und den Zustellungsadressaten den Nachweis über den Zugang ermöglichen. Im Bereich des *Zivilrechts* regelt die Zivilprozeßordnung (ZPO) das Zustellungsverfahren.

Es sind hier zwei Arten der Zustellung zu unterscheiden, nämlich die Zustellung im Parteibetrieb (Durchführung der Zustellung auf Betreiben der Parteien) und die Zustellung im Amtsbetrieb.

Pfändungs- und Überweisungsbeschlüsse bei der Forderungspfändung, die Anordnung von Arrest und einstweiliger Verfügung und der Vollstreckungsbescheid, wenn dies beantragt wird, werden im Parteibetrieb zugestellt. Alle anderen Zustellungen wie Urteile, Beschlüsse, die mit der sofortigen Beschwerde oder befristeten Erinnerung anfechtbar sind oder eine Terminbestimmung beinhalten, Klageschriften, Schriftsätze der Parteien, Ladungen etc. erfolgen von Amts wegen. Jedoch können Urteile und Beschlüsse im Wege der Parteizustellung erfolgen, um die Zwangsvollstreckung früher einzuleiten oder besondere Vollstreckungsvoraussetzungen zu erfüllen.

Die Zustellung hat an den jeweiligen Zustellungsadressaten zu erfolgen. Zustellungsadressat ist die Person, der zugestellt werden soll. Das ist die Partei selbst oder ihr gewillkürter Vertreter (z. B. Rechtsanwalt), in Fällen der gesetzlichen Vertretung ihr gesetzlicher Vertreter (z. B. bei minderjährigen Kindern die Eltern).

In einem bereits anhängigen Verfahren ist der prozeßbevollmächtigte Anwalt der Partei Zustellungsadressat.

Wird der Zustellungsadressat nicht angetroffen, so erfolgt *Ersatzzustellung* durch Aushändigung des zuzustellenden Schriftstückes an ein in der Wohnung anwesendes erwachsenes Familienmitglied, hilfsweise an den Hauswirt oder Vermieter, sofern dieser zur Entgegennahme bereit ist. Ist dies ebenfalls nicht möglich, dann kann durch Niederlegung bei dem örtlich zuständigen Amtsgericht, der Postanstalt des Zustellungsortes oder dem Gemeinde- oder Polizeivorstéher zugestellt werden. Soll dem Zustellungsadressaten in seinem Geschäftslokal zugestellt werden, so kann die Zustellung an einen darin anwesenden Gehilfen erfolgen.

Im übrigen kann die Zustellung an jedem Ort erfolgen, an welchem der Zustellungsadressat angetroffen wird. Zustellungen zur Nachtzeit bedürfen besonderer gerichtlicher Erlaubnis. Die Zustellung besteht aus der Übergabe der beglaubigten Abschrift des zuzustellenden Schriftstücks und der Beurkundung der Zustellung. Für die Durchführung der Zustellungen im Amtsbetrieb gelten im wesentlichen die gleichen Regeln wie für die Zustellung im Parteibetrieb.

Die Zustellung ist bewirkt, wenn alle ihre Voraussetzungen erfüllt sind, d. h. die Zustellung durch Übergabe erst mit der Übergabe, die Zustellung durch Niederlegung mit der Niederlegung des zuzustellenden Schriftstückes und ihrer Beurkundung, die öffentliche Ausstellung mit Ablauf der gesetzlich vorgesehenen Publikationsdauer.

Im *Strafverfahren* finden die Zustellungsregeln (Zustellung im Amtsbetrieb) ebenfalls entsprechende Anwendung, während im öffentlichen Recht einschließlich dem Sozialgerichtsverfahren die Zustellungen nach dem *Verwaltungszustellungsgesetz* zu bewirken sind, das jedoch im wesentlichen die Zustellungsregeln der ZPO (Amtsverfahren) zum Vorbild hat.

O. Jauernig, Zivilprozeßrecht, 18. Aufl., München 1977.
L. Rosenberg/K. H. Schwab, Zivilprozeßrecht, 12. Aufl., München 1977.

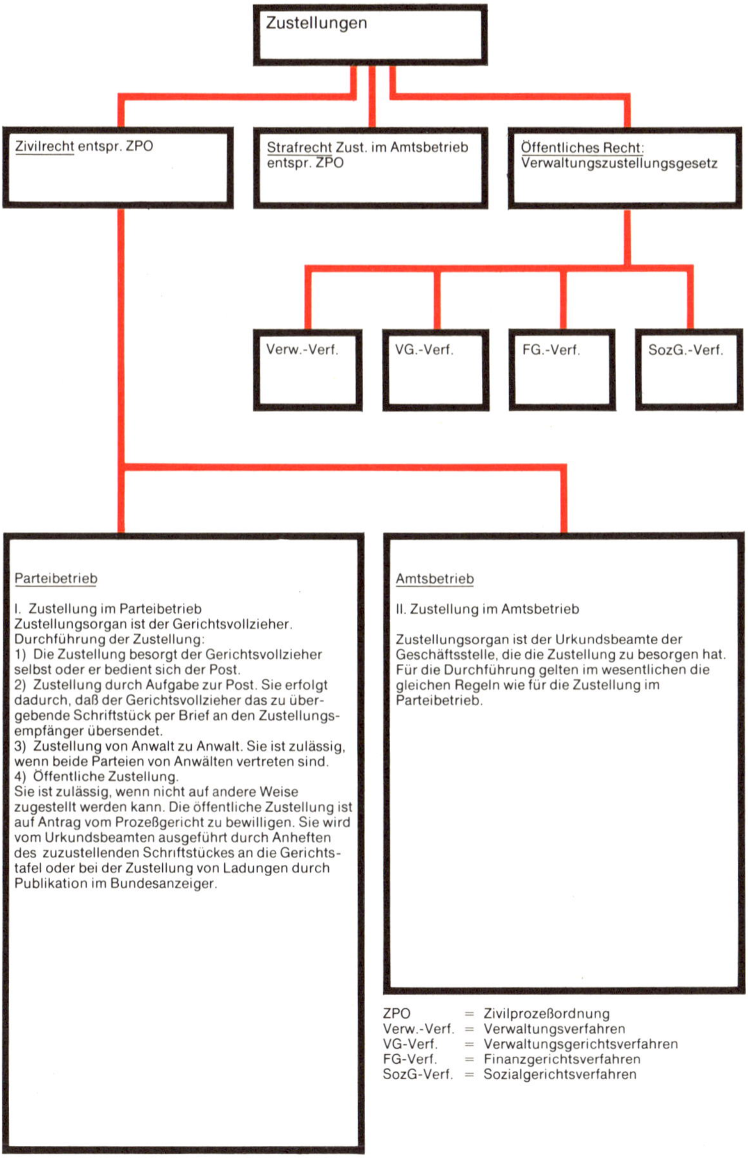

ZPO = Zivilprozeßordnung
Verw.-Verf. = Verwaltungsverfahren
VG-Verf. = Verwaltungsgerichtsverfahren
FG-Verf. = Finanzgerichtsverfahren
SozG-Verf. = Sozialgerichtsverfahren

Gerichts-, Anwalts- und Notariatskosten, Armenrecht

Durch die Führung eines *Zivilprozesses* entstehen den Parteien *Prozeßkosten:* Das sind zum einen die *Gerichtskosten*, die der Staat für die Tätigkeit seiner Gerichte regelmäßig erhebt; zum anderen sind es die außergerichtlichen Aufwendungen, und zwar insbesondere die *Rechtsanwaltskosten*, die der Partei durch die oft notwendige Beiziehung eines Rechtsanwalts erwachsen. Gerichts- und Anwaltskosten bestehen aus Gebühren und Auslagen. Die Gebühren bestimmen sich nach der Höhe des Streitgegenstandes. Sie sind Pauschalgebühren, die ohne Rücksicht auf den Umfang der Tätigkeit und die Zahl der Termine und Beweisaufnahmen bestimmte Verfahrensabschnitte für eine Instanz kostenmäßig abgelten. Auf die Gerichtskosten sind, veranlaßt durch bestimmte Anträge, Vorschüsse zu leisten. Jede Partei trägt zunächst selbst die ihr erwachsenden Prozeßkosten. Ob sie die Kosten endgültig trägt oder ob sie die Kosten von dem Gegner erstattet verlangen kann, hängt davon ab, wem das Gericht nach Maßgabe des Ausgangs des Prozesses die Tragung der Prozeßkosten ganz oder teilweise auferlegt. Das Gericht setzt die Kostenbeträge nicht selbst fest. Die Festsetzung trifft in einem besonderen *Kostenfestsetzungsverfahren* der Urkundsbeamte der Geschäftsstelle auf Antrag des Erstattungsberechtigten durch Kostenfestsetzungsbeschluß. Schuldner der Gerichtskosten ist in erster Linie der zur Kostentragung Verurteilte, daneben aber auch der Kläger. Ist eine Partei arm, d. h. außerstande, ohne Beeinträchtigung des für sie und ihre Familie notwendigen Unterhalts die Prozeßkosten zu bestreiten, und bietet die beabsichtigte Rechtsverfolgung oder Rechtsverteidigung eine hinreichende Aussicht auf Erfolg, so hat das Gericht ihr regelmäßig unter Beiordnung eines Rechtsanwalts das *Armenrecht* zu bewilligen. Das Armenrecht bewirkt, daß die Partei einstweilen von den Kosten des Gerichts und ihres Anwalts befreit ist. Der Armenanwalt erhält Gebühren aus der Staatskasse, die jedoch gering sind. Das Armenrecht befreit die arme Partei nicht von der Verpflichtung, dem Gegner die Prozeßkosten zu erstatten, falls sie den Prozeß verliert. Kommt die Partei zu besseren Erwerbsverhältnissen, kann das Gericht die Nachzahlung der gestundeten Gerichts- und Anwaltskosten anordnen.

Die Kosten eines Ehescheidungsverfahrens werden gegeneinander aufgehoben, d. h. jede Partei trägt die Kosten des eigenen Anwalts und die Hälfte der Gerichtskosten, wenn nicht das Gericht aus Billigkeitsgründen etwas anderes bestimmt.

In den *Arbeits-*, *Sozial-*, *Verwaltungs-* und *Finanzgerichtsverfahren* gelten einschließlich des Armenrechts ähnliche kostenrechtliche Grundsätze, jedoch mit mehr oder minder starken Abweichungen: z. B. keine Erstattungsfähigkeit der Rechtsanwaltskosten der ersten Instanz im Arbeitsgerichtsprozeß, grundsätzliche Gerichtskostenfreiheit und nur eingeschränkte Erstattungsfähigkeit der (von einem Streitwert unabhängigen, durch Rahmengebühren bestimmten) Rechtsanwaltskosten im Sozialgerichtsverfahren.

Im *Strafprozeß* bemißt sich die für jede Instanz zu erhebende Gerichtsgebühr nach der Höhe der rechtskräftig zuerkannten Strafe. Die Gebühren des Wahlverteidigers sind Rahmengebühren: Innerhalb eines bestimmten Rahmens legt der Verteidiger die Gebühr nach den Umständen des Einzelfalles fest. Im Falle des Freispruchs sind sie regelmäßig aus der Staatskasse zu erstatten. Der gerichtlich bestellte Verteidiger erhält seine festen Kosten von vornherein aus der Staatskasse. Die Gebühren der *freiwilligen Gerichtsbarkeit* einschließlich der *Notare* richten sich ebenfalls nach dem Geschäftswert und sind gleichfalls Pauschalgebühren, die an bestimmte Akte anknüpfen und dann die ganze weitere Tätigkeit abgelten. Eine Gebührenvereinbarung ist den Notaren im Gegensatz zu Rechtsanwälten nicht gestattet.

P. Hartmann, Kostengesetze, 19. Aufl., München 1977.
P. Meyer/A. Höver, Gesetz über die Entschädigung von Zeugen und Sachverständigen, 14. Aufl., Köln u. a. 1977.

Beispiel der Kosten eines gewöhnlichen Zivilprozesses für eine Instanz

(Der Beklagte wurde nach einer Zeugenvernehmung entsprechend dem Klageantrag zur Zahlung von DM 3000,– verurteilt)

Gerichtskasse

Gerichtskosten (Streitwert DM 3000,–):

Prozeßgebühr	DM 86,–
Urteilsgebühr	DM 172,–
Zeugenentschädigung	DM 50,–
Schreibauslagen	DM 5,–
Zustellgebühren	DM 9,–
	DM 322,–
abzüglich Vorschuß der Klägerin	·/. DM 139,–
zu zahlen	DM 183,–

sekundäre Gerichtskostenforderung DM 183,–

primäre Gerichtskostenforderung DM 183,–

Kläger

Erstattungsanspruch DM 702,92

Beklagter

weiterer Erstattungsanspruch über DM 183,–, falls der Kläger von der Gerichtskasse in Anspruch genommen wird.

DM 702,92 Anwalts-kosten

Rechtsanwalt des Klägers

DM 563,92 Anwalts-kosten

Rechtsanwalt des Beklagten

Kosten
Streitwert DM 3000,–:

Prozeßgebühr	DM 164,–
Verhandlungsgebühr	DM 164,–
Beweisgebühr	DM 164,–
Schreibauslagen	DM 10,–
Postauslagen (Pauschale)	DM 30,–
	DM 532,–
6 % MwSt	DM 31,92
Gerichtskostenvorschuß	DM 139,–
	DM 702,92

Kosten
Streitwert DM 3000,–:

Prozeßgebühr	DM 164,–
Verhandlungsgebühr	DM 164,–
Beweisgebühr	DM 164,–
Schreibauslagen	DM 10,–
Postauslagen (Pauschale)	DM 30,–
	DM 532,–
6 % MwSt	DM 31,92
	DM 569,92

Vollstreckung gerichtlicher Entscheidungen

Die Vollstreckung dient der Verwirklichung gerichtlicher Entscheidungen. Sie ist nur dort erforderlich, wo es sich nicht um Entscheidungen handelt, die bereits durch ihren Inhalt wirken. So sind beispielsweise nicht vollstreckungsfähig Feststellungs- oder Gestaltungsurteile (z. B. das Ehescheidungsurteil oder das auf Auflösung einer Gesellschaft gerichtete Urteil). Damit beschränkt sich die Notwendigkeit der Vollstreckung auf solche gerichtlichen Entscheidungen (Urteile und Beschlüsse), die auf die Erbringung von Leistungen gerichtet sind. Es sind jedoch nicht alle Leistungsurteile vollstreckbar. Bei bestimmten, auf persönliche Leistung gerichteten Urteilen verbietet das Gesetz die Vollstreckung. So darf z. B. aus einem Urteil auf Herstellung der ehelichen Lebensgemeinschaft nicht vollstreckt werden.

Das Vollstreckungsverfahren ist für den Bereich des Zivilrechts durch das achte Buch der Zivilprozeßordnung (ZPO) geregelt, dessen Bestimmungen kraft gesetzlicher Verweisung auch für die Vollstreckung arbeitsgerichtlicher und, soweit nicht zugunsten der öffentlichen Hand vollstreckt werden soll, für sozialgerichtliche Entscheidungen entsprechend gelten. Die Vollstreckung erfolgt aufgrund des *Vollstreckungstitels;* das sind Urteile, die rechtskräftig oder für vorläufig vollstreckbar erklärt sind, und vollstreckungsfähige Beschlüsse, wie beispielsweise der Kostenfestsetzungsbeschluß sowie Prozeßvergleiche. Vollstreckbar wird der Vollstreckungstitel durch die auf ihn gesetzte *Vollstreckungsklausel,* das ist die vom Urkundsbeamten des Gerichts, dessen Entscheidung vollstreckt werden soll, erteilte amtliche Bescheinigung der Vollstreckbarkeit der gerichtlichen Entscheidung. Der Vollstreckungstitel bestimmt den Umfang der Vollstreckung in persönlicher und sachlicher Hinsicht, das heißt, er bestimmt Vollstreckungsgläubiger und Vollstreckungsschuldner, sowie den Gegenstand der Vollstreckung. Die Vollstreckung darf erst beginnen, wenn dem Vollstreckungsschuldner eine vollstreckbare Ausfertigung des Vollstreckungstitels zugestellt worden ist.

Vollstreckungsorgane sind der *Gerichtsvollzieher,* ferner das Amtsgericht als *Vollstreckungsgericht* für alle Maßnahmen, die sich wegen ihrer Natur oder ihrer Schwierigkeit nicht für den Gerichtsvollzieher eignen, und das *Prozeßgericht* erster Instanz für die Zwangsvollstreckung zur Erwirkung von Handlungen oder Unterlassungen.

Im Bereich der Verfassungsgerichtsbarkeit ist die Vollstreckung gerichtlicher Entscheidungen nur in besonderen Fällen denkbar, so beispielsweise, wenn ein auf das Verbot einer politischen Partei gerichtetes Urteil vollzogen werden soll. Hier kann das Bundesverfassungsgericht in seiner Entscheidung Art und Weise der Vollstreckung selbst regeln.

Im verwaltungs- wie auch im finanzgerichtlichen Verfahren erfolgt die Vollstreckung gerichtlicher Entscheidungen grundsätzlich nach den Regeln der ZPO, vorbehaltlich der in der Verwaltungsgerichtsordnung (VwGO) und in der Finanzgerichtsordnung (FGO) enthaltenen Sonderbestimmungen. Im verwaltungsgerichtlichen Verfahren findet jedoch das Verwaltungsvollstreckungsgesetz Anwendung, wenn zugunsten des Staates vollstreckt werden soll.

Im Strafrecht sind Strafvollstreckung und ↑Strafvollzug (S. 226) zu unterscheiden. Die *Strafvollstreckung* hat die Herbeiführung einer dem Urteil in Art und Dauer entsprechenden Strafvollziehung zum Gegenstand. Im Erwachsenenstrafrecht wird die Strafvollstreckung von der Staatsanwaltschaft und in Jugendstrafsachen vom Jugendgericht wahrgenommen. Der *Strafvollzug* als verwaltungsmäßige Ausgestaltung der Freiheitsstrafe obliegt den Strafanstalten.

J. Mohrbutter, Handbuch des gesamten Vollstreckungs- und Insolvenzrechts, 2. Aufl., Köln u. a. 1974.
O. Janernig, Zwangsvollstreckungs- und Konkursrecht, 14. Aufl., München 1977.

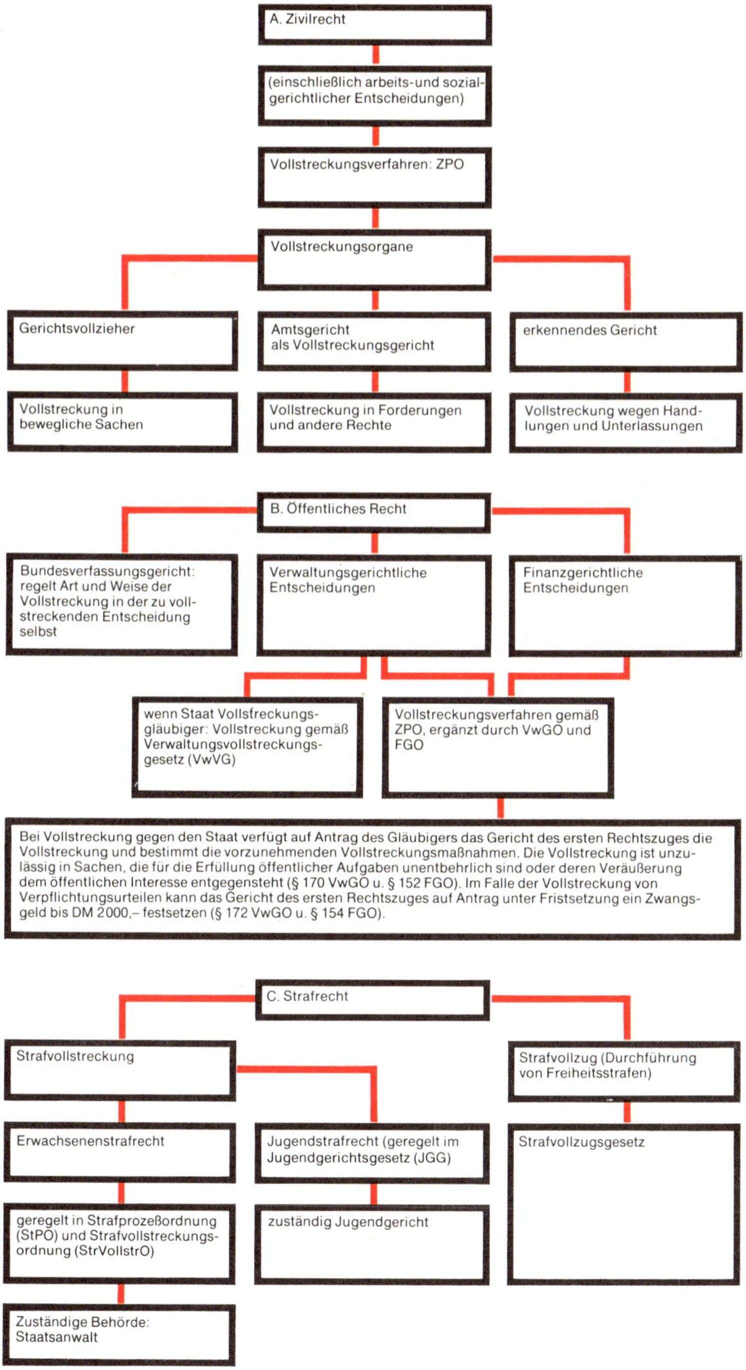
A. Zivilrecht
(einschließlich arbeits-und sozialgerichtlicher Entscheidungen)
Vollstreckungsverfahren: ZPO
Vollstreckungsorgane
Gerichtsvollzieher
Amtsgericht als Vollstreckungsgericht
erkennendes Gericht
Vollstreckung in bewegliche Sachen
Vollstreckung in Forderungen und andere Rechte
Vollstreckung wegen Handlungen und Unterlassungen
B. Öffentliches Recht
Bundesverfassungsgericht: regelt Art und Weise der Vollstreckung in der zu vollstreckenden Entscheidung selbst
Verwaltungsgerichtliche Entscheidungen
Finanzgerichtliche Entscheidungen
wenn Staat Vollstreckungsgläubiger: Vollstreckung gemäß Verwaltungsvollstreckungsgesetz (VwVG)
Vollstreckungsverfahren gemäß ZPO, ergänzt durch VwGO und FGO
Bei Vollstreckung gegen den Staat verfügt auf Antrag des Gläubigers das Gericht des ersten Rechtszuges die Vollstreckung und bestimmt die vorzunehmenden Vollstreckungsmaßnahmen. Die Vollstreckung ist unzulässig in Sachen, die für die Erfüllung öffentlicher Aufgaben unentbehrlich sind oder deren Veräußerung dem öffentlichen Interesse entgegensteht (§ 170 VwGO u. § 152 FGO). Im Falle der Vollstreckung von Verpflichtungsurteilen kann das Gericht des ersten Rechtszuges auf Antrag unter Fristsetzung ein Zwangsgeld bis DM 2000,– festsetzen (§ 172 VwGO u. § 154 FGO).
C. Strafrecht
Strafvollstreckung
Strafvollzug (Durchführung von Freiheitsstrafen)
Erwachsenenstrafrecht
Jugendstrafrecht (geregelt im Jugendgerichtsgesetz (JGG)
Strafvollzugsgesetz
geregelt in Strafprozeßordnung (StPO) und Strafvollstreckungsordnung (StrVollstrO)
zuständig Jugendgericht
Zuständige Behörde: Staatsanwalt

Verfassungsgerichte

Verfassungsgerichte sind besondere Gerichte zur Entscheidung verfassungsrechtlicher Fragen. Die Bundesrepublik Deutschland verfügt über eine ausgebaute Verfassungsgerichtsbarkeit. An erster Stelle ist das *Bundesverfassungsgericht* (BVerfG) in Karlsruhe zu nennen. Außerdem gibt es neun *Landesverfassungsgerichte*, die teils „Verfassungsgerichtshof", teils „Staatsgerichtshof" heißen. Nur Schleswig-Holstein und Berlin haben kein eigenes Verfassungsgericht. Die Verfassungsgerichtsbarkeit hat gewisse Vorbilder in der deutschen Geschichte. Die Paulskirchenverfassung von 1849 sah ein Reichsgericht vor, das hauptsächlich Verfassungsgericht mit weittragenden Zuständigkeiten sein sollte. Die Weimarer Verfassung von 1919 kannte einen Staatsgerichtshof für das Deutsche Reich, der allerdings nicht über verfassungsrechtliche Streitigkeiten zwischen obersten Reichsorganen zu entscheiden hatte. Mit der Errichtung des BVerfG am 7. 9. 1951 wurde ein Verfassungsgericht geschaffen, dessen Zuständigkeiten umfassender sind als die vergleichbarer Gerichte anderer Staaten. Das BVerfG ist als „Hüter der Verfassung" ein oberstes Verfassungsorgan, das neben dem Bundespräsidenten, der Bundesregierung, dem Bundestag und Bundesrat steht. Gleichzeitig ist es als Spitze der rechtsprechenden Gewalt ein echtes Gericht, das Rechtsentscheidungen trifft. Es besteht aus zwei Senaten zu je acht Richtern. Durch das Gesetz über das Bundesverfassungsgericht ist beiden Senaten ein bestimmter Zuständigkeitsbereich zugewiesen, der bei einseitiger Belastung eines Senats durch das Plenum des BVerfG geändert werden kann. Die Richter werden je zur Hälfte von Bundestag und Bundesrat gewählt (↑Wahl und Ernennung der Verfassungsrichter S. 180). Die Entscheidungszuständigkeit des BVerfG umfaßt vier große Aufgabenbereiche: 1. Verfassungsrechtliche Streitigkeiten zwischen obersten Bundesorganen *(Organstreitigkeiten)* sowie zwischen dem Bund und den Ländern und zwischen den Ländern. 2. *Normenkontrollverfahren*, d. h. Verfahren zur Feststellung, ob Gesetze mit der Verfassung vereinbar sind. Sie können entweder von obersten Staatsorganen („abstrakte Normenkontrolle") oder von Gerichten aus Anlaß eines Rechtsstreits („konkrete Normenkontrolle") in Gang gebracht werden. Nur das BVerfG kann Gesetze für verfassungswidrig und nichtig erklären. 3. ↑*Verfassungsbeschwerden* (S. 182), mit denen jeder Bürger das BVerfG anrufen kann, falls er sich durch die öffentliche Gewalt in seinen Grundrechten verletzt fühlt. 4. Schutz des demokratischen Rechtsstaates: Das BVerfG kann *verfassungsfeindliche Parteien* als verfassungswidrig auflösen. Auch gegen einen Bürger, der die Grundrechte zu antidemokratischen Zwecken mißbraucht, kann die *Verwirkung* bestimmter Grundrechte ausgesprochen werden. – Wahlprüfungsverfahren und die Zuständigkeit für Anklagen des Bundestages oder des Bundesrates gegen den Bundespräsidenten sowie gegen Richter wegen Verletzung des Grundgesetzes gehören ferner zum Zuständigkeitskatalog.

Die Verfassungsgerichte der Länder haben über die Einhaltung der jeweiligen Landesverfassung zu wachen. Sie sind keine ständig tagenden Gerichte mit hauptamtlichen Richtern. Ihre Zuständigkeiten sind denen des BVerfG ähnlich (↑Verfassungsorgane der Länder S. 94).

Verfassungsgerichte oder ähnliche Institutionen bestehen auch in anderen europäischen Ländern, z. B. in Italien, Österreich, der Schweiz, Frankreich und Jugoslawien. Der Supreme Court der USA, der dem BVerfG in mancher Hinsicht als Vorbild diente, prüft zwar auch die Verfassungsmäßigkeit der Gesetze, ist jedoch kein spezielles Verfassungsgericht. Er nimmt die gesamte oberste Rechtsprechung wahr.

H. Laufer, Verfassungsgerichtsbarkeit und politischer Prozeß, Tübingen 1968.
Das Bundesverfassungsgericht 1951–1971, herausgegeben vom Bundesverfassungsgericht, Karlsruhe 1971.
P. Haeberle (Hrsg.), Verfassungsgerichtsbarkeit, Darmstadt 1976.

Verfassungsgerichte in der Bundesrepublik

Legende: Berufsrichter; ehrenamtliche Richter

Gericht	Richter	Zuständigkeiten: Organ-streitigkeiten	Bund-Länder-Streit	Normenkontrolle: abstrakt	Normenkontrolle: konkret	Verfassungs-beschwerde	Popularklage	Wahl-prüfung	Parteiverbot	Verwirkung von Grundrechten	Anklagen gegen Bundespräsident, Minister, Abgeordnete oder Richter
Bundesverfassungsgericht in Karlsruhe	1. Senat: 8 Berufsrichter; 2. Senat: 8 Berufsrichter; Plenum	●	●	●	●	●		●	●	●	●
Staatsgerichtshof Baden-Württemberg in Stuttgart	3 Berufsrichter, 6 ehrenamtliche Richter	●		●	●			●			●
Bay. Verfassungsgerichtshof in München	13 Berufsrichter, 5 ehrenamtliche Richter	●		●	●	●	●	●			●
Bremer Staatsgerichtshof in Bremen	1 Berufsrichter, 6 ehrenamtliche Richter	●			●						●
Hamburgische Verfassungsgericht in Hamburg	3 Berufsrichter, 6 ehrenamtliche Richter	●		●	●			●			● gegen Mitglieder des Rechnungshofs
Hessische Staatsgerichtshof in Wiesbaden	5 Berufsrichter, 6 ehrenamtliche Richter	●		●	●	●				●	●
Niedersächsischer Staatsgerichtshof in Bückeburg	3 Berufsrichter, 6 ehrenamtliche Richter	●		●	●			●			●
Verfassungsgerichtshof Nordrhein-Westfalen in Münster	3 Berufsrichter, 4 ehrenamtliche Richter	●		●	●	● nur Gemeinden		●	● nur Verbot der Wahlbeteiligung	● nur Verbot der Wahlbeteiligung	●
Verfassungsgerichtshof Rheinland-Pfalz in Koblenz	4 Berufsrichter, 5 ehrenamtliche Richter			●	●				● Ausschluß von Wählern		●
Verfassungsgerichtshof Saarland in Saarbrücken	2 Berufsrichter, 5 ehrenamtliche Richter	●		●	●	●		●			●

Wahl und Ernennung der Verfassungsrichter

Bei der herausragenden Stellung, die das Bundesverfassungsgericht (BVerfG) im Gesamtgefüge der Bundesrepublik Deutschland innehat, kommt der Auswahl seiner sechzehn Richter (zwei Senate mit je acht Richtern) besondere Bedeutung zu. Das ziemlich komplizierte und wiederholt geänderte Wahlverfahren ist in Art. 94 Grundgesetz (GG) und im Gesetz über das Bundesverfassungsgericht (§§ 2 bis 10) geregelt. Danach werden die *Bundesverfassungsrichter* je zur Hälfte vom Bundestag und vom Bundesrat gewählt. Drei Mitglieder jedes Senats müssen aus der Zahl der Richter an den obersten Gerichtshöfen des Bundes gewählt werden. Sie sollen mindestens drei Jahre an einem dieser Gerichte tätig gewesen sein. Von diesen drei Richtern werden einer von dem einen, zwei von dem anderen Wahlorgan, von den übrigen fünf Mitgliedern jedes Senats werden drei von dem einen und zwei von dem anderen Wahlorgan gewählt. Welches mehr Bundesrichter und welches mehr andere Gerichtsmitglieder wählt, ist im Gesetz nicht festgelegt, wurde vielmehr der tatsächlichen Entwicklung überlassen. Die Richter an den obersten Bundesgerichten wurden ursprünglich auf Lebenszeit, die anderen Mitglieder jeweils auf acht Jahre mit der Möglichkeit der Wiederwahl gewählt. Durch ein Gesetz vom 21. 12. 1970 wurde die Amtszeit aller Richter einheitlich auf zwölf Jahre, längstens bis zur Altersgrenze (68 Jahre), festgelegt. Wiederwahl ist ausgeschlossen.

Um eine parteipolitisch einseitige Zusammensetzung des Gerichts zu verhindern, sind für die Wahl qualifizierte Mehrheiten vorgesehen. Im übrigen sind die Wahlverfahren in Bundestag und Bundesrat verschieden: Die vom Bundestag zu berufenden Richter werden im indirekten Verfahren gewählt. Der Bundestag wählt nach den Regeln der Verhältniswahl zunächst zwölf Abgeordnete als Wahlmänner. Als Bundesverfassungsrichter ist gewählt, wer mindestens acht Stimmen auf sich vereinigt. Der Bundesrat hingegen wählt direkt mit Zweidrittel-Mehrheit.

Das Erfordernis qualifizierter Mehrheiten hat wiederholt zu beträchtlichen Verzögerungen der Wahlen geführt. Um diesen Schwierigkeiten zu begegnen, hat die Novelle von 1970 ein Vorschlagsrecht des BVerfG eingeführt, das allerdings die Wahlorgane nicht bindet. Kommt innerhalb von zwei Monaten nach dem Ablauf der Amtszeit oder dem vorzeitigen Ausscheiden eines Richters die Wahl eines Nachfolgers nicht zustande, so ist unverzüglich das BVerfG aufzufordern, Vorschläge für die Wahl zu machen. Das Plenum des BVerfG beschließt sodann mit einfacher Mehrheit, wer zur Wahl als Richter vorgeschlagen wird. Ist nur ein Richter zu wählen, so hat das BVerfG drei Personen vorzuschlagen; sind gleichzeitig mehrere Richter zu wählen, so hat das BVerfG doppelt soviele Personen vorzuschlagen, als Richter zu wählen sind. Erstmals bei einer Wahl im Jahre 1971 hat das BVerfG einen Dreiervorschlag gemacht. Der Bundesrat hat dann auch den vom Gericht an erster Stelle Vorgeschlagenen gewählt. Das Bundesjustizministerium führt Listen der Bewerber. Die Eintragung in diese Listen ist jedoch keine Voraussetzung für die Wahl.

Bundestag und Bundesrat wählen im Wechsel den *Präsidenten* und den *Vizepräsidenten* des BVerfG nach demselben Wahlmodus wie die Richter. Der Vizepräsident ist aus dem Senat zu wählen, dem der Präsident nicht angehört.

Der Bundespräsident ernennt die Gewählten. Die Ernennung wird wirksam mit der Aushändigung einer Urkunde, die nach Art. 58 GG der Gegenzeichnung durch den Bundeskanzler oder den Bundesminister der Justiz bedarf.

Wahl und Ernennung der Mitglieder der *Landesverfassungsgerichte* richten sich nach den Länderverfassungen und Landesgesetzen (↑ Verfassungsorgane der Länder S. 94).

W. Billing, Das Problem der Richterwahl zum Bundesverfassungsgericht, Berlin 1969.
J. F. v. Eichborn, Die Bestimmungen über die Wahl der Bundesverfassungsrichter als Verfassungsproblem, Berlin 1969.

Wahl der Bundesverfassungsrichter

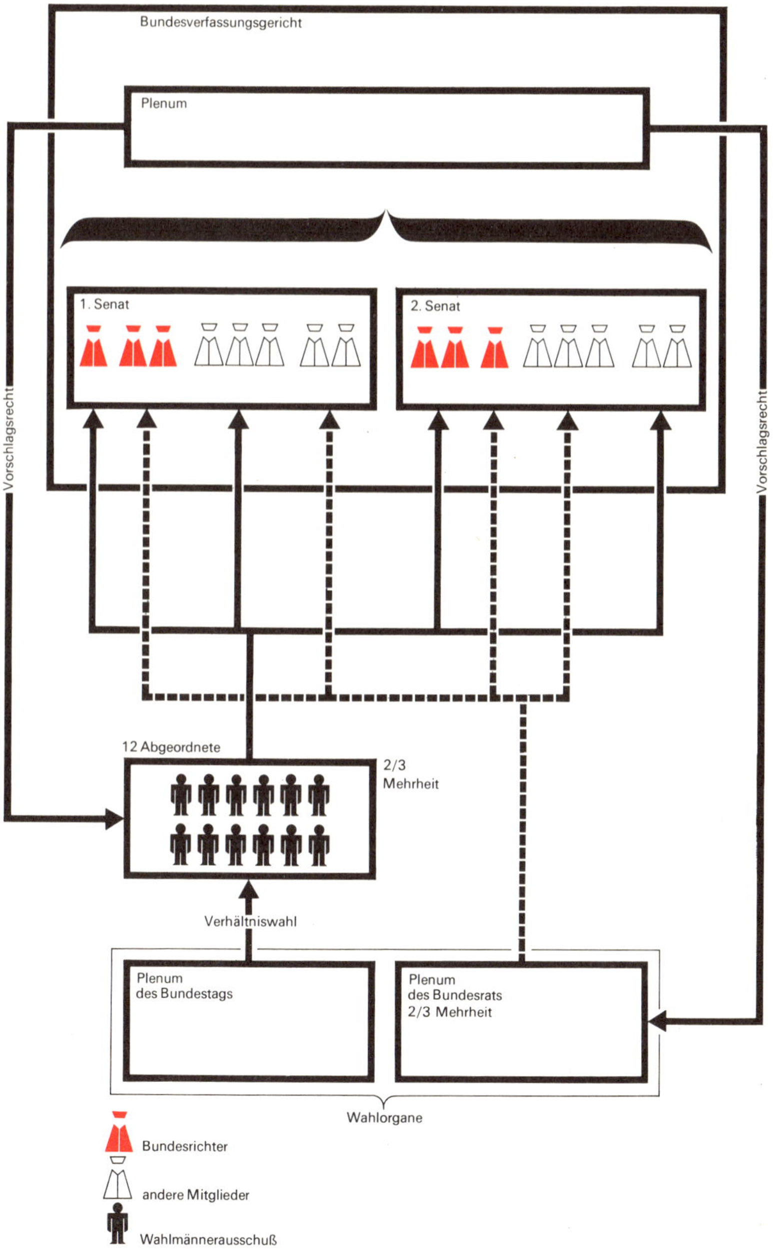

Verfassungsbeschwerde

Die Verfassungsbeschwerde (VB) ist ein außerordentlicher Rechtsbehelf, mit dem sich jedermann an das Bundesverfassungsgericht (BVerfG) wenden kann. Sie dient zur Durchsetzung der in den Artikeln 1 bis 19 Grundgesetz (GG) genannten Grundrechte und bestimmter grundrechtsähnlicher Rechte (Art. 20 Abs. 4, 33, 38, 101, 103, 104 GG). Mit der VB können grundsätzlich alle Hoheitsakte angegriffen werden: Entscheidungen der Gerichte, Verwaltungsakte der Behörden und auch Gesetze. In der Regel muß jedoch zunächst der Rechtsweg erschöpft werden, d. h. es müssen alle anderen Gerichte angerufen werden, bei denen im betreffenden Fall um Rechtsschutz nachgesucht werden kann. Vor Erschöpfung des Rechtsweges kann das BVerfG entscheiden, wenn die VB von allgemeiner Bedeutung ist oder dem Beschwerdeführer (Bf) ein schwerer und unabwendbarer Nachteil entstünde, falls er zunächst auf den Rechtsweg verwiesen würde. VB unmittelbar gegen ein Gesetz ist nur zulässig, wenn der Bf gegenwärtig und unmittelbar durch das Gesetz, nicht erst mittels eines Vollzugsaktes, in einem Grundrecht verletzt wird. Die VB muß schriftlich innerhalb einer bestimmten Frist (ein Monat, bei Gesetzen ein Jahr) beim BVerfG eingereicht und begründet werden. Gegen die Versäumung der Frist gibt es keine Wiedereinsetzung in den vorigen Stand.

Da das BVerfG schon in den ersten Jahren seines Bestehens mit VBen überschwemmt wurde, hat der Gesetzgeber ein *Vorprüfungsverfahren* eingeführt. Ein aus drei Bundesverfassungsrichtern bestehender Ausschuß befindet darüber, ob die VB zur Entscheidung angenommen wird. Der Ausschuß kann durch einstimmigen Beschluß die Annahme ablehnen, wenn die VB unzulässig ist oder aus anderen Gründen keine hinreichende Aussicht auf Erfolg hat (z. B. weil sie offensichtlich unbegründet ist). Lehnt der Ausschuß die Annahme nicht ab, so entscheidet der zuständige Senat über die Annahme. Er nimmt die VB an, wenn mindestens zwei Richter der Auffassung sind, daß von der Entscheidung die Klärung einer verfassungsrechtlichen Frage zu erwarten ist oder dem Bf durch die Versagung der Entscheidung zur Sache ein schwerer und unabwendbarer Nachteil entsteht. Wird die VB angenommen, so prüft der Senat, erforderlichenfalls aufgrund einer mündlichen Verhandlung, ob die VB begründet ist. Wird der VB stattgegeben, so hat das BVerfG festzustellen, welche Vorschrift des GG verletzt wurde. Das BVerfG hebt eine verfassungswidrige Entscheidung auf und verweist die Sache an das zuständige Gericht zurück. Ein verfassungswidriges Gesetz wird für nichtig erklärt.

Der Bf kann das VB-Verfahren selbst betreiben (Anwaltszwang nur in der mündlichen Verhandlung); er kann sich auch durch einen Rechtsanwalt oder durch einen Lehrer des Rechts an einer Universität vertreten lassen. Das Verfahren vor dem BVerfG ist kostenfrei. Bei Mißbrauch kann jedoch dem Bf eine Gebühr von 20,– bis 1 000,– DM auferlegt werden. Seit Gründung des BVerfG im Jahre 1951 sind ungefähr 36 200 VBen eingelegt worden. Nur etwa 1,1 % hatten Erfolg. Die Bedeutung der VB liegt jedoch nicht allein im Schutze des einzelnen, sondern auch in der Auslegung und Fortbildung des objektiven Verfassungsrechts.

Auch Gemeinden und Gemeindeverbände können VB mit der Behauptung erheben, daß ein Gesetz Art. 28 GG (gemeindliches Selbstverwaltungsrecht) verletze, jedoch nur, soweit nicht ein Landesverfassungsgericht angerufen werden kann.

Die Verfassungen und Gesetze einiger *Länder* sehen VBen vor, über die ihre Verfassungsgerichte entscheiden (Bayern, Hessen, Saarland). Dort kann jedoch nur eine Verletzung des Landesverfassungsrechts gerügt werden.

Maunz/Schmidt-Bleibtreu/Klein/Ulsamer, Bundesverfassungsgerichtsgesetz, Kommentar, § 90ff., München 1976.
R. Zuck, Die Verfassungsbeschwerde und einstweilige Anordnung gemäß §§ 90, 32 BVerfGG, München 1973.

Verfassungsbeschwerde (VB)

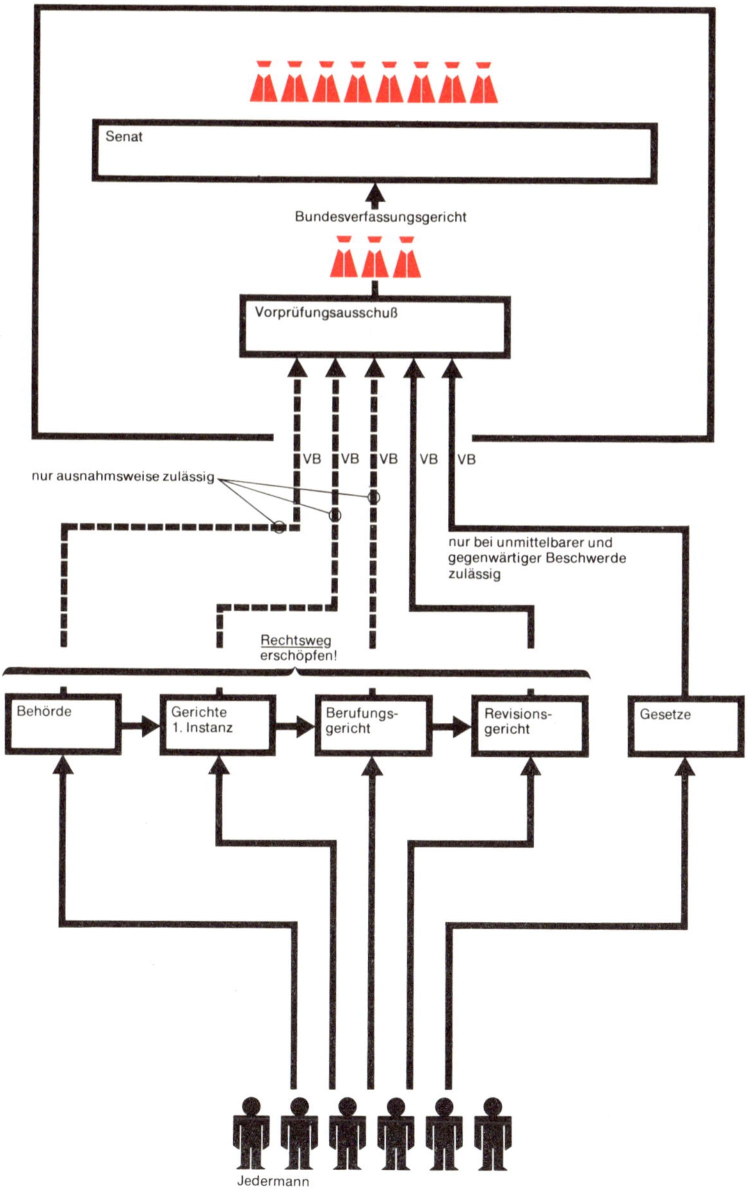

Zuständigkeiten und Verfahren im Zivilprozeß

Durch die gesetzlichen Zuständigkeitsregeln im Bereich der Rechtspflege soll dem Verfassungssatz, daß niemand seinem gesetzlichen Richter entzogen werden darf, Geltung verschafft werden. Im Zivilverfahren sind die *funktionelle* Zuständigkeit nach Instanzen (↑ Rechtsmittelverfahren S. 170), die sachliche und die örtliche Zuständigkeit zu unterscheiden. Die *sachliche* Zuständigkeit verteilt die Erledigung der Klagen unter die verschiedenen Arten der Gerichte. Sie ist im Gerichtsverfassungsgesetz (GVG) geregelt. Die *örtliche* Zuständigkeit – die Zivilprozeßordnung (ZPO) spricht vom Gerichtsstand – weist jede Klage unter gleichartigen Gerichten an jenes, zu dem eine bestimmte räumliche Beziehung besteht. Ferner ist zu unterscheiden zwischen ausschließlicher und nicht ausschließlicher Zuständigkeit. Die ausschließliche Zuständigkeit ist in jeder Lage des Verfahrens von Amts wegen zu beachten und kann durch Parteivereinbarung nicht beseitigt werden. Abweichende Gerichtsstände können nur zwischen Vollkaufleuten, juristischen Personen des öffentlichen Rechts und öffentlich-rechtlichen Sondervermögen vereinbart werden.

Der Zivilprozeß beginnt mit der Erhebung der *Klage*. Die Klage ist erhoben, sobald dem Beklagten die Klageschrift zugestellt worden ist. Mit der ↑ Zustellung (S. 172) der Klageschrift wird die *Rechtshängigkeit* der Streitsache begründet; damit wird dem Kläger die Möglichkeit genommen, die Klage über den gleichen Streitgegenstand anderweitig rechtshängig zu machen. Das mit der Klage befaßte Gericht hat zunächst die *Prozeßvoraussetzungen* zu prüfen, das sind jene Voraussetzungen, die für die Zulässigkeit der Klage erforderlich sind, also beispielsweise die Zuständigkeit, die Partei- und Prozeßfähigkeit, die ordnungsgemäße anwaltliche Vertretung, sofern der Rechtsstreit vor dem Landgericht oder einer höheren Instanz geführt wird u. a. m. (↑ Gerichtliches Verfahren S. 164). Fehlt eine Prozeßvoraussetzung, so ist die Klage durch Prozeßurteil abzuweisen. Es kommt also gar nicht zur Sachentscheidung. Sind alle Prozeßvoraussetzungen gegeben, so tritt das Gericht in die Sachprüfung ein. Die Parteien haben Gelegenheit zum Sachvortrag, der in Anwaltsprozessen durch Schriftsätze vorbereitet wird. Der Kläger hat die anspruchsbegründenden Tatsachen vorzutragen und, soweit von der Gegenseite bestritten, unter Beweis zu stellen. Der Beklagte hat die anspruchsverneinenden Tatsachen vorzutragen und erforderlichenfalls unter Beweis zu stellen. Insoweit entscheidungserhebliche Tatsachen bestritten sind und von der beweisbelasteten Partei Beweis angeboten ist, hat das Gericht eine Beweisaufnahme durchzuführen. Als *Beweismittel* sind zugelassen der Beweis durch Zeugen, Sachverständige, Vernehmung der Gegenpartei, Augenschein und Urkunden. Nach Abschluß der Beweisaufnahme hat das Gericht, sofern der Rechtsstreit nicht anderweitig erledigt wird, durch *Urteil* darüber zu entscheiden, ob es der Klage stattgibt oder ob es sie abweist. Ein Urteil kann auch gegen eine zum Termin nicht erschienene Partei ergehen (Versäumnisurteil). Hiergegen kann jedoch binnen zwei Wochen Einspruch mit dem Ziel einer Weiterverhandlung der Streitsache eingelegt werden. Andere Arten der Erledigung des Rechtsstreits als durch Urteil sind die Klagerücknahme, zu welcher der Kläger nach Beginn der mündlichen Verhandlung der Zustimmung des Beklagten bedarf, die übereinstimmende Erledigungserklärung beider Parteien und der gerichtliche Vergleich (↑ Streitbeendigung S. 168). Die *Kosten* des Prozesses hat im Falle der Verurteilung der Beklagte, im Falle der Klageabweisung der Kläger zu tragen. Bei teilweisem Obsiegen werden die Kosten nach Quoten zwischen den Parteien verteilt (↑ Gerichtskosten S. 174).

W. Grunsky, Grundlagen des Verfahrensrechts, 2. Aufl., Bielefeld 1974.
O. Jauernig, Zivilprozeßrecht, 8. Aufl., München 1977.
L. Rosenberg/K. H. Schwab, Zivilprozeßrecht, 12. Aufl., München 1977.

Zuständigkeiten

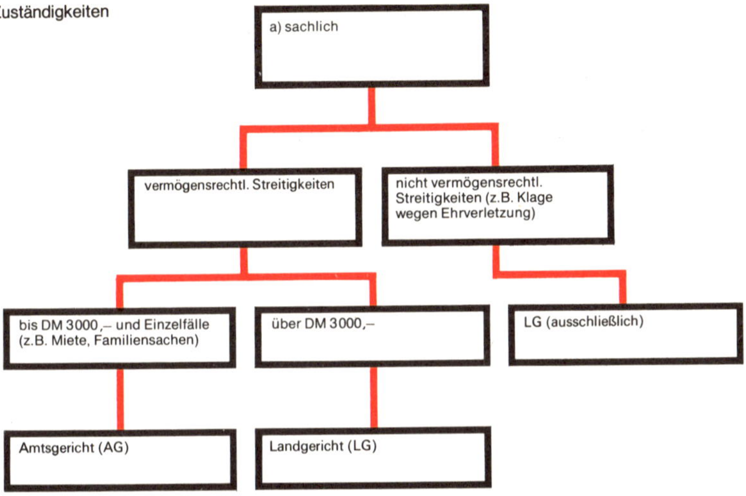

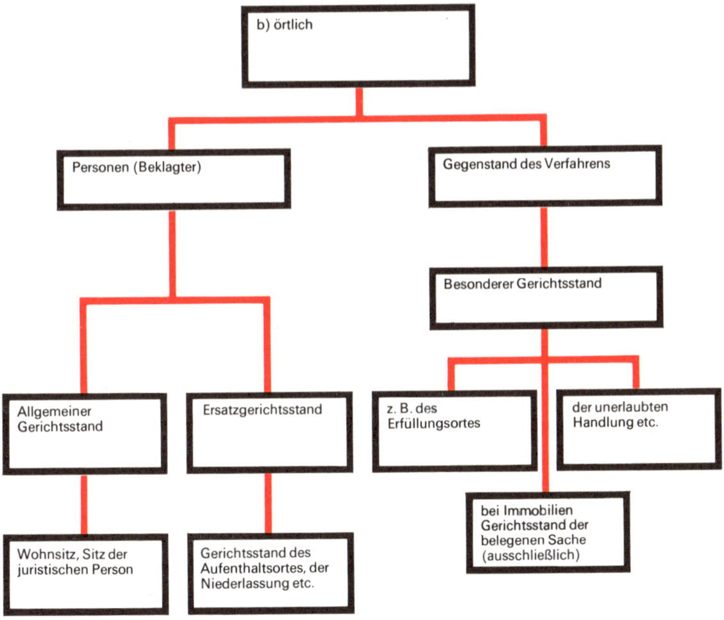

Verfahren

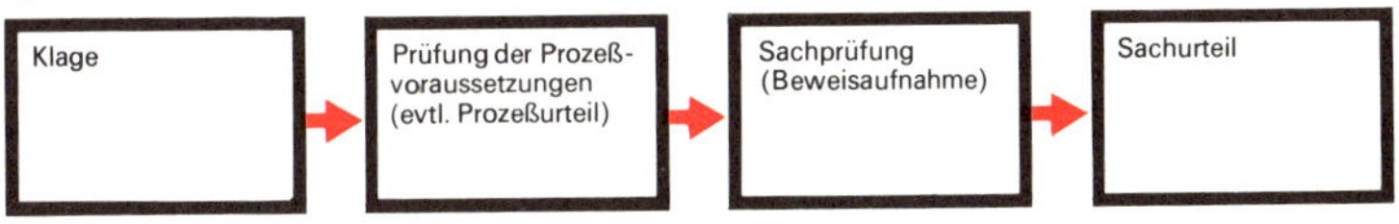

Verfahrensarten im Zivilprozeß

Allen besonderen Verfahren im Zivilprozeß ist gemeinsam, daß sie für den Gläubiger (Kläger) schnell eine verbindliche Entscheidung herbeiführen sollen. Das gerichtliche *Mahnverfahren* hat den Zweck, bei einer einfachen Sachlage innerhalb kurzer Zeit einen Vollstreckungstitel zu beschaffen. Es wird eingeleitet durch das Gesuch des Gläubigers auf Erlaß eines *Mahnbescheids*. Das Mahnverfahren ist dann unstatthaft, wenn es nicht auf eine bestimmte in inländischer Währung ausgedrückte Geldsumme gerichtet ist oder von einer noch nicht erbrachten Gegenleistung abhängt. Zuständig ist der Rechtspfleger am Amtsgericht, bei dem der Gläubiger seinen allgemeinen Gerichtsstand (Wohnsitz) hat. Von ihm wird nur nachgeprüft, ob das Antragsformular alle erforderlichen Feststellungen enthält. Der Mahnbescheid wird von Amts wegen zugestellt (↑Zustellungen S. 172). Der Antragsgegner kann dagegen innerhalb von zwei Wochen Widerspruch beim Amtsgericht, das ihn erlassen hat, einlegen. Geschieht dies rechtzeitig und begehrt eine Partei die Durchführung des streitigen Verfahrens, so wird der Rechtsstreit an das Wohnsitzgericht des Schuldners (Beklagten) verwiesen. Ein streitiges Verfahren schließt sich an. Erhebt der Antragsgegner nicht rechtzeitig Widerspruch, so kann der Gläubiger einen *Vollstreckungsbescheid* beantragen. Dieser steht einem für vorläufig vollstreckbar erklärten Versäumnisurteil gleich. Dagegen ist der Rechtsbehelf des Einspruchs möglich. Das Verfahren läuft dann so ab, als ob ein zulässiger Widerspruch eingelegt worden wäre. Unterbleibt der Einspruch, so wird der Vollstreckungsbescheid rechtskräftig und das Vollstreckungsverfahren (↑Zwangsvollstreckung S. 190) kann sich anschließen. Hat der Schuldner keinen Widerspruch eingelegt und beantragt der Gläubiger nicht innerhalb von sechs Monaten nach Ablauf der Widerspruchsfrist den Erlaß des Vollstreckungsbescheids, so wird der Mahnbescheid kraftlos.

Weitere besondere Verfahren des Zivilprozesses sind die zweigeteilten Verfahren, die sich in *Vor-* und *Nachverfahren* gliedern. Im *Urkundenprozeß*, der am häufigsten als *Wechselprozeß* vorkommt, kann z. B. nur die Verurteilung zu einer Geld- oder anderen vertretbaren Leistung erfolgen. Dabei dürfen alle anspruchsbegründenden Voraussetzungen nur mit Hilfe von Urkunden bewiesen werden. Gelingt der Urkundenbeweis nicht, so ist das Verfahren unstatthaft. Kann der Beklagte keinen im Verfahren zulässigen Gegenbeweis führen, so ergeht ein Vorbehaltsurteil, wobei dem Beklagten auf Antrag die Geltendmachung von Gegenrechten im Nachverfahren vorbehalten wird. Der Prozeß bleibt dann weiter anhängig, und der Beklagte kann sich der üblichen Beweismittel, wie z. B. des Zeugenbeweises, bedienen. Erfolgt der Gegenbeweis, so wird das Vorbehaltsurteil aufgehoben.

Auch in Fällen, in denen während des Prozesses der Beklagte die *Aufrechnung* erklärt, ist ein Vorbehaltsurteil möglich, wenn zwischen der geltendgemachten Forderung und der Gegenforderung kein rechtlicher Zusammenhang besteht oder letztere noch nicht entscheidungsreif ist. Ein solches Urteil ist für den Kläger vorteilhaft, weil er daraus die Zwangsvollstreckung (↑S. 190) betreiben kann.

Im sog. *Grundverfahren* ist der Anspruchsgrund entscheidungsreif, die Höhe des Anspruches jedoch ungewiß. In solchen Fällen kann das Gericht durch Grundurteil verbindlich feststellen, daß die Anspruchsvoraussetzungen vorliegen. Eine solche Situation tritt häufig bei Schadensersatzprozessen auf, wenn der Schadensumfang noch nicht übersehbar ist. Im nachfolgenden *Betragsverfahren* über die Höhe des Anspruchs kann dann der Beklagte nicht mehr einwenden, daß ein Anspruch überhaupt nicht bestehe.

Gegen die im Vorverfahren ergangenen Urteile können selbständig vor Abschluß des Nachverfahrens Rechtsmittel eingelegt werden.

W. Grunsky, Grundlagen des Verfahrensrechts, 2. Aufl., Bielefeld 1974.
W. Rosenberg/K. H. Schwab, Zivilprozeßrecht, 12. Aufl., München 1977.

Besondere Verfahrensarten im Zivilprozeß

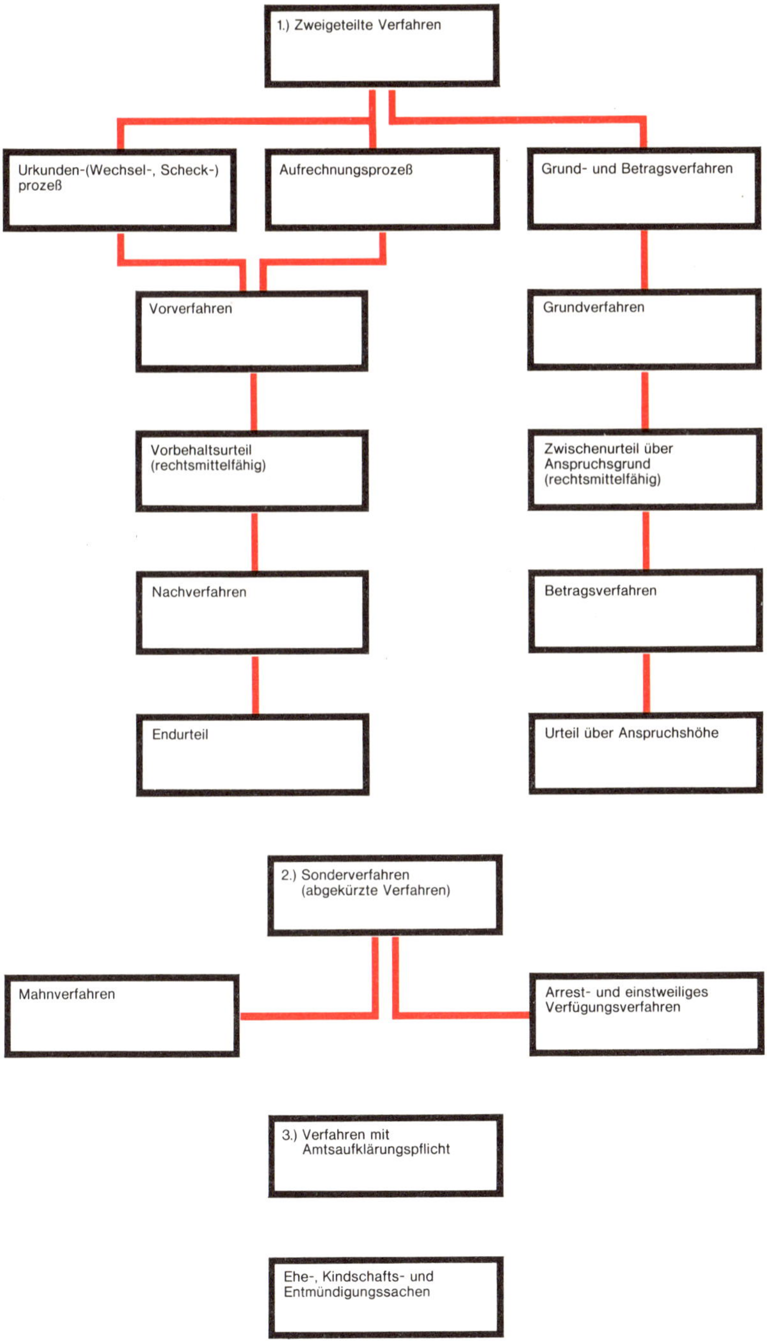

Ehesachen (Ehescheidung)

Die Ehe ist die vom Recht anerkannte Verbindung von Mann und Frau zu einer Lebensgemeinschaft. Sie umfaßt die gesamten persönlichen Verhältnisse der beiden Partner (gemeinsamer Name und Wohnsitz, häusliche Gemeinschaft, Geschlechtsgemeinschaft). Die Ehe steht nach unserer Verfassung unter dem besonderen Schutz der staatlichen Ordnung. Der Staat ist an dem Bestand funktionsfähiger Ehen interessiert, weil diese wohl die beste Gewähr für die Erziehung von Kindern und für die soziale Bindung der Bürger darstellen. Die Ehe kommt durch Vertragsschluß vor dem Standesbeamten zustande und wird auf Lebenszeit geschlossen. Das schließt freilich nicht aus, daß eine Ehe aus besonderen Gründen schon vorzeitig aufgelöst werden kann. Um allerdings den Bestand der Ehe möglichst zu wahren, ist die Auflösung der freien Verfügung der Parteien entzogen: Eine Ehe kann nur durch das Urteil eines ordentlichen Gerichts bei Vorliegen bestimmter Gründe entweder geschieden oder aufgehoben oder für nichtig erklärt werden.

Zuständig für die Entscheidung über einen Antrag auf Scheidung und die Klagen auf Aufhebung bzw. Nichtigkeitserklärung (wie auch für alle anderen Klagen in Ehesachen) ist das sog. Familiengericht, eine besondere Abteilung des Amtsgerichts. Scheidungsantrag und alle Klagen in Ehesachen können nur mit Hilfe eines Rechtsanwalts erhoben werden. Der Ablauf des gerichtlichen Verfahrens wird in Ehesachen weniger als in anderen Zivilprozessen von den Parteien bestimmt. Zwar kommt ein Scheidungsprozeß nur auf Initiative eines Ehegatten in Gang; niemals kann er von Amts wegen eingeleitet werden, wie dies dem früheren deutschen Recht nicht unbekannt war und heute noch im Falle der Nichtigkeitsklage möglich ist. Im übrigen aber herrscht der Untersuchungsgrundsatz (↑Prozeßmaximen S. 164). Das Gericht kann im Prozeß – zugunsten der Aufrechterhaltung der Ehe – Tatsachen berücksichtigen, die die Parteien nicht vorgetragen haben.

Eine Besonderheit des (seit 1. 7. 1977 geltenden) neuen Scheidungsverfahrens stellt der sog. Verbund von Scheidung und Folgesachen (z. B. Regelung der elterlichen Gewalt über die Kinder, Unterhaltspflichten zwischen den Ehegatten und gegenüber den Kindern, Wohnungs- und Hausratsaufteilung, Versorgungsausgleich) dar (↑Eheliches Güterrecht S. 212). Durch diesen Verbund unterschiedlicher Verfahrensgegenstände wird den Ehegatten bereits vor Auflösung ihrer Ehe deutlich, welche Auswirkungen die Scheidung haben wird. Als Nachteil dieses Verbunds müssen freilich die komplizierten verfahrensrechtlichen Regelungen und die verlängerte Verfahrensdauer hingenommen werden. – Die Kosten eines Scheidungsverfahrens sind heute sehr hoch. Sie werden durch die Einkommens- und Vermögensverhältnisse der Ehegatten bestimmt. Jedoch kann ein minderbemittelter Ehegatte von seinem Partner einen Prozeßkostenvorschuß für das Scheidungsverfahren im Wege der einstweiligen Anordnung verlangen. Auch die Gewährung des Armenrechts kann beantragt werden.

Neben den drei Verfahren zur Auflösung einer Ehe *(Scheidung, Aufhebung, Nichtigkeitserklärung)* kennt das Gesetz in Ehesachen noch zwei weitere Klagen: Mit der *Klage auf Feststellung des Bestehens oder Nichtbestehens einer Ehe* können Zweifel beseitigt werden, ob z. B. überhaupt ein Eheschließungsakt stattgefunden hat oder ob in Wahrheit eine Nicht-Ehe vorliegt. Mit der *Klage auf Herstellung der ehelichen Lebensgemeinschaft* kann ein Ehegatte die Verurteilung des Partners zu bestimmtem Verhalten begehren, z. B. zur Zahlung von Taschengeld, zur Teilnahme an den häuslichen Mahlzeiten, zur Aufnahme des ehelichen Verkehrs, aber auch zum Unterlassen weiteren ehebrecherischen Verhaltens. Allerdings ist ein solches Urteil nicht vollstreckbar. Folgt also der verurteilte Ehegatte diesem Urteil nicht, bleibt nur ein Antrag auf Scheidung.

D. Schwab, Handbuch des Scheidungsrechts, München 1977.
E.-M. von Münch, Die Scheidung nach neuem Recht, München 1978.

Eheschließung

Tod eines Partners

vorzeitige Auflösung durch Gerichtsurteil

1. Nichtigkeitsklage
Nichtig ist eine Ehe bei schwerem Formmangel, bei Geschäftsunfähigkeit eines Ehegatten zum Zeitpunkt der Eheschließung, bei Bigamie und bei naher Verwandtschaft oder Schwägerschaft der Ehegatten.

2. Aufhebungsklage
Aufgehoben werden kann eine Ehe bei Heirat eines Minderjährigen wegen fehlender Einwilligung des gesetzlichen Vertreters, bei Irrtum über die Eheschließung, die Person oder wesentliche Eigenschaften des anderen Ehegatten, bei Täuschung und bei Drohung.

3. Antrag auf Scheidung der Ehe

Scheidungsgrund:
Das Scheitern der Ehe, d. h. es besteht keine Lebensgemeinschaft mehr und eine Wiederherstellung ist auch nicht zu erwarten.
Maßstab für das Scheitern: Das Getrenntleben der Partner mit dem erkennbaren Willen der Ablehnung der ehelichen Lebensgemeinschaft.

Bei Trennung von weniger als 1 Jahr:
Scheidung nur in besonderen Härtefällen.

Bei einer Trennung von mindestens 1 Jahr:
Scheidung möglich, wenn beide Ehegatten einverstanden.

Bei einer Trennung von mindestens 3 Jahren:
Scheidung kann von einem Ehegatten allein durchgesetzt werden, falls nicht besondere Härte dies ausnahmsweise verbietet.

Bei einer Trennung von 5 Jahren:
Scheidung kann unter allen Umständen erzwungen werden.

Zwangsvollstreckung

Die Zwangsvollstreckung ist die mit den Machtmitteln des Staates erzwungene Verwirklichung von Ansprüchen. Sie ist in der Zivilprozeßordnung (ZPO) und, soweit es die Vollstreckung in Liegenschaften betrifft, im Zwangsversteigerungsgesetz (ZVG) geregelt. Je nach Gegenstand sind für die Zwangsvollstreckung der Gerichtsvollzieher, das Amtsgericht als Vollstreckungsgericht oder das Prozeßgericht des ersten Rechtszuges zuständig. Die Zwangsvollstreckung darf nur aufgrund eines *Vollstreckungstitels* (↑Vollstreckung gerichtlicher Entscheidungen S. 176) erfolgen. Neben gerichtlichen Entscheidungen sind weitere Vollstreckungstitel der gerichtliche Vergleich und bestimmte öffentliche Urkunden, die über einen Geld- oder geldwerten Anspruch lauten und in welchen sich der Schuldner der sofortigen Zwangsvollstreckung unterworfen hat. Gegenstand der Vollstreckung ist das vollstreckungsfähige Vermögen des Schuldners. Die Vollstreckung darf nicht weitergehen, als zur Befriedung des Gläubigers erforderlich ist.

Die Vollstreckung wegen Geldforderungen in das bewegliche Vermögen des Schuldners erfolgt durch *Pfändung*. Bewegliche Sachen werden dadurch gepfändet, daß der Gerichtsvollzieher ein Pfandsiegel (Kuckuck) anlegt, Geld, Kostbarkeiten und Wertpapiere nimmt er in Besitz. Gepfändete Sachen dürfen vom Schuldner nicht veräußert werden (Verstrickung). Die Pfändung ist Voraussetzung für die sich anschließende Verwertung des Pfandobjekts, die in der Regel durch öffentliche Zwangsversteigerung durch den Gerichtsvollzieher erfolgt. Der Versteigerungserlös wird, soweit er zur Befriedigung des Gläubigers erforderlich ist, diesem ausgehändigt.

Die Vollstreckung wegen Geldforderungen durch Pfändung von Forderungen und sonstigen Rechten erfolgt durch das Vollstreckungsgericht durch Erlaß eines Pfändungs- und Überweisungsbeschlusses (Überweisung wahlweise an Zahlungsstatt oder nur zur Einziehung). Bewirkt ist die Forderungspfändung erst mit Zustellung an den Drittschuldner (Schuldner der gepfändeten Forderung), dem damit untersagt wird, an den Vollstreckungsschuldner zu leisten. Die Vollstreckung wegen Geldforderungen in das unbewegliche Vermögen (z. B. Grundstücke) erfolgt durch Eintragung einer Sicherungshypothek in das Grundbuch sowie durch Zwangsverwaltung und Zwangsversteigerung, für die das Vollstreckungsgericht zuständig ist.

Ist der vollstreckbare Anspruch auf die Herausgabe von Sachen gerichtet, so vollstreckt der Gerichtsvollzieher durch Wegnahme. Die Vollstreckung von Ansprüchen auf Vornahme von Handlungen und Unterlassungen wird vom Prozeßgericht der ersten Instanz durchgeführt.

Einwendungen, die das Vollstreckungsverfahren betreffen, werden durch Erinnerung beim Vollstreckungsgericht erhoben. Einwendungen des Vollstreckungsschuldners, die sich gegen den Anspruch des Gläubigers richten, werden im Wege der Vollstreckungsgegenklage beim Prozeßgericht geltend gemacht. Einwendungen Dritter, die Vollstreckung erfasse ihre und damit schuldnerfremde Gegenstände, werden durch Klage bei dem Gericht, in dessen Bezirk die Zwangsvollstreckung erfolgt, geltend gemacht (Drittwiderspruchsklage). Sofern die Vollstreckung für den Schuldner unter Würdigung des Schutzbedürfnisses des Gläubigers eine besondere, nicht vertretbare Härte bedeutet, kann auf seinen Antrag eine Zwangsvollstreckungsmaßnahme ganz oder teilweise untersagt, einstweilen eingestellt oder aufgehoben werden. Dem Schuldnerschutz dienen die gesetzlich angeordnete *Unpfändbarkeit* von lebens- und berufsnotwendigen Sachen sowie die Bestimmungen über die Pfändungsgrenzen bei Dienst- und Arbeitslohn.

R. Bruns/O. Peters, Zwangsvollstreckungsrecht, 2. Aufl., München 1977.
F. Lent/O. Jauernig, Zwangsvollstreckungs- und Konkursrecht, 13. Aufl., München 1975.

Zwangsvollstreckung

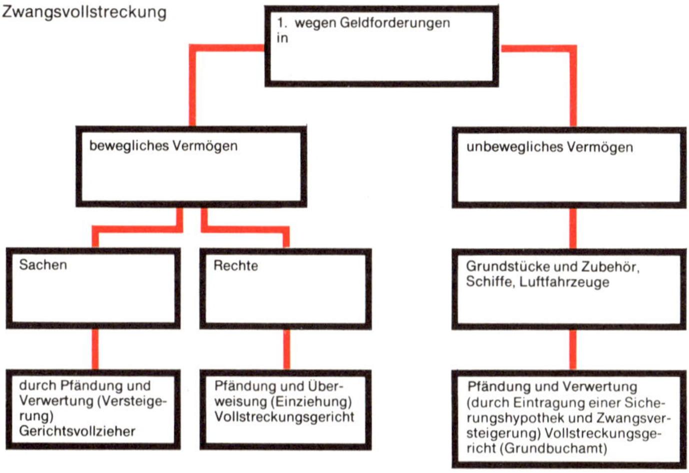

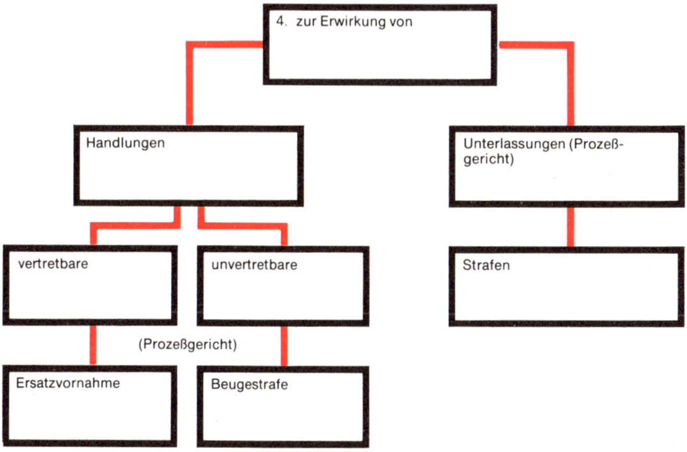

Konkurs-, Vergleichs- und Zwangsvergleichsverfahren

Im Gegensatz zur ↑Zwangsvollstreckung (S. 190), bei der einzelne Gläubiger aufgrund eines Vollstreckungstitels in einzelne Vermögensgegenstände des Schuldners vollstrekken (Einzelzwangsvollstreckung), hat das *Konkursverfahren* den Zweck, durch Beschlagnahme und Verwertung des gesamten Schuldnervermögens alle Gläubiger zu befriedigen *(Gesamtvollstreckung)*.

Voraussetzung für die Einleitung des Konkursverfahrens ist die Zahlungsunfähigkeit des Gemeinschuldners oder bei juristischen Personen (z. B. Aktiengesellschaft, Gesellschaft mit beschränkter Haftung) eine Überschuldung. Das Konkursgericht kann die Eröffnung ablehnen, wenn die Konkursmasse die Kosten nicht deckt. Den Antrag auf Eröffnung des Konkurses kann sowohl der Schuldner als auch ein Gläubiger beim Amtsgericht (Konkursgericht) stellen. Mit dem Eröffnungsbeschluß bestellt das Gericht einen Konkursverwalter, der das Verfahren abwickelt. Dem Gemeinschuldner wird die Verfügungsbefugnis über sein Vermögen entzogen und dem Konkursverwalter übertragen. Hat der Konkursverwalter Gegenstände als zur Masse gehörend in Besitz genommen, an denen Dritte ein die Veräußerung hinderndes Recht (Eigentum) haben, so sind diese berechtigt, notfalls auch durch Klage, den Konkursverwalter zur Freigabe zu zwingen. Der Erlös wird, nachdem die Massekosten (Verfahrenskosten) und die Masseschulden (z. B. Ansprüche, die aufgrund von Geschäften des Konkursverwalters entstehen) beglichen sind, nach einer Quote verteilt. Vor der Verteilung sind jedoch die bevorrechtigten Forderungen (z. B. Ansprüche von Arbeitnehmern) zu begleichen.

Der Konkurs trifft den Gemeinschuldner im Kern seiner wirtschaftlichen Existenz und vernichtet Arbeitsplätze, wenn ein Unternehmen nach dem Konkurs nicht weitergeführt wird. Diese Folgen können durch ein *Vergleichsverfahren* verhindert werden. Es ist darauf gerichtet, eine gleichmäßige Befriedigung aller nicht bevorrechtigten Gläubiger zu ermöglichen, ohne daß das Schuldnervermögen liquidiert wird. Dem Schuldner wird dabei nicht die Verfügungsmacht über sein Vermögen entzogen. Die Voraussetzungen für die Einleitung sind die gleichen wie beim Konkurs. Der Schuldner hat einen Vergleichsantrag beim Vergleichsgericht (Amtsgericht) zu stellen. Der Antrag muß von einer gleichmäßigen Befriedigung aller Gläubiger zu mindestens 35% ihrer Forderung ausgehen. Dem Vergleichsantrag ist eine Vermögensübersicht des Schuldners, ein Gläubiger- und Schuldnerverzeichnis beizufügen. Aus diesen Unterlagen muß zu entnehmen sein, wie die Vergleichserfüllung gesichert werden kann. Lehnt das Vergleichsgericht den Antrag ab, so hat es von Amts wegen über die Eröffnung des Konkurses zu entscheiden. Gibt es dem Antrag statt, so hat es einen Vergleichsverwalter zu bestellen, der die wirtschaftliche Tätigkeit des Schuldners überprüft und überwacht. Über den Abschluß des Vergleichs wird im gerichtlichen Vergleichstermin verhandelt und abgestimmt. Stimmberechtigt sind nur die Gläubiger. Zur Annahme des Vergleichs bedarf es einer qualifizierten Mehrheit. Es muß die Mehrheit der Gläubiger zustimmen, und ihre Forderungen müssen mindestens drei Viertel der Forderungen der stimmberechtigten Gläubiger betragen. Der angenommene Vergleich wird durch die Bestätigung durch das Gericht wirksam. Ist der Vergleich erfüllt, so wird das Vergleichsverfahren aufgehoben. Kommt es nicht zum Vergleich oder wird das Vergleichsverfahren eingestellt, so ist das Anschlußkonkursverfahren einzuleiten. Auch im Rahmen eines bereits eingeleiteten Konkursverfahrens kann auf Vorschlag des Gemeinschuldners ein *Zwangsvergleich* geschlossen werden, wenn die Mehrheit der im Termin anwesenden Gläubiger zustimmt und diese mindestens drei Viertel des stimmberechtigten Kapitals repräsentieren.

J. Baumann, Konkurs und Vergleich, Bielefeld 1976.
M. Pagenstecher/M. Grimm, Der Konkurs, 4. Aufl., München 1968.

Konkurs

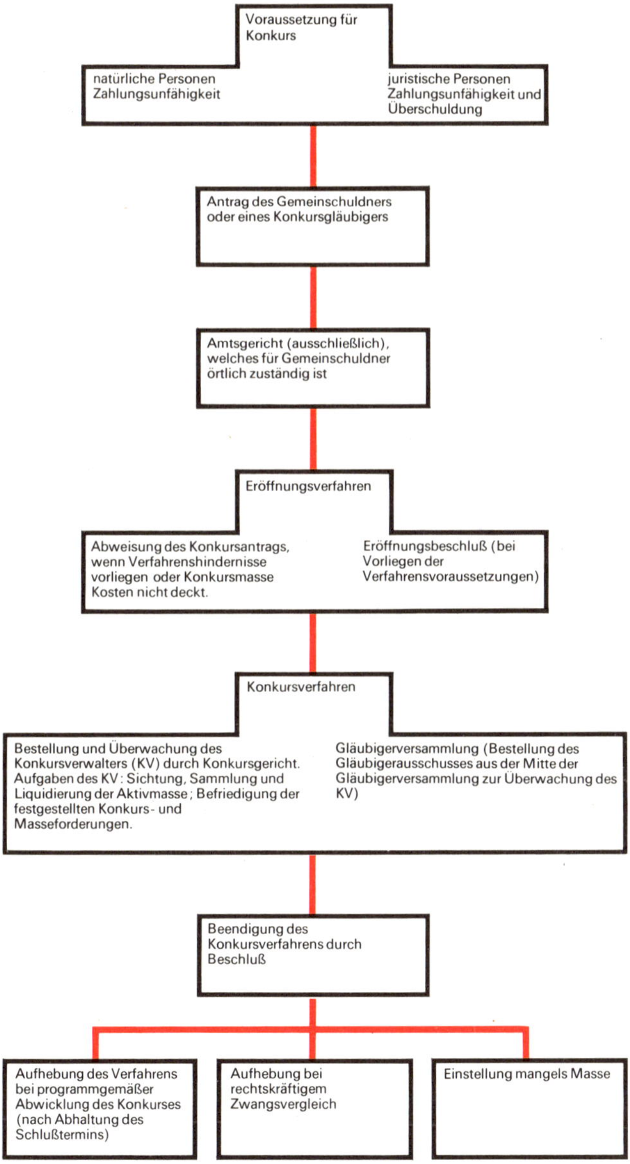
Voraussetzung für Konkurs
natürliche Personen Zahlungsunfähigkeit
juristische Personen Zahlungsunfähigkeit und Überschuldung
Antrag des Gemeinschuldners oder eines Konkursgläubigers
Amtsgericht (ausschließlich), welches für Gemeinschuldner örtlich zuständig ist
Eröffnungsverfahren
Abweisung des Konkursantrags, wenn Verfahrenshindernisse vorliegen oder Konkursmasse Kosten nicht deckt.
Eröffnungsbeschluß (bei Vorliegen der Verfahrensvoraussetzungen)
Konkursverfahren
Bestellung und Überwachung des Konkursverwalters (KV) durch Konkursgericht. Aufgaben des KV: Sichtung, Sammlung und Liquidierung der Aktivmasse; Befriedigung der festgestellten Konkurs- und Masseforderungen.
Gläubigerversammlung (Bestellung des Gläubigerausschusses aus der Mitte der Gläubigerversammlung zur Überwachung des KV)
Beendigung des Konkursverfahrens durch Beschluß
Aufhebung des Verfahrens bei programmgemäßer Abwicklung des Konkurses (nach Abhaltung des Schlußtermins)
Aufhebung bei rechtskräftigem Zwangsvergleich
Einstellung mangels Masse

Schiedsgerichte

Die Schiedsgerichtsbarkeit hat im nationalen wie auch internationalen Rechtsverkehr Bedeutung. In der Zivilprozeßordnung (ZPO) ist das schiedsgerichtliche Verfahren für den privatrechtlichen Bereich geregelt. Hiernach sind Schiedsgerichte Privatgerichte, die aus einem oder mehreren Schiedsrichtern bestehen und denen kraft privater Vereinbarung die Entscheidung an Stelle der staatlichen Gerichte übertragen worden ist. Das Schiedsgerichtsverfahren ist nur insoweit zulässig, als die Parteien über den Gegenstand des Streites einen Vergleich (↑Streitbeendigung S. 168) zu schließen berechtigt sind. Der Schiedsvertrag bedarf, sofern nicht beide Parteien Vollkaufleute sind, der Schriftform. Der oder die von den Parteien ernannten Schiedsrichter sind in der Gestaltung des Verfahrens weitgehend frei, sie können jedoch keine Maßnahmen vornehmen, die hoheitlichen Charakter haben, wie z. B. die Vereidigung von Zeugen. Hierzu müssen sie sich der Hilfe der staatlichen Gerichte bedienen. Das Schiedsgericht entscheidet durch förmlichen *Schiedsspruch*, der den Parteien zuzustellen ist und der die Wirkungen eines rechtskräftigen Urteils hat.

Bestimmte verfahrensrechtliche oder materielle Mängel (z. B. Verstoß des Schiedsspruchs gegen die guten Sitten oder die öffentliche Ordnung) können durch Aufhebungsklage gerichtlich geltend gemacht werden. Zum Vollstreckungstitel wird der Schiedsspruch erst durch die von einem staatlichen Gericht zu erteilende Vollstreckbarkeitserklärung. Das privatrechtliche Schiedsgerichtsverfahren hat besondere Bedeutung im Handelsverkehr, insbesondere auch im internationalen Handelsverkehr. Es hat den Vorteil, daß es im allgemeinen zu schnelleren Entscheidungen führt als die staatliche Gerichtsbarkeit mit ihrem differenzierten Instanzenweg. Der Wegfall des Instanzenzuges macht das Schiedsgerichtsverfahren in der Regel auch kostensparend. Die Schiedsgerichtsbarkeit ermöglicht darüber hinaus die Ernennung besonders fach- und sachkundiger Schiedsrichter (z. B. Kaufleute, Spezialjuristen, Künstler). Ein weiterer wohl entscheidender Vorteil der Schiedsgerichtsbarkeit liegt in der Vereinfachung des internationalen Rechtsverkehrs. Die Nachteile des schiedsrichterlichen Verfahrens liegen in der Gefahr der Parteilichkeit der Schiedsrichter, wenn diese sich nicht als neutrale Dritte, sondern als Interessenvertreter fühlen, wie dies nicht selten bei Mitgliedern wirtschaftlicher Verbände der Fall ist. Diesen Gefahren versucht die ZPO dadurch vorzubeugen, daß sie das schiedsrichterliche Verfahren unter staatliche Aufsicht stellt (z. B. durch die Aufhebungsklage und die Notwendigkeit staatlicher Vollstreckbarkeitserklärung des Schiedsspruchs). Vom Schiedsgerichtsurteil zu unterscheiden ist das *Schiedsgutachten*. Es soll eine unanfechtbare Tatsachenfeststellung treffen, an welche die Parteien in einem möglichen späteren Rechtsstreit gebunden sein sollen.

Auch im Bereich des Arbeitsrechts hat das Schiedsgerichtsverfahren Bedeutung, z. B. für Streitigkeiten zwischen Tarifvertragspartnern über das Bestehen oder den Inhalt von Tarifverträgen. Hier richtet sich das Verfahren jedoch nach den besonderen Bestimmungen des Arbeitsgerichtsgesetzes (ArbGG). Dagegen sind die in neuerer Zeit durch Arbeitsvertrag oder Betriebsvereinbarung eingerichteten Betriebsgerichte keine Schiedsgerichte, weil ihre Entscheidungen nicht sanktionsfähig sind.

Auch die Vereins- oder Verbandsgerichte, die kraft eigener Satzung über Bußen, Strafen und den Ausschluß von Vereinsmitgliedern entscheiden (z. B. Sportgerichte), sind keine Schiedsgerichte im Sinne der ZPO.

A. Baumbach/K. H. Schwab, Schiedsgerichtsbarkeit, 2. Aufl., München 1960.
L. Rosenberg/K. H. Schwab, Zivilprozeßrecht, 12. Aufl., München 1977.

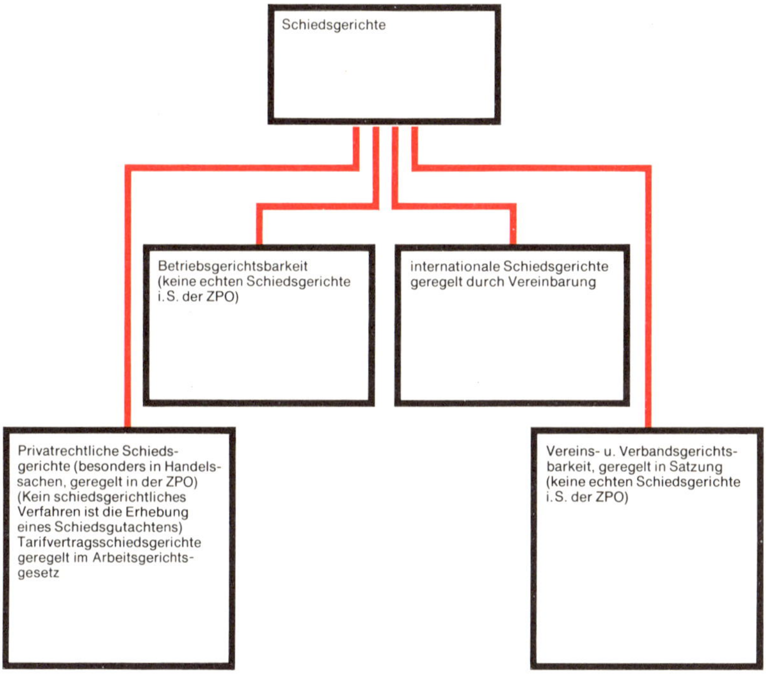

Privatrechtliche Schiedsgerichtsverfahren

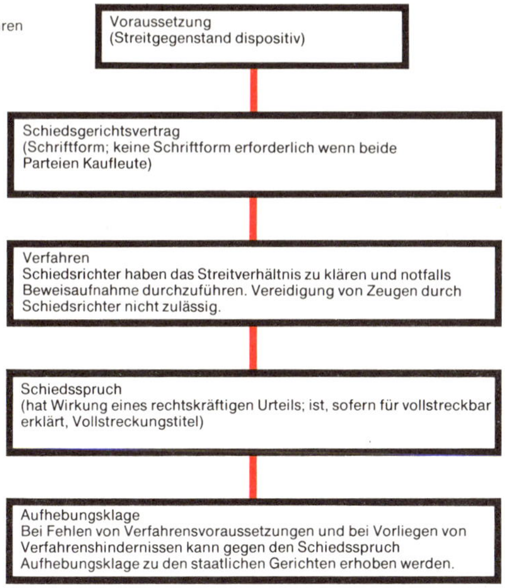

Freiwillige Gerichtsbarkeit

Unter dem Terminus „freiwillige Gerichtsbarkeit" (FG) werden heute eine große Anzahl von Verfahren zusammengefaßt, die wenig miteinander gemein haben. Zu ihr zählen nach geltendem Recht *streitige* Verfahren (sog. Regelungsstreitigkeiten) aus dem Bereich des Zivilrechts, wie bestimmte familienrechtliche Angelegenheiten (Regelung der elterlichen Gewalt, Hausratsteilung, Versorgungsausgleich) oder die Streitigkeiten über die Erbfolge in Landwirtschaftssachen, die ungefähr wie normale Zivilprozesse ablaufen. Daneben gibt es streitige Verfahren aus dem Bereich des Verwaltungsrechts, wie die Verfahren über die Nichtzulassung von Prozeßagenten, die wie Verwaltungsprozesse ablaufen. Zur FG gehören das gesamte Beurkundungswesen und viele *unstreitige* Verfahren aus dem Bereich des Zivilrechts oder des öffentlichen Rechts wie z. B. das Verfahren über Erteilung eines Erbscheines, über Eintragungen in das Grundbuch oder in das Familienbuch usf. Die letzteren Verfahren, die man als *klassische* Verfahren der FG bezeichnet, haben dieser Gerichtsbarkeit den Namen gegeben. Es handelt sich bei ihnen um Verfahren, in denen es keine Parteistellung gibt, in denen also nicht wie in anderen Prozessen („Streitverfahren") zwei Beteiligte oder zwei Gruppen von Beteiligten gegeneinander um ihre Rechte streiten. Sie dienen der Gestaltung einzelner Rechtsverhältnisse, die aus dem Gesichtspunkt der allgemeinen oder konkreten Rechtsfürsorge in diesen Fällen unter Beteiligung des Staates vorgenommen werden soll.

Die Aufgaben der FG sind nach geltendem Recht regelmäßig den Gerichten der ordentlichen Justiz (meist den Amtsgerichten) übertragen. Es gibt aber auch eine Reihe von Aufgaben der FG, die anderen Behörden oder Amtspersonen zugewiesen sind, so z. B. die Beurkundungen den Notaren, die Führung des Geburtsbuchs dem Standesamt. Die Übertragung der FG auf die ordentlichen Gerichte, die diese Aufgaben im Rahmen ihrer normalen Organisationen wahrnehmen, ist der Grund für die große und vielfach unsystematische Ausdehnung der FG. Denn während es bei den klassischen FG-Verfahren meist um Verwaltungstätigkeit geht (Führung von Registern und Büchern, Führung der Vormundschaft über Minderjährige usf.), die an sich von Verwaltungsbeamten erledigt werden können, und die man nur Gerichten übertragen hat, weil diese Angelegenheiten zum Schutze der Bürger gegen Eingriffe der politisch bestimmten Verwaltung von – politisch – unabhängigen Beamten wahrgenommen werden sollen, handelt es sich bei den neuerdings der FG zugewiesenen Aufgaben meist um „Streitsachen" (also um Aufgaben, die nur Richtern übertragen werden können), für die nur die vorhandenen Prozeßordnungen nicht so recht passen.

Grundsätzlich gilt in Sachen der FG das „Gesetz über die Angelegenheiten der freiwilligen Gerichtsbarkeit" (FGG) vom 17. 5. 1898 als Rahmenregelung, die jedoch häufig hinsichtlich der Prozeßordnung einer Ergänzung bedarf. Bei den unstreitigen (klassischen) Verfahren muß man unterscheiden zwischen *Antragsverfahren*, die nur auf Antrag eines Beteiligten in Gang kommen (in ihnen gilt vielfach die Dispositionsmaxime), und den *Amtsverfahren*, die der Richter der FG (meist ein sog. „Rechtspfleger", ein Beamter des gehobenen Justizdienstes) von Amts wegen nach pflichtgemäßem Ermessen in Gang bringt. Das Verfahren der FG wird vorwiegend von der Offizialmaxime sowie der Untersuchungs- oder Amtsmaxime (↑Prozeßmaximen S. 164) beherrscht; es wird meist schriftlich geführt. Ein neues Mischverfahren hat der Gesetzgeber für die Familiensachen der FG vorgesehen. Diese sind jetzt ausschließlich dem Familiengericht (Amtsgericht) zugewiesen. Sie können sowohl isoliert wie auch im Verbund mit einer Scheidungssache (↑Ehesachen S. 204) anhängig sein.

W. Habscheid, Freiwillige Gerichtsbarkeit, 6. Aufl., München 1977.

Die verschiedenen Verfahren der freiwilligen Gerichtsbarkeit (FG)

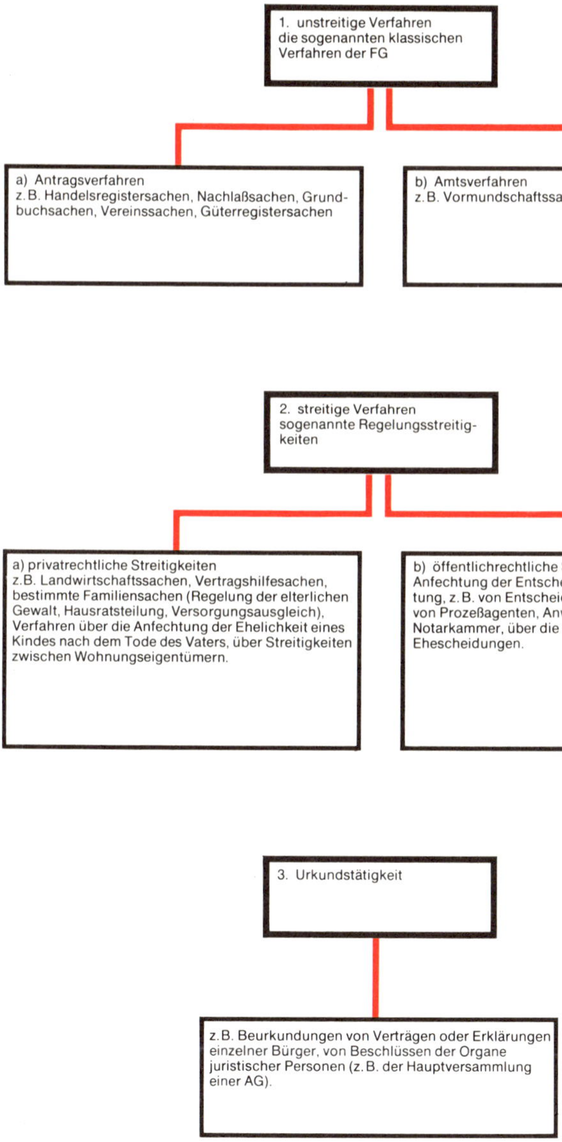

Vormundschafts- und Pflegschaftssachen

Die Vormundschaftssachen gehören zu den sogenannten klassischen Verfahren der ↑Freiwilligen Gerichtsbarkeit (S. 196). Vormundschaftsgerichte (VG) sind die Amtsgerichte. Ihr Aufgabenbereich erfaßt drei Hauptgebiete: Dazu gehören erstens die Vormundschaftssachen im engeren Sinne (Führung der Vormundschaft über Minderjährige und über Entmündigte sowie die Führung der verschiedenen Pflegschaften z. B. für gebrechliche oder abwesende Personen). Die VG sind ferner zuständig für familienrechtliche Entscheidungen über das Verhältnis von Eltern und Kindern (z. B. Entziehung der elterlichen Gewalt bei deren Mißbrauch) und über persönliche Beziehungen der Ehegatten (z. B. Beschränkung der Schlüsselgewalt), sofern nicht die Familiengerichte zuständig sind (↑Ehesachen S. 188). Den dritten Aufgabenkomplex bilden die den VG nach dem Jugendwohlfahrtsgesetz obliegenden Entscheidungen, z. B. über die Einleitung einer ↑Fürsorgeerziehung (S. 420) oder Schutzaufsicht sowie die Mitwirkung im Strafverfahren gegen Jugendliche nach dem Jugendgerichtsgesetz (↑Jugendstrafrecht S. 228). Daneben sind den VG noch durch verschiedene Gesetze eine Anzahl Einzelaufgaben übertragen worden, so z. B. die Genehmigung von Anträgen auf Entlassung eines Mündels aus dem Staatsverband und Aufgaben nach dem Gesetz über die religiöse Kindererziehung.

Bei der Führung einer Vormundschaft über Minderjährige oder Entmündigte werden die VG in der Regel von Amts wegen tätig. Sie erhalten die Informationen, die sie zum Eingreifen veranlassen, von anderen Behörden, so z. B. von den kommunalen Jugendämtern und Wohlfahrtsbehörden oder von den Standesämtern (z. B. bei Versterben der Eltern eines Minderjährigen). Sie bemühen sich dann um die Bestellung eines Vormunds (wobei sie zunächst die Verwandten des Mündels zu berücksichtigen haben), setzen den Vormund ein und überwachen dessen Tätigkeit. Stellen sie fest, daß ein Vormund seine Aufgaben schuldhaft oder aus Unkenntnis nicht erfüllt, so können sie ihn zu bestimmten Handlungen anweisen, und zwar unter Androhung von Zwangsmaßnahmen. Bei groben oder wiederholten Pflichtverletzungen ist der Vormund zu entlassen und ein neuer Vormund zu bestellen. Oberster Maßstab für diese Maßnahmen ist das Interesse des Mündels. Zahlreiche Bestimmungen des Gesetzes sorgen dafür, daß das VG seiner Überwachungspflicht auch nachkommen kann. So ist der Vormund verpflichtet, dem VG über seine Tätigkeit Bericht zu erstatten. Er kann ferner bestimmte Geschäfte im Namen des Mündels nur mit Genehmigung des VG tätigen, z. B. die Ausschlagung einer Erbschaft, die Aufnahme von Kredit, den Abschluß bestimmter Miet- oder Pachtverträge oder den Verkauf eines Grundstücks. Auch die Eltern eines Minderjährigen sind in beschränktem Umfang verpflichtet, bei ihren Geschäften für das Kind die Genehmigung des VG einzuholen, z. B. bei dem Verkauf eines Grundstücks oder bei der Aufnahme von Kredit. Das VG kann sich zur Überwachung der Amtsführung des Vormunds der Hilfe der kommunalen Jugend- und Wohlfahrtsbehörden bedienen.

Die VG haben auch die verschiedenen Pfleger zu bestellen und zu überwachen. Eine Pflegschaft ist anzuordnen, wenn in besonderen Angelegenheiten einer Person oder eines Vermögens ein Fürsorgebedürfnis entsteht, während die Vormundschaft immer die Fürsorge für alle Angelegenheiten des Mündels umfaßt. Daher kann nach Anordnung einer Pflegschaft neben dem Pfleger auch der Pflegling handeln, der weiterhin geschäftsfähig bleibt.

F. Massfeller/Ch. Böhmer, Das gesamte Familienrecht, 3. Aufl. (Loseblatt), Frankfurt u. a. 1958, Band 1 IV.
G. Beitzke, Familienrecht, 19. Aufl., München 1977, §§ 35 ff.

Gründe für die Anordnung von Vormundschaft und Pflegschaft

Vormundschaft
Bei Fürsorgebedürfnis
für alle Angelegenheiten
des Mündels

1. **Bei Minderjährigen**

wenn die gesetzlichen Vertreter (Eltern) verstorben sind oder wenn den gesetzlichen Vertretern die elterliche Gewalt wegen Mißbrauchs entzogen worden ist.

2. **Bei Volljährigen**

nach Entmündigung wegen Geisteskrankheit oder wegen Geistesschwäche.

Pflegschaft
Bei Fürsorgebedürfnis
für einzelne Angelegenheiten
des Pfleglings

1. **Ergänzungspfleger**

für die Angelegenheiten, die Eltern oder Vormünder nicht besorgen können, z. B. für Geschäfte zwischen Eltern und Kindern.

2. **Gebrechlichkeitspfleger**

Mit deren Zustimmung für Personen, die infolge geistiger oder körperlicher Gebrechen nicht alle ihre Angelegenheiten selbst besorgen können, z. B. bei Taubheit oder Blindheit, bei geistigen Ausfallerscheinungen und im Alter.

3. **Abwesenheitspfleger**

Für abwesende Personen, deren Aufenthalt unbekannt ist, oder deren Aufenthalt zwar bekannt ist, die aber an der Rückkehr gehindert sind.

4. **Pfleger für die Leibesfrucht**

Für Schadensersatz- und Unterhaltsansprüche eines bereits gezeugten, aber noch nicht geborenen Kindes, z. B. bei Tötung des unterhaltsverpflichteten Vaters.

5. **Pfleger für unbekannte Beteiligte**

Für Angelegenheiten, bei denen unbekannt oder ungewiß ist, wer an ihnen rechtlich beteiligt ist.

6. **Pfleger für Sammelvermögen**

Für Vermögen, das durch eine öffentliche Sammlung für einen vorübergehenden Zweck zusammengebracht worden ist.

7. **Prozeßpfleger**

Für nicht prozeßfähige Personen, die verklagt werden sollen, wenn Gefahr im Verzuge ist, und für herrenlose Grundstücke.

8. **Pfleger bei vorläufiger Vormundschaft**

Für Personen, die unter Vormundschaft gestellt werden können, für die ein Vormund aber noch nicht bestellt ist, so z. B. wenn ein Entmündigungsverfahren eingeleitet ist, das dazu führen soll, daß ein Volljähriger unter Vormundschaft gestellt wird.

Annahme als Kind (Adoption)

Die Annahme als Kind (früher Annahme an Kindes Statt) ist die Begründung eines künstlichen Eltern-Kind-Verhältnisses durch Ausspruch des Vormundschaftsgerichts. Sie dient heute überwiegend der Eingliederung nichtehelich geborener, verwaister oder sonst fürsorgebedürftiger Kleinkinder in Familien, um ihnen ein neues Elternhaus zu geben. Wer ein Kind adoptieren will, wendet sich an die Adoptionsvermittlungsstellen (Landesjugendämter, Jugendämter, Innere Mission, Deutscher Caritasverband, Arbeiterwohlfahrt). Die Adoption ist zulässig, wenn sie dem Wohl des Kindes dient; sie soll erst nach angemessener Pflegezeit ausgesprochen werden. Ehegatten können ein Kind nur gemeinschaftlich annehmen, ein Ehegatte kann aber sein eigenes nichteheliches Kind oder das Kind des anderen auch allein annehmen. Der Annehmende muß in der Regel über 25 Jahre alt sein, bei Ehegatten muß einer über 25, der andere über 21 Jahre alt sein; 21 Jahre genügen auch bei der Annahme des eigenen nichtehelichen Kindes oder des Kindes des anderen Ehegatten. Wenn der Annehmende eigene Kinder hat, ist die Adoption unzulässig, wenn deren Interessen entgegenstehen oder die Interessen des Adoptivkindes gefährdet würden.

Die Annahme als Kind wird auf Antrag des Annehmenden (der notariell beurkundet sein muß) durch das Vormundschaftsgericht ausgesprochen, wenn auch das Kind und seine leiblichen Eltern in die Adoption einwilligen. Für ein Kind unter 14 Jahren wird die Einwilligung durch seinen gesetzlichen Vertreter (Eltern, Vormund oder Pfleger) erklärt; ist es über 14 Jahre alt, dann muß es die Erklärung persönlich – mit Zustimmung seines gesetzlichen Vertreters – abgeben. Die Einwilligungen und Zustimmungen müssen ebenfalls notariell beurkundet werden. Sie können abgegeben werden, ohne daß die Eltern die Adoptiveltern kennen (sog. Inkognitoadoption), wenn ein späterer Kontakt zwischen dem Kind und den leiblichen Eltern vermieden werden soll. Die Einwilligung bzw. Zustimmung des Vormunds oder Pflegers kann vom Vormundschaftsgericht ersetzt werden, wenn sie ohne triftigen Grund verweigert wird, die der Eltern nur aus schwerwiegenden Gründen (anhaltende grobe Pflichtverletzung oder Gleichgültigkeit), wenn sonst ein unverhältnismäßiger Nachteil für das Kind entstünde. Der nichteheliche Vater hat nur ein Anhörungsrecht; wenn er aber das Kind selbst adoptieren oder für ehelich erklären will, darf es nicht durch andere (außer durch die Mutter selbst) angenommen werden. Durch die Annahme erwirbt das minderjährige Adoptivkind die rechtliche Stellung eines ehelichen Kindes des Annehmenden – auch gegenüber dessen Verwandten – mit allen damit verbundenen Rechten und Pflichten (u. a. Sorgerecht, Unterhaltspflicht, Erbrecht); das Verwandtschaftsverhältnis zur bisherigen Familie erlischt (sog. *Volladoption*).

Volljährige können nur adoptiert werden, wenn zu erwarten ist, daß ein Eltern-Kind-Verhältnis entsteht. Sie stellen einen eigenen (notariell beurkundeten) Antrag beim Vormundschaftsgericht. Sie bleiben rechtlich mit der bisherigen Verwandtschaft verbunden, gelten zwar als eheliches Kind des Annehmenden, jedoch nicht im Verhältnis zu dessen Verwandten. Nur in bestimmten Ausnahmefällen kann auch die Wirkung einer Volladoption ausgesprochen werden.

Ausnahmsweise kann eine Adoption gerichtlich wieder aufgehoben werden, z. B. wenn dies zum Schutz des minderjährigen Adoptivkindes erforderlich ist oder Einwilligungen durch Täuschung herbeigeführt wurden.

Bis 1976 wurden Adoptionen durch notariellen Vertrag, der einer gerichtlichen Bestätigung bedurfte, begründet. Die Wirkungen entsprachen etwa der heutigen Volljährigenadoption. Wenn ein nach altem Recht adoptiertes Kind am 1. 1. 1977 noch minderjährig war, sind am 1. 1. 1978 die Wirkungen einer Volladoption eingetreten.

K. Roth-Stielow, Adoptionsgesetz und Adoptionsvermittlungsgesetz, Stuttgart u. a. 1976.

Das Adoptionsverfahren

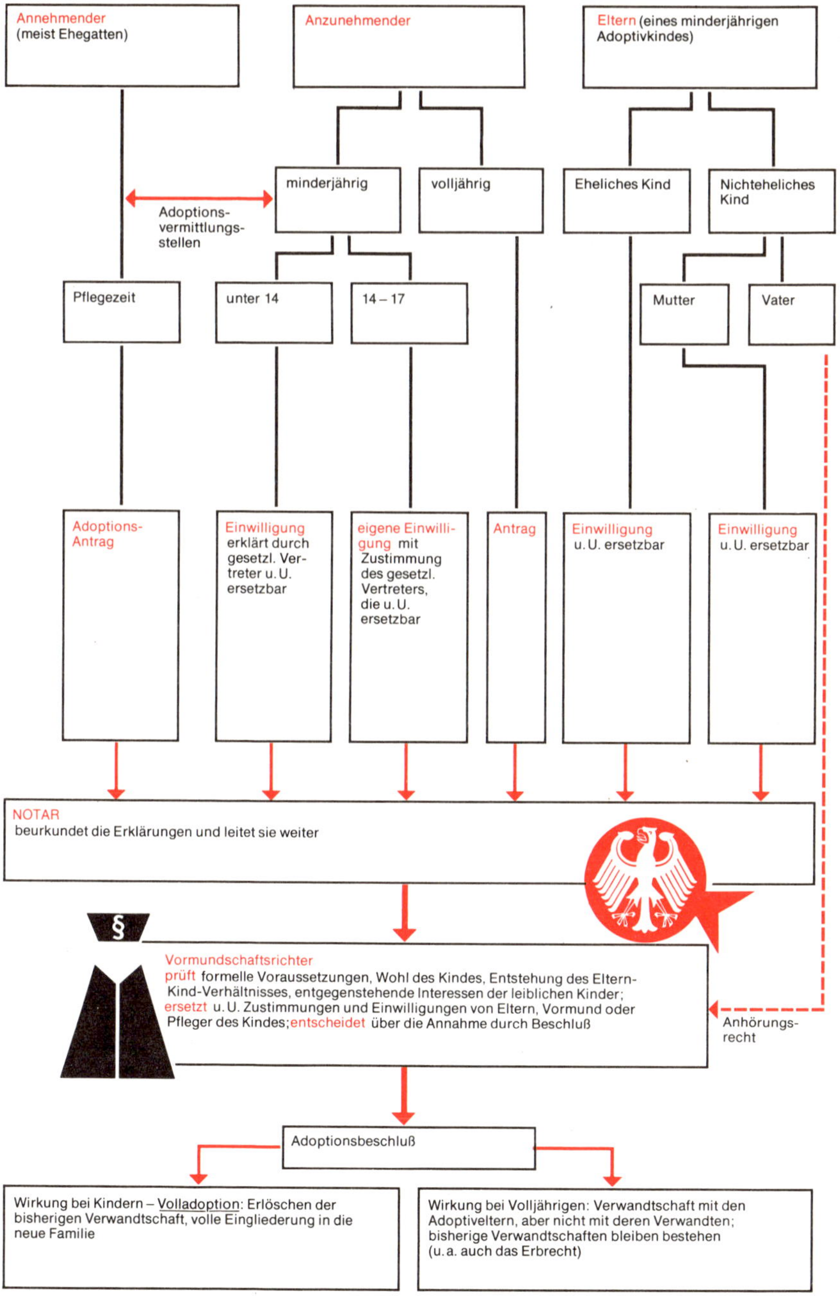

Personenstandssachen (Standesamt)

Die Rechtsstellung eines Menschen hängt in vielfacher Hinsicht von seinem Personenstand ab. So entscheidet die Abstammung (Verwandtschaftsgrad) über die Erbberechtigung, soweit keine letztwillige Verfügung (z. B. Testament) vorliegt. Das Alter ist z. B. für das Wahlrecht und die Geschäftsfähigkeit maßgeblich. Eheliche Verbindung und nahe Verwandtschaft können ein Zeugnisverweigerungsrecht vor Gericht begründen. Damit in allen Fällen der Personenstand zweifelsfrei festgestellt werden kann, werden von staatlichen Behörden (den Standesämtern) *Personenstandsbücher* (nämlich Geburten-, Sterbe-, Familien- und Heiratsbücher) geführt, in denen Geburten (mit Abstammungsverhältnis), Sterbefälle und Eheschließungen beurkundet sind. Diese Beurkundungen haben zur Folge, daß in allen zweifelhaften Fällen solange von der Eintragung ausgegangen werden muß, als nicht positiv nachgewiesen wird, daß diese Eintragung falsch ist. Ist daher z. B. im Geburtenbuch vermerkt, daß der A das eheliche Kind der B ist – was die C mit der Behauptung bestreitet, daß ihr Kind A nach der Geburt in der Klinik mit dem Kind D der B vertauscht worden sei –, so gilt A solange als Kind der B, als nicht mit an Sicherheit grenzender Wahrscheinlichkeit nachgewiesen wird, daß diese Vertauschung stattgefunden hat. Bleibt dies zweifelhaft, so können B und C, auch wenn sie von der Vertauschung überzeugt sind, ihre Kinder nicht mit der Wirkung austauschen, daß nun B für D und C für A verantwortlich ist.

Die Personenstandsbücher werden von den *Standesämtern* als Organen der ↑ Freiwilligen Gerichtsbarkeit (S. 196) geführt. Diesen müssen daher alle Geburten und Sterbefälle angezeigt werden. Eine Verletzung der Anzeigenpflicht führt zu einer Geldbuße. So haben binnen einer Woche der Vater, die Hebamme, der Arzt, die Mutter und alle Personen, die von einer Geburt aus eigenem Wissen unterrichtet sind, eine Hausgeburt anzuzeigen; bei Anstaltsgeburten trifft diese Pflicht den Leiter der Anstalt. Einen Sterbefall müssen das Familienhaupt, der Wohnungsinhaber und derjenige anzeigen, der von dem Tod aus eigenem Wissen unterrichtet ist. Eheschließungen können nur von einem Standesbeamten vorgenommen werden. Bei Streitigkeiten über eine Eintragung entscheiden die Amtsgerichte. Da die Personenstandsbücher Auskunft über den persönlichen Bereich der einzelnen Bürger geben, dürfen sie nicht von jedermann eingesehen werden. Anspruch auf Einsicht in sie und auf Ausstellung von Personenstandsurkunden haben daher nur Behörden im Rahmen ihrer Zuständigkeit und Personen, auf die sich die Eintragung bezieht sowie solche, die ein rechtliches Interesse glaubhaft machen. Bei Eintragungen von Geburten und Adoptionen kann das Recht auf Einsicht noch stärker eingeschränkt werden. So wird in das Geburtenbuch auf Antrag des gesetzlichen Vertreters des Kindes in den Fällen der nichtehelichen Geburt oder der Adoption ein Sperrvermerk eingetragen. Dann können nur Behörden und nahe Anverwandte des Kindes Einsicht in das Buch verlangen.

Zum Nachweis der in den Personenstandsbüchern beurkundeten Sachverhalte kann die Ausstellung von Abschriften *(Personenstandsurkunden)* verlangt werden. Die Standesbeamten stellen auf Grund der Personenstandsbücher auf Antrag beglaubigte Abschriften, Geburtsscheine (mit Namen, Ort und Tag der Geburt), Geburts-, Heirats- und Sterbeurkunden, Abstammungsurkunden und Auszüge aus dem Familienbuch aus.

F. Massfeller/W. Hoffmann, Personenstandsgesetz, Kommentar, 15. Lieferung, Frankfurt a. M. 1977.

Personenstandsbücher

1. Heiratsbuch

a) Vor- und Familiennamen der Eheschließenden, ihr Beruf und Wohnort, Ort und Tag ihrer Geburt sowie im Falle ihres Einverständnisses ihre rechtliche Zugehörigkeit oder Nichtzugehörigkeit zu einer Kirche, Religionsgemeinschaft oder Weltanschauungsgemeinschaft; dazu
b) die Erklärung der Eheschließenden, der Ausspruch des Standesbeamten und Angaben über die Trauzeugen.

2. Familienbuch

a) wie zu 1a; dazu
b) Angaben über Eltern und Staatsangehörigkeit der Ehegatten;
c) Angaben über den Tod der Ehegatten, ihre Todeserklärung etc., über Aufhebung, Scheidung, Nichtigkeitserklärung der Ehe, über Wiederverheiratung, Änderung des Namens, Erklärung über den Namen der Ehefrau, über Wechsel der Kirchen- etc. -Zugehörigkeit und der Staatsangehörigkeit;
d) Angaben über gemeinsame, ehelich geborene oder über legitimierte Kinder, über gemeinsam oder einzeln adoptierte Kinder.

3. Geburtenbuch

a) Vor- und Familienname, Geschlecht des Kindes, Ort und Stunde der Geburt, Vor- und Familiennamen der Eltern mit Beruf, Wohnort etc.
b) Änderung des Vornamens, Anerkennung oder Feststellung der Vaterschaft oder Mutterschaft bei nicht-ehelichen Kindern, Feststellung der Abstammung durch Urteil etc., Legitimation durch die Eltern und
c) die Erklärungen über Namenserteilung bei nicht-ehelichen und adoptierten Kindern.

4. Sterbebuch

Angaben über Ort, Tag und Stunde des Todes sowie über Vor- und Familiennamen des Verstorbenen, über seinen Beruf, Wohnort, Kirchenzugehörigkeit etc., seinen Ehegatten und über den Anzeigenden.

5. Buch für Todeserklärungen

(Geführt vom Standesamt I in Berlin/West)
Angaben über Todeserklärungen und gerichtliche Feststellungen der Todeszeit nach dem Verschollenheitsgesetz.

Namensrecht

Der Name, die individuelle ständige Bezeichnung einer Person, ist nicht nur für den Träger des Namens selbst, sondern auch für den Rechtsverkehr und die staatliche Verwaltung von großer Bedeutung. Dementsprechend verfolgt die gesetzliche Regelung des Namenswesens ein doppeltes Ziel: einerseits den Namen einer Person zu bestimmen und festzulegen, andererseits den einzelnen Namensträger vor Mißbrauch seines Namens oder sonstiger Beeinträchtigung seiner Namensführung durch andere zu schützen. Der bürgerliche Name des Menschen besteht aus dem Familiennamen und mindestens einem Vornamen. Der *Familienname* bestimmt sich in erster Linie nach dem Familienkreis, dem der Mensch durch Geburt (oder Änderung seines Personenstandes) angehört.

Die Ehegatten wählen bei der Eheschließung den Geburtsnamen der Frau oder des Mannes zum Ehenamen. Sind sie sich nicht einig oder treffen sie keine Wahl, dann wird der Name des Mannes Ehename. Derjenige, dessen Geburtsname nicht Ehename wird, kann seinen Geburtsnamen oder anderen Namen, den er bei der Eheschließung führte, durch Erklärung gegenüber dem Standesbeamten dem Ehenamen voranstellen. Nach Auflösung der Ehe durch Scheidung oder Tod behält jeder den Ehenamen; er kann aber seinen Geburtsnamen oder den Namen, den er bei der Eheschließung führte, wieder annehmen. Die gemeinsamen ehelichen Kinder erhalten den Ehenamen als Familiennamen. Dagegen erhält das nichteheliche Kind den Familiennamen der Mutter, den sie zur Zeit der Geburt führt, mag dies noch ihr Geburtsname sein, mag dies ein Ehename sein. Ein Namenswechsel tritt dann ein, wenn das Kind durch spätere Eheschließung der Eltern ein eheliches wird oder der Vater es für ehelich erklärt; es erhält dann den Ehenamen der Eltern, bzw. den Familiennamen des Vaters. Ferner kann der Stiefvater oder der leibliche Vater des nichtehelichen Kindes durch Erklärung gegenüber dem Standesbeamten unter Einwilligung des Kindes und der Mutter dem Kind seinen Namen erteilen (Einbenennung). Der *Vorname* wird dem Kind von demjenigen gegeben, dem die Sorge für seine Person zusteht; bei dem ehelichen Kind sind es die Eltern gemeinschaftlich, bei dem nichtehelichen Kind ist es die Mutter. Die Wahl des Vornamens ist innerhalb der durch allgemeine Sitte und Ordnung gezogenen Grenzen frei, ebenso die Zahl der Vornamen. Mit der Eintragung des Vornamens in das Geburtenbuch durch den Standesbeamten ist der Vorname festgelegt.

Es gilt der Grundsatz der Unabänderbarkeit des Namens: Eine Namensänderung kann nur auf Antrag durch die Verwaltungsbehörde in einem besonders geregelten Verfahren, und zwar nur aus wichtigem Grund, vorgenommen werden.

Der Namensträger hat ein Recht auf seinen Namen (↑Persönlichkeitsrecht S. 124). Dieses Recht gewährt ihm gegenüber jedermann die Befugnis, seinen Namen zu gebrauchen und jeden anderen von dem unbefugten Gebrauch des Namens auszuschließen. Wird das Namensrecht durch Bestreitung oder Anmaßung des Namens durch einen anderen verletzt, so kann der Namensträger Beseitigung der Beeinträchtigung verlangen oder auf Unterlassung klagen. Bei vorsätzlicher oder fahrlässiger Verletzung des Namensrechts kann er auch Schadenersatz verlangen.

Auch juristischen Personen (z. B. eingetragenen Vereinen) wird ein Name zugelegt. Vom bürgerlichen Namen zu unterscheiden ist die *Firma*, der Name, unter welchem ein Kaufmann oder eine Handelsgesellschaft Handelsgeschäfte betreibt. Sie ist in das Handelsregister einzutragen (↑Handelssachen S. 208). Der Namensschutz erstreckt sich auch auf *Decknamen*, d. h. Namen, unter denen eine Person nur in gewissen Eigenschaften auftritt (Pseudonym, Künstler- und Schriftstellernamen).

Münchner Kommentar zum BGB, Familienrecht, München 1978, Anm. zu § 1355 und §§ 1616 bis 1618 BGB.
W. Loos, Namensänderungsgesetz, Kommentar, Frankfurt u. a. 1970.

Beispiel für die Bildung des Ehenamens und der Familiennamen der Ehegatten

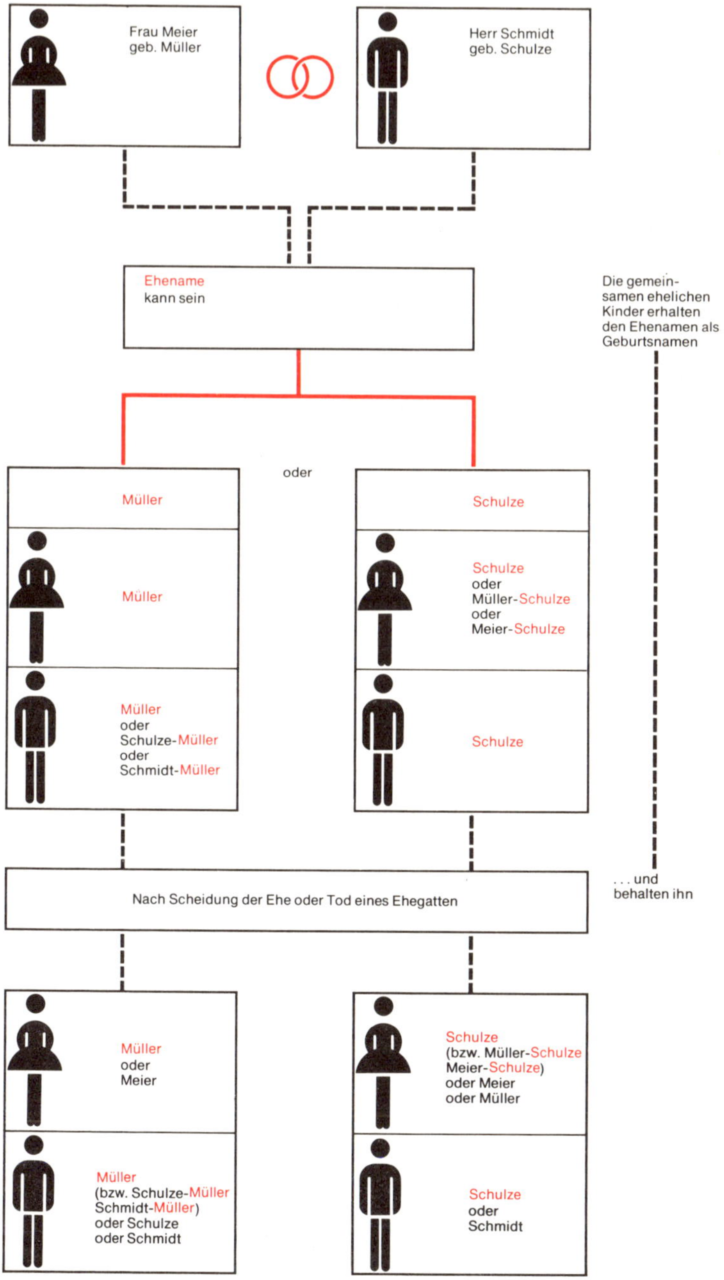

Erbrecht – Nachlaß- und Teilungssachen

Das Erbrecht ist die Summe der privatrechtlichen Rechtsvorschriften, die die Nachfolge in die Rechte und Pflichten eines Verstorbenen (Erblassers) regeln. Daneben bezeichnet der Begriff auch die rechtliche Stellung desjenigen, der Erbe geworden ist. Nach dem Grundsatz der *Testierfreiheit* liegt es im Willen des Erblassers, selbst eine Bestimmung (letztwillige Verfügung – *Testament, Erbvertrag*) über die Verteilung seines Vermögens zu treffen. Auch bei der inhaltlichen Ausgestaltung seiner letztwilligen Verfügung ist der Erblasser weitgehend frei. Sofern er jedoch nahe Angehörige, nämlich Abkömmlinge, Eltern und Ehegatten, von der Erbfolge ausgeschlossen hat, steht diesen ein Pflichtteilsanspruch in Höhe der Hälfte des Wertes ihres gesetzlichen Erbteils zu. Ist vom Erblasser keine letztwillige Verfügung getroffen worden, greift die *gesetzliche Erbfolge* ein. Diese beruht auf dem Prinzip des Verwandten- und Ehegattenerbrechts. Die Verwandten werden vom Gesetz in Ordnungen unterteilt, wobei die Abkömmlinge des Erblassers die erste Ordnung, die Eltern des Erblassers und deren Abkömmlinge die zweite Ordnung, die Großeltern des Erblassers und deren Abkömmlinge die dritte Ordnung usw. bilden. Die niedrigere Ordnung schließt dabei – solange sie noch durch einen Angehörigen vertreten ist – die Angehörigen der höheren Ordnungen von der Erbfolge aus. Innerhalb einer Ordnung werden durch einen noch lebenden Angehörigen seine Abkömmlinge von der Erbfolge ausgeschlossen. Der überlebende Ehegatte des Erblassers ist neben Verwandten der ersten Ordnung zu einem Viertel, neben Verwandten der zweiten Ordnung oder neben Großeltern zur Hälfte der Erbschaft als gesetzlicher Erbe berufen. Galt für die Ehe der gesetzliche Güterstand der Zugewinngemeinschaft (↑Eheliches Güterrecht S. 212), so erhöht sich der gesetzliche Erbteil des Ehegatten um ein Viertel. Falls weder ein Ehegatte noch ein Verwandter des Erblassers vorhanden ist, wird der Staat gesetzlicher Erbe. Fiskalisch wesentlich bedeutsamer sind allerdings die dem Staat bei Erbfällen über die Erbschaftssteuer (↑Vermögen- und Erbschaftssteuer S. 292) zufließenden Beträge.

Nach dem Grundsatz der *Universalsukzession* geht das Vermögen des Erblassers als Ganzes (einschließlich aller Aktiva und Passiva) auf den oder die Erben über. Für die Schulden des Erblassers haftet der Erbe in der Regel auch mit seinem eigenen Vermögen. Der Erbe hat die Möglichkeit, die Erbschaft binnen einer Frist von 6 Wochen ab Kenntnis des Erbfalls auszuschlagen.

Nachlaßsachen sind diejenigen erbrechtlichen Angelegenheiten, die dem Nachlaßgericht (Amtsgericht) als Aufgaben der ↑Freiwilligen Gerichtsbarkeit (S. 196) zugewiesen sind. Grundsätzlich ist die Ordnung des Nachlasses Angelegenheit der Beteiligten, so daß das Nachlaßgericht nur ausnahmsweise tätig wird. Von Amts wegen hat es in bestimmten Fällen Maßnahmen zur Sicherung des Nachlasses zu ergreifen, wie etwa die Einsetzung eines Nachlaßpflegers. Auf Antrag werden vom Nachlaßgericht die *Nachlaßverwaltung* und – bei überschuldetem Nachlaß – der *Nachlaßkonkurs* angeordnet. Beide bezwecken die Befriedigung der Nachlaßgläubiger, liegen aber auch im Interesse des Erben, der für Nachlaßverbindlichkeiten dann nur noch beschränkt auf den ihm zugefallenen Nachlaß haftet. Das Nachlaßgericht erteilt ferner dem Erben ein amtliches Zeugnis über das Erbrecht, den *Erbschein*, der dem Nachweis des Erbrechts im Rechtsverkehr dient.

In *Teilungssachen* wird das Nachlaßgericht auf Antrag tätig, um die erbrechtliche Auseinandersetzung unter Miterben zu vermitteln. Auch bei der Auseinandersetzung des Gesamtguts nach Beendigung einer Gütergemeinschaft (↑Eheliches Güterrecht S. 212) hat das Amtsgericht auf eine gütliche Einigung der Beteiligten hinzuwirken.

U. v. Lübtow, Erbrecht, Berlin 1971.
D. Leipold, Grundzüge des Erbrechts, 2. Aufl., Tübingen 1977.

Erbfolge

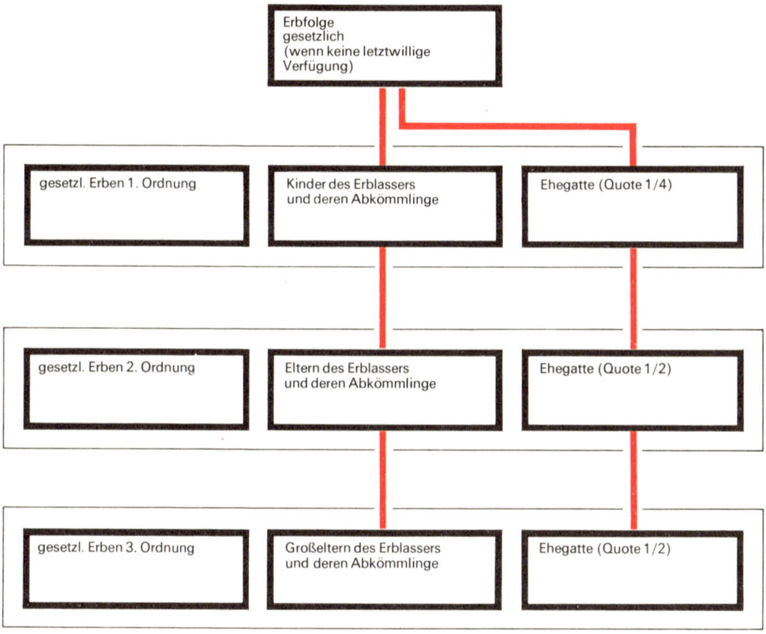
Erbfolge gesetzlich (wenn keine letztwillige Verfügung)
gesetzl. Erben 1. Ordnung
Kinder des Erblassers und deren Abkömmlinge
Ehegatte (Quote 1/4)
gesetzl. Erben 2. Ordnung
Eltern des Erblassers und deren Abkömmlinge
Ehegatte (Quote 1/2)
gesetzl. Erben 3. Ordnung
Großeltern des Erblassers und deren Abkömmlinge
Ehegatte (Quote 1/2)

Erbfolge nicht gesetzlich (bei Vorliegen einer letztwilligen Verfügung – „Testament")
Testament
gemeinschaftliches Testament (kann nur von Ehegatten errichtet werden)
Erbvertrag
Grenzen der Erbfolgeregelung durch letztwillige Verfügung: Das Pflichtteilsrecht der durch letztwillige Verfügung von der Erbfolge ausgeschlossenen Abkömmlinge, Eltern und Ehegatten des Erblassers.

Handelssachen (Handelsregister)

Das Handelsregister ist ein öffentliches Register, in das bestimmte Tatsachen eingetragen werden, die für den Handelsverkehr rechtlich bedeutsam sind. Es gibt einmal Auskunft darüber, ob ein gewerbliches Unternehmen dem Handelsstand angehört, d. h. Handelsunternehmen ist. Zum anderen werden die wichtigsten Rechtsverhältnisse eines solchen Unternehmens offengelegt. Das Handelsregister wird von den Amtsgerichten als *Registergerichten* in zwei selbständigen Abteilungen geführt. In die Abteilung A werden die Firmen (Handelsnamen, ↑ Namensrecht S. 204 der Einzelkaufleute, die offenen Handelsgesellschaften, die Kommanditgesellschaften und Handelsgeschäfte betreibende juristische Personen, die nicht Handelsgesellschaften sind, eingetragen. In Abteilung B werden die Aktiengesellschaften, die Kommanditgesellschaften auf Aktien, die Gesellschaften mit beschränkter Haftung und die Versicherungsvereine auf Gegenseitigkeit verzeichnet. Die *Eintragungen* erstrecken sich auf Firma, Ort der Handelsniederlassung bzw. Sitz der Gesellschaft; Geschäftsinhaber, persönlich haftende Gesellschafter, Vorstand; bei Kapitalgesellschaften auf Gegenstand des Unternehmens, Höhe des Grund- oder Stammkapitals; Erteilung oder Erlöschen einer Prokura; besondere Rechtsverhältnisse wie z. B. Ausschluß der Übernahme von Geschäftsschulden bei Geschäftsverkäufen, Einschränkung von Vertretungsbefugnissen, insbesondere alle Änderungen der Rechtsverhältnisse (z. B. Ausscheiden eines Gesellschafters, Änderung des Vorstandes, Liquidation u. a. m.).

Die Eintragung in das Handelsregister setzt regelmäßig eine *Anmeldung* seitens des Beteiligten durch notariell beglaubigte schriftliche Erklärung (↑ Beurkundungen S. 216) voraus. Für die Anmeldung örtlich zuständig ist das Amtsgericht des Ortes der Handelsniederlassung bzw. des Sitzes der Gesellschaft. Eingetragen werden können nur solche Tatsachen, deren Eintragung gesetzlich ausdrücklich angeordnet ist. Diese eintragungsfähigen Tatsachen sind in der Regel auch anmelde- und eintragungspflichtig. Das Registergericht hat den Anmeldepflichtigen durch Verhängung von Ordnungsstrafen zur Anmeldung anzuhalten. Das Registergericht prüft die Gesetzmäßigkeit der Anmeldung, z. B. die Zulässigkeit der Firmenbildung, und in Grenzen auch die Wahrheit der angemeldeten Tatsachen. Die ↑ Industrie- und Handelskammer (S. 336), mit einem eigenen Antrags- und Beschwerderecht ausgestattet, hat das Registergericht bei seiner Tätigkeit zu unterstützen. Die in das Handelsregister vorgenommenen Eintragungen sind vom Registergericht im Bundesanzeiger und mindestens einem anderen Blatt regelmäßig bekanntzumachen.

Das Handelsregister – von jedermann einsehbar – genießt *öffentlichen Glauben*, vergleichbar (jedoch nicht gleich) dem des Grundbuchs (Publizität des Handelsregisters). Geschützt ist einmal der Kaufmann zum Nachteil des Publikums: Ist eine einzutragende Tatsache (z. B. Widerruf einer Prokura) eingetragen, wird fingiert, daß ein Dritter (Geschäftspartner) die Tatsache kennt. Der Einwand, er habe von der Tatsache nicht unterrichtet sein können, wird dem Dritten so gut wie vollständig abgeschnitten. Geschützt wird aber auch das Publikum zum Nachteil des Kaufmanns: Wenn die einzutragende Tatsache noch nicht eingetragen und bekannt gemacht worden ist, braucht der redliche Dritte (Geschäftspartner) die ihm nachteilige Tatsache nicht zu kennen; er wird rechtlich so behandelt, wie wenn die Tatsache nicht vorhanden wäre. Ist eine einzutragende Tatsache unrichtig bekannt gemacht worden, so kann der redliche Dritte sich auf die Richtigkeit der unrichtigen Bekanntmachung verlassen.

A. Baumbach/K. Duden, Handelsgesetzbuch, 23. Aufl., München 1978.
H.-H. Wessel, Die Firmengründung, 2. Aufl., Heidelberg 1971.

Handelsregister

I. Zweck
Offenlegung von Tatsachen und Rechtsverhältnissen für den rechtsgeschäftlichen Verkehr zwischen dem Kaufmann und dritten Personen

im Interesse

1. des Publikums
z. B. Auskunft darüber, wer mit welchem Vermögen haftet (Geschäftsinhaber, persönlich haftender Gesellschafter, Höhe der Kommanditisteneinlage, des Stammkapitals) oder wer in welchem Umfang vertretungsberechtigt ist (Prokura, Einschränkung der Prokura)

2. des Kaufmanns
z. B. Schutz der Firma gegen Gebrauch durch andere; Beschränkung der Haftung (bei Ausscheiden eines Gesellschafters oder bei Verkauf eines Handelsgeschäfts unter Ausschluß der Übernahme von Verbindlichkeiten); Schutz vor Mißbrauch der Vertretungsmacht (bei Widerruf einer Prokura).

II. Eintragung
Nur von Tatsachen und Rechtsverhältnissen, deren Eintragung das Gesetz vorschreibt oder vorsieht

1. regelmäßig nur auf Anmeldung zur Eintragung (durch notariell beglaubigte Erklärung)

2. ausnahmsweise von Amts wegen – z. B. Eintragung der Konkurseröffnung

a) Anmeldung regelmäßig obligatorisch
   – erzwingbar durch Ordnungsstrafen
   – z. B. Anmeldung und Zeichnung der Firma

b) Anmeldung ausnahmsweise freigestellt
   – z. B. Eintragung des Ausschlusses der Haftung des Erwerbers eines Handelsgeschäfts für Altschulden

III. Wirkung

1. regelmäßig nur rechtsbezeugend
   – z. B. Eintragung der Firma oder einer Prokura

2. ausnahmsweise rechtsbegründend
   – z. B. Eintragung einer AG, eines Nichtkaufmanns als Kaufmann

3. Publizitätswirkung der Eintragung und Bekanntmachung

a) positiv
Schutz des Kaufmanns:
– mit Eintragung und Bekanntmachung muß der Dritte die eintragungsbedürftige Tatsache regelmäßig gegen sich gelten lassen

b) negativ
Schutz des Publikums:
– vor Eintragung und Bekanntmachung braucht der redliche Dritte die einzutragende Tatsache nicht gegen sich gelten zu lassen

c) Rechtsschein begründend
Schutz des Publikums:
– bei unrichtiger Bekanntmachung kann sich der redliche Dritte auf die bekanntgemachte Tatsache berufen.

Vereinssachen (Vereinsregister)

Von den Amtsgerichten werden als selbständige Register Vereinsregister geführt, in die nichtwirtschaftliche Vereine *(Ideal-Vereine)* eingetragen werden, die nach ihrer Satzung Rechtsfähigkeit erlangen sollen. Begriffsnotwendige Voraussetzung eines jeden Vereins ist eine körperschaftliche Organisation der Personenvereinigung: Sie muß nach innen und außen als einheitliches Ganzes ausgestattet sein, d. h. vom jeweiligen Bestand der Mitglieder unabhängig sein, einen Gesamtnamen führen (↑ Namensrecht S. 204), einen Vorstand haben, der sie nach außen vertritt, und ihren Willen grundsätzlich durch Beschlußfassung ihrer Mitglieder (Mitgliederversammlung) durch Stimmenmehrheit bilden. Die Verfassung des Vereins wird durch die Satzung bestimmt. Zur Gründung eines Vereins ist es erforderlich, daß die ersten Mitglieder (Gründer) in dem Gründungsvertrag die Satzung festlegen und dann entsprechend der Satzung den ersten Vorstand bestellen. Damit ist ein handlungsfähiger Verein entstanden, der jedoch nicht rechtsfähig ist *(nichtrechtsfähiger Verein);* d. h. Inhaber des Vereinsvermögens und Träger der Rechte und Pflichten des Vereins ist nicht der Verein selbst, sondern sind die Vereinsmitglieder in ihrer Gesamtheit. Soll der Verein nach seiner Satzung Rechtsfähigkeit erhalten, also eine „juristische Person" werden, ist die Herbeiführung eines Staatsaktes erforderlich: Vereine, deren Zweck auf ein wirtschaftliches Erwerbsstreben gerichtet ist – *wirtschaftliche Vereine* –, bedürfen der Verleihung der Rechtsfähigkeit durch die oberste Landesbehörde, wenn sie sich nicht der für wirtschaftliche Vereinigungen in erster Linie vorgesehenen Organisationsformen des Handelsrechts bedienen wollen. Nichtwirtschaftliche Vereine (Ideal-Vereine), die gesellige, sportliche, kulturelle, wissenschaftliche, politische usw. Ziele verfolgen, erlangen die Rechtsfähigkeit durch Eintragung in das *Vereinsregister.* Zuständig ist das Amtsgericht des Bezirks, in dem der Verein seinen Sitz hat. Die Eintragung setzt eine Anmeldung des Vereins durch den Vereinsvorstand mittels öffentlich beglaubigter Urkunde voraus. Der Anmeldung ist die Vereinssatzung in Ur- und Abschrift und eine Abschrift der Urkunde über die Bestellung des Vorstandes beizufügen. Erfüllt die Satzung nicht bestimmte gesetzliche Mindestanforderungen oder ist die Eintragung aus sonstigen Gründen unstatthaft und sind die Mängel auch nicht behebbar, weist das Amtsgericht die Anmeldung durch zu begründenden Beschluß zurück, gegen den sofortige Beschwerde an das Landgericht eingelegt werden kann (↑ Rechtsmittelverfahren S. 170). Wird die Anmeldung dagegen zugelassen, übermittelt das Amtsgericht die Anmeldung an die zuständige Verwaltungsbehörde, die Einspruch erheben kann, wenn der Verein nach öffentlichem Vereinsrecht im Rahmen des Art. 9 Abs. 2 Grundgesetz verboten ist. Geht ein Einspruch nicht innerhalb von sechs Wochen ein, wird der Verein in das Vereinsregister eingetragen. Das Amtsgericht veröffentlicht die Eintragung im örtlichen Amtsblatt. Mit der Eintragung wird der Verein rechtsfähig und erhält sein Name den Zusatz „eingetragener Verein" (e. V.). Alle späteren Änderungen in der Organisation oder dem Schicksal des Vereins (z. B. Änderung des Vorstandes oder Einschränkung seiner Vertretungsmacht, Änderung der Satzung, Sitzverlegung, Auflösung des Vereins, Entziehung seiner Rechtsfähigkeit, Konkurseröffnung, Liquidation) werden in das Vereinsregister eingetragen, teils aufgrund vorgeschriebener, durch Ordnungsstrafen erzwingbarer Anmeldung, teils von Amts wegen. Das Vereinsregister ist öffentlich: Die Einsicht in das Register sowie die Registerakten ist jedermann ohne Nachweis eines besonderen Interesses gestattet.

E. Sauter/G. Schweyer, Der eingetragene Verein, 9. Aufl., München 1974.
K. Stöber, Vereinsrecht, Bonn 1971.

Auf die Dauer berechnete Verbindung einer größeren Anzahl von Personen zur Erreichung eines gemeinsamen Zwecks, die nach ihrer Satzung körperschaftlich organisiert ist, einen Gesamtnamen führt und vom wechselnden Bestand der Mitglieder unabhängig ist.

I. rechtsfähige Vereine

Der Verein ist eine „juristische Person", d. h. als solcher Inhaber des Vereinsvermögens und Träger der Rechte und Pflichten des Vereins. Er ist z. B.

a) wechselfähig: Er kann unter seinem Namen Wechsel ausstellen,
b) grundbuchfähig: Er kann unter seinem Namen als Eigentümer im Grundbuch eingetragen werden,
c) parteifähig: Er kann unter seinem Namen klagen und verklagt werden.

II. nichtrechtsfähige Vereine

Träger des Vereinsvermögens und der Rechte und Pflichten des Vereins ist nicht der Verein als solcher, sondern sind die Mitglieder in ihrer gesamthänderischen Verbundenheit. Er ist

a) unter seinem Namen nicht wechselfähig,
b) unter seinem Namen nicht grundbuchfähig: Sämtliche Vereinsmitglieder müssen in das Grundbuch eingetragen werden,
c) im Zivilprozeß nicht aktiv parteifähig: Er kann unter seinem Namen nicht klagen,
d) dagegen ist er im Zivilprozeß passiv parteifähig: Er kann unter seinem Namen verklagt werden. Aus dem Urteil kann gegen ihn Zwangsvollstreckung betrieben werden.
   – Im Verwaltungsprozeß ist er voll parteifähig.

1. wirtschaftliche Vereine

Unbedeutend: für wirtschaftliche Vereinigungen stehen Sonderformen des Handelsrechts (z. B. AG, GmbH) zur Verfügung.

– Erlangung der Rechtsfähigkeit durch staatliche Verleihung.

2. Ideal-Vereine

Nicht auf wirtschaftliches Erwerbsstreben gerichtet. Z. B. Sportvereine.

– Erlangung der Rechtsfähigkeit durch Eintragung in das Vereinsregister.

Eheliches Güterrecht (Güterrechtsregister)

Die Eheschließung ändert den vermögensrechtlichen Status (Stand) der Beteiligten. Die Ehegatten sind einander nicht nur gegenseitig zum Unterhalt verpflichtet. Das eheliche Güterrecht sucht auch zu verhindern, daß der Ehe die für ihren Bestand notwendigen Vermögensgegenstände durch Verfügung eines Ehegatten entzogen werden, und es stiftet in gewissem Umfang eine vermögensrechtliche Gemeinschaft. Dabei muß es allerdings neben den Bedürfnissen der ehelichen Gemeinschaft auch den persönlichen Freiheitsrechten der Ehegatten sowie den Schutzbedürfnissen Dritter Rechnung tragen, die mit einem Ehegatten in geschäftliche Beziehung treten.

Gesetzlicher Güterstand (d. h. der Güterstand, der begründet wird, wenn die Ehegatten nichts anderes vereinbaren) ist die sogenannte *Zugewinngemeinschaft*. Entgegen deren Namen handelt es sich dabei aber um einen Fall der Gütertrennung. Denn beide Ehegatten behalten während der Ehe ihre Privatvermögen und nehmen weiterhin selbständig mit Wirkung nur für ihr Vermögen am Rechtsverkehr teil. Jeder Ehegatte kann aber durch Geschäfte, die der Deckung des angemessenen Lebensbedarfs der Familie dienen, auch den anderen Ehegatten verpflichten (sog. *Schlüsselgewalt*, die früher auf die Ehefrau beschränkt war). Verpflichtungen und Verfügungen über das gesamte Vermögen eines Ehegatten und über Gegenstände des ehelichen Hausrats bedürfen zu ihrer Wirksamkeit der Zustimmung des anderen Ehegatten. Nach Beendigung der Ehe findet ein Ausgleich des Zugewinns statt, den die Ehegatten während der Ehe gemacht haben. Im Falle des Todes eines Ehegatten erfolgt dies durch eine generelle Erhöhung des Ehegattenerbteils um ein Viertel (↑Erbrecht S. 206). In anderen Fällen (z. B. Scheidung) berechnet man, um wieviel sich das Vermögen jedes Ehegatten während der Ehe vermehrt hat, zieht Erbschaften und Schenkungen ab und zählt Schenkungen an Dritte hinzu. Übersteigt der Zugewinn eines Ehegatten den Zugewinn des anderen, so steht die Hälfte des Überschusses dem anderen Ehegatten als Ausgleichsforderung zu. Der ausgleichsberechtigte Ehegatte kann dabei u. U. auch von Dritten, denen der andere Ehegatte unentgeltliche Zuwendungen gemacht hat, das Geschenkte wieder herausverlangen. Das Familiengericht kann übrigens nach der Scheidung einer Ehe auch den Hausrat unter den Ehegatten ohne Rücksicht auf das jeweilige Eigentum verteilen.

Die Ehegatten können diese gesetzlichen Folgen der Ehe durch einen Ehevertrag ausschließen, der bei gleichzeitiger Anwesenheit beider Teile zur Niederschrift eines Notars geschlossen werden muß. Dann haben die Ehegatten die Wahl zwischen Gütertrennung und Gütergemeinschaft. Sie können *Gütertrennung* vereinbaren, die u. U. wegen der Aufhebung der Verfügungsbeschränkungen und des Zugewinnausgleichs für Kaufleute angebracht ist. Die Ehegatten können auch *Gütergemeinschaft* vereinbaren. Dann wird ein gemeinsames Vermögen gebildet, neben dem jeder Ehegatte ein Sondergut behalten kann. Es ist dabei festzulegen, ob der Mann oder die Frau oder beide zusammen das gemeinsame Vermögen verwalten sollen. Hierbei können die Ehegatten auch vereinbaren, daß das gemeinschaftliche Vermögen nach dem Tod eines Ehegatten als *fortgesetzte Gütergemeinschaft* ungeteilt dem überlebenden Ehegatten und den gemeinsamen Abkömmlingen zustehen soll.

Jeder Ehegatte kann in begründeten Fällen die Schlüsselgewalt des Partners durch einseitige Erklärung aufheben oder beschränken. Solche Maßnahmen werden aber – ebenso wie alle Änderungen des Güterstandes – einem Dritten gegenüber erst wirksam, wenn sie im *Güterrechtsregister* eingetragen worden sind. Dieses Register wird vom Amtsgericht am Wohnsitz des Mannes geführt.

G. Beitzke, Familienrecht, 19. Aufl., München 1977.
D. Henrich, Familienrecht, 2. Aufl., Berlin 1977.

Beispiel eines Zugewinnausgleichs nach Scheidung (§§ 1372 ff. BGB)

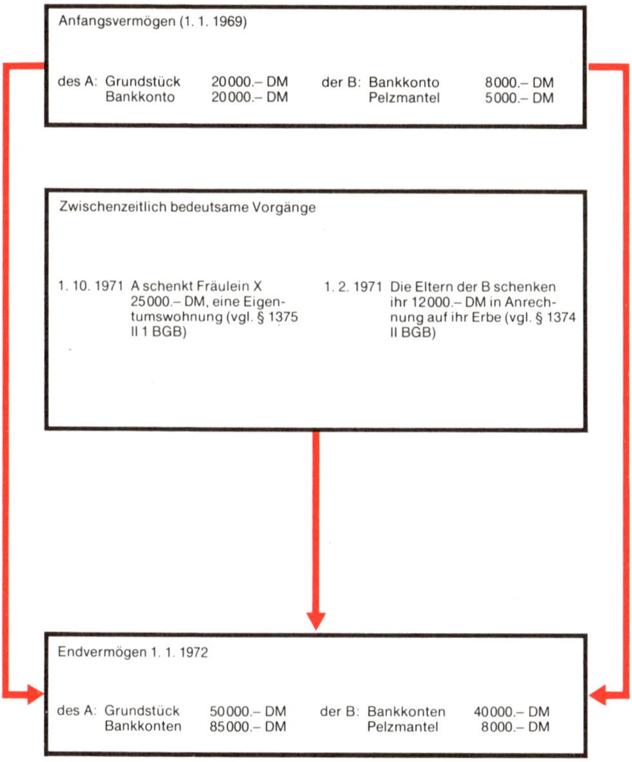

Zugewinnrechnung (in Tausendern), wenn Anfangsvermögen nachweisbar (§ 1377 BGB)

A: (50 + 85 + 25)
− (20 + 20) = 120000

B: (40 + 5[1])
− (8 + 5 + 12) = 20000

120 − 20 = 100, dann die Hälfte 50.

B hat gegen A einen Ausgleichsanspruch in Höhe von 50000.– DM (§ 1378 BGB).

[1]) Ohne die rein nominelle Wertsteigerung des Pelzmantels von 5000.– DM auf 8.000.– DM

Grundbuchsachen

Das *Grundbuch* dient drei Aufgaben: der Bestimmung des Grundstücks, dem Nachweis des Eigentumsrechtes und dem Nachweis anderer Rechte am Grundstück. Durch die Eintragung im Grundbuch wird das Grundstück als Gegenstand des Rechtsverkehrs geschaffen. Ein Grundstück ist nach geltendem Recht ein abgegrenzter (vermessener) Teil der Erdoberfläche, der unter einer Nummer im Grundbuch eingetragen ist – und nicht ein Teil der Erdoberfläche, der gerade von einem einzelnen in einer bestimmten Art bewirtschaftet wird (Wirtschaftsgrundstück), dessen Grenzen sich also mit dem Wechsel der Bewirtschaftung ändern können. Die Eintragung des Grundstücks im Bestandsverzeichnis des Grundbuches erfolgt unter Mitwirkung des Staates im sogenannten Anlegungsverfahren. Dabei sorgt der Staat durch Teilungsverbote usw. dafür, daß wirtschaftlich sinnvolle Bodenflächen als unteilbare Verfügungsgegenstände erhalten bleiben. Daneben ist heute gewährleistet, daß die verschiedenen Registrierungen von Grundstücken (im Steuerkataster, Vermessungskataster, Grundbuch etc.) verbunden bleiben.

Der Nachweis des Eigentumsrechts an Grundstücken wird einmal dadurch gewährleistet, daß das Eigentum an Grundstücken durch Vertrag nur übergeht, wenn der neue Eigentümer im Grundbuch eingetragen worden ist. Zum anderen gilt zugunsten von Dritten derjenige, der im Grundbuch als Eigentümer eingetragen ist, auch dann als Eigentümer, wenn die Eintragung im Grundbuch unrichtig ist – es sei denn, daß der Dritte die Unrichtigkeit kennt. Zudem sorgt das Eintragungsverfahren in weitem Umfang dafür, daß die Eintragungen im Grundbuch die Rechtslage richtig wiedergeben. So werden Eintragungen grundsätzlich nur vorgenommen, wenn die sie begründenden Tatsachen durch öffentliche oder öffentlich beglaubigte Urkunden nachgewiesen worden sind. Fehler des Eintragungsverfahrens werden z. T. von Amts wegen berichtigt.

Das Grundbuch dient schließlich dem Nachweis der am Grundstück bestehenden Rechte Dritter, dem Nachweis von Dienstbarkeiten, dinglichen Wohnrechten (nicht: schuldrechtlicher Mietrechte) und insbesondere dem Nachweis der Grundpfandrechte (Hypotheken, Grund- und Rentenschulden). Es sichert so den Grundkredit. Auch hier werden Dritte gegenüber fehlerhaften Eintragungen geschützt. Sie können davon ausgehen, daß z. B. ihrer Hypothek nur die Rechte vorgehen, die bei der Eintragung der Hypothek bereits im Grundbuch eingetragen waren. Ein Mangel des Grundbuchwesens ist allerdings, daß dieses nicht die öffentlichen Lasten des Grundstücks (z. B. Grundsteuerbelastung, Hypothekenzinsabgabe) ausweist. Diese gehen den eingetragenen Rechten vor, ohne eingetragen zu sein.

Die Grundbücher werden von den *Grundbuchämtern* geführt, die regelmäßig Teil der Amtsgerichte sind. In Baden-Württemberg sind die Grundbuchämter allerdings als selbständige staatliche Behörden bei den Gemeinden eingerichtet; sie stehen hier unter der Leitung eines Bezirksnotars. Neben dem Grundbuch, das die Grundstücke und die Rechte an Grundstücken registriert, gibt es noch besondere Bücher über grundstücksgleiche Rechte, so für das Erbbaurecht das Erbbaugrundbuch, für das Wohnungseigentum das Wohnungsgrundbuch, für das Berg(bau)eigentum das Berggrundbuch.

Die *Schiffsregister* (See-, Binnen- und Schiffsbauregister) haben für das Recht der eingetragenen Schiffe die gleiche Funktion und Bedeutung wie das Grundbuch für Grundstücke. Daneben hat das Seeschiffsregister noch eine Bedeutung für das Flaggenrecht. Die Eintragung in das Schiffsbauregister dient nur zu dem Zweck, eine Hypothek am Schiffsbauwerk bestellen zu lassen oder die Zwangsversteigerung zu betreiben. Das Verfahren erfolgt nach gleichen Voraussetzungen wie beim Grundbuch.

K. Haegele, Grundbuchrecht, 4. Aufl., München 1971.
E. Horber, Grundbuchordnung, Kommentar, 14. Aufl., München 1977.

Verkürztes Beispiel eines Grundbuchblattes

Aufschrift (S. 1)

Amtsgericht Göttingen, Grundbuch von Göttingen, Gemarkung Hainholz
Bd. 84, Bl. 88

Bestandsverzeichnis (S. 2-3)

lfd. Nr.	Kataster und Steuerbücher	Wirtschaftsart und Lage	Größe			Angaben über
1	Göttingen, Gemarkung Hainholz, Karte 1, Parzelle 5, Steuerbuch-Nr. etc.	Wohnhaus und Garten Göttingen, Rundweg 1 a,	in ha, a, qm			Vorgang der Eintragung, über Bestandteile des Grundstücks etc.
			2	5	4	
2[2])	" Parzelle 1/5	Wohnhaus, Rundweg 1		4	3	
3	" Parzelle 2/5	Garten, Rundweg 1	1	1	1	

Abteilung I (S. 4-6)

lfd. Nr. der	Eigentümer	Grundlage der Eintragung
Eintragung und lfd. Nr. des Bestandsverzeichnisses	Eheleute A und B Xer in Göttingen als Miteigentümer zu je ½	Aufgrund der Auflassung v. 1. 7. 1957 (Urkundenrolle des Notars Dr. Z. Nr. 178/52) eingetragen am 17. 1. 1958)

Abteilung II (S. 7-10)

lfd. Nr. der	Lasten und Beschränkungen	Veränderungen und Löschungen
Eintragung und lfd. Nr. des Bestandsverzeichnisses	Nießbrauch für Frau D Xer, geb. Zer in Göttingen. Unter Bezugnahme auf die Eintragungsbewilligung vom 1. 7. 1950, eingetragen am 17. 1. 1952	

Abteilung III (S. 11-17)

Betrag	Hypotheken, Grundschulden, Rentenschulden	lfd. Nr.	Betrag	Veränderungen und Löschungen
15000 – 5000 = 10000	Fünfzehntausend DM Darlehen mit sechs vom Hundert jährlich verzinslich für Frau D Xer, geb. Zer in Göttingen. Unter Bezugnahme auf die Eintragungsbewilligung v. 1. 7. 1950, eingetragen am 18. 1. 1952	1	5000	fünftausend DM gelöscht am 1. 10. 1958

1) Rot unterstrichene („gerötete") Eintragungen sind gelöscht.
2) Die unter Nr. 2 und 3 eingetragenen Grundstücke sind durch Teilung des unter Nr. 1 eingetragenen, jetzt gelöschten Grundstücks entstanden.

Beurkundungen

Ein Rechtsgeschäft braucht grundsätzlich nicht beurkundet zu werden, um wirksam zu sein; denn im deutschen Recht gilt das Prinzip der Formfreiheit. Bei vielen wichtigen Rechtsgeschäften schreibt das Gesetz jedoch eine bestimmte Form vor. Zu unterscheiden sind drei Geschäftsformen:

Einfache Schriftform: Der Inhalt der rechtsgeschäftlichen Erklärung ist in einer Urkunde aufzunehmen. Der Erklärende (Aussteller) muß die Urkunde eigenhändig unterschreiben. Eine öffentliche Urkundsperson ist nicht beteiligt. Das Schriftstück ist eine reine Privaturkunde.

Öffentliche Beglaubigung: Ein Notar bezeugt durch einen auf die Urkunde gesetzten Vermerk, daß die Unterschrift von dem herrührt, der in dem Vermerk als Unterzeichner der Urkunde genannt ist. Die Tätigkeit beschränkt sich auf die Bezeugung der Echtheit der Unterschrift. Sie erstreckt sich dagegen nicht auf die in der Urkunde enthaltene Erklärung. Lediglich der Beglaubigungsvermerk ist eine öffentliche Urkunde. Öffentliche Beglaubigung ist z. B. regelmäßig vorgeschrieben für Erklärungen, die Grundlage der Eintragung in ein öffentliches Register (z. B. Grundbuch, Handelsregister) bilden.

Notarielle Beurkundung: Hier wird das gesamte Rechtsgeschäft von dem Notar beurkundet. Die Erklärung der Beteiligten wird in einer Niederschrift des Notars aufgenommen. Der Notar bezeugt, daß die in der Niederschrift genannte Person vor ihm eine Erklärung des beurkundeten Inhalts abgegeben hat. Die Aufgabe des Notars beschränkt sich nicht darauf, die abgegebene Erklärung möglichst getreu wiederzugeben. Er hat vielmehr die Beteiligten rechtlich zu betreuen und darauf hinzuwirken, daß eine klar und eindeutig abgefaßte Erklärung abgegeben wird, die den beabsichtigten Rechtserfolg herbeiführt. Dies wird durch weitgehende Prüfungs- und Belehrungspflichten des Notars gewährleistet. Die Beurkundung ist z. B. vorgeschrieben für Grundstückskaufverträge.

Das Beurkundungswesen ist den *Notaren* als den dafür besonders bestellten unabhängigen Amtsträgern übertragen. Regional verschieden sind die Notare zum Teil staatliche Beamte (so die badischen Notare und die württembergischen Bezirksnotare), überwiegend jedoch freiberuflich tätige öffentliche Amtspersonen, und zwar entweder hauptberuflich als Nur-Notare oder nebenberuflich (neben der Zulassung als Rechtsanwalt) als Anwaltsnotare. Die Beurkundungszuständigkeit der Notare ist umfassend: Sie sind neben anderen Tätigkeiten der vorsorgenden Rechtspflege zuständig für die Beurkundung von Tatsachen jeder Art. Nach der Natur der Sache ausgenommen sind nur solche Beurkundungsvorgänge, die in ein bestimmtes Verfahren (z. B. Zivilprozeß, Strafprozeß, Verwaltungsverfahren) eingebettet sind, an dem der Notar nicht mitwirkt, z. B. die Protokollierung von Zeugenaussagen oder eines gerichtlichen Vergleichs im Zivilprozeß.

Früher waren auch die Amtsgerichte neben den Notaren für Beurkundungen zuständig. Das am 1. 1. 1970 in Kraft getretene Beurkundungsgesetz hat die konkurrierende Zuständigkeit der Amtsgerichte und sonstiger Stellen weitgehend aufgehoben und ein Beurkundungsmonopol der Notare begründet, allerdings ein durchlöchertes: Bestehen geblieben sind u. a. die Zuständigkeit der Amtsgerichte in gewissen Angelegenheiten des Erb- und Familienrechts, der Jugendämter und Standesbeamten in bestimmten Personenstandssachen, der Konsuln des Bundes zur Beurkundung von Verfügungen von Todes wegen und Beglaubigung von Unterschriften und die Zuständigkeit einiger nach Landesrecht bestimmten Stellen (z. B. Aufnahme von Wechsel- und Scheckprotesten durch Gerichtsvollzieher in einigen Bundesländern).

F. Meche, Beurkundungsgesetz, Berlin u. a. 1970.
G. Hoefer, Beurkundungsgesetz, Frankfurt 1972.

Beurkundungen
(nach dem Beurkundungsgesetz)

von Willenserklärungen

Form:

Niederschrift über die Verhandlung, d. h. Erörterung mit den Beteiligten und Formulierung ihrer Willenserklärungen. Sie enthält die Bezeichnung des Notars und der Beteiligten und die Erklärung der Beteiligten. Sie muß in Gegenwart des Notars den Beteiligten vorgelesen, von ihnen genehmigt und eigenhändig unterschrieben werden. Sie ist von dem Notar eigenhändig zu unterschreiben.

Beispiele:

Grundstückskaufvertrag und Auflassung des Grundstücks; Vertrag über Veräußerung des gesamten Vermögens (z. B. Verkauf eines Handelsunternehmens); Schenkungsversprechen; Ehevertrag; Erklärung über die Anerkennung der Vaterschaft bezügl. nichtehelichem Kind und Antrag auf Ehelicherklärung; Antrag und Einwilligungen zur Annahme als Kind; öffentliches Testament; Erbvertrag; Erbverzichtsvertrag; bei GmbH: Gesellschaftsvertrag, Satzungsänderungen, Veräußerung eines Geschäftsanteils; Gründung einer Aktiengesellschaft.

von sonstigen Erklärungen und Tatsachen

Form:

Niederschrift, die die Bezeichnung des Notars und den Bericht seiner Wahrnehmung enthält und von dem Notar eigenhändig unterschrieben sein muß.

Beispiele:

a) Versammlungsbeschlüsse der GmbH, der AG; Wechsel- und Scheckproteste; Verlosungen; Vermögensaufnahmen; Siegelung (eines Nachlasses);
b) Aufnahme von eidesstattlichen Versicherungen namentlich zu den Anträgen auf Erteilung von Erbscheinen, Testamentsvollstreckerzeugnissen, Zeugnissen über fortgesetzte Gütergemeinschaft.
– zu b) gilt jedoch die Form von Willenserklärungen entsprechend.

Form:

Vermerk, d. h. kurzes Zeugnis, das die Unterschrift des Notars und sein Siegel enthalten muß.

Beispiele:

Unterschriftsbeglaubigung (sie muß die Person bezeichnen, die die Unterschrift in Gegenwart des Notars vollzogen oder anerkannt hat); Beglaubigung von Firmenzeichnungen und Unterschriftszeichnungen, die zur Aufbewahrung beim Registergericht (Handelsregister) bestimmt sind; Beglaubigung von Abschriften, Ablichtungen; Lebensbescheinigungen; Bescheinigungen aus Registern zur Verwendung im Ausland.

Kriminalität

Kriminalität ist die Begehung strafbarer, den Tatbestand eines Strafgesetzes erfüllender Handlungen. Wesentlichen Aufschluß über die Kriminalität einer bestimmten Bevölkerung innerhalb eines bestimmten Zeitraumes geben die (Kriminal)*Statistiken*. Für die Bundesrepublik kommen namentlich in Betracht die „Polizeiliche Kriminalstatistik" und die – gerichtliche – „Strafverfolgungsstatistik". In ersterer werden die der Polizei bekannt gewordenen Straftaten, aufgegliedert nach zahlreichen Erhebungsmerkmalen, erfaßt, in letzterer die von den deutschen Gerichten abgeurteilten Personen in Verbindung mit den strafbaren Handlungen. Um die Aufhellung der den staatlichen Strafverfolgungsorganen unbekannten und damit in den Statistiken nicht erfaßten Kriminalität, des sog. *Dunkelfeldes*, bemüht sich in neuerer Zeit die Dunkelfeldforschung (Opferbefragungen, Täterbefragungen, Reihenuntersuchungen usw.). Sie vermag jedoch noch keine auch nur annähernd zuverlässigen Angaben über das Ausmaß der tatsächlichen Kriminalität zu machen.

In der Bundesrepublik einschließlich West-Berlins wurden 1976 bei einer Bevölkerungszahl von 61 512 900 ohne die Verkehrs- (!) und Staatsschutzdelikte 3 063 271 vollendete bzw. versuchte Straftaten nach Bundesrecht (StGB u. Nebengesetze) gezählt (theoretisch alle 10 Sekunden eine Straftat, pro Minute fast 4 Diebstähle, stündlich mehr als 2 Raubüberfälle, täglich nahezu 8 vors. Tötungen, jede Woche 10 Überfälle auf Banken oder Poststellen). An der Spitze mit fast $^2/_3$ der Gesamtkriminalität steht der Diebstahlsbereich. Ein trendhafter Anstieg der Gesamtkriminalität (von 1973 bis 1976 mit verlangsamender Tendenz im Durchschnitt jährlich 4,9%) und eine Zunahme von Gewalt und Roheit bei der Deliktsbegehung läßt sich feststellen. Echte Notkriminalität spielt bei uns so gut wie keine Rolle mehr. Die Kriminalität junger Menschen ist seit dem Kriegsende in allen Industriestaaten erheblich gestiegen. 1976 waren in der Bundesrepublik $^1/_3$ der von der Polizei ermittelten Täter unter 21 Jahre alt. Bei der Masse der *Jugendkriminalität* dürfte es sich jedoch mehr um episodenhafte Entgleisungen in der Entwicklungsphase handeln, die im Laufe der Reifung wieder ausgeglichen werden; in den anderen Fällen jedoch kann sie Symptom einer sich anbahnenden kriminellen Neigung sein. Die schwerere Jugendkriminalität ist gekennzeichnet durch die „Mode der Gewalt". Der Anteil der *weiblichen Täter* lag 1976 insgesamt bei 18,7%, beim Diebstahl ohne erschwerende Umstände machte er allerdings 31,5% aus. Bei der Delinquenz der Frau überwiegt merklich die gewaltlose Tatbegehung. Der allein 1976 durch die ↑*Wirtschaftskriminalität* (white-collar-Kriminalität, S. 328) verursachte Schaden wird – unter Einbeziehung des Dunkelfeldes – auf ca. 4 Milliarden DM geschätzt. Bei einem Anteil der Nichtdeutschen an der Wohnbevölkerung in der Bundesrepublik von 6,4% (ohne Durchreisende, Stationierungsstreitkräfte und sich illegal Aufhaltende) lag 1976 der Anteil der nichtdeutschen Tatverdächtigen bei 12%.

Die *Kriminologie* sucht mit Hilfe empirischer Fakten die Erscheinungsformen der Kriminalität darzustellen (Kriminalphänomenologie) und ihre Ursachen zu ergründen (Kr. Ätiologie), sie bemüht sich, die Entstehungszusammenhänge des Verbrechens aufzuhellen, um so Wege zur Verhinderung des Verbrechens und zur Behandlung – (Re)Sozialisierung – des Rechtsbrechers zu finden. Unter *Kriminalistik* im engeren Sinne versteht man die Lehre vom zweckmäßigen Vorgehen bei der Aufklärung von Straftaten und unmittelbaren Bekämpfung des Verbrechens (Kriminaltaktik, Kr.-Technik usw.). Die *Kriminalpolitik* hat aus den Erkenntnissen und den Erfahrungen der Rechtspraxis und der Kriminalwissenschaften die Konsequenzen für eine sinnvolle Gesetzgebung zur Eindämmung des Verbrechens zu ziehen.

Reinhard Rupprecht, Zur Kriminalitätsentwicklung in den letzten Jahren, Kriminalistik 1977, S. 453 f.
Hans Göppinger, Kriminologie, 3. Aufl., München 1976.

Von der Polizei 1977 erfaßte Verbrechen und Vergehen nach Bundesrecht, einschließlich der mit Strafe bedrohten Versuche (ausgenommen Staatsschutz- und Verkehrsdelikte, wohl aber §§ 315 u. 315 b StGB) in der Bundesrepublik einschl. West-Berlins

Rangfolge einzelner Straftaten(gruppen) nach ihren Anteilen an der Gesamtzahl der erfaßten Fälle

Straftaten(gruppe)*	1977 erfaßte Fälle	in %	(1976)	Rangfolge
Mord und Totschlag	2598	0,1	(0,1)	22
Vergewaltigung	6725	0,2	(0,2)	17
Raub, räuberische Erpressung und räuberischer Angriff auf Kraftfahrer	21265	0,6	(0,6)	13
Gefährliche und schwere Körperverletzung	52628	1,6	(1,6)	7
(Vorsätzliche leichte) Körperverletzung	80482	2,4	(2,3)	5
Straftaten gegen die persönliche Freiheit	37125	1,1	(1,1)	10
Diebstahl ohne erschwerende Umstände	1017229	30,9	(30,4)	2
Diebstahl unter erschwerenden Umständen	1132512	34,4	(34,5)	1
Betrug	229720	7,0	(7,8)	4
Untreue	3128	0,1	(0,1)	21
Unterschlagung	33945	1,0	(1,1)	11
Urkundenfälschung	31866	1,0	(0,9)	12
Erpressung	3532	0,1	(0,1)	20
Widerstand gegen die Staatsgewalt und Straftaten gegen die öffentliche Ordnung	57788	1,8	(1,8)	6
Begünstigung, Strafvereitelung und Hehlerei	19905	0,6	(0,6)	14
Brandstiftung	15843	0,5	(0,7)	16
darunter – (Vorsätzliche) Brandstiftung	6511	0,2	(0,3)	–
Straftaten im Amt	3589	0,1	(0,1)	19
Verletzung der Unterhaltspflicht	18685	0,6	(0,6)	15
Beleidigung	41609	1,3	(1,2)	8
Sachbeschädigung	257588	7,8	(7,1)	3
Straftaten gegen strafrechtliche Nebengesetze auf dem Wirtschaftssektor	6372	0,2	(0,2)	18
Rauschgiftdelikte	39089	1,2	(1,1)	9
Straftaten insgesamt	3287642	100,0	(100,0)	–

(Polizeiliche Kriminalstatistik 1977, Bundeskriminalamt, Wiesbaden 1978)

Strafrecht

Unter Strafrecht versteht man die Gesamtheit derjenigen Rechtsnormen, die die Merkmale strafwürdigen Verhaltens festlegen und hieran bestimmte Strafen knüpfen sowie Maßregeln der Besserung und Sicherung und Nebenfolgen vorsehen. Als Friedens- und Schutzordnung hat es die Aufgabe, die elementaren Werte menschlichen Zusammenlebens vor Gefährdung oder Verletzung zu bewahren *(Rechtsgüterschutz)*. Jedoch wird nicht jede unerträgliche Beeinträchtigung der Lebensinteressen der Gemeinschaft bestraft, sondern nur eine solche Tat, deren Strafbarkeit gesetzlich bestimmt war, bevor die Tat begangen wurde (Art. 103 Abs. 2 Grundgesetz; Grundsatz der Tatbestandsmäßigkeit, Verbot rückwirkender Strafgesetze). Der Kernbestand des materiellen Strafrechts ist im Strafgesetzbuch (StGB) enthalten. Daneben finden sich in einer Vielzahl von strafrechtlichen Nebengesetzen ebenfalls Strafbestimmungen (z. B. ↑Wirtschaftskriminalität S. 328, ↑Straßenverkehrsordnung S. 498). In seinem *Allgemeinen Teil* hat das StGB die allgemeinen, für alle Tatbestände gleichermaßen geltenden Regelungen, z. B. über Versuch, Anstiftung gleichsam vor die Klammer gezogen. Der *Besondere Teil* sowie die strafrechtlichen Nebengesetze enthalten den Katalog der einzelnen für strafbar erklärten Handlungen, also die Definitionen für Mord, Totschlag, Diebstahl usw., sowie die jeweils angedrohten Strafen. Das Gesetz unterscheidet zwischen Verbrechen (Taten, die mit Freiheitsstrafe von mindestens einem Jahr bedroht sind) und Vergehen (Taten, die im Mindestmaß mit geringerer Freiheitsstrafe oder mit Geldstrafe bedroht sind).

Strafe setzt *Schuld* voraus, d. h. die Schuldfähigkeit („Ohne Schuld handelt, wer bei Begehung der Tat wegen einer krankhaften seelischen Störung, wegen einer tiefgreifenden Bewußtseinsstörung oder wegen Schwachsinns oder einer schweren anderen seelischen Abartigkeit unfähig ist, das Unrecht der Tat einzusehen oder nach dieser Einsicht zu handeln", § 20 StGB) und als Schuldform Vorsatz (Wissen und Wollen der Tat) oder – sofern auch fahrlässige Begehung unter Strafe gestellt ist – Fahrlässigkeit (Vorhersehbarkeit und Vermeidbarkeit). Der *Versuch* eines Verbrechens ist stets, der eines Vergehens nur dann strafbar, wenn das Gesetz es ausdrücklich bestimmt; der Versuch kann milder bestraft werden als die vollendete Tat. Der *Anstifter* wird gleich einem Täter, der *Gehilfe* (der vorsätzlich einem anderen zu dessen vorsätzlich begangenen rechtswidrigen Tat Hilfe leistet) milder bestraft. Von den Strafen zu unterscheiden sind die Maßregeln der Besserung und Sicherung. Sie setzen keine Schuld voraus und enthalten damit auch kein sozialethisches Werturteil. Sie knüpfen an eine rechtswidrige strafbare Handlung an mit dem Ziel der Vorbeugung gegen künftige Straftaten des Betroffenen; teilweise können sie neben die Strafe treten. Bei ihrer Verhängung hat der Richter den Grundsatz der Verhältnismäßigkeit zu beachten. Außer den Strafen und Maßregeln kennt das Strafrecht Nebenfolgen. Deren wichtigste sind der Verfall des aus der Straftat erlangten Vermögensvorteils und die Einziehung der durch die Straftat hervorgebrachten oder zu ihrer Begehung benutzten Gegenstände (einschließlich Schriften). Die Nebenfolgen können auch ohne sonstiges Strafverfahren oder im Verfahren wegen ↑Ordnungswidrigkeiten (S. 230) angeordnet werden. Strafgerichtliche Verurteilungen werden in das *Strafregister* (Bundeszentralregister) eingetragen. Auskunft hieraus erhalten nur bestimmte Behörden. Nach Ablauf bestimmter Fristen werden die Eintragungen gelöscht.

H.-H. Jeschek, Lehrbuch des Strafrechts, Allgemeiner Teil, 3. Aufl., Berlin 1978.
Schönke-Schröder, Strafgesetzbuch, Kommentar, 19. Aufl., von Th. Leuckner, P. Cramer, A. Eser u. W. Stree, München 1978.

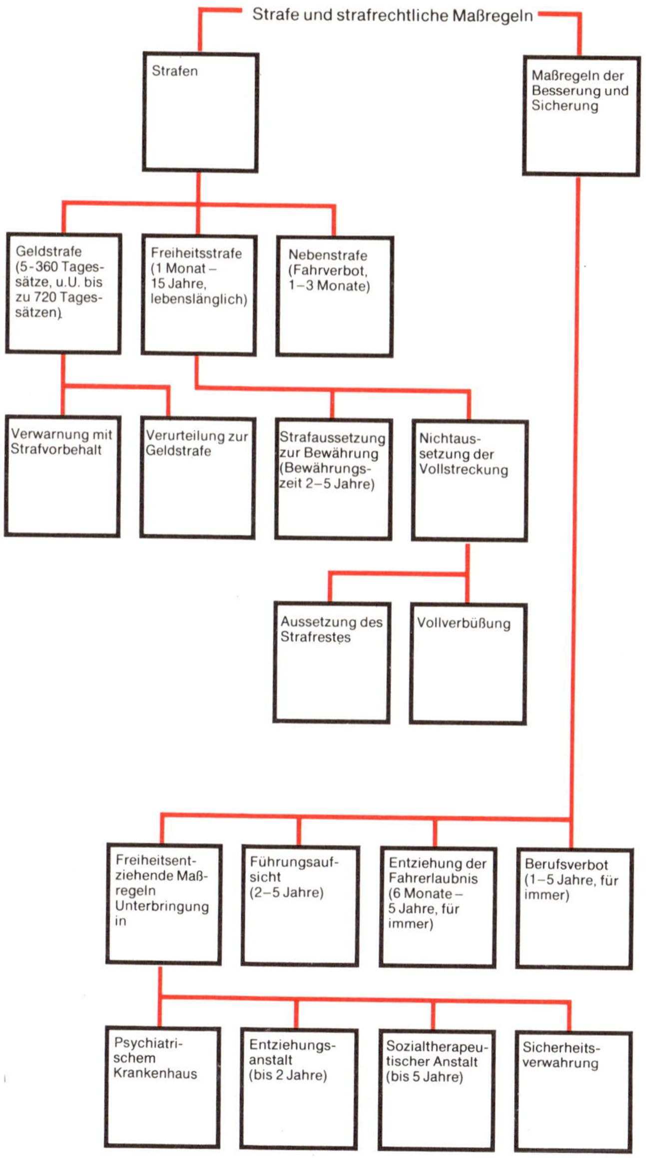

Strafe und strafrechtliche Maßregeln
Strafen
Maßregeln der Besserung und Sicherung
Geldstrafe (5-360 Tagessätze, u.U. bis zu 720 Tagessätzen)
Freiheitsstrafe (1 Monat – 15 Jahre, lebenslänglich)
Nebenstrafe (Fahrverbot, 1–3 Monate)
Verwarnung mit Strafvorbehalt
Verurteilung zur Geldstrafe
Strafaussetzung zur Bewährung (Bewährungszeit 2–5 Jahre)
Nichtaussetzung der Vollstreckung
Aussetzung des Strafrestes
Vollverbüßung
Freiheitsentziehende Maßregeln Unterbringung in
Führungsaufsicht (2–5 Jahre)
Entziehung der Fahrerlaubnis (6 Monate – 5 Jahre, für immer)
Berufsverbot (1–5 Jahre, für immer)
Psychiatrischem Krankenhaus
Entziehungsanstalt (bis 2 Jahre)
Sozialtherapeutischer Anstalt (bis 5 Jahre)
Sicherheitsverwahrung

Zuständigkeiten und Verfahren im Strafprozeß

Gericht erster Instanz ist entweder das *Amtsgericht* (Strafrichter oder Schöffengericht), das *Landgericht* (große Strafkammer) oder das *Oberlandesgericht* (Strafsenat). Die Staatsanwaltschaft erhebt in den wichtigsten politischen, den Schutz des Staates und seiner Verfassung berührenden Straftaten vor dem Oberlandesgericht Anklage. Bei allen Vergehen und Verbrechen, soweit nicht eine höhere Strafe als drei Jahre Freiheitsstrafe oder Sicherungsverwahrung zu erwarten ist, erfolgt Anklage vor dem Amtsgericht; in allen übrigen Fällen vor dem Landgericht. Bei vorsätzlichen Verbrechen mit Todesfolge ist die große Strafkammer als Schwurgericht zuständig. Gegen die Urteile der Amtsgerichte gibt es das Rechtsmittel der Berufung. Zuständig für die Berufungsentscheidung ist das Landgericht, und zwar die kleine Strafkammer, wenn das Urteil des Strafrichters angefochten wird, die große Strafkammer bei Urteilen des Schöffengerichts. Eine Berufung gegen erstinstanzliche Urteile des Landgerichts oder des Oberlandesgerichts kennt das geltende Recht nicht. Gegen die Berufungsurteile sowie gegen die erstinstanzlichen Urteile des Landgerichts oder des Oberlandesgerichts gibt es das Rechtsmittel der Revision. Revisionsgericht ist in allen erstinstanzlichen Amtsgerichtssachen das Oberlandesgericht, in allen übrigen Fällen der Bundesgerichtshof. Berufung bedeutet Überprüfung des angefochtenen Urteils in tatsächlicher und in rechtlicher Hinsicht, Revision Überprüfung allein in rechtlicher Hinsicht; das Revisionsgericht ist also an die tatsächlichen Feststellungen der Vorinstanz gebunden. Auch in den Fällen, in denen an sich eine Berufung möglich ist, kann der Beschwerdeführer unmittelbar Revision einlegen, wenn er lediglich eine Überprüfung in rechtlicher Hinsicht begehrt (Sprungrevision). (In Bayern ist in allen vorgenannten Fällen an Stelle des Oberlandesgerichts das Bayerische Oberste Landesgericht zuständig.)

Vorverfahren: Sobald die Staatsanwaltschaft Kenntnis vom Verdacht einer strafbaren Handlung erhält, hat sie den Sachverhalt aufzuklären, um ihre Entscheidung darüber treffen zu können, ob sie das Verfahren aus tatsächlichen oder rechtlichen Gründen einstellt oder ob Anklage zu erheben ist. Sie kann und wird sich regelmäßig zur Aufklärung des Sachverhalts der Polizei bedienen. Die Entscheidung trifft jedoch ausschließlich die Staatsanwaltschaft. *Zwischenverfahren:* Nach Eingang der Anklageschrift hat das Gericht darüber zu befinden, ob es hinreichende Anhaltspunkte für gegeben erachtet, die die Durchführung einer Hauptverhandlung rechtfertigen. Ist das der Fall, eröffnet es das Hauptverfahren (Eröffnungsbeschluß). *Hauptverfahren:* Die Hauptverhandlung beginnt mit der Vernehmung des Angeklagten zur Person, darauf folgt die Verlesung des Anklagesatzes durch den Staatsanwalt, dann die Belehrung des Angeklagten über seine Rechte. Es folgt die Beweisaufnahme, beginnend mit der Vernehmung des Angeklagten zur Sache. Es schließen sich die Plädoyers an. Der Angeklagte hat das letzte Wort. Ein Urteil wird rechtskräftig und damit vollstreckbar, sobald es mit einem Rechtsmittel nicht mehr angefochten werden kann. Wichtige Verfahrensgrundsätze sind der Anspruch auf rechtliches Gehör, das Verbot der Doppelbestrafung wegen derselben Sache, der Grundsatz der Unmittelbarkeit der Beweisaufnahme und der freien Beweiswürdigung. Bei bestimmten, die Öffentlichkeit in der Regel weniger berührenden Delikten, wie sie im einzelnen in § 374 der Strafprozeßordnung aufgeführt sind, kann das Strafverfahren durch *Privatklage* des Verletzten eingeleitet werden.

K. H. Gössel, Strafverfahrensrecht, Stuttgart u. a. 1977.
C. Roxin, Strafverfahrensrecht, 14. Aufl., München 1976.

Besetzung und sachliche Zuständigkeit der Strafgerichte sowie der Rechtsmittelzug
(GVG = Gerichtsverfassungsgesetz)

1. Instanz	Amtsgericht Strafrichter Zuständigkeit: § 25 GVG	Schöffengericht ausnahmsweise Zuständigkeit: § 24 GVG, soweit nicht gemäß § 25 GVG der Strafrichter entscheidet.	Landgericht große Strafkammer Zuständigkeit: § 74 GVG	Oberlandesgericht (Strafsenat) Zuständigkeit: § 120 GVG ●
Berufungsinstanz Überprüfung in tatsächlicher und rechtlicher Hinsicht	Landgericht kleine Strafkammer	große Strafkammer	Keine Berufung!	
Revisionsinstanz Überprüfung nur in rechtlicher Hinsicht	Oberlandesgericht (Strafsenat) ●		Bundesgerichtshof Strafsenat ● ●	

Berufsrichter

Laienrichter (Schöffen)

● in Bayern das Bayer. Oberste Landesgericht

● ● ausnahmsweise das Oberlandesgericht (in Bayern das Bayer. Oberste Landesgericht), wenn lediglich die Verletzung von landesrechtlichen Bestimmungen geltend gemacht wird, § 121 Ic GVG.

Die vorstehende Tabelle zeigt lediglich die Besetzung der Strafgerichte in der Hauptverhandlung. Außerhalb der Hauptverhandlung wirken Laienrichter (Schöffen) nicht mit.

Strafbefehl

Für den Bereich der minder schweren Kriminalität, d. h. bei Vergehen, für die das Amtsgericht sachlich zuständig ist, kennt die Strafprozeßordnung ein summarisches Strafverfahren, in welchem ohne vorherige gerichtliche Anhörung des Beschuldigten und ohne Hauptverhandlung vom Strafrichter bestimmte Rechtsfolgen verhängt werden dürfen: das *Strafbefehlsverfahren*. Dieses Verfahren liegt – wie das Bundesverfassungsgericht in einem Beschluß im Jahre 1969 ausgeführt hat – „nicht nur im Interesse der staatlichen Strafgerichtsbarkeit, sondern auch im Interesse des Staatsbürgers, dem daran gelegen ist, einfachere Straffälle verhältnismäßig billig und auch diskret, ohne Zeitverlust und Aufsehen erledigen zu können". Der Strafbefehl, der gemäß einem Antrag der Staatsanwaltschaft erlassen wird, darf nur die im Gesetz abschließend aufgezählten Rechtsfolgen enthalten; das sind: Geldstrafe, Verwarnung mit Strafvorbehalt, Fahrverbot, Verfall, Einziehung, Vernichtung, Unbrauchbarmachung, Bekanntgabe der Verurteilung und Geldbuße gegen eine juristische Person oder Personenvereinigung sowie Entziehung der Fahrerlaubnis mit einer Sperre bis zu zwei Jahren. Eine Freiheitsstrafe darf nicht verhängt werden.

Nach dem Erlaß des Strafbefehls hat der Beschuldigte zwei Möglichkeiten: Er kann sich entweder dem Spruch des Strafbefehls unterwerfen oder Einspruch dagegen einlegen. Unterwirft sich der Beschuldigte dem Spruch, so erlangt der Strafbefehl die Wirkung eines rechtskräftigen Urteils, d. h. er wird unanfechtbar und vollstreckbar. Allerdings wird die *Rechtskraft des Strafbefehls* nach bisher noch geltender Ansicht durchbrochen, wenn ein neuer im Strafbefehl noch nicht berücksichtigter rechtlicher Gesichtspunkt eine höhere Strafbarkeit begründet. Stirbt z. B. der vom Beschuldigten Verletzte aufgrund der Körperverletzung nach Eintritt der Rechtskraft des wegen Körperverletzung ergangenen Strafbefehls, so kann der Beschuldigte nochmals in einem ordentlichen Strafverfahren wegen Körperverletzung mit Todesfolge angeklagt und verurteilt werden. Ist zur Zeit des Urteils die im Strafbefehl ausgesprochene Rechtsfolge schon erfüllt worden, so wird sie auf die neue Strafe angerechnet.

Will sich der Beschuldigte dem Spruch des Strafbefehls nicht unterwerfen, so muß er innerhalb einer Woche nach der Zustellung bei dem Amtsgericht, das den Strafbefehl erlassen hat, schriftlich oder zu Protokoll der Geschäftsstelle *Einspruch* einlegen. Auf diese Einspruchsmöglichkeit ist der Beschuldigte hinzuweisen. Aufgrund des Einspruchs wird nunmehr aus dem summarischen Verfahren ein *ordentliches Strafverfahren*, d. h. das Gericht beraumt eine Hauptverhandlung an. Der Beschuldigte heißt von nun an Angeklagter. Wenn der Angeklagte zur Hauptverhandlung nicht erscheint, sich nicht durch einen mit schriftlicher Vollmacht versehenen Verteidiger vertreten läßt und sein Ausbleiben nicht genügend entschuldigt, wird der Einspruch durch Urteil verworfen. Gegen dieses Urteil kann der Angeklagte Berufung nur noch mit der Begründung einlegen, daß der Einspruch nicht hätte verworfen werden dürfen, nicht aber aus anderen Gründen, etwa daß der Strafbefehl zu Unrecht ergangen ist oder eine zu hohe Strafe enthält. Erscheint der Angeklagte oder ist er ordnungsgemäß vertreten, so wird die Hauptverhandlung durchgeführt. Zu beachten ist, daß das Urteil, das aufgrund der Hauptverhandlung ergeht, eine strengere Rechtsfolge anordnen kann als dies im Strafbefehl der Fall gewesen ist. Das ist eine Folge des summarischen Verfahrens, in welchem nur aufgrund der Akten entschieden wird. In der Hauptverhandlung dagegen können sich Tatsachen herausstellen, die zuvor nicht bekannt waren.

T. Vogler, Die Rechtskraft des Strafbefehls, Karlsruhe 1959.
H. Schorn, Das Strafbefehls- und Strafverfügungsverfahren, Frankfurt 1962.

Strafbefehlsverfahren

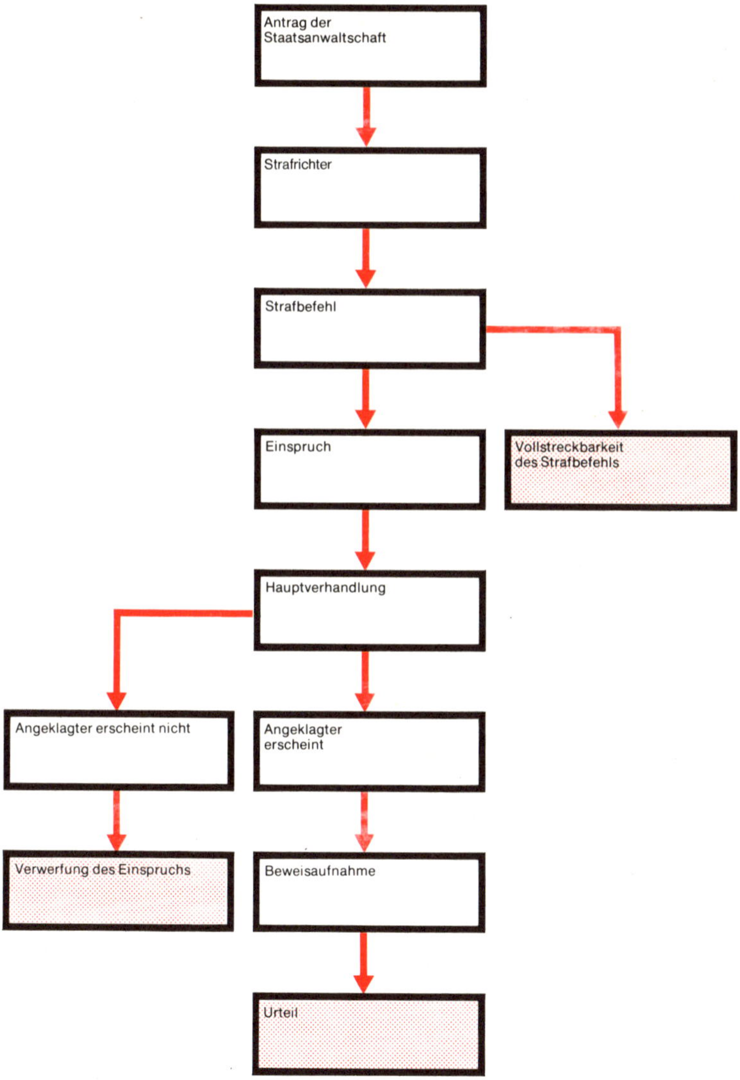

Strafvollzug

Unter Strafvollzug (S.) versteht die heute herrschende Ansicht nur noch die Durchführung freiheitsentziehender – stationärer – Kriminalsanktionen, nämlich der Freiheitsstrafe und der Maßregel der Besserung und Sicherung wie die Unterbringung in einem psychiatrischen Krankenhaus, in einer Entziehungsanstalt, in einer sozialtherapeutischen Anstalt und in der Sicherungsverwahrung. Ambulante Kriminalsanktionen wie die Geldstrafe, die Strafaussetzung zur Bewährung und das Fahrverbot, die zwar vollstreckt, nicht aber vollzogen werden können, werden danach vom S. nicht erfaßt.

Seit der Ablösung der grausamen Strafen des Mittelalters durch die Freiheitsstrafe (erstes Zuchthaus: Amsterdam 1595) ist die Aufgabe der Eingliederung des Gefangenen in die soziale Gemeinschaft zunehmend in den Mittelpunkt des S. gerückt. Nach dem am 1. 1. 1977 in Kraft getretenen Strafvollzugsgesetz (StVollzG) soll der Gefangene im Vollzug der Freiheitsstrafe fähig werden, künftig in sozialer Verantwortung ein Leben ohne Straftaten zu führen (Vollzugsziel). Daneben dient der S. dem Schutz der Allgemeinheit vor weiteren Straftaten. Zwar ist im Erwachsenen-S. nach herrschendem Verfassungsverständnis eine volle Erziehung oder Nacherziehung nicht zulässig. Aber die Befähigung zu einem Sozialverhalten ohne Straftaten setzt nicht nur die Anerkennung eines Mindestmaßes an Pflichten des einzelnen in der sozialen Gemeinschaft voraus, sondern auch seine Fähigkeit, persönliche und soziale Spannungen und Konflikte in adäquater Weise zu bewältigen. Wie ein Behandlungskonzept aussehen muß, das sich zur Schaffung dieser Voraussetzungen eignet, ist bisher wissenschaftlich nicht hinreichend geklärt. Einigermaßen gesichert ist dagegen, daß die Unterbringung in geschlossenen Anstalten die Erreichung des Vollzugszieles überwiegend erschwert. Die Sozialisation und Organisation in diesen Anstalten (Verlust der Nutzungsmöglichkeiten der materiellen Habe, der vielseitigen persönlichen, der familiären und heterosexuellen Beziehungen, organisiertes Leben mit garantierter Daseinsvorsorge, atypische Arbeitssituation) weichen von den Verhältnissen der Lebensbewältigung in Freiheit zu weit ab. Mit dem StVollzG vom 26. 3. 1976 hat der S. erstmalig auf deutschem Territorium eine umfassende gesetzliche Regelung erfahren, die rechtsstaatlichen Erfordernissen Rechnung trägt. Dabei ist die verfassungsrechtliche Lage für dieses Gesetz schwierig, weil der Bundesgesetzgeber zwar die Gesetzgebungskompetenz hat, aber die hohen Kosten jeder Reform auf die für die Verwaltung verantwortlichen Länder zukommen. Dies hat dazu geführt, daß in dem Gesetz in weitem Umfang ausfüllungsbedürftige Ermessensbegriffe und Verordnungsermächtigungen enthalten sind; viele kostenträchtige Regelungen treten erst später (bis 1989) in Kraft oder erfordern den Erlaß eines weiteren Gesetzes. Danach läßt sich der Vollzug wie folgt schildern: Nach Rechtskraft des Urteils erhält der nicht in Untersuchungshaft befindliche Verurteilte eine Ladung zum Strafantritt und wird ebenso wie der Untersuchungsgefangene einer Anstalt zugewiesen. Bei der Aufnahme wird für alle Gefangenen, die nicht nur kurze Freiheitsstrafen (in der Regel unter 12 Monaten) zu verbüßen haben, nach der Behandlungsuntersuchung ein Vollzugsplan erstellt, in dem die Art der Unterbringung, des Arbeitseinsatzes und andere Dinge geregelt werden. Neben den grundsätzlich zu trennenden Vollzugsanstalten für Jugendliche, Männer und Frauen und den sozialtherapeutischen Einrichtungen gibt es insbesondere für Männer offene, halboffene und geschlossene Anstalten. Der Gefangene ist in den Grenzen seiner Leistungsfähigkeit zur Arbeit verpflichtet und hat einen Anspruch auf Arbeitsentgelt, das z. Zt. etwa 85 DM monatlich beträgt und von dem er einen Teil als Hausgeld in der Anstalt zur Verfügung hat. Die Entlassung des Gefangenen muß so vorbereitet werden, daß er sich ohne vermeidbare Schwierigkeiten eingliedern kann.

G. Kaiser/H.-J. Kerner/H. Schöch, Strafvollzug, 2. Aufl., Heidelberg u. a. 1977.
R.-P. Calliess/H. Müller-Dietz, Strafvollzugsgesetz, München 1977.

Strafvollzug

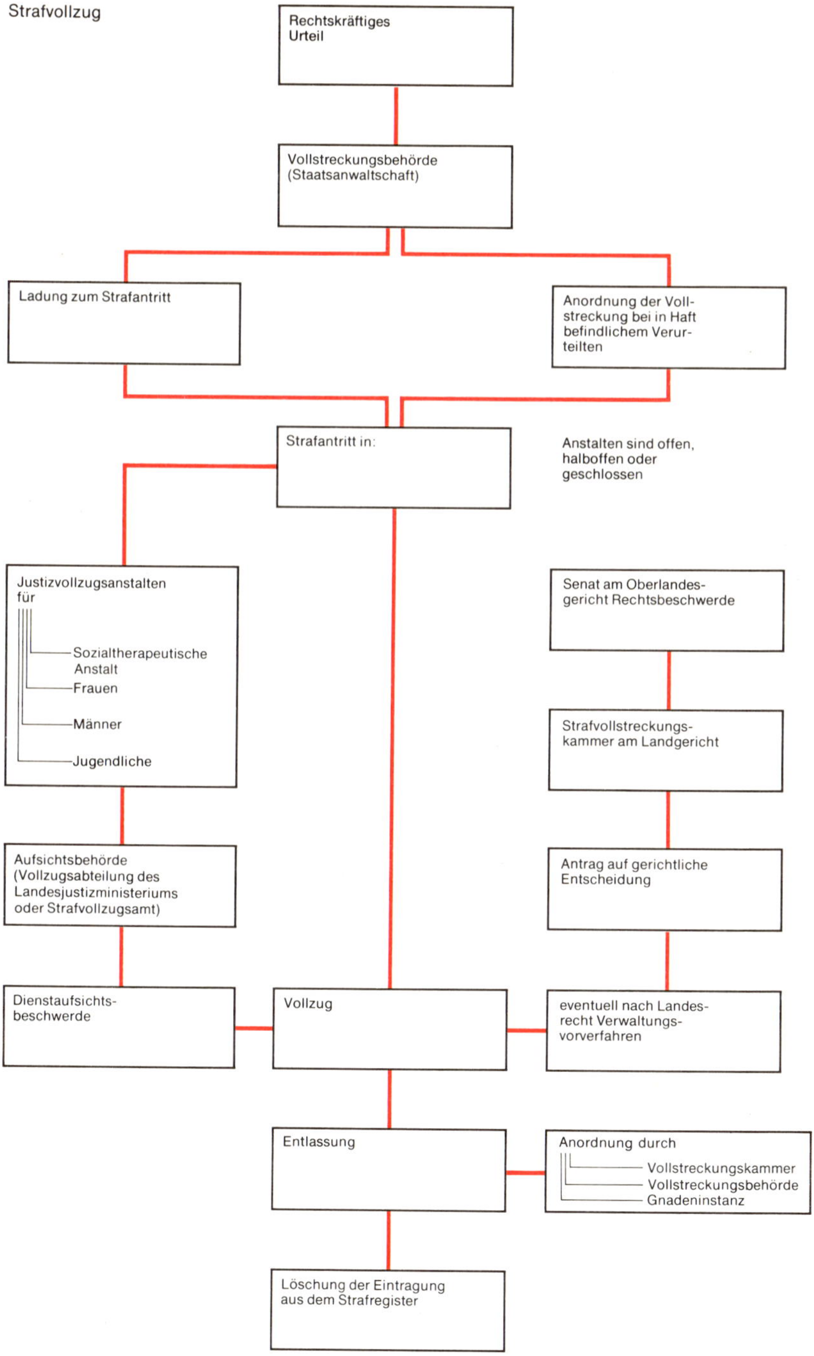

Jugendstrafrecht

Es hat eines langen Weges bedurft, bis sich die Erkenntnis durchgesetzt hat, daß der Jugendliche einer anderen strafrechtlichen Behandlung bedarf als der Erwachsene. Diesen Gedanken sucht das Jugendgerichtsgesetz von 1953 zu verwirklichen. Es enthält materiellrechtliche und verfahrensrechtliche Sonderbestimmungen, bringt hingegen keinen eigenen Katalog von Straftatbeständen (↑ Strafrecht S. 220). Was strafbar ist, bestimmt sich daher nach dem Strafgesetzbuch und den sonstigen Strafbestimmungen. Man ist sich weitgehend darüber einig, daß es bei einer Reform des Jugendstrafrechts das bislang noch bestehende Nebeneinander von Jugendstrafrecht und dem Jugendwohlfahrtsrecht zugunsten eines einheitlichen Jugendhilferechts zu überwinden gilt. Ausgehend von der Tatsache, daß strafbare Handlungen Jugendlicher überwiegend auf Erziehungsmängel zurückgehen und vielfach nur episodenhaften Charakter tragen, ist das Jugendstrafrecht geprägt vom Erziehungsgedanken. Das Verfahren ist erheblich flexibler gestaltet und der Vollzug eindeutig am Erziehungsziel orientiert. *Kinder*, d. h. die noch nicht Vierzehnjährigen, sind strafrechtlich nicht verantwortlich. *Jugendliche*, d. h. die Vierzehn- bis einschließlich Siebzehnjährigen, sind nur verantwortlich, wenn sie nach ihrer sittlichen und geistigen Entwicklung reif genug sind, das Unrecht der Tat einzusehen und nach dieser Einsicht zu handeln. Die *Heranwachsenden*, d. h. die Achtzehn- bis einschließlich Zwanzigjährigen, sind strafrechtlich voll verantwortlich. Die Sanktionen des Jugendstrafrechts sind Erziehungsmaßregeln, Zuchtmittel und Jugendstrafe. *Erziehungsmaßregeln* sind die Erteilung von Weisungen, die die Lebensführung des Jugendlichen regeln und dadurch seine Erziehung fördern und sichern sollen, sodann die nach dem Jugendwohlfahrtsgesetz vorgesehene Erziehungsbeistandsschaft und ↑ Fürsorgeerziehung (S. 420). *Zuchtmittel* sind die Verwarnung, die Auferlegung besonderer Pflichten und der Jugendarrest. Zuchtmittel werden verhängt, wenn Jugendstrafe noch nicht geboten ist, dem Jugendlichen aber eindringlich zum Bewußtsein gebracht werden soll, daß er für begangenes Unrecht einzustehen hat. An besonderen Pflichten kann dem Jugendlichen auferlegt werden, den Schaden wiedergutzumachen, sich persönlich bei dem Verletzten zu entschuldigen oder einen Geldbetrag zugunsten einer gemeinnützigen Einrichtung zu zahlen. Jugendarrest ist entweder Freizeitarrest, Kurzarrest oder Dauerarrest von mindestens einer bis höchstens vier Wochen. Auf *Jugendstrafe* wird erkannt, wenn entweder wegen der in der Tat hervorgetretenen schädlichen Neigungen Erziehungsmaßregeln oder Zuchtmittel nicht ausreichen oder wenn wegen der Schwere der Schuld Strafe unerläßlich ist. Aus der Erkenntnis, daß kurzfristige Freiheitsstrafen eher schaden als nützen, ist die Mindestdauer der Jugendstrafe auf sechs Monate festgesetzt. Ihr Höchstmaß beträgt fünf Jahre, bei Kapitalverbrechen zehn Jahre. Jugendstrafe kann auch von unbestimmter Dauer verhängt werden (mindestens sechs Monate, höchstens vier Jahre). Endlich kennt das Gesetz die Möglichkeit der Aussetzung der Verhängung der Jugendstrafe. Dann wird zwar die Schuld festgestellt, die Entscheidung über die Jugendstrafe aber für eine Bewährungszeit ausgesetzt. Bei Bewährung wird der Schuldspruch getilgt, anderenfalls Jugendstrafe festgesetzt und vollstreckt. Auch gegen Heranwachsende findet das Verfahren vor den Jugendgerichten statt. Ob aber die Sanktionen des Jugendstrafrechts gegen sie zur Anwendung kommen, hängt davon ab, ob der Täter nach seiner sittlichen und geistigen Entwicklung noch einem Jugendlichen gleichstand oder ob es sich um eine typische Jugendverfehlung handelte. Sind diese Voraussetzungen nicht gegeben, wird er nach dem allgemeinen Erwachsenenstrafrecht bestraft.

A. Böhm, Einführung in das Jugendstrafrecht, München 1977.
F. Schaffstein, Jugendstrafrecht, 6. Aufl., Stuttgart u. a. 1977.

Besetzung und sachliche Zuständigkeit der Jugendgerichte sowie der Rechtsmittelzug (Berufung und Revision)

1. Instanz	Amtsgericht Amtsrichter als Jugendrichter § 33 II Z.: § 39	Schöffengericht (Jugendschöffengericht) § 33 II + III Z.: § 40	Landgericht Strafkammer (Jugendkammer) § 33 II + III Z.: § 41 I	Oberlandesgericht wie nach allgemeinem Strafverfahren
Berufungsinstanz	Landgericht Jugendkammer § 41 II		Keine Berufung!	
Revisionsinstanz	Oberlandesgericht ● Strafsenat wie nach allgemeinem Strafverfahren Beachte allerdings § 55 II: „Wer eine zulässige Berufung eingelegt hat, kann gegen das Berufungsurteil nicht mehr Revision einlegen ...“		Bundesgerichtshof Strafsenat wie nach allgemeinem Strafverfahren	

Berufsrichter

in der Hauptverhandlung mitwirkende Laienrichter (Jugendschöffen)

Die §§ beziehen sich auf das Jugendgerichtsgesetz
Z. = Fundstelle für die sachliche Zuständigkeit in erster Instanz

● in Bayern ist das Bayer. Oberste Landesgericht zuständig

Ordnungswidrigkeiten

Ordnungswidrigkeiten sind Taten, für deren Begehung ein Gesetz eine *Geldbuße* androht. Die Geldbuße beträgt mindestens 5.– DM und höchstens 100.– DM, falls nichts anderes bestimmt ist. Höhere Beträge, zum Teil bis zu 30 000.– DM, sind insbesondere im Wirtschaftsrecht nicht selten. Da die Geldbuße auch den wirtschaftlichen Vorteil übersteigen soll, den der Täter aus der Tat gezogen hat, kann zu diesem Zweck das gesetzliche Höchstmaß noch überschritten werden. Bei den zahlenmäßig bedeutenden Verkehrsordnungswidrigkeiten (↑Straßenverkehrsordnung S. 498) gibt es für die Bemessung der Buße Regelsätze, den sogenannten Bußgeldkatalog. Hinzu kommt hier noch die Möglichkeit, ein Fahrverbot von einem bis zu drei Monaten zu verhängen. Während sonst Geldbußen nicht in einem Register erfaßt werden, erfolgt bei Verkehrsordnungswidrigkeiten ein Eintrag im Verkehrszentralregister („Verkehrssünderkartei"), sofern die Buße 40.– DM übersteigt oder ein Fahrverbot angeordnet wurde.

Das *Bußgeldverfahren* ähnelt dem Strafbefehlsverfahren (↑Strafbefehl S. 224), weist jedoch einige entscheidende Besonderheiten auf. So liegt die Entscheidung über die Verfolgung und Ahndung einer Ordnungswidrigkeit zunächst ganz bei der Verwaltungsbehörde. Bei geringfügigen Taten begnügt sie sich damit, eine Verwarnung zu erteilen und ein Verwarnungsgeld von 2.– DM bis 20.– DM zu erheben. Diese Befugnis steht auch den hierzu ermächtigten Beamten des Polizeivollzugsdienstes zu (↑Übertragene Aufgaben der Polizei S. 532). Die Verwarnung mit Verwarnungsgeld ist allerdings nur wirksam, wenn der Betroffene nach Belehrung über sein Weigerungsrecht mit ihr einverstanden ist und das Verwarnungsgeld sofort oder innerhalb einer Woche zahlt. Wird das Verwarnungsgeld bezahlt, kann der Fall nicht weiterverfolgt werden. Bevor die Verwaltungsbehörde einen *Bußgeldbescheid* erläßt, muß sie dem Betroffenen (das ist der, gegen den sich das Verfahren richtet) den gegen ihn erhobenen Vorwurf mitteilen und ihm Gelegenheit geben, sich dazu zu äußern. Dies geschieht in der Regel durch die Übersendung eines Anhörungsbogens, auf dem der Betroffene seine Stellungnahme abgeben kann.

Ist der Betroffene mit der Entscheidung im Bußgeldbescheid nicht einverstanden, so kann er innerhalb einer Woche *Einspruch* einlegen; über dieses Recht wird er im Bußgeldbescheid belehrt. Nach dem Einspruch kann die Verwaltungsbehörde entweder den Bußgeldbescheid zurücknehmen und das Verfahren einstellen (oder durch einen neuen Bescheid mit zumeist niedriger Buße ersetzen), oder sie übersendet die Akten der Staatsanwaltschaft, die jetzt die weitere Verfolgung übernimmt. Hält diese eine Ahndung nicht für geboten, stellt sie das Verfahren ein, andernfalls legt sie die Akten dem Amtsgericht vor. Erscheinen dem Amtsrichter die Akten als Grundlage für eine Entscheidung ausreichend, kann er ohne mündliche Verhandlung durch Beschluß entscheiden, wenn dem nicht der Betroffene oder der Staatsanwalt widersprechen. Entscheidet der Richter durch Beschluß, darf die Entscheidung für den Betroffenen nicht schlechter ausfallen als im Bußgeldbescheid; entscheidet er dagegen aufgrund einer mündlichen Hauptverhandlung, so kann er die Buße auch verschärfen. An der Hauptverhandlung muß der Betroffene nur teilnehmen, wenn das Gericht sein persönliches Erscheinen angeordnet hat; sonst kann er sich durch einen schriftlich bevollmächtigten Verteidiger vertreten lassen. Er kann auch bis zum Urteil seinen Einspruch zurücknehmen.

Gegen die Entscheidung des Amtsrichters ist unter bestimmten Voraussetzungen die Rechtsbeschwerde gegeben (↑Rechtsmittelverfahren S. 170). Über dieses Rechtsmittel wird der Betroffene belehrt. Über die Rechtsbeschwerde entscheidet dann das Oberlandesgericht. Dessen Entscheidung ist endgültig.

P. Cramer, Grundbegriffe des Rechts der Ordnungswidrigkeiten, Stuttgart u. a. 1971.
E. Göhler, Gesetz über Ordnungswidrigkeiten, Kommentar, 5. Aufl., München 1977.

Die Ahndung von Ordnungswidrigkeiten
(Rechtsbehelfe und Rechtsmittel)

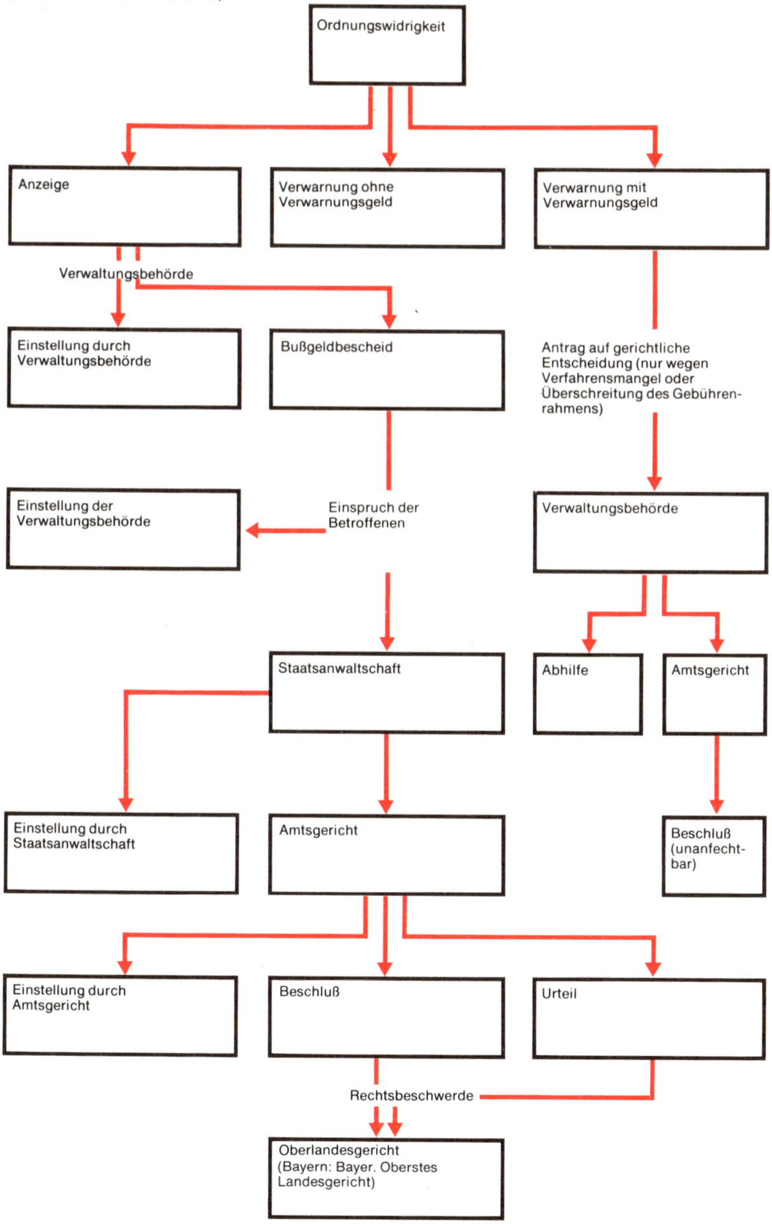

Verwaltungsrechtsschutz

Der Rechtsschutz gegen Maßnahmen der Verwaltung durch unabhängige Gerichte hat sich in Deutschland nur zögernd entwickelt. Erst am Ende des neunzehnten Jahrhunderts war es allgemein gelungen, sachlich und persönlich von der Verwaltung unabhängige Verwaltungsgerichte zu schaffen (z. B. das preußische Oberverwaltungsgericht in Berlin). Erst 1960 wurden durch die – im wesentlichen auf dem Recht der früheren Besatzungszonen beruhende – Verwaltungsgerichtsordnung Verfassung und Verfahren der Verwaltungsgerichte im Sinne eines bundeseinheitlichen Prozeßrechts geregelt. Die Verwaltungsgerichtsbarkeit ist heute ein Teil der rechtsprechenden Gewalt und steht gleichberechtigt neben den übrigen Zweigen der Gerichtsbarkeit. Ihr Aufbau ist dreistufig. Für Klagen erster Instanz sind grundsätzlich die *Verwaltungsgerichte* zuständig, deren Kammern in der Besetzung von drei Berufsrichtern und zwei ehrenamtlichen Richtern entscheiden (↑Berufs- und Laienrichter S. 162). Berufungsinstanz (↑Rechtsmittelverfahren S. 170) sind die *Oberverwaltungsgerichte*, die in Süddeutschland die Bezeichnung *Verwaltungsgerichtshof* führen. Ihre Senate bestehen in den einzelnen Ländern unterschiedlich aus drei oder fünf Berufsrichtern oder aus drei Berufsrichtern und zwei ehrenamtlichen Richtern. Das *Bundesverwaltungsgericht* ist (von wenigen Ausnahmen abgesehen) Revisionsgericht; die dortigen Senate sind mit fünf Berufsrichtern besetzt. Der beim Bundesverwaltungsgericht bestellte Oberbundesanwalt kann sich als Vertreter des öffentlichen Interesses an den Verfahren beteiligen. Entsprechende Einrichtungen wurden bei den Verwaltungsgerichten der Länder nur z. T. geschaffen. Anwaltszwang für die Parteien besteht nur vor dem Bundesverwaltungsgericht.

Der *Verwaltungsrechtsweg* ist in allen öffentlich-rechtlichen Streitigkeiten nichtverfassungsrechtlicher Art gegeben, soweit die Streitigkeiten nicht durch Bundesgesetz einem anderen Gericht ausdrücklich zugewiesen sind. Diese *verwaltungsgerichtliche Generalklausel* stellt den Rechtsschutz gegen jede hoheitliche Maßnahme der Verwaltung sicher. Allerdings kann dieser Rechtsschutz durch Gesetz auf andere als die Verwaltungsgerichte übertragen werden. Dies ist geschehen durch ausdrückliche Zuweisung bestimmter öffentlich-rechtlicher Streitigkeiten (z. B. über Ansprüche aus ↑Eigentum und Enteignung S. 146, ↑Staatshaftung und öffentlich-rechtliche Entschädigung S. 270) an die ordentlichen Gerichte (↑Gerichtsorganisation S. 160) sowie durch die Einrichtung besonderer Verwaltungsgerichtsbarkeiten (↑Finanzgerichtsbarkeit S. 240, ↑Sozialgerichtsbarkeit S. 238, Berufsgerichtsbarkeit). Aufgabe der Disziplinargerichtsbarkeit (↑Beamte S. 252) ist die Ahndung von Dienstvergehen der Beamten aufgrund der Bundesdisziplinarordnung und den einzelnen Landesdisziplinarordnungen bzw. Dienststrafordnungen; Disziplinargerichte des Bundes sind das Bundesdisziplinargericht in Frankfurt und das Bundesverwaltungsgericht, während die Landesdisziplinargerichte meist den allgemeinen Verwaltungsgerichten angegliedert sind. Entsprechend bestehen für Richter Dienstgerichte und für Soldaten Wehrdienstgerichte. – Die Generalklausel öffnet den Verwaltungsrechtsweg nicht nur für Auseinandersetzungen zwischen Privaten und der Verwaltung, sondern auch für Streitigkeiten zwischen Trägern öffentlicher Verwaltung aus Rechtsverhältnissen des öffentlichen Rechts. Für bestimmte baurechtliche Verordnungen und Satzungen (insbes. ↑Bebauungspläne S. 512) wurde die Normenkontrolle zugelassen. Danach kann jedermann, der durch die Anwendung der Norm einen Nachteil erlitten oder in absehbarer Zeit zu erwarten hat, sowie jede Behörde bei dem zuständigen Oberverwaltungsgericht (Verwaltungsgerichtshof) Antrag auf Ungültigerklärung der Norm stellen. Das Landesrecht kann das Normenkontrollverfahren auf weitere Rechtsvorschriften im Range unter den Landesgesetzen ausdehnen.

E. Eyermann/L. Fröhler, Verwaltungsgerichtsordnung, 7. Aufl., München 1977.
F. Kopp, Verwaltungsgerichtsordnung, 3. Aufl., München 1977.

	Allgemeine Verwaltungsgerichte	Besondere Verwaltungsgerichte			Ordentliche Gerichte
	Verwaltungsgerichtsbarkeit	Sozialgerichtsbarkeit	Finanzgerichtsbarkeit	Disziplinar-, Dienst-, Berufsgerichtsbarkeit	Zivilgerichtsbarkeit
	Bundesverwaltungsgericht (Berlin)	Bundessozialgericht (Kassel)	Bundesfinanzhof (München)	Disziplinargerichte des Bundes und der Länder Dienstgerichte (für Richter) des Bundes und der Länder Wehrdienstgerichte Berufsgerichte der Rechtsanwälte, Steuerberater, Wirtschaftsprüfer, Ärzte, Tierärzte, Apotheker, Architekten u. a. zwei- bis dreistufiger Aufbau, z. T. in Anlehnung an andere Gerichtsbarkeiten	Bundesgerichtshof (Karlsruhe)
	Oberverwaltungsgerichte (Verwaltungsgerichtshöfe)	Landessozialgerichte	Finanzgerichte		Oberlandesgerichte insbesondere Senate für Baulandsachen (Bundesbaugesetz)
	Verwaltungsgerichte	Sozialgerichte			Landgerichte insbesondere Kammern für Baulandsachen (Bundesbaugesetz)
					Amtsgerichte
Zuständigkeit geregelt in:	§ 40 Abs. 1 Verwaltungsgerichtsordnung	§ 51 Abs. 1 Sozialgerichtsgesetz	§ 33 Finanzgerichtsordnung	z. B. § 1 Bundesdisziplinarordnung, § 113 Bundesrechtsanwaltsordnung	z. B. Art. 14 Abs. 3, Art. 34 S. 3 Grundgesetz, §§ 157 ff. Bundesbaugesetz, § 40 Abs. 2 Verwaltungsgerichtsordnung

Verwaltungsstreitverfahren

Wer sich durch den Erlaß oder die Versagung eines Verwaltungsaktes in seinen Rechten verletzt glaubt, muß zur Herbeiführung einer verwaltungsgerichtlichen Kontrolle zunächst innerhalb eines Monats *Widerspruch* bei der Behörde einlegen, die den Verwaltungsakt erlassen oder versagt hat. Der Widerspruch hindert grundsätzlich den Vollzug bis zur rechtskräftigen Entscheidung (aufschiebende Wirkung). Die Widerspruchsbehörde, die entweder die nächsthöhere Behörde oder in Sonderfällen die Ausgangsbehörde selbst ist, erläßt einen Widerspruchsbescheid. Soweit die Beschwer durch den Widerspruchsbescheid nicht beseitigt wurde, kann innerhalb eines Monats Klage zum örtlich zuständigen Verwaltungsgericht erhoben werden mit dem Antrag, Verwaltungsakt und Widerspruchsbescheid aufzuheben *(Anfechtungsklage)* bzw. die Behörde zum Erlaß des begehrten Verwaltungsakts zu verpflichten *(Verpflichtungsklage)*. Darüber hinaus kann auch allgemein die Leistung einer Behörde oder die Feststellung eines Rechtsverhältnisses eingeklagt werden. Das Widerspruchsverfahren entfällt hier ebenso wie in anderen gesetzlich vorgesehenen Ausnahmefällen.

Die Klage muß stets den Kläger, den Beklagten und den Streitgegenstand bezeichnen; zur Bezeichnung des Klagegegners genügt die Angabe der Behörde, die den Verwaltungsakt erlassen oder versagt hat. Anwaltszwang besteht nur im Verfahren vor dem Bundesverwaltungsgericht. Nach Einholung einer Äußerung des Beklagten erforscht das Gericht den Sachverhalt von Amts wegen, ohne an das Vorbringen und die Beweisanträge der Beteiligten gebunden zu sein (Untersuchungsgrundsatz; ↑Prozeßmaximen S. 164). Behörden sind deshalb zur Vorlage von Urkunden oder Akten und zu Auskünften verpflichtet. Den Beteiligten steht es aber frei, jederzeit z. B. durch Klagrücknahme, Klagänderung, Vergleich über den Streitgegenstand zu verfügen (Verfügungsgrundsatz). Über die Klage wird durch Urteil entschieden, das – sofern die Beteiligten nicht darauf verzichten – aufgrund einer öffentlichen mündlichen Verhandlung ergeht. Bei der Urteilsfindung prüft das Gericht zuerst die Sachurteilsvoraussetzungen (z. B. Zulässigkeit des Verwaltungsrechtsweges, Rechtsschutzbedürfnis) und dann die Begründetheit der Klage. Falls die Klage zulässig und begründet ist, hebt das Gericht bei Anfechtungsklagen den angefochtenen Verwaltungsakt auf. Bei Verpflichtungsklagen wird die Behörde entweder zur Vornahme der beantragten Amtshandlung oder, wenn die Sache nicht entscheidungsreif ist, zur Vorbescheidung des Klägers unter Beachtung der Rechtsauffassung des Gerichts verpflichtet (Bescheidurteil). Gegen das Urteil des Verwaltungsgerichts steht den Beteiligten – von wenigen Ausnahmen abgesehen – die Berufung zum Oberverwaltungsgericht (OVG) bzw. Verwaltungsgerichtshof zu, das nach denselben Verfahrensgrundsätzen wie das Verwaltungsgericht die Sache erneut entscheidet oder an das Verwaltungsgericht zurückverweist. Die Revision zum Bundesverwaltungsgericht (BVerwG) muß vom OVG im Berufungsurteil ausdrücklich zugelassen werden; die Nichtzulassung kann selbständig durch Beschwerde zum BVerwG angefochten werden. Im Revisionsverfahren prüft das BVerwG auf der Grundlage des vom OVG festgestellten Sachverhalts allein die Verletzung von Bundesrecht. Ist die Revision begründet, so entscheidet das BVerwG entweder in der Sache selbst oder weist sie an das OVG zurück. Aufgrund von Spezialgesetzen oder verwaltungsgerichtlicher Zulassung mit Zustimmung der Beteiligten ist auch eine Revision gegen Urteile des Verwaltungsgerichts unmittelbar zum BVerwG möglich (Sprungrevision).

F. Kopp, Verwaltungsgerichtsordnung, 3. Aufl., München 1977.
E. Eyermann/L. Fröhler, Verwaltungsgerichtsordnung, 7. Aufl., München 1977.

Vorläufiger Rechtsschutz im Verwaltungsstreitverfahren

I. Anfechtungsklagen
Soweit gesetzlich nichts anderes vorgesehen ist, kann jeder Verwaltungsakt mit seinem Erlaß vollzogen werden. Durch die Einlegung des Widerspruchs wird jedoch grundsätzlich die Vollziehung des Verwaltungsaktes bis zum rechtskräftigen Abschluß des Verwaltungsstreitverfahrens gehemmt (aufschiebende Wirkung – sog. Suspensiveffekt – von Widerspruch und Anfechtungsklage). Dies gilt nicht

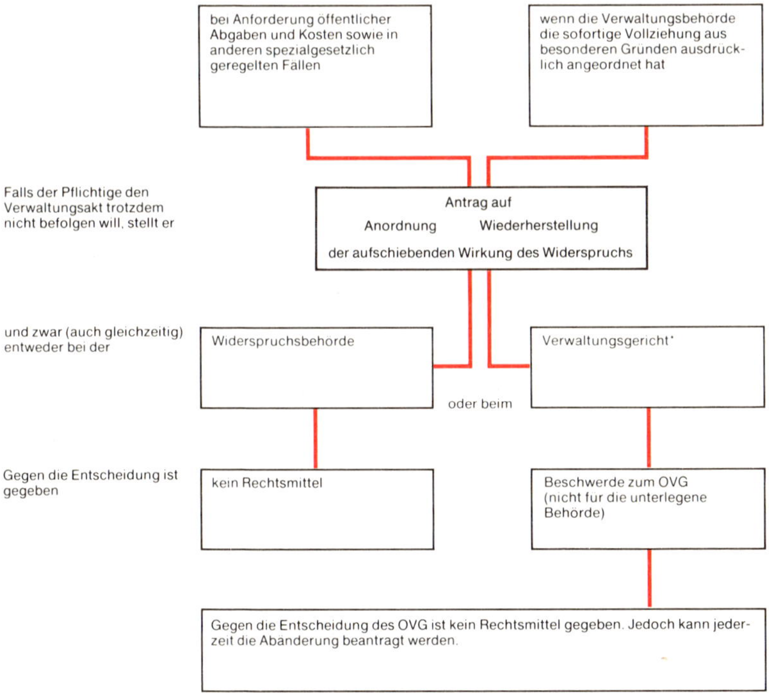

* Zuständig ist stets das Gericht der Hauptsache. Falls die Hauptsache sich bereits in der Berufungs- bzw. Revisionsinstanz befindet, hat deshalb das OVG bzw. das BVerwG zu entscheiden; ein Rechtsmittel ist dann nicht gegeben.

II. Verpflichtungs-, Feststellungs- und Leistungsklagen
In diesen Fällen kann der Kläger – auch schon vor Klageerhebung – beim Gericht einen Antrag auf Erlaß einer einstweiligen Anordnung stellen. Mit dem Antrag kann jedoch nur eine vorläufige Anordnung in bezug auf den Streitgegenstand, nicht aber eine Vorwegnahme der mit der Klage begehrten Entscheidung erlangt werden. Zuständig ist das Verwaltungsgericht bzw. – wenn die Hauptsache bereits in den höheren Instanzen anhängig ist – das OVG. Gegen einen Beschluß des Verwaltungsgerichts, durch den der Antrag abgewiesen wurde, ist Beschwerde zum OVG gegeben. Wird dem Antrag stattgegeben, so kann die Behörde hiergegen Antrag auf mündliche Verhandlung stellen.

Arbeitsgerichtsbarkeit

Die Arbeitsgerichtsbarkeit ist eine den besonderen Bedürfnissen des ↑Arbeitsrechts (S. 368) angepaßte Zivilgerichtsbarkeit, die im Arbeitsgerichtsgesetz (ArbGG) geregelt ist. Soweit das ArbGG keine Regelung enthält, verweist es auf die Zivilprozeßordnung (↑Zuständigkeiten und Verfahren im Zivilprozeß S. 184). Die Abgrenzung zur Zivilgerichtsbarkeit zieht das ArbGG in der Weise, daß es die der Arbeitsgerichtsbarkeit unterliegenden Streitsachen aufzählt, z. B. aus dem Arbeitsverhältnis zwischen Arbeitgebern und Arbeitnehmern oder zwischen Arbeitnehmern und tarifrechtliche und betriebsverfassungsrechtliche Streitsachen (↑Tarifautonomie und Tarifvertrag S. 374, ↑Betriebsverfassung S. 378).

Der Aufbau der Arbeitsgerichtsbarkeit ist dreistufig: *Arbeitsgerichte* (ArbG), *Landesarbeitsgerichte* (LAG) und *Bundesarbeitsgericht* (BAG). Die Gerichte für Arbeitssachen sind mit ↑Berufs- und Laienrichtern (S. 162) besetzt. Dabei sind die Laienrichter je zur Hälfte Arbeitgeber und Arbeitnehmer. Die ArbG sind in allen Arbeitsrechtsstreitigkeiten die erste Instanz. Bei jedem ArbG werden als Spruchkörper Kammern gebildet. Jede Kammer besteht aus einem Berufsrichter und zwei Laienrichtern als Beisitzer. Die LAG können zur Nachprüfung von Entscheidungen der ArbG angerufen werden. Die Organisation der LAG stimmt mit der der ArbG überein. Das BAG in Kassel ist als oberstes Gericht für die Revision gegen Entscheidungen der LAG zuständig. Die Spruchkörper des BAG heißen Senate. Sie sind jeweils mit einem Berufsrichter als Vorsitzendem, zwei weiteren Berufsrichtern, einem Arbeitgeber und einem Arbeitnehmer als Laienrichtern besetzt.

Die Gerichte für Arbeitssachen werden im *Urteilsverfahren*, in betriebsverfassungsrechtlichen Streitigkeiten und bei der Entscheidung über die Tariffähigkeit von Vereinigungen im *Beschlußverfahren* tätig. Vom Urteilsverfahren unterscheidet sich das Beschlußverfahren dadurch, daß es rascher und billiger ist und die Aufklärung des Sachverhalts grundsätzlich durch das Gericht und unter Teilnahme aller Beteiligten am Verfahren erfolgt. Das Verfahren in der Arbeitsgerichtsbarkeit ist durch folgende Grundsätze gekennzeichnet: Sehr wesentlich ist die Billigkeit des Verfahrens in der ersten Instanz (niedrige Gerichtskosten und keine Kostenerstattung an die obsiegende Partei für ihre Prozeßbevollmächtigten). Für die erste Instanz ist zwingend ein *Güteverfahren* vorgeschrieben. Der auch für die Zivilgerichtsbarkeit geltende Beschleunigungsgrundsatz ist im Arbeitsgerichtsprozeß besonders ausgeprägt (↑Prozeßmaximen S. 164). Das ArbGG geht von der persönlichen Verhandlungsführung der Prozeßbeteiligten aus; Rechtsanwälte sind bei Streitwerten unter 300.– DM grundsätzlich ausgeschlossen.

Als Rechtsmittel (↑Rechtsmittelverfahren S. 170) gegen Entscheidungen der ArbG kommen Berufung, Revision und Beschwerde in Betracht. Gegen Urteile des ArbG gibt es das Rechtsmittel der Berufung, sofern der Streitwert 300.– DM erreicht oder das ArbG die Berufung zugelassen hat. Urteile der LAG können mit der Revision angegriffen werden, wenn der Streitwert 6 000.– DM übersteigt oder die Revision vom LAG zugelassen ist . Gegen Entscheidungen der ArbG, soweit sie nicht Urteile sind, kann Beschwerde eingelegt werden; eine Revisionsbeschwerde zum BAG gibt es nur bei Verwerfung einer Berufung durch Beschluß des LAG. Im Rahmen der besonderen tarifrechtlichen und betriebsverfassungsrechtlichen Beschlußverfahren ist gegen jeden Beschluß des ArbG die Beschwerde an das LAG statthaft. Die Rechtsbeschwerde an das BAG findet statt bei Zulassung durch das LAG und bei Abweichung von einer Entscheidung des BAG.

Bei Streitigkeiten zwischen Tarifvertragsparteien ermöglicht das ArbGG ein *Schiedsverfahren* (Schiedsgerichte).

W. Grunsky, Kommentar zum Arbeitsgerichtsgesetz, 2. Aufl., München 1978.
F. Auffahrth, Arbeitsgerichtsgesetz (Kommentar), Loseblattsammlung, Bielefeld 1968f.

Aufbau der Arbeitsgerichtsbarkeit

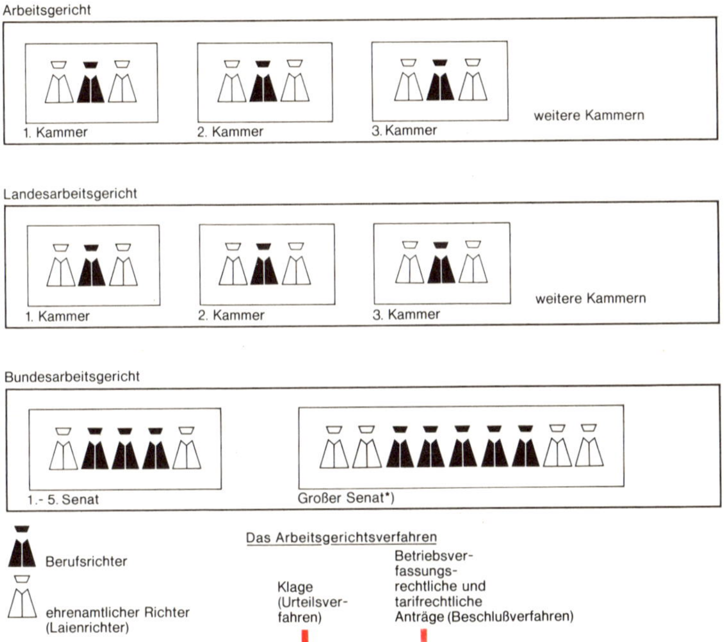

*) wird bei Abweichung eines Senats von der Rechtsprechung eines anderen Senats und bei besonders wichtigen Rechtsfragen angerufen

Das Arbeitsgerichtsverfahren

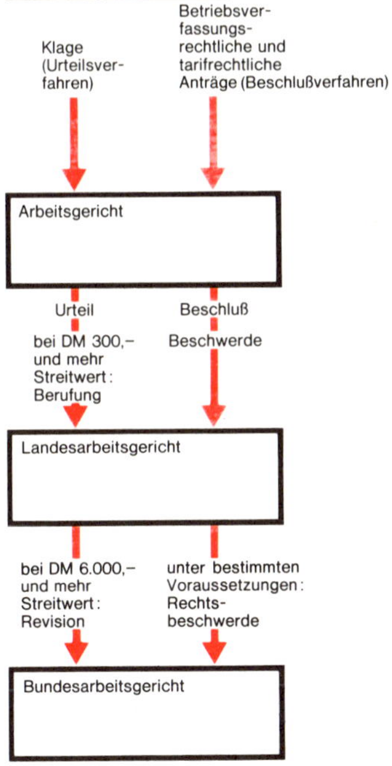

Sozialgerichtsbarkeit

Die Sozialgerichtsbarkeit ist eine besondere Verwaltungsgerichtsbarkeit für Streitigkeiten aus dem Bereich der ↑Sozialverwaltung (S. 386). Ihre *Zuständigkeit* erstreckt sich allerdings nicht auf alle Gebiete der Sozialverwaltung, sondern nur auf die ↑Sozialversicherung (S. 390), auf die Kriegsopferversorgung (↑Sozialversorgung S. 410) und die Gewährung von ↑Kindergeld (S. 408). Die Entscheidung von Rechtsstreitigkeiten bei der ↑Sozialhilfe (S. 388), der Ausbildungsförderung, der Kriegsfolgenopferversorgung (↑Sozialversorgung S. 410) und beim Lastenausgleich ist der allgemeinen Verwaltungsgerichtsbarkeit (↑Verwaltungsrechtsschutz S. 232) vorbehalten.

Die Sozialgerichtsbarkeit entscheidet in den genannten Bereichen auf der Grundlage besonderer Sozialrechtsnormen. Diese sind in zahlreichen Gesetzen, Rechtsverordnungen sowie in Satzungen der Sozialversicherungsträger enthalten. Für den Bereich der Sozialversicherung sind besonders bedeutsam die Reichsversicherungsordnung für die Kranken-, Arbeiterrenten- und Unfallversicherung, ferner das Angestelltenversicherungsgesetz, das Reichsknappschaftsgesetz und das Arbeitsförderungsgesetz. Die Sozialnormen werden vereinigt und in einem Sozialgesetzbuch zusammengefaßt, von dem bisher der allgemeine Teil (1. Buch) und die gemeinsamen Vorschriften für die Sozialversicherung (4. Buch) in Kraft getreten sind.

Die Sozialgerichtsbarkeit ist dreistufig aufgebaut. Es bestehen für die erste Instanz 49 *Sozialgerichte*, für die Berufungsinstanz (↑Rechtsmittelverfahren S. 170) entsprechend der Zahl der Bundesländer elf *Landessozialgerichte* und für die Revisionsinstanz das *Bundessozialgericht*. Als Spruchkörper entscheiden bei den Sozialgerichten Fachkammern, bei den Landessozialgerichten und beim Bundessozialgericht Fachsenate. Die Fachkammern und Fachsenate sind für je einen Zweig der Sozialversicherung (Renten-, Kranken-, Unfall- und Arbeitslosenversicherung) sowie für Kriegsopferversorgung und die Kindergeldsachen zuständig. Sie sind mit Berufs- und Laienrichtern (ehrenamtlichen Richtern) besetzt. Die Kammern setzen sich aus einem Berufs- und zwei ehrenamtlichen Richtern, die Senate aus drei Berufs- und zwei ehrenamtlichen Richtern zusammen. Die ehrenamtlichen Richter werden wie in der Arbeitsgerichtsbarkeit paritätisch von den Sozialpartnern (↑Gewerkschaften S. 370, ↑Arbeitgeberverbände S. 372) gestellt. Mit Rücksicht auf die Gewaltenteilung zwischen Verwaltung und Gerichtsbarkeit können Vorstandsmitglieder von Trägern und Verbänden der Sozialversicherung nicht ehrenamtliche Richter der Sozialgerichtsbarkeit sein. Beim Bundessozialgericht besteht ein *Großer Senat*, der aus Mitgliedern der Senate dieses Gerichts gebildet wird und in den Fragen entscheidet, in denen ein Senat des Bundessozialgerichts von der Rechtsauffassung eines anderen Senats des Bundessozialgerichts ohne dessen Einverständnis abweichen will.

Das Sozialgerichtsverfahren hat unterschiedliche Streitgegenstände (Verwaltungsakte in der Gestalt von Leistungs- und Beitragsbescheiden oder Unterlassung solcher Bescheide). In den meisten Fällen ist eine Klage erst zulässig, wenn vorher ein Vorverfahren in der Form eines Widerspruchsverfahrens bei der Behörde durchgeführt worden ist. Für das Gerichtsverfahren stehen drei Instanzen zur Verfügung. In der Revision kann nur noch über Rechtsfragen, nicht mehr über die Feststellung von Tatsachen entschieden werden. Die Berufungsinstanz kann durch Sprungrevision übersprungen werden. Das Sozialgerichtsverfahren ist für die individuellen Parteien (Versicherte, Kassenärzte) kostenfrei. Die Folge ist eine Vielzahl unzulässiger bzw. unbegründeter Klagen und Rechtsmittel. Der daraus resultierenden langen Prozeßdauer ist man mit gewissem Erfolg durch die Änderung des Sozialgerichtsgesetzes im Jahre 1975 begegnet.

Peters/Sautter/Wolff, Kommentar zur Sozialgerichtsbarkeit in 4 Bd., Loseblattsammlung, Köln u. a. 1953f.

H. Bley, Grundzüge der Sozialgerichtsbarkeit, Berlin 1976.

Sozialgerichtsverfahren

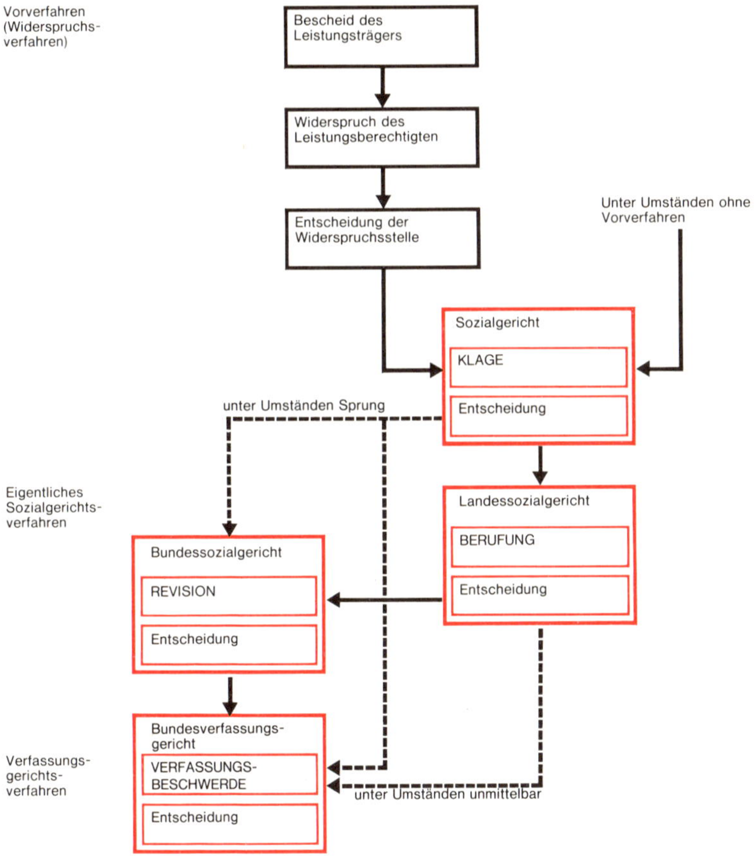

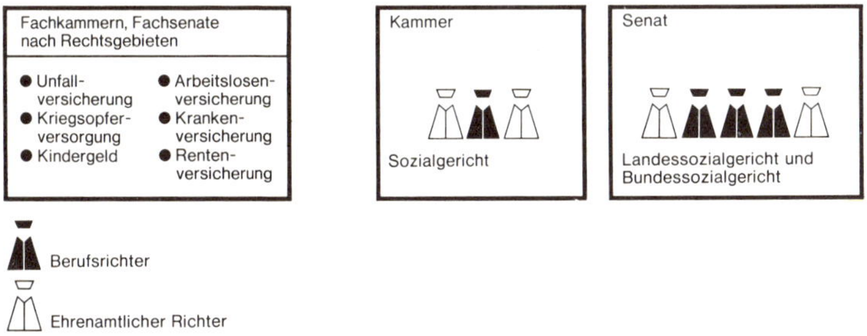

Finanzgerichtsbarkeit

Die Finanzgerichtsbarkeit ist eine besondere Verwaltungsgerichtsbarkeit (↑Verwaltungsrechtsschutz S. 232). Sie wird von den Finanzgerichten (FG) ausgeübt. Finanzverwaltungsakte sind Abgabenangelegenheiten oder Angelegenheiten, für die die Zuständigkeit der FG in § 33 Abs. 1 Nr. 1 bis 4 Finanzgerichtsordnung (FGO) näher festgelegt ist. In der Hauptsache geht es hier um ↑Steuerbescheide (S. 278) und ihnen gleichzustellende Bescheide. Die Verfahrensordnung der FGO ist der Verwaltungsgerichtsordnung (VwGO) der allgemeinen Verwaltungsgerichtsbarkeit nachgebildet. Die Gerichte der Finanzgerichtsbarkeit sind in den Ländern die FG und im Bund der Bundesfinanzhof (BFH) mit dem Sitz in München. Die Finanzgerichte bestehen aus Senaten, die in der Besetzung mit drei Richtern und zwei ehrenamtlichen Richtern entscheiden (↑ Berufs- und Laienrichter S. 162). Beim BFH entscheiden die Senate in der Besetzung von fünf Richtern. Der Große Senat, der aus dem Präsidenten und sechs Richtern der anderen Senate besteht, befindet über eine Rechtsfrage, falls ein Senat des BFH von Entscheidungen eines anderen Senats oder des Großen Senats abweichen will, oder auf Antrag des erkennenden Senats in einer grundsätzlichen Rechtsfrage, wenn nach seiner Auffassung die Fortbildung des Rechts oder die Sicherung eines einheitlichen Rechts es erfordern.

Die FG, die es wie die Finanzämter bei Steuerbescheiden hauptsächlich mit der Rechtsanwendung zu tun haben, überprüfen die mit der Klage angefochtenen Verwaltungsakte grundsätzlich auf deren Rechtmäßigkeit und nicht auf deren Zweckmäßigkeit hin. Auch wenn das Verfahren von der amtlichen Ermittlungspflicht beherrscht wird, ist das FG an das Klagebegehren gebunden. Ein als rechtswidrig festgestellter Verwaltungsakt ist aufzuheben und das weitere der Finanzbehörde zu überlassen, die an die rechtliche Beurteilung des Gerichts gebunden ist. Jedoch kann das Gericht bei Steuerbescheiden unmittelbar eine andere Steuer oder Besteuerungsgrundlage festsetzen. Das Verfahren ist gekennzeichnet durch lückenlose Durchführung des Grundsatzes der Gewährung rechtlichen Gehörs. In der Regel wird mündlich verhandelt. Das FG ist zugleich letzte Tatsacheninstanz (↑ Rechtsmittelverfahren S. 170). Geklagt wird beim FG entweder in Form der Anfechtungsklage mit dem Ziel der Aufhebung eines Verwaltungsakts oder in Form der Verpflichtungsklage, aufgrund deren die zuständige Finanzbehörde zum Erlaß eines abgelehnten oder unterbliebenen Verwaltungsakts verurteilt werden soll, oder in Form der Leistungsklage, wenn eine Leistung anderer Art begehrt wird, die nicht Verwaltungsakt ist. Subsidiär ist auch die Erhebung einer Feststellungsklage unter bestimmten Voraussetzungen möglich. Gegen die Urteile des FG ist die Revision an den BFH zugelassen, die grundsätzlich auf Rechtsfragen beschränkt ist. Voraussetzung sind ein Streitwert über 10000,– DM oder eine besondere Zulassung wegen grundsätzlicher Bedeutung der Rechtssache oder wegen einer Abweichung des FG-Urteils von der Rechtsprechung des BFH und bei Verfahrensmängeln. Gegen die Entscheidungen des FG, die nicht Urteile oder diesen gleichstehende Vorbescheide sind, findet Beschwerde zum BFH statt. Die FG können auch gegen Entscheidungen der Finanzbehörden im Rahmen des Verwaltungsermessens (↑ Rechtsgebundenheit der Verwaltung S. 256), so z. B. bei Anträgen auf Stundung und bei Anforderungen von Steuervorauszahlungen, tätig werden. Gegen solche Entscheidungen ist zunächst Beschwerde an die vorgesetzte Verwaltungsbehörde gegeben. Die Kosten des Verfahrens vor den FG hat der Steuerpflichtige zu tragen, soweit er unterliegt.

F. Gräber, Finanzgerichtsordnung, Kommentar, München 1977.
R. Kühn/Kutter/Hofmann, Abgabenordnung (Reform 1977) – Finanzgerichtsordnung, 12. Aufl., Stuttgart 1977.
K. Tipke/Kruse, Kommentar zur Abgabenordnung 1977 und Finanzgerichtsordnung, 8. Aufl., Köln 1977.

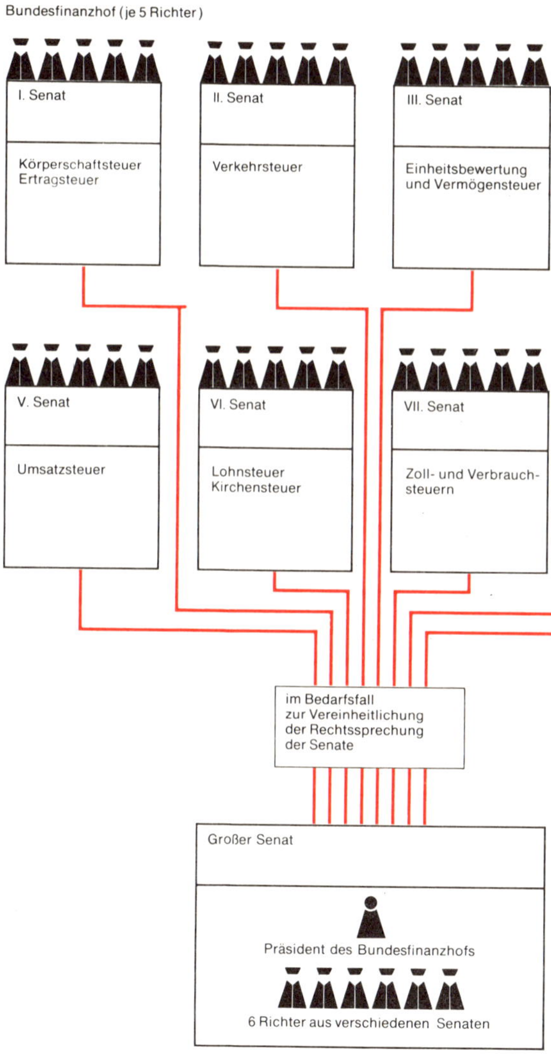
Bundesfinanzhof (je 5 Richter)
I. Senat
Körperschaftsteuer
Ertragsteuer
II. Senat
Verkehrsteuer
III. Senat
Einheitsbewertung und Vermögensteuer
IV. Senat
Einkommen- und Gewerbesteuer
V. Senat
Umsatzsteuer
VI. Senat
Lohnsteuer
Kirchensteuer
VII. Senat
Zoll- und Verbrauch-steuern
VIII. Senat
Einkommen- und Gewerbesteuer
im Bedarfsfall zur Vereinheitlichung der Rechtssprechung der Senate
Großer Senat
Präsident des Bundesfinanzhofs
6 Richter aus verschiedenen Senaten

Organisation und Aufbau der Verwaltung

Seit dem aufgeklärten Absolutismus und der französischen Revolution war für den Aufbau der deutschen Verwaltung der Grundsatz der *Zentralisation*, d. h. das Bestreben, Verwaltungsangelegenheiten möglichst innerhalb der unmittelbaren Staatsverwaltung zu erledigen, vorherrschend. Später setzte sich mit der Stein-Hardenbergschen Staatsreform und dem politischen Liberalismus immer stärker der Grundsatz der *Dezentralisation* durch, der die weitgehende Übertragung von Verwaltungskompetenzen an verselbständigte Verwaltungsträger der mittelbaren Staatsverwaltung bzw. der Selbstverwaltung (↑Körperschaften, Anstalten, Stiftungen S. 244). Auch innerhalb der einzelnen Träger öffentlicher Verwaltung kann die sogenannte *Einheit der Verwaltung* nur bei solchen Verwaltungskörperschaften restlos verwirklicht werden, deren Zuständigkeit sich auf einen engen räumlichen oder sachlichen Bereich beschränkt (z. B. kreisfreie Stadt; ↑Gemeinden und Gemeindeverbände S. 104). Dagegen bedarf die Staatsverwaltung des Bundes und der Länder einer Fülle verschiedener Behörden, die sich zueinander teils im Verhältnis der hierarchischen Unter- bzw. Überordnung und teils im Verhältnis der Gleichordnung befinden. Zur Beschreibung der Grundsätze des Aufbaus der staatlichen Verwaltung wurde das Begriffspaar *Konzentration – Dekonzentration* entwickelt. Dabei geht es um die Frage, ob die Verwaltung auf wenige Behörden konzentriert werden soll. Die Konzentration kann sowohl in sachlicher (horizontaler) als auch in räumlicher (vertikaler) Hinsicht erfolgen.

Auf die Art der Willensbildung innerhalb einer Behörde bezieht sich die Unterscheidung von *bürokratischem* bzw. *monokratischem Prinzip* und *Kollegialprinzip*. Nach dem bürokratischen Prinzip ist allein der Wille des Behördenleiters maßgeblich; die übrigen Amtsträger sind der Weisung des Behördenleiters unterworfen. Nach dem Kollegialprinzip wird die Entscheidung aufgrund eines Mehrheitsbeschlusses der Mitglieder eines Kollegiums getroffen. Im allgemeinen hat sich in der Verwaltung das monokratische Prinzip durchgesetzt, jedoch erfährt es in letzter Zeit eine gewisse Auflockerung durch die Delegation von Entscheidungszuständigkeiten nach unten.

Grundlegender „Baustein" der Verwaltungsorganisation ist der *Amtsträger*. Unter einer *Dienststelle* versteht man die kleinste organisatorisch zusammengefaßte Verwaltungseinheit mit örtlich und sachlich begrenztem Aufgabengebiet; die übliche Bezeichnung ist Referat oder Abteilung (Staatsverwaltung) bzw. Amt (↑Kommunalverwaltung S. 112). Von der Behörde unterscheidet sich die Dienststelle dadurch, daß ihre Verwaltungszuständigkeit nur innerdienstliche Bedeutung besitzt. Eine *Behörde* ist eine aus einer oder mehreren Dienststellen bestehende organisatorische Einheit innerhalb eines Trägers öffentlicher Verwaltung, der die Verwaltungshandlungen ihrer Amtsträger mit Wirkung nach außen zugerechnet werden. Der Behördenbegriff steht somit in engstem Zusammenhang mit der Einrichtung der instanziellen Hierarchie (Weisung und Dienstaufsicht) der Verwaltung, die die Kontrolle der nachgeordneten Behörden durch die übergeordneten Behörden sicherstellt.

Eine Organisationsgewalt der Exekutive, d. h. ein Recht der Verwaltung, ihre Organisationsformen selbst zu bestimmen, besteht heute nur noch für solche Maßnahmen, die keine unmittelbare Rechtswirkung im Außenverhältnis gegenüber dem Staatsbürger oder anderen Rechtsträgern entfalten. So kann zwar ein Behördenleiter jederzeit eine Dienststelle auflösen oder umgestalten, die Schaffung einer neuen Behörde mit Kompetenzen gegenüber Rechtsträgern darf jedoch nur durch Gesetz oder aufgrund eines Gesetzes erfolgen.

E. Forsthoff, Lehrbuch des Verwaltungsrechts, 1. Bd., 10. Aufl., München u. a. 1973, S. 430–521.
H. J. Wolff/O. Bachof, Verwaltungsrecht II, 4. Aufl., München 1976, S. 1–166.

Verwaltung des Inneren und der Wirtschaft
in Bayern

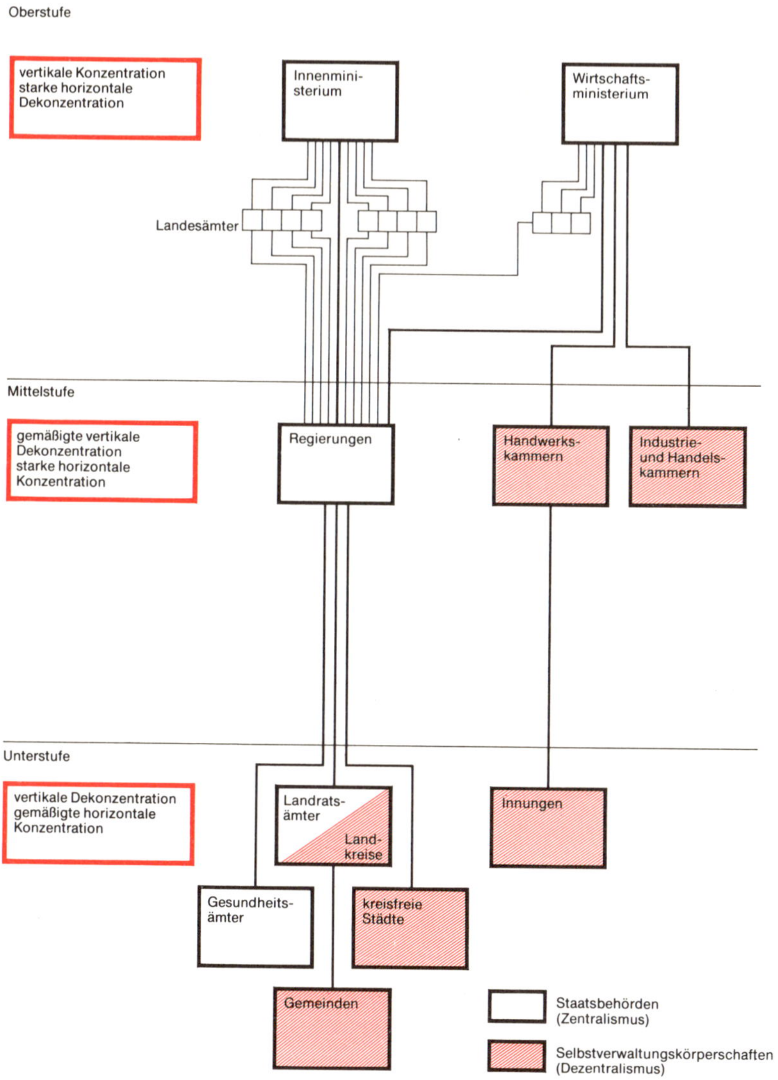

Körperschaften, Anstalten, Stiftungen

Die öffentliche Verwaltung steht allein dem Staat zu. Jedoch bedient sich der Staat zur Wahrnehmung von Verwaltungsaufgaben weitgehend nichtstaatlicher juristischer Personen des öffentlichen Rechts (Anstalten, Stiftungen, Körperschaften). Man spricht hier von mittelbarer Staatsverwaltung, die bei Abbau der Abhängigkeit vom Staat zur Selbstverwaltung erstarkt.

Anstalten des öffentlichen Rechts (z. B. ↑Rundfunk- und Fernsehanstalten S. 464) sind rechtlich selbständige Verwaltungseinrichtungen, bei denen ein Nutzungszweck im Vordergrund steht. Träger der Anstalt sind nicht die Benutzer, sondern diejenigen Hoheitspersonen, die die Anstalt errichtet haben (z. B. Bundes-, Landesanstalten).

Stiftungen des öffentlichen Rechts sind auf einen Stiftungsakt begründete, aufgrund öffentlichen Rechts errichtete Verwaltungseinrichtungen mit eigener Rechtspersönlichkeit, die mit einem Kapital- oder Sachbestand Verwaltungsaufgaben erfüllen. Von den Anstalten unterscheiden sie sich wesentlich nur durch die Gebundenheit an das Stiftungsvermögen.

Die typische Selbstverwaltungsinstitution ist die Körperschaft des öffentlichen Rechts (z. B. ↑Gemeinden und Gemeindeverbände S. 104). Anders als Anstalt und Stiftung ist sie ein Verband, der auf der Mitgliedschaft der ihr Zugehörigen beruht. Als Glied der staatlichen Organisation unterliegt sie der staatlichen Aufsicht. Im Gegensatz zur mittelbaren Staatsverwaltung ist die Aufsicht aber nicht umfassend (als Fachaufsicht), sondern beschränkt sich auf die Rechtmäßigkeit des Verwaltungshandelns (Rechtsaufsicht) sowie allenfalls das Finanzgebaren. In diesem Rahmen besitzt die Selbstverwaltungskörperschaft *Autonomie*, d. h. das Recht, ihre eigenen Angelegenheiten durch eigene Rechtssetzung zu regeln (Satzungsgewalt). Selbstverwaltung wird vor allem ausgeübt von Trägern, die für Aufgaben in einem räumlich begrenzten Bereich zuständig sind. Solche *Gebietskörperschaften*, bei denen sich die Mitgliedschaft aus dem Wohnsitz ergibt, sind in erster Linie die Gemeinden, Landkreise und höheren Kommunalverbände (↑kommunale Selbstverwaltung S. 102). Ein reiches Anwendungsfeld hat die körperschaftliche Selbstverwaltung in der Wirtschafts- und ↑Sozialverwaltung (S. 386) gefunden. Durch die – meist mit dem Recht auf Zwangsmitgliedschaft ausgestatteten – Einrichtungen der berufsständischen Selbstverwaltung wird die Erledigung bestimmter Aufgaben im beruflichen Bereich den Berufsangehörigen selbst übertragen (Handwerks-, Rechtsanwalts-, Ärztekammern). Auch die Träger der ↑Sozialversicherung (S. 390) besitzen das Selbstverwaltungsrecht. Eine eigentümliche Mischform zwischen anstaltlicher Staatsverwaltung der sachlichen Mittel und körperschaftlicher Selbstverwaltung der Angelegenheiten, die Forschung und Lehre unmittelbar betreffen, stellen die wissenschaftlichen Hochschulen dar. Auch in Bereiche der reinen Anstaltsverwaltung sind Selbstverwaltungselemente aufgenommen worden, so z. B. durch die Teilnahme der Arbeitgeber- und Arbeitnehmervertreter an der Verwaltung der Bundesanstalt für Arbeit oder der Vertreter der gesellschaftlich relevanten Gruppen an der Verwaltung der Rundfunkanstalten. – Obwohl den Kirchen der Status einer Körperschaft des öffentlichen Rechts verfassungsrechtlich garantiert ist, sind sie keine Selbstverwaltungskörperschaften, weil sie weder unter staatlicher Aufsicht stehen noch staatliche Aufgaben erfüllen (↑Staat und Kirche S. 610).

E. Forsthoff, Lehrbuch des Verwaltungsrechts, 1. Bd., 10. Aufl., München u. a. 1973, S. 470–521.
H. J. Wolff u. O. Bachof, Verwaltungsrecht II, 4. Aufl., München 1976, S. 167–451.

Juristische Personen des öffentlichen Rechts

	Körperschaft des öffentlichen Rechts	Anstalt des öffentlichen Rechts	Stiftung des öffentlichen Rechts
Träger	die Mitglieder (interne Trägerschaft)	Bund, Länder, Gemeinden u. a. Körperschaften des öffentlichen Rechts (externe Trägerschaft)	Organischer Zusammenhang mit Bund, Ländern, Gemeinden u. a. Körperschaften des öffentlichen Rechts (externe Trägerschaft)
Verwaltung	Selbstverwaltung	durch den Träger	durch die Stiftung aufgrund der Anordnungen des Stifters
Rechtssetzung	Autonomie (eigene Satzungsgewalt)	Benutzungsordnungen, die vom Träger festgesetzt und abgeändert werden	Stiftungssatzung, die vom Stifter im Stiftungsakt bestimmt wurde
Zweck	Wahrnehmung von Aufgaben öffentlicher Verwaltung	Wahrnehmung einer bestimmten Verwaltungsaufgabe und Einrichtungen, bei denen in der Regel ein Nutzungszweck im Vordergrund steht	Förderung öffentlicher Zwecke entsprechend den Bestimmungen des Stifters
Finanzierung	in der Regel durch Abgaben der Mitglieder	Gebühren und Beiträge der Nutzer, Zuschüsse des Trägers	Erträgnisse der vom Stifter übergebenen verselbständigten Vermögensmasse
Beispiele	Gemeinden Landkreise Anwaltskammern	Rundfunk- und Fernsehanstalten Deutsche Bundesbank	Hannoversche Klosterkammer Stiftung Preußischer Kulturbesitz

Öffentliche Sachen

Öffentliche Sachen sind solche Gegenstände, die unmittelbar durch ihren Gebrauch der öffentlichen Verwaltung zur Erfüllung ihrer Aufgaben oder der allgemeinen Benutzung zu dienen bestimmt sind und insoweit einer öffentlich-rechtlichen Sachherrschaft unterstehen. Traditionell werden die öffentlichen Sachen unterteilt in das *Verwaltungsvermögen* und in die Sachen im *Gemeingebrauch*. Das Verwaltungsvermögen bilden diejenigen Sachen, die von der öffentlichen Verwaltung unmittelbar verwendet (Regierungs-, Verwaltungs- und Gerichtsgebäude, Verwaltungsinventar, Betriebsvermögen der verwaltungseigenen Versorgungsbetriebe) oder der Benutzung durch die Allgemeinheit nach Maßgabe einer speziellen Zulassung zur Verfügung gestellt werden (Schulen und Universitäten, Einrichtungen der Bundesbahn und des von den Gemeinden betriebenen örtlichen Verkehrs, Markthallen und Schlachthöfe, gemeindliche Sportplätze, Bäder, Krankenhäuser und Friedhöfe). Die Sachen im Gemeingebrauch stehen der Öffentlichkeit ohne besondere Zulassung für eine bestimmungsgemäße Benutzung offen. Sie sind teils vermöge ihrer natürlichen Beschaffenheit im freien Gebrauch (öffentliche Gewässer, Meeresstrand, Luftraum). Zum Teil werden sie von der Verwaltung künstlich geschaffen und unterhalten (öffentliche Straßen und Wege, Plätze und Anlagen sowie als Wasserstraßen ausgebaute und unterhaltene Gewässer). Zu den öffentlichen Sachen gehört nicht das *Finanzvermögen* der öffentlichen Hand (Fiskus), das den Zwecken der öffentlichen Verwaltung lediglich durch seinen Vermögenswert oder seine Erträgnisse mittelbar dient.

Für die öffentlichen Sachen gilt nicht der Sachbegriff des Privatrechts. Dieses erkennt als Sachen nur körperliche Gegenstände an, d. h. Gegenstände, die aufgrund der Verkehrsanschauung fest umgrenzte Körperlichkeit haben. Die öffentliche Sache ist dagegen ein Zweckbegriff. Sie umfaßt alle Gegenstände und Sachgesamtheiten, die beim unmittelbaren Gebrauch durch die Verwaltung und bei der öffentlichen Benutzung eine funktionale Einheit bilden. Häufig besteht eine öffentliche Sache aus mehreren nach Privatrecht selbständigen Sachen. So gehören zum Sachbegriff einer Bundesautobahn der Straßenkörper, d. h. insbesondere der Straßenunterbau und die Straßengrundstücke, der Luftraum über dem Straßenkörper, das Zubehör, wie etwa Verkehrszeichen und Sicherheitseinrichtungen, sowie die Nebenbetriebe, z. B. Raststätten. Die privatrechtliche Unterscheidung zwischen beweglichen Sachen und Immobilien ist für das Recht der öffentlichen Sachen ohne Bedeutung.

An den öffentlichen Sachen besteht privatrechtliches Eigentum des Verwaltungsträgers oder eines Privaten, das von einer konkreten öffentlich-rechtlichen Zweckbestimmung überlagert und modifiziert ist. Die Rechte aus dem Privateigentum treten insoweit zurück, als die öffentlich-rechtliche Zweckbestimmung und die darauf beruhende öffentlich-rechtliche Sachherrschaft der Verwaltung reichen. Ein im Eigentum eines Privaten stehendes Straßengrundstück kann also von diesem nicht in einer Weise genutzt werden, daß der Gebrauch der Straße zum Verkehr beeinträchtigt würde. Die Auffassung vom öffentlichen Eigentum, die privatrechtliches Eigentum an öffentlichen Sachen ausschließt, konnte sich bisher nicht durchsetzen.

Besondere Probleme wirft heute die Einfügung bestimmter öffentlicher Sachen in die Nachbarschaft und die Umwelt auf (Nachbarrecht bzw. Immissionsschutzrecht der öffentlichen Sachen). Dies gilt z. B. für Bahnanlagen und vor allem hinsichtlich von Gefahren, erheblichen Nachteilen und Belästigungen, die von öffentlichen Straßen ausgehen. Grundsätzlich gelten hierfür die Vorschriften des Immissionsschutzrechts (↑Immissionsschutz S. 432). Bezüglich des Schutzes vor Straßenverkehrslärm werden die allgemeinen Regelungen durch ein besonderes Verkehrslärmschutzgesetz abgelöst.

W. Weber/K. Stern, Die öffentliche Sache, Veröff. d. Verein. d. Deutschen Staatsrechtslehrer, Z 1 (1964), S. 145 ff.
H. J. Wolff/O. Bachof, Verwaltungsrecht I, 9. Aufl., München 1974, §§ 55–59.

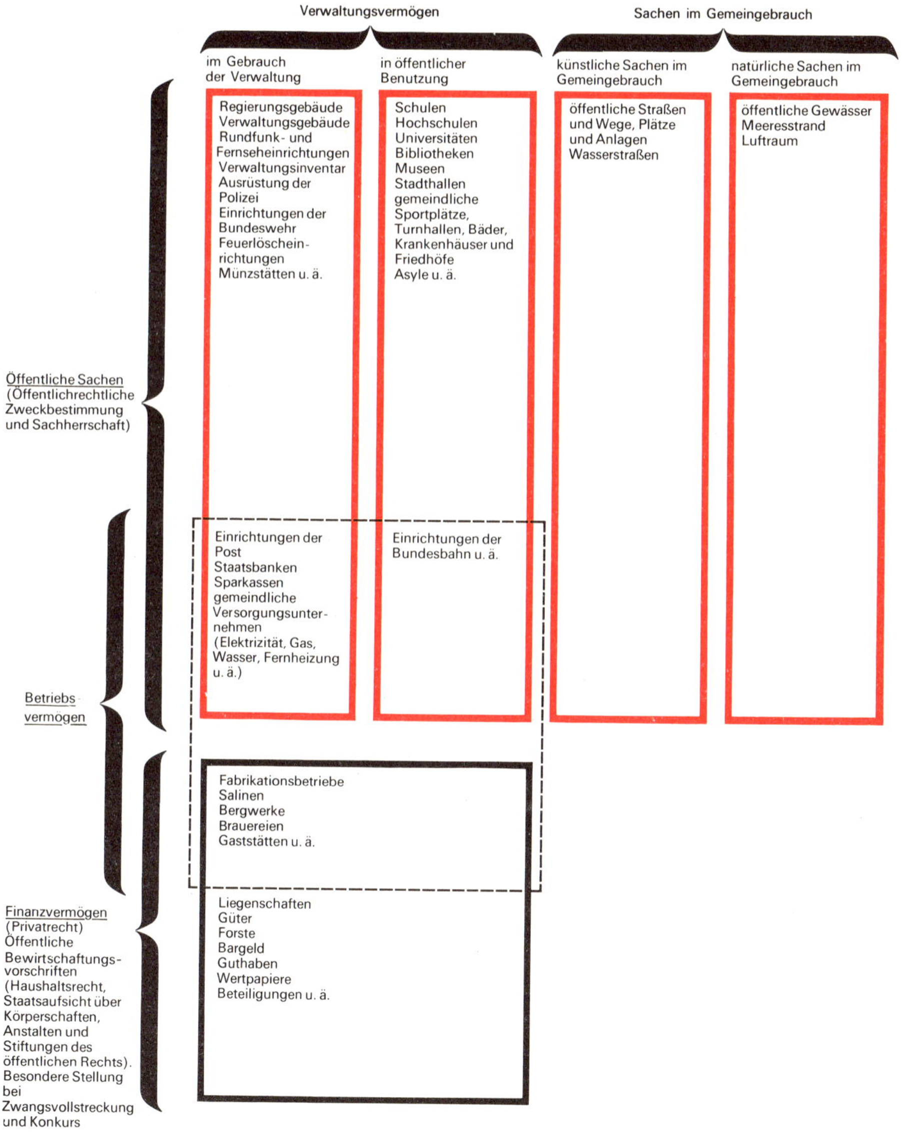
Verwaltungsvermögen
Sachen im Gemeingebrauch
im Gebrauch der Verwaltung
in öffentlicher Benutzung
künstliche Sachen im Gemeingebrauch
natürliche Sachen im Gemeingebrauch
Regierungsgebäude Verwaltungsgebäude Rundfunk- und Fernseheinrichtungen Verwaltungsinventar Ausrüstung der Polizei Einrichtungen der Bundeswehr Feuerlöscheinrichtungen Münzstätten u. ä.
Schulen Hochschulen Universitäten Bibliotheken Museen Stadthallen gemeindliche Sportplätze, Turnhallen, Bäder, Krankenhäuser und Friedhöfe Asyle u. ä.
öffentliche Straßen und Wege, Plätze und Anlagen Wasserstraßen
öffentliche Gewässer Meeresstrand Luftraum
Öffentliche Sachen (Öffentlichrechtliche Zweckbestimmung und Sachherrschaft)
Einrichtungen der Post Staatsbanken Sparkassen gemeindliche Versorgungsunternehmen (Elektrizität, Gas, Wasser, Fernheizung u. ä.)
Einrichtungen der Bundesbahn u. ä.
Betriebsvermögen
Fabrikationsbetriebe Salinen Bergwerke Brauereien Gaststätten u. ä.
Liegenschaften Güter Forste Bargeld Guthaben Wertpapiere Beteiligungen u. ä.
Finanzvermögen (Privatrecht) Öffentliche Bewirtschaftungsvorschriften (Haushaltsrecht, Staatsaufsicht über Körperschaften, Anstalten und Stiftungen des öffentlichen Rechts). Besondere Stellung bei Zwangsvollstreckung und Konkurs

Datenschutz – EDV in der Verwaltung

Am 1. 1. 1978 ist das Gesetz zum Schutz vor Mißbrauch personenbezogener Daten bei der Datenverarbeitung (Bundesdatenschutzgesetz – BDSG) in Kraft getreten; die Länder werden – soweit noch nicht geschehen – eigene Landesdatenschutzgesetze erlassen. Das BDSG ist anzuwenden, wenn personenbezogene Daten in sog. Dateien gespeichert und verarbeitet werden, unabhängig von dem dabei angewendeten Verfahren. Das BDSG gibt eine Reihe von Rechten: Der Bürger kann verlangen: 1. Auskunft über die zu seiner Person gespeicherten Daten (die Auskunft von Behörden ist gebührenpflichtig: 10 DM, Unternehmen können ein – ggf. höheres – Entgelt verlangen); 2. Berichtigung unrichtiger Daten, die ihn betreffen; 3. Sperrung der zu seiner Person gespeicherten Daten, wenn sich weder deren Richtigkeit noch Unrichtigkeit feststellen läßt; 4. Löschung der personenbezogenen Daten, wenn sie z. B. unzulässig gespeichert sind. Der Bundesbeauftragte für den Datenschutz kontrolliert die Einhaltung des BDSG bei Behörden und sonstigen öffentlichen Stellen. Im nicht-öffentlichen Bereich haben alle die Unternehmen, die Daten verarbeiten, einen Datenschutzbeauftragten zu bestellen.

Mit der Erweiterung der Zuständigkeiten der Verwaltung und dem Ansteigen der zu bearbeitenden Fälle wurden gleichzeitig die ersten Rationalisierungsversuche gemacht, um regelmäßig wiederkehrende und gleichartige Arbeitsabläufe innerhalb von Behörden sowohl schneller als auch billiger zu bewältigen. Erst die elektronische Datenverarbeitung (EDV) jedoch ermöglicht der Verwaltung die automatisierte Erledigung von Arbeitsvorgängen, die vorher nur von Menschen ausgeführt werden konnten.

Der erste Einsatz der maschinellen Datenverarbeitung erfolgte mit der Benutzung von Lochkartenmaschinen bei statistischen Erhebungen. Mit der raschen Entwicklung der EDV-Anlagen (Elektronenrechner in Deutschland 1960: 110; 1970: 5 800) und angesichts der Verknappung von Arbeitskräften begann auch für die Verwaltung die Benutzung von EDV-Anlagen sinnvoll zu werden. Diese Anlagen werden augenblicklich vor allem von besonderen Verwaltungszweigen in den Großstädten benutzt. Dies gilt besonders für gleichartige Arbeitsvorgänge in der Steuerverwaltung. Lohnsteuerjahresausgleich und Einkommensteuerveranlagung werden überwiegend bereits durch EDV erledigt. Der Verwaltungsbeamte überprüft das Antragsformular rechtlich und tatsächlich und überträgt die Eingabe-Informationen mit Kennziffern auf einen zur Maschinenbearbeitung geeigneten Bogen. Die EDV-Anlage berechnet daraufhin z. B. die zu erstattende Lohnsteuer und druckt außerdem noch die fürs Postscheckamt bestimmten Zahlungsträger aus. Andere Verwaltungsbereiche, in denen sich die EDV durchgesetzt hat, sind z. B. die Ortskrankenkassen (Krankenkassenabrechnungen), die Berechnung und Auszahlung von Dienstbezügen (Regierungsoberkassen), Wohngeldberechnungen, Wohngeldbescheide, Lohnsteuerkarten, Wählerlisten und Wählerkarten, kommunaler Finanzausgleich (seit 1962 in Baden-Württemberg durch EDV), Rentenversicherung, Grundsteuer und Grundstücksgebührenbescheide. ↑Bundespost (S. 534) und Bundesbahn haben ihre Verwaltungen seit 1961 zunehmend mit EDV-Anlagen ausgerüstet. Weitere Anwendungsfälle sind die Verkehrslenkung (computergesteuerte Ampeln) und Kriminalistik (Fahndung und Identifizierung). Anwendungsmöglichkeiten bestehen auch bei der Vorbereitung und Kodifizierung von Gesetzen, wozu allerdings eine Vereinheitlichung des rechtlichen Begriffssystems notwendig wird.

U. Dammann/S. Simitis, BDSG mit Materialien, Baden-Baden 1977.
C.-E. Eberle, Organisation der automatisierten Datenverarbeitung in der öffentlichen Verwaltung, Berlin 1976.

Der Datenschutzbeauftragte:
Der Datenschutzbeauftragte in den Unternehmen soll nach dem Bundesdatenschutzgesetz (BDSG) den Mißbrauch personenbezogener Daten (z.B. Besitz-, Eigentumsverhältnisse, Einkommen) verhindern. Dazu hat er im einzelnen diese Funktionen zu erfüllen.

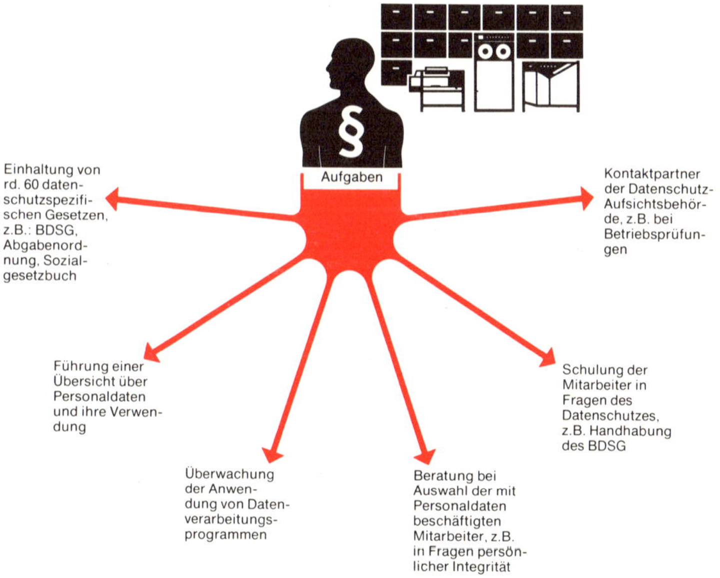

System der Datenschutzkontrolle

	öffentlicher Bereich		nicht-öffentlicher Bereich	
	Bundesverwaltung	Landesverwaltung	DV für eig. Zwecke	DV für fremde Zwecke
Selbstkontrolle	Dienststellenleiter	Dienststellenleiter	Unternehmensleitung, Datenschutzbeauftragter	Unternehmensleitung, Datenschutzbeauftragter
Fremdkontrolle				
Einzelfallprüfung	Bundesbeauftragter für den Datenschutz	Kontrollinstanzen nach LDSG	Aufsichtsbehörde	Aufsichtsbehörde
Registerführung				

Kontrollmittel

Betroffener	Rechte auf: Auskunft, Berichtigung, Sperrung, Löschung
Sanktionen	Bußgelder und Strafandrohung nach BDSG
Gerichtsbarkeit	Entscheidung in Streitfällen
Presse, Rundfunk, TV	Veröffentlichungen

Öffentlicher Dienst

Öffentlicher Dienst (ÖD) ist der Dienst der *Beamten, Angestellten* und *Arbeiter* bei Bund, Ländern und Gemeinden sowie sonstigen Körperschaften, Anstalten und Stiftungen des öffentlichen Rechts. Seine Wurzeln liegen im siebzehnten Jahrhundert, als die souverän gewordenen deutschen Territorien sich zusammen mit der Unterhaltung stehender Heere eine eigene Verwaltung aufbauten. Neben die Beamten traten seit dem Ende des neunzehnten Jahrhunderts in zunehmendem Maße die Arbeiter und Angestellten im ÖD. Während die ↑Beamten (S. 252) zu ihrem Dienstherrn in einem öffentlichrechtlichen Dienst- und Treueverhältnis stehen, erbringen die Angestellten und Arbeiter ihre Dienste aufgrund eines privatrechtlichen Arbeitsvertrages. Die ständige Vermehrung der staatlichen Aufgaben im Rahmen der Daseinsvorsorge des modernen Sozialstaates hat zu einer erheblichen Zunahme der Bediensteten und zu Strukturveränderungen im ÖD geführt.

Wichtige Grundsätze für den ÖD enthält Art. 33 Grundgesetz (GG). Danach hat jeder Deutsche nach seiner Eignung, Befähigung und fachlichen Leistung gleichen Zugang zu jedem öffentlichen Amt. Der Zugang ist insbesondere unabhängig vom religiösen und weltanschaulichen Bekenntnis. Die Ausübung hoheitsrechtlicher Befugnisse ist als ständige Aufgabe in der Regel Angehörigen des ÖD zu übertragen, die in einem öffentlich-rechtlichen Dienst- und Treueverhältnis stehen. Nach Art. 33 Abs. 5 GG ist das Recht des ÖD unter Berücksichtigung der hergebrachten Grundsätze des Berufsbeamtentums zu regeln. Der Funktionsvorbehalt für die Angehörigen des ÖD, die in einem öffentlich-rechtlichen Dienst- und Treueverhältnis stehen, und die institutionelle *Garantie des Berufsbeamtentums* wurzeln in der Überlegung, daß die Wahrnehmung hoheitlicher Aufgaben in der Regel ein besonderes Ethos voraussetzt, das diesem Berufsstand besondere Pflichten auferlegt, ihm in gewissem Umfang aber auch besondere Rechte gibt. Die wechselseitige Angleichung des Rechts der Beamten, Angestellten und Arbeiter im ÖD und die Schwierigkeit, hoheitliche und nicht hoheitliche Aufgaben zu trennen, führten zu der Überlegung, ein einheitliches Dienstrecht für alle Gruppen im ÖD zu schaffen. Die Diskussion darüber ist noch nicht abgeschlossen.

Der Bund besitzt für die Rechtsverhältnisse seiner Beamten die ausschließliche, hinsichtlich Besoldung und Versorgung für alle übrigen Beamten die konkurrierende ↑Gesetzgebungszuständigkeit (S. 76). Im übrigen kann er für die im Dienst der Länder, Gemeinden und sonstigen Körperschaften des öffentlichen Rechts stehenden Personen Rahmenvorschriften erlassen, die durch ergänzende Vorschriften der Länder ausgefüllt werden. In Wahrnehmung dieser Kompetenzen hat der Bund für seine Beamten das Bundesbeamtengesetz, das Bundesbesoldungsgesetz (das für alle Beamten gilt), die Bundeslaufbahnverordnung, die Bundesdisziplinarordnung und eine Vielzahl weiterer Gesetze und Rechtsverordnungen erlassen. Für die Beamten der Länder, Gemeinden und sonstigen landesunmittelbaren Körperschaften, Anstalten und Stiftungen des öffentlichen Rechts gelten das Beamtenrechtsrahmengesetz des Bundes und die entsprechenden Landesbeamtengesetze nebst einer Vielzahl ergänzender landesrechtlicher Vorschriften. Für die Angestellten im ÖD gilt der zwischen Bund, Tarifgemeinschaft deutscher Länder und Vereinigung kommunaler Arbeitgeberverbände sowie den Gewerkschaften abgeschlossene Tarifvertrag (BAT) von 1961. Hinzu kommen vielfach Sonderregelungen. Für die Arbeiter im ÖD gelten entsprechende Manteltarifverträge. Für die Arbeiter und Angestellten im ÖD kommt im übrigen das allgemeine Arbeitsrecht zur Anwendung.

W. Wiese, Der Staatsdienst in der Bundesrepublik Deutschland, Neuwied 1972.
H. Otto, Das Recht der Angestellten und Arbeiter im öffentlichen Dienst, 6. Aufl., Herne 1973.

Beschäftigte des öffentlichen Dienstes am 30. 6. 1977*)

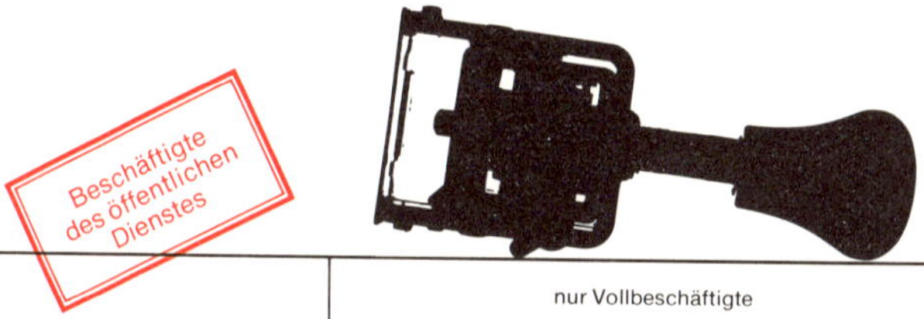

Beschäftigungsbereich	nur Vollbeschäftigte			
	insgesamt	Beamte und Richter	Angestellte	Arbeiter
	Unmittelbarer öffentlicher Dienst			
Verwaltung	2529483	1136108	964016	429359
Bund[1])	311687	109326	94049	108312
Länder	1439102	896883	431780	110439
Gemeinden/Gv	778694	129899	438187	210608
Rechtlich unselbständige Wirtschaftsunternehmen	128731	9698	32615	86418
Bund	3628	46	663	2919
Länder	56360	7231	9366	39763
Gemeinden/Gv	68743	2421	22586	43736
Gebietskörperschaften	2658214	1145806	996631	515777
Bund	315315	109372	94712	111231
Länder	1495462	904114	441146	150202
davon:				
Schleswig-Holstein	53465	33230	15643	4592
Niedersachsen	159757	99841	46535	13381
Nordrhein-Westfalen	309553	217957	79439	12157
Hessen	129970	78104	38112	13754
Rheinland-Pfalz	82414	51417	22976	8021
Baden-Württemberg	207212	134474	57150	15588
Bayern	237099	159124	55182	22793
Saarland	28091	16712	8663	2716
Hamburg	88000	37900	38500	11600
Bremen	37991	17578	14850	5563
Berlin (West)	161910	57777	64096	40037
Gemeinden/Gv.	847437	132320	460773	254344
Schleswig-Holstein	36216	5095	19376	11745
Niedersachsen	95940	12998	57001	25941
Nordrhein-Westfalen	260090	50203	138912	70975
Hessen	90507	11238	51401	27868
Rheinland Pfalz	47185	7341	25868	13976
Baden-Württemberg	142705	17988	78886	45831
Bayern	159987	25493	81364	53130
Saarland	14807	1964	7965	4878
Kommunale Zweckverbände	21626	1034	13527	7065
Deutsche Bundesbahn	384652	217794	8778	158080
Deutsche Bundespost[2])	412231	291997	28273	91961
Insgesamt	3476723	1656631	1047209	772883
	Sonstige juristische Personen			
Forschungseinrichtungen	33110	924	26449	5737
Max-Planck-Institute	6016	–	5056	960
Fraunhofer-Institute	1669	–	1548	121
Großforschungseinrichtungen	15709	86	12328	3295
Sonstige Forschungseinrichtungen	9716	838	7517	1361
Juristische Personen außerhalb der Forschung[3])	6529	157	6009	363
Insgesamt	36639	1081	32458	6100
	Rechtlich selbständige öffentliche Wirtschaftsunternehmen[4])			
Staatlicher Bereich	58153	–	25476	32677
Kommunaler Bereich	170299	–	65533	104766
Insgesamt	228452	–	91009	137443

*) Vorläufiges Ergebnis; ohne mittelbaren öffentlichen Dienst.
[1]) Ohne Soldaten.
[2]) Einschl. Bundesministerium für das Post- und Fernmeldewesen, ohne Posthalter.
[3]) Nur Bundesbereich.
[4]) Versorgungs- und Verkehrsunternehmen.

Statistisches Bundesamt 1978

Beamte

Beamte sind diejenigen Angehörigen des ↑öffentlichen Dienstes (S. 280), die in einem öffentlich-rechtlichen Dienst- und Treueverhältnis stehen. Daneben wird der Beamtenbegriff im Strafrecht und im Amtshaftungsrecht in einem weiteren Sinne gebraucht. Es gibt Bundesbeamte und Landesbeamte, Beamte auf Lebenszeit (der Regelfall) und Beamte auf Zeit, Beamte auf Probe und auf Widerruf sowie Ehrenbeamte. In ein *Beamtenverhältnis* kann nur berufen werden, wer Deutscher ist, die Gewähr dafür bietet, daß er jederzeit für die freiheitliche demokratische Grundordnung im Sinne des Grundgesetzes eintritt, und eine entsprechende – im einzelnen geregelte – Vorbildung und Befähigung besitzt. Die Berufung in das Beamtenverhältnis ist ferner nur zulässig zur Wahrnehmung hoheitlicher Aufgaben oder zur Wahrnehmung solcher Aufgaben, die aus Gründen der Sicherung des Staates oder des öffentlichen Lebens nicht ausschließlich Personen übertragen werden dürfen, die in einem privatrechtlichen Arbeitsverhältnis stehen. Zur Begründung des Beamtenverhältnisses bedarf es einer Ernennung. Sie erfolgt unter Beachtung bestimmter Formvorschriften durch Aushändigung einer Ernennungsurkunde. Das Beamtenverhältnis endet durch Tod, Entlassung, Verlust der Beamtenrechte und Entfernung aus dem Dienst in einem Disziplinarverfahren sowie – in gewissem Umfang – durch Eintritt in den Ruhestand. Die Ernennung ist unter bestimmten Voraussetzungen nichtig. Sie kann unter bestimmten Voraussetzungen auch zurückgenommen werden.

Die Pflichten und Rechte der Beamten werden wesentlich durch die „hergebrachten Grundsätze des Berufsbeamtentums" (Art. 33 Abs. 5 Grundgesetz) bestimmt. Der Beamte ist dem Allgemeinwohl verpflichtet. Er muß sich durch sein Verhalten zu der freiheitlichen demokratischen Grundordnung im Sinne des GG bekennen und für deren Erhaltung eintreten. Soweit die öffentlichen Aufgaben es unbedingt erfordern, ist die Geltung der Grundrechte im Beamtenverhältnis in gewissem Umfang eingeschränkt. Ein Streikrecht zur Durchsetzung von Gehaltsansprüchen oder Standesinteressen steht dem Beamten nicht zu. Der Beamte hat sich bei politischer Betätigung zurückzuhalten, sich mit voller Hingabe seinem Beruf zu widmen, sein Amt uneigennützig nach bestem Gewissen zu verwalten und sich innerhalb und außerhalb des Dienstes achtungs- und vertrauenswürdig zu verhalten. Er ist seinem Vorgesetzten gegenüber zur Beratung und zu Gehorsam verpflichtet. Für die Rechtmäßigkeit seiner dienstlichen Handlungen trägt er die volle persönliche Verantwortung. Der Beamte ist zur Verschwiegenheit verpflichtet. Die Annahme von Belohnungen oder Geschenken in bezug auf sein Amt bedarf der Zustimmung der obersten Dienstbehörde.

Der Beamte begeht ein Dienstvergehen, wenn er schuldhaft die ihm obliegenden Pflichten verletzt. Dienstvergehen werden disziplinarrechtlich geahndet. Als besondere Form der Verwaltungsgerichtsbarkeit steht dafür die *Disziplinargerichtsbarkeit* zur Verfügung. Das Verfahren ist in der Bundesdisziplinarordnung (BDO) und in den Landesdisziplinarordnungen geregelt. Ferner hat der Beamte dem Dienstherrn den aus einem Dienstvergehen erwachsenen Schaden zu ersetzen, wobei die Haftung in bestimmten Fällen auf Vorsatz und grobe Fahrlässigkeit beschränkt ist. Andererseits haftet er Dritten gegenüber regelmäßig nicht persönlich. Diese Haftung übernimmt sein Dienstherr.

Den besonderen Pflichten des Beamten stehen besondere *Rechte* gegenüber. Dazu gehören insbesondere Unkündbarkeit bei Beamten auf Lebenszeit, der Anspruch auf Schutz und Fürsorge durch den Dienstherrn, das Recht auf Führung einer Amtsbezeichnung und das Recht auf Dienst- und Versorgungsbezüge. Das Recht der Personalvertretung entspricht in den Grundzügen dem Recht der ↑Betriebsverfassung (S. 430) in den privaten Betrieben.

H. J. Wolff/O. Bachof, Verwaltungsrecht II, 4. Aufl., München 1976, § 109–117.
Plog/Wiedow/Beck, Kommentar zum Bundesbeamtengesetz, Loseblattsammlung, Neuwied u. a., Stand Febr. 1978.

Disziplinarverfahren
(nach der BDO)

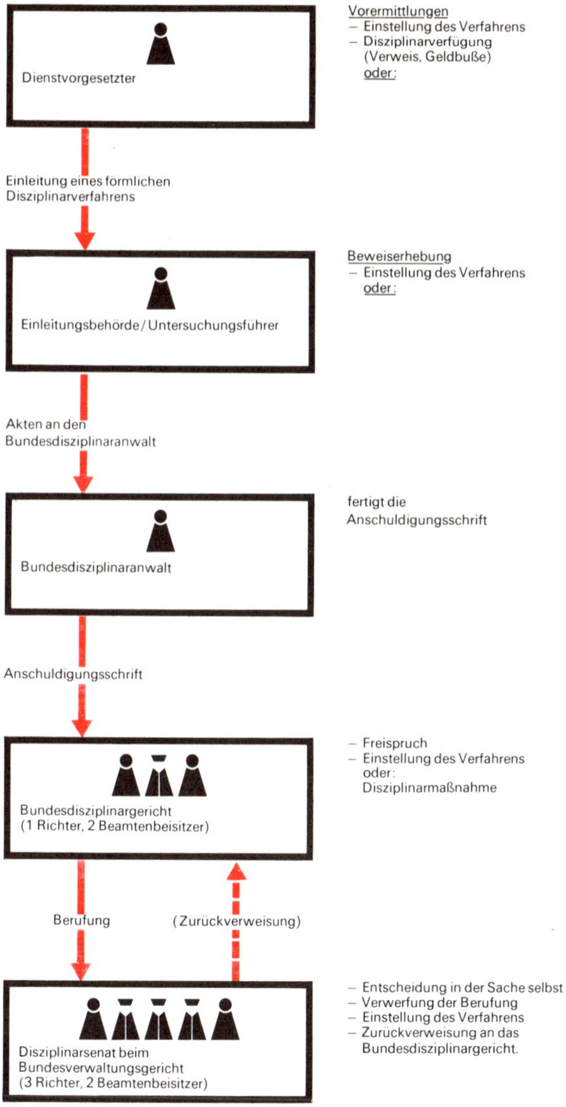

Verwaltungshandeln

Die Einteilung des Verwaltungshandelns in Eingriffs- und Leistungsverwaltung hat historische Gründe. Unter dem Einfluß der liberalen Staatsphilosophie wurde im neunzehnten Jahrhundert staatliche Verwaltung auf die Wahrung der öffentlichen Sicherheit und Ordnung durch Eingriffe in Freiheit und Eigentum beschränkt. Zu dieser *Eingriffsverwaltung* wird herkömmlich neben der Polizei (Sicherheitsverwaltung, ↑Polizeiorganisation S. 528) vor allem die Gewerbe- und Abgabenverwaltung gerechnet. Die sozialen Umwälzungen zwangen die öffentliche Verwaltung schon seit der zweiten Hälfte des vergangenen Jahrhunderts, darüber hinaus auch an der Verteilung der Güter und an der Gestaltung der Sozialordnung teilzunehmen. Heute erfaßt die *Leistungsverwaltung* von der Müllbeseitigung über die Mittelstandsförderung bis zur Rentenversicherung fast alle Lebensbereiche. – Der Gegensatz von Eingriffs- und Leistungsverwaltung ist an sich nicht mehr einsichtig, weil inzwischen weite Teile der Eingriffsverwaltung (z. B. Steuerverwaltung) ebenso der Güterverteilung dienen wie die Leistungsverwaltung. Indessen ist das Begriffspaar insofern noch fruchtbar, als es gewisse Eigenheiten des Verwaltungshandelns der Leistungsverwaltung erklärt. Da das klassische Verwaltungsrecht nur wenig zur Leistungsverwaltung beitragen konnte, entwickelte sich die Materie wesentlich freiwüchsig. Schon früher war die *fiskalische Verwaltung*, d. h. die auf Gewinn ausgerichtete erwerbswirtschaftliche Tätigkeit der Verwaltung bekannt, die ausschließlich dem Privatrecht unterstellt ist. Hierzu wurde nun auch die Daseinsvorsorge gerechnet, sofern sich die Verwaltung zur Erfüllung ihrer Aufgaben der Formen des Privatrechts (etwa durch eine Aktiengesellschaft für Elektrizitätsversorgung) bediente. Für die wirtschaftlichen Unternehmungen der Verwaltung, die der Daseinsvorsorge dienen, wurde ein besonderes *Verwaltungsprivatrecht* entwickelt, das die Privatautonomie im Hinblick auf die Monopolstellung und die öffentliche Aufgabe der Unternehmung einschränkt.

Soweit die Verwaltung ihre Aufgaben privatrechtlich erfüllt, ist die typische Rechtsform des Verwaltungshandelns der gegenseitige *bürgerlich-rechtliche Vertrag*. Dem entspricht innerhalb der Hoheitsverwaltung der einseitig erlassene ↑*Verwaltungsakt* (S. 260). Dazu tritt noch zur generell-abstrakten Regelung der ebenfalls einseitige Erlaß von Normen (↑Rechtsetzung durch die Verwaltung S. 258). Indessen ergaben die Erfordernisse der Praxis, daß auch bei Gegenständen, die dem öffentlichen Recht unterliegen, oft eine einvernehmliche Regelung der einseitigen Anordnung vorzuziehen ist. Zum Abschluß derartiger öffentlich-rechtlicher Verträge sind die Behörden nunmehr durch das Verwaltungsverfahrensgesetz des Bundes (§§ 54–62) bzw. die entsprechenden Landesgesetze generell ermächtigt worden, wenn damit eine Umgehung von Rechtsgeboten nicht verbunden ist. Bei sog. Austauschverträgen muß die Gegenleistung des Privaten angemessen sein und in sachlichem Zusammenhang mit der Leistung der Behörde stehen. In Abweichung vom Vertragsrecht des Bürgerlichen Gesetzbuches ist für öffentlich-rechtliche Verträge Schriftform vorgeschrieben. – Unter dem Druck der modernen Lebensverhältnisse und dem Einfluß der Großrechenmaschinen ist die Planung als Aufgabe der Verwaltung immer mehr in den Vordergrund gerückt. Obschon heute allgemein anerkannt ist, daß der *Plan* eine eigenständige Rechtsform des Verwaltungshandelns darstellt, sind bislang hieraus keine Konsequenzen gezogen worden. Vielmehr wird noch versucht, die Pläne in eine der klassischen Handlungsformen Normsetzung und Verwaltungsakt hineinzuzwängen. Lediglich in der ↑Fachplanung (S. 504) zur Durchführung bestimmter Vorhaben (z. B. Bau einer Autobahn oder eines Flughafens) gelang mit der Entwicklung des *Planfeststellungsverfahrens* die Schaffung eigener planungsrechtlicher Institutionen (z. B. ↑Planfeststellung für öffentliche Straßen S. 494).

E. Forsthoff, Lehrbuch des Verwaltungsrechts, 1. Bd., 10. Aufl., München u. a. 1973, S. 195–313, 368–373.
V. Götz, Das Verwaltungshandeln, München 1976.

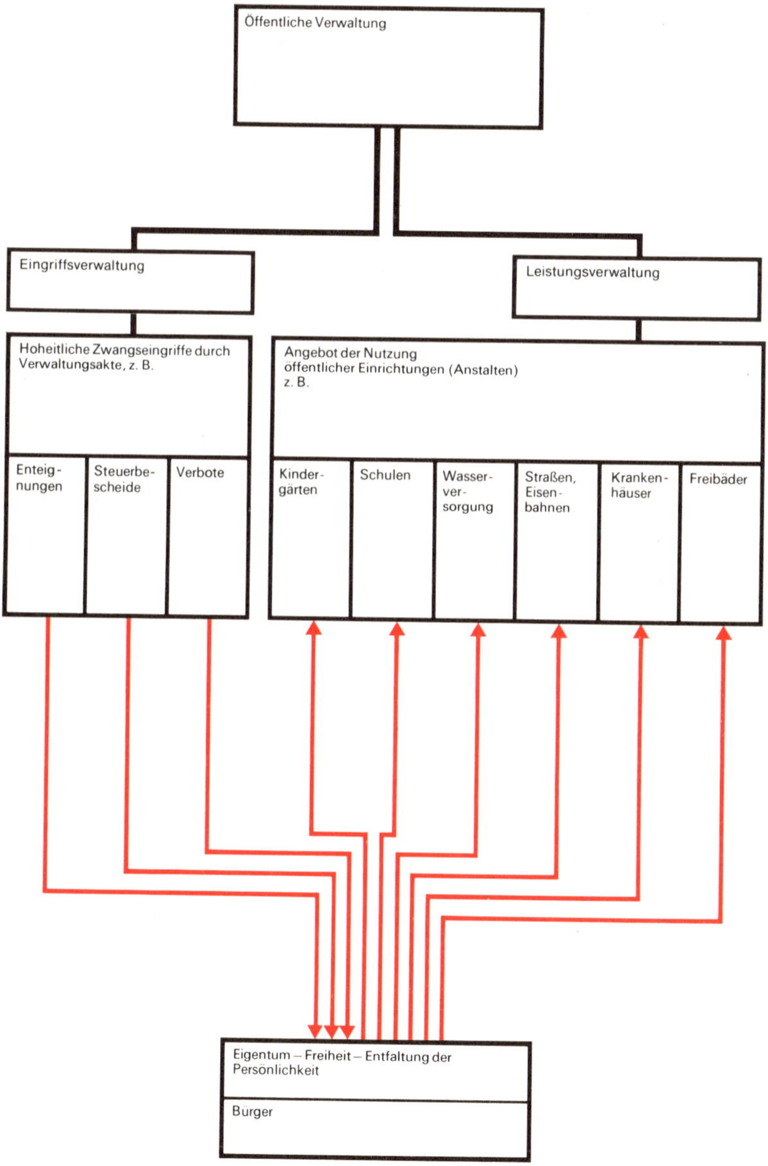
Öffentliche Verwaltung
Eingriffsverwaltung
Leistungsverwaltung
Hoheitliche Zwangseingriffe durch Verwaltungsakte, z. B.
Enteig-nungen
Steuerbe-scheide
Verbote
Angebot der Nutzung öffentlicher Einrichtungen (Anstalten) z. B.
Kinder-gärten
Schulen
Wasser-ver-sorgung
Straßen, Eisen-bahnen
Kranken-häuser
Freibäder
Eigentum – Freiheit – Entfaltung der Persönlichkeit
Bürger

Rechtsgebundenheit der Verwaltung

Der Grundsatz der *Gesetzmäßigkeit der Verwaltung* ist unabdingbar mit dem demokratischen Rechtsstaat verbunden. Das Prinzip der ↑ Demokratie (S. 36) fordert die Bindung der Verwaltung an die Gesetzgebung der das Staatsvolk repräsentierenden Parlamente *(Vorrang des Gesetzes)*. Nach dem rechtsstaatlichen Prinzip (↑ Rechts- und Sozialstaatlichkeit S. 34) darf die Verwaltung in die Rechte des einzelnen nur aufgrund eines für alle geltenden Gesetzes eingreifen *(Vorbehalt des Gesetzes)*. Der Unterschied zwischen Vorrang und Vorbehalt des Gesetzes hat sich dadurch verringert, daß Rechtsnormen nur noch im förmlichen Verfahren der ↑ Gesetzgebung (S. 74) oder aufgrund einer präzisen gesetzlichen Ermächtigung als Rechtsverordnungen und Satzungen (↑ Rechtsetzung durch die Verwaltung S. 258) erlassen werden dürfen. Umstritten ist, inwieweit sich der Vorbehalt des Gesetzes über die klassische Eingriffsverwaltung hinaus auf den Bereich der Leistungsverwaltung (Daseinsvorsorge) erstreckt (↑ Verwaltungshandeln S. 254). Man wird heute davon ausgehen, daß Leistungen der Verwaltung, die nicht für die Allgemeinheit (wie z. B. ein kommunales Hallenbad), sondern für eine bestimmte Gruppe bestimmt sind, einer gesetzlichen Ermächtigung bedürfen; dies gilt insbesondere für die Subventionsverwaltung.

Die Gesetzesgebundenheit der Verwaltung ist dadurch eingeschränkt, daß der Gesetzgebung als abstrakt-genereller Regelung immanente Grenzen gesetzt sind. Es ist nicht möglich, den ganzen Bereich der Verwaltung so durchzunormieren, daß den Behörden nur noch der Vollzug eines im Gesetz vollständig enthaltenen Willens bleibt. Häufig muß der Gesetzgeber Raum zur Berücksichtigung noch nicht voraussehbarer Umstände des Einzelfalls lassen. Die Verwaltung ist deshalb in vielen Fällen zu eigenverantwortlichen und selbständig wertenden Entscheidungen berufen. Gesetzestechnisch kommt diese Handlungsfreiheit der Verwaltung entweder in einer Ermessensnorm oder in einem unbestimmten Rechtsbegriff zum Ausdruck. Bei einer *Ermessensnorm* (in den Gesetzen meist durch „Kann-", „Darf-" oder „Soll-" Vorschriften bezeichnet) wird die Verwaltung zur Wahl zwischen mehreren rechtmäßigen Möglichkeiten ermächtigt (Handlungs-Ermessen). Die Verwaltung bleibt auch bei Ermessensentscheidungen an den erkennbaren Gesetzeszweck und die Grundrechte, besonders an den Gleichheitssatz gebunden. Innerhalb dieser Grenzen ist jedoch jede Entscheidung, die sie trifft, rechtlich gleichwertig. Die Verwaltungsgerichte können eine Ermessensentscheidung nicht auf ihre Zweckmäßigkeit, sondern nur auf eine Ermessensüberschreitung oder einen Ermessensmißbrauch hin überprüfen (↑ Verwaltungsrechtsschutz S. 232). Auch die unbestimmten Rechtsbegriffe (z. B. „Zuverlässigkeit", „öffentliches Interesse", „unbillige Härte") eröffnen der Verwaltung einen *Beurteilungsspielraum* bei der Subsumtion eines konkreten Lebenssachverhaltes (Beurteilungs-Ermessen). Da jedoch die Verwaltungsgerichte die Anwendung unbestimmter Rechtsbegriffe durch die Verwaltung uneingeschränkt nachprüfen, bieten die unbestimmten Rechtsbegriffe keine Grundlage für ein Ermessen im Sinne einer Wahlmöglichkeit für die Verwaltung.

Wenn in einem Rechtsverhältnis des öffentlichen Rechts eine Leistung ohne Rechtsgrund erbracht worden ist oder der für die Leistung maßgebliche Rechtsgrund später weggefallen ist, entsteht ein öffentlich-rechtlicher Erstattungsanspruch, dem der gleiche Rechtsgedanke wie der zivilrechtlichen ungerechtfertigten Bereicherung (§§ 812 ff. Bürgerliches Gesetzbuch) zugrunde liegt. Jedoch kann eine mit der Rechtslage nicht übereinstimmende Vermögensverschiebung, die auf einem zwar rechtswidrigen, aber unanfechtbar gewordenen Verwaltungsakt beruht, nicht durch öffentlich-rechtliche Erstattung ausgeglichen werden.

H. J. Wolff/O. Bachof, Verwaltungsrecht I, 9. Aufl., München 1974, S. 174–204, 340–342.
K. Obermayer, Grundzüge des Verwaltungsrechts und des Verwaltungsprozeßrechts, 2. Aufl., Stuttgart u. a. 1975, S. 52–68, 200–202.

Ermessen und unbestimmter Rechtsbegriff

Ermächtigungsnorm:

Im Einzelfall kann die Gemeinde von der Erhebung des Erschließungsbeitrags absehen, wenn dies im öffentlichen Interesse oder zur Vermeidung unbilliger Härten geboten ist (§ 135 Abs. 5 Satz 1 Bundesbaugesetz in der Fassung vom 18.8.1976)

Unbestimmte Rechtsbegriffe:

Die Verwaltung muß beurteilen, ob die Beitragserhebung im Einzelfall eine „unbillige Härte" darstellt oder das „öffentliche Interesse" (z. B. wegen einer Industrieansiedlung) gegen eine Erhebung spricht.

Ermessensnorm:

Falls einer der beiden unbestimmten Rechtsbegriffe angewandt werden kann, hat die Gemeinde die Wahl zwischen Erhebung oder Nichterhebung.

(§ 40 Verwaltungsverfahrensgesetz: „Ist die Behörde ermächtigt, nach ihrem Ermessen zu handeln, hat sie ihr Ermessen entsprechend dem Zweck der Ermächtigung auszuüben und die gesetzlichen Grenzen des Ermessens einzuhalten.")

Verwaltungsgerichtliche Kontrolle (1 Verwaltungsrechtsschutz S. 232)

Die Beurteilung, die die unbestimmten Rechtsbegriffe durch die Gemeinde gefunden haben, ist voll nachprüfbar.

Die Entscheidung über das Absehen von der Erhebung ist nur nachprüfbar bei

Ermessensüberschreitung	Ermessensmißbrauch
z. B. wenn ein Raum für eine Ermessensbetätigung nicht mehr gegeben war, weil die Gemeinde durch frühere vergleichbare Entscheidungen ihr Ermessen bereits gebunden hatte.	z. B. wenn die Gemeinde wegen der politischen Einstellung des Grundstückseigentümers das Absehen von Erhebung des Beitrags abgelehnt hat.

Die Zweckmäßigkeit der Entscheidung allein ist nicht überprüfbar

Rechtsetzung durch die Verwaltung

Nach der Verfassungsordnung der Bundesrepublik Deutschland dürfen die für alle verbindlichen Gebote und Verbote (Rechtsnormen) grundsätzlich nur durch förmliche Gesetze der Gesetzgebungsorgane des Bundes und der Länder erlassen werden. Angesichts der Fülle staatlicher Regelungskompetenzen ist es jedoch unabweisbar, daneben auch der Exekutive eine Rechtssetzungsbefugnis einzuräumen. Diese von der Verwaltung erlassenen Rechtsnormen werden als *Rechtsverordnungen* bezeichnet. Rechtsverordnungen sind mit dem Prinzip des gewaltenteiligen Rechtsstaats nur dann vereinbar, wenn sie sich zu den Gesetzen im Verhältnis der Nachordnung und Bindung befinden. Der Erlaß einer Rechtsverordnung bedarf also stets der gesetzlichen Ermächtigung. Dabei müssen Inhalt, Zweck und Ausmaß der erteilten Ermächtigung im Gesetz bestimmt werden (Art. 80 Abs. 1 Grundgesetz). Die Rechtsverordnungen stehen im Rang unter den Gesetzen; sie dürfen geltenden Gesetzen nicht widersprechen. Das Verordnungsrecht im einzelnen ist im Grundgesetz und in den Landesverfassungen geregelt. Als Adressaten der Ermächtigung kommen zunächst Bundes- und Landesregierung sowie einzelne Bundes- und Landesminister in Betracht. Indessen können auch andere staatliche oder nichtstaatliche Behörden ermächtigt werden. So gibt es außer Bundes- und Landesverordnungen z. B. auch Gemeinde- und Landkreisverordnungen, insbesondere auf dem Gebiet des Sicherheitsrechtes (sogenannte Polizeiverordnungen). – *Satzungen* sind Rechtsnormen, die von Selbstverwaltungskörperschaften (↑Körperschaften, Anstalten, Stiftungen S. 244) zur Regelung ihrer eigenen Angelegenheiten erlassen werden. Von den Rechtsverordnungen, denen sie nach Begriff und Wesen stark angenähert sind, unterscheidet sie im wesentlichen die Ermächtigungsgrundlage. Zwar sind auch Satzungen sekundäre Rechtsquellen, die ihre Wirksamkeit von einer gesetzlichen Ermächtigung ableiten. Jedoch wird durch die Ermächtigung nicht staatliche Rechtssetzungsgewalt delegiert, sondern ein Raum für Rechtssetzung aus eigenem Recht geschaffen (sogenannte Autonomie). Die Ermächtigung kann deshalb generell und ohne Rücksicht auf Art. 80 Abs. 1 Grundgesetz erfolgen.

Gesetze, Rechtsverordnungen und Satzungen sind zur generell-abstrakten Regelung des Verwaltungshandelns der einzelnen Amtsträger, Ämter und Behörden meist nicht ausreichend. Es bedarf dazu vielmehr weiterer verwaltungsinterner Vorschriften, die z. B. Zuständigkeitsverteilungen innerhalb der Behörden und Ämter sowie deren Aufbau *(Organisationsvorschriften)*, eine Reglementierung des dienstlichen Verhaltens der Amtsträger *(Dienstvorschriften)* oder bestimmte Handhabungen des Ermessens und der Auslegung unbestimmter Rechtsbegriffe *(Verwaltungsrichtlinien)* betreffen können. Verwaltungsvorschriften begründen keine für alle geltenden Gebote und Verbote, sondern nur Amtspflichten des betreffenden Amtsträgers. Es handelt sich deshalb nicht um Rechtsnormen. Sie binden weder die Gerichte noch gewähren sie dem Bürger subjektive öffentliche Rechte. Das Recht zum Erlaß von Verwaltungsvorschriften ist Bestandteil der allgemeinen Hoheitsgewalt der Verwaltung. Es ist deshalb weder eine besondere Ermächtigung noch eine bestimmte Form erforderlich. Von einer *Verwaltungsverordnung* spricht man dann, wenn die Verwaltungsvorschrift in das „Gewand" einer Rechtsverordnung „gekleidet" wird. Im übrigen ist jede Verwaltungsbehörde im Rahmen ihrer Zuständigkeit befugt, Verwaltungsvorschriften zu erlassen, die dann als Entschließungen, Runderlasse, Bekanntmachungen, allgemeine Vollzugsvorschriften usw. in geeigneter Weise den nachgeordneten Behörden, Ämtern und Amtsträgern mitgeteilt werden.

H. J. Wolff/O. Bachof, Verwaltungsrecht I, 9. Aufl., München 1974, S. 112–166.
K. Obermayer, Grundzüge des Verwaltungsrechts und des Verwaltungsprozeßrechtes, 2. Aufl., Stuttgart u. a. 1975, S. 78–87.

Regelung des öffentlichen Badens in einer bayerischen Gemeinde:

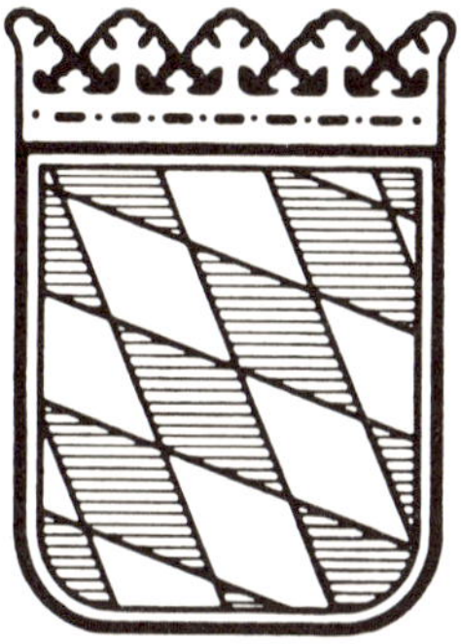

Auf Grund der Ermächtigung des Landesgesetzgebers zum Erlaß von

Verordnungen

„Zur Verhütung von Gefahren für Leben oder Gesundheit können die Gemeinden durch Verordnung das Baden an bestimmten Orten . . . verbieten.
Zur Aufrechterhaltung der Sittlichkeit oder zur Verhütung von Gefahren für Leben oder Gesundheit können die Gemeinden und das Staatsministerium des Innern durch Verordnungen Vorschriften über das Verhalten beim öffentlichen Baden . . . erlassen." (Art. 27 Abs. 1, 2 Bayer. Landesstraf- und Verordnungsgesetz in der Fassung vom 7. 11. 1974 – LStVG)

Satzungen

„Die Gemeinden können zur Regelung ihrer Angelegenheiten Satzungen erlassen. In den Satzungen können die Gemeinden insbesondere . . . die Benutzung ihrer öffentlichen Einrichtungen regeln." (Art. 23, 24 Abs. 1 Nr. 1 Bayer. Gemeindeordnung in der Fassung vom 5. 12. 1973 – GO)
„Die Gemeinden können für die Benutzung Ihrer öffentlichen Einrichtungen . . . Benutzungsgebühren erheben. Die Abgaben werden auf Grund einer besonderen Abgabesatzung erhoben." (Art. 8 Abs. 1, 2 Abs. 1 Bayer. Kommunalabgabengesetz in der Fassung vom 4. 2. 1977 – KAG)

erläßt

das Bayer. Staatsministerium des Innern
die

Landesbadeverordnung
§ 1
(1) Wer öffentlich badet, muß Badebekleidung tragen...

und die Gemeinde die

Gemeindebadeverordnung
§ 1
Das Baden im Baggersee ist verboten.
§ 2. . . .

die Gemeinde
die

Freibadsatzung
§ 1...
§ 3
Ausgeschlossen von der Benutzung des Bades sind Personen, die an ansteckenden Krankheiten leiden.
§ 4
Während des Aufenthalts im Schwimmbecken ist eine Bademütze zu tragen.
§ 5. . . .

und die

Freibadgebührensatzung
§ 1
Für die einmalige Benutzung des Freibades wird von Erwachsenen eine Gebühr von 2 DM erhoben.
§ 2...

Die Gemeinde muß sowohl die Verordnung als auch die beiden Satzungen erlassen.
Das Badeverbot für den See kann nur durch Verordnung auf Grund Art. 27 Abs. 1 LStVG erfolgen, da der See keine gemeindliche Einrichtung ist. Zwar könnte die Regelung des § 3 Freibadsatzung auch durch eine Verordnung auf Grund Art. 27 Abs. 2 LStVG erfolgen; dies gilt aber nicht für § 4 Freibadsatzung, da der Bademützenzwang lediglich der Erleichterung der Wasserreinigung, nicht aber der Verhütung von Gesundheitsgefahren dient. Die Gebühren können weder auf Grund Verordnung gem. LStVG noch auf Grund Satzung gem. GO, sondern nur auf Grund besonderer Abgabesatzung gem. KAG erhoben werden. – Grundsätzlich könnte die Gemeinde sowohl durch Verordnung gem. LStVG als auch durch Satzung gem. GO zu bestimmten Zeiten das Nacktbaden im Freibad gestatten; die höherrangige Landesverordnung schließt aber insoweit eine gemeindliche Regelungsbefugnis aus.

Verwaltungsakte

Nach der Legaldefinition des § 35 Satz 1 des Verwaltungsverfahrensgesetzes des Bundes (VwVfG) und der entsprechenden Vorschriften der Landesverwaltungsverfahrensgesetze ist ein Verwaltungsakt „jede Verfügung, Entscheidung oder andere hoheitliche Maßnahme, die eine Behörde zur Regelung eines Einzelfalles auf dem Gebiet des öffentlichen Rechts trifft und die auf unmittelbare Rechtswirkung nach außen gerichtet ist." Wesentliches Merkmal des Verwaltungsaktes ist damit die rechtserhebliche Regelung eines Einzelfalles. Bloße Hinweise sind ebensowenig Verwaltungsakte wie generell-abstrakte Regelungen (Normen). Einzelregelungen konkreter Sachverhalte werden auch dann als (eine Sammlung mehrerer) Verwaltungsakte angesehen, wenn der Kreis der Betroffenen nur nach allgemeinen Merkmalen bestimmt oder bestimmbar ist (z. B. Teilnehmer eines Demonstrationszuges). Solche *Allgemeinverfügungen* sind nach § 35 Satz 2 VwVfG auch diejenigen Hoheitsakte, welche „die öffentlich-rechtliche Eigenschaft einer Sache oder ihre Benutzung durch die Allgemeinheit" betreffen. Demnach gelten sowohl die Widmung öffentlicher Sachen als auch die Verkehrszeichen als Verwaltungsakte. – Verwaltungsakte können nur Maßnahmen im Bereich des Verwaltungsrechts sein; Handlungen der Verwaltung auf dem Gebiet des Privat-, Prozeß-, Verfassungs- und Völkerrechts scheiden aus.

Ein Verwaltungsakt kann schriftlich, mündlich oder in anderer Weise erlassen werden (§ 37 Abs. 2 VwVfG). Ergeht der Verwaltungsakt in der Form eines schriftlichen Bescheides, so ist er grundsätzlich auch schriftlich zu begründen (§ 39 VwVfG). Wirksam wird der Verwaltungsakt erst mit der Bekanntgabe gegenüber dem Betroffenen (§ 43 VwVfG). Will die Behörde mit dem Erlaß die Rechtsbehelfsfrist in Lauf setzen, muß sie den Verwaltungsakt mit einer Rechtsbehelfsbelehrung versehen. – Hinsichtlich der *Fehlerhaftigkeit* von Verwaltungsakten werden Nichtigkeit und Anfechtbarkeit unterschieden. *Nichtige* Verwaltungsakte sind ohne weiteres unwirksam und unbeachtlich. *Anfechtbare* Verwaltungsakte sind dagegen bis zu ihrer Aufhebung selbst dann wirksam, wenn Widerspruch bzw. Anfechtungsklage erhoben wurde. Für die Abgrenzung ist gem. § 44 VwVfG auf den Grad der Fehlerhaftigkeit abzustellen. Beruht die Rechtswidrigkeit des Verwaltungsaktes auf einem offenkundigen und besonders schwerwiegenden Fehler, ist Nichtigkeit, im übrigen Anfechtbarkeit gegeben. Außer im Falle der Nichtigkeit werden alle – also auch rechtswidrig-anfechtbare – Verwaltungsakte nach Ablauf der Rechtsbehelfsfrist bzw. nach Rücknahme oder rechtskräftiger Abweisung des Rechtsbehelfs unanfechtbar. Mit dieser formellen Rechtskraft tritt zugleich in gewissem Umfang die materielle Rechtskraft, d. h. die Verbindlichkeit der getroffenen Regelung für Verwaltung und Betroffenen, ein. Für die Aufhebung rechtskräftiger Verwaltungsakte enthalten die Verwaltungsverfahrensgesetze ein kompliziertes System von Regeln. Dabei wird unterschieden zwischen der Aufhebung rechtswidriger Verwaltungsakte (Rücknahme § 48 VwVfG) und rechtmäßiger Verwaltungsakte (Widerruf § 49 VwVfG). Wegen des grundsätzlich zu schützenden Vertrauens in den Bestand rechtskräftiger Verwaltungsakte dürfen *begünstigende* Verwaltungsakte nur beim Vorliegen spezieller gesetzlicher Voraussetzungen zurückgenommen werden; der Widerruf ist nur ganz ausnahmsweise zulässig. Dagegen können *belastende* Verwaltungsakte ohne weiteres aufgehoben werden. Zur Feststellung der Nichtigkeit eines Verwaltungsaktes ist die Behörde jederzeit berechtigt und – soweit noch ein zu beseitigender Rechtsschein vorhanden ist – auch verpflichtet (§ 44 Abs. 5 VwVfG). Ein Anspruch auf Rücknahme bzw. Widerruf eines anfechtbaren belastenden Verwaltungsaktes besteht nicht. Jedoch ist die Behörde bei nachträglicher Änderung der Sach- oder Rechtslage oder beim Vorliegen neuer Beweismittel zugunsten des Betroffenen auf Antrag zum Wiederaufgreifen des Verfahrens (§ 51 VwVfG) verpflichtet.

P. Stelkens/H. J. Bonk/K. Leonhardt, Verwaltungsverfahrensgesetz, München 1978.
F. O. Kopp, Verwaltungsverfahrensgesetz, München 1976.

Rücknahme eines Verwaltungsaktes gem. § 48 VwVfG (Beispiel)

Mit Beschluß vom 1. 7. 1975 setzte der Gemeinderat einer kleinen Gemeinde für den neugewählten Bürgermeister A (Ehrenbeamter) eine monatliche Entschädigung von 1000 DM fest. Am 1. 7. 1978 stellt die Rechnungsprüfung fest, daß entsprechend der Einwohnerzahl der Gemeinde sich der gesetzliche Entschädigungshöchstbetrag auf 800 DM beläuft; der Gemeinderat wird aufgefordert, die Entschädigung auf diesen Betrag herabzusetzen und die Überzahlung in Höhe von 4200 DM zurückzufordern.

Ein rechtswidriger Verwaltungsakt, der eine einmalige oder laufende Geldleistung oder teilbare Sachleistung gewährt oder hierfür Voraussetzung ist, darf nicht zurückgenommen werden, soweit der Begünstigte auf den Bestand des Verwaltungsaktes vertraut hat und sein Vertrauen unter Abwägung mit dem öffentlichen Interesse an einer Rücknahme schutzwürdig ist (§ 48 Abs. 2 Satz 1 VwVfg).

Auf Vertrauen kann sich der Begünstigte nicht berufen, wenn er
1. den Verwaltungsakt durch arglistige Täuschung, Drohung oder Bestechung erwirkt hat;
2. den Verwaltungsakt durch Angaben erwirkt hat, die in wesentlicher Beziehung unrichtig oder unvollständig waren;
3. die Rechtswidrigkeit des Verwaltungsaktes kannte oder infolge grober Fahrlässigkeit nicht kannte (§ 48 Abs. 2 Satz 3 VwVfG).

Dies wäre dann der Fall, wenn der Beschluß auf Unkenntnis der gesetzlichen Vorschriften beruht. Von einem Bürgermeister ist diese Kenntnis zu verlangen.

In den Fällen des Satzes 3 wird der Verwaltungsakt in der Regel mit Wirkung für die Vergangenheit zurückgenommen. Soweit der Verwaltungsakt zurückgenommen worden ist, sind bereits gewährte Leistungen zu erstatten (§ 48 Abs. 2 Satz 4 VwVfG).

Folge:
1. Die Entschädigung wird rückwirkend zum 1. 7. 1975 auf 800 DM festgesetzt.
2. Die Überzahlung ist zurückzuerstatten.

Das Vertrauen ist in der Regel schutzwürdig, wenn der Begünstigte gewährte Leistungen verbraucht oder eine Vermögensdisposition getroffen hat, die er nicht mehr oder nur unter unzumutbaren Nachteilen rückgängig machen kann (§ 48 Abs. 2 Satz 2 VwVfG).

Dies wäre dann der Fall, wenn der Beschluß auf einer fehlerhaften Einwohnerzählung beruht, die außerhalb der Verantwortung des Bürgermeisters liegt.

Wenn A über den Monatsbetrag von 200 DM weder für die Vergangenheit noch für die Zukunft disponiert hat (z. B. ihn nicht verbraucht hat), ist sein Vertrauen nicht schutzwürdig. (→ Folge)

Wenn A die ganze Entschädigung verbraucht hat, ohne für die Zukunft besondere Verpflichtungen eingegangen zu sein, so ist sein Vertrauen nur bis zum 1. 7. 1978 schutzwürdig.

Die Festsetzung kann für die Zukunft abgeändert werden (künftige Kürzung auf 800 DM).

Wenn A darüber hinaus im Hinblick auf die Höhe der Entschädigung für die Zukunft Dispositionen getroffen hat (z. B. Abschluß eines Bausparvertrages), so ist auch dies schutzwürdig.

Die Festsetzung kann nicht abgeändert werden (keine Rückzahlung, keine Kürzung).

Erlaubnisse und Verleihungen

Die Verwaltung sorgt für die Ordnung des Gemeinwesens, indem sie die Interessenverfolgung der einzelnen reglementierend einschränkt. Dies geschieht typischerweise dadurch, daß Spezialberechtigungen erteilt werden, die man je nach Art und Intensität als Genehmigungen, Erlaubnisse, Bewilligungen, Nutzungsverleihungen oder Konzessionen bezeichnet. In allen Fällen handelt es sich um gestaltende ↑Verwaltungsakte (S. 260), durch die ein konkretes Rechtsverhältnis begründet oder abgeändert wird. Zu ihrer Wirksamkeit bedürfen sie stets der Zustimmung des Berechtigungsempfängers (zustimmungsbedürftige Verwaltungsakte), die regelmäßig mit der Stellung des Antrages auf Erteilung der Berechtigung erklärt wird.

Im Bereich der Ordnungsverwaltung (↑Polizeiorganisation S. 528) ist das klassische Instrument zur Überwachung, insbesondere der Bau- und Gewerbetätigkeit, das Verbot mit Erlaubnisvorbehalt. Das *präventive Verbot mit Erlaubnisvorbehalt* (z. B. für Bauvorhaben) verbietet nicht schlechthin, sondern macht die reglementierte Tätigkeit lediglich von einer vorherigen Erlaubnis abhängig, die meist als *Genehmigung* bezeichnet wird (z. B. Baugenehmigung). Wenn das Vorhaben den gesetzlichen Vorschriften entspricht, ist die Verwaltungsbehörde zur Erteilung der Erlaubnis verpflichtet. *Repressive Verbotsnormen* zielen dagegen auf die generelle Unterbindung einer Tätigkeit ab. Jedoch kann auch hier entweder in der Verbotsnorm selbst oder in einer gesetzlichen Generalermächtigung vorgesehen werden, daß die Verwaltungsbehörde im Einzelfall von der Einhaltung des Verbots absehen darf. Im ersteren Fall spricht man von einer *Ausnahmebewilligung*, im letzteren Fall von einer *Befreiung* (Dispens). Die Erteilung von Ausnahmebewilligungen und Befreiungen steht im Ermessen der Verwaltung (↑Rechtsgebundenheit der Verwaltung S. 256).

Der Begriff der *Konzession* entstammt einer Epoche, in der die wirtschaftliche Betätigung noch nicht durch das Prinzip der Gewerbefreiheit bestimmt war (↑Gewerberecht S. 330), sondern staatlichen Vorbehalten und Verleihungsrechten unterstand. In Form der Konzession erfolgte hierbei die Verleihung eines Rechts zu wirtschaftlicher Betätigung oder eines besonderen Nutzungsrechts an einer öffentlichen Sache (z. B. einer öffentlichen Straße). Für Erlaubnisse im Gewerberecht ist weithin noch der Sprachgebrauch „Konzession" üblich. Wegen der veränderten Verfassungslage (↑Berufs- und Gewerbefreiheit S. 144) handelt es sich in der Sache um Erlaubnisse, die ebenso wie andere begünstigende Verwaltungsakte nur unter erschwerten Bedingungen widerrufen werden können. Die Nutzung ↑öffentlicher Sachen (S. 246) über den Gemeingebrauch hinaus wurde herkömmlich entweder durch Gebrauchserlaubnis oder durch Nutzungsverleihung gestattet. Während die Gebrauchserlaubnis jederzeit aus sachlichen Gründen widerrufen werden konnte, wurde durch die Nutzungsverleihung (Konzession im engeren Sinne) ein subjektives öffentliches Recht eingeräumt, das nur gegen Entschädigung entzogen werden konnte. Diese Systematik gilt heute uneingeschränkt nur noch für das Wasserrecht, das zwischen Erlaubnis und *Bewilligung* unterscheidet. Dagegen haben die neueren Straßengesetze die Nutzungsverleihung ganz ausgeschlossen (↑Benutzung der öffentlichen Straßen und Wege S. 490). Der Straßengebrauch über den Gemeingebrauch hinaus ist einheitlich nur noch aufgrund einer (Sondernutzungs-)Erlaubnis möglich, die lediglich auf Zeit oder auf Widerruf erteilt werden darf. Lediglich bei der Verlegung von Versorgungsleitungen haben sich unter Zuhilfenahme des Privatrechts Konstruktionen erhalten, die im Ergebnis einer Nutzungsverleihung gleichkommen (Konzessionsverträge zwischen den Gemeinden als Straßeneigentümern und den örtlichen Versorgungsunternehmen).

O. Mayer, Deutsches Verwaltungsrecht, 3. Aufl., Leipzig 1924, 1. Bd., S. 239–256, 2. Bd., S. 243–268.
H. J. Wolff/O. Bachof, Verwaltungsrecht I, 9. Aufl., München 1974, S. 402–407.

Verbot mit Erlaubnisvorbehalt im Baurecht

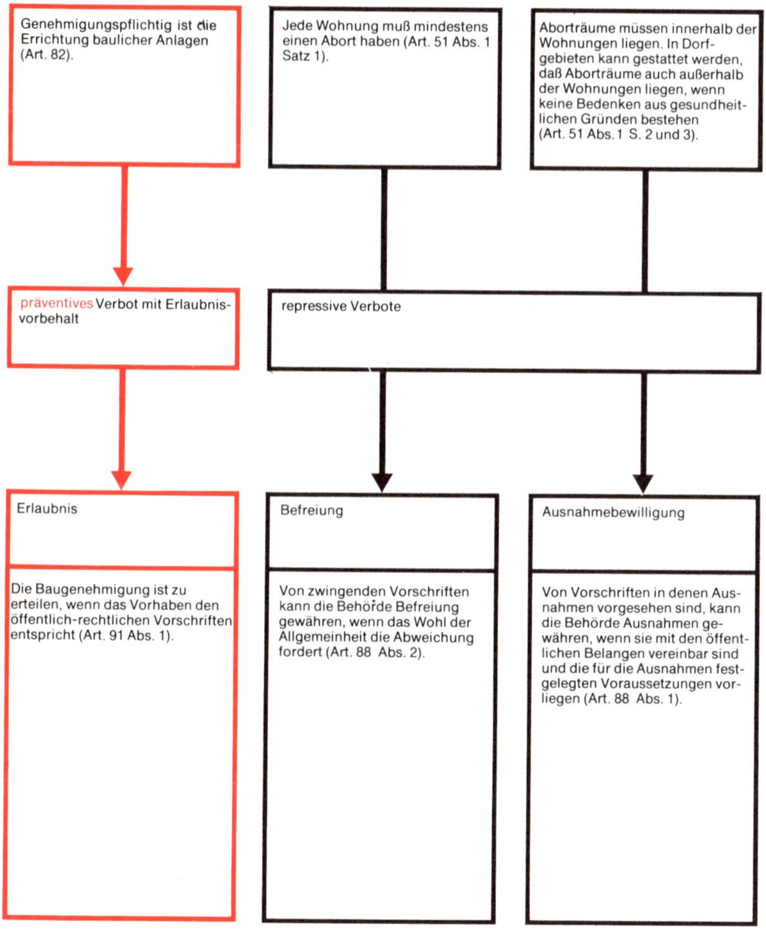

(die Gesetzesartikel beziehen sich auf die Bayerische Bauordnung in der Fassung vom 1. 10. 1974)

Auskünfte und Zusagen der Verwaltung

Eine allgemeine Pflicht der Verwaltung zu Beratung und Auskunftserteilung besteht nicht. Als „Helfer des Staatsbürgers" trifft jeden Amtsträger jedoch im Rahmen seiner Zuständigkeit die Fürsorge- und Betreuungspflicht für diejenigen Privatpersonen, die – und sei es auch nur durch die Stellung eines Antrags – in eine engere Beziehung zur Verwaltung eingetreten sind. Insbesondere hat der Amtsträger die erforderlichen *Auskünfte* über die bei dem konkreten Verwaltungsvorgang bestehenden Rechte und Pflichten sowie die erheblichen Tatsachen zu erteilen (vgl. § 25 Verwaltungsverfahrensgesetz des Bundes-VwVfG). Da durch Auskünfte keine rechtliche Regelung erfolgt und daher auch keine rechtlichen Wirkungen eintreten, sind sie keine ↑Verwaltungsakte (S. 260). Der Auskunftsempfänger kann also weder von der Behörde ein Vorgehen entsprechend der Auskunft verlangen, noch eine ihm nicht entsprechende Auskunft anfechten. Eine falsche Auskunft kann aber eine Schadensersatzpflicht wegen Amtspflichtsverletzung gemäß § 839 Bürgerliches Gesetzbuch in Verbindung mit Art. 34 Grundgesetz auslösen. Gibt eine Verwaltungsbehörde über einen Bürger gegenüber Dritten unrichtige Auskünfte oder spricht sie unberechtigte Warnungen vor ihm aus, so kann der Bürger im Wege der allgemeinen Leistungsklage zum Verwaltungsgericht erreichen, daß die Verwaltungsbehörde zum Widerruf oder zur Berichtigung der Auskünfte bzw. Warnungen verpflichtet wird.

Wenn die Verwaltung mit ihrer Auskunft zugleich ihr eigenes künftiges Verhalten binden will, erstarkt die Auskunft zur Zusage. Nach einer Definition des Bundesverwaltungsgerichts ist die *Zusage* die „im ungeschriebenen Verwaltungsrecht wurzelnde behördliche Selbstverpflichtung mit Bindungswillen zu einem späteren Tun oder Unterlassen." Zusagen spielen im Verwaltungsrecht eine erhebliche Rolle. Häufig will sich jemand für eine Unternehmung, die einer behördlichen Genehmigung bedarf, durch eine vorherige Zusage sichern, bevor er die möglicherweise kostspieligen Dispositionen trifft, von denen die Stellung des Genehmigungsantrags abhängt. Die Rechtsnatur der Zusage ist umstritten. Ein öffentlich-rechtlicher Vertrag (↑Verwaltungshandeln S. 254) kommt nicht in Betracht, weil die Verwaltung für ihre Zusage keine Gegenleistung erlangt. Soweit die Zusage die Zusicherung der Vornahme oder Unterlassung eines ↑Verwaltungsaktes (S. 260) zum Inhalt hat, wird die Zusicherung selbst ebenfalls als Verwaltungsakt zu qualifizieren sein. In den übrigen Fällen ist eine einseitig verpflichtende Willenserklärung der Verwaltung anzunehmen. Eine Zusage darf nur erteilt werden, wenn die Voraussetzungen der Rechtmäßigkeit des zugesagten Verhaltens vorliegen oder mit Sicherheit voraussehbar sind. Ändert sich nach der Zusage die Sach- oder Rechtslage derart, daß die Behörde bei Kenntnis der nachträglichen Änderung die Zusage nicht gegeben hätte oder nicht hätte geben dürfen, ist die Behörde an die Zusage nicht mehr gebunden. § 38 VwVfG und die entsprechenden Vorschriften der Verwaltungsverfahrensgesetze der Länder verlangen für die Wirksamkeit von Zusagen, einen bestimmten Verwaltungsakt später zu erlassen oder zu unterlassen, Schriftform. Solche *Zusicherungen* unterliegen im übrigen hinsichtlich Erlaß, Anfechtbarkeit, Nichtigkeit, Rücknahme, Widerruf usw. den für alle Verwaltungsakte geltenden Regeln. Einen Sonderfall der Zusage stellt der in den Landesbauordnungen geregelte *Vorbescheid* dar. Danach kann zu einzelnen in der Baugenehmigung zu entscheidenden Fragen (z. B. über die Bebaubarkeit des Grundstückes) vorweg ein Bescheid erteilt werden. Keine bloße Zusage ist dagegen die Teilbaugenehmigung, weil sie unmittelbar zur Ausführung des genehmigten Teils des Vorhabens berechtigt.

H. J. Wolff/O. Bachof, Verwaltungsrecht I, 9. Aufl., München u. a. 1974, S. 365–368.
F. O. Kopp, Verwaltungsverfahrensgesetz, München 1976.

Wirksamkeit einer Zusicherung

Die für die Entscheidung über die Versetzung zuständige Klassenkonferenz (bestehend aus sämtlichen in der Klasse unterrichtenden Lehrern und dem Schulleiter) will dem Schüler S die Versetzung versagen. Die Klassenlehrerin hält dies für unzulässig, weil sie in der letzten Elternsprechstunde der Mutter des S zugesichert habe, daß S versetzt werde.

Mängel der Zusicherung	
Form	Eine Zusicherung bedarf zu ihrer Wirksamkeit der schriftlichen Form (§ 34 Abs. 1 Satz 1 VwVfG). Eine bloß mündlich erteilte Zusage hat keine Bindungswirkung.
Zuständigkeit	Eine Zusicherung ist nur wirksam, wenn sie von der zuständigen Behörde abgegeben worden ist (vgl. § 34 Abs. 1 Satz 1 VwVfG). Zuständig für die Versetzung und damit auch für die Zusicherung der Versetzung ist die Schule. Zwar ist auch die Klassenlehrerin Bedienstete der Schule. Jedoch ist die Klassenlehrerin nach ihrer Stellung und Rangfolge in der Schule nicht befugt, Zusicherungen über die Versetzung zu erklären. Demnach fehlt es an der gem. § 41 Abs. 1 VwVfG erforderlichen wirksamen Bekanntgabe des Verwaltungsaktes „Zusicherung".
Mitwirkung eines Ausschusses	„Ist vor dem Erlaß des zugesicherten Verwaltungsaktes die Anhörung Beteiligter oder die Mitwirkung einer anderen Behörde oder eines Ausschusses aufgrund einer Rechtsvorschrift erforderlich, so darf die Zusicherung erst nach Anhörung der Beteiligten oder nach Mitwirkung dieser Behörde oder des Ausschusses gegeben werden" (§ 38 Abs. 1 Satz 2 VwVfG). Da nach den Schulgesetzen die Schule über die Versetzung nur durch Beschluß der Klassenkonferenz entscheiden kann, ist eine Zusicherung der Versetzung ohne Mitwirkung der Klassenkonferenz unzulässig.

Ergebnis: Die Klassenkonferenz ist an die Zusicherung der Klassenlehrerin nicht gebunden. Jedoch hat die Klassenlehrerin durch ihre Zusage an die Mutter des S eine ihr obliegende Amtspflicht verletzt. Falls die Zusage im Bereich des S zu Maßnahmen geführt hat, die nur noch mit finanziellen Einbußen rückgängig zu machen sind, so ist der Dienstherr der Klassenlehrerin gem. § 839 BGB, Art. 34 GG dem S bzw. der Mutter S zum Schadensersatz verpflichtet. – Vgl. zur Rechtslage im vorliegenden Sachverhalt für die Zeit vor Inkrafttreten des VwVfG das Urteil des Hamburgischen Oberverwaltungsgerichtes vom 16. 2. 1968 OVG Bf. I 76/66, abgedruckt in Verwaltungsrechtssprechung in Deutschland, 19. Band, München 1968, S. 780.

Verwaltungsvollstreckung

Zur Durchsetzung der Verwaltungsrechtsnormen können die zuständigen Verwaltungsbehörden ohne besondere Ermächtigung zweckentsprechende ↑Verwaltungsakte (S. 260) erlassen. Im Falle der Nichtbefolgung ihrer Anordnungen darf die Behörde jedoch nicht ohne weiteres zur zwangsweisen Vollziehung der Verwaltungsakte schreiten. Ein Vollzug von Verwaltungsakten durch sofortigen Zwang ist gesetzlich nur ganz ausnahmsweise zur Abwehr unmittelbar drohender Gefahren (regelmäßig durch die Polizei) vorgesehen. Im übrigen könnte die Behörde versuchen, die Befolgung der Verwaltungsakte mittelbar durch Einleitung eines Straf- oder Bußgeldverfahrens zu erzwingen. Da indes bei weitem nicht jedes verwaltungsrechtswidrige Verhalten mit Strafe oder Geldbuße bedroht ist und überdies die Schwerfälligkeit der Straf- und Bußgeldverfahren ihre Effizienz stark einschränkt, hilft auch dieser Weg meist nicht weiter. So erweist sich die Notwendigkeit eines verwaltungseigenen Vollstreckungsverfahrens. Für die Vollstreckung der Verwaltungsakte des Bundes und der bundesunmittelbaren juristischen Personen des öffentlichen Rechts ist dies geregelt im Verwaltungs-Vollstreckungsgesetz (VwVG) vom 27. 5. 1953. Für die Verwaltungsvollstreckung in den Ländern gilt entsprechendes Landesrecht; die neueren Landesgesetze lehnen sich im wesentlichen an das Bundesgesetz an.

Die Verwaltungsvollstreckungsgesetze unterscheiden zwischen der Vollstreckung wegen Geldforderungen und der Erzwingung von Handlungen, Duldungen und Unterlassungen. Zur Vollstreckung von Verwaltungsakten, mit denen eine Handlung, Duldung oder Unterlassung gefordert wird, ist grundsätzlich diejenige Behörde zuständig, die den Verwaltungsakt erlassen hat. Die Vollstreckung kann eingeleitet werden, wenn der Verwaltungsakt entweder unanfechtbar oder – nach den Vorschriften der Verwaltungsgerichtsordnung (§ 80) – sofort vollziehbar ist und dem Pflichtigen schriftlich die Anwendung eines bestimmten Zwangsmittels nach Ablauf einer angemessenen Frist angedroht wurde. Die Androhung kann bereits mit dem zu vollstreckenden Verwaltungsakt verbunden werden. Als *Zwangsmittel* sind Zwangsgeld, Ersatzvornahme, Ersatzzwangshaft und unmittelbarer Zwang vorgesehen. Hieraus muß die Behörde das mildeste erfolgversprechende Mittel wählen. Im Vordergrund steht deshalb bei Handlungen, die auch ein anderer vornehmen kann (vertretbare Handlungen), die Ersatzvornahme, bei nicht vertretbaren Handlungen das Zwangsgeld. Wird die Verpflichtung innerhalb der angeordneten Frist nicht erfüllt, setzt die Behörde das Zwangsmittel fest und wendet es gemäß der Festsetzung durch ihre eigenen Bediensteten – gegebenenfalls unter Heranziehung der Vollzugspolizei – an. Lediglich die Ersatzzwangshaft bedarf der Anordnung durch einen Richter und wird von der Justizverwaltung vollstreckt. Die Zwangsmittel können so lange und so oft angewendet werden, bis die Verpflichtung erfüllt ist. – Die Vollstreckung wegen öffentlich-rechtlicher Geldforderungen ist stärker der ↑Zwangsvollstreckung (S. 190) nach der Zivilprozeßordnung angenähert. An die Stelle des vollstreckbaren Titels tritt der behördliche Leistungsbescheid, dessen Vollstreckung die Ausgangsbehörde nach Prüfung der Fälligkeit anordnet. Die Aufgaben des Vollstreckungsgerichtes nimmt die Vollstreckungsbehörde – sie ist meist mit der Anordnungsbehörde identisch – wahr. Die Vollstreckungsbehörde läßt die erforderlichen Zwangsmaßnahmen (z. B. Pfändungen) regelmäßig durch eigene Vollstreckungsbedienstete durchführen. Das VwVG und Verwaltungsvollstreckungsrecht der Länder verweisen insoweit auf die Vollstreckungsvorschriften der Abgabenordnung.

H. Engelhardt, Verwaltungs-Vollstreckungsgesetz, Frankfurt 1970.
H. J. Wolff, Verwaltungsrecht III, 3. Aufl., München u. a. 1973, S. 317–337.

Rechtsbehelfe gegen Maßnahmen der Verwaltungsvollstreckung zur Erzwingung von Handlungen, Duldungen oder Unterlassungen (nach dem VwVG)

zu vollstreckender Verwaltungsakt	noch nicht rechtskräftig	miteinander verbunden (§ 13 Abs. 2)	unanfechtbar			
Androhung des Zwangsmittels (§ 13)	noch nicht rechtskräftig		noch nicht rechtskräftig	unanfechtbar		
Festsetzung des Zwangsmittels (§ 14)		ist noch nicht erfolgt		noch nicht rechtskräftig	unanfechtbar	
Anwendung des Zwangsmittels (§ 15)		ist noch nicht erfolgt				ist bereits erfolgt
Rechtsmittel	gegen die Androhung ist dasselbe Rechtsmittel (Widerspruch und Anfechtungsklage) zulässig, wie gegen den Verwaltungsakt (§ 18 Abs. 1 S. 1)	das gegen den Verwaltungsakt einzulegende Rechtsmittel erstreckt sich auch auf die Androhung (§ 18 Abs. 1 S. 2)	Widerspruch und Anfechtungsklage, die jedoch nur insoweit zulässig sind, als eine Rechtsverletzung durch die Androhung	die Festsetzung selbst behauptet wird (§ 18 Abs. 1 S. 3)	Vollstreckungsgegenklage, die jedoch nur insoweit zulässig ist, als sie sich gegen den durch den Verwaltungsakt geltend gemachten Anspruch selbst wendet (§ 173 Verwaltungsgerichtsordnung, § 767 Zivilprozeßordnung)	Kein Rechtsmittel (evtl. nachträgliche Feststellungsklage § 43 Verwaltungsgerichtsordnung)

Verwaltungskontrolle

Die öffentliche Verwaltung mit ihren umfassenden Zuständigkeiten in fast allen Bereichen der Gesellschaft stellt einen erheblichen Machtfaktor dar. Die Kontrolle der Ausübung dieser Macht ist deshalb unabdingbar. Die im gewaltenteiligen Rechtsstaat an sich im Vordergrund stehende Kontrolle durch die (Verwaltungs-)Gerichtsbarkeit kann diese Aufgabe nur zum Teil erfüllen, weil sie nur in Einzelfällen Platz greift und oft nur zu einer rechtlichen Überprüfung des Verwaltungshandelns führt. Sie bedarf deshalb der Ergänzung durch ein System von Kontrollen der Exekutive durch sich selbst (Selbstkontrolle) und durch die Legislative (politische Kontrolle).

Die Wirksamkeit der *Selbstkontrolle* folgt aus dem hierarchischen Aufbau der Verwaltung. Sowohl innerhalb einer Behörde als auch in einem Instanzenzug gibt es stets eine dem entscheidenden Amtsträger übergeordnete Stelle, die zur Überprüfung und Korrektur der Entscheidung in der Lage ist. Verwaltungsselbstkontrolle ist daher aus eigener Initiative der Verwaltung möglich. Die Verwaltungskontrolle kann durch Bürger eingeleitet werden, und zwar entweder durch *Gegenvorstellung*, mit der die Überprüfung einer Entscheidung durch diejenige Behörde begehrt wird, welche die Entscheidung getroffen hat, oder durch *Aufsichtsbeschwerde* zu der im Instanzenzug nächsthöheren Behörde. Die Aufsichtsbehörden haben über Rechtmäßigkeit und – sofern zulässig – auch Zweckmäßigkeit der Maßnahmen der nachgeordneten Behörden zu wachen. Soweit sich die Aufsichtsbeschwerde gegen die Entscheidung einer Selbstverwaltungskörperschaft wendet, ist die Überprüfung der Aufsichtsbehörde auf die Rechtmäßigkeit beschränkt. Mit der *Dienstaufsichtsbeschwerde* schließlich wird das persönliche Verhalten eines Amtsträgers bei seinem Dienstvorgesetzten gerügt. Diese sogenannten formlosen Rechtsmittel ergeben sich aus dem ↑Petitionsrecht (S. 150) und stehen jedermann (also auch den nicht Betroffenen) ohne Wahrung einer Form oder Frist zu. Ein Anspruch des Antragstellers auf sachliche Überprüfung ist damit nicht gegeben; diesen gewährt erst das Rechtsmittel des *Widerspruchs*, durch den ein förmliches Verfahren der Verwaltungsselbstkontrolle als Voraussetzung des ↑Verwaltungsstreitverfahrens (S. 234) eingeleitet wird. Schließlich gewährleistet das öffentliche Haushalts-, Kassen- und Rechnungsprüfungswesen eine ständige finanzielle Selbstkontrolle der Verwaltung (↑Rechnungshöfe S. 308).

Die *politische Kontrolle* ist am stärksten ausgeprägt im Kommunalbereich. In allen Kommunalgesetzen wird den politischen Vertretungskörperschaften (z. B. Gemeinderat) ein Recht zur Überwachung der gesamten Verwaltungsgeschäfte eingeräumt. Dagegen sind die Parlamente von Bund und Ländern wegen der stärkeren Betonung des Gewaltenteilungsgrundsatzes bei der Verwaltungskontrolle auf die Tätigkeit der Petitionsausschüsse, die Zitierung und Befragung von Regierungsmitgliedern (Interpellationsrecht) und die Einsetzung von ↑Untersuchungsausschüssen (S. 54) beschränkt (↑Parlamentsrecht S. 52). Die Bestellung von Parlamentsbeauftragten für die allgemeine Verwaltungskontrolle nach dem Vorbild des skandinavischen Ombudsmanns wird zwar intensiv diskutiert, ist jedoch bisher über erste Ansätze (Wehrdienst- und Ersatzdienstbeauftragter des Bundestages, ↑Bürgerbeauftragte – Wehrbeauftragter S. 152) nicht hinausgekommen. Besonders wirksam ist die Kontrolle der Verwaltung durch die öffentliche Meinung, insbesondere durch Presse, Rundfunk und Fernsehen. Sie zwingt die Verwaltung zu zunehmender Publizität und Offenlegung ihrer Entscheidungsprozesse.

W. Thieme, Verwaltungslehre, 3. Aufl., Köln u. a. 1977, S. 407–448.
H. J. Wolff, Verwaltungsrecht III, 3. Aufl., München u. a. 1973, S. 337–415.

Beispiel: Das Bauverwaltungsamt einer kreisfreien Stadt (Stadtkreis) versagt dem A eine beantragte Baugenehmigung. A, der vermutet, daß bei der Entscheidung auch eine persönliche Feindschaft mit dem Beamten X eine Rolle gespielt hat, möchte dagegen vorgehen:
Alle Kontrollwege können selbständig, gleichzeitig und unabhängig voneinander beschritten werden. Lediglich die Klage setzt ein vorgängiges Widerspruchsverfahren voraus.

politische Kontrolle		A wendet sich – mit einem Leserbrief an die Tageszeitung – an einen Stadtrat oder eine Stadtratsfraktion	mit der Folge daß aufgrund einer Diskussion in der Öffentlichkeit oder im Stadtrat die Verwaltung möglicherweise die Entscheidung revidiert.
Selbstkontrolle der Verwaltung	formlos, fristlos, gebührenfrei	A beschwert sich – über die Sachentscheidung – beim Leiter des Bauverwaltungsamtes oder beim Oberbürgermeister (Gegenvorstellung) – beim Regierungspräsidium (Reg.-Präsident, Regierung) (Aufsichtsbeschwerde) – über das persönliche Verhalten des Beamten X beim Oberbürgermeister als oberstem Dienstvorgesetzten des X (Dienstaufsichtsbeschwerde)	mit der Folge, daß möglicherweise aufgrund erneuter sachlicher Überprüfung – die Stadt selbst die Entscheidung revidiert – das Regierungspräsidium (Reg.-Präsident, Regierung) die Stadt anweist, die Entscheidung zu revidieren – gegen den Beamten X disziplinarisch eingeschritten wird.
	förmlich	A legt bei der Stadt gegen die Abweisung des Antrags innerhalb eines Monats Widerspruch ein mit der Folge, daß sowohl die Stadt wie das Regierungspräsidium (Reg.-Präsident, Regierung) den Antrag erneut überprüfen müssen. Im Widerspruchsbescheid gibt das Regierungspräsidium (Reg.-Präsident, Regierung) entweder dem Antrag statt oder weist den Widerspruch ab.	
gerichtliche Kontrolle		Bei ablehnendem Widerspruch erhebt A innerhalb eines Monats nach Zustellung des Widerspruchsbescheides Klage zum Verwaltungsgericht mit dem Antrag, die Stadt zur Erteilung der begehrten Baugenehmigung zu verpflichten (Verpflichtungsklage).	

Staatshaftung und öffentlich-rechtliche Entschädigung

Herkömmlicherweise unterscheidet man zwischen der Haftung des Staates für Schädigungen und Beeinträchtigungen durch rechtmäßiges Handeln (öffentlich-rechtliche Entschädigung), für schuldlos rechtswidriges und für schuldhaft rechtswidriges Handeln der Amtsträger sowie für die Schaffung besonderer Gefahrenlagen (Gefährdungshaftung). Die Voraussetzungen einer Haftung des Staates für schuldhaft rechtswidrig verursachte Schäden, auch *Amtshaftung* genannt, sind in § 839 des Bürgerlichen Gesetzbuches (BGB) in Verbindung mit Art. 34 Grundgesetz (GG) geregelt. Danach übernimmt der Staat die Schadensersatzpflicht des Amtsträgers (Beamten) mit befreiender Wirkung, wenn dieser in Ausübung seines anvertrauten öffentlichen Amtes einem Dritten einen Schaden zugefügt hat, wobei er eine diesem Dritten gegenüber obliegende Amtspflicht verletzt haben muß. Die Haftung ist allerdings ausgeschlossen, wenn der Amtsträger nur fahrlässig gehandelt hat und der Verletzte auf eine andere Weise Ersatz zu erlangen vermag. Der Umfang des Schadensersatzanspruchs bestimmt sich nach den §§ 249 ff. BGB und ist auf Geldersatz gerichtet.

Im Gegensatz dazu ist die *öffentlich-rechtliche Entschädigung* ein angemessener Ausgleich des Staates für die rechtmäßige Inanspruchnahme von Rechten und Rechtsgütern der Staatsbürger zum Wohle und im Interesse der Allgemeinheit. Man unterscheidet dabei zwischen Enteignung als Entziehung vermögenswerter Rechte (↑Eigentum und Enteignung S. 146) und Aufopferung als Beeinträchtigung sonstiger Rechtsgüter wie Leib, Leben und Gesundheit. Die Enteignung (Art. 14 GG) ist nur zum Wohle der Allgemeinheit zulässig und darf nur durch Gesetz oder aufgrund eines Gesetzes erfolgen, das Art und Ausmaß der Entschädigung regelt (Junktim-Klausel). Besondere Bedeutung kommt den enteignenden Maßnahmen auf dem Gebiet des ↑Baurechts (S. 508) und der ↑Bodenordnung (S. 514) zu (z. B. ↑Enteignungen im Zuge der Bauleitplanung und der Bodenordnung S. 516). Für die Aufopferungsentschädigung gelten die gleichen Grundsätze wie für die Enteignung. Sie ist zwar nicht ausdrücklich geregelt, aber gewohnheitsrechtlich anerkannt und hat Verfassungsrang. Typische Fälle sind Impfschäden bei Zwangsimpfungen. Der Bundesgerichtshof hat in Anknüpfung an die Rechtsprechung des Reichsgerichts die Entschädigungsgrundsätze aus Enteignung und Aufopferung auch auf schuldlos und schuldhaft rechtswidrige Eingriffe des Staates ausgedehnt und damit die Grenzen zur Amtshaftung verwischt. Die Entschädigung wegen enteignungsgleichen Eingriffs setzt voraus, daß unrechtmäßige Eingriffe der Staatsgewalt nach Art, Inhalt und Wirkung einen enteignenden Akt darstellen. Bei schuldhaft rechtswidrigen Schädigungen durch die öffentliche Gewalt können der Schadensersatzanspruch aus Amtshaftung und der Entschädigungsanspruch wegen enteignungsgleichen Eingriffs nebeneinander bestehen (Anspruchskonkurrenz).

Eine öffentlich-rechtliche *Gefährdungshaftung* des Staates wegen der Schaffung einer besonderen Gefahrenlage (z. B. Bahnbetrieb) wird über spezialgesetzliche Regelungen hinaus nicht anerkannt.

Dieses zum Teil unsystematische Nebeneinander verschiedener Ansprüche gegen den Staat soll durch ein neues Staatshaftungsgesetz beseitigt werden. Vorgesehen ist eine unmittelbare Haftung des Staates für die objektiv rechtswidrige Ausübung öffentlicher Gewalt, wenn diese eine Pflicht des öffentlichen Rechts verletzt, die dem Geschädigten gegenüber obliegt. Gehaftet wird danach auch für Schäden, die durch das Versagen technischer Einrichtungen verursacht werden, wenn diese Einrichtungen anstelle von Personen bei der Ausübung öffentlicher Gewalt eingesetzt sind. Die geplante Reform vereinigt die Amtshaftung mit dem enteignungsgleichen Eingriff, dem aufopferungsgleichen Eingriff und der Folgenbeseitigung zu einer umfassenden Haftung des Staates.

B. Bender, Staatshaftungsrecht, 2. Aufl., Karlsruhe 1974.
F. Ossenbühl, Staatshaftungsrecht, München 1976.

System der öffentlich-rechtlichen Ersatzleistungen

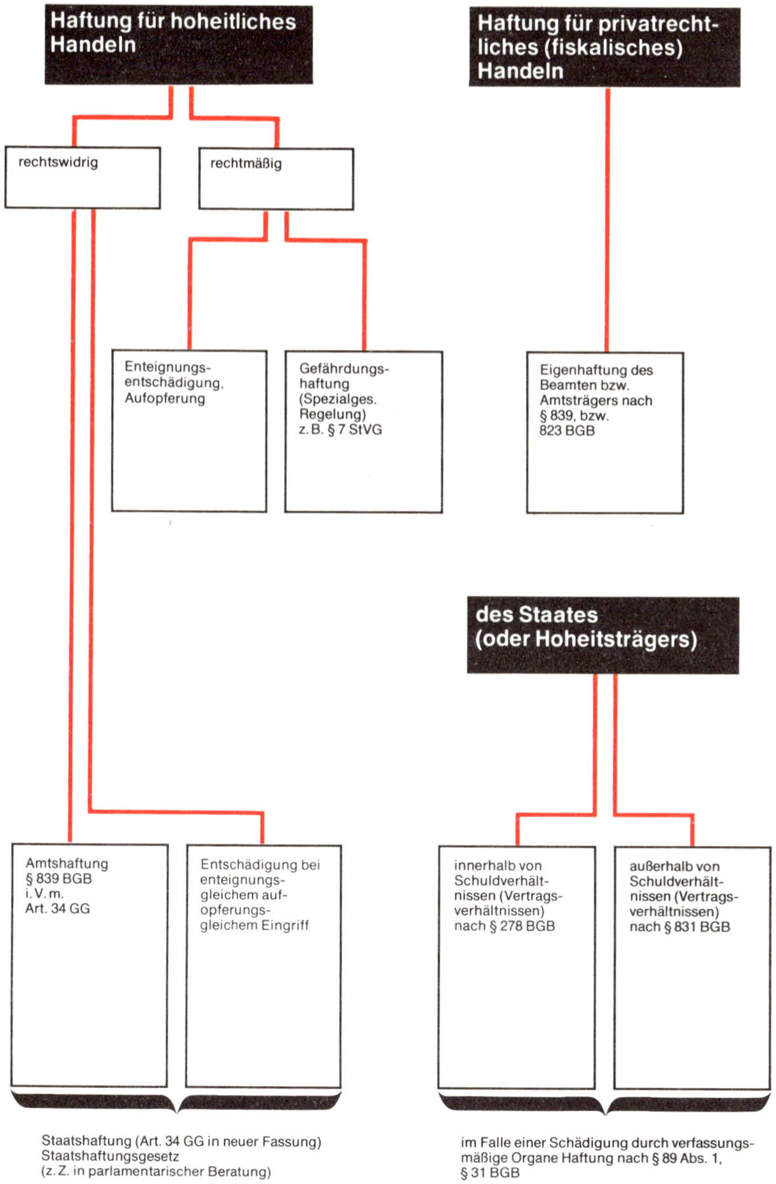

Öffentliche Abgaben

Bei öffentlichen Abgaben und Lasten handelt es sich um eine Sammelbezeichnung für Leistungen aller Art an die öffentliche Hand. Öffentliche Lasten im weiteren Sinne können Dienst-, Sach- und Geldleistungen an einen Träger öffentlicher Gewalt zum Inhalt haben. Alle diese Verpflichtungen müssen gesetzlich festgelegt sein und sind gerichtlich nachprüfbar. Die öffentlichen Abgaben werden untergliedert in Allgemeine Lasten, Vorzugslasten und Verbandslasten.

Unter den *Allgemeinen Lasten* sind die wichtigsten die Geldleistungen, vor allem die Steuern (↑Zölle und Steuern S. 274). Neben den Geldleistungen gibt es Naturalleistungen; sie bestehen aus Dienst- oder Sachleistungen (z. B. Pflicht, als Zeuge vor Gericht zu erscheinen, Wehrdienst, Hand- und Spanndienste). Die Geldleistungen können einmalig sein (z. B. die Entrichtung der Erbschaftsteuer bei einem Erbfall oder die Entrichtung der Grunderwerbsteuer beim Grunderwerb). Sie können aber auch fortlaufend zu erbringen sein, wie die Steuern, die nach Ablauf bestimmter Zeiträume jeweils neu erhoben werden. So sind die Einkommensteuer, Vermögen- und Mehrwertsteuer in jährlichen Veranlagungszeiträumen mit entsprechenden Vorauszahlungen auf die voraussichtliche Steuerschuld zu entrichten.

Die *Steuern* stellen nach § 3, Abs. 1 der Abgabenordnung kein Entgelt für eine Gegenleistung dar, vielmehr werden sie einseitig durch obrigkeitlichen Zwang im Rahmen der Steuerhoheit durch eine öffentlich-rechtliche Körperschaft auferlegt. In der Regel geschieht dies im Interesse der Erzielung von Einkünften für das Gemeinwesen. Daneben können auch wirtschafts-, sozial- und gesellschaftspolitische Absichten mit der Steuererhebung verfolgt werden. Grundsatz des Steuerrechts ist, daß die Steuern alle treffen, bei denen der Tatbestand der Auferlegung erfüllt ist. Sie müssen daher allgemein und gleichmäßig erhoben werden.

Nicht zu den Steuern gehören die *Vorzugslasten*. Zu ihnen rechnet man vor allem die Gebühren und Beiträge, aber auch Naturalleistungen in Form von Dienst- und Sachleistungen (z. B. Straßenreinigungspflicht der Anlieger). Sie werden als Entgelt für bestimmte Gegenleistungen (besondere Vorteile) erhoben. Bei den Geldleistungen unterscheidet man zwischen Gebühren (Verwaltungs-, Benutzungs- und Verleihungsgebühren) sowie Beiträgen und öffentlich-rechtlichen Leistungsentgelten (vgl. z. B. ↑Deutsche Bundespost S. 472). Die *Gebühren* werden erhoben für die besondere Inanspruchnahme der öffentlichen Verwaltung oder einer öffentlich-rechtlichen Einrichtung aufgrund fester Tarife. Sie sollen grundsätzlich kostendeckend sein. Entsprechendes gilt bei den *Beiträgen* (z. B. Erschließungsbeiträgen der Straßenanlieger, Kurtaxen). Sie sind ebenso wie die Umlagen Leistungen der an einer Einrichtung, die im öffentlichen Interesse geschaffen wurde, vorzugsweise Beteiligten. Zur Begründung einer Beitragspflicht genügt es, daß die Inanspruchnahme der Einrichtung möglich ist.

Die *Verbandslasten* treffen die Mitglieder eines öffentlich-rechtlichen Verbandes (z. B. einer Wasser- oder Bodenverbesserungsgenossenschaft). Auch hier kommen in der Regel Geldleistungen, jedoch auch Dienst- und Sachleistungen in Betracht. Hierher gehören „Beiträge" zu Wasser- und Wegeverbänden, zu ↑Industrie- und Handelskammern (S. 336), Landwirtschaftskammern (↑Landwirtschaftsrecht S. 344) sowie Handwerkskammern (↑Handwerksordnung S. 332).

R. Kühn/Kutter/Hofmann, Abgabenordnung (Reform 1977) – Finanzgerichtsordnung, 12. Aufl., Stuttgart 1977.
K. Tipke/Kruse, Kommentar zur Abgabenordnung 1977 und Finanzgerichtsordnung, 8. Aufl., Köln 1977.

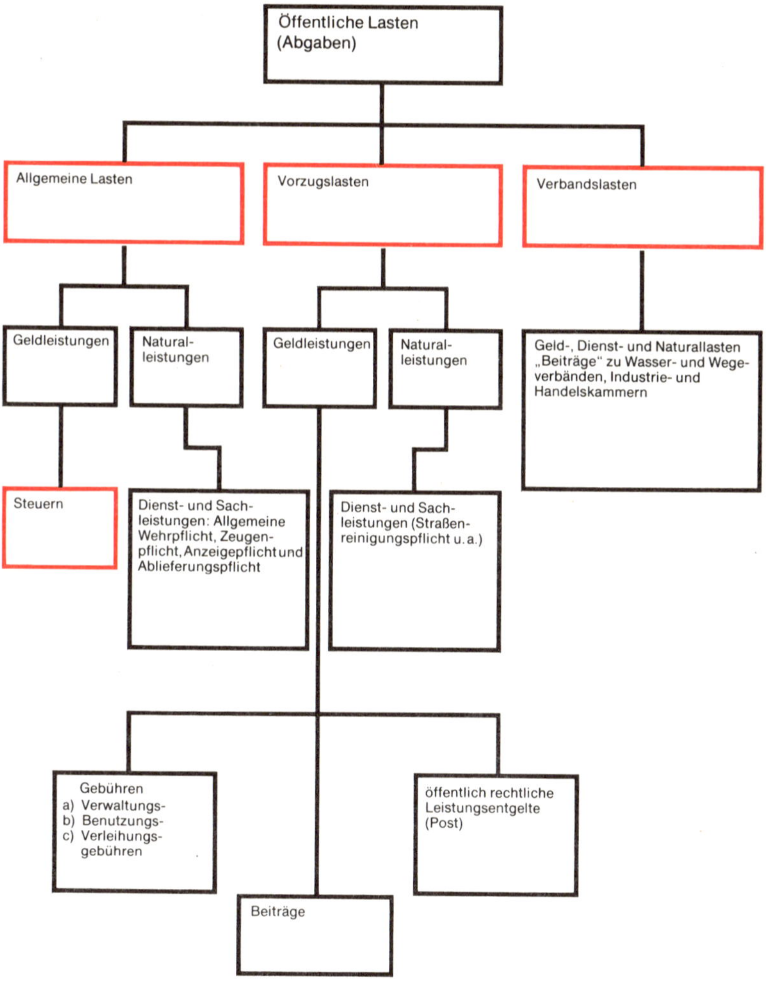
Öffentliche Lasten (Abgaben)
Allgemeine Lasten
Vorzugslasten
Verbandslasten
Geldleistungen
Natural-leistungen
Geldleistungen
Natural-leistungen
Geld-, Dienst- und Naturallasten „Beiträge" zu Wasser- und Wege-verbänden, Industrie- und Handelskammern
Steuern
Dienst- und Sach-leistungen: Allgemeine Wehrpflicht, Zeugen-pflicht, Anzeigepflicht und Ablieferungspflicht
Dienst- und Sach-leistungen (Straßen-reinigungspflicht u.a.)
Gebühren
a) Verwaltungs-
b) Benutzungs-
c) Verleihungs-gebühren
öffentlich rechtliche Leistungsentgelte (Post)
Beiträge

Steuern und Zölle

Steuern und Zölle sind die wichtigsten ↑ öffentlichen Abgaben (S. 272). Sie werden im wesentlichen gleich behandelt. Die Zölle und Verbrauchsteuern werden von den Zollämtern, alle anderen Steuern von den Finanzämtern verwaltet. Das deutsche Steuerrecht kennt eine große Zahl von Steuern, die im Ertrag sehr unterschiedlich sind. Zum Teil handelt es sich um ausgesprochene Bagatellsteuern. Die Steuern lassen sich nach verschiedenen Gesichtspunkten einteilen. So unterscheidet man nach der Ertragshoheit, d. h. nach dem Gläubiger des Steueranspruchs, Steuern des Bundes, der Länder und der Gemeinden sowie gemeinschaftliche Steuern (↑ Finanzsystem der Bundesrepublik Deutschland S. 298). Von der Steuerschuld her gesehen ist die wichtigste Unterscheidung die in *direkte* und *indirekte* Steuern. Die direkten Steuern werden unmittelbar bei dem erhoben, den sie wirtschaftlich treffen sollen. Sie sind in der Regel an der persönlichen Leistungsfähigkeit ausgerichtet (z. B. ↑ Einkommensteuer S. 282, ↑ Vermögensteuer S. 292). Bei den indirekten Steuern fallen Steuerschuldner und endgültig Belasteter infolge der erwarteten Überwälzung des Steuerbetrages durch Preisaufschläge auseinander. Diese Steuern (Zölle, Verkehrsteuern und vor allem Verbrauchsteuern) werden also bei einem anderen erhoben als dem, den sie wirtschaftlich treffen. Die Unterscheidung von direkten und indirekten Steuern ist auch im internationalen Wettbewerb bedeutsam, weil Waren an der Grenze von den indirekten Steuern entlastet werden, während die direkten Steuern als Kosten mit über die Grenze gehen und so den Export aus Ländern mit einem hohen direkten Steueranteil, wie der Bundesrepublik, verteuern.

Eine weitere Unterscheidung ist die von Objekt-(Real-)Steuern und Subjekt- oder Personensteuern. Zu den *Realsteuern*, die auf einzelnen Gegenständen ruhen, gehören die ↑ Grundsteuer (S. 290) und die ↑ Gewerbesteuer (S. 288). Die *Personensteuern* werden nach den persönlichen Verhältnissen im Einzelfall erhoben, so vor allem die Steuern auf Einkommen, Ertrag und Vermögen. Zuweilen werden auch die Einkommen-, Körperschaft-, Vermögen- und Erbschaftsteuer als *Besitzsteuer* zusammengefaßt. Von *Verkehrsteuern* spricht man, wenn die Steuer an Akte oder Vorgänge des Rechtsverkehrs anknüpft, insbesondere an den Abschluß eines Rechtsgeschäfts. Hierzu gehören die Umsatzsteuer (↑ Mehrwertsteuer (S. 286), die ↑ Grunderwerbsteuer (S. 290), die Wechsel- und Versicherungsteuer, aber auch die Erbschaftsteuer. Bei *Verbrauchsteuern* ist der Gegenstand der Besteuerung der Verbrauch oder Gebrauch bestimmter Sachen. Die Verbrauchsteuern, zu denen der Wirkung nach auch die Umsatzsteuer gehört, da sie den Letztverbraucher treffen soll, werden erhoben auf Lebens- und Genußmittel und andere Gegenstände des Verbrauchs, wie z. B. die Zucker- und Süßstoffsteuer, die Salzsteuer, die Tabak- und Kaffeesteuer, die Bier- und Getränkesteuer, oder die Mineralölsteuer. Die Branntweinsteuer und die Zündwarensteuer sind Abgaben, die im Zusammenhang mit den *Finanzmonopolen* des Bundes auf Branntwein und Zündwaren erhoben werden (↑ Öffentliche Unternehmen und Staatsmonopole S. 304).

Zölle sind Steuern, die nach Maßgabe des Zolltarifs auf der Warenbewegung über die Zollgrenze lasten. Man unterscheidet Einfuhr- und Ausfuhrzölle. Letztere sind heute insbesondere in den Entwicklungsländern zur Einschränkung der Rohstoffausfuhr anzutreffen. Der (Einfuhr-)Schutzzoll auf bestimmte Waren soll dagegen die Produzenten solcher Waren im Inland vor Konkurrenz schützen. Ein derartiger Zoll besteht heute grundsätzlich als Außenzoll bei der Einfuhr in die ↑ Europäische Gemeinschaft (S. 574; ↑ GATT S. 606). Er wird in der Regel auf den Wert der Waren erhoben, richtet sich aber ausnahmsweise auch nach dem Gewicht.

R. Kühn/Kutter/Hofmann, Abgabenordnung, 12. Aufl., Stuttgart 1977.
K. Tipke/Kruse, Kommentar zur Abgabenordnung, Köln 1977.
K. Tipke, Steuerrecht, 5. Aufl., Köln 1978.

Steuerspirale 1977
Steuereinnahmen in Millionen DM (z. T. geschätzt)

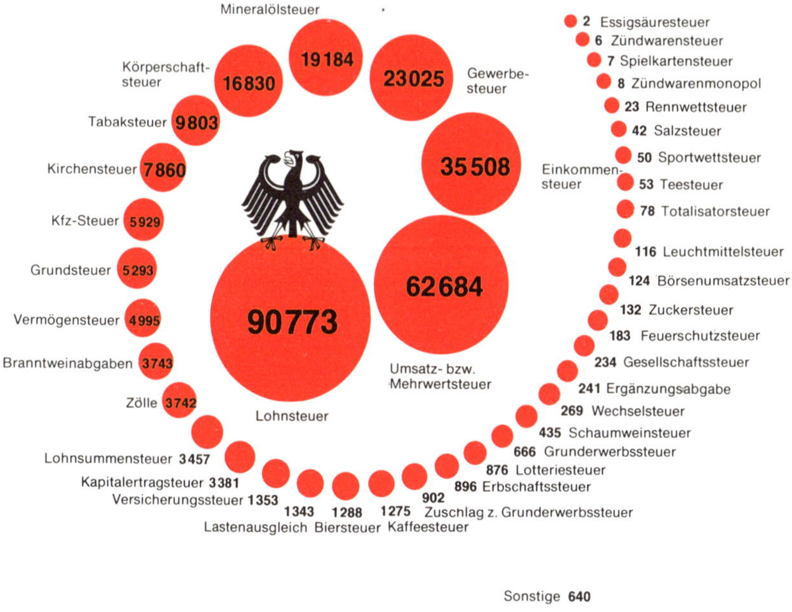

Steuerermittlungsverfahren – Steuergeheimnis

Das Finanzamt hat im steuerlichen Ermittlungsverfahren, das zur Steuerfestsetzung führt, die Steuerfälle zu erforschen und von Amts wegen die tatsächlichen und rechtlichen Verhältnisse zu ermitteln, die für die Bemessung der Steuer wesentlich sind. Dabei hat es auch Angaben zugunsten der Steuerpflichtigen zu prüfen. Dieses Verfahren wird beherrscht von dem Grundsatz der *Ermittlungspflicht* (*Feststellungslast* der Finanzbehörde). Dem steht die weitreichende Verpflichtung des Steuerpflichtigen zur Unterstützung des Finanzamts gegenüber, insbesondere durch eine ihm obliegende umfassende *Erklärungspflicht*.

Das Finanzamt hat dabei die Aufgabe, dem Steuerpflichtigen belastende Merkmale durch Mitteilung des Ermittlungsergebnisses bekanntzugeben. Es darf also ungünstige Beweisergebnisse seiner Entscheidung nicht zugrundelegen, ohne ihm die Gelegenheit zur Stellungnahme (rechtliches Gehör) zu geben. Seine Einwendungen müssen verwertet werden und gegebenenfalls ist der Steuerpflichtige aufzufordern, sein Vorbringen zu ergänzen. Das Finanzamt entscheidet dann aus der Gesamtheit der ihm verfügbaren oder von ihm eingesetzten Erkenntnismittel darüber, ob eine Tatsache erwiesen ist oder nicht und welche Folgerungen daraus zu ziehen sind.

Die amtliche Ermittlungspflicht hat jedoch ihre Grenzen dort, wo dem Finanzamt eine weitere Nachforschung den Umständen nach nicht zugemutet werden kann. Insbesondere dann, wenn der Steuerpflichtige selbst nicht genügend mitwirkt.

Am Ende des Ermittlungsverfahrens steht die Steuerfestsetzung, die Konkretisierung des kraft Gesetzes entstandenen Steueranspruchs durch einen Steuerbescheid. Vor allem geschieht dies in der Veranlagung im Rahmen der laufend zu erhebenden Steuern (Veranlagungssteuern), so z. B. bei der ↑Umsatzsteuer (S. 286), der ↑Gewerbesteuer (S. 288) und der ↑Einkommensteuer (S. 282) sowie bei der ↑Vermögensteuer (S. 292). In Ausnahmefällen werden Freistellungsbescheide erteilt.

Im Ermittlungsverfahren ist die Vertretung durch Bevollmächtigte und Beistände nur bedingt zulässig. Zur Hilfeleistung in Steuersachen sind in erster Linie Rechtsanwälte, Steuerberater, Wirtschaftsprüfer und Steuerbevollmächtigte berufen. Die nähere Regelung findet sich in einem besonderen Steuerberatungsgesetz. Die Angehörigen der *steuerberatenden Berufe* sind einem dort geregelten Ausbildungs-, Prüfungs- und Zulassungsverfahren unterworfen. Sie haben bestimmte Berufspflichten zu erfüllen. Andernfalls können sie für die Steuern des Mandanten haftbar gemacht oder auch straffällig werden. Ihre Stellung ist die von Mittlern zwischen Steuerpflichtigem und Finanzamt.

Die Verhältnisse des Steuerpflichtigen, die dem Finanzamt im Besteuerungsverfahren oder im Straf- bzw. Bußgeldverfahren bekannt werden, dürfen nicht unbefugt offenbart werden. Das umschreibt das Gesetz mit dem Satz „das Steuergeheimnis ist unverletzlich". Der Sinn des *Steuergeheimnisses* ist, den Steuerpflichtigen zu der bei der Besteuerung erforderlichen vertrauensvollen Mitwirkung zu gewinnen. Zwar steht das Steuergeheimnis nicht unter verfassungsrechtlichem Schutz, aber sein Bruch ist ein Vergehen, das mit Geldstrafe oder mit Gefängnis bis zu sechs Monaten bestraft wird. In bestimmten Fällen ist ein Strafantrag erforderlich. Unbefugt ist jede Offenbarung oder Verwertung gegen den Willen des Steuerpflichtigen, es sei denn, dieser habe der Preisgabe zugestimmt. Daher ist eine Einsicht in Steuerakten Dritten grundsätzlich zu verwehren. Das Steuergeheimnis ist nicht zu wahren, wenn eine Behörde das ausdrückliche Recht auf Auskunft hat oder die Pflicht zur Auskunfterteilung in einem Gesetz oder aus zwingendem öffentlichem Interesse in einer Verwaltungsvorschrift niedergelegt ist.

K. Domisch, Verwaltungszwangsverfahren, Ermittlungs- und Festsetzungsverfahren, Berlin 1973.
P. Pfaff, Kommentar zum Steuergeheimnis, Berlin 1974.
H. J. Holzapfel, Steuergeheimnis, Verfassung und Offenbarungsbefugnis, München 1972.

Steuergeheimnis

Das Steuergeheimnis gilt uneingeschränkt gegenüber allen privaten Personen

Das Steuergeheimnis gilt mit wenigen Ausnahmen gegenüber allen staatlichen Stellen

Das Steuergeheimnis kann ausnahmsweise durchbrochen werden

- bei Auskünften an Arbeitsämter und Sozialversicherungsträger zur Verhütung von Unterstützungsmißbrauch
- bei zwingendem öffentlichen Interesse erfolgt Auskunft an die Staatsanwaltschaft bei Vorliegen erheblicher Verdachtsmomente für ein Vergehen nichtsteuerlicher Art

Das Steuergeheimnis wird durchbrochen

- bei Strafverfolgung steuerrechtlicher Vergehen
- Mitteilung von Besteuerungsgrundlagen (Einheitswerte, Gewerbesteuermeßbeträge u.a.), falls diese Bemessungsgrundlage für andere Steuern, Beiträge oder Gebühren sind, an Notare, Registergerichte, Industrie- und Handelskammern, Handwerkskammern
- Mitteilung an Fürsorgestellen zur Prüfung von Unterstützungsansprüchen

Steuerbescheid – Rechtsbehelfe im Steuerrecht

Nach Abschluß des Verfahrens der ↑Steuerermittlung (S. 276) ergeht ein Steuerbescheid. In ihm wird ein bestimmter Betrag als Steuer von einer bestimmten Person (Steuerpflichtiger) gefordert. Daher sind in ihm der Steuerschuldner und der Gegenstand der Steuer zu bezeichnen, bei der ↑Einkommensteuer (S. 282) z. B. der Veranlagungszeitraum. Zum Steuerbescheid gehört ferner ein *Leistungsgebot*, aus dem der Steuerpflichtige ersehen kann, wann und wie er die Steuer zu entrichten hat. Auch ist eine Rechtsbehelfsbelehrung vorgeschrieben, durch die die Rechtsbehelfsfrist in Lauf gesetzt wird.

Steuerbescheide, die auf die Zahlung eines Steuerbetrages lauten, haben dieselbe Bedeutung wie ein vollstreckbares Urteil (↑Zwangsvollstreckung S. 206). Die zu erbringenden Leistungen werden auf dem Verwaltungswege durch die Vollstreckungsstelle der Finanzämter eingetrieben. Vollstreckt werden darf bereits – ungeachtet der regelmäßig vorgeschriebenen Mahnung –, wenn dem Steuerschuldner das Leistungsgebot bekanntgegeben und seit der Bekanntgabe mindestens eine Woche verstrichen ist. Innerhalb dieser Frist kann der Schuldner die Vollstreckung durch Zahlung oder durch Erlaß, Stundung, Aussetzung der Vollziehung oder Vollstreckungsaufschub abwenden. Durch Einlegung eines Rechtsbehelfs wird die Vollziehung der angegriffenen Verfügung in der Regel nicht gehemmt, insbesondere die Erhebung der Steuer nicht aufgehalten. Unter bestimmten Voraussetzungen kann das Finanzamt den Steuerbescheid abändern.

Neben den Steuerbescheiden gibt es zahlreiche ihnen gleichgestellte Bescheide. *Haftungsbescheide* richten sich nicht gegen den Steuerschuldner, sondern gegen einen für die Steuer außer ihm Haftenden. In *Feststellungsbescheiden* werden einzelne Besteuerungsgrundlagen gegenüber dem Steuerpflichtigen gesondert festgestellt. Sie sind selbständig anfechtbar. Gesondert festgestellt werden Einheitswerte von Betrieben, steuerpflichtige Einkünfte aus Land- und Forstwirtschaft, Gewerbebetrieb, selbständiger Arbeit, sowie aus Vermietung und Verpachtung unbeweglichen Vermögens, wenn an ihren Einkünften mehrere beteiligt sind, aber auch die Werte nichtnotierter Gesellschaftsanteile. Außerdem gibt es *Steuermeßbescheide* als Grundlage für die Festsetzung der Realsteuern, insbesondere bei der Festsetzung der ↑Gewerbesteuer (S. 288), und *Zerlegungsbescheide* bei Aufteilung von Steuerobjekten auf die verschiedenen Gebietskörperschaften, so bei der Gewerbesteuer und bei der ↑Grundsteuer (S. 290). Die in den gesonderten Feststellungsbescheiden enthaltenen Feststellungen werden bei der Veranlagung der Steuerpflichtigen ohne Abänderung zugrundegelegt. Falls ihr Inhalt beanstandet wird, sind Rechtsbehelfe ausschließlich im Feststellungsbescheidverfahren zulässig.

Gegen den Steuerbescheid kann innerhalb eines Monats *Einspruch* beim Finanzamt eingelegt werden. In Ausnahmefällen mit Genehmigung des Finanzamts Sprung-Anfechtungsklage unmittelbar an das Finanzgericht. Dessen Entscheidung kann mit der Revision an den Bundesfinanzhof angefochten werden (↑Finanzgerichtsbarkeit S. 240). Sonstige Akte des Steuerverwaltungsrechts, in denen den Finanzämtern ein Ermessensspielraum gewährt ist, z. B. bei der Versagung einer Fristverlängerung für die Abgabe einer Steuererklärung oder einer Stundung von Steuerschulden, können mit der *Beschwerde* angefochten werden. Die Finanzämter können dieser abhelfen. Tun sie es nicht, wird sie der nächsthöheren Behörde zur Entscheidung vorgelegt. Hiergegen gibt es weitere Beschwerde an das Finanzministerium und gegebenenfalls gegen dessen Entscheidung Klage an das Finanzgericht für den Fall einer Ermessensverletzung.

H. Fichtelmann, Systematik, Änderung und Aufhebung der Verwaltungsakte und Steuerbescheide nach der AO 1977, Berlin 1977.
D. Kopei, Klagebefugnis und Rechtsschutzbedürfnis für Anfechtungsklagen gegen Steuer- und Grundlagenbescheide, Karlsruhe 1975.

Rechtsbehelfe im Steuerrecht

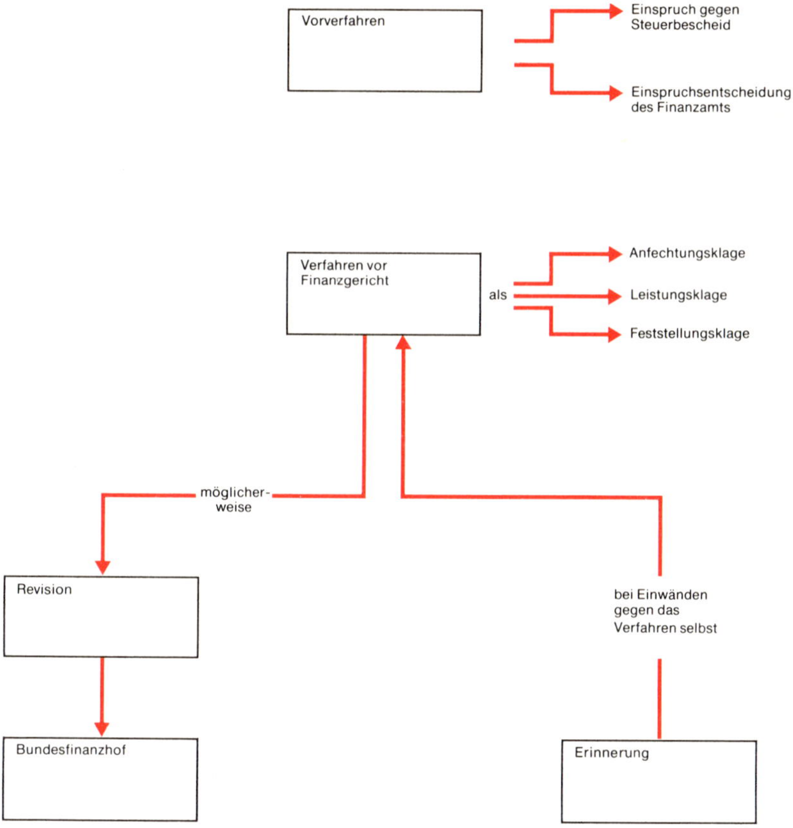

Steuerstrafrecht

Bei der Erhebung der Steuern wird der Steueranspruch des Fiskus durch ein besonders Steuerstrafrecht geschützt. Damit soll erreicht werden, daß das Vermögen aller Steuerpflichtigen herangezogen wird, um die öffentlichen Lasten zu tragen, und daß auch andere wichtige Interessen der Allgemeinheit gewahrt werden, z. B. das Interesse am geregelten Ablauf des Gemeinschaftslebens, soweit es öffentlicher Mittel bedarf, oder das Interesse, daß Steuerverkürzungen nicht zu Wettbewerbsverzerrungen führen. Den Steuern sind hinsichtlich des strafrechtlichen Schutzes die Zölle und Verbrauchsabgaben gleichgestellt (↑Steuern und Zölle S. 274, ↑öffentliche Abgaben S. 220).

Grundsätzlich gilt auch für Zuwiderhandlungen im Steuerrecht das allgemeine ↑Strafrecht (S. 220). Haupttatbestand ist die *Steuerhinterziehung*, die das Erschleichen nicht gerechtfertiger Steuervorteile mit der Folge einer Verkürzung von Steuereinnahmen zum Inhalt hat. Eine Steuer ist verkürzt, wenn sie zu niedrig oder überhaupt nicht festgesetzt wird. Das geschieht durch die Abgabe falscher Steuererklärungen oder dadurch, daß sie vorsätzlich nicht abgegeben werden. Strafbar ist eine falsche Steuererklärung, wenn sie nach den Begleitumständen den Stempel der Unehrlichkeit trägt, insbesondere, wenn entgegen der Verpflichtung zur wahrheitsgemäßen und vollständigen Offenbarung Tatsachen unterdrückt, entstellt oder vorgespiegelt werden, und zwar in der Erwartung, niedriger eingeschätzt zu werden, als es bei wahrheitsgemäßen Erklärungen geschehen würde. Bei der Steuerbehörde muß damit vorsätzlich ein Irrtum über Grund, Umfang oder Fälligkeit der Steuer erweckt werden. Nicht erforderlich ist, daß dabei eine Vermögensschädigung beim Steuergläubiger oder eine Bereicherung des Täters auch tatsächlich eintritt. Die Steuerhinterziehung ist ein selbständiges Delikt. Sie wird grundsätzlich als Vergehen bestraft, wobei Geldstrafe oder Gefängnis mit Geldstrafe angedroht sind. Der Versuch ist ebenso strafbar wie die Begünstigung.

Neben der Steuerhinterziehung gibt es die *leichtfertige Steuerverkürzung*. Sie ist eine ↑Ordnungswidrigkeit (S. 230). Hier wird statt Vorsatz bei der Begehung nur Leichtfertigkeit gefordert, während im übrigen der Tatbestand derselbe ist. Ordnungswidrig handelt ferner, wer vorsätzlich oder leichtfertig Belege ausstellt, die in tatsächlicher Hinsicht unrichtig sind, oder wer nach Gesetz buchungs- oder aufzeichnungspflichtige Geschäftsvorfälle oder Betriebsvorgänge in tatsächlicher Hinsicht unrichtig verbucht oder verbuchen läßt und dadurch ermöglicht, daß Steuereinnahmen verkürzt werden können.

Straffreiheit erhält der Täter bei *Selbstanzeige*, auch wenn die Tat schon vollendet ist. Voraussetzung dafür ist, daß der Steuerpflichtige Angaben, die zur Steuerverkürzung geführt haben, nachträglich berichtigt, ergänzt oder nachholt, bevor die Tat ganz oder zum Teil entdeckt war. Außerdem ist erforderlich, daß der Täter den Steuerbetrag, den er schuldet, innerhalb einer ihm zu bestimmenden Frist nachzahlt.

Zum Erlaß von Bußgeldbescheiden bei Ordnungswidrigkeiten sind nur noch die Finanzämter zuständig, während die ordentlichen Gerichte die Steuervergehen aburteilen, und zwar in besonders dafür vorgesehenen Kammern (↑Gerichtsorganisation S. 160).

Bei den Finanzämtern sind besondere Strafsachenstellen eingerichtet, die bei Verdacht eines Steuervergehens oder einer Steuerordnungswidrigkeit die Ermittlungen aufnehmen und bei einer Strafsache die Fälle an die Staatsanwaltschaft zur Weiterverfolgung vor den ordentlichen Gerichten abgeben.

K. Franzen/Gast/Samson, Steuerstrafrecht, 2. Aufl., München 1978.
G. Kohlmann, Steuerstrafrecht, 2. Aufl., Köln 1978.

Steuerstrafverfahren

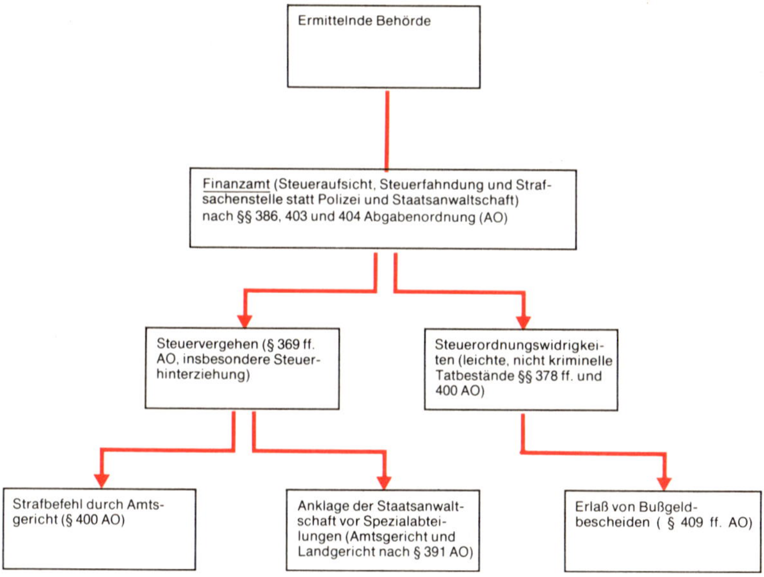

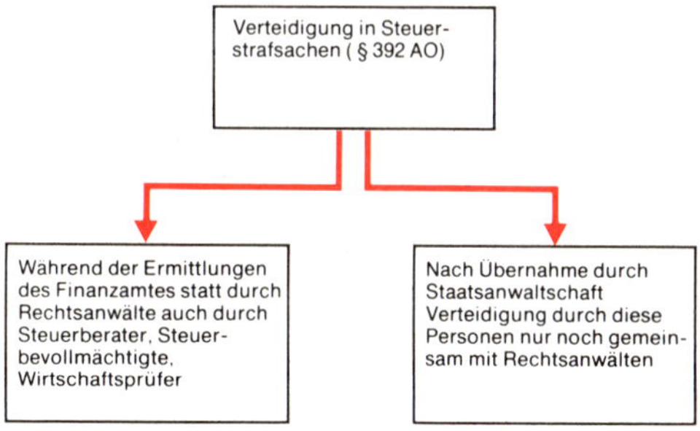

Einkommen- und Lohnsteuer

Bei den natürlichen Personen wird das Einkommen durch die allgemeine Einkommensteuer erfaßt, bei den juristischen Personen durch die ↑Körperschaftsteuer (S. 284). Beim Arbeitslohn des Arbeitnehmers hat der Arbeitgeber die Lohnsteuer als Unterart der Einkommensteuer einzubehalten und an das Finanzamt abzuführen.

Die Einkommensteuer datiert aus der Mitte des letzten Jahrhunderts. Sie trat an die Stelle der bisherigen Einzelsteuern für bestimmte Objekte, so für Grund und Boden, aus Kapitalvermögen, aus Landwirtschaft, Gewerbebetrieben und aus nicht selbständiger Arbeit. Aus ihrem Namen ergibt sich, daß mit ihr alle Einkünfte (Einkunftsarten) zusammengefaßt werden. Dabei wird in der Regel ein progressiver Tarif angewandt, da das Gesamteinkommen Ausdruck der jeweiligen Leistungsfähigkeit der Steuerpflichtigen sein soll.

Es gibt sieben verschiedene Einkunftsarten, die zusammengerechnet werden: Einkünfte aus Land- und Forstwirtschaft, aus Gewerbebetrieb, selbständiger und nicht selbständiger Arbeit, aus Kapitalvermögen, Vermietung und Verpachtung und die sonstigen Einkünfte.

Als *Einkommen* gilt der Gesamtbetrag der *Einkünfte* (Bruttoeinnahmen abzüglich Betriebsausgaben oder Werbungskosten) nach Abzug der Sonderausgaben und der außergewöhnlichen Belastungen. Sonderausgaben sind Aufwendungen des Steuerpflichtigen, die aus sozialen und gesellschaftspolitischen Gründen beim Einkommen abgezogen werden dürfen. Außergewöhnliche Belastungen sind größere Aufwendungen eines Steuerpflichtigen im Verhältnis zur überwiegenden Zahl der übrigen Steuerpflichtigen mit gleichen Einkommensverhältnissen (z. B. Krankheitskosten).

Bei Einkünften aus Land- und Forstwirtschaft, Gewerbebetrieb und selbständiger Arbeit ist die steuerliche *Bemessungsgrundlage* in der Regel der Gewinn. Bei den sonstigen Einkunftsarten wird in der Regel nur der Überschuß der laufenden Einnahmen über die Ausgaben als Ertrag besteuert. Die gewerblichen Einkünfte sind außerdem gewerbesteuerpflichtig (↑Gewerbesteuer S. 288).

Im Mittelpunkt der Einkommensteuer steht der progressive Steuertarif. Der heutige lehnt sich noch stark an den des Jahres 1957 an, obwohl die Kaufkraft für die damals erfaßten Einkommen sich ganz erheblich gemindert hat. Damit wird eine immer weitergehende Umverteilung bei hohen und mittleren Einkommen bewirkt. Man spricht bei schwindender Kaufkraft von der kalten Progression, weil bei Untätigkeit des Gesetzgebers ein immer größerer Prozentsatz des Einkommens an den Fiskus geht. Der Tarif ist so gestaltet, daß bis 16 000,–/32 000,– DM (Ledige/Verheiratete) ein Proportionalsteuersatz von 22% gilt; darüber hinaus folgt ein progressiver Steuersatz *(Progressionszone)* ansteigend bis zu einem Spitzensteuersatz von 56%.

Die Steuerreform 1975 brachte eine Ermäßigung bei den niedereren und einem Teil der mittleren Einkommen. Im übrigen stieg die Belastung an, vor allem dadurch, daß der Sonderausgabenabzug beschränkt wird, die ↑Vermögensteuer (S. 292) überhaupt nicht mehr abzugsfähig ist und die bisherigen Kinderfreibeträge bei mittleren und hohen Einkommen nicht mehr die Bemessungsgrundlage für die Einkommensteuer mindern, sondern vielmehr ein einheitliches Kindergeld gezahlt wird.

Eine Unterart der Einkommensteuer ist die *Lohnsteuer*. Hier errechnet der Arbeitgeber nach einem vereinfachten Verfahren den Steuerbetrag und führt die einbehaltenen Beträge an das Finanzamt ab. Für Arbeitnehmer gibt es zusätzliche steuerliche Vergünstigungen (Steuerfreiheit der Zuschläge für Mehr- oder Nachtarbeit, Weihnachtsfreibetrag). Überschreitet das Einkommen des Arbeitnehmers den Betrag von 24 000,– DM (bei Verheirateten 48 000,– DM), wird der Steuerpflichtige in jedem Fall zur Einkommensteuer veranlagt. Im übrigen kann er das vereinfachte Veranlagungsverfahren des Lohnsteuerjahresausgleichs beanspruchen.

W. Blümlich/Falk/Uelner/Maas, Einkommensteuergesetz, 11. Aufl., München 1978.
E. Littmann, Das Einkommensteuerrecht, mit Ergänzungsband, 11. Aufl., Stuttgart 1974–76.

Entwicklung der Einkommensteuertarife für Verheiratete

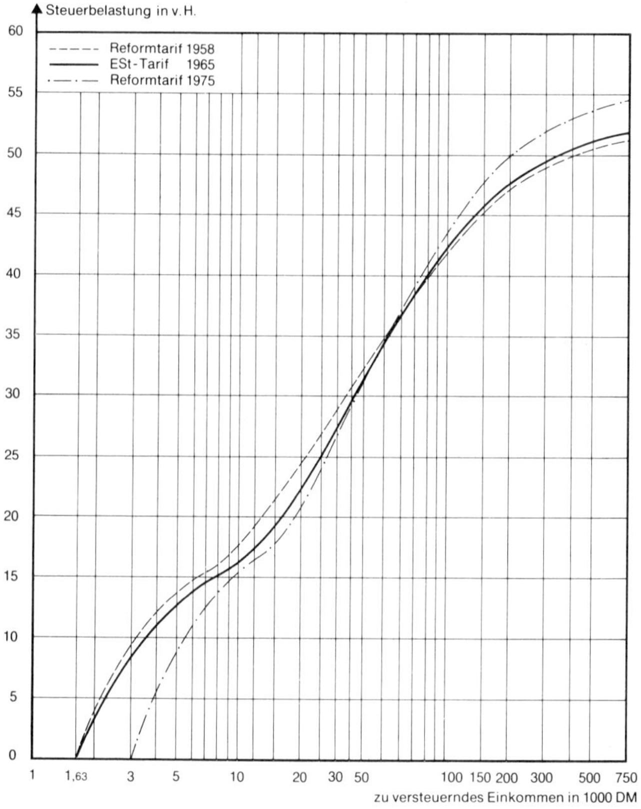

Die Steuerbelastung nach dem Reformtarif 1958, nach dem Einkommensteuertarif 1965 und dem des EStG 1975

Steigerung der Steuerbelastung im Wege der sogenannten kalten Progression 1958 bis 1973

Der Preisindex der Lebenshaltung (Basis 1962 = 100%) steigerte sich von 1958 = 97,2% auf 1973 = 148,6%. Das bedeutet, daß ein damaliges Bruttoeinkommen von DM 1.000,– im Jahre 1973 einem Bruttoeinkommen von DM 1.559,– (= + 55,9%) entspricht. Auf dieses erhöhte Nominaleinkommen steigt der Anteil des Fiskus wegen der Progressionswirkung eines unveränderten Steuertarifs überproportional.

Beispiel:			Realeinkommen netto nach Steuern	in %	Steuerlast-quote
Verheirateter 2 Kinder	1958	Einkommen DM 1.000,–	936,50	100,0	100%
Verheirateter 2 Kinder	1973	Einkommen DM 1.559,–	831,–	88,7	148,4%

Körperschaftsteuer

Die Körperschaftsteuer ist eine der wichtigsten Ertragsteuern. Sie ist die „Einkommensteuer" der Körperschaften, insbesondere der Kapitalgesellschaften, der Erwerbs- und Wirtschaftsgenossenschaften, der rechtsfähigen und nichtrechtsfähigen Vereine, der Stiftungen, der Zweckvermögen und der Eigenbetriebe der öffentlichen Hand. Ihr unterliegen nicht die sog. Personengesellschaften wie z. B. die Offene Handelsgesellschaft oder die Kommanditgesellschaft. Voraussetzung für die unbeschränkte Steuerpflicht bei der Körperschaftsteuer ist, daß die Steuerpflichtigen ihre Geschäftsleitung oder ihren Sitz im Inland haben. Das führt bei hoher Besteuerung zu Verlagerungen des Sitzes ins Ausland (Steuerflucht, Briefkastenfirma).

Das körperschaftsteuerpflichtige Einkommen wird nach den Vorschriften des Gesetzes über die ↑Einkommensteuer (S. 282) und nach den Sonderbestimmungen des Körperschaftsteuergesetzes ermittelt. Die Sonderregelung begann 1920, weil wegen der regelmäßigen zusätzlichen Belastung auch der ausgeschütteten Gewinnanteile (Dividenden) bei ihren Empfängern durch die Einkommensteuer *(Doppelbesteuerung)*, die Körperschaften nicht ebenfalls dem progressiven Einkommensteuertarif unterworfen werden sollten, sondern einem niedrigeren Satz. Der ursprüngliche Steuersatz von nur 10% bei Kapitalgesellschaften wurde jedoch später z. T. drastisch erhöht.

In den sechziger Jahren wurde im Interesse der Belebung des Kapitalmarkts für Ausschüttungen der normale Steuersatz von zuletzt grundsätzlich 51% auf 15% (wegen der Nichtabzugsfähigkeit der Körperschaftsteuer im Ergebnis auf 23%) vermindert. Im Mittelpunkt des neuen Körperschaftsteuerrechts steht das Bestreben, den *Dividendenempfängern* einen Teil der Körperschaftsteuer der Gesellschaft ähnlich wie in Frankreich und Großbritannien auf ihre Steuerschuld anzurechnen bzw. sogar zu erstatten, um Doppelbesteuerung des Gewinns zu vermeiden.

Für ausgeschüttete Gewinne wird ein Steuersatz von 36% erhoben, während nicht ausgeschüttete mit 56% belastet sind. Diese 36% werden dem inländischen Dividendenempfänger bei seiner Einkommensteuer angerechnet. Bei der Veranlagung des Aktionärs wird so verfahren, daß dieser neben der empfangenen Ausschüttung (baren Dividende) den Steueranrechnungsbetrag = $^{9}/_{16}$ der Bardividende als weitere Einnahme aus Kapitalvermögen zu versteuern hat. Beträgt beispielsweise die Dividende vor Abzug der Kapitalertragsteuer 160,– DM, so werden $^{9}/_{16}$ der Bardividende = 90,– DM angerechnet. Der Steuerpflichtige bekommt dann für Einkünfte aus Kapitalvermögen von 160,– DM angerechnet 90,– DM als Steuergutschrift plus 25% Kapitalertragsteuer mit 40,– DM, also insgesamt 130,– DM.

Die Neuregelung führte durch die Anhebung der Steuersätze zu einer fast 50%igen Steigerung des Körperschaftsteueraufkommens, allerdings zum Teil wegen der Anrechenbarkeit der 36% beim Dividendenempfänger zu einer gewissen Minderung bei der Einkommensteuer. Zugleich ist das sog. *Schachtelprivileg*, nach dem die Muttergesellschaft die Ausschüttungen der Tochtergesellschaft aus einer Beteiligung von mindestens 25% nicht mehr selbst zu versteuern hat, gefallen, ihr ist nur noch die Steuergutschrift von 36% zugestanden.

Von der Körperschaftsteuer befreit sind die öffentliche Hand, also Bund, Länder und Gemeinden, sowie Berufsverbände, *gemeinnützige* Vereine und Stiftungen.

Anders als nach ausländischem Recht wird aber in der Bundesrepublik die Körperschaftsteuer (bei Kapitalgesellschaften) nicht vom echten (handelsrechtlichen) Gewinn erhoben. Vielmehr sind bei der Ermittlung des körperschaftsteuerpflichtigen Einkommens noch hinzuzusetzen die nicht abzugsfähigen Zahlungen an Vermögensteuer, die Hälfte der Aufsichtsratsvergütungen und zwei Drittel der Lastenausgleichsabgabeleistungen. Daher ist die Steuer in Wirklichkeit immer höher. Sie kann bei geringen Erträgen 100% und mehr des handelsrechtlichen Gewinns erreichen.

G. Rose, Betrieb und Steuern, 1. Buch, Die Ertragsteuern, 5. Aufl., Wiesbaden 1978.

1. Doppelbesteuerungseffekt der alten Körperschaftsteuer

Betreiben zwei Gesellschafter ein Unternehmen in der Rechtsform der GmbH, so haben sie folgende Steuern zu entrichten:

a) Körperschaftsteuer (KSt)

Gesamtgewinn:	750 000,00 DM
ausgeschütteter Gewinn	400 000,00 DM
Davon ab 15 % KSt:	60 000,00 DM
Einbehaltener Gewinn:	350 000,00 DM
Davon ab 51 % KSt:	178 500,00 DM
KSt insgesamt:	238 500,00 DM

b) Einkommensteuer der Gesellschafter auf ihren Gewinnanteil bei einem Einkommen von 200 000,00 DM je 99 324,00 DM (=45,7 %); für beide Gesellschafter zusammen also — 198 648,00 DM

Gesamtbelastung des Gewinns — 437 148,00 DM = 58,3 %

Würden die Gesellschafter das Unternehmen als Offene Handelsgesellschaft (OHG) betreiben, so würde jeder von ihnen mit 375 000,00 DM zur Einkommensteuer veranlagt. Sie hätten dann an Einkommensteuer je 197 324,00 DM (= 52,6 %), zusammen also 394 648,00 DM, zu entrichten. Die Mehrbelastung, die der GmbH bei gleichem Gewinn auferlegt wird, beträgt somit 42 500,00 DM = 10,8 %. Dank der scharfen Progression der Einkommensteuer steigt die Gesamtbelastung aus Körperschaft- und Einkommensteuer mit höheren Gewinnausschüttungen weiter an. Würde die GmbH ihren Gewinn in voller Höhe von 750 000,00 DM ausschütten, so ergäbe sich folgende Belastung:

a)	15 % KSt	112 500,00 DM
b)	Einkommensteuer aus 2 × 375 000,00 DM	394 648,00 DM
		507 148,00 DM = 67,6 %

also 112 500,00 DM mehr als die Gesellschafter einer OHG mit gleichem Gewinn zu zahlen hätten.

2. Die Beseitigung des Doppelbesteuerungseffekts durch die Körperschaftsteuer-Reform von 1976

Nach dem ab dem 1. 1. 1977 gültigen Körperschaftsteuer-Reformgesetz 1976 ergibt sich für eine GmbH mit zwei Gesellschaftern und einem Jahresgewinn von 750 000,00 DM folgende Gesamtbelastung:

a) Körperschaftsteuer der GmbH

Gesamtgewinn:	750 000,00 DM
ausgeschütteter Gewinn:	400 000,00 DM
davon ab 36 % Körperschaftsteuer:	144 000,00 DM
einbehaltener Gewinn:	350 000,00 DM
davon ab 56 % Körperschaftsteuer:	196 000,00 DM
Zusammen:	340 000,00 DM

b) Einkommensteuer der Gesellschafter

Einkommensteuer auf die beiden Gewinnanteile von 200 000,00 DM je 99 324,00 DM (= 45,7 %) =	198 648,00 DM
darauf wird die bereits von der GmbH entrichtete Körperschaftsteuer angerechnet	−144 000,00 DM
Die Gesellschafter haben somit an Einkommensteuer zu zahlen:	54 648,00 DM
Gesamtbelastung des GmbH-Gewinns mit Einkommen- und Körperschaftsteuer:	394 648,00 DM

Damit entspricht die Steuerlast einer GmbH und ihrer Gesellschafter exakt der Steuerlast, die eine Personalgesellschaft bei gleichen Gewinnen zu tragen hat. Der Doppelbesteuerungseffekt der alten Körperschaftsteuer ist beseitigt.

Umsatzsteuer – Mehrwertsteuer

Die wichtigste Unternehmensteuer vom Aufkommen her ist die Umsatzsteuer. Besteuert wird bei allen Unternehmen der von ihnen mit Dritten getätigte Leistungsaustausch, insbesondere Warenlieferungen und Leistungen. Die Steuerpflicht ist nicht davon abhängig, ob ein Geschäft Gewinn bringt oder nicht. Die Umsatzsteuer ist eine typische Verkehrsteuer.

Nach der jetzigen Konzeption des Gesetzgebers ist die Umsatzsteuer eine *Mehrwertsteuer mit Vorsteuerabzug*. Versteuert wird der in jeder Stufe bei den einzelnen Unternehmen erzielte Mehrwert. Zwar ist der Bruttowert der Leistung zu versteuern, aber die Vorsteuer des Vormannes darf abgezogen werden (Vorsteuerabzug). Das einzelne Unternehmen versteuert also jeweils nur die Differenz, repräsentiert durch die eigene Wertschöpfung. Da das Unternehmen die ganze Steuerlast seinem Nachmann anrechnet und an ihn weiter gibt, wird dessen Produktion grundsätzlich belastet. Die Steuer bleibt schließlich beim privaten Endverbraucher hängen, da ihm der Vorsteuerabzug versagt ist. Damit ist die heutige Steuer zugleich eine echte Verbrauchsteuer. Sie wird nur für Umsätze im Inland erhoben. Solche in das Ausland, insbesondere Ausfuhrlieferungen, sind nicht steuerbar und damit befreit. Die auf den ausgeführten Erzeugnissen lastende Mehrwertsteuer wird vom Fiskus ersetzt. So können diese ohne Vorbelastung (wettbewerbsneutral) in das Ausland kommen, wo sie mit der dortigen Umsatzsteuer belegt werden. Folgerichtig werden die regelmäßig im Ausland entlasteten Einfuhren mit dem inländischen Steuersatz belegt (Einfuhrumsatzsteuer).

Der normale Steuersatz beträgt in der Bundesrepublik 12% auf das Entgelt ohne Steuer als Bemessungsgrundlage. Der ermäßigte Steuersatz von 6% gilt für besonders begünstigte Umsätze (Freie Berufe, Druckwerke, Lebensmittel – nicht jedoch bei Verzehr in Gasthäusern –, Wolle, Häute u. a.). Die Umsatzsteuer ist immer offen auf der Rechnung auszuweisen. Gewisse Umsätze bei gemeinnützigen Unternehmen und auch Sozialumsätze, wie Dienstleistungen der Ärzte für die ↑Sozialversicherung (S. 390) sind steuerfrei.

Das jetzige System der Mehrwertsteuer als *Allphasen-Nettoumsatzsteuer* hat in der Bundesrepublik ab 1. 1. 1968 die bisherige Allphasen-Bruttoumsatzsteuer abgelöst. Zuvor wurden alle Umsätze, ob bei einem Einzelunternehmer oder im Organkreis eines Konzerns, mit dem gleichen Satz auf den Bruttowert – mit Ausnahme des Großhandels und sonstiger steuerbegünstigter Umsätze – belastet. Die Steuer war also umso geringer, je mehr sich die Bearbeitungsvorgänge in einem Betrieb häuften.

Neben dem System der Nettoumsatzsteuer läuft für Kleinunternehmer nach § 19 Umsatzsteuergesetz das alte Umsatzsteuersystem mit dem Satz von 4% weiter, und zwar bei Umsätzen bis zu 60000.– DM. Dieser niedrige Steuersatz begünstigt Unternehmer, die unmittelbar den Verbraucher bedienen. Gehen die Umsätze an Unternehmer, so entfällt bei diesen der Mehrwertsteuerabzug, auch wird die Steuer auf den Vorumsatz nachgeholt. Daher optieren Kleinunternehmer vielfach für die Mehrwertsteuer. Ab 1. 1. 1978 wurden entsprechend der Richtlinie des Rates der ↑Europäischen Gemeinschaft (S. 574) vom 29. 6. 1973 die Kleinunternehmer in das Mehrwertsteuersystem eingegliedert. Die dort angeordnete weitere Vereinheitlichung dient dem Zweck, eine gleiche Bemessensgrundlage für die Beitragszahlungen der Mitgliedsstaaten zur Finanzierung der Europäischen Gemeinschaft zu schaffen. Aktuell ist in der Bundesrepublik die Anhebung der Steuersätze auf die höheren anderer Mitgliedsstaaten.

A. Hartmann/Metzenmacher, Umsatzsteuergesetz, 6. Aufl., Köln 1967.
H. Sauerland, Umsatzsteuer, 12. Aufl., Düsseldorf 1977.

Die Umsatzsteuer und ihre Auswirkungen

Hauptformen der Umsatzsteuer sind:

1. Die kumulative Allphasenumsatzsteuer (in der Bundesrepublik in Geltung bis 31. 12. 1967) und jetzt noch bei den Unternehmen mit niedrigem Gesamtumsatz (§ 19 UStG). Hier wird der Umsatz jeder Stufe voll erfaßt; im Großhandel ermäßigter Satz.
2. Die Mehrwertsteuer (mit Vorsteuerabzug) (in der Bundesrepublik seit dem 1. 1. 1968 und in sämtlichen Staaten der Europäischen Gemeinschaften, auch sonst in den nordischen Ländern).
3. Die Grossistensteuer (Warenumsatzsteuer) in der Schweiz. Sie wird nur auf einer Stufe erhoben, und zwar regelmäßig in der des Großhandels, in Ausnahmefällen im Einzelhandel; sie beträgt 6% im Großhandel und 4% im Einzelhandel. Erfaßt werden nur der Warenumsatz, nicht sonstige Entgelte.
4. Die Verkaufsteuer (Purchase Tax). Es ist eine Steuer im Einzelhandel, eine echte Verbrauchsteuer (in England bis zum Eintritt in die Europäischen Gemeinschaften, heute noch in den USA).

Die Steuerbelastung im einzelnen

1. Mehrwertsteuer
Bemessungsgrundlage ist Entgelt vor Steuer. Erfaßt wird die Wertschöpfung in der jeweiligen Stufe. Daher Abzug der Vorsteuer der Vormänner (s. Beispiel)

Entgelt ohne Steuer	1000.– DM	Steuerschuld	120.– DM
+ 12% USt	120.– DM	·/· Vorsteuer	60.– DM
Rechnungsbetrag	1120.– DM	Steuerzahlschuld	60.– DM

Bei Einfuhren wird die volle Umsatzsteuer erhoben. Die Ausfuhr ist umsatzsteuerfrei, zugleich wird die Vorsteuer erstattet.

2. Allphasenbruttoumsatzsteuer (§ 19 UStG) mit 4%

Entgelt mit Steuer	1.000,– DM
Davon 4% Umsatzsteuer	40,– DM
Entgelt ohne Steuer	960,– DM

Die Steuer beträgt praktisch 4,04% auf das Entgelt ohne Steuer.
Bei § 19 UStG ist zu beachten: Der Vorsteuerabzug für den Unternehmer entfällt, auch bei Ausfuhren. Bei Leistung an den Verbraucher ist die niedrige Steuer endgültig, was im Verhältnis zu normalen Steuerzahlern mit 11% und geringem Vorsteuerabzug zu Wettbewerbsverzerrungen führt. Bei Leistungen an einen Unternehmer entfällt bei diesem der Vorsteuerabzug und daher wird die Belastung nachgeholt (Nachholwirkung).

Umsatzsteuersätze in Prozenten

1916	0,16	1932	2
1918	0,5	1946	3
1920	1,5	1950	4
1922	2,0	1968 (Mwst)	10 bzw. 5
1924	2,5	1968 (ab 1. 7. 1968)	11 bzw. 5,5
1925	1,5	1977 12 bzw. 6	

Umsatzsteueraufkommen in der Bundesrepublik in Milliarden DM

1964	22,6	1969	33,7	1974	51,2
1965	24,8	1970	38,1	1975	54,1
1966	25,9	1971	42,9	1976	58,5
1967	25,5	1972	47,0	1977	62,7
1968	25,7	1973	49,5		

An den Aufkommen sind im Jahr 1978 die Länder mit 32,5% beteiligt und der Bund, der noch den EG-Anteil abzuführen hat, mit 67,5%.

Gewerbesteuer

Die Gewerbesteuer ist die wichtigste Steuereinnahmequelle der Gemeinden und erbringt das Mehrfache der zweiten Gemeindesteuer, der ↑Grundsteuer (S. 290). Das Aufkommen an Gewerbesteuer fließt seit dem Steuerreformgesetz 1969 in Verbindung mit dem darin ergangenen Gemeindesteuerreformgesetz nicht mehr ausschließlich den Gemeinden zu; vielmehr haben sie jetzt eine Umlage von 40 % der Gewerbesteuermeßbeträge an Bund und Länder abzuführen, wogegen sie mit 14 % an der ↑Einkommensteuer (S. 282) beteiligt sind. Die Gewerbesteuer zählt zu den Realsteuern, da sie nicht wie eine Personensteuer, z. B. die Einkommensteuer, an die wirtschaftliche Leistungsfähigkeit einer Person anknüpft, sondern an einen Gewerbebetrieb.

Die Gewerbesteuer wird nur für die gewerbliche Tätigkeit im Inland erhoben. Daher sind ausländische Betriebsstätten von der Besteuerung ausgenommen. Nicht besteuert werden die Betriebe der Land- und Forstwirtschaft und die Angehörigen der Freien Berufe. Dagegen sind Kapitalgesellschaften sowie Erwerbs- und Wirtschaftsgenossenschaften der Gewerbesteuer kraft Rechtsform unterworfen, und zwar ohne Rücksicht auf die Art der ausgeübten Tätigkeit. Der Realsteuercharakter zeigt sich an den Besteuerungsgrundlagen. Regelmäßig sind es der Gewerbeertrag und das Gewerbekapital (Betriebsvermögen) sowie zusätzlich die Lohnsumme. Diese entfällt jedoch als Bemessungsgrundlage ab 1. 1. 1980.

Gewerbeertrag ist der einkommensteuerliche Gewinn, erhöht um Zurechnungen und vermindert durch Kürzungen. Abgesetzt wird der Ertrag aus Grundstücken mit pauschal 3% des Einheitswertes, da für diese bereits Grundsteuer zu entrichten ist. Mit den Hinzurechnungen will man die volle wirtschaftliche Kraft des Unternehmens erfassen, also ohne Rücksicht auf die Finanzierung mit Eigen- oder Fremdkapital. Daher sind hinzuzusetzen die Zinsen für Fremdkapital sowie die Gewinnanteile der stillen Gesellschafter. Beim *Gewerbekapital* gilt Entsprechendes. Besteuert wird ebenso das gesamte im Unternehmen investierte Kapital ohne Rücksicht darauf, wem die einzelnen Vermögenswerte gehören. Zum Gewerbekapital zählen die langfristig aufgenommenen Fremdkapitalien, deren Zinsen dem Gewerbeertrag zugerechnet werden, aber auch Mietzinsen für bewegliches Anlagevermögen zur Hälfte. Die dritte Form ist die Besteuerung der *Lohnsumme*. Sie wird ohne Rücksicht auf einen Ertrag auf die jeweils in einem Monat bezahlten Löhne und Gehälter des Betriebes erhoben und ist so eine sichere Einnahmequelle der Gemeinde.

Die Gewerbesteuer nach den beiden ersten Komponenten wird so ermittelt, daß ein Steuermeßbetrag nach Ertrag und einer nach Kapital gebildet wird. Dabei wird der Gewerbeertrag mit einer von 0 bis zum Normalsatz von 5% ansteigenden Steuermeßzahl und das Gewerbekapital mit 2 v. T. vervielfältigt. Die addierten Steuermeßbeträge ergeben den einheitlichen *Gewerbesteuermeßbetrag*, der mit dem *Hebesatz* der Gemeinde mit derzeit etwa 300–400% multipliziert wird, was die geschuldete Gewerbesteuer ergibt. Belastungsmäßig dürfte sie 15–30% des Gewinnes vor Steuern erreichen. Für die *Lohnsummensteuer* wird ein besonderer Steuermeßbetrag, und zwar mit 2 v. T. (Steuermeßzahl) der Lohnsumme gebildet, auf den dann ein eigener Hebesatz – gewöhnlich 900–1 000% – angewandt wird, was die Lohnsumme mit etwa 2% belastet. Ähnlich ist die nach dem Gesetz zur Förderung des Angebotes von Ausbildungsplätzen in der Berufsausbildung (Ausbildungsplatzförderungsgesetz) v. 7. 9. 1976 BStBl I S. 2658 zur Finanzierung von Förderungsmaßnahmen für Lehrstellen vorgesehene und demnächst zu erhebende *Berufsausbildungsabgabe* gestaltet. Bemessungsgrundlage sind auch hier die Arbeitslöhne, wobei man an einen Satz von mindestens 0,25% denkt.

E. Lenski/Steinberg/Stäuber, Kommentar zum Gewerbesteuergesetz, 5. Aufl., Köln 1977.
G. Spangemacher, Gewerbesteuer, 5. Aufl., Düsseldorf 1976.

Belastungsbeispiel für eine Aktiengesellschaft

1. Gewerbeertrag	
Steuerlicher Gewinn	200.000,– DM
+ Hinzurechnung (Dauerschuldzinsen)	40.000,– DM
	240.000,– DM
./. 3% des Einheitswertes der Grundstücke von 500.000 DM =	15.000,– DM
Gewerbeertrag	225.000,– DM
Steuermeßbetrag 5% = 11.250,– DM	

2. Gewerbekapital	
Einheitswert des Betriebsvermögens	1.000.000,– DM
+ Dauerschulden	300.000,– DM
	1.300.000,– DM
./. Einheitswert der Grundstücke	500.000,– DM
Gewerbekapital	800.000,– DM
Steuermeßbetrag 2 v.T. = 1.600,– DM	
Einheitlicher Steuermeßbetrag 11.250,– DM + 1.600,– DM =	12.850,– DM
Darauf Hebesatz der Gemeinde 400% = Steuerschuld =	51.400,– DM

3. Lohnsummensteuer
Die Löhne und Gehälter im Kalenderjahr betragen 2,5 Mio. DM; darauf der Meßbetrag mit 2 v.T. = 5.000,– DM
Bei einem Hebesatz von 1000% beträgt die
Lohnsummensteuer 50.000,– DM

Die Aktiengesellschaft hat daher zu entrichten:

Gewerbesteuer nach Ertrag und Kapital	51.400,– DM
Gewerbelohnsummensteuer	50.000,– DM
Gesamte Gewerbesteuer	101.400,– DM

Das Aufkommen an Gewerbesteuer in der Bundesrepublik beträgt:

	Gewerbesteuer nach Ertrag und Kapital Mrd. DM	Lohnsummensteuer Mrd. DM	Insgesamt Mrd. DM
1972	14,846	2,176	17,022
1974	18,774	2,794	21,568
1977	23.025	3.457	26.482

Grundsteuer und Grunderwerbsteuer

Die *Grundsteuer* ist eine laufende Abgabe auf den Ertrag von Grund und Boden sowie auf bebaute Grundstücke. Sie wird ebenso wie die ↑Gewerbesteuer (S. 288) zusätzlich neben der ↑Einkommensteuer (S. 282) erhoben, da der Grundbesitz besonders wertvoll und somit belastbar erscheint. Die Grundsteuer ist eine Realsteuer (Objektsteuer), die der Gemeinde zusteht. Der Grundbesitz als solcher wird nach objektiven Merkmalen belastet, also ohne Rücksicht auf die persönlichen und wirtschaftlichen Verhältnisse des Grundeigentümers, insbesondere seine Schulden. Das Grundsteuergesetz vom 7. 8. 1973 erfaßt den Grundbesitz bei Betrieben der Land- und Forstwirtschaft *(Grundsteuer A)*, dann sämtliche Gebäude, aber auch unbebaute und bebaute Grundstücke *(Grundsteuer B)*. Die als Grundsteuer C auf baureife, aber noch nicht bebaute Grundstücke erhobene Baulandsteuer wurde ab 1. 1. 1963 wieder beseitigt.

Die Grundsteuer wird über ein dreistufiges Verfahren errechnet. Zuerst stellt das Finanzamt den *Einheitswert* für das Grundstück fest *(Einheitswert-Verfahren)*. Maßgebend sind die Werte auf den 1. 1. 1964 ohne Zuschlag. Die landwirtschaftlich genutzten Grundstücke, insbesondere die der Land- und Forstwirtschaft, werden nach *landwirtschaftlichen Ertragswerten* bewertet. Beim sonstigen Grundvermögen sind die unbebauten Grundstücke zum gemeinen Wert zu bewerten, und zwar zu dem bei der Beschaffung des Grundstücks im gewöhnlichen Geschäftsverkehr erzielbaren Preis. Bei bebauten Grundstücken, Mietwohn- und Geschäftshäusern, gemischtgenutzten Grundstücken sowie Ein- und Zweifamilienhäusern findet ein Ertragswertverfahren meist auf der Grundlage der Jahresrohmiete unter Verwendung eines bestimmten Vervielfältigers statt. Zu dem Gebäudewert werden der Wert der Außenanlagen (z. B. befestigter Hof) und der Bodenwert hinzugerechnet, was den steuerlichen Einheitswert für das Gebäude ergibt.

Dann setzt das Finanzamt den Grundsteuermeßbetrag in Höhe eines Vomtausendsatzes (v. T.), die sog. Steuermeßzahl, aufgrund des Einheitswerts durch Vervielfältigung fest *(Steuermeßbetragsverfahren)*. Dieser Grundsteuermeßbetrag, multipliziert mit dem von der Gemeinde beschlossenen *Hebesatz* ergibt die Steuerschuld. Sie wird durch Grundsteuerbescheid von der Gemeinde beim Grundstückseigentümer angefordert. Die gemeindlichen Hebesätze bewegen sich im Durchschnitt zwischen 250–350%.

Die *Grunderwerbsteuer* ist als Rechtsverkehrssteuer auf den Umsatz von Grundstükken gelegt. Sie beträgt 7% des Veräußerungspreises bzw. des gemeinen Werts des Grundstücks. Die Steuerpflicht erstreckt sich auch auf die grundstücksgleichen Rechte wie das Erbbau- und Erbpachtrecht. Dasselbe gilt bei Fusionen (Verschmelzungen) und bei einer Einbringung von Grundstücken in eine Handelsgesellschaft gegen Gewährung von Gesellschaftsrechten. Ferner ist steuerpflichtig der Erwerb des Wohnungseigentums und der von Gebäuden auf fremdem Grund und Boden. Dagegen gibt es, vor allem im sozialen Wohnungsbau und im öffentlichen Interesse, weitgehende Befreiungen. Auch entfällt die Steuer beim Erwerb von Grundstücken durch Personen, die mit dem Veräußerer in gerader Linie verwandt sind.

Die Gesetzgebungszuständigkeit für die Grunderwerbsteuer liegt gemäß Art. 105 Abs. 2 Nr. 1 Grundgesetz bei den Ländern. Daher gibt es eine große Zahl von Gesetzen, die allerdings auf einander abgestimmt sind. Demnächst soll die Grunderwerbsteuer in die ↑Umsatzsteuer (Mehrwertsteuer, S. 286) eingegliedert werden, was zu einer starken Anhebung führen dürfte.

M. Troll, Grundsteuergesetz, 3. Aufl., München 1974.
P. E. Boruttau/Klein/Egli/Sigloch, Grunderwerbsteuergesetz, Kommentar, 10. Aufl., München 1977.

Die Steuermeßzahlen bei der Grundsteuer und die Höhe der tatsächlichen Belastung

Die Steuermeßzahlen bei der Grundsteuer betragen:
Für Betriebe der Land- und Forstwirtschaft 6 v. T. des Einheitswerts
für bebaute und unbebaute Grundstücke 3,5 v. T. (früher 5-10 v. T.)
für Einfamilienhäuser eine ermäßigte Steuermeßzahl von 2,6 v. T.
bei den ersten 75.000,– DM des Einheitswertes und für den Rest des Einheitswertes den normalen Satz von 3,5 v. T.
für Zweifamilienhäuser 3,1 v. T.

Beträgt beispielsweise der Einheitswert eines Einfamilienhauses	100.000,– DM
so ist die Steuermeßzahl für die ersten 75.000,– DM nur 2,6 v. T. =	195,– DM
Für die restlichen 25.000,– DM erhöht sich die Steuermeßzahl auf 3,5 v. T., was einen Meßbetrag ergibt von	88,– DM
Steuermeßbetrag insgesamt	283,– DM
Bei einem Hebesatz von 330% (München) beträgt die jährliche Grundsteuer 283 x 330 =	993,90 DM

Das Grundsteueraufkommen in der Bundesrepublik hat betragen:

1972	3,0 Mrd. DM
1974	3,5 Mrd. DM
1976	4,8 Mrd. DM
1977	5,3 Mrd. DM

Im Jahre 1974 rechnete man aufgrund der ab 1.1.1974 erstmals anzuwendenden Einheitswerte auf 1.1.1964 mit einer Steigerung des Aufkommens von mindestens einem Drittel. Im Jahre 1978 dürfte dieses jedoch etwa 6 Mrd. DM betragen, also praktisch das Doppelte von vor der Reform.

Vermögen- und Erbschaftsteuer

Die *Vermögensteuer* ist eine selbständige, auf dem ganzen, auch im Ausland befindlichen Vermögen eines Inländers lastende laufende jährliche Abgabe. Ihr Ertrag steht ausschließlich den Bundesländern zu. Vermögensteuerpflichtig sind natürliche und juristische Personen, die in der Bundesrepublik ihren Wohnsitz bzw. ihren Sitz haben, vor allem auch Kapitalgesellschaften sowie Erwerbs- und Wirtschaftsgenossenschaften. Die Vermögensteuer war ursprünglich gedacht als eine Ergänzung zur Einkommensteuer, mit der man das Einkommen, soweit es nicht durch persönliche Arbeit erzielt war, verschärft besteuern wollte. Auch versuchte man bei großen Einkommen Lücken der Besteuerung auszugleichen. Der frühere Satz von 0,05 % des Vermögens wurde im Laufe der Jahre ständig erhöht und erreichte bis zum 31. 12. 1973 bereits 1 % des Vermögens, also bei einer Rendite von 10 % des Kapitals die Höhe von 10 % des dabei erzielten Ertrages. Je geringer die Rendite ist, desto stärker lastet die Vermögensteuer. Bei einer Rentabilität von nur 5% absorbiert sie bereits 20% des Ertrages, wozu noch die Ertragsteuern treten. Bei Unrentabilität verdrängt sie die Ertragsteuern und wächst sie sich zu einer gefährlichen Besteuerung der Substanz aus.

Die Vermögensteuer war für natürliche Personen bis zum 31. 12. 1974 bei der ↑Einkommensteuer (S. 282) als Sonderausgabe abzugsfähig und minderte so die Steuerlast. Jetzt ist sie ebenso wie bei den juristischen Personen nicht mehr absetzbar, wodurch sich die Belastung im Ergebnis auf über das Doppelte erhöht. Das Betriebsvermögen, das in einer Kapitalgesellschaft festgelegt ist, wird zweifach besteuert, und zwar einmal bei der Gesellschaft und dann beim Anteilseigner, oftmals zu noch höheren Werten. Die öffentliche Hand, Berufsverbände (z. B. Gewerkschaften) und Ausländer sind für ihre Anteile in der Regel von der Steuerpflicht befreit und damit bevorzugt. Bei den natürlichen Personen sind Freibeträge vorgesehen, die für den Steuerpflichtigen, dessen Ehefrau und jedes Kind 20000.– DM betragen. Bis zum 31. 12. 1973 war das Grundvermögen noch mit den Einheitswerten vom 1.1.1935 angesetzt (↑Grundsteuer S. 290). Ab 1. 1. 1974 gelten bei der Vermögensteuer die *Einheitswerte* auf 1. 1. 1964 mit einem Zuschlag von 40%. Von diesem Zeitpunkt an werden aber die Freibeträge der Vermögensteuer auf 70000.– DM angehoben, also bei einem Verheirateten mit zwei Kindern auf 280000.– DM. Der Steuersatz beträgt bei natürlichen Personen ab dem 1. 1. 1978 0,5%, bei juristischen Personen ab dem 1.1.1978 0,75%. Die Vermögensteuer wird noch in Österreich, den Niederlanden, der Schweiz und in den nordischen Staaten erhoben, vielfach beschränkt auf natürliche Personen, überhaupt nicht in den romanischen und angelsächsischen Staaten.

Die *Erbschaftsteuer* trifft den Nachlaß natürlicher Personen. Sie ist in der Bundesrepublik eine Erbanfallsteuer, d. h., jeder Erbe entrichtet sie auf das ihm Zugefallene nach dem Tarif. Dem ist gleichgestellt der Erwerb durch unentgeltliche Zuwendungen *(Schenkung)*. Mehrere innerhalb von zehn Jahren von derselben Person gemachten Zuwendungen werden zusammengerechnet, dem Tarif unterworfen und die früher entrichtete Steuer abgezogen. Bestimmte Zuwendungen (Hausrat, Wäsche, Kleidung) sind steuerfrei. Ebenso wie bei der Vermögensteuer gibt es Freibeträge, nämlich ab 1. 1. 1974 in Steuerklasse I 90000,– DM (bisher 30000,– DM), in Klasse II 50000,– (20000,– DM), Klasse III 10000,– DM (3000,– DM) und Steuerklasse IV 3000,– DM (unverändert). Die jetzt vier (bisher fünf) Steuerklassen umfassen in I den Ehegatten, die Kinder und Kinder von bereits verstorbenen Kindern, in II die Enkel und Urenkel, in III Eltern und Voreltern, Geschwister und deren Abkömlinge, Stiefeltern, Schwiegereltern sowie den geschiedenen Ehegatten, in IV alle übrigen Erwerber, auch juristische Personen und Stiftungen.

R. Rössler/Troll/Langner, Bewertungsgesetz und Vermögensteuergesetz, 11. Aufl., München 1977.
H. Falterbaum, Bewertungsrecht und Vermögensteuer, 6. Aufl., Düsseldorf 1977.

Steuertarif bei der Erbschaftssteuer ab 1.1.1974.
Die Steuer beträgt:

Bei einem Wert des steuerpflichtigen Erwerbs bis einschließlich DM	Vomhundertsatz in der Steuerklasse			
	I	II	III	IV
50000	3	6	11	20
75000	3,5	6	12,5	22
100000	4	8	14	24
125000	4,5	9	15,5	26
150000	5	10	17	28
200000	5,5	11	18,5	30
250000	6	12	20	32
300000	6,5	13	21,5	34
400000	7	14	23	36
500000	7,5	15	24,5	38
600000	8	16	26	40
700000	8,5	17	27,5	42
800000	9	18	29	44
900000	9,5	19	30,5	46
1000000	10	20	32	48
2000000	11	22	34	50
3000000	12	24	36	52
4000000	13	26	38	54
6000000	14	28	40	56
8000000	16	30	43	58
10000000	18	33	46	60
25000000	21	36	50	62
50000000	25	40	55	64
100000000	30	45	60	67
über 100000000	35	50	65	70

Der neue Tarif bringt eine erhebliche Erhöhung in den Steuerklassen III und IV, und zwar von den geringsten Erwerben an, in Steuerklasse IV bis zu 70%. In den Steuerklassen I und II wird der alte Tarif, der auf den Kaufkraftwert des Jahres 1925 aufgebaut war, bei mittleren und höheren Erwerben stark angehoben. Wegen der neuen Einheitswerte für den Grundbesitz wird trotz erhöhter Freibeträge eine wesentliche Steigerung des Aufkommens erwartet. Die Erbschaftssteuer in der Bundesrepublik dürfte unter Einrechnung der laufenden Vermögenssteuer damit vielfach höher sein als in dem hierfür klassischen Land Großbritannien, das ohnedies zur Schonung der Arbeitsplätze bei Betriebsvermögen einen Freibetrag von 40% zugesteht.

Öffentliche Haushalte

Selbständige, mit Einnahmen und Ausgaben verbundene Institutionen, die das Recht zur Erhebung öffentlicher Abgaben haben und/oder allgemein öffentliche oder Kollektive Aufgaben erfüllen, werden öffentliche Haushalte (öH) genannt. Es zählen dazu die Gebietskörperschaften und die Hilfsfisci, wie die Sozialversicherungsträger, aber auch andere „Organisationen ohne Erwerbscharakter". Öffentliche Unternehmen wie Bundespost und Bundesbahn gelten nicht als öH, sondern werden dem Unternehmenssektor zugerechnet. In der Bundesrepublik Deutschland sind *Gebietskörperschaften* der Bund, die elf Länder (einschließlich der drei Stadtstaaten Hamburg, Bremen, Berlin) sowie die Gemeinden und Gemeindeverbände. Zur ↑*Sozialversicherung* (S. 390) zählen vor allem die Renten- sowie gesetzlichen Kranken- und Unfallversicherungen. Zu den *privaten Organisationen ohne Erwerbscharakter* gehören Kirchen, karitative, kulturelle und wissenschaftliche Organisationen, Parteien, Gewerkschaften, Industrie- und Handelskammern, Berufsverbände, Vereine u. a. Eine gesicherte Finanzstatistik gibt es nur für die Gebietskörperschaften und die Sozialversicherung. Ihre *Anteile an den Gesamtausgaben* liegen bei folgenden Größenordnungen: Bund und Sozialversicherung je knapp unter 30%, Länder 25%, Gemeinden (Gv.) 20%. Die *Ausgabenstruktur* bei den Gebietskörperschaften ist sehr unterschiedlich. Beim Bund entfallen zwei Drittel der Ausgaben auf die soziale Sicherung, Verteidigung und Allgemeine Finanzwirtschaft. Bei den Ländern liegen die Ausgabenschwerpunkte im Schul- und Hochschulwesen, bei den Sozialleistungen, bei Polizei und Rechtsschutz. Die Gemeinden und Gemeindeverbände haben ein breiteres Spektrum. Das Gesundheitswesen, öffentliche Einrichtungen (z. B. Abwasser-, Müllbeseitigung, Feuerlöschwesen), Schulen, Sozialleistungen und Verkehrsmaßnahmen sind neben einem erheblichen Anteil der Verwaltungsausgaben hier die wichtigsten Posten. Bei den Ländern und Gemeinden beanspruchen die Personalkosten, bei den Gemeinden zusätzlich die Investitionskosten einen relativ großen Teil des Haushaltes.

Die gesamtwirtschaftliche Bedeutung der öH kann man unterschiedlich messen. Häufig wird die Relation des Budgetvolumens zum Bruttosozialprodukt zu Marktpreisen genannt. Sie beträgt bei den Gebietskörperschaften 35%, unter Einschluß der Sozialversicherung 50%. Diese Zahlen haben aber nur einen beschränkten Aussagewert, da in den staatlichen Ausgaben in erheblichem Umfang Einkommensübertragungen enthalten sind, die den Empfängern Verfügungsmacht über das Sozialprodukt gewähren. Zum anderen kommen darin unternehmerische Betätigung und Aktivitäten ohne Budgetwirkung (Steuervergünstigungen, Bürgschaften, Lohnfortzahlung im Krankheitsfalle) nicht zum Ausdruck. Eindeutiger sind die (ungefähren) Anteile der Gebietskörperschaften und der Sozialversicherung an folgenden Größen

Gesamtumsatz in der Volkswirtschaft	5%
Gesamtwirtschaftliche Nettoinvestitionen	25–30%
Gesamtwirtschaftlicher Konsum	25–30%
Masseeinkommen (Nettolöhne und -gehälter sowie öffentliche Einkommensübertragungen)	45–50%
Gesamtwirtschaftliches Geldvermögen	knapp 10%
Gesamtwirtschaftliches Verpflichtungsvolumen	knapp 10%
Gesamtzahl der Beschäftigten	15%

Die *volkswirtschaftliche Steuerquote* (Verhältnis des Steuervolumens und der Sozialversicherungsbeiträge zum Bruttosozialprodukt zu Marktpreisen) pendelt zwischen 35 und 40%. Gemessen am Geschäftsvolumen befinden sich mehr als die Hälfte der Banken in staatlichem Besitz. Bundesbahn und Bundespost sind mit je 400 Tsd. Beschäftigten die mit Abstand größten Unternehmen.

F. Neumark (Hrsg.), Handbuch der Finanzwissenschaft, 3. Aufl., Tübingen 1976ff.
Bundesministerium der Finanzen, Finanzbericht (erscheint jährlich).

Öffentliche Haushalte im Haushaltsjahr 1974

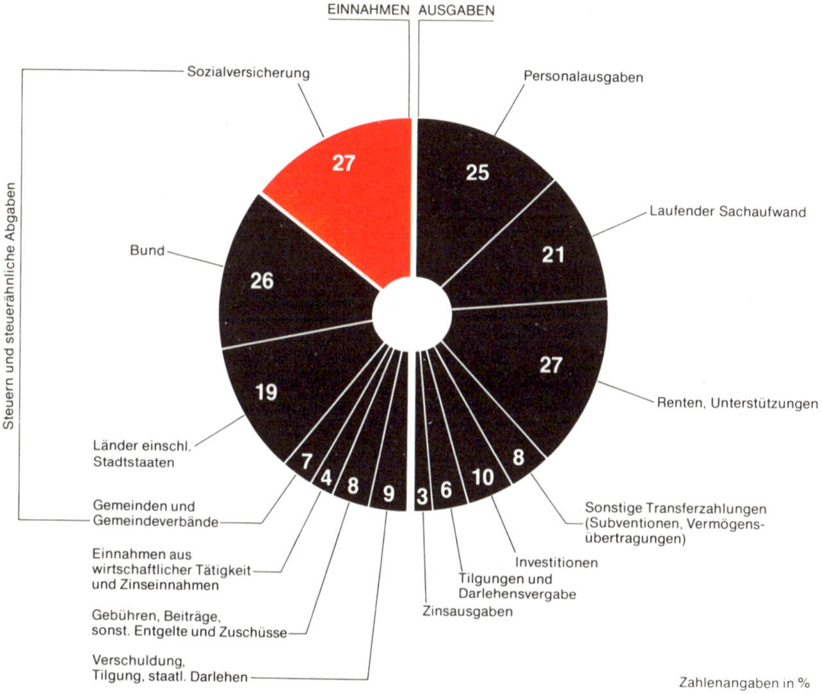

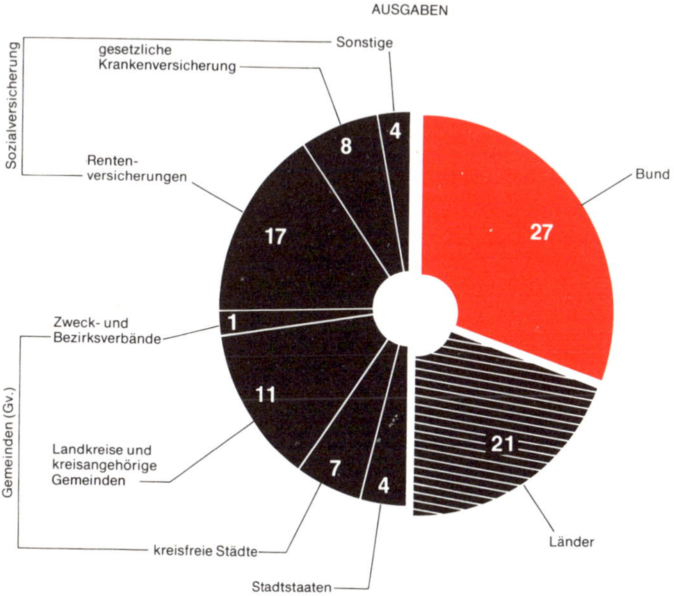

Haushaltsplan

Der Haushaltsplan *(Budget, Etat)* enthält alle Einnahmen und Ausgaben, die in einer Haushaltsperiode (ein oder zwei Kalenderjahre) zu erwarten sind bzw. vorgenommen werden sollen, sowie die Verpflichtungsermächtigungen für Ausgaben in späteren Haushaltsperioden. Rechtsvorschriften für seine Aufstellung und seinen Vollzug finden sich im Grundgesetz, im Haushaltsgrundsätzegesetz, in den Haushaltsordnungen des Bundes und der Länder und in den einschlägigen Bestimmungen des Kommunalrechts.

Der Haushaltsplan ist eine der wichtigsten Quellen zur Information über die Tätigkeit der öffentlichen Körperschaften. Bei seiner Aufstellung und Ausführung sind eine Reihe von Grundsätzen zu befolgen. Es ist auf das gesamtwirtschaftliche Gleichgewicht (↑Globalsteuerung S. 362), auf Sparsamkeit und Wirtschaftlichkeit zu achten. Der Haushaltsplan soll vor Beginn der Haushaltsperiode festgestellt werden und alle Einnahmen und Ausgaben vollständig in einem Plan unsaldiert (brutto) ausweisen. Die Ansätze sollen genau und eindeutig sein. Einnahmen sollen grundsätzlich nicht zweckgebunden werden. Ausgaben und Einnahmen sollen sich ausgleichen.

Haushaltspläne bestehen aus Einzelplänen und dem Gesamtplan. Die *Einzelpläne* gelten für einzelne Verwaltungszweige (z. B. Kultusministerium) oder bestimmte Gruppen von Einnahmen, Ausgaben und Verpflichtungsermächtigungen (z. B. Allgemeine Finanzen). Sie werden in Kapitel (z. B. Universität Mannheim), Titel und Titelgruppen (einzelne Einnahme- und Ausgabearten wie Gebühren, Verkaufserlöse, Personalausgaben, Dienstreisen) unterteilt. Der *Gesamtplan* enthält eine Zusammenfassung der Einzelpläne (Haushaltsübersicht), eine Berechnung des Finanzierungssaldos (Finanzierungsübersicht) und eine Darstellung der Einnahmen aus den Krediten und der Tilgungsausgaben (Kreditfinanzierungsplan). Daneben ist in einem Gruppierungsplan eine zusammenfassende Übersicht über die wichtigsten Sachgruppen von Einnahmen und Ausgaben zu geben. Unter den vorgeschriebenen Anlagen besitzen die Funktionenübersicht (Gliederung nach Aufgabengebieten) und der Stellenplan (Übersicht über Anzahl und Ausstattung der Beamten, Angestellten- und Arbeiterstellen) einen besonderen Informationswert.

Die Vorarbeiten für den Haushaltsplan beginnen mit den Finanzbedarfsmeldungen der Verwaltungsdienststellen an ihre vorgesetzten Behörden und an das Finanzressort. Auf diesem Weg kommt es zu einer Vielzahl von Korrekturen und Abstimmungen des angemeldeten Finanzbedarfs mit den voraussichtlich zu erwartenden Einnahmen. Eine besondere Rolle spielt bei der *Aufstellung* des Etats das Finanzressort, da es ihm obliegt, die Höhe der Einnahmen zu schätzen. Etwa ein halbes Jahr vor Beginn der Haushaltsperiode wird der Budgetentwurf dem Parlament vorgelegt, das ihn nach Prüfung durch den Haushaltsausschuß – meist verspätet – als Gesetz beschließt *(Feststellung)*.

Da die meisten Ausgaben schon von vornherein gesetzlich oder vertraglich festliegen, ist es den Parlamenten kaum möglich, noch Abänderungen größeren Umfangs vorzunehmen. Durch die Feststellung des Etats wird die Verwaltung ermächtigt, die in ihm enthaltenen Ausgaben zu leisten und Verpflichtungen einzugehen *(Vollzug)*. Nach Abschluß der Haushaltsperiode wird eine Haushaltsrechnung erstellt (Soll-Ist-Vergleich), die der *Rechnungsprüfung* durch ↑Rechnungshöfe (S. 308) unterliegt. Sie ist mit deren Prüfungsberichten Grundlage für die *Entlastung* der Regierung durch das Parlament. Von den ersten Vorarbeiten am Etat bis zur Entlastung vergehen meist drei bis fünf Jahre. Für die während einer Haushaltsperiode eintretenden Veränderungen werden *Nachtragshaushalte* vorgelegt.

F. Neumark (Hrsg.), Handbuch der Finanzwissenschaft, 3. Aufl., Bd. 1, Tübingen 1976ff.
H. Zimmermann/K. Henke, Finanzwissenschaft, 2. Aufl., München 1978.
W. Krüger-Spitta/H. Bronk, Einführung in das Haushaltsrecht und die Haushaltspolitik, Darmstadt 1970.

Aus dem Bundeshaushaltsplan 1978:

Bundeskanzler und Bundeskanzleramt

Titel und Funktion	Zweckbestimmung	Betrag für 1978 1000 DM	Betrag für 1977 1000 DM	Istergebnis 1976 1000 DM
1	2	3	4	5
	Ausgaben			
	Personalausgaben			
42101–011	Bezüge des Bundeskanzlers und des Parlamentarischen Staatssekretärs/ Staatsministers	357	357	360
		Amts-bezüge	1978	1977
	Bundeskanzler		1	1
	Der Bundeskanzler erhält eine Dienstaufwandsentschädigung von jährlich 24000 DM (monatlich 2000 DM).			
	Der Bundeskanzler hat Anspruch auf Amtswohnung mit Ausstattung.			
	Parlamentarischer Staatssekretär/Staatsminister		1	1
	Der Parlamentarische Staatssekretär/Staatsminister erhält eine Dienstaufwandsentschädigung von jährlich 5400 DM (monatlich 450 DM).			
42201–011	Bezüge der planmäßigen Beamten	12554	11747	11588
	Planstellen	Bes.-Gr.	1978	1977
	Staatssekretäre	B 11	1	1
	Der Chef des Bundeskanzleramts hat ausgestattete Empfangsräume.			
	Ministerialdirektoren	B 9	5	5
	Ministerialdirigenten oder Brigadegenerale	B 6	11	11
	Ministerialräte oder Vortragende Legationsräte 1. Klasse davon – 1 kw mit Ausscheiden des ehemaligen Bundeskanzlers Dr. Kiesinger aus dem Deutschen Bundestag – 1 kw mit Ausscheiden des ehemaligen Bundeskanzlers Brandt aus dem Deutschen Bundestag – 1 ku nach Bes.-Gr. A 15	B 3	27	27

Erläuterungen

Zu Tit. 42101

Amtsbezüge nach dem Bundesministergesetz	184624 DM
Amtsbezüge nach dem Gesetz über die Rechtsverhältnisse der Parlamentarischen Staatssekretäre	119996 DM
Dienstaufwandsentschädigung	29400 DM
Jährliche Sonderzuwendungen	25134 DM
Zusammen	356154 DM
Gerundet	357000 DM

Zu Tit. 42201

Dienstbezüge nach § 1 Abs. 2 Nrn. 1 bis 3 BBesG	10222400 DM
Zulagen und Vergütungen nach § 1 Abs. 2 Nrn. 4 und 5 BBesG	1349700 DM
Stellen- und Erschwerniszulagen	
Aufwandsentschädigungen	3500 DM
Nachtdienstzulagen und Zulagen zur Erhaltung fremdsprachlicher Kenntnisse	
Sonstige Leistungen	978400 DM
Jährliche Sonderzuwendung, vermögenswirksame Leistungen, Jubiläumszuwendungen	
Zusammen	12554000 DM

Mehr aufgrund von neuen Stellen.

Finanzsystem der Bundesrepublik Deutschland

Unter Finanzsystem wird die Gesamtheit der öffentlichen Einnahmen in Art und Verhältnis zueinander verstanden. Wegen ihres quantitativen Gewichtes interessieren dabei vor allem die Steuern. Ihr Anteil an den Gesamteinnahmen betrug 1976 beim *Bund* 70%. Die Schuldenaufnahme ist bei ihm in den letzten Jahren erheblich gewachsen und hat nunmehr ein Gewicht von über 20%. Bei den *Ländern* dominieren mit 60% ebenfalls die Steuern. Daneben sind Zuweisungen und Zuschüsse (im wesentlichen vom Bund) mit 20% beachtlich. Der Anteil der Schuldenaufnahme liegt zwischen 10 und 15%. Die tragenden Säulen der *Gemeindefinanzen* sind Zuweisungen und Zuschüsse (1976 über 35%), Steuern (30%), Gebühren und sonstige Entgelte (20%) und die Schuldenaufnahme (unter 10%). Die Einnahmen der *Sozialversicherung* bestehen etwa zu 80% aus Beiträgen. Der Rest wird durch Zuweisungen gedeckt.

In der Bundesrepublik werden 50 bis 60 verschiedene Steuern erhoben (↑Steuern und Zölle S. 274). Dabei resultieren zwei Drittel der gesamten Steuereinnahmen aus drei Steuern: ↑Einkommensteuer (S. 282), ↑Körperschaftsteuer (S. 284) und ↑Umsatzsteuer (S. 286). Vier weitere Steuern füllen bereits 90% auf: ↑Gewerbesteuer (S. 288), Mineralöl-, Kfz- und Tabaksteuer.

Der Bund hat die ausschließliche *Gesetzgebungshoheit* über die Zölle und Finanzmonopole. Die Länder erlassen nur Gesetze für örtliche Verbrauch- und Aufwandsteuern, die zu den Bagatellsteuern gehören (z. B. Vergnügung-, Getränke-, Hunde-, Jagdsteuer). Die (konkurrierende) ↑Gesetzgebungszuständigkeit (S. 76) über alle übrigen Steuern hat der Bund vor allem zur Wahrung der Rechts- und Wirtschaftseinheit an sich gezogen. *Verwaltet* (veranlagt und erhoben) werden die Steuern im wesentlichen von den Länderverwaltungen (Finanzämter). Einige Abgaben verwalten der Bund (z. B. Zollämter) und die Gemeinden (Steuerämter) selbst. Von der Gesetzgebungs- und der Verwaltungshoheit zu unterscheiden ist die *Verteilung der Erträge*. Die Einnahmen aus den Zöllen, Finanzmonopolen und fast allen Verbrauchsteuern fließen dem Bund zu. Direkte Steuern wie die ↑Vermögen- und Erbschaftsteuer (S. 292) oder die Kfz-Steuer erhalten die Länder. Die Gemeinden und Gemeindeverbände haben die uneingeschränkte Ertragshoheit nur über einige kleinere Steuern. Für drei Viertel aller Steuereinnahmen besteht ein Steuerverbund (gemeinschaftliche Steuern). Danach werden die Erträge der Umsatzsteuer auf Bund und Länder nach wechselnden Quoten aufgeteilt und die Erträge der Einkommen- und Körperschaftsteuer je zur Hälfte, nach einem Vorabzug von zur Zeit 14% für die Gemeinden bei der Einkommensteuer. Dafür führen die Gemeinden einen Teil ihres Gewerbesteueraufkommens an Bund und Länder ab. Die Zolleinnahmen und einen Teil der Umsatzsteuer erhalten die Europäischen Gemeinschaften.

Bei der Aufteilung gilt das Prinzip des örtlichen Aufkommens. Steuern, die in einem Land gezahlt werden, fließen grundsätzlich ganz oder entsprechend dem Länderanteil dem erhebenden Land zu. Der Umsatzsteueranteil der Länder wird jedoch zu drei Vierteln im Verhältnis der Einwohnerzahl und zu einem Viertel unter Berücksichtigung der Finanzkraft der Länder verteilt. Die Beteiligung der Gemeinden an der Einkommensteuer erfolgt nach einem anderen Schlüsselverfahren. Für jede Gemeinde werden die versteuerten Einkommensbeträge bis zu einer Höhe von 16000.– DM bei Ledigen und 32000.– bei Zusammenveranlagten ermittelt und für das ganze Land addiert. Der Anteil jeder Gemeinde an dieser Summe gibt das Verhältnis an, nach dem sie an den 14% des Einkommensteueraufkommens in dem betreffenden Land beteiligt wird. Die genannten Regelungen werden durch weitere Verfahren des ↑Finanzausgleichs (S. 300) ergänzt.

R. Musgrave/P. Musgrave/L. Kullmer, Die öffentlichen Finanzen in Theorie und Praxis, 4 Bde., Tübingen 1975 ff.
Kommission der Europäischen Gemeinschaften, Inventar der Steuern, Luxemburg 1974.

Aufteilung der kassenmäßigen Steuereinnahmen 1976[1])

Steuerart	Insgesamt Mrd DM	vH	Europäische Gemeinschaften Mrd DM	Bund Mrd DM	Länder Mrd DM	Gemeinden (Gv.) Mrd DM
Steuern von Einkommen	125	47	–	55	55	15
dar.: Lohnsteuer	81	30	–	35	35	11
veranlagte Einkommensteuer	31	12	–	13	13	4
Kapitalertragsteuer	2	1	–	1	1	–
Körperschaftsteuer	12	4	–	6	6	–
Umsatzsteuer	58	22	3	37	18	–
Gewerbesteuer	23	9	–	4	4	15
dar.: Lohnsummensteuer	3	1	–	–	–	3
Grundsteuer	5	2	–	–	–	5
Vermögensteuer	4	1	–	–	4	–
Zölle[2])	4	1	4	0	–	–
Verbrauch- und Aufwandsteuern	42	16	–	34	7	1
dar.: Mineralölsteuer	18	7	–	18	–	–
Tabaksteuer	9	3	–	9	–	–
Kfz-Steuer	6	2	–	–	6	–
Branntweinmonopol	3	1	–	3	–	–
Biersteuer	1	0	–	–	1	–
Kaffeesteuer	1	0	–	1	–	–
Sonstige Steuern	5	2	–	2	2	2
Insgesamt	268	100	6	132	90	38
dar.: Gemeinschaftsteuern	210	78	6	96	77	30

Aufteilung der Gemeinschaftsteuern 1978 (vH)[1])

Lohn- und veranlagte Einkommensteuer	–	43	43	14
Kapitalertrag- und Körperschaftsteuer	–	50	50	–
Umsatzsteuer	7,2	60,3	32,5	–
Zölle[2])	100	–	–	–
Gewerbesteuer auf Ertrag und Kapital	–	18,3	18,3	63,4

[1]) Im Rahmen des Finanzausgleichs werden die hier ausgewiesenen Steuereinnahmen zum Teil noch weiter verteilt (↑ S. 300).
[2]) Dem Bund verbleiben nur noch 100 Mio. DM der Zolleinnahmen aus dem EGKS-Bereich.

Finanzausgleich

Mit dem Begriff Finanzausgleich (FA) werden in der Regel die finanziellen Beziehungen zwischen den Gebietskörperschaften bezeichnet. Im wesentlichen handelt es sich dabei um die Neuverteilung von Steuereinnahmen auf die einzelnen öffentlichen Haushalte, um Finanzkraftunterschiede auszugleichen oder übertragene Aufgaben abzugelten. Die Finanzbeziehungen auf derselben gebietskörperschaftlichen Ebene (Land-Land, Gemeinde-Gemeinde) werden als *horizontaler*, die zwischen über- und untergeordneten Gebietskörperschaften (Bund-Länder-Gemeinden) als *vertikaler* FA bezeichnet. Die Zuweisungen können allgemeine Deckungsmittel oder zweckgebunden sein.

Die bedeutendsten FA-Ströme fließen in der Bundesrepublik vertikal von den oberen zu den nachgeordneten Gebietskörperschaften und horizontal auf der Gemeindeebene. Der Bund zahlt 1,5% des Gesamtumsatzsteueraufkommens als Ergänzungszuweisungen an die Bundesländer (1978 ca. 1,1 Mrd. DM). In derselben Richtung fließen mehrere Mrd. DM im Rahmen der Gemeinschaftsaufgaben (↑Kooperation im Bundesstaat S. 82), des Programms für Zukunftinvestitionen, der Krankenhausfinanzierung u. a. Im (bundesuneinheitlich) vertikalen FA zwischen Land und Gemeinden bringt das Land im allgemeinen zwischen 20 und 30% aus der Summe der Gemeinschaftsteuern (↑Finanzsystem der Bundesrepublik Deutschland S. 298) und anderen Steuern (saldiert mit den Zahlungen im horizontalen FA zwischen den Ländern) in eine Finanzausgleichsmasse (Verbundmasse) ein (1974 insgesamt ca. 17 Mrd. DM). Davon werden etwa 60% für die Schlüsselmasse reserviert, aus der *Schlüsselzuweisungen* geleistet werden. Der Rest wird für einen Ausgleichstock (für Bedarfszuweisungen) sowie für Ausgabenerstattungen und sonstige Zuweisungen verwendet. Die Schlüsselzuweisungen sollen die Finanzkraftunterschiede zwischen den Kommunen verringern. Dazu werden die Solleinnahmen aus verschiedenen Steuern ermittelt (Steuerkraftmeßzahl) und einer Bedarfmeßzahl gegenübergestellt. Letztere errechnet sich aus der Einwohnerzahl und berücksichtigt besondere Mehrbelastungen (z. B. ausländische Streitkräfte, Heilbäder, zentrale Orte, Soziallasten, Schüler, geringe Siedlungsdichte). Negative Differenzen zwischen Steuerkraft- und Bedarfmeßzahl werden bis zu einem bestimmten Prozentsatz (in den meisten Ländern zwischen 70 und 80%) vorweg aufgefüllt (Sockelgarantie). Der Rest der Schlüsselmasse wird im Verhältnis der verbleibenden Differenzen aufgeteilt. Gemeinden und Gemeindeverbände, deren Steuerkraftmeßzahl über der Bedarfsmeßzahl liegt, erhalten keine Zuweisungen im Rahmen des allgemeinen FA, sind aber auch nicht ablieferungspflichtig. Die Bedarfszuweisungen aus dem *Ausgleichstock* werden in Härtefällen und zur Korrektur der Finanzausgleichsschematik gewährt. Außerdem erhalten die Gemeinden und Gemeindeverbände von den Ländern noch beträchtliche zweckgebundene Zuweisungen außerhalb der Verbundmasse.

Im *horizontalen* FA zwischen den Bundesländern zahlen die steuerstarken Länder (z. B. Baden-Württemberg, Hamburg) insgesamt 2 Mrd. DM an die steuerschwachen Länder (z. B. Niedersachsen, Rheinland-Pfalz). Der horizontale FA zwischen den Gemeinden und Gemeindeverbänden hat einen Umfang von mehreren Mrd. DM (z. B. Kreisumlage). – Neben den beschriebenen Regelungen beteiligten sich die Gebietskörperschaften untereinander an einer Vielzahl einzelner Projekte und Aufgaben mit zweckgebundenen Zuweisungen und Darlehen.

Der Finanzausgleich zwischen dem Bund und den *Europäischen Gemeinschaften* (EG) hat zunehmende Bedeutung. Für 1978 wird eine Nettobelastung des Bundes von 5,3 Mrd. DM erwartet. Die wesentlichsten Zahlungen betreffen die Umsatzsteuer- und Zollabführungen an die EG (1978 über 9 Mrd. DM) und die Erstattungen der EG an den Bund für seine Interventionen am Milchmarkt (2 Mrd. DM).

G. Hedtkamp, Lehrbuch der Finanzwissenschaft, 2. Aufl., Neuwied 1977.
D. Fick, Der kommunale Finanzausgleich, in: Kommunale Steuerzeitschrift, Nr. 1–3, 1977.

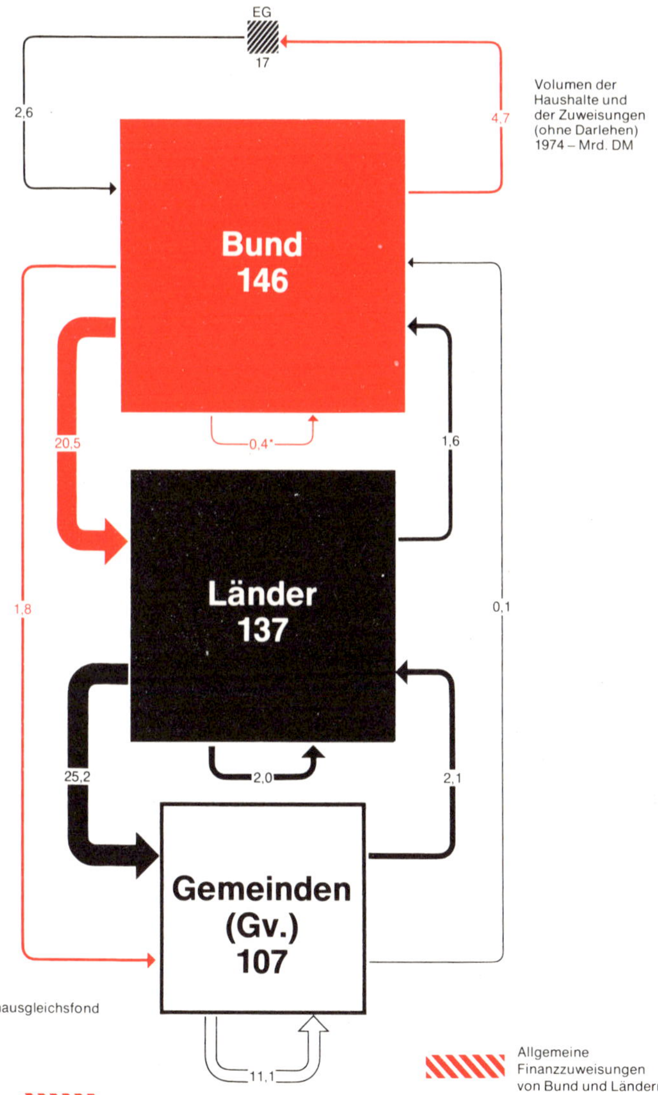

Statistisches Bundesamt

*ERP-Mittel und Lastenausgleichsfond

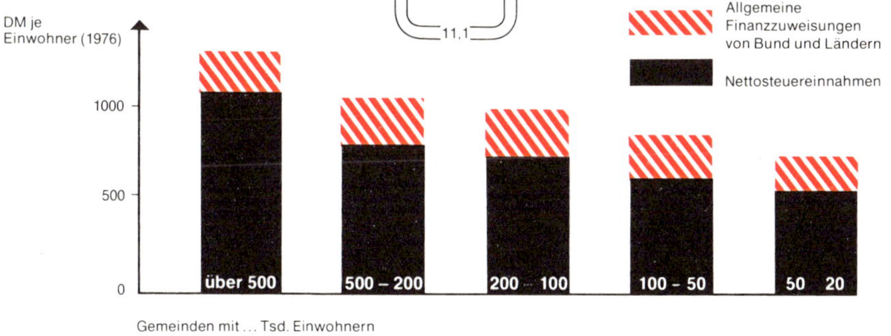

Statistisches Jahrbuch Deutscher Gemeinden

Mittelfristige Finanzplanung

Stabilitäts- und Haushaltsgrundsätzegesetz und das daraus abgeleitete Haushaltsrecht verpflichten Bund, Länder und Kommunen zu einer mittelfristigen Investitions- und Finanzplanung. Es ist für einen Zeitraum von 5 Jahren ein *Finanzplan* zu erstellen, der alle voraussichtlichen Investitions- und sonstigen Ausgaben und die zu ihrer Deckung vorgesehenen Einnahmen enthalten soll. Da die ersten beiden Jahre des Finanzplans das laufende und nächste Haushaltsjahr sind, reicht die Planung nur drei Jahre über die (einjährige) Haushaltsplanung hinaus, was bei den gegebenen Prognoseproblemen viel, für manche Aufgaben indessen sehr kurz ist. Eine Reihe von Aufgabenplanungen (↑Raum- und Fachplanung S. 504) gehen daher über diesen Zeithorizont hinaus (z. B. im Straßenbau). Die Finanzpläne sind jährlich fortzuschreiben *(gleitende Planung)*. Sie sind nicht verbindlich. Sie werden den Parlamenten nur vorgelegt und nicht – wie der ↑Haushaltsplan (S. 296) – von ihnen beschlossen. Spätere Haushalts- und Finanzplanungen können von den Zahlen der vorausgehenden Finanzpläne abweichen. Bislang ist das die Regel.

Zur Unterstützung der mittelfristigen Finanzplanung wurde 1968 der *Finanzplanungsrat* gegründet. Ihm gehören die Bundesminister der Finanzen und für Wirtschaft, die Länderfinanzminister und vier Vertreter der kommunalen Spitzenverbände an. Die Deutsche Bundesbank kann an den Beratungen teilnehmen. Der Finanzplanungsrat hat ein gemeinsames Schema für den Finanzplan von Bund, Ländern und Gemeinden entwickelt, nach dem einheitlich und vergleichbar die Planzahlen ausgewiesen werden. Er bemüht sich, regelmäßig volks- und finanzwirtschaftliche Eckwerte – differenziert nach den einzelnen Ebenen – zu ermitteln, auf deren Grundlage die Haushaltspläne aufgestellt und die Finanzplanungen fortgeschrieben werden sollen. Darüber hinaus obliegt ihm die Zusammenfassung und eine den Anforderungen des Stabilitäts- und Wachstumsgesetzes genügende Koordinierung der Planung der einzelnen Ebenen. Er kann Empfehlungen, die für die einzelnen öffentlichen Körperschaften allerdings nicht verbindlich sind, beschließen, soweit darüber im Rat Einstimmigkeit erzielt wird.

Mittelfristige Finanzplanung wird für Teile der öffentlichen Finanzwirtschaft schon seit Jahrzehnten betrieben. Neu ist der Versuch einer umfassenden und systematischen Vorausschau aller Einnahmen und Ausgaben. Dabei tauchen vor allem *Voraussage-* und *Koordinationsprobleme* auf. Das wesentlichste Problem liegt in der Schwierigkeit, Prognosen über die grundsätzlichen volks- und finanzwirtschaftlichen Entwicklungslinien und deren Verknüpfung mit den einzelnen Einnahme- und Ausgabegruppen abzugeben. Das gilt selbst für die Zuweisungen und Zuschüsse, die sich die öffentlichen Körperschaften gegenseitig gewähren (↑Finanzausgleich S. 300). Finanzplanung als Ressourcenplanung setzt eine umfassende Aufgabenplanung voraus, die es in der Bundesrepublik bislang nicht gibt (↑Raum- und Fachplanung S. 504). Die Koordinierung der Finanzplanungen wird erschwert durch den föderativen Staatsaufbau der Bundesrepublik. Bund und Länder sind nach dem Grundgesetz in ihrer Haushaltswirtschaft selbständig und voneinander unabhängig, was bei dem ausgedehnten Verbund von Einnahmen (↑Finanzsystem der Bundesrepublik Deutschland S. 298), Aufgaben und Ausgaben jedoch nur noch beschränkt zutrifft. Bis jetzt gibt es erhebliche Diskrepanzen zwischen den Vorstellungen des Finanzplanungsrates und der tatsächlichen Haushalts- und Finanzplanung. Allerdings kann man heute schon sagen, daß einige Mängel der öffentlichen Finanzwirtschaft durch die Finanzplanung verbessert wurden. Es werden in größerem Umfang Investitionsplanungen, längerfristige Finanzierungsüberlegungen und Prioritätensetzungen unter Berücksichtigung von Folgekosten vorgenommen.

H. Nachtkamp, Mehrjährige Finanzplanungen und mittelfristige Zielprojektionen der Bundesregierung, Baden-Baden 1976.
F. Neumark (Hrsg.), Handbuch der Finanzwissenschaft, Bd. 1, Tübingen 1976 ff.

Der Finanzplan des Bundes 1977 bis 1981
Stand: 14. September 1977

Gesamtübersicht

	Soll 1977	Haush.-Entwurf 1978	– Finanzplan – 1979	1980	1981
	– in Mrd. DM[1]) –				
I. Ausgaben					
1. Gesamtausgaben	171,31	188,64	200,0	212,0	225,0
2. Steigerungsraten in v. H.	6,0[2])	10,1	6	6	6
II. Einnahmen					
1. Steuereinnahmen	145,40	156,50	168,5	181,5	195,5
2. Steuererleichterungen	[3])	– 3,01	– 3,7	– 4,0	– 4,5
3. Verwaltungseinnahmen[1])	4,76	7,34	7,9	8,4	9,0
4. Münzeinnahmen	0,45	0,35	0,4	0,4	0,4
5. Nettokreditaufnahme	20,69[5])	27,46	26,9	25,7	24,6
6. Gesamteinnahmen	171,31	188,64	200,0	212,0	225,0

[1]) Differenzen durch Rundung
[2]) Gegenüber Ist-Ergebnis 1976 in Höhe von 161,67 Mrd. DM.
[3]) Voraussichtliche Steuermindereinnahmen 1977: 0,72 Mrd. DM.
[4]) Ab 1978 einschließlich Postablieferung.
[5]) Unter Berücksichtigung der Umsatzsteuerneuverteilung, der Steuerschätzung vom 22. bis 24. August 1977 und der Steuererleichterungen: voraussichtlich 22,4 Mrd. DM.

Kreditfinanzierungsübersicht

	Soll 1977	Haush.-Entwurf 1978	– Finanzplan – 1979	1980	1981
	– in Mrd. DM[1]) –				
I. Bruttokreditaufnahme					
1. Anschlußfinanzierung	14,71	17,12	23,2	24,7	27,4
2. neu	20,69	27,46	26,9	25,7	24,6
insgesamt	35,40	44,58	50,1	50,4	52,0
II. Tilgungen					
1. langfristige Kredite	4,28	4,36	6,8	11,4	16,9
2. kürzerfristige Kredite	10,43	12,76	16,4	13,3	10,5
III. Nettokreditaufnahme	20,69	27,46	26,9	25,7	24,6

Öffentliche Unternehmen und Staatsmonopole

Die öffentlichen Unternehmen lassen sich von der Privatwirtschaft formell dadurch unterscheiden, daß der öffentlichen Hand die Inhaber- oder Unternehmerstellung zukommt *(formeller Begriff der öffentlichen Unternehmen)*. Diese Voraussetzung ist jedenfalls dann gegeben, wenn das Unternehmen allein einem Hoheitsträger gehört oder unter Ausschluß privater Beteiligung von mehreren Hoheitsträgern geführt wird (gemischt-öffentliche Unternehmen, *öffentliche Gemeinschaftsunternehmen)*. Zu den öffentlichen Unternehmen zählen aber auch diejenigen, an denen die öffentliche Hand neben Privaten beteiligt ist, wenn sie von der öffentlichen Hand mehrheitlich beherrscht werden *(gemischtwirtschaftliche Unternehmen)*. Ein *materieller Begriff der öffentlichen Unternehmen*, durch den sich diese von anderen Staatsfunktionen abgrenzen lassen, kann in ihrer Ausrichtung auf die wirtschaftliche Wertschöpfung durch Erzeugung und Verteilung von Gütern sowie durch Erbringung von Dienstleistungen gesehen werden. Der Bereich der öffentlichen Unternehmen umfaßt danach die in öffentlicher Hand befindlichen Brauereien, Ziegeleien, Bergwerke, Kraftwerke, land- und forstwirtschaftlichen Betriebe, Hotels und Gaststätten, Energie- und Wasserversorgungsunternehmen sowie die öffentlichen Verkehrseinrichtungen, wie Bundesbahn, Bundespost, Deutsche Lufthansa, Hafen- und Flugplatzverwaltungen und gemeindliche Verkehrsbetriebe. Eine Besonderheit besteht bezüglich der öffentlichen Einrichtungen der Gemeinden (z. B. Verkehrsbetriebe, Betriebe der Wasser- und Energieversorgung, Müllabfuhr, Abwasserbetriebe, Schlachthöfe, Bäder). Diese gelten nicht als wirtschaftliche Unternehmen im Sinne der Kommunalgesetze und unterliegen daher nicht den Beschränkungen, die für die wirtschaftliche Betätigung von Kommunen mit Rücksicht auf ihre öffentlichen Aufgaben gelten. Aus wirtschafts- und sozialpolitischer Sicht wird zuweilen die gesamte öffentliche Wirtschaftstätigkeit in Zweifel gezogen. Daher hat in größerem Umfang eine Überführung öffentlicher Unternehmen in Privateigentum *(Privatisierung)* stattgefunden (1959 Preussag zu 77,6 Prozent, 1961 Volkswagenwerk zu 60 Prozent, 1965 Veba zu 64 Prozent).

Als Staats- oder Verwaltungsmonopol gilt die einem Verwaltungsträger vorbehaltene Befugnis, eine bestimmte, von der Sache her auch Privaten zugängliche Tätigkeit ausschließlich auszuüben oder im Wege der Konzession an Private zu vergeben. Die Staatsmonopole erfüllen heute im wesentlichen sozialstaatliche und steuerliche Funktionen. Entsprechend diesen Verwaltungszwecken werden Polizei-, Lenkungs-, Leistungs- und Finanzmonopole unterschieden. Die *Polizeimonopole* dienen der Abwehr von Gefahren für die öffentliche Sicherheit und Ordnung (↑Polizeiorganisation S. 528). Zu ihnen gehören z. B. gemeindliche Kanalisation und Müllabfuhr sowie das ↑Schornsteinfegerrecht (S. 556). Zu den *Lenkungsmonopolen* zählen im wirtschaftlichen Bereich der Staatsvorbehalt des ↑Bergrechts (S. 350) und das staatliche Arbeitsvermittlungsmonopol, auf nicht wirtschaftlichem Gebiet das Rundfunkmonopol. *Leistungsmonopole* sind das Post- und das Eisenbahnmonopol. Die *Finanzmonopole*, von denen aus der Zeit vor dem GG das Zündwaren- und das Branntweinmonopol fortbestehen, dienen als besondere Form der Verbrauchsteuererhebung der staatlichen Finanzwirtschaft. Das Branntweinmonopol erfüllt nach seiner ursprünglichen Konzeption zugleich eine agrarpolitische Lenkungsfunktion, indem es durch das staatliche Erwerbsmonopol für Branntwein den landwirtschaftlichen Brennereien die Erwirtschaftung der Selbstkosten garantiert. Staatsmonopole bedürfen heute mit Rücksicht auf die ↑Berufs- und Gewerbefreiheit (S. 144) einer besonderen Rechtfertigung durch das öffentliche Interesse.

G. Püttner, Die öffentlichen Unternehmen, Bad Homburg u. a. 1969.
P. Badura, Das Verwaltungsmonopol, Berlin 1963.

Das Branntweinmonopol
(nach dem Gesetz über das Branntweinmonopol)

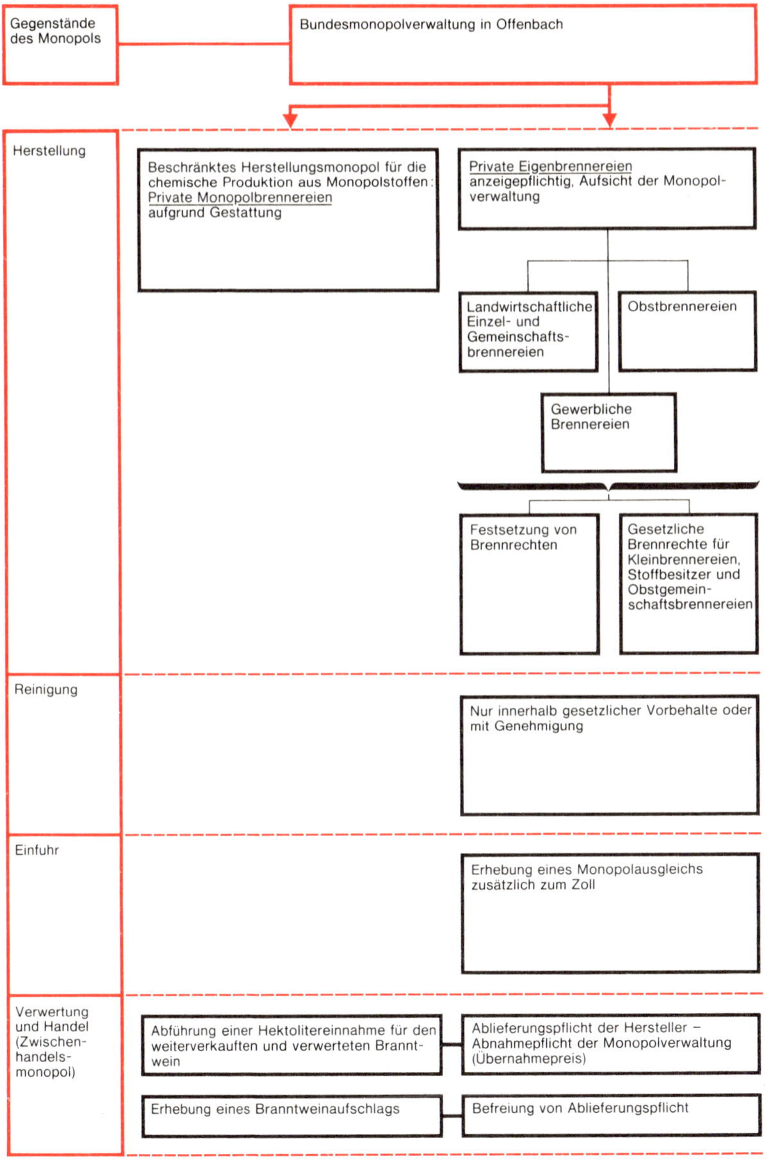

Öffentliche Auftragsvergabe

Öffentliche Auftragsvergabe ist das Verfahren, nach dem Bund, Länder, Gemeinden und andere juristische Personen des öffentlichen Rechts ihre Beschaffungen (Dienstfahrzeuge, Büromaterial, Heizöl, Bau- und Unterhaltung von Schulen, Straßen und Stadthallen) tätigen. Das Haushaltsrecht verlangt, daß bei Abschluß von Verträgen über Lieferungen und Leistungen eine *öffentliche Ausschreibung* vorausgeht, sofern nicht die Natur des Geschäfts oder besondere Umstände eine Ausnahme rechtfertigen. Darüber hinaus wird bestimmt, daß beim Abschluß von Verträgen nach einheitlichen Richtlinien zu verfahren ist. Diese sind enthalten in der Verdingungsordnung für Bauleistungen (VOB) und in der Verdingungsordnung für Leistungen (VOL).

Die *Verdingungsordnungen* regeln in einem Teil A das Verfahren für die Auftragsvergabe (Art der Ausschreibungen, Zuschlagsbedingungen). Diese Vorschriften verwirklichen den Grundsatz der Sparsamkeit und Wirtschaftlichkeit der Verwaltung, der es gebietet, grundsätzlich eine öffentliche Ausschreibung vorzunehmen. Eine Ausnahme (beschränkte Ausschreibung oder freihändige Vergabe) ist beispielsweise zulässig, wenn nur einzelne Unternehmer in der Lage sind, derartige Aufträge auszuführen. Besondere Umstände sind gegeben, wenn aus konjunkturpolitischen Gründen eine rasche Vergabe notwendig ist. Bevor Angebote eingeholt werden, ist zu prüfen, ob die erforderlichen Haushaltsmittel bereitstehen. Die Verwaltung setzt dann einen Kostenanschlag fest und erstellt die Ausschreibungsunterlagen. Die Ausschreibung ist in Tageszeitungen und Amtsblättern zu veröffentlichen. Die Angebotseröffnung erfolgt bei einer Verdingungsverhandlung der Verwaltung, teilweise gemeinsam mit den Bietern. Nach den Feststellungen des Submissionsergebnisses erfolgt die eigentliche Auftragsvergabe. Baumaßnahmen dürfen nur begonnen werden, wenn ausführliche Entwurfszeichnungen und Kostenberechnungen vorliegen. Anderen größeren Beschaffungsgeschäften sind ausreichende Unterlagen zugrunde zu legen.

Die Beschaffungsgeschäfte besitzen als fiskalische Hilfsgeschäfte der Verwaltung privatrechtlichen Charakter. Bei der Auftragsvergabe ist die Vergabebehörde grundsätzlich nur an die Verdingungsordnungen, nicht aber an die Grundrechte, insbesondere den ↑ Gleichheitssatz (S. 128) gebunden. Da die öffentliche Hand den Bietern gleichberechtigt gegenübertritt, würde die Unterstellung der gesamten privatrechtlichen Tätigkeit unter den Gleichheitssatz eine sachgerechte Aufgabenerfüllung erheblich erschweren. Besondere Bindungen bestehen, soweit bestimmte Personen wegen fürsorgerechtlicher oder sozialstaatlicher Rechtsvorschriften bevorzugt zu behandeln sind (z. B. nach § 74 Bundesvertriebenengesetz, § 68 Bundesentschädigungsgesetz). Art und Ausmaß der Bevorzugung regeln besondere Richtlinien. Bei der Entscheidung über die Zulassung bevorzugter Bieter handelt die vergebende Stelle hoheitlich mit der Folge, daß bei Streitigkeiten der ↑ Verwaltungsrechtsschutz (S. 232) eröffnet ist. Dagegen ist bei einer Auftragssperre nichtprivilegierter Unternehmer der Zivilrechtsweg gegeben, weil Entscheidungen im Zusammenhang mit der Erteilung bürgerlich-rechtlicher Aufträge nicht wesensverschieden von entsprechenden kaufmännischen Maßnahmen sind.

Teil B der Verdingungsordnungen enthält allgemeine Vertragsbedingungen für die Auftragsabwicklung, die regelmäßig als „Allgemeine Geschäftsbedingungen" Gegenstand der abzuschließenden Einzelverträge (Werkverträge) werden.

E. A. Piduch, Bundeshaushaltsrecht, Bd. 2, Loseblattkommentar, Stuttgart, Stand 1977, Erläuterungen zu § 55 Bundeshaushaltsordnung.
W. Scheel/J. Steup, Gemeindehaushaltsrecht Nordrhein-Westfalen, 2. Aufl., Köln 1975, S. 370 ff.

Öffentliche Auftragsvergabe

(Bund, Länder, Gemeinden und andere juristische Personen des öffentlichen Rechts, z. B. Universitäten)

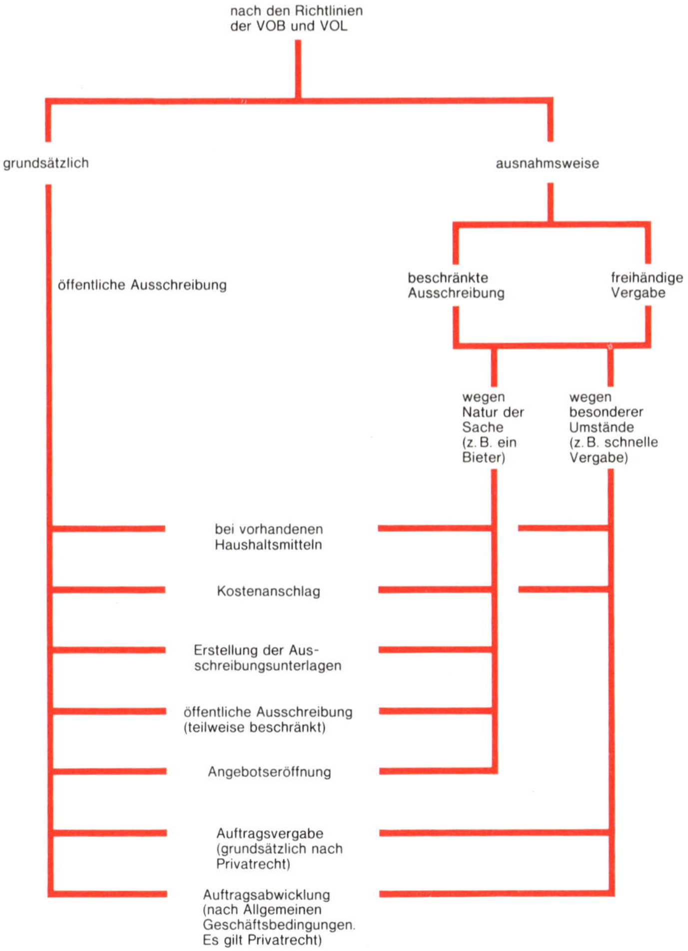

Rechnungshöfe

Die Rechtsordnung trifft institutionelle, personelle und verfahrensmäßige Vorkehrungen zum Schutze der Integrität des Zustandekommens und der Willens- und Entscheidungsbildung der staatlichen Organe. Hierher gehören unter anderem Inkompatibilitätsregelungen, die Unabhängigkeit der Richter, die Strafvorschriften über die Lauterkeit der Amtsführung, das Disziplinarrecht und die Prüfungsbefugnisse der Rechnungshöfe.

Die Befugnisse der Rechnungshöfe ergeben sich vor allem aus dem Haushaltsrecht. Im Mittelpunkt steht die jährliche *Nachprüfung der Rechnungslegung* für Regierung und Parlament (↑Haushaltsplan S. 296). Die Rechnungshöfe prüfen die Einnahmen, die Ausgaben, die Verpflichtungen zur Leistung von Ausgaben, die Schulden und die Verwendung von Mitteln zur Selbstbewirtschaftung. Sie können nach ihrem Ermessen die Nachprüfung auf Stichproben beschränken oder ganz unterlassen. Ausnahmsweise können im Haushaltsplan bestimmte Mittel mit Rücksicht auf ihren Verwendungszweck der Prüfung durch den Rechnungshof entzogen werden. Bei Ausgaben, deren Verwendung geheimzuhalten ist, kann eine Überprüfung durch den Präsidenten oder ein anderes Mitglied unter Mitwirkung des Präsidenten angeordnet sein. Inhaltlich erstreckt sich die Rechnungsprüfung auf die Einhaltung der für die Haushalts- und Wirtschaftsführung geltenden Vorschriften und Grundsätze. Insbesondere ist darauf zu achten, ob Haushaltsgesetz und Haushaltplan eingehalten sind, die Einnahmen und Ausgaben begründet und belegt sind, wirtschaftlich und sparsam verfahren wurde und ob die Aufgaben mit geringerem Personal- oder Sachaufwand oder auf andere Weise wirksamer erfüllt werden können. Zu diesem Zweck haben die mit der Ausführung des Haushaltsplanes befaßten Stellen den Rechnungshöfen Auskünfte zu erteilen und Akteneinsicht zu gewähren. Die Ergebnisse der Prüfung werden, soweit sie für die Entlastung der Regierung von Bedeutung sind, jährlich in *Bemerkungen* zusammengefaßt, die den zuständigen Organen mit weiteren Unterlagen zugeleitet werden. In den Bemerkungen wird insbesondere mitgeteilt, ob die Einnahmen und Ausgaben ordnungsgemäß belegt sind und wie Mängel beseitigt werden können. Der Rechnungsprüfung unterliegen neben der gesamten Haushalts- und Wirtschaftsführung der Bundes- und Landesorgane einschließlich der unmittelbaren Körperschaften und Anstalten des öffentlichen Rechts auch die Sondervermögen (Bundesbahn, Bundespost) sowie andere Unternehmen und Beteiligungen der öffentlichen Hand (AG, GmbH).

Rechnungshöfe und sonstige Rechnungsprüfstellen besitzen weder Weisungs- noch Vollzugsbefugnisse und schon gar keine richterliche Unabhängigkeit. Es bleibt grundsätzlich der Entscheidung der Parlamente überlassen, ob und in welchen Formen die Anregungen der Rechnungsprüfungsstellen aufgegriffen werden.

B. Bank, Über die Eigenständigkeit des Rechnungshofes zwischen Parlament und Regierung, in: Die öffentliche Verwaltung, 1962, S. 526ff.

H. Fischer-Menshausen, in: I. von Münch (Hrsg.), Grundgesetz-Kommentar, Bd. 3, München 1978, Erläuterungen zu Art. 114.

Nachprüfung der Rechnungslegung

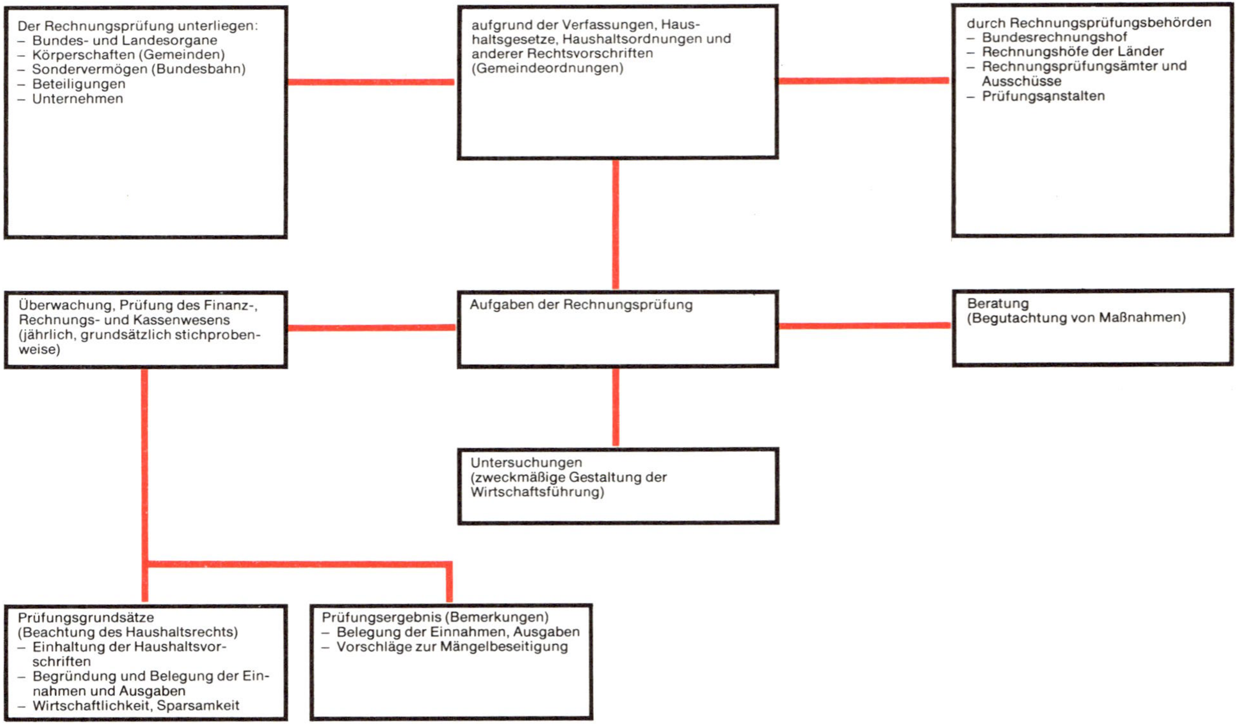

Wirtschaftsverfassung

Unter *Wirtschaftsverfassung* versteht man den auf die Wirtschaft bezogenen Teil der ↑ Rechtsordnung (S. 20), insbesondere der ↑ Verfassung (S. 16). Der Begriff der *Wirtschaftsordnung* hingegen bezeichnet die im Rahmen der Wirtschaftsverfassung praktizierten Organisationsprinzipien, Normen und Verhaltensweisen des Wirtschaftsgeschehens und die realen Entscheidungsmechanismen und Einrichtungen. Wesentliche Elemente jeder Wirtschaftsverfassung sind die Regelung des Eigentumsrechts sowie die Zuordnung von Aufgaben und Entscheidungsbefugnissen im Prozeß der Wirtschaftsplanung und -leitung an Staatsorgane und private Wirtschaftssubjekte. Dabei wird in der Theorie vielfach zwischen zwei gegensätzlichen *Wirtschaftsmodellen* unterschieden, dem der zentralgelenkten (Plan-)Wirtschaft und dem der (freien) Marktwirtschaft. Die existierenden *Wirtschaftssysteme* stellen meist Mischformen dar.

Bei der *Eigentumsordnung* ist zu unterscheiden, ob die Verfassung grundsätzlich vom Privateigentum an Produktionsmitteln ausgeht *(Kapitalismus)* oder ob grundsätzlich nur die Gesellschaft bzw. der Staat Eigentum an Produktionsmitteln erlangen kann *(Sozialismus)*. In der Bundesrepublik Deutschland ist das Privateigentum als umfassende individuelle Sachherrschaft durch Art. 14 Grundgesetz garantiert (↑ Eigentum und Enteignung S. 146). In der DDR dominiert dagegen das sozialistische Eigentum des Staates, von Genossenschaften oder gesellschaftlichen Organisationen an Produktionsmitteln. Nur diese Eigentumsform zählt zu den unantastbaren Grundlagen der sozialistischen Gesellschaftsordnung, nicht jedoch das private Eigentum an Produktionsmitteln und das persönliche Eigentum an Gegenständen des persönlichen Bedarfs.

Im Hinblick auf die *Wirtschaftslenkung* ist zu unterscheiden zwischen einer zentralistisch und einer marktwirtschaftlich orientierten Wirtschaftsverfassung. In einer *zentral gelenkten Wirtschaft* verfügen Organe der Gesellschaft und des Staates über das Recht zu imperativer (rechtsverbindlicher) Planung, zur Koordination und Entscheidung im Wirtschaftsprozeß. Die produzierenden und konsumierenden Wirtschaftseinheiten (Betriebe, Haushalte) haben sich dabei den vorgegebenen Planauflagen und Entscheidungen unterzuordnen. In einer *marktwirtschaftlich* orientierten Wirtschaft liegen Planung und Leitung des Wirtschaftsgeschehens in den Händen einer Vielzahl autonomer (privater) Wirtschaftseinheiten (Privatautonomie). Die Koordination der Einzelpläne und -entscheidungen erfolgt auf den Gütermärkten. In der DDR ist staatlichen Instanzen das Recht zugeordnet, den Wirtschaftsprozeß zu koordinieren und zu steuern. Den Betrieben und Betriebsvereinigungen sind nur begrenzte eigene Entscheidungsbefugnisse überlassen. In der Bundesrepublik Deutschland dominiert dagegen das marktwirtschaftliche Prinzip. Es ist vor allem gekennzeichnet durch die Selbständigkeit der Unternehmen in ihren Produktionsentscheidungen und durch die Freiheit der Berufs- und der Arbeitsplatzwahl (↑ Berufs- und Gewerbefreiheit S. 144) sowie der Konsumwahl privater Personen und Haushalte. Dem Staat obliegt dabei insbesondere, (1) für die Erhaltung des Wettbewerbs und die Verhinderung wirtschaftlicher Machtkonzentration zu sorgen (↑ Unlauterer Wettbewerb S. 318, ↑ Sicherung der Wettbewerbsordnung S. 316), (2) durch den Marktregulierungsprozeß eingetretene soziale Verzerrungen zu beseitigen (↑ Rechts- und Sozialstaatlichkeit S. 34) und (3) das gesamtwirtschaftliche Gleichgewicht zwischen Stabilität des Preisniveaus, hohem Beschäftigungsstand, außenwirtschaftlichem Gleichgewicht und stetigem und angemessenen Wirtschaftswachstum zu erhalten (↑ Globalsteuerung S. 362). Dazu besitzt der Staat im System der *sozialen Marktwirtschaft* eine Reihe von Eingriffsmöglichkeiten (↑ Sicherung der Wettbewerbsordnung S. 316, ↑ Deutsche Bundesbank – Währungspolitik S. 354).

G. Gutmann, Die Wirtschaftsverfassung der Bundesrepublik Deutschland, Stuttgart u. a. 1976
P. Badura, Wirtschaftsverfassung u. Wirtschaftsverwaltung, Frankfurt 1971.

Wirtschaftsverfassung
(Wirtschaftsordnung)

Charakteristische Rahmenbedingungen	Kapitalistische Marktwirtschaft	Sozialistische zentralgelenkte Wirtschaft
Eigentumsordnung	Private Wirtschaftssubjekte sind rechtlich und faktisch Eigentümer an Produktionsmitteln (Kapitalismus).	Der Staat bzw. die Gesellschaft ist rechtlich und faktisch Eigentümer an Produktionsmitteln (Sozialismus).
	In der Bundesrepublik Deutschland ist Privateigentum an Produktionsmitteln eingeschränkt durch Gebote und Verbote, sowie durch Staatseigentum an Produktionsmitteln.	In der DDR ist die sozialistische Eigentumsordnung durch Genossenschaften (in der Landwirtschaft LPG) und die faktische Übertragung von Eigentumsrechten auf Betriebe eingeschränkt.
Träger der Planung, Koordinierung und Entscheidung des Wirtschaftsprozesses	Eine Vielzahl privater Wirtschaftssubjekte plant und entscheidet. Die Koordinierung erfolgt auf dem Markt über Preis-, Mengen- und Qualitätsanpassungen (Marktwirtschaft)	Eine zentrale Behörde plant und koordiniert detailliert, umfassend und verbindlich den Wirtschaftsprozeß (zentralgelenkte Wirtschaft).
	Das Planungs- und Lenkungssystem in der Bundesrepublik Deutschland wird häufig mit dem Begriff „Soziale Marktwirtschaft" umschrieben. Der Staat greift nur dort durch Gebote, Verbote, Empfehlungen, geld- und finanzpolitische Maßnahmen in den Markt ein, wo dieser unbefriedigende Ergebnisse liefert.	Das Planungs- und Lenkungssystem in der DDR wird gelegentlich als „Demokratischer Zentralismus" bezeichnet. Der Staat plant in den „wichtigen", insbesondere den strukturbestimmenden Bereichen der Wirtschaft. Detailentscheidungen überläßt er teilweise den Betrieben, beeinflußt diese jedoch durch ein System „ökonomischer Hebel" in dem von ihm gewünschten Sinne.

Sozialisierung

Sozialisierung als Prozeß umfaßt solche Maßnahmen und Entwicklungen, die eine sozialistische Wirtschaftsordnung fördern oder herbeiführen. Konkret wird Sozialisierung verstanden als Übertragung von Verfügungsrechten über Produktionsmittel auf überindividuelle Instanzen, sei es durch Aufhebung des Privateigentums an Produktionsmitteln, sei es durch Verfügungsbeschränkungen, die dem privaten Eigentümer auferlegt werden (kalte Sozialisierung).

Zwecke der Sozialisierung können sein: (1) die Beseitigung von Vermögenseinkünften (Profiten) bei privaten Wirtschaftssubjekten zum Zweck einer staatlichen Einkommensverteilung, (2) die Überwindung einseitig verteilter wirtschaftlicher und damit eventuell gesellschaftlicher und politischer Macht, wobei davon ausgegangen wird, daß sich die Produktionsmittel in den Händen weniger Privater befinden und monopolistische Positionen der Produzenten zu einer Übervorteilung von unselbständig Tätigen bzw. Konsumenten führen, (3) die Schaffung geeigneter Voraussetzungen für die Durchsetzung einer überbetrieblichen, zentralen Planung und Leitung der Wirtschaft, einer Industrie oder eines ganzen Landes *(Gemeinwirtschaft)*. Mit der Sozialisierung sind insbesondere zwei Probleme zu lösen, das einer Entschädigung der Enteigneten und das der wirtschaftlichen Neuordnung der betroffenen Wirtschaftszweige und Wirtschaftsunternehmen. Ob und in welcher Höhe eine *Entschädigung* gewährt wird, hängt wesentlich von den Zielen der Sozialisierung ab. Während in den unter dem Einfluß der Sowjetunion stehenden Ländern Europas nach 1945 vorwiegend entschädigungslos sozialisiert wurde, erhielten die von Sozialisierungsmaßnahmen Betroffenen in Westeuropäischen Ländern (Frankreich, England) eine „angemessene" Entschädigung. In der Bundesrepublik Deutschland ist bei Sozialisierungsmaßnahmen eine Entschädigung grundrechtlich gewährleistet (Art. 15 Grundgesetz). Die *wirtschaftliche Neuordnung* der von der Sozialisierung betroffenen Wirtschaftszweige und Unternehmen muß vor allem eine Lösung der Frage finden, ob der Staat die sozialisierten Unternehmen selbst oder durch dazwischengeschaltete selbständige Verwaltungseinheiten führen soll oder ob möglichst staatsfreie, autonome Wirtschaftseinheiten geschaffen werden sollen.

Sozialisierungsbestrebungen und -maßnahmen spielten in Europa vor allem nach den beiden Weltkriegen eine wichtige Rolle, im Deutschen Reich nach 1918, in Frankreich, Großbritannien sowie den unter sowjetischen Einfluß geratenen Ländern Mittel- und Osteuropas nach 1945.

Bei der Gründung der Bundesrepublik Deutschland wurden im Grundgesetz (Art. 15) und zum Teil in Landesverfassungen begrenzte Sozialisierungskompetenzen des Staates geschaffen. Der Kreis der Sozialisierungsobjekte betrifft für die Vergesellschaftung geeignete private wirtschaftliche Unternehmen, Grund und Boden sowie Naturschätze. Allerdings ist von den verfassungsrechtlichen Möglichkeiten bis heute kaum Gebrauch gemacht worden. Es fand im Gegenteil gelegentlich eine *Reprivatisierung* staatlicher Unternehmen statt.

In der DDR wurde die Sozialisierung in verschiedenen Etappen und mit verschiedenen Methoden (Bodenreform, Enteignung der Schlüsselindustrien, Banken und Versicherungsunternehmen, Unternehmen der als Kriegsverbrecher oder aktive Nationalsozialisten eingestuften Personen, Einführung staatlicher Beteiligungen, Errichtung von Genossenschaften usw.) konsequent durchgeführt. Eine Entschädigung wurde nur in geringem Umfang gewährt. Anfang der siebziger Jahre befand sich das Produktionsvermögen zu mehr als 85 % in sozialistischem Eigentum (↑Wirtschaftsverfassung S. 310). Die restlichen Produktionsvermögen verteilten sich auf halbstaatliche und private Betriebe.

N. Konegen/G. Kracht (Hrsg.), Sozialismus und Sozialisierung, Kronberg 1975.
G. Rittig u. a., Artikel „Sozialisierung" I–III, in: E. von Beckerath u. a. (Hrsg.), Handwörterbuch der Sozialwissenschaften, Bd. 9, Stuttgart u. a. 1956, S. 455–486.

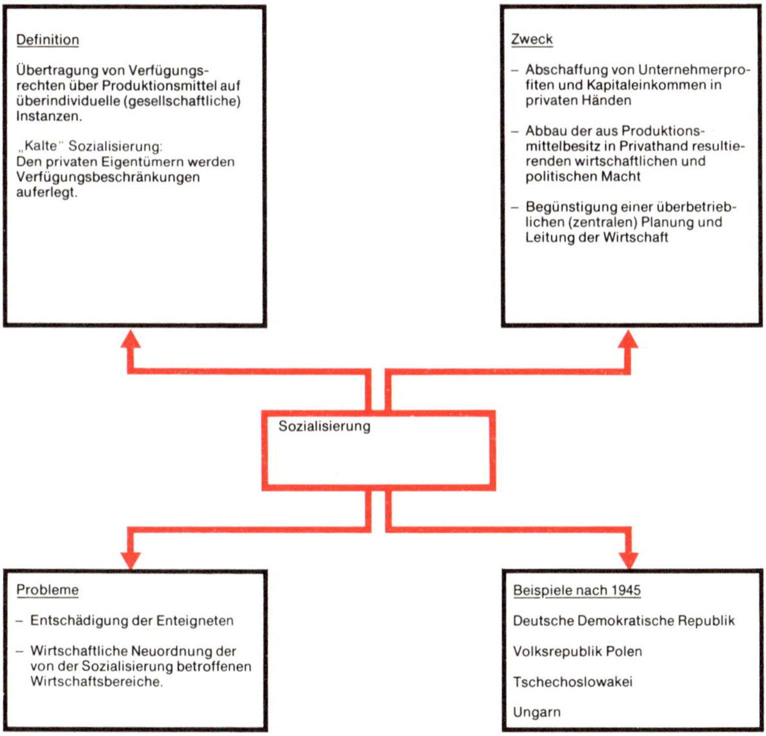
Definition
Übertragung von Verfügungsrechten über Produktionsmittel auf überindividuelle (gesellschaftliche) Instanzen.
„Kalte" Sozialisierung:
Den privaten Eigentümern werden Verfügungsbeschränkungen auferlegt.
Zweck
– Abschaffung von Unternehmerprofiten und Kapitaleinkommen in privaten Händen
– Abbau der aus Produktionsmittelbesitz in Privathand resultierenden wirtschaftlichen und politischen Macht
– Begünstigung einer überbetrieblichen (zentralen) Planung und Leitung der Wirtschaft
Sozialisierung
Probleme
– Entschädigung der Enteigneten
– Wirtschaftliche Neuordnung der von der Sozialisierung betroffenen Wirtschaftsbereiche.
Beispiele nach 1945
Deutsche Demokratische Republik
Volksrepublik Polen
Tschechoslowakei
Ungarn

Außenwirtschaft

Unter den Begriff der Außenwirtschaft fallen alle wirtschaftlichen Beziehungen zwischen verschiedenen nationalen Volkswirtschaften (Gegensatz: Binnenwirtschaft). Bei Außenwirtschaftsbeziehungen werden vor allem der Außenwarenhandel (Import und Export), der Dienstleistungsverkehr und der Zahlungsverkehr unterschieden, wobei von besonderer Bedeutung der *Außenhandel* ist, der wiederum eng mit dem Zahlungsverkehr verknüpft ist. Eine eigene wirtschaftliche Bedeutung hat der Zahlungsverkehr z. B. im Fall von Auslandsanleihen. Jeder Staat ist heute in unterschiedlichem Maße auf Arbeitsteilung und Austausch mit anderen Volkswirtschaften angewiesen, da es autarke, d. h. von Einfuhren unabhängige Länder nicht mehr gibt. Unterschiede zwischen den einzelnen nationalen Volkswirtschaften bestehen vor allem in der Währung und in der nationalen Rechtsordnung, da noch kein internationales Kaufrecht Geltung erlangt hat. Außerdem weist die von den einzelnen Staaten verfolgte Außenwirtschaftspolitik erhebliche Unterschiede auf. Ziel der deutschen Außenwirtschaftspolitik ist es, eine *ausgeglichene Außenhandelsbilanz* zu erreichen. Rechtsgrundlage der außenwirtschaftlichen Beziehungen sind das als Rahmengesetz erlassene Außenwirtschaftsgesetz (AWG) von 1961 sowie die Außenwirtschaftsverordnung. § 1 Abs. 1 AWG enthält als Entsprechung zum Grundsatz der ↑Gewerbefreiheit (S. 144) die *Freiheit des Außenhandels*. Danach ist der Waren-, Dienstleistungs-, Kapital-, Zahlungs- und sonstige Wirtschaftsverkehr mit fremden Wirtschaftsgebieten sowie der Verkehr mit Auslandswerten und Gold zwischen Gebietsansässigen grundsätzlich frei. Unter Gebietsansässigen sind dabei natürliche Personen mit Wohnsitz und juristische Personen mit Sitz im Wirtschaftsgebiet der Bundesrepublik zu verstehen. Als Wirtschaftsgebiet gilt das Bundesgebiet einschließlich der Zollanschlüsse (z. B. das kleine Walsertal). Die DDR und Ostberlin sind kein fremdes Wirtschaftsgebiet, der *Interzonenhandel* gehört zur Binnenwirtschaft. Die Außenwirtschaftsfreiheit kann verschiedene allgemeine Beschränkungen erfahren, so nach § 5 AWG, wenn dies zur Erfüllung von Verpflichtungen aus zwischenstaatlichen Vereinbarungen notwendig ist. Weitere Einschränkungen können aufgrund § 6 AWG erfolgen, um schädlichen Folgen für die Wirtschaft oder einzelne Wirtschaftszweige vorzubeugen und schädigende Einwirkungen aus fremden Wirtschaftsgebieten abzuwehren, sowie bei schädigenden Geld- und Kapitalzuflüssen aus fremden Wirtschaftsgebieten (§ 6a AWG). Der letzte Fall gilt besonders dem Schutz der ↑Währungspolitik (S. 354) und ↑Konjunkturpolitik (S. 364) und sieht die Möglichkeit der Bardepotpflicht vor, die im Bardepotgesetz von 1971 geregelt ist. Danach werden durch Rechtsverordnung der Bundesregierung oder der Bundesbank Gebietsansässige verpflichtet, einen bestimmten Teil der im Ausland aufgenommenen Kredite zinslos bei der ↑Bundesbank (S. 354) in DM als Bardepot zu hinterlegen (z. B. Depotsatz am 1. 2. 1974 von 20 Prozent: Bei einem Auslandskredit von 1 Million DM müssen 200 000,– DM hinterlegt werden).

Besondere Beschränkungen bestehen z. B. für die Wareneinfuhr. Aufgrund der *Wareneinfuhrliste* als Anlage zum AWG können für einzelne Waren Genehmigungspflichten bestimmt werden. Soweit Waren auf der Einfuhrliste stehen, muß der Einführer eine Einfuhrerklärung bei der Deutschen Bundesbank einreichen. Die Ausfuhr kann ebenfalls bestimmten Beschränkungen unterliegen (z. B. Embargobestimmungen gemäß der *Ausfuhrliste* für Waffen, Munition und Rüstungsmaterial). Um eine Deckung des lebenswichtigen Bedarfs der Bundesrepublik zu sichern, kommen gemäß § 8 AWG ebenfalls Ausfuhrbeschränkungen in Frage.

Die Förderung der deutschen Außenwirtschaft liegt bei den offiziellen Handelsvertretungen (Handelsmissionen), der Bundesstelle für Außenhandelsinformation (BfA), den Außenhandelskammern und der Kreditanstalt für Wiederaufbau.

Außenwirtschaftsrecht 1977, Frankfurt 1977.
K. Rose, Theorie der Außenwirtschaft, München 1976.

Außenwirtschaftsstatistik

Einfuhr der wichtigsten Länder

Land	1975	1976	1977		1976	1977
	Mill. DM			%	DM je Einwohner	
Vereinigte Staaten	238474	306918	343017	12,9	1427	1559
Bundesrepublik Deutschland	184313	222173	235178	8,8	3611	3831
Japan	142343	163293	164284	6,2	1448	1443
Frankreich	133434	162264	163532	6,1	3065	3078
Großbritannien und Nordirland	131001	141038	147775	5,6	2513	2637
Italien	94375	109298	110307	4,1	1945	1954
Niederlande	86456	100673	105796	4,0	7311	7639
Sowjetunion	90948	96033	94428	3,5	374	365
Kanada	83529	95656	91538	3,4	4139	3926
Belgien-Luxemburg	75539	89094	93379	3,5	8735	9170
Schweden	44400	48290	46667	1,8	5875	5653
Spanien	40002	44012	41239	1,6	1224	1134
Schweiz	32725	37229	41531	1,6	5909	6573
Polen	30841	34945	33956	1,3	1017	978
Brasilien	33436	34033	27837	1,0	312	248
Iran	25451	32475	32814	1,2	972	971
Dänemark	25409	31293	30752	1,2	6172	6042
Saudi-Arabien	16940	29633	39895	1,5	3207	4191
Österreich	23107	29037	32966	1,2	3866	4384
Deutsche Demokratische Republik u. Berlin (Ost)[1]	23851	28985	...	...	1726	...
Zusammen	1556574	1836372	...	...		
Übrige Länder	666226	724628	...	...		
Welt	2222800	2561000	2660000	100		

[1] Ohne den Warenverkehr mit der Bundesrepublik Deutschland

Ausfuhr der wichtigsten Länder

Land	1975	1976	1977		1976	1977
	Mill. DM			%	DM je Einwohner	
Vereinigte Staaten	264824	289793	278790	10,7	1347	1267
Bundesrepublik Deutschland	221589	256642	273614	10,5	4171	4457
Japan	137152	169408	186862	7,2	1502	1641
Frankreich	128440	140647	147357	5,7	2657	2774
Großbritannien und Nordirland	107641	116585	133437	5,1	2077	2381
Niederlande	84723	97651	101332	3,9	7092	7316
Kanada	79462	97356	96416	3,7	4213	4135
Sowjetunion	81957	93665	104341	4,0	365	403
Italien	85681	93036	104466	4,0	1656	1851
Saudi-Arabien	68216	91020	93906	3,6	9851	9864
Belgien-Luxemburg	70870	82765	86973	3,3	8114	8541
Iran	49402	58930	55942	2,2	1764	1655
Schweden	42820	46469	44275	1,7	5653	5363
Schweiz	31875	37413	40693	1,6	5939	6441
Australien	29278	33060	30773	1,2	2423	2198
Polen	25295	27761	28486	1,1	808	821
Nigeria	19437	27142	26247	1,0	417	394
Brasilien	21323	25528	28161	1,1	234	251
Kuwait	22598	24778	21977	0,8	24056	20162
Deutsche Demokratische Republik u. Berlin (Ost)[1]	21474	24753	...	...	1474	...
Zusammen	1594057	1834402	...	...		
Übrige Länder	549643	648998	...	...		
Welt	2143700	2483400	2598000	100		

[1] Ohne den Warenverkehr mit der Bundesrepublik Deutschland

Statistisches Bundesamt 1978

Sicherung der Wettbewerbsordnung (Bundeskartellamt)

Die Entstehung eines Wettbewerbsrechts hängt mit der Erfahrung zusammen, daß es nicht genügt, den Wettbewerb freizugeben. Der Staat muß den wirtschaftlichen Wettbewerb gewährleisten.

Der *Wettbewerb* hat drei Hauptfunktionen: Jedermann soll die Chance haben, als Unternehmer am wirtschaftlichen Wettbewerb teilzunehmen. Durch Wettbewerb soll das Güterangebot vergrößert und ein Anreiz geschaffen werden, den Konsumenten mit Novitäten zu umwerben. Schließlich soll der Wettbewerb auf einen gerechten Preisrahmen hinwirken. In diesem System entscheidet der Konsument selbst, ob ihm diese Ware in dieser Qualität und mit diesen Nebenabreden den geforderten Preis wert ist. Dieses Selbstkontrollsystem des Marktes funktioniert aber nur, wenn eine Vielzahl von Wettbewerbern anbietet, wenn die Unternehmer wirklichen Wettbewerb treiben und wenn die für den Kaufabschluß wichtigen Daten nicht unlauter verfälscht werden.

Für den Wettbewerb auf den Märkten der Europäischen Wirtschaftsgemeinschaft gelten die Art. 85 und 86 des Vertrages zur Gründung der europäischen Wirtschaftsgemeinschaft (EWGV), die durch die Verordnung Nr. 17 ergänzt wurden. Bereichsausnahmen bestehen für Landwirtschaft und Verkehr. Innerhalb der Bundesrepublik Deutschland gilt das Gesetz gegen Wettbewerbsbeschränkungen (GWB) vom 27. 7. 57 in der Fassung vom 4. 4. 74. Für die Durchsetzung der Wettbewerbsordnung wurde das *Bundeskartellamt* in Berlin als Bundesoberbehörde geschaffen. Einzelne „Top-Entscheidungen" bleiben dem Bundeswirtschaftsministerium vorbehalten.

Der Sanktionskatalog des GWB umfaßt nicht den Gesamtbereich der bundesdeutschen Wirtschaft; ganz oder teilweise freigestellt sind insbesondere die Bundesbank, die staatlich beaufsichtigten Unternehmen der Kredit- und Versicherungswirtschaft, die Landwirtschaft, die Bundespost, die Bundesbahn, auch Exklusivverträge zwischen Gemeinden und Versorgungsunternehmen über die Verlegung von Versorgungsleitungen.

Zum einen handelt das GWB von *Kartellen*. Kartellverträge und die ihnen gleichgestellten „abgestimmten Verhaltensweisen" sind grundsätzlich verboten. Es gibt jedoch einen gestuften Ausnahmekatalog; bei „ungefährlichen Kartellen" genügt die Anmeldung beim Kartellamt, und in allen anderen Fällen kann die Kartellbindung durch individuellen Verwaltungsakt erlaubt werden. Wirtschaftspolitisch hat man das ursprüngliche Modell des totalen Wettbewerbs durch die Idee des relevanten Wettbewerbs ersetzt; so bestehen Kooperationserleichterungen für kleinere und mittlere Unternehmungen.

Zum zweiten geht es um die Problematik des *marktbeherrschenden Unternehmens*. Gegen reine Wachstumsprozesse gibt es weder bei uns, noch anderwärts einen Behelf. Wächst das Unternehmen aber durch Zusammenschluß in die marktbeherrschende Stellung, so wird die Mißbrauchsaufsicht durch die sogenannte Konzentrationskontrolle und schließlich durch ein Konzentrationsverbot ergänzt. Im Gesetz sind Größenstufen mit wachsenden Einwirkungsmöglichkeiten der Kartellbehörden vorgesehen. Sie reichen von der bloßen Entgegennahme von Anzeigen und Meldungen über Zwangsgeld, Stimmrechtsverbote, Unwirksamkeitserklärung von Verträgen bis zur Entflechtung und Treuhänderbestellung. Die Umsatzschwelle eines vorgesehenen Zusammenschlusses mit 500 Millionen DM hat eine besondere Bedeutung. Es gilt von da an das Verbotsprinzip mit engem Erlaubnisrahmen.

Eine letzte Gruppe bilden die sonstigen wettbewerbsstörenden Verhaltensweisen. Abschließend sei noch auf die neugebildete Monopolkommission als Begutachtungsstelle in Konzentrationsfragen hingewiesen.

E. Volker, Wettbewerbsrecht, 2. Aufl., München 1976.
Müller-Henneberg/Schwartz, GWB und Europäisches Kartellrecht, 3. Aufl., Köln, ab 1972.

Europäisches Wettbewerbsrecht

Rechtsgrundlagen:	Art. 85/86 EWGV VO Nr. 17 v. 6. 2. 62
Instanzen: Verwaltungsbehörden	Europäische Kommission Brüssel
Aufgaben:	Anmeldestelle für Absprachen, Freistellungsentscheide auf Antrag, Mißbrauchsaufsicht, Auskunftsverlangen und Nachprüfungen, Abstellungsentscheidungen bei Zuwiderhandlungen, Zwangsgeld- und Bußgeldverfahren
Gerichte als Rechtsmittelinstanzen gegen die Entscheidungen der Verwaltungsbehörden:	Europäischer Gerichtshof Luxemburg
Gutachterstelle:	———

Bundesdeutsches Wettbewerbsrecht

Gesetz gegen Wettbewerbsbeschränkungen (GWB) i.d.F.v. 4.4.74		
Bundesminister für Wirtschaft	Bundeskartellamt	Oberste Landesbehörde
Anmeldestelle für ungefährliche Kartelle. Erlaubnisverfahren bei sonstigen Kartellen und genehmigungspflichtigen Zusammenschlüssen. Mißbrauchsaufsicht, Konzentrationsaufsicht, Auskunfts- und Prüfungsrecht, Durchführung, von Ermittlungen und Beschlagnahmen. Widerspruch und Untersagungsverfügungen, Durchführung von Bußgeldverfahren		
Kammergericht (Berlin) Bundesgerichtshof		Oberlandesgericht am Sitz der Landesbehörde
Monopolkommission		

Materielle Inhalte des Bundesdeutschen GWB

Freistellung von Wirtschaftsbereichen (§§ 99-103)	Kartellverbot mit Ausnahmen und Erlaubnisvorbehalten (§§ 1-14)	Konzentrationskontrolle und Konzentrationsverbot mit Erlaubnisvorbehalt (§§ 22, 23, 24, 24a, 24b)	Sonstige wettbewerbsstörende Absprachen oder Verhaltensweisen (§§ 15, 18, 20, 21, 22 Abs. 5, 25, 26, 27)

Unlauterer Wettbewerb

Das Bestreben mehrerer Unternehmer, zum geschäftlichen Abschluß mit demselben Kundenkreis zu kommen, begründet den Wettbewerb (↑Sicherung der Wettbewerbsordnung S. 316). Er beruht auf der *Wettbewerbsfreiheit*. Jeder Unternehmer kann seinem Mitbewerber Konkurrenz machen, und zwar selbst dann, wenn dessen wirtschaftliche Existenz dabei vernichtet wird. Jedoch muß sich der Wettbewerb in den Grenzen der Lauterkeit halten. Dadurch soll einerseits der Mitbewerber, andererseits aber auch der Verbraucher und die Allgemeinheit gegen Wettbewerbsauswüchse geschützt werden. Diesem Zweck dient das Gesetz gegen den unlauteren Wettbewerb (UWG) vom 7. 6. 1909 mit mehrfachen zwischenzeitlichen Änderungen. Es enthält in § 1 zunächst eine Generalklausel und dann in den folgenden Bestimmungen eine Reihe von Einzeltatbeständen. Die Generalklausel verbietet sittenwidrige Wettbewerbshandlungen. Zulässig sind danach ohne weiteres Handlungen, die dem Leistungswettbewerb entsprechen; dieser ist dadurch charakterisiert, daß auf der Grundlage der Wettbewerbsfreiheit, der Freiheit der Abnehmer und der potentiellen Gleichheit der Wettbewerbsbedingungen sich im Kampf um den Kunden die bessere Leistung durchsetzen soll. Als sittenwidrig zu beurteilen sind Maßnahmen des Nichtleistungswettbewerbs, die schutzwürdige Interessen der Mitbewerber der Verbraucher oder der Allgemeinheit beeinträchtigen oder gefährden. Die Rechtsprechung hat aus dieser Generalklausel eine Reihe von Einzelgrundsätzen abgeleitet. Sie sichert die unternehmerische Leistung und Betätigung gegen den Mitbewerber, indem sie z. B. die Nachahmung eigenartiger Leistungsergebnisse, die Anwendung physischen oder psychischen Zwangs, den Boykott und den Boykottaufruf, die kritisierende persönliche Werbung und die kritisierende vergleichende Werbung, die Absatz- und Betriebsbehinderung usw. für grundsätzlich unzulässig erklärt. Sie schützt die Verbraucher, indem sie Täuschung und Irreführung, die Herbeiführung einer Verwechslungsgefahr und die Beeinträchtigung ihrer Entschließungsfreiheit verbietet. Im Interesse der Allgemeinheit schützt sie die Wettbewerbsordnung als solche und sucht die potentielle Gleichheit der Wettbewerbsbedingungen zu wahren, indem sie z. B. die Erlangung eines wettbewerblichen Vorsprungs durch Rechtsbruch sowie durch Förderung und Ausnutzung fremden Rechts- und Vertragsbruchs für unerlaubt erklärt. Neben dieser Generalklausel enthält das Gesetz eine Reihe von Einzeltatbeständen, in denen irreführende Angaben verboten werden. Ferner werden der Kaufscheinhandel eingeschränkt und das Ausverkaufswesen geregelt, insbesondere auch die Saisonschlußverkäufe (vgl. VO über Sommer- und Winterschlußverkäufe vom 13. 7. 1950 und Änderung durch VO vom 28. 7. 1969). Darüber hinaus spricht die *Zugabeverordnung* ein grundsätzliches Verbot von Zugaben im geschäftlichen Verkehr aus und das *Rabattgesetz* beschränkt die Möglichkeit, Preisnachlässe zu gewähren. Das UWG erklärt ferner die Angestelltenbestechung, die Anschwärzung, die geschäftliche Verleumdung und den Verrat von Geschäftsgeheimnissen für unzulässig, außerdem verbietet es die unbefugte Benutzung fremder geschäftlicher Bezeichnungen. Unerlaubter Wettbewerb macht unterlassungs- und unter Umständen schadensersatzpflichtig. Diese Ansprüche können nicht nur vom beeinträchtigten Konkurrenten geltend gemacht werden, sondern in einer Reihe von Fällen auch von Verbänden zur Förderung gewerblicher Interessen und von Verbraucherverbänden (Verbandsklage). Die Verletzung der meisten Wettbewerbsvorschriften ist strafbar (↑Strafrecht S. 220) oder kann als ↑Ordnungswidrigkeit (S. 230) geahndet werden.

A. Baumbach/W. Hefermehl, Wettbewerbs- und Warenzeichenrecht, München, Bd. 1, 11. Aufl., 1974; Bd. 2, 10. Aufl., 1969.
H. von Godin, Wettbewerbsrecht, 2. Aufl., Berlin u. a. 1974.

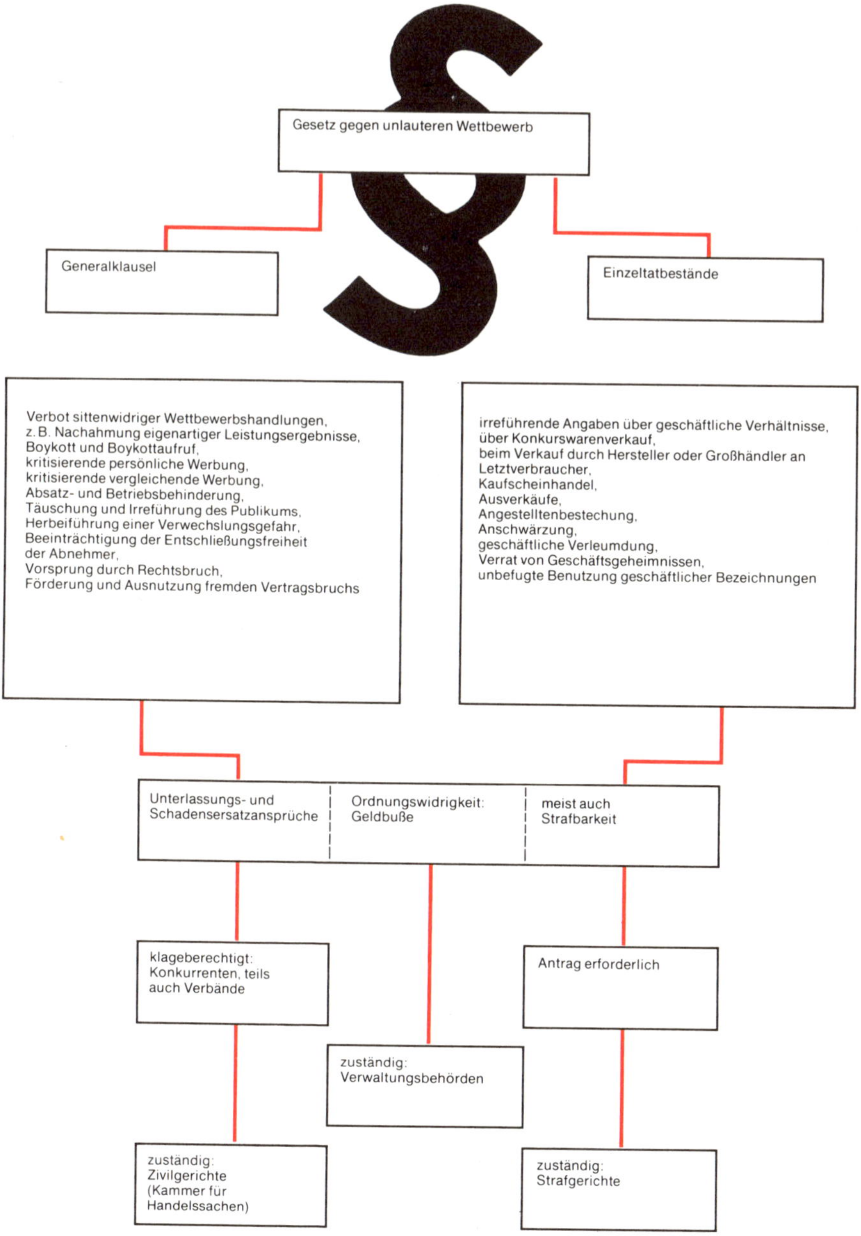
Gesetz gegen unlauteren Wettbewerb
Generalklausel
Einzeltatbestände
Verbot sittenwidriger Wettbewerbshandlungen, z. B. Nachahmung eigenartiger Leistungsergebnisse, Boykott und Boykottaufruf, kritisierende persönliche Werbung, kritisierende vergleichende Werbung, Absatz- und Betriebsbehinderung, Täuschung und Irreführung des Publikums, Herbeiführung einer Verwechslungsgefahr, Beeinträchtigung der Entschließungsfreiheit der Abnehmer, Vorsprung durch Rechtsbruch, Förderung und Ausnutzung fremden Vertragsbruchs
irreführende Angaben über geschäftliche Verhältnisse, über Konkurswarenverkauf, beim Verkauf durch Hersteller oder Großhändler an Letztverbraucher, Kaufscheinhandel, Ausverkäufe, Angestelltenbestechung, Anschwärzung, geschäftliche Verleumdung, Verrat von Geschäftsgeheimnissen, unbefugte Benutzung geschäftlicher Bezeichnungen
Unterlassungs- und Schadensersatzansprüche
Ordnungswidrigkeit: Geldbuße
meist auch Strafbarkeit
klageberechtigt: Konkurrenten, teils auch Verbände
Antrag erforderlich
zuständig: Verwaltungsbehörden
zuständig: Zivilgerichte (Kammer für Handelssachen)
zuständig: Strafgerichte

Patent-, Gebrauchsmuster-, Geschmacksmuster- und Warenzeichenschutz

Der Schutz von Erfindungen und Kennzeichen spielt in der gewerblichen Wirtschaft eine bedeutende Rolle. Man unterscheidet in dem Zusammenhang Patente, Gebrauchs- und Geschmacksmuster sowie Warenzeichen. Das *Patent* sichert dem Erfinder das Ergebnis seiner erfinderischen Tätigkeit, indem allein der Patentinhaber befugt ist, den Gegenstand der Erfindung gewerbsmäßig herzustellen, zu benutzen und kommerziell zu verwerten (z. B. durch den Abschluß von Lizenzverträgen). Zugleich verschafft es ihm gegen Nachahmung und unbefugte Ausbeutung Abwehrrechte. Patentfähig ist eine Erfindung, wenn sie neu ist, auf einer erfinderischen Tätigkeit beruht und gewerblich verwendbar ist. Die Erfindung ist beim ↑Deutschen *Patentamt* (DPA, S. 322) in München anzumelden und so zu beschreiben, daß ihre Benutzung durch Sachverständige möglich ist. Die erforderlichen Zeichnungen und Modelle sind beizufügen. Bei der Anmeldung ist eine Gebühr zu entrichten. Hat das DPA keine Bedenken, wird die Anmeldung bekanntgemacht, wodurch ein vorläufiger Schutz entsteht. Nach seiner Erteilung wird das Patent im Patentblatt bekanntgemacht und in die *Patentrolle* eingetragen. Die Laufzeit erstreckt sich über zwanzig Jahre ab Anmeldetag. Die Entscheidungen des DPA können vor dem *Bundespatentgericht* in München angefochten werden. Rechtsmittelinstanz ist der Patentsenat des BGH.

Durch ein *Gebrauchsmuster* können Arbeitsgerätschaften oder Gebrauchsgegenstände geschützt werden, sofern sie durch eine neue Gestaltung, Anordnung oder Vorrichtung dem Arbeits- oder Gebrauchszweck dienen. Auch das Gebrauchsmuster schützt eine erfinderische Leistung auf technischem Gebiet. Die ohne Prüfung der Anmeldung auf Neuheit erfolgende Eintragung in die *Gebrauchsmusterrolle* gibt dem Anmelder das ausschließliche Verwertungsrecht seiner Erfindung. Der Rechtsweg bei Streitigkeiten ist ähnlich wie im Patentrecht ausgestaltet. Schutzgegenstand des *Geschmacksmustergesetzes* ist die ästhetische Wirkung von gewerblichen Mustern und Modellen, ihre Formgebung. Die Form muß Modellfähigkeit aufweisen und gewerblich verwertbar sein. Die Schutzwirkung erstreckt sich nicht auf die durch den Gebrauchszweck bedingte Gestalt, sondern nur auf den ästhetischen Gehalt des Musters und besteht in einem Verbot der Nachbildung und Verbreitung. Voraussetzung ist die Anmeldung und Eintragung in das *Musterregister* bei dem zur Führung des Handelsregisters bestimmten Gericht (Amtsgericht).

Warenzeichen sind Kennzeichen, die der Unterscheidung der Waren eines Geschäftsbetriebes von den Waren anderer dienen. Nach dem Warenzeichengesetz kann es sich um Wortzeichen (z. B. NIVEA), Bildzeichen (z. B. Mercedesstern) oder eine Kombination aus beiden handeln. Der Schutz entsteht mit Eintragung in die beim DPA geführte *Zeichenrolle*. Nicht schutzfähige Zeichen sind in § 4 des Warenzeichengesetzes aufgeführt. Die Benutzung des Warenzeichens muß innerhalb von fünf Jahren nach seiner Eintragung aufgenommen werden. Die Schutzwirkung besteht in der ausschließlichen Benutzungsbefugnis des Inhabers.

Seit dem 1. 6. 78 besteht aufgrund des Europäischen Patentübereinkommens die Möglichkeit, mit einer einzigen Patentanmeldung beim ↑*Europäischen Patentamt* (S. 322) in München ein Europäisches Patent zu beantragen, das in den benannten Vertragsstaaten die gleiche Wirkung hat wie ein nationales Patent. Die materiellen Voraussetzungen entsprechen im wesentlichen denen des deutschen Patentrechtes. Anfang 1978 ist für fünfzehn Staaten der Vertrag über die internationale Zusammenarbeit auf dem Gebiet des Patentwesens in Kraft getreten. Dadurch erhält ein Anmelder die Möglichkeit, mit einer einzigen Patentanmeldung gleichzeitig in einer Vielzahl von Staaten die Erteilung eines Patentes zu beantragen.

H. Hubmann, Gewerblicher Rechtsschutz, München 1974.
R. Schulte, Patentgesetz, Kommentar, Köln u. a. 1978.

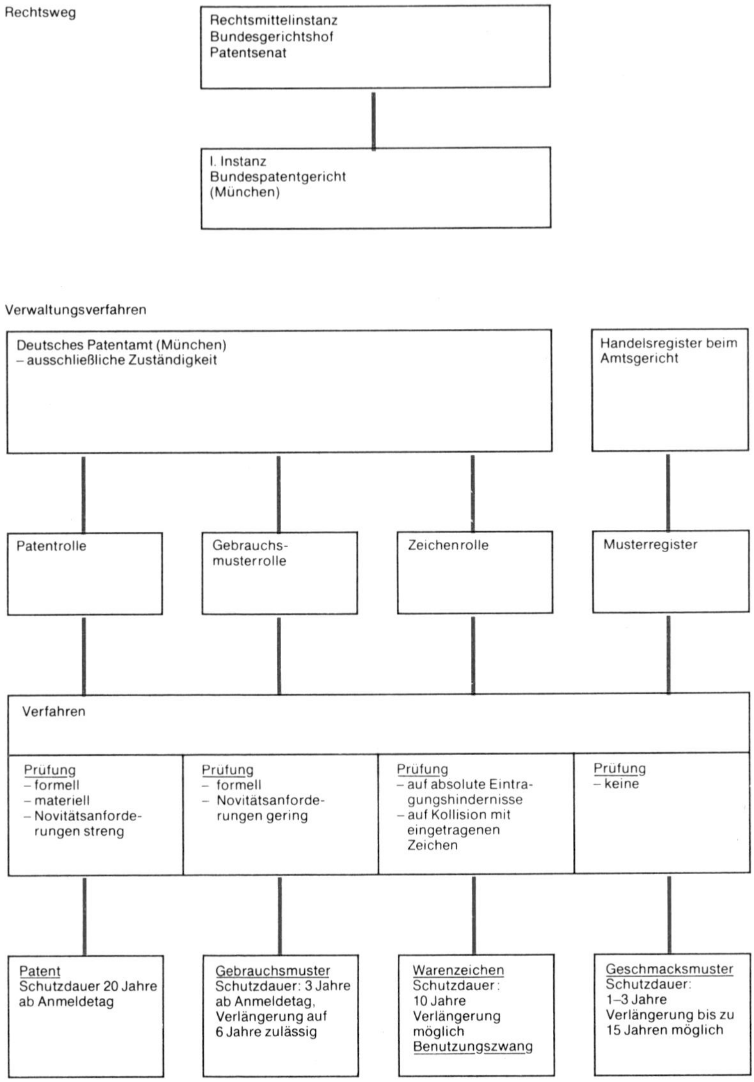
Rechtsweg
Rechtsmittelinstanz
Bundesgerichtshof
Patentsenat
I. Instanz
Bundespatentgericht
(München)
Verwaltungsverfahren
Deutsches Patentamt (München)
– ausschließliche Zuständigkeit
Handelsregister beim
Amtsgericht
Patentrolle
Gebrauchs-
musterrolle
Zeichenrolle
Musterregister
Verfahren
Prüfung
– formell
– materiell
– Novitätsanforde-
rungen streng
Prüfung
– formell
– Novitätsanforde-
rungen gering
Prüfung
– auf absolute Eintra-
gungshindernisse
– auf Kollision mit
eingetragenen
Zeichen
Prüfung
– keine
Patent
Schutzdauer 20 Jahre
ab Anmeldetag
Gebrauchsmuster
Schutzdauer: 3 Jahre
ab Anmeldetag,
Verlängerung auf
6 Jahre zulässig
Warenzeichen
Schutzdauer:
10 Jahre
Verlängerung
möglich
Benutzungszwang
Geschmacksmuster
Schutzdauer:
1–3 Jahre
Verlängerung bis zu
15 Jahren möglich

Deutsches Patentamt – Europäisches Patentamt

Das Deutsche Patentamt (DPA) in München ist eine dem Bundesminister der Justiz unterstehende Bundesbehörde. Es ist für Aufgaben auf dem Gebiet des *gewerblichen Rechtsschutzes* zuständig, insbesondere für die Erteilung von Patenten, sowie die Eintragung und Löschung von Gebrauchsmustern und Warenzeichen. Hierzu sind im DPA vier Hauptabteilungen unter der Leitung eines Präsidenten gebildet. In der Hauptabteilung *Patentwesen* werden die eingehenden Patentanmeldungen in einer Vorprüfungsabteilung auf formale Voraussetzungen geprüft und einem bestimmten Sachgebiet zugeordnet. Nach Stellung eines Prüfungsantrages wird die Anmeldung in eine der zwanzig bis dreißig Prüfungsstellen einer der fünfundzwanzig für jeweils einen bestimmten Fachbereich zuständigen Patentabteilungen auf Neuheit, Erfindungshöhe und gewerbliche Anwendbarkeit geprüft. Die Prüfungsstelle beschließt die Zurückweisung oder Bekanntmachung der Anmeldung und, wenn kein Einspruch erfolgt, auch die Erteilung des Patentes. Bei Erhebung eines Einspruches gegen die bekannt gemachte Anmeldung durch einen beliebigen Dritten erfolgt eine nochmalige Prüfung der Anmeldung durch die Patentabteilung. Sie beschließt die Erteilung oder Versagung des Patentes.

Gebrauchsmusteranmeldungen unterliegen vor der Eintragung zum Gebrauchsmuster nur einer Formalprüfung in der Gebrauchsmusterstelle, die der Hauptabteilung Rechtswesen angehört. Erst bei Stellung eines Löschungsantrages gegen das eingetragene Gebrauchsmuster durch einen Dritten wird dieses nach den für das Patenterteilungsverfahren gültigen Kriterien geprüft. Ebenfalls der Hauptabteilung Rechtswesen untersteht die *Warenzeichenabteilung*. Prüfungsstellen der Warenzeichenabteilung prüfen beantragte Warenzeichen auf absolute Versagungsgründe und entscheiden über Widersprüche Dritter gegen beantragte Warenzeichen. Die Warenzeichenabteilung entscheidet über Löschungsanträge gegen eingetragene Warenzeichen und befaßt sich mit der internationalen Registrierung von Warenzeichen. Zur Hauptabteilung Rechtswesen gehören ferner eine Urheberrechtsabteilung und eine Abteilung für allgemeine Probleme des gewerblichen Rechtsschutzes.

Das DPA führt eine für jedermann einsehbare *Patentrolle* (analog: Gebrauchsmusterrolle, Zeichenrolle), in der die wesentlichen Daten über ein Patent eingetragen sind. Für amtliche Bekanntmachungen und andere Mitteilungen gibt das DPA das Patentblatt, das Warenzeichenblatt und das Blatt für Patent-, Muster- und Zeichenwesen heraus. Weitere Veröffentlichungen sind die Offenlegungs-, Auslege- und Patentschriften.

Durch das von sechzehn europäischen Staaten unterzeichnete Europäische Patentübereinkommen wurde ein *Europäisches Patentamt* (EPA) mit Sitz in München geschaffen, das seit dem 1. 6. 1978 europäische Patentanmeldungen entgegennimmt. Es ist ein Organ der von den Vertragsstaaten gebildeten Patentorganisation und hat die Aufgabe, europäische Patentanmeldungen zu prüfen und für die mit der Anmeldung genannten Vertragsstaaten ein Europäisches Patent zu erteilen, das in den Vertragsstaaten dieselbe Wirkung wie ein nationales Patent hat. Das EPA besitzt eine Zweigstelle in Den Haag und unter Umständen weitere Dienststellen in den Vertragsstaaten. Das EPA umfaßt eine Eingangsstelle, Recherchenabteilungen, Prüfungsabteilungen, Einspruchsabteilungen und eine Rechtsabteilung. Für Beschwerden gegen Entscheidungen der genannten Stellen und Abteilungen (mit Ausnahme der Recherchenabteilungen) sind Beschwerdekammern vorgesehen. Eine große Beschwerdekammer entscheidet über Rechtsfragen, die ihr entweder von den Beschwerdekammern oder dem Präsidenten des EPA vorgelegt werden. Amtssprachen des EPA sind Deutsch, Englisch und Französisch. Das EPA soll sich durch Gebühreneinnahmen selbst tragen.

Festschrift 100 Jahre Patentamt, hrsgg. v. Deutschen Patentamt, München 1977.
W. Althammer, Das Deutsche Patentamt, Köln 1970.

Wesentliche Schritte des Patenterteilungsverfahrens

Patentanmeldung	Anmelder	Anmeldegebühr nicht bezahlt	Anmeldung gilt als zurückgenommen
Offensichtlichkeitsprüfung	Vorprüfungsabteilung	Formale Mängel	Zurückweisung der Anmeldung*
Offenlegung		Unabhängig vom Verfahrensstand nach 18 Monaten ab Prioritäts- oder Anmeldetag	Offenlegungsschrift mit ursprünglichen Anmeldungsunterlagen
Prüfungsantrag	Anmelder oder Dritte(r)	Zulässig ab Anmeldetag Innerhalb von 7 Jahren ab Anmeldetag nicht gestellt	Anmeldung gilt als zurückgenommen
Prüfungsverfahren	Prüfungsstelle (1 Prüfer)	Patenthindernde Mängel	Zurückweisung der Anmeldung*
Bekanntmachung	Prüfungsstelle		Auslegeschrift mit den geprüften Anmeldungsunterlagen; **einstweiliger Patentschutz**
Einspruch	Dritte(r)	Innerhalb von 3 Monaten nach Bekanntmachung	
Einspruchsverfahren *	Patentabteilung (beschlußfähig mit 3 technischen Mitgliedern)	Patenthindernde Mängel	Versagung des Patentes*
Patenterteilung**	Prüfungsstelle Patentabteilung		Patentschrift mit Wortlaut des Patentes; Schutzdauer 20 Jahre ab Anmeldetag

* Beschwerde
** Nichtigkeitsklage gegen erteiltes Patent
} beim Bundespatentgericht möglich

Urheberrecht

Das Urheberrechtsgesetz vom 9. 9. 1965 schützt einerseits geistige *Schöpfungen*, andererseits geistige *Leistungen*. Zu ersteren gehören Werke der Literatur, Wissenschaft und Kunst wie: Sprachwerke, Werke der Musik, pantomimische Werke und Werke der Tanzkunst, Werke der bildenden Künste, der Baukunst, der angewandten Kunst, Lichtbildwerke, Film- und Fernsehwerke, Darstellungen wissenschaftlicher und technischer Art, Bearbeitungen und Sammelwerke (z. B. Zeitungen und Zeitschriften). Schutzvoraussetzung ist, daß sie eine persönliche geistige Schöpfung sind, d. h. durch ihren Inhalt und ihre Form die Individualität des Urhebers ausdrücken. Kein Urheberrecht entsteht an amtlichen Werken wie z. B. Gesetzen, Erlassen, Entscheidungen. Den Schutz gewährleistet das Gesetz dadurch, daß es dem Urheber ein subjektives, eigentumsähnliches Recht verleiht (↑Eigentum und Enteignung S. 146). Zu seinem Inhalt gehören das *Urheberpersönlichkeitsrecht* (↑Persönlichkeitsrecht S. 124), das Verwertungsrecht und einige sonstige Rechte. Ersteres sichert das Veröffentlichungsrecht und die Urheberehre und verbietet Entstellungen des Werkes. Das *Verwertungsrecht* behält dem Urheber die alleinige Befugnis vor, sein Werk in körperlicher Form oder durch öffentliche Wiedergabe zu verwerten, es zu vervielfältigen, zu verbreiten, auszustellen, aufzuführen, durch technische Einrichtungen öffentlich wiederzugeben. Zu den sonstigen Befugnissen gehören vor allem das Recht des bildenden Künstlers, unter bestimmten Voraussetzungen 5% des Erlöses aus der Weiterveräußerung seines Werkes zu erhalten (Folgerecht) und das Recht, beim Vermieten oder Verleihen von Vervielfältigungsstücken (z. B. Büchern) zu Erwerbszwecken (z. B. durch Mietbüchereien, Lesezirkel) oder durch öffentliche Einrichtungen (z. B. Staats-, Universitäts-, Stadtbibliotheken) eine angemessene Vergütung zu verlangen *(Ausleihtantieme)*. Die Verwertungsbefugnisse des Urhebers werden dadurch beschränkt, daß er zugunsten der Rechtspflege, der öffentlichen Sicherheit, der Schul- und Erwachsenenbildung, des öffentlichen Informationsinteresses, der Kunst, der Wissenschaft, der Kulturwirtschaft, der privaten Benutzer und der Kirchen bestimmte Nutzungen teils unentgeltlich, teils gegen eine Vergütung dulden muß. Unentgeltlich ist z. B. zulässig die Herstellung einzelner Vervielfältigungsstücke für Gerichtsverfahren, die Wiedergabe von Werken in einem Gottesdienst, in Massenmedien für Informationszwecke, das teilweise oder vollständige Zitieren fremder Werke, das mengenmäßig begrenzte Photokopieren zu privaten Zwecken. Eine Vergütung steht dem Urheber z. B. zu, wenn sein Werk für Schul- oder Kirchenbücher verwendet wird oder wenn es zu gewerblichen Zwecken photokopiert wird. Der Urheber kann einem Verwerter (z. B. Verleger, Theater, Rundfunkanstalt) Nutzungsrechte einräumen, die er zeitlich, räumlich und inhaltlich beschränken kann. Auch kann er seine Rechte einer *Verwertungsgesellschaft* (GEMA, Verwertungsgesellschaft Wort, Verwertungsgesellschaft Bild-Kunst) zur Wahrnehmung anvertrauen; gewisse Rechte kann er nur durch eine Verwertungsgesellschaft ausüben (z. B. Folgerecht, Ausleihtantieme). Bei Verletzung seiner Rechte hat er Unterlassungs- und Schadensersatzansprüche; verschiedene vorsätzliche Verletzungshandlungen werden auf Antrag strafrechtlich verfolgt. Sein Schutzrecht erlischt 70 Jahre nach seinem Tode. Ähnliche, jedoch weniger weitreichende Befugnisse gewährt das Gesetz den Erbringern gewisser Leistungen, nämlich dem Herausgeber bestimmter wissenschaftlicher Ausgaben und nachgelassener Werke, dem Hersteller von Lichtbildern, dem ausübenden Künstler, dem Hersteller von Tonträgern, den Sendeunternehmen und Filmherstellern (Leistungsschutzrechte). Die Schutzfrist beträgt teils zehn, teils 25 Jahre. Der Schutz des Urheberrechtsgesetzes beschränkt sich auf das Inland, ein fast weltweiter Schutz wird jedoch durch internationale Abkommen (insbesondere Berner Übereinkunft, Welturheberrechtsabkommen und Rom-Abkommen) gewährleistet.

H. Hubmann, Urheber- und Verlagsrecht, 4. Aufl., München 1978.
F. Fromm/W. Nordemann, Urheberrecht. Kommentar, 3. Aufl., Stuttgart u. a. 1973.

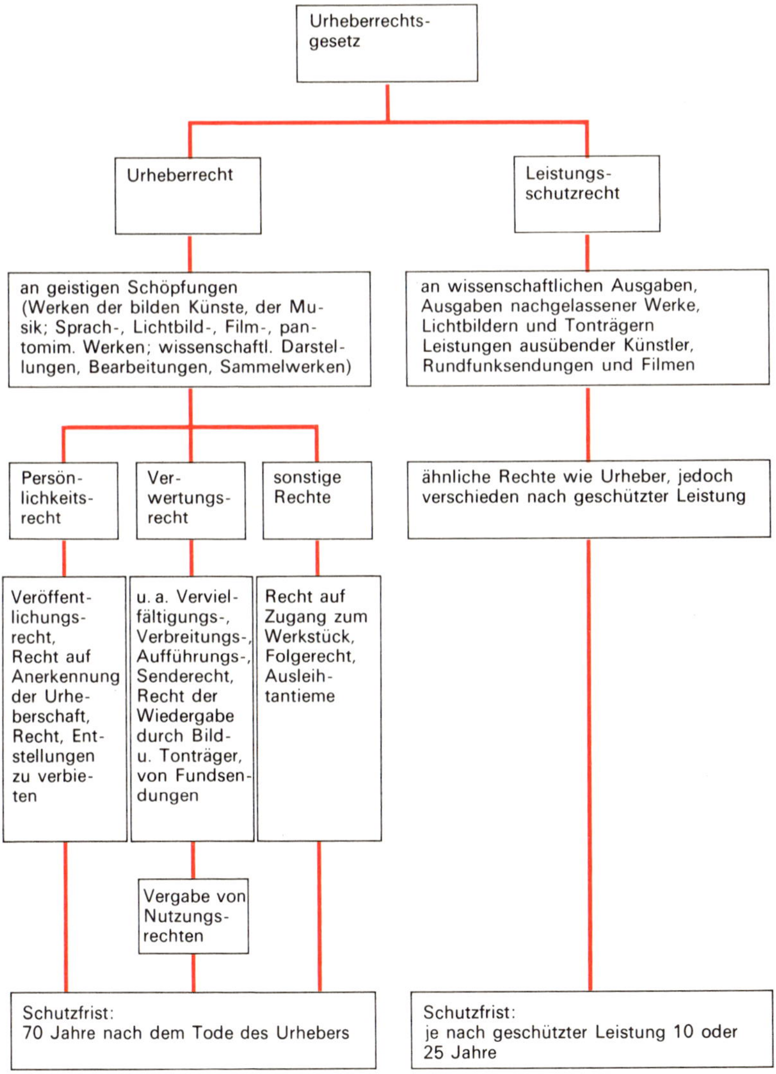
Urheberrechts-gesetz
Urheberrecht
Leistungs-schutzrecht
an geistigen Schöpfungen (Werken der bilden Künste, der Musik; Sprach-, Lichtbild-, Film-, pantomim. Werken; wissenschaftl. Darstellungen, Bearbeitungen, Sammelwerken)
an wissenschaftlichen Ausgaben, Ausgaben nachgelassener Werke, Lichtbildern und Tonträgern Leistungen ausübender Künstler, Rundfunksendungen und Filmen
Persön-lichkeits-recht
Ver-wertungs-recht
sonstige Rechte
ähnliche Rechte wie Urheber, jedoch verschieden nach geschützter Leistung
Veröffent-lichungs-recht, Recht auf Anerkennung der Urhe-berschaft, Recht, Ent-stellungen zu verbie-ten
u. a. Verviel-fältigungs-, Verbreitungs-, Aufführungs-, Senderecht, Recht der Wiedergabe durch Bild- u. Tonträger, von Fundsen-dungen
Recht auf Zugang zum Werkstück, Folgerecht, Ausleih-tantieme
Vergabe von Nutzungs-rechten
Schutzfrist: 70 Jahre nach dem Tode des Urhebers
Schutzfrist: je nach geschützter Leistung 10 oder 25 Jahre

Verbraucherschutz

Unter Verbraucherschutz versteht man die Gesamtheit der gesetzlichen, administrativen und privaten Maßnahmen, die den Endverbraucher als Nachfrager von Gütern und Dienstleistungen vor Schaden bewahren sollen. *Schutzgüter* sind seine Gesundheit, seine Sicherheit, seine Bewahrung vor geschäftlicher Täuschung oder Benachteiligung durch die Anbieterseite. Wesentlich ist ebenfalls seine Information über das Warenangebot. Mit Verbraucherschutz wird auch der Ausgleich der Interessen der informierten, interessierten, konzentrierten Anbieterseite mit den Interessen der in diesen Punkten unterlegenen, schwächeren Endverbraucher angestrebt. Verbraucherschutz hat damit eine wichtige gesamtwirtschaftliche und gesellschaftliche Funktion. Erste Ansätze reichen bis ins 19. Jahrhundert zurück (vgl. das Abzahlungsgesetz von 1894); eine Intensivierung der Verbraucherschutzdiskussion hat aber erst in den 60er Jahren, v. a. in den industrialisierten Ländern, eingesetzt.

Dem Schutz der Gesundheit des Verbrauchers dienen Vorschriften im Arznei- und Lebensmittelrecht. Um seine Sicherheit geht es in Vorschriften des Gewerberechts und in der Diskussion um die Produzentenhaftpflicht (Mängelhaftung des Herstellers auch ohne Verschulden und ohne vertragliche Beziehung zum Endverbraucher). Die Kommission der Europäischen Gemeinschaft und auf nationaler Ebene z. B. die Bundesrepublik Deutschland streben hierzu Richtlinien bzw. gesetzliche Regelungen an. Dem Schutz vor Täuschung und Benachteiligung dienen beispielsweise: das Eichgesetz und die Fertigpackungsverordnung (insb. Verbot von Mogelpackungen), das Textilkennzeichnungsgesetz, die Preisauszeichnungsverordnung. Auch das Gesetz gegen den unlauteren Wettbewerb hat zahlreiche den Verbraucher schützende Tatbestände (z. B. Zielrichtung gegen psychologischen Kaufzwang, gegen irreführende Werbung wie Anpreisen von Waren mit nicht vorhandenen Vorzügen, Lockvogelwerbung). Verstärkten Schutz im Grundstücksverkehr bieten das Maklergesetz und die Makler- und Bauträgerverordnung; der Übervorteilung durch Veranstalter von Fernlehrgängen wirkt das Fernunterrichtsgesetz entgegen (↑Fernstudien und Fernunterricht S. 456). Besonders bedeutsam ist das Gesetz über Allgemeine Geschäftsbedingungen von 1977, das den Schutz vor dem „Kleingedruckten" nachhaltig verbessert hat.

Verbraucherschutz wird praktiziert vom Staat in der Gesetzgebung, Rechtsprechung und Verwaltung. Die Bundesregierung hat 1977 den Zweiten Bericht zur Verbraucherpolitik veröffentlicht. Hervorzuheben ist die Tätigkeit der staatlich geförderten *Stiftung Warentest* (tätig seit 1965), die periodisch Ergebnisse vergleichender Warentests veröffentlicht. Auf privater Ebene sind zahlreiche *Verbraucherverbände* Träger des Verbraucherschutzes. Seit 1965 sind sie zur Geltendmachung von Unterlassungsansprüchen in Verbrauchersachen berufen. Die elf *Verbraucherzentralen* des Bundesgebiets (eingetragene Vereine, deckungsgleich mit den Gebieten der Länder) mit den von ihnen getragenen Verbraucherberatungsstellen und den ihnen angeschlossenen örtlichen Verbrauchergemeinschaften sind die wichtigsten Träger der Verbraucherarbeit. Ihre Mitglieder sind maßgebliche Vereinigungen und Verbände aus Politik und Gesellschaft. Ihre Arbeit wird fast vollständig vom Staat finanziert. Ihr Schwerpunkt liegt bei der Beratung und Information. Der Verbraucherschutzverein, dessen Mitglieder die Verbraucherzentralen sind, widmet sich schwerpunktmäßig der Rechtsverfolgung von verbraucherschädlichen Gesetzesverstößen. Die Arbeitsgemeinschaft der Verbraucher (AGV) vereinigt als Spitzenverband einen Großteil der Verbraucherverbände. Auch die Wirtschaft beteiligt sich durch freiwillige Zusammenschlüsse und Aktivitäten am Verbraucherschutz (z. B. Bereich der Werbung, Schlichtungsstellen bei den Kammern, freiwillige informative Warenkennzeichnung, Solidarhilfevereinigung zum Schutz der Touristen).

Von Hippel, Verbraucherschutz, Tübingen 1974.
Reich/Tonner/Wegener, Verbraucher und Recht, Göttingen 1976.

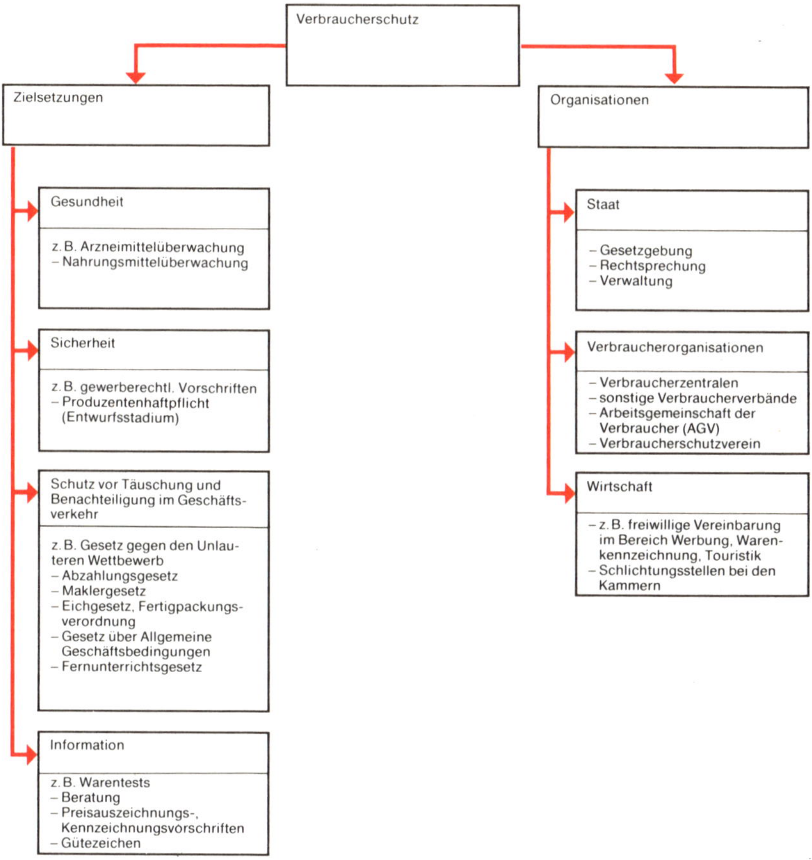

Beispiel einer Testveröffentlichung (Ergebnisse) der „Stiftung Warentest“

Reihenfolge der Bewertung:
++ = sehr gut, + = gut,
o = zufriedenstellend,
– = mangelhaft,
– – = sehr mangelhaft.

Änderungen, die von Anbietern nach Prüfabschluß mitgeteilt wurden, sowie Einzelheiten der Bewertung finden Sie in den ausführlichen Testergebnissen.

Soweit Preisspannen angegeben sind, liegt eine Umfrage in mehreren Städten zugrunde. Einzelheiten bei den jeweiligen Testberichten.

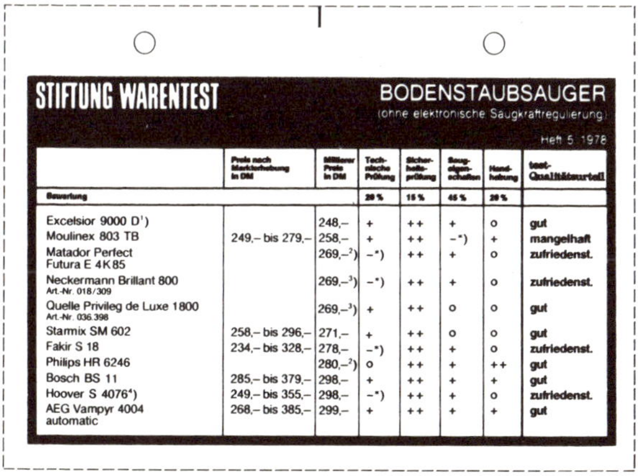

STIFTUNG WARENTEST

BODENSTAUBSAUGER
(ohne elektronische Saugkraftregulierung)

Heft 5 1978

	Preis nach Markterhebung in DM	Mittlerer Preis in DM	Technische Prüfung	Sicherheitsprüfung	Saugeigenschaften	Handhabung	test-Qualitätsurteil
Bewertung			20 %	15 %	45 %	20 %	
Excelsior 9000 D¹)		248,–	+	++	+	o	gut
Moulinex 803 TB	249,– bis 279,–	258,–	+	++	–*)	+	mangelhaft
Matador Perfect Futura E 4K85		269,–²)	–*)	++	+	o	zufriedenst.
Neckermann Brillant 800 Art.-Nr. 018/309		269,–³)	–*)	++	+	o	zufriedenst.
Quelle Privileg de Luxe 1800 Art.-Nr. 036.398		269,–³)	+	++	o	o	gut
Starmix SM 602	258,– bis 296,–	271,–	+	++	o	o	gut
Fakir S 18	234,– bis 328,–	278,–	–*)	++	+	o	zufriedenst.
Philips HR 6246		280,–²)	o	++	+	++	gut
Bosch BS 11	285,– bis 379,–	298,–	+	++	+	+	gut
Hoover S 4076⁴)	249,– bis 355,–	298,–	–*)	++	+	o	zufriedenst.
AEG Vampyr 4004 automatic	268,– bis 385,–	299,–	+	++	+	+	gut

Wirtschaftskriminalität

Der Begriff „Wirtschaftskriminalität" umfaßt die Summe derjenigen strafbaren Handlungen, die nicht nur Einzelinteressen schädigen, sondern die darüber hinaus auch und gerade die wirtschaftliche Ordnung bzw. das Wirtschaftsleben stören oder zumindest gefährden, indem sie das für ein gedeihliches Zusammenleben auf wirtschaftlichem Gebiet unerläßliche Vertrauen untergraben. Vielfach werden die Begriffe „Wirtschaftskriminalität" und „Weiße-Kragen-Kriminalität" gleichgesetzt. Richtig daran ist, daß der Wirtschaftskriminelle oft ein sog. Weißer-Kragen-Täter sein wird. Der von dem Amerikaner Sutherland geprägte Begriff des white-collar-crime bezieht jedoch auch nichtwirtschaftliche Kriminalität der sog. „Oberwelt" mit ein. Sutherland verstand unter white-collar-crime ein asoziales gewinnsüchtiges Verhalten, das von einer Person mit hohem sozialen Status im Zusammenhang mit dem Beruf begangen wird.

Die Täterpersönlichkeit des Wirtschaftskriminellen zeichnet sich dadurch aus, daß dieser über eine beachtliche Intelligenz verfügt, die er zusammen mit einem oft erstklassigen Fachwissen sowie honorigen Beziehungen unter Ausnutzung des Vertrauens seiner Mitbürger rücksichtslos zu seinem eigenen Vorteil einsetzt. Gegenüber dem Schaden, den Wirtschaftsstraftäter anrichten, nimmt sich der durch Diebstahl oder Raub verursachte Schaden vergleichsweise harmlos aus. *Aktuelle Erscheinungsformen* der Wirtschaftskriminalität sind beispielsweise: Subventionsbetrug, Insolvenzdelikte (z. B. betrügerischer Bankrott), organisierte Wechselreiterei, Wein-, Lebensmittel- und Arzneimittelfälschungen, Reisevermittlungsschwindel, Kreditwucher, unlauterer ruinöser Preiskampf, Steuerhinterziehung, Verstöße gegen die Vorschriften über Buchführung, Inventur und Bilanz, Betrug bei Verkäufen oder der Vermittlung zum Erwerb ausländischen Landbesitzes, Kreditbetrug, illegale Preisabsprachen, Automatenschwindel, betrügerische Vermittlung von ausländischen Arbeitskräften, Scheckmißbrauch, Errichtung von Schwindelfirmen mit Scheinkapital, Versicherungsmißbrauch, Unterschlagungen unter Ausnutzung elektronischer Datenverarbeitung (sog. Computerkriminalität).

Die Vielfalt, nicht zuletzt aber auch der ständige Wechsel von Erscheinungsformen der Wirtschaftskriminalität bringen erhebliche Schwierigkeiten bei der Aufklärung derartiger Delikte mit sich. Unklare und zum Teil lückenhafte gesetzliche Bestimmungen begünstigen dabei den Wirtschaftskriminellen, dessen Bestreben es gerade ist, die Grauzonen zwischen bloßer geschäftlicher Unmoral (Verstoß gegen die Regeln des Anstandes und des „fair play" im Wirtschaftsleben) und kriminellen Verhaltensweisen zu seinem Vorteil auszunutzen.

Im Bereich der Strafverfolgungsbehörden und Gerichte ist die Bekämpfung der Wirtschaftskriminalität dadurch aktiviert worden, daß Schwerpunktstaatsanwaltschaften und *Wirtschaftsstrafkammern* für schwere Fälle der Wirtschaftskriminalität errichtet worden sind. Auch auf materieller Ebene hat der Gesetzgeber in jüngster Zeit eine Reihe gesetzlicher Maßnahmen zur Bekämpfung der Wirtschaftskriminalität beschlossen. Hervorzuheben ist insbesondere das Erste Gesetz zur Bekämpfung der Wirtschaftskriminalität v. 29. 7. 1976 (Bundesgesetzblatt I 2034), mit dem u. a. die Straftatbestände des Subventions- und Kreditbetruges eingeführt worden sind und das außer einer Neufassung der Bestimmungen über die Konkursstraftaten auch Regelungen gegen die mißbräuchliche Inanspruchnahme von Subventionen (Subventionsgesetz) enthält.

W. Zirpins/O. Terstegen, Wirtschaftskriminalität, Erscheinungsformen und ihre Bekämpfung, Lübeck 1963.
K. Tiedemann, Wirtschaftsstrafrecht und Wirtschaftskriminalität, Reinbek 1976.

Übersicht über Wirtschaftsstrafsachen,
die nach § 74 c Gerichtsverfassungsgesetz den Wirtschaftsstrafkammern beim Landgericht zugewiesen werden können

Strafbare Wettbewerbsverstöße nach dem Gesetz gegen den unlauteren Wettbewerb

Straftaten im Bereich von Wirtschaftsunternehmen nach dem Aktiengesetz dem Gesetz über die Rechnungslegung von bestimmten Unternehmen und Konzernen dem GmbH-Gesetz und dem Genossenschaftsgesetz

Straftaten nach den Gesetzen über das Bank-, Depot-, Börsen- und Kreditwesen sowie nach dem Versicherungsaufsichtsgesetz

Verstöße gegen spezielle Wirtschaftsgesetze
Wirtschaftsstrafgesetz
Außenwirtschaftsgesetz
Devisenbewirtschaftungsgesetz

Steuer und Zolldelikte
einschließlich Straftaten nach dem Finanzmonopolrecht

Strafbare Verstöße auf dem Gebiet des Lebensmittelrechtes einschließlich solcher nach dem Weingesetz

Spezialformen des Betruges
Subventionsbetrug
Kreditbetrug

Konkursdelikte
Bankrott
Gläubiger- und Schuldnerbegünstigung

Vermögensstraftaten	Straftaten	strafbarer Eigennutz
Betrug Untreue Diebstahl Unterschlagung Hehlerei	im Amte Vorteilsgewährung Bestechung	Wucher

soweit zur Beurteilung des Falles besondere Kenntnisse des Wirtschaftslebens erforderlich sind

Gewerberecht

Die auf der *Gewerbeordnung* (GewO) des Norddeutschen Bundes von 1869 beruhende GewO des Deutschen Reiches hatte eine umfassende Regelung des Gewerberechts in einem Gesetz gebracht. Gegenwärtig ist das Recht der Gewerbe außer in der GewO wieder in einer Anzahl von speziellen Gesetzen geregelt (z. B. ↑Handwerksordnung S. 332, ↑Gaststättenrecht S. 340, ↑Recht des Handels S. 334, ↑Personen- und Güterbeförderung auf der Straße S. 478). Als *Gewerbe* gelten die industriellen und handwerklichen Produktionsbetriebe, die Dienstleistungsbetriebe und der Handel. Kein Gewerbe sind die persönlichen Dienstleistungen höherer Art (z. B. Arzt, Rechtsanwalt), die wissenschaftliche oder künstlerische Tätigkeit, sowie die Wahrnehmung öffentlicher Aufgaben (z. B. Notar) und die Urproduktion, d. h. die auf die Gewinnung roher Naturerzeugnisse gerichtete Wirtschaftstätigkeit. Das Gewerbe muß selbständig betrieben werden, auf Dauer angelegt und auf Gewinnerzielung gerichtet sein. Die Erwerbsabsicht fehlt bei Tätigkeiten, die einen gemeinnützigen Zweck verfolgen und bei öffentlichen Unternehmen der Leistungsverwaltung (↑Deutsche Bundespost S. 472, ↑Eisenbahnen S. 476, ↑öffentliche Unternehmen und Staatsmonopole S. 304).

Die GewO geht vom Grundsatz der *Gewerbefreiheit* aus (↑Berufs- und Gewerbefreiheit S. 144). Jedermann darf jede gewerbliche Tätigkeit ausüben, ohne bei Beginn oder Fortsetzung seines Gewerbebetriebes anderen als vom Gesetz ausdrücklich festgelegten Beschränkungen zu unterliegen. Vorschriften, die die Ausübung eines Gewerbes regeln, werden dagegen durch die Gewerbefreiheit nicht berührt. Die GewO unterscheidet nach der Art der Gewerbeausübung stehende Gewerbebetriebe, das Reisegewerbe und den Marktverkehr. *Marktverkehr* ist der Besuch von Messen, Jahres- und Wochenmärkten, sowie der Kauf und Verkauf der zum Marktverkehr zugelassenen Waren. Diese Tätigkeiten sind gewerberechtlich weder anzeige- noch erlaubnispflichtig *(Marktfreiheit)*. Ein *Reisegewerbe* betreibt, wer außerhalb der Räume seiner gewerblichen Niederlassung oder ohne eine solche zu haben, ohne vorherige Bestellung mit Waren oder bestimmten anderen Leistungen handelt. Diese Tätigkeiten sind zum Teil erlaubnisfrei, zum Teil überhaupt verboten, in der Regel jedoch erlaubnispflichtig. Die zuständige Polizei- oder Ordnungsbehörde (↑Polizeiorganisation S. 528) erteilt dafür eine *Reisegewerbekarte*, wenn keine Versagungsgründe vorliegen. Jede Gewerbeausübung, die nicht Marktverkehr oder Reisegewerbe ist, unterfällt den Regelungen für den *stehenden Gewerbebetrieb*, der in der Regel durch das Vorhandensein einer gewerblichen Niederlassung gekennzeichnet ist. Der Betrieb eines stehenden Gewerbes ist grundsätzlich nur anzeigepflichtig. Einer besonderen Erlaubnis bedarf aber u. a., wer das Gewerbe eines Pfandleihers oder Grundstücksvermittlers ausüben will.

Die Errichtung und der Betrieb von Anlagen eines Gewerbebetriebes, die geeignet sind, schädliche Umwelteinwirkungen hervorzurufen oder in anderer Weise die Allgemeinheit oder die Nachbarschaft zu gefährden oder erheblich zu belästigen, bedürfen einer besonderen Genehmigung (↑*Immissionsschutz* S. 432). Diese Genehmigung kann nur erteilt werden, wenn sichergestellt ist, daß Vorsorge gegen schädliche Umwelteinwirkungen getroffen ist, insbesondere durch Maßnahmen zur Emissionsbegrenzung. Außerdem müssen die beim Betrieb der Anlagen entstehenden Reststoffe ordnungsgemäß und schadlos verwertet oder als Abfälle ordnungsgemäß beseitigt werden. Im Rahmen des Genehmigungsverfahrens können Nachbarn oder sonstwie Betroffene Einwendungen gegen das Vorhaben erheben. Die Einwendungen sind mit dem Antragsteller und denjenigen, die die Einwendungen erhoben haben, zu erörtern.

Die Ausübung eines Gewerbes kann einem Gewerbetreibenden ganz oder teilweise bei dessen Unzuverlässigkeit oder aus anderen bestimmten Gründen untersagt werden.

R. von Landmann/G. Rohmer u. a., Gewerbeordnung und ergänzende Vorschriften, Umweltrecht, 3 Bde., 13. Aufl., München, 1976.
H. Sieg/W. Leifermann, Gewerbeordnung, 3. Aufl., München, 1975.

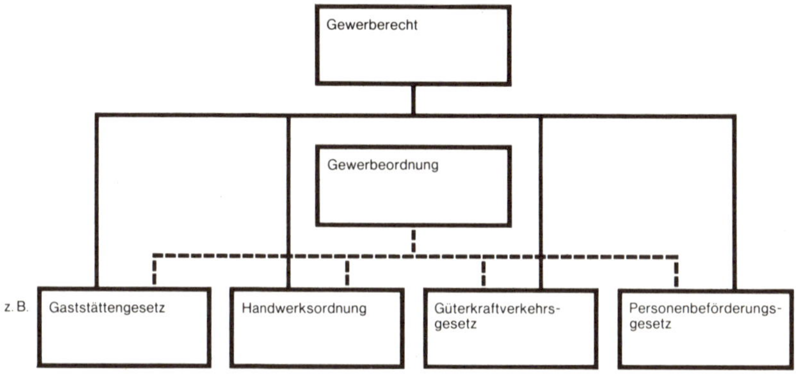
Gewerberecht
Gewerbeordnung
z. B.
Gaststättengesetz
Handwerksordnung
Güterkraftverkehrs-
gesetz
Personenbeförderungs-
gesetz

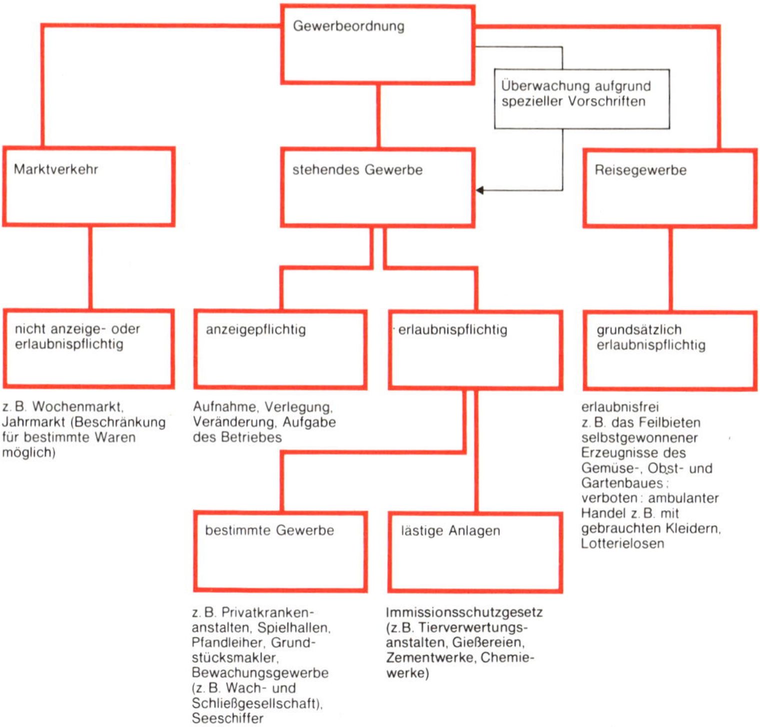
Gewerbeordnung
Überwachung aufgrund
spezieller Vorschriften
Marktverkehr
stehendes Gewerbe
Reisegewerbe
nicht anzeige- oder
erlaubnispflichtig
anzeigepflichtig
erlaubnispflichtig
grundsätzlich
erlaubnispflichtig
z. B. Wochenmarkt,
Jahrmarkt (Beschränkung
für bestimmte Waren
möglich)
Aufnahme, Verlegung,
Veränderung, Aufgabe
des Betriebes
erlaubnisfrei
z. B. das Feilbieten
selbstgewonnener
Erzeugnisse des
Gemüse-, Obst- und
Gartenbaues;
verboten: ambulanter
Handel z. B. mit
gebrauchten Kleidern,
Lotterielosen
bestimmte Gewerbe
lästige Anlagen
z. B. Privatkranken-
anstalten, Spielhallen,
Pfandleiher, Grund-
stücksmakler,
Bewachungsgewerbe
(z. B. Wach- und
Schließgesellschaft),
Seeschiffer
Immissionsschutzgesetz
(z.B. Tierverwertungs-
anstalten, Gießereien,
Zementwerke, Chemie-
werke)

Handwerksordnung

Der Handwerksbetrieb unterscheidet sich vom Industriebetrieb vor allem dadurch, daß die Einzelanfertigung gegenüber der Serienproduktion überwiegt und daß der Betriebsinhaber persönlich mitarbeitet und es auf seine Handfertigkeit entscheidend ankommt. Das Recht das Handwerks ist in der Handwerksordnung geregelt. Diese enthält eine umfassende Aufzählung der Gewerbe, die als Handwerk betrieben werden können. Die selbständige Ausübung eines Handwerks setzt grundsätzlich die Eintragung in die *Handwerksrolle* voraus. Die Handwerksrolle ist das Verzeichnis aller selbständigen Handwerker eines Bezirks und des von ihnen betriebenen Handwerks. Eingetragen wird nur, wer die Meisterprüfung bestanden oder eine Ausnahmebewilligung erhalten hat.

Handwerksbetriebe können Handwerkslehrlinge ausbilden, wenn sie sich als Ausbildungsstätte eignen. Die Ausbildung richtet sich nach Ausbildungsordnungen, die insbesondere die Ausbildungsdauer, das Ausbildungsberufsbild, den Ausbildungsrahmenplan und die Prüfungsanforderungen regeln. Sie endet mit der Gesellenprüfung, mit der die erforderlichen Fertigkeiten und die notwendigen praktischen und theoretischen Kenntnisse geprüft werden. Die Zulassung zur Meisterprüfung setzt das Bestehen der Gesellenprüfung und eine mehrjährige Tätigkeit als Geselle voraus. Durch die Meisterprüfung ist nachzuweisen, daß der Prüfling die notwendigen Fachkenntnisse und die erforderlichen betriebswirtschaftlichen, kaufmännischen und allgemein theoretischen Kenntnisse besitzt und in der Lage ist, einen Handwerksbetrieb selbständig zu leiten und Lehrlinge ordnungsgemäß auszubilden.

Die Handwerksbetriebe sind in verschiedenen Organisationen zusammengeschlossen, die entweder auf gesetzlicher Regelung oder auf Freiwilligkeit beruhen. Diese Organisationen dienen dem Zweck, die wirtschaftlichen Gesamtinteressen der Handwerksbetriebe wahrzunehmen, das Handwerk in seiner Konkurrenz mit der Großindustrie zu stärken und an der Erfüllung der dem Handwerk durch Gesetz übertragenen Aufgaben mitzuwirken. In den einzelnen Bezirken bestehen *Handwerkskammern*, denen alle selbständigen Handwerker kraft Gesetzes zugehören. Sie sind Körperschaften des öffentlichen Rechts. Ihre gesetzlichen Aufgaben sind insbesondere, Gutachten und Auskünfte an Gerichte und Behörden zu erstatten, Sachverständige zu benennen, die Handwerksrolle zu führen, die Lehrlingsausbildung, die Prüfungsordnungen und die Berufsförderung zu regeln und die Aufsicht über die Innungen und Kreishandwerkerschaften zu führen. Die Organe der Handwerkskammern sind die Vollversammlung, der Vorstand und die Ausschüsse. Die Vollversammlung besteht zu zwei Dritteln aus gewählten Mitgliedern der selbständigen Handwerker, zu einem Drittel aus gewählten Mitgliedern der Gesellen. Die Handwerkskammern sind auf freiwilliger Basis Mitglieder im Zentralverband des Deutschen Handwerks. Die *Handwerksinnungen* sind freiwillige Zusammenschlüsse der selbständigen Handwerker des gleichen oder eines fachlich nahestehenden Handwerks. Sie sind meist auf Stadt- oder Kreisebene organisiert und Körperschaften des öffentlichen Rechts mit eigener Satzung. Die Innungen können Tarifverträge abschließen, eigene ↑ Krankenkassen (↑ Krankenversicherung S. 398) unterhalten und Gütestellen für Lehrlingsstreitigkeiten einrichten. Alle Innungen eines Kreises bilden die Kreishandwerkerschaft. Die einzelnen Innungen sind in Landes-, meist auch in Bundesinnungsverbänden und Zentralfachverbänden zusammengeschlossen. Die Spitzenverbände der Innungen gehören dem Zentralverband des Deutschen Handwerks an.

Eyermann/Fröhler/Honig, Handwerksordnung, Kommentar, München 1973.
Siegert/Musielak, Das Recht des Handwerks, München 1976.

Organisation des Handwerks

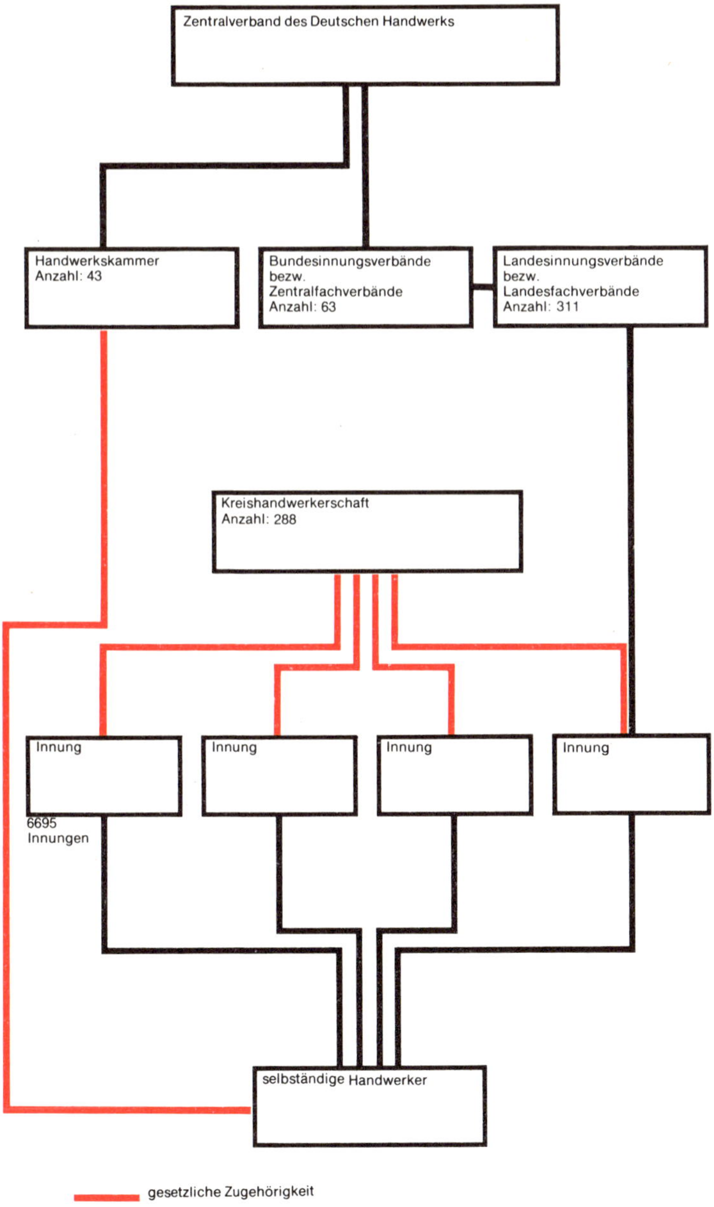

Recht des Handels

Der Austausch von Gütern und Dienstleistungen zwischen natürlichen oder juristischen Personen ist vom Prinzip der Privatautonomie beherrscht (↑ Persönlichkeitsrecht S. 124). Dies besagt, daß der wirtschaftliche Güter- und Leistungsaustausch sowohl nach seinem Umfang als auch nach seiner inhaltlichen Ausgestaltung der Gestaltungsfreiheit durch die Vertragsparteien unterliegt. Durch bürgerlich-rechtliche Vorschriften ist diese Gestaltungsfreiheit teilweise geregelt und eingegrenzt. Daneben besteht eine Vielzahl von Gesetzen und Verordnungen, auf deren Grundlage der Staat regelnd in das Marktgeschehen eingreift. Diese beziehen sich teils auf begrenzte Sektoren des Marktes, teils auf bestimmte Handlungsweisen. Die wichtigsten Regelungsbereiche sind Marktordnungen, wettbewerbsrechtliche und gewerberechtliche Vorschriften und außenwirtschaftliche Maßnahmen.

Marktordnungen sind öffentlich-rechtliche Vorschriften, durch die die Ausübung der Vertragsfreiheit für die am Markt beteiligten Erzeuger, Hersteller oder Händler hinsichtlich eines einzelnen Produkts oder einer Produktgruppe ganz oder teilweise gebunden wird. Sie dienen dem Schutz der am Marktgeschehen Beteiligten oder der wirtschaftslenkenden Regulierung von Güterangebot und Nachfrage und schränken insoweit die Marktwirtschaft ein. Rechtlich sind sie als Maßnahmen der staatlichen Wirtschaftslenkung zu werten. Marktordnungen sind beispielsweise in folgenden Gesetzen enthalten: Lebensmittelgesetz, Arzneimittelgesetz, Waffengesetz, Getreidegesetz, Zuckergesetz, Weinwirtschaftsgesetz.

Wettbewerbsrechtliche Vorschriften finden sich vor allem im Gesetz gegen den ↑ unlauteren Wettbewerb (S. 318), im Gesetz gegen Wettbewerbsbeschränkungen (↑ Sicherung der Wettbewerbsordnung S. 316), im Rabattgesetz und im Warenzeichengesetz. Daneben enthalten internationale Verträge und Abkommen mitunter solche Vorschriften, wie der Vertrag zur Gründung der Europäischen Gemeinschaft für Kohle und Stahl (↑ Europäische Gemeinschaften S. 574) und das Madrider Abkommen über die Unterdrückung falscher oder irreführender Herkunftsangaben. Wettbewerbsrechtliche Vorschriften dienen dem Schutz der Konkurrenten und Kunden vor unlauterem Wettbewerb und der Erhaltung des Wettbewerbs als marktwirtschaftlicher Institution.

Die *gewerberechtlichen Vorschriften* sind vor allem in der Gewerbeordnung (↑ Gewerberecht S. 330) enthalten. Grundsätzlich besteht Gewerbefreiheit, d. h. jeder, der die gesetzlichen Voraussetzungen erfüllt, ist zum Gewerbebetrieb zuzulassen. Zur Wahrung der öffentlichen Gesundheit, Sicherheit und Wohlfahrt bestehen Einschränkungen, nicht aber aus Gründen des Wettbewerbs. Die Eröffnung, Verlegung und Aufgabe eines Gewerbebetriebs ist der zuständigen Behörde anzuzeigen. Teilweise besteht eine Genehmigungspflicht, teilweise eine Untersagungsermächtigung beim Vorliegen bestimmter Umstände, insbesondere bei Unzuverlässigkeit des Gewerbetreibenden. Zur Ausübung eines Reisegewerbes ist eine Reisegewerbekarte erforderlich; daneben bestehen Sondervorschriften.

Der Austausch von Gütern und Dienstleistungen unterliegt auch dem Einfluß der Maßnahmen, die zur Regelung der ↑ Außenwirtschaft (S. 314) getroffen werden. Der *Außenhandel* ist zwar grundsätzlich liberalisiert, doch besteht eine Vielzahl von Eingriffsmöglichkeiten. Der ↑ europäische Agrarmarkt (S. 584) ist durch die Erhebung von zollähnlichen Abschöpfungsbeiträgen weitgehend gelenkt. Die Veränderung der Währungsparitäten ist ein wesentliches Instrument zur Beeinflussung des Außenhandels. Daneben bestehen Maßnahmen zur Exportförderung, Ausfuhrverbote und -beschränkungen sowie Eingriffsmöglichkeiten zum Schutz der heimischen Industrie oder einzelner Wirtschaftszweige vor schädigenden Einwirkungen durch hohe Importe.

J. v. Gierke/Sandrock, Handels- und Wirtschaftsrecht, Berlin 1975.
K.-H. Capelle, Handelsrecht, München 1977.

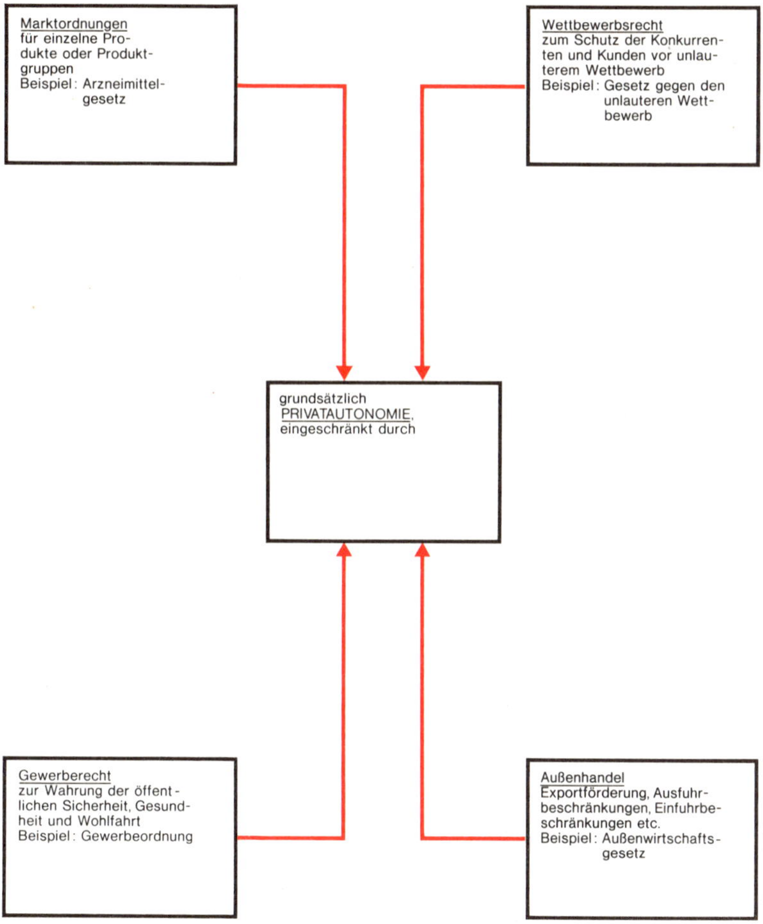

Marktordnungen
für einzelne Produkte oder Produktgruppen
Beispiel: Arzneimittelgesetz
Wettbewerbsrecht
zum Schutz der Konkurrenten und Kunden vor unlauterem Wettbewerb
Beispiel: Gesetz gegen den unlauteren Wettbewerb
grundsätzlich
PRIVATAUTONOMIE,
eingeschränkt durch
Gewerberecht
zur Wahrung der öffentlichen Sicherheit, Gesundheit und Wohlfahrt
Beispiel: Gewerbeordnung
Außenhandel
Exportförderung, Ausfuhrbeschränkungen, Einfuhrbeschränkungen etc.
Beispiel: Außenwirtschaftsgesetz

Industrie- und Handelskammern

Rechtsgrundlagen der Industrie- und Handelskammern (IHK) sind das Gesetz zur vorläufigen Regelung des Rechts der Industrie- und Handelskammern sowie ergänzende landesrechtliche Vorschriften. Die IHK sind regionale Wirtschaftsorganisationen; sie erledigen Selbstverwaltungs- und Auftragsangelegenheiten für die gewerbliche Wirtschaft. Ihnen obliegt die Aufgabe, das Gesamtinteresse der gewerblichen Wirtschaft im Kammerbezirk wahrzunehmen, die gewerbliche Wirtschaft unter ausgleichender Berücksichtigung der einzelnen Gewerbezweige zu fördern, die Behörden durch Vorschläge, Gutachten und Berichte zu unterstützen, dem Wirtschaftsverkehr dienende Bescheinigungen und Beglaubigungen, insbesondere für den Außenwirtschaftsverkehr (Ursprungszeugnisse) auszustellen und Maßnahmen zur Förderung und Durchführung der kaufmännischen und gewerblichen Berufsbildung zu treffen. Im Berufsbildungsgesetz ist ihre Mitwirkung bei der Berufsbildung in der gewerblichen Wirtschaft verankert. Sie haben Ausbildungsrichtlinien und Prüfungsordnungen entwickelt und Prüfungsausschüsse für Abschlußprüfungen, die für alle anerkannten Ausbildungsberufe zwingend vorgeschrieben sind, errichtet. Die Lehrlingsrolle zur Erfassung der Lehrlinge und Ausbildungsbetriebe wird von ihnen geführt. Auf verschiedenen anderen Gebieten ist die Mitwirkung der IHK gesetzlich geregelt (z. B. als Einigungsstellen für Wettbewerbsstreitigkeiten, Vorschlagsrecht zur Ernennung der ehrenamtlichen Richter für Handelssachen). Zu ihren Aufgaben gehört nicht die Wahrnehmung sozialpolitischer und arbeitsrechtlicher Interessen.

Die Mitgliedschaft in der IHK ist nicht privatrechtlicher, sondern öffentlich-rechtlicher Natur; sie tritt kraft Gesetzes ein. Der Pflichtzugehörigkeit unterliegen diejenigen natürlichen Personen, Handelsgesellschaften, andere nicht rechtsfähige Personenmehrheiten und juristischen Personen des privaten und öffentlichen Rechts, welche zur Gewerbesteuer veranlagt sind und im Kammerbezirk eine gewerbliche Niederlassung, eine Betriebsstätte oder eine Verkaufsstelle unterhalten. Natürliche Personen und Gesellschaften, die einen freien Beruf ausüben oder Land- oder Forstwirtschaft oder ein damit verbundenes Nebengewerbe betreiben, sind nur dann pflichtzugehörig, wenn sie in das Handelsregister eingetragen sind (↑ Handelssachen S. 208). Keine Zwangsmitgliedschaft besteht für selbständige Handwerker, die nach der ↑ Handwerksordnung (S. 332) in die Handwerksrolle eingetragen sind (ihnen steht der freiwillige Beitritt offen), ferner für landwirtschaftliche Genossenschaften und für kommunale Eigenbetriebe.

Die IHK sind Körperschaften des öffentlichen Rechts und damit Behörden im Sinne des Verwaltungsrechts (↑ Organisation und Aufbau der Verwaltung S. 242). Sie erstellen einen eigenen Haushalt, wobei sie an die allgemeinen Bestimmungen des Rechts der ↑ öffentlichen Haushalte (S. 294) gebunden sind. Die Mittel werden durch Beiträge der Kammerzugehörigen und Gebühren aufgebracht. Die Kammerzugehörigen wählen die Vollversammlung, die über die Angelegenheiten der IHK beschließt, insbesondere über die Satzung, die Beitragsordnung und den Haushaltsplan. Die Vollversammlung wählt aus ihrer Mitte den Präsidenten und bestellt den Hauptgeschäftsführer; diese vertreten die IHK rechtsgeschäftlich und gerichtlich. Die IHK haben sich im Deutschen Industrie- und Handelstag e. V. mit Sitz in Bonn freiwillig zusammengeschlossen.

Frentzel/Jäkel/Junge, Kommentar zum Kammerrecht der Bundesrepublik und der Länder, Köln 1972.
G. Frentzel, Die deutschen Industrie- und Handelskammern und der Deutsche Industrie- und Handelstag, Frankfurt 1967.

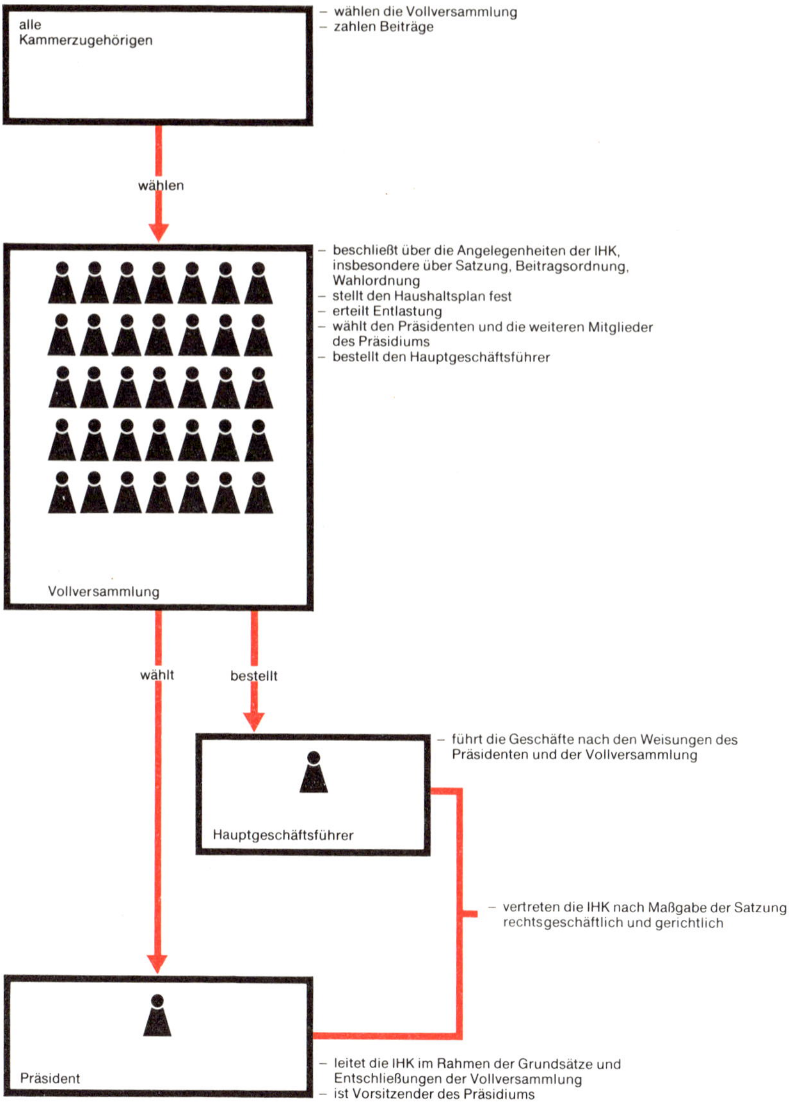

alle Kammerzugehörigen
– wählen die Vollversammlung
– zahlen Beiträge
wählen
Vollversammlung
– beschließt über die Angelegenheiten der IHK, insbesondere über Satzung, Beitragsordnung, Wahlordnung
– stellt den Haushaltsplan fest
– erteilt Entlastung
– wählt den Präsidenten und die weiteren Mitglieder des Präsidiums
– bestellt den Hauptgeschäftsführer
wählt
bestellt
Hauptgeschäftsführer
– führt die Geschäfte nach den Weisungen des Präsidenten und der Vollversammlung
– vertreten die IHK nach Maßgabe der Satzung rechtsgeschäftlich und gerichtlich
Präsident
– leitet die IHK im Rahmen der Grundsätze und Entschließungen der Vollversammlung
– ist Vorsitzender des Präsidiums

Recht des Einzelhandels – Ladenschlußgesetz

Der Betrieb eines *Einzelhandelsgeschäftes* ist vielerlei Rechtsvorschriften unterworfen, die zum großen Teil zum ↑Recht des Handels (S. 334) zu zählen sind. Grundsätzlich ist der Beginn einer Einzelhandelstätigkeit wie der jedes anderen Gewerbes lediglich anzeigepflichtig. Anderes gilt ab 1978 nur noch für ärztliche Hilfsmittel. Einer Erlaubnis bedarf nach anderen Gesetzen das Feilhalten bestimmter Waren, an deren sachgemäßer Aufbewahrung und Weitergabe ein öffentliches Interesse besteht, insbesondere von Waffen (↑Waffenrecht S. 552) und Arzneimitteln (↑Arzneimittelüberwachung S. 424). Besondere Zulassungsvorschriften gelten außerdem für den Marktverkehr und das Reisegewerbe (↑Gewerberecht S. 330).

Der Betrieb eines Einzelhandelsgeschäfts unterliegt Vorschriften gegen den ↑unlauteren Wettbewerb (S. 318; Beschränkung von Sommer- und Winterschlußverkäufen, Sonderveranstaltungen, Zugaben und Preisnachlässen), sowie den Regelungen des ↑Verbraucherschutzes (S. 326; Gebot der Preisauszeichnung, Preisbindungen, Widerrufsrecht des Käufers bei Abzahlungsgeschäften u. ä.).

Das *Ladenschlußgesetz* schreibt für Verkaufsstellen Ladenschlußzeiten an Sonn- und Feiertagen, zur Nachtzeit und an Samstagen vor. Verkaufsstellen im Sinne dieses Gesetzes sind Einrichtungen, in denen von einer festen Stelle aus Waren zum Verkauf an jedermann feilgehalten werden. Hierzu gehören nicht nur alle ortsfesten Einzelhandelsgeschäfte, sondern auch Ladengeschäfte von Handwerkern (Metzgereien, Bäckereien), die im übrigen den Vorschriften der ↑Handwerksordnung (S. 332) unterliegen. Der Ausschank von Getränken und die Abgabe zubereiteter Speisen zum Verzehr an Ort und Stelle werden jedoch ausschließlich durch das ↑Gaststättenrecht (S. 340) geregelt. Mit der bundeseinheitlichen Regelung der Ladenschlußzeiten im Jahre 1956 (im Saarland erst seit 1963 in Kraft) beabsichtigte der Gesetzgeber a) Gewährleistung des Arbeitszeitschutzes für das Verkaufspersonal, b) in zweiter Linie Wahrung der Wettbewerbsneutralität der Ladeninhaber untereinander, c) Schutz der Sonn- und Feiertage. Abgesehen vom letzteren Gesetzesmotiv hat sich die wirtschafts- und sozialpolitische Situation seit Erlaß des Gesetzes derart geändert, daß an seiner sachlichen Berechtigung erhebliche Zweifel bestehen. Grundsätzlich wird das Verkaufspersonal vor zeitlicher Überforderung schon durch wesentlich engere Vorschriften der Arbeitszeitordnung (↑Sicherheit am Arbeitsplatz S. 382) sowie insbesondere durch Tarifverträge (↑Tarifautonomie und Tarifverträge S. 374) geschützt. Die geltenden Ladenschlußzeiten sollen somit inzwischen hauptsächlich die behördliche Kontrolle der gesetzlichen Höchstarbeitszeiten nach der Arbeitszeitordnung erleichtern. Bedenkt man, daß in allen anderen Betrieben dieses Kontrollinstrument nicht gegeben ist, die Einhaltung der Arbeitnehmerschutzvorschriften dort jedoch auch wirksam überwacht werden muß, so erscheint es fraglich, ob der Nutzen des Ladenschlußgesetzes in einem vertretbaren Verhältnis zu der Einschränkung der Einkaufsmöglichkeiten der Verbraucher und der unternehmerischen Freiheit der Ladeninhaber steht. Für Verkaufsstellen, in denen Arbeitnehmer überhaupt nicht beschäftigt sind, wird zur Rechtfertigung der Ladenschlußzeiten vorgebracht, daß solche Ladeninhaber gegenüber anderen, die die Verkaufsstelle nicht selbst oder mit Familienangehörigen betreiben, sonst einen ungerechtfertigten Wettbewerbsvorteil hätten. Mittelstandspolitisch ist allerdings zu fragen, ob dies nicht eine Möglichkeit wäre, die Wettbewerbsvorteile von Warenhäusern gegenüber kleineren Ladengeschäften etwas auszugleichen. Schließlich ist in Rechnung zu stellen, daß die Dunkelziffer der Verstöße gegen das Ladenschlußgesetz erheblich ist. Trotz der erörterten Bedenken ist eine Änderung in absehbarer Zeit nicht zu erwarten, da die Gesetzgebung von den einschlägigen ↑Verbänden (S. 70) in anderer Richtung beeinflußt ist.

Ch. Kühr, Rechts- und Steuerhandbuch für den selbständigen Handwerksmeister, den Einzelhändler und den kleinen Gewerbetreibenden, Darmstadt/Neuwied (Loseblatt).

J. Denecke/D. Neumann, Arbeitszeitordnung, 9. Aufl., München 1976, Teil E: Gesetz über den Ladenschluß.

Allgemeine Ladenschlußzeiten:

Sonn- und Feiertage;
Montag bis Freitag
bis 7 Uhr und ab 18.30 Uhr;
Samstag
bis 7 Uhr und ab 14 Uhr;

ab 18 Uhr:
- **am ersten Samstag im Monat,**
- **wenn dieser auf einen Feiertag fällt, am zweiten Samstag im Monat**
- **an den vier aufeinanderfolgenden Samstagen vor dem 24. Dezember.**

Ausnahmen:

unbeschränkt:
- Tankstellen
- Warenautomaten

beschränkt:
- Kioske für Verkauf von Zeitungen und Zeitschriften
- Verkaufsstellen auf Personenbahnhöfen und auf Flughäfen
- Verkauf bestimmter Gegenstände in Kur- und Erholungsorten
- Verkauf in ländlichen Gebieten während der Zeit der Feldbestellung und der Ernte
- Verkauf von Milch und Milcherzeugnissen, Bäcker- und Konditorwaren, frischen Früchten, Blumen und Zeitungen
- Öffnung von Verkaufsstellen aus Anlaß von Messen, Märkten oder ähnlichen Veranstaltungen (z. B. Kirchweih) sowie am 24. Dezember, wenn dieser auf einen Sonntag fällt
- Verkaufsstellen für Blumen und Pflanzen auf und in der Nähe von Friedhöfen
- Verkauf auf Wochen- und Großmärkten
- Verkauf, wenn Ausnahme im öffentlichen Interesse dringend nötig

Sonderbestimmungen für:
- Friseurbetriebe
- Gewerbliches Feilhalten von Waren zum Verkauf an jedermann außerhalb von Verkaufsstellen
- Groß-, Wochen-, Jahrmärkte, Volksbelustigungen

Gaststättenrecht

Das Gaststättenrecht ist bundeseinheitlich durch das Gaststättengesetz vom 5. 5. 1970 geregelt. Es bezweckt neben dem Schutz der Jugend, der Gäste und der Angestellten vor den Gefahren des Alkoholmißbrauchs, der Ausbeutung, der sittlichen und gesundheitlichen Schädigung auch den Schutz der Allgemeinheit vor Nachteilen und Belästigungen. Der Betrieb einer Gaststätte ist deshalb grundsätzlich erlaubnispflichtig. Ein Gaststättengewerbe im Sinne des Gaststättengesetzes betreibt, wer im stehenden Gewerbe (↑Gewerberecht S. 330) Getränke *(Schankwirtschaft)* oder zubereitete Speisen *(Speisewirtschaft)* zum Verzehr an Ort und Stelle verabreicht, Gäste beherbergt *(Beherbergungsbetrieb)* oder als selbständiger Gewerbetreibender im Reisegewerbe von einer für die Dauer der Veranstaltung ortsfesten Betriebsstätte aus Getränke oder zubereitete Speisen zum Verzehr an Ort und Stelle verabreicht, sofern der Betrieb jedermann oder bestimmten Personenkreisen zugänglich ist. Die Erlaubnis zum Betrieb eines Gaststättengewerbes wird auf Antrag für eine bestimmte Betriebsart und für bestimmte Räume erteilt. Sie kann befristet und mit Auflagen verbunden werden. Sie ist zu versagen, wenn der Antragsteller nicht die erforderliche Zuverlässigkeit besitzt, der Zustand der Betriebsräume den Anforderungen nicht entspricht, der Gewerbebetrieb im Hinblick auf seine örtliche Lage oder die Verwendung der Räume dem öffentlichen Interesse widerspricht oder der Antragsteller keinen Unterrichtungsnachweis der zuständigen Industrie- und Handelskammer vorlegt. Die Erlaubnis erlischt, wenn der Inhaber den Betrieb nicht innerhalb eines Jahres nach Erteilung der Erlaubnis begonnen oder seit einem Jahr nicht mehr ausgeübt hat. Bei nachträglichem Bekanntwerden von Versagungsgründen wird die Erlaubnis zurückgenommen. Treten nachträglich Tatsachen ein, die eine Versagung rechtfertigen würden, so ist die Erlaubnis zu widerrufen. Der Widerruf der Erlaubnis steht im Ermessen der zuständigen Behörde (↑Rechtsgebundenheit der Verwaltung S. 256), wenn die erlaubte Betriebsart unbefugt geändert oder der Betrieb ohne die erforderliche Erlaubnis von einem Stellvertreter geführt wird, Auflagen nicht erfüllt, unzuverlässige Personen beschäftigt oder Unterrichtungsnachweise verspätet vorgelegt werden.

Zur Ausführung des Gaststättengesetzes haben die Landesregierungen Gaststättenverordnungen erlassen, die das Verfahren und die zuständigen Behörden bestimmen, Mindestanforderungen an die Räume und Sperrzeiten festlegen, sowie Sonderregelungen über den Ausschank selbst erzeugter Getränke *(Straußwirtschaft)* und über die Beschäftigung von Personen im Gaststättengewerbe enthalten. Die allgemeinen *Sperrzeiten* (früher Polizeistunde genannt), die auch für öffentliche Vergnügungsstätten (z. B. Volksfeste) gelten, sind in den einzelnen Bundesländern unterschiedlich festgelegt und liegen zwischen 0.00 Uhr und 10.00 Uhr. Bei Vorliegen eines öffentlichen Bedürfnisses oder besonderer örtlicher Verhältnisse kann die Sperrzeit allgemein durch Polizeiverordnung oder für einzelne Betriebe durch Polizeiverfügung verlängert, verkürzt oder aufgehoben werden. Während der Sperrzeit dürfen Leistungen des Betriebes nicht dargeboten werden und Gäste nicht in den Betriebsräumen verweilen.

Besondere Bedeutung kommt im Gaststättenrecht dem Schutz der Nachbarn und der Allgemeinheit vor Belästigungen und Nachteilen zu, die im Zusammenhang mit dem Betrieb des Gaststättengewerbes stehen. Den Interessen der Nachbarn muß durch entsprechende Auflagen Rechnung getragen werden. Gegen die Maßnahmen der Ordnungsbehörden im Gaststättenwesen können sich auch die betroffenen Nachbarn im Wege des ↑Verwaltungsrechtsschutzes (S. 232) zur Wehr setzen. Verstöße gegen die Bestimmungen des Gaststättengesetzes und der Gaststättenverordnungen können als ↑Ordnungswidrigkeiten (S. 230) mit einer Geldbuße bis zu 10000,– DM geahndet werden.

E. Michel/W. Kienzle, Kommentar zum Gaststättengesetz, 6. Aufl., Köln 1973.
E. Hoffmann, Gaststättenrecht, Karlsruhe u. a. 1976 (Loseblatt).

Erlaubnispflichtige Betriebe des Gaststättengewerbes:

Schankwirtschaft,
Speisewirtschaft,
Beherbergungsbetrieb,
Schank- und Speisewirtschaft im Reisegewerbe

Die Vorschriften des Gaststättengewerbes finden auch Anwendung auf:

Vereine und Gesellschaften, die kein Gewerbe betreiben

Keine Anwendung findet das Gaststättengesetz auf:

Betreuungseinrichtungen der Streitkräfte,
der Polizei, der Bundespost,
Betriebe der Deutschen Bundesbahn,
Luftfahrzeuge

Befreiung von der Erlaubnispflicht für die Verabreichung von:

Milcherzeugnissen,
unentgeltlichen Kostproben,
alkoholfreien Getränken aus Automaten,
Getränken oder zubereiteten Speisen in Betriebs- (Werks-) Kantinen,
alkoholfreien Getränken oder zubereiteten Speisen in Kraftfahrzeugen anläßlich der Personenbeförderung,
in räumlicher Verbindung mit dem Betrieb eines Ladengeschäftes des Lebensmittelhandels oder -handwerks ohne Bereitstellung einer Sitzgelegenheit.

Sonderregelungen bestehen für Straußwirtschaften und den Ausschank selbsterzeugter Getränke in Bayern und Rheinland/Pfalz

Antrag auf Erteilung einer Gaststättenerlaubnis:

Ordnungsbehörde, in der Regel Gewerbeamt der unteren Verwaltungsbehörde (Landratsamt, kreisfreie Gemeinde, Stadtkreis)

Versagungsgründe:

Unzuverlässigkeit des Antragstellers,
nicht ordnungsgemäße Beschaffenheit der Betriebsräume (Mindestanforderungen),
örtliche Lage und Verwendung der Räume widerspricht dem öffentlichen Interesse,
Fehlen des Unterrichtungsnachweises der Industrie und Handelskammer.
Gegen Versagung, Rücknahme und Widerruf der Erlaubnis Verwaltungsrechtsschutz

Versicherungsaufsicht und öffentliche Versicherungsunternehmen

Die steigende Bedeutung des Versicherungsvertrages im modernen Wirtschaftsleben und seine Entwicklung zum Massenvertrag machten frühzeitig eine staatliche Aufsicht über das Versicherungswesen notwendig. Der Gesetzgeber versuchte, den Gefahren einer einseitigen Vertragsgestaltung und eines unsoliden Geschäftsgebarens zuungunsten der Versicherungsnehmer durch das Gesetz über den Versicherungsvertrag (VVG) vom 30. 5. 1908 und das Gesetz über die Beaufsichtigung der privaten Versicherungsunternehmungen und Bausparkassen (VAG) vom 12. 5. 1901 in der Neufassung vom 6. 6. 1931 zu begegnen. Während das VVG den zulässigen Umfang und Inhalt von allgemeinen Versicherungsbedingungen und Versicherungsverträgen festlegt und nur zum Teil aufsichtsrechtliche Befugnisse enthält, regelt das VAG die staatliche Versicherungsaufsicht durch die Aufsichtsbehörden des Bundes und der Länder. Zur Durchführung der dem Bund zustehenden Aufsicht über die Versicherungsunternehmungen und Bausparkassen wurde durch Gesetz vom 31. 7. 1951 das *Bundesaufsichtsamt* (BAA) für das Versicherungs- und Bausparwesen mit Sitz in Berlin errichtet. Die Aufsichtsbefugnisse sind zwischen dem BAA und den Landesbehörden entsprechend der wirtschaftlichen Bedeutung der Versicherungsunternehmungen verteilt. Der staatlichen Aufsichtspflicht unterliegen solche Privatunternehmungen, die den Betrieb von Versicherungsgeschäften zum Gegenstand haben. Die Feststellung über die Aufsichtspflicht trifft die zuständige Aufsichtsbehörde durch eine gegenüber den Gerichten und Verwaltungsbehörden bindende Entscheidung. Die aufsichtspflichtigen Versicherungsunternehmungen bedürfen zum Geschäftsbetrieb der Erlaubnis der Aufsichtsbehörde. Die Erlaubnis wird auf Antrag unter Einreichung des Geschäftsplanes, des Gesellschaftsvertrages oder der Satzung, der allgemeinen Versicherungsbedingungen, der fachlichen Geschäftsunterlagen sowie geschäftsplanmäßiger Erklärungen erteilt. Der Geschäftsplan, muß den Zweck und die Einrichtung der Unternehmung, den Bezirk des beabsichtigten Geschäftsbetriebes sowie die versicherungstechnischen und finanziellen Grundlagen des Unternehmens klarlegen. Die Erlaubnis darf nur versagt werden bei mangelnder Ehrbarkeit oder fehlender fachlicher Vorbildung der Inhaber und Geschäftsleiter, bei nicht ausreichender Wahrung der Belange der Versicherten, bei ungenügender Kapitalausstattung sowie bei fehlendem örtlichem oder gesamtwirtschaftlichem Bedürfnis. Auch nach Erteilung unterliegt der Geschäftsbetrieb der privaten Versicherungsunternehmungen im Interesse der Versicherten einer ständigen Aufsicht und Kontrolle. Die Versicherungsunternehmungen müssen Rechnungsabschlüsse und Jahresberichte vorlegen, Änderungen des Geschäftsplanes genehmigen lassen und ausreichende Rückstellungen bilden. Zur Durchsetzung der staatlichen Aufsichts- und Kontrollpflicht stehen den Aufsichtsbehörden zahlreiche Prüfungs- und Eingriffsbefugnisse zu. Sie reichen von Auskunftsrechten und geschäftsbezogenen Einzelanordnungen bis zur vollen oder teilweisen Betriebsuntersagung. Daneben sind zahlreiche Rechtsverstöße der aufsichtspflichtigen Versicherungsunternehmungen gegen Vorschriften des VVG und des VAG strafrechtlich sanktioniert.

Eine Sonderstellung nehmen die *öffentlichen* Versicherungsunternehmungen ein. Soweit sie im vollen Wettbewerb mit anderen privaten oder öffentlichen Versicherungsunternehmungen stehen, unterliegen sie seit 1943 der Fachaufsicht des VAG, während die öffentlichen Pflicht- und Monopolversicherungsunternehmungen wie die Gebäudebrandversicherung und die Schlachtviehversicherung eigenen landesrechtlichen Regelungen unterliegen. Die Zulässigkeit solcher Monopolanstalten ist im Hinblick auf die ↑Berufs- und Gewerbefreiheit (S. 144) umstritten.

E. R. Prolls/R. Schmidt/J. Sasse, Versicherungsaufsichtsgesetz, 7. Aufl., München 1978.
H. Kraus, Versicherungsaufsichtsrecht, Wien u. a. 1971.

Übersicht über die Verteilung der Versicherungsaufsicht zwischen dem Bundesaufsichtsamt und den Ländern

Art der Unternehmung	Zuständigkeit	Übertragung der Zuständigkeit möglich auf
1. Private Versicherungsunternehmen größerer wirtschaftlicher Bedeutung	Bundesaufsichtsamt	————
2. Private Versicherungsunternehmen geringerer wirtschaftlicher Bedeutung	Bundesaufsichtsamt	Landesbehörden
3. Öffentliche Pflicht- und Monopolanstalten	Landesbehörden	Bundesaufsichtsamt
4. Öffentliche Wettbewerbsanstalten, deren Tätigkeit nicht auf ein Land beschränkt ist	Bundesaufsichtsamt	Landesbehörden
5. Öffentliche Wettbewerbsanstalten, deren Tätigkeit sich auf ein Land beschränkt	Landesbehörde	Bundesaufsichtsamt

Rechtsbehelfe gegen die Maßnahmen der Aufsichtsbehörden		
Bundesaufsichtsamt	– Widerspruch	– Klage zum Bundesverwaltungsgericht, bei geringerer Bedeutung der Sache Verweisung an Verwaltungsgericht
Landesaufsichtsbehörden	– Widerspruch	– Klage zum zuständigen Verwaltungsgericht

Die zulässigen Betriebsformen nach dem VAG	
Versicherungsaktiengesellschaften Versicherungsvereine auf Gegenseitigkeit Öffentliche Versicherungsanstalten	Alle Versicherungszweige und Arten
Sonstige Kapitalgesellschaft Einzelunternehmen Personenvereinigungen	Sie dürfen folgende Versicherungszweige und Arten nicht betreiben: Die verschiedenen Arten der Lebensversicherung, die Unfall-, Haftpflicht-, Feuer- oder Hagelversicherung, die Invaliditäts-, Alters-, Witwen-, Waisen-, Aussteuer- und Wehrdienstversicherung.

Landwirtschaftsrecht

Das deutsche Landwirtschaftsrecht besteht aus zahlreichen privatrechtlichen und öffentlich-rechtlichen Gesetzen und ist nicht einheitlich (wie z. B. in Frankreich durch den Code rural) geregelt. Zum Landwirtschaftsrecht im weiteren Sinne gehören deshalb auch z. B. das Viehseuchengesetz (↑Veterinärwesen S. 428), das Tierschutzrecht, das Saatgut- und Sortenschutzrecht, das Feld- und Forstpolizeirecht.

Die nach dem Zweiten Weltkrieg beginnende Motorisierung und Mechanisierung der landwirtschaftlichen Betriebe führte zu erheblichen Veränderungen in der deutschen Agrarstruktur. Zur Verbesserung der Agrarstruktur als Teil der Gesamtwirtschaftsverfassung wurde 1955 das *Landwirtschaftsgesetz* (LWG) mit dem Ziel erlassen, den familieneigenen und fremden Arbeitskräften eine den Löhnen vergleichbarer Berufsgruppen entsprechende Bezahlung zu gewährleisten. § 1 LWG sieht vor, daß die deutsche Landwirtschaft nach Maßgabe der allgemeinen Wirtschafts- und Agrarpolitik in die Lage gesetzt wird, natürliche und ökonomische Schwächen im Vergleich zu sonstigen Wirtschaftsbereichen zu beheben und durch eine geeignete Handels-, Steuer-, Kredit- und Preispolitik Produktionssteigerungen zu erreichen. Jedes Jahr hat die Bundesregierung bzw. der Bundesminister für Ernährung einen Bericht *(Grüner Bericht)* vorzulegen, der über die landwirtschaftliche Entwicklung des vergangenen Jahres Rechenschaft ablegt, insbesondere, welche Ziele erreicht und welche weiteren Förderungen geplant sind. Im Bundeshaushalt sind die für die geplanten Förderungsmaßnahmen *(Grüner Plan)* notwendigen Mittel bereitzustellen. Der Grüne Plan beabsichtigt vor allem eine Stärkung der Wettbewerbsfähigkeit der deutschen Landwirtschaft im Rahmen des ↑Europäischen Agrarmarktes (S. 548). Weitere wichtige landwirtschaftliche Gesetze neben dem LWG sind über die ↑Flurbereinigung (S. 442) und über Düngemittel (1962) und Pflanzenschutz (1968) ergangen.

Von besonderer Bedeutung für das landwirtschaftliche Erbrecht ist die *Höfeordnung*, die auf dem in den Ländern der früheren britischen Zone während der Besatzungszeit geltenden Anerbenrecht von 1947 beruht. Ein Hof im Sinne der Höfeordnung ist jede land- und forstwirtschaftliche Besitzung mit einer zu ihrer Bewirtschaftung geeigneten Hofstelle, die sich im Alleineigentum von Ehegatten (Ehegattenhof) befindet oder zum Gesamtgut einer fortgesetzten Gütergemeinschaft gehört. § 4 der Höfeordnung enthält den Grundsatz der ungeteilten Vererbung, d. h. der Hof fällt als Teil der Erbschaft kraft Gesetzes nur einem der Erben (dem Hoferben) zu. Besteht eine Miterbengemeinschaft, so ändert das Anerbenrecht insofern die Erbregelung des Bürgerlichen Rechts (↑Erbrecht S. 206). Soweit der Erblasser keine andere Bestimmung getroffen hat, sind Hoferben der ersten Ordnung die Kinder des Erblassers und deren Abkömmlinge, der zweiten Ordnung der Ehegatte und der dritten Ordnung die Eltern des Erblassers, wenn der Hof von ihnen oder aus ihren Familien stammt. Die schwierige Frage, wer von den Hoferben erster Ordnung erbt, richtet sich nach § 6 Höfeordnung danach, ob Ältestenrecht gilt, d. h. der Älteste der Erben als Hoferbe berufen wird. Ausnahmen gelten dann, wenn in einer Gegend nach gerichtlicher Feststellung Jüngstenerberecht gilt. Mit dieser Regelung wird gewährleistet, daß gemäß dem Sinn des Anerbenrechts nur ein Hoferbe bleibt. Weiteres Landwirtschaftsrecht enthalten die Gesetze über das landwirtschaftliche Pachtwesen von 1952 (Landpachtgesetz), das eine Anzeigepflicht für Landpachtverträge enthält, das Grundstücksverkehrsgesetz von 1962, das Maßnahmen zur Verbesserung der Agrarstruktur und zur Sicherung land- und forstwirtschaftlicher Betriebe vorsieht und das Gesetz über das gerichtliche Verfahren in Landwirtschaftssachen. Die Landwirtschaft ist in *Landwirtschaftskammern* berufsständisch organisiert.

D. Deneke, Die Funktion der Landwirtschaft in unserer Gesellschaft, Düsseldorf 1978.
O. Woehrmann, Das Landwirtschaftserbrecht, Hamburg 1977.

Bodennutzung 1977

24,7 Mill. ha Wirtschaftsfläche

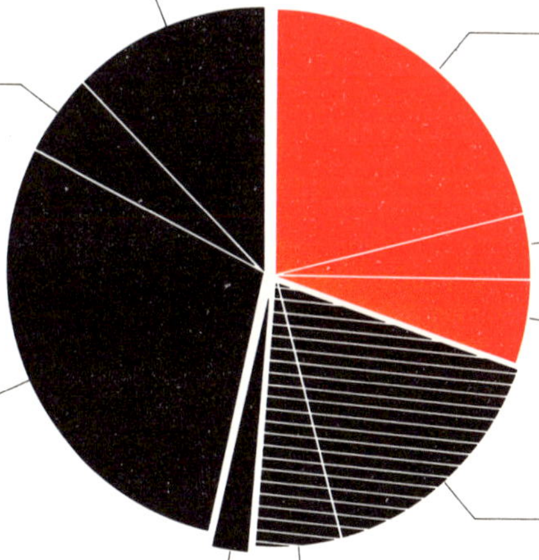

Statistisches Bundesamt 1978

Landwirtschaftliche Betriebe nach Größenklassen

Jahr Land	Landwirtschaftlich genutzte Fläche von ... bis unter ... ha									
	Insges.	0,5 – 2	2 – 5	5 – 10	10 – 15	15 – 20	20 – 30	30 – 50	50 – 100	100 u. m.
	Zahl der Betriebe									
1949	1938749	597721	553061	403699	171819	84436	72170	40251	12621	2971
1960	1617710	462828	387069	343017	188172	98298	79162	42853	13672	2639
1971	1161085	281643	225420	213417	146951	105822	108214	58478	17899	3241
1977	980854	236197	173372	165737	113262	86104	105889	72001	24160	4132
davon (1977):										
Schleswig-Holstein	37839	6202	3361	2644	2118	2472	5861	9190	4989	1002
Hamburg	2124	1190	337	167	119	60	102	100	40	9
Niedersachsen	149675	34131	20510	16649	13193	12193	20152	21621	9791	1435
Bremen	659	198	106	56	28	35	60	125	48	3
Nordrhein-Westfalen	123508	30183	20667	16851	12559	11113	16456	11684	3459	536
Hessen	80320	21457	17955	13370	8064	6409	8108	4028	727	202
Rheinland-Pfalz	81555	24280	17041	14590	8007	5610	6772	4215	944	96
Baden-Württemberg	186484	62601	37764	31963	19672	13099	13849	6065	1208	263
Bayern	309972	52096	54006	68495	48982	34733	33999	14401	2703	557
Saarland	8491	3742	1580	934	507	374	518	559	248	29
Berlin (West)	227	117	45	18	13	6	12	13	3	–

Statistisches Bundesamt 1978

Wein und Bier

Das Weinrecht der Bundesrepublik Deutschland wird durch das Deutsche Weingesetz und die im Rang höherstehenden Verordnungen der ↑Europäischen Gemeinschaft (S. 574) geregelt. Mit dem Jahrgang 1971 beginnend werden die deutschen Weine in drei Güteklassen aufgeteilt (Deutscher Tafelwein, Qualitätswein bestimmter Anbaugebiete und Qualitätswein mit Prädikat), von denen die beiden letzten durch Prüfungsbehörden kontrolliert werden. Zusätzlich festgelegt sind für jede Güteklasse alle auf dem Etikett zulässigen Herkunftsbezeichnungen. *Deutsche Tafelweine* müssen aus einem der fünf neuen Tafelweinbaugebiete Main, Neckar, Oberrhein, Rhein und Mosel stammen und zu 100% aus deutschen Weinen hergestellt sein. Die Angabe eines engeren Raumes (Untergebiet, Bereich, Gemeinde) auf dem Etikett ist zulässig, die Verwendung der Namen der elf deutschen Anbaugebiete und der Lagen ist verboten. Der Mindestalkoholgehalt für Tafelweine muß nach einer Norm der Europäischen Wirtschaftsgemeinschaft 8,5 Grad betragen. *Qualitätsweine bestimmter Anbaugebiete* (b. A.) dürfen grundsätzlich nur aus einem der elf bestimmten Anbaugebiete (bisherige traditionelle Weinbaugebiete) stammen. Darüber hinaus sind Namen von Gemeinden und Ortsteilen, Bereiche und Lagen (nur in Verbindung mit dem Gemeindenamen) zulässig, wobei jeweils 85% des Weines aus der namensgebenden Einheit stammen müssen. Weine dieser Güteklasse dürfen nur aus zugelassenen Rebsorten und von genehmigten Rebanlagen gewonnen werden. Der Mindestalkoholgehalt muß bei 9 Grad liegen. Außerdem müssen sie die Qualitätsprüfung bestanden haben, die aus drei Kontrollstufen besteht: der Leseprüfung (z. B. Spätleseanmeldepflicht), der Analysenprüfung (Chemisches Analysenzeugnis) und der Sinnenprüfung (Experten prüfen Farbe, Klarheit, Geruch und Geschmack, Güteklasseneinteilung). *Für Qualitätsweine mit Prädikat* ist die Herkunft noch enger begrenzt als für Qualitätsweine b.A. In dieser Güteklasse gibt es fünf Prädikate: Kabinett, Spätlese, Auslese, Beerenauslese, Trockenbeerenauslese. Die Bezeichnung Eiswein darf in Verbindung mit allen Prädikaten verwendet werden, wenn der Wein ausschließlich aus Trauben, die bei Lese und Kelterung gefroren waren, hergestellt ist. Das Mindestmostgewicht der Prädikatsweine liegt höher als bei den Qualitätsweinen und steigt bei den einzelnen Prädikatsstufen entsprechend (von 70° bis 150° Öchsle). Qualitätsweine mit Prädikat sind nicht angereichert, haben keine Restzuckerbegrenzung und müssen zu 85% aus dem angegebenen Bereich stammen.

Das Deutsche Weinrecht unterscheidet vier Weinarten: Weißwein, Rotwein, Roséwein bzw. Weißherbst (hellgekelterte Rotweintrauben) und Rotling bzw. Schillerwein (gemeinsame Kelterung von Rot- und Weißweintrauben).

Bier darf in der Bundesrepublik Deutschland nach § 9 des Biersteuergesetzes nur aus Malz (alles künstlich zum Keimen gebrachte und dann getrocknete Getreide wie Gerste, Roggen, Weizen und Hafer), Hopfen, Hefe und Wasser hergestellt werden (Reinheitsgebot – in Bayern bereits seit 1516). Für die anderen Mitgliedstaaten der Europäischen Gemeinschaft gilt das Reinheitsgebot nicht.

Das Biersteuergesetz unterscheidet *obergärige* und *untergärige* Biere. Für untergärige Biere gilt das absolute Reinheitsgebot, d. h. sie dürfen nur aus Gerstenmalz, Hopfen, Hefe und Wasser gebraut werden. Obergärige Biere unterliegen mit Ausnahme von Baden-Württemberg und Bayern nur dem bedingten Reinheitsgebot. Das Biersteuergesetz unterscheidet vier Biergattungen: Vollbier, Starkbier, Schankbier und Einfachbier. Unterscheidungsmerkmal der einzelnen Biergattungen ist der Stammwürzegehalt, d. h. der Anteil an gelösten Stoffen (Extrakt), die in der Würze (mit Wasser vermischtes und gekochtes Malz und Hopfen) vor der Gärung enthalten sind; der Alkoholgehalt beträgt ein Viertel bis ein Drittel des Stammwürzgehalts.

H. J. Koch, Weingesetze, Neustadt a. d. W. 1970.
W. Zipfel, Lebensmittelrecht, München (Loseblattausgabe).

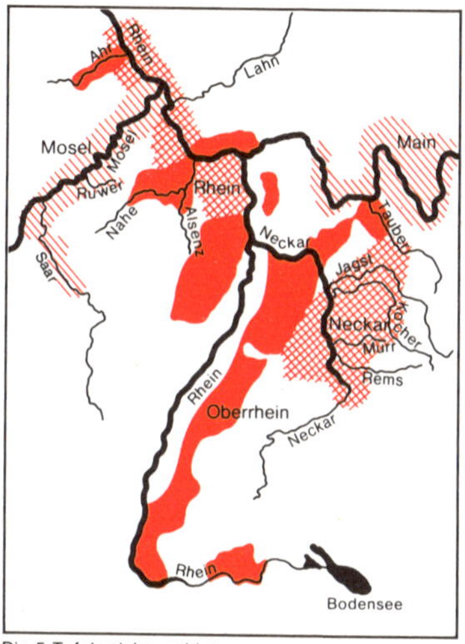

Die 5 Tafelweinbaugebiete

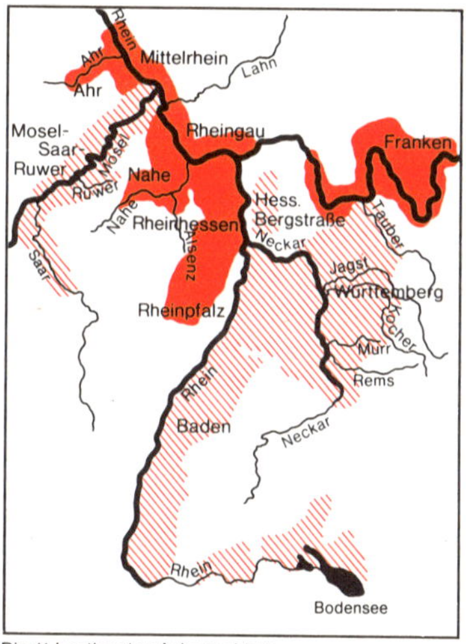

Die 11 bestimmten Anbaugebiete

Auf dem Etikett sind mit Ausnahme des gesetzlich Erlaubten oder Vorgeschriebenen alle zusätzlichen Angaben verboten. Beginnend mit dem Jahrgang 1971 tragen alle Qualitäts- und Prädikatsweine auf dem Etikett eine Amtliche Prüfungsnummer. Der Name des abfüllenden Betriebes muß angegeben werden. Wird die Betriebsbezeichnung „Weingut" oder der Begriff „Erzeugerabfüllung" verwendet, müssen die Weine zu 100 % aus der eigenen Produktion stammen und im Betrieb hergestellt sein. Bei Angaben zur Beschaffenheit des Weines sind die Kennzeichnungen „trocken" (höchstens 9 g unvergorener Zucker in einem Liter), „halbtrocken" (höchstens 18 g unvergorener Zucker in einem Liter) und „lieblich" (mehr als 18 g in einem Liter) erlaubt.
Außer dem Deutschen Weinsiegel, dem Badischen Gütezeichen, den Bundes- und Landesprämierungen ist die Verwendung von zusätzlichen qualitätsbezogenen Angaben untersagt.

Bestimmtes Anbaugebiet:
Rheinpfalz

Bereich A:
Mittelhaardt
Deutsche Weinstraße

Bereich B:
Südliche Weinstraße

Großlage I:
Mandelhöhe

Großlage II:
Schloß Ludwigs-
höhe

Einzellage 3:
Heiligenberg

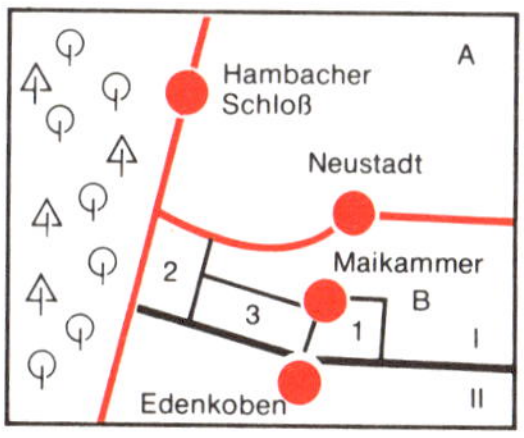

Energiewirtschaftsrecht

Die Energiewirtschaft umfaßt alle Entscheidungen, Tätigkeiten und Einrichtungen, die auf die Deckung des *Energiebedarfs* gerichtet sind. Energie wird in Form von Wärme, Licht, Antriebskraft als Konsumgut und als Produktionsmittel nachgefragt. In der Bundesrepublik Deutschland erhöhte sich der Primärenergieverbrauch von 196 Mill. t SKE 1957 auf 370 Mill. t SKE 1977. (1 t SKE ist eine traditionelle Maßeinheit für alle Energieträger, sie entspricht dem Heizwert einer Tonne Steinkohle; 1 t SKE $= 29{,}4 \cdot 10^9$ Joule = 29,4 Mill. Kilojoule (kJ).) Entsprechend dem Wirtschaftswachstum steigt auch weiterhin der Energiebedarf, wobei das Energieangebot knapper und teurer wird. Da der Energieversorgung für soziale Wohlfahrt und gesamtwirtschaftliche Entwicklung entscheidende Bedeutung zukommt, entsteht für den Staat die Notwendigkeit, im Bereich der Energiewirtschaft ordnend und vorsorgend tätig zu werden. Im Mittelpunkt des *Energiewirtschaftsrechtes* steht das Energiewirtschaftsgesetz (EnWG) v. 13. 12. 1935 (RGBl I 1451). Hauptanliegen des Gesetzes sind eine möglichst sichere, sowohl technisch unbedenkliche wie auch stets ausreichende, und eine möglichst preiswürdige Versorgung mit Elektrizität und Gas. Die *Energieversorgungsunternehmen* (EVU) haben alle Investitionen in Energieanlagen anzuzeigen (§ 4 EnWG). Erfordern es Gründe des Gemeinwohls, so können diese Vorhaben beanstandet und untersagt werden. Die EVU haben eine *Anschluß- und Versorgungspflicht* gegenüber jedermann gemäß §§ 6 und 7 EnWG. Erfüllt ein EVU seine Aufgaben nicht, so kann ihm der weitere Betrieb untersagt und ein geeignetes Unternehmen mit der Versorgungsaufgabe beauftragt werden (§§ 8, 9 EnWG). Bei dynamischem Energiebedarf, technisch bedingter Leitungsgebundenheit und dauernder Versorgungsbereitschaft ergibt sich eine Quasi-Monopolstellung der EVU, die eine öffentliche Preisbildung und Preisaufsicht erforderlich machen. Die Preisvorschriften finden sich in der Bundestarifordnung Elektrizität vom 14. 11. 1973 (BGBl I 1667) und der Bundestarifordnung Gas vom 26. 6. 1963 (BGBl I 442). Verstärkt wird die Marktposition der EVU durch wettbewerbsbeschränkende Demarkations- und Konzessionsverträge. In den Demarkationsverträgen verpflichten sich die beteiligten EVU, Energieversorgung nur in bestimmten Gebieten zu betreiben. In den Konzessionsverträgen stellen die Gebietskörperschaften die in ihrem Eigentum befindlichen Verkehrswege den EVU zum Leitungsbau zur Verfügung und schließen andere von diesem Rechte aus. Neben den Tarifpreisen werden alle übrigen Rechtsbeziehungen nach Allgemeinen Versorgungsbedingungen geregelt. Das Rechtsverhältnis ist privatrechtlicher Natur. Ein öffentlich-rechtliches Versorgungsverhältnis liegt bei Energieversorgung durch Gemeindebetriebe nach Satzung vor. Die Rechtsgrundlagen für die wirtschaftliche Nutzung der Kernenergie, die 1977 zur Stromversorgung 11 % beigetragen hat, sind im ↑Atomrecht (S. 352) zusammengefaßt.

Die Bundesregierung hat erstmals mit ihrem Energieprogramm 1973 eine Gesamtkonzeption für die Energieversorgung vorgelegt und in der Ersten Fortschreibung dieses Programms 1974 die Lehren aus der Ölkrise gezogen. Das Hauptanliegen der Zweiten Fortschreibung des Energieprogramms vom 14. 12. 1977 besteht darin, den Zuwachs der Energienachfrage zu verringern und das Energieangebot auszuweiten und zu sichern. Erreicht werden soll dies durch sparsame und rationelle Energieverwendung, Begrenzung des Mineralölanteils an der Energieversorgung, Stabilisierung der heimischen Kohleförderung und Ausweitung der Kernenergie sowie Forschungsförderung zur Entwicklung neuer Technologien, die sowohl der Wirtschaftlichkeit wie den Bedürfnissen des Umweltschutzes Rechnung tragen.

W. Obernolte/W. Danner, Energiewirtschaftsrecht, Kommentar begründet von E. Eiser/J. Riederer, München 1975ff.
V. Emmerich/R. Lukes (Hrsg.), Energiewirtschaft in der Gegenwart und im nächsten Jahrzehnt, Köln u. a. 1974.

Primärenergieverbrauch in der Bundesrepublik Deutschland

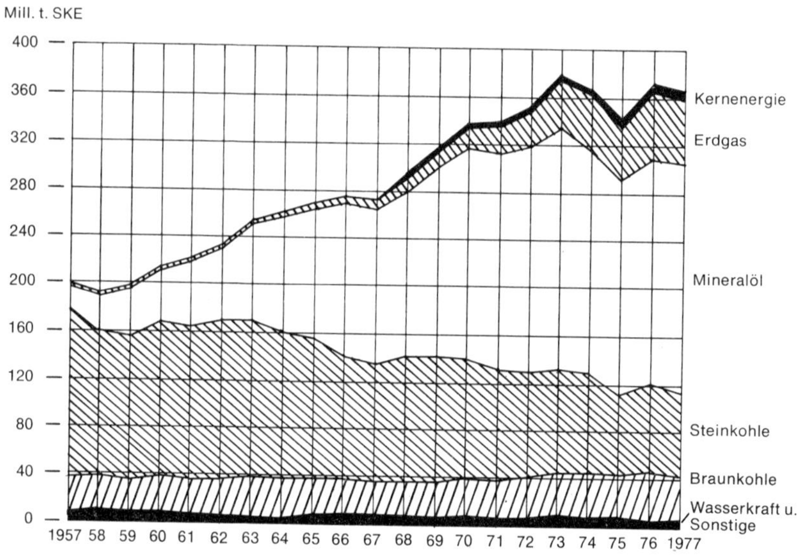

Bergrecht

Das Bergrecht umfaßt alle Regelungen für den Bergbau, d. h. das Aufsuchen und die Gewinnung mineralischer Bodenschätze. Die im Zuge der allgemeinen Liberalisierung von Handel und Gewerbe geschaffene Bergrechtsordnung besteht aus einer abschließenden gesetzlichen Begrenzung der dem Grundeigentümer entzogenen, dem Bergrecht unterstellten Mineralien (bergrechtliche Mineralien im Gegensatz zu den grundeigenen Mineralien) und aus der grundsätzlichen Einführung der sogenannten *Bergbaufreiheit*. Diese bedeutet, daß im Verhältnis zum Staat jedermann das Aufsuchen der sogenannten bergfreien Mineralien auf deren natürlichen Ablagerungen gestattet ist, vorbehaltlich der staatlichen Verleihung einer Bergberechtigung, auf die jedermann den gleichen Rechtsanspruch hat. Im Verhältnis zum Eigentümer eines Grundstücks mit bergrechtlichen Mineralien besagt die Bergbaufreiheit, daß die bergfreien Mineralien vom Verfügungsrecht des Grundeigentümers ausgeschlossen und die Aufsuchung sowie die Gewinnung derselben den besonderen Vorschriften des Bergrechts unterliegt. Insoweit erweist sich die Bergbaufreiheit als Belastung des Grundeigentums; der Grundeigentümer ist verpflichtet, Bergbau auf seinem Grundstück zu dulden. Das Recht zum Bergbau auf bergfreie Mineralien wird durch Verleihung des *Bergwerkseigentums* begründet. Dieses gewährt die ausschließliche Befugnis, das in der Verleihungsurkunde benannte Mineral aufzusuchen und zu gewinnen sowie alle hierzu erforderlichen Einrichtungen unter und über Tage zu treffen. Die Verleihung des Bergwerkseigentums erfolgt auf Antrag *(Mutung)* durch hoheitlichen Akt. Auf das verliehene Bergwerkseigentum finden die für Grundstücke geltenden Vorschriften des Bürgerlichen Gesetzbuchs Anwendung. Das Bergwerkseigentum ist damit einer Beleihung im Wege des Realkredits zugänglich und erleichtert auf diese Weise die Finanzierung des Bergbaus. Um Unternehmenskonzentrationen im Bergbau entgegenzuwirken und in die Rohstoffwirtschaft ordnungspolitisch einzugreifen, wurde ab 1907 in alle Berggesetze jedoch ein Staatsvorbehalt für bestimmte bergrechtliche Mineralien eingefügt und in der Folgezeit auf weitere Mineralien ausgedehnt (vorbehaltene Mineralien). Von diesem Monopol macht der Staat in der Regel nicht selbst wirtschaftend Gebrauch. Vielmehr werden insoweit Bergbaukonzessionen an private Unternehmen verliehen. Der bergrechtliche Staatsvorbehalt stellt sich als öffentlichrechtliches Verwaltungsmonopol dar (↑Öffentliche Unternehmen und Staatsmonopole S. 304). Neben dem ordnungspolitischen Lenkungszweck (Lenkungsmonopol) wird der bergrechtliche Staatsvorbehalt auch dazu verwendet, den Staat in Form einer Konzessionsabgabe (Förderzins) am wirtschaftlichen Ertrag der verliehenen Bergrechte zu beteiligen (Finanzmonopol). Das Bergwerkseigentum, die Bergbaukonzessionen und die davon abgeleiteten Bergberechtigungen sind mit einer Reihe von akzessorischen Rechten verbunden. Dazu gehört vor allem das Recht, vom Grundeigentümer bzw. Grundbesitzer die Benutzung des Grundstücks zu verlangen. Für die Grundstücksbenutzung hat der Bergberechtigte eine Nutzungsentschädigung zu entrichten; für den Wert der bergrechtlichen Bodenschätze erhält der Grundeigentümer aber keine Entschädigung. Bei Beschädigungen des Grundeigentums durch den Bergbau hat der Bergberechtigte Schadensersatz zu leisten (Ersatz des Bergschadens).

Das Bergrecht wird in absehbarer Zeit durch ein Bundesberggesetz einheitlich geregelt werden. Dabei wird es nur noch bergfreie Bodenschätze geben. Für deren Aufsuchung wird eine Erlaubnis, für deren Gewinnung eine Bewilligung oder die Verleihung des Bergwerkseigentums erforderlich sein.

H. Ebel/Weller, Allgemeines Berggesetz, 2. Aufl., Berlin 1963.
H. Miesbach/Engelhardt, Bergrecht, Berlin 1962.

Bergfreie und grundeigene Bodenschätze

nach einem Bundesberggesetz (Entwurf eines Bundesberggesetzes vom 9. 12. 1977, Bundestag-Drucksache 8/1315)

Bergfreie Bodenschätze

Actinium und die Actiniden, Aluminium, Antimon, Arsen, Beryllium, Blei, Bor, Caesium, Chrom, Eisen, Francium, Gallium, Germanium, Gold, Hafnium, Indium, Iridium, Kadminu, Kobalt, Kupfer, Lanthan und die Lanthaniden, Lithium, Mangan, Molybdän, Nickel, Niob, Osminum, Palladium, Phosphor, Platin, Polonium, Quecksilber, Radium, Rhenium, Rhodium, Rubidium, Ruthenium, Scandium, Schwefel, Selen, Silber, Strontium, Tantal, Tellur, Thallium, Titan, Vanadium, Wismut, Wolfram, Yttrium, Zink, Zinn, Zirkonium – gediegen und als Erz, außer in Raseneisen-, Alaun- und Vitriolerzen;
Kohlenwasserstoffe nebst den bei ihrer Gewinnung anfallenden Gasen;
Stein- und Braunkohle nebst den im Zusammenhang mit ihrer Gewinnung auftretenden Gasen; Graphit; Stein-, Kali-, Magnesia- und Borsalz nebst den mit diesen Salzen in der gleichen Lagerstätte auftretenden Salzen; Sole; Flußspat und Schwerspat; alle Bodenschätze im Bereich des Festlandsockels.

Kein Eigentum des Grundeigentümers

1. Recht zur Aufsuchung (Untersuchung, Schürfen): Erlaubnis
2. Recht zur Gewinnung:
   a) Bewilligung,
   b) Bergwerkseigentum (Anwendung des Grundstucksrechts)

Grundeigene Bodenschätze

Basaltava; Bauxit; Betonit und andere montmorillonitreiche Tone; Dachschiefer; Feldspat, Kaolin, Pegmatitsand; Glimmer; Kieselgur; Quarz und Quarzit, soweit sie sich zur Herstellung von feuerfesten Erzeugnissen oder Ferrosilizium eignen; Speckstein, Talkum; Ton, soweit er sich zur Herstellung von feuerfesten, säurefesten oder nicht als Ziegeleierzeugnisse anzusehenden keramischen Erzeugnissen oder zur Herstellung von Aluminium eignet; Traß;
alle anderen nicht aufgezählten und nicht bergfreien Bodenschätze, soweit sie untertägig aufgesucht oder gewonnen werden.

Eigentum des Grundeigentümers

1. Recht des Grundeigentümers zur Aufsuchung und Gewinnung.
2. Bei Mitgewinnung von bergfreien Bodenschätzen und bei Inanspruchnahme von Bergrechten gegenüber anderen Grundeigentümern:
   Erlaubnis, Bewilligung bzw. Bergwerkseigentum.

Atomrecht – Kernenergie

Bei der wirtschaftlichen Ausnutzung der Atomenergie steht die Verwendung der durch Kernspaltung in Atomreaktoren gewonnenen Wärme für die Erzeugung elektrischer Energie im Vordergrund. Einen erheblichen Anwendungsbereich hat die Kerntechnik auf wissenschaftlich-technologischen Gebieten (z. B. Strahlenchemie) sowie bei der medizinischen Diagnose und Therapie. Schließlich können sogar Atomexplosionen in kontrollierter Form für friedliche Zwecke dienstbar gemacht werden (z. B. zur Erschließung unterirdischer Rohstoffvorkommen). Im Zusammenhang mit diesen Anwendungstechniken entstanden neue Aufgaben des Staates zur Förderung der Kerntechnik für friedliche Zwecke (Förderungszweck) und zum Schutz der Allgemeinheit vor Schäden an Leben, Gesundheit und Eigentum (Sicherungszweck). Eine rechtliche Regelung dieser Aufgabe ist in der Bundesrepublik Deutschland durch das *Atomgesetz* und durch bundesrechtliche Ausführungsverordnungen hierzu (Strahlenschutzverordnungen, atomrechtliche Verfahrensverordnung, Deckungsvorsorge-Verordnung) geschaffen worden. Den Verwaltungsvollzug hat das Atomgesetz aufgrund der Ermächtigung des Art. 87c Grundgesetz (GG) grundsätzlich den Ländern im Auftrag des Bundes zugewiesen (↑Landesverwaltung S. 80). Soweit dem Bund einige spezielle Verwaltungskompetenzen vorbehalten sind, halten sich diese im Rahmen des Art. 87 GG (↑bundeseigene Verwaltung S. 78). Der für die Kernenergie zuständige Ressortminister wird von der *Deutschen Atomkommission* und der *Reaktorsicherheitskommission* sachverständig beraten.

Die Vorschriften des Atomgesetzes und seiner Ausführungsverordnungen sehen im wesentlichen Überwachungs- und Haftungsregelungen sowie Straf- und Bußgeldbestimmungen vor. Die *hoheitliche Überwachung* umfaßt eine generelle Staatsaufsicht sowie Genehmigungspflichten, z. B. für die Ein- und Ausfuhr sowie die Beförderung von Kernbrennstoffen. Kernbrennstoffe sind in staatlicher Verwahrung zu halten, für die die Physikalisch-Technische Bundesanstalt zuständig ist. Ausnahmen bestehen bei einer Aufbewahrungsgenehmigung dieser Anstalt, innerhalb einer genehmigten Atomanlage und einer sonstigen genehmigten Verwendung und für die berechtigte Beförderung. Zur Sicherung der staatlichen Verwahrung besteht vorbehaltlich der genehmigten Ausfuhr und Verwendung von Kernbrennstoffen eine Ablieferungspflicht. Die Herausgabe von Kernbrennstoffen aus der staatlichen Verwahrung ist nur zulässig an den Inhaber einer Aufbewahrungs- oder Verwendungsgenehmigung sowie für eine genehmigte Beförderung zum Zwecke der Ausfuhr. Die bedeutendste Überwachungsregelung ist die *Genehmigungspflicht für Atomanlagen*, vor allem für Reaktoren, d. h. Anlagen, in denen Kernbrennstoffe gespalten werden (z. B. im Rahmen von Kernkraftwerken). Die Anlagegenehmigung, die auch die immissionsschutzrechtliche Genehmigung umfaßt (↑Immissionsschutz S. 432), erfolgt in einem förmlichen Verfahren unter Beteiligung anderer Behörden mit öffentlicher Bekanntmachung und Auslegung sowie mit der Möglichkeit von Einwendungen. Landessammelstellen für die Zwischenlagerung radioaktiver Abfälle sowie Anlagen zur Sicherstellung und zur Endlagerung radioaktiver Abfälle bedürfen einer behördlichen Planfeststellung, mit der die Unbedenklichkeit dieser Anlagen unter allen sachlich einschlägigen öffentlich-rechtlichen Regelungen festgestellt wird. Die *Haftungsvorschriften* des Atomgesetzes und die damit zusammenhängenden versicherungsrechtlichen Bestimmungen stellen Privatrecht dar. Die Haftungsregelung folgt wegen des nicht überschaubaren Risikos der Kerntechnik den Grundsätzen der Gefährdungshaftung. Das bedeutet, daß eine Haftung auch dann eintritt, wenn den Schadensverursacher kein Verschulden trifft.

H. Fischerhof, Deutsches Atomgesetz und Strahlenschutzrecht, Baden-Baden 1962.
R. Breuer, Die Entwicklung des Atomrechts 1974–1976, in: Neue Juristische Wochenschrift 1977, S. 1121 ff.

Verfahren zur Genehmigung von Atomanlagen
nach dem Atomgesetz (§§ 7, 7a, 7b, 8) und der atomrechtlichen Verfahrensordnung
ebenso bei Teilgenehmigungen und Vorbescheiden über einzelne Fragen)

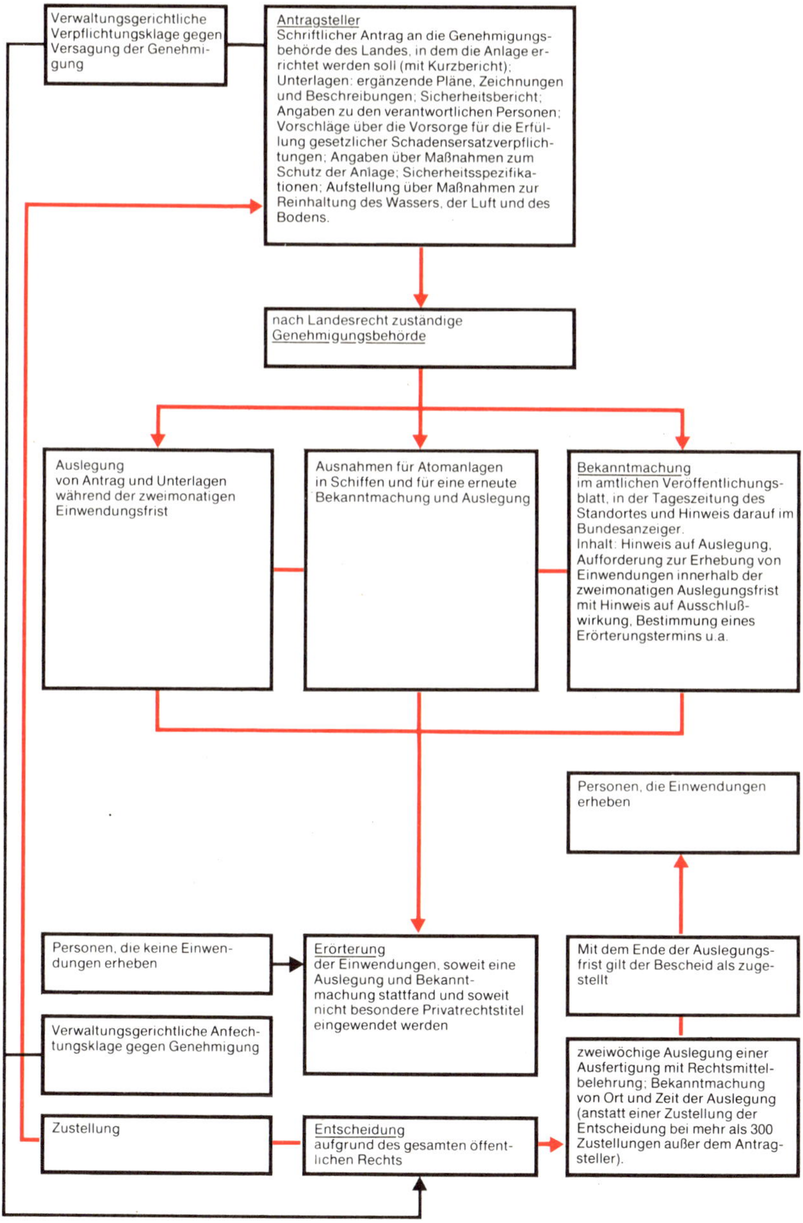

Deutsche Bundesbank – Währungspolitik

Die Deutsche Bundesbank ist die Zentralbank der Bundesrepublik und von Weisungen und Aufsichtsmaßnahmen der Bundesregierung unabhängig. Sie ist jedoch verpflichtet, mit der Regierung zusammenzuarbeiten, insbesondere „unter Wahrung ihrer Aufgabe die allgemeine Wirtschaftspolitik der Bundesregierung zu unterstützen" und sie „... in Angelegenheiten von wesentlicher währungspolitischer Bedeutung zu beraten ..." (§§ 12 und 13 des Gesetzes über die Deutsche Bundesbank-BBankG vom 26. Juli 1957). Die Bundesbank ist aus der Verschmelzung der „Bank deutscher Länder" mit den früher selbständigen Landeszentralbanken hervorgegangen, die als Hauptverwaltungen der Bundesbank in den einzelnen Ländern beibehalten wurden. Oberstes Organ der Bank ist der *Zentralbankrat* (ZBR), der die Währungs- und Kreditpolitik der Bank bestimmt; er besteht aus dem Direktorium und den Präsidenten der Landeszentralbanken. Zentrales Geschäftsführungsorgan ist das Direktorium, dem außer dem Präsidenten und dem Vizepräsidenten der Deutschen Bundesbank bis zu acht weitere Mitglieder angehören; ihm obliegt auch die Durchführung der Beschlüsse des ZBR. Die Entscheidungen der Bundesbank sind hoheitlich, die Ausführung der verschiedenen Beschlüsse und Maßnahmen erfolgt indessen zum großen Teil in Form privatrechtlicher Geschäfte.

Als „Bank des Staates" ist die Bundesbank Kassenhalter aller Bundesbehörden und Kreditgeber von Bund und Ländern. Als „Bank der Banken" ist sie die wichtigste Refinanzierungs-, Inkasso- und Clearingstelle der ↑Geschäftsbanken (S. 356), darf mit diesen grundsätzlich aber nicht in bankgeschäftlichen Wettbewerb treten. Sie ist vielmehr auf die typische Aufgabe einer Währungs- und Notenbank beschränkt, die in § 3 BBankG definiert ist: „Die Deutsche Bundesbank regelt mit Hilfe der währungspolitischen Befugnisse, die ihr nach diesem Gesetz zustehen, den Geldumlauf und die Kreditversorgung der Wirtschaft mit dem Ziel, die Währung zu sichern, und sorgt für die bankmäßige Abwicklung des Zahlungverkehrs im Inland und mit dem Ausland." – Zur Steuerung der Bargeldmenge hat die Bundesbank das ausschließliche Recht, Banknoten auszugeben, die das einzige unbeschränkte gesetzliche Zahlungsmittel sind; das beim Staat verbliebene Münzregal ist von geringer Bedeutung, da Stückelung und Zahl der Münzen gesetzlich bestimmt sind.

Die währungspolitischen Befugnisse, die zur Kontrolle des gesamten Geldumlaufs einschließlich des Buchgeldes (etwa doppelt so groß wie das Bargeldvolumen) eingesetzt werden können, umfassen die Diskont-, Kredit- und Offenmarktpolitik, die Mindestreserve- und Einlagenpolitik. Klassisches Zentralbankmittel ist die *Diskontpolitik*, d. h. die Festsetzung und Änderung der Zinssätze für den *Rediskontkredit* (Ankauf bundesbankfähiger Wechselforderungen von den Banken) und den *Lombardkredit* (Kredite an Banken); zusätzlich kann die Bundesbank Rediskontkontingente festsetzen. Durch die *Offenmarktpolitik* wirkt sie auf die Bankenliquidität und das Geldvolumen ein, indem sie am offenen Geldmarkt bestimmte Geldpapiere an- oder verkauft. Die Liquidität der Banken wird unmittelbar durch ihre Verpflichtung zur Unterhaltung von *Mindestreserven* bei der Bundesbank betroffen, d. h. die Geschäftsbanken müssen Teile ihrer Verpflichtungen aus Einlagen und anderen Geldern als zinslose Guthaben bei der Bundesbank unterhalten, die die jeweiligen Prozentsätze je nach Liquiditätslage der Banken ändern kann (z. B. bis zu 30% bei Sicht- und bis zu 10% bei Spareinlagen). In ähnlicher Weise können Unternehmen und Personen, die Kredite im Ausland aufnehmen, gezwungen werden, einen von der Bundesbank bestimmten Prozentsatz *(Bardepotsatz)* zinslos zu hinterlegen. – Unter *Einlagenpolitik* wird die grundsätzliche Verpflichtung aller öffentlichen Haushalte (Bund, Länder, Sondervermögen) verstanden, ihre flüssigen Finanzmittel zinslos bei der Bundesbank zu unterhalten (sog. Einlagenzwang).

O. Veit, Grundriß der Währungspolitik, 3. Aufl., Frankfurt a. M. 1969.
v. Spindler/Becker/Starke, Die Deutsche Bundesbank, 4. Aufl., Stuttgart 1973.

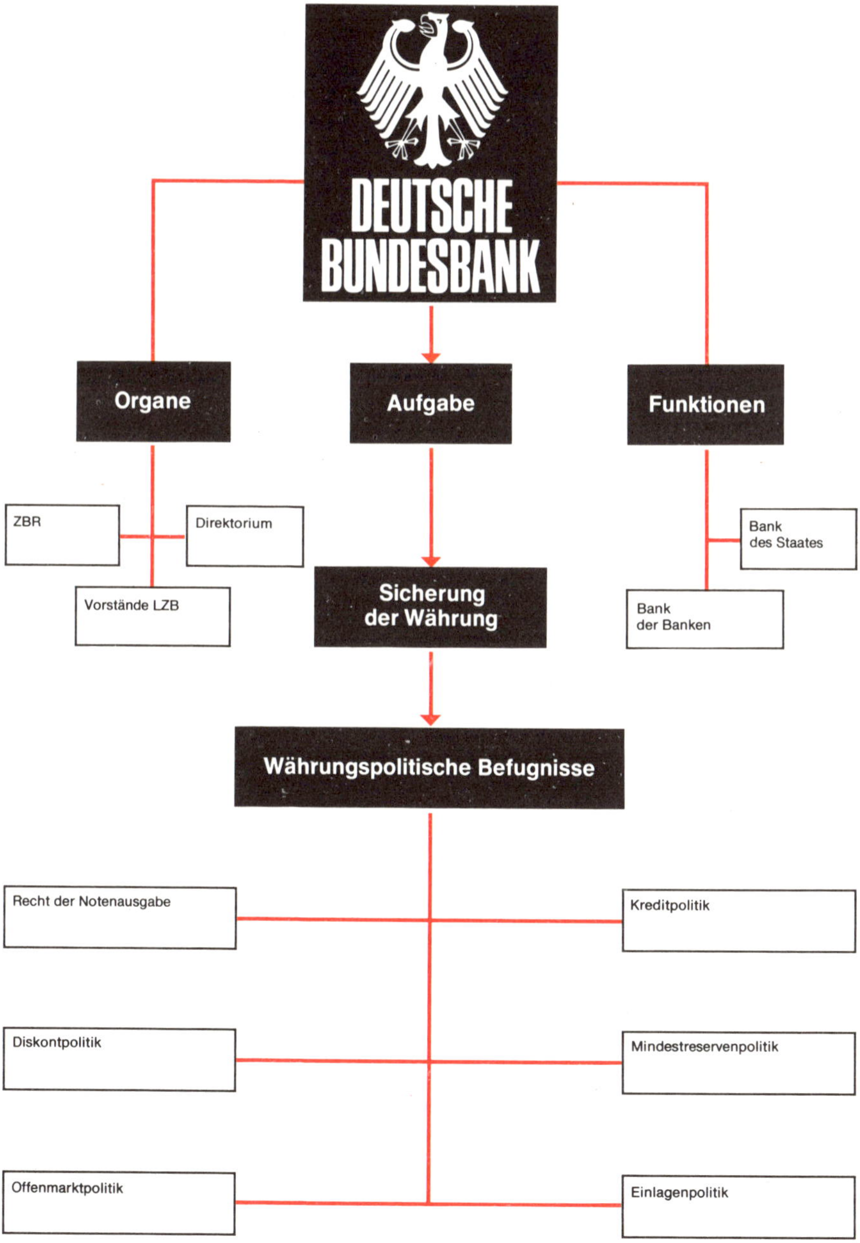
DEUTSCHE
BUNDESBANK
Organe
Aufgabe
Funktionen
ZBR
Direktorium
Vorstände LZB
Sicherung
der Währung
Bank
des Staates
Bank
der Banken
Währungspolitische Befugnisse
Recht der Notenausgabe
Kreditpolitik
Diskontpolitik
Mindestreservenpolitik
Offenmarktpolitik
Einlagenpolitik

Banken, Kreditinstitute und Sparkassen

Die Begriffe Bank und Kreditinstitut werden heute vielfach als gleichbedeutend verstanden. Andererseits werden die Banken den Sparkassen, die den Spargedanken betonen, unter dem Oberbegriff Kreditinstitut gegenübergestellt. Eine Legaldefinition enthält § 1 des Gesetzes über das Kreditwesen vom 10. Juli 1961 in der Neufassung vom 3. Mai 1976 (KWG), wonach Kreditinstitute solche Unternehmen sind, „die Bankgeschäfte betreiben, wenn der Umfang dieser Geschäfte einen in kaufmännischer Weise eingerichteten Geschäftsbetrieb erfordert". Unter *Bankgeschäften* werden nach betriebswirtschaftlicher Auffassung Kreditgeschäfte und Dienstleistungen verstanden. Kreditgeschäfte kann eine Bank durchführen, indem sie entweder kurzfristige Kredite wie Kontokorrent- und Wechseldiskontkredite und langfristige Darlehen wie Hypothekar- und Kommunalkredite gewährt (Aktivgeschäfte) oder selbst als Kreditnehmer fungiert, z. B. Einlagen annimmt und Anleihen emittiert (Passivgeschäfte). Zu den Dienstleistungen gehören außer dem Zahlungsverkehr (z. B. Scheck- und Überweisungsgeschäft, Devisengeschäft) und dem Effektengeschäft (mit Depot-, Emissions- und Investmentgeschäft) auch Banktätigkeiten wie Vermögensverwaltung und Anlageberatung.

Die deutschen *Geschäftsbanken* (in Unterscheidung zur ↑Deutschen Bundesbank (S. 354), die gesamtwirtschaftliche Aufgaben erfüllt) werden nach Zahl und Umfang der von ihnen betriebenen Geschäfte in Universal- und Spezialbanken unterschieden, nach der Organisationsform kann man die privat- und die öffentlich-rechtlichen Institute einander gegenüberstellen. Die wichtigsten Bankengruppen – Privatbanken, Volksbanken und Sparkassen – betreiben heute alle bankmäßigen Geschäfte, obwohl sie aus der Zeit ihrer Entstehung im 19. Jh. unterschiedliche Schwerpunkte haben. So bevorzugen die großen Aktienbanken (Deutsche Bank, Dresdner Bank, Commerzbank) das kurzfristige Kreditgeschäft, das Effekten- und das Auslandsgeschäft. Die zahlreichen Volksbanken, die zur Unterstützung der kleineren landwirtschaftlichen und gewerblichen Betriebe gegründet wurden (von Schulze-Delitzsch, Raiffeisen u. a.) gewähren eine Vielzahl kleinerer Kredite und Darlehen an ihre Genossen, und die Sparkassen verfügen über einen traditionell hohen Anteil am gesamten Sparaufkommen. Diese Institute sind mit stetig vermehrten Zweigstellen im gesamten Bundesgebiet vertreten, im Gegensatz zu verschiedenen Lokal- und Regionalbanken. Der Tätigkeitsbereich der einzelnen Sparkassen, die „zum Nutzen geringer, fleißiger Personen ..." ganz überwiegend mit Hilfe landesrechtlicher Gesetzgebung gegründet wurden, ist zwar mit Rücksicht auf die öffentlichen Gewährsträger (Kommunen, Landkreise) auch örtlich eingeschränkt (sog. Regionalprinzip), mit den von ihnen (bzw. den Sparkassenverbänden, teilweise gemeinsam mit den Ländern) getragenen Girozentralen stellen sie indessen eine geschlossene Organisation dar. Die Landesbanken-Girozentralen sind neben den drei Großbanken zu den kapitalkräftigsten Großinstituten in Deutschland aufgestiegen. – Typische Spezialinstitute sind neben Teilzahlungsinstituten und Investmentgesellschaften die Realkreditinstitute (Hypothekenbanken, Pfandbriefanstalten), die in privater und öffentlicher Rechtsform vertreten sind.

Alle Kreditinstitute (mit Ausnahme der Bausparkassen, Versicherungen u. a. im Gesetz genannter Institute) unterliegen den Bestimmungen des KWG, in dem insbes. die staatliche Bankenaufsicht geregelt ist. Das *Bundesaufsichtsamt für das Kreditwesen* in Berlin überwacht die Einhaltung angemessener Kapital- und Liquiditätsverhältnisse bei den Banken; den Instituten sind zahlreiche Melde-, Berichts- und Auskunftspflichten auferlegt.

K. F. Hagenmüller, Der Bankbetrieb, Bd. I Strukturlehre, 4. Aufl., Wiesbaden 1976.
Müller/Löffelholz, Banklexikon, 6. Aufl., Wiesbaden 1969.

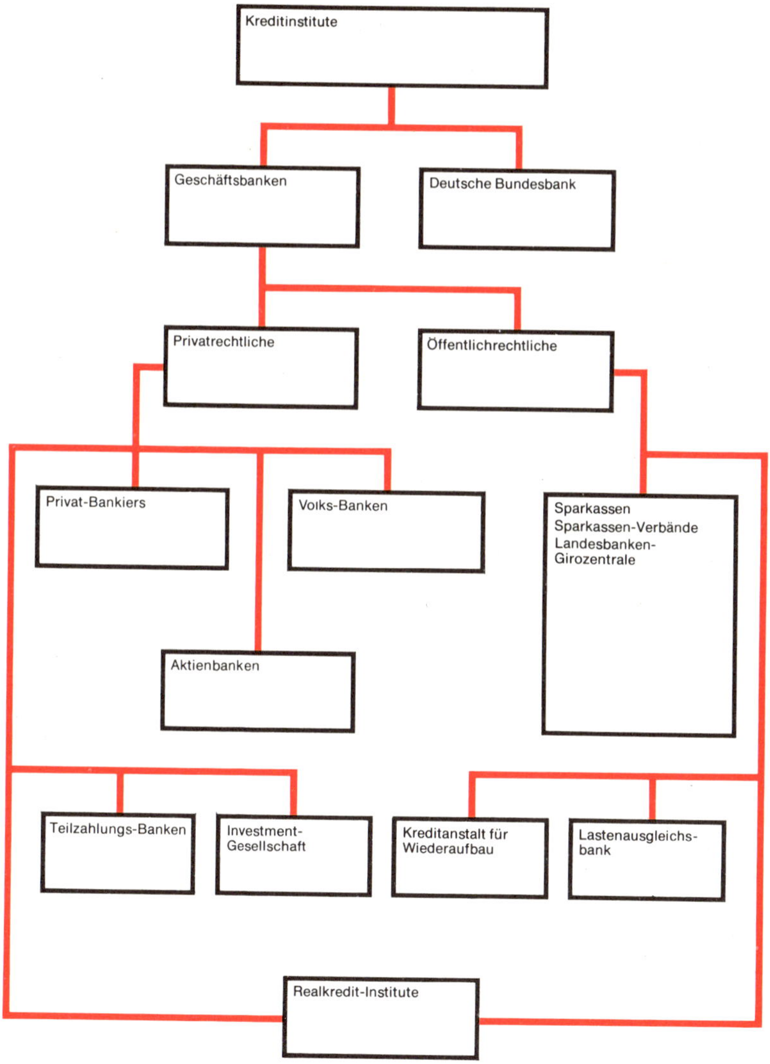
Kreditinstitute
Geschäftsbanken
Deutsche Bundesbank
Privatrechtliche
Öffentlichrechtliche
Privat-Bankiers
Volks-Banken
Sparkassen
Sparkassen-Verbände
Landesbanken-
Girozentrale
Aktienbanken
Teilzahlungs-Banken
Investment-
Gesellschaft
Kreditanstalt für
Wiederaufbau
Lastenausgleichs-
bank
Realkredit-Institute

Zahlungsmittel und Devisen

Zahlungsmittel sind die Mittel des Zahlungsverkehrs, d. h. der Gesamtheit aller Zahlungsvorgänge in einer Volkswirtschaft, durch die empfangene Leistungen (Waren oder Dienste) ausgeglichen werden. Devisen (im weiteren Sinne) sind alle ausländischen Zahlungsmittel.

Es sind drei Arten von Zahlungsmittel zu unterscheiden: Bargeld, Buchgeld und Geldersatzmittel (Geldsurrogate). *Bargeld* besteht aus Münzgeld (auch Hartgeld genannt) und Papiergeld. Das Geld- und Münzwesen unterliegt der ausschließlichen ↑Gesetzgebungszuständigkeit (S. 76) des Bundes. Die von der Bundesrepublik Deutschland ausgegebenen *Scheidemünzen* (Bundesmünzen) und die von der ↑Deutschen Bundesbank (S. 354) ausgegebenen *Banknoten* sind gesetzliche Zahlungsmittel. Die zur Zeit im Umlauf befindlichen Banknoten lauten auf Beträge von 5, 10, 20, 50, 100, 500 und 1 000 Deutsche Mark. Bundesmünzen werden über 1, 2, 5, 10 und 50 Deutsche Pfennige (Pf) sowie über 1, 2 und 5 Deutsche Mark (DM) ausgeprägt. Am 15. 4. 1978 war Bargeld im Betrag von 71,9 Mrd. DM im Umlauf (Dezember 1967: 33,8 Mrd. DM), davon 65,7 Mrd. in Banknoten und 6,2 Mrd. in Scheidemünzen. Bundesmünzen, zu denen auch die Gedenkmünzen (Nennwert: 5.– DM) und die Olympiamünzen (Nennwert: 10.– DM) der Bundesrepublik Deutschland zählen, sind lediglich beschränkte gesetzliche Zahlungsmittel. Außer den Bundes- und Landeskassen, zu denen auch die Kassen der Deutschen Bundespost zählen, ist niemand verpflichtet, auf Deutsche Mark lautende Münzen im Betrag von mehr als 20.– DM und auf Pfennig lautende Münzen im Betrag von mehr als 5.– DM in Zahlung zu nehmen. *Buchgeld* (Giralgeld) sind fällige Guthaben – auch eingeräumte Kredite – bei Kreditinstituten, Postscheckämtern, Landeszentralbanken und bei der Deutschen Bundesbank, über die durch Scheckziehung, Überweisungsauftrag oder Barabhebung verfügt werden kann. Unter *Geldersatzmittel* (Geldsurrogaten) werden Zahlungsmittel, bei denen im Gegensatz zu den gesetzlichen Zahlungsmitteln kein gesetzlicher Annahmezwang seitens des Gläubigers besteht, oder Zahlungsmittel, die nur gelegentlich der Abwicklung des Zahlungsverkehrs dienen, verstanden. Auch nicht stoffliche Zahlungsmittel rechnet man ihnen zu. Als Geldersatzmittel können der Wechsel, der Bank- und Postscheck sowie die kaufmännische Anweisung verwendet werden.

Devisen sind Forderungen gegenüber dem Ausland, die in ausländischer Währung an einem ausländischen Platz zu erfüllen sind. Als Devisen im engeren Sinne gelten insoweit Guthaben bei ausländischen Kreditinstituten (Auszahlungen) sowie im Ausland zahlbare Wechsel, Schecks und telegrafische Zahlungsanweisungen, die auf eine ausländische Währung lauten. Devisen dienen vor allem der Durchführung des Zahlungsverkehrs im Handel mit dem Ausland. Darüber hinaus sind sie Gegenstand des Devisenhandels zwischen den in- und ausländischen Banken. Devisen in bestimmten Währungen werden auch an den Devisenbörsen (↑Börsen S. 360) in Frankfurt, Berlin, Düsseldorf, Hamburg und München gehandelt, die amtliche Devisenkurse notieren. Die Deutsche Bundesbank nimmt mit Hilfe ihrer Devisenpolitik auf den Devisenhandel Einfluß. Ihre Netto-Währungsreserven, die neben Devisen auch Gold umfassen, betrugen am 15. 4. 1978 85,2 Mrd. DM (31. 12. 1967: 33,3 Mrd. DM). Ausländische Münzen und Banknoten werden dagegen als *Sorten* bezeichnet und sind nur Devisen im weiteren Sinne; den Handel mit ihnen bezeichnet man als Sortenhandel.

G. Obst/O. Hintner, Geld-, Bank- und Börsenwesen, 36. Aufl., Stuttgart 1967.

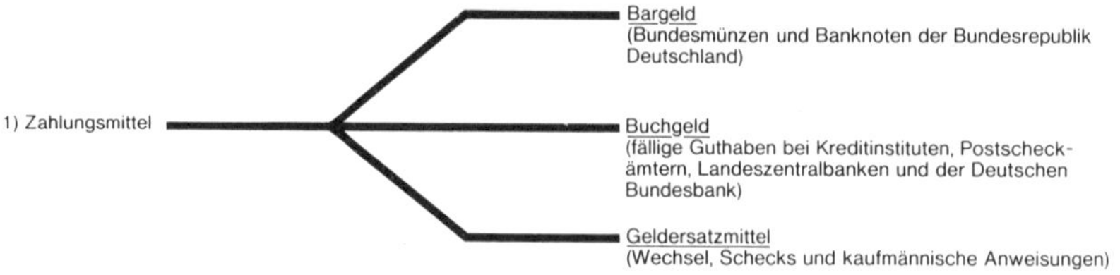

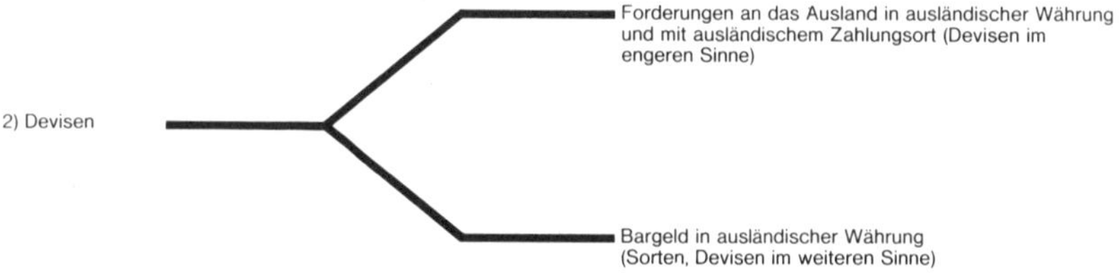

3) Devisen- und Sortenkurse:

Devisen und Noten

20.12.78	Frankfurter Devisen Geld	Brief	Wechs. Ankfs.-Kurs[5])	Noten-verk.* (DM)	Zürich Noten-verk.
New York[3])	1.8303	1.8883	1.7968	1.90	1.695
London[1])	3.686	3.700	3.607	3.82	3.35
Montreal[3])	1.5455	1.5535	1.5222	1.61	1.40
Amsterd.	92.17	92.39	90.98	93.25	82.50
Zürich	112.05	112.25	112.15	114.00	—
Brüssel	6.314	6.334	6.239	6.31	5.53
Paris	43.60	43.76	43.18	44.75	39.10
Kopenh.	35.64	35.76	34.75	36.75	32.00
Oslo	36.39	36.51	35.80	37.75	33.00
Stockh.	42.48	42.64	41.73	43.50	38.20
Mailand[2])	2.208	2.218	2.154	2.32	2.0025
Wien	13.626	13.666	13.526	13.82	12.20
Lissabon	4.020	4.040	3.690	4.75	3.70
Madrid	2.611	2.621	2.521	2.62	2.33
Tokio	0.9475	0.9505	—	—	—
Helsinki	46.39	46.59	—	47.75	41.90
Buen. Air.	—	—	—	—	0.195
Rio[4])	—	—	—	—	0.075
Athen	—	—	—	4.90	—
Frankf.	—	—	—	—	89.20

Alles in Hundert; [1]) 1 Pfund; [2]) 1000 Lire; [3]) 1 Dollar; [4]) 1 Cruzeiro; [5]) Kurse für Tratten 60 bis 90 Tage; *nicht amtlich notiert.

Euro-Geldmarkt Sätze unter Banken

20.12.78	DM	sfr	US-Dollar
1 Monat	3⅝—3⅞	-⅛—⅛	10⅝—10⅞
2 Monate	3½—3⅞	-⅛—⅛	11⅛—11⅜
3 Monate	3½—3⅞	0—⅜	11⅝—12⅛
6 Monate	3⅝—4	¼—⅝	12⅛—12⅜
1 Jahr	3¾—4⅛	⅞—1⅛	11⅞—12⅛
	Pfund Sterling	**Holl. Gulden**	**FF**
1 Monat	12⅜—12⅝	9⅞—10⅛	7⅞—8⅛
2 Monate	12⅞—13⅛	9⅞—10⅛	8⅛—8⅜
3 Monate	13¼—13½	9½—9¾	8¼—8¾
6 Monate	13⅜—13¾	9 —9⅛	8¾—9⅛
1 Jahr	13⅜—13⅝	8¼—8½	9¾—10⅛

Mitgeteilt von der Compagnie Luxembourgoise de la Dresdner Bank AG – Dresdner Bank International

Börsen – Wertpapiere

Als Börse wird ein regelmäßig stattfindender Markt zwischen Kaufleuten für vertretbare Güter bezeichnet. An der Börse werden nach Angebot und Nachfrage die Börsenkurse für Wertpapiere *(Effektenbörse)*, Geld *(Devisenbörse)* oder Waren *(Produktenbörse)* bestimmt. An den Produktenbörsen (z. B. Duisburg, Mannheim, Würzburg, Baumwollbörse in Bremen) werden beispielsweise Erze, Getreide, Rohzucker gehandelt. Effektenbörsen, denen zumeist die Devisenbörsen angeschlossen sind, gibt es in Berlin, Bremen, Düsseldorf, Frankfurt am Main, Hamburg, Hannover, München und Stuttgart. Rechtsgrundlagen für das Börsenwesen sind das zuletzt im Jahre 1975 novellierte Börsengesetz von 1896 sowie die Börsenordnungen. Die Errichtung einer Börse bedarf der Genehmigung der Landesregierung, die auch neben dem von ihr bestellten Staatskommissar die Aufsicht über die Börse ausübt. Die Leitung der Börse obliegt dem *Börsenvorstand*. Dieser erläßt die Börsenordnung, die Bestimmungen über den Geschäftszweig und die Organisation der Börse sowie über Veröffentlichung der Preise und Kurse enthalten muß. Daneben obliegt es dem Börsenvorstand u. a., die Berechtigung zur Teilnahme am Börsenhandel auszusprechen und für die Ordnung an der Börse zu sorgen. Kursmakler, die von der Landesregierung bestellt und entlassen werden, haben die Aufgabe, an der Feststellung des Börsenpreises von Waren und Wertpapieren mitzuwirken. Sie sind Vollkaufleute und haben ihre Firma im Handelsregister eintragen zu lassen und Handelsbücher zu führen. Für Wertpapiere, in denen die Zahlung einer bestimmten Geldsumme versprochen wird, wird der Börsenkurs in Prozenten des Nennbetrages, für andere Wertpapiere in DM je Stück amtlich festgestellt. Bei Aktien erfolgt die Notierung überwiegend für einen Nennbetrag von DM 50,–. Bei Aufträgen kann dem Makler eine Kursbegrenzung angegeben werden (Kurslimit); unlimitiert sind „bestens"- oder „billigst"-Aufträge. Nach der Gegenüberstellung von Kauf- und Verkaufsaufträgen der einzelnen Wertpapiere wird durch die Kursmakler ein Kurs festgelegt, der eine möglichst große Zahl von Aufträgen zur Erledigung kommen läßt. Die Zulassung von Wertpapieren zum Börsenhandel erfolgt an jeder Börse durch eine Kommission (Zulassungsstelle). Vor der Einführung an der Börse ist ein Prospekt zu veröffentlichen, der die für die Beurteilung der einzuführenden Wertpapiere wesentlichen Angaben enthält.

Wertpapiere erfüllen in einer marktwirtschaftlich orientierten Wirtschaftsverfassung wichtige Funktionen bei der Kapitalbeschaffung und -anlage, im Zahlungs- und Kreditverkehr sowie beim Güterumlauf. Rechtlich werden die Wertpapiere in erster Linie danach eingeteilt, (1) wie der Berechtigte des verbrieften Rechts bestimmt wird und (2) welcher Art das im Papier verkörperte Recht ist. (1): Hier unterscheidet man zwischen Inhaber-, Rekta- und Orderpapieren. *Inhaberpapiere* weisen den Inhaber der Urkunde als legitimiert aus, das verbriefte Recht geltend zu machen. Dieses wird durch Übereignung der Urkunde auf einen Dritten übertragen. *Rektapapiere* sind Wertpapiere, die auf den Namen einer bestimmten Person lauten. Diese oder ihr Rechtsnachfolger sind zur Geltendmachung des in der Urkunde verbrieften Rechts befugt, das durch Abtretung übertragen wird. *Orderpapiere* bezeichnen als Berechtigten eine namentlich bestimmte Person oder deren Order, d. h. eine von ihr angegebene andere Person. Die Übertragung des verbrieften Rechts kann durch einen besonderen wertpapierrechtlichen Vermerk auf dem Papier, das sog. *Indossament*, verbunden mit der Übereignung der Urkunde, erfolgen. (2): Nach der Art des verbrieften Rechts wird zwischen mitgliedschaftlichen, sachenrechtlichen und schuldrechtlichen Wertpapieren unterschieden. Mitgliedschaftspapiere verbriefen die Mitgliedschaft in einem Personenverband. Sachenrechtliche Wertpapiere machen den Berechtigten zum Inhaber eines dinglichen Rechts. Schuldrechtliche Wertpapiere verbriefen dem Berechtigten ein Forderungsrecht oder eine Leistungsermächtigung.

R. Mindner, Das kleine Börsen-Lexikon, 14. Aufl., Darmstadt 1978.
A. Hueck/C.-W. Canaris, Recht der Wertpapiere, 11. Aufl., München 1977.

Einteilung der Wertpapiere

1. nach der Art der Bestimmung des Berechtigten:

Inhaberpapiere	Rektapapiere	Orderpapiere
Inhaberschuldverschreibung, Inhaberaktie, Inhaberscheck (Überbringerscheck), Inhabergrund- und -rentenschuldbrief, Inhaberanteilschein von Kapitalanlagegesellschaften	Hypothekenbrief, bürgerlich-rechtliche Anweisung, Rektawechsel, Rektascheck, Rektakonnossement, Rektaladeschein, Sparkassenbuch, Grund- und Rentenschuldbrief, Kuxschein	a) „geborene" Orderpapiere: Wechsel, Namensaktie, Namensscheck, Namensanteilschein von Kapitalanlagegesellschaften. b) „gekorene" Orderpapiere: die kaufmännischen Papiere des § 363 Handelsgesetzbuch, sofern sie mit einer „Orderklausel" versehen sind

2. nach der Art des verbrieften Rechts:

Mitgliedschaftliche Papiere	Sachenrechtliche Papiere	Schuldrechtliche Papiere
Aktie, Kuxschein	Hypotheken-, Grund- und Rentenschuldbrief Bodmereibrief	Schuldverschreibung auf den Inhaber, Anweisung

Globalsteuerung

Das Grundgesetz (GG) gewährleistet trotz seiner wirtschaftspolitischen Neutralität (↑Wirtschaftsverfassung S. 310) die Voraussetzungen einer freien Wirtschaft durch die grundrechtliche Verbürgung der Privatautonomie (↑Persönlichkeitsrecht S. 124), von ↑Eigentum (S. 146) und ↑Erbrecht (S. 206) sowie der ↑Berufs- und Gewerbefreiheit (S. 146). Veranlaßt durch eine konjunkturelle Überspannung im Jahre 1965, eine außenwirtschaftliche Inflationsbewegung („importierte Inflation") und ein Restriktionsprogramm im Bereich der ↑Europäischen Gemeinschaften (S. 574) entstand jedoch die Notwendigkeit wirtschaftspolitischer Interventionen des Staates zur Herstellung des gesamtwirtschaftlichen Gleichgewichts. Zu diesem Zweck erfolgte 1967 eine Änderung des GG, die Bund und Länder verpflichtet, bei ihrer Haushaltwirtschaft den Erfordernissen des gesamtwirtschaftlichen Gleichgewichts Rechnung zu tragen und zugleich den Bund ermächtigt, durch Bundesgesetz gemeinsam geltende Grundsätze für das Haushaltsrecht, für eine konjunkturgerechte Haushaltswirtschaft (↑Konjunkturpolitik S. 364) und für eine mehrjährige Finanzplanung aufzustellen sowie weitere Vorschriften zur Abwehr einer Störung des gesamtwirtschaftlichen Gleichgewichts zu erlassen (Art. 109 Abs. 2 bis 4 GG). Gleichzeitig erging das Gesetz zur Förderung der Stabilität und des Wachstums der Wirtschaft (StWG). Danach haben Bund und Länder ihre wirtschafts- und finanzpolitischen Maßnahmen so zu treffen, daß diese im Rahmen der marktwirtschaftlichen Ordnung gleichzeitig zur *Stabilität des Preisniveaus*, zu einem *hohen Beschäftigungsgrad* und *außenwirtschaftlichen Gleichgewicht* bei stetigem und angemessenem *Wirtschaftswachstum* beitragen (§ StWG). Eine auf diese Ziele festgelegte staatliche Wirtschafts- und Finanzpolitik wird gemeinhin mit dem Begriff der Globalsteuerung bezeichnet. Man kann insofern davon sprechen, daß das GG durch die Verpflichtung des Staates zu einem finanz- und geldpolitischen Interventionismus im Rahmen marktwirtschaftlicher Ordnung eine *partielle Wirtschaftsverfassung* geschaffen hat.

Eine der wesentlichsten staatsrechtlichen Folgen der Globalsteuerung ist die Inkorporation der öffentlichen Haushalte in die Gesamtwirtschaft. Der ↑Haushaltsplan (S. 296) war vordem entsprechend seiner kameralistischen Entstehung darauf beschränkt, den zur Erfüllung der Staatsaufgaben notwendigen Finanzbedarf festzustellen und zu decken. Seine Aufstellung und Ausführung hat nunmehr zugleich den Erfordernissen des gesamtwirtschaftlichen Gleichgewichts Rechnung zu tragen (§ 2 Satz 3 Haushaltsgrundsätzegesetz). Diese *gesamtwirtschaftliche Funktionalisierung der öffentlichen Haushalte* bedeutet, daß der Staat mit Rücksicht auf die globale Wirtschaftslenkung auch zu Kürzungen gedeckter Haushaltspläne und damit zur Beschränkung oder Veränderung seiner Staatsaufgaben verpflichtet sein kann.

Zur Verwirklichung der gesamtwirtschaftlichen Aufgabe bestehen vor allem Verpflichtungen und Befugnisse nach dem StWG und dem Haushaltsgrundsätzegesetz. Dazu gehören als *Koordinierungs- und Planungsmaßnahmen* die Jahreswirtschaftsberichte der Bundesregierung, die Aufstellung von Orientierungsdaten durch die Bundesregierung für ein gleichzeitiges, aufeinander abgestimmtes Verhalten der Gebietskörperschaften, Gewerkschaften und Unternehmensverbände (konzertierte Aktion), eine fünfjährige Finanzplanung (↑mittelfristige Finanzplanung S. 302) von Bund und Ländern, die Aufstellung eines Kreditzeitplans und eine Investitionsvorratsplanung zum kurzfristigen Einsatz von Investitionsmitteln. Als *Eingriffsmaßnahmen* stehen Änderungen der Einkommen-, Körperschaft- und Gewerbesteuer zur antizyklischen Beeinflussung der Gesamtwirtschaft sowie Maßnahmen der Verschuldungs- und Rücklagenpolitik (z. B. zusätzliche Kreditaufnahmen, Konjunkturausgleichsrücklagen, Kreditlimitierungen) zur Verfügung.

P. Badura, Wirtschaftsverfassung und Wirtschaftsverwaltung, Frankfurt u. a. 1971.
K. Stern/P. Münch/K. H. Hansmeyer, Gesetz zur Förderung der Stabilität und des Wachstums der Wirtschaft, 2. Aufl., Stuttgart u. a. 1972.

Die zur globalen Wirtschaftssteuerung nach dem Stabilitäts- und Wachstumsgesetz verpflichteten Hoheitsträger

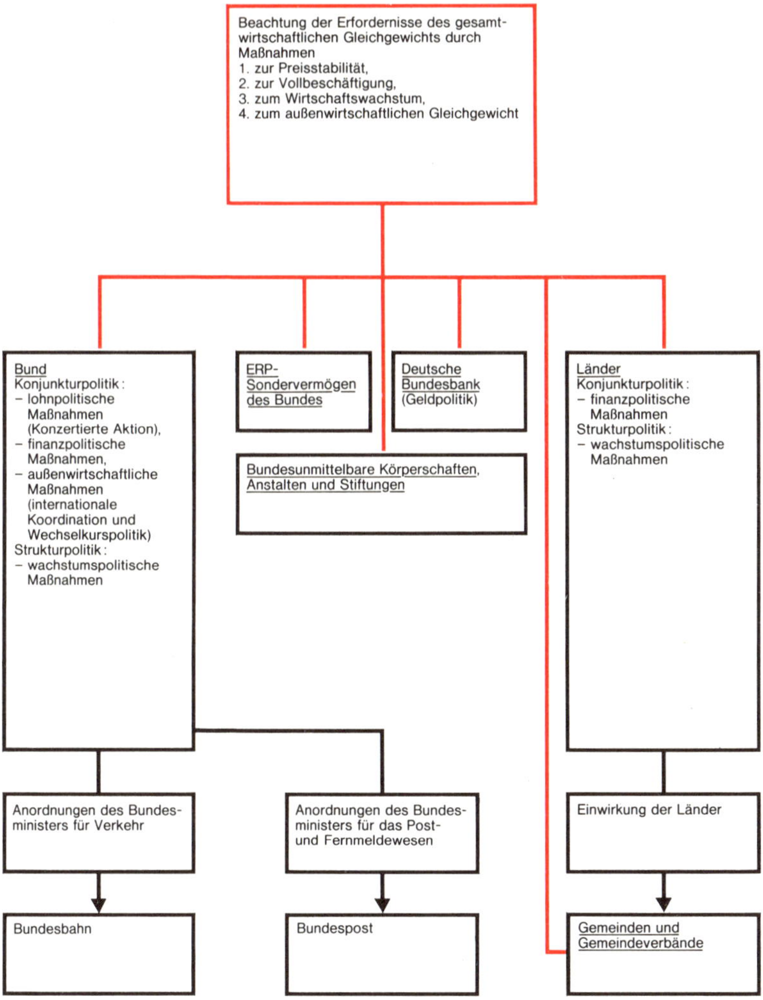

Konjunktur- und Strukturpolitik

Zeitreihen gesamtwirtschaftlicher Daten (Produktion, Beschäftigung, Investition, Nachfrage, Preise, Löhne u. a.) lassen sich in vier Komponenten zerlegen: 1. den langfristigen Trend, 2. zufällige Schwankungen, 3. saisonale (jährliche) Schwankungen, 4. konjunkturelle (mittelfristige) Schwankungen. Aufgabe der *Konjunkturpolitik* ist die Glättung der Konjunkturschwankungen (*Boom* und *Rezession*), um die gesamtwirtschaftliche Entwicklung möglichst nahe am Trend zu halten. Die Konjunkturpolitik ist somit wesentlicher Bestandteil der ↑Globalsteuerung (S. 362). Neben den Hoheitsträgern, die nach dem Stabilitäts- und Wachstumsgesetz zur Beachtung der Erfordernisse des gesamtwirtschaftlichen Gleichgewichts verpflichtet sind, leistet insbesondere die Deutsche Bundesbank mit Hilfe der ↑Währungspolitik (S. 354) hierzu einen entscheidenden Beitrag. Das Hauptproblem der Konjunkturpolitik besteht darin, geeignete Maßnahmen im richtigen Umfang und im richtigen Zeitpunkt einzusetzen; denn a) verlaufen die Konjunkturzyklen in Ausmaß und Dauer unregelmäßig und sind deshalb nicht exakt prognostizierbar, b) wirken die eingesetzten Mittel nur mit unterschiedlicher zeitlicher Verzögerung (time-lag), c) treten die Effekte aufgrund nicht einkalkulierter anderer Gegebenheiten meist nicht im beabsichtigten Umfang ein.

Zur *Strukturpolitik* zählen alle wirtschaftspolitischen Maßnahmen, die auf die Verbesserung der wirtschaftlichen Verhältnisse in Teilen des Staatsgebiets (regionale Strukturpolitik) oder in einzelnen Wirtschaftszweigen (sektorale Strukturpolitik) abzielen. Die *regionale* Strukturpolitik orientiert sich an dem Ziel der ↑Raumplanung (S. 504), in allen Teilen des Bundesgebiets gleichwertige Lebensbedingungen zu schaffen (z. B. ↑Finanzausgleich S. 300). Die Verbesserung der regionalen Wirtschaftsstruktur wird von Bund und Ländern planmäßig zu einem erheblichen Teil als Gemeinschaftsaufgabe betrieben (↑Kooperation im Bundesstaat S. 82) und je zur Hälfte finanziert. Die Förderungsmaßnahmen bestehen neben allgemeinen Maßnahmen, die mit regionalen Schwerpunkten eingesetzt werden können in: a) öffentlichen Investitionen zur Verbesserung der gewerblichen Infrastruktur (Verkehrserschließung, Versorgungs- und Entsorgungsanlagen), b) Gewährung von ↑öffentlichen Subventionen (S. 366) für private Investitionen, die durch Schaffung zusätzlicher Einkommensquellen das Gesamteinkommen eines Wirtschaftsraumes unmittelbar und auf Dauer erhöhen können, sowie c) Steuererleichterungen für das Zonenrandgebiet und für Berlin. Darüberhinaus greift der Staat durch Kredite, Bürgschaften u. a. helfend ein, wenn Arbeitsplätze, insbesondere in strukturschwachen Gebieten, gefährdet sind. Im Rahmen der ↑Europäischen Gemeinschaften (S. 574) werden wirtschaftlich unterentwickelte Gebiete (z. B. Süditalien, Bretagne, Irland) aus dem Regionalfonds gefördert.

Die *sektorale* Strukturpolitik unterstützt solche Produktions- und Handelszweige, an deren Wirtschaftsleistung ein besonderes gesamtwirtschaftliches oder öffentliches Interesse besteht. So muß z. B. die Landwirtschaft gefördert werden, da ihre jährlichen Erträge starken Schwankungen unterworfen sind. Auch dem Kohlebergbau wird im Interesse einer langfristigen Energiesicherung über Absatzschwierigkeiten hinweggeholfen. Die Entwicklung zukunftsweisender Technologien, die den gesamtwirtschaftlichen Fortschritt in der internationalen Konkurrenz sichern sollen, ist ebenfalls ohne staatliche Aufträge und Förderungsmittel nicht mehr möglich. Schließlich bedarf insbesondere der Mittelstand, dessen wirtschaftliche Existenz immer wieder durch Rationalisierungs- und Konzentrationsprozesse gefährdet ist, öffentlicher Hilfe.

U. Teichmann, Grundriß der Konjunkturpolitik, 2. Aufl., München 1978.
Fürst/Klemmer/Zimmermann, Regionale Wirtschaftspolitik, 1976.
H. St. Seidenfus, Sektorale Wirtschaftspolitik, in: Kompendium der Volkswirtschaftslehre Bd. 2, 3. Aufl., Göttingen 1972, S. 206 ff.
Die Finanzierungshilfen des Bundes und der Länder an die gewerbliche Wirtschaft, Frankfurt (jährlich neu).

Konjunktur- und Strukturpolitik

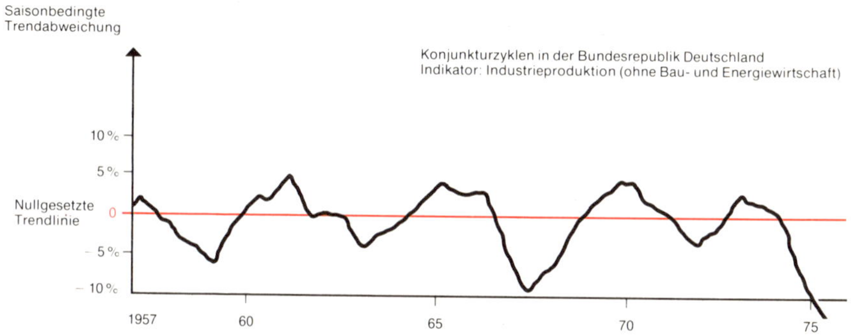

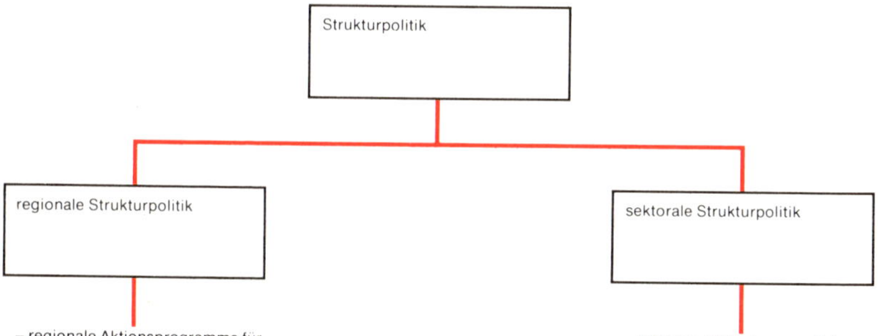

- regionale Aktionsprogramme für folgende Fördergebiete:
  Schleswig Unterelbe
  Holstein
  „Niedersächsische Nordseeküste"
  „Ems-Mittelweser"
  „Heide-Elbufer"
  „Niedersächsisches Bergland"
  Nördliches Ruhrgebiet
  Westmunsterland
  Nordeifel
  Ostwestfalen
  „Hessisches Fördergebiet"
  Mittelrhein-Lahn-Sieg,
  „Eifel-Hunsrück"
  „Saarland-Westpfalz"
  „Odenwald-Hohenlohe-Ostalb"
  „Hochschwarzwald-Baar-Hochrhein"
  „Alb Oberschwaben"
  „Nordbayerisches Fördergebiet"
  „Westbayerisches Fördergebiet"
  „Ostbayerisches Fördergebiet"
  „Oberbayerisch"
  „Schwäbisches Fördergebiet"
  „Südöstlich Oberbayerisches Fördergebiet".
- Wirtschaftsförderung Berlin
- Zonenrandförderung.

- Mittelstandsförderung z.B. in der Textil- und Bekleidungsindustrie in der Schuh- und Lederwarenindustrie, im Gaststätten- und Beherbergungsgewerbe, sowie in der Bauwirtschaft.
- Luft und Raumfahrtindustrie
- Werfthilfenprogramm
- Industrie für elektronische Datenverarbeitungsanlagen
- Prämien für Mühlenstillegungen

Öffentliche Subventionen und Fondsverwaltung

Öffentliche *Subventionen* sind ein Mittel der staatlichen Wirtschaftslenkung zur Förderung einzelner Wirtschaftsbereiche. Sie sind Leistungen der öffentlichen Hand an private Teilnehmer am Wirtschaftsprozeß ohne marktübliche Gegenleistung, die der Erreichung eines im öffentlichen Interesse liegenden Zweckes dienen. Sachlich treten Subventionen in vielerlei Formen auf, z. B. als verlorene Zuschüsse, Zinsverbilligungen, Prämien, Kredite oder Bürgschaften. Nicht als Subventionen im rechtlichen Sinne gelten indirekte Zuwendungen des Staates wie beispielsweise Steuervergünstigungen oder der Verzicht auf öffentliche Abgaben. Aufschluß über die vom Bund gewährten Subventionen geben die Subventionsberichte, die von der Bundesregierung gemäß § 12 Abs. 2 des Gesetzes zur Förderung der Stabilität und des Wachstums der Wirtschaft vom 8. 6. 1967 im Abstand von jeweils zwei Jahren zu erstellen sind.

In rechtlicher Hinsicht erfolgt die Vergabe von Subventionen durch die öffentliche Hand nur teilweise aufgrund von speziellen gesetzlichen Ermächtigungen (↑Rechtsgebundenheit der Verwaltung S. 256). Als eine solche Ermächtigung gilt beispielsweise § 6 des Landwirtschaftsgesetzes für die Subventionierung der Landwirtschaft. Es gilt aber als ausreichend, wenn der Gesetzgeber im Haushaltsplan Etatmittel für Subventionen bereitstellt, die sodann von den zuständigen Stellen nach Verwaltungsrichtlinien vorgenommen wird. Die Vergabe von öffentlichen Mitteln ohne Rechtsgrundlage ist unzulässig; auch sie hat den allgemeinen ↑Gleichheitssatz (S. 128) zu beachten. Rechtlich vollzieht sich die einzelne Subventionierung in regelmäßig zwei Stufen (Zweistufenlehre): Die Entscheidung einer Verwaltungsbehörde über die Gewährung einer Subvention an einen Antragsteller (Bewilligungsbescheid) oder deren Ablehnung erfolgt aufgrund öffentlichen Rechts und stellt einen ↑Verwaltungsakt (S. 260) dar, für dessen gerichtliche Überprüfung ↑Verwaltungsrechtsschutz (S. 232) gewährt wird. Dagegen vollzieht sich die Abwicklung einer Subventionsgewährung im Rahmen eines privatrechtlichen Rechtsverhältnisses, das der Rechtsprechung durch die ordentlichen Gerichte unterliegt.

Nach Art. 92 Abs. 1 des Vertrags zur Gründung der Europäischen Wirtschaftsgemeinschaft (↑Europäische Gemeinschaften S. 574) sind Subventionen, die durch Begünstigung bestimmter Unternehmen oder Produktionszweige den Wettbewerb verfälschen oder zu verfälschen drohen, untersagt, soweit sie den Handel zwischen den Mitgliedstaaten beeinträchtigen. Bestimmte Bereiche sind jedoch von dieser Regelung ausgenommen. Für die Europäische Gemeinschaft für Kohle und Stahl (Montanunion) gilt ein grundsätzliches Subventionsverbot.

Die Gewährung öffentlicher Subventionen erfolgt häufig im Rahmen der staatlichen *Fondsverwaltung*. Diese hat die Bewirtschaftung der nach Maßgabe des Haushaltsplans zur Verfügung gestellten Haushaltsmittel durch die Verwaltungsträger zum Gegenstand. Innerhalb der verfassungsrechtlich und gesetzlich vorgegebenen Schranken sind Regierung und Verwaltung in der Disposition über diese Mittel frei. Insbesondere in der Sozial- und Wirtschaftspolitik spielt die Fondsverwaltung eine erhebliche Rolle. Sie wird vor allem auf Bundes- und Landesebene, aber auch im kommunalen Bereich betrieben. Begünstigte der Fondsverwaltung sind in der Regel private Rechtssubjekte. Daneben besteht eine umfangreiche verwaltungsinterne Fondsverwaltung, durch die Zuwendungen *(Dotationen)* an die Länder, Gemeindeverbände und Gemeinden fließen. Auch mittels der Sondervermögen kann eine Fondsverwaltung stattfinden. Das ist z. B. beim Sondervermögen der Marshallplanhilfe (European Recovery Program-ERP) der Fall.

Sechster Subventionsbericht der Bundesregierung vom 17. 11. 1977 (Bundestags-Drucksache 8/1195).
D. Ewringhaus/K. H. Hansmeyer, Zur Beurteilung von Subventionen, Opladen 1975.

Entwicklung der Finanzhilfen des Bundes in den Jahren 1975 bis 1978
(6. Subventionsbericht 1977)

Bezeichnung		Finanzhilfen in Millionen DM			
		1975 Ist	1976 Ist	1977 Soll	1978 Reg. Entw.
	darunter: Z	Zuschüsse, Erstattungen, Zuweisungen			
	S	Schuldendiensthilfen			
	D	Darlehen			
I. Finanzhilfen zur Erhaltung von Betrieben oder Wirtschaftszweigen		1824,1	1708,2	2034,3	2356,8
	Z	1682,3	1552,0	1935,5	2248,9
	S	141,8	156,2	86,9	107,9
	D	–	–	11,9	–
II. Finanzhilfen zur Anpassung von Betrieben oder Wirtschaftszweigen an neue Bedingungen		2102,4	2121,9	2137,4	2569,0
	Z	1583,1	1621,2	1642,9	2099,6
	S	378,7	353,3	357,4	332,3
	D	140,6	147,4	137,1	137,1
III. Finanzhilfen zur Förderung der Produktivität und des Wachstums von Betrieben oder Wirtschaftszweigen		962,3	812,1	915,2	938,8
	Z	635,1	622,6	603,1	666,7
	S	1,5	21,7	59,8	72,1
	D	325,7	167,8	252,3	200,0
IV. Sonstige Finanzhilfen, insbesondere Zahlungen an private Haushalte		6643,0	7570,2	8770,1	6722,9
	Z	5174,0	6121,9	7561,8	5408,3
	S	289,5	328,3	378,6	529,6
	D	1179,5	1120,0	829,7	785,0
V. Summe der Finanzhilfen I. bis IV. einschließlich der Beträge für Darlehensgewährungen (= haushaltsmäßige Belastung)		11531,8	12212,4	13857,0	12587,5
	Z	9074,5	9917,7	11743,3	10423,5
	S	811,5	859,5	882,7	1041,9
	D	1645,8	1435,2	1231,0	1122,1
abzüglich: Summe der darin enthaltenen Beträge für Darlehensgewährungen		1645,8	1435,2	1231,0	1122,1
zuzüglich: Zinsbegünstigungen, die mit dem jeweils vorhandenen Darlehensbestand verbunden sind (geschätzt)		1217	1246	1271	1294
VI. Summe der Finanzhilfen bei ökonomischer Betrachtung		11103,0	12023,2	13897,0	12759,4

Arbeitsrecht

Arbeitsrecht ist das Sonderrecht der unselbständigen Arbeit. Die Unselbständigkeit folgt aus der Übernahme einer Funktion innerhalb eines fremden Arbeits- oder Lebensbereichs. Maßgebend ist die persönliche, nicht die wirtschaftliche Unselbständigkeit. Auf Personen, die wegen ihrer wirtschaftlichen Unselbständigkeit einem Arbeitnehmer vergleichbar sozial schutzbedürftig sind (arbeitnehmerähnliche Personen), finden einzelne arbeitsrechtliche Vorschriften kraft ausdrücklicher gesetzlicher Anordnung Anwendung.

Das Arbeitsrecht dient seit seiner Entstehung in der ersten Hälfte des neunzehnten Jahrhunderts dem Schutz der Arbeitnehmer, soll ihnen heute aber auch eine Teilhabe an den sie wesentlich berührenden Entscheidungen im Arbeitsleben gewähren. Eine Kodifikation der in zahlreichen Rechtsvorschriften verstreuten arbeitsrechtlichen Regelungen wird angestrebt. Anknüpfungspunkt des Arbeitsrechts ist der Arbeitnehmer einerseits als Individuum, andererseits als Mitglied von Kollektiven. Das *Individualarbeitsrecht* ordnet die rechtlichen Beziehungen des einzelnen Arbeitnehmers zum Arbeitgeber. Diese beruhen grundsätzlich auf einem Arbeitsvertrag. Er ist eine Unterart des Dienstvertrags (§§ 611 ff. Bürgerliches Gesetzbuch) und verpflichtet den Arbeitnehmer zur Übernahme einer bestimmten Funktion, den Arbeitgeber zur Leistung einer Vergütung. *Arbeitsverhältnis* ist das durch den Arbeitsvertrag begründete Rechtsverhältnis. Für den Abschluß des Arbeitsvertrags gilt der Grundsatz der Vertragsfreiheit. Die Freiheit zur inhaltlichen Gestaltung des Arbeitsvertrags und zur Kündigung des Arbeitsverhältnisses ist dagegen zugunsten des Arbeitnehmers weitgehend eingeschränkt. Dem besonderen Schutz des Arbeitnehmers vor den mit seiner Arbeit verbundenen Gefahren für Leben und Gesundheit sowie einer zeitlichen Überbeanspruchung dient das *Arbeitsschutzrecht*, das Pflichten des Arbeitgebers, aber auch des Arbeitnehmers vor allem gegenüber dem Staat begründet. Seine Beachtung ist durch staatliche Aufsicht, Zwang, sowie Straf- und Bußgeldvorschriften gesichert. Daneben ist aber auch der Arbeitgeber gegenüber dem Arbeitnehmer verpflichtet, die Schutzvorschriften zu beachten.

Das *kollektive Arbeitsrecht* ordnet die Rechtsbeziehungen, die sich aus der Verbindung mehrerer Personen auf Seiten der Arbeitnehmer oder Arbeitgeber ergeben sowie deren Rechtsbeziehungen zueinander. Das Recht der Koalitionen (↑ Gewerkschaften S. 370, ↑ Arbeitgeberverbände S. 372) geht historisch auf die Selbsthilfebestrebungen der Arbeitnehmer zurück. Die Koalitionsfreiheit ist verfassungsrechtlich durch Art. 9 Abs. 3 Grundgesetz gewährleistet (↑ Vereinigungs- und Koalitionsfreiheit S. 140). Zur koalitionsgemäßen Betätigung gehört der Abschluß von Tarifverträgen (↑ Tarifautonomie und Tarifvertrag S. 374), durch die für eine größere Anzahl von Arbeitnehmern die Arbeitsbedingungen verbindlich festgesetzt werden. Voraussetzung ist, daß Arbeitnehmer und Arbeitgeber tarifgebunden sind. Rechtsgrundlage ist das Tarifvertragsgesetz. Das gesetzlich nicht geregelte, sondern von Rechtsprechung und Rechtslehre entwickelte *Arbeitskampfrecht* (↑ Arbeitskampf S. 376) ordnet die Rechtsfragen, die sich aus der kampfweisen Durchsetzung ungeregelter oder neu zu regelnder Streitfragen mittels Streik, Aussperrung oder Boykott ergeben. Der freiwilligen Beilegung solcher Regelungsstreitigkeiten dient das Schlichtungsrecht. Bestandteile des kollektiven Arbeitsrechts sind auch das *Betriebsverfassungsrecht* (↑ Betriebsverfassung S. 378) und die ↑ *Mitbestimmung im Unternehmen* (S. 380). Der Entscheidung arbeitsrechtlicher Rechtsstreitigkeiten dient die ↑ Arbeitsgerichtsbarkeit (S. 236). Nicht zum Arbeitsrecht zählen das Lohnsteuerrecht sowie das Recht der Sozialversicherung (S. 390) einschließlich der ↑ Arbeitslosenversicherung (S. 396) sowie die Arbeitsvermittlung.

A. Hueck/H.-C. Nipperdey, Lehrbuch des Arbeitsrechts, Berlin u. a., 7. Aufl., Bd. I 1963, Bd. II/1 1967, Bd. II/2 1970.

A. Nikisch, Arbeitsrecht, Tübingen, Bd. I 3. Aufl. 1961, Bd. II 2. Aufl. 1959, Bd. II 2. Aufl. 1966.

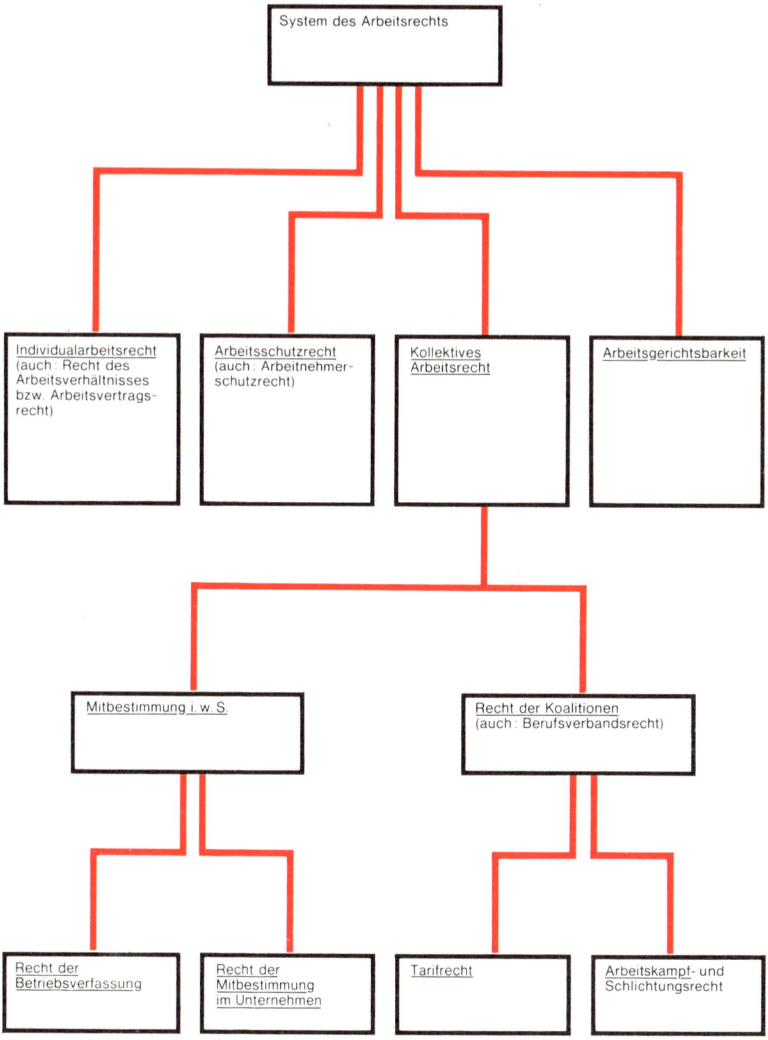
System des Arbeitsrechts
Individualarbeitsrecht (auch: Recht des Arbeitsverhältnisses bzw. Arbeitsvertrags-recht)
Arbeitsschutzrecht (auch: Arbeitnehmer-schutzrecht)
Kollektives Arbeitsrecht
Arbeitsgerichtsbarkeit
Mitbestimmung i. w. S.
Recht der Koalitionen (auch: Berufsverbandsrecht)
Recht der Betriebsverfassung
Recht der Mitbestimmung im Unternehmen
Tarifrecht
Arbeitskampf- und Schlichtungsrecht

Gewerkschaften

Gewerkschaften sind die organisierten Vertretungen der wirtschaftlichen, sozialen und gesamtpolitischen Interessen von Arbeitnehmern gegenüber den staatlichen Institutionen und anderen gesellschaftlichen Gruppen, hier in erster Linie gegenüber den Arbeitgebern. In dieser Funktion sind sie den ↑Verbänden (S. 70) zuzurechnen, unter denen sie jedoch wegen ihrer ↑Tarifautonomie (S. 374) und allgemeinen Bedeutung eine Sonderstellung einnehmen. Die Gewerkschaftsbewegung in Deutschland geht auf die in der Mitte des letzten Jahrhunderts im Gefolge der Industrialisierung entstandenen Arbeitervereine zurück. Unter dem nationalsozialistischen Regime wurden die Gewerkschaften aufgelöst. Nach 1945 haben sie sich rasch wieder konstituiert und 1949 zum Teil im Deutschen Gewerkschaftsbund (DGB) zusammengeschlossen. Der DGB umfaßt zur Zeit als selbst nicht tariffähiger Dachverband siebzehn tariffähige Einzelgewerkschaften. Sie stellen Zusammenschlüsse von Arbeitnehmern eines ganzen Wirtschaftsbereiches dar. Mitglieder können Arbeiter, Angestellte und Beamte sein. Dies hat in der Praxis zu einer Konkurrenzbeziehung zwischen den Gewerkschaften des DGB und den mehr standesmäßig orientierten, nicht im DGB organisierten Interessenvertretungen der Angestellten (Deutsche Angestelltengewerkschaft–DAG– und einige kleinere Angestelltenverbände) sowie der Beamten (Deutscher Beamtenbund – DBB) geführt. Daneben steht der Christliche Gewerkschaftsbund Deutschlands (CGD), der als eine der CDU/CSU nahestehende Gewerkschaftsorganisation ein Gegengewicht zu dem der SPD nahestehenden DGB bilden sollte. Allerdings vermochte der CGD bis heute keine größere Bedeutung zu gewinnen.

Die Satzung des DGB sieht vier Bundesorgane vor: den Bundeskongreß, der alle drei Jahre stattfindet, als höchste Instanz, den Bundesausschuß, den Bundesvorstand bzw. den Geschäftsführenden Bundesvorstand als ständige Vertretung des DGB nach innen und außen sowie die Revisionskommission. Organisatorisch gliedert sich der DGB in neun Landesbezirke, ca. 230 Kreise und als Untergliederung der Kreise in Nebenstellen und Ortskartelle. Jede der siebzehn Einzelgewerkschaften hat eine eigene Satzung, die sich in der Regel hinsichtlich der Organe und hinsichtlich der Organisationsstruktur nicht grundsätzlich von der Satzung des DGB unterscheidet. Gemeinsam ist allen Einzelgewerkschaften besonders der Gewerkschaftstag als höchstes Organ, der alle drei bzw. vier Jahre stattfindet, sowie der Hauptvorstand als Gesamtvertretung der Gewerkschaft nach innen und außen. Unter den Einzelgewerkschaften stellt die Industriegewerkschaft (IG) Metall mit rund einem Drittel der Mitglieder den bei weitem größten Anteil der im DGB organisierten Arbeitnehmer. Im Verhältnis zu der insgesamt in der Bundesrepublik berufstätigen Bevölkerung war 1975 mehr als ein Drittel aller Arbeitnehmer gewerkschaftlich organisiert. Davon gehörten ca. 85% dem DGB, 8% der Deutschen Angestellten-Gewerkschaft (DAG) und 5% dem Deutschen Beamtenbund (DBB) an. Während rund drei Viertel der organisierten Angestellten Mitglieder im DGB sind, gehören weniger als die Hälfte der organisierten Beamten dem DGB an. Bedenkt man, daß die Mitgliedschaft in einer Gewerkschaft im Gegensatz zu vielen anderen Ländern freiwillig ist und darüber hinaus die Vorteile der durch die Gewerkschaften in den Tarifverhandlungen ausgehandelten Verbesserungen auch den Nichtmitgliedern zugute kommen, so ist der Mitgliedsbestand der Gewerkschaften in der Bundesrepublik als recht hoch anzusehen. Er hat sich allerdings in den letzten 10 Jahren bei in etwa unveränderter Zahl der Erwerbstätigen nicht mehr wesentlich erhöht. Bermerkenswert ist, daß Beamte einen höheren Organisationsgrad (ca. 70%) als Arbeiter (ca. 50%) aufweisen und daß Frauen unter den Gewerkschaftsmitgliedern immer noch unterrepräsentiert sind.

K. von Beyme, Gewerkschaften und Arbeitsbeziehungen in kapitalistischen Ländern, München u. a. 1977.

D. Schuster, Die deutschen Gewerkschaften seit 1945, 2. Aufl., Stuttgart 1974.

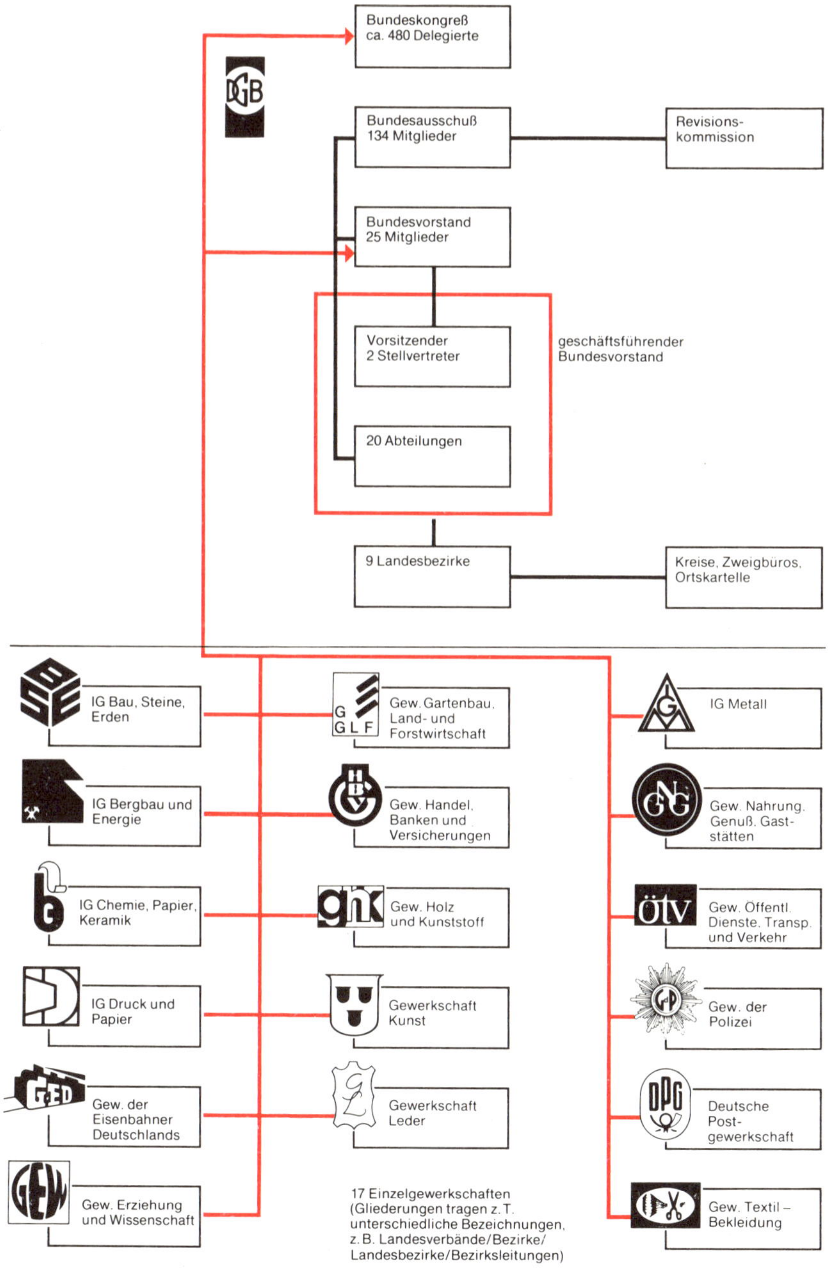
Bundeskongreß
ca. 480 Delegierte
Bundesausschuß
134 Mitglieder
Revisions-
kommission
Bundesvorstand
25 Mitglieder
Vorsitzender
2 Stellvertreter
geschäftsführender
Bundesvorstand
20 Abteilungen
9 Landesbezirke
Kreise, Zweigbüros,
Ortskartelle
IG Bau, Steine,
Erden
Gew. Gartenbau,
Land- und
Forstwirtschaft
IG Metall
IG Bergbau und
Energie
Gew. Handel,
Banken und
Versicherungen
Gew. Nahrung,
Genuß, Gast-
stätten
IG Chemie, Papier,
Keramik
Gew. Holz
und Kunststoff
Gew. Öffentl.
Dienste, Transp.
und Verkehr
IG Druck und
Papier
Gewerkschaft
Kunst
Gew. der
Polizei
Gew. der
Eisenbahner
Deutschlands
Gewerkschaft
Leder
Deutsche
Post-
gewerkschaft
Gew. Erziehung
und Wissenschaft
17 Einzelgewerkschaften
(Gliederungen tragen z. T.
unterschiedliche Bezeichnungen,
z. B. Landesverbände/Bezirke/
Landesbezirke/Bezirksleitungen)
Gew. Textil –
Bekleidung

Arbeitgeberverbände

Arbeitgeberverbände sind freie privatrechtliche Vereinigungen von Arbeitgebern auf unabhängiger, überbetrieblicher und demokratischer Grundlage zur Wahrnehmung kollektiver Arbeitgeberinteressen, insbesondere durch Abschluß von Tarifverträgen (↑ Tarifautonomie S. 374), im äußersten Fall auch durch das Mittel des ↑ Arbeitskampfes (S. 376). Vereinigungen, die nur soziale und wirtschaftliche Interessen der Mitglieder verfolgen, sind keine Arbeitgeberverbände. Das gilt namentlich für die Wirtschafts- und Industrieverbände (z. B. *Bundesverband der Deutschen Industrie* – BDI).

Die Arbeitgeberverbände verfolgen den Zweck, die sozialen und wirtschaftlichen Interessen ihrer Mitglieder zu fördern. Sie nehmen dazu keine staatliche Hilfe in Anspruch. Der Verband ist vom Wechsel der Mitglieder unabhängig und auf Dauer ausgerichtet. Die gängige Rechtsform für den Arbeitgeberverband ist der rechtsfähige Verein. Ein weiteres Begriffsmerkmal des Arbeitgeberverbandes ist der freiwillige Zusammenschluß. Zwangsvereinigungen wie die ↑ Industrie- und Handelskammer (S. 336) oder die Handwerkskammern (↑ Handwerksordnung S. 332) sind keine Vereinigungen oder Koalitionen in diesem Sinne. Die Koalition muß weiterhin „gegnerfrei" sein, d. h. es dürfen ihr nur Arbeitgeber angehören. Mit der Gegnerfreiheit eng verwandt ist die Unabhängigkeit von der Gegenseite, d. h. die Koalition soll die Interessen der Mitglieder unabhängig von der Gegenseite wahrnehmen. Das Erfordernis überbetrieblicher Organisation hat im Unterschied zu den ↑ Gewerkschaften (S. 370) für die Arbeitgeberkoalition keine Bedeutung. Aus der Unabhängigkeit der Koalitionen folgt das Neutralitätsprinzip im Sinne einer Weisungsfreiheit von Staat, Partei und Kirche. Schließlich muß die Koalition hinsichtlich der inneren Ordnung und der Willensbildung demokratischen Grundsätzen entsprechen. Das bedeutet aktives und passives Wahlrecht, Mehrheitsprinzip, Gleichheitsgrundsatz.

Die Arbeitgeberverbände genießen den grundrechtlichen Schutz des Grundgesetzes für die ↑ Vereinigungs- und Koalitionsfreiheit (S. 140). Damit ist das kollektive Bestands- und Betätigungsrecht der Koalition geschützt, für den einzelnen Arbeitgeber auch eine über die formale Mitgliedschaft hinausgehende Interessenvertretung und ein Interessenschutz. Die Arbeitgeberverbände sind nach Industriezweigen oder nach Branchen gegliedert. Die einzelnen Arbeitgeberverbände sind zu *Spitzenorganisationen* auf Bundesebene zusammengeschlossen (z. B. Arbeitsring der Deutschen Arbeitgeberverbände der Chemischen Industrie e. V.). Innerhalb der Länder bilden die jeweiligen *Landesfachverbände* Landesarbeitgeberverbände. Nahezu alle Fachspitzenverbände und die Landesarbeitgeberverbände gehören der *Bundesvereinigung der Deutschen Arbeitgeberverbände* (BDA) an.

Neben den Aufgaben als Koalition, die sozialen und wirtschaftlichen Interessen der Mitglieder zu wahren sowie Tarifverträge und Schlichtungsvereinbarungen abzuschließen, haben die Arbeitgeberverbände noch weitere gesetzliche Befugnisse: Beteiligungsrechte nach dem Betriebsverfassungsgesetz (↑ Betriebsverfassung S. 378); Anhörungs- und Antragsrechte gegenüber dem Gesetzgeber, der Verwaltung und der Rechtsprechung in arbeitsrechtlichen und wirtschaftspolitischen Angelegenheiten; Nominierung und Delegation in Behörden (z. B. Bundesanstalt für Arbeit), Verbände von Sozialversicherungsträgern (z. B. Landesversicherungsämter, Verband Deutscher Rentenversicherungsträger) und in die Spruchkörper der ↑ Arbeitsgerichtsbarkeit (S. 236) und der ↑ Sozialgerichtsbarkeit (S. 238).

A. Hueck/H.-C. Nipperdey, Lehrbuch des Arbeitsrechts, Bd. I/1, 7. Aufl., Berlin u. a. 1967.

Mitglieder der Bundesvereinigung der Deutschen Arbeitgeberverbände

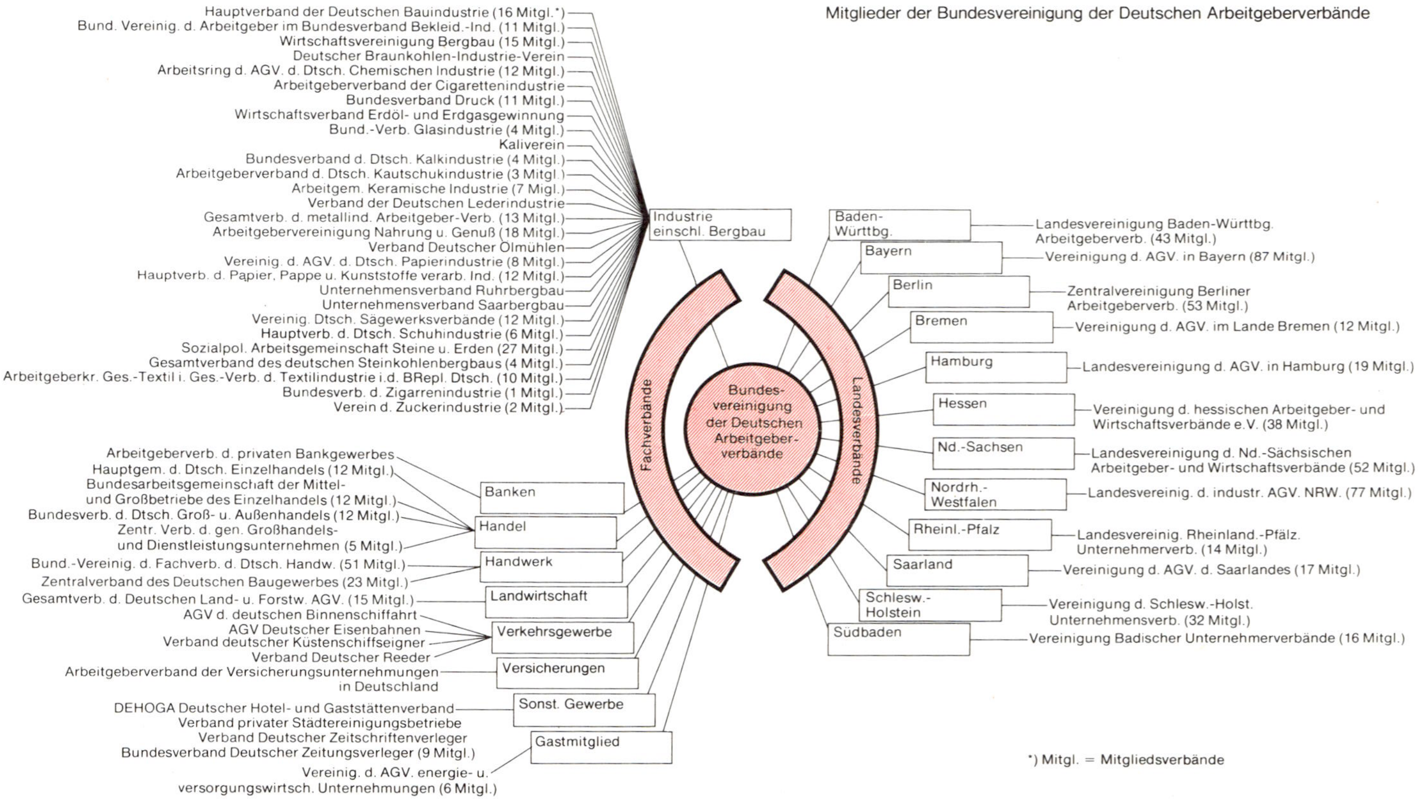

*) Mitgl. = Mitgliedsverbände

Tarifautonomie und Tarifvertrag

Unter Tarifautonomie ist die vom Grundgesetz geschützte, den Tarifvertragsparteien eingeräumte Befugnis zu verstehen, die Arbeitsbedingungen ihrer Mitglieder durch Tarifvertrag zu regeln. Tarifvertragsparteien sind ↑Gewerkschaften (S. 370), einzelne Arbeitgeber sowie ↑Arbeitgeberverbände (S. 372). Die Tarifautonomie besteht nicht schrankenfrei; die Tarifvertragsparteien haben die wertgebende Ordnung der Verfassung, insbesondere die Würde des Menschen als höchsten Grundwert der Rechtsordnung anzuerkennen. Der Tarifvertrag und seine Rechtswirkungen sind im Tarifvertragsgesetz behandelt. Ein Tarifvertrag ist nach dem Tarifvertragsgesetz der schriftliche Vertrag zwischen einem oder mehreren Arbeitgebern oder Arbeitgeberverbänden einerseits und einer oder mehreren Gewerkschaften andererseits. Er beinhaltet die Regelung von arbeitsrechtlichen Rechten und Pflichten der Tarifvertragsparteien *(schuldrechtlicher Teil)* und die Festsetzung von Rechtsnormen über Inhalt, Abschluß und Beendigung von Arbeitsverhältnissen, sowie über betriebliche und betriebsverfassungsrechtliche Fragen und gemeinsame Einrichtungen der Vertragsparteien *(normativer Teil)*.

Wesentlicher Inhalt des schuldrechtlichen Teils eines Tarifvertrags ist die *Friedenspflicht*. Danach dürfen die Tarifpartner während der Geltungsdauer eines Tarifvertrags keinen ↑Arbeitskampf (S. 376) um einen bereits geregelten Gegenstand führen. Ein Ausschluß der Friedenspflicht widerspricht dem Wesen des Tarifvertrags und ist daher nicht möglich. Aus dem Zweck des Tarifvertrages folgt weiter, daß die Tarifvertragsparteien sich für die Durchführung der Tarifnormen einzusetzen haben. Das bedeutet, daß die Arbeitsverträge tarifgemäß zu gestalten und zu erfüllen sind, der Abschluß tarifwidriger Arbeitsverträge zu unterlassen und auf die Durchführung der Tarifbestimmungen in den Betrieben hinzuwirken ist.

Schwerpunkt eines Tarifvertrags ist der normative Teil mit den Inhalts- und Abschlußnormen. Zu den *Inhaltsnormen* gehören für den Arbeitgeber die tariflichen Bestimmungen über Lohnzahlungspflicht, Eingruppierung, Lohnfortzahlung im Krankheitsfall, Prämien, Gratifikationen, Arbeitsschutz, Urlaub, Arbeitszeugnisse usw. Für den Arbeitnehmer kommen in Betracht die Regeln über die Arbeitspflicht (Ort, Zeit, Umfang), Nebentätigkeit, Wettbewerbsverbot u. a. *Abschlußnormen* sind die Bestimmungen, die das Zustandekommen eines Tarifvertrags regeln. Dazu gehören die Formvorschriften, die Normen, die die Einstellung bestimmter Arbeitnehmer untersagen, sowie die Einstellungsklauseln, etwa für Schwerbeschädigte. Zum normativen Teil eines Tarifvertrages gehören auch Normen über betriebliche Fragen *(Solidarnormen)*. Dabei handelt es sich um einheitliche Bestimmungen, die dem einzelnen Arbeitnehmer als Mitglied der Belegschaft eines Betriebs zugute kommen bzw. für ihn verbindlich sind. Sie betreffen z. B. Schutzvorrichtungen an Maschinen, Erstellung von Waschräumen, Wohlfahrtseinrichtungen, Urlaubskassen, aber auch Dienstvorschriften sowie Betriebsbußen. Zu dem normativen Teil des Tarifvertrags rechnen die Normen über Fragen der ↑Betriebsverfassung (S. 378). Normativen Charakter haben schließlich tarifliche Bestimmungen über gemeinsame Einrichtungen der Tarifvertragsparteien, etwa Ausbildungseinrichtungen und Lohnausgleichskassen.

Die Bestimmungen des Tarifvertrags mit Ausnahme der Bestimmungen über betriebliche und betriebsverfassungsrechtliche Fragen, die für alle Arbeitnehmer gelten, sind auf die Mitglieder der vertragsschließenden Parteien beschränkt, d. h. die Arbeitgeber und die Mitglieder der abschließenden Gewerkschaft. Für Außenseiter gilt der Tarifvertrag grundsätzlich nicht. Unter bestimmten Voraussetzungen kann der Bundesarbeitsminister die *Allgemeinverbindlichkeit* eines Tarifvertrags erklären und so seine Rechtswirkungen auf alle Arbeitgeber und Arbeitnehmer in seinem Geltungsbereich erstrecken.

H. Wiedemann/H. Stumpf, Tarifvertragsgesetz, 5. Aufl., München 1977.

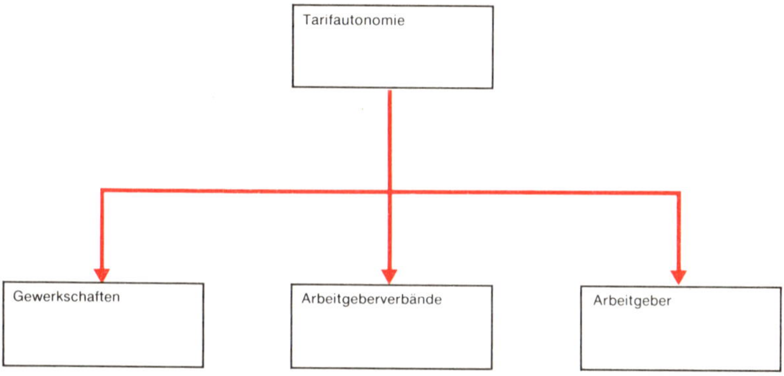

Inhalt und Wirkungen des Tarifvertrags (Verbandstarifvertrag: zwischen Gewerkschaft und Arbeitgeberverband)

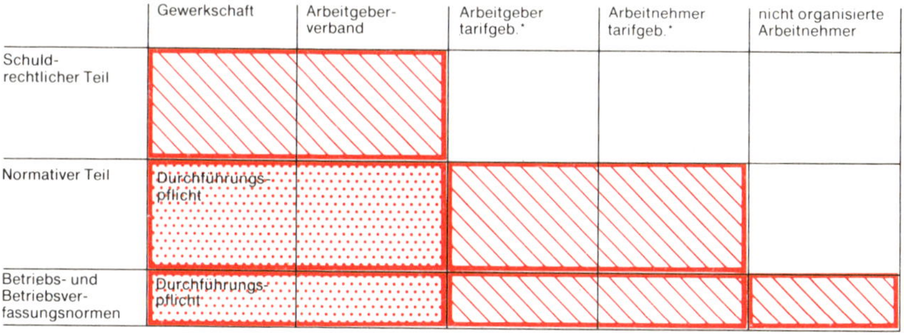

* Mitglied der vertragsschließenden Gewerkschaft bzw. des Arbeitgeberverbandes

Arbeitskampf (Streik, Aussperrung)

Arbeitskampf ist die kollektive Störung des Arbeitslebens durch Arbeitnehmer oder Arbeitgeber, um eine tarifvertragliche Regelung zu erreichen oder abzuwehren (↑Tarifautonomie S. 374). Der Arbeitskampf wird seitens der Arbeitnehmerschaft von ↑Gewerkschaften (S. 370), Belegschaften oder Teilen von ihnen getragen. Auf Seiten der Arbeitgeber kann der Arbeitskampf von Arbeitgebern oder ↑Arbeitgeberverbänden (S. 372) geführt werden. Erscheinungsformen des Arbeitskampfes sind Streik und Aussperrung. *Streik* als Mittel des Arbeitskampfes ist die planmäßige und gemeinsam durchgeführte Arbeitsniederlegung einer größeren Anzahl von Arbeitnehmern als Arbeitskampfmaßnahme zur Durchsetzung einer tariflichen Regelung, mit dem Ziel, nach Beendigung des Streiks die Arbeit wieder fortzusetzen. Darunter fällt nicht der politische Streik. *Aussperrung* ist eine planmäßige Ausschließung einer größeren Anzahl von Arbeitnehmern von der Arbeit zur Erreichung eines Arbeitskampfziels mit der Absicht, sie nachher wieder zu beschäftigen.

Der Arbeitskampf gehört zum Kernbereich der Betätigung von Gewerkschaften und Arbeitgebern in der Gestaltung des Arbeitslebens durch Tarifverträge. Daher schließt die im Grundgesetz geschützte Koalitionsfreiheit (↑Vereinigungs- und Koalitionsfreiheit S. 140) für Gewerkschaften und Arbeitgeberverbände den arbeitsrechtlichen Arbeitskampf mit ein. Er dient der Aufgabe, die Arbeits- und Wirtschaftsbedingungen von Arbeitnehmern und Arbeitgebern zu fördern. Ein Verbot oder eine Beschränkung von Streik oder Aussperrung ist mit der im Grundgesetz vorausgesetzten Waffengleichheit oder Kampfparität nicht vereinbar. Der Staat darf den Arbeitskampf weder beschränken noch privilegieren, er muß sich neutral verhalten. Gegen das *Neutralitätsprinzip* verstößt der Staat nicht, wenn er durch Arbeitskämpfe hilfsbedürftig gewordene Personen durch Geldleistungen unterstützt.

Nicht jeder Arbeitskampf ist von der Rechtsordnung gebilligt, sondern nur dann, wenn er sozial adäquat ist und den Grundprinzipien des freiheitlichen sozialen Rechtsstaats sowie des kollektiven ↑Arbeitsrechts (S. 368) entspricht. Vom Bundesarbeitsgericht (↑Arbeitsgerichtsbarkeit S. 236) sind zur Beurteilung der Rechtmäßigkeit des Arbeitskampfes Grundsätze herausgebildet worden. Danach muß der Arbeitskampf von Gewerkschaften, Arbeitgeberverbänden oder dem einzelnen Arbeitgeber, d. h. von tariffähigen Parteien, organisiert und gegen den Sozialpartner gerichtet sein. Spontane Arbeitsniederlegungen von Arbeitnehmern *(wilde Streiks)* sind rechtswidrig. Der Arbeitskampf muß zum Zwecke der tariflichen Regelung der Arbeits- und Wirtschaftsbedingungen geführt werden. Das Arbeitskampfziel muß durch Tarifvertrag wirksam geregelt werden können, wobei der Tarifvertrag nicht gegen gesetzliche oder weitergeltende tarifvertragliche Bestimmungen verstoßen darf (z. B. Verbot des Arbeitskampfes zwischen Arbeitgeber und Betriebsrat oder Arbeitskampf gegen noch geltenden Tarifvertrag). Der Arbeitskampf darf nur als letztes Mittel eingesetzt werden, wenn die Verhandlungen endgültig gescheitert sind und etwaige gesetzliche oder tariflich vorgesehene *Schlichtungsverfahren* erfolglos abgeschlossen wurden. Im Fall eines Streiks ist eine Kampfmaßnahme nur rechtmäßig, wenn eine *Urabstimmung*, zumindest bei entsprechender Satzungsvorschrift, durchgeführt wurde und ein positives Kampfvotum erbrachte. Der Arbeitskampf muß aus der Erkenntnis heraus, daß der Betrieb nach Abschluß wieder aufgenommen werden soll, fair geführt werden. Daraus folgt, daß ein Arbeitskampf, der in einem krassen Mißverhältnis zu dem entstehenden Schaden steht, rechtswidrig ist. Das gilt vor allem, wenn bei einem Streik die Streikleitung nicht zu einer Regelung von Notarbeiten bereit ist.

H. Seiter, Streikrecht und Aussperrungsrecht, Tübingen 1975.

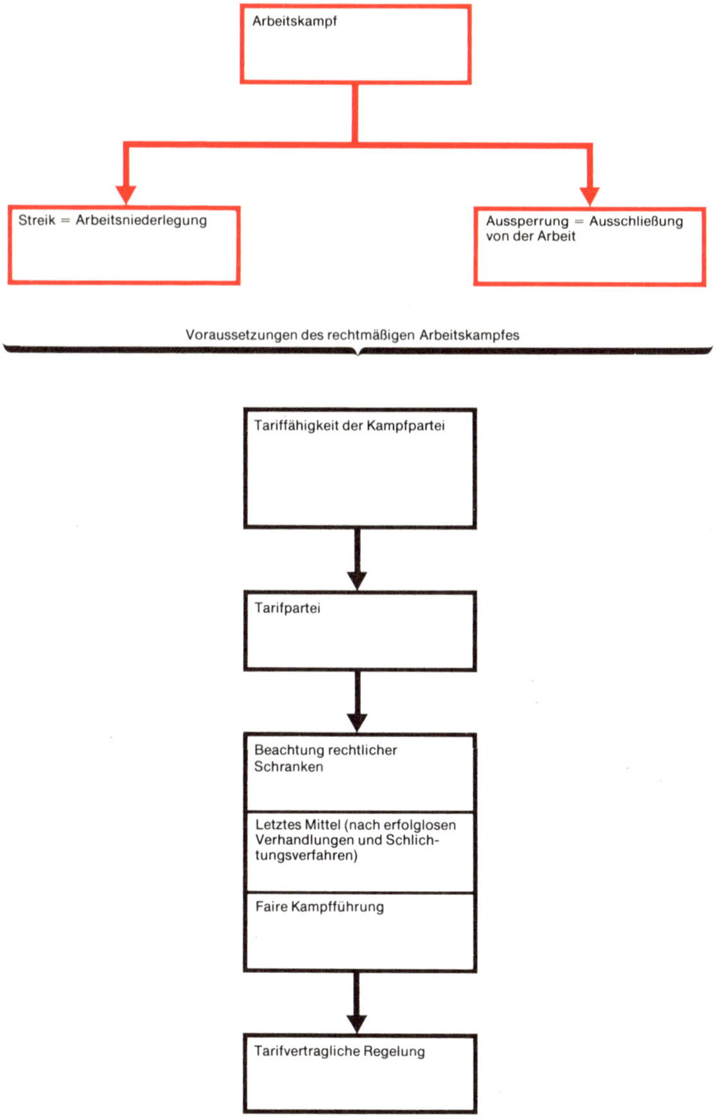
Arbeitskampf
Streik = Arbeitsniederlegung
Aussperrung = Ausschließung von der Arbeit
Voraussetzungen des rechtmäßigen Arbeitskampfes
Tariffähigkeit der Kampfpartei
Tarifpartei
Beachtung rechtlicher Schranken
Letztes Mittel (nach erfolglosen Verhandlungen und Schlichtungsverfahren)
Faire Kampfführung
Tarifvertragliche Regelung

Betriebsverfassung

Das Betriebsverfassungsrecht ordnet die Verfassung des Betriebs, d. h. die Rechtsbeziehungen zwischen Arbeitgeber und Belegschaft, die sich aus dem Zusammenwirken beider innerhalb des Betriebs ergeben. Es dient sowohl dem Schutz der Arbeitnehmer als auch ihrer Teilhabe am Betriebsgeschehen und beruht auf dem Gedanken der Partnerschaft. Es wird dadurch verwirklicht, daß dem Arbeitgeber Pflichten auferlegt werden bzw. die Ausübung der ihm an sich zustehenden Befugnisse durch Mitwirkungs- und Mitbestimmungsrechte eingeschränkt wird. Diese werden grundsätzlich von den gewählten Repräsentanten der Belegschaft wahrgenommen. Nur ausnahmsweise stehen dem einzelnen Arbeitnehmer Rechte zu (Anhörungs- und Erörterungsrecht, Einsichtsrecht in die Personalakten, Beschwerderecht).

Rechtsgrundlage ist das Betriebsverfassungsgesetz (1972). Es gilt mit Ausnahme des ↑öffentlichen Dienstes (S. 250) für alle Betriebe mit in der Regel mindestens fünf ständigen wahlberechtigten Arbeitnehmern, von denen drei wählbar sein müssen. Es erfaßt Arbeiter und Angestellte unter grundsätzlichem Ausschluß der leitenden Angestellten. Wahlberechtigt sind alle Arbeitnehmer, die das achtzehnte Lebensjahr vollendet haben. Wählbar sind alle Wahlberechtigten, die sechs Monate dem Betrieb angehören. Die Interessen der Belegschaft werden vor allem vom *Betriebsrat* wahrgenommen, der für regelmäßig drei Jahre gewählt wird. Weitere Befugnisse stehen der *Betriebsversammlung* (sämtliche Arbeitnehmer des Betriebs), dem *Gesamtbetriebsrat* (in Unternehmen mit mehreren Betriebsräten), dem *Konzernbetriebsrat*, den *Jugendvertretungen* und dem *Wirtschaftsausschuß* zu. Den im Betrieb vertretenen ↑Gewerkschaften (S. 370) sind zur Durchsetzung der Betriebsverfassung und Unterstützung der Betriebsvertretungen zahlreiche Aufgaben und Befugnisse zugewiesen; zu deren Wahrnehmung ist den Beauftragten dieser Gewerkschaften nach Unterrichtung des Arbeitgebers Zutritt zum Betrieb zu gewähren. Für die Beziehungen zwischen Arbeitgeber und Betriebsrat gilt das Gebot der vertrauensvollen Zusammenarbeit. Maßnahmen des Arbeitskampfes zwischen Arbeitgeber und Betriebsrat sind unzulässig. Der Arbeitsablauf und der Frieden des Betriebs dürfen nicht beeinträchtigt werden. Jede parteipolitische Betätigung im Betrieb ist ihnen verboten; zulässig ist dagegen die Behandlung von Angelegenheiten tarifpolitischer, sozialpolitischer und wirtschaftlicher Art, die den Betrieb oder seine Arbeitnehmer unmittelbar betreffen. Der Betriebsrat hat u. a. die Durchführung der zugunsten der Arbeitnehmer geltenden Rechtsvorschriften zu überwachen, Anregungen der Arbeitnehmer entgegenzunehmen und erforderliche Maßnahmen beim Arbeitgeber zu beantragen. Im Bereich der primär die Ordnung des Betriebs betreffenden sozialen Angelegenheiten steht dem Betriebsrat ein echtes Mitbestimmungsrecht zu. Kommt es in diesen Angelegenheiten zu keiner Einigung, so wird sie auf Antrag einer Seite durch den Spruch der Einigungsstelle ersetzt; einseitige Maßnahmen des Arbeitgebers sind rechtswidrig und unwirksam. Die neu eingeführte Mitwirkung und Mitbestimmung des Betriebsrats bei der Gestaltung von Arbeitsplatz, Arbeitsablauf und Arbeitsumgebung dient der Humanisierung der Arbeit. Im Bereich der personellen Angelegenheiten hat der Betriebsrat Rechte bei der Personalplanung des Betriebs, der Berufsbildung sowie personellen Einzelmaßnahmen wie Einstellungen und Kündigungen. In wirtschaftlichen Angelegenheiten treffen den Unternehmer vor allem Unterrichtungspflichten. Bei Betriebsänderungen sind ein Interessenausgleich und ein Sozialplan anzustreben; kommt es zu keiner Einigung, entscheidet die Einigungsstelle über die Aufstellung eines Sozialplans verbindlich.

R. Dietz/R. Richardi, Betriebsverfassungsgesetz, 5. Aufl., München 1973.
F. Fabricius/A. Kraft/W. Thiele/G. Wiese, Betriebsverfassungsgesetz, Gemeinschaftskommentar, Neuwied u. a., 1973ff. (Loseblattwerk).

Organisation der Betriebsverfassung

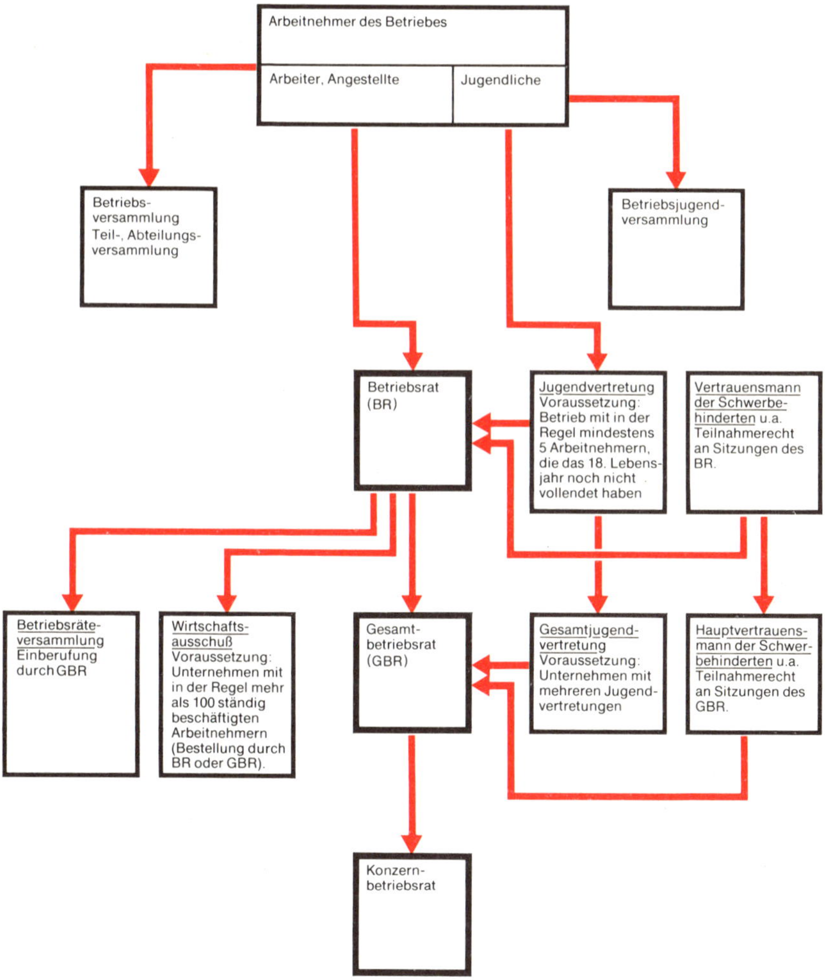

Mitbestimmung im Unternehmen

Unter Mitbestimmung ist jede Beteiligung der Arbeitnehmerseite an Entscheidungen der Arbeitgeberseite zu verstehen. Sie wird auf betrieblicher Ebene durch die Repräsentanten der Belegschaft gegenüber dem Arbeitgeber verwirklicht (↑ Betriebsverfassung S. 378), auf Unternehmensebene durch Einbeziehung von Vertretern der Arbeitnehmer in die Unternehmensorgane von Kapitalgesellschaften. Dadurch wird ein Einfluß der Arbeitnehmer auf die unternehmenspolitischen Entscheidungen ermöglicht. Die Mitbestimmung dient wie das gesamte Arbeitsrecht dem Schutz der Arbeitnehmer und ihrer Teilhabe an den sie wesentlich berührenden Entscheidungen (Partnerschaftsgedanke). Sie ist ein Mittel, um die aus der Einordnung des Arbeitnehmers in einen fremden Arbeitsbereich resultierende persönliche Unselbständigkeit und dieser korrespondierend die Macht des Arbeitgebers abzubauen und damit die Selbstverwirklichung der Arbeitnehmer zu fördern. Das entspricht dem Grundgesetz, das die Würde und Entfaltungsfreiheit des Menschen als die zentralen Werte unserer Rechtsordnung anerkennt. Das in der politischen Diskussion übliche Schlagwort der Gleichberechtigung von Kapital und Arbeit ist aus dieser Grundentscheidung der Verfassung zu verstehen. Von *paritätischer Mitbestimmung* spricht man, wenn der Arbeitnehmerseite und den Anteilseignern ein gleich starker Einfluß auf die Entscheidungen des Unternehmens eingeräumt ist. Über die bisherigen Erfahrungen mit der Mitbestimmung gibt der Bericht der „Mitbestimmungskommission" Auskunft.

Mit dem Inkrafttreten des Mitbestimmungsgesetzes vom 4. 5. 1976 gelten jetzt mehrere unterschiedliche Regelungen. Am wenigsten weit geht die *Mitbestimmung nach dem Betriebsverfassungsgesetz 1952*, dessen einschlägige Vorschriften fortgelten. Hiernach muß grundsätzlich (ausgenommen sind Familiengesellschaften mit weniger als 500 Arbeitnehmern und Tendenzbetriebe) der Aufsichtsrat einer Aktiengesellschaft oder Kommanditgesellschaft auf Aktien zu einem Drittel aus Vertretern der Arbeitnehmer bestehen. Entsprechendes gilt für die Aufsichtsräte von Gesellschaften mit beschränkter Haftung, bergrechtlichen Gewerkschaften mit eigener Rechtspersönlichkeit, Versicherungsvereinen auf Gegenseitigkeit sowie Erwerbs- und Wirtschaftsgenossenschaften mit jeweils mehr als 500 Arbeitnehmern.

Dagegen sehen das *Montan-Mitbestimmungsgesetz* vom 21. 5. 1951 und das *Mitbestimmungsergänzungsgesetz* vom 7. 8. 1956 für die diesen Gesetzen unterworfenen Unternehmen des Bergbaus und der Eisen und Stahl erzeugenden Industrie die paritätische Beteiligung von Vertretern der Arbeitnehmer im Aufsichtsrat vor. Hinzu tritt jeweils ein weiteres neutrales (elftes bzw. fünfzehntes) Mitglied. Außerdem ist nach beiden Gesetzen als gleichberechtigtes Mitglied des gesetzlichen Vertretungsorgans ein Arbeitsdirektor zu bestellen, dem vor allem die Wahrnehmung der sozialen Interessen der Arbeitnehmer obliegt.

Auch das *Mitbestimmungsgesetz* vom 4. 5. 1976 beruht auf dem Grundsatz der Parität. Es gilt für Aktiengesellschaften, Kommanditgesellschaften auf Aktien, Gesellschaften mit beschränkter Haftung, bergrechtliche Gewerkschaften mit eigener Rechtspersönlichkeit sowie Genossenschaften – ausgenommen Tendenzbetriebe –, sofern diese Unternehmen in der Regel mehr als 2000 Arbeitnehmer beschäftigen und nicht der Montan-Mitbestimmung unterliegen. Nach dem Mitbestimmungsgesetz ist der Aufsichtsrat mit einer gleichen Anzahl von Vertretern der Anteilseigner und der Arbeitnehmer zu besetzen. Zur Auflösung von Pattsituationen hat der Aufsichtsratsvorsitzende bei einer erneuten Abstimmung über denselben Gegenstand, wenn auch sie Stimmengleichheit ergibt, zwei Stimmen. Das gilt im Ergebnis auch für die Bestellung des Vorstands. Nach dem Mitbestimmungsgesetz ist gleichfalls ein Arbeitsditektor zu bestellen.

K. Fitting/O. Wlotzke/H. Wißmann, Mitbestimmungsgesetz, München 1976.
Th. Raiser, Mitbestimmungsgesetz, Berlin 1977.

Beteiligung der Arbeitnehmer im Aufsichtsrat

I. Nach dem Betriebs-
verfassungsgesetz 1952

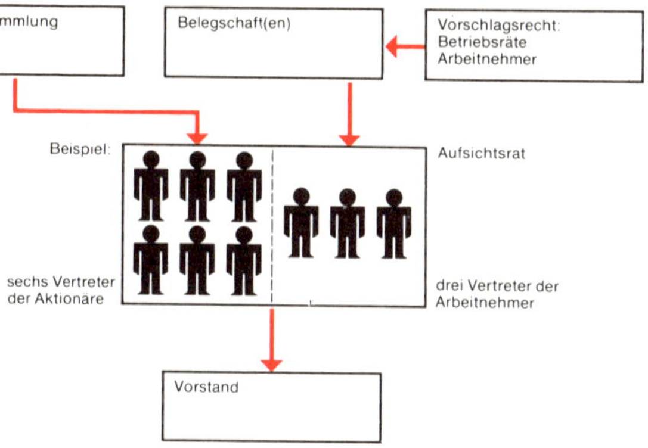

II. Nach den Mitbestimmungsgesetzen für die Montanindustrie

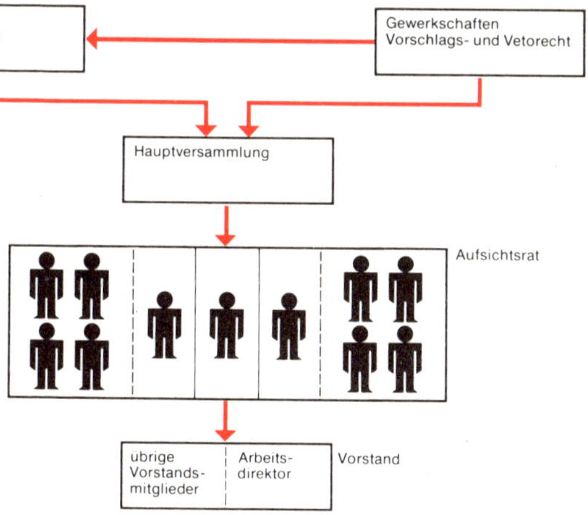

Zusammensetzung des Aufsichtsrats:

vier Vertreter der Anteilseigner und ein weiteres Mitglied

ein weiteres Mitglied: sog. Neutraler

vier Vertreter der Arbeitnehmer, davon zwei Unternehmensangehörige und zusätzlich ein weiteres Mitglied

III. Nach dem Mitbestimmungsgesetz

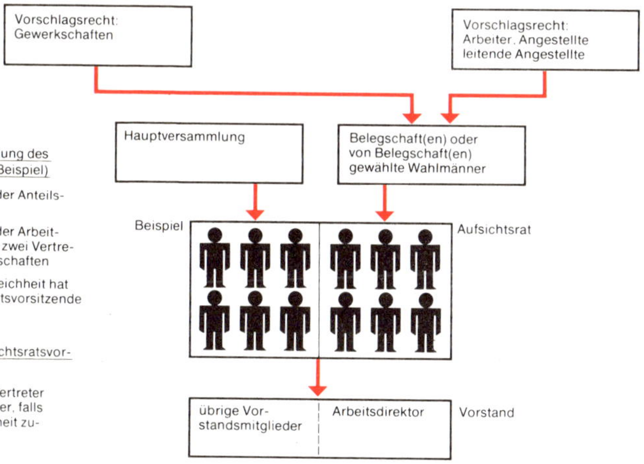

Zusammensetzung des Aufsichtsrats (Beispiel)

acht Vertreter der Anteilseigner

acht Vertreter der Arbeitnehmer, davon zwei Vertreter der Gewerkschaften

Bei Stimmengleichheit hat der Aufsichtsratsvorsitzende zwei Stimmen

Wahl des Aufsichtsratsvorsitzenden

erfolgt durch Vertreter der Anteilseigner, falls keine 2/3-Mehrheit zustande kommt

Sicherheit am Arbeitsplatz

Der Staat sorgt für die soziale Sicherheit am Arbeitsplatz, indem er Arbeitgebern und Arbeitnehmern öffentlich-rechtliche Pflichten zum Schutz der Arbeitnehmer auferlegt. Das Recht auf Erhaltung des Arbeitsverhältnisses und des sozialen Besitzstandes, wie es im Kündigungsschutzgesetz und anderen Gesetzen begründet ist, gehört nicht hierher.

Der Arbeitsschutz obliegt nach Maßgabe der gesetzlichen Vorschriften dem Arbeitgeber. Hierbei ist der Betriebsrat zu beteiligen. Dieser überwacht die Einhaltung der Arbeitsschutzvorschriften und hat bei der Unfallverhütung im Rahmen der ↑ Unfallversicherung (S. 402) ein Mitbestimmungsrecht.

Schutz gegen Unfallgefahren sollen die Unfallverhütungsvorschriften der Berufsgenossenschaften bieten. Darüber hinaus kommt der Arbeitsstättenverordnung auf dem Gebiet des Gefahrenschutzes besondere Bedeutung zu. Danach hat der Arbeitgeber die Arbeitsstätten nach den allgemein anerkannten Regeln der Technik und den arbeitsmedizinischen und hygienischen Erfordernissen unter Einbeziehung der arbeitswissenschaftlichen Erkenntnisse zu errichten und zu unterhalten. Die Anforderungen betreffen u. a. Lüftung, Klimatisierung, Beleuchtung, Lärm, Gerüche, Pausenräume, Sanitärräume und Ausgleichssport. Dem Gefahrenschutz dient auch das Gesetz über Betriebsärzte, Sicherheitsingenieure und andere Fachkräfte für Arbeitssicherheit. Die in diesem Gesetz aufgeführten Personen sollen den Arbeitgeber beim Arbeitsschutz unterstützen.

Der *Arbeitszeitschutz* ist in der Arbeitszeitordnung (AZO) geregelt. Grundsätzlich beträgt die tägliche Höchstarbeitszeit acht Stunden. Überschreitungen sind nur unter besonderen Voraussetzungen zulässig, dann aber im allgemeinen nur bis auf zehn Stunden täglich. Die AZO trifft außerdem Bestimmungen über Pausen: Bei einer Arbeitszeit über sechs Stunden täglich ist eine halbstündige Pause zu gewähren. Die Arbeitszeitvorschriften für Frauen und Jugendliche sind wegen deren besonderer Schutzbedürftigkeit verschärft. Frauen dürfen untertage sowie in Hochofen- und Stahlwerken nicht beschäftigt werden. Sie dürfen auch in Ausnahmefällen nicht länger als zehn Stunden täglich arbeiten; Nachtarbeit ist verboten. Ferner enthält das Mutterschutzgesetz für werdende Mütter und Wöchnerinnen Beschäftigungsverbote (sechs Wochen vor und acht Wochen nach der Niederkunft). Der Schutz für Jugendliche ist ähnlich ausgestaltet: Tägliche Arbeitszeit nicht mehr als acht Stunden, Verbot der Nachtarbeit. Vorschriften über die zeitliche Lage der Arbeit bestehen außerhalb von Tarifverträgen im ↑ Ladenschlußgesetz (S. 338). Für alle Arbeitnehmer gilt ein grundsätzliches Verbot jeder Sonn- und Feiertagsarbeit. Ausnahmen hiervon gibt es u. a. für das Sonntagsgewerbe (z. B. Gastwirtschaften, Theater) und für durchlaufende Betriebe (Schichtarbeit).

Die *Überwachung des Arbeitnehmerschutzes* obliegt der Gewerbeaufsicht. Beamten der Gewerbeaufsicht ist jederzeit Zutritt zu den Betrieben zu gestatten. Die Durchsetzung des Arbeitsschutzes geschieht durch Auflagen und Anordnungen bis hin zur polizeilichen Einstellung des Betriebs.

In letzter Zeit wird immer mehr die Forderung nach *menschengerechter Arbeitsgestaltung* erhoben. Darunter ist mehr als nur Gesunderhaltung und Leistungsförderung zu verstehen. Es geht um das Geachtet- und Respektiertwerden des Arbeitnehmers, um die Entfaltung seiner Persönlichkeit, um die Ausschaltung der Roboterhaftigkeit der Arbeit, um Kommunikation, aber auch um eine weitgehende Beteiligung des Arbeitnehmers an ihn berührenden Entscheidungen und Weisungen. Die Forderung nach menschengerechter Arbeitsgestaltung hat in verschiedenen Bestimmungen des Betriebsverfassungsgesetzes bereits rechtlichen Niederschlag gefunden (↑ Betriebsverfassung S. 378, ↑ Mitbestimmung S. 380).

IfaA, Taschenbuch der Arbeitsgestaltung, Köln 1977.

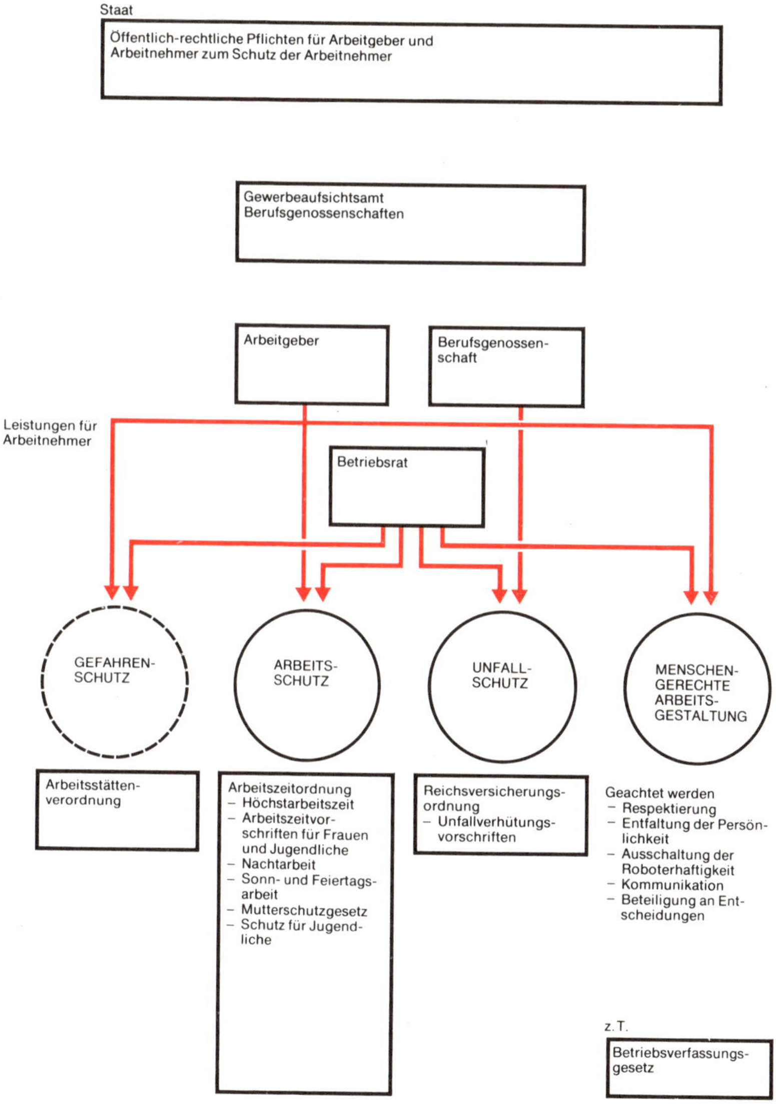

Staat
Öffentlich-rechtliche Pflichten für Arbeitgeber und Arbeitnehmer zum Schutz der Arbeitnehmer
Gewerbeaufsichtsamt
Berufsgenossenschaften
Arbeitgeber
Berufsgenossenschaft
Leistungen für Arbeitnehmer
Betriebsrat
GEFAHREN-SCHUTZ
ARBEITS-SCHUTZ
UNFALL-SCHUTZ
MENSCHENGERECHTE ARBEITSGESTALTUNG
Arbeitsstättenverordnung
Arbeitszeitordnung
– Höchstarbeitszeit
– Arbeitszeitvorschriften für Frauen und Jugendliche
– Nachtarbeit
– Sonn- und Feiertagsarbeit
– Mutterschutzgesetz
– Schutz für Jugendliche
Reichsversicherungsordnung
– Unfallverhütungsvorschriften
Geachtet werden
– Respektierung
– Entfaltung der Persönlichkeit
– Ausschaltung der Roboterhaftigkeit
– Kommunikation
– Beteiligung an Entscheidungen
z. T.
Betriebsverfassungsgesetz

Recht auf Arbeit

Mit dem Recht auf Arbeit soll zum Ausdruck gebracht werden, daß jedermann die Gelegenheit zur Arbeit gegeben sein müsse, um damit seinen Lebensunterhalt zu verdienen. Dieses Recht ist nicht zu verwechseln mit dem privatrechtlichen Anspruch eines Arbeitnehmers gegen seinen Arbeitgeber auf tatsächliche Beschäftigung entsprechend der im Arbeitsvertrag vereinbarten Funktion. Das Recht auf Arbeit ist auch zu unterscheiden vom Recht am Arbeitsplatz, das sich gleichfalls auf ein bestehendes Arbeitsverhältnis bezieht und dem Bestandsschutz dient.

Im Gegensatz zu den meisten Verfassungen der Bundesländer, die im Anschluß an Art. 163 Abs. 2 Weimarer Verfassung ein Recht auf Arbeit besonders anerkennen, wird ein solches Recht im Grundgesetz (GG) nicht ausdrücklich genannt. Es ist jedoch als Bestandteil des *Sozialstaatsprinzips* (Art. 20 Abs. 1, 28 Abs. 1 GG) anzusehen. Die Generalversammlung der Vereinten Nationen hat es in die Allgemeine Erklärung der Menschenrechte aufgenommen (Art. 23 Abs. 1). Es ist außerdem durch die von der Bundesrepublik ratifizierte Europäische Sozialcharta (Teil I, II Art. 1) sowie den gleichfalls von der Bundesrepublik ratifizierten Internationalen Pakt über wirtschaftliche, soziale und kulturelle Rechte (Teil III Art. 6, 7) anerkannt.

Die grundsätzliche Bejahung eines Rechts auf Arbeit besagt nicht, daß es sich dabei um ein subjektives öffentliches Recht des einzelnen gegen den Staat handeln müsse, kraft dessen jeder arbeitsfähige und arbeitswillige Bürger vom Staat die Zuweisung von Arbeit oder die Begründung eines Arbeitsverhältnisses mit diesem oder einem privaten Arbeitgeber verlangen könnte. Ein solches Recht wäre nur realisierbar, wenn der Staat entweder selbst über eine entsprechende Anzahl von Arbeitsplätzen verfügen würde oder das Recht hätte, privaten Arbeitgebern Arbeitskräfte zuzuweisen. Dem widerspricht, daß es dem Staat verwehrt ist, einem Arbeitsuchenden gegen seinen Willen einen Arbeitsplatz zuzuweisen; denn jeder Deutsche hat nach Art. 12 Abs. 1 GG das Recht, Beruf, Arbeitsplatz und Ausbildungsstätte frei zu wählen (↑Berufs- und Gewerbefreiheit S. 144). Außerdem kann nach Art. 12 Abs. 2 u. 3 GG grundsätzlich niemand zu einer bestimmten Arbeit gezwungen werden. Schließlich läge in der Begründung eines Arbeitsverhältnisses gegen den Willen eines privaten Arbeitgebers durch Hoheitsakt auch ein Eingriff in dessen nach Art. 2 Abs. 1 GG gewährleistete Vertrags-(Abschluß-)Freiheit. Ein solcher Eingriff ist nur ausnahmsweise aufgrund des Sozialstaatsprinzips als Bestandteil der verfassungsmäßigen Ordnung für besonders Schutzbedürftige zulässig. Ähnliche Bedenken wie gegen die Begründung eines Arbeitsverhältnisses durch Hoheitsakt gelten für die gesetzliche Begründung eines Kontrahierungszwangs.

Die Bedeutung eines sog. Rechts auf Arbeit kann in der privatwirtschaftlich organisierten Wirtschaftsordnung der Bundesrepublik daher nur darin bestehen, daß der Staat gehalten ist, durch seine Wirtschafts- und Sozialpolitik dafür zu sorgen, daß eine ausreichende Anzahl von Arbeitsplätzen zur Verfügung steht und Arbeitsuchende durch Arbeitsvermittlung einen Arbeitsplatz nachgewiesen erhalten. Dem Vollzug dieses Verfassungsauftrags dienen das Arbeitsförderungsgesetz und das Stabilitätsgesetz. Kann trotzdem ein Arbeitsuchender nicht untergebracht werden, so besteht aufgrund des Sozialstaatsprinzips die subsidiäre Verpflichtung des Staates, dem Arbeitslosen Unterhalt zu gewähren. Rechtsgrundlage hierfür sind die §§ 100 ff., 134 ff. Arbeitsförderungsgesetz über die Gewährung von Arbeitslosengeld und Arbeitslosenhilfe.

M. Rath, Die Garantie des Rechts auf Arbeit, Göttingen 1974.
P. Schwerdtner, Die Garantie des Rechts auf Arbeit – Ein Weg zur Knechtschaft?, Zeitschrift für Arbeitsrecht, Köln u. a. 1977, S. 47 ff.

Arbeitsplätze im Jahre 2000

Bei einem Wirtschaftswachstum von so viel Prozent stehen diese Arbeitsplätze (in Millionen) zur Verfügung

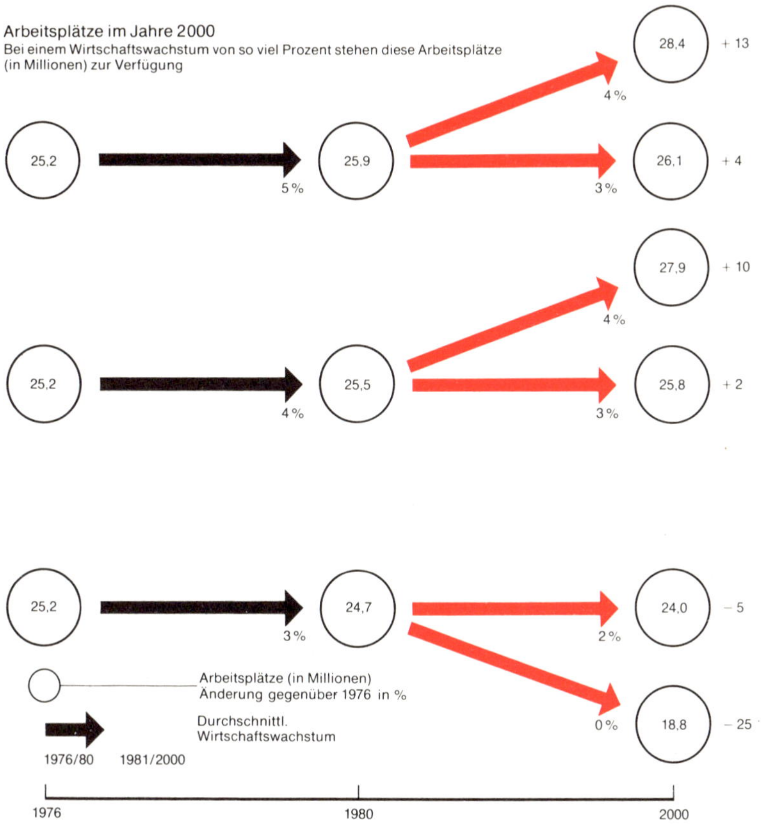

Arbeitsförderung

Die beruflichen Förderungsmaßnahmen der Bundesanstalt für Arbeit

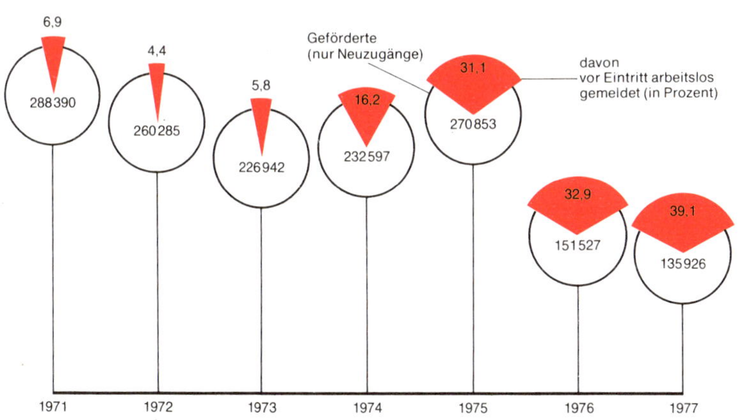

Sozialverwaltung

Die Sozialverwaltung ist neben der individuellen, privaten Vorsorge die andere Methode sozialer Sicherung, gewährt diese kollektiv und bietet darum dem Bürger nur wenig Freiheitsraum persönlicher Gestaltung (z. B. Versicherungsberechtigung, flexible Altersgrenze). Sie ist ein Teil der öffentlichen Verwaltung und gliedert sich in Sozialversicherung, Sozialversorgung und Sozialhilfe. Die ↑*Sozialversicherung* (S. 390), die auf dem Wege von der Arbeitnehmer- zur Volksversicherung ist, überwiegt bei weitem (Arbeitslosen-, Unfall-, Kranken- und Rentenversicherung). Die ↑*Sozialversorgung* (S. 410) erfaßt spezifische Personengruppen und gewährt einen Aufopferungsausgleich (Kriegsopferversorgung, Kriegsfolgenopferversorgung). Die Leistungen der ↑*Sozialhilfe* (S. 388; früher: öffentliche Fürsorge) sind subsidiär, d. h. nachrangig sogar hinter Leistungen privat-caritativer Träger. Diese drei Systeme der sozialen Sicherheit sind öffentliche Verwaltung. Sie sind an die Gesetze und die Grundsätze des öffentlichen Rechts gebunden, setzen Verwaltungsakte (Beitrags- und Leistungsbescheide) und unterliegen weitgehend der Kontrolle durch die ↑*Sozialgerichtsbarkeit* (S. 238). Die Sozialversorgung wird unmittelbar vom Staat (Bund und Länder), die Sozialhilfe durch die Kommunen verwaltet. In der Sozialversicherung werden besondere *Selbstverwaltungsträger* tätig. Diese sind Körperschaften des öffentlichen Rechts, wenn auch zum Teil fälschlich als Anstalten bezeichnet. Sie sind, abgesehen von der Arbeitslosenversicherung, wie folgt organisiert: Die durch Urwahl gewählte Vertreterversammlung erläßt Satzungen, Krankenordnungen und Unfallvorschriften. Der von der Vertreterversammlung gewählte Vorstand nimmt die Richtlinienkompetenz und die gesetzliche Vertretung der Körperschaft wahr. Der Geschäftsführer, dem die laufenden Geschäfte obliegen, wird von der Vertreterversammlung auf Vorschlag des Vorstands gewählt und gehört diesem beratend an. Bei Sozialversicherungsträgern mit mehr als 1,5 Millionen Versicherten kann auf dieselbe Weise eine dreiköpfige Geschäftsführung gewählt werden. Vorstand und Vertreterversammlung sind mit Vertretern der Arbeitgeber und der Versicherten paritätisch besetzt (Ausnahmen: Bundesknappschaft: ein Drittel zu zwei Drittel; Ersatzkassen: nur Versicherte; Landwirtschaftliche Versicherungsträger: auch Selbständige) und haben wechselnden Vorsitz. Die staatliche Aufsicht beschränkt sich grundsätzlich darauf, die Einhaltung des staatlichen Rechts und der Satzungen zu kontrollieren sowie die Einheit der Verwaltung und – zum Teil auch wegen des staatlichen Garantierisikos – die Stetigkeit der Finanzkraft zu sichern. Hierbei sind neben den sozialversicherungsrechtlichen Vorschriften, die das Verhältnis des Versicherungsträgers zu den Mitgliedern, Versicherten und deren Arbeitgebern regeln, auch solche Bestimmungen zu beachten, die die sachliche und personelle Verwaltung des Versicherungsträgers selbst betreffen (Beamten-, Besoldungs- und Dienstrecht, Haushalts- einschließlich Vermögensanlagerecht).

Die Selbstverwaltung der Sozialversicherung als unverzichtbare Voraussetzung demokratischer Gesellschaftsordnung ist – anders als die ↑kommunale Selbstverwaltung (S. 102) – durch das Grundgesetz nicht gewährleistet.

Die Tätigkeit der Sozialverwaltung wird vom Grundsatz der Gesetzmäßigkeit der Verwaltung im sozialen Rechtsstaat bestimmt. Die Grundrechte auf Achtung der Menschenwürde, freie Entfaltung der Persönlichkeit, körperliche Unversehrtheit, freie Berufswahl und Gleichbehandlung sind vom Gesetzgeber, von Behörden und Trägern der Sozialverwaltung und von der Sozialgerichtsbarkeit zu beachten. Daher ist etwa eine Zulassungsbeschränkung für Kassenärzte oder eine Beschränkung der Berufswahl bei beruflicher Rehabilitation grundsätzlich unzulässig.

Gesamtkommentar Sozialversicherung, in 6 Bänden, Loseblattsammlung (früher: RVO-Gesamtkommentar).
Brackmann, Handbuch der Sozialversicherung in 3 Teilen, Loseblattsammlung.

Sozialversicherungsträger

Zweig	Bereich	Träger	Zahl
Arbeitslosen-versicherung	Bund	Bundesanstalt für Arbeit – BA	1
Krankenversicherung	regional	Ortskrankenkassen (AOK)	281
	betrieblich	Betriebskrankenkassen (BKK)	888
	betrieblich	Innungskrankenkassen (JKK)	154
	berufsständisch	Arbeiter-Ersatzkassen (ArbEK)	7
	berufsständisch	Angestellten-Ersatzkassen (AngEK)	7
	Bund/beruflich	Seekrankenkasse (Seekasse)	1
	Bund/beruflich	Bundesknappschaft (BKn)	1
	regional/ beruflich	Landwirtschaftliche Krankenkassen (LnKK)	19
			1358
Rentenversicherung	Bund/ berufsständisch	Bundesversicherungsanstalt für Angestellte (BfA)	1
	regional/ berufsständisch	Landesversicherungsanstalten (LVA)	17
	Bund/beruflich	Bundesknappschaft (BKn)	1
	Bund/berufs-ständisch (Arb.)	Seekasse	1
	Bund/berufs-ständisch (Arb.)	Bundesbahnversicherungs-anstalt	1
	regional/beruflich	Landwirtschaftliche Alterskassen	19
			40
Unfallversicherung	fachlich/Bund	Gewerbliche Berufsgenossen-schaften (BG)	33
	fachlich/regional	Gewerbliche Berufsgenossen-schaften (BG)	2
	beruflich/Bund	Landwirtschaftliche Berufsgenossen-schaften	1
	beruflich/regional	Landwirtschaftliche Berufsgenossen-schaften	18
	regional	Gemeindeunfallversicherungs-verbände	13
	regional	Städte	5
	regional	Landes-Ausführungsbehörden	14
	regional	Feuerwehrunfallkassen	8
	Bund	Bundes-Ausführungsbehörden	4
	Bund	Bundesanstalt für Arbeit	1
			99
Sozialversicherungs-träger		insgesamt	1498

Sozialhilfe und Freie Wohlfahrtspflege

Die *Sozialhilfe*, früher Öffentliche Fürsorge genannt, ist ein Teil der ↑ Sozialverwaltung (S. 384). Sie ist im Bundessozialhilfegesetz geregelt. Von der Sozialhilfe sind die sonstigen staatlichen Sozialleistungen, wie z. B. die Kriegsopferversorgung (↑ Sozialversorgung S. 410) die ↑ Arbeitslosenversicherung (S. 396) und die ↑ Sozialversicherung (S. 390) zu unterscheiden. Die Sozialhilfe ist der letzte vom Staat gewählte Ausweg, dem Hilfebedürftigen die nötigen Voraussetzungen für eine menschenwürdige Lebensführung zu schaffen. Sie setzt nur ein, wenn der Bedürftige sich nicht selbst helfen kann und auch keine Hilfe durch andere erhält, beispielsweise durch Angehörige oder Träger anderer Sozialleistungen (Subsidiarität). Die Unterstützung wird zum einen in Form finanzieller Beiträge zum Lebensunterhalt und zum anderen in mannigfachen Ausgestaltungen tatsächlicher und finanzieller Fürsorgeleistung gewährt. Hierzu gehört die Hilfe zur Nutzung der eigenen Arbeitskraft, die der Hilfsbedürftige in zumutbarem Rahmen einsetzen muß; ferner wird Hilfe in besonderen Lebenslagen, z. B. in Form von finanzieller Unterstützung zum Aufbau einer beruflichen Existenz, in Form von Ausbildungshilfe, vorbeugender Gesundheitshilfe, Krankenhilfe (Arzt- und Krankenhauskosten), Hilfe bei Geburten, Eingliederungshilfe für Behinderte, Tuberkulosenhilfe oder Altenhilfe gewährt. Auf die Hilfe hat der Bedürftige einen nicht übertragbaren, nicht verpfändbaren und nicht pfändbaren persönlichen Rechtsanspruch, den er notfalls im ↑ Verwaltungsrechtsschutz (S. 232) durchsetzen kann. Der Hilfesuchende kann seinen Anspruch bei dem örtlich zuständigen *Sozialamt* seines tatsächlichen Aufenthaltsorts geltend machen.

Der Ursprung der Sozialhilfe liegt in der Zeit der Reformation, als aufgrund von kaiserlichen oder reichsfürstlichen Verordnungen die Städte Aufgaben der öffentlichen Wohlfahrtspflege übertragen erhielten. Die heutigen Träger der Sozialhilfe sind im örtlichen Bereich die kreisfreien Städte (Stadtkreise) und Landkreise (städtische und Kreissozialämter). Die überörtlichen Träger wurden durch die Bundesländer bestimmt; das sind in Baden-Württemberg die Landeswohlfahrtsverbände Baden (Karlsruhe) und Württemberg (Stuttgart), in Bayern die Bezirke, in Berlin und Bremen das Land, in Hamburg die Freie- und Hansestadt, in Hessen der Landeswohlfahrtsverband (Kassel, Darmstadt, Wiesbaden), in Niedersachsen das Land, in Nordrhein-Westfalen die Landesverbände Rheinland (Köln) und Westfalen-Lippe (Münster), in Rheinland-Pfalz, im Saarland und in Schleswig-Holstein jeweils das Land.

Die *Freie Wohlfahrtspflege* unterscheidet sich von der Sozialhilfe dadurch, daß sie nicht vom Staat, sondern von Kirchen, Religionsgesellschaften und privaten Verbänden getragen wird. Die Spitzenverbände der Freien Wohlfahrtspflege in der Bundesrepublik Deutschland sind der Arbeiterwohlfahrthauptausschuß e. V., der Deutsche Caritas-Verband e. V., der Deutsche Paritätische Wohlfahrtsverband e. V., das Deutsche Rote Kreuz e. V., die Innere Mission, das Hilfswerk der Evangelischen Kirche in Deutschland und die Zentralwohlfahrtsstelle der Juden in Deutschland e. V. Diese Verbände haben sich in der Bundesarbeitsgemeinschaft der Freien Wohlfahrtspflege eine gemeinsame organisatorische Einrichtung geschaffen.

Nach dem Inhalt des Bundessozialhilfegesetzes sollen sich die Maßnahmen der Träger der Freien Wohlfahrtspflege und der Sozialhilfe ergänzen. Sozialhilfe wird daher – mit Ausnahme von Geldleistungen – nicht gewährt, soweit die Freie Wohlfahrtspflege für den Hilfsbedürftigen eintritt.

H. Gottschick/D. Giese, Das Bundessozialhilfegesetz, Kommentar, 6. Aufl., Köln u. a. 1977.
A. Knopp/O. Fichte, Bundessozialhilfegesetz, Kommentar, 3. Aufl., München 1974.

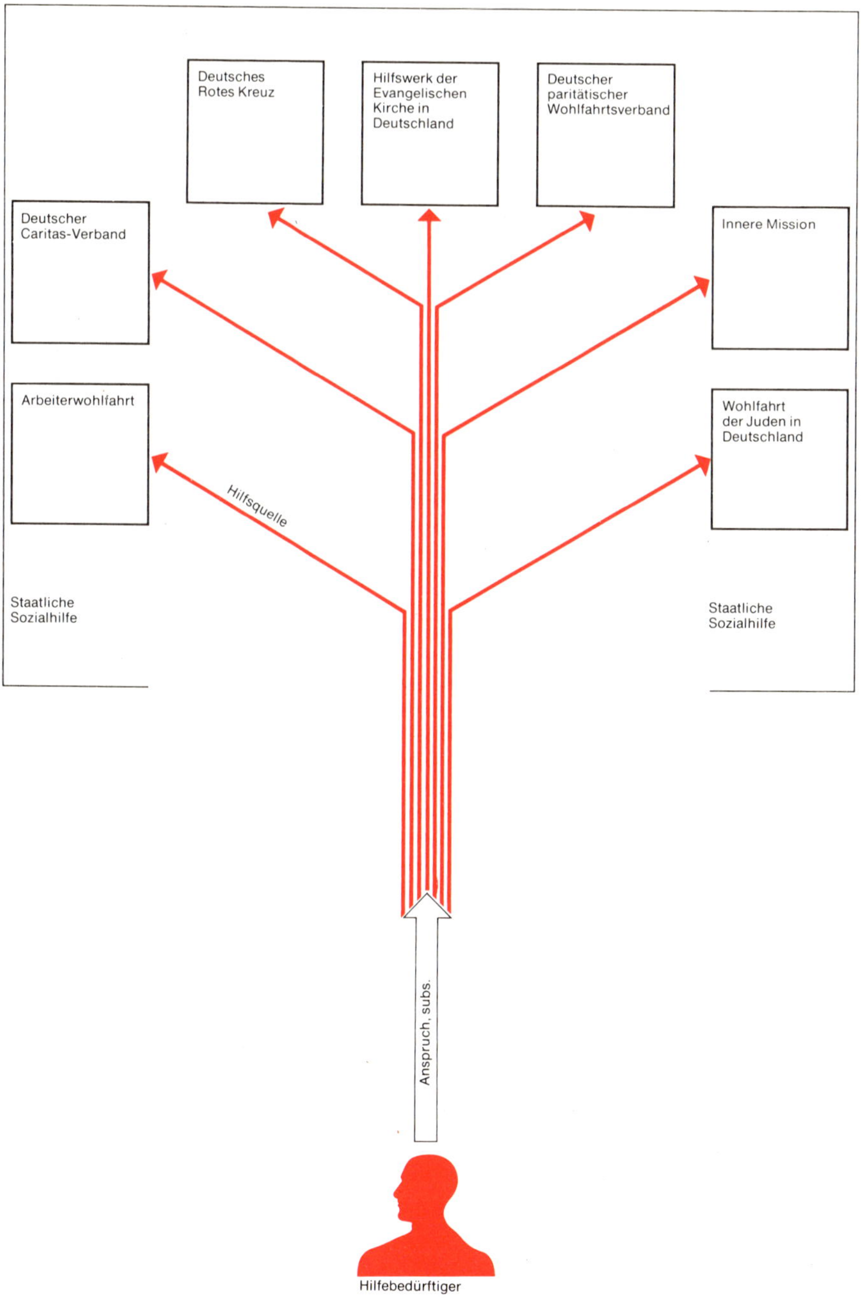
Deutsches
Rotes Kreuz
Hilfswerk der
Evangelischen
Kirche in
Deutschland
Deutscher
paritätischer
Wohlfahrtsverband
Deutscher
Caritas-Verband
Innere Mission
Arbeiterwohlfahrt
Wohlfahrt
der Juden in
Deutschland
Hilfsquelle
Staatliche
Sozialhilfe
Staatliche
Sozialhilfe
Anspruch, subs.
Hilfebedürftiger

Sozialversicherung

Die Sozialversicherung ist innerhalb der ↑Sozialverwaltung (S. 386) das quantitativ und qualitativ bedeutendste System sozialer Sicherheit. Sie umfaßt die ↑Arbeitslosenversicherung (S. 396), die ↑Unfallversicherung (S. 402), die ↑Krankenversicherung (S. 398) und die ↑Rentenversicherung (S. 400). Die Finanzierung der Sozialversicherung erfolgt grundsätzlich versicherungsmäßig durch Beiträge. Ihr soziales Element ist geprägt durch Solidarität (Beteiligungszwang bzw. Beteiligungsmöglichkeit aller Erwerbstätigen), Generationenausgleich und Einkommensumverteilung. In der Form von Versicherungsverhältnissen werden durch die Arbeitslosen- und die Unfallversicherung Beschäftigungsrisiken abgedeckt (Beschäftigungsrückgang, Arbeitsunfall, Berufskrankheit und durch sie bedingter Tod), in der Kranken- und Rentenversicherung die Lebensrisiken (Krankheit, Alter und Tod). Die Konkretisierung eines solchen Risikos stellt den Versicherungsfall dar, der zum Versicherungsschutz durch Leistungen führt, in der Arbeitslosen- und in der Rentenversicherung vorbehaltlich einer Wartezeit. Durch Art und Ursache des Versicherungsfalles wird der Versicherungszweig bestimmt, durch den Zweck des Versicherungsschutzes die Art und der Umfang der Versicherungsleistungen und durch das Versicherungsverhältnis der Versicherungsträger.

Träger der *Arbeitslosenversicherung* ist die Bundesanstalt für Arbeit. Träger der *Krankenversicherung* sind Krankenkassen, Ersatzkassen, die Seekrankenkasse und die Bundesknappschaft. Die Bezirke der 281 Allgemeinen Ortskrankenkassen (AOK) entsprechen regional der kommunalen Gliederung. Die AOK nehmen grundsätzlich alle Krankenversicherten nach dem Beschäftigungsort auf. Daneben bestehen folgende besonderen Zuständigkeiten: 888 Betriebskrankenkassen sind für bestimmte Betriebe errichtet. Die Neuerrichtung, für die mindestens 450 Versicherte erforderlich sind, oder die Erstreckung auf weitere Betriebe desselben Arbeitgebers setzen die Zustimmung der Arbeitnehmermehrheit voraus und dürfen nicht den Bestand der zuständigen AOK gefährden. 154 Innungskrankenkassen sind für die Arbeitnehmer der Innungen zuständig, die sie mit Zustimmung ihrer Gesellenausschüsse errichtet haben. Seeleute sind bei der Seekrankenkasse, Bergleute bei der Bundesknappschaft krankenversichert. Berufsständisch gegliedert sind die sieben Angestelltenersatzkassen und sieben Arbeiterersatzkassen; sie können vom Versicherten frei gewählt werden. Die *Rentenversicherung* wird berufsständisch verwaltet, für Angestellte durch die Bundesversicherungsanstalt für Angestellte, für Arbeiter durch regionale Landesversicherungsanstalten, für Seeleute durch die Seekasse, für die im Bergbau Beschäftigten durch die Bundesknappschaft, für Bundesbahnarbeiter durch die Bundesbahnversicherungsanstalt. Die *Unfallversicherung* der Wirtschaft wird durch 35 fachlich gegliederte gewerbliche Berufsgenossenschaften (z. B. für Chemie oder Bau), bei der öffentlichen Verwaltung durch gemeindliche Unfallversicherungsträger sowie staatliche und kommunale Ausführungsbehörden verwaltet. *Landwirtschaftliche* Krankenkassen (für Selbständige; die Arbeitnehmer werden in die AOK aufgenommen), Alterskassen und Berufsgenossenschaften werden durch neunzehn Träger verwaltet, die in sich nach Kranken-, Renten- und Unfallversicherung gegliedert sind.

Die Sozialversicherungsträger sind öffentlich-rechtliche Körperschaften mit dem Recht auf Selbstverwaltung durch die Versicherten und – abgesehen von den Ersatzkassen – durch die Arbeitgeber (↑Sozialverwaltung (S. 386) AOK, Betriebs- und Innungskrankenkassen bilden kraft Gesetzes Landesverbände, diese je einen Bundesverband. Auch diese Verbände sind Körperschaften öffentlichen Rechts. Die Träger der anderen Versicherungszweige haben Verbände in der Rechtsform des Vereins gebildet.

H. Brackmann, Handbuch der Sozialversicherung in 3 Teilen, Bad Godesberg (Loseblattsammlung).
Information des Bundesministers für Arbeit und Sozialordnung, Übersicht über die Soziale Sicherung, Bonn 1977.

Versicherungszweige

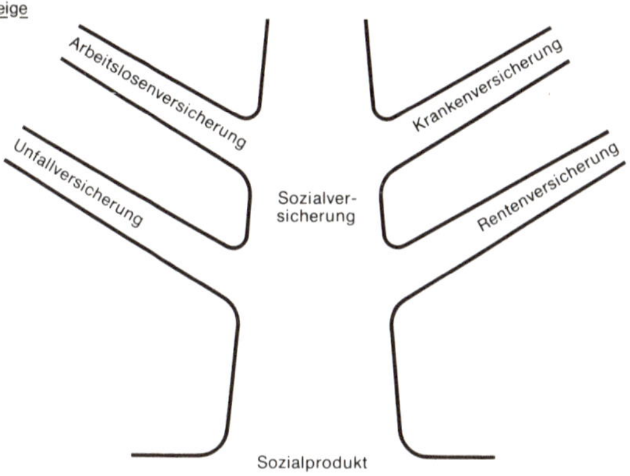

Versicherungsrisiken

Beschäftigungs-
rückgang
- Vollarbeitslosigkeit
- Teilarbeitslosigkeit
  - Kurzarbeit
  - Schlechtwetter

Arbeitsunfall
- Betriebsunfall
- Wegeunfall

Berufskrankheit
- katalogmäßig
- Einzelfall

Tod (durch eines der vorstehenden Ereignisse)

Krankheit
- Arbeitsunfähigkeit

Tod

Gebrechen
- Berufsunfähigkeit
- Erwerbsunfähigkeit

Tod

Erreichen der vorgezogenen Altersgrenze

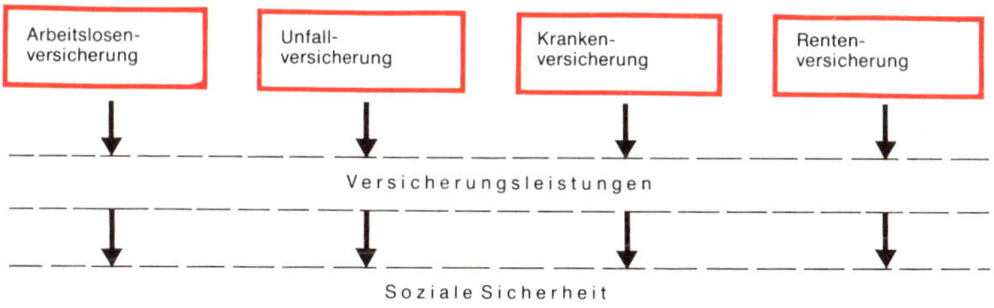

Sozialversicherungsverhältnis

Der Sozialversicherungsträger (z. B. eine Krankenkasse) ist in seinem Versicherungszweig zuständig für die Personen, die zu ihm in einem Versicherungsverhältnis (VersV) stehen (Versicherte). Das VersV beruht grundsätzlich auf einer bestehenden, früheren oder künftigen Erwerbstätigkeit. Es schafft Rechtsbeziehungen zwischen den Beteiligten und dem Versicherungsträger. Vom VersV zu unterscheiden sind die *Mitgliedschaft* in der Sozialversicherung und die *Beteiligung* am Sozialversicherungsträger. Die ↑Arbeitslosenversicherung (S. 396) und die ↑Rentenversicherung (S. 400) kennen keine Mitgliedschaft, bei ihnen sind die Versicherten noch nicht individuell erfaßt. In der ↑Krankenversicherung (S. 398) sind die Versicherten, in der↑ Unfallversicherung (S. 402) die Arbeitgeber Mitglieder. Immer sind die Versicherten und ihre Arbeitgeber *Beteiligte*.

Die *Pflichtversicherung* setzt eine Beschäftigung oder eine selbständige Erwerbstätigkeit als Handwerker oder Landwirt voraus. *Beschäftigung* als faktisches Verhältnis ist unselbständige Erwerbstätigkeit. Sie ist gekennzeichnet durch die – nach dem Recht der Betriebsverfassung begrenzte – Verfügungsmacht des Arbeitgebers über den Beschäftigten (Direktionsrecht). Bei legalem oder illegalem Streik und suspensiver Aussperrung (↑Arbeitskampf S. 376) besteht sie fort (in der Krankenversicherung drei Wochen). Die Pflichtversicherung (mit ihr der Versicherungsschutz und die Beitragspflicht) besteht kraft gesetzlicher Anordnung für jeden Beschäftigten, ohne daß es auf den Willen von Beteiligten oder des Versicherungsträgers ankommt. In der Krankenversicherung sind Angestellte mit einem Arbeitsentgelt über der Jahresarbeitsverdienstgrenze (Entgeltgrenze) ausgenommen. Pflichtversicherte der Krankenversicherung sind auch Rehabilitanden der Arbeitslosen-, der Renten- und der Unfallversicherung, Rentner der Rentenversicherung und Leistungsempfänger der Arbeitslosenversicherung. Eine Versicherungsberechtigung gibt es als *Weiterversicherung* und als *Selbstversicherung*. Eine *Höherversicherung* ist in der Rentenversicherung unrentabel. Bei der Weiter- und Selbstversicherung scheidet der Arbeitgeber als Beteiligter am VersV aus. Beteiligt er sich an den Beiträgen seines Arbeitnehmers, so ist dies ein rein arbeitsrechtlicher, wenn auch lohnsteuerbegünstigter Vorgang. Die Versicherungsberechtigung berechtigt den Versicherten zur Fortführung oder Aufnahme eines VersV. Die Weiterversicherung hat in der Rentenversicherung wegen der seit 1968 bestehenden allgemeinen Pflichtversicherung nur noch Übergangsbedeutung und ist mit direktem Pflichtversicherungsanschluß bis zum Ende des zweiten folgenden Kalenderjahres, in der Krankenversicherung binnen drei Wochen zulässig; in dieser steht sie auch Mitversicherten nach Ende der Mitversicherung zu. Die Selbstversicherung steht in der Renten-, Unfall- und Krankenversicherung selbständig Erwerbstätigen zu, in der Krankenversicherung auch Erstangestellten mit einem Anfangsarbeitsentgelt über der Versicherungspflichtgrenze binnen drei Monaten nach Erstanstellung.

Nur in der Krankenversicherung haben Mitversicherung und Formalversicherung Bedeutung. Als *Mitversicherte* nehmen nicht selbst versicherte Angehörige (Ehegatten, Kinder und Pflegekinder im Haushalt bis zum achtzehnten, satzungsmäßig höchstens 27. Lebensjahr) ohne zusätzlichen Beitrag an der Pflicht-, Weiter- oder Selbstversicherung mit praktisch den gleichen Leistungsansprüchen wie der Versicherte teil, wenn sie nicht die gesetzlich festgelegte Einkommensgrenze von gegenwärtig einem Fünftel der Bezugsgröße monatlich (1978: 390,– DM) überschreiten. Diese kostenlose Mitversicherung in der Krankenversicherung bleibt auch während der Wehr- oder Ersatzdienstzeit bestehen. Auch wer ohne Berechtigung irrtümlich Beiträge zahlt, ist gegen Krankheit versichert *(Formalversicherung)*.

H. Brackmann, Handbuch der Sozialversicherung in 3 Teilen, Bad Godesberg (Loseblattsammlung).
Vorlaufer, Sozialversicherte Personen, 1974.

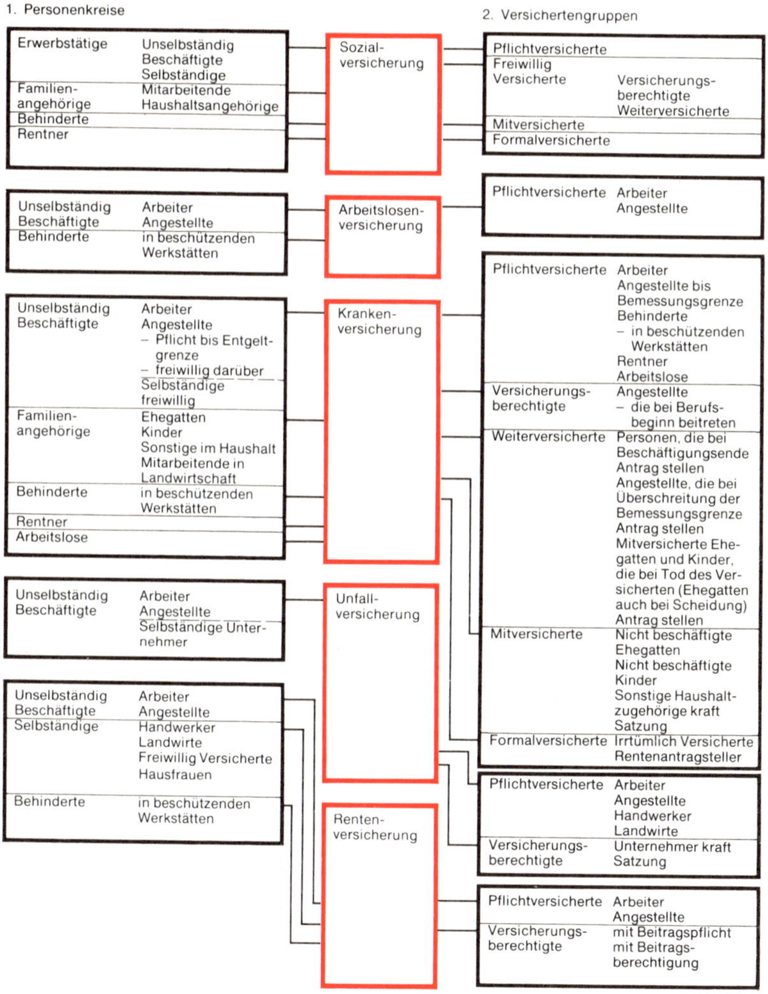
1. Personenkreise
2. Versichertengruppen
Erwerbstätige
Unselbständig Beschäftigte
Selbständige
Familienangehörige
Mitarbeitende Haushaltsangehörige
Behinderte
Rentner
Sozialversicherung
Pflichtversicherte
Freiwillig Versicherte
Versicherungsberechtigte
Weiterversicherte
Mitversicherte
Formalversicherte
Unselbständig Beschäftigte
Arbeiter
Angestellte
Behinderte
in beschützenden Werkstätten
Arbeitslosenversicherung
Pflichtversicherte
Arbeiter
Angestellte
Unselbständig Beschäftigte
Arbeiter
Angestellte
– Pflicht bis Entgeltgrenze
– freiwillig darüber
Selbständige freiwillig
Familienangehörige
Ehegatten
Kinder
Sonstige im Haushalt
Mitarbeitende in Landwirtschaft
Behinderte
in beschützenden Werkstätten
Rentner
Arbeitslose
Krankenversicherung
Pflichtversicherte
Arbeiter
Angestellte bis Bemessungsgrenze
Behinderte
– in beschützenden Werkstätten
Rentner
Arbeitslose
Versicherungsberechtigte
Angestellte
– die bei Berufsbeginn beitreten
Weiterversicherte
Personen, die bei Beschäftigungsende Antrag stellen
Angestellte, die bei Überschreitung der Bemessungsgrenze Antrag stellen
Mitversicherte Ehegatten und Kinder, die bei Tod des Versicherten (Ehegatten auch bei Scheidung) Antrag stellen
Mitversicherte
Nicht beschäftigte Ehegatten
Nicht beschäftigte Kinder
Sonstige Haushaltzugehörige kraft Satzung
Formalversicherte
Irrtümlich Versicherte
Rentenantragsteller
Unselbständig Beschäftigte
Arbeiter
Angestellte
Selbständige Unternehmer
Unfallversicherung
Pflichtversicherte
Arbeiter
Angestellte
Handwerker
Landwirte
Versicherungsberechtigte
Unternehmer kraft Satzung
Unselbständig Beschäftigte
Arbeiter
Angestellte
Selbständige
Handwerker
Landwirte
Freiwillig Versicherte
Hausfrauen
Behinderte
in beschützenden Werkstätten
Rentenversicherung
Pflichtversicherte
Arbeiter
Angestellte
Versicherungsberechtigte
mit Beitragspflicht
mit Beitragsberechtigung

Sozialversicherungsleistungen

Die gegliederte Sozialversicherung (SV) spiegelt die Vielfalt der von der sozialen Sicherheit erfaßten Lebens- und Beschäftigten-Risiken und der sie deckenden Leistungen. Die Risiken sind kausal, die Leistungen nach sozialpolitischen Zwecken (final) bestimmt. Die überwiegende Zahl der Leistungen regelt das Gesetz direkt *(Regelleistungen)*, andere läßt es in der Weise zu, daß das autonome Recht der Versicherungsträger (Satzungen) mehr gewähren darf (*Mehrleistungen*, z. B. höhere Zuschüsse in der Krankenversicherung). Schließlich beauftragt der Gesetzgeber die Sozialversicherungsträger nach ihrer Zweckbestimmung fremde Leistungen für andere, insbesondere den Staat, gegen (nicht immer volle) Kostenerstattung zu erbringen (*Auftragsleistungen:* Mutterschaftsleistungen durch die Kranken-, Kindergeld durch die Arbeitslosenversicherung, Rententeilleistungen für Ersatz- und Ausfallzeiten durch die Rentenversicherung). Die Leistungen sind Bar- und Sachleistungen. *Barleistungen* dominieren in der Arbeitslosen- und Rentenversicherung, *Sachleistungen* in der Krankenversicherung. Barleistungen werden auch neben Sachleistungen gewährt und haben Lohnersatz-, nach dem Tode des Versicherten für die Hinterbliebenen Unterhaltsfunktion. Sachleistungen (auch als pauschalierter Kostenersatz durch Sterbe- und Mutterschaftsgeld der Krankenversicherung) sind medizinisch (ambulant/stationär), berufsbildungsmäßig, informatorisch, beratend oder steuernd (Unfallverhütung). Art und Umfang der Leistungen sind dem Versicherungsfall zugeordnet. Es bewirken Teilarbeitslosigkeit: Kurzarbeiter- und Schlechtwettergeld in der Arbeitslosenversicherung, Krankheit: Kranken- und Krankenhauspflege in der Krankenversicherung bzw. Heilbehandlung und Heilanstaltspflege in der Unfallversicherung, Arbeitsunfähigkeit: Kranken- und Übergangsgeld, Mutterschaft: Mutterschaftshilfe, Berufs- oder Erwerbsunfähigkeit: Rente in der Rentenversicherung bzw. Verletztenrente in der Unfallversicherung, Erreichen der Altersgrenze: Alters- oder vorgezogenes Altersruhegeld in der Rentenversicherung, Tod: Hinterbliebenenrenten, Sterbegeld bzw. Beihilfe in der Renten-, Kranken- bzw. Unfallversicherung. Für alle Zweige und Träger der SV haben Prävention und Rehabilitation heute sozialpolitisch Vorrang bekommen (↑Arbeits-, Berufs- und Erwerbsunfähigkeit S. 404). Sie reichen von der Arbeitsmarktforschung bis zur Prothese und wirken dem Eintritt oder der Dauer von Berufs- und Erwerbsunfähigkeit entgegen; die heilende (kurative) Medizin begegnet der Arbeitsunfähigkeit. Leistungen medizinischer und beruflicher Rehabilitation werden durch Barleistungen ergänzt.

Sachleistungen erbringt der Versicherungsträger grundsätzlich durch Dritte: Ärzte, Zahnärzte (Kassenarztrecht), kommunal oder caritativ geführte Krankenhäuser (Pflegesatzverordnung), Berufsförderungswerke (privat, meist unter Beteiligung von Sozialversicherungsträgern geführt), Apotheken (amtliche Arzneitaxe), Heil- und Hilfsmittellieferanten, selbständige Heil- und Pflegeberufe (privatrechtliche Kollektivverträge der Verbände). Die Leistungen erfordern, mit Ausnahme der Unfallversicherung, einen Leistungsantrag und erfolgen nach der Antragsprüfung aufgrund eines Leistungsbescheides. Die Leistungsbescheide können vom Träger berichtigt, zugunsten (ausnahmsweise auch zuungunsten) des Versicherten geändert oder im Verfahren der ↑Sozialgerichtsbarkeit (S. 238) verändert werden. Der Leistungsanspruch kann verwirkt werden oder verjähren (vier Jahre). Er ist grundsätzlich nur pfändbar oder abtretbar, soweit er auf laufende Geldleistungen gerichtet ist. Seine Erfüllung führt kraft Gesetzes zum Übergang eines etwaigen zivilrechtlichen Schadensersatzanspruchs des Versicherten (Mitversicherten) gegen Dritte auf den Versicherungsträger. Hiervon besteht in der Unfallversicherung eine Ausnahme, wenn Schädiger der Unternehmer oder ein Kollege ist und diese kein grobes Verschulden trifft.

Information des Bundesministers für Arbeit, Übersicht über die Soziale Sicherung, Bonn 1977.
H. Jäger, Sozialversicherungsrecht, 8. Aufl., Berlin 1977.

Sozialversicherungsleistungen

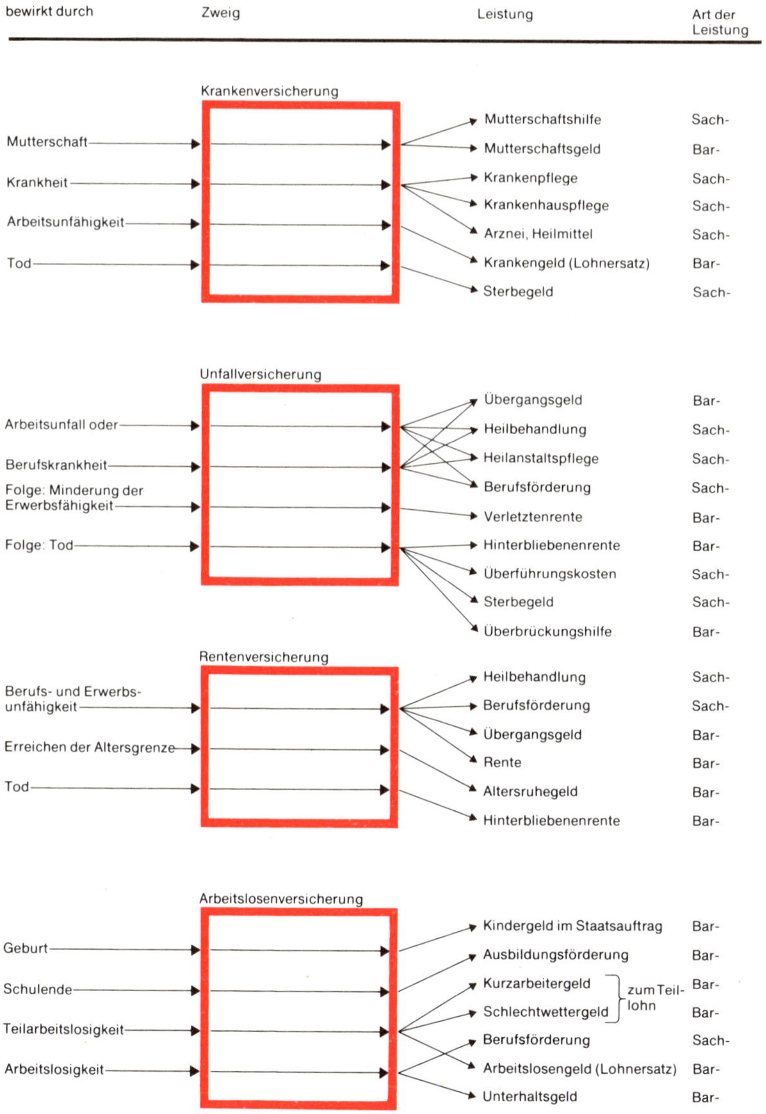

Arbeitslosenversicherung

Die Arbeitslosenversicherung (ArblV) wird im Rahmen der Selbstverwaltung von der *Bundesanstalt für Arbeit* (BA) durchgeführt. Diese gliedert sich in die Hauptstelle, neun Landesarbeitsämter und 146 Arbeitsämter. Ihre Organe sind nicht nur durch Arbeitgeber- und Versichertenvertreter, sondern unter Einschluß der öffentlichen Hand (Bund, Länder, Kommunen) mit Drittelparität besetzt. Verwaltungsrat und Vorstand werden nicht gewählt, sondern aufgrund bindender Vorschläge der Sozialpartner (↑Gewerkschaften S. 370, ↑Arbeitgeberverbände S. 372) und der öffentlichen Hand von der Bundesregierung berufen. Er setzt durch Verwaltungsanordnungen autonomes Recht gegenüber Versicherten und Arbeitgebern. Präsident und Vizepräsident der BA werden nach Anhörung des Verwaltungsrats auf Vorschlag der Bundesregierung vom Bundespräsidenten ernannt. Die Vorstandswahl und der wechselnde Organvorsitz durch Vertreter der Sozialpartner sind wie in der übrigen Sozialversicherung geregelt (↑Sozialverwaltung S. 386). Die Landesarbeitsämter und die Arbeitsämter haben drittelparitätisch besetzte Verwaltungsausschüsse.

Von der ArblV gedeckte Risiken sind die Teil- und die Vollarbeitslosigkeit. *Teilarbeitslosigkeit* entsteht durch Kurzarbeit und im Baugewerbe durch schlechtwetterbedingten Arbeitsausfall (Schlechtwetterzeit: November–März). Leistungen sind befristetes Kurzarbeitergeld bzw. Schlechtwettergeld; sie werden neben dem Arbeitsentgelt für die verkürzte wöchentliche Arbeitszeit gezahlt. *Vollarbeitslosigkeit* liegt vor, wenn der Arbeitnehmer den Arbeitsplatz verloren hat und für den Arbeitsmarkt verfügbar ist, d. h. gesundheitlich vermittlungsfähig und persönlich vermittlungswillig ist. Unter diesen Voraussetzungen werden nach 26 Wochen Wartezeit ein entgeltbezogener Hauptbetrag sowie Familienzuschläge für 78–312 Tage je nach Dauer der Versicherungszeit gewährt. Auf dieses *Arbeitslosengeld* wird ein Nettoeinkommen aus unselbständiger und selbständiger Erwerbstätigkeit zur Hälfte angerechnet, soweit es 15.– DM wöchentlich übersteigt. In besonderen Fällen kann eine Sperrzeit verhängt, das Arbeitslosengeld versagt oder entzogen werden. Die an die Bezugsdauer von Arbeitslosengeld anschließende befristete *Arbeitslosenhilfe* ist – wie die ↑Sozialhilfe (S. 388) – eine subsidiäre Leistung. Bei einem ↑Arbeitskampf (S. 376) ist die Leistungsfähigkeit der BA eingeschränkt (Neutralitätspflicht mit rechtlich umstrittenem Umfang).

In der ArblV haben wie in der übrigen Sozialversicherung präventive und rehabilitative Leistungen vorrangige Bedeutung. Um sie zu erfüllen, treibt die BA Beschäftigungspolitik im weitesten Sinne. Grundlage ist hierbei die Arbeitsmarktforschung. Sie wird durch das Institut für Arbeits- und Berufsforschung betrieben. Andere zentrale Aufgaben nehmen die Zentralstelle für Arbeitsvermittlung und ein Zentralamt wahr. Als gezielte Maßnahmen zur Sicherstellung ausreichender Arbeitsplätze werden Zuschüsse und Darlehen zur Arbeitsplatz- und Winterbauförderung sowie zur Eingliederung Arbeitsloser gewährt. In Zusammenarbeit mit dem Berufsbildungsforschungsinstitut wird Berufsforschung betrieben. Zu erwähnen sind ferner die Berufsbildungsförderung, die Beteiligung an Berufsförderungswerken und eine gezielte Berufsberatung. Die BA führt außerdem rehabilitative Maßnahmen durch – ab 1979 auch solche, die bisher der Rentenversicherung obliegen. Dazu gehören die Umschulung auf zukunftsträchtige Berufe, während der der Versicherte Unterhaltsgeld erhält, und die *Arbeitsvermittlung*.

Die BA ist Unfallversicherungsträger für die Arbeitslosen und finanziert die Krankenversicherung der Vollarbeitslosen sowie anteilig die der Teilarbeitslosen. Sie gewährt als Auftragsleistung (↑ Sozialversicherungsleistungen S. 394) Kindergeld aus dem Bundeshaushalt und konkursbedingten, über die Unfallversicherung finanzierten Lohnausfallersatz bis zu drei Monaten.

H. Brackmann, Handbuch der Sozialversicherung in 3 Teilen, Bad Godesberg (Loseblattsammlung).
H. Jäger, Sozialversicherungsrecht, 8. Aufl., Berlin 1977.

Arbeitsverwaltung

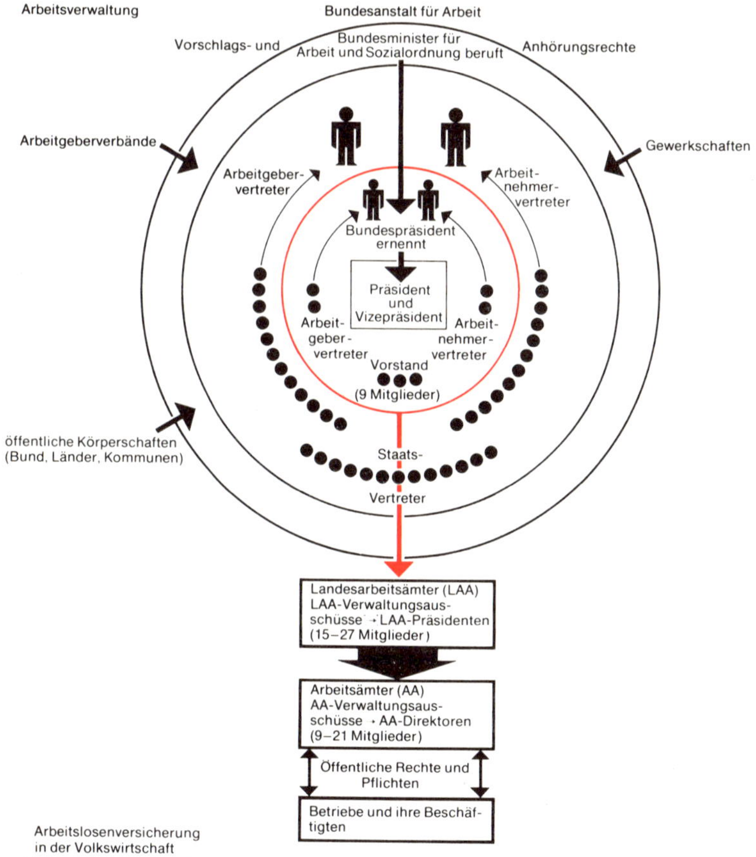

Arbeitslosenversicherung in der Volkswirtschaft

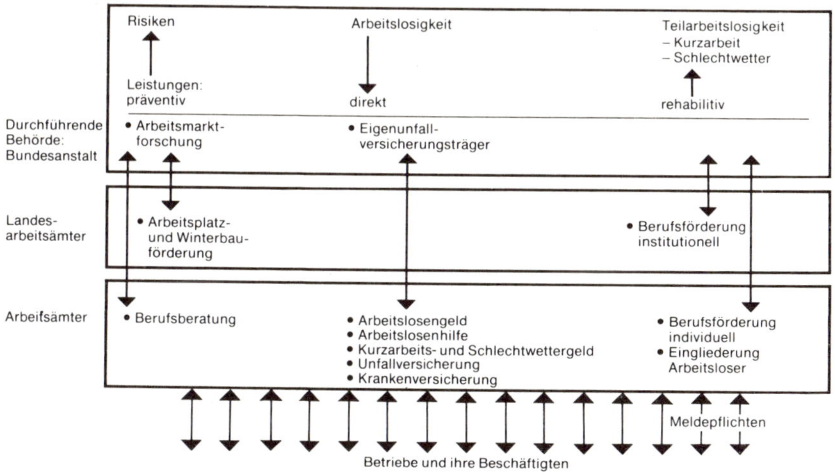

Krankenversicherung

In der Krankenversicherung (KV) ist die Krankheit als Lebensrisiko versichert. Im Unterschied dazu fällt die Berufskrankheit als Beschäftigungsrisiko in den Bereich der ↑Unfallversicherung (S. 402). Die Krankheit im sozialrechtlichen Sinne ist nicht gesetzlich definiert, aber jedenfalls verschieden von dem medizinischen Begriff. Der sozialrechtliche Begriff ist durch die Rechtsprechung ständig ausgeweitet worden und erfaßt nun auch angeborene Körperanomalien, Alkohol- und Drogensucht.

Die KV befindet sich in der Entwicklung zur *Gesundheitssicherung*. Noch bildet die kurative Behandlung des Erkrankten den Leistungsschwerpunkt. Doch sind Gesundheitsvorsorge und Früherkennung als präventive Maßnahmen im Aufbau. Seit 1974 ist auch die medizinische Rehabilitation KV-Leistung, die vor allem Mitversicherten zugute kommt. Präventive Untersuchungen zur Früherkennung gibt es für Kleinkinder (bis vier Jahre) sowie auf Krebs- und Kreislaufkrankheiten für Frauen ab Beginn des 30., für Männer ab Beginn des 45. Lebensjahres; ihr Ausbau verzögert sich aus Kostengründen. Die Gesundheitsvorsorge kann von der KV kaum individuell gezielt gewährt, wohl aber als gesellschaftliche und staatliche Aufgabe durch Forschung gefördert sowie durch Information und Beratung unterstützt werden. Aufklärung, Beratung und Auskunft sind zwar gesetzliche Pflichten der Sozialleistungsträger; doch wird im Bereich der KV erst ein systematischer Ausbau zur Gesundheitssicherung führen.

Kurative Leistungen sind zeitlich unbegrenzt. Dazu zählen: Krankenhauspflege; ärztliche und zahnärztliche Behandlung; Versorgung mit Arznei, Heil- und Hilfsmitteln sowie Zahnersatz unter beschränkter Kostenbeteiligung des Versicherten (in der Regel 1 DM für jedes verordnete Mittel; an der Beschaffung und Instandsetzung von Heil- und Hilfsmitteln kassendifferenziert nach Satzungsbestimmungen, höchstens $33^1/_3$%; bei Zahnersatz und Zahnkronen in der Regel 20%). Die ärztliche und zahnärztliche Behandlung wird durch Kassenärzte (-zahnärzte) auf der Basis von bundeseinheitlichen und regionalen öffentlich-rechtlichen Mantelverträgen und Honorarvereinbarungen gewährt. Die vom Bundesverfassungsgericht mit Rücksicht auf das Grundrecht der ↑Berufsfreiheit (S. 144) für verfassungswidrig erklärte Zulassungsbeschränkung für Kassenärzte auf räumlich und fachlich gezielt verteilte Kassenarztsitze hat zur Überversorgung der Städte und zur Unterversorgung der Land- und Stadtrandgebiete geführt. Die Schiedsämter verhindern durch die Verbindlichkeit ihrer Honorarfestsetzung zwar Ärztestreiks, bewirken aber Honorarverzerrungen. Besonders infofern bedarf das Kassenarztrecht einer sinnvollen Reform zur Sicherstellung wirtschaftlicher Allgemeinversorgung. – Arzneimittel werden nur durch konzessionierte Apotheken vermittelt. Die Arzneimitteltaxe wird staatlich festgelegt mit 5% KV-Rabatt. Abrechnungsverträge für Arzneien und Leistungsverträge für andere Sachleistungen werden kollektiv und privatrechtlich geschlossen. – Die Krankenhauspflege wird durch kommunale und privatcaritative Krankenhäuser geleistet. Die Kosten dafür werden auf der Grundlage der vom Krankenhausfinanzierungsgesetz vorgesehenen Pflegesatzverordnung amtlich festgesetzt. Zu decken sind die Pflegekosten, nicht aber die „Vorhaltekosten". Die KV muß jedoch auch das Defizit der Krankenhäuser ausgleichen. Zur Kostendämpfung in der KV ist durch Gesetz die Konzertierte Aktion eingerichtet worden. Den KV-Trägern obliegen Mutterschaftsleistungen in Erfüllung gesetzlich übertragener Fremdenaufgaben, zu denen nach der Reform des Rechts der Schwangerschaftsunterbrechung (§ 218 StGB) auch mutterschaftsverhindernde Leistungen treten. Die KV gewährt grundlohnabhängiges Sterbegeld. Laufende Barleistungen obliegen ihr im Falle der – ambulanten oder stationären – Arbeitsunfähigkeit, die bei begründetem Zweifel vertrauensärztlich nachprüfbar ist. Die Organisation der Krankenversicherung (Krankenkassen) ist ein Teil der ↑Sozialverwaltung (S. 386).

H. Peters, Handbuch der Krankenversicherung in 2 Teilen, Stuttgart (Loseblattsammlung).
D. Krauskopf, Soziale Krankenversicherung, München 1973.

Krankenversicherung

1. Mittelverwendung

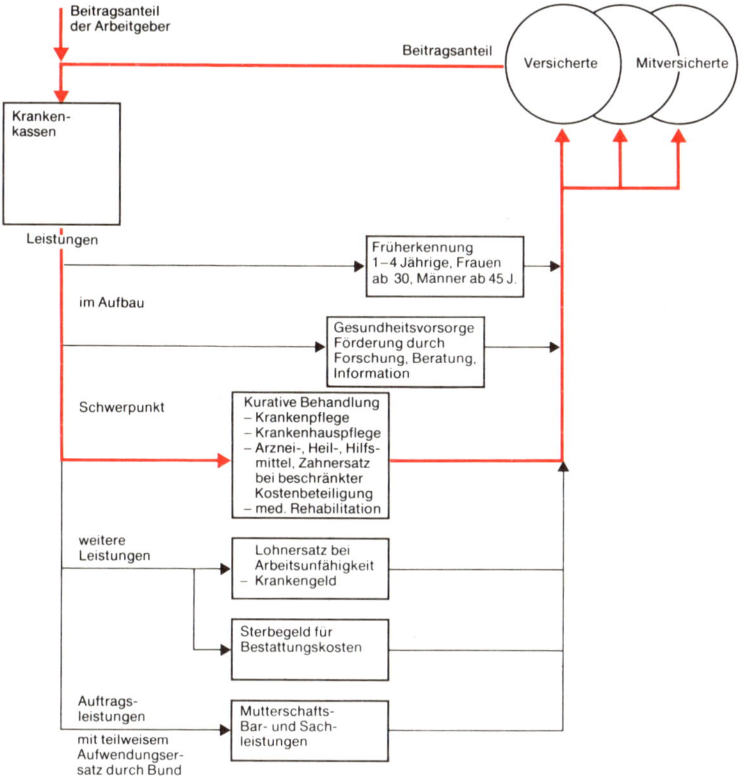

Das Dreiecksverhältnis bei Sachleistungen

Die Dreiecksregelung: Der Anspruch der Versicherten gegen die Krankenkasse wird auf deren Kosten von den Leistungsträgern, die hierzu auf gesetzlicher Basis kraft Vertrages mit der Krankenkasse verpflichtet sind, durch die ihnen obliegende Sachleistung erfüllt, die bei Krankheit des Versicherten ihm selbst, bei Krankheit des Mitversicherten diesem gewährt wird.

Rentenversicherung

Die Rentenversicherung (RV) ist Pflichtversicherung (↑Sozialversicherungsverhältnis S. 392) für alle Beschäftigten, für Handwerker und Landwirte. Sie gliedert sich in die *Angestellten- und Arbeiter-RV (allgemeine RV)* sowie in die *knappschaftliche RV* der im Bergbau Beschäftigten. Die Selbstverwaltung der Angestellten- und Arbeiter-RV ist paritätisch; in der knappschaftlichen RV liegt sie zu $^2/_3$ bei den Versicherten. Die Beitragsbelastung wird in der Angestellten- und Arbeiter-RV hälftig, in der knappschaftlichen RV überwiegend von den Arbeitgebern getragen. Der Steigerungssatz der Rentenanwartschaft der knappschaftlichen RV ist höher als in der allgemeinen RV (2,2 statt 1,5). Weitere Unterschiede bestehen nicht. Das erleichtert die Mobilität innerhalb der Gesamtwirtschaft (Arbeitsplatzwechsel). Finanziell überwiegen in der RV Renten*leistungen* bei weitem. Die Rentenversicherung trägt aber auch bis zu mindestens 11,7% der Rentenausgaben aller RV-Träger die Lasten der Krankenversicherung der Rentner mit. Berufs- und Erwerbsunfähigkeitsrenten werden im Interesse des Versicherten, der Versichertengemeinschaft und der Volkswirtschaft durch präventive und rehabilitative Leistungen weitestmöglich eingeschränkt (↑Arbeits-, Berufs- und Erwerbsunfähigkeit S. 404). Unterschieden werden als Versichertenrenten die Berufs- und die Erwerbsunfähigkeitsrenten, das Altersruhegeld und das vorgezogene Altersruhegeld sowie die Hinterbliebenenrenten. Für das Altersruhegeld liegt die Altersgrenze bei 65 Jahren, für die vorgezogene Altersgrenze bei 63 Jahren (Schwerbehinderte 62 Jahre) nach mindestens 35 Versicherungsjahren, für Frauen bei 60 Jahren nach mindestens 121 Versicherungsmonaten ab dem 41. Lebensjahr, für alle im Falle der Arbeitslosigkeit nach mindestens 52 Wochen Arbeitslosigkeit innerhalb von $1^1/_2$ Jahren vor Rentenantragstellung. Betriebs- und Erwerbsunfähigkeitsrenten sowie Hinterbliebenenrenten setzen eine (kleine) Wartezeit von 60 Versicherungsmonaten, Altersruhegelder eine (große) Wartezeit von 180 Monaten voraus.

Die Höhe der Versichertenrente bestimmt sich nach drei Faktoren: (1) nach dem Verhältnis des persönlich-individuellen Arbeitsentgelts in jedem Versicherungsjahr (persönliche Bemessungsgrundlage) zu dem Durchschnitt aller Jahreseinkommen (allgemeine Bemessungsgrundlage); dabei wird die persönliche Bemessungsgrundlage bis zum zweifachen Betrag der allgemeinen Bemessungsgrundlage berücksichtigt; (2) nach der Zahl der Versicherungsjahre einschließlich der Ersatz- und Ausfallzeiten und bei Berufs- und Erwerbsunfähigkeitsrenten sowie Hinterbliebenenrenten zuzüglich der Zurechnungszeiten, d. h. der Zeiten zwischen dem Eintritt der Berufs- oder Erwerbsunfähigkeit oder dem Tod bis zur Vollendung des 55. Lebensjahres, wohin der Eintritt des Versicherungsfalles fiktiv verschoben wird; (3) nach dem Steigerungssatz, der für die Berufsunfähigkeitsrente 1 %, sonst 1,5 % (für die knappschaftliche RV 2,2 %) je Versicherungsjahr beträgt. Altersruhegeld ist bei Bezug vor 65 Jahren geringer, nach 65 Jahren entspricht es der kürzeren oder längeren Versicherungszeit. Im letzteren Fall treten je Versicherungsmonat 0,6 % (maximal 14,4 %) des Altersruhegeldes hinzu. Zu Rente und Ruhegeld tritt Kinderzuschuß in Höhe von 10% der allgemeinen Bemessungsgrundlage für jedes berechtigte Kind. Die persönliche Bemessung dynamisiert die Rentenanwartschaft entsprechend der allgemeinen Entwicklung der Arbeitsentgelte bis zum Eintritt des Versicherungsfalls. Diese *Zugangsrente* wird später jährlich zum 1. 1. als *Bestandsrente* unter Berücksichtigung der wirtschaftlichen Leistungsfähigkeit an die Arbeitsentgeltsentwicklung mit einem Verzögerungseffekt von vier Jahren angepaßt. An Hinterbliebenenrenten werden von der Versichertenrente gewährt: als Witwenrente (für unterhaltenen Ehemann: Witwerrente) 60%, als Waisenrente 10% und als Doppelwaisenrente 20%, jeweils zuzüglich Kinderzuschuß.

W. Pelikan, Rentenversicherung, 2. Aufl., München 1975.
W. Schimanski, Kranken-, Unfall- und Rentenversicherung, Berlin 1975.

	Angestelltenversicherung	Arbeiterrentenversicherung	Knappschaftliche Rentenversicherung
	paritätisch verwaltet	paritätisch verwaltet	überwiegend von Versicherten verwaltet
Steigerungssatz	1,5% Altersruhegeld und Erwerbsunfähigkeit 1,0% Berufsunfähigkeit	1,5% Altersruhegeld 1,0% Berufsunfähigkeit	2,0% Knappschaftsruhegeld und Erwerbsunfähigkeit 1,2% Berufsunfähigkeit, ohne knappschaftliche Beschäftigung 1,8% 0,8% Bergmannsrente

Rentenleistung

Ausgelöst durch Risikoeintritt:	Leistungsart:
Erreichen der Altersgrenze (65)	– Altersruhegeld
Erreichen der vorgezogenen Altersgrenze (ab 63, Frauen ab 60)	– vorgezogenes Altersruhegeld
Tod des Versicherten	– Hinterbliebenenrenten an Witwen und Waisen
Berufs- und Erwerbsunfähigkeit	– Berufs- und Erwerbsunfähigkeitsrente
Interesse des Versicherten, der Versichertengemeinschaft und der Volkswirtschaft	– Präventive Gesundheitsmaßnahmen (Kuren) zur Verhinderung von Berufs- und Erwerbsunfähigkeit – Rehabilitiv (medizinisch und beruflich) zur Wiederherstellung von Berufs- und Erwerbsfähigkeit

2. Rentenhöhe in der Angestelltenversicherung und Arbeiterrentenversicherung

Versichertenrenten	Lebensentgeltbedingte Relation zur allgemeinen Bemessungsgrenze (jeweiliges Durchschnittsentgelt aller Versicherten)	=	Persönliche Bemessungsgrenze
			×
	Versicherungszeiten + Ersatzzeiten + Ausfallzeiten	=	Zahl der Versicherungsjahre
			×
	Versicherungsfallabhängiger		Steigerungssatz
			=
			erster Rentenbetrag (Zugangsrente)
			+
			Rentenanpassung
			=
			jeweiliger Rentenbetrag (Bestandsrente)
Hinterbliebenenrenten	Witwen- (Witwer-) rente Waisenrente Doppelwaisenrente		60% der Versichertenrente 10% der Versichertenrente 20% der Versichertenrente
Kinderzuschuß	zur Versichertenrente je Kind zur Waisen- (Doppelwaisen-) rente	}	10% der allgemeinen Bemessungsgrenze

Unfallversicherung

Die Unfallversicherung (UV) aller Beschäftigten deckt die Beschäftigungsrisiken, d. h. die Risiken eines Arbeitsunfalls, einer Berufskrankheit und eines dadurch bewirkten Todes. *Arbeitsunfall* ist ein kurzfristig, durch die betriebliche Beschäftigung oder auf dem Wege zu und von der betrieblichen Beschäftigung eintretendes, die Person des Versicherten schädigendes Ereignis (Betriebsunfall, Wegeunfall). *Berufskrankheit* ist die beschäftigungsbedingte Entstehung einer listenmäßig erfaßten Krankheit.

Die Unfallversicherung geht von dem Gedanken aus, mit Rücksicht auf die Schadensgeneigtheit unselbständiger Arbeit für hierdurch herbeigeführte Körperschädigungen und deren Folgen (Minderung der Erwerbsfähigkeit oder Tod) eine Einstandspflicht des wirtschaftlichen Nutznießers dieser Arbeit, des Unternehmers, zu begründen. Solange zivilrechtlich dessen Verschulden an einem Schaden Haftungsvoraussetzung war, blieb in der Regel der Arbeitnehmer ohne Schutz, weil er einen langen Rechtsstreit finanziell nicht durchstehen konnte. Ursprung der UV ist also die Notwendigkeit, das Recht des Arbeitnehmers kollektiv zu sichern. Dies geschieht in der Weise, daß eine *Berufsgenossenschaft* den Arbeitnehmern zu Lasten ihrer Mitglieder haftet und der Unternehmer durch die vom Verschulden unabhängigen Versicherungsleistungen von der Haftung frei wird. In den Risikobereich ist der Weg vom Wohnhaus zur Arbeitsstätte und zurück einbezogen, ferner der erste Weg zur Bank, um bargeldlos gezahltes Arbeitsentgelt (auch nur teilweise) abzuheben. Der Ersatzanspruch wegen Personenschaden hat durch abstrakte Schadensbemessung und Rehabilitationsangebot zugleich die Ausgestaltung zu einer Maßnahme sozialer ↑Sicherheit am Arbeitsplatz (S. 382) erfahren.

Die Beitragsleistung des Unternehmers an die Berufsgenossenschaft bewirkt, daß ein auf diese übergehender Ersatzanspruch gegen ihn nicht entsteht. Eine Ausnahme gilt, wenn der Arbeitgeber den Schaden vorsätzlich oder grob fahrlässig herbeigeführt hat, wobei im letzten Falle die Berufsgenossenschaft auf den Übergang des Anspruchs verzichten kann.

Ein Wegfall der Erwerbsfähigkeit führt zur Verletztenvollrente, eine teilweise, d. h. mindestens 20%ige Minderung der Erwerbsfähigkeit zu einer entsprechend verringerten Teilrente. Zur Vollrente von zwei Dritteln des Jahresarbeitsverdienstes bzw. der Unternehmerversicherungssumme tritt unter Umständen eine Kinderzulage (10% der Verletztenrente, aber nicht geringer als das Kindergeld oder ein Kinderzuschuß der Rentenversicherung). Hinterbliebenenrenten sind je nach dem Angehörigkeitsgrad gestaffelt und betragen vom Jahresarbeitsverdienst als Witwen-(Witwer-)rente 30%, u. U. 40%, als Waisenrente 20%, als Vollwaisenrente 30%, als Elternrente 20% (für einen vom tödlich Verletzten unterhaltenen Elternteil), insgesamt jedoch höchstens 80% des Jahresarbeitsverdienstes des Verstorbenen.

Die Verhütung von Arbeitsunfällen und Berufskrankheiten *(Unfallverhütung)* ist unmittelbare Aufgabe der Arbeitgeber und geht auf deren Kosten. Die notwendigen Maßnahmen sind aber von der Berufsgenossenschaft anzuordnen, zu steuern, zu fördern und zu überwachen. Ein wichtiges Instrument der Unfallverhütung sind die von der Vertreterversammlung der Berufsgenossenschaft erlassenen und der Genehmigung des Bundesministers für Arbeit und Sozialordnung bedürftigen *Unfallverhütungsvorschriften*. Ihre technischen Anforderungen sind über das Maschinenschutzgesetz auch für die Herstellung und den Vertrieb von Maschinen verbindlich. Neueste präventive Aufgaben der UV sind die Steuerung und Förderung des Einsatzes von Betriebsärzten, Sicherheitsingenieuren und anderen Sicherheitsfachkräften in den Betrieben sowie die Einrichtung entsprechender Dienste hierfür. Die Organisation der Unfallversicherung ist ein Teil der ↑Sozialverwaltung (S. 386).

H. Lauterbach, Gesetzliche Unfallversicherung in 4 Bänden, Stuttgart (Loseblattsammlung).
W. Bereiter-Hahn/Schieke, Unfallversicherung, Berlin (Loseblattsammlung).

1. Das „Haus" der Berufsgenossenschaft

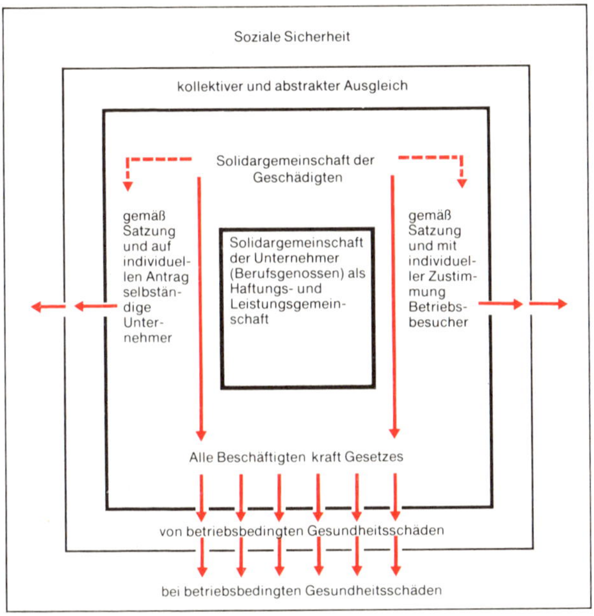

2. Leistungssystem

Prävention

Verhüten besser als vergüten

Unfallverhütungsvorschriften für Arbeitssicherheit
- Sicherheitstechnische Gestaltung neuer Maschinen
- Technische Sicherung des Arbeitsablaufs
- Arbeitsmedizinischer Gesundheitsschutz

Überwachung der Maßnahmen zur Arbeitssicherheit
- Technischer Aufsichtsdienst in Zusammenarbeit mit Gewerbeaufsicht

Steuerung und Förderung
- Betrieblicher Einsatz von Sicherheitsfachkräften und Betriebsärzten

Rehabilitation

Wiederherstellen besser als Laufenlassen

- Medizinische Rehabilitation in Spezialunfallkliniken
- Berufliche in Berufsförderungswerken
- beide verbunden mit lohnersetzendem Verletztengeld
- beide verbunden mit lohnersetzendem Übergangsgeld

Rente

Lohnersatz
Unterhaltungsersatz

Verletztenteilrente
- ab 20 % Minderung der Erwerbsfähigkeit

Verletztenvollrente
- bei Erwerbsunfähigkeit = ⅔ des individuellen Jahresarbeitsverdienstes der Unternehmerversicherungssumme

Hinterbliebenenrente
- bei Tod an Witwe (Witwer), Waisen, vorher unterhaltene Eltern

Arbeits-, Berufs-, Erwerbsunfähigkeit

Die Sozialversicherung ist das System der sozialen Sicherheit für die Erwerbstätigen und ihre Angehörigen. Jedes ↑ Sozialversicherungsverhältnis (S. 392) setzt bestehende, frühere oder künftige (Schülerunfall-, Studentenkrankenversicherung) selbständige Erwerbstätigkeit oder – weit häufiger – unselbständige Beschäftigung voraus. Vorrangig sind deshalb Leistungen, die die Erwerbstätigkeit ermöglichen und erhalten *(Prävention)* oder wiederherstellen *(Rehabilitation)*; sie verwandeln fürsorgerischen Schutz in gesellschaftliche Sicherstellung.

Die Erwerbstätigkeit kann durch Arbeits-, Berufs- oder Erwerbsunfähigkeit, im übertragenen Sinne auch durch Arbeitslosigkeit, zeitweise oder auf Dauer, teilweise oder ganz ausgeschlossen sein. Das Erreichen der Altersgrenze ist als fiktiver, der Tod als endgültiger Ausschluß der Erwerbsfähigkeit zu werten. Dem Begriff der *Erwerbsfähigkeit* kommt also die zentrale, humanitätsgerechte Bedeutung für das gesamte Leistungssystem der Sozialversicherung zu. *Arbeitsunfähigkeit* ist die krankheitsbedingte Unfähigkeit, die vertragliche Arbeit zu leisten. *Berufsunfähigkeit* ist die auf einem Gebrechen generell-abstrakt (also nicht individuell-konkret) beruhende Unfähigkeit, mehr als 50% des normalen Verdienstes im ausbildungsentsprechend zumutbaren Beruf zu erreichen. *Erwerbsunfähigkeit* ist die Unfähigkeit, überhaupt oder nur geringfügig Verdienst zu erlangen. Die Berufsunfähigkeit geht stetig zurück; mißlingt der Rehabilitationsversuch, so führen die verschärften Anforderungen an die Zumutbarkeit von Beruf und Arbeitsplatz zur Erwerbsunfähigkeit.

Präventive Maßnahmen sind in der ↑ Arbeitslosenversicherung (S. 396) die Arbeitsmarktforschung, Arbeitsplatz- und Winterbauförderung, Berufsforschung, Berufsberatung und Berufsbildungsförderung, in der ↑ Krankenversicherung (S. 398) die Gesundheitsvorsorge und Früherkennungsuntersuchung, in der ↑ Rentenversicherung (S. 400) die Kinder- und Frühheilverfahren, in der ↑ Unfallversicherung (S. 402) die Unfallverhütung und der arbeitsmedizinische Gesundheitsschutz. Die Rehabilitation umfaßt Maßnahmen medizinischer und beruflicher Art (z. B. Schul-, Hochschul- und Berufsbildung, Berufsförderungswerke). Je nach Versicherungsverhältnis und Ursache der Erwerbsunfähigkeit sind zuständig: die Arbeitslosenversicherung für berufliche, die Krankenversicherung für medizinische Rehabilitation, die Unfall- und Rentenversicherung sowie Kriegsopferversorgung (↑ Sozialversorgung S. 410) und ↑ Sozialhilfe (S. 388) für beide Arten. Die Zweckgleichheit bei der Sicherung der Erwerbsfähigkeit führt zu grundsätzlicher Leistungsgleichheit, von der nur die Sozialhilfe ausgenommen ist.

Stationäre medizinische und berufliche Rehabilitation wird von Barleistungen mit Lohnersatzfunktion begleitet (Übergangsgeld in der Renten- und Unfallversicherung, Unterhaltsgeld in der Arbeitslosenversicherung). In der Krankenversicherung ist dies – nach Ablauf der in der Regel sechswöchigen Fortzahlung des Arbeitsentgelts – das Krankengeld, das auch bei ambulanter ärztlicher Versorgung zur Heilung oder Besserung einer mit der Arbeitsunfähigkeit verbundenen Krankheit bezahlt wird. Die Erwerbsunfähigkeit führt – wie die 100%ige Minderung der Erwerbsfähigkeit – zur Vollrente, Berufsunfähigkeit zur Zwei-Drittel-Rente, eine geringere als 100%ige zur entsprechend geminderten Vollrente. Diese Renten werden auf einen etwa erzielten Verdienst nicht angerechnet. Die Arbeitsunfähigkeit wird durch den Kassenarzt festgestellt und bei begründetem Mißbrauchsverdacht durch den Vertrauensarzt nachgeprüft. Der vertrauensärztliche und der Rentengutachterdienst, deren Vereinigung zu einem Sozialmedizinischen Dienst angestrebt wird, begutachten die Berufs- und Erwerbsunfähigkeit. Die Minderung der Erwerbsfähigkeit wird spezial- oder gutachterärztlich festgestellt.

H. Brackmann, Handbuch der Sozialversicherung in 3 Teilen, Bad Godesberg (Loseblattsammlung).
H. Jäger, Sozialversicherungsrecht, 8. Aufl., Berlin 1977.

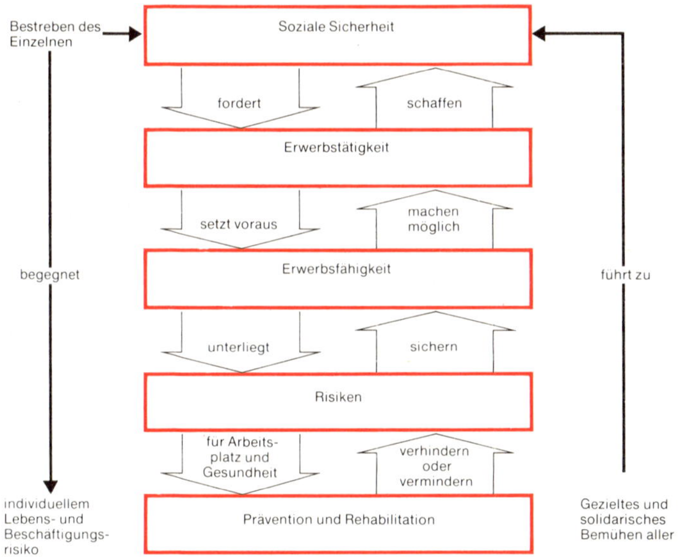

Gesundheit als Element der Sozialen Sicherheit

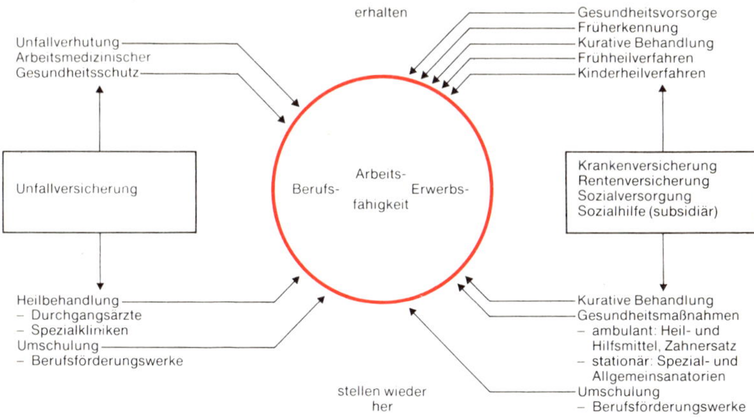

Finanzierung der Sozialversicherung

Die ↑Sozialversicherung (S. 390) wird grundsätzlich durch *Beiträge* der Versicherten und ihrer Arbeitgeber oder durch die Arbeitgeber allein finanziert. Staatliche *Zuwendungen* erfüllen in der knappschaftlichen ↑Rentenversicherung (S. 400) und in der landwirtschaftlichen Sozialversicherung eine durch die strukturellen Besonderheiten von Bergbau und Landwirtschaft bedingte und gerechtfertigte Zuschußfunktion mit direktem Defizitausgleich. Die „Bundeszuschüsse" zu den allgemeinen Rentenversicherungen der Angestellten und der Arbeiter sind unzureichende Kostenerstattungen für die nicht versicherungsmäßigen Auftragsleistungen, wie z. B. die Mutterschaftsleistungen der Krankenversicherung. Vermögenserträge sind mangels größerer Vermögensbildung relativ nur noch wenig bedeutend. Die Beiträge bestehen für die Kranken- und die Rentenversicherung in vorausgeschätzten, für die ↑Unfallversicherung (S. 402) in nachträglich ermittelten Umlagen. Sonstige Einnahmen der Versicherungsträger (Vermögenserträge, Bußgelder, Säumniszuschläge, Verzugszinsen, Schadensersatz) sind gering. Die Beiträge zur Arbeitslosenversicherung, zur Kranken- und zur Rentenversicherung werden vom Arbeitgeber in der Form eines Gesamtsozialversicherungsbeitrages entrichtet, der aus dem einbehaltenen Versichertenanteil und dem Arbeitgeberanteil besteht. Der Beitrag wird, abgesehen von Besonderheiten bei Ersatzkassen, an die zuständige Krankenkasse abgeführt und von ihr nach Aufteilung weitergeleitet. Das ist möglich, weil die Beiträge vom einheitlich lohnsteuerpflichtigen Arbeitsentgelt nach Prozentsätzen (Beitragssätzen) berechnet werden. Diese sind für die ↑Arbeitslosenversicherung (S. 396) auf 3, für die allgemeine Rentenversicherung auf 18 und für die knappschaftliche Rentenversicherung auf 23,5 Prozent gesetzlich festgelegt. Für die Krankenversicherung werden sie in der Satzung, für die Unfallversicherung kalenderjährlich durch Vorschuß- und nachträgliche Beitragsbeschlüsse des Vorstands der Berufsgenossenschaft bestimmt.

Die Beitragsberechnung kann in der Renten- und in der Arbeitslosenversicherung das Arbeitsentgelt nur bis zum zweifachen der allgemeinen Bemessungsgrenze zugrundegelegt werden, d. h. des jeweiligen Durchschnitts aller Jahresarbeitsentgelte (1978: 44 400,– DM). In der Krankenversicherung beträgt die Grenze 75% hiervon. In der Unfallversicherung liegt sie gesetzlich bei 36 000,– DM, ist aber satzungsmäßig erhöhbar (praktische Obergrenze 1977: 84 000,– DM). Feste DM-Beiträge gibt es gesetzlich in der Rentenversicherung für selbständige Handwerker und Landwirte, für Landwirte auch in der Krankenversicherung gemäß deren Satzung, für Unternehmer in der Unfallversicherung satzungsgemäß. Die Beiträge für versicherte Arbeitnehmer werden grundsätzlich von diesen und ihren Arbeitgebern je zur Hälfte aufgebracht, in der knappschaftlichen Rentenversicherung im Verhältnis 36,17 : 63,83, in der Unfallversicherung und in bestimmten Fällen geringen Verdienstes nur durch die Arbeitgeber (Unternehmer).

Der Bund garantiert die Sozialversicherung, ausgenommen die Unfallversicherung. Betriebs- und Innungskrankenkassen werden vom Arbeitgeber bzw. der Innung garantiert.

Stucker, Finanzierung der Sozialversicherung.
Brackmann, Handbuch der Sozialversicherung in 3 Teilen, Loseblattsammlung.

Beitragsaufbringung

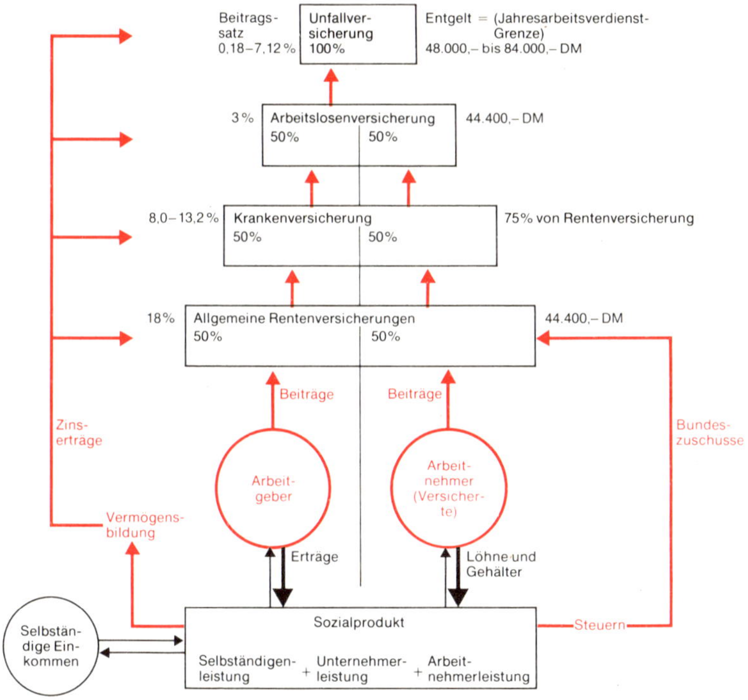

Verteilung der Gesamtsozialversicherungsbeiträge

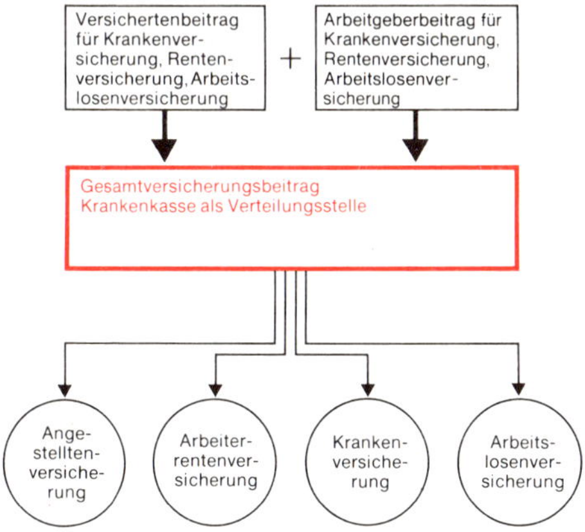

Kindergeld – Ausbildungsförderung

Die soziale Sicherheit beginnt mit der Berufsbildung, die primär Berufsausbildung ist, sekundär Berufsfortbildung sowie – der technologisch-strukturellen Entwicklung in Produktion, Handel und Dienstleistung folgend – Umschulung. Eine sinnvolle Berufsbildung setzt erfolgreiche Schulbildung voraus. Dem sozialpolitischen Postulat der Chancengleichheit aller Kinder und Jugendlichen dient unmittelbar die Ausbildungsförderung, mittelbar das Kindergeld.

Das mehr sozial als bevölkerungspolitisch motivierte *Kindergeld* wird für eheliche, für ehelich erklärte, an Kindes Statt angenommene und nichteheliche Kinder, für die in den Haushalt des Berechtigten aufgenommenen Stief- und Pflegekinder, Enkel und Geschwister gewährt, für letztere auch bei überwiegender Unterhaltsgewährung, bis zur Vollendung des 18., unter bestimmten Voraussetzungen (Schul- und Berufsausbildung, Gebrechen, notwendige Hilfe im Haushalt) des 27. Lebensjahres, ausnahmsweise darüber hinaus, sofern das Kind gewisse Höchsteinkünfte nicht überschreitet. Kindergeld wird verrechnet mit entsprechenden Leistungen der ↑Rentenversicherung (S. 400) oder der ↑Unfallversicherung (S. 402). Anspruchsberechtigt ist vor allem, wer im Bundesgebiet einschließlich Berlin Wohnsitz oder gewöhnlichen Aufenthalt hat. Das Kindergeld wird auf schriftlichen Antrag beim zuständigen Arbeitsamt gewährt. Es beträgt für das erste Kind 50 DM, für das zweite 100 DM (ab 1. 7. 1979), für das dritte und jedes weitere Kind 200 DM monatlich. Der Anspruch verjährt in 4 Jahren. Der Rechtsweg ist zu den Sozialgerichten (↑Sozialgerichtsbarkeit S. 238) eröffnet.

Ausbildungsförderung wird geleistet für den Besuch von weiterführenden allgemeinbildenden Schulen und Fachoberschulen, Abendhaupt-, Berufsaufbau-, Abendrealschulen, Abendgymnasien, Kollegs und vergleichbaren Einrichtungen, Berufsfach- und Fachschulen, höheren Fachschulen und Akademien, Hochschulen. Weitere Einrichtungen, für deren Besuch Ausbildungsförderung geleistet wird, sind durch Rechtsverordnung bestimmt. Unter gewissen Voraussetzungen wird auch eine Ausbildung im Ausland sowie ein anerkannter ↑Fernunterricht (S. 456) bis zu sechs Monaten gefördert. Anspruchsberechtigt sind Deutsche (↑Staatsangehörigkeit S. 18), Ausländer unter bestimmten Voraussetzungen. Förderung erfordert außerdem Eignung und ist in der Regel beschränkt auf eine durch Rechtsverordnung festgelegte Förderungshöchstdauer der Erstausbildung unter Einschluß der unterrichts- und vorlesungsfreien Zeit, erstreckt sich aber unter Umständen auch auf eine weitere Ausbildung. Der Bedarf errechnet sich nach dem Lebensunterhalt und der Ausbildung unter Anrechnung von Einkommen und Vermögen des Auszubildenden, des Ehegatten und der Eltern, wobei es bestimmte Freibeträge gibt. Für Auszubildende gelten variierende Sätze, 1978 zwischen 235 DM und 580 DM monatlich. Ausbildungsförderung wird in Form von Zuschuß, Grunddarlehen und gegebenenfalls Zusatzdarlehen geleistet. In der Regel wird ein Betrag von 130 bzw. 150 DM (abhängig davon, ob der Auszubildende bei seinen Eltern wohnt) als (Grund)darlehen, ein Mehrbetrag als Zuschuß geleistet. Zusatzdarlehen werden grundsätzlich bei weiterer oder anderer Ausbildung sowie bei Überschreiten der Förderungshöchstdauer infolge des erstmaligen Nichtbestehens der Abschlußprüfung gewährt, und zwar insgesamt als Darlehen. Das Darlehen ist nicht zu verzinsen (Ausnahmen: Rückzahlungsrückstand, Anspruch auf Überleitung von Unterhaltsansprüchen ab Anzeige mit 6%). Die Kosten tragen der Bund (65%) und die Länder (35%). Die Ausbildungsförderung erfolgt auf schriftlichen Antrag durch die Ausbildungsförderungsämter der Länder im Auftrag des Bundes. Es bestehen Nachweis- und Auskunftspflichten. Ansprüche sind im Verwaltungsrechtsweg vor den Verwaltungsgerichten durchzusetzen (↑Verwaltungsrechtsschutz S. 232).

H. Jäger, Sozialversicherungsrecht, 8. Aufl., Berlin 1977.
Information des BMA, Übersicht über die Soziale Sicherung, Bonn 1977.

Kinder- und Berufsbildungsförderung

Kinderförderung

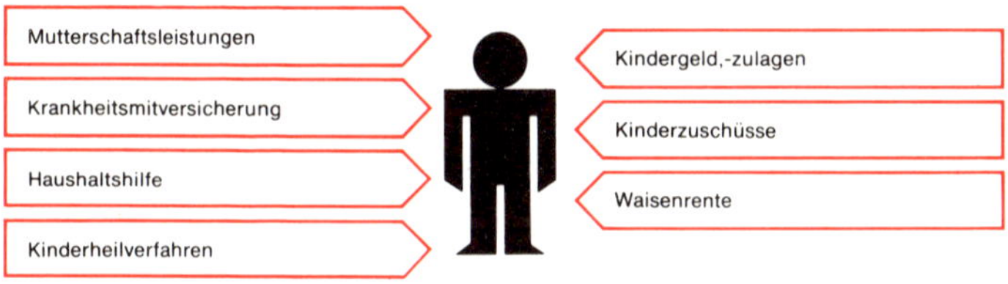

Kindergeld

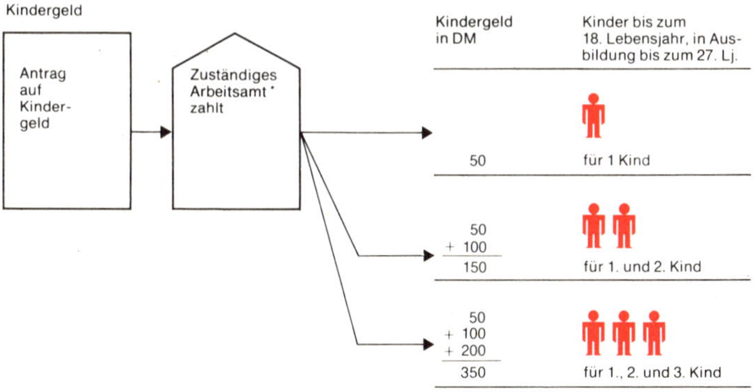

Berufsbildungsförderung

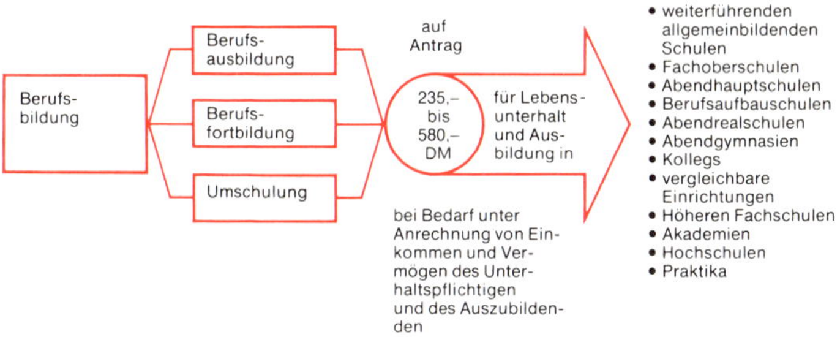

Sozialversorgung

Die Sozialversorgung besteht aus Leistungen des Staats zur Entschädigung und sozialen Sicherstellung von Bürgern, die sich in Erfüllung eines Staatsauftrags aufgeopfert oder stellvertretend für die Allgemeinheit Schäden hingenommen und dadurch ein Sonderopfer erbracht haben (Aufopferungsgrundsatz).

Die Sozialversorgung erfaßt durch bestimmte Kriegs- und Nachkriegsereignisse hervorgerufene Sonderopfer körperlicher und materieller Art. Es wird gewährt: *Kriegsopferversorgung* u. a. für gesundheitsbeschädigte deutsche Kriegs-, ↑Wehr- (S. 572), ↑Ersatzdienst- (S. 570) und Zivilschutzleistende, wobei das Soldatenversorgungsgesetz und die Gesetze über den Zivilen Ersatzdienst und das Zivilschutzkorps zum Teil Abweichendes bestimmen; *Kriegsfolgenopferversorgung* für geschädigte Kriegsgefangene, Heimkehrer, Evakuierte und Vertriebene, Aussiedler, DDR-Flüchtlinge und -Häftlinge.

Die Sozialversorgung obliegt staatlichen Behörden, Kassen und Fonds. Ihre Leistungen werden durch Sonderabgaben (Lastenausgleichsabgabe) oder aus dem allgemeinen Steueraufkommen über den Bundeshaushalt finanziert. Es bestehen 56 Versorgungsämter und 67 Versorgungs- und Beschaffungsstellen, Heilstätten und Kuranstalten.

Die *Kriegsopferversorgung* umfaßt Heilbehandlung mit orthopädischer Versorgung, Versehrtenleistungen, Krankenbehandlung – auch für Familienangehörige und Hinterbliebene –, subsidiär zur ↑Krankenversicherung (S. 398). Weitere Leistungen sind: Einkommensausgleich, Berufsfürsorge durch berufliche Rehabilitation für Beschädigte, Erziehungsbeihilfen für ihre Kinder, Blindengeld, Beschädigtenrente (unter Umständen mit weiteren Zulagen), Bestattungs- und Sterbegeld, Witwen-, Waisen- und Elternrenten, unter besonderen Voraussetzungen eine Kapitalabfindung. Seit 1974 werden die laufenden Geldleistungen zeitgleich wie die Renten der ↑Rentenversicherung (S. 400) an die Entwicklung der Arbeitsentgelte angepaßt.

Die für Kriegsgefangene, Heimkehrer und Evakuierte vorgesehenen Hilfs- und Ausgleichsmaßnahmen der *Kriegsfolgenopferversorgung* (u. a. Übergangs-, Rückführungshilfen, Entschädigung, Existenzaufbau- und Wohnraumbeschaffungsdarlehen, Beihilfen, sonstige soziale und wirtschaftliche Förderung) sind weitgehend abgeschlossen. Leistungen werden noch für Vertriebene, Heimatvertriebene, Aussiedler, DDR-Flüchtlinge und politische Häftlinge gewährt.

Vertriebene sind deutsche Staatsangehörige oder Volkszugehörige (↑Staatsangehörigkeit, S. 18), die ihren Wohnsitz im jetzt fremdverwalteten Ostgebiet oder Ausland bis zum Ende des Zweiten Weltkriegs durch Vertreibung oder Umsiedlung verloren oder später aus Ostgebieten in die Bundesrepublik einschließlich Westberlin verlegten oder verlegen *(Aussiedler)*. Wer seinen Wohnsitz schon am 31. 12. 1937 in den Ostgebieten hatte, ist *Heimatvertriebener*. Eine Flucht aus der DDR zur Beendigung einer Zwangslage gilt als Vertreibung *(DDR-Flüchtlinge)*. Die Vertriebeneneigenschaft wird durch Ausweis A (Heimatvertriebene), C (DDR-Flüchtlinge) oder B (übrige) nachgewiesen.

Rechte und Vergünstigungen für Vertriebene sind: Eingliederung in die Landwirtschaft durch Beihilfen, Darlehen, Steuervergünstigungen; bevorzugte Zulassung zu Berufs- und Gewerbeausübung; Förderung selbständiger Erwerbstätigkeit durch Darlehen, öffentliche Bürgschaften, Steuervergünstigungen; Beschäftigungsförderung; Hilfe bei Wohnraumbeschaffung und Schuldenregelung; Anerkennung von Prüfungen; rentenversicherungsrechtliche Gleichstellung. DDR-Flüchtlinge erhalten unter Umständen Einrichtungs- und Unterhaltsbeihilfe. Bei Eingliederung in das soziale und wirtschaftliche Leben entsprechend den früheren Verhältnissen oder mit Erwerb einer fremden Staatsangehörigkeit enden die Vergünstigungen. Aus politischen Gründen inhaftierte Personen werden als *Häftlinge* wie Kriegsopfer behandelt und erhalten zusätzliche Leistungen.

Information des BMA, Übersicht über die Soziale Sicherung, 1977.

Sozialversorgung

Ursachen, Schäden, Leistungen der Sozialversorgung

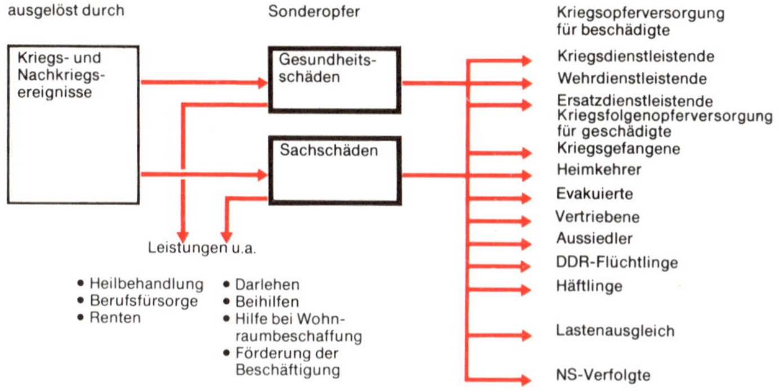

Kriegsopferversorgung

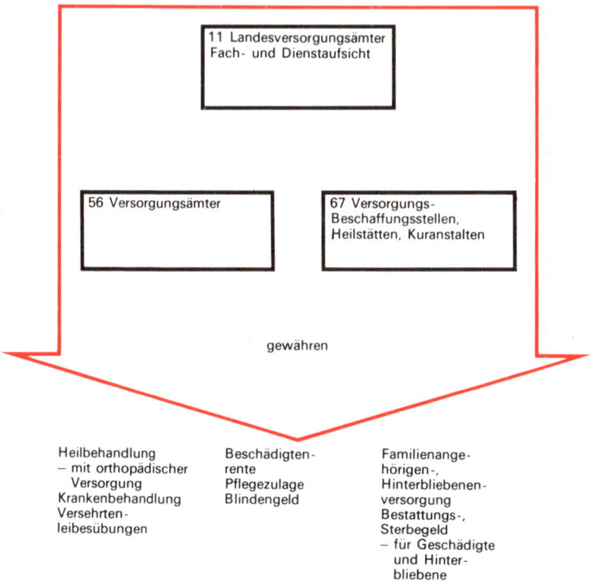

Wohnungswirtschaft

Der Wohnraummangel nach dem Zweiten Weltkrieg zwang zunächst dazu, die Vertragsfreiheit auf dem Wohnungsmarkt durch zwingende gesetzliche Regelungen nach dem Wohnraumbewirtschaftungsgesetz zu ersetzen (Wohnungszwangswirtschaft). Diese Regelungen wurden schrittweise wieder außer Kraft gesetzt. Die wichtigsten gesetzlichen Regelungen zur Beeinflussung der Wohnungswirtschaft sind heute das erste Wohnungsbaugesetz (I. WoBauG), das zweite Wohnungsbaugesetz (II. WoBauG), das zweite Wohngeldgesetz, das Modernisierungs- und Energiespargesetz sowie das ↑Städtebauförderungsgesetz (S. 520).

Das I. WoBauG unterscheidet zwischen öffentlich gefördertem, steuerbegünstigtem und frei finanziertem Wohnungsbau. Förderungsmaßnahmen sind insbesondere der Einsatz öffentlicher Mittel für den *sozialen Wohnungsbau* sowie Steuervergünstigungen ohne weitere Einsetzung öffentlicher Mittel für einkommensstärkere Wohnungssuchende und die Übernahme von Bürgschaften und die Bereitstellung von Bauland durch Bund, Länder und Gemeinden. Das I. WoBauG gilt heute nur noch für Wohnungen, die bis 1956 fertiggestellt wurden.

Im Jahre 1956 trat das II. WoBauG in Kraft; seine Vorschriften finden auf den seitdem geschaffenen Wohnraum Anwendung. Die Dreiteilung in den öffentlich geförderten sozialen, den steuerbegünstigten und den frei finanzierten Wohnungsbau blieb ebenso wie die wesentlichen Förderungsmaßnahmen aufrechterhalten. Daneben trat erstmalig eine bevorzugte Förderung für Familien mit geringem Einkommen, für Schwerkriegsbeschädigte und für kinderreiche Familien. Die Förderung einer breiten Eigentumsbildung im Wohnungsbau wurde erheblich verstärkt. Der Neubau von Familienheimen (Eigenheimen) erhält beim Einsatz der öffentlichen Mittel den Vorrang. Weiterhin werden die Wohnflächengrenzen im öffentlich geförderten und steuerbegünstigten Wohnungsbau aufgelockert und Vorschriften über die Mindestausstattung der öffentlich geförderten Wohnungen eingeführt.

Das Wohnungsbindungsgesetz regelt die Vergabe von *Sozialwohnungen*. Es soll verhindern, daß öffentlich geförderte Wohnungen zweckentfremdet werden. Diese Wohnungen werden behördlich erfaßt und dürfen an einen Wohnungssuchenden nur vermietet werden, wenn dieser eine Bescheinigung über die Wohnberechtigung im öffentlich geförderten sozialen Wohnungsbau vorweist. Die Erteilung der Bescheinigung ist an eine Jahreseinkommensgrenze gebunden. Eine anderweitige Verwendung öffentlich geförderter Wohnungen ist nur mit behördlicher Genehmigung gestattet. Die Miete für Sozialwohnungen darf über den Betrag, der zur Deckung der laufenden Aufwendungen erforderlich ist, nicht hinausgehen (Kostenmiete).

Das Zweite Wohngeldgesetz verfolgt den Zweck, einkommensschwächeren Bevölkerungsschichten angemessene und familiengerechte Wohnmöglichkeiten zu gewährleisten. *Wohngeld* wird Mietern und Eigentümern von Eigenheimen und Eigentumswohnungen dann gewährt, wenn die Miete oder Belastung das tragbare Maß überschreitet, d. h. über einen gewissen – nach Familiengröße und Einkommen gestaffelten – Prozentsatz des Einkommens hinausgeht. Bei der Gewährung von Wohngeld wird nur eine dem Familienstand entsprechende Wohnfläche berücksichtigt.

Das Modernisierungs- und Energiespargesetz stellt öffentliche Mittel in Form von Zuschüssen, Darlehen und Steuervergünstigungen für Modernisierungs- und Energiesparmaßnahmen zur Verfügung. Daneben regelt es die Zulässigkeit begrenzter Mieterhöhungen im Zusammenhang mit solchen Maßnahmen. Der Mieter hat solche Maßnahmen – von Härtefällen abgesehen – grundsätzlich zu dulden.

Fischer-Dieskau/Pergande/Schwender, Wohnungsbaurecht, 5 Bde., Loseblattsammlung, Köln-Braunsfeld 1966.
G. Schwerz, Wohngeldrecht, Köln 1976.

I. Wohnungsbaugesetz
1. Dreiteilung des Wohnungsbaus:
   - öffentlich geförderter
   - steuerbegünstigter
   - freifinanzierter
2. Förderungsmaßnahmen:
   - Einsatz öffentlicher Mittel
   - Steuervergünstigungen
   - Übernahme von Bürgschaften
   - Bereitstellung von Bauland

II. Wohnungsbaugesetz
1. Dreiteilung und Förderungsmaßnahmen wie nebenstehend
2. bevorzugte Förderung für:
   - Familien mit geringem Einkommen
   - kinderreiche Familien
   - Schwerkriegsbeschädigte
3. breite Eigentumsbildung durch besondere Förderung des Eigenheimbaus

Modernisierungs- und Energieeinsparungsgesetz gewährt
- Zuschüsse
- Darlehen
- Steuervergünstigungen

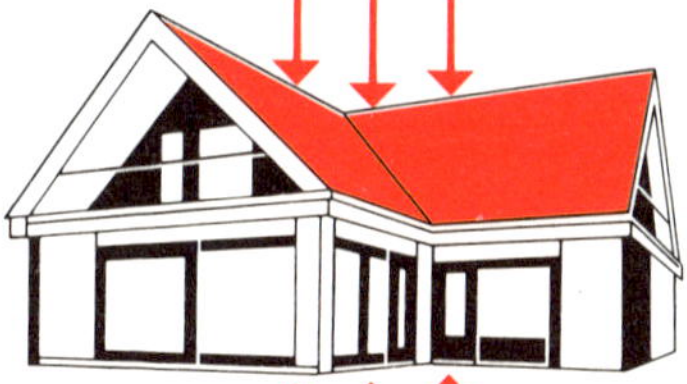

Wohnungsbindungsgesetz verhindert Zweckentfremdung der Sozialwohnungen:
- Wohnberechtigung für Einkommenschwächere
- Kostenmiete

Städtebauförderungsgesetz fördert Sanierungs- und Entwicklungsmaßnahmen
- durch Finanzhilfen des Bundes

2. Wohngeldgesetz
Wohngeld erhalten:
- Mieter und
- Eigentümer von Eigenheimen und Eigentumswohnungen, wenn die Belastung im Verhältnis zum Einkommen nicht tragbar ist.

Jugendschutz

Unter Jugendschutz ist die staatliche Abwehr von Gefahren zu verstehen, die der körperlichen, seelischen, geistig-intellektuellen und gesellschaftlich-sozialen Entwicklung von Kindern und Minderjährigen unter achtzehn Jahren drohen. Es besteht eine enge Beziehung des Jugendschutzes zur ↑öffentlichen Jugendhilfe (S. 416). Das jedem deutschen Kind (und Jugendlichen) zustehende Recht auf Erziehung zur leiblichen, seelischen und gesellschaftlichen Tüchtigkeit muß durch den Jugendschutz abgesichert werden. Der Jugendschutz ist bisher nur bruchstückhaft gesetzlich geregelt. Vorschriften bestehen lediglich dort, wo erfahrungsgemäß besonders intensive und häufige Angriffe drohen. Hierzu gehören der Mißbrauch der Arbeitskraft Jugendlicher, der Aufenthalt von Jugendlichen an sittlich gefährdenden Orten oder Orten, wo Verwahrlosung droht, die Ausreise von Jugendlichen aus dem Gebiet der Bundesrepublik und die Verbreitung von jugendgefährdenden Schriften. Der Schutz wird unter anderem durch Verbotsnormen gewährleistet, deren Nichteinhaltung Strafe zur Folge hat oder als ↑ Ordnungswidrigkeit (S. 230) geahndet wird. Über die Einhaltung der Vorschriften wachen die Aufsichtsbehörden der Länder; die Jugendwohlfahrtsbehörden sind bei verschiedenen Überwachungsaufgaben beteiligt (↑ öffentliche Jugendhilfe S. 416).

Die staatliche Organisation des Jugendschutzes richtet sich nach der Art der zu bekämpfenden Gefahren. Im Bereich des *Jugendarbeitsschutzes* bildet dabei die Beschäftigung verwandter Kinder und Jugendlicher insofern eine Ausnahme, als sie nicht als strafbare Handlung oder Ordnungswidrigkeit geahndet wird. In diese Schutzlücke treten die Jugendämter. Sie können vormundschaftsgerichtliche Zwangsmaßnahmen erwirken. Auf dem Gebiete des *Jugendschutzes in der Öffentlichkeit* richten sich die Straf- und Ordnungsvorschriften vor allem gegen Erwachsene. Daneben sind Maßnahmen gegen Kinder und Jugendliche bis achtzehn Jahre durch das zuständige Jugendamt möglich. Sie zielen im wesentlichen darauf ab, die Kinder und Jugendlichen aus einer akuten Gefahr zu befreien. Diese wird von der Polizeibehörde oder der nach Landesrecht zuständigen Dienststelle dem Jugendamt gemeldet. Das Jugendamt darf erst nach erfolgter Meldung tätig werden. Dasselbe gilt für Weisungen des Vormundschaftsrichters. Eine ganz andere Schutzmaßnahme sieht das *Gesetz über das Paßwesen* vor, das verbietet, unverheirateten Minderjährigen einen Paß zu erteilen, wenn nicht die Zustimmung des gesetzlichen Vertreters bzw. bei Mädchen unter achtzehn Jahren auch die Genehmigung des Vormundschaftsgerichts vorgelegt wird (↑ Pässe und Personalausweise S. 542). Die umfangreichsten Jugendschutzregelungen sind im *Gesetz über die Verbreitung jugendgefährdender Schriften* enthalten. Hier hat eine eigens dafür eingerichtete Bundesprüfstelle Schriften, Schallaufnahmen, Abbildungen und Darstellungen jugendgefährdenden Inhalts in eine Liste aufzunehmen, die im Bundesanzeiger bekannt gemacht wird. Gegen die Aufnahme ist ↑ Verwaltungsrechtsschutz (S. 232) gegeben. Nach Aufnahme in die Liste und deren Bekanntmachung darf das betreffende Produkt Kindern und Jugendlichen nicht zugänglich gemacht werden. Auch der Vertrieb an Erwachsene ist starken Beschränkungen unterworfen. Offensichtlich schwer jugendgefährdende Schriften unterliegen den genannten Beschränkungen auch ohne Aufnahme in die Liste. Die vorsätzliche oder fahrlässige Nichtbeachtung der Vertriebs- und Verbreitungsbeschränkungen durch Erwachsene ist strafbar. Ist der Täter ein Jugendlicher, so leitet das Jugendamt die zulässigen Maßnahmen ein.

F. Harrer, Jugendwohlfahrtskunde, 6. Aufl., Neuwied u. a. 1971.
P. Raue, Literarischer Jugendschutz, Berliner Abhandlungen zum Presserecht, Heft 8, Berlin 1970.

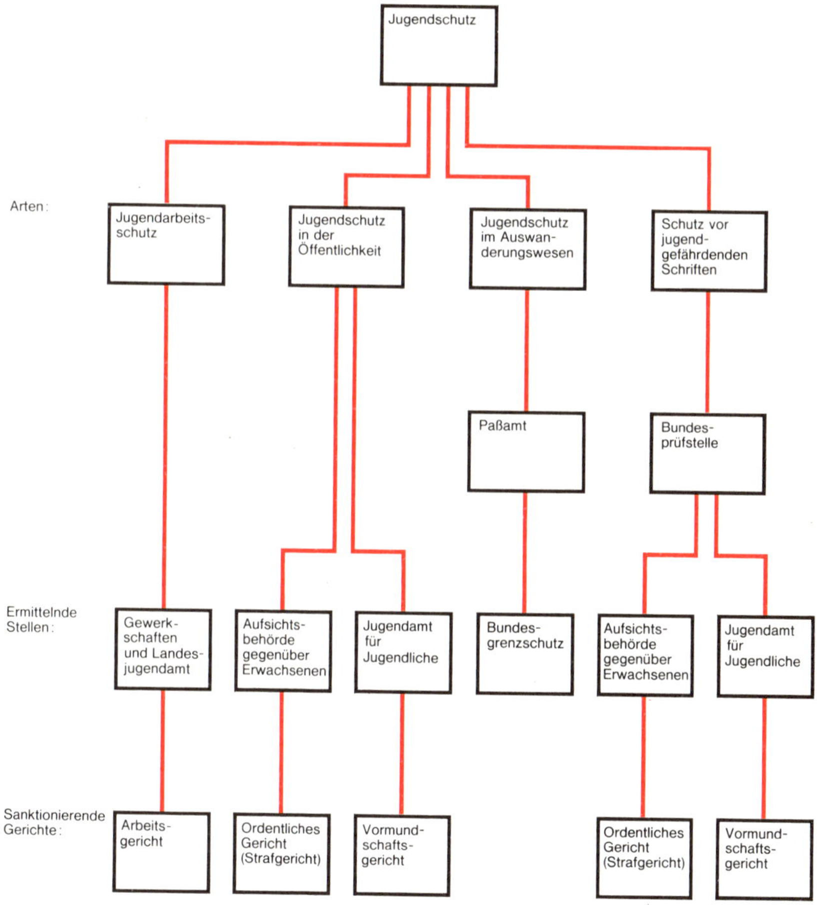
Jugendschutz
Arten:
Jugendarbeitsschutz
Jugendschutz in der Öffentlichkeit
Jugendschutz im Auswanderungswesen
Schutz vor jugendgefährdenden Schriften
Paßamt
Bundesprüfstelle
Ermittelnde Stellen:
Gewerkschaften und Landesjugendamt
Aufsichtsbehörde gegenüber Erwachsenen
Jugendamt für Jugendliche
Bundesgrenzschutz
Aufsichtsbehörde gegenüber Erwachsenen
Jugendamt für Jugendliche
Sanktionierende Gerichte:
Arbeitsgericht
Ordentliches Gericht (Strafgericht)
Vormundschaftsgericht
Ordentliches Gericht (Strafgericht)
Vormundschaftsgericht

Öffentliche Jugendhilfe

Unter Jugendhilfe versteht man die Gesamtheit derjenigen Maßnahmen, die – außerhalb der Schule – der Förderung der Jugend dienen. Ihre gesetzliche Grundlage hat sie im wesentlichen im Gesetz für Jugendwohlfahrt (JWG) gefunden, wozu landesrechtliche Ausführungsgesetze treten. Eine Reihe weiterer wichtiger Gesetze berührt ebenfalls Fragen der Jugendhilfe, z. B. das Jugendgerichtsgesetz, das Jugendarbeitsschutzgesetz, das Gesetz zum Schutz der Jugend in der Öffentlichkeit, das Gesetz über die Verbreitung jugendgefährdender Schriften oder das Bundessozialhilfegesetz. Nach § 1 Abs. 1 JWG hat jedes Kind ein Recht auf Erziehung zur leiblichen, seelischen und gesellschaftlichen Tüchtigkeit. Gegenwärtig bestehen Bestrebungen, dem jungen Menschen einen subjektiv öffentlichen Rechtsanspruch auf Erziehungsleistung zu gewähren und die öffentlichen Träger der Jugendhilfe zu verpflichten, die erforderlichen Einrichtungen zur Verfügung zu stellen.

Die Jugendhilfe widmet sich der Jugendpflege und der Jugenfürsorge. *Jugendpflege* hat überwiegend die Förderung der gesunden Entwicklung der Jugend im Auge, zielt mehr auf die Jugend in ihrer Gesamtheit. Zu ihren Aufgaben zählt u. a. die Förderung der Jugenderholung, des Sports, der internationalen Begegnung, der politischen oder musischen Bildung, die Einrichtung von Stätten der Jugendarbeit oder Freizeit – alles jedoch unter weitester Wahrung des Prinzips der Freiwilligkeit. Die *Jugendfürsorge* hingegen ist mehr individuell orientiert, sucht Erziehungsnotstände zu vermeiden, einzudämmen oder zu beseitigen und die volle gesellschaftliche Integration von behinderten, in der Entwicklung gestörten, gefährdeten oder verwahrlosten Minderjährigen zu gewährleisten. Sind zwar „Pflege und Erziehung der Kinder... das natürliche Recht der Eltern und die zuvörderst ihnen obliegende Pflicht" (Art. 6 Abs. 2 Grundgesetz), so hat doch der Staat ein „Wächteramt"; er ist verpflichtet, Pflege und Erziehung der Kinder sicherzustellen. So hat er nicht nur Erziehungsberatung und -hilfe zu gewähren, sondern erforderlichenfalls unmittelbar – anstelle der Eltern – die Erziehung durch Organe der Jugendhilfe zu übernehmen. Organe der öffentlichen, d. h. staatlichen Jugendhilfe sind die *Jugendwohlfahrtsbehörden*, nämlich das in jeder kreisfreien Stadt und in jedem Landkreis zu errichtende Jugendamt, die Landesjugendämter und die obersten Landesbehörden. Das Jugendamt besteht aus dem Jugendwohlfahrtsausschuß und der Verwaltung des Jugendamtes. Der Jugendwohlfahrtsausschuß, bei dessen Wahl die Jugendverbände und die freien Vereinigungen für Jugendwohlfahrt mit herangezogen werden, hat sich anregend und fördernd mit den Aufgaben der Jugendwohlfahrt zu befassen und im Rahmen der zur Verfügung stehenden Mittel zu beschließen, während die laufenden Geschäfte von der Verwaltung des Jugendamts geführt werden. Die Aufgabe des Jugendamts umfaßt die „heilende" Jugendfürsorge nach dem Katalog des § 4 JWG (Schutz der Pflegekinder, Mitwirkung im Vormundschaftswesen, bei der Erziehungsbeistandschaft, der Freiwilligen Erziehungshilfe, der Fürsorgeerziehung, bei der Überwachung des Arbeitsschutzes, in der Jugendhilfe bei den Polizeibehörden, Jugendgerichtshilfe nach dem Jugendgerichtsgesetz) sowie die im § 5 JWG aufgeführten Maßnahmen der „vorbeugenden" Jugendhilfe, der Jugendpflege. Hierbei hat es partnerschaftlich mit den Trägern der „freien Jugendhilfe" (den freien Vereinigungen der Jugendwohlfahrt, den Jugendverbänden und -gemeinschaften, den Kirchen usw.) zusammenzuwirken, es besteht aber kein „Subsidiaritätsprinzip" in dem Sinne, daß das Gesetz den Einrichtungen der freien Jugendhilfe eine generelle Vorrangstellung einräumt. Die Landesjugendämter haben die gleichmäßige Erfüllung der den Jugendämtern obliegenden Aufgaben zu sichern und zu unterstützen; u. a. obliegt ihnen die Ausführung der Freiwilligen Erziehungshilfe und der Fürsorgeerziehung.

K.-W. Jans, G. Happe, Jugendwohlfahrtsgesetz, Kommentar (Loseblattausgabe), Köln 1977.
H. Riedel, Jugendwohlfahrtsrecht, 7. Aufl., München 1971.

Gegenstand der öffentlichen Jugendhilfe (§ 2 II JWG)

Jugendpflege
Vorbeugende Hilfe. Förderung der gesunden Entwicklung der Jugend; zielt auf die Jugend in ihrer Gesamtheit: Jugenderholung, Sport, internationale Begegnung, politische oder musische Bildung, Errichtung und Unterhaltung von Stätten der Arbeit oder Freizeit usw.

Jugendfürsorge
Heilende Hilfe, individuell orientiert; sucht behinderte, in der Entwicklung gestörte, gefährdete oder verwahrloste Minderjährige gesellschaftlich zu integrieren.

Organe der öffentlichen Jugendhilfe (§ 2 I JWG)
(Jugendwohlfahrtsbehörden)

Jugendämter (§§ 4-18 JWG)

Aufgabenkatalog: §§ 4 und 5 JWG

Jugendwohlfahrtsausschuß (§§ 14 u. 15 JWG): Hat sich anregend und fördernd mit den Aufgaben der Jugendhilfe zu befassen; beschließt im Rahmen der zur Verfügung stehenden Mittel.

Verwaltung des Jugendamts (§ 16 JWG). Führt die laufenden Geschäfte.

Landesjugendämter (§§ 19-21 JWG)

Aufgabenkatalog: § 20 JWG

Landesjugendwohlfahrtsausschuß (§ 21 JWG)

Verwaltung des Landesjugendamts (§ 21 JWG)

Oberste Landesbehörden
(§ 22 JWG)

(Ministerien bzw. entsprechende Behörden der Stadtstaaten)

Darüber hinaus kann die Bundesregierung Bestrebungen auf dem Gebiet der Jugendhilfe anregen und fördern, soweit sie über die Verpflichtungen der oben angegebenen Organe der öffentlichen Jugendhilfe hinaus zur Verwirklichung der Aufgaben der Jugendhilfe von Bedeutung sind (§25 JWG, z. B. Bundesjugendplan). Zur Beratung der Bundesregierung in grundsätzlichen Fragen der Jugendhilfe wird ein Bundesjugendkuratorium errichtet (§ 26 JWG).

Amtsvormundschaft und Amtspflegschaft

Nach Art. 6 Abs. 2 Satz 2 Grundgesetz ist der Staat verpflichtet, über die Ausübung des Rechts der Eltern auf Pflege und Erziehung ihrer Kinder (↑ Elternrecht S. 450) zu wachen. Im Notfall übernimmt er diese Aufgaben aber auch selbst. Dieser liegt vor, wenn ein eheliches Kind nicht unter elterlicher Gewalt steht oder den Eltern das Recht zur Personensorge des Kindes und zur Verwaltung seiner Vermögensangelegenheiten nicht zusteht und eine als Vormund geeignete Person nicht vorhanden ist. Unter diesen Voraussetzungen kann das Vormundschaftsgericht (↑ Vormundschafts- und Pflegschaftssachen S. 198) das *Jugendamt* zum Vormund bestellen *(bestellte Amtsvormundschaft)*. Bei nichtehelichen Kindern wird das Jugendamt kraft Gesetzes zum Vormund, wenn der Minderjährige nicht unter elterlicher Gewalt steht oder die Mutter das Recht zur Personensorge des Kindes und zur Vermögensverwaltung nicht innehat und vor der Geburt des Kindes gerichtlich kein Vormund bestellt wurde *(gesetzliche Amtsvormundschaft)*.

Auch bei der *Amtspflegschaft* ist zwischen der bestellten für eheliche Kinder und der gesetzlichen für nichteheliche Kinder zu unterscheiden. Im Gegensatz zum Vormund hat der Pfleger nur einzelne Angelegenheiten des Minderjährigen zu regeln. Dementsprechend hat der Richter bei der Bestellung des Pflegers dessen Pflichten genau festzulegen. Voraussetzung für die Bestellung ist, daß die Eltern oder der Vormund an der Besorgung von bestimmten Angelegenheiten aus rechtlichen oder tatsächlichen Gründen verhindert sind. Dies ist beispielsweise dann der Fall, wenn der Minderjährige durch letztwillige Verfügung Erbe wird, in der der Erblasser bestimmt hat, daß die Eltern oder der Vormund das Vermögen nicht verwalten dürfen. Das Gericht wird wie vor der Bestellung des Jugendamts zum Vormund auch vor dessen Bestellung zum Pfleger feststellen, daß eine zum Einzel-Pfleger geeignete Person nicht vorhanden ist. Die gesetzliche Amtspflegschaft durch das Jugendamt für uneheliche Kinder tritt nicht ein, wenn bereits vor der Geburt ein Pfleger bestellt ist oder wenn auf Antrag der Mutter das Vormundschaftsgericht gegen eine Amtspflegschaft entschieden hat. Sie scheidet ferner aus, wenn die elterliche Gewalt der Mutter ruht (insbesondere bei deren Minderjährigkeit), wenn sie die elterliche Gewalt verwirkt hat, wenn ihr das Sorgerecht entzogen ist oder wenn die Mutter stirbt. In diesen Fällen erhält das Kind einen Vormund. Die gesetzliche Amtspflegschaft ist auf bestimmte Angelegenheiten beschränkt, wie auf die Feststellung der Vaterschaft und andere das Eltern-Kind-Verhältnis betreffende Maßnahmen, die Geltendmachung von Unterhaltsansprüchen oder hierfür zu gewährende Abfindungen und die Verfügung hierüber sowie auf die Regelung von Erb- und Pflichtteilsrechten, die dem Kind von väterlicher Seite zukommen.

Mit der Durchführung der Aufgaben des Vormunds oder des Pflegers betraut das Jugendamt einzelne seiner Beamten und Angestellten. Diese sind dann auch im Umfang der Übertragung gesetzliche Vertreter der Minderjährigen.

Weitere Aufgaben des Jugendamts im Vormundschaftswesen sind: Die Beistandschaft zur Unterstützung der Eltern und des Vormunds; die Gegenvormundschaft zur Kontrolle des Vormunds; Pfleger, Vormund, Beistand oder Gegenvormund dem Vormundschaftsgericht vorzuschlagen und ihm die Fälle mitzuteilen, in denen solche Personen zu bestellen sind. Im übrigen wirkt das Jugendamt allgemein unterstützend, beratend und informierend gegenüber dem Vormundschaftsgericht und den im Vormundschaftswesen beteiligten Personen. Das Vormundschaftsgericht muß das Jugendamt vor den meisten seiner Entscheidungen hören.

G. Potrykus, Jugendwohlfahrtsgesetz, Kommentar, 2. Aufl., München 1972.
F. Harrer, Jugendwohlfahrtskunde, 6. Aufl., Neuwied u. a. 1971.

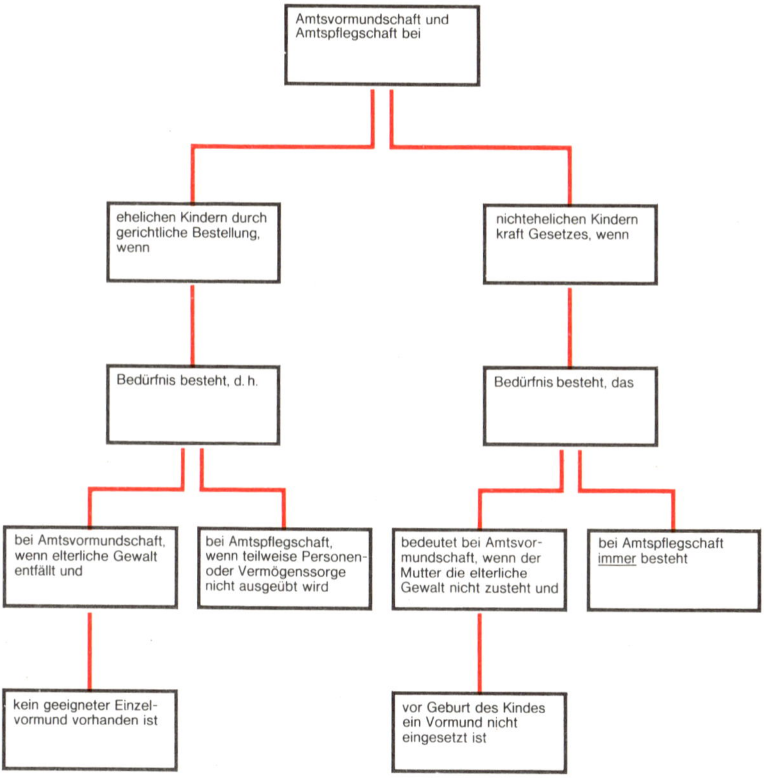
Amtsvormundschaft und Amtspflegschaft bei
ehelichen Kindern durch gerichtliche Bestellung, wenn
nichtehelichen Kindern kraft Gesetzes, wenn
Bedürfnis besteht, d. h.
Bedürfnis besteht, das
bei Amtsvormundschaft, wenn elterliche Gewalt entfällt und
bei Amtspflegschaft, wenn teilweise Personen- oder Vermögenssorge nicht ausgeübt wird
bedeutet bei Amtsvormundschaft, wenn der Mutter die elterliche Gewalt nicht zusteht und
bei Amtspflegschaft immer besteht
kein geeigneter Einzelvormund vorhanden ist
vor Geburt des Kindes ein Vormund nicht eingesetzt ist

Fürsorgeerziehung

Minderjährige werden normalerweise vom Personensorgeberechtigten, z. B. den Eltern oder dem Vormund erzogen. In Sonderfällen nimmt der Staat den Erziehungsberechtigten die Erziehungsverantwortung teilweise oder ganz ab. Letzteres geschieht durch Anordnung der Fürsorgeerziehung. Die Anordnung setzt voraus, daß der Minderjährige noch nicht siebzehn Jahre alt ist und daß er zu verwahrlosen droht oder schon verwahrlost ist. Ist eine weniger einschneidende Erziehungsmaßnahme, z. B. *freiwillige Erziehungshilfe, Erziehungsbeistandschaft* oder *Beratung* des Personensorgeberechtigten ausreichend, darf Fürsorgeerziehung nicht angeordnet werden. Zuständig für die Anordnung ist das Vormundschaftsgericht (↑Vormundschafts- und Pflegeschaftssachen S. 198), in dessen Bezirk der Minderjährige seinen Wohnsitz bzw. seinen Aufenthaltsort hat. Auch das Jugendgericht kann im Rahmen des Jugendstrafverfahrens Fürsorgeerziehung anordnen (↑Jugendstrafrecht S. 228). Das Vormundschaftsgericht entscheidet von Amts wegen oder auf Antrag. Nach dem Jugendwohlfahrtsgesetz sind das Jugendamt, das Landesjugendamt (nach Landesrecht eventuell andere Behörden) und jeder Personensorgeberechtigte antragsberechtigt. Im Anordnungsverfahren müssen die Antragsberechtigten und der Minderjährige gehört werden, wenn nicht erhebliche Schwierigkeiten das verhindern. Zum Zwecke der pädagogischen, medizinischen oder psychologischen Beobachtung kann der Minderjährige durch gerichtlichen Beschluß zunächst bis zu sechs Wochen einer entsprechenden Einrichtung zugewiesen werden. Die Frist kann erforderlichenfalls auf höchstens drei Monate verlängert werden. Die vormundschaftsgerichtlichen Entscheidungen können von den Antragsberechtigten und dem Minderjährigen selbst, wenn er das vierzehnte Lebensjahr vollendet hat, innerhalb von zwei Wochen nach Zustellung mit der sofortigen Beschwerde angefochten werden. Die Beschwerde hat aufschiebende Wirkung (↑Rechtsmittelverfahren S. 170), wenn nicht im Eilverfahren die vorläufige Fürsorgeerziehung angeordnet wird. Das setzt voraus, daß Gefahr im Verzuge, d. h. zu befürchten ist, daß der Minderjährige verwahrlost, wenn nicht sofort gehandelt wird. Das Vormundschaftsgericht hat die Anordnung der vorläufigen Fürsorgeerziehung innerhalb von sechs Monaten entweder in eine endgültige umzuwandeln oder sie aufzuheben; die Umwandlung ist auch für einen Siebzehnjährigen noch möglich.

Die Fürsorgeerziehung führen das *Landesjugendamt* unter Beteiligung des Jugendamts oder die nach Landesrecht zuständigen Behörden durch. Hierbei wird der Minderjährige in der Regel in einer geeigneten Familie oder in einem Heim untergebracht. Das Landesjugendamt führt die Aufsicht über die Erziehung des Minderjährigen und tritt als gesetzlicher Vertreter im Arbeitsverhältnis und bei der Berufsausbildung auf. Es verwaltet auch die Arbeitseinkünfte und Renten des Minderjährigen. Das Landesjugendamt bestimmt ferner den Aufenthalt des Minderjährigen. Von einer Mitteilung des Aufenthaltsorts des Minderjährigen an den Personensorgeberechtigten kann abgesehen werden, wenn sie den Erziehungszweck ernstlich gefährden würde. Das Jugendamt soll bei der Unterbringung nach Möglichkeit darauf achten, daß die Erziehung des Minderjährigen nach den Grundsätzen der Kirche, Religionsgesellschaft oder Weltanschauungsgemeinschaft durchgeführt wird, der er angehört.

Die Fürsorgeerziehung endet kraft Gesetzes mit Eintritt der Volljährigkeit (18 Jahre) oder durch vormundschaftsgerichtlichen Aufhebungsbeschluß, der wiederum durch die oben genannten Antragsberechtigten erwirkt werden kann. Die Kosten der Fürsorgeerziehung werden grundsätzlich aus öffentlichen Mitteln bestritten. Der Minderjährige und seine Eltern können aber im Rahmen des Zumutbaren zu einem Beitrag verpflichtet werden.

G. Potrykus, Jugendwohlfahrtsgesetz, Kommentar, 2. Aufl., München 1972.
F. Harrer, Jugendwohlfahrtskunde, 6. Aufl., Neuwied 1971.

Fürsorgeerziehung

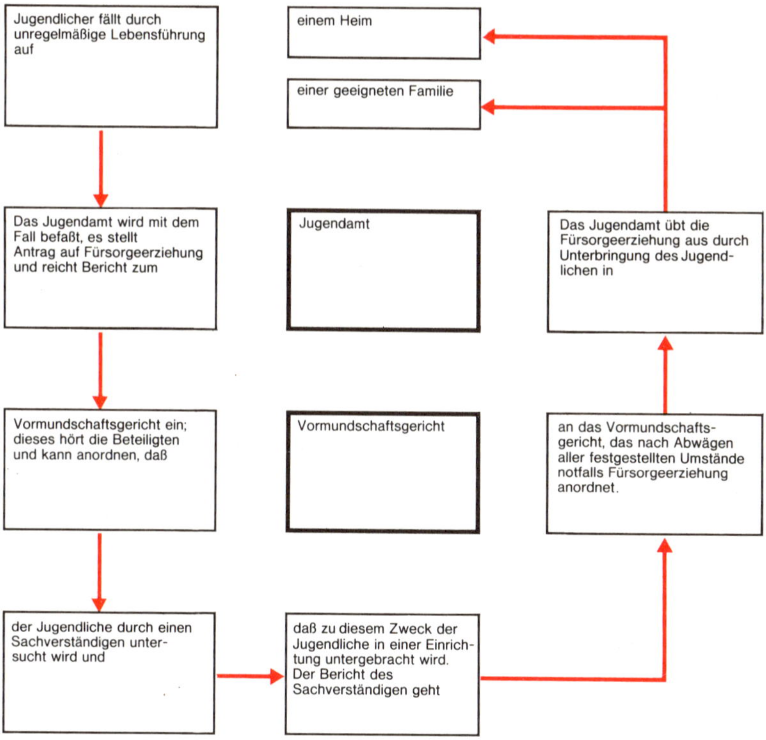

Gesundheitsverwaltung – Krankenanstalten

Die wichtigsten Aufgaben des *Gesundheitswesens* sind allgemeine Hygiene, Seuchenbekämpfung, Gesundheitsvor- und -fürsorge sowie Mitwirkung im Krankenhauswesen. Das Gesundheitswesen wird in der Bundesrepublik durch die Heilberufe, die Krankenanstalten und den *öffentlichen Gesundheitsdienst* wahrgenommen. Die Verwaltungsaufgaben und damit Organisation und Durchführung des öffentlichen Gesundheitsdienstes fallen in die Zuständigkeit der Länder. Dem Bund sind Aufgaben der Gesetzgebung vorbehalten. Nach dem Grundgesetz (GG) besteht eine ausschließliche ↑ Gesetzgebungszuständigkeit (S. 76) des Bundes für das Gesundheitswesen nur insoweit, als gesundheitliche Belange in den Sachgebieten der ausschließlichen Bundesgesetzgebung berührt werden. Entscheidend für die Gesundheitsgesetzgebung und damit für die Gesundheitspolitik des Bundes sind die Zuständigkeiten, die ihm für eine konkurrierende Gesetzgebung nach Art. 74 Nr. 19 und 20 GG eingeräumt sind. Es handelt sich dabei um folgende Bereiche: Maßnahmen gegen gemeingefährliche und übertragbare Krankheiten bei Menschen und Tieren, Zulassung zu ärztlichen und anderen Heilberufen und zum Heilgewerbe, Verkehr mit Arzneien, Heilmitteln, Betäubungsmitteln und Giften, Schutz beim Verkehr mit Lebens- und Genußmitteln sowie Bedarfsgegenständen. Die Bundeszuständigkeiten wurden 1969 um das Sachgebiet der wirtschaftlichen Sicherung der Krankenhäuser und der Regelung der Krankenhaussätze erweitert. Die Organisation des öffentlichen Gesundheitsdienstes gehört zum Bereich der Landesgesetzgebung auf dem Gebiet des Gesundheitswesens. Die Länder befassen sich mit Fragen, die die Ausübung der Heilberufe betreffen, mit der Gesundheitsvorsorge, soweit sie nicht von der Krankenversicherung übernommen wird, mit der Struktur des Krankenhauswesens und der Hilfe für psychisch Kranke.

Das Bundesministerium für Jugend, Familie und Gesundheit hat neben einigen Exekutivaufgaben auf dem Gebiet des Arzneimittel- und Betäubungsmittelwesens (↑ Arzneimittelüberwachung S. 424) vor allem die Dienstaufsicht über das Bundesgesundheitsamt mit Sitz in Berlin, die Bundeszentrale für gesundheitliche Aufklärung in Köln sowie das Deutsche Institut für medizinische Dokumentation und Information in Köln. Dem *Bundesgesundheitsamt* obliegen unter anderem folgende Aufgaben: Die Forschung auf dem Gebiet der öffentlichen Gesundheitspflege, die Wahrnehmung der Befugnisse aufgrund des Opiumgesetzes sowie die Registrierung von Arzneimitteln. Außerdem gehören zum Bundesgesundheitsamt folgende Institute: Robert-Koch-Institut für bakteriologische und serologische Fragen, Max-von-Pettenkofer-Institut für Fragen der Lebensmittelhygiene, der Veterinärmedizin des Arzneimittelwesens.

Die Bundesrepublik Deutschland verfügt über etwa 3400 Krankenhäuser mit insgesamt 720000 Betten. Träger der *Öffentlichen Krankenhäuser* sind in erster Linie ↑ Gemeinden und Gemeindeverbände (S. 104), zum Teil die Länder und zu einem unwesentlichen Teil der Bund. Etwa 55 Prozent aller Betten entfallen auf die öffentlichen Krankenhäuser. Kirchengemeinden, Ordensgenossenschaften sowie gemeinnützige Stiftungen sind Träger der *Freigemeinnützigen Krankenhäuser* mit mehr als einem Drittel der Gesamtbettenanzahl. Die dritte Kategorie bilden die *Privatkrankenanstalten*, deren Träger meist Ärzte sind. Das Krankenhausfinanzierungsgesetz vom 29. 6. 1972 sichert die Krankenhausfinanzierung in der Bundesrepublik Deutschland in der Weise, daß die Investitionskosten der Krankenhäuser anteilig vom Bund und von den Ländern aufgebracht werden, die Benutzungskosten dagegen von den Benutzern bzw. von den für sie eintretenden Trägern der Sozialversicherung und der ↑ Sozialhilfe (S. 388).

H. Reimann/H. Reimann, Medizinische Versorgung, München 1976.
Etmer/Lundt/Schiwy, Deutsches Gesundheitsrecht, Loseblatt, Percha 1977.
H. J. Schlauß/G. Bölke, Krankenhausfinanzierungsgesetz und Bundespflegesatzverordnung, Loseblatt, Wiesbaden 1977.

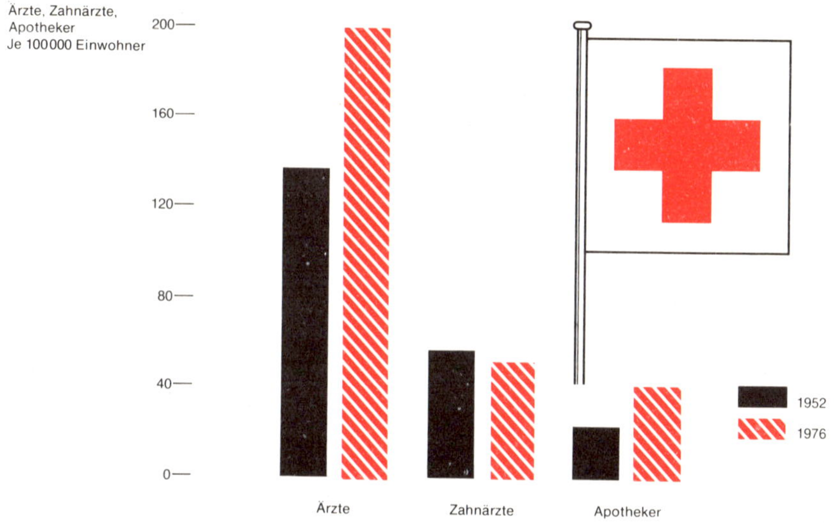

Krankenhäuser und planmäßige Betten

	Insgesamt		Öffentliche Krankenhäuser		Freie gemeinnützige Krankenhäuser		Private Krankenhäuser	
	Kranken-häuser	Planmäßige Betten	Kranken-häuser	Planmäßige Betten	Kranken-häuser	Planmäßige Betten	Kranken-häuser	Planmäßige Betten
	Anzahl		Anzahl					
1974	3483	716530	1309	387590	1200	253949	974	74991
1975	3481	729791	1297	389429	1187	257365	997	82997
1976	3436	726846	1271	383674	1159	256371	1006	86801
Krankenhäuser mit ... bis unter ... Betten	1976 nach Größenklassen							
unter 25	283	4284	47	838	22	313	214	3133
25 – 50	438	16163	100	3706	94	3652	244	8805
50 – 100	639	45143	183	13509	181	12720	275	18914
100 – 150	482	57381	200	24393	176	20525	106	12463
150 – 200	400	68868	170	29192	165	28446	65	11230
200 – 300	502	119535	209	49326	224	54266	69	15943
300 – 400	269	92330	108	37121	145	49901	16	5308
400 – 500	145	64162	64	28356	75	32998	6	2808
500 – 600	72	39020	30	16251	37	19944	5	2825
600 – 800	83	56375	50	34262	29	19277	4	2836
800 – 1000	30	26708	25	22411	5	4297	–	–
1000 und mehr	93	136877	85	124309	6	10032	2	2536
	1976 nach Ländern							
Schleswig-Holstein	120	27086	55	18433	26	5910	39	2743
Hamburg	57	19721	18	12558	25	6577	14	586
Niedersachsen	372	75860	137	42782	121	23085	114	9993
Bremen	21	9072	9	6269	6	2256	6	547
Nordrhein-Westfalen	689	197688	155	70704	458	120582	76	6402
Hessen	351	68978	122	35964	97	17730	132	15284
Rheinland-Pfalz	225	44860	64	19021	94	19124	67	6715
Baden-Württemberg	669	106986	293	62416	133	24626	243	19944
Bayern	764	128560	379	88026	116	20309	269	20225
Saarland	47	13293	17	7813	18	4139	12	1341
Berlin (West)	121	34742	22	19688	65	12033	34	3021

Statistisches Bundesamt 1978

Arzneimittelüberwachung

Arzneimittel sind Stoffe und Zubereitungen, die der Definition und Aufzählung des Arzneimittelgesetzes vom 24. 8. 1976 entsprechen. Das Hauptziel des Arzneimittelgesetzes besteht darin, zum Schutze der Bevölkerung eine optimale Arzneimittelsicherheit zu gewährleisten. Bis zum Inkrafttreten dieses Gesetzes bestanden zwar bereits strenge Rechtsvorschriften für die Herstellung von Arzneimitteln durch Apotheker. Dagegen gab es für die industrielle Herstellung von Arzneimitteln *(Arzneispezialitäten)* keine ausreichenden gesetzlichen Regelungen. Das *Gesetz über den Verkehr mit Arzneimitteln* verlangt erstmalig eine Erlaubnis für den Hersteller, die von dem Nachweis der Sachkenntnis abhängt. Außerdem unterliegen die Herstellungsbetriebe (Industrie und Apotheke) der ständigen Überwachung. Die Betriebe werden von den zuständigen Behörden in der Regel alle zwei Jahre besichtigt. Für die Eigenschaften, Herstellung, Prüfung, Wertbestimmung und Aufbewahrung der gebräuchlichsten Arzneistoffe, Arzneien und Arzneimittel sind die Bestimmungen des *Deutschen Arzneibuches* (DAB) maßgebend. Neben dem DAB wurde ein Europäisches Arzneibuch unter Beteiligung von acht Ländern erarbeitet.

Die zur Einführung gelangenden Arzneispezialitäten müssen in das beim Bundesgesundheitsamt (↑ Gesundheitsverwaltung S. 422) geführte Spezialitätenregister eingetragen werden. Bei Arzneimitteln mit neuen Wirkstoffen, die zum ersten Mal zur Einführung gelangen, muß der Nachweis der Wirksamkeit und Sicherheit erbracht werden. Die Richtlinien zur Prüfung von Arzneimitteln, die vom Beirat „Arzneimittelsicherheit" erarbeitet wurden, fordern eine „Pharmakologisch-toxikologische Prüfung der Arzneimittel" und eine „Klinische Erprobung von Arzneimitteln". Alle Arzneispezialitäten mit neuen Wirkstoffen unterliegen außerdem automatisch einer zweijährigen Rezeptpflicht. Der Arzneimittelkommission der deutschen Ärzteschaft sollen alle Nebenwirkungen und Begleitwirkungen bei der Arzneimittelanwendung gemeldet werden, so daß auch nach der Einführung eines Arzneimittels noch eine gewisse Kontrolle besteht. Die Abgabe von Arzneimitteln ist grundsätzlich Apotheken vorbehalten, soweit sie nicht vom Gesetzgeber für den freien Verkauf ausdrücklich zugelassen sind.

Arzneimittel, die außerhalb der Apotheke abgegeben werden dürfen, sind durch Rechtsverordnung genau definiert. Die Verordnung über verschreibungspflichtige Arzneimittel enthält eine Aufstellung aller Stoffe, die der *Rezeptpflicht* unterliegen und gleichzeitig die genauen Abgabevorschriften. Der Verkehr mit Betäubungsmitteln ist im *Opiumgesetz* geregelt, das später mehrfach ergänzt wurde. Auch die Werbung auf dem Gebiet des Heilwesens unterliegt der Überwachung.

Das Gesetz über den Verkehr mit Arzneimitteln (Arzneimittelgesetz) von 1976 hat im Interesse einer ordnungsgemäßen Arzneimittelversorgung von Mensch und Tier verschärfte Kriterien für Qualität, Wirksamkeit und Unbedenklichkeit von Arzneimitteln eingeführt. Statt des früheren formellen Registrierungsverfahrens gilt jetzt ein materielles Zulassungsverfahren. Gleichzeitig wird eine weitgehende Angleichung an internationale Normen erreicht, um die Schaffung eines einheitlichen europäischen Arzneimittelrechts weiter zu fördern. Eine wesentliche Neuerung betrifft die Gefährdungshaftung für Arzneimittelschäden: Das Gesetz fordert von den Herstellern und allen Stellen, die ein Arzneimittel unter ihrem Namen in den Verkehr bringen, eine Arzneihaftpflichtversicherung. Die schwierigen Probleme der Arzneimittelüberwachung und der Arzneimittelschäden wurden besonders im Fall der Contergan-Geschädigten sichtbar, wo erst nach Jahren eine Entschädigungsregelung zustande kam.

H. Hügel, Pharmazeutische Gesetzeskunde, Stuttgart 1977.
W. Zipfel, Arzneimittelrecht, 2. Aufl. 1978.
F. Etmer, Arzneimittelgesetz, Loseblatt, München, Stand 1977.

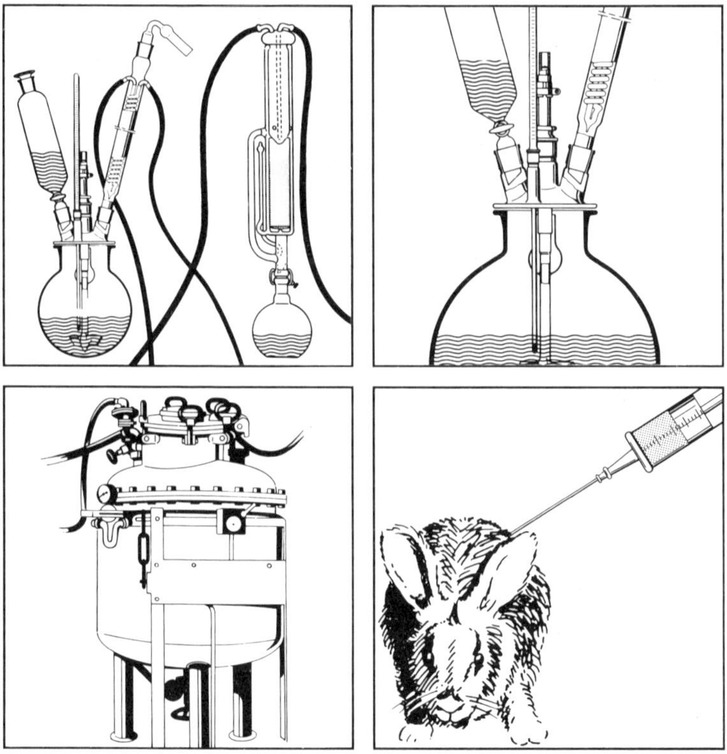

Wissenschaftliche Unterlagen für die Zulassung einer neuen Arzneispezialität nach § 22 Arzneimittelgesetz

1. Unterlagen über Pharmakologisch-Toxikologische Versuche:
- Ph.-tox. Eigenschaften des Stoffes
- therapeutische Breite am Versuchstier
- Nebenwirkungen
- Anwendungsgebiete
- wirksame Dosen, mögliche Unverträglichkeiten
- erwartete Vorteile gegenüber anderen Arzneimitteln
- Behandlungsmöglichkeiten von Vergiftungen

Versuche an Tieren: Säugetiere-Nager-Nichtnager; männlich-weiblich zum Nachweis der Hauptwirkung, wesentlicher anderer Wirkungen einschließlich Pharmakokinetik, Toxikologie (akut-subakut-chronisch-fötal), Fertilität, Mutagenität, Kanzerogenese.

2. Unterlagen über ärztliche und klinische Erprobung:
„Unbedenklichkeit"
Verträglichkeit
- Therapeutische Wirksamkeit nebst Angabe der Indikationen
- Gegenanzeige
- Nebenwirkungen
- Dosierung
- Durchschnittliche Behandlungsdauer
- Besondere Vorsichtsmaßnahmen bei der Anwendung
- Klinische Anzeichen bei Überdosierung

Lebensmittelrecht

Dem Schutz des Verbrauchers dient das Lebensmittelrecht: Seit 1. 1. 75 ist das am 15. 8. 74 verkündete Gesetz zur Gesamtreform des Lebensmittelrechts in Kraft, dessen Kernstück das neue Lebensmittel- und Bedarfsgegenständegesetz bildet. Eine Fülle von darauf gestützten Rechtsverordnungen und zahlreiche Nebengesetze bezwecken ebenfalls die Anpassung der Lebensmittelüberwachung an die heutigen Bedürfnisse. Lebensmittel im Sinne des Gesetzes sind Stoffe, die dazu bestimmt sind, in unverandertem, zubereitetem oder verarbeitetem Zustand von Menschen verzehrt zu werden. Den Lebensmitteln stehen gleich: Tabak, tabakhaltige oder ähnliche Erzeugnisse, die zum Rauchen, Kauen oder Schnupfen bestimmt sind. Auch diätetische Lebensmittel, Wein, kosmetische Erzeugnisse und Bedarfsgegenstände unterliegen den Bestimmungen der im Lebensmittelrecht zusammengefaßten Gesetze und Verordnungen.

Das Lebensmittelgesetz soll den Verbraucher vor Gesundheitsschäden im Verkehr mit Lebensmitteln und Bedarfsgegenständen und vor Täuschung schützen. Es verbietet Lebensmittel so herzustellen, daß ihr Verzehr gesundheitsschädlich wirken kann, und Stoffe, die solche Folgen haben können, als Lebensmittel in Verkehr zu bringen. Die Überwachung betrifft sowohl die Lebensmittelgewinnung als auch die weitere Be- und Verarbeitung sowie das Angebot der Lebensmittel auf dem Markt. Besondere Vorschriften gelten für Zusätze von *gesundheitsschädlichen Stoffen* in Lebensmitteln. Jeglicher Zusatz fremder Stoffe zu Lebensmitteln unterliegt einem allgemeinen Verbot. Nur für geprüfte und durch Rechtsverordnung zugelassene Stoffe besteht eine Ausnahme (mit Kennzeichnungspflicht). Für diese erlaubten Zusätze, die in einer Liste erfaßt sind, werden bestimmte Reinheitsanforderungen und Höchstmengen festgelegt. Eine Verwendung von technischen Hilfsstoffen bei den Verfahren zur Lebensmittelherstellung ist nur insoweit zulässig, als keine gesundheitlich, geruchlich oder geschmacklich bedenklichen Rückstände in Lebensmitteln verbleiben dürfen. Auch die Strahlenbehandlung ist eingeschränkt.

Das *Pflanzenschutzgesetz* vom 2. 10. 1975 sowie die aufgrund des Lebensmittelgesetzes erlassene Höchstmengenverordnung für Pflanzenschutz sorgen dafür, daß Pflanzenschutzmittel nur Anwendung finden, sofern und soweit dies mit dem Schutz der menschlichen Gesundheit vereinbar ist. Außerdem dürfen Pflanzenschutzmittel nur eingeführt oder gewerbsmäßig vertrieben werden, wenn sie von der Biologischen Bundesanstalt für Land- und Forstwirtschaft im Zusammenwirken mit dem Bundesgesundheitsamt (↑Gesundheitsverwaltung S. 422) geprüft und zugelassen sind. Das Lebensmittelgesetz berücksichtigt auch bei Tieren angewandte Stoffe mit pharmakologischer Wirkung. Dies betrifft das Verbot der Anwendung bestimmter Stoffe mit hormonaler Wirkung zu Mastzwecken und von Antibiotika zu Konservierungszwecken. Die Lebensmittelüberwachung obliegt Beamten der Lebensmittelpolizei und behördlichen Sachverständigen. Die Beauftragten der Lebensmittelüberwachung dürfen Herstellungs- und Verkaufsräume betreten, Proben entnehmen, Produktionen unterbinden und beanstandete Lebensmittel beschlagnahmen. Im Lebensmittelgesetz wird zum Schutze des Verbrauchers die irreführende Werbung für Lebensmittel generell verboten. Für Herstellung und Vertrieb von Wein gelten besondere Vorschriften (↑Wein und Bier S. 346).

Tabakerzeugnisse sind den Lebensmitteln gleichgestellt und daher ebenfalls den Schutzvorschriften des Lebensmittelgesetzes unterworfen. Die Tabakverordnung vom 21. 4. 1976 verlangt eine Zulassung der zur Herstellung von Tabakwaren benutzten fremden Stoffe.

Besonderen Vorschriften unterliegen neben kosmetischen Erzeugnissen auch Bedarfsgegenstände, die mit Lebensmitteln in Berührung kommen, ferner u. a. Bekleidung, Spielwaren, Tapeten und Farben.

K.-H. Nüse/R. Franck, Lebensmittel- und Bedarfsgegenstände-Gesetz, Köln 1974.
W. Zipfel, Lebensmittelrecht, München (Loseblatt).
G. Eberhard/Groebel, Lebensmittel- und Bedarfsgegenstände-Gesetz, Stuttgart 1977.

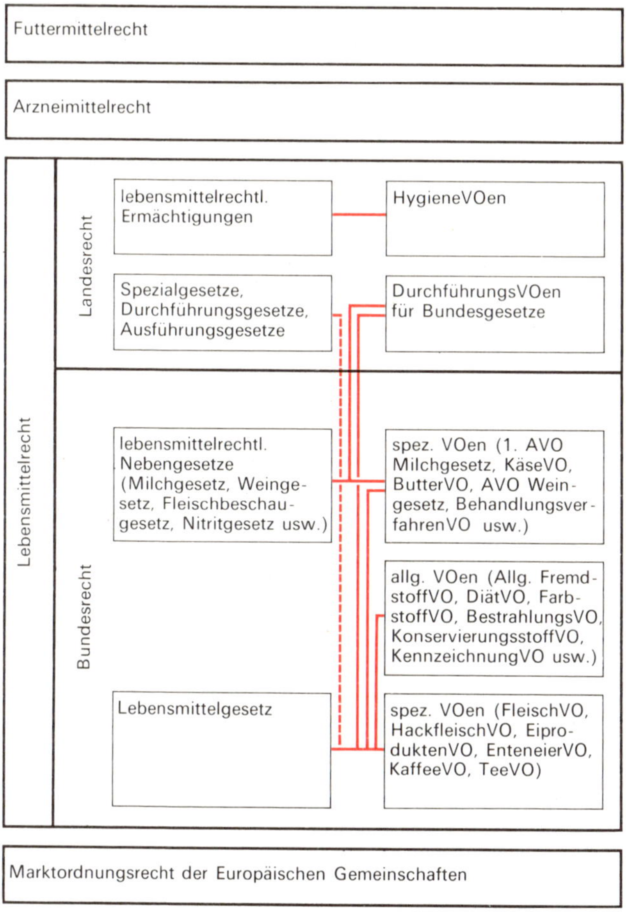

Verbrauch an ausgewählten Nahrungsmitteln in kg je Einwohner und Jahr

Nahrungsmittel	1971/72	1972/73	1973/74	1974/75	1975/76	1976/77
Getreideerzeugnisse in Mehlwert	65,2	66,5	66,3	66,8	66,9	64,2
Kartoffeln	101,0	94,0	92,0	92,0	79,5	76,8
Zucker	34,2	33,6	36,9	35,9	34,3	35,6
Gemüse	63,4	66,6	69,7	66,7	69,7	70,4
Frischobst	96,1	84,9	93,2	79,6	88,1	88,3
Rindfleisch ohne Fett	21,6	20,5	20,9	20,6	21,1	21,6
Schweinefleisch ohne Fett	41,4	42,0	41,7	44,3	44,3	45,5
Trinkmilch	89,9	86,5	87,0	82,9	84,4	83,8
Butter in Produktgewicht	7,3	7,3	7,1	7,0	6,6	6,4
Eier und Eierprodukte	16,9	17,4	16,7	17,3	17,0	17,1
Fische (Fanggewicht)	9,8	9,5	11,0	10,9	9,7	10,3

Veterinärwesen

Die Hauptaufgabe des Veterinärwesens ist die Gesunderhaltung des Tierbestandes und der Schutz der Menschen vor Gesundheitsgefahren, die durch Tiererkrankungen sowie durch Lebensmittel tierischer Herkunft entstehen können. Eine der wichtigsten Voraussetzungen dafür ist die Kontrolle der Tierseuchen. Die gesetzliche Grundlage für die Bekämpfung übertragbarer Tierkrankheiten ist die Neufassung des *Viehseuchengesetzes*. Für bestimmte Tierseuchen und eine Reihe weiterer Tierkrankheiten, die auch auf den Menschen übertragen werden können, besteht Anzeigepflicht. Der Einsatz von Arzneimitteln, sei es zu Marktzwecken, in Futtermitteln oder zur Bekämpfung von Tierkrankheiten ist gesetzlich geregelt (↑ Arzneimittelüberwachung S. 424). So bedürfen Futtermittel, soweit es sich um Handelspräparate handelt, einer Genehmigung für Stoffe mit Sonderwirkung vom Bundesminister für Ernährung, Landwirtschaft und Forsten. Um die Bevölkerung vor Gesundheitsschäden sowie Irreführung und Täuschung zu schützen, gibt es verschiedene Behörden, die eine Kontrolltätigkeit ausüben; die mittlere Verwaltungsebene verfügt über ein *Veterinärdezernat;* als untere Verwaltungsbehörden bestehen *Veterinärämter*. In einigen kommunalen Einrichtungen sowie in 26 staatlichen Veterinäruntersuchungsämtern erfolgen die Durchführung diagnostischer Aufgaben in der Tierseuchenbekämpfung, die laboratoriumsmäßige Untersuchungen von Lebensmitteln tierischer Herkunft sowie die bakteriologische Fleischuntersuchung.

Die eigentliche Überwachung wird durch *Tierärzte* unternommen, die in der Veterinärverwaltung, in der Schlachttier- und Fleischuntersuchung einschließlich Lebensmittelüberwachung an staatlichen Veterinäruntersuchungsämtern und anderen veterinärmedizinischen Einrichtungen des Bundes und der Länder tätig sind. Dabei sind fünf Tätigkeitsbereiche des Tierarztes zu unterscheiden. Der frei praktizierende Tierarzt beschäftigt sich allgemein mit der Gesunderhaltung des Tierbestandes sowohl durch Einzelbehandlung als auch durch Seuchenbekämpfung im Rahmen der kurativen Praxis. Ihm obliegt in den meisten Fällen auch die Betreuung von Zoologischen Gärten und z. B. eines Zirkus, der sich gerade in seinem Gebiet aufhält. Die zweite Gruppe von Tierärzten sind die beamteten Tierärzte. Über ein Viertel aller berufstätigen Tierärzte sind in der dem Veterinärwesen übertragenen öffentlichen Gesundheitspflege tätig, vor allem in der Tierseuchenbekämpfung und der Lebensmittelüberwachung, einschließlich der Schlachttier- und Fleischuntersuchung. Bei den unteren Verwaltungsbehörden obliegt den *Amtsärzten* im Rahmen der Lebensmittelüberwachung die Kontrolle von Gaststätten und Kantinen sowie von Betrieben, die Lebensmittel tierischer Herkunft herstellen, von Läden und Märkten, in denen tierische Produkte feilgeboten werden. Ferner übernehmen sie die Überwachung des Schlachthofes und der Tierkörperbeseitigungsanstalt. In allen diesen Betrieben unterliegt auch das gesamte Personal der amtsärztlichen Überwachung. Grundlage für die Arbeit der tierärztlichen Untersuchungsanstalten auf diesem Gebiet sind das Lebensmittelgesetz (↑ Lebensmittelrecht S. 482) sowie die aufgrund dieses Gesetzes erlassenen Rechtsverordnungen (z. B. die Fleischverordnung, die Lebensmittel-Kennzeichnungsverordnung und die Hygieneverordnungen der Länder). Ein weiterer Bereich sind die Tierärzte an veterinärmedizinischen Fakultäten (Berlin, München, Gießen) und tierärztlichen Hochschulen (Hannover). Etwa 5 % der berufstätigen Tierärzte sind in Wissenschaft, Forschung und Produktion der pharmazeutischen Industrie tätig. Im Rahmen des Sanitätswesens der Bundeswehr sind außerdem Veterinäroffiziere tätig.

G. Mueller, Das Tier im Verwaltungsrecht, Würzburg 1975.
Die Harmonisierung des Veterinärwesens in den Gemeinschaften, Brüssel 1973.

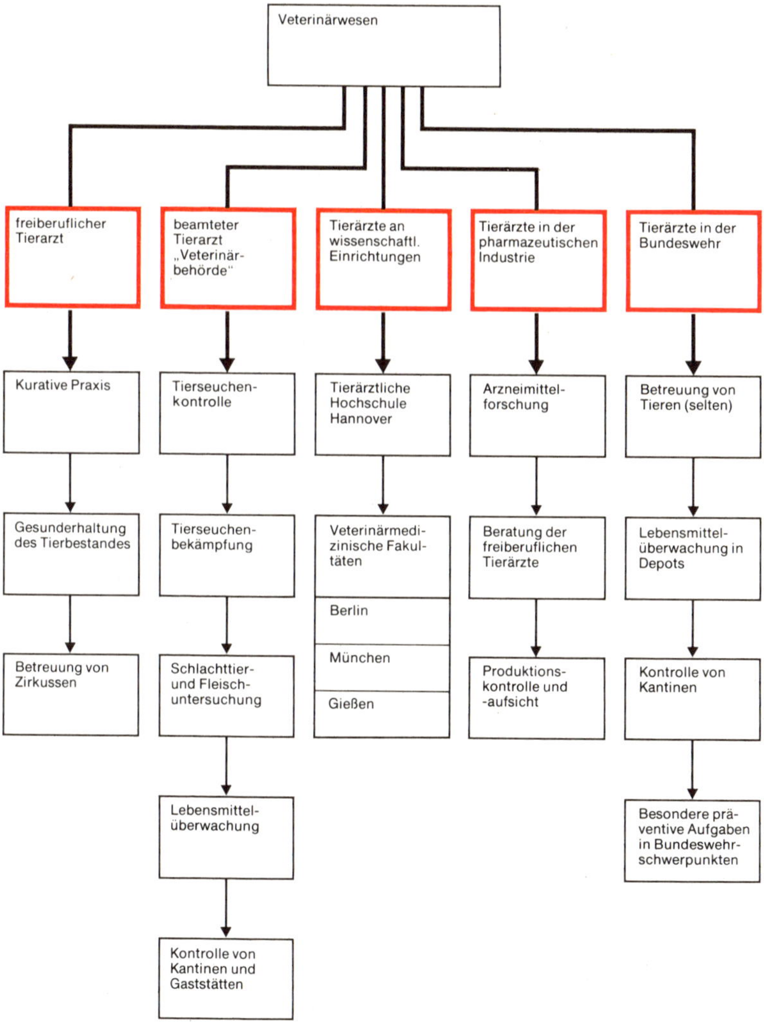
Veterinärwesen
freiberuflicher Tierarzt
beamteter Tierarzt „Veterinärbehörde"
Tierärzte an wissenschaftl. Einrichtungen
Tierärzte in der pharmazeutischen Industrie
Tierärzte in der Bundeswehr
Kurative Praxis
Gesunderhaltung des Tierbestandes
Betreuung von Zirkussen
Tierseuchenkontrolle
Tierseuchenbekämpfung
Schlachttier- und Fleischuntersuchung
Lebensmittelüberwachung
Kontrolle von Kantinen und Gaststätten
Tierärztliche Hochschule Hannover
Veterinärmedizinische Fakultäten
Berlin
München
Gießen
Arzneimittelforschung
Beratung der freiberuflichen Tierärzte
Produktionskontrolle und -aufsicht
Betreuung von Tieren (selten)
Lebensmittelüberwachung in Depots
Kontrolle von Kantinen
Besondere präventive Aufgaben in Bundeswehrschwerpunkten

Umweltschutz

Unter Umweltschutz versteht man die Summe der Bemühungen zur Schaffung und Erhaltung gesunder Lebensbedingungen für den einzelnen in einer industrialisierten und technisierten Massengesellschaft. Umweltschützende Vorschriften und Bestimmungen finden sich in der gesamten Rechtsordnung und stehen meist im Zusammenhang mit anderen Sachgebieten, wie dem ↑Gewerberecht (S. 330), dem ↑Baurecht (S. 508), dem Naturschutzrecht (↑Natur- und Landschaftsschutz S. 436), dem ↑Wasserrecht (S. 438), dem Verkehrsrecht (z. B. bei der ↑Planfeststellung für die öffentlichen Straßen S. 494) oder dem ↑Atomrecht (S. 352). Vor allem die Raumordnung (↑Raum- und Fachplanung S. 504) sowie die ↑Landes- und Regionalplanung (S. 506) erfüllen eine umweltschützende Funktion. Daneben gibt es eine Reihe von ausschließlich für den Umweltschutz erlassenen Spezialgesetzen. Der Umweltschutz dient der Gesundheit des Menschen und der Erhaltung seines natürlichen Lebensraumes, der von Land, Wasser und Luft bestimmt wird. Als Hauptgebiete des Umweltschutzes gelten daher die Reinhaltung von Wasser und Luft, die Lärmbekämpfung, die Abfallbeseitigung und der Schutz vor radioaktiver Strahlung.

Das *Wasserhaushaltsgesetz* vom 27. 7. 1957 und die Wassergesetze der Länder regeln den Schutz des Grundwassers, der oberirdischen Gewässer und der Heilquellen vor Verschmutzung und übermäßiger Nutzung, insbesondere durch das Lagern und Einleiten von Stoffen und durch den Betrieb von Rohrleitungen. Zum Schutze vor schädlichen Umwelteinwirkungen durch Luftverunreinigungen, Geräusche, Erschütterungen und ähnliche Vorgänge enthält das *Bundesimmissionsschutzgesetz* vom 15. 3. 1974, ergänzt durch immissionsrechtliche Vorschriften der Länder, Überwachungsvorschriften für Anlagen, Stoffe und Motorfahrzeuge sowie Straßen und Schienenwege, von denen Immissionen ausgehen können (↑Immissionsschutz S. 432). Dem Lärmschutz dienen neben den Schallschutzbestimmungen in den Bauordnungen der Länder insbesondere das Gesetz gegen Baulärm vom 9. 9. 1965 und das Gesetz zum Schutz gegen Fluglärm vom 30. 3. 1971. Ein zentrales Problem des Umweltschutzes stellt die Beseitigung von Abfällen, insbesondere von Industrieabfällen und radioaktiven Abfällen, dar. Das *Abfallbeseitigungsgesetz* vom 7. 6. 1972 hat erstmals umfassende Rechtsgrundlagen für die Überwachung und Reglementierung der Abfallbeseitigung geschaffen. Es wird durch eine Reihe von Sondergesetzen, wie dem Tierkörperbeseitigungsgesetz vom 1. 2. 1939 und dem Altölgesetz vom 23. 12. 1968, ergänzt. Besondere Bedeutung hat die Abwehr von Gefahren, welche der Gesundheit des Menschen aus dem Umgang mit radioaktiven Stoffen drohen. Das *Atomgesetz* in der Fassung der Bekanntmachung vom 31. 10. 1976 (BGBl. I S. 3053) und die Verordnung über den Schutz vor Schäden durch ionisierende Strahlen (Strahlenschutz-VO) vom 13. 10. 1976 (BGBl. I S. 2905) enthalten die grundlegenden Regelungen für den Schutz vor radioaktiver Strahlung, insbesondere beim Betrieb von Kernkraftwerken (↑Atomrecht – Kernenergie S. 352). Die in jüngster Zeit hierzu ergangenen Urteile einiger Verwaltungsgerichte (↑Verwaltungsrechtsschutz S. 232) machen die Problematik dieser Rechtsmaterie und das Spannungsverhältnis von industriellem Fortschritt und den damit oftmals verbundenen lebensbedrohenden Umwelteinflüssen deutlich. Es ist daher vorrangige Aufgabe staatlicher Daseinsvorsorge, das Umweltschutzrecht nach dem jeweiligen Stand von Wissenschaft und Technik ständig zu entwickeln und der bedrohlichen Entwicklung einer schrittweisen Zerstörung der Umwelt durch eine langfristige Umweltplanung, durch Stärkung des Umweltbewußtseins in der Bevölkerung und durch wirksame internationale Zusammenarbeit entgegenzuwirken.

W. Burhenne, Umweltrecht – Raum und Natur, Loseblattsammlung, Berlin 1975.
H. Wiethaup, Umweltschutzfibel, 2. Aufl., Stuttgart u. a. 1975.
Karl-Peter Winters, Atom- und Strahlenschutzrecht, München 1978.

Umweltschutz am Beispiel der Abfallbeseitigung

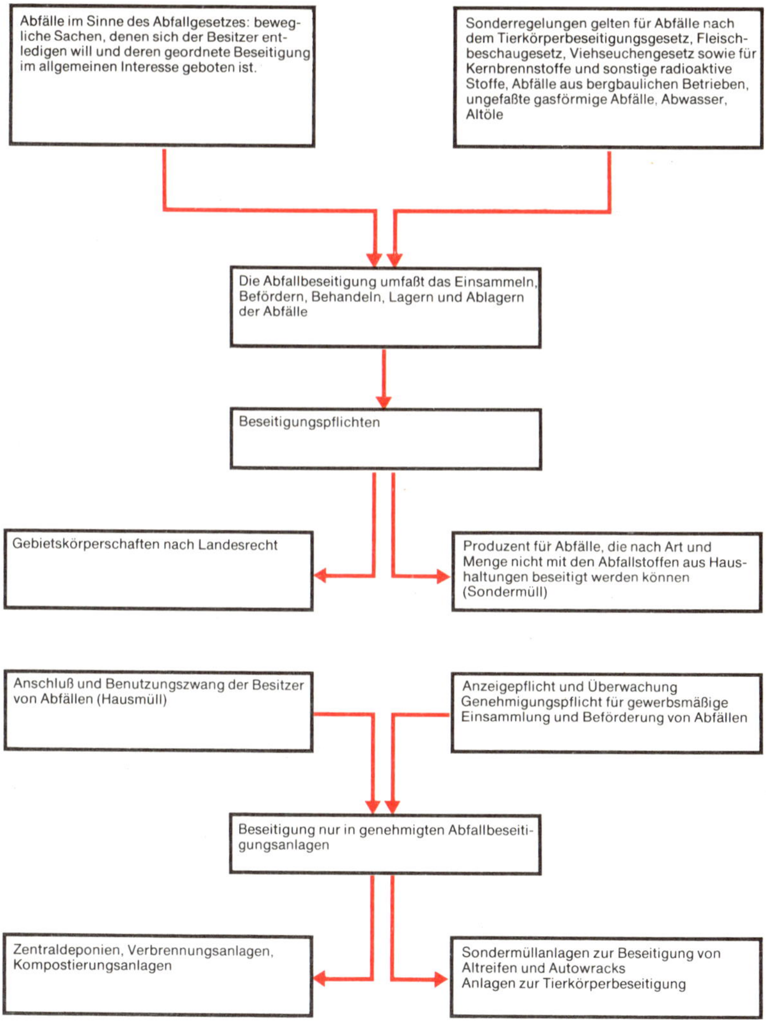

Immissionsschutz

Unter Immissionsschutz versteht man den Schutz vor schädlichen Einwirkungen, die nach Art, Ausmaß oder Dauer geeignet sind, Gefahren, erhebliche Nachteile oder erhebliche Belästigungen für die Allgemeinheit oder die Nachbarschaft herbeizuführen, durch Verunreinigungen, Geräusche, Erschütterungen und ähnliche Vorgänge. Der Immissionsschutz, dessen Hauptziel auf die Reinhaltung der Luft und die Eindämmung des Lärms gerichtet ist, ist daher ein wichtiger Teilbereich des ↑Umweltschutzes (S. 430). Schon die Gewerbeordnung von 1869 bzw. 1900 (↑Gewerberecht S. 330) enthielt mit den Bestimmungen über genehmigungspflichtige Anlagen immissionsschutzrechtliche Regelungen, die nunmehr im Bundesimmissionsschutzgesetz vom 15. 3. 1974 ihre bislang umfassendste rechtliche Ausgestaltung erfahren haben. Durch das Bundesimmissionsschutzgesetz sollen die zuständigen Behörden in die Lage versetzt werden, geeignete und durchführbare technische Maßnahmen anzuordnen, um die Verunreinigung der Luft und die Lärmbelästigung auf ein dem Stand der jeweiligen Technik entsprechendes wirtschaftlich zumutbares Maß zu reduzieren. Im einzelnen enthält das Bundesimmissionsschutzgesetz Regelungen über die Errichtung und den Betrieb von Anlagen, von denen erhebliche Nachteile und Belästigungen für die Umwelt ausgehen (anlagebezogener I.), über die Beschaffenheit von Anlagen, Stoffen, Erzeugnissen, Brennstoffen und Treibstoffen (produktbezogener I.) sowie über die Beschaffenheit und den Betrieb von Fahrzeugen, über Bau und Änderung von Straßen und Schienenwegen zur Verminderung der schädlichen Immissionen im Verkehrsbereich. Zur Überwachung der Luftreinhaltung im Bundesgebiet werden Emissions- und Immissionsmessungen vorgenommen sowie Emissionskataster und Luftreinhaltepläne aufgestellt. Zur Ausführung des Gesetzes ist die Bundesregierung zum Erlaß weiterer Vorschriften ermächtigt (↑Rechtsetzung durch die Verwaltung S. 258). Zu den wichtigsten Bestimmungen dieser Art gehören die Verordnung über genehmigungsbedürftige Anlagen nach § 16 Gewerbeordnung sowie die technische Anleitung zur Reinhaltung der Luft (TA-Luft) und zum Schutz gegen Lärm (TA-Lärm).

Das Immissionsschutzrecht wird im wesentlichen von zwei Prinzipien beherrscht: Nach dem *Vorsorgeprinzip* darf der Immissionsschutz nicht nur auf bereits eingetretene Schäden reagieren, sondern muß durch Vorsorge und Planung verhindern, daß in Zukunft Schäden überhaupt entstehen. Nach dem *Verursacherprinzip* sollen Maßnahmen des Immissionsschutzes grundsätzlich gegenüber dem Verursacher getroffen werden.

Zur Gewährleistung eines effektiven und andauernden Gesetzesvollzugs sind die Betreiber genehmigungspflichtiger Anlagen verpflichtet, den zuständigen Behörden nach Ablauf von jeweils zwei Jahren mitzuteilen, ob und welche Abweichungen von den Angaben zum Genehmigungsantrag eingetreten sind. Sie sind gegenüber der Behörde zur Vorlage von Unterlagen und zur Erteilung von Auskünften verpflichtet und müssen den Zutritt zu ihren Grundstücken und Wohnräumen dulden. Außerdem ist ein Betriebsbeauftragter für Immissionsschutz zu bestellen. Die Bundesregierung selbst ist gegenüber dem Bundestag zur ständigen Berichterstattung über den Stand des Umweltschutzes, insbesondere des Immissionsschutzes, verpflichtet.

Durch zahlreiche und umfangreiche Vorschriften über ↑Ordnungswidrigkeiten (S. 230) und Straftaten (↑Strafrecht S. 220) werden Zuwiderhandlungen gegen die Bestimmungen des Immissionsschutzrechts Sanktionen unterworfen.

R. Stich, Immissionsschutzrecht des Bundes und der Länder (Loseblatt), Stuttgart 1974.
C. H. Ule, Bundesimmissionsschutzgesetz (2 Bde., Loseblatt), Neuwied 1974.

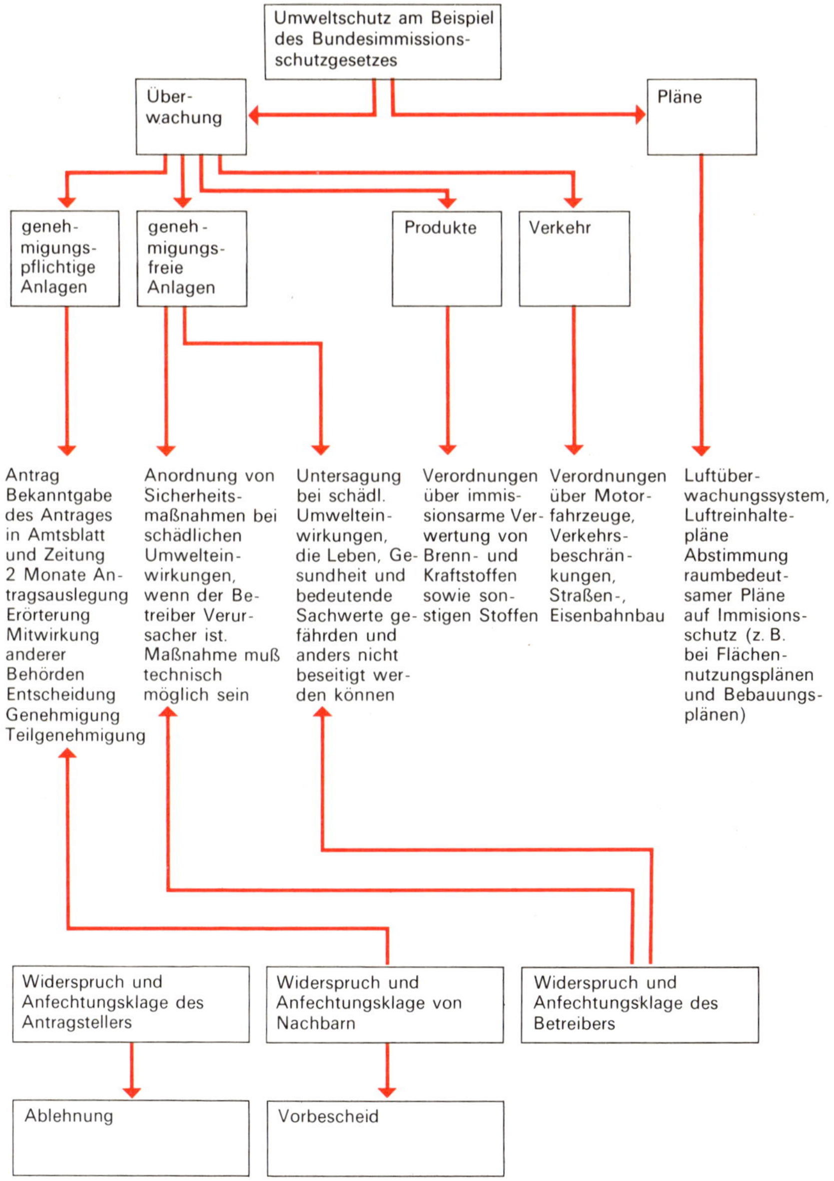

Umweltschutz am Beispiel des Bundesimmissionsschutzgesetzes
Über-wachung
Pläne
geneh-migungs-pflichtige Anlagen
geneh-migungs-freie Anlagen
Produkte
Verkehr
Antrag
Bekanntgabe des Antrages in Amtsblatt und Zeitung
2 Monate Antragsauslegung
Erörterung
Mitwirkung anderer Behörden
Entscheidung
Genehmigung
Teilgenehmigung
Anordnung von Sicherheitsmaßnahmen bei schädlichen Umwelteinwirkungen, wenn der Betreiber Verursacher ist. Maßnahme muß technisch möglich sein
Untersagung bei schädl. Umwelteinwirkungen, die Leben, Gesundheit und bedeutende Sachwerte gefährden und anders nicht beseitigt werden können
Verordnungen über immissionsarme Verwertung von Brenn- und Kraftstoffen sowie sonstigen Stoffen
Verordnungen über Motorfahrzeuge, Verkehrsbeschränkungen, Straßen-, Eisenbahnbau
Luftüberwachungssystem, Luftreinhaltepläne
Abstimmung raumbedeutsamer Pläne auf Immisionsschutz (z. B. bei Flächennutzungsplänen und Bebauungsplänen)
Widerspruch und Anfechtungsklage des Antragstellers
Widerspruch und Anfechtungsklage von Nachbarn
Widerspruch und Anfechtungsklage des Betreibers
Ablehnung
Vorbescheid

Denkmalschutz und Denkmalpflege

Unter Denkmalschutz ist die Abwehr von Beschädigungen und Gefahren für ein Kulturdenkmal zu verstehen, unter Denkmalpflege als dem älteren Begriff alle der Erhaltung des Denkmals dienenden Maßnahmen. Die Maßnahmen des Denkmalschutzes und der Denkmalpflege überschneiden sich häufig; in der Praxis gehören zur Denkmalpflege vor allem die Konservierung, Instandsetzung, Restaurierung und Rekonstruktion. Als *Kulturdenkmal* ist eine Sache oder eine Sachgesamtheit als Werk von Menschenhand zu bezeichnen, an deren Erhaltung aus wissenschaftlichen, künstlerischen oder heimatgeschichtlichen Gründen ein öffentliches Intersse besteht. Zum Kulturdenkmal werden überwiegend auch sein Zubehör u. die Umgebung des Denkmals gerechnet. Hauptsächliche Beispiele für Kulturdenkmäler sind Bauwerke, Bodenaltertümer, Werke der Kunst und des Kunsthandwerks, des Handwerks, der Technik, Gegenstände des religiösen oder weltlichen Brauchtums, Handschriften, Urkunden, Abbildungen mit Urkundeneigenschaft, Akten, Autographen, Partituren, Erzeugnisse der Drukkerpresse, Karten, Pläne, Münzen, Siegel, Wappen, Briefmarken. Auch menschliche Überreste aus der Ur- und Frühgeschichte werden von Denkmalspflege und Denkmalschutz mitumfaßt.

Gesetzliche Regelungen beim Schutz und zur Pflege von Kulturdenkmälern bestehen nur in einigen Bundesländern. Eine geplante umfassende einheitliche Regelung, wie sie z. B. bereits im Baden-Württembergischen Denkmalschutzgesetz von 1971 oder im Bayerischen Denkmalschutzgesetz von 1973 besteht, ist noch nicht verwirklicht worden.

Verfassungsrechtlich wurde bereits durch Art. 150 der Weimarer Verfassung der Denkmalschutz in Deutschland für profane und sakrale (kirchliche) Kulturdenkmäler als Aufgabe des Staates festgelegt. Das heute geltende Verfassungsrecht hat lediglich in den Länderverfassungen eigene Bestimmungen über Denkmalschutz und Denkmalpflege zu verzeichnen, die sich zumeist im Wortlaut an die Bestimmungen der Weimarer Verfassung anlehnen. Für das Grundgesetz (GG) ist festzustellen, daß die Kunstfreiheit in Art. 5 Abs. 3 GG und die Bestimmungen in den Landesverfassungen sich sowohl auf das Kunstschaffen wie auf die geschaffene Kunst beziehen und damit einen Verfassungsauftrag zur Denkmalspflege und zum Denkmalschutz umfassen. Dies ist in neuerer Zeit von besonderer Bedeutung, da viele Kunstwerke in den letzten Jahrzehnten einer zunehmenden Gefährdung durch Kriegsfolgen, städtebauliche Sanierungen, Industrialisierung und Umweltverschmutzung ausgesetzt sind. Der Schutzanspruch kann sich sowohl gegen den Staat richten (z. B. Sperrung einer Bundesstraße wegen Gefährdung eines Baudenkmals durch den Fernverkehr) als auch gegen den einzelnen (Erhaltungsgebot und Veränderungsverbot gegenüber einem privaten Eigentümer).

Auf anderen Gebieten besteht ein Denkmalschutz z. B. gemäß § 35 Abs. 2 Bundesbaugesetz, wonach der Schutz eines Kulturdenkmals in seiner Umgebung zu den öffentlichen Belangen gehört. Das Gesetz zum Schutz deutschen Kulturguts gegen Abwanderung ergänzt die Landesdenkmalsgesetze und enthält ein Ausfuhrverbot für bestimmte Kulturdenkmäler. Auf völkerrechtlicher Ebene dient die Haager Konvention zum Schutz von Kulturgut bei bewaffneten Konflikten. Art. 5 der Europäischen Kulturkonvention, die UNESCO (↑ UNO S. 600) und der Europarat, der 1975 zum Europäischen Denkmalsjahr erklärt hat, bemühen sich um Sicherung und Respektierung der europäischen Kulturgüter. Grundsätzlich haben die Eigentümer und Besitzer von Kulturdenkmälern diese im Rahmen des Zumutbaren zu erhalten. Häufig tragen die Länder zu den Kosten durch Zuschüsse bei, auf die allerdings kein Rechtsanspruch besteht. In Einzelfällen (z. B. § 25 Baden-Württembergisches Denkmalschutzgesetz) ist zur Erhaltung eines eingetragenen Kulturdenkmals auch eine ↑ Enteignung (S. 516) zulässig.

H. G. Watzke, Denkmalschutz und Stadtplanungsrecht, Berlin 1976.
H. Hingst, Europäische Denkmalschutzgesetze in deutscher Übersetzung, Neumünster 1975.

Behördenaufbau der Denkmalschutzbehörden nach dem baden-württembergischen Denkmalschutzgesetz von 1971

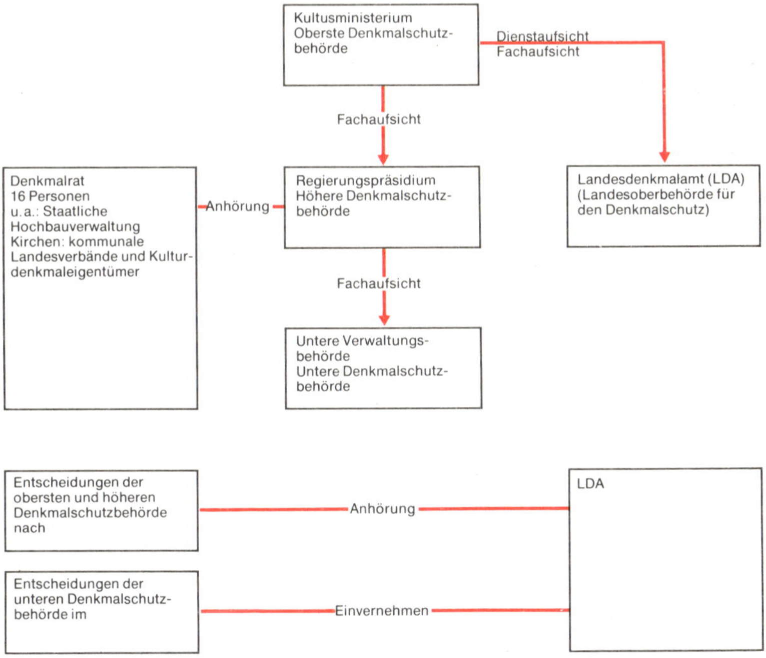

Natur- und Landschaftsschutz

Mit zunehmender Technisierung und Industrialisierung des menschlichen Lebensraumes gewinnt die Erhaltung von Natur und Landschaft neben dem ↑Umweltschutz zunehmende Bedeutung (S. 430). Der Gesetzgeber hatte die Belange des Natur- und Landschaftsschutzes zunächst reichseinheitlich im Reichsnaturschutzgesetz vom 26. 6. 1935 geregelt. Seit Bestehen des Grundgesetzes (GG) hat der Bund im Bereich des Naturschutzes und der Landschaftspflege nur noch das Recht, unter den Voraussetzungen des Art. 72 GG Rahmenvorschriften zu erlassen. Von diesem Recht hat er durch das Gesetz über Naturschutz und Landschaftspflege vom 20. 12. 1976 (BGBl. I, S. 3574) Gebrauch gemacht. Die meisten Bundesländer haben in Ergänzung dazu eigene Gesetze zum Schutze der Natur, zur Pflege der Landwirtschaft und über die Erholungsvorsorge in der freien Landschaft erlassen. Gegenstand der neuen Naturschutzgesetze ist danach der Schutz der Natur, die Pflege der Landschaft und die rechtliche Gewährleistung der Erholung in Natur und Landschaft. Während der *Naturschutz* die Aufgabe hat, aus kulturellen, wissenschaftlichen, sozialen und wirtschaftlichen Gründen schutzwürdige Landschaften und Landschaftsbestandteile (Flächenschutz) sowie der frei lebenden Tier- und Pflanzenwelt angemessene Lebensräume (Artenschutz) zu sichern, erstrebt die *Landschaftspflege* den Schutz, die Pflege, die Gestaltung und die Entwicklung von Landschaften, die biologisch vielfältig und nachhaltig leistungsfähig sind. Die Naturschutzgesetze haben es sich daher zum Ziel gesetzt, die freie und die besiedelte Landschaft als Lebensgrundlage und Erholungsraum des Menschen so zu schützen, zu pflegen, zu gestalten und zu entwickeln, daß die Leistungsfähigkeit des Naturhaushalts, die Nutzungsfähigkeit der Naturgüter (Boden, Wasser, Luft, Klima, Tier- und Pflanzenwelt) sowie die Vielfalt, Eigenart und Schönheit der Natur und Landschaft nachhaltig gesichert werden. Diese Zielsetzungen und die entsprechenden Maßnahmen werden unter Beachtung der Ziele und Grundsätze der Raumordnung und Landesplanung (↑Raum- und Fachplanung S. 504, ↑Landes- und Regionalplanung S. 506) in einem Landschaftsrahmenprogramm, in Landschaftsrahmenplänen und in Landschaftsplänen und Grünordnungsplänen dargestellt. Sie bilden die verbindliche Grundlage für die Maßnahmen der Naturschutzbehörden und dienen der Abwehr von Eingriffen in Natur und Landschaft.

Der Naturschutz und die Landschaftspflege sind jedoch nicht Selbstzweck, sondern dienen letztlich der Erhaltung des natürlichen Lebensraumes des Menschen, weshalb die Sicherung der *Erholungsfunktion* der Landschaft und das Recht des Menschen auf Erholung in den Naturschutzgesetzen ihre rechtliche Ausgestaltung erfahren haben. Danach hat jedermann das Recht, die freie Landschaft zum Zwecke der Erholung unentgeltlich zu betreten (Betretungsrecht). Ebenso hat jedermann das Recht, in der freien Landschaft sich wild wachsende Pflanzen, Beeren, Früchte und Pilze in ortsüblichem Umfang anzueignen sowie Blüten, Blätter oder Zweige in Mengen, die nicht über einen Handstrauß hinausgehen, zu entnehmen. Die Ausübung dieses Rechts hat pfleglich zu erfolgen. Das freie Betretungsrecht umfaßt jedoch nicht das Reiten, das Fahren mit bespannten und motorisierten Fahrzeugen sowie das Aufstellen von Zelten und Wohnwagen.

Die Aufgaben des Natur- und Landschaftsschutzes werden von den Naturschutzbehörden der Länder wahrgenommen, die sich zur fachlichen Beratung Naturschutzstellen eingerichtet haben. Zur Überwachung der Bestimmungen des Naturschutzrechts können geeignete Personen mit dem Naturschutzdienst beauftragt werden. Zuwiderhandlungen gegen die Bestimmungen des Naturschutzrechts werden als ↑Ordnungswidrigkeiten (S. 239) geahndet.

S. Künkele/J. Schillinger, Naturschutzrecht für Baden-Württemberg, Stuttgart 1976.
J. Mang, Naturschutzrecht in Bayern, 3. Aufl., München 1971.

Maßnahmen des Flächenschutzes (durch Rechtsverordnung)

- Naturschutzgebiet
- Nationalpark
- Landschaftsschutzgebiet
- geschützte Grünbestandteile
- geschützte Landschaftsbestandteile
- Naturpark
- Naturdenkmal

Maßnahmen des Artenschutzes

- Gesetzliche Verbote zum Schutz von wildlebenden Pflanzen und Tieren
- Artenschutzprogramm
- Schutz durch Rechtsverordnungen (f. best. Pflanzen u. Tiere)

naturschutzrechtliche Genehmigungspflichten für

- Tiergärten
- Tiergehege
- Eingriffe in Natur und Landschaft
  - Abbau
  - Abgrabungen
  - Anlegung künstl. Wasserflächen
- Aussetzung oder Ansiedelung gebietsfremder nichtjagdb. Tiere
- Beringung wildleb. Tiere

Wasserrecht

Im Unterschied zum Boden erweist sich das Wasser, vor allem das oberirdisch fließende Gewässer, von Natur aus nicht beherrschbar im Sinne von Eigentum und Besitz. Das Wasserrecht blieb darum aus der Privatrechtsordnung des Bürgerlichen Gesetzbuchs ausgeklammert und einer öffentlichrechtlichen Regelung durch die Landesgesetzgeber vorbehalten. Diese Linie setzt das geltende *Wasserhaushaltsgesetz* aus dem Jahre 1957 fort, mit dem der Bund seine ↑Gesetzgebungszuständigkeit (S. 76) zum Erlaß von Rahmenvorschriften für das Landeswasserrecht ausübte. Gegenstand des Rechts der Wasserwirtschaft oder des Wasserhaushalts sind die Inanspruchnahme oder die Beeinträchtigung des Wassers, die sich auf dessen Menge und Güte auswirken können. Von der Wasserwirtschaft sind Verkehr und Transport auf Gewässern zu unterscheiden (↑Wasserstraßen S. 480, ↑Binnenschiffahrt S. 482).

Nach den Landeswassergesetzen besteht an den Gewässern, wie an allen ↑öffentlichen Sachen (S. 246) grundsätzlich privatrechtliches Eigentum, das durch eine öffentlich-rechtliche Zweckbestimmung überlagert und modifiziert ist. Lediglich die öffentlichen Gewässer nach dem Wassergesetz für Baden-Württemberg stehen im Geltungsbereich dieses Gesetzes im öffentlichen Eigentum des Landes oder der Gemeinden, über das durch Privatrechtsgeschäft nicht verfügt werden kann. Die Bundeswasserstraßen befinden sich nach Art. 89 Abs. 1 Grundgesetz im „Eigentum" des Bundes. Die Grenze zwischen Gewässer und Ufergrundstücken bestimmt die Wasseruferlinie. Das ist grundsätzlich die Linie des Mittelwasserstandes, bei Tidegewässern des mittleren Tidewasserstandes. Zu den durch das Wasserhaushaltsrecht erfaßten Gewässern gehören die oberirdischen Gewässer, das Grundwasser und die Küstengewässer. Die Einbeziehung der Heilquellen und kleinerer Gewässer erfolgt nach Maßgabe der Landeswassergesetze. Solquellen unterstehen dem ↑Bergrecht (S. 350). Die Benutzungsordnung für die Gewässer ist unabhängig vom Eigentum öffentlich-rechtlich geregelt. Erlaubnisfrei ist der *Gemeingebrauch*, d. h. die Benutzung oberirdischer Gewässer zum Baden, Waschen, Schöpfen mit Handgefäßen, Tränken, Schwemmen und ähnlichen unschädlichen Verrichtungen, zum Fahren mit kleinen Fahrzeugen ohne eigene Triebkraft und als Eisbahnen, das Einleiten von Grund-, Quell- und Niederschlagswasser, wenn es nicht mittels gemeinsamer Anlagen geschieht, sowie zum Teil (z. B. in Baden-Württemberg) auch die Entnahme von Wasser in geringen Mengen für die Landwirtschaft, die Forstwirtschaft, den Gartenbau und kleingewerbliche Betriebe. Ebenso bedarf die Wasserbenutzung für den Eigenbedarf der Gewässereigentümer, der Wasseranlieger und der Hinterlieger (Eigentümer der an Wasseranlieger angrenzenden Grundstücke) in bestimmten Grenzen der Gemeinverträglichkeit keiner Genehmigung. Für alle übrigen Benutzungen ist eine Erlaubnis oder Bewilligung erforderlich. Die *Erlaubnis* wird widerruflich erteilt und begründet in der Regel nur ein persönliches Recht des Erlaubnisnehmers, das ihn nicht vor Unterlassungs- und Beseitigungsansprüchen Dritter schützt. Die *Bewilligung* dagegen wird auf eine bestimmte Zeit unwiderruflich erteilt, ist übertragbar u. schließt Ansprüche Dritter gegen die Benutzung aus. Eine der Bewilligung angeglichene Genehmigung ist notwendig für Rohrleitungsanlagen zum Befördern wassergefährdender Stoffe, wie z. B. von Mineralöl (Pipeline). Weitere Vorschriften der Wassergesetze betreffen im wesentlichen die Unterhaltung und den Ausbau der Gewässer, Wasserschutzgebiete, Heilquellenschutzgebiete und Reinhalteordnungen, Tätigkeit der Wasserverbände, wasserwirtschaftliche Rahmenpläne, eine Gefährdungshaftung für Gewässerverunreinigungen, die Abwasserbeseitigung sowie Betriebsbeauftragte für Gewässerschutz (Gewässerschutzbeauftragte).

J. Salzwedel, Wasserrecht, in: V. Münch, Besonderes Verwaltungsrecht, 4. Aufl., Berlin u. a. 1976, S. 577 ff.

F. Siedler/ H. Zeitler, Wasserhaushaltsgesetz, München u. a. (Loseblatt).

Die dem Wasserhaushaltsrecht unterliegenden Gewässer

Oberirdische Gewässer
ständig oder zeitweilig in Betten fließendes oder stehendes oder aus Quellen wild abfließendes Wasser
Einteilungen:
- Natürliche und künstliche Gewässer,
- fließende und stehende Gewässer,
- Ordnungen nach wasserwirtschaftlicher Bedeutung (Größe, Wasserführung):

Gewässer erster Ordnung
(Bundeswasserstraßen und andere Gewässer aufgrund von Verzeichnissen der Landeswassergesetze)
in Bayern:
Altmühl, Alz, Ammer, Amper, Donau, Iller, Ilz, Inn, Isar, Lech einschließlich Forggensee, Loisach, Main, Naab, Regen, Regnitz, Rodach, Saalach, Salzach, Schwarzer Regen, Tiroler Achen, Traun, Wertach, Ammersee, Bodensee (bayer. Teil), Chiemsee, Kochelsee, Starnberger See

Gewässer zweiter Ordnung
(alle anderen oberirdischen Gewässer in Baden-Württemberg, Berlin, Bremen und Hamburg; in den übrigen Bundesländern nach Maßgabe von Verzeichnissen)

Gewässer dritter Ordnung
(in Bayern, Hessen, Niedersachsen, Nordrhein-Westfalen, Rheinland-Pfalz, Saarland, Schleswig-Holstein)

kleine Gewässer von wasserwirtschaftlich untergeordneter Bedeutung und Heilquellen, soweit sie nicht von den Landeswassergesetzen aus dem Wasserhaushaltsrecht herausgenommen sind (z.B. Fischteiche und Solquellen in Baden-Württemberg)

Grundwasser
das gesamte unterirdische Wasser

Küstengewässer
das Meer zwischen der Küstenlinie bei mittlerem Hochwasser oder der seewärtigen Begrenzung der oberirdischen Gewässer (Bestimmung durch Länder, soweit es sich nicht um Binnenwasserstraßen des Bundes handelt) und der seewärtigen Begrenzung des Küstenmeeres

Jagd- und Fischereirecht

Das Jagdrecht steht aufgrund der Rechtsentwicklung seit dem Mittelalter grundsätzlich dem Grundeigentümer zu. Die Regelung der Jagd erfolgt heute durch das Bundesjagdgesetz (BJagdG) von 1951 (in der Fassung von 1976) als Rahmengesetz zusammen mit den Jagdgesetzen der Länder. Das BJagdG regelt die Rechte und Pflichten der Jäger, der Grundstückseigentümer, der zuständigen Behörden und der Öffentlichkeit. Unter *Jagdrecht* ist die ausschließliche Befugnis zu verstehen, auf einem bestimmten Gebiet wildlebende, jagdbare Tiere (Wild) zu hegen, auf sie die Jagd auszuüben und sie sich als Jagdbeute anzueignen. Die *Hege* muß so durchgeführt werden, daß ein artenreicher gesunder Wildbestand erhalten bleibt und Wildschäden in der Land- und Forstwirtschaft möglichst vermieden werden. Die *Jagdausübung* besteht im Aufsuchen, Nachstellen, Erlegen und Fangen jagdbarer Tiere, die in Haarwild und Federwild unterschieden werden. Allerdings wird ein großer Teil der im BJagdG aufgezählten jagdbaren Tiere durch die Landesgesetzgebung ganzjährig geschont. Das Jagdrecht ist mit dem Eigentum am Grundstück verbunden, es ist ein Nutzungsrecht. Das Jagdausübungsrecht wird insofern beschränkt, als Eigenjagdbezirke eine zusammenhängende Grundfläche von mindestens 75 ha aufweisen müssen. Die Grundflächen der Gemeinde – Eigenjagdbezirke ausgenommen – bilden einen gemeinschaftlichen Jagdbezirk, wenn sie über 150 ha groß sind. Die Eigentümer eines solchen Bezirks bilden eine Körperschaft des öffentlichen Rechts, die *Jagdgenossenschaft*. *Wildschaden* ist der durch Schalenwild, Kaninchen und Fasanen an Grundstücken oder dessen Erzeugnissen verursachte Schaden, *Jagdschaden*, der dem Grundstück durch den Betrieb der Jagd (Jäger, Treiber, Jagdhunde) zugefügte. Oberste Jagdbehörde ist der jeweilige Landesminister für Ernährung, Landwirtschaft und Forsten. Obere Jagdbehörde ist das *Landesjagdamt*, untere der Landkreis oder die kreisfreie Stadt. Mehr als 80% der deutschen Jäger sind im Deutschen Jagdschutzverband zusammengefaßt, dessen Bezirksgruppen aus Hegeringen gebildet werden. Voraussetzung zur Ausübung der Jagd ist der Besitz eines gültigen *Jagdscheins*, der nach Bestehen der Jägerprüfung erteilt wird.

Im Mittelalter bildete sich aus Gewohnheitsrecht ein durch die Landesherren bestätigtes Fischereirecht aufgrund des Grund- bzw. Gewässereigentums. 1916 wurde das Preußische Fischereigesetz erlassen, das 1933 Reichsgesetz wurde. In der Bundesrepublik liegt die *Fischereihoheit* bei den Ländern, von denen allerdings nur einige neue Landesfischereigesetze erlassen haben (z. B. Nordrhein-Westfalen 1. 1. 1973). Das Fischereirecht begründet die Befugnis, in einem Gewässer Fische, Krebse und Muscheln zu hegen, zu fangen und sich anzueignen. Es umfaßt die Pflicht, einen dem Gewässer entsprechenden Fischbestand zu erhalten und notfalls durch künstlichen Besatz zu hegen. Das Fischereirecht ist mit dem Eigentum am Gewässergrundstück verbunden und steht dem Eigentümer zu. Selbständige Fischereirechte, d. h. solche Rechte, die nicht dem Eigentümer zustehen, bleiben solange erhalten, wie sie im Wasserbuch oder im ↑Grundbuch (S. 214) eingetragen sind. Im Gebiet einer Gemeinde bilden alle Gewässer zusammen einen gemeinschaftlichen Fischbezirk. Die zusammengeschlossenen Fischereiberechtigten bilden eine *Fischereigenossenschaft* als Körperschaft des öffentlichen Rechts. Der für den Inhaber eines Fischereierlaubnisscheins zur Ausübung der Fischerei vorgeschriebene *Fischereischein* kann nach Ablegung einer Fischerprüfung von der zuständigen unteren Aufsichtsbehörde erteilt werden. Die Landesminister für Ernährung, Landwirtschaft und Forsten erlassen behördliche Verordnungen zum Schutz der Fischerei. Diese beziehen sich besonders auf Schonzeiten, Schonbezirke sowie Mindestgrößen von zum Fang freigegebenen Fischen.

G. Mitzschke/K. Schäfer, Kommentar zum Bundesjagdgesetz, 3. Aufl., Hamburg 1971.
A. Lorz, Natur-, Tierschutz- und Jagdrecht, Fischereirecht, 2. Aufl., München 1969.

Schonzeiten und Mindestmaße im Fischereirecht

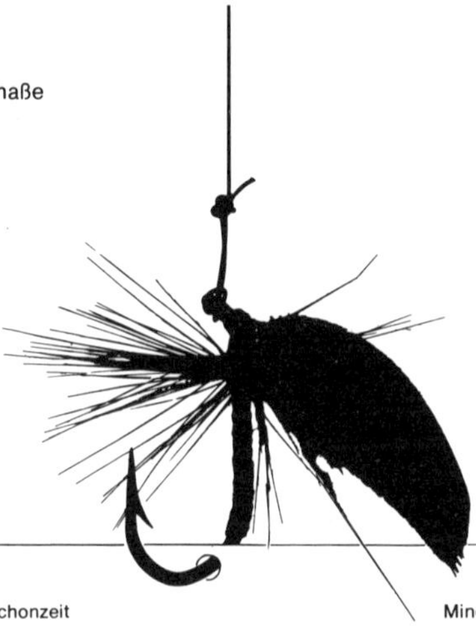

Bodensee

Fischart	Schonzeit	Mindestmaß (cm)
Blaufelchen	15. Oktober bis 10. Januar (bei zusammengelegten Schwanzspitzen)	35
Sandfelchen	15. Oktober bis 10. Januar	30
Gangfisch	15. Oktober bis 10. Januar	25
Kilch	keine	20
Seeforelle	15. Juli bis 15. September	40
Hecht	1. April bis 20. Mai	40
Zander	1. April bis 31. Mai	40
Aal	keine	40
Äsche	1. März bis 30. April	25
Seesaibling	1. November bis 31. Dezember	25
Karpfen	keine	25
Schleie	keine	20

Die Schonzeiten beginnen und enden jeweils um 12 Uhr der angegebenen Tage. Als Mindestmaß gilt der Abstand von der Kopfspitze bis zum Ende der Schwanzflosse.
Gefangene untermaßige Fische sind, sofern sie lebensfähig sind, sorgfältig aus den Fanggeräten zu lösen und in den See zurückzusetzen.

Bayern

Fisch- oder Krebsart	Schonzeit	Schonmaß
Huchen	15. Februar bis 15. Mai	70 cm
Seeforelle	1. Oktober bis 31. Dezember	60 cm
Bachsaibling	1. Oktober bis 28. Februar	20 cm
Seesaibling	15. Oktober bis 31. Dezember	30 cm
Bachforelle	1. Oktober bis 28. Februar	26 cm
Regenbogenforelle	15. Dezember bis 15. April	26 cm
Äsche	1. März bis 30. April	35 cm
Renkenarten	15. Oktober bis 31. Dezember	28 cm
Zander	15. März bis 30. April	50 cm
Hecht	15. Februar bis 15. April	45 cm
Barbe	1. Mai bis 15. Juni	38 cm
Flußkrebsarten der Gatung Astacus mit Ausnahmen des des Sumpfkrebses Astacus leptodactylus Eschscholz)		
a) Krebs, weiblich	1. September bis 30. Juni	12 cm
b) Krebs, männlich		12 cm
Aal		40 cm
Nerfling		30 cm
Frauennerfling		30 cm

Flurbereinigung

In der Flurbereinigung wird zersplitterter oder unwirtschaftlich geformter ländlicher Grundbesitz zur Verbesserung der Produktions- und Arbeitsbedingungen in der Land- und Forstwirtschaft sowie zur Förderung der allgemeinen Landeskultur und der Landentwicklung durch Maßnahmen nach dem Flurbereinigungsgesetz – FlurbG – in der Fassung vom 16. März 1976 (BGBl. I S. 546) und nach den Ausführungsgesetzen der Länder in einem behördlich geleiteten Verfahren neu geordnet. Die obere Flurbereinigungsbehörde leitet das Verfahren ein, durch das alle im Flurbereinigungsgebiet liegenden Grundstücke einschließlich der Ortslagen und unabhängig von vorhandenen Bauleitplänen erfaßt werden.

Beteiligt am Verfahren sind die Teilnehmer, nämlich die Eigentümer der im Flurbereinigungsgebiet liegenden Grundstücke, und die Nebenbeteiligten, die in sonstiger Weise durch die Flurbereinigung Betroffenen. Die Teilnehmer bilden die *Teilnehmergemeinschaft*, eine Körperschaft des öffentlichen Rechts, die durch einen von den Teilnehmern gewählten Vorstand vertreten wird. Grundsätzlich ist es ihre Aufgabe, die gemeinschaftlichen Angelegenheiten der Teilnehmer wahrzunehmen und die im Verfahren anfallenden Zahlungen zu leisten bzw. von den Teilnehmern zu fordern. Zur zweckmäßigen gemeinsamen Durchführung der den Teilnehmergemeinschaften obliegenden Aufgaben können diese sich zu einem Verband und zu einem Gesamtverband zusammenschließen.

Für die in das Verfahrensgebiet eingebrachten Grundstücke ist jeder Teilnehmer nach Abzug des für die Errichtung der gemeinschaftlichen und öffentlichen Anlagen erforderlichen Flächenanteiles in Land von gleichem Wert abzufinden. Die Ermittlung des Wertes der alten Grundstücke, bei der – außer bei Bauland und baulichen Anlagen – nicht auf den Verkehrswert abgestellt wird, erfolgt so, daß der Wert der Grundstücke eines Teilnehmers im Verhältnis zum Wert aller Grundstücke des Verfahrensgebietes zu bestimmen ist. Anstelle von Landabfindung kann ein Teilnehmer mit seiner Zustimmung in Geld abgefunden werden. Unvermeidbare Mehr- oder Minderabfindungen von Land sind in Geld auszugleichen. Vor der Planung der Landabfindung sind die Teilnehmer über ihre Abfindungswünsche zu hören. Ein Anspruch auf Zuweisung eines bestimmten Grundstückes oder Abfindung in bestimmter Lage besteht nicht, da sonst der Zusammenlegungserfolg beeinträchtigt werden könnte. Von den Kosten des Verfahrens trägt die Teilnehmergemeinschaft nur die zur Ausführung der Flurbereinigung erforderlichen Aufwendungen. Die persönlichen und sächlichen Kosten der Behörde trägt das jeweilige Land. Zu den Ausführungskosten werden Beihilfen aus öffentlichen Mitteln sowie langfristige zinsgünstige Darlehen gewährt. Neben der klassischen und der vereinfachten Flurbereinigung läßt das Flurbereinigungs-Gesetz unter bestimmten Voraussetzungen eine *Beschleunigte Zusammenlegung* und den *Freiwilligen Landtausch* zu, wobei ganze Grundstücke ausgetauscht bzw. großzügig zusammengelegt werden.

Gegen die Verwaltungsakte der Flurbereinigungsbehörden und Teilnehmergemeinschaften kann innerhalb von 2 Wochen Widerspruch eingelegt werden, gegen den Flurbereinigungsplan jedoch grundsätzlich nur in einem Anhörungstermin. Gegen die Widerspruchsentscheidung der Flurbereinigungsbehörden kann innerhalb von 2 Wochen die Anfechtungsklage zum Flurbereinigungsgericht erhoben werden, das in der Regel in jedem Bundesland als Senat für Flurbereinigung bei dem obersten Verwaltungsgericht eingerichtet ist. Gegen dessen Entscheidung kann die Revision zum Bundesverwaltungsgericht zugelassen werden.

R. Steuer, Kommentar zum Flurbereinigungsgesetz, 2. Aufl., München u. a. 1967.
Seehusen/Schwede/Nebe, Kommentar zum Flurbereinigungsgesetz, 2. Aufl., Hamburg 1966.
F. Quadflieg, Kommentar zum Flurbereinigungsgesetz, Köln u. a. 1978.

Flurbereinigung

Alter
Zustand

Neuer
Zustand

Vermessungswesen

Das Vermessungswesen umfaßt alle Arbeiten auf dem Gebiet der Vermessungskunde (Geodäsie), d.h. die Ausmessung der Erdoberfläche im Ganzen und in einzelnen Teilen sowie ihre Darstellung und Abbildung in Karten und Plänen. Es teilt sich auf in die *Erdmessung* (Bestimmung der Figur der Erde; Schaffung eines für die gesamte Erde gültigen Bezugssystems für Lage, Höhe und Gravitation; Orientierung und Anlage der Grundlagennetze mittels geodätischer, astronomischer und physikalischer Messungen für die Landesvermessung; Vermessung der Erde mittels künstlicher Satelliten), in die *Landesvermessung* (Schaffung eines Festpunktfeldes nach Lage und Höhe für die Folgemessungen, Herstellung und Laufendhaltung topographischer Karten als Grundlage aller anderen Kartenwerke), in die *Land- und Feldvermessung* (Herstellung und Laufendhaltung von Karten und Verzeichnissen über die Eigentumsverhältnisse an Grund und Boden, Einmessung und Absteckung von Gegenständen auf der Erdoberfläche, Schaffung von Planungsunterlagen) und in die *Ingenieurvermessung* (Einmessung und Absteckung hoher Präzision von Gegenständen, insbesondere Absteckung und Überwachung von Großbauwerken, Setzungs- und Deformationsmessungen an Großbauwerken, Beweissicherungsmessungen, Präzisionsmessungen im Maschinen- und Stahlbau). Hierzu bedient man sich der Strecken-, Winkel-, Höhen- und Schweremessung sowie der Photogrammetrie (Bildmessung und Luftbildwesen).

Für die Aufgaben der Landesvermessung sind die Landesvermessungsämter zuständig. Die *Katasterverwaltung* der Länder (örtliche Katasterämter; Innen- oder Finanzministerium als oberste Behörde) hat als Hauptaufgabe die Herstellung und Aktualisierung des Liegenschaftskatasters. Dieses enthält den amtlichen Bestandsnachweis für die Grundstücke und die Bodenschätzung in Karten und Verzeichnissen. Daneben gibt es die *Vermessungsdienste* der Sonderverwaltungen des Bundes und der Länder, z. B. bei den Flurbereinigungs- und Siedlungsbehörden und bei den Forstverwaltungen, ferner die Dezernate für Vermessungs- und Kartenwesen bei der Deutschen Bundesbahn, deren Aufgaben in den kataster-, bau- und gleistechnischen Vermessungen und in der technischen Verwaltung der Liegenschaften der Bundesbahn bestehen, sowie die Vermessungsdienststellen der ↑Straßenverwaltung (S. 488) mit analogen Aufgaben und die Dezernate für das Karten-, Vermessungs- und Liegenschaftswesen der Wasser- und Schiffahrtsverwaltung. Schließlich unterhalten die Kommunalverwaltungen Liegenschafts- und Vermessungsämter, in Nordrhein-Westfalen auch für das Land. Deren Aufgaben ergeben sich zum Teil aus gesetzlichen Bestimmungen: Aufnahme nach Grundriß und Höhe für über- und unterirdische Bauten und Anlagen; Kaufpreissammlungen für Schätzungszwecke; Liegenschaftsverwaltung; Ordnung des Grund und Bodens; Mitwirkung bei der ↑Bauleitplanung (S. 510), im Umlegungsverfahren (↑Bodenordnung S. 514) und bei Grenzregelungen sowie bei der Ermittlung von Erschließungsbeiträgen und Grundstückswerten nach dem Bundesbaugesetz; Herstellung von Karten.

Die Wahrnehmung aller militärischen Belange auf den Gebieten des Vermessungs- und Kartenwesens obliegt dem *Militärgeographischen Dienst der Bundeswehr.* Im übrigen können vermessungstechnische Aufgaben aller Art von den im freien Beruf tätigen, öffentlich bestellten Vermessungsingenieuren ausgeführt werden. Für die geodätische Forschung existiert auf Bundesebene das Deutsche Geodätische Forschungsinstitut, das u. a. bundesweit alle kleinmaßstäblichen topographischen Karten und Übersichtskarten herstellt und die Aufgaben der Erdmessung übernommen hat, sowie das Deutsche Hydrographische Institut für die Seevermessung.

Jordan/Egger/Kneißl, Handbuch der Vermessungskunde, 10. Aufl., in 12 Bänden, Stuttgart 1956–1968.

Kriegel/Böhm, Das öffentliche Vermessungs- und Landkartenwesen in der Bundesrepublik Deutschland, Hamburg 1961.

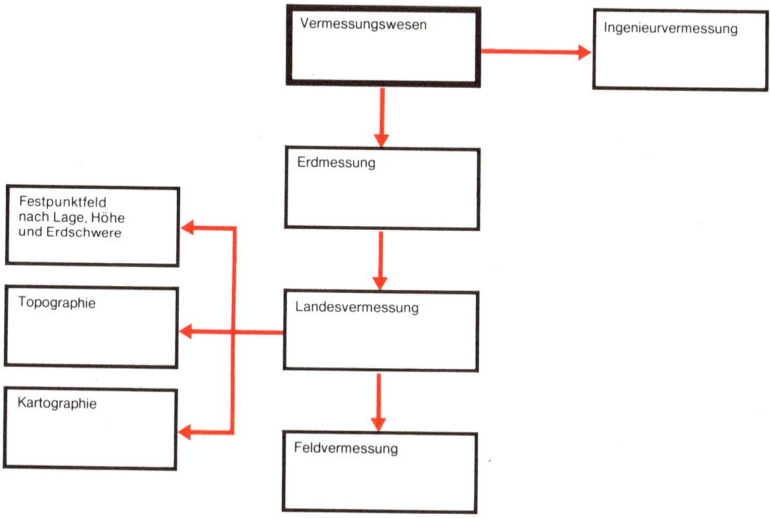
Vermessungswesen
Ingenieurvermessung
Erdmessung
Festpunktfeld nach Lage, Höhe und Erdschwere
Topographie
Landesvermessung
Kartographie
Feldvermessung

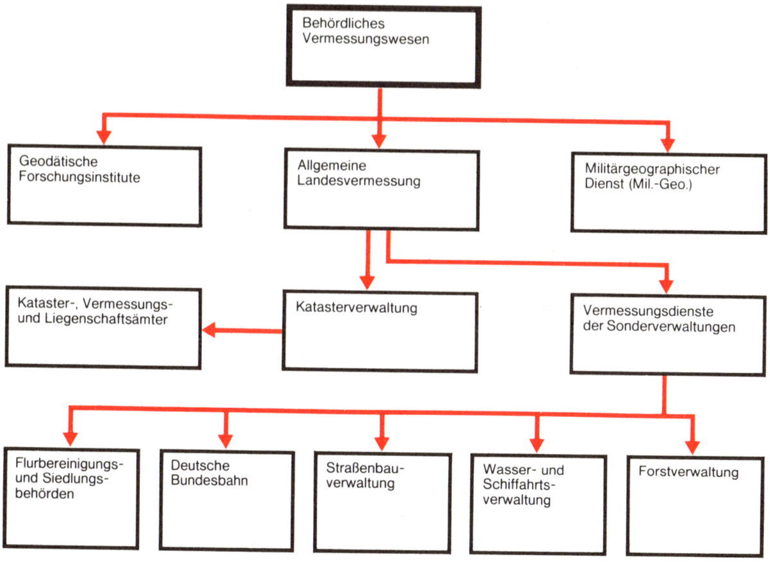
Behördliches Vermessungswesen
Geodätische Forschungsinstitute
Allgemeine Landesvermessung
Militärgeographischer Dienst (Mil.-Geo.)
Kataster-, Vermessungs- und Liegenschaftsämter
Katasterverwaltung
Vermessungsdienste der Sonderverwaltungen
Flurbereinigungs- und Siedlungs- behörden
Deutsche Bundesbahn
Straßenbau- verwaltung
Wasser- und Schiffahrts- verwaltung
Forstverwaltung

Schulsystem – Schulpflicht

Im Schulsystem unterscheidet man den vertikalen und den horizontalen Schulaufbau. Beim *vertikalen Schulsystem* bestehen die Schularten ohne Übergänge nebeneinander (z. B. dreigliedriger Schulaufbau mit Volksschule, Mittelschule, Gymnasium). Für den *horizontalen Schulaufbau* ist die Durchlässigkeit zwischen den Schularten kennzeichnend (z. B. Gesamtschule). Der Schulaufbau wird in der Regel in aufeinanderfolgenden Schulstufen (Primarstufe, Sekundarstufe I und II, Tertiärstufe, Hochschulbereich) dargestellt. Gemäß Art. 7 GG steht das Schulsystem unter der Aufsicht des Staates. Schulen sind daher im Grundsatz staatlich, der Unterricht wird von beamteten Lehrkräften erteilt. Daneben existieren – meist staatlich geförderte – Privatschulen, deren Anspruch auf Subventionen bislang noch nicht abschließend geklärt worden ist. Die Gesetzgebungszuständigkeit für das Schulsystem liegt bei den Ländern. Die vorschulische Erziehung (Kindergärten) ist nicht Teil des Schulsystems, sie gehört zum Sozialwesen.

Es gibt zwei Grundtypen von Schulen: Die allgemein- und berufsbildenden Schulen. Hauptmerkmal des *allgemeinbildenden* Schulsystems ist seine Zweistufigkeit: Auf eine einheitliche Primarstufe (Grundschule) folgt eine Sekundarstufe, die grundsätzlich die Wahl zwischen drei Schultypen zuläßt: Hauptschule, Realschule, Gymnasium. Verbleibt der Schüler auf der Volksschule, so wechselt er in die Hauptschule (Volksschuloberstufe) über, aus der er mit Ende der Schulpflicht ausscheidet, mit Abschlußzeugnis, wenn er das Schulziel erreicht hat, mit Abgangszeugnis, wenn nicht. Die fünfte und sechste Klasse ist in verschiedenen Ländern zur sog. Förder- oder Orientierungsstufe zusammengefaßt, die den verspäteten Übergang in Realschule oder Gymnasium ermöglichen soll. Aufgrund einer Vereinbarung der Kultusministerkonferenz wurde bundesweit die sog. „reformierte Oberstufe" an den Gymnasien eingeführt, in der der Schüler vier Prüfungsfächer wählt, darunter zwei sogenannte Leistungsfächer; die Wahlfächer müssen in der Regel bestimmten Bereichen entnommen werden. Neben das allgemeinbildende Schulsystem tritt das *berufsbildende* im Anschluß an die Hauptschule in Form der Berufsschule als Teilzeit-Pflichtschule. Daneben gibt es die Berufsfachschule. Nach Besuch einer dieser Schulen und praktischer Tätigkeit besteht die Möglichkeit, auf die Berufsoberschule überzuwechseln. Diese endet in ihrer ersten Stufe (Berufsaufbauschule) mit der Fachschulreife, in ihrer zweiten mit der fachgebundenen Hochschulreife.

Die *Schulpflicht* betrifft die in den Schulgesetzen der einzelnen Länder der Bundesrepublik Deutschland geregelte Pflicht für alle in einem Bundesland wohnenden Kinder und Jugendlichen zu einem Mindestschulbesuch. Seit dem Hamburger Schulabkommen der Bundesländer vom 28. 10. 1964 i. d. F. vom 14. 10. 1971 ist die Volksschule auf 9 Jahre festgelegt; die Ausdehnung auf 10 Jahre ist zulässig. Die allgemeine Schulpflicht betrifft grundsätzlich alle bildungsfähigen Kinder und Jugendlichen im schulpflichtigen Alter und verpflichtet zum Besuche einer staatlichen Schule oder einer staatlich anerkannten Privatschule. Sie beginnt am 1. August im 7. Lebensjahr derjenigen Kinder, die bis spätestens 30. Juni 6 Jahre alt geworden sind. Die Zurückstellung körperlicher und geistig nicht schulreifer Kinder ist bis zu zwei Jahren möglich. An die Vollzeitschulpflicht schließt sich eine dreijährige *Berufsschulpflicht* (Teilzeitschulpflicht) an, die während des Besuchs einer weiterführenden Schule ruht. Die Schulpflicht hat einen zweifachen Inhalt: Einmal die Pflicht des Kindes oder Jugendlichen, in die Schule zu kommen bzw. der Erziehungsberechtigten, das Kind in die Schule zu schicken; zum anderen bestimmte Verhaltenspflichten innerhalb der Schule, die über die bloße Präsenz des Schülers hinausgehen, insbesondere aktive Unterrichtsteilnahme und schulordnungsmäßiges Verhalten.

H. Scheuerl, Die Gliederung des deutschen Schulwesens, Stuttgart 1968.
U. Böhm/H. Rudolph, Kompetenz- und Lastenverteilung im Schulsystem, Stuttgart 1971.
H. Knudsen, Die Privatschule, Neuwied u. a. (Loseblatt).

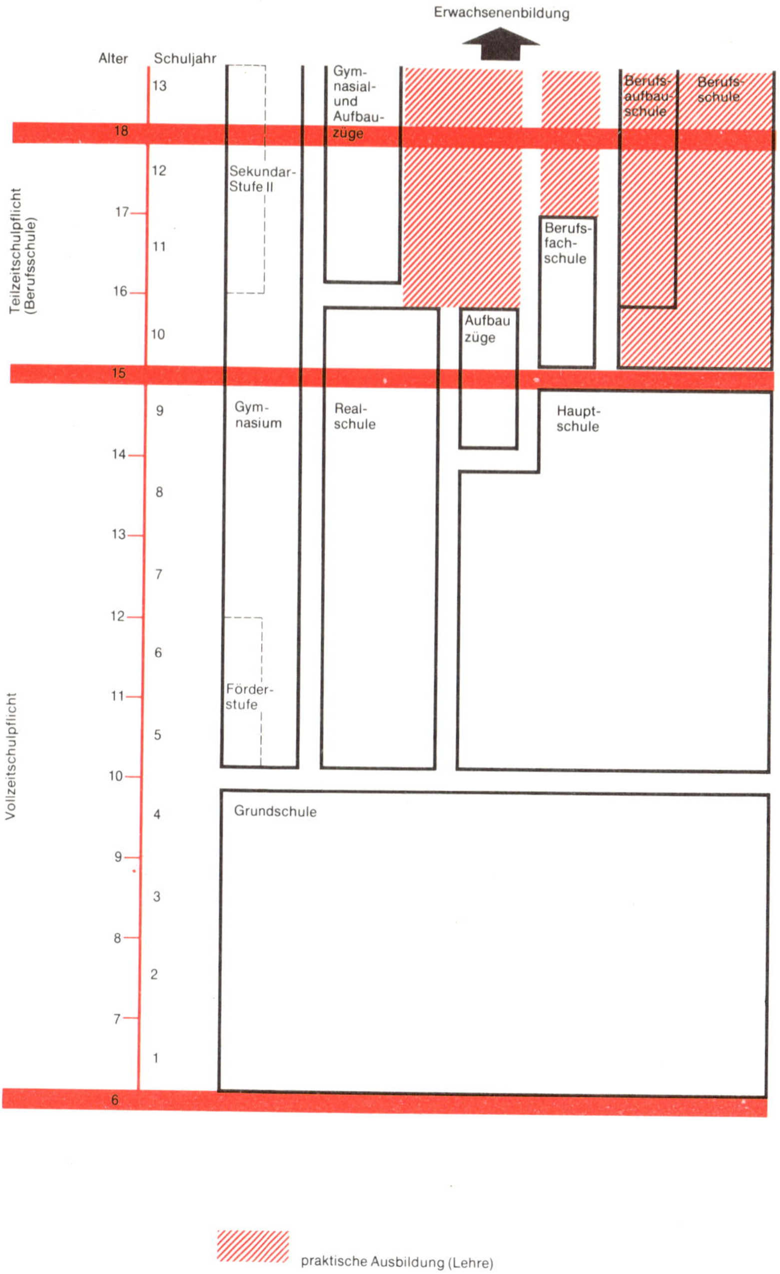
Erwachsenenbildung
Alter
Schuljahr
Teilzeitschulpflicht (Berufsschule)
Vollzeitschulpflicht
18
17
16
15
14
13
12
11
10
9
8
7
6
13
12
11
10
9
8
7
6
5
4
3
2
1
Sekundar-Stufe II
Gym-nasial- und Aufbau-züge
Berufs-aufbau-schule
Berufs-schule
Berufs-fach-schule
Aufbau züge
Gym-nasium
Real-schule
Haupt-schule
Förder-stufe
Grundschule
praktische Ausbildung (Lehre)

Schulverwaltung

Die Schulverwaltung, also die Verwaltung der inneren und äußeren Schulangelegenheiten, ist in den Schulgesetzen der Länder mit teilweise erheblichen Abweichungen geregelt. Die *innere* Schulverwaltung liegt in der Hand der Schulleitung und der Schulaufsicht und umfaßt die schulfachlichen Angelegenheiten. Dazu gehört alles, was sich auf Leben und eigentliche Arbeit der Schule bezieht: Unterricht und Erziehung, Lehrplan und -methode, Schulordnung und Schulbesuch, Auswahl der Lehrer und Sorge für die Schüler. Demgegenüber schafft die äußere Schulverwaltung die Vorbedingungen, unter denen die Schularbeit geleistet werden kann.

Die Errichtung und Unterhaltung von Schulen und den Einsatz und die Besoldung des Lehrpersonals regelt, wer die Schulfinanzierungskosten zu tragen hat. Hierbei sind persönliche und sächliche Kosten zu trennen. Persönliche Kosten sind nur die Dienst- und Versorgungsbezüge der Lehrer und die zugehörigen Nebenkosten. Da Lehrer Landesbedienstete sind, hat das Land die anfallenden Personalkosten zu tragen. Für die sächlichen Kosten hat der Schulträger aufzukommen. Sächliche Kosten entstehen z. B. für Errichtung, Unterhaltung und Bewirtschaftung des Schulgebäudes, Beschaffung von Inventar, Lehrmitteln und anderem, aber auch für die Bezahlung von Hausmeister und Putzfrauen. *Schulträger* sind im allgemeinen die Gemeinden oder Landkreise bzw. Schulverbände, für manche Schularten das Land selbst. Bei kommunaler Betätigung durch Unterhaltung von Schulen erfüllen die Gemeinden Pflichtaufgaben, die in die ↑kommunale Selbstverwaltung (S. 102) fallen. Bei bestimmten Maßnahmen sind die Schulträger in ihrem Selbstverwaltungsrecht beschränkt. So bedürfen die Errichtung neuer und die Organisationsänderung oder Aufhebung bestehender Schulen der schulaufsichtlichen Genehmigung. Bei der Auswahl des Schulleiters haben die Schulträger in einigen Ländern ein Mitspracherecht. Zu ihren sächlichen Kosten erhalten sie bei Errichtung von Schulen in der Regel Landeszuschüsse. Wegen der unterschiedlichen Finanzkraft der einzelnen Schulträger wird in einigen Ländern von den Gemeinden und Landkreisen eine sogenannte Schulumlage erhoben.

Die *Schulaufsicht* umfaßt einerseits die Dienstaufsicht über die Lehrer, andererseits die Fachaufsicht über die Schulträger. Sie wird durch besondere Behörden (Schulamt, Schulrat) wahrgenommen. In den größeren Ländern ist sie meist dreistufig organisiert. Hierbei ist die untere Schulaufsichtsbehörde auf Kreisebene für Volks-, Real- und Sonderschulen zuständig, die Obere Schulaufsichtsbehörde für die sonstigen Schulen, insbesondere die Gymnasien und die Aufsicht über die untere Schulaufsichtsbehörde. Oberste Aufsichtsbehörde ist stets der Kultusminister.

Die Schülermitverantwortung (Schülermitverwaltung, Abk. SMV) betrifft die Beteiligung der Schüler an der Gestaltung des Schullebens zur Einübung von Eigeninitiative, Verantwortungsbewußtsein sowie von sozialen und politischen Verhaltensweisen. Die nach 1945 eingeführte SMV gehört zum festen Bestandteil der politischen Bildung vor allem in weiterführenden Schulen. Als praktische Ergänzung theoretisch vermittelter Sozial- und Staatsbürgerkunde vorgesehen, dient sie als Experimentierfeld für demokratische Verhaltensweisen (Wahl von Klassen- und Schulsprechern, Herausgabe von Schülerzeitungen, Planung und Durchführung von Arbeitsgemeinschaften). Die Kritik wendet sich gegen den geringen Handlungs- und Entscheidungsspielraum der SMV, die eher als Hilfsorganisation der Schulleitung denn als Gremium mit Einflußmöglichkeit in schulischen Konfliktsituationen angesehen wird. Die Kultusministerkonferenz hat einige allgemeine Empfehlungen beschlossen, denen die Länder zum Teil gefolgt sind. Insgesamt ist jedoch die Rechtslage sehr uneinheitlich.

N. Niehues, Schul- und Prüfungsrecht, München 1976.
A. Holtmann/S. Reinhardt, Schülermitverantwortung, Weinheim 1971.
Bericht der Bildungskommission zur Reform von Organisation und Verwaltung, Stuttgart 1974.
R. Bessoth, Schulverwaltungsreform, Weinheim 1974.

Schulverwaltung

Schulaufsicht
(am Beispiel Baden-Württembergs)

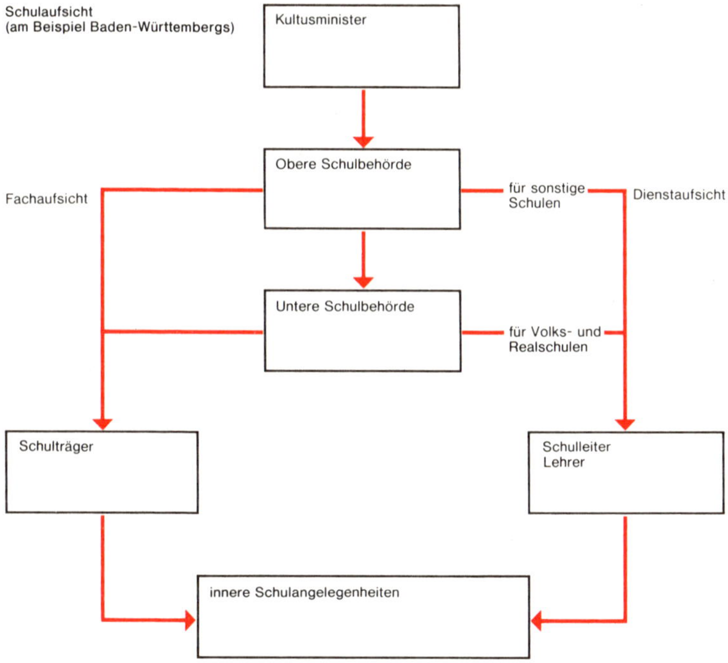

Schülermitverantwortung

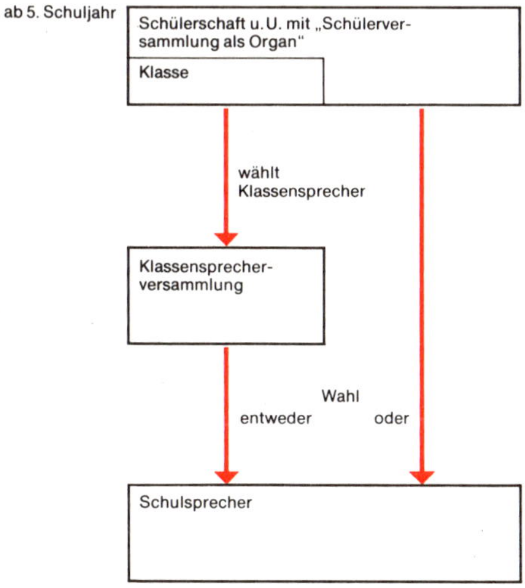

Elternrecht – staatliche Schulhoheit

Das *Elternrecht* des Grundgesetzes (Art. 6 Abs. 2 GG) bezeichnet die Pflege und Erziehung der Kinder als „das natürliche Recht der Eltern und die zuvörderst ihnen obliegende Pflicht". Über ihre Verwirklichung hat die staatliche Gemeinschaft zu wachen. Die Eltern haben insbesondere das Recht und die Pflicht, die Pflege und Erziehung ihrer Kinder nach ihren eigenen Vorstellungen frei zu gestalten. Ihre Entscheidung ist durch ein Grundrecht gegen staatliche Eingriffe geschützt, soweit solche Eingriffe nicht durch das Wächteramt der staatlichen Gemeinschaft im Sinne des Art. 6 Abs. 2 GG gedeckt sind. Geschützt wird das Elternrecht außer durch Art. 6 Abs. 2 GG durch § 26 Abs. 3 der Menschenrechtserklärung der Vereinten Nationen und durch Art. 2 des Zusatzprotokolls zur europäischen Menschenrechtserklärung.

Das Spannungsverhältnis zwischen dem Elternrecht aus Art. 6 GG einerseits und dem Erziehungsauftrag des Staates bzw. der *staatlichen Schulhoheit* andererseits aus Art. 7 GG hat wiederholt die Gerichte mit grundsätzlichen Fragen beschäftigt. Das Bundesverfassungsgericht hat im sog. Förderstufen-Urteil und im Sexualkunde-Beschluß vor allem die gemeinsame Erziehungsaufgabe von Eltern und Schule hervorgehoben. Der Staat trifft sich hier mit den anderen Erziehungsträgern in der Aufgabe, das Kind bei der Entwicklung zu einer eigenverantwortlichen Persönlichkeit innerhalb der Gesellschaft zu unterstützen und zu fördern. Die gemeinsame Erziehungsaufgabe von Eltern und Schule, welche die Bildung der einen Persönlichkeit des Kindes zum Ziel hat, läßt sich nicht in einzelne Kompetenzen zerlegen. Sie ist in einem sinnvoll aufeinanderbezogenen Zusammenwirken zu erfüllen. Der Staat muß demnach in der Schule die Verantwortung der Eltern für den Gesamtplan der Erziehung ihrer Kinder achten und für die Vielfalt der Anschauungen in Erziehungsfragen so weit offen sein, wie es sich mit einem geordneten staatlichen Schulsystem verträgt. Der Staat darf auch durch schulorganisatorische Maßnahmen nie den ganzen Werdegang des Kindes regeln wollen.

Praktisch bedeutet dies, daß die Eltern zwar für ihr Kind unter den bestehenden Schularten wählen können, aber keinen Anspruch auf Einführung oder Beibehaltung einer bestimmten Schulart, z. B. der Bekenntnisschule haben. Sie können grundsätzlich fordern, daß ihr Kind in die örtlich zuständige Schule aufgenommen wird, nicht aber, daß eine bestimmte Schule bestehen bleibt. Sie haben jedoch unter Umständen einen Anspruch auf Einführung eines Schulbusdienstes, wenn sonst der Schulweg unzumutbar lang würde.

Der mitwirkungsrechtliche Aspekt des Elternrechts betrifft die Stellung der Erziehungsberechtigten im Schulsystem. Sie ist, wie auch das Recht der *Elternvertretung*, nicht bundeseinheitlich geregelt. Zwischen den einzelnen Bundesländern bestehen jedoch kaum grundsätzliche Verschiedenheiten. Auf der untersten Ebene können die Erziehungsberechtigten ihre Interessen auf Elternabenden wahrnehmen, die jährlich mindestens zweimal, in manchen Ländern dreimal einberufen werden müssen. Auf ihnen wird zu Anfang des Schuljahres der Klassenelternvertreter gewählt, der wie der Klassenlehrer jederzeit einen Elternabend einberufen kann. Die Gesamtheit der Elternvertreter einer Schule bildet den *Elternbeirat*, der bei Angelegenheiten, die für den Schulbetrieb von allgemeiner Bedeutung sind, angehört werden soll. Elternbeirat, Lehrerschaft und Schulleitung bilden in einigen Ländern die Schulpflegschaft. Aus den Vorsitzenden der Elternbeiräte rekrutieren sich die Stadt- und Kreiselternbeiräte. Deren Vertreter bilden den Landeselternbeirat, der wiederum Vertreter in den Bundeselternbeirat sendet.

A. v. Campenhausen, Erziehungsauftrag und staatliche Schulträgerschaft, Göttingen 1967.
K. Kiske, Elternrecht und staatliches Schulerziehungsrecht, Münster 1966.
Leibholz/Rinck, Kommentar zum GG, Art. 6 und Art. 7, Köln u. a. 1975.

Elternvertretung
(am Beispiel von Baden-Württemberg)

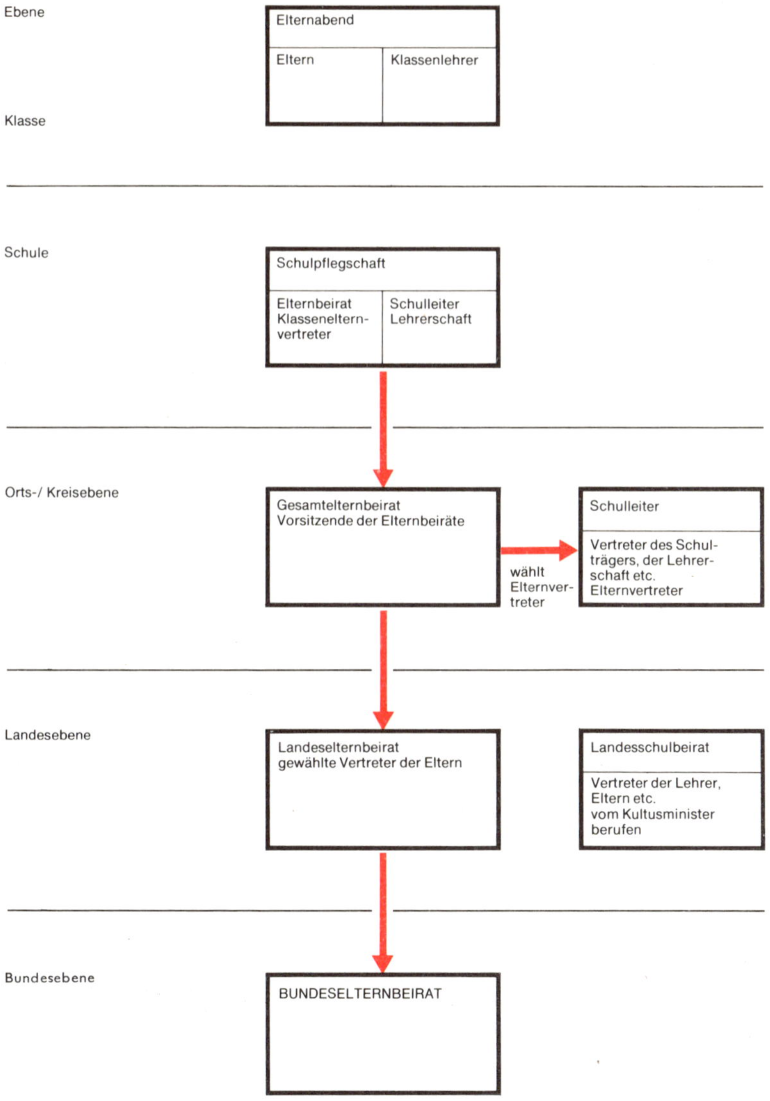

Die Aufgaben dieser Gremien sind meist beratender Art. Ihre eigentliche Bedeutung liegt in ihrer Öffentlichkeitsarbeit. Rechtliche Befugnisse haben die Elternvertreter z. B. in Hessen: Der Landesschulbeirat, in dem neben Vertretern der Lehrerschaft und Elternvertreter u. a. auch Vertreter von Kirchen, Arbeitgebern und Arbeitnehmern Sitz und Stimme haben, muß Bildungsplänen, Prüfungsordnungen und allgemeinen Schulordnungen zustimmen.

Universitäten und Hochschulen

Hochschulen sind Ausbildungsstätten, die Aufgaben von Forschung und Lehre wahrnehmen, auf akademische Berufe vorbereiten und die Fortbildung Berufstätiger fördern. Wissenschaftliche Hochschulen sind die Universitäten, die Technischen Hochschulen, die in den letzten Jahren errichteten Gesamthochschulen sowie die Pädagogischen Hochschulen zur Ausbildung von Lehrern. An anderen Hochschulen (Kunst-, Musik- und Fachhochschulen) wird anwendungsbezogener Unterricht auf wissenschaftlichen Grundlagen erteilt.

Für die wissenschaftlichen Hochschulen ist die *Freiheit von Forschung und Lehre* verfassungsrechtlich garantiert (↑Freiheit der Wissenschaft S. 136), für die übrigen Hochschulen wird sie zumindest durch das Hochschulrahmengesetz gewährleistet. Jeder Angehörige des Lehrkörpers einer Hochschule hat danach das Recht, eigenverantwortlich Inhalt und Durchführung seiner Lehrveranstaltungen und Forschungsvorhaben zu bestimmen. Jeder Student hat das Recht, Lehrveranstaltungen aller Art zu besuchen (Studienfreiheit). Der Zugang zu den Hochschulen ist aber bei manchen Fächern begrenzt (↑Zulassung zu Universitäten und Hochschulen S. 454). Das Studium an einer Hochschule kann mit einer staatlichen Prüfung (Staatsexamen) oder einer Hochschulprüfung (z. B. Diplom, Magister) abgeschlossen werden. An den wissenschaftlichen Hochschulen kann ferner der Doktorgrad (Promation) erworben werden.

Die Hochschulen in der Bundesrepublik sind mit wenigen Ausnahmen staatlich und werden von den Ländern getragen, die Bundeswehrhochschule vom Bund. Der Bund wirkt am Hochschulausbau und an der Planung der Hochschulen mit (↑Kooperation im Bundesstaat, S. 82). Die wesentlichen rechtlichen Grundsätze über die Aufgaben, die Organisation und die Mitglieder der Hochschulen trifft das Hochschulrahmengesetz des Bundes. Nähere Einzelheiten regeln die Gesetze der Länder. Die Hochschulen sind Körperschaften des öffentlichen Rechts, haben das Recht der akademischen Selbstverwaltung *(Hochschulautonomie)* und unterliegen insoweit nur der staatlichen Rechtsaufsicht. Soweit den Hochschulen Aufgaben der Wirtschafts- und Personalverwaltung übertragen sind, stehen sie unter staatlicher Fachaufsicht. Die wissenschaftlichen Hochschulen haben mit Ausnahme der Pädagogischen Hochschulen auch das Recht der Habilitation (Nachweis der Befähigung zum Forschen und Lehren als Hochschullehrer). Die Hochschulen geben sich eine Satzung oder Grundordnung, in der sie ihre organisatorischen Einzelheiten regeln (Satzungsrecht). Sie gliedern sich in Fachrichtungen (Fachbereiche, Fakultäten, ständige Einheiten für Forschung und Lehre), die nochmals in Institute, Zentren, Seminare, Kliniken usw. untergliedert sind. Die Studentenschaften sind mit Ausnahme von Baden-Württemberg, Bayern und Berlin als Gliedkörperschaften der Hochschulen mit dem Recht zur Selbstverwaltung organisiert.

Durch die Hochschulreform wurde das System der „Gruppenuniversität" eingeführt, in dem Studenten, Mittelbau (Assistenten, Räte) und sonstigen Dienstkräften erhebliche Mitwirkungsrechte in der Wissenschaftsverwaltung gewährt wurden. Aufgrund des „Hochschulurteils" des Bundesverfassungsgerichts bestimmt nunmehr das Hochschulrahmengesetz, daß zur Sicherung der Freiheit von Forschung und Lehre bei Entscheidungen, die unmittelbar Forschung und Lehre betreffen, die Gruppe der Hochschullehrer einen ausschlaggebenden bzw. maßgebenden Einfluß haben muß.

Die Förderung der Studenten (Berufsausbildungsförderungsgesetz), des wissenschaftlichen Nachwuchses (Graduiertenförderungsgesetz), die Forschung an den Hochschulen (über die Deutsche Forschungsgemeinschaft) und der Hochschulausbau (Hochschulbauförderungsgesetz) sind in letzter Zeit mit Hilfe des Bundes erheblich verstärkt worden.

Großkauz/Hailbronner/Ipsen/Walter, Kommentar zum Hochschulrahmengesetz, Hamburg 1978.
B. Pieroth, Störung, Streik und Aussperrung an der Hochschule, Berlin 1976.
F.-L. Knemeyer/U. Karpen, Verfassungsprobleme des Hochschulwesens, Paderborn 1976.

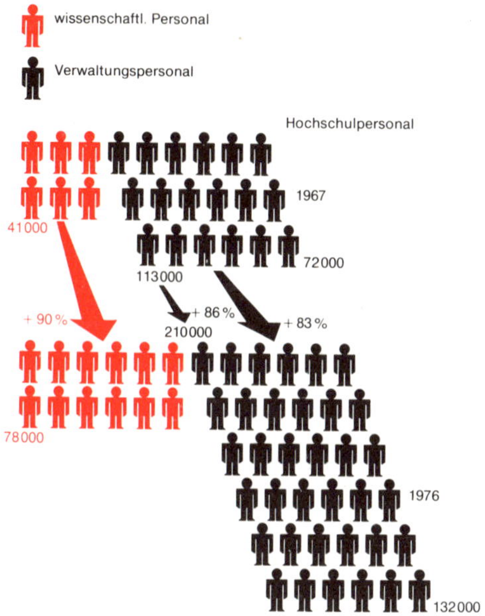

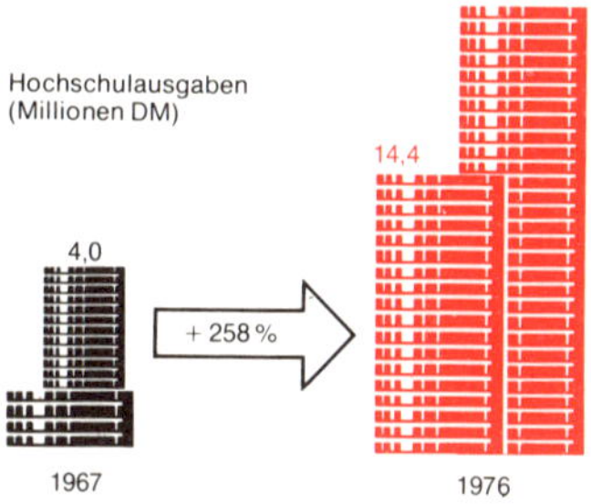

Die Studenten-Lage

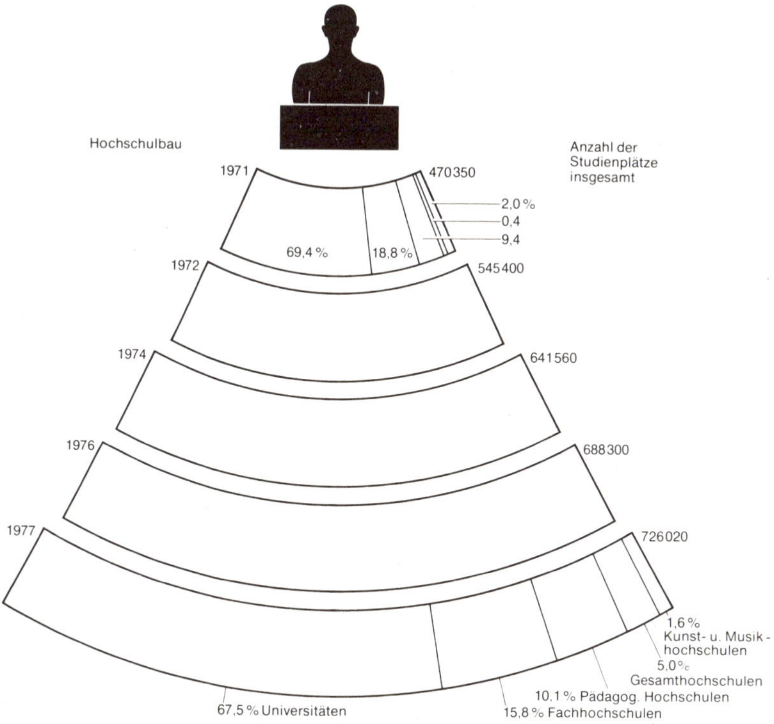

Zulassung zu Universitäten und Hochschulen

Die Zulassung zu Universitäten und Hochschulen ist in der Zeit des Massenandrangs von Studenten das zentrale Problem der Hochschulen. Rechtlicher Ausgangspunkt ist die durch Art. 12 des Grundgesetzes (GG) garantierte *freie Wahl der Ausbildungsstätte*. Sie begründet einen Rechtsanspruch jedes Studienbewerbers auf Zulassung zu einer Hochschule seiner Wahl. Die Zulassung zum Studium erfolgt durch die *Immatrikulation*. Voraussetzung ist die erfolgreiche Ablegung der Reifeprüfung (Abitur) oder der Nachweis einer entsprechenden Vorbildung. Die Immatrikulation kann versagt bzw. später entzogen werden, wenn der Studienbewerber keine Gewähr (z. B. durch hauptberufliche Tätigkeit, mehrfache erfolglose Prüfungen, teilweise auch Überschreitung der Regelstudienzeit) für ein ordnungsmäßiges Studium bietet. Die Zulassung zum Studium darf nicht danach gelenkt werden, ob voraussichtlich viele oder wenige Absolventen eines Studienfaches gebraucht werden (Berufslenkung). Eine zahlenmäßige Beschränkung der Zulassung *(numerus clausus – N.C.)* ist aber zulässig, wenn die vorhandenen Ausbildungsmöglichkeiten nicht ausreichen, um eine ordnungsmäßige Ausbildung zu gewährleisten (objektive Kapazitätsgrenze); denn ein Grundrecht kann nicht uneingeschränkt in Anspruch genommen werden, wenn dadurch wichtige Gemeinschaftsgüter gefährdet würden. Zu diesen gehört die Funktionsfähigkeit der Hochschulen. Zulassungsbeschränkungen müssen durch allgemein verbindliche Rechtsnormen, d. h. durch Gesetz oder aufgrund eines Gesetzes festgelegt werden, damit durch ein formelles, gerichtlich kontrollierbares Verfahren eine Berücksichtigung aller wichtigen Gesichtspunkte gewährleistet ist. Für Zulassungsstreitigkeiten ist der Verwaltungsrechtsweg (↑Verwaltungsrechtsschutz S. 232) eröffnet. Mit Rücksicht auf die besondere Knappheit der Studienplätze im technischen und naturwissenschaftlichen Bereich haben sich die Länder 1972 durch Staatsvertrag darauf geeinigt, für die Studiengänge Architektur, Biochemie, Biologie, Chemie, Lebensmittelchemie, Medizin, Pharmazie, Psychologie, Tiermedizin und Zahnmedizin einheitliche Vergabeverordnungen zu erlassen und zur Durchführung die *Zentralstelle für die Vergabe von Studienplätzen (ZVS)* in Dortmund zu errichten. Diese Regelungen sind durch das *Hochschulrahmengesetz* des Bundes vom 26. 1. 1976 (HRG) abgelöst worden, das gemäß Art. 75 GG einheitliche Rahmenvorschriften über Aufbau und Struktur der Hochschulen sowie über die Zulassung geschaffen hat. Danach bleibt es grundsätzlich nach dem bisherigen Vergabemodus nach Abschlußnote und Wartezeit mit Sonderquoten für Ausländer und Härtefälle (bis zu $^{3}/_{10}$ der Studienplätze); daneben kann jetzt auch eine dem Studienwunsch verwandte Berufstätigkeit oder -ausbildung zulassungsverbessernd berücksichtigt werden. Vorgesehen sind außerdem besondere Eignungstests (besonderes Auswahlverfahren), die sich derzeit noch in Vorbereitung bzw. in der Erprobung befinden, um begabten Bewerbern unabhängig von der Wartezeit eine Zulassung zu ermöglichen. Die Zulassung nach Abschlußnote und aufgrund des Eignungstests erfolgt aufgrund von Länderquoten, um die unterschiedliche Notengebung in den Ländern, die bisher viele Bewerber benachteiligt hat, aufzufangen. Parkstudienzeiten werden ab Sommersemester 1976 nicht mehr angerechnet. Ein Zweitstudium in einem N.C.-Fach ist künftig nur innerhalb der genannten Sonderquote und nur noch dann möglich, wenn es zur Ergänzung des Erststudiums erforderlich oder „sinnvoll" ist (§ 32 Nr. 2 HRG). Die Länder sind verpflichtet, ihr Zulassungsrecht diesen Vorschriften bis spätestens 30. 6. 1979 anzupassen; bis dahin erfolgt die Zulassung nach bisherigem Recht, jedoch unter Beachtung des Hochschulrahmengesetzes, wobei anstelle der Eignungstests vorübergehend auch andere Auswahlverfahren (leistungsgesteuerte Losverfahren u. a.) treten können. Die endgültige Gestaltung der Zulassung läßt sich erst nach Inkrafttreten dieser Anpassungsbestimmungen absehen.

Numerus-Clausus-Entscheidungen des BVerfG, in: BVerfGE 33, 303; 39, 258ff.; 276ff.; 43, 291 ff.
J. Trosien, N.C.-Test oder Los, Stuttgart 1978.
Breinersdorfer/Börger/Hohmann, In Sachen N.C., Wege zum Wunschstudium, Stuttgart 1977.

a) Zentralstelle für die Vergabe von Studienplätzen

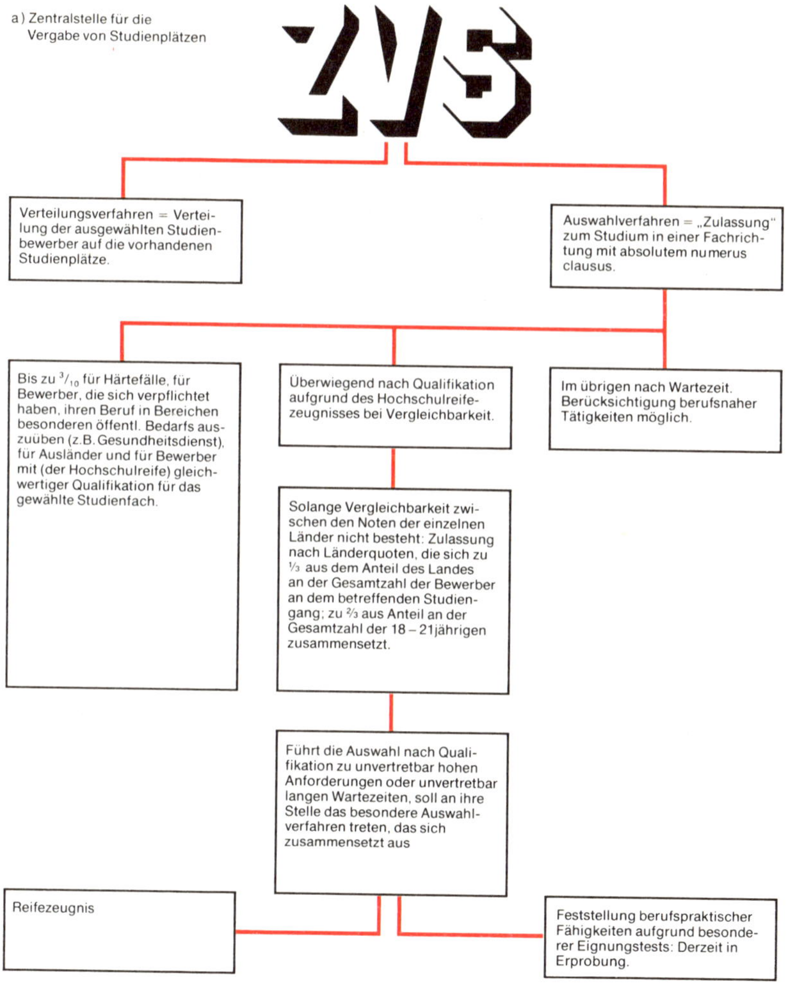

b) Organisation der zentralen Studienplatzvergabe

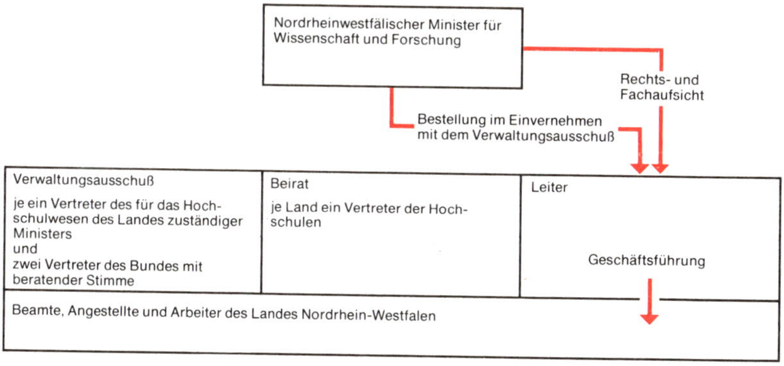

Fernstudien und Fernunterricht

Das *Fernstudium* als Alternative zum herkömmlichen Hochschulstudium befindet sich noch im Versuchsstadium und wird nur für einige Studiengänge angeboten. Gemäß einem Verwaltungsabkommen der Bundesländer aus dem Jahre 1974 leitet und organisiert das *Deutsche Institut für Fernstudien* die Entwicklung und Erprobung von Fernstudieneinheiten. Als Lehrmittel werden Fernstudienbriefe, Rundfunksendungen, Ton- und Filmträger verwendet. Zur Durchführung eines solchen Fernstudiums im Medienverbund sind Vereinheitlichung und mediengerechte Aufbereitung des Lehrstoffs erforderlich. Die langfristige Standardisierung der Studieninhalte und des Studienbetriebs ist zwar geeignet, die Chancengleichheit der Studenten zu verbessern, führt jedoch auch zu Informationsverlusten und behindert die Weitergabe der Vielfalt der Forschungsergebnisse an die Studenten. Wenn auch in sogenannten Sozialphasen – also im zeitweisen direkten Kontakt der Studierenden untereinander und mit Hochschullehrern – ein individueller Lehrbetrieb stattfindet, so kann mit dem Fernstudium doch eine Einschränkung der ↑Freiheit der Wissenschaft (S. 136) verbunden sein. Eine gesetzliche Regelung des Fernstudiums wird dies zu berücksichtigen haben. Andererseits hat das Fernstudium erhebliche Vorteile: Verbesserung der Studienorganisation, Verringerung der Kosten des Studiums und Erweiterung der Hochschulkapazitäten. Als Folge hiervon könnte die Beschränkung der ↑Zulassung zu Hochschulen (S. 454) weitgehend aufgehoben werden, was jedoch im Hinblick auf die Arbeitsmarktlage für Akademiker nicht unbedingt erwünscht sein muß.

Fernunterricht wird sowohl vom Staat, z. B. über den Rundfunk („Telekolleg"), als auch – überwiegend – von Privatunternehmen oder von ↑Verbänden (S. 70) angeboten. Fernlehrgänge gibt es zur Vorbereitung auf nahezu alle schulischen (Mittlere Reife, Abitur) und anderen Prüfungen (Gesellen-, Meisterprüfungen, Ing. grad. usw.) sowie zur Weiterbildung, jedoch auch zum Erlernen verschiedenster Fähigkeiten, insbesondere von Freizeitbeschäftigungen. Schon seit langem bemühen sich Bund und Länder um die Sicherung der Angebotsqualität und der Seriosität des Geschäftsgebarens der Fernlehrinstitute. Im Interesse des ↑Verbraucherschutzes (S. 326) wurde 1976 das Gesetz zum Schutz der Teilnehmer am Fernunterricht erlassen. Danach bedürfen Fernlehrgänge nunmehr der Zulassung durch die Staatliche Zentralstelle für Fernunterricht in Köln. Voraussetzung für die Zulassung ist vor allem, daß der Fernlehrgang zur Erreichung des vom Veranstalter angegebenen Lernziels geeignet ist. Die Privatautonomie (↑Persönlichkeitsrecht S. 124) ist bei Abschluß und Ausgestaltung des Fernunterrichtsvertrages erheblich eingeschränkt. So muß der Teilnehmer seine Beitrittserklärung schriftlich abgeben; er hat innerhalb bestimmter Frist ein Widerrufsrecht. Beschränkungen des Kündigungsrechts, die Vereinbarung von Vertragsstrafen sowie diverse weitere Abmachungen zu Lasten des Teilnehmers sind unwirksam.

Ebenso wie das Fernstudium bietet der Fernunterricht im nichtuniversitären Bildungsbereich eine Möglichkeit der Aus- und Weiterbildung für diejenigen, die an einem herkömmlichen Unterricht wegen räumlicher oder zeitlicher, insbesondere beruflicher Hindernisse nicht teilnehmen können und daher auf häusliches Studium angewiesen sind. Fernstudium und Fernunterricht sind somit ein Beitrag zur Schaffung gleichwertiger Lebenschancen im ganzen Bundesgebiet.

H. Hübner/E. Ulmer, Fernstudium im Medienverbund – Hochschulrechtliche und urheberrechtliche Probleme, Weinheim 1972.
H.-U. Karpen, Fernstudium im Medienverbund, Wissenschaftsrecht 4 (1971), S. 97 ff., 219 ff.
H. Krüger, Das Deutsche Institut für Fernstudien an der Universität Tübingen, Wissenschaftsrecht 8 (1975), S. 167 ff.
H. Bartl, Das neue Fernunterrichtsschutzgesetz, Neue Juristische Wochenschrift 1976, S. 1993 ff.

Organisation des Fernstudiums im Medienverbund (FIM; im Aufbau)

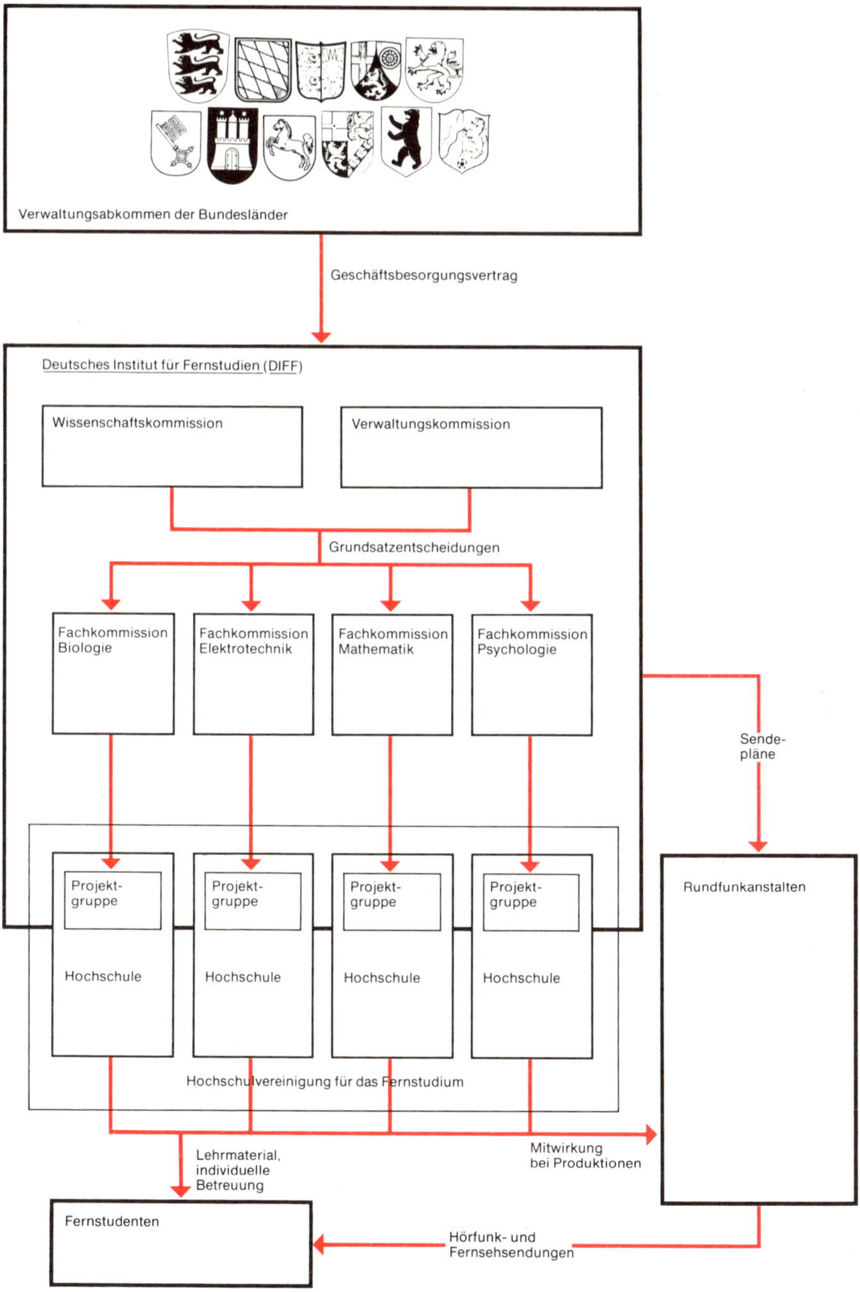

Erwachsenenbildung

Unter Erwachsenenbildung (EB) versteht man alle diejenigen Einrichtungen und Institutionen, die sich mit der Aus- und Weiterbildung von Erwachsenen und Jugendlichen über das schulpflichtige Alter hinaus befassen. Die EB ist unabhängig vom institutionalisierten Schulwesen. Ihre Träger können Länder, Gemeinden, Kirchen, Arbeitnehmerorganisationen und freie Vereinigungen jeder Art sein. Eine gesetzliche Regelung der EB findet sich nur in einigen Länderverfassungen in der Form, daß die EB „zu fördern" sei oder daß allen Erwachsenen durch öffentliche Einrichtungen die Weiterbildung zu ermöglichen sei. Den größten Anteil an der EB haben die *Volkshochschulen* mit ca. 40 Prozent des Gesamtbildungsangebotes. Sie erfüllen ihre Aufgaben nach den Grundsätzen demokratischer Selbstverwaltung, befriedigen in planmäßiger Arbeit ein allgemeines Bildungsbedürfnis, sind selbständig in ihrer Lehrplangestaltung und frei in der Wahl ihrer Leiter und Mitarbeiter. Volkshochschulen und Volksbildungswerke gehören zur sog. „freien" EB, sie sind nicht ideologisch oder weltanschaulich gebunden; Kirchen, Gewerkschaften u. a. betreiben „gebundene" EB, d. h. politisch oder konfessionell auf eine bestimmte Zielrichtung festgelegt.

Die EB in ihrer heutigen Form basiert auf den Volksbildungsbestrebungen des 19. Jahrhunderts seit Entwicklung der industriellen Massengesellschaft. Arbeiterbildungsinitiativen im Zuge sozialer Emanzipation wirkten zusammen mit dem Versuch des Bürgertums, seine Stellung dadurch zu bewahren, daß dem „einfachen Volk" die überlieferten Bildungsgüter in populärer Form vermittelt wurden. Nach 1919 erstarkte die Volkshochschul- und Volksbüchereibewegung, in der soziale und politische Bildung im Vordergrund stand. 1945 erfolgte ein Neubeginn in der nun weniger mißverständlich „Erwachsenenbildung" genannten Volksbildung, von den Besatzungsmächten lebhaft gefördert. In den Kultusministerien der Länder entstanden EB-Referate. 1960 erschien das Gutachten des Deutschen Ausschusses für das Erziehungs- und Bildungswesen „Zur Situation und Aufgabe der deutschen Erwachsenenbildung", das entscheidende Impulse gab. Heute steht in der Arbeit der Volkshochschulen u. ä. Organisationen die gesellschaftliche Notwendigkeit des „lebenslangen Lernens" im Vordergrund. Was früher durch Brauch, Stand, Gesellschaftsordnung und Kirche vermittelt wurde, muß sich heute jeder einzelne selbst erwerben oder in neuer Gestalt zu eigen machen. EB kann im Gegensatz zum formellen Schulwesen bildungsferne und benachteiligte Gruppen erreichen (Landbevölkerung, vorzeitige Schulabgänger, Gastarbeiter, Frauen) und durch seine größere Flexibilität den schnell wechselnden Bildungsbedürfnissen Rechnung tragen. Neben beruflich orientierter Aus- bzw. Weiterbildung und der Umschulung dienenden Kursen bietet die EB Möglichkeiten für kulturelle und gesellschaftliche Bildung. Sie ist auch der spezifische Ort für eigentliche politische Bildung, da erst der Erwachsene unmittelbar am politischen Geschehen beteiligt ist, und spielt damit eine gesellschaftlich bedeutende Rolle.

EB findet zumeist in Abendkursen statt, die Teilnahme ist stets freiwillig. Die typischen, der pädagogischen Situation Erwachsener angemessenen Veranstaltungsformen sind Vorträge, Vortragsreihen und -kurse, Podiumsdiskussionen etc. („extensive F."); „intensive Formen" (die selbständige Mitarbeit der Teilnehmer verlangen) sind Unterrichtskurse, Arbeitskreise, Lehrgänge (mit Prüfungsabschluß) etc. Daneben gibt es Wochenendseminare, Studienreisen usw. Radio und Fernsehen werden immer mehr in die EB einbezogen (↑ Fernstudium S. 456). Im Vordergrund der EB-Arbeit steht nicht mehr die Vermittlung von Fertigkeiten und beruflichen Qualifikationen, sondern die Entfaltung aller individuellen und gesellschaftlich relevanten Kräfte.

J. H. Knoll, Lebenslanges Lernen. Erwachsenenbildung in Theorie und Praxis, Hamburg 1974.
W. Gernert, Das Recht der Erwachsenenbildung als Weiterbildung. Voraussetzungen, Realität und Tendenzen, München u. a. 1975.
E. Prokop/G. Rückriem (Hrsg.), Erwachsenenbildung – Grundlagen und Modelle, Weinheim 1969.

Extensive Veranstaltungsform
Einzelvortrag
Vortragsreihe
Forum (Podiumsdiskussion)

Intensive Veranstaltungsform
Kurs, Lehrgang, Diskussionsrunde,
Arbeitskreis (Sing-, Spiel-, Bastelkreis)
Tagung, Studienreise, Bildungsfreizeit

Erwachsenenbildung

1. Volkshochschulen
2. Ev. und katholische Kirchen: Gemeinden, Akademien, andere Organisationen und Verbände
3. Industrie und Handel: Fachverbände, Industrie- und Handelskammern
4. Handwerk: Fachverbände, Handwerkskammern, Innungen
5. Landwirtschaftliche Verbände
6. Arbeitnehmer: DAG Bildungswerk, Berufsfortbildungswerk
7. Gesundheitswesen
8. Freie Berufe
9. Wirtschafts- und Verwaltungsakademien

Hochschule

Berufsausbildung (Lehre, Fachschule, usw.)

Sekundarstufe II
(3 Jahre)

allgemeine Schulpflicht

Sekundarstufe I
(5 bzw. 6 Jahre)

Grundschule
(4 Jahre)

Vorschule und Kindergarten

Ist Weiterbildung eine Freizeitbeschäftigung?
Von 1941 befragten Personen im Alter von 16 bis 79 Jahren gaben an:

	gehört zur Freizeit	teils/teils	gehört nicht dazu	keine Angaben
Allgemeinbildung verbessern	41	30	20	9
Berufsweiterbildung	28	29	34	9

Bildungsplanung

Die Bildungsplanung (BP) dient dazu, alle Aspekte des Bildungs- und Ausbildungswesens zu koordinieren, mittel- und langfristige Entwicklungen auf dem Bildungssektor vorauszuschätzen und danach den Bedarf an Bildungseinrichtungen zu bestimmen. Die BP als Wissenschaft wurde erst in den späten fünfziger Jahren eingeführt, beeinflußt von Impulsen aus den USA und gefördert durch die Arbeit ↑internationaler Organisationen (S. 598). Ausgehend von der Erkenntnis, daß Wirtschaftswachstum direkt vom Bildungsaufwand abhängt und daß das traditionelle Bildungswesen mit der Entwicklung der industriellen Welt nicht mehr Schritt gehalten hat, wurde eine weltweite Bildungskrise konstatiert. In der BRD wurde die Diskussion in den sechziger Jahren durch Georg Pichts Serie über „Die deutsche Bildungskatastrophe" ausgelöst. Die „Bildungsmisere" zeigte sich folgendermaßen: Der wachsenden Bevölkerung mit gesteigertem Bedürfnis nach Bildung und Ausbildung standen nicht genug Bildungsplätze zur Verfügung; Chancengleichheit bestand faktisch nicht (unterprivilegierte Bevölkerungsschichten, deren Bildungswille zu wecken war); das seit dem 19. Jahrhundert nur wenig modifizierte Bildungswesen war den gewandelten Lebens- und Arbeitsbedingungen anzupassen. BP lehnt sich eng an die *Bildungsforschung* an, die die erforderlichen Daten und Statistiken liefert, und ist mit der *Bildungspolitik* verzahnt, die die Pläne realisiert. BP arbeitet mit zwei Methoden: 1. sie ermittelt, wie hoch die Nachfrage nach Bildungsplätzen (seitens der Eltern und Jugendlichen) und das Angebot an Kräften mit qualifiziertem Abschluß ist („social demand"); 2. sie stellt fest, wie hoch der gesellschaftliche (wirtschaftliche) Bedarf an qualifizierten Absolventen der Bildungseinrichtungen ist („manpower approach"), und erarbeitet Vorschläge zur Bedarfsdeckung.

Nach Art. 91 b des Grundgesetzes ist BP eine von Bund und Ländern gemeinsam zu erfüllende Aufgabe. Da Kulturpolitik Sache der Länder und nicht des Bundes ist, dauerte es lange, bis zuständige Gremien gebildet und ihre Kompetenzen geklärt waren. Einen ersten Ansatz gab es 1953 mit dem „Deutschen Ausschuß für das Erziehungs- und Bildungswesen", der jedoch nur beratende Funktion hatte und lediglich „Empfehlungen" herausgab. 1965 errichteten Bundesregierung und Länderregierungen den „*Deutschen Bildungsrat*", der Bedarfs- und Entwicklungspläne entwerfen und Vorschläge für die Struktur des Bildungswesens und die Finanzierung machen sollte. 1970 erschien sein „Strukturplan für das Bildungswesen", der eine Reform nach einheitlichen Vorstellungen in der ganzen Bundesrepublik forderte und den Ländern nur einen geringen Spielraum ließ. Der Bildungsrat wurde aufgelöst, als Bayern und Baden-Württemberg 1975 nicht zu einer Verlängerung des Vertrages bereit waren. 1970 veröffentlichte das 1969 geschaffene Bundesministerium für Bildung und Wissenschaft den „Bildungsbericht 70", der sich im wesentlichen auf den „Strukturplan" stützte. Im selben Jahr wurde die „Bund-Länder-Kommission für Bildungsplanung und Forschungsförderung" als Hauptinstrument der BP gegründet. Der 1973 verabschiedete *Bildungsgesamtplan* war hauptsächlich wegen seiner Forderung nach der *Gesamtschule* politisch umstritten. Im Bereich der Hochschule gab das Hochschulrahmengesetz des Bundes vom 1. 1. 1976 neue Richtlinien.

Die ins Berufsleben drängenden starken Jahrgänge (Spitze 1964 mit knapp 1,1 Mio. Geburten) in einer Zeit wirtschaftlicher Rezession brachten eine Umorientierung in der Bildungsplanung mit sich: Das 1976 in Kraft getretene Ausbildungsplatzförderungsgesetz sieht u. a. eine Abstimmung der Ausbildungsziele von Schule und Betrieb, die Verbesserung der Lage der Berufsschulen und den Ausbau überbetrieblicher Ausbildungsstätten vor.

E. Becker/G. Jungblut, Strategien der Bildungsproduktion, Frankfurt 1972.
H. Hamm-Brücher, Unfähig zur Reform? Kritik und Initiativen zur Bildungspolitik, München 1972.
A. O. Schorb, Bildungsplanung und Bildungspolitik, Frankfurt 1971.

Bildungsplanung

Notwendigkeit der Bildungsplanung

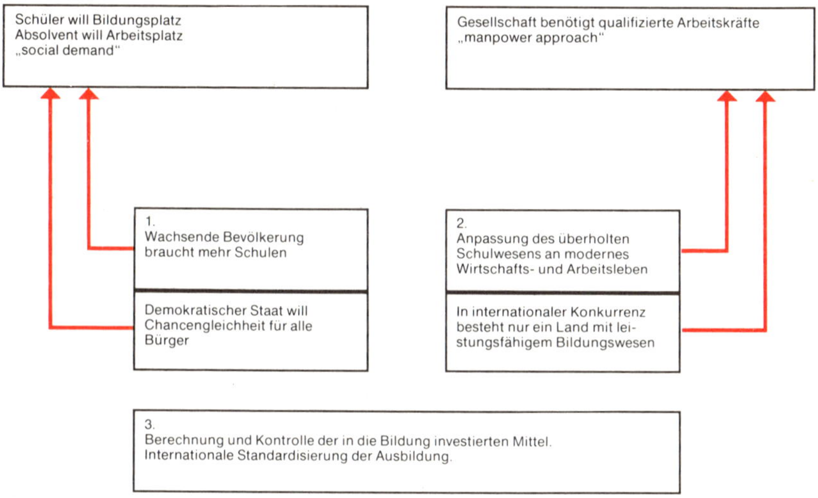

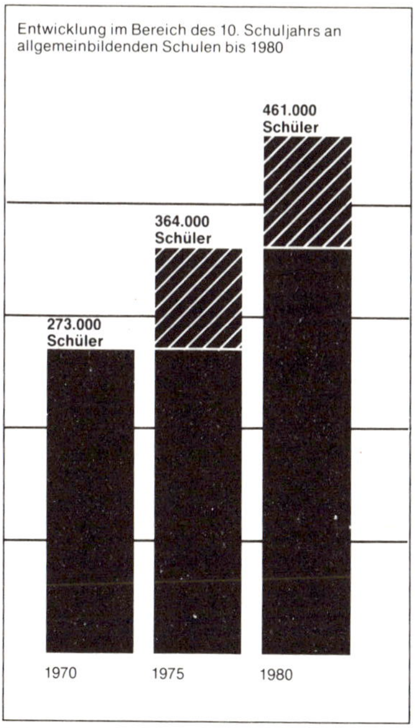

Steigerung 1975 gegenüber 1970: 33 %;
Steigerung 1980 gegenüber 1975 (Schätzung 1977): 27 %

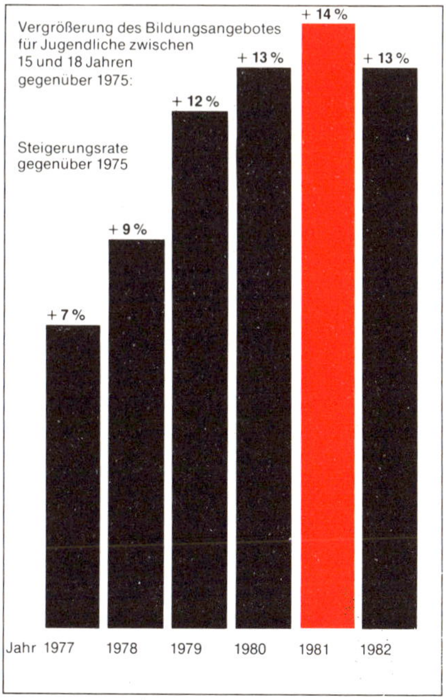

1980 durften gut 40 % mehr Jugendliche als 1975 die Oberstufe des Gymnasiums besuchen.
Zwischen 1970 und 1975 stieg diese Zahl um 50 % an.

Presserecht

Das Presserecht ist im wesentlichen in den Landespressegesetzen enthalten. Die ↑*Pressefreiheit* (S. 134) ist grundgesetzlich geschützt und findet ihre Schranken nur in den allgemeinen Gesetzen (Art. 5 Grundgesetz). Dem Schutz der Pressefreiheit dienen insbesondere die in der Strafprozeßordnung stark eingeschränkten Möglichkeiten der Beschlagnahme von Presseerzeugnissen und ein, allerdings beschränktes, Zeugnisverweigerungsrecht von Presseangehörigen vor Gericht.

Bei Herstellung und Vertrieb von Druckerzeugnissen müssen bestimmte Formen eingehalten werden, vor allem müssen im Impressum Verleger und Drucker genannt sein, beim Selbstverlag Verfasser oder Herausgeber, bei periodischen Druckwerken (Zeitungen, Zeitschriften u. a.) auch der verantwortliche Redakteur. Außerdem müssen bei diesen Presseerzeugnissen redaktioneller und Anzeigenteil deutlich unterscheidbar sein. Anzeigen sind in der Regel als solche kenntlich zu machen.

Wenn die Presse in Angelegenheiten von öffentlichem Interesse Nachrichten beschafft und verbreitet, Stellung nimmt, Kritik übt oder sonst an der Meinungsbildung mitwirkt, nimmt sie eine öffentliche Aufgabe wahr. Dazu hat die Presse gegenüber staatlichen Behörden ein Recht auf Auskunft. Auskünfte können allerdings verweigert werden, wenn ein überwiegendes öffentliches oder schutzwürdiges privates Interesse verletzt würde oder wenn ihr Umfang das zumutbare Maß übersteigt.

Bei der Verbreitung von Nachrichten muß die Presse sie mit der gebotenen Sorgfalt auf Inhalt, Herkunft und Wahrheit prüfen. Sie kann nämlich bei ihrer Berichterstattung in Kollision mit der geschützten Privatsphäre des einzelnen geraten. Jeder hat grundsätzlich den Anspruch auf Beachtung des allgemeinen Persönlichkeitsrechts, der Ehre und der Intimsphäre. Nur wenn ein öffentliches Interesse an Informationen aus dem Privatleben des einzelnen besteht, darf die Presse überhaupt berichten. Persönlichkeitsrecht und Pressefreiheit sind hier in jedem Einzelfall gegeneinander abzuwägen. Bei dem ↑Persönlichkeitsrecht (S. 124) zuwiderlaufenden unerlaubten Eingriffen in sein Persönlichkeitsrecht ist der einzelne in verschiedener Weise geschützt. Er kann, wenn er beleidigt oder verleumdet wurde oder nicht erweislich wahre Tatsachen behauptet wurden, im Wege der Privatklage die Verantwortlichen durch die Strafgerichte zur Rechenschaft ziehen lassen. Er kann im Wege der einstweiligen Verfügung das Erscheinen des Druckwerkes vorläufig verhindern. Er hat unter Umständen einen Anspruch auf Schadenersatz, auch auf Schmerzensgeld. Vor allem hat er ein *Gegendarstellungsrecht*, wenn er durch eine Tatsachenbehauptung in einem Presseorgan betroffen wurde. Bei berechtigtem Interesse kann er ohne weiteren Nachweis verlangen, daß seine eigene Darstellung in angemessenem Umfang in der Ausgabe abgedruckt wird, die nach Eingang der Gegendarstellung in Druck geht, sofern dies technisch noch möglich ist, andernfalls in der folgenden Ausgabe. Hierbei darf die Gegendarstellung so lang sein, wie die Darstellung selbst, grundsätzlich muß sie an entsprechender Stelle in der Ausgabe eingerückt werden. Die Gegendarstellung darf mit redaktionellem Kommentar versehen werden.

Von besonderer Bedeutung für die Erhaltung einer politisch unabhängigen Presse sind die Fragen einer Verhütung der Pressekonzentration und des Verhältnisses zwischen Redaktionen und Verlegern (Redaktionstatut). Die Tendenz eines Presseunternehmens ist vom Inhaber zu bestimmen. Mitbestimmungsrechte der Mitarbeiter treten demgegenüber zurück *(Tendenzbetrieb)*. Als eine Art berufsständische Vertretung insbesondere bei Fragen des Mißbrauchs der Pressefreiheit hat sich 1956 der „Deutsche Presserat" konstituiert.

W. Rudolf, Presse und Rundfunk, in: I. von Münch (Hrsg.), Besonderes Verwaltungsrecht, 4. Aufl., Berlin 1976, S. 711–737.
M. Löffler/R. Ricker, Handbuch des Presserechts, München 1978.

Presserechtlicher Schutz

	Schutz des Einzelnen	Schutz der Pressefreiheit
	Kollision	
strafrechtlich	§ 185 StGB (Beleidigung) § 186 StGB (üble Nachrede) § 187 StGB (Verleumdung) Strafverfolgung nur auf Antrag; in der Regel im Wege der Privatklage zu verfolgen, evtl. Recht zur Veröffentlichung des Urteils auf Kosten des Presseorgans	Wahrheitsbeweis und Wahrnehmung berechtigter Interessen
zivilrechtlich	Allgemeines Persönlichkeitsrecht	Art. 5 Abs. 1 Grundgesetz (Pressefreiheit)
	Abwägung im Einzelfall	
	Berichtigungsanspruch Gegendarstellungsanspruch Unterlassungsanspruch Schadensersatzanspruch (auch Schmerzensgeld)	

Rundfunk- und Fernsehanstalten des Bundes und der Länder

Die Veranstaltung von Hörfunk- und Fernsehsendungen ist in der Bundesrepublik Sache der Länder. Der Bund ist nur für den sendetechnischen Bereich sowie für Rundfunksendungen für das Ausland und die außerhalb des Bundesgebiets wohnenden Deutschen zuständig. Dementsprechend gibt es zwei Bundesrundfunkanstalten: die Deutsche Welle und den Deutschlandfunk. Sie sind mit den neun Landesrundfunkanstalten in der „Arbeitsgemeinschaft der öffentlich-rechtlichen Rundfunkanstalten der Bundesrepublik Deutschland" *(ARD)* zusammengeschlossen. Ein gemeinschaftliches Hörfunkprogramm gibt es allerdings nicht; es werden nur von Fall zu Fall einzelne Sendungen von anderen Sendern übernommen. Die Landesrundfunkanstalten veranstalten die regionalen Hörfunkprogramme, die sie über eigene Sendeanlagen ausstrahlen; außerdem sind sie für den Fernsehbetrieb zuständig. Die Abwicklung der Funk- und Fernsehwerbung haben alle Anstalten (meist anstaltseigenen) GmbHs überlassen, soweit nicht der sendetechnische Bereich betroffen ist.

Das „Deutsche Fernsehen", also das erste Programm, wird im wesentlichen von den neun Landesrundfunkanstalten gemeinschaftlich bestritten. Für die Regional- und dritten Programme sowie das Werbefernsehen bleiben jedoch die einzelnen Anstalten ausschließlich zuständig. Sie verfügen hierfür über eigene Sendeanlagen. Auch das Zweite Deutsche Fernsehen *(ZDF)* in Mainz ist eine von den Ländern gemeinschaftlich errichtete Anstalt. Finanziert werden die Länderanstalten durch Gebühren und Werbeeinnahmen. 30 Prozent der Fernsehgebühren stehen dem ZDF zu. Die Bundesrundfunkanstalten werden über den Bundeshaushalt finanziert.

Alle Anstalten sind rechtsfähig, mit Selbstverwaltungs-, meist auch Satzungsrecht und haushaltsrechtlicher Selbständigkeit. Sie unterstehen der Rechtsaufsicht des Anstaltsträgers, der jedoch nicht in das der Anstalt zustehende Grundrecht der „Freiheit der Berichterstattung durch Rundfunk" (↑Presse- und Rundfunkfreiheit S. 134) eingreifen darf. Die innere Organisation ist bei allen Anstalten im wesentlichen gleich. Ihre Organe sind *Rundfunkrat, Verwaltungsrat* und *Intendant*. Der Rundfunkrat vertritt die Allgemeinheit. Er hat meist das Budgetrecht und wählt den Intendanten. Der Verwaltungsrat unterstützt und überwacht den Intendanten, bisweilen auch in Programmfragen. Der Intendant leitet und vertritt die Anstalt und führt die Beschlüsse von Rundfunk- und Verwaltungsrat aus. Die Regelung der personellen Zusammensetzung dieser Institutionen im Hinblick auf eine repräsentative Vertretung der wichtigsten gesellschaftlichen Bereiche (Proporz) ist für die Gewährleistung der politischen Unabhängigkeit der Anstalten von größter Bedeutung.

Im Gegensatz etwa zu den angelsächsischen Ländern gibt es in der Bundesrepublik Deutschland bisher keine *privaten* Rundfunk- und Fernsehanstalten. Es besteht vielmehr faktisch ein Staatsmonopol. Das Saarland hat aber in seinem Rundfunkgesetz ausdrücklich die Erteilung von Sendelizenzen an Private als möglich vorgesehen. Bayern hat dagegen das staatliche Rundfunkmonopol in der Verfassung festgelegt. Rundfunk und Fernsehen dürfen dort nur – in öffentlicher Verantwortung und öffentlich-rechtlicher Trägerschaft betrieben werden (Art. 111 a Bayer. Verfassung). Die Frage, ob Rundfunklizenzen an Private erteilt werden können oder gar müssen, ist politisch und rechtlich umstritten. Das Bundesverfassungsgericht hat in seinem Urteil im sog. Fernsehstreit (anläßlich der geplanten Einrichtung eines Zweiten Deutschen Fernsehens durch den Bund) private Fernsehgesellschaften nicht prinzipiell ausgeschlossen. Aus Art. 5 Abs. 1 GG hat es aber gefolgert, daß die Rundfunkorganisation gewährleisten müsse, daß sämtliche gesellschaftlich bedeutsamen Gruppen auf die Programmgestaltung in angemessener Weise Einfluß zu nehmen in der Lage sind.

G. Herrmann, Rundfunkgesetze, 2. Aufl., Köln 1977.
W. Rudolf, Presse und Rundfunk, in: I. von Münch (Hrsg.), Besonderes Verwaltungsrecht, 4. Aufl., Berlin 1976.

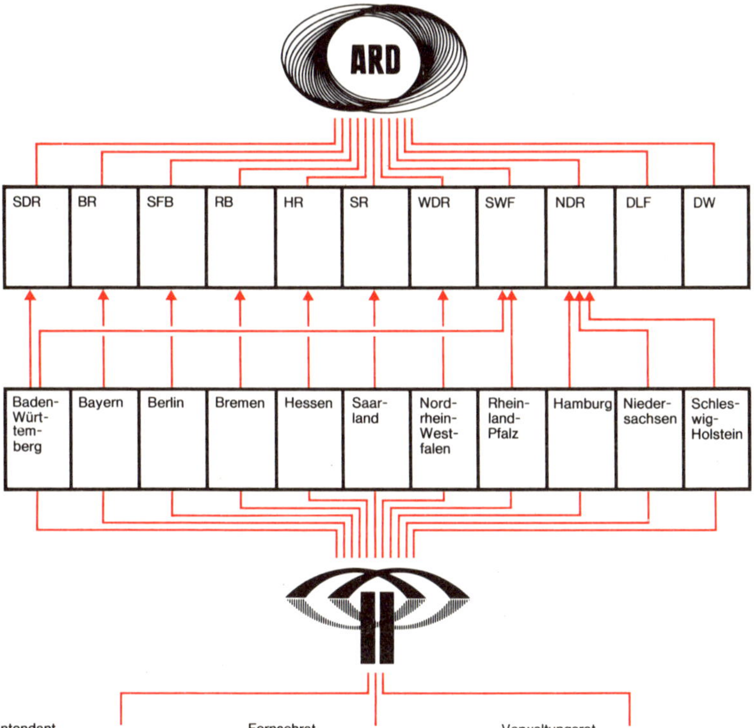

Intendant

Aufgaben:

Ist für die gesamten Geschäfte der Anstalt einschließlich der Gestaltung des Programms verantwortlich
Beruft im Einvernehmen mit Verwaltungsrat Programmdirektor, Chefredakteur, Verwaltungsdirektor

Fernsehrat

66 Mitglieder:

11 Ländervertreter
3 Vertreter des Bundes
12 Vertreter der Parteien
2 Vertreter der Ev. Kirche
2 Vertreter der Kath. Kirche
1 Vertreter des Zentralrats der Juden
3 Vertreter der Gewerkschaften
2 Vertreter der Arbeitgeber
1 Vertreter der Landwirtschaft
1 Vertreter des Handwerks
2 Vertreter der Zeitungsverleger
2 Vertreter der Journalisten
4 Vertreter der Freien Wohlfahrtsverbände
4 Vertreter der Kommunalen Spitzenverbände
1 Vertreter des Dt. Sportbundes
1 Vertreter der Vertriebenen
10 Vertreter von Kunst, Wissenschaft, Bildung
1 Vertreter der Freien Berufe
1 Vertreter der Familienarbeit
1 Vertreter der Frauenarbeit
1 Vertreter der Jugendarbeit

Aufgaben:

Stellt Richtlinien für Sendungen auf
Berät Intendanten bei Programmgestaltung
Überwacht Einhaltung der Richtlinien
Wählt Intendanten (mit $\frac{3}{5}$ Mehrheit der Stimmen)
Beschließt Satzungsänderungen
Genehmigt Haushaltsplan
Genehmigt Jahresabschluß
(Entlastung des Intendanten auf Vorschlag des Verwaltungsrats)

Verwaltungsrat

9 Mitglieder:

3 Vertreter der Länder
5 vom Fernsehrat gewählte Mitglieder
1 Vertreter des Bundes

Aufgaben:

Beschließt über Dienstvertrag mit Intendanten
Überwacht Tätigkeit des Intendanten
Schlägt dem Fernsehrat Änderungen der Satzung vor
Beschließt über den vom Intendanten entworfenen Haushaltsplan und Jahresabschluß

Statistische Ämter

Unter einer Statistik versteht man Erhebungen, die entweder von nichtstaatlichen Stellen (private Statistik) oder von Behörden (amtliche Statistik) durchgeführt werden, um Zahlenmaterial für bestimmte Zwecke zu erhalten. Die *private Statistik* dient vor allem der Vorbereitung, Verwirklichung und Überprüfung der Aufgaben des jeweiligen Trägers, die *amtliche Statistik* verfolgt das gleiche Ziel für Verwaltungsmaßnahmen und Regelungen sowie für politische Entscheidungen. Ursprünglich war die Statistik (vom lateinischen status = der Zustand) ein Teil der Lehre vom Staatswesen. Mit der zunehmenden Bedeutung der Wirtschaftspolitik wurde sie vor allem bemüht, um Angaben über wirtschaftliche Grundtatsachen zu erhalten. Innerhalb der amtlichen Statistik wird zwischen der ausgelösten und der nicht ausgelösten Statistik unterschieden. Die Erhebungen des Bundes, der Länder und der Gemeinden bezeichnet man als *ausgelöste Statistik*, wenn sie von organisatorisch selbständigen Institutionen wie den statistischen Ämtern durchgeführt werden. Die Rechtsgrundlage für die Arbeit der statistischen Ämter in der Bundesrepublik Deutschland wurde 1953 mit dem Gesetz über die Statistik für Bundeszwecke (StatG) geschaffen. Es bedurfte eines Gesetzes zur Durchführung von statistischen Erhebungen als Hilfsmitteln der öffentlichen Verwaltung, des Gesetzgebers, der Wirtschaft und der Wissenschaft, da jede statistische Befragung, die sich an Einzelpersonen wendet, einen Eingriff in die Rechtssphäre des Einzelnen enthält, insbesondere wenn sie z. B. mit einer Auskunftspflicht verknüpft ist.

Das StatG als umfassende und einheitliche Regelung der deutschen Statistik ermöglicht selbst keine statistische Erhebung. Aufgrund des StatG können jedoch Gesetze für umfangreiche Befragungen und Rechtsverordnungen für begrenzte Erhebungen (Erhebungsdauer bis zu drei Jahren, Kosten unter 5 000,– DM) erlassen werden. Die Bundesstatistik (Statistik für Bundeszwecke) wird nach § 1 StatG vom *Statistischen Bundesamt* (Sitz in Wiesbaden, Zweigstelle in Berlin, Außenstelle in Düsseldorf) als selbständiger Bundesoberbehörde (↑ Bundeseigene Verwaltung S. 78) im Geschäftsbereich des Bundesministerium des Innern geführt. Aufgabe des Bundesamtes ist es u. a. Bundesstatistiken technisch und methodisch vorzubereiten, auf ihre Einheitlichkeit und Vergleichbarkeit hinzuwirken, ihre Ergebnisse für den Bund zu sammeln, zusammenzustellen und für allgemeine Zwecke darzustellen, Statistiken des Auslands und der internationalen Behörden zu sammeln, volkswirtschaftliche Gesamtrechnungen aufzustellen und auf Anforderung der obersten Bundesbehörden sonstige Arbeiten statistischer Art durchzuführen. Das Bundesamt kann von sich aus keine Befragung durchführen. Zur Durchführung der Erhebung enthält § 10 StatG eine *Auskunftspflicht* für alle natürlichen und juristischen Personen. Soweit die Fragen ordnungsgemäß angeordnet sind, besteht die Verpflichtung zur wahrheitsgemäßen, vollständigen, fristgemäßen und in der Regel unentgeltlichen Auskunft. Grundsätzlich sind alle Einzelangaben über persönliche und sachliche Verhältnisse durch die *Geheimhaltungspflicht* der erhebenden Behörde geschützt. Die unbefugte Weitergabe oder Verwertung von Geschäfts- oder Betriebsgeheimnissen kann mit Gefängnis bis zu sechs Monaten bestraft werden.

Die Durchführung der statistischen Erhebung liegt nach der ↑ bundesstaatlichen Ordnung (S. 44) der Bundesrepublik bei den *statistischen Landesämtern* (↑ Landesverwaltung S. 80). Mit Zustimmung der Länder werden vor allem repräsentative Umfragen auch vom Bundesamt selbst durchgeführt. Innerhalb der Länder bestehen eigene Rechtsvorschriften zur Durchführung von Landesstatistiken (z. B. Statistische Ordnung von 1963 in Berlin). Die Zuständigkeit der Länder für statistische Rechtsgrundlagen richtet sich danach, ob die Erhebung der Durchführung einer Landesaufgabe dient.

Die Arbeiten des Statistischen Bundesamtes, hrsgg. v. Statist. BA, Mainz 1977.
Statistisches Jahrbuch für die Bundesrepublik Deutschland, Mainz (erscheint jährlich).

Ablauf von Bundesstatistiken

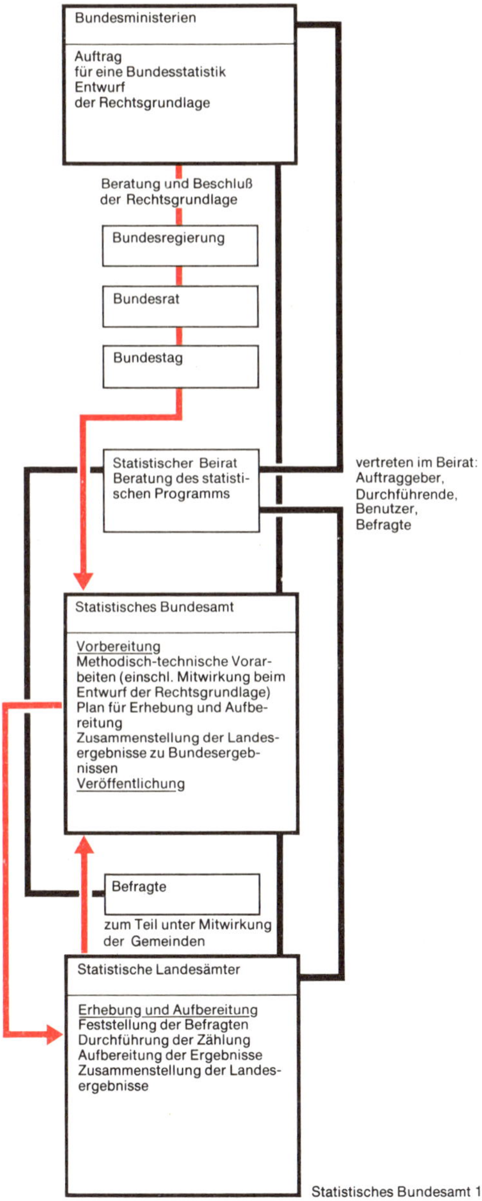

Statistisches Bundesamt 1971

Deutscher Wetterdienst

Die Geschichte des Wetterdienstes als staatliche Einrichtung in Deutschland geht auf den Beginn des 19. Jahrhunderts zurück. 1952 wurde durch das Gesetz über den Deutschen Wetterdienst (Änderungsgesetze ergingen 1955 und 1959) die Errichtung einer nicht rechtsfähigen Anstalt „Deutscher Wetterdienst" vorgesehen. Die Anstalt hat ihren Sitz in Offenbach am Main und untersteht dem Bundesminister für Verkehr. Aufgabe des Deutschen Wetterdienstes ist es nach § 1 des Gesetzes, die meteorologischen Erfordernisse, insbesondere auf den Gebieten des Verkehrs, der Land- und Forstwirtschaft, der gewerblichen Wirtschaft, des Bauwesens und der ↑ Gesundheitsverwaltung (S. 422) für den Bereich der Bundesrepublik Deutschland und des Landes Berlin zu erfüllen und die meteorologische Sicherung der Luftfahrt und der Seefahrt zu gewährleisten.

Der Wetterdienst hat außerdem die Atmosphäre auf radioaktive Beimengungen und deren Verbreitung zu überwachen sowie die Erkenntnisse der Meteorologie durch Forschungsarbeiten zu fördern. Von zunehmender Bedeutung ist die Verpflichtung des Wetterdienstes, an der *internationalen Zusammenarbeit* auf dem Gebiet der Meteorologie teilzunehmen und die sich daraus ergebenden internationalen Verpflichtungen auf dem Gebiet des Wetterdienstes und des *Wetternachrichtendienstes* zu erfüllen. Grundsätzlich hat die Anstalt die Ergebnisse ihrer Arbeit der Allgemeinheit zugänglich zu machen.

Der Deutsche Wetterdienst wird von einem Präsidenten geleitet. Die Anstalt erfüllt ihre Aufgaben selbständig, der Bundesminister für Verkehr hat jedoch der ihm unmittelbar nachgeordneten Oberbehörde gegenüber ein Weisungsrecht. Die zentralen Aufgaben der Anstalt werden vom *Zentralamt* des Deutschen Wetterdienstes, den Dienststellen mit überregionalen Aufgaben, den *regionalen Wetterämtern* und den ihnen unterstellten Stellen durchgeführt. Das Zentralamt umfaßt außer einer allgemeinen Abteilung (Betrieb, Personal, Verwaltung) die Fachabteilungen für synoptische Meteorologie, für Klimatologie, für Forschung, für Agrarmeteorologie und für den Fernmeldedienst. Dienststellen mit überregionalen Aufgaben sind die Wetterdienstschule, die Instrumentenämter, die Meteorologischen Observatorien, die Agrarmeteorologischen und die Medizinmeteorologischen Forschungsstellen. Zu den Aufgaben der regionalen Wetterämter gehören insbesondere die Unterhaltung und die Beaufsichtigung des Beobachternetzes, die Auswertung dieser Beobachtungen und eine umfassende Auskunfts-, Beratungs- und Gutachtertätigkeit. Die Gebührenordnung von 1967 setzt für Auskünfte, Beratung und Gutachten bestimmte Gebühren fest (z. B. fernmündliche Auskunft DM 5,– Grundgebühr, bei einfachem schriftlichen Gutachten mindestens DM 20,–).

Eine besondere Vereinbarung besteht seit 1958 zwischen dem Bundesminister für Verkehr und dem Bundesminister für Verteidigung über die Zusammenarbeit zwischen dem Deutschen Wetterdienst und der Bundeswehr insbesondere beim Wetterbeobachtungsdienst, Wetterberatungsdienst und Wetternachrichtendienst.

Auskünfte und Vorhersagen über das augenblickliche Wettergeschehen und über das vergangene Wetter gibt das Wetteramt, in dessen Bereich das Wetterereignis fiel. Das Zentralamt erteilt Auskünfte, die mehrere Wetteramtsbereiche betreffen und beantwortet klimatologische Fragen, die sich auf die Zeit vor 1946 beziehen.

Seit 1954 ist die Bundesrepublik Deutschland Mitglied des Übereinkommens über die Weltorganisation für Meteorologie. Zweck der Organisation ist u. a., die meteorologische Tätigkeit in der Welt zu vereinheitlichen und zu verbessern, um einen wirksamen internationalen Austausch meteorologischer Auskünfte unter den Vertragsstaaten zu fördern.

E. Suessenberger, Der Deutsche Wetterdienst, Düsseldorf 1973.
Deutscher Bundestag, Entwurf des Gesetzes über den Deutschen Wetterdienst mit Begründung, Drucksache Nr. 3505 v. 25. 6. 1952.

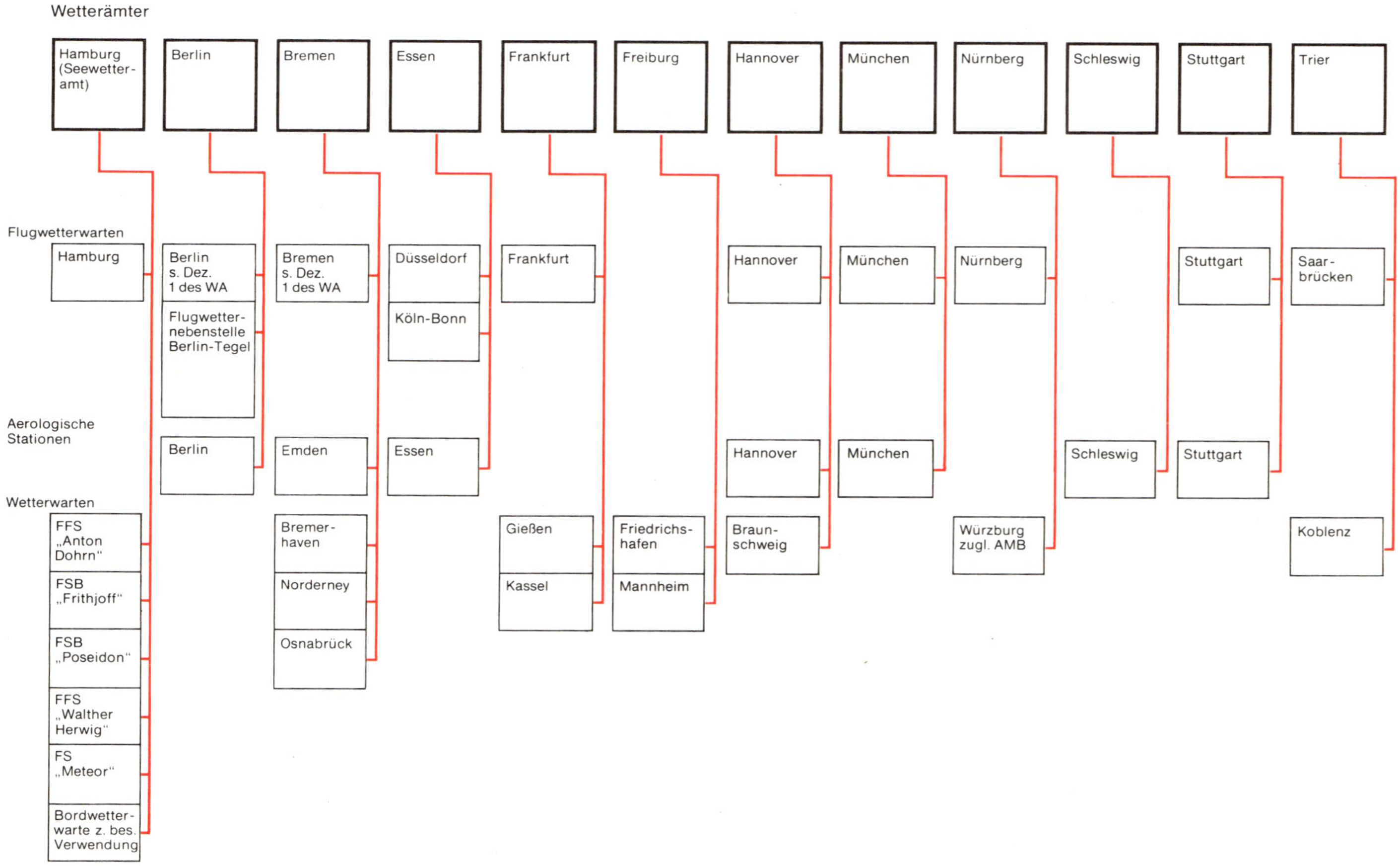
Wetterämter
Hamburg (Seewetteramt)
Berlin
Bremen
Essen
Frankfurt
Freiburg
Hannover
München
Nürnberg
Schleswig
Stuttgart
Trier
Flugwetterwarten
Hamburg
Berlin s. Dez. 1 des WA
Flugwetter-nebenstelle Berlin-Tegel
Bremen s. Dez. 1 des WA
Düsseldorf
Köln-Bonn
Frankfurt
Hannover
München
Nürnberg
Stuttgart
Saar-brücken
Aerologische Stationen
Berlin
Emden
Essen
Hannover
München
Schleswig
Stuttgart
Wetterwarten
FFS „Anton Dohrn“
FSB „Frithjoff“
FSB „Poseidon“
FFS „Walther Herwig“
FS „Meteor“
Bordwetter-warte z. bes. Verwendung
Bremer-haven
Norderney
Osnabrück
Gießen
Kassel
Friedrichs-hafen
Mannheim
Braun-schweig
Würzburg zugl. AMB
Koblenz

Öffentliche Bekanntmachungen – Informationstätigkeit des Staates

Das Handeln des Staates und seiner Organe muß für den Bürger in einer rechtsstaatlichen Demokratie erkennbar und durchschaubar sein, wenn er die Rechtsordnung befolgen und sich zum Zwecke einer verantwortlichen Teilhabe an der politischen Willensbildung des Volkes eine eigene Beurteilung über seinen Staat verschaffen soll. Diesem Ziel dienen öffentliche Bekanntmachungen und die Informationstätigkeit des Staates.

Öffentliche Bekanntmachungen sind in bestimmter Form vorgenommene Mitteilungen von Gesetzgebungs-, Verwaltungs- und Gerichtsorganen an die Bevölkerung, bestimmte Personenkreise oder einzelne Personen. Sie informieren z. B. über den Inhalt von Vorschriften, Plänen und Verwaltungsmaßnahmen, den Zeitpunkt ihres Wirksamwerdens oder ihrer Aufhebung *(amtliche Bekanntmachungen)*. Der Begriff der öffentlichen Bekanntmachung findet auch im Privatrecht Anwendung, wenn Mitteilungen, z. B. aufgrund von Satzungen, Gesellschaftsverträgen und Statuten, im Bundesanzeiger oder anderen Publikationsorganen zu veröffentlichen sind (z. B. Bekanntmachungen von Aktiengesellschaften). Die öffentliche Bekanntmachung von Gesetzen und Rechtsverordnungen wird *Verkündung* genannt.

Die Form der öffentlichen Bekanntmachung richtet sich nach dem Geltungsbereich und der Rechtsnatur der kundzugebenden Maßnahme. Sie ist in verschiedenen Rechtsvorschriften, wie Verfassungen, Gesetzen und Satzungen, festgelegt. Gesetze des Bundestages werden durch Abdruck des ausgefertigten Textes im Bundesgesetzblatt verkündet (↑Gesetzgebung S. 74). Die Landesverfassungen enthalten für Landesgesetze entsprechende Regelungen. Rechtsverordnungen des Bundes (↑Rechtsetzung durch die Verwaltung S. 258) werden ebenfalls im Bundesgesetzblatt verkündet, soweit keine andere Bekanntmachung vorgeschrieben ist (z. B. Veröffentlichung im Bundesanzeiger unter gleichzeitigem Hinweis darauf im Bundesgesetzblatt). Öffentliche Bekanntmachungen der Gerichte erfolgen durch Anheftung an die Gerichtstafel, bei Ladungen auch durch Veröffentlichung im Bundesanzeiger. Nicht ordnungsgemäß verkündete Rechtsvorschriften oder fehlerhaft bekanntgemachte sonstige Maßnahmen erlangen keine Rechtsverbindlichkeit. Wenn in diesem Falle die Bekanntmachung Fristen in Gang setzen soll (z. B. Rechtsbehelfsfristen), beginnen diese nicht zu laufen.

Mit der Informationstätigkeit des Staates ist beabsichtigt, die Öffentlichkeit über die Politik der Regierung und der gesetzgebenden Körperschaften, ihre Maßnahmen und Vorhaben sowie die künftig zu lösenden Fragen zu unterrichten. Hierher gehört u. a., daß die Zusammenhänge bei unpopulären Maßnahmen offengelegt werden, um konjunkturpolitisches Verhalten geworben wird oder schwer verständliche Gesetze allgemeinverständlich erläutert werden. Ferner soll der Bürger über seine Rechte und Pflichten und die Wege der Durchsetzung Aufklärung erfahren. Die Grenzen der Öffentlichkeitsarbeit ergeben sich aus der föderalistischen Kompetenzverteilung sowie der Neutralitätspflicht gegenüber den Parteien. Der Staat kommt seiner Informationspflicht auf unterschiedliche Weise nach (durch Zeitungsanzeigen, Beilagen, Broschüren und Dokumentationen). Das *Bulletin der Bundesregierung* ist ein vom Presse- und Informationsamt der Bundesregierung herausgegebener regelmäßig erscheinender Informationsdienst.

H. Alsheimer, Studientechnik für Betriebswirte, 2. Aufl., Wiesbaden 1974.
W. Ziegler, Die Verkündung von Satzungen und Rechtsverordnungen der Gemeinden, Berlin 1976.

Öffentliche Bekanntmachungen			
Öffentliches Recht	Verkündung	Rechtsverordnungen	Veröffentlichung im Gesetzesblatt (Verordnungsblatt) und bei Rechtsverordnungen ausnahmsweise im Bundes- oder Staatsanzeiger
		Gesetze	
	Bekanntmachungen	Satzungen	in amtlichen Verkündungsorganen (Amtsblatt, Tageszeitung), teilweise durch Aushang oder Anschlag an der Verkündungstafel.
		Maßnahmen, Entscheidungen von Verwaltungsbehörden und Gerichten	durch Anschlag an der Gerichtstafel, Veröffentlichung im Bundes- oder Staatsanzeiger, Bekanntmachung in anderen Blättern (Ermessen).
		Verwaltungsvorschriften	durch Erlasse in den Ministerialblättern des Bundes und der Länder.
		Anstaltsordnungen	in Ministerialblättern oder durch Anbringen an gut sichtbarer Stelle auf dem Anstaltsgelände.
		Ankündigungen	durch ortsübliche Bekanntgabe.
		Verzeichnisse, Pläne	durch Auslegen bei der Behörde mit vorher förmlicher Bekanntgabe in einem amtlichen Verkündungsorgan.
Privatrecht		Registeränderungen	Veröffentlichung durch Bundes- oder Staatsanzeiger, Tageszeitungen
		Verträge	
		Satzungen	

Deutsche Bundespost

Die Deutsche Bundespost ist mit rund 500 000 Beschäftigten das größte Unternehmen in der Bundesrepublik Deutschland. Sie wird als bundeseigene Verwaltung geführt und untersteht dem Bundesminister für das Post- und Fernmeldewesen. Sie kann im eigenen Namen auftreten, klagen und verklagt werden. Das Postvermögen bildet einen getrennt verwalteten Teil des Bundesvermögens (nichtrechtsfähiges Sondervermögen). Die Deutsche Bundespost soll nach wirtschaftlichen Gesichtspunkten geführt werden. Bei ihrer Leitung muß sich der Bundesminister für das Post- und Fernmeldewesen gemäß dem Postverwaltungsgesetz jedoch auch an die Grundsätze der allgemeinen Politik der Bundesregierung halten und sich gegebenenfalls mit den Ministern für Verkehr, Wirtschaft, Finanzen und Soziales abstimmen. Das Einvernehmen mit den beiden erstgenannten Ministern ist herzustellen, wenn neue Gebührenordnungen für den Postreisedienst oder für postalische Leistungen allgemein erlassen werden sollen.

Bei der Leitung der Bundespost wirkt ein *Verwaltungsrat* mit, der über Haushaltsführung, Benutzungsbedingungen, grundlegende Neuordnungen und technische Änderungen, vor allem aber über die Gebührengestaltung beschließt. Der Erlaß der Gebühren- und Benutzungsordnungen ist jedoch dem Minister vorbehalten. Beschlüsse des Verwaltungsrates können nur von der Bundesregierung aufgehoben werden. Die 24 Mitglieder des Verwaltungsrats sind nicht an Weisungen gebunden. Je fünf Vertreter entsenden der Bundestag, der Bundesrat und die Wirtschaft, sieben Vertreter die im Bereich des Postwesens wirkenden ↑ Gewerkschaften (S. 370). Zwei Mitglieder gehören dem Verwaltungsrat in ihrer Eigenschaft als Nachrichten- und Postsachverständige an.

Die Deutsche Bundespost verfügt über einen dreistufigen Aufbau. Einheitlich zu entscheidende Angelegenheiten werden zentral durch das Bundespostministerium als einer obersten Bundesbehörde geregelt. Alle anderen Zuständigkeiten sind soweit wie möglich nach unten delegiert. Dem Ministerium unterstehen 17 *Oberpostdirektionen* als Bundesmittelbehörden. Auf der Ebene der Bundesunterbehörden sind die Aufgaben der beiden großen Bereiche des Post- und Fernmeldewesens sachlich getrennt. Sie werden dort von Postämtern, Fernmeldeämtern und spezialisierten Ämtern, wie den Postscheck- und den Postsparkassenämtern, wahrgenommen. Neben den Oberpostdirektionen stehen ranggleich, aber ohne Weisungsbefugnisse, das Posttechnische und das Fernmeldetechnische Zentralamt in Darmstadt und das Sozialamt der Deutschen Bundespost in Stuttgart. Weiterhin unterstehen dem Bundespostministerium die Bundesdruckerei in Berlin und verschiedene Ausbildungsstätten. Wegen alliierter Vorbehalte ist die Berliner Postverwaltung rechtlich aus dem Organisationsgefüge der Deutschen Bundespost ausgegliedert (↑Westberlin S. 26). Faktisch erfüllt die Landespostdirektion Berlin die Funktion einer Oberpostdirektion.

Die Ertragslage der Deutschen Bundespost hat sich in den letzten Jahren trotz stark steigenden Verkehrsaufkommens verschlechtert. Dies ist auf die steuerähnlichen, gesetzlich vorgeschriebenen Ablieferungen in Höhe von $6\,^2/_3\,\%$ der jährlichen Betriebseinnahmen an den Bund zurückzuführen, vor allem aber auch auf die überproportional ansteigenden Personalkosten, die rund 60 % der Gesamtausgaben der Post ausmachen. Überschüsse des kapitalintensiveren Fernmeldewesens müssen deswegen dazu herangezogen werden, chronisch defizitäre Bereiche des personalintensiven Postdienstes zu subventionieren.

H. J. Altmannsperger, Postrecht, in: J. Delfs (Hrsg.), Postleitfaden, Hamburg 1975, Bd. 4/Teil 5.
J. Aubert, Fernmelderecht, 3. Aufl., Hamburg 1975.

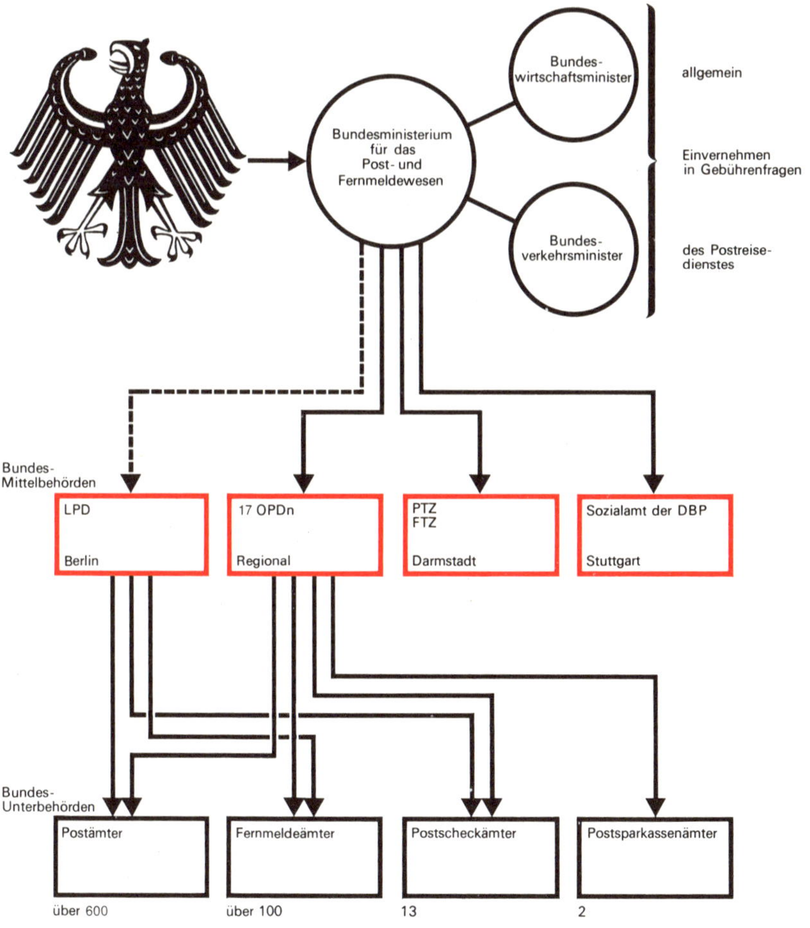

DBP = Deutsche Bundespost
LPD = Landespostdirektion
OPDn = Oberpostdirektionen
PTZ = Posttechnisches Zentralamt
FTZ = Fernmeldetechnisches Zentralamt

Postwesen, Post- und Fernmeldemonopol

Betriebliche Vorgänge im *Post- und Fernmeldewesen* richten sich hauptsächlich nach dem Postgesetz, dem Fernmeldeanlagengesetz und etwa fünfzehn Rechtsverordnungen, deren wichtigste die Postordnung, die Postgebührenordnung und die Fernmeldeordnung sind. Das Postwesen im engeren Sinne umfaßt traditionell den Brief-, Paket-, Geldübermittlungs- und Postreisedienst, aber auch die neueren Bereiche des Postsparkassen-, Postscheck- und Postzeitungsdienstes. Die angebotenen Leistungen sind, mit Ausnahme von hoheitlichen Postzustellungs- und Postprotestaufträgen, ausschließlich solche der modernen Massenkommunikation. Das hat zur Folge, daß sich die Post einerseits um größtmögliche Beschleunigung ihrer Arbeit durch Einsatz modernster post- und bahneigener Transportmittel, aber auch eines acht deutsche Flughäfen verbindenden Nachtluftpostnetzes bemüht. Auf der anderen Seite muß sie aber vom Ertragsoptimierungsdenken abrücken, wenn soziale Belange etwa die Aufrechterhaltung eines billigen und daher defizitären Postreisedienstes in entlegene Gebiete, des Eilzustellungs- und Telegrammdienstes, des Paketdienstes oder – im Fernmeldewesen – niedrige Gebühren für Telefonanschlüsse alleinstehender Rentner fordern. Weiter muß die Post wegen ihrer weitgehenden Haftungsbeschränkungen verschiedene Dienstleistungsarten kombinieren, um die vom Postbenutzer verfolgten Zwecke zu erreichen. Die Post leistet hoheitlich und nicht in den Formen des Privatrechts. Deswegen erhebt sie Gebühren und nicht Entgelte.

Die Kehrseite solcher komplexer Verpflichtungen ist das *Post- und Fernmeldemonopol*. Das Wort Postmonopol, der moderne Nachfolgebegriff des kaiserlichen Postregal, weist auf eine Alleinanbieterstellung der Post auf ihren Märkten hin. Es beinhaltet also weder eine Mißbrauchskomponente noch einen fiskalischen Gewinnerzielungszweck des Staates wie beim Branntwein- und Zündwarenmonopol (↑ Staatsmonopole S. 304). Damit ähnelt sein Begriffsinhalt dem des „marktbeherrschenden Unternehmens“ im Sinne des § 22 des Kartellgesetzes (↑ Sicherung der Wettbewerbsordnung S. 316). Eine echte Alleinanbieterstellung hat die Post im Fernsprechwesen, wo nur innerdienstliche Behördennetze, Betriebsnetze von Transportunternehmen und Grundstückssprechanlagen genehmigungsfrei sind. Bahn- und Bundeswehrnetze sowie Netze von Stromversorgungsunternehmen bilden keinen Teil des öffentlichen Marktes der Fernsprech- und Fernschreibverbindungen. Bei diesen kann die Post ihre Bedingungen diktieren und zur Subventionierung ihrer defizitären Verwaltungszweige dringend benötigte Überschüsse erwirtschaften.

Für das Postwesen im engeren Sinne gilt ein *Beförderungsvorbehalt*. Er schafft eine ausschließliche Zuständigkeit der Bundespost für die entgeltliche Beförderung von Sendungen mit schriftlichen Mitteilungen oder mit sonstigen Nachrichten von Person zu Person. Nur der entgeltliche Briefverkehr ist also der Post ausschließlich vorbehalten. Schon periodische Druckschriften und einer anderen Sendung beigefügte Mitteilungen gelten nicht mehr als „Nachrichten“. Deswegen stehen fast alle Bereiche des Postwesens in scharfem Wettbewerb mit der freien Wirtschaft. Im Güterbeförderungs- und im Reisedienst bleiben daher meist nur die unrentabelsten Aufgaben der Post erhalten, während das Postscheck- und Postsparkassenwesen in der ungehinderten Konkurrenz besser bestehen kann.

Dem Post- und Fernmeldemonopol entspricht eine Pflicht der Post, den einzelnen zu ihren Anlagen, z. B. zur Inanspruchnahme von postalischen Beförderungsleistungen, von öffentlichen Fernsprechern, aber auch zum Anschluß an das örtliche Fernsprechnetz zuzulassen. Post- und Fernmeldemonopol sind in ihrem Umfang berechtigt, weil der Staat durch strikte Handhabung des Post- und Fernmeldegeheimnisses die Vertraulichkeit und die sichere Übermittlung von der Post anvertrauten Vorgängen garantiert.

H. J. Altmannsperger, Postrecht, in: J. Delfs (Hrsg.), Postleitfaden, Hamburg 1975, Bd. 4/Teil 5.
J. Aubert, Fernmelderecht, 3. Aufl., Hamburg 1975.

Haftung im Postdienst

§§ 11-21 des Postgesetzes vom 28. 7. 1969

Keine Haftung im billigen Massenverkehr für:

- Verlust oder Beschädigung:
  einfache Briefe
  einfache Postkarten
  Drucksachen
  Warenproben
  Postgüter
  Zeitungen
- Verspätung:
  Postanweisungen
  Zahlkarten
  Postscheckdienst
  Postsparkassendienst
- Störungen auf dem Beförderungswege:
  Gutschriften im Postscheck- und Postsparkassendienst
- Mündliche Auskünfte

Beschränkte Haftung auf:

<u>Garantiesumme DM 40.–</u>
- eingeschriebene Briefsendungen

<u>unmittelbaren Schaden:</u>
- Wertbriefe und -pakete
  maximal: Wertangabe
- gewöhnliche Pakete
  maximal: DM 500.–

Nachnahme nach Zustellung:
Nachnahmebetrag
(maximal DM 1000.–)

vor Zustellung:
wie nachnahmefreie Sendungen
- Geldübermittlungsdienst
  anvertraute Beträge
- Postauftragsdienst (bei postalischem Risiko):

  Postprotestaufträge:
  DM 40.–

  eingezogene Wechselsummen:
  in voller Höhe
- Postreisedienst

Unbeschränkte Haftung § 839 BGB, Art. 34 GG (Amtshaftung)

- Postauftragsdienst (bei hoheitlicher Tätigkeit)
- falsche schriftliche Auskünfte
- Postscheckdienst:

  nicht ordnungsgemäße Auftragserledigung

  Unpünktlichkeit bei Daueraufträgen
- Postsparkassendienst:

  nicht ordnungsgemäße Pflichterfüllung aus dem Postsparverhältnis

Eisenbahnen

Eisenbahnen sind schienengebundene Verkehrsmittel auf eigenem Bahnkörper mit Stahlgleisen bestimmter Spurweite. Nicht zu ihnen gehören die Straßenbahnen und die diesen ähnlichen Bahnen. Öffentliche Eisenbahnen kann jedermann zur Personen- und Güterbeförderung benutzen. Nicht-öffentliche Eisenbahnen sind vor allem die privaten Anschlußbahnen. Neben der *Deutschen Bundesbahn* (DB) als Staatseisenbahn gibt es eine Vielzahl von nicht bundeseigenen Eisenbahnen, die das Streckennetz der DB ergänzen. Die DB ist das Rückgrat des westdeutschen Verkehrssystems. Im Güterverkehr steht sie im Wettbewerb mit der ↑Binnenschiffahrt (S. 482) und dem Güterfernverkehr (↑Personen- und Güterbeförderung S. 478). Die Verkehrspolitik bemüht sich um eine sinnvolle Aufgabenverteilung zwischen diesen Verkehrsträgern.

Für die Bundeseisenbahnen besitzt der Bund die ausschließliche, für die Schienenbahnen, die nicht Bundeseisenbahnen sind, die konkurrierende ↑Gesetzgebungszuständigkeit (S. 76). Von beiden Kompetenzen hat der Bund durch Erlaß des Allgemeinen Eisenbahngesetzes und des Bundesbahngesetzes Gebrauch gemacht. Für den internationalen Verkehr gelten eine Reihe von internationalen Abkommen. Zu den Aufgaben der öffentlichen Eisenbahnen gehört es, ihr Netz entsprechend den Anforderungen des Verkehrs auszubauen und zu ergänzen. Das Recht, eine neue öffentliche Eisenbahn zu bauen, ist der DB vorbehalten. Die Länder können dieses Recht erst in Anspruch nehmen bzw. einem Unternehmer verleihen, wenn der Bundesminister für Verkehr für die DB darauf verzichtet hat. Für die öffentlichen Eisenbahnen besteht eine Beförderungspflicht. Ihre Tarife bedürfen der Genehmigung. Die Bundeseisenbahnen werden in ↑bundeseigener Verwaltung (S. 78) geführt. Die Verwaltung der nicht bundeseigenen Eisenbahnen ist Sache der Länder.

Das Bundeseisenbahnvermögen wird vom Bund unter dem Namen „Deutsche Bundesbahn" als nicht rechtsfähiges Sondervermögen mit eigener Wirtschafts- und Rechnungsführung verwaltet. Es wird vom übrigen Vermögen des Bundes getrennt gehalten. Die DB kann im Rechtsverkehr unter ihrem Namen handeln, klagen und verklagt werden. Organe der DB sind der Vorstand und der Verwaltungsrat. Der vierköpfige Vorstand leitet die Geschäfte. Er ist an die Beschlüsse des Verwaltungsrats gebunden. Der Verwaltungsrat beschließt über bestimmte grundsätzliche Angelegenheiten. Seine zwanzig Mitglieder werden von der Bundesregierung auf Vorschlag verschiedener Stellen ernannt. Die DB untersteht der Aufsicht des Bundesministers für Verkehr. Bestimmte grundsätzliche Entscheidungen bedürfen seiner Genehmigung (Wirtschaftsplan, Bau neuer Bahnen, Stillegung von Strecken). Die Beamten, Angestellten und Arbeiter der DB sind Bundesbedienstete (↑öffentlicher Dienst S. 250). Die DB besitzt einen vierstufigen Verwaltungsaufbau. Der Hauptverwaltung der DB unterstehen die Bundesbahndirektionen und verschiedene zentrale Stellen, den Bundesbahndirektionen die Bundesbahnämter und Generalvertretungen, diesen wiederum die Bahnhöfe, Bahnmeistereien usw.

Die DB ist wie ein Wirtschaftsunternehmen mit dem Ziel bester Verkehrsbedienung nach kaufmännischen Grundsätzen so zu führen, daß die Erträge die Aufwendungen decken. Kostendeckung wird von der DB zur Zeit jedoch aus verschiedenen Gründen nicht erreicht. Die Verringerung des von Jahr zu Jahr größer gewordenen Defizits ist eines ihrer schwerwiegendsten Probleme. Der „Leistungsauftrag der Bundesregierung zur Konsolidierung der Deutschen Bundesbahn" vom 27. 4. 1977 sieht dazu insbesondere vor eine Verbesserung der Verkaufs- und Absatzorganisation, Rationalisierungsmaßnahmen, die Schaffung einer resultatsbezogenen Unternehmensorganisation und weiteren Personalabbau im Rahmen natürlicher Fluktuation.

H. J. Finger, Eisenbahngesetze, 6. Aufl., München 1970.
H.-J. Gröben, Taschenbuch der Eisenbahngesetze, 5. Aufl., Darmstadt 1975.

Organisation der
Deutschen Bundesbahn
(Stand: 31. 12. 1976)

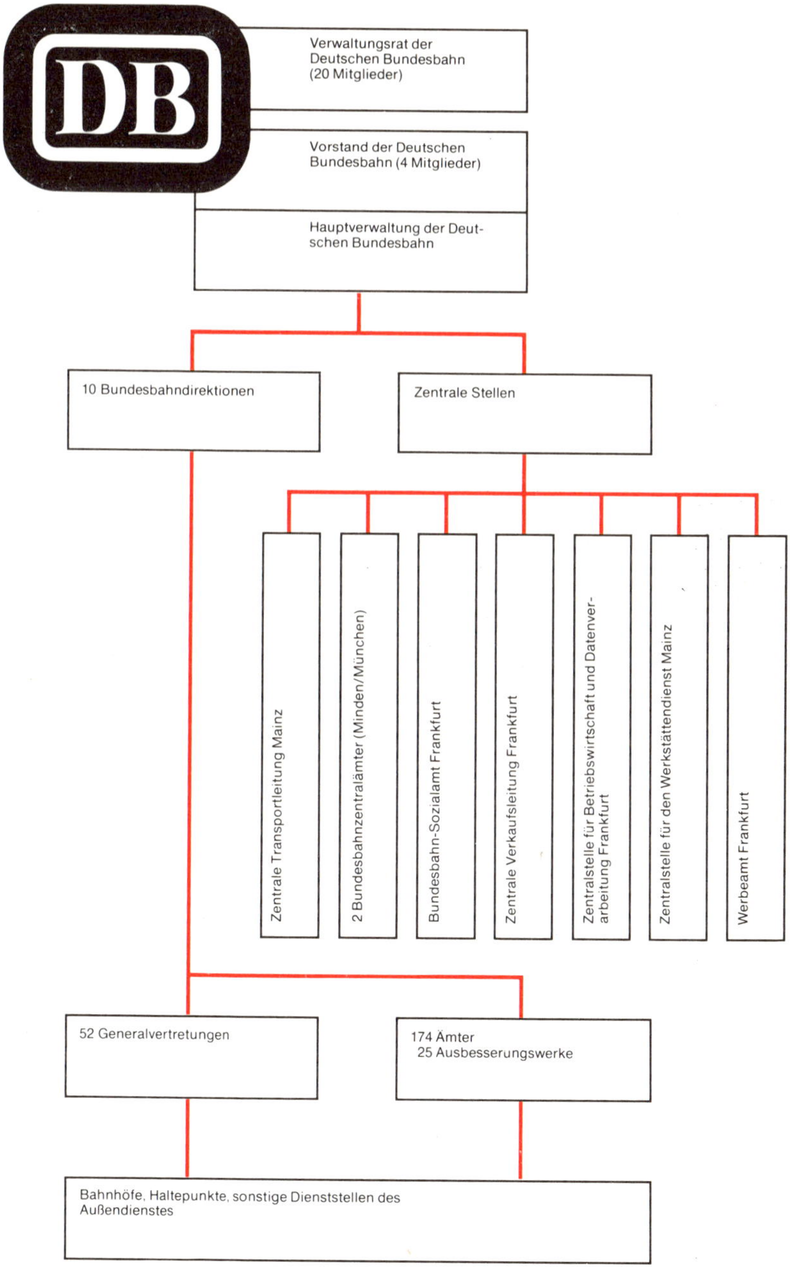

Personen- und Güterbeförderung auf der Straße

Die öffentlichen Straßen und Wege bilden das am weitesten verzweigte Verkehrsnetz. Die Beförderung im Straßenverkehr dient einer Vielzahl von Verkehrsnutzern mit dem allen anderen Verkehrsarten gegenüber besonderen Vorteil der Haus-zu-Haus-Beförderung. Im Güterfernverkehr bedeutet dies Schnelligkeit der Beförderung, da ein Zwischenumschlag entbehrlich ist. Im Nahbereich hat das Kraftfahrzeug die Güterverteilung schlechthin übernommen. Auch im Personenverkehr ermöglicht die Dichte des Verkehrsnetzes eine individuelle Auswahl des Beförderungszieles. Um den Wettbewerb zwischen den drei Binnenverkehrsträgern (Straßenverkehr, ↑ Binnenschiffahrt S. 482 und ↑ Eisenbahnen S. 476) – insbesondere zum Schutz der Deutschen Bundesbahn – als auch zwischen den Straßenverkehrsunternehmen untereinander zu ordnen, und um die Verkehrssicherheit zu gewährleisten, unterliegen der gewerbliche Personen- und Güterverkehr auf der Straße weitgehend staatlicher Zulassung und Aufsicht.

Die wichtigsten Rechtsgrundlagen sind das Personenbeförderungsgesetz (PBefG) und das Güterkraftverkehrsgesetz (GüKG), die der Bund aufgrund seiner konkurrierenden ↑ Gesetzgebungszuständigkeit (S. 76) erlassen hat. Im *Personenverkehr* ist die entgeltliche oder geschäftsmäßige Beförderung mit Kraftfahrzeugen im Linienverkehr und Gelegenheitsverkehr sowie mit Straßenbahnen (einschließlich Hoch- und Untergrundbahnen) und Omnibussen genehmigungspflichtig. *Linienverkehr* ist eine zwischen bestimmten Ausgangs- und Endpunkten eingerichtete regelmäßige Verkehrsverbindung, auf der Fahrgäste an bestimmten Haltestellen ein- und aussteigen können. *Gelegenheitsverkehr* ist jede andere gewerbsmäßige Beförderung von Personen mit Kraftfahrzeugen, also vor allem der Verkehr mit Taxen. Im *Güterverkehr* ist zwischen Güternah- und Güterfernverkehr zu unterscheiden. *Güternahverkehr* ist die Beförderung von Gütern mit einem Kraftfahrzeug für andere innerhalb der Nahzone, d. h. eines Umkreises von 50 km. Er ist erlaubnispflichtig, sofern er gewerbsmäßig mit Lastkraftwagen mit mehr als 750 kg Nutzlast betrieben wird. *Güterfernverkehr* ist die Beförderung von Gütern mit einem Kraftfahrzeug für andere über die Grenzen der Nahzone hinaus oder außerhalb dieser Grenzen. Er ist stets genehmigungspflichtig. Demgegenüber ist der *Werkverkehr* (d. h. die Beförderung von Gütern für eigene Zwecke) im Grundsatz genehmigungsfrei. Die Zulassung von Unternehmen für die Personen- und Güterbeförderung im Straßenverkehr wird nur erteilt, wenn bestimmte objektive und subjektive Zulassungsvoraussetzungen vorliegen. Dazu gehören insbesondere die Zuverlässigkeit des Antragstellers, die Leistungsfähigkeit des Betriebes und – mit Ausnahme des Güternahverkehrs – die Nichtbeeinträchtigung der öffentlichen Verkehrsinteressen, wobei die Regelungen im einzelnen für die verschiedenen Verkehrsarten unterschiedlich sind.

Das PBefG und das GüKG geben dem Bundesminister für Verkehr sehr weitgehende Befugnisse zum Erlaß von Rechtsverordnungen und Verwaltungsvorschriften (↑ Rechtsetzung durch die Verwaltung S. 258). Er hat einen weitreichenden Einfluß auf die Gestaltung der Wettbewerbsverhältnisse, insbesondere aufgrund des Genehmigungsvorbehalts für die Beschlüsse der Tarifkommissionen, die die Beförderungsentgelte im Güterverkehr festsetzen, und aufgrund der Ermächtigung, im Güterfernverkehr Höchstzahlen der Kraftfahrzeuge zu bestimmen. Im übrigen ist es Sache der Länder, die beiden Gesetze auszuführen, vor allem die Genehmigungen für die Verkehrsunternehmen zu erteilen (↑ Landesverwaltung S. 80). Regelungen zur Beförderung im Straßenverkehr enthält auch das ↑ Europäische Gemeinschaftsrecht (S. 578), um die Wettbewerbsbedingungen zu harmonisieren.

H. Bidinger, Personenbeförderungsrecht, Loseblatt, 2. Aufl., Berlin 1971.
Hein/Eichhoff/Pukell/Krien, Güterkraftverkehrsrecht, Loseblatt, 3. Aufl., Berlin 1968.

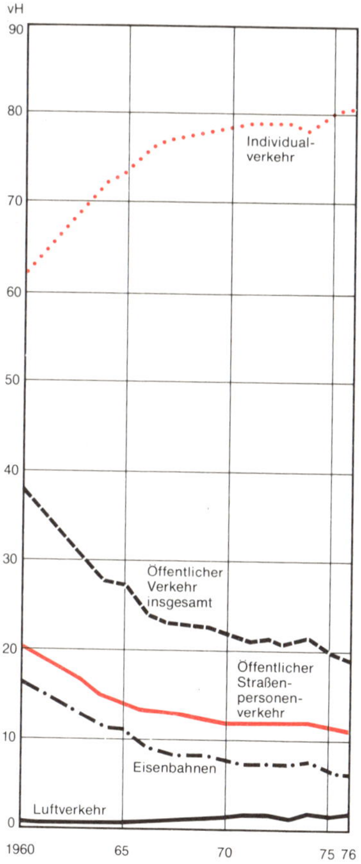

Personenverkehr

Anteile der Verkehrsbereiche (Personenkilometer)

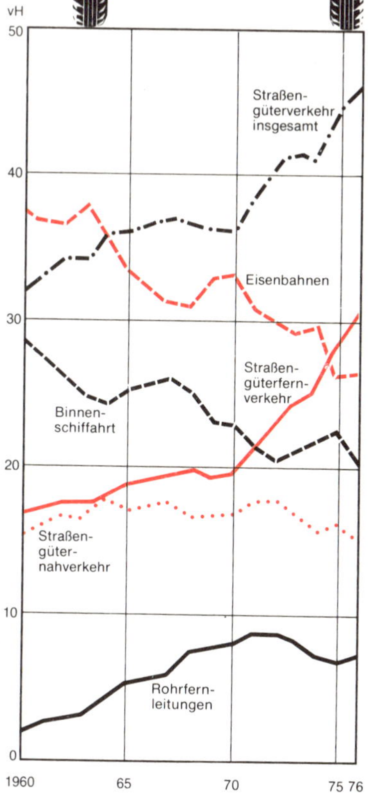

Güterverkehr

Anteile der Verkehrsbereiche (Tonnenkilometer)

Wasserstraßen und Hafenanlagen

Wasserstraßen sind Gewässer, auf denen in nennenswertem Umfang Schiffsverkehr stattfindet. Es gibt Wasserstraßen (Kanäle), Binnen- und Seewasserstraßen, Wasserstraßen des Bundes und Wasserstraßen der Länder. Häfen sind Schiffslandeplätze, die den Schiffen einen besonderen Schutz, z. B. vor Wellengang, Sturm und Eis gewähren und – soweit es sich nicht um reine Schutzhäfen handelt – die Möglichkeit zum Güterumschlag bieten. Öffentliche Häfen stehen dem allgemeinen Schiffsverkehr zur Verfügung. Private Häfen stehen nur einem bestimmten Benutzerkreis offen. Die Verkehrs- und Umschlaghäfen sind Standorte von Industrieunternehmen mit großem Verkehrsbedarf, verbinden die Wasserstraßen mit anderen Verkehrswegen (Eisenbahnen und Autostraßen) und schließen sie an das Hinterland an.

Der Bund ist Eigentümer der *Seewasserstraßen* und aller größeren *Binnenwasserstraßen*. Er besitzt für sie die konkurrierende ↑Gesetzgebungszuständigkeit (S. 76) und verwaltet sie durch eigene Behörden (↑Bundeseigene Verwaltung S. 78). Er hat dabei auf die Verwaltungsaufgaben der Länder (Landeskultur und Wasserwirtschaft) Rücksicht zu nehmen. Die Zuständigkeit des Bundes beschränkt sich auf die Bundeswasserstraßen in ihrer Eigenschaft als Verkehrswege. Demgegenüber ist die Reinhaltung der Wasserstraßen Sache der Länder (↑Wasserrecht S. 438). Die großen öffentlichen *Häfen* stehen in der Regel im Eigentum der Länder und Gemeinden. Die großen privaten Häfen sind hauptsächlich Werkshäfen von Industrieunternehmen. Die Verkehrs- und Umschlaghäfen unterstehen der Hafenaufsicht der Länder. Hafenrecht ist Landesrecht. Das Recht der Verkehrs- und Umschlaghäfen haben die Länder in den Landeswassergesetzen, in allgemeinen und besonderen Hafenordnungen, Hamburg in einem besonderen Hafengesetz geregelt. Die Errichtung von Hafenanlagen ist nach den Landeswassergesetzen genehmigungspflichtig. Die Hafenordnungen regeln die Zuständigkeiten der Hafenbehörden und die Benutzung der Häfen. Sie enthalten Verkehrsvorschriften, Vorschriften über die Benutzung der Lade- und Löschplätze, über die Verantwortlichkeit der Schiffsführer und das Verhalten bei Gefahr sowie meist besondere Bestimmungen für das Laden und Löschen gefährlicher Güter. Die Hafenverwaltung ist teils staatliche Hoheitsverwaltung (Hafenaufsicht, d. h. Sorge für die öffentliche Sicherheit und Ordnung im Hafen), teils Bau- und Betriebsverwaltung des Hafenträgers.

Das Bundeswasserstraßengesetz regelt im wesentlichen den räumlichen Umfang der Bundeswasserstraßen, sowie Benutzung, Neubau, Ausbau und Unterhaltung, die Strompolizei (d. h. die Abwehr von Gefahren, um die Bundeswasserstraßen in einem für die Schiffahrt erforderlichen Zustand zu erhalten) und das Setzen und Betreiben von Schiffahrtszeichen. Es enthält ferner Bestimmungen über die Kreuzung von Bundeswasserstraßen mit anderen Verkehrswegen, über Enteignung und Entschädigung sowie Straf- und Bußgeldvorschriften. Oberste Bundesbehörde für die Verwaltung der Bundeswasserstraßen ist der Bundesminister für Verkehr. Ihm unterstehen als Mittelbehörden sechs *Wasser- und Schiffahrtsdirektionen* und als Ortsbehörden 55 Wasser- und Schiffahrtsämter sowie Wasserbauämter, Neubauämter und Ämter mit Sonderaufgaben. Die Mittel- und Unterbehörden sind nicht nur für die Wasserstraßenverwaltung, sondern auch für die Schiffahrtsverwaltung zuständig. Aufgabe der Wasser- und Schiffahrtsverwaltung des Bundes ist es, die Bundeswasserstraßen in einem für die Schiffahrt ordnungsgemäßen Zustand zu erhalten, sie gegebenenfalls auszubauen (z. B. Vertiefung der Zufahrten zu den deutschen Seehäfen, um sie wettbewerbsfähig zu erhalten) oder Wasserstraßen neu zu schaffen (z. B. Neubau des Elbeseitenkanals und der Rhein-Main-Donau-Großschiffahrtsstraße).

A. Friesecke, Bundeswasserstraßengesetz, Kommentar, Köln u. a. 1971.
A. Wüsthoff/W. Kumpf u. a., Handbuch des deutschen Wasserrechts, Loseblattsammlung, Berlin 1978.

Organisation der Wasser- und Schiffahrtsverwaltung des Bundes

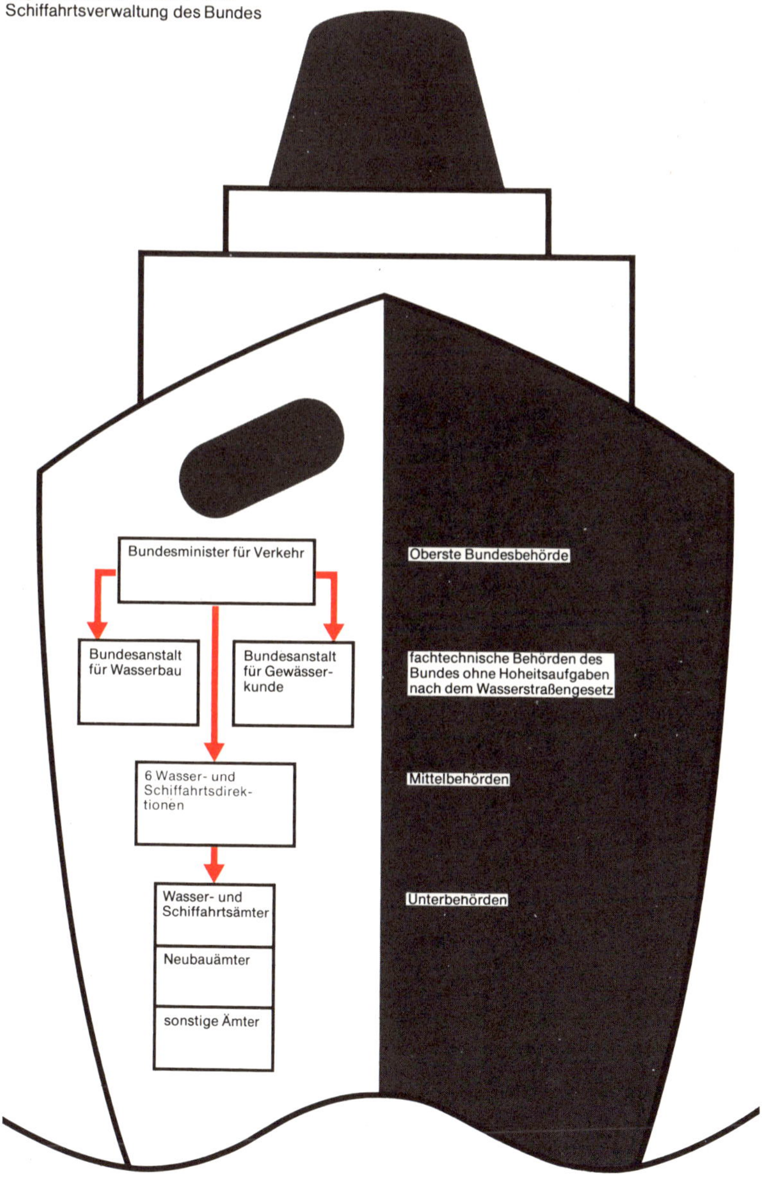

Binnenschiffahrt

Binnenschiffahrt ist die gewerbsmäßige Schiffahrt auf Binnenwasserstraßen zur Beförderung von Personen und Gütern. Der Bund hat die konkurrierende ↑Gesetzgebungszuständigkeit (S. 76) für die Schiffahrt auf den Binnenwasserstraßen (↑Wasserstraßen S. 480) und nimmt die über den Bereich eines Landes hinausgehenden staatlichen Aufgaben der Binnenschiffahrt wahr. Diese Aufgaben sind im Gesetz über die Aufgaben des Bundes auf dem Gebiete der Binnenschiffahrt von 1956 geregelt, das dem Bund zur Förderung der Binnenflotte und des Binnenschiffsverkehrs verpflichtet und die Regelung der Schiffahrtspolizei, der Schifferpatente und der Bootsbemannung umfaßt. Die Binnenschiffahrt ist zu unterscheiden von der ↑Seeschiffahrt (S. 484).

Die Binnenschiffahrt hat vor allem Bedeutung als kostengünstiges, wenn auch langsames Transportmittel vornehmlich für Massengüter wie Kohle, Holz, Erdöl, Erze und Baustoffe, die in den deutschen und europäischen Binnenhäfen umgeschlagen werden. Größter deutscher Binnenhafen ist Duisburg.

Das Netz der Binnenwasserstraßen der Bundesrepublik hat eine Gesamtlänge von 4 850 km, wobei rund 70 Prozent des Verkehrs mit Binnenschiffen auf dem Rhein abgewickelt werden. Der Bau und der Ausbau von Binnenschiffahrtsstraßen hat vor allem Bedeutung für die wirtschaftliche Strukturplanung einer Region. Zumeist handelt es sich beim Bau neuer Kanäle um politische Entscheidungen. Neuere Baumaßnahmen sind die Rhein-Main-Donau-Großschiffahrtsstraße, die Moselkanalisierung, die Kanalisierung der Saar und der Mittelweser. Die Binnenschiffahrt hat besondere Bedeutung im Verkehr zwischen den europäischen Staaten, so daß bereits frühzeitig auf der Grundlage der Wiener Kongreßakte von 1815 (Art. 109 Schiffahrtsfreiheit) europäische Verträge über die Schiffahrt auf bestimmten Flüssen geschlossen wurden (Stromakten, z. B. Elbe 1821, Weser 1823, Rhein 1831, Donau 1857). Bis heute sind die Bestimmungen der revidierten Rheinschiffahrtsakte von 1868 (Mannheimer Akte) gültige Rechtsgrundlage der internationalen Rheinschiffahrt. Sie enthält für Fahrzeuge aller Nationen das Recht zum Transport von Gütern auf Schiffen von Basel bis zum offenen Meer und untersagt Lotsenzwang sowie die Ausübung von Stapel- und Umschlagrechten. Das Gesetz über die privatrechtlichen Verhältnisse der Binnenschiffahrt (BSchG) von 1895 behandelt die Stellung des Schiffseigners und seine Haftung gegenüber Dritten insbesondere bei Zusammenstößen, die Pflichten des Schiffsführers und der Mannschaft und die Rechte der Schiffsgläubiger. Das Gesetz über den gewerblichen Binnenschiffsverkehr in der Neufassung von 1969 bestimmt die Verteilung von Fracht und Schleppgut zwischen Schiffahrtsverbänden untereinander und zwischen den Verbänden und den Schiffahrtstreibenden vorbehaltlich der Genehmigung durch die staatlichen Wasser- und Schiffahrtsdirektionen. Das Gesetz regelt ferner die Aufgaben der Schifferbetriebsverbände als öffentlich-rechtliche Körperschaften, denen die Kleinschiffer eines Stromgebiets angehören müssen, sowie die Frachtenausschüsse, die durch Beschluß mit Genehmigung des Bundesministers für Verkehr oder der zuständigen Wasser- und Schiffahrtsdirektion Frachtentgelte festsetzen. Die Sicherheit und Leichtigkeit des Verkehrs auf den Wasserstraßen wird durch die Wasserschutzpolizei der Länder aufgrund der Binnenschiffahrtsstraßen-Ordnung von 1971 und der drei Schiffahrtspolizeiverordnungen für Rhein (1970), Donau (1970) und Mosel (1971) geregelt, die der Rahmenvorschrift der Europäischen Binnenschiffahrtsstraßen-Ordnung (CEVNI) angepaßt sind. Die gerichtliche Zuständigkeit für Binnenschiffahrtssachen (Rechtsstreitigkeiten, die mit der Benutzung von Binnengewässern durch Schiffahrt und Flößerei zusammenhängen) liegt bei den Amtsgerichten als Schiffahrtsgerichten bzw. einem OLG als Schiffahrtsobergericht für bestimmte Gewässerbereiche.

O. Vortisch/O. Zschucke, Binnenschiffahrts- und Flößereirecht, 3. Aufl., Berlin 1965.
H. Schmitt, Binnenschiffahrtstraßen-Ordnung, 2. Aufl., Köln 1978.

Hauptschiffahrtskanäle über 34 km Länge

Kanal	Verbindung	Eröffnungsjahr	Länge km	Schleusen Anzahl	Tragfähigkeit t je Schiffseinheit
Bundesrepublik Deutschland ohne Berlin					
Mittellandkanal	Bergeshövede-Rothensee b. Magdeburg	1938	325	3	unter 1000
Anteil der BRD			258,7	2	
Dortmund-Ems-Kanal	von Dortmund-Borsumer Schleuse b. Emden	1899	265,5	19	unter 1000
Nord-Ostsee-Kanal	Brunsbüttelkoog-Kiel-Holtenau	1895	98,7	2	Seeschiffe
Ems-Jade-Kanal	Emden-Wilhelmshaven	1887	72,3	3	unter 300
Küstenkanal	Dörpen (Ems)-Oldenburg (Oldbg.)	1935	69,6	2	unter 1000
Elbe-Lübeck-Kanal	Lauenburg/Elbe-Lübeck	1900	61,5	7	unter 1000
Wesel-Datteln-Kanal	Wesel-Datteln	1929	60,2	6	unter 1350
Datteln-Hamm-Kanal	Datteln-östl. Hamm	1915	47,1	2	unter 1000
Rhein-Herne-Kanal	Duisburg-Ruhrort-Henrichenburg	1914	45,6	7	unter 1350
Berlin					
Teltowkanal	Potsdam-Babelsberg-Berlin-Grünau	1906	37,8	1	unter 1000
Deutsche Demokratische Republik					
Mittellandkanal	Bergeshövede-Rothensee b. Magdeburg	1938	325	3	unter 1000
Anteil der DDR			66,3	1	
Oder-Havel-Kanal	Hohensaaten (Oder)-Oranienburg	1914	84,6	2	unter 1000
Oder-Spree-Kanal	Fürstenberg/Oder-Dahme	1935	83,7	5	unter 1000
Elbe-Havel-Kanal	Niegripp (Elbe)-Brandenburg/Havel	1936	56	3	unter 1000
Havelkanal	Paretz (Havel)-Nieder Neuendorf	1952	34,9	1	unter 1000

Aus der Binnenschiffahrtsstraßen-Ordnung:

Es ist die Fahrwasserseite zu halten, die an der Backbordseite des Fahrzeugs liegt

Es ist die Fahrwasserseite zu halten, die an der Steuerbordseite des Fahrzeugs liegt

Vorgeschriebene Kurse für die Fahrwasserseite

Das Fahrwasser ist nach Backbord zu kreuzen

Das Fahrwasser ist nach Steuerbord zu kreuzen

Die durch den Pfeil angezeigte Richtung ist einzuschlagen

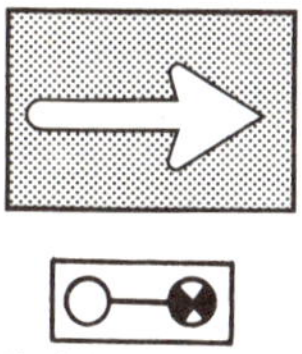

Es wird empfohlen, in der Richtung des Pfeils bzw. in der Richtung vom festem Licht zum Gleichtaktlicht zu fahren

Überholverbot durch verschiedene Schiffahrtszeichen

Bei Tag muß der Überholende rechtzeitig eine hellblaue Flagge auf dem Vorschiff setzen

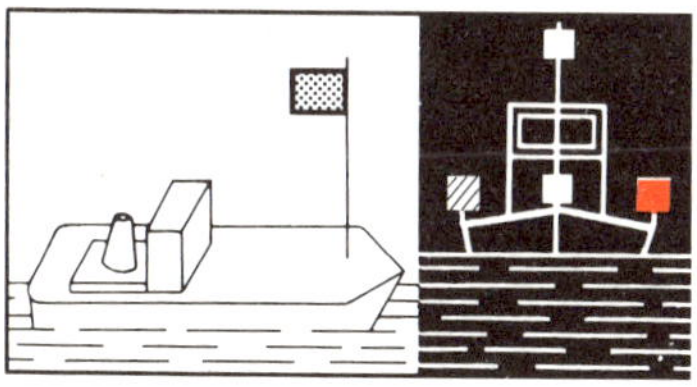

Bei Nacht ist vom Überholer ein weißes gewöhnliches Licht am Bug zu zeigen

Seeschiffahrt

Unter Seeschiffahrt ist die gewerbliche Schiffahrt zur Beförderung von Personen und Gütern über Seewasserstraßen und auf hoher See zu verstehen. Die Seeschiffahrt bildet zusammen mit der Küstenschiffahrt und der ↑Binnenschiffahrt (S. 482) das Schiffahrtswesen. Die Seewasserstraßen und Binnenwasserstraßen stehen als Bundeswasserstraßen im Eigentum des Bundes. Seeschiffahrtstraßen sind die Wasserflächen zwischen der Küstenlinie bei mittlerem Hochwasser oder der seewärtigen Begrenzung der Binnenwasserstraßen und der seewärtigen Begrenzung des Küstenmeeres sowie zwischen den Ufern bestimmter Teile angrenzender Binnenwasserstraßen. Dazu gehören z. B. die Elbe bis zur Hamburgischen Hafengrenze und als künstliche Seewasserstraße der Nord-Ostsee-Kanal zwischen Brunsbüttel und Kiel-Holtenau. Zur Verhütung von Unfällen und Zusammenstößen wird der Verkehr auf den Seewasserstraßen durch die Seeschiffahrtsstraßen-Ordnung (SeeSchStrO) von 1971 geregelt. Die SeeSchStrO stellt in Anlehnung an die ↑Straßenverkehrsordnung (S. 498) Grundregeln für das Verhalten im Schiffsverkehr auf und bestimmt die Verantwortlichkeit des Schiffsführers und des Seelotsen. Wie die SeeSchStrO gilt auch die internationale Seestraßenordnung (deutscher Beitritt 1959) zur Vermeidung von Unfällen und Zusammenstößen auf See. Kommt es zu einem Unglücksfall, so sind nach dem Gesetz über die Untersuchung von Seeunfällen von 1935 *Seeämter* zuständig, die in einem gerichtsähnlichen Verfahren die Untersuchung vornehmen.

Bei der Seeschiffahrt wird unterschieden zwischen der *Kleinen Fahrt* in küstennahen Gewässern und der *Großen Fahrt* zwischen den Kontinenten. Die *Linienschiffahrt* bedient feste Routen, während die *Trampschiffahrt* die Häfen je nach Marktlage und Ladungsnachfrage anläuft.

Die Seeschiffahrt fällt in die konkurrierende ↑Gesetzgebungszuständigkeit (S. 74) des Bundes (Art. 74 Nr. 21 GG). Nach dem Gesetz über die Aufgaben des Bundes auf dem Gebiet der Seeschiffahrt von 1965 (GABSeeSch) obliegen dem Bund die Förderung der deutschen Handelsflotte im allgemeinen deutschen Interesse und die Erhaltung der Leistungsfähigkeit der Seehäfen sowie die Abwehr von Gefahren für die Sicherheit und Leichtigkeit des Verkehrs (Schiffahrtspolizei) auf den Seewasserstraßen. Auf hoher See obliegen dem Bund die Schiffahrtspolizei für alle die Bundesflagge führenden Schiffe und die Maßnahmen, die zur Erfüllung völkerrechtlicher Verpflichtungen der Bundesrepublik erforderlich sind, sowie die Überwachung und Unterstützung der Fischerei. Weitere Zuständigkeiten gelten u. a. der Vorsorge des Such- und Rettungsdienstes in Seenotfällen, den nautischen und hydrographischen Diensten (z. B. Eisnachrichtendienst, Sturmflutwarndienst).

Die Handelsflotte der Bundesrepublik Deutschland bestand zu Jahresbeginn 1977 aus rund 2200 Schiffen mit insgesamt 9,5 Millionen BRT. Der Güterumschlag in den Seehäfen der Bundesrepublik Deutschland belief sich 1976 auf 150 Millionen Tonnen. Besondere Schwierigkeiten machte in den letzten Jahren das „*Ausflaggen*" deutscher Schiffe. Manche Schiffe fuhren statt unter der Bundesflagge z. B. unter der von Panama oder Liberia und umgingen damit die seerechtlichen und seemännischen Vorschriften. Durch fremde staatlich subventionierte Handelsflotten und den *Flaggenprotektionismus* (einseitige Bevorzugung der nationalen Flotte) anderer Staaten ist die deutsche Handelsflotte auf dem internationalen Markt besonderen Wettbewerbsverzerrungen ausgesetzt. Ziel der Schiffahrtspolitik ist es deshalb, der deutschen Handelsflotte eine angemessene Beteiligung am Weltseeverkehr zu ermöglichen. Aus diesem Grunde wurde der Abschluß von Poolverträgen zwischen deutschen und ausländischen Schiffahrtsunternehmen unter Genehmigungsvorbehalt gestellt, da die ausländischen Reedereien hinsichtlich ihrer Ladungsanteile häufig von der flaggenprotektionistischen Schiffahrtsgesetzgebung ihres Landes abhängig sind.

Seeschiffahrtsstraßenordnung und andere Seeverkehrsvorschriften, 23. Aufl., Herford 1978.
Flaggenwechsel in der deutschen Seeschiffahrt, Göttingen 1977.

Güterverkehr über See nach Flaggen in 1 000 t

Flagge	1974 Versand	1974 Empfang	1975 Versand	1975 Empfang	1976 Versand	1976 Empfang
Bundesrepublik Deutschland	8 894,3	16 969,9	7 681,1	18 411,7	8 130,0	16 431,0
Deutsche Demokratische Republik	595,7	711,0	436,3	743,3	624,3	786,0
Belgien	227,3	1 085,5	167,1	630,3	147,8	894,7
Dänemark	1 860,9	2 696,1	1 673,7	2 480,8	1 739,5	2 192,3
Finnland	821,0	1 994,3	714,1	1 488,8	708,8	2 075,6
Frankreich	449,3	2 425,2	289,3	2 526,9	242,2	3 339,8
Griechenland	2 294,8	8 475,5	1 341,4	6 828,6	1 508,2	7 552,4
Großbritannien und Nordirland	2 623,9	16 832,7	2 137,3	14 544,6	1 941,2	13 979,3
Italien	404,4	3 353,1	204,8	3 005,2	104,1	2 298,7
Japan	534,7	3 406,2	186,8	2 545,7	209,4	2 918,5
Jugoslawien	182,0	274,1	34,7	240,2	152,0	260,2
Liberia	2 040,1	18 245,2	1 109,9	16 448,7	975,9	22 334,6
Niederlande	1 466,2	2 956,5	1 146,6	2 654,7	1 200,4	2 547,1
Norwegen	2 604,3	12 129,4	1 914,8	7 800,4	2 050,9	9 469,3
Österreich	139,2	246,0	51,8	112,5	25,7	51,8
Panama	917,1	2 712,7	551,1	2 101,2	530,4	1 856,7
Polen	684,0	1 756,3	553,1	1 383,2	508,7	2 241,6
Rumänien	31,8	30,8	13,3	25,0	35,5	100,8
Schweden	2 002,3	4 300,7	1 922,7	3 117,3	2 024,8	3 551,3
Singapur	396,7	2 139,3	434,5	1 632,8	603,7	3 017,3
Somalia	149,2	119,1	49,6	53,4	50,8	96,3
Sowjetunion	2 033,1	5 788,6	2 445,2	5 673,0	2 114,8	6 543,1
Spanien	200,2	1 039,8	161,4	129,1	186,7	454,3
Vereinigte Staaten	685,8	923,3	442,2	672,9	591,7	886,2
Zypern	1 028,6	1 290,8	663,2	999,5	528,1	858,8
Übrige Flaggen	2 240,3	3 216,7	1 642,3	3 547,5	2 099,1	4 190,8
Insgesamt	35 507,2	115 118,8	27 968,3	99 797,3	29 034,7	110 928,5

Warn- und Hinweiszeichen nach der Seeschiffahrtstraßenordnung

Feste Schiffahrtzeichen:
Bezeichnung der Fahrwasserseiten

(Steuerbordseite des Fahrwassers)

(Backbordseite des Fahrwassers)

Bezeichnung der Fahrwasserseiten
an Einmündungen und Abzweigungen

(Steuerbordseite des Fahrwassers und des einmündenden oder abzweigenden Fahrwassers)

(Steuerbordseite des Fahrwassers und Backbordseite des einmündenden oder abzweigenden Fahrwassers)

Luftverkehr

Luftverkehr ist die regelmäßige oder gelegentliche Beförderung von Personen oder Gütern mit Luftfahrzeugen. Zu unterscheiden ist zwischen *Fluglinienverkehr* (gewerbsmäßige, öffentliche und regelmäßige Beförderung von Personen, Post und Fracht durch Luftfahrzeuge auf bestimmten Linien), *Gelegenheitsverkehr* (gewerblicher Luftverkehr, der nicht Fluglinienverkehr ist, z. B. Pauschalreiseflüge, Charterflüge) und *nicht gewerblichem Luftverkehr* (z. B. private Geschäftsflüge). In der Bundesrepublik Deutschland betreibt die *Deutsche Lufthansa AG* internationalen Fluglinienverkehr nach mehr als 60 Staaten. Sie befindet sich überwiegend im Besitz des Bundes. Daneben sind eine Reihe von Luftfahrtunternehmen für den regionalen Fluglinien- und den gewerblichen Gelegenheitsverkehr zugelassen. Ferner betätigen sich hier eine Vielzahl ausländischer Luftfahrtunternehmen aufgrund zweiseitiger Luftverkehrsabkommen oder aufgrund spezieller Einflugerlaubnisse. Die Flughafenunternehmen werden durchweg in der Rechtsform privater Handelsgesellschaften betrieben, die sich im Besitz von Bund, Ländern oder Gemeinden befinden.

Grundlage des deutschen Luftrechts ist das Luftverkehrsgesetz des Bundes. Danach dürfen Luftfahrzeuge nur verkehren, wenn sie zum Verkehr zugelassen sind. Auch wer ein Flugzeug führen oder bedienen will *(Luftfahrer)*, bedarf einer Erlaubnis. Ebenso ist für die Anlage und den Betrieb von Flugplätzen und für Luftfahrtunternehmen eine staatliche Genehmigung erforderlich. Die Genehmigungen für Fluglinien erstrecken sich auf Flugpläne, Beförderungsentgelte und Beförderungsbedingungen. Mit Erteilung der Genehmigung entsteht eine Betriebspflicht und eine Pflicht zur Beförderung, sofern sie mit den regelmäßigen Beförderungsmitteln möglich ist und den Beförderungsbedingungen entsprochen wird. Der gewerbsmäßige Inlandsverkehr kann deutschen Luftfahrtunternehmen vorbehalten werden. Diese weitgehende Reglementierung des Luftverkehrs durch Genehmigungsvorbehalte und staatliche Aufsicht erfolgt teils aus Gründen der öffentlichen Sicherheit und Ordnung, teils aus wirtschaftlichen und nationalen Erwägungen, insbesondere um einen leistungsfähigen, dem öffentlichen Verkehrsbedürfnis entsprechenden Luftverkehr zu erhalten. Die Luftverkehrsverwaltung ist teils ↑ bundeseigene Verwaltung (S. 78; einschließlich des internationalen Luftverkehrs), teils Bundesauftragsverwaltung durch die Länder (↑ Landesverwaltung S. 80).

Das deutsche Luftverkehrsrecht ist aufgrund der internationalen Verflechtung des Luftverkehrs durch zahlreiche internationale Abkommen ergänzt worden. Durch das Abkommen über die Internationale Zivilluftfahrt wurde eine *Internationale Zivilluftfahrtorganisation* (ICAO) in Montreal gegründet, der die Erarbeitung einheitlicher Regeln für die internationale Zivilluftfahrt und die Weiterentwicklung der technischen Vorschriften obliegt. Das Abkommen räumt den daran beteiligten Staaten das Recht zum Überflug und zur Vornahme von Landungen zu nicht gewerblichen Zwecken ein. Das Recht, Personen, Fracht und Post in einen anderen Staat, von dort zurück oder von dort in einen dritten Staat zu befördern, ist demgegenüber in zweiseitigen Luftverkehrsabkommen auf der Basis der Gegenseitigkeit auszuhandeln. Grundlage dieses Abkommens sind „Die fünf Freiheiten der Luft".

Während es sich bei der ICAO um eine Organisation der wichtigsten luftfahrttreibenden Staaten handelt, ist die IATA ein Zusammenschluß aller bedeutenden Gesellschaften des internationalen Luftlinienverkehrs. Sie vertritt weltweit die Interessen ihrer Mitgliedgesellschaften, insbesondere zur Festsetzung der Beförderungstarife und -bedingungen.

M. Hofmann, Luftverkehrsgesetz, Kommentar, München 1971.
Wegerdt/Reuss, Deutsche Luftfahrgesetzgebung, 5. Aufl., Mannheim 1970.

1. Freiheit:

Das Recht, einen anderen Staat zu überfliegen.

2. Freiheit:

Das Recht zur Vornahme von Landungen in einem anderen Staat zu nicht gewerblichen Zwecken.

3. Freiheit:

Das Recht zur Beförderung von Personen, Post und Fracht vom Heimatstaat in einen anderen Staat.

4. Freiheit:

Das Recht zur Beförderung von Personen, Post und Fracht von einem anderen Staat in den Heimatstaat.

5. Freiheit:

Das Recht zur Beförderung von Personen, Post und Fracht zwischen Drittstaaten.

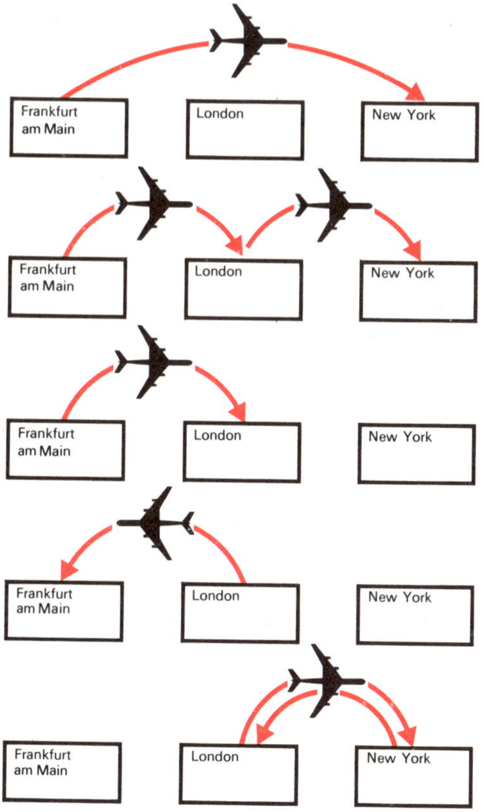

Straßenverwaltung

Zu den öffentlichen Straßen im Rechtssinne gehören alle Straßen, Plätze und Wege, die durch einen Rechtsakt der öffentlichen Straßenverwaltung ausdrücklich zu einer *öffentlichen Straße* gewidmet und tatsächlich in Dienst gestellt sind. *Privatwege* werden vom Wegeeigentümer nach den Regeln des bürgerlichen Rechts verwaltet (z. B. Wege der staatlichen Forstverwaltung). Sie können vom Eigentümer einer allgemeinen Benutzung widerruflich oder unwiderruflich zur Verfügung gestellt sein. In beiden Fällen spricht man von tatsächlich öffentlichen Wegen. Wanderwege sind lediglich zu einem geringen Teil sowie nur bei einer künstlichen Herstellung und Unterhaltung als rechtlich öffentliche Wege gewidmet. Ihre öffentliche Zugänglichkeit und Benutzung beruht auf dem in den Naturschutzgesetzen geregelten Betretungsrecht für die freie Natur (↑Natur- und Landschaftsschutz S. 436).

Für die Einteilung der (rechtlich) öffentlichen Straßen ist im geltenden Recht die Verkehrsbedeutung maßgeblich. Straßen, die einem weiträumigen Verkehr dienen oder zu dienen bestimmt sind und ein zusammenhängendes Verkehrsnetz bilden, sind als *Bundesfernstraßen* einzustufen. Diese gliedern sich in Bundesautobahnen und Bundesstraßen. Zu Bundesautobahnen sind solche Bundesfernstraßen zu widmen, die nur für den Schnellverkehr mit Kraftfahrzeugen bestimmt und so angelegt sind, daß sie frei von höhengleichen Kreuzungen sowie für Zu- und Abfahrten mit besonderen Anschlußstellen ausgestattet sind. Nicht zu den Bundesautobahnen gehören öffentliche Straßen, die lediglich an ihrem Ausbauzustand gemessen den Bundesautobahnen entsprechen, wie sogenannte Stadtautobahnen oder Schnellwege. Autobahnähnlich eingerichtete Straßen können allerdings für die Zwecke des Straßenverkehrs als Autobahnen beschildert werden. Unterhalb der Bundesfernstraßen dienen dem überörtlichen Verkehr die *Landstraßen* I. Ordnung (Staatsstraßen, Landstraßen, Landesstraßen) und die Landstraßen II. Ordnung *(Kreisstraßen)*. Zu den Bundesstraßen oder den Landstraßen I. und II. Ordnung gehören auch die innerhalb der geschlossenen Ortslage verlaufenden Abschnitte dieser Straßenklassen (Ortsdurchfahrten). Straßen des örtlichen Verkehrs sind die *Gemeindestraßen* (Gemeindeverbindungsstraßen und Ortsstraßen) sowie die sonstigen öffentlichen Straßen. Zu den letzteren gehören die einem beschränkten Gebrauch dienenden beschränkt-öffentlichen Wege (z. B. Gehwege, Radwege, Wirtschaftswege).

Die gesetzliche Regelung der öffentlichen Straßen enthält für die Bundesfernstraßen das Bundesfernstraßengesetz. Für alle übrige Straßen (Straßen des Landesrechts) gelten Straßen- und Wegegesetze der Länder. Die *Straßenverwaltung* im funktionellen Sinn umfaßt die gesamte Tätigkeit der öffentlichen Hand bei der Bereitstellung von Straßen zum öffentlichen Verkehr. Hierzu zählen die Erfüllung der *Straßenbaulast* (Planung, Bau, Unterhaltung und Ausstattung der Straßen), die Regelung des sachenrechtlichen Status der Straßen (Widmung, Einziehung, Auf- und Abstufungen zwischen den Straßenklassen), die Benutzungsordnung (Erteilung von Sondernutzungsrechten und Gestattungen, Beschränkung des Gemeingebrauchs), der nachbarrechtliche Schutz der Straßen, die staatliche *Straßenaufsicht* (Beaufsichtigung der nichtstaatlichen Straßenbaulastträger) sowie die Bewirtschaftung des unmittelbar oder mittelbar dem Straßenwesen dienenden unbeweglichen und beweglichen Vermögens (Straßengrundstücke, Geräte, Haushaltsmittel). Nicht zur Straßenverwaltung gehört die Regelung des Verkehrs auf den Straßen (↑Straßenverkehrsordnung S. 498).

Die öffentlichen Straßen stehen, wie die übrigen ↑öffentlichen Sachen (S. 246), im Eigentum des Straßenbaulastträgers oder eines Dritten, das durch die öffentlichrechtliche Zweckbestimmung der Straße zum öffentlichen Gebrauch überlagert und modifiziert ist. Eine Ausnahme gilt nach dem Hamburgischen Wegegesetz, das an den der Stadt Hamburg gehörenden öffentlichen Wegen öffentliches Eigentum festlegt.

K. Kodal, Straßenrecht, 3. Aufl., München 1978.

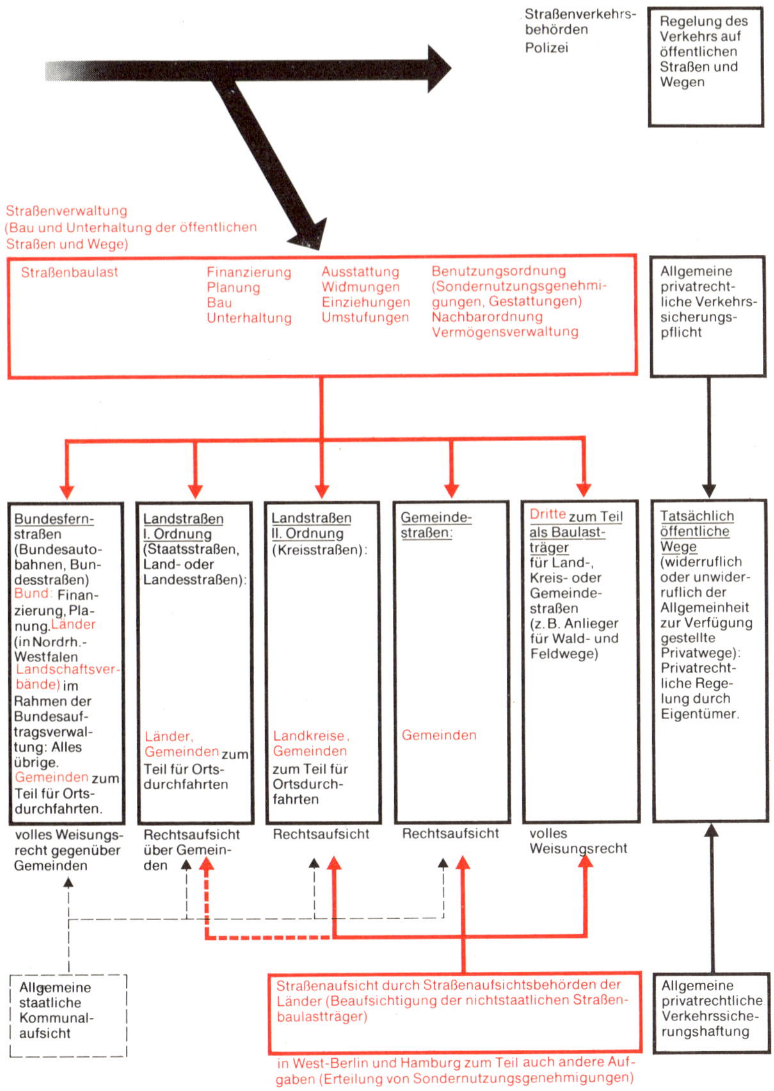
Straßenverkehrsbehörden
Polizei
Regelung des Verkehrs auf öffentlichen Straßen und Wegen
Straßenverwaltung (Bau und Unterhaltung der öffentlichen Straßen und Wege)
Straßenbaulast
Finanzierung
Planung
Bau
Unterhaltung
Ausstattung
Widmungen
Einziehungen
Umstufungen
Benutzungsordnung (Sondernutzungsgenehmigungen, Gestattungen)
Nachbarordnung
Vermögensverwaltung
Allgemeine privatrechtliche Verkehrssicherungspflicht
Bundesfernstraßen (Bundesautobahnen, Bundesstraßen) Bund: Finanzierung, Planung. Länder (in Nordrh.-Westfalen Landschaftsverbände) im Rahmen der Bundesauftragsverwaltung: Alles übrige. Gemeinden zum Teil für Ortsdurchfahrten.
Landstraßen I. Ordnung (Staatsstraßen, Land- oder Landesstraßen):
Länder, Gemeinden zum Teil für Ortsdurchfahrten
Landstraßen II. Ordnung (Kreisstraßen):
Landkreise, Gemeinden zum Teil für Ortsdurchfahrten
Gemeindestraßen:
Gemeinden
Dritte zum Teil als Baulastträger für Land-, Kreis- oder Gemeindestraßen (z. B. Anlieger für Wald- und Feldwege)
Tatsächlich öffentliche Wege (widerruflich oder unwiderruflich der Allgemeinheit zur Verfügung gestellte Privatwege): Privatrechtliche Regelung durch Eigentümer.
volles Weisungsrecht gegenüber Gemeinden
Rechtsaufsicht über Gemeinden
Rechtsaufsicht
Rechtsaufsicht
volles Weisungsrecht
Allgemeine staatliche Kommunalaufsicht
Straßenaufsicht durch Straßenaufsichtsbehörden der Länder (Beaufsichtigung der nichtstaatlichen Straßenbaulastträger)
in West-Berlin und Hamburg zum Teil auch andere Aufgaben (Erteilung von Sondernutzungsgenehmigungen)
Allgemeine privatrechtliche Verkehrssicherungshaftung

Benutzung der öffentlichen Straßen und Wege

Die öffentlichen Straßen und Wege stellen heute eine umfassende Leistung der öffentlichen Verwaltung dar. Sie dienen dem allgemeinen zulassungsfreien (Gemein-) Gebrauch zum Verkehr sowie den darüber hinausgehenden (Sonder-) Nutzungen und allen Anlagen, die mit einer Straße im Hinblick auf deren Funktion als öffentliche Verkehrswege verbunden werden. Dazu gehören Verkaufs- und Werbeeinrichtungen, die Verlegung von Telegraphen- und Fernsprechlinien, von Versorgungsleitungen für elektrische Energie, Wasser und Wärme sowie von Abwasserkanälen und Anlagen für Straßenbahnen und Oberleitungsomnibusse. Die öffentlichen Straßen und Wege sind deshalb als öffentliche Mehrzweckinstitute anzusehen (↑ Öffentliche Sachen S. 246). Nach traditioneller Rechtsauffassung beschränkt sich jedoch die öffentlich-rechtliche Zweckbestimmung der Straßen auf den *Gemeingebrauch*, d. h. auf den Gebrauch zum Verkehr. Alle über den Gemeingebrauch hinausgehenden (Sonder-) *Nutzungen* gelten nur als Benutzung des privatrechtlichen Straßeneigentums. Eine öffentlich-rechtliche Sondernutzungserlaubnis des Straßenbaulastträgers (nach dem Berliner Straßengesetz der Straßenaufsichtsbehörde) wird nur dann für erforderlich gehalten, wenn die Sondernutzung zugleich den Gemeingebrauch beeinträchtigen kann (z. B. Errichtung von Verkaufs- oder Werbeanlagen auf der Straße). Die den Gemeingebrauch nicht berührenden Straßennutzungen bedürfen ausschließlich einer privatrechtlichen Gestattung. So wird die Verlegung von öffentlichen Versorgungsleitungen in den Straßengrund durch privatrechtliche Konzessionsverträge geregelt. Dementsprechend ist zwischen *öffentlich-rechtlichen* und *privatrechtlichen* Sondernutzungen zu unterscheiden. Einer öffentlich-rechtlichen Ordnung der gesamten Straßenbenutzung ist allerdings insoweit der Weg bereitet, als auch für die Erteilung privatrechtlicher Gestattungen und Konzessionen, abgesehen von der Regelung nach dem Berliner Straßengesetz, nicht der Eigentümer des Straßengrundes, sondern der Straßenbaulastträger zuständig ist (↑ Straßenverwaltung, S. 488).

Zu besonderen Problemen kann der *Anliegergebrauch* führen, d. h. das Straßenbenutzungsrecht von Eigentümern und Besitzern solcher Grundstücke, die an einer öffentlichen Straße liegen oder einen Zugang zu einer öffentlichen Straße haben. Der Anlieger steht bei der Straßenbenutzung grundsätzlich den anderen Benutzern der Straße gleich. Daher ist auch jede über den Gemeingebrauch hinausgehende Straßenbenutzung durch Anlieger eine zulassungsgebundene Sondernutzung (z. B. Werbeanlagen, Zufahrten und Zugänge außerhalb der geschlossenen Ortslage). Innerhalb der geschlossenen Ortslage gehört der Straßenzugang der Anlieger zum Gemeingebrauch. Da das Anliegerrecht mit Erschließungslasten verbunden ist (↑ Erschließung von Grundstücken S. 518), muß es als ein unter die Eigentumsgarantie (↑ Eigentum und Enteignung, S. 146) fallender Vermögenswert anerkannt werden. Die Straßenanlieger haben zwar keinen Anspruch darauf, daß die Straße nicht geändert oder nicht eingezogen wird. Wird jedoch einem Straßenanlieger der Zugang zu seinem Grundstück entzogen oder wesentlich erschwert, so kann er von dem Straßenbaulastträger einen angemessenen Ersatz oder eine angemessene Geldentschädigung verlangen. Darauf ist unter anderem bei der Einrichtung von Fußgängerzonen zu achten.

Die Benutzung von öffentlichen Straßen und Wegen im Rahmen des Gemeingebrauchs ist gegenwärtig unentgeltlich. Straßenbenutzungsgebühren können jedoch durch Gesetz eingeführt werden. Für öffentlich-rechtliche Sondernutzungen wird eine Sondernutzungsgebühr erhoben. Die Entrichtung von Entgelten für privatrechtliche Sondernutzungen hängt von der jeweiligen Regelung durch die Beteiligten ab.

J. Salzwedel, Wege- und Verkehrsrecht, in: von Münch (Hrsg.), Besonderes Verwaltungsrecht, 4. Aufl., Berlin u. a. 1976, S. 556ff.
K. Kodal, Straßenrecht, 3. Aufl., München 1978, S. 385ff.

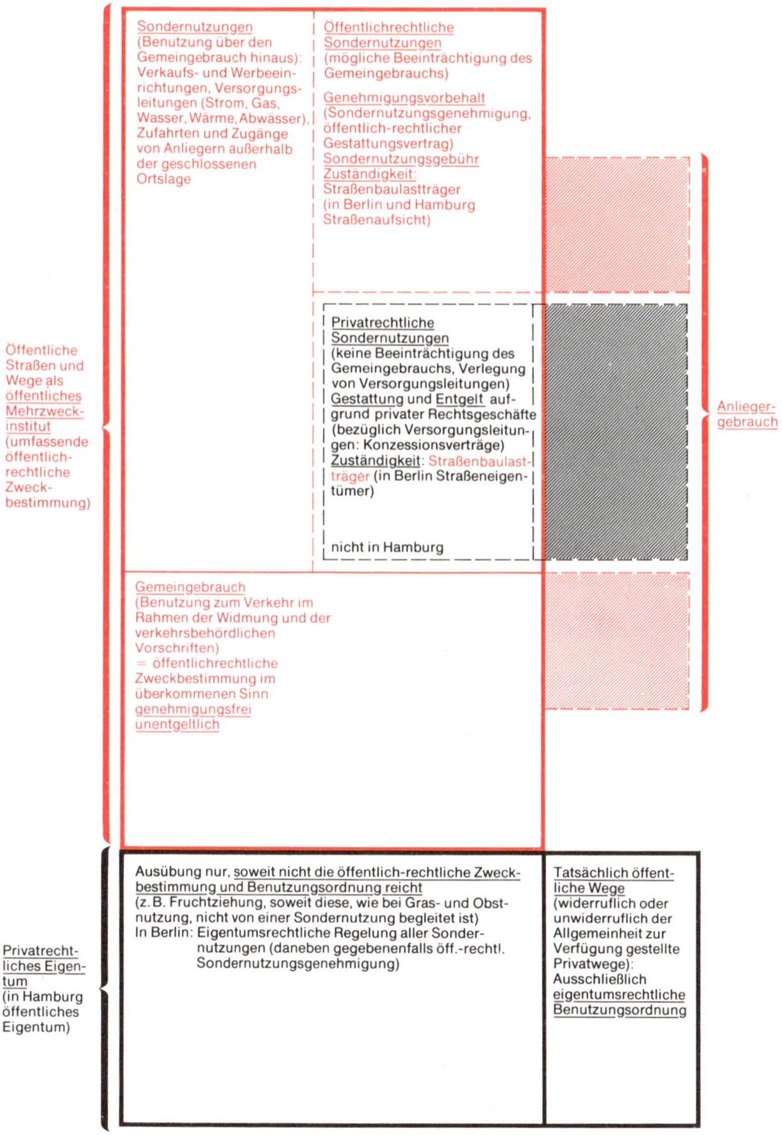
Sondernutzungen
(Benutzung über den Gemeingebrauch hinaus): Verkaufs- und Werbeeinrichtungen, Versorgungsleitungen (Strom, Gas, Wasser, Wärme, Abwässer), Zufahrten und Zugänge von Anliegern außerhalb der geschlossenen Ortslage
Öffentlichrechtliche Sondernutzungen
(mögliche Beeinträchtigung des Gemeingebrauchs)
Genehmigungsvorbehalt
(Sondernutzungsgenehmigung, öffentlich-rechtlicher Gestattungsvertrag)
Sondernutzungsgebühr
Zuständigkeit: Straßenbaulastträger (in Berlin und Hamburg Straßenaufsicht)
Privatrechtliche Sondernutzungen
(keine Beeinträchtigung des Gemeingebrauchs, Verlegung von Versorgungsleitungen)
Gestattung und Entgelt aufgrund privater Rechtsgeschäfte (bezüglich Versorgungsleitungen: Konzessionsverträge)
Zuständigkeit: Straßenbaulastträger (in Berlin Straßeneigentümer)
nicht in Hamburg
Öffentliche Straßen und Wege als öffentliches Mehrzweckinstitut (umfassende öffentlich-rechtliche Zweckbestimmung)
Anliegergebrauch
Gemeingebrauch
(Benutzung zum Verkehr im Rahmen der Widmung und der verkehrsbehördlichen Vorschriften)
= öffentlichrechtliche Zweckbestimmung im überkommenen Sinn
genehmigungsfrei
unentgeltlich
Privatrechtliches Eigentum
(in Hamburg öffentliches Eigentum)
Ausübung nur, soweit nicht die öffentlich-rechtliche Zweckbestimmung und Benutzungsordnung reicht
(z. B. Fruchtziehung, soweit diese, wie bei Gras- und Obstnutzung, nicht von einer Sondernutzung begleitet ist)
In Berlin: Eigentumsrechtliche Regelung aller Sondernutzungen (daneben gegebenenfalls öff.-rechtl. Sondernutzungsgenehmigung)
Tatsächlich öffentliche Wege
(widerruflich oder unwiderruflich der Allgemeinheit zur Verfügung gestellte Privatwege):
Ausschließlich eigentumsrechtliche Benutzungsordnung

Straßenverkehrssicherungspflicht (Reinigungs-, Räum- und Streupflicht von Straßenanliegern)

Nach überkommener Rechtsauffassung besteht für ↑ öffentliche Sachen (S. 246) ebenso wie für Sachen des Privatrechts eine allgemeine *Verkehrssicherungspflicht*. Der für die Unterhaltung einer Sache Verantwortliche hat die Verkehrssicherheit derselben zu gewährleisten und haftet bei schuldhafter Verletzung dieser Pflicht auf Schadensersatz (z. B. bei nicht unfallsicherer Unterhaltung von Geschäfts- und Dienstgebäuden). Bei Straßen und Wegen spricht man von der Straßenverkehrssicherungspflicht. Diese umfaßt alle Maßnahmen, die für eine gefahrlose Benutzung der einem allgemeinen Verkehr eröffneten Straßen und Wege erforderlich sind (z. B. Ausbesserung einer schadhaften Fahrbahn, Signalisierung von Gefahrenstellen). Für die öffentlichen Straßen ist es den *Straßenbaulastträgern* bei mangelnder Leistungsfähigkeit vorbehalten, auf einen nicht verkehrssicheren Zustand lediglich durch Warnzeichen hinzuweisen. Zur Straßenverkehrssicherungspflicht gehören unter anderem folgende Aufgaben: Beseitigung oder Signalisierung von Frostaufbrüchen und Schlaglöchern; Freihaltung der Straße von hereinragenden und abfallenden Baumästen; Hinweis auf Höhenunterschied zwischen Fahrbahn und Bankett; Kennzeichnung einer rechtwinkeligen Kurve oder einer Verengung; Beseitigung von Ölspuren und Ölflecken; Reinigung einer verschmutzten Fahrbahn; Wiederherstellung beschädigter oder entfernter Verkehrszeichen sowie Gewährleistung freier Sicht auf Verkehrszeichen. Der Winterdienst (Räumen und Streuen) umfaßt nur die Pflicht zur Beseitigung von solchen Gefahrenlagen, denen die Straßenbenutzer unter Anwendung der üblichen und zumutbaren Sorgfalt mit eigenen Mitteln nicht begegnen können. Eine Streupflicht kann nur unter Berücksichtigung einer angemessenen Zeitspanne und lediglich mit dem Beginn des allgemeinen Tagesverkehrs angenommen werden.

Die Schadensersatzpflicht wegen Verletzung der Straßenverkehrssicherungspflicht tritt lediglich bei schuldhaftem (vorsätzlichem oder fahrlässigem) Verhalten des Pflichtigen ein. In einigen Bundesländern (Baden-Württemberg, Bayern, Hamburg, Niedersachsen) ist die Haftung für die Verkehrssicherheit der öffentlichen Straßen und Wege dem besonderen öffentlich-rechtlichen Amtshaftungstatbestand unterstellt (↑ Staatshaftung S. 270). Das hat zur Folge, daß eine Haftung nur subsidiär eintritt, wenn der Geschädigte nicht auf andere Weise Ersatz zu erlangen vermag (z. B. aus einer privat abgeschlossenen Schadensversicherung). Diese Haftungsregelung wird den Bedürfnissen eines rechtsstaatlichen Staatshaftungsrechts nicht gerecht. Daher verknüpft die gesetzliche Reform der Staatshaftung auch die Verkehrssicherungspflicht der öffentlichen Straßenbaulastträger mit einer Staatshaftung, bei der sich die Straßenbaulastträger nicht mehr auf mangelndes Verschulden berufen oder durch Verweisung auf einen anderweitigen Schadensersatz von einer Haftung freihalten können.

Zur verkehrssicheren Unterhaltung sind bei Privatstraßen die Straßeneigentümer, bei öffentlichen Straßen grundsätzlich die Straßenbaulastträger verpflichtet (↑ Straßenverwaltung S. 488).

Die Eigentümer und Besitzer von *Anliegergrundstücken* haften für das Reinigen, Räumen und Streuen von Gehwegen oder Fußgängerstreifen. Diese speziellen Verkehrssicherungspflichten der Straßenanlieger bestehen nach Maßgabe gemeindlicher Verordnungen. Der hierunter fallende Winterdienst (Räumen und Streuen) ist auf die üblichen Verkehrszeiten beschränkt, die in der Gemeindeverordnung genau bezeichnet werden müssen. Die Gemeinden können diese Pflicht auch selbst erfüllen und dafür Gebühren erheben.

R. Bartlsperger, Rechtsansprüche und Haftung bei der öffentlichen Straßenverkehrssicherungspflicht, Deutsches Verkehrsblatt 1973, S. 465 ff.
K. Kodal, Straßenrecht, 3. Aufl., München 1978, S. 994 ff. und 1054 ff.

Rechtsgrund und Haftung für die Straßenverkehrssicherungspflicht

nach Einführung einer verschuldensunabhängigen und primären Staatshaftung für rechtswidrige Ausübung öffentlicher Gewalt

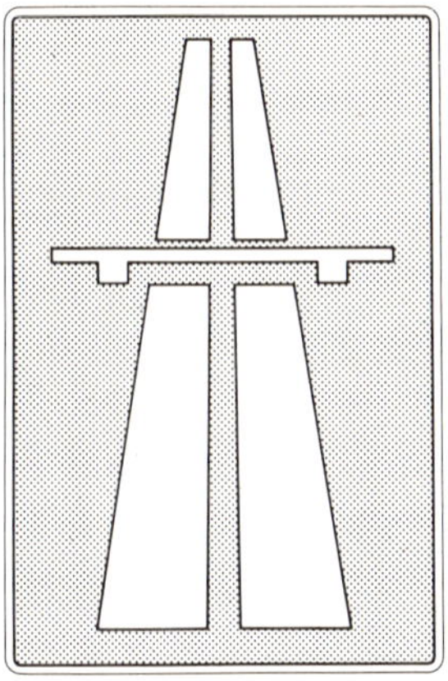

	Öffentliche Straßen und Wege	Reinigungs-, Räum- und Streupflicht von Anliegern	Privatwege
Rechtsgrund der Haftung	Staatshaftung nach einem Staatshaftungsgesetz	Allgemeiner privatrechtlicher Satz von der Verkehrssicherungspflicht	
Haftungstatbestand	1. Rechtswidrige Schadensverursachung 2. Verschuldensunabhängige Haftung 3. Primäre Haftung (keine Verweisung auf anderweitigen Schadensersatz) 4. Haftung auch für allgemeinen Vermögensschaden	1. Haftung bei rechtswidrig schuldhafter Schadensverursachung (Vorsatz und Fahrlässigkeit) 2. Haftung nur bei Verletzung von Leben, Körper, Gesundheit, Freiheit, Eigentum oder sonstiger Rechte (nicht für allgemeinen Vermögensschaden)	
Haftungsträger	Straßen- und Wegebaulastträger	Reinigungs-, räum- und streupflichtiger Anlieger	Wegeeigentümer
Rechtsweg	Verwaltungsgerichtsbarkeit	ordentliche Gerichte	

Planfeststellung für öffentliche Straßen

Der Bau sowie die Änderung und Erweiterung von öffentlichen Straßen bedürfen wegen ihrer Einpassung in die Nachbarschaft und die öffentliche Ordnung einer einheitlichen Sachentscheidung der Verwaltung.

Diesem Zweck dient die straßenrechtliche Planfeststellung für den Bau, die Änderung und die Erweiterung von überörtlichen Straßen und Gemeindeverbindungsstraßen (↑Straßenverwaltung S. 488). Sie ist ein durch die Straßengesetze förmlich gestaltetes Verwaltungsverfahren mit einer öffentlichen Planauslegung, einer Heranziehung sachlich beteiligter Behörden und der betroffenen Gemeinden und Landkreise sowie einem Anhörungsverfahren aufgrund der Einwendungen von jedermann, dessen Belange durch das Vorhaben berührt werden. Bei den genannten Straßen ist ein rechtlich bestandskräftiger Planfeststellungsbeschluß notwendige Voraussetzung für die Zulässigkeit des Straßenbauvorhabens; er kann nach Maßgabe der Straßengesetze nur insoweit entfallen, als zwischen den beteiligten Behörden und Privaten die für das Vorhaben erforderlichen Vereinbarungen geschlossen werden oder ein gemeindlicher ↑Bebauungsplan (S. 512) eine abschließende Gesamtregelung des Straßenbaus enthält oder die Veränderung einer Straße nur unwesentlich ist. Als Rechtsinstitut ist das *Planfeststellungsverfahren* zunächst im Eisenbahnbau entstanden (Anfänge schon 1838 in Preußen). Von dort war es auf den Bau der Reichsautobahnen übertragen worden, ehe es 1953 für die Bundesautobahnen und Bundesstraßen sowie in der Folgezeit für die Straßen des Landesrechts (ausgenommen in den Stadtstaaten Berlin, Bremen und Hamburg) eingeführt wurde.

Das Planfeststellungsverfahren dient der rechtlichen Festlegung des Planes für eine konkrete Anlage und ist daher zu unterscheiden von dem technischen Vorgang der Planung sowie von verwaltungsinternen Entwürfen und Kostenplänen. Der das Planfeststellungsverfahren für öffentliche Straßen abschließende *Planfeststellungsbeschluß* ist ein rechtsgestaltender ↑Verwaltungsakt (S. 260) gegenüber dem Straßenbaulastträger (↑Straßenverwaltung S. 488) sowie den Eigentümern betroffener Grundstücke und Anlagen. Er enthält eine verbindliche Regelung der genauen Trassenführung, des Ausbauzustandes der Straße, der Kreuzungen und Knotenpunkte, der Inanspruchnahme von Grundstücken, der Duldungspflichten der Nachbarn und der Schutzvorkehrungen zu ihren Gunsten (z. B. gegen Lärm und Abgase), der öffentlich-rechtlichen Unbedenklichkeit unter anderen als straßenrechtlichen Gesichtspunkten (z. B. bezüglich einer Gewässerbenutzung durch Straßenbrücken) sowie der Rechtsbeziehungen mehrerer Verwaltungsträger hinsichtlich der Straße (z. B. bei der Unterhaltung einer Kreuzung). Das besondere Kennzeichen des Planfeststellungsbeschlusses ist, daß er alle für das Vorhaben notwendigen öffentlich-rechtlichen Genehmigungen, Verleihungen, Erlaubnisse und Zustimmungen ersetzt, soweit ihm diese nicht ausdrücklich entzogen sind (Konzentrationswirkung). Rechtliche Bindungen erwachsen der straßenrechtlichen Planfeststellung vor allem aus der vorbereitenden Fachplanung sowie der ↑Landes- und Regionalplanung (S. 506). Der Planfeststellungsbeschluß kann von allen Betroffenen wegen Verletzung eines Rechts durch Widerspruch und anschließend durch verwaltungsgerichtliche Klage angefochten werden.

Privatrechtliche Wirkungen kommen dem Planfeststellungsbeschluß, abgesehen von der Gestaltung der Nachbarrechtsbeziehungen zur Straße, nicht zu. Daher muß ein für den Straßenbau benötigtes Grundstück vom Straßenbaulastträger erst erworben werden. Das kann durch freihändigen Ankauf erfolgen oder gegen den Willen des Eigentümers im Wege der Enteignung. Der Planfeststellungsbeschluß ist, nachdem er unanfechtbar geworden oder für vollziehbar erklärt worden ist, einem Enteignungsverfahren zugrundezulegen und für die Enteignungsbehörde bindend.

H. C. Fickert, Planfeststellung für den Straßenbau, Köln u. a. 1978.
K. Kodal, Straßenrecht, 3. Aufl., München 1978.

Planung und Planfeststellungsverfahren für eine öffentliche Straße (Bundesfernstraße)

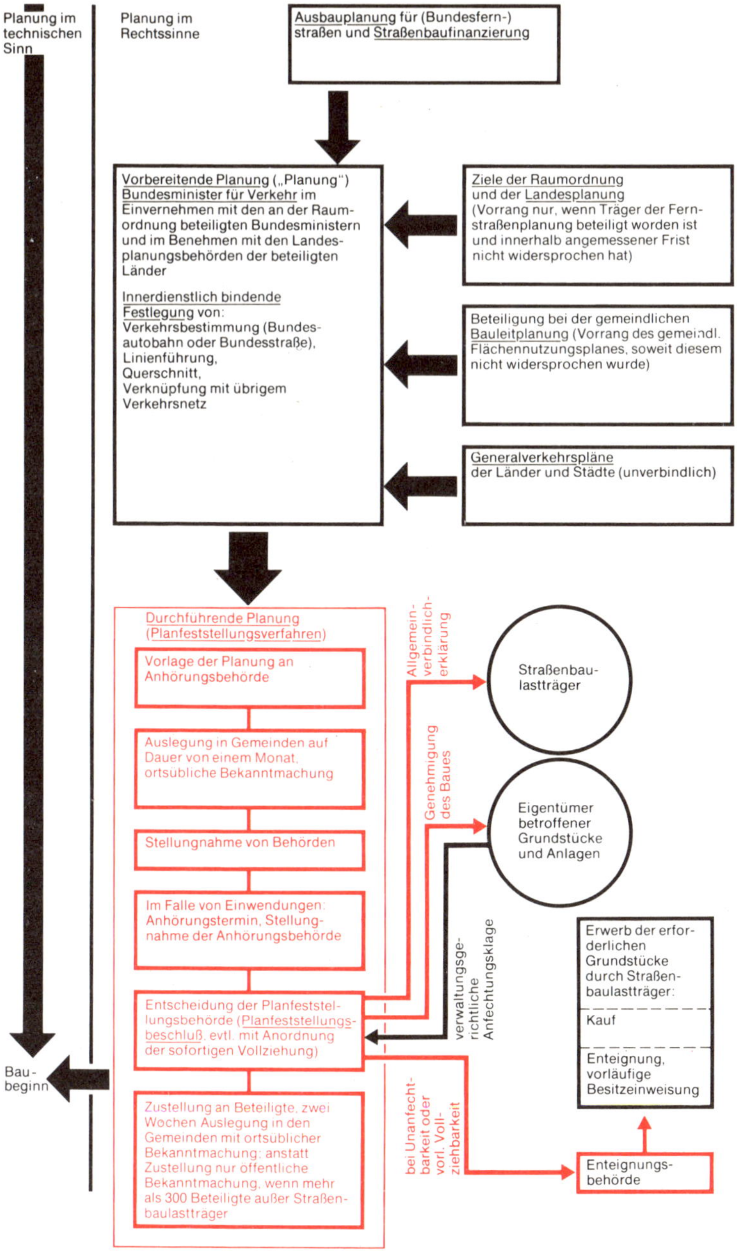

Ausbauplanung von Straßen und Straßenfinanzierung

Die Ausbauplanung für Verkehrswege dient dem Bau neuer oder der Verbesserung vorhandener Verkehrswege. Für die Bundesfernstraßen (↑Straßenverwaltung S. 488) sind bisher zweimal Ausbaupläne aufgestellt und durch Gesetz verbindlich erklärt worden.

Der durch das Gesetz vom 27. 7. 57 beschlossene erste Ausbauplan bestimmte, daß das Netz der Bundesautobahnen in drei Baustufen durch Neubauten ergänzt werden und von den Bundesstraßen etwa 40%, das „blaue Netz", vordringlich ausgebaut werden sollten. Dazu gehörten insbesondere überlastete Abschnitte im Vorfeld der Städte.

Das Gesetz vom 30. Juni 1971 über den Ausbau der Bundesfernstraßen in den Jahren 1971 bis 1985 (BGBl. I S. 873) bestimmt, daß das Netz der Bundesfernstraßen nach Maßgabe eines dem Gesetz beigegebenen Bedarfsplanes und der darin festgelegten drei Dringlichkeiten auszubauen ist. Der Bedarfsplan gibt das Bundesfernstraßennetz wieder, das im Jahre 1985 vorhanden sein müßte, um den zu diesem Zeitpunkt zu erwartenden Verkehr unter annehmbaren Bedingungen zu bewältigen. Der Bedarfsplan ist im Abstand von jeweils fünf Jahren der Entwicklung ggf. anzupassen.

Zur Ermittlung des Bedarfs wurde das Verkehrsaufkommen für 1990 prognostiziert. Für die Einteilung des Ausbaubedarfs in drei Dringlichkeiten war bei auszubauenden Straßenabschnitten das Verhältnis Leistungsfähigkeit/Verkehrsmenge, bei Neubaumaßnahmen die Verkehrsmenge u. der volkswirtschaftliche Nutzen maßgebend. Um den Anforderungen des Raumordnungsgesetzes (↑Raum- und Fachplanung S. 504, ↑Landes- und Regionalplanung S. 506) zu entsprechen, wurden außerdem für Gebiete, in denen die Lebensbedingungen gegenüber dem Bundesdurchschnitt zurückgeblieben sind oder in denen Verkehrsferne infolge Randlage besteht, die Minderung derartiger Nachteile durch neue Straßen als Nutzen bewertet (Erschließungs- und Verbindungsbedarf). Zur Verwirklichung des Ausbaues stellt der Bundesminister für Verkehr drei Fünfjahrespläne auf; sie sind mittelfristige Ausbauprogramme und bilden die Grundlage für die jährlichen Straßenbauhaushalte. Weil der im Bedarfsplan von 1971 festgelegte Ausbaubedarf die voraussichtlichen Finanzierungsmöglichkeiten im Zeitraum 1971–1985 beträchtlich überstieg, wurden bei der ersten Überprüfung des Bedarfsplanes die vordringlichen Maßnahmen einer Bewertung nach dem Nutzen/Kosten-Verhältnis unterzogen und in zwei Dringlichkeitsstufen unterteilt, deren Verwirklichung für die Stufe Ia bis 1985 und für die Stufe Ib bis 1995 möglich erscheinen. Von einzelnen Bundesländern sind ähnliche Ausbauplanungen aufgestellt worden.

Zur Deckung des Bau- und Unterhaltungsaufwandes für die Bundesfernstraßen verwendet der Bund einen Teil des gesetzlich für Verkehrszwecke gebundenen Anteils des Mineralölsteueraufkommens. Den Ländern steht für ihre Straßen das Aufkommen aus der Kraftfahrzeugsteuer zur Verfügung (↑Finanzsystem der Bundesrepublik Deutschland S. 298), das nach den Gesetzen über den ↑Finanzausgleich (S. 300) in unterschiedlicher Höhe auch für den Straßenbau der Gemeinden in Anspruch genommen wird. Die Gemeinden und Kreise erhalten Zuwendungen des Bundes für den Ausbau von Ortsdurchfahrten der Bundesstraßen und von Zubringerstraßen, Bundesfinanzhilfen nach dem Gemeindeverkehrsfinanzierungsgesetz aus einem ebenfalls zweckgebundenen Anteil des Mineralölsteueraufkommens und Bedarfs- und Schlüsselzuweisungen des Landes nach Maßgabe der Finanzausgleichsgesetze. Für den Neubau von Ortsstraßen erheben die Gemeinden Erschließungsbeiträge (↑Erschließung von Grundstücken S. 518).

K. Kodal, Straßenrecht, 3. Aufl., München 1978, S. 658 ff.
R. Bartlsperger, Kommentar zum Bonner Grundgesetz (Bonner Kommentar), Art. 90 GG, Rdnr. 77.

Bedarfsplanung für den Ausbau der Bundesfernstraßen

Einteilung des Bundesgebietes in 79 statistische Raumeinheiten als Grundlage für regionale Entwicklungsprognosen.
Regionale Prognose der für die Verkehrserzeugung maßgebenden Strukturdaten (Bevölkerung, Arbeitsplätze, Wirtschaftsstruktur, PKW-Bestand, Brutto-Inlands-Produkt) für jede Raumeinheit.

Verkehrsprognose
Prognose des künftigen Verkehrsaufkommens (Zieljahr 1990), getrennt nach Personen- und Güterverkehr, ausgehend von rd. 3000 Verkehrszellen, mit Hilfe von Modellen über den Zusammenhang von Raumstruktur und Verkehr (Modellprognose).

Prognose der künftigen Verkehrsmengen auf den vorhandenen Straßen aufgrund einer Trendberechnung aus den in Verkehrszählungen ermittelten Straßenverkehrsmengen (Trendprognose).

Verteilung der prognostizierten Fahrten auf die verschiedenen Verkehrsträger.
Verteilung der prognostizierten Fahrten auf den Verkehr innerhalb und außerhalb jeder Verkehrszelle und zu außerhalb liegenden Zielen einschl. grenzüberschreitender Verkehr.

Aufnahme des vorhandenen Bundesfernstraßennetzes nach Bauzustand, verkehrlicher Leistungsfähigkeit und Verbindungsqualität (Reisezeiten).

Umlegung der Fahrten auf das Netz aus vorhandenen und ggfs. geplanten Bundesfernstraßen und wichtigen anderen Straßen (Netzmodell)
Ergebnis: Verkehrsmengen je Straßenabschnitt

Festlegung von Qualitäts-Niveaus für die verschiedenen Verbindungskategorien unter Beachtung der finanziellen Bedingungen.

Ermittlung des Erschließungsbedarfs zurückgebliebener Gebiete und des Verbindungsbedarfs zentraler Orte.

Ermittlung des Ausbaubedarfs durch Vergleich von Verkehrsangebot (Leistungsfähigkeit und Qualität der vorhandenen Straßen) mit der Verkehrsnachfrage (Verkehrsmengen und anzustrebende Verbindungsqualitäten).
Konzeption von Ausbau-Maßnahmen.

Dringlichkeitsreihung der Maßnahmen anhand einheitlicher, objektiver Maßstäbe.

Bedarfsplan

Straßenverkehrsordnung – Verkehrspolizei

Wie sich der Teilnehmer am Straßenverkehr zu verhalten hat, ist im wesentlichen in der Straßenverkehrsordnung (StVO) geregelt. Ihre Vorschriften beziehen sich nur auf den öffentlichen Verkehrsraum, nicht auf Verkehr innerhalb privater Grundstücke. Sie richten sich an alle Verkehrsteilnehmer, auch an Fußgänger. § 1 Abs. 1 StVO verlangt bei der Teilnahme am Straßenverkehr ständige Vorsicht und gegenseitige Rücksichtnahme. Es wird ein aufmerksames und defensives Verkehrsverhalten gefordert. Nach § 1 Abs. 2 StVO hat sich jeder Verkehrsteilnehmer so zu verhalten, daß kein anderer geschädigt, gefährdet oder mehr als nach den Umständen unvermeidbar behindert oder belästigt wird. Dieser Grundgedanke durchzieht die gesamte StVO.

Für die Durchführung der StVO sind primär die *Straßenverkehrsbehörden* zuständig. Sie entscheiden z. B., ob und wo Verkehrsschilder und Verkehrseinrichtungen (z. B. Ampeln) anzubringen oder zu entfernen sind. Die Ausführung dieser Entscheidungen ist Sache der *Straßenbaubehörden* (↑Straßenverwaltung S. 488). Aufgabe der *Verkehrspolizei* ist es dagegen, den Verkehr im Einzelfall zu regeln und bei Gefahr im Verzug die notwendigen Maßnahmen zu treffen, um Sicherheit und Ordnung aufrechtzuerhalten. Zu den Aufgaben der uniformierten Beamten des Polizeivollzugsdienstes gehört neben der Verkehrsüberwachung und der Verhinderung von Verkehrsdelikten auch eine große Anzahl präventiver Tätigkeiten erzieherischer und planender Art (Verkehrserziehung, Verkehrsaufklärung, Erfassung des Verkehrsverhaltens, Beratung von Straßenverkehrsbehörden und Straßenbaubehörden u. a.).

Breiten Raum nimmt die polizeiliche Verfolgung von *Straßenverkehrsdelikten* ein. Hierbei handelt es sich um die Ahndung bestimmter Verhaltensweisen im Straßenverkehr, die andere verletzen oder gefährden können oder der Ordnung des Verkehrs zuwiderlaufen. Häufig sind es fahrlässig begangene Gefährdungsdelikte. Die schweren Straßenverkehrsdelikte sind kriminelles Unrecht (↑Strafrecht S. 220), die leichteren ↑Ordnungswidrigkeiten (S. 230). Nicht zu den Straßenverkehrsdelikten im eigentlichen Sinne gehört die *Verkehrsunfallflucht* des § 142 Strafgesetzbuch (StGB). Geschützt wird hier das Feststellungsinteresse, das der Geschädigte hat, die Person des Unfallgegners zu kennen. Praktisch am wichtigsten ist der Komplex *„Trunkenheit am Steuer“*, mit dem sich die §§ 315c Abs. 1 Nr. 1 a und 316 StGB sowie § 24 a Straßenverkehrsgesetz (StVG) befassen. Im ersten Fall geht es darum, daß durch alkoholbedingte Verkehrsuntüchtigkeit eine konkrete Gefahr für Leib oder Leben eines anderen oder für Sachen von bedeutendem Wert herbeigeführt worden ist; im zweiten Falle genügt es, daß der Fahrer nicht in der Lage ist, sein Fahrzeug sicher zu führen. Ab einer Blutalkoholkonzentration von 1,3 Promille ist die Fahruntüchtigkeit absolut (wird also unwiderleglich vermutet), bei geringeren Werten muß dem Fahrer seine relative Fahruntüchtigkeit nachgewiesen werden. Im Gegensatz zu diesen beiden Vergehenstatbeständen bestraft § 24 a StVG bereits das Erreichen der 0,8 Promille-Grenze als Ordnungswidrigkeit. Bei Verstoß gegen die §§ 315 c, 316 StGB hat der Verkehrssünder Geld- oder Freiheitsstrafe und den Entzug der Fahrerlaubnis zu gewärtigen, im Falle des § 24 a StVG legt ihm die Verwaltungsbehörde ein Bußgeld bis zu DM 3000,– und bis zu drei Monate Fahrverbot auf. Bei der Masse der Straßenverkehrsdelikte handelt es sich um Verstöße gegen Straßenverkehrsvorschriften, die in leichteren Fällen mit (meist kostenpflichtiger) Verwarnung, im übrigen aber mit Geldbußen geahndet werden. Bei groben oder beharrlichen Verstößen gegen die Pflichten eines Fahrzeugführers kann allerdings auch hier u. U. ein Fahrverbot von bis zu drei Monaten ausgesprochen werden (§ 25 StVG). Schwere Straßenverkehrsdelikte werden im *Straßenverkehrszentralregister* in Flensburg registriert. War das Delikt ein Vergehen im Sinne des StGB, so erfolgt zusätzlich eine Registrierung im *Bundeszentralregister*.

H. Jagusch, Straßenverkehrsrecht, 23. Aufl., München 1977.
E. Rasch, Polizei und Polizeiorganisation, Stuttgart 1977.
K. Händel, Rechtsregeln für den Straßenverkehr, 2. Aufl., München 1976.

Gefahrzeichen

Gefahrzeichen mahnen, sich auf die angekündigte Gefahr einzurichten. Sie stehen außerhalb geschlossener Ortschaften, wenn nichts anderes angegeben, ca. 150 m vor der Gefahrenstelle.

Steinschlag

Ufer

Bewegliche Brücke

Vorschriftzeichen

Vorschriftzeichen enthalten Ge- oder Verbote. Auch Schilder und Markierungen auf der Straßenoberfläche sind Vorschriftzeichen.

Vorfahrt gewähren!

Haltestelle für Straßenbahn

Gebot für Fußgänger

Richtzeichen

Richtzeichen geben besondere Hinweise zur Erleichterung des Verkehrs. Sie können auch Anordnungen enthalten.

Vorfahrtstraße

Vorrang vor dem Gegenverkehr

Wegweiser zu innerörtlichen Zielen

Zulassung und Überwachung von Kraftfahrzeugen

Die Zulassung und Überwachung von Kraftfahrzeugen ist in § 1 Straßenverkehrsgesetz und den §§ 16 ff. Straßenverkehrszulassungsordnung (StVZO) geregelt. Zweck dieser Vorschriften ist die Gewährleistung von Verkehrssicherheit und statistischer Erfassung des Kraftfahrzeugbestandes. Zulassungspflichtig sind grundsätzlich alle Kraftfahrzeuge mit bauartbestimmter Höchstgeschwindigkeit von mehr als sechs km/h und ihre Anhänger. Zulassungsfrei sind Kraftfahrzeuge für den Verkehr auf Privatgelände, zu dem die Öffentlichkeit keinen unkontrollierten Zugang hat. Keiner Zulassung bedürfen die in § 18 Abs. 3 StVZO bestimmten Ausnahmen wie z. B. Fahrräder mit Hilfsmotoren.

Die Zulassung besteht aus der Erteilung der Betriebserlaubnis und der Zuteilung eines amtlichen Kennzeichens. Die *Betriebserlaubnis* wird erteilt für das gesamte Fahrzeug oder für einzelne Fahrzeugteile. Im allgemeinen erhält sie bereits der Hersteller für einen bestimmten Fahrzeugtyp (Allgemeine Betriebserlaubnis). Zu ihrem Nachweis dient der *Kraftfahrzeugbrief*. Gehört ein Fahrzeug zu keinem genehmigten Typ, so muß eine Einzelbetriebserlaubnis eingeholt werden. Fahrten ohne Betriebserlaubnis können zum Zweck amtlicher Prüfung, zur Erprobung durch den Hersteller oder zur Überführung von Kraftfahrzeugen vorgenommen werden. Hier tritt an die Stelle der Betriebserlaubnis die vorläufige Zuteilung eines roten Nummernschildes. Eine einmal erteilte Betriebserlaubnis bleibt grundsätzlich bis zur Außerbetriebsetzung des Fahrzeuges gültig.

Die Zuteilung eines *amtlichen Kennzeichens* erfolgt auf schriftlichen Antrag des Fahrzeughalters, der dazu folgende Dokumente vorlegen muß: Kraftfahrzeugbrief, Nachweis der Kraftfahrzeug-↑Haftpflichtversicherung (S. 502), Paß oder Personalausweis oder gegebenenfalls polizeiliche Anmeldung und bei Änderung des amtlichen Kennzeichens, z. B. wegen Standortwechsels, zusätzlich die alten Nummernschilder zum Zwecke der Entstempelung. Der Zuteilung eines amtlichen Kennzeichens bedarf es nicht bei den in § 18 Abs. 2 StVZO bestimmten Ausnahmen (z. B. Kleinkrafträdern bis zu 50 ccm und 40 km/h bauartbedingter Höchstgeschwindigkeit). Der Nachweis über die Gültigkeit der Zulassung wird durch den *Kraftfahrzeugschein* geführt, in den Fällen des § 18 Abs. 2 StVZO durch den Nachweis der Betriebserlaubnis. Zuständig für die Erteilung der Allgemeinen Betriebserlaubnis ist das *Kraftfahrt-Bundesamt*. Das Zulassungsverfahren liegt in den Händen der Zulassungstelle, im allgemeinen der Ordnungsbehörde eines Stadt- oder Landkreises. Örtlich zuständig ist die Verwaltungsbehörde, in deren Bereich das Kraftfahrzeug seinen regelmäßigen Standort hat.

Die Überwachung von Kraftfahrzeugen und Anhängern hinsichtlich ihrer Betriebssicherheit erfolgt – abgesehen von den Maßnahmen der Polizei im Rahmen der Verkehrsüberwachung – durch den Technischen Überwachungsverein (TÜV, ↑Technische Prüf- und Überwachungsdienste S. 554). Grundsätzlich muß jedes Fahrzeug alle 24 Monate zur Hauptuntersuchung beim *TÜV* vorfahren. Dort wird seine Verkehrs- und Betriebssicherheit nach den Vorschriften der StVZO überprüft. Die vom TÜV ausgegebene Prüfplakette wird zwei Monate nach dem auf ihr angegebenen Datum ungültig. Bei Lastkraftwagen, Mietwagen u. ä. ist die Hauptuntersuchung alle zwölf Monate fällig, zusätzlich nach sechs Monaten eine Zwischenuntersuchung. Werden Mängel festgestellt, wird eine Frist zu ihrer Behebung gesetzt und während dieser Zeit der Betrieb des Kraftfahrzeuges eventuell untersagt. Bei einer endgültigen Untersagung des Betriebes hat der Fahrzeughalter unverzüglich das amtliche Kennzeichen entstempeln zu lassen und den Kraftfahrzeugschein zurückzugeben. Zuwiderhandlungen gegen die Zulassungsvorschriften werden als ↑Ordnungswidrigkeiten (S. 230) geahndet.

H. Jagusch, Straßenverkehrsrecht, 23. Aufl., München 1977.
W. Weigelt, Kraftverkehrsrecht von A–Z, Loseblatt, Berlin 1977.

Zulassung von Kraftfahrzeugen

Gesetzliche Vorschriften: § 1 Straßenverkehrsgesetz, §§ 16 ff StVZO

	Erteilung der Betriebserlaubnis	Zuteilung des amtlichen Kennzeichens
I Gesetzliche Vorschriften	§§ 19-22 StVZO	§ 23 StVZO
II Zweck	Untersuchung auf Übereinstimmung mit den Sicherheitsvorschriften der StVZO	Registrierung (Überwachung und Statistik)
III Erteilung	bei Serienherstellung durch Prüfung des Typs	durch Abstempelung des Kennzeichens
IV Ende der Gültigkeit	1. Ausdrücklicher Entzug, § 17 2. Länger als ein Jahr außer Betrieb, § 27 V 3. Verkehrsgefährdende Änderungen, § 19	durch Entstempelung

Die Zulassung ist mit der Abstempelung abgeschlossen. Sie erlischt automatisch bei Eintreten eines der unter IV genannten Umstände.

Fahrzeughaltung – Haftung und Haftpflichtversicherung

Die *Haftung* bei Verkehrsunfällen richtet sich nach den §§ 7ff. Straßenverkehrsgesetz (StVG) und den §§ 823ff. Bürgerliches Gesetzbuch (BGB). Der *Halter* eines Kraftfahrzeuges mit bauartbedingter Höchstgeschwindigkeit von mehr als 20 km/h haftet grundsätzlich bereits dann, wenn bei dessen Betrieb Menschen oder Sachen zu Schaden kommen (Gefährdungshaftung – § 7 StVG). Der *Fahrer* haftet nur, wenn er den Unfall zumindest fahrlässig verursacht hat (Verschuldenshaftung – § 18 StVG, §§ 823ff. BGB).

Halter ist, wer das Fahrzeug regelmäßig für eigene Rechnung in Gebrauch und Verfügungsgewalt darüber hat, also im allgemeinen derjenige, auf den es zugelassen ist. Die Haltereigenschaft erlischt grundsätzlich, wenn das Fahrzeug gegen den Willen des Halters benutzt wird, es sei denn, er habe es unterlassen, sein Kraftfahrzeug gehörig gegen die Benutzung durch Unbefugte zu sichern. Die Haftung des Halters greift ausnahmsweise nicht ein, wenn dieser nachweist, daß ein unabwendbares Ereignis vorlag, der Unfall also auch bei Anwendung aller erdenklichen Sorgfalt nicht zu vermeiden und nicht fahrzeugtechnisch bedingt war. Die Halterhaftung schützt nicht Fahrer und Mitfahrer, es sei denn, diese würden gewerbsmäßig befördert. Sie ist summenmäßig begrenzt, bei Tod bzw. Verletzung auf DM 250000,– bzw. DM 15000,– jährliche Rente, bei Sachschäden auf DM 50000,–.

Diese und weitere Beschränkungen gelten nicht für den *Fahrer* des Unfallfahrzeuges, wenn ihm nachgewiesen wird, daß er den Unfall verschuldet hat. In diesem Fall hat der Geschädigte auch einen Anspruch auf Schmerzensgeld. Er muß sich aber auch hier ein eventuelles Mitverschulden anrechnen lassen. Bei Zusammenstößen zwischen Kraftfahrzeugen wirkt sich u. U. auch beim schuldlosen Unfallgegner sein sog. mitwirkendes Betriebsrisiko anspruchsmindernd aus, wenn der Unfall für ihn nicht unvermeidbar war.

Das Haftungsrisiko wird im wesentlichen durch die *Kraftfahrzeughaftpflichtversicherung* abgedeckt. Nach dem Pflichtversicherungsgesetz sind grundsätzlich alle Halter von Kraftfahrzeugen (mit Ausnahme der öffentlichen Hand) verpflichtet, eine Haftpflichtversicherung für sich, den Eigentümer und den Fahrer abzuschließen, wenn es sich um ein Kfz mit bauartbedingter Höchstgeschwindigkeit von mehr als 6 km/h oder einen zulassungspflichtigen Anhänger handelt. Die ↑Zulassung von Kraftfahrzeugen (S. 500) erfolgt nur bei Nachweis der Versicherung durch Vorlage einer sog. Deckungskarte. Des weiteren besteht für die (in der Regel privaten) Versicherer ein Kontrahierungszwang: Im allgemeinen muß dem Antrag auf Abschluß einer Pflichtversicherung entsprochen werden.

Wegen eines Schadens kann sich der Geschädigte direkt an den Versicherer wenden. Um Schäden abzudecken, bei denen der Schädiger unbekannt oder ohne Versicherung ist, wurde der sog. „Entschädigungsfonds für Schäden aus Kraftfahrzeugunfällen" des Vereins für Verkehrsopferhilfe e. V. in Hamburg errichtet. Seine freiwilligen Leistungen, die denen der Pflichtversicherung entsprechen, werden durch Beiträge der privaten Versicherungen finanziert. Auf den Anspruch des Geschädigten gegen den Versicherer ist ohne Einfluß, ob der Versicherte seinen Obliegenheiten zuwidergehandelt hat. In diesem Fall kann aber der Versicherer beim Versicherten Regreß nehmen. Solche Obliegenheitsverletzungen sind namentlich Trunkenheit am Steuer, erkennbare technische Mängel am Fahrzeug, die den Unfall mitverursachten, aber auch die Abgabe eines Schuldanerkenntnisses nach einem Unfall.

Für den Umfang der Versicherung bestehen Mindestsätze: DM 500000,– Deckungssumme für Personenschäden, DM 100000,– für Sachschäden. In ihrer Tarifgestaltung sind die Versicherer nicht frei: Tariferhöhungen müssen vom Bundesverkehrsministerium genehmigt werden.

H. Jagusch, Straßenverkehrsrecht, 23. Aufl., München 1977.
R. Geigel/R. Geigel, Der Haftpflichtprozeß, 16. Aufl., München 1976.

Ansprüche auf Ersatz von Sachschäden an privat genutzten Personenkraftfahrzeugen

<table>
<tr><th></th><th>bei Abrechnung
auf Reparaturkostenbasis</th><th>bei Abrechnung
auf Totalschadenbasis</th></tr>
<tr><td>I. Fahrzeug-bezogener Schaden</td><td>1.) Reparaturkosten +
2.) Merkantiler Minderwert
abzüglich Wertsteigerung durch Reparatur („neu für alt“)</td><td>Wiederbeschaffungswert
abzüglich Wert des Unfallfahrzeugs</td></tr>
<tr><td rowspan="2">II. Mietwagen/ Nutzungsentschädigung</td><td>für Reparaturzeit</td><td>für Wiederbeschaffungszeit</td></tr>
<tr><td colspan="2">entweder: Mietwagenkosten abzüglich Eigenersparnis (ca. DM –,20 pro gefahrenem Kilometer) zuzüglich Kosten für Mietausfall- und Kaskoversicherung (diese nur dann vollständig, wenn der Unfallwagen kaskoversichert war)
oder: Nutzungsentschädigung (je nach Wagentyp zwischen DM 8,– und DM 42,– pro Tag)
wenn bei einer Fahrzeugreparatur I und II über 30% über dem entsprechenden Betrag bei Abrechnung auf Totalschadensbasis liegen: Pflicht auf dieser Basis abzurechnen, wenn kein besonderes Reparaturinteresse besteht.
Prognostikrisiko für die Schadenshöhe trägt der Schädiger</td></tr>
<tr><td rowspan="2">III. Sonstiges</td><td colspan="2">Abschleppkosten,
Unkostenpauschale (DM 20.–)
Kosten für Sachverständigengutachten</td></tr>
<tr><td>Reparaturkredit, wenn in Anspruch genommen (regelmäßig nur die banküblichen Zinsen)</td><td>Neuanschaffungskredit, wenn in Anspruch genommen (regelmäßig nur die banküblichen Zinsen)
Kosten für Abmeldung und Neuzulassung (pauschaliert auf DM 50.–)</td></tr>
</table>

Raumordnung und Fachplanung

Der Begriff der Raumordnung bezeichnet die räumliche Verteilung von Wohnungen, Arbeitsstätten, Freizeiträumen, von wirtschaftlichen, kulturellen und sozialen Einrichtungen in einem Gebiet. Die Raumordnung ist in der Bundesrepublik Gegenstand der Raumordnungspolitik, die sich zum Ziel setzt, in der ganzen Bundesrepublik gleichwertige Lebensverhältnisse und eine menschenwürdige Umwelt zu schaffen. Notwendig wurde sie durch den raschen Wandel im gesellschaftlichen und wirtschaftlichen Bereich, der zur Zersiedelung der Landschaft, Entleerung agrarischer Gebiete, zu einer Verdichtung von Industrie- und Bevölkerungsgebieten bei gleichzeitigem Einwohnerschwund in den Innenstädten geführt hat. Die negativen Folgen waren Umweltverschmutzung (↑Umweltschutz, S. 430), Wohn- und Verkehrsprobleme in den Stadtregionen und Verödung ehemals landwirtschaftlich genutzter Gebiete (↑Natur- und Landschaftsschutz, S. 436). Raumordnung wird in der Bundesrepublik auf Bundes-, Landes-, Regional- und Gemeindeebene betrieben. Sie umfaßt auf jeder politischen Ebene über die Fachressorts hinwegreichende Leitvorstellungen über die räumliche Ordnung (Querschnittsplanung), deren Konkretheitsgrad in Richtung der Gemeinden zunimmt. Der wechselseitigen Abhängigkeit dieser Planungsebenen voneinander trägt § 1 Abs. 4 Raumordnungsgesetz (RaumOG) Rechnung. Danach soll sich die Ordnung der Einzelräume in die Ordnung des Gesamtraumes einfügen und umgekehrt die Ordnung des Gesamtraumes die Gegebenheiten und Erfordernisse seiner Einzelräume berücksichtigen (Gegenstromprinzip). Der Bund besitzt nach Art. 75 Nr. 4 Grundgesetz die Kompetenz, Rahmenvorschriften für die Raumordnung zu erlassen, die er in dem 1965 verabschiedeten RaumOG niedergelegt hat. Die in diesem Gesetz aufgeführten Raumordnungsgrundsätze wurden in den Landesplanungsgesetzen ergänzt. Auf Bundesebene wurde von der Ministerkonferenz für Raumordnung (Konferenz der zuständigen Ressortminister von Bund und Ländern) 1975 ein Bundesraumordnungsprogramm beschlossen, das Angaben über die Verteilung raumwirksamer Bundesmittel enthält, Räume mit Zuwanderungsdruck ausweist, sowie vor allem die Bundesrepublik in 38 funktional abgegrenzte Gebietseinheiten aufteilt, um einen räumlichen Bezugsrahmen für die Ermittlung und Analyse raumrelevanter Sachverhalte zu erhalten. Realisiert wird die Raumordnung im Rahmen einer Vielzahl von Fachplanungen und -maßnahmen, wie z. B. Bundes- und Landesstraßenbau, Krankenhausplanung.

Raumordnung stellt damit im wesentlichen einen Prozeß der Koordination zwischen raumordnerischen Leitvorstellungen und raumrelevanten Aspekten der jeweiligen Fachplanungen dar. Im Unterschied zur Raumordnung ist Fachplanung jedoch ressortorientiert und entscheidet damit weniger nach räumlichen als nach funktionalen Gesichtspunkten (so kann z. B. unter dem Gesichtspunkt der Fachplanung die Stillegung einer Eisenbahnstrecke sinnvoll sein, obwohl der Aspekt der Raumordnung gerade eine solche Stillegung verbieten müßte). Damit besteht ein großes Problem der Raumordnung in der Durchsetzung gegenüber den Fachplanungsträgern. Die Koordination der Fachplanungen erfolgt auf Bundesebene neben der Bindung an die Raumordnungsgrundsätze vor allem durch die Abstimmung im Interministeriellen Ausschuß für Raumordnung (IMARO), dem Vertreter der mit raumordnungsplanerischen Maßnahmen besonders befaßten Ministerien (Landwirtschaft, Verkehr, Wirtschaft, Städtebau) angehören. In den Ländern koordinieren die Fachressorts ihre Planungen durch Einvernehmen mit der obersten Landesplanungsbehörde. Grundsätzlich haben nach § 5 Abs. 4 RaumOG die Behörden des Bundes, der Länder, der Gemeinden und die anderen öffentlichen Planungsträger die Ziele der Raumordnung zu beachten. Darüber hinaus enthalten viele Fachplanungsgesetze sog. Raumordnungsklauseln, die eine Bindung der Fachplanung an die Ziele der Raumordnung verlangen.

U. Brösse, Raumordnungspolitik als integrierte Entwicklungspolitik, Göttingen 1975.
D. Molter, Raumordnung und Finanzplanung, Baden-Baden 1975.

Raumordnung und Fachplanung

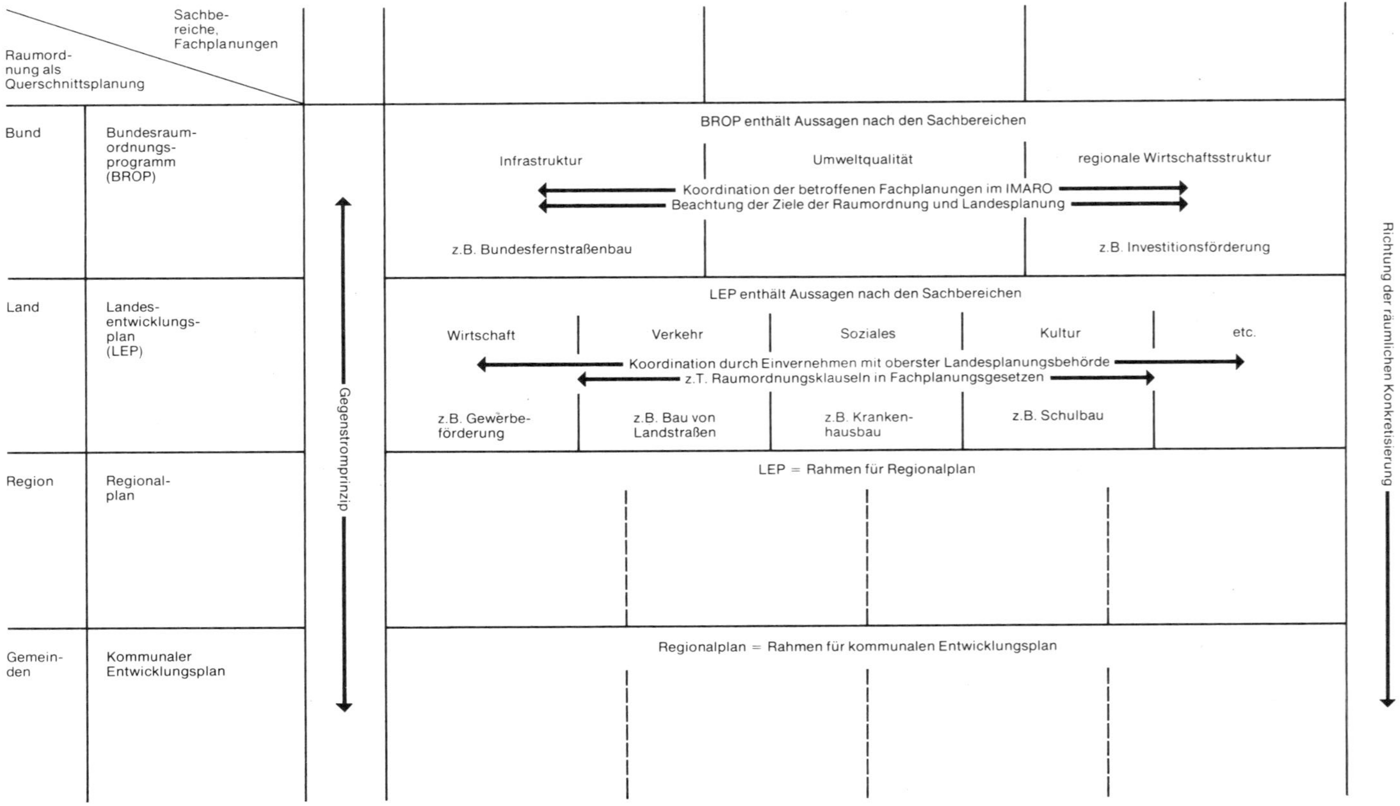

Landes- und Regionalplanung

Gegenstand der *Landesplanung* ist die überörtliche und zusammenfassende Planung für eine den sozialen, kulturellen und wirtschaftlichen Erfordernissen der Zukunft entsprechende Raumordnung eines Bundeslandes (↑Raumordnung und Fachplanung, S. 504). Als Teil der Landesplanung stellt die Regionalplanung die Planungsebene zwischen den Gemeinden und der Landesplanung dar. Sie hat die Aufgabe, die Vorgaben der Landesplanung zu konkretisieren. Ressortmäßig ist die Landesplanung in den Bundesländern unterschiedlich verankert: In Baden-Württemberg und Niedersachsen beim Innenminister, in Bayern beim Staatsminister für Landesentwicklung und Umweltfragen, in Hessen, Nordrhein-Westfalen, Rheinland-Pfalz und Schleswig-Holstein beim Ministerpräsidenten (Staatskanzlei) und im Saarland beim Minister für Umwelt, Raumordnung und Bauwesen. Träger der Regionalplanung sind entweder das Land selbst (in Schleswig-Holstein, Niedersachsen und Saarland) oder regionale Planungsverbände als Körperschaften des öffentlichen Rechts. In den Stadtstaaten Hamburg, Bremen und Berlin ersetzt nach § 5 Abs. 1 S. 5 Raumordnungsgesetz (RaumOG) ein Flächennutzungsplan nach § 5 Bundesbaugesetz (BBauG) die Landesplanung.

Die *Regionalplanung* ist in den Bundesländern unterschiedlich organisiert. In Baden-Württemberg sind durch das Regionalverbandsgesetz von 1971 (an Stelle von 19 regionalen Planungsgemeinschaften) 11 Regionalverbände mit Verbandsversammlung und Verbandsvorsitzendem als Organen gebildet worden. Die Mitglieder der Verbandsversammlung werden mittelbar von den Kreistagen und den Gemeinderäten der Stadtkreise gewählt, sind jedoch nicht weisungsgebunden. Der Verbandsvorsitzende wird mit einer Ausnahme aus der Mitte der Verbandsversammlung gewählt. Ihm ist als ständiger Vertreter ein hauptamtlicher Verbandsdirektor zugeordnet. Obwohl der Bund für viele raumbedeutsame Fachplanungen zuständig ist (z. B. Ausbau der Bundesfern- und -wasserstraßen) und vor allem im Rahmen der allgemeinen Wirtschaftspolitik die Raumordnung beeinflußt (im Rechnungsjahr 1969/70 gab der Bund 40,3 Mrd. raumwirksame Mittel aus), bleibt nach § 5 Abs. 1 RaumOG die Aufstellung verbindlicher Raumordnungsprogramme den Ländern vorbehalten. Die Ziele der Raumordnung sind von allen öffentlichen Planungsträgern, in der Regel auch vom Bund, zu beachten. Der Landesplanung ist lediglich eine Reihe von Raumordnungsgrundsätzen vorgegeben, die jedoch ohne nähere Konkretisierung kaum zu verwirklichen sind. Das 1975 von der Ministerkonferenz für Raumordnung erlassene Bundesraumordnungsprogramm ist für die Länder nur dann verbindlich, wenn es nach dem jeweiligen Landesrecht „transformiert" wird. Auch die Gemeinden haben sich gem. § 1 Abs. 4 Bundesbaugesetz (BBauG) bei der Aufstellung von Bauleitplänen den Zielen der Raumordnung und Landesplanung anzupassen.

Wichtigstes Instrument der Landes- und Regionalplanung ist die Festlegung von räumlichen Nutzungsmöglichkeiten bzw. -beschränkungen. Zu diesem Zweck werden Entwicklungsachsen und Zentrale Orte ausgewiesen. Die *Zentralen Orte* (Ober-, Mittel-, Unter- und Kleinzentren) übernehmen als Versorgungskern über ihren eigenen Bedarf hinaus Aufgaben für die Bevölkerung des Verflechtungsbereichs. *Entwicklungsachsen* sind durch die Konzentration von Infrastruktur, Wohn- und Arbeitsstätten gekennzeichnet. Ziel der Raumordnung ist es, in diesen Gebieten durch Verdichtung eine kostengünstige Ausnutzung der öffentlichen Einrichtungen zu erreichen, einer Zersiedelung entgegenzuwirken sowie Freiräume zwischen den Entwicklungsachsen zu erhalten. Zur Erreichung dieses Ziels wird versucht, die raumwirksamen Investitionen und die staatlichen Zuschüsse für Private gemäß den Zielen der Raumordnung zu steuern.

J. Schulz zur Wiesch, Regionalplanung in Hessen, Stuttgart u. a. 1977.
F. Wagener, Ziele der Raumordnung nach Plänen der Länder, Bonn-Bad Godesberg 1972.

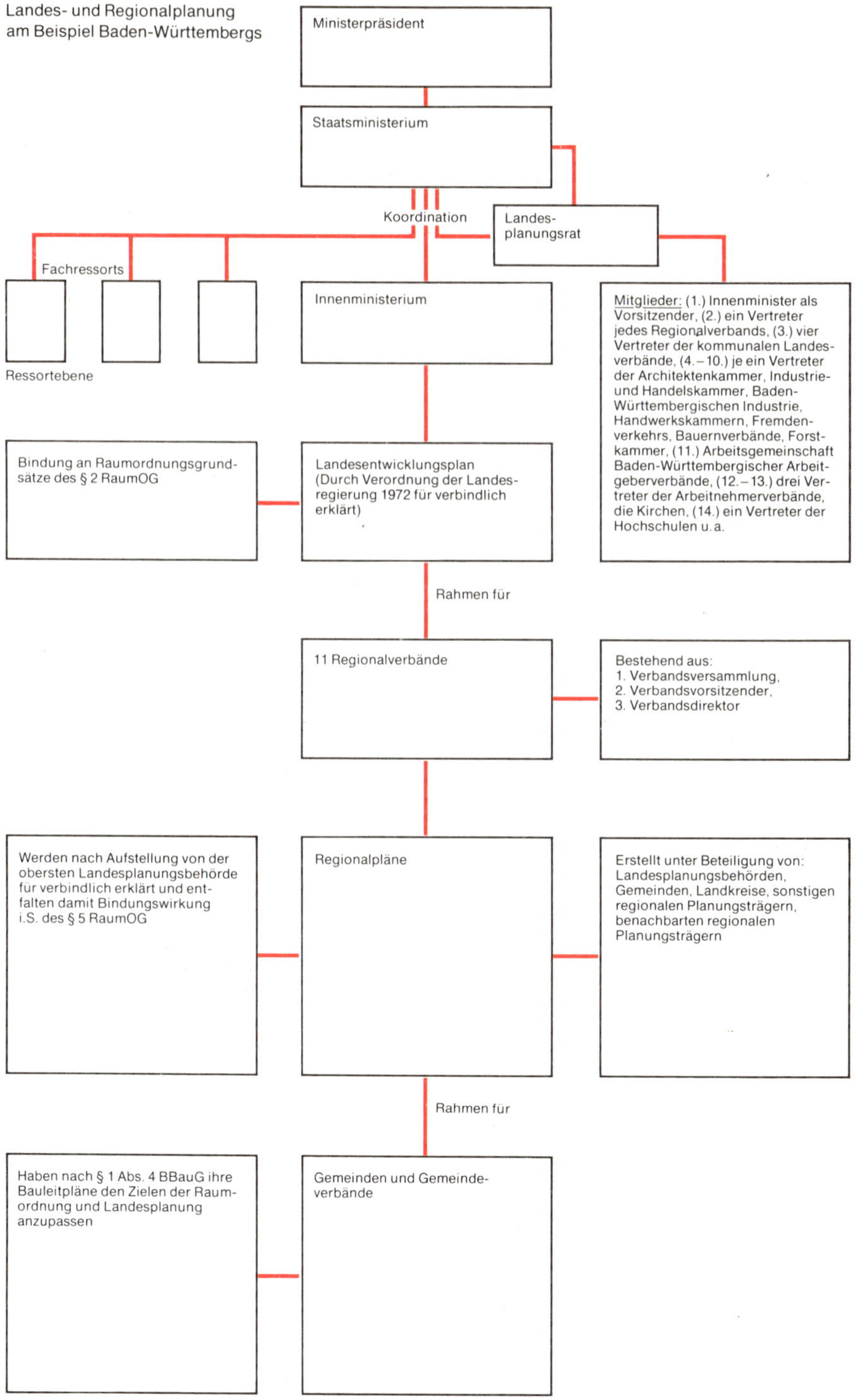
Landes- und Regionalplanung am Beispiel Baden-Württembergs
Ministerpräsident
Staatsministerium
Koordination
Landesplanungsrat
Fachressorts
Ressortebene
Innenministerium
Mitglieder: (1.) Innenminister als Vorsitzender, (2.) ein Vertreter jedes Regionalverbands, (3.) vier Vertreter der kommunalen Landesverbände, (4.–10.) je ein Vertreter der Architektenkammer, Industrie- und Handelskammer, Baden-Württembergischen Industrie, Handwerkskammern, Fremdenverkehrs, Bauernverbände, Forstkammer, (11.) Arbeitsgemeinschaft Baden-Württembergischer Arbeitgeberverbände, (12.–13.) drei Vertreter der Arbeitnehmerverbände, die Kirchen, (14.) ein Vertreter der Hochschulen u.a.
Bindung an Raumordnungsgrundsätze des § 2 RaumOG
Landesentwicklungsplan (Durch Verordnung der Landesregierung 1972 für verbindlich erklärt)
Rahmen für
11 Regionalverbände
Bestehend aus:
1. Verbandsversammlung,
2. Verbandsvorsitzender,
3. Verbandsdirektor
Werden nach Aufstellung von der obersten Landesplanungsbehörde für verbindlich erklärt und entfalten damit Bindungswirkung i.S. des § 5 RaumOG
Regionalpläne
Erstellt unter Beteiligung von: Landesplanungsbehörden, Gemeinden, Landkreise, sonstigen regionalen Planungsträgern, benachbarten regionalen Planungsträgern
Rahmen für
Haben nach § 1 Abs. 4 BBauG ihre Bauleitpläne den Zielen der Raumordnung und Landesplanung anzupassen
Gemeinden und Gemeindeverbände

Baurecht

Die Einflußnahme des Staates auf die bauliche Nutzung von Grundstücken erfolgt im wesentlichen durch das öffentliche Baurecht. Daneben können sich Inhalt und Schranken der baulichen Nutzbarkeit eines Grundstücks auch aus anderen Verwaltungsrechtsmaterien ergeben (z. B. Vorschriften des ↑Naturschutzes S. 436 und des ↑Denkmalschutzes S. 434, straßenrechtliche Bestimmungen über den Anbau an Bundesautobahnen und Bundesstraßen). Durch die Errichtung und die Unterhaltung einer baulichen Anlage können schließlich auch private Interessen von Grundstücksnachbarn betroffen werden. Insofern kann eine bauliche Grundstücksnutzung den privatrechtlichen Nachbarrechtsvorschriften des Bürgerlichen Gesetzbuchs und der ergänzenden Nachbarrechtsgesetze der Bundesländer unterworfen sein. Es gibt daher auch privates Bau(nachbar)recht. Demgegenüber regelt das öffentliche Baurecht die bauliche Grundstücksnutzung aus der Sicht des öffentlichen Interesses, z. T. ebenfalls mit nachbarschützender Funktion (↑Baunachbarrecht S. 524).

Das öffentliche Baurecht kollidiert mit dem Recht des einzelnen, Grundstücke auch baulich frei zu nutzen. Dieses Recht ist im Grunde durch das allgemeine Grundrecht der persönlichen Freiheit gewährleistet (↑Persönlichkeitsrecht S. 124). Für Grundeigentümer und Inhaber sonstiger Rechte an Grundstücken stellt sich die bauliche Nutzung als Ausfluß der grundrechtlichen Eigentumsgarantie nach Art. 14 Grundgesetz (GG) dar (↑Eigentum und Enteignung S. 146). Aus dem Grundrechtsschutz von Freiheit und Eigentum des Staatsbürgers ergibt sich danach auch der *Grundsatz der Baufreiheit*. Dieser hat jedoch dort seine Grenze, wo das Interesse der Allgemeinheit an einer angemessenen Gestaltung der Wohn-, Umwelt- und Lebensverhältnisse Einschränkungen der persönlichen Freiheit erfordert. Der verfassungsrechtliche Maßstab für die dadurch notwendigen Eingriffe in die private Eigentumssphäre ist die *Sozialbindung des Eigentums* nach Art. 14 Abs. 2 GG. Die Vorschriften des öffentlichen Baurechts füllen diese Bindung des Eigentums aus. Sie sind in der Regel gesetzliche Inhalts- und Schrankenbestimmungen des Eigentums nach Art. 14 Abs. 1 Satz 2 GG. Erweisen sich baurechtliche Vorschriften oder Maßnahmen dagegen als Enteignung im Sinne von Art. 14 Abs. 3 GG, so entstehen Entschädigungsansprüche der Betroffenen (↑Eigentum und Enteignung S. 146). Die Einhaltung der die Baufreiheit einschränkenden Vorschriften gewährleistet der Gesetzgeber dadurch, daß er Bauvorhaben grundsätzlich einer Genehmigungspflicht unterwirft (↑Baugenehmigung und Bauüberwachung S. 522).

Das Baurecht gliedert sich im wesentlichen in das Bauordnungsrecht und in das Bauplanungsrecht. Das *Bauordnungsrecht* ist aus der polizeilichen Gefahrenabwehr zur Aufrechterhaltung der öffentlichen Sicherheit und Ordnung im Zusammenhang mit baulichen Anlagen entstanden und wird daher zum Teil noch als Baupolizeirecht bezeichnet (↑Polizeiorganisation S. 528). Es ist heute in den Landesbauordnungen enthalten und regelt die Eigenschaften und Nachbarbeziehungen eines Grundstücks, die Anforderungen baukonstruktiver, baugestalterischer und bauwirtschaftlicher Art an Bauwerke und Baustoffe, das Baugenehmigungsverfahren und die Ordnung des Bauvorgangs sowie die Pflicht zur ordnungsmäßigen Unterhaltung von Bauwerken. Das *Bauplanungsrecht* ist das Recht der ↑Bauleitplanung (S. 510) nach dem Bundesbaugesetz. Dieses stellt den Gemeinden die Aufgabe, die bauliche und sonstige Nutzung der Grundstücke durch Bauleitpläne vorzubereiten und zu leiten. Der tatsächlichen Verwirklichung des Bauplanungsrechts dient die ↑Bodenordnung (S. 514). Sie erfüllt für das Baurecht eine Hilfsfunktion. Besondere bauplanungs- und bodenrechtliche Regelungen enthält das ↑Städtebauförderungsgesetz (S. 520). Es ermöglicht städtebauliche Sanierungs- und Entwicklungsmaßnahmen.

K. H. Friauf, Baurecht und Raumordnung, in: von Münch (Hrsg.), Besonderes Verwaltungsrecht, 4. Aufl., Berlin u. a. 1976, S. 431 ff.

W. Ernst/W. Hoppe, Das öffentliche Bau- und Bodenrecht, Raumplanungsrecht, München 1978.

Die bundesstaatliche Einteilung des Baurechts

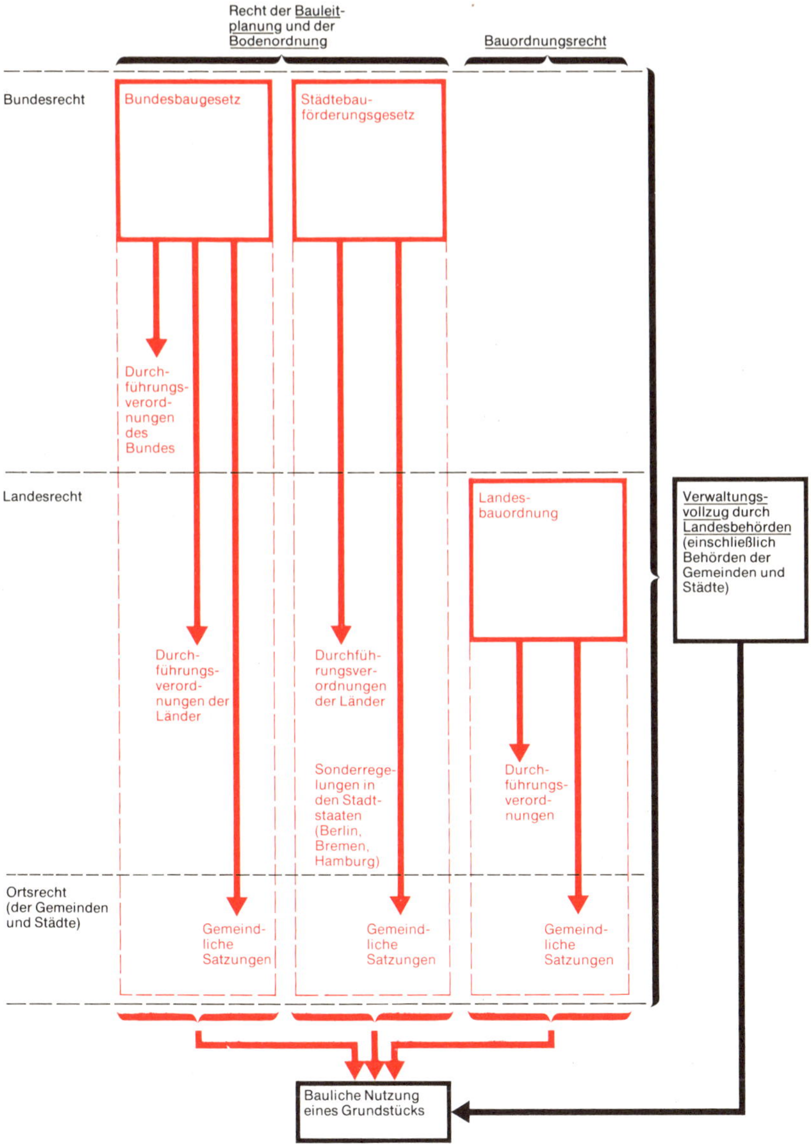

Bauleitplanung

Die Bauleitplanung der Gemeinden dient dazu, die städtebauliche Entwicklung in Stadt und Land zu ordnen. Sie wird auf der Grundlage des Bundesbaugesetzes (BBauG) von den Gemeinden in eigener Verantwortung (↑Kommunale Selbstverwaltung S. 102) im Rahmen der öffentlichen Ordnung (↑Raumordnung und Fachplanung S. 504, ↑Landes- und Regionalplanung S. 506) durchgeführt. Sie wahrt grundsätzlich das Prinzip der Baufreiheit (↑Baurecht S. 508) und der freien Nutzung des Eigentums. Inhalt und Schranken des Grundeigentums werden aber in der Weise bestimmt, daß die Grundstücksnutzung planmäßig im Sinne der rechtsverbindlichen städtebaulichen Ordnung sein muß.

Die Bauleitplanung ist zweistufig aufgebaut. Die vorbereitende Bauleitplanung erfolgt im *Flächennutzungsplan*. In diesem ist für das ganze Gemeindegebiet die beabsichtigte Art der Bodennutzung nach den voraussehbaren Bedürfnissen der Gemeinde in den Grundzügen darzustellen (z. B. Bauflächen und Baugebiete, Gemeinbedarf für öffentliche Gebäude und Einrichtungen, Verkehrsflächen, Grünflächen, Sportplätze, landwirtschaftliche Flächen). Der Flächennutzungsplan hat noch keine unmittelbare Rechtswirkung nach außen. Die rechtsverbindlichen Festsetzungen für die städtebauliche Ordnung enthält erst der ↑*Bebauungsplan* (S. 512). Ein Bebauungsplan, der allein oder gemeinsam mit sonstigen baurechtlichen Vorschriften genaue Festsetzungen über die Art und das Maß der baulichen Nutzung, über die überbaubaren Grundstücksflächen und über die örtlichen Verkehrsflächen enthält, gilt als *qualifizierter Bebauungsplan*. Nach dem Stand der Bauleitplanung unterscheidet das BBauG drei Grundtatbestände, nach denen sich die planungsrechtliche Zulässigkeit von Vorhaben beurteilt:

Im Geltungsbereich eines qualifizierten Bebauungsplanes ist ein Vorhaben zulässig, wenn es den Festsetzungen des Planes nicht widerspricht und die Erschließung gesichert ist. In den im Zusammenhang bebauten Ortsteilen, die nicht durch einen qualifizierten Bebauungsplan beplant sind, ist ein Vorhaben zulässig, wenn gesetzlich genannte öffentliche Belange (§ 34 BBauG) nicht entgegenstehen. Man faßt beide Tatbestände unter dem Begriff des *Innenbereichs* zusammen. Demgegenüber zählen zum *Außenbereich* diejenigen Grundstücke, die außerhalb des räumlichen Geltungsbereichs eines qualifizierten Bebauungsplanes und außerhalb der im Zusammenhang bebauten Ortsteile liegen. Im Außenbereich ist ein Vorhaben nur zulässig, wenn es nach seiner Zweckbestimmung für den Außenbereich besonders qualifiziert ist (z. B. Jagdhütten, Bootshäuser, Schweinemästereien), öffentliche Belange nicht entgegenstehen und die ausreichende Erschließung gesichert ist. Sonstige Vorhaben können im Außenbereich zugelassen werden, wenn ihre Ausführung oder Benutzung öffentliche Belange nicht beeinträchtigt (z. B. die natürliche Eigenart der Landschaft). Dieser letzte Tatbestand ist vor allem für die Baugenehmigung von Wochenendhäusern bedeutsam.

Die Bauleitplanung hat die von ihr betroffenen öffentlichen und privaten Belange zu berücksichtigen. Dem dient ein förmliches Beteiligungs- und Anhörungsverfahren. Der Öffentlichkeit hat die Gemeinde schon vor einer förmlichen Plankonzeption Gelegenheit zur Äußerung und Erörterung zu geben (↑Bürgerbeteiligung S. 72). Über die Bauleitplanung beschließen die Gemeinderäte (Stadträte) durch Satzung. Zu ihrer Wirksamkeit bedarf sie der Genehmigung durch die staatliche Rechtsaufsichtsbehörde, die dabei auf eine rechtliche Überprüfung beschränkt ist. Der Bebauungsplan ist unter Wahrung des gemeindlichen Planungsermessens gerichtlich nachprüfbar.

U. Battis, Partizipation im Städtebaurecht, Berlin 1976.
Ernst/Hoppe, Das öffentliche Bau- und Bodenrecht, Raumplanungsrecht, München 1978.

Die Bauleitplanung nach dem Bundesbaugesetz (BBauG)

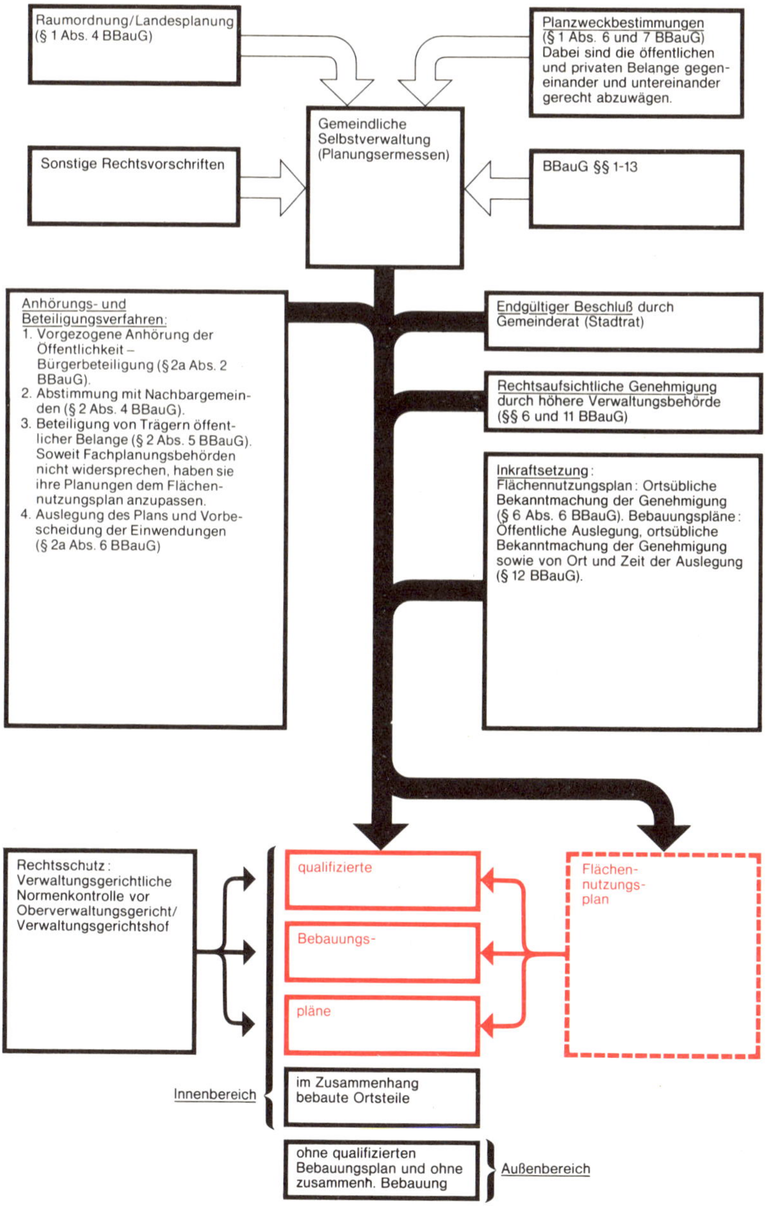

Bebauungsplan

Die Bauleitplanung (S. 510) geschieht nach Bundesbaugesetz (BBauG) durch einen vorbereitenden Flächennutzungsplan für das ganze Gemeindegebiet und auf der zweiten Stufe durch Bebauungspläne. Diese sind grundsätzlich aus dem Flächennutzungsplan zu entwickeln und enthalten die rechtsverbindlichen Festsetzungen für die städtebauliche Ordnung. Ein Bebauungsplan kann das ganze Gebiet einer Gemeinde umfassen oder nur Teile davon. Er bildet die planungsrechtliche Grundlage bei der Entscheidung über Baugenehmigungen (↑Baugenehmigung und Bauüberwachung S. 522) sowie für die weiteren zum Vollzug der Bauleitplanung erforderlichen Maßnahmen und Anordnungen (↑Bodenordnung S. 514, ↑Enteignungen im Zuge der Bauleitplanung und der Bodenordnung S. 516, ↑Erschließung von Grundstücken S. 518).

In den Bebauungsplänen weisen die Gemeinden, soweit es erforderlich ist, das Bauland aus und regeln hierfür die Art der baulichen Nutzung (z. B. reines Wohngebiet, Gewerbegebiet, Industriegebiet), deren Maß (z. B. Grundfläche, Geschoßfläche und Baumasse je Quadratmeter der Grundstücksfläche), die Bauweise (offene oder geschlossene Bauweise, d. h. mit oder ohne seitlichen Grenzabstand), die Mindestgröße der Baugrundstücke, die Höhenlage der baulichen Anlage, die Flächen für Stellplätze und Garagen sowie ihre Zufahrten und sonstige bauliche Bestimmungen für Grundstükke. Festsetzungen für andere Gebiete als das Bauland bewirken, daß jede Bebauung oder Bodennutzung ausgeschlossen ist, die nicht den festgesetzten Zwecken dient (z. B. Verkehrsflächen, Grünflächen, Parkanlagen, Kleingärten, Sport-, Spiel-, Zelt- und Badeplätze, Flächen für die Landwirtschaft). Die rechtliche Verbindlichkeit des Bebauungsplanes bedeutet zunächst nur, daß neue Vorhaben an die Festsetzungen des Bebauungsplans gebunden sind (Ordnungsplanung). Das BBauG ermächtigt aber nunmehr die Gemeinden entsprechend den Bebauungsplänen auch zur Anordnung von Baumaßnahmen, von Pflanz-, Nutzungs- und Abbruchgeboten sowie von Abbruchverboten (Entwicklungsplanung).

Das Verfahren bei der Aufstellung von Flächennutzungsplänen und Bebauungsplänen ist im wesentlichen gleich. Es hat Effektivität und Rechtsstaatlichkeit der Planung zu gewährleisten. Diesen Zwecken dienen die Anhörung der Öffentlichkeit (↑Bürgerbeteiligung S. 72), die Pflicht zur Anpassung der Bauleitpläne an die Ziele der Raumordnung und Landesplanung sowie an die Fachplanungen (z. B. für den Straßenbau), die Abstimmungspflicht benachbarter Gemeinden, die Beteiligung der Träger öffentlicher Belange, die einmonatige öffentliche Auslegung der Planentwürfe sowie die Prüfung der innerhalb der Auslegungsfrist vorgebrachten Bedenken und Anregungen. Der Bebauungsplan wird durch eine Satzung beschlossen und bedarf zur Wirksamkeit einer Genehmigung durch die staatliche Rechtsaufsicht. Der beschlossene und genehmigte Bebauungsplan ist anschließend von der Gemeinde mit Begründung öffentlich auszulegen. Die Genehmigung sowie Ort und Zeit der Auslegung sind ortsüblich bekanntzumachen. Mit der Bekanntmachung wird der Bebauungsplan rechtsverbindlich.

Bebauungspläne können enteignende Wirkung haben und begründen dann Entschädigungsansprüche der betroffenen Grundeigentümer (↑Enteignungen im Zuge der Bauleitplanung und der Bodenordnung S. 516). Ein Rechtsmittel unmittelbar gegen den Bebauungsplan steht den Eigentümern der betroffenen Grundstücke in Form der verwaltungsrechtlichen Normenkontrolle vor dem Oberverwaltungsgericht (Verwaltungsgerichtshof) zur Verfügung. Im übrigen können Bebauungspläne unbefristet einer mittelbaren gerichtlichen Kontrolle zugeführt werden, indem Klage gegen beschwerende Vollzugsakte erhoben wird (z. B. gegen die Ablehnung einer Baugenehmigung).

G. Pohl, Bauplanungsrecht, 1975.
Ernst/Hoppe, Das öffentliche Bau- und Bodenrecht, Raumplanungsrecht, München 1978.

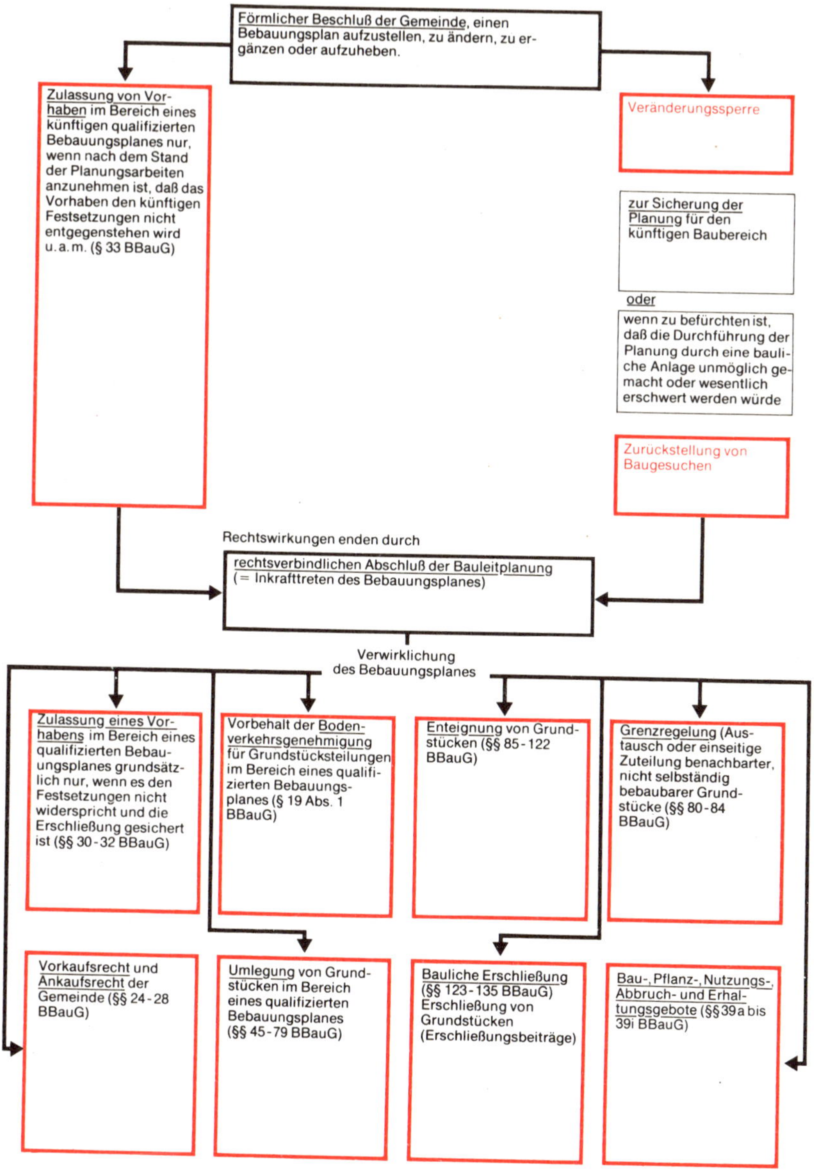
Förmlicher Beschluß der Gemeinde, einen Bebauungsplan aufzustellen, zu ändern, zu ergänzen oder aufzuheben.
Zulassung von Vorhaben im Bereich eines künftigen qualifizierten Bebauungsplanes nur, wenn nach dem Stand der Planungsarbeiten anzunehmen ist, daß das Vorhaben den künftigen Festsetzungen nicht entgegenstehen wird u. a. m. (§ 33 BBauG)
Veränderungssperre
zur Sicherung der Planung für den künftigen Baubereich
oder
wenn zu befürchten ist, daß die Durchführung der Planung durch eine bauliche Anlage unmöglich gemacht oder wesentlich erschwert werden würde
Zurückstellung von Baugesuchen
Rechtswirkungen enden durch
rechtsverbindlichen Abschluß der Bauleitplanung (= Inkrafttreten des Bebauungsplanes)
Verwirklichung des Bebauungsplanes
Zulassung eines Vorhabens im Bereich eines qualifizierten Bebauungsplanes grundsätzlich nur, wenn es den Festsetzungen nicht widerspricht und die Erschließung gesichert ist (§§ 30-32 BBauG)
Vorbehalt der Bodenverkehrsgenehmigung für Grundstücksteilungen im Bereich eines qualifizierten Bebauungsplanes (§ 19 Abs. 1 BBauG)
Enteignung von Grundstücken (§§ 85-122 BBauG)
Grenzregelung (Austausch oder einseitige Zuteilung benachbarter, nicht selbständig bebaubarer Grundstücke (§§ 80-84 BBauG)
Vorkaufsrecht und Ankaufsrecht der Gemeinde (§§ 24-28 BBauG)
Umlegung von Grundstücken im Bereich eines qualifizierten Bebauungsplanes (§§ 45-79 BBauG)
Bauliche Erschließung (§§ 123-135 BBauG) Erschließung von Grundstücken (Erschließungsbeiträge)
Bau-, Pflanz-, Nutzungs-, Abbruch- und Erhaltungsgebote (§§ 39a bis 39i BBauG)

Bodenordnung

Zum Bodenrecht im Sinne einer dem Bund nach Art. 74 Nr. 18 Grundgesetz eingeräumten ↑Gesetzgebungszuständigkeit (S. 76) gehören diejenigen Vorschriften, die den Grund und Boden unmittelbar zum Gegenstand rechtlicher Ordnung haben. Im Unterschied hierzu wird beim ↑Baurecht (S. 508) ein weitergehender Begriff der Bodenordnung verwendet. Hierzu zählen alle Vorschriften, die der Verwirklichung der städtebaulichen Ordnung nach dem Bundesbaugesetz (BBauG), vor allem der ↑Bauleitplanung (S. 510), sowie der Durchführung von Sanierungs- und Entwicklungsvorhaben nach dem ↑Städtebauförderungsgesetz, StBFG (S. 520) dienen. Den hierzu vorgesehenen Maßnahmen kommt die Aufgabe zu, Grundstücke so zu erhalten, zu ordnen und verfügbar zu machen, daß diese entsprechend den öffentlichen Belangen und den förmlich festgelegten städtebaulichen Plänen benutzt werden können. Zu diesem Zweck macht das BBauG Grundstücksteilungen und bestimmte Vorgänge des Grundstücksverkehrs von einer *Bodenverkehrsgenehmigung* abhängig. Der Sinn dieser Regelung ist, daß die ortsplanerischen Bemühungen um eine zweckmäßige sowie den sicherheitlichen und gesundheitlichen Anforderungen entsprechende Gestaltung der Grundstücke nicht durch Grundstücksteilungen vereitelt werden (Sicherungsfunktion). Im übrigen erfüllt die Bodenverkehrsgenehmigung hauptsächlich die Funktion, vor dem Erwerb eines Grundstücks zu schützen, dessen Bebauung später untersagt werden müßte (Schutzfunktion). In weitergehendem Maße bestimmt das StBFG hinsichtlich der förmlich beschlossenen Sanierungsgebiete und Entwicklungsbereiche eine besondere Genehmigungspflicht für Rechtsvorgänge über Eigentum und Besitz an Grundstücken (z. B. Grundstücksveräußerungen, Grundstücksmietverträge auf bestimmte Zeit von mehr als einem Jahr) und für gewisse Vorhaben (z. B. erhebliche Veränderungen der Erdoberfläche, Errichtung und Beseitigung genehmigungsbedürftiger baulicher Anlagen). Auf die Schaffung städtebaulich geeigneter Grundstücke sind das *Umlegungsverfahren* und die *Grenzregelung* nach dem BBauG gerichtet. Durch Umlegung können die Gemeinden auf der Grundlage ihrer Bebauungspläne bebaute und unbebaute Grundstücke in der Weise neu ordnen, daß nach Lage, Form und Größe für die bauliche oder sonstige Nutzung zweckmäßig gestaltete Grundstücke entstehen. Durch das Verfahren der Grenzregelung können Gemeinden im Geltungsbereich eines Bebauungsplanes oder innerhalb der im Zusammenhang bebauten Ortsteile Teile benachbarter Grundstücke gegeneinander austauschen oder einseitig zuteilen, um eine ordnungsmäßige Bebauung herbeizuführen oder baurechtswidrige Zustände zu beseitigen. Der endgültigen Baureife von Grundstücken dient deren gemeindliche ↑Erschließung (S. 518). Schließlich enthalten BBauG und StBFG Regelungen, nach denen die Gemeinden zum Zwecke der Realisierung von Bebauungsplänen sowie Sanierungs- und Entwicklungsvorhaben das Eigentum an Grundstücken sich selbst oder Bedarfs-, Sanierungs- und Entwicklungsträgern verschaffen können. Hierfür stehen die ↑Enteignung im Zuge der Bauleitplanung der Bodenordnung (S. 516), ein Vorkaufsrecht und ein Grunderwerbsrecht zur Verfügung.

Zur *Bodenordnung* zählt schließlich auch die Ordnung des *Baulandmarktes*. Dem dienen die behördliche Ermittlung von Grundstückswerten nach dem BBauG und die Einrichtung von Kaufpreissammlungen bei den Geschäftsstellen der Gutachterausschüsse sowie Regelungen zur Beschaffung von Grundstücken für bestimmte soziale Zwecke, z. B. für die Wohnungsbauförderung nach dem Ersten und Zweiten Wohnungsbaugesetz (↑Wohnungswirtschaft S. 412). Einen Druck auf die Baulandpreise und eine Erleichterung bei der gemeindlichen Finanzierung öffentlicher Einrichtungen erhofft man sich durch den sogenannten *Planungswertausgleich*. Dieser ist im StBFG bereits insoweit verwirklicht, als Wertsteigerungen infolge gemeindlicher Sanierungsmaßnahmen bei Enteignungsentschädigungen nicht berücksichtigt werden und Sanierungsgewinne als Ausgleichsbeträge an Gemeinden zu zahlen sind.

W. Ernst/W. Hoppe, Das öffentliche Bau- und Bodenrecht, Raumplanungsrecht, München 1978.

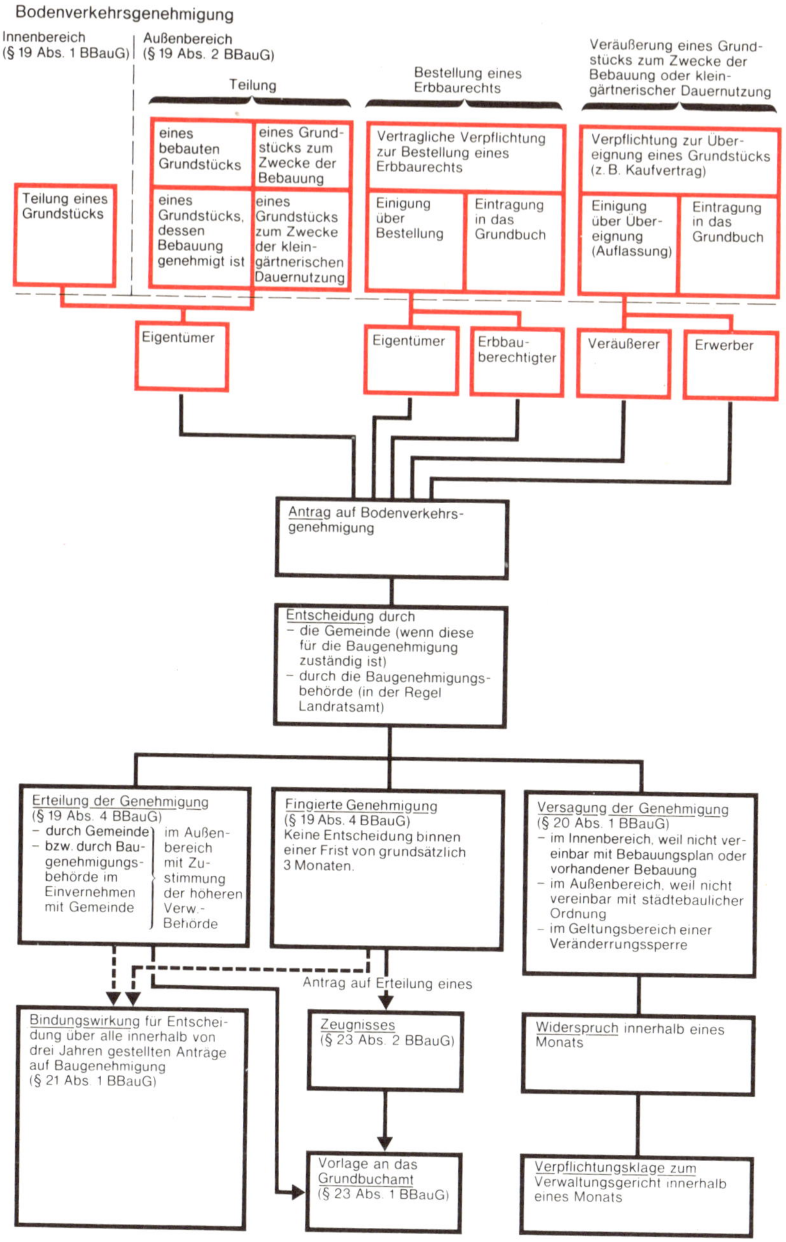
Bodenverkehrsgenehmigung
Innenbereich (§ 19 Abs. 1 BBauG)
Außenbereich (§ 19 Abs. 2 BBauG)
Teilung
Bestellung eines Erbbaurechts
Veräußerung eines Grundstücks zum Zwecke der Bebauung oder kleingärtnerischer Dauernutzung
Teilung eines Grundstücks
eines bebauten Grundstücks
eines Grundstücks zum Zwecke der Bebauung
eines Grundstücks, dessen Bebauung genehmigt ist
eines Grundstücks zum Zwecke der kleingärtnerischen Dauernutzung
Vertragliche Verpflichtung zur Bestellung eines Erbbaurechts
Einigung über Bestellung
Eintragung in das Grundbuch
Verpflichtung zur Übereignung eines Grundstücks (z. B. Kaufvertrag)
Einigung über Übereignung (Auflassung)
Eintragung in das Grundbuch
Eigentümer
Eigentümer
Erbbauberechtigter
Veräußerer
Erwerber
Antrag auf Bodenverkehrsgenehmigung
Entscheidung durch
– die Gemeinde (wenn diese für die Baugenehmigung zuständig ist)
– durch die Baugenehmigungsbehörde (in der Regel Landratsamt)
Erteilung der Genehmigung (§ 19 Abs. 4 BBauG)
– durch Gemeinde
– bzw. durch Baugenehmigungsbehörde im Einvernehmen mit Gemeinde
im Außenbereich mit Zustimmung der höheren Verw.-Behörde
Fingierte Genehmigung (§ 19 Abs. 4 BBauG)
Keine Entscheidung binnen einer Frist von grundsätzlich 3 Monaten.
Versagung der Genehmigung (§ 20 Abs. 1 BBauG)
– im Innenbereich, weil nicht vereinbar mit Bebauungsplan oder vorhandener Bebauung
– im Außenbereich, weil nicht vereinbar mit städtebaulicher Ordnung
– im Geltungsbereich einer Veränderungssperre
Antrag auf Erteilung eines
Bindungswirkung für Entscheidung über alle innerhalb von drei Jahren gestellten Anträge auf Baugenehmigung (§ 21 Abs. 1 BBauG)
Zeugnisses (§ 23 Abs. 2 BBauG)
Widerspruch innerhalb eines Monats
Vorlage an das Grundbuchamt (§ 23 Abs. 1 BBauG)
Verpflichtungsklage zum Verwaltungsgericht innerhalb eines Monats

Enteignungen im Zuge der Bauleitplanung und der Bodenordnung

Die ↑Bauleitplanung (S. 510) nach dem Bundesbaugesetz (BBauG) sowie die städtebaulichen Sanierungs- und Entwicklungsvorhaben nach dem ↑Städtebauförderungsgesetz, StBFG (S. 520) regeln verbindlich die bauliche u. sonstige Nutzung von Grundstücken und begründen damit auch den Verkehrswert eines Grundstücks. Deshalb sind ihnen durch die Garantie des Eigentums Grenzen und Bindungen auferlegt. Soweit die städtebauliche Planung und die zu ihrem Vollzug vorgesehenen Maßnahmen der ↑Bodenordnung (S. 514) über die Sozialbindung des Eigentums hinaus in vermögenswerte Rechte eingreifen, sind die Zulässigkeitsvoraussetzungen und Entschädigungsregelungen der Enteignung zu beachten (↑Eigentum und Enteignung S. 146).

Förmliche Enteignungsverfahren sind zur Verwirklichung von Bebauungsplänen (z. B. für Verkehrs- und Versorgungsflächen) zulässig, wenn sie das Wohl der Allgemeinheit erfordert und der Enteignungszweck auf andere zumutbare Weise nicht erreicht werden kann. Für den Entzug und die Belastung des Eigentums und anderer Rechte an Grundstücken ist nach dem BBauG erforderlich, daß die notwendigen Grundstücke nicht aus dem Grundbesitz der öffentlichen Hand und des Bedarfsträgers (z. B. bei Flächen für Wohnungsbau durch ein privates Wohnungsbauunternehmen) bereitgestellt werden können und daß der Bedarfsträger sich ernsthaft um den freihändigen Erwerb von Grundstücken bemüht hat. Zur Enteignung aus zwingenden städtebaulichen Gründen genügt der Nachweis, daß die Gemeinde sich um den freihändigen Erwerb des Grundstücks vergeblich bemüht hat. Bei der Enteignung für Zwecke der städtebaulichen Sanierung und Entwicklung nach dem StBFG gelten Verfahrenserleichterungen. Der Enteignungsbeschluß kann vom Betroffenen durch Antrag auf gerichtliche Entscheidung vor der Kammer für Baulandsachen beim örtlich zuständigen Landgericht sowie mit anschließender Berufung zum Oberlandesgericht (Senat für Baulandsachen) und mit Revision zum Bundesgerichtshof angefochten werden (↑Gerichtsorganisation S. 160, ↑Rechtsmittelverfahren S. 170). Derselbe Rechtsweg besteht für den Betroffenen bei einem Streit über die Höhe der Enteignungsentschädigung sowie für den Bedarfsträger, wenn dessen Antrag auf Enteignung eines Grundstücks abgelehnt wurde oder wenn ihm bei einer Enteignung die von ihm zu zahlende Entschädigung als zu hoch festgesetzt erscheint.

Bei der Bemessung der Enteignungsentschädigung folgen BBauG und StBFG grundsätzlich dem *Verkehrswertprinzip*. Die Entschädigung wird danach durch den Preis bestimmt, der im gewöhnlichen Geschäftsverkehr zu erzielen wäre. Maßgeblich ist grundsätzlich der Verkehrswert im Zeitpunkt des Enteignungsbeschlusses. Zu einer Ausnahme führt der als wesentlicher Bestandteil einer Bodenrechtsreform betrachtete *Planungswertausgleich* (↑Bodenordnung S. 514). Bereits nach dem StBFG werden Wertsteigerungen, die ein Grundstück durch gemeindliche Sanierungs- und Entwicklungsmaßnahmen erfährt, bei Enteignungsentschädigungen nicht berücksichtigt. Das BBauG wirkt durch besondere Vorschriften Spekulationsmöglichkeiten entgegen, die daraus entstehen, daß grundsätzlich auch solche Preissteigerungen für Grundstücke zu entschädigen sind, mit denen der Grundstücksmarkt auf städtebauliche Maßnahmen reagiert.

Enteignende Wirkung haben ausnahmsweise schon die ↑*Bebauungspläne* (S. 512) selbst, wenn sie einem Grundstück eine Nutzungsbeschränkung auferlegen, die gemessen an der konkreten Situation des Grundstücks über dessen Sozialbindung hinausgehen (z. B. Entzug der Baulandeigenschaft). Erfolgt eine planungsrechtliche Beschränkung der Grundstücksnutzung rechtswidrig, so ist der daraus unmittelbar entstehende Schaden stets als Entschädigung wegen enteignungsgleichen Eingriffs zu ersetzen (↑Staatshaftung und öffentlich-rechtliche Entschädigung S. 270).

W. Ernst/W. Hoppe, Das öffentliche Bau- und Bodenrecht, Raumplanungsrecht, München 1978.

Enteignende Maßnahmen nach dem Bundesbaugesetz (BBauG) und dem Städtebauförderungsgesetz (StBFG)

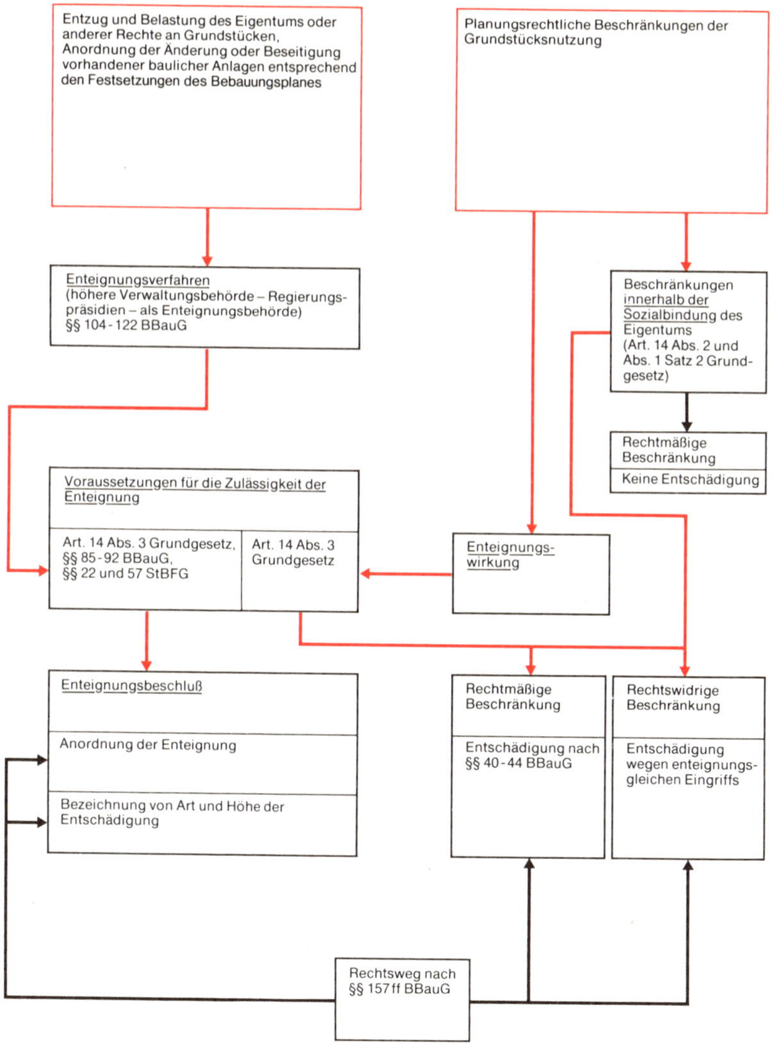

Erschließung von Grundstücken (Erschließungsbeiträge)

Die bauliche oder gewerbliche Nutzung eines Grundstücks hat zur Voraussetzung, daß dieses erschlossen, d. h. an das gemeindliche Verkehrs- und Versorgungsnetz angeschlossen ist. Zur *Erschließung* von Grundstücken sind die Herstellung, Erweiterung und Verbesserung folgender Anlagen zu zählen: Öffentliche Straßen sowie deren Anschluß an das überörtliche Verkehrsnetz, Anlagen zur Versorgung mit Wasser, Elektrizität, Gas und Wärme sowie Entwässerungsanlagen und Einrichtungen für die Müllabfuhr. Baugenehmigungen können ausnahmslos nur erteilt werden, wenn die ausreichende Erschließung des Baugrundstücks gesichert ist. Welche Erschließungsanlagen hierbei für ein konkretes Grundstück verlangt werden müssen, hängt von den Auswirkungen und Bedürfnissen des Bauvorhabens ab. Unabdingbar sind ein ausreichender Anschluß an das öffentliche Straßennetz, die Versorgung mit Strom, Trink- und Löschwasser sowie die unschädliche Beseitigung der Abwässer und Abfallstoffe. Nach den besonderen Verhältnissen kann die Erschließung auch durch private Anlagen gesichert sein (z. B. Brunnen, Grundstückskläranlagen).

Die Erschließung ist grundsätzlich Pflichtaufgabe der Gemeinden im Bereich der örtlichen Selbstverwaltung, auf deren Erfüllung allerdings, abgesehen von behördlichen Zusagen, kein Rechtsanspruch besteht. Durch sogenannte Erschließungs- oder Aufschließungsverträge kann die Erschließung auf Dritte übertragen werden (Privateigentümer, Baugesellschaften, Siedlungsträger, Energieversorgungsunternehmen). Die Gemeinden bleiben aber weiterhin Träger der *Erschließungslast* und müssen die Erschließung selbst durchführen, wenn der Dritte dazu nicht mehr gewillt oder in der Lage ist (z. B. wegen Konkurses). Eine Gemeinde ist nur dann von der Erschließungslast befreit, wenn diese nach gesetzlichen Vorschriften oder öffentlich-rechtlichen Verpflichtungen einem anderen obliegt (z. B. bezüglich der Ortsdurchfahrten von Bundes-, Landes- und Kreisstraßen). Die Erschließunglast endet mit der Herstellung der Erschließungsanlagen in dem durch gemeindliche Satzung festgelegten Ausbauzustand und, soweit erforderlich, mit der Widmung zum öffentlichen Gebrauch (z. B. bei öffentlichen Straßen).

Die Gemeinden erheben zum Ausgleich für den von ihnen erbrachten Erschließungsaufwand *Erschließungsbeiträge*. Diese sind von den Grundeigentümern nach dem Verhältnis der aus der Erschließung zugewachsenen Vorteile zu entrichten, führen aber zu keiner vollen Kostenerstattung für die Gemeinde. Ihre Berechnung erfolgt nach den Vorschriften des Bundesbaugesetzes in drei Stufen: Aus dem gesamten Erschließungsaufwand für eine Anlage ist zuerst der beitragsfähige Erschließungsaufwand zu ermitteln. Das ist derjenige Betrag, der erforderlich ist, um die baulich und gewerblich zu nutzenden Flächen entsprechend den baurechtlichen Vorschriften zu nutzen. Die Gemeinden haben hiervon mindestens 10% selbst zu tragen. In einem zweiten Schritt wird der verbleibende Betrag auf die durch die Anlage erschlossenen Grundstücke nach dem Verhältnis ihrer Erschließungsvorteile verteilt. Die Berechnung geschieht auf Grund der durch gemeindliche Satzung festgelegten Verteilungsmaßstäbe (Art und Maß der baulichen oder sonstigen Nutzung, Grundstücksflächen, Grundstücksbreite an der Erschließungsanlage). Eine Beitragspflicht entsteht jedoch für Grundstücke, für die durch den Bebauungsplan eine bauliche oder gewerbliche Nutzung festgelegt ist, nur dann, wenn sie bebaut oder gewerblich genutzt werden dürfen. Für andere Grundstücke entsteht eine Beitragspflicht erst, wenn sie nach der Verkehrsauffassung Bauland sind und nach der geordneten baulichen Entwicklung der Gemeinde zur Bebauung anstehen.

H. Schmidt, Handbuch des Erschließungsrechts, 4. Aufl., Köln u. a. 1976.
W. Ernst/W. Hoppe, Das öffentliche Bau- und Bodenrecht, Raumplanungsrecht, München 1978, § 12.

Erschließungslast und Erschließungsbeiträge nach dem Bundesbaugesetz (BBauG)

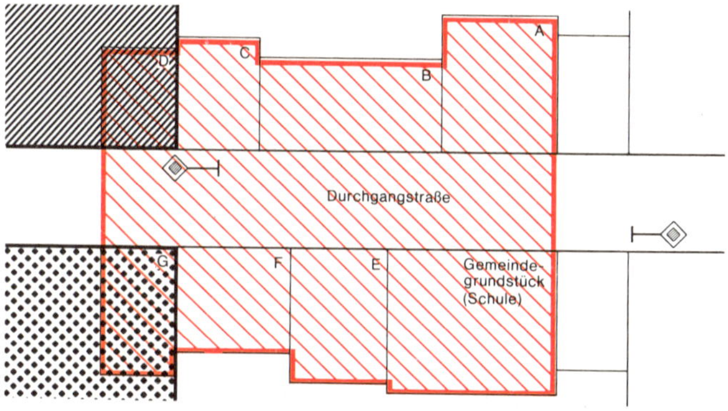

Erschließungsgebiet

Naturschutzgebiet mit Bauverbot (rechtlich unbebaubar)

Moor (tatsächlich unbebaubar)

I. <u>Erschließungsaufwand</u> (§ 128 BBauG)	160.000.- DM
II. <u>Beitragsfähiger Erschließungsaufwand</u> (§§ 129, 130 BBauG)	
1. Abzug vom Erschließungsaufwand im Sinne des § 128 BBauG (z. B. Mehrkosten für den Ausbau einer Durchgangsstraße)	– 60.000.- DM
	100.000.- DM
2. 10% Kostentragung durch Gemeinde (§ 129 Abs. 1 Satz 3 BBauG)	– 10.000.- DM
	90.000.- DM

III. Verteilung auf die erschlossenen Grundstücke nach deren Erschließungsvorteil (Art und Maß der baulichen oder sonstigen Nutzung, Grundstücksflächen, Grundstücksbreite an der Erschließungsanlage; §§ 131, 132 BBauG in Verbindung mit einer gemeindlichen Satzung):

IV. Beitragspflicht (§ 133 Abs. 1 BBauG)

	III.	IV.
A	14.000.- DM	14.000.- DM
B	15.000.- DM	15.000.- DM
C	10.000.- DM	10.000.- DM
D	8.000.- DM	(nicht beitragspflichtig)
Gemeinde (Schule)	20.000.- DM	20.000.- DM (Liegenschaftsetat)
E	11.000.- DM	11.000.- DM
F	12.000.- DM	12.000.- DM
G	(nicht erschlossen)	--------
	90.000.- DM	82.000.- DM

V. Erschließungslast der Gemeinde (Erschließungsetat)

1. nicht beitragsfähiger Erschließungsaufwand	60.000.- DM
2. 10% des beitragsfähigen Erschließungsaufwands	10.000.- DM
3. beitragsfähiger Erschließungsaufwand für das nicht beitragspflichtige Grundstück D	8.000.- DM
	78.000.- DM

Städtebauförderungsgesetz

Unter Städtebau ist die Zusammenfassung der Tätigkeit des Verwaltungsbeamten, des Technikers, des Künstlers, des Hygienikers und des Sozialökonomen zu verstehen, soweit sie darauf gerichtet ist, das Bauen, Wohnen und Wirtschaften von Menschen mit verschiedenen Bedürfnissen zu einem Ganzen zu vereinigen. Da die rechtlichen Möglichkeiten des Bundesbaugesetzes von 1960 (↑Bodenordnung S. 514) für städtebauliche Maßnahmen nicht ausreichend waren, soll in dessen Ergänzung das Städtebauförderungsgesetz (StBFG) die rechtlichen und die finanziellen Voraussetzungen schaffen, um städtebauliche Sanierungen und Entwicklungsmaßnahmen zu verwirklichen. Unter *Sanierungsmaßnahmen* sind die Behebung städtebaulicher Mißstände, insbesondere die Beseitigung ungesunder und unsozialer Arbeits- und Wohnverhältnisse in einem bestimmten Gebiet zu verstehen, sowie Ersatzbauten und Ersatzanlagen. *Entwicklungsmaßnahmen* gelten als städtebauliche Maßnahme dem Bau neuer Orte, der Entwicklung vorhandener Orte zu neuen Siedlungseinheiten oder der Erweiterung vorhandener Orte um neue Ortsteile. Die Sanierungs- und Entwicklungsmaßnahmen sollen dazu beitragen, daß die bauliche Struktur im gesamten Bundesgebiet nach sozialen, hygienischen, wirtschaftlichen und kulturellen Erfordernissen entwickelt und die Wirtschafts- und Agrarstruktur verbessert wird. Das StBFG versucht, eine Abwägung der gegensätzlichen Interessen der Betroffenen und grundsätzlich eine Erhaltung des Eigentums der bisherigen Eigentümer an ihren Grundstücken zu erreichen. Die Sanierung von Altstadtgebieten findet häufig unter erheblicher Diskussion in der Öffentlichkeit statt. Voraussetzung zur Sanierung eines bestimmten Stadtgebietes ist ein Beschluß der Gemeinde, der ein förmlich festgelegtes *Sanierungsgebiet* umgrenzt. Vor dieser förmlichen Festlegung hat die Gemeinde in einer vorbereitenden Untersuchung Beurteilungsunterlagen über die Notwendigkeit der Sanierung zu gewinnen. Der Beschluß über den Beginn der vorbereitenden Untersuchung ist ortsüblich bekanntzumachen. Da eine Sanierung unter möglichst weitgehender sinnvoller Beteiligung der Betroffenen stattfinden soll, soll die Gemeinde den Trägern öffentlicher Belange (z. B. Bürgerinitiativen) möglichst früh Gelegenheit zur Stellungnahme geben, wenn diese von der Sanierung betroffen sind. In dem daraufhin als Satzung ergehenden Festlegungsbeschluß werden alle im Sanierungsgebiet gelegenen Grundstücke genau bezeichnet. Das Grundbuchamt trägt bei den erfaßten Grundstücken einen Sanierungsvermerk ein. Mit der Festlegung tritt ein neuer Rechtszustand ein, insbesondere werden die Entschädigungsleistungen des Bundesbaugesetzes außer Kraft gesetzt, die Bindungswirkung einer Bebauungsgenehmigung entfällt, Umlegungs- und Enteignungsverfahren finden nach dem Sonderrecht des StBFG statt. Die Gemeinde hat die Verantwortung für die Durchführung der Sanierung, insbesondere für die Aufstellung eines *Sozialplanes*, in dem die Ergebnisse der Diskussion mit den Sanierungsbetroffenen festgehalten werden und der während der Sanierung ständig zu ergänzen ist. Der einzelne kann aus dem Sozialplan jedoch keine Rechtsansprüche herleiten. Weitere Pflichten sind die Kennzeichnung der Abbruchgebäude und der zu erhaltenden Baudenkmäler. Die Gemeinde hat andererseits erhebliche Rechte wie das Grunderwerbsrecht und das Recht zur Aufhebung von Miet- und Pachtverhältnissen. Das StBFG enthält besondere Vorschriften über die Enteignung: Enteignungs- und Entschädigungsverfahren werden getrennt. Neu ist insbesondere die Regelung des StBFG, bei der Bemessung der Ausgleichs- und Entschädigungsregelung solche Werterhöhungen unberücksichtigt zu lassen, die nur durch die Aussicht auf Sanierung entstanden sind und die der Betroffene nicht selbst bewirkt hat (Planungswertausgleich).

G. Graentzsch, Gesetz über städtebauliche Sanierungs- und Entwicklungsmaßnahmen in den Gemeinden – Städtebauförderungsgesetz, 2. Aufl., Siegburg 1972.
W. Bielenberg, Städtebauförderungsgesetz, München (Loseblatt).

Schema einer Stadtsanierung

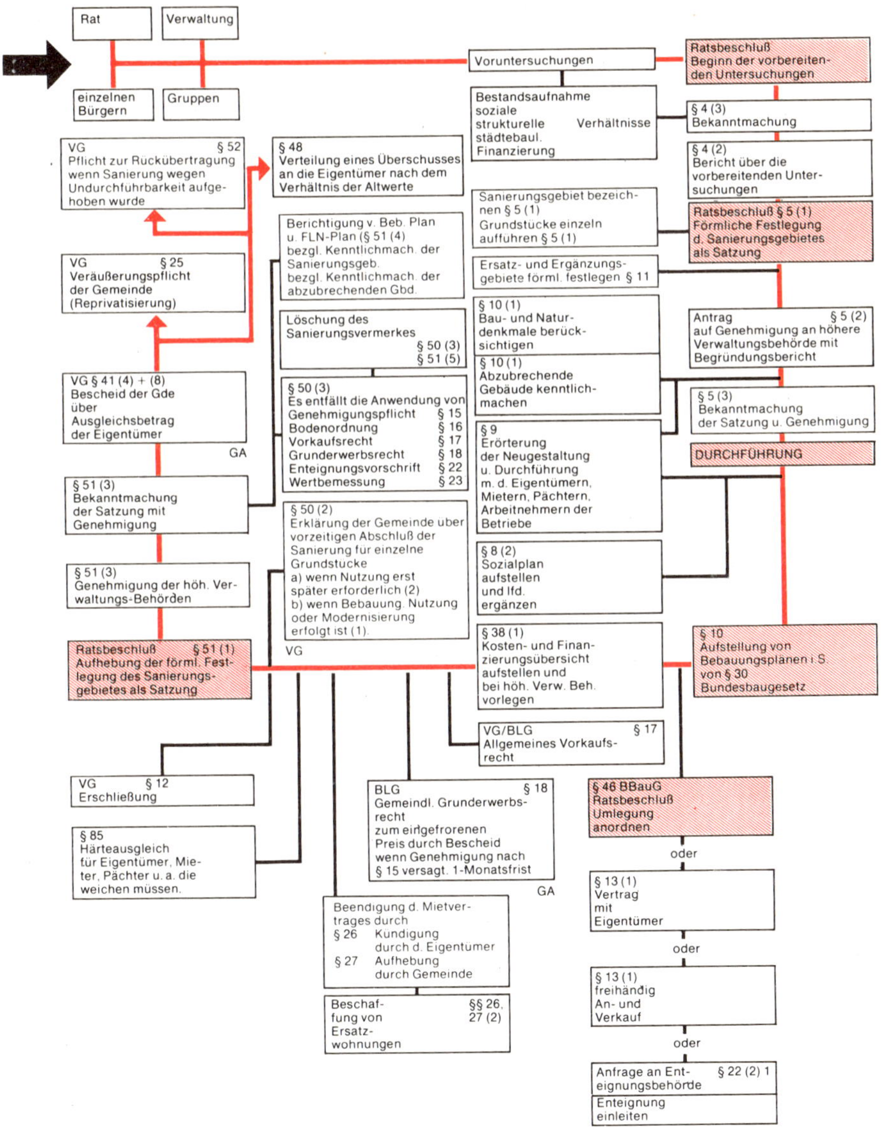

Baugenehmigung und Bauüberwachung

Die grundrechtlich gewährleistete Baufreiheit (↑Baurecht S. 508) unterliegt Inhalts- und Schrankenbestimmungen, die der Gesetzgeber in den Regelungen des Baurechts sowie in anderen öffentlich-rechtlichen Vorschriften festlegt. Um die Einhaltung aller öffentlich-rechtlichen Anordnungen für ein konkretes Bauvorhaben sicherzustellen, ist vor dessen Beginn grundsätzlich eine Baugenehmigung einzuholen. Die Genehmigungspflicht wirkt bis zur Erteilung der Genehmigung als formelles Bauverbot (präventives Verbot mit Erlaubnisvorbehalt, ↑Verwaltungshandeln S. 254. Die Baugenehmigung enthält die hoheitliche Erklärung, daß dem geplanten Vorhaben im Zeitpunkt der Entscheidung öffentliches Recht nicht entgegensteht. Soweit deshalb das Vorhaben öffentlich-rechtlichen Vorschriften entspricht, besteht ein Rechtsanspruch auf die Baugenehmigung. Abweichendes gilt dann, wenn eine Ausnahme oder Befreiung von baurechtlichen Bestimmungen erforderlich ist. Bei solchen *Baudispensen* handelt es sich um die Befreiung von materiellen Bauverboten, wofür die Verwaltung herkömmlich ein Ermessen beanspruchen kann (↑Rechtsgebundenheit der Verwaltung S. 256). Gegen die Versagung der Baugenehmigung kann der Bauwerber durch Klage beim Verwaltungsgericht die gerichtliche Verpflichtung der Baurechtsbehörde zur Baugenehmigung beantragen (↑Verwaltungsrechtsschutz S. 232).

Vielfach kann die öffentlich-rechtliche Unbedenklichkeit eines Bauvorhabens nur dadurch erklärt werden, daß die Baugenehmigung mit einschränkenden Nebenbestimmungen versehen wird. Hierzu dienen vor allem Bedingungen (z. B. Wirksamkeit der Baugenehmigung erst mit Vorlage eines statischen Nachweises) und Auflagen (z. B. Erhaltung der Grundstücksoberfläche im Interesse des Landschaftsbildes). Über einzelne, in der Baugenehmigung zu entscheidende Fragen (z. B. Bebaubarkeit des Grundstücks) kann schon vor Beantragung der Baugenehmigung ein *Vorbescheid* ergehen. Ebenso ist eine *Teilbaugenehmigung* möglich, mit der nach Einreichung eines Bauantrags Teile des Vorhabens schon vor der Baugenehmigung gestattet werden. Für bauliche Anlagen, die in gleicher Ausführung an mehreren Stellen errichtet werden sollen (z. B. Fertighäuser), kann im Bereich eines Bundeslandes eine *Typengenehmigung* erteilt werden.

Für das Genehmigungsverfahren ist grundsätzlich die Baurechtsbehörde zuständig (staatliches Landratsamt, kreisfreie Städte oder Stadtkreise, zum Teil auch Gemeinden einer bestimmten Größe sowie gemeindliche Verwaltungsgemeinschaften). Diese darf allerdings die Baugenehmigung vielfach nur im Einvernehmen oder mit Zustimmung anderer Behörden oder Hoheitsträger erteilen (z. B. der Straßenbaubehörde). Soweit neben der Baugenehmigung noch selbständige Genehmigungen erforderlich sind (z. B. beim ↑Natur- und Landschaftsschutz S. 436), ist die Baugenehmigung grundsätzlich erst nach Vorliegen dieser Genehmigungen zulässig. In einer immissionsschutzrechtlichen Genehmigung (↑Immissionsschutz S. 432) für umweltschädliche gewerbliche oder sonstige Anlagen sowie in Planfeststellungsbeschlüssen (z. B. ↑Planfeststellung für öffentliche Straßen S. 494) ist die Baugenehmigung eingeschlossen. Für eine ohne die erforderliche Baugenehmigung errichtete Anlage („Schwarzbau") hat die Baurechtsbehörde die nachträgliche Genehmigungsfähigkeit zu prüfen. Ist in diesem Falle eine Genehmigung nicht möglich, kann im öffentlichen Interesse der teilweise oder vollständige Abbruch angeordnet werden. Nach Erteilung der Baugenehmigung hat die Baurechtsbehörde sicherzustellen, daß die Anlage nicht von der Genehmigung abweicht. Diesem Zweck dient die *Bauüberwachung*. Sie umfaßt unter anderem grundsätzlich eine Rohbauabnahme und eine Schlußabnahme.

W. Ernst/W. Hoppe, Das öffentliche Bau- und Bodenrecht, Raumplanungsrecht, München 1978, § 19.

Das Baugenehmigungsverfahren

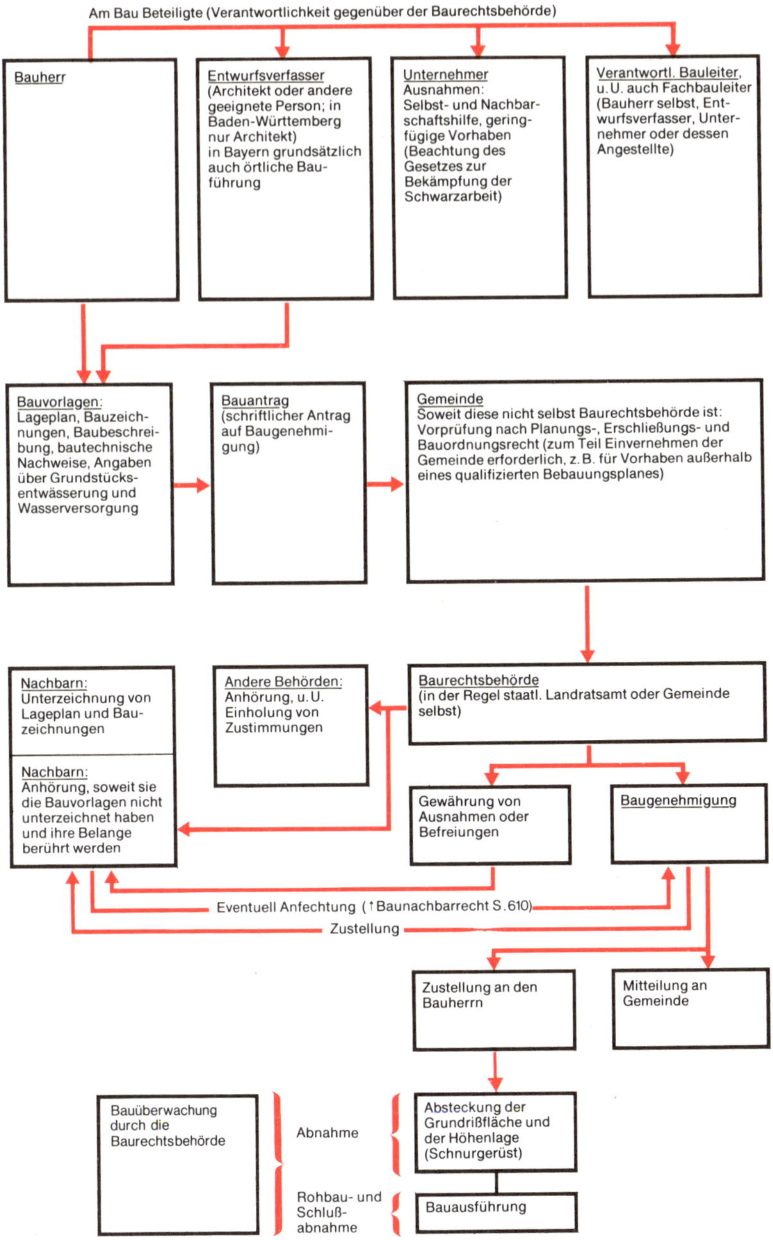

Baunachbarrecht

Das Nachbarrecht ordnet die Einfügung eines Grundstücks in die nachbarliche Gemeinschaft. Als Regelung des Grundeigentums von Privaten ist es traditioneller Bestandteil des Privatrechts. Die durch Bebauung entstehenden Rechtsbeziehungen zwischen Grundstücken bilden das Baunachbarrecht (z. B. Regelungen zum Überbau über die Grundstücksgrenze, zu Abstand und Höhe von Gebäuden). In diesem Bereich konnte die Ordnung der Nachbarrechtsverhältnisse nicht allein den beteiligten Nachbarn auf privater Ebene überlassen werden. Das öffentliche Interesse an der richtigen Bodennutzung führte dazu, daß seit dem neunzehnten Jahrhundert im Rahmen des ↑Baurechts (S. 508) ein umfangreiches *öffentliches Baunachbarrecht* entstand. Es ist auf die hoheitliche Reglementierung der Bodennutzung gerichtet und besteht aus bauordnungsrechtlichen Vorschriften der Landesbauordnungen (z. B. über Abstandsflächen, den Brand-, Schall- und Erschütterungsschutz) und dem Bauplanungsrecht nach dem Bundesbaugesetz, vor allem den Festsetzungen der gemeindlichen ↑Bebauungspläne (S. 512) über die Art der baulichen Nutzung (z. B. reine Wohngebiete, Gewerbegebiete, Industriegebiete). Bei einer Kollision mit privatem Nachbarrecht gebührt dem Baurecht der Vorrang. In diesem Falle werden für genehmigungspflichtige Vorhaben die Nachbarrechtsbeziehungen abschließend durch die ↑Baugenehmigung (S. 522) gestaltet. Besondere rechtsgeschäftliche, vor allem vertraglich begründete Nachbarrechtsverhältnisse bleiben allerdings wirksam, soweit sie dem Nachbarn eine bessere Rechtsstellung einräumen, als sie ihm nach öffentlichem Baunachbarrecht zusteht (z. B. Vertrag zwischen Nachbarn über einen größeren Grenzabstand oder eine geringere Gebäudehöhe). Die Baugenehmigung wird deshalb unbeschadet der Rechte Dritter erteilt. Das bedeutet, daß ein öffentlich-rechtlich genehmigtes Bauvorhaben unter Umständen von einem Nachbarn über den Rechtsweg vor den ordentlichen Gerichten verhindert werden kann.

Das öffentliche Baunachbarrecht schützt hingegen die nachbarlichen Belange durch Beteiligung der Nachbarn am Baugenehmigungsverfahren und durch verwaltungsgerichtlich durchsetzbare Nachbarrechtsansprüche (↑Verwaltungsrechtsschutz S. 232). Vor der Stellung eines Bauantrags hat der Bauwerber Lageplan und Bauzeichnungen seines Vorhabens den Nachbarn zur Unterschrift vorzulegen. Die vorbehaltslose Unterzeichnung der Bauvorlagen oder eine schriftliche Zustimmungserklärung wirkt als Verzicht des Nachbarn auf eine weitere Verfahrensbeteiligung und auf die Geltendmachung eventuell bestehender öffentlich-rechtlicher Nachbarschutzvorschriften. Ein vom Nachbarn gleichwohl in Anspruch genommener Verwaltungsrechtsschutz gegen die Baugenehmigung ist dann mangels eines Rechtsschutzbedürfnisses unzulässig. Fehlt die Zustimmung der Nachbarn, so ist die Baugenehmigung trotzdem zu erteilen, wenn das Bauvorhaben den öffentlich-rechtlichen Anforderungen entspricht. Die Gemeinde hat in diesem Falle die Nachbarn von dem Bauantrag zu benachrichtigen. Stimmt ein Nachbar dem Bauantrag nicht zu, so ist die Baugenehmigung auch ihm zuzustellen, um ihm die Gelegenheit für die Einlegung eines Rechtsmittels zu geben. Ein öffentlicher Nachbarrechtsschutz besteht allerdings nur insofern, als Vorschriften neben dem öffentlichen Interesse an einer ordnungsmäßigen Bebauung auch nachbarliche Belange schützen. Das ist im Bauordnungsrecht etwa der Fall bei den Bestimmungen über die Grenzabstände und den Brandschutz, nicht jedoch bei den gestalterischen Anforderungen und den Baubeschränkungen aufgrund des ↑Natur- und Landschaftsschutzes (S. 436). Auch das Bauplanungsrecht kann sich für nachbarliche Interessen, etwa bei der Festsetzung einer bestimmten Art baulicher Nutzung in Bebauungsplänen (z. B. von Wohngebieten) schützend auswirken.

R. Bartlsperger, Das Dilemma des baulichen Nachbarrechts, im Verwaltungsarchiv, Bd. 60 (1969), S. 35 ff.
W. Ernst/W. Hoppe, Das öffentliche Bau- und Bodenrecht, Raumplanungsrecht, München 1978, § 18.

Nachbarrechtsschutz gegen Bauvorhaben

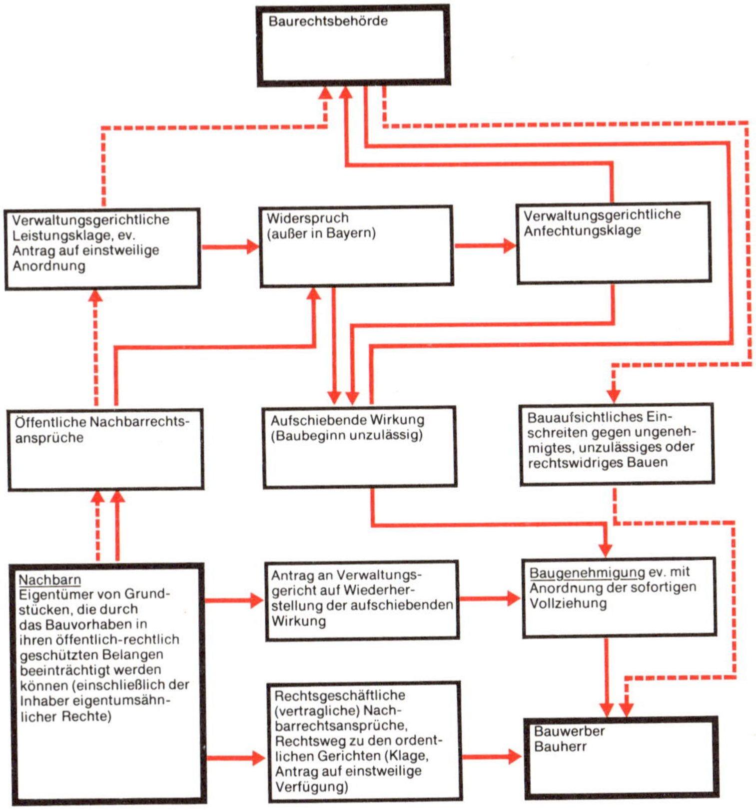

Garagen und Stellplätze

Der große Umfang des Kraftfahrzeugverkehrs verlangt, daß die öffentlichen Straßen möglichst für den fließenden Verkehr freigehalten werden. Den Gemeinden obliegt es deshalb, innerhalb ihrer Straßenbaulast für die Gemeindestraßen und die Ortsdurchfahrten von Bundes-, Land- und Kreisstraßen (↑ Straßenverwaltung S. 488) sowie im Rahmen ihrer Erschließungsaufgaben (↑ Erschließung von Grundstücken S. 518) öffentliche Parkflächen bereitzustellen. Durch öffentliche Abstellplätze allein kann aber der notwendige Parkraumbedarf nicht gedeckt werden. Daher ist jeder Bauherr verpflichtet, bei Errichtung, Umbau und Erweiterung von Wohn-, Betriebs- und Arbeitsstätten oder ähnlichen baulichen Anlagen, bei denen ein Zu- und Abfahrtsverkehr zu erwarten ist, für die erforderliche Zahl von Abstellplätzen zu sorgen. Diese *Stellplatz- und Garagenbaupflicht* ist in den Landesbauordnungen (↑ Baurecht S. 508) festgelegt. Sie wird im wesentlichen dadurch realisiert, daß ↑ Baugenehmigungen (S. 522) nur erteilt werden, wenn der Bauwerber auf dem Baugrundstück oder in dessen Nähe die notwendigen Stellplätze oder Garagen schafft. Umfang und Ausmaß dieser Pflicht werden für das konkrete Baugrundstück durch das von ihm hervorgerufene Parkraumbedürfnis bestimmt und von den Baurechtsbehörden regelmäßig anhand von landeseinheitlichen Richtzahlen festgelegt. Zum Teil kann auch für bestehende bauliche Anlagen (Altbauten) die Herstellung von Stellplätzen oder Garagen gefordert werden.

Soweit keine Befreiung von der Stellplatz- und Garagenbaupflicht im Wege des Dispenses erfolgt, hat der Bauherr grundsätzlich die Wahl, ob er lediglich unbebaute Standflächen *(Stellplätze)* oder *Garagen*, d. h. überdachte Stellplätze, sowie ganz oder teilweise umschlossene Räume zum Abstellen von Kraftfahrzeugen (Einzelgaragen, Reihengaragen, Garagengeschosse, Parkhäuser) errichten will. Unter bestimmten Voraussetzungen kann der Bau von Garagen verlangt werden. Im übrigen unterliegt die Errichtung von Stellplätzen und Garagen wie alle Bauvorhaben den Anforderungen des Bauplanungsrechts, insbesondere der gemeindlichen ↑ Bebauungspläne (S. 512), sowie dem Bauordnungsrecht. Garagen einschließlich der überdachten Stellplätze bedürfen einer Baugenehmigung. Für alle Stellplätze und Garagen bestehen besondere bauaufsichtliche Bestimmungen über die Verkehrssicherheit, den Brandschutz, die Lüftung sowie die Beseitigung von Trieb- und Schmierstoffen. Sie müssen so angeordnet und ausgeführt werden, daß ihre Benutzung die Gesundheit nicht schädigt und das Arbeiten und Wohnen, Ruhe und Erholung in der Umgebung nicht stört. Die Nachbarn haben einen verwaltungsgerichtlich durchsetzbaren Rechtsanspruch darauf, daß die Baurechtsbehörde die Einhaltung dieser Schutzvorschriften überwacht (↑ Baunachbarrecht S. 524). Der Anbau an die Grundstücksgrenze kann jedoch für Garagen einer bestimmten Größe gestattet werden. Bebauungspläne können die Flächen für Stellplätze und Garagen sowie deren Einfahrten auf den Baugrundstücken speziell festlegen. Sie können auch anstelle von Einzelanlagen Flächen für Gemeinschaftsplätze und Gemeinschaftsgaragen verbindlich vorschreiben. In diesem Fall muß der Bauherr von einer Einzelanlage auf seinem Grundstück absehen und sich an der Herstellung der Gemeinschaftsanlage beteiligen. Ist keine Gemeinschaftsanlage vorgeschrieben und kann der Bauherr aus tatsächlichen oder rechtlichen Gründen keine Einzelanlage erstellen, so kann er seine Stellplatz- und Garagenbaupflicht durch einen *Ablösungsvertrag* mit der Gemeinde erfüllen. Darin muß er sich verpflichten, die Kosten für die Herstellung der vorgeschriebenen Stellplätze oder Garagen in angemessener Höhe zu tragen. Voraussetzung ist allerdings, daß die Gemeinde bereit und in der Lage ist, private Anlagen für den Bauherrn oder öffentliche Stellplätze oder Garagen (z. B. Parkhäuser, Großgaragen) zu bauen.

W. Ernst/W. Hoppe, Das öffentliche Bau- und Bodenrecht, Raumplanungsrecht, München 1978, § 18.
J. Mang/Simon, Bayerische Bauordnung, München (Loseblattkommentar), Art. 62.

Richtzahlen für die Berechnung der notwendigen Stellplätze (Bayern)

(Bekanntmachung des Bayer. Staatsministerium des Innern v. 23. 11. 1972, Ministerialamtsblatt der bayerischen inneren Verwaltung, S. 978)

Verkehrsquelle	Zahl der Stellplätze
<u>Wohngebäude</u>	
Einfamilienhäuser	1–2 je Wohnung
Mehrfamilienhäuser und sonstige Gebäude mit Wohnungen	1–1,5 je Wohnung
Gebäude mit Altenwohnungen	0,5 je Wohnung
Wochenend- und Ferienhäuser	1 je Wohnung
Kinder- und Jugendwohnheime	1 je 10–20 Betten, jedoch mind. 2
Studentenwohnheime	1 je 2 Betten
Schwesternwohnheime	1 je 3–5 Betten, jedoch mind. 3
Arbeitnehmerwohnheime	1 je 2–4 Betten, jedoch mind. 3
Altenwohnheime, Altenheime	1 je 8–15 Betten, jedoch mind. 3
<u>Gebäude mit Büro-, Verwaltungs- und Praxisräumen</u>	
Büro- und Verwaltungsräume allgemein	1 je 30–40 m^2 Nutzfläche
Räume mit erheblichem Besucherverkehr (Schalter-, Abfertigungs- oder Beratungsräume, Arztpraxen und dergleichen)	1 je 20–30 m^2 Nutzfläche, jedoch mind. 3
<u>Verkaufsstätten</u>	
Läden, Geschäftshäuser	1 je 30–40 m^2 Verkaufsnutzfläche, jedoch mind. 2 je Laden
Geschäftshäuser mit geringem Besucherverkehr,	1 je 50 m^2 Verkaufsnutzfläche
Verbrauchermärkte	1 je 10–20 m^2 Verkaufsnutzfläche
<u>Versammlungsstätten</u> (außer Sportstätten), <u>Kirchen</u>	
Versammlungsstätten von überörtlicher Bedeutung (z. B. Theater, Konzerthäuser, Mehrzweckhallen)	1 je 5 Sitzplätze
Sonstige Versammlungsstätten (z. B. Lichtspieltheater, Schulaulen, Vortragssäle)	1 je 5–10 Sitzplätze
Gemeindekirchen	1 je 20–30 Sitzplätze
Kirchen von überörtlicher Bedeutung	1 je 10–20 Sitzplätze
<u>Sportstätten</u>	
Sportplätze ohne Besucherplätze (z. B. Trainingsplätze)	1 je 250 m^2 Sportfläche
Sportplätze mit Sportstadien mit Besucherplätzen	1 je 250 m^2 Sportfläche, zusätzlich 1 je 10–15 Besucherplätze
Spiel- und Sporthallen ohne Besucherplätze	1 je 50 m^2 Hallenfläche
Spiel- und Sporthallen mit Besucherplätzen	1 je 50 m^2 Hallenfläche, zusätzlich 1 je 10–15 Besucherplätze
Freibäder und Freiluftbäder	1 je 200–300 m^2 Grundstücksfläche
Hallenbäder ohne Besucherplätze	1 je 5–10 Kleiderablagen
Hallenbäder mit Besucherplätzen	1 je 5–10 Kleiderablagen, zusätzlich 1 je 10–15 Besucherplätze
Tennisplätze ohne Besucherplätze	4 je Spielfeld
Tennisplätze mit Besucherplätzen	4 je Spielfeld, zusätzlich 1 je 10–15 Besucherplätze
Minigolfplätze	6 je Minigolfanlage
Kegel-, Bowlingbahnen	4 je Bahn
Bootshäuser und Bootsliegeplätze	1 je 2–5 Boote
<u>Gaststätten und Beherbergungsbetriebe</u>	
Gaststätten von örtlicher Bedeutung	1 je 8–12 Sitzplätze
Gaststätten von überörtlicher Bedeutung	1 je 4–8 Sitzplätze
Hotels, Pensionen, Kurheime und andere Beherbergungsbetriebe	1 je 2–6 Betten, für zugehörigen Restaurationsbetrieb
Jugendherbergen	1 je 10 Betten
<u>Krankenanstalten</u>	
Universitätskliniken	1 je 2–3 Betten
Krankenanstalten von überörtlicher Bedeutung (z.B. Schwerpunktkrankenhäuser), Privatkliniken	1 je 3–4 Betten
Krankenanstalten von örtlicher Bedeutung	1 je 4–6 Betten
Sanatorien, Kuranstalten, Anstalten für langfristig Kranke	1 je 2–4 Betten
Altenpflegeheime	1 je 6–10 Betten
<u>Schulen, Einrichtungen der Jugendförderung</u>	
Grundschulen	1 je 30 Schüler
Sonstige allgemeinbildende Schulen, Berufsschulen, Berufsfachschulen	1 je 25 Schüler, zusätzlich 1 je 5–10 Schüler über 18 Jahre
Sonderschulen für Behinderte	1 je 15 Schüler
Fachhochschulen, Hochschulen	1 je 2–4 Studierende
Kindergärten, Kindertagesstätten und dergleichen, Jugendfreizeitheime und dergleichen	1 je 20–30 Kinder, jedoch mind. 2 je 15 Besucherplätze
<u>Gewerbliche Anlagen</u>	
Handwerks- und Industriebetriebe	1 je 50–70 m^2 Nutzfläche oder je 3 Beschäftigte*
Lagerräume, Lagerplätze, Ausstellungs- und Verkaufsplätze	1 je 80–100 m^2 Nutzfläche oder je 3 Beschäftigte*
Kraftfahrzeugwerkstätten	6 je Wartungs- oder Reparaturstand
Tankstellen mit Pflegeplätzen	10 je Pflegeplatz
Automatische Kraftfahrzeugwaschstraßen	5 je Waschanlage**
Kraftfahrzeugwaschplätze zur Selbstbedienung	3 je Waschplatz
<u>Verschiedenes</u>	
Kleingartenanlagen	1 je 3 Kleingärten
Friedhöfe	1 je 2000 m^2 Grundstücksfläche, jedoch mind. 10

* Der Stellplatzbedarf ist in der Regel nach der Nutzfläche zu berechnen; ergibt sich dabei ein offensichtliches Mißverhältnis zum tatsächlichen Stellplatzbedarf, so ist die Zahl der Beschäftigten zugrunde zu legen.

** Zusätzlich muß ein Stauraum für mindestens 40 Kraftfahrzeuge vorhanden sein.

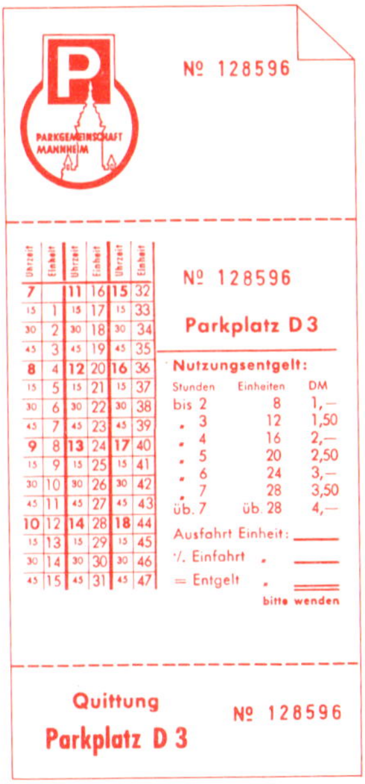

Uhrzeit	Einheit	Uhrzeit	Einheit	Uhrzeit	Einheit
7		11	16	15	32
15	1	15	17	15	33
30	2	30	18	30	34
45	3	45	19	45	35
8	4	12	20	16	36
15	5	15	21	15	37
30	6	30	22	30	38
45	7	45	23	45	39
9	8	13	24	17	40
15	9	15	25	15	41
30	10	30	26	30	42
45	11	45	27	45	43
10	12	14	28	18	44
15	13	15	29	15	45
30	14	30	30	30	46
45	15	45	31	45	47

Stunden	Einheiten	DM
bis 2	8	1,–
" 3	12	1,50
" 4	16	2,–
" 5	20	2,50
" 6	24	3,–
" 7	28	3,50
üb. 7	üb. 28	4,–

Polizeiorganisation

Der Begriff der Polizei umfaßte zum Teil noch im 19. Jahrhundert neben der Aufrechterhaltung der öffentlichen Sicherheit und Ordnung auch die wohlfahrtsstaatliche, leistende und planende Verwaltung (Epoche des *Polizeistaates*). Seit dem letzten Viertel des 19. Jahrhunderts hat die Polizei jedoch nur mehr die Befugnis, von der Allgemeinheit oder dem einzelnen Gefahren abzuwehren, durch die die öffentliche Sicherheit oder Ordnung bedroht wird (↑Aufgaben- und Kompetenzen der Polizei S. 530). Die Verengung des Polizeibegriffs auf die Funktion der Gefahrenabwehr *(materieller Polizeibegriff)* ist eine Errungenschaft des liberalen Rechtsstaates (↑Rechts- und Sozialstaatlichkeit S. 34). Zur Polizei gehören auch solche Verwaltungstätigkeiten, die der Gefahrenabwehr in einem sondergesetzlich geregelten Bereich dienen (↑Gewerberecht S. 330, ↑Baurecht S. 508). Man spricht insofern von besonderer Polizeiverwaltung (Gewerbepolizei, Baupolizei). In einem Teil der Bundesländer wird der Polizeibegriff dagegen nur mehr zur Bezeichnung derjenigen Verwaltungsorganisationen verwendet, die auf die allgemeine, nicht sondergesetzlich geregelte hoheitliche Gefahrenabwehr beschränkt ist *(formeller Polizeibegriff)*. In Bayern gilt als Polizei sogar nur mehr die Vollzugspolizei (uniformierte Schutzpolizei, Kriminalpolizei), d. h. diejenige Verwaltungsorganisation, die als spezielle Institution zur Erfüllung von Vollzugsaufgaben (z. B. Personenfeststellung, Durchsuchung, Gewahrsam, unmittelbarer Zwang, Schußwaffengebrauch) erforderlich ist *(institutioneller Polizeibegriff)*. Im Geltungsbereich des formellen und institutionellen Polizeibegriffs werden diejenigen Verwaltungsbehörden, die über die jeweilige Polizeiorganisation hinaus Gefahrenabwehr betreiben, als *Sicherheits-* oder *Ordnungsbehörden* bezeichnet.

Die Polizei bzw. die Sicherheitsverwaltung ist grundsätzlich *Staatliche Angelegenheit*. Soweit Gemeindeorgane polizeiliche bzw. sicherheitsbehördliche Aufgaben wahrnehmen, handeln sie im übertragenen Wirkungskreis d. h. im Auftrag und nach Weisung des Staates (↑Kommunale Selbstverwaltung S. 102). Die Beibehaltung oder Einrichtung eines gemeindeeigenen Polizeivollzugsdienstes (Gemeinde- bzw. Stadtpolizei) ist zwar nach den Polizeigesetzen der Länder regelmäßig – zumindest für den gemeindeeigenen örtlichen Wirkungskreis – möglich, scheitert heute aber meist an der mangelnden Finanzkraft der Gemeinden.

Nach der bundesstaatlichen Ordnung des Grundgesetzes hat der Bund Polizeigewalt nur im Rahmen ↑bundeseigener Verwaltung (S. 78). Daher bestehen z. B. eine Bahnpolizei der Bundesbahn, das Bundeskriminalamt, der Bundesgrenzschutz, die Strom- und Schiffahrtspolizei für die Bundeswasserstraßen (im Unterschied zur Wasserschutzpolizei der Länder), die Bundesanstalt für Flugsicherung (Fluglotsen) sowie der ↑Zollgrenzschutz und Zollfahndungsdienst (S. 534). Die allgemeine polizeiliche Gefahrenabwehr fällt dagegen in die ausschließliche Zuständigkeit der Länder und ist landesgesetzlich geregelt. Demnächst werden jedoch Bund und Länder auf der Grundlage eines Musterentwurfs übereinstimmende Polizeigesetze für den Bereich der Vollzugspolizei erlassen.

Die allgemeinen Polizeibehörden (in Bayern allgemeine Sicherheitsbehörden) gliedern sich regelmäßig in die Landespolizeibehörden, die Kreispolizeibehörden (Landratsamt als untere staatliche Verwaltungsbehörde) und die gemeindlichen Ortspolizeibehörden. Als Dienststellen der Vollzugspolizei (Polizeibeamte der uniformierten Schutzpolizei und der Kriminalpolizei) unterhalten die Länder die Landespolizei (Landpolizei), ein Landeskriminalamt, die Bereitschaftspolizei sowie in Bayern die Bayerische Grenzpolizei. Innerhalb der Landespolizei können besondere Dienststellen für bestimmte sächliche Dienstbereiche gebildet werden (neben Schutz- und Kriminalpolizei z. B. Verkehrspolizei, Autobahnpolizei, Wasserschutzpolizei).

H. J. Wolff, Verwaltungsrecht III, 3. Aufl., München u. a. 1973, §§ 121–124.
K. H. Friauf, Polizei- und Ordnungsrecht, in: von Münch (Hrsg.), Besonderes Verwaltungsrecht, 3. Aufl., Berlin u. a. 1976, S. 153 ff.

Polizeibegriff

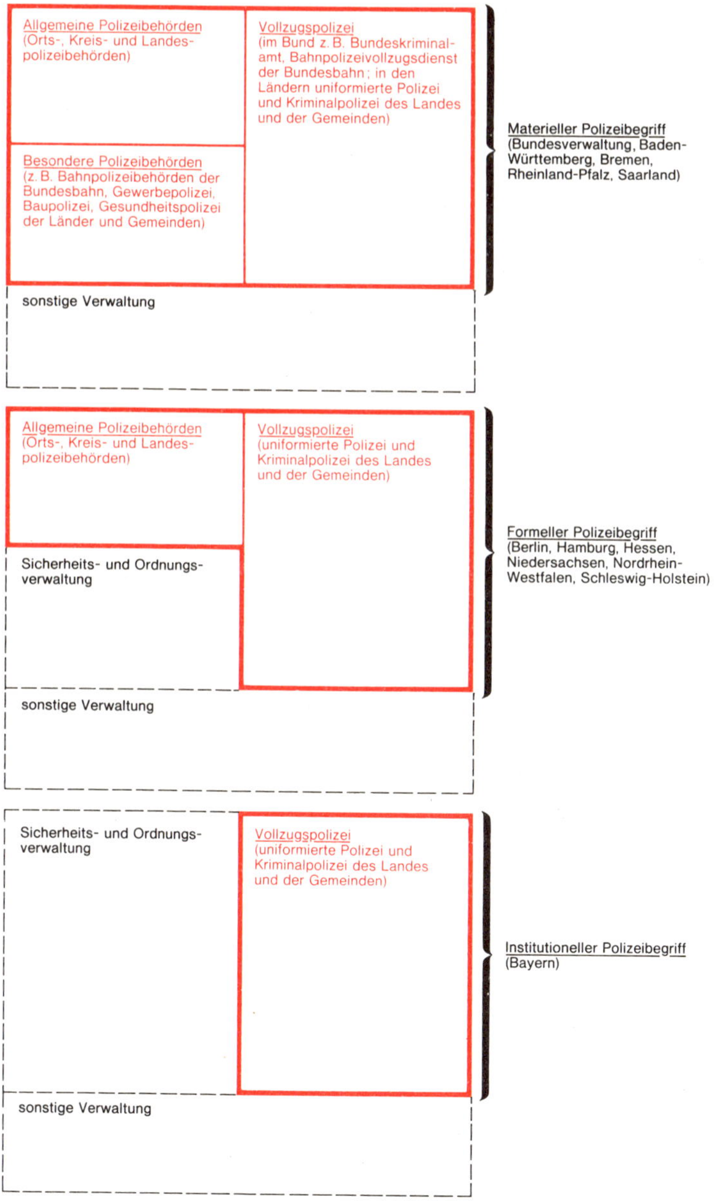

Aufgaben und Kompetenzen der Polizei

Die Polizei hat von der Allgemeinheit und dem Einzelnen Gefahren abzuwehren, durch die die öffentliche Sicherheit oder Ordnung bedroht wird. Eine Störung der *öffentlichen Sicherheit* ist immer dann anzunehmen, wenn gegen geschriebenes oder ungeschriebenes Recht verstoßen wird (Straftaten, Ordnungswidrigkeiten, Verkehrsdelikte, Verstöße gegen nicht strafbewehrte öffentlich-rechtliche Gebote und Verbote). Eine Verletzung der *öffentlichen Ordnung* liegt vor, wenn die Ordnung des Gemeinwesens oder das gesellschaftliche Zusammenleben gestört werden (nächtliche Ruhestörung, öffentliches Nacktbaden, Störung von Versammlungen oder Gottesdiensten). Der Schutz von privaten Interessen und Rechten gehört grundsätzlich nicht zu den Aufgaben der Polizei (z. B. Durchsetzung von Miet- oder Schadensersatzansprüchen). Die Polizei hat jedoch auch in diesen Fällen auf Antrag des Berechtigten einzuschreiten, wenn gerichtlicher Schutz nicht rechtzeitig zu erlangen ist und wenn ohne polizeiliche Hilfe die Gefahr besteht, daß die Verwirklichung des Rechts vereitelt oder wesentlich erschwert wird (z. B. Feststellung der Person eines Passanten, dessen Hund Kleidung zerrissen hat). Um eine Störung der öffentlichen Ordnung handelt es sich dagegen, wenn das Verhalten eines einzelnen sich störend auf die Öffentlichkeit auswirkt (nachbarliche Störungen; Selbstgefährdungen, die eine Rettungsaktion erfordern können, besonders bei Kindern; Selbstmordversuche).

Die Polizei kann ihre Aufgaben wahrnehmen, ohne daß sie in Rechte von Staatsbürgern eingreift (unverbindliche Hinweise, unmittelbare Gefahrenabwehr durch die Polizei selbst). Die Polizei kann jedoch auch Anordnungen (Verwaltungsakte, Polizeiverordnungen bzw. sicherheitsbehördliche Verordnungen) erlassen und den Staatsbürger beschwerende Maßnahmen durchführen. Im Bund und in einem Teil der Länder ist eine solche Befugnis bisher regelmäßig mit der polizeilichen Aufgabe zur Gefahrenabwehr generell verbunden *(polizeiliche Generalklausel)*. Nach dem Polizeirecht von Baden-Württemberg und Bayern bedarf die Polizei dagegen für Anordnungen und Eingriffe über die polizeiliche Aufgabe hinaus noch einer besonderen, zur jeweiligen Maßnahme ermächtigenden Befugnisnorm *(Prinzip der Spezialermächtigung)*. Dem wird im Grundsatz auch die demnächst zu erwartende einheitliche Gesetzgebung von Bund und Ländern für die Vollzugspolizei folgen (↑Polizeiorganisation S. 528). Dabei tritt aber neben Spezialermächtigungen (z. B. für erkennungsdienstliche Maßnahmen, Platzverweisung, Gewahrsam, Durchsuchung, unmittelbaren Zwang, Schußwaffengebrauch) auch eine beschränkte Generalklausel, nach der die Vollzugspolizei die zur Gefahrenabwehr notwendigen Maßnahmen treffen kann. Polizeiliche Maßnahmen können grundsätzlich nur gegenüber demjenigen vorgenommen werden, der die Bedrohung oder Störung der öffentlichen Sicherheit oder Ordnung verursacht hat *(Störer)*. Unter mehreren Verursachern ist Störer, wer sich rechtswidrig verhält. Geht die Gefahr von dem Zustand einer Sache aus, so kann die Polizei gegen den Eigentümer oder den Inhaber der tatsächlichen Gewalt über die Sache vorgehen. Unbeteiligte Personen können dann in Pflicht genommen werden, wenn die Gefahr auf andere Weise nicht verhindert oder beseitigt werden kann (Inanspruchnahme eines privaten Pkw bei der Unfallrettung). Das ist auch der Fall, wenn bei einem Einschreiten gegen den Störer ein Schaden herbeigeführt würde, der erkennbar außer Verhältnis zu dem beabsichtigten Erfolg steht. Jedes polizeiliche Einschreiten ist an die *rechtsstaatlichen Grundsätze* der Erforderlichkeit, des geringsten Eingriffs und der Verhältnismäßigkeit gebunden (kein Schußwaffengebrauch gegen Dieb eines Apfels). Im übrigen stehen das „Ob" und das „Wie" einer polizeilichen Maßnahme im pflichtmäßigen Ermessen der Polizei *(Opportunitätsprinzip)*.

Drews/Wacke/Vogel/Martens, Gefahrenabwehr, 8. Aufl., Köln u. a., Bd. 1 1975, Bd. 2 1978.
V. Götz, Allgemeines Polizei- und Ordnungsrecht, 4. Aufl., Göttingen 1977.
Scholler/Broß, Grundzüge des Polizei- und Ordnungsrechts in der Bundesrepublik Deutschland, Karlsruhe 1975.

Rechtmäßigkeitsvoraussetzungen für polizeiliche Maßnahmen
(im originären Aufgabenbereich der Polizei)

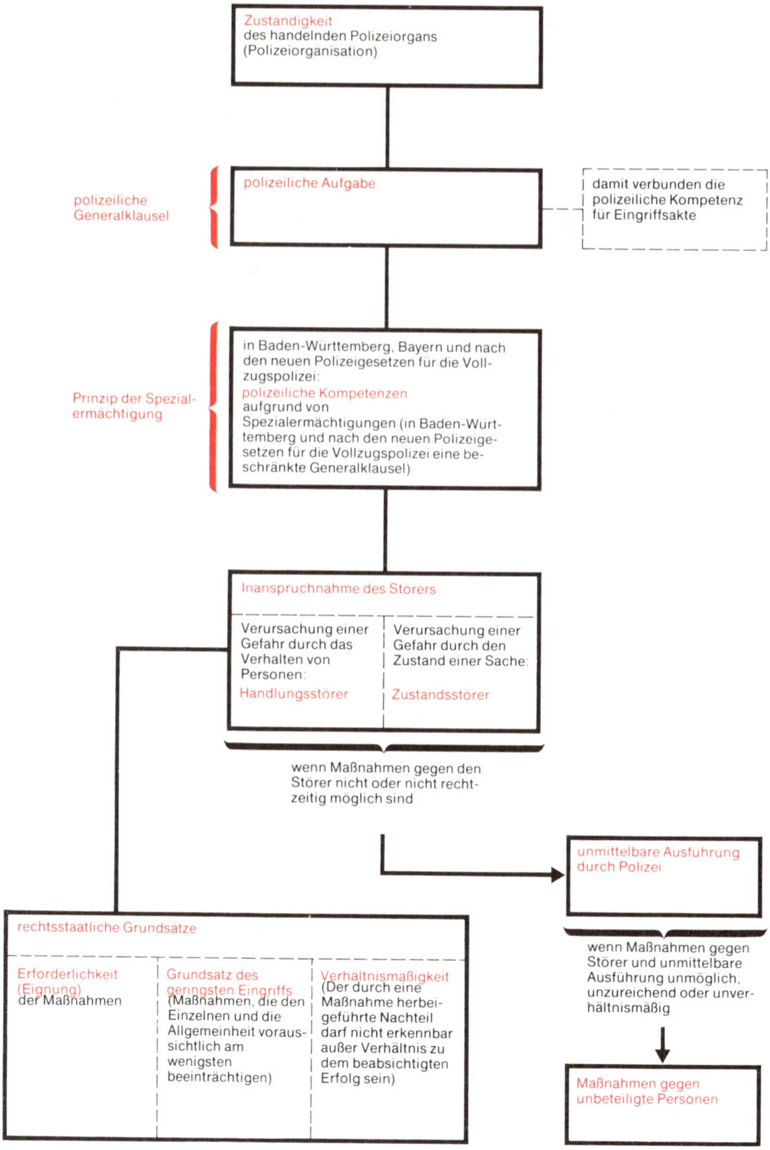

Übertragene Aufgaben der Polizei (Strafverfolgung, Kriminalpolizei, Ordnungswidrigkeitenrecht)

Die Polizei hat über ihre originären ↑Aufgaben (S. 530) der vorbeugenden Gefahrenabwehr hinaus andere, durch besondere Rechtsvorschriften übertragene Angelegenheiten wahrzunehmen. Diese werden der Polizei in ihrer organisatorischen Eigenschaft als staatlicher Vollzugseinrichtung zugewiesen (formeller und institutioneller Polizeibegriff, ↑Polizeiorganisation S. 528). Hierher gehören vor allem die Aufgaben der Polizei bei der Strafverfolgung und auf dem Gebiet des Ordnungswidrigkeitenrechts.

Die polizeiliche *Strafverfolgung* geschieht primär nach den Vorschriften der Strafprozeßordnung und des Gerichtsverfassungsgesetzes. Die Polizei wird dadurch nicht zu einem Teil der Justiz, erbringt aber eine besondere Art polizeilicher Tätigkeit. Diese ist im Unterschied zur präventiven Gefahrenabwehr repressiver Natur und untersteht dem für das Strafverfahren geltenden Legalitätsprinzip. Danach ist die Polizei verpflichtet, strafbare Handlungen zu verfolgen, ohne ein Ermessen beanspruchen zu können. Die Bestimmungen der Polizeigesetze finden subsidiäre Anwendung (z. B. auf den Gebrauch unmittelbaren Zwangs). Der allgemeine Ermittlungsauftrag an die Polizeibehörden und die Beamten des Polizeivollzugsdienstes enthält die Verpflichtung, strafbare Handlungen zu erforschen und alle keinen Aufschub gestattenden Anordnungen zu treffen, um die Verdunkelung einer Strafsache zu verhüten. Die Polizei hat ferner den Ersuchen und Aufträgen des Untersuchungsrichters und der Staatsanwaltschaft um Ermittlungen und Ausführung einzelner Maßregeln zu entsprechen und ist unter bestimmten Voraussetzungen zu vorläufigen Festnahmen befugt. Durch Rechtsverordnungen der Landesregierungen sind diejenigen Beamten von Behörden und Polizeidienststellen bezeichnet, denen – abgesehen von den übrigen polizeilichen Aufgaben bei der Strafverfolgung – die Eigenschaft von *Hilfsbeamten der Staatsanwaltschaft* zukommt. Diese Regelung hat für bestimmte schwerwiegende Maßnahmen Bedeutung, deren Anordnung dem Richter und bei Gefahr im Verzug der Staatsanwaltschaft sowie ihren Hilfsbeamten vorbehalten ist (z. B. Anordnung von körperlichen Untersuchungen, Blutproben, Beschlagnahmen und Durchsuchungen). Die Verfolgung schwerer Kriminalität ist der *Kriminalpolizei* anvertraut. Diese ist ein Teil der Vollzugspolizei und besteht aus nicht uniformierten Beamten, die für die Verfolgung und Aufklärung von Verbrechen besonders ausgebildet und für die spezielle Aufgabe der Verbrechensbekämpfung zu organisatorisch selbständigen Polizeidienststellen zusammengefaßt sind. Als zentrale Dienststellen der Kriminalpolizei bestehen in den Bundesländern *Landeskriminalämter*. Für die Zusammenarbeit zwischen Bund und Ländern bei der überregionalen Verbrechensbekämpfung hat der Bund ein *Bundeskriminalamt* errichtet. Dieses erledigt nachrichten- und erkennungsdienstliche sowie kriminaltechnische Aufgaben und hat in beschränktem Umfang eigene Vollzugskompetenzen sowie ein Weisungsrecht gegenüber den Landeskriminalämtern.

Nach dem Gesetz über Ordnungswidrigkeiten ist die Polizei zur Verfolgung und Ahndung von ↑*Ordnungswidrigkeiten* (S. 230) berufen. Verfolgungs- und Ahndungsbehörde ist hierbei grundsätzlich die zuständige Verwaltungsbehörde. Die Polizei kann Maßnahmen auf diesem Gebiet entsprechend dem allgemeinen polizeilichen Opportunitätsprinzip im Rahmen der Gesetze nach pflichtmäßigem Ermessen treffen. Im übrigen wird die Polizei bei der Verfolgung von Ordnungswidrigkeiten nach denselben Grundsätzen tätig wie bei der Strafverfolgung. Zur Ahndung geringfügiger Ordnungswidrigkeiten haben speziell ermächtigte Beamte des Polizeivollzugsdienstes die Befugnis, Verwarnungen auszusprechen und ein Verwarnungsgeld zu erheben.

Scholler/Groß, Grundzüge des Polizei- und Ordnungsrechts in der Bundesrepublik Deutschland, Karlsruhe 1975, § 8.
Drews/Wacke/Vogel/Martens, Gefahrenabwehr, 8. Aufl., Köln 1975, Bd. 1, § 11.

Übertragene Aufgaben und Amtshilfe der Polizei

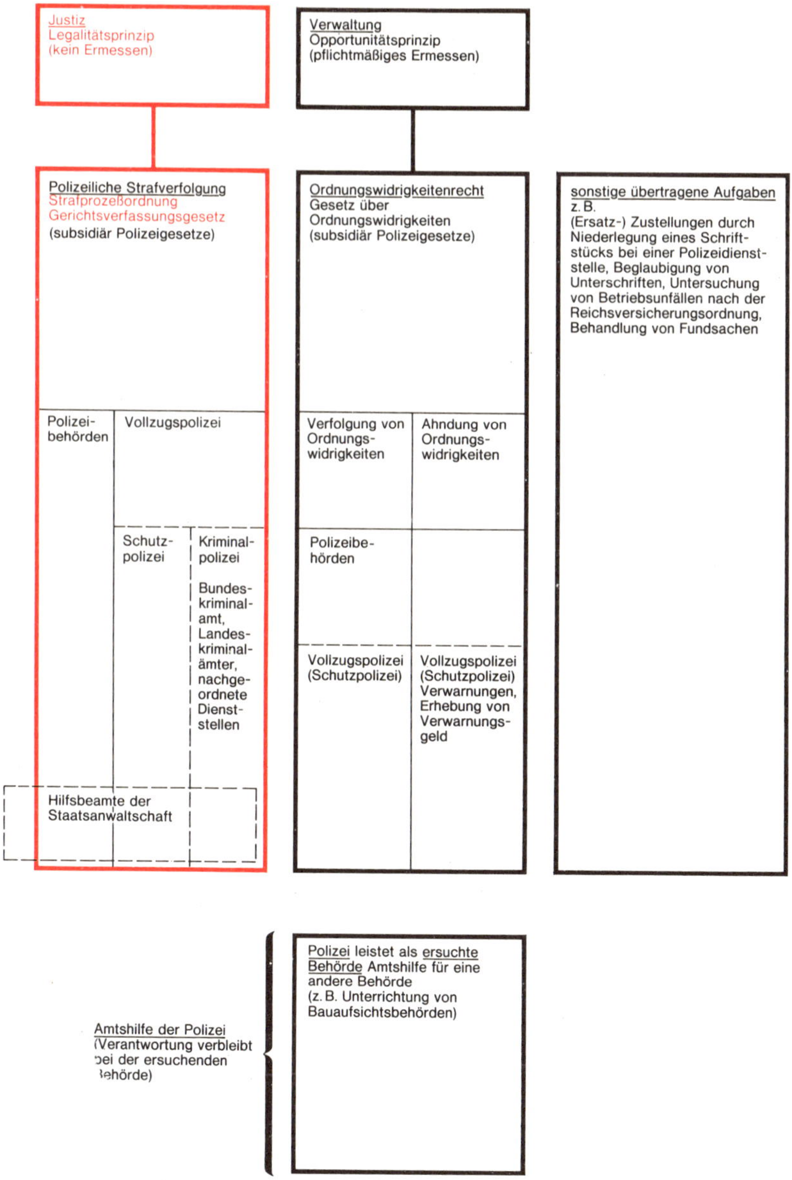

Zollgrenzschutz und Zollfahndungsdienst

Die Zollverwaltung ist ein Teil der bundeseigenen Finanzverwaltung. Ihre Aufgaben bei der *Grenzaufsicht* sind polizeilicher Art (↑ Polizeiorganisation S. 528). Hierzu gehören die Sicherung der Zollgrenze und die Überwachung des Zollgrenzbezirks, der Zollfreigebiete, der unter die Grenzaufsicht gestellten Binnengewässer und der Zollflugplätze. Alle in diesem Aufgabenbereich tätigen Zollbediensteten bilden den Zollgrenzdienst. Dieser ist eine besondere Vollzugspolizei des Bundes. Seine Angehörigen tragen Uniform und sind bewaffnet. Zur polizeilichen Abwehr von Rechtsverletzungen hat der Zollgrenzdienst sicherzustellen, daß beim Warenverkehr über die Grenze die Eingangsabgabe sowie Verbote und Beschränkungen beachtet werden. Zu den Eingangsabgaben in diesem Sinne zählen Zölle, d. h. die nach Maßgabe eines Tarifs von der Warenbewegung über die Grenze erhobenen Abgaben (↑ Steuern und Zölle S. 274), sowie Abschöpfungen, die Einfuhrumsatzsteuer und die anderen für eingeführte Waren zu erhebenden Verbrauchsteuern. Besondere Polizeibehörden des Bundes innerhalb der Zollverwaltung sind auch die *Zollfahndungsstellen*. Ihnen obliegt die Erforschung und Verfolgung von Zollvergehen und Zollordnungswidrigkeiten. Ihre Tätigkeit entspricht derjenigen der Kriminalpolizei (↑ übertragene Aufgaben der Polizei S. 532).

Die für den Zollschutz maßgebliche *Zollgrenze* ist wegen wirtschaftlicher und überwachungstechnischer Gründe mit der Grenze des Bundesgebiets nicht vollständig identisch. Das *Zollgebiet* umfaßt auch die *Zollanschlüsse*. Das sind ausländische Hoheitsgebiete, die aufgrund internationaler Übereinkommen in das Zollgebiet einbezogen sind. Gegenwärtig werden die österreichischen Hoheitsgebiete Mittelberg (Kleines Walsertal) und Jungholz als Zollanschlüsse behandelt. Andererseits gehören nicht zum Zollgebiet die Zollausschlüsse und die Zollfreigebiete. *Zollausschlüsse* sind deutsche Hoheitsgebiete, die einem ausländischen Zollgebiet angeschlossen sind. Einen solchen Fall stellt die Exklave Büsingen dar, die durch einen Vertrag von 1964 dem schweizerischen Zollgebiet angeschlossen wurde. *Zollfreigebiete* sind deutsche Hoheitsgebiete, die weder deutsches noch ausländisches Zollgebiet sind. Hierzu zählen deutsche Schiffe und deutsche Luftfahrzeuge in Gebieten, die zu keinem Zollgebiet gehören (z. B. auf oder über der hohen See), ferner die Insel Helgoland, die vom Zollgebiet ausgeschlossenen Teile von Seehäfen (*Freihäfen* in Hamburg, Bremen, Bremerhaven, Emden, Kiel und Cuxhaven) und die *Küstengewässer*, d. h. Gewässer und Watten zwischen der Hoheitsgrenze (Dreimeilengrenze) und der Zollgrenze an der Küste (Strandlinie). Die ost- und nordfriesischen Inseln liegen innerhalb des Zollgebiets und haben zollfreies Gebiet bis zu der hier vorgeschobenen Hoheitsgrenze vorgelagert. Als deutsches Zollgebiet gelten auch *Abfertigungsplätze* außerhalb des Zollgebiets, soweit auf ihnen Amtshandlungen nach deutschem Zollrecht vorgenommen werden. Dabei gibt es vorgeschobene Zollstellen (z. B. in Salzburg, Kufstein, Bremen-Europahafen und Helgoland) und andere Plätze (z. B. fahrende Züge und Schiffe). Das gleiche wie für die Abfertigungsplätze gilt für ihre Verbindungswege mit dem Zollgebiet, soweit darauf einzuführende oder auszuführende Waren befördert werden. Die DDR gehört nach dem Zollgesetz zum deutschen Zollgebiet. Die Grenze zur DDR ist daher keine Zollgrenze. Nach dem Zollgesetz der DDR ist deren Gebiet allerdings ein eigenes Zollgebiet. Das ändert nichts daran, daß für Waren aus der DDR kein Zoll erhoben wird, wenn sie über die Grenze zur DDR in das Bundesgebiet gelangen. Die Ostgebiete in den Grenzen des Deutschen Reiches von 1937 werden als Zollausschlüsse behandelt.

W. Eulitz, Der Zollgrenzdienst, Schriftenreihe des Bundesministeriums der Finanzen, Heft 6, Bonn 1968.

Die Zollverwaltung innerhalb der Bundesfinanzverwaltung
(Gesetz über die Finanzverwaltung, Zollgesetz)

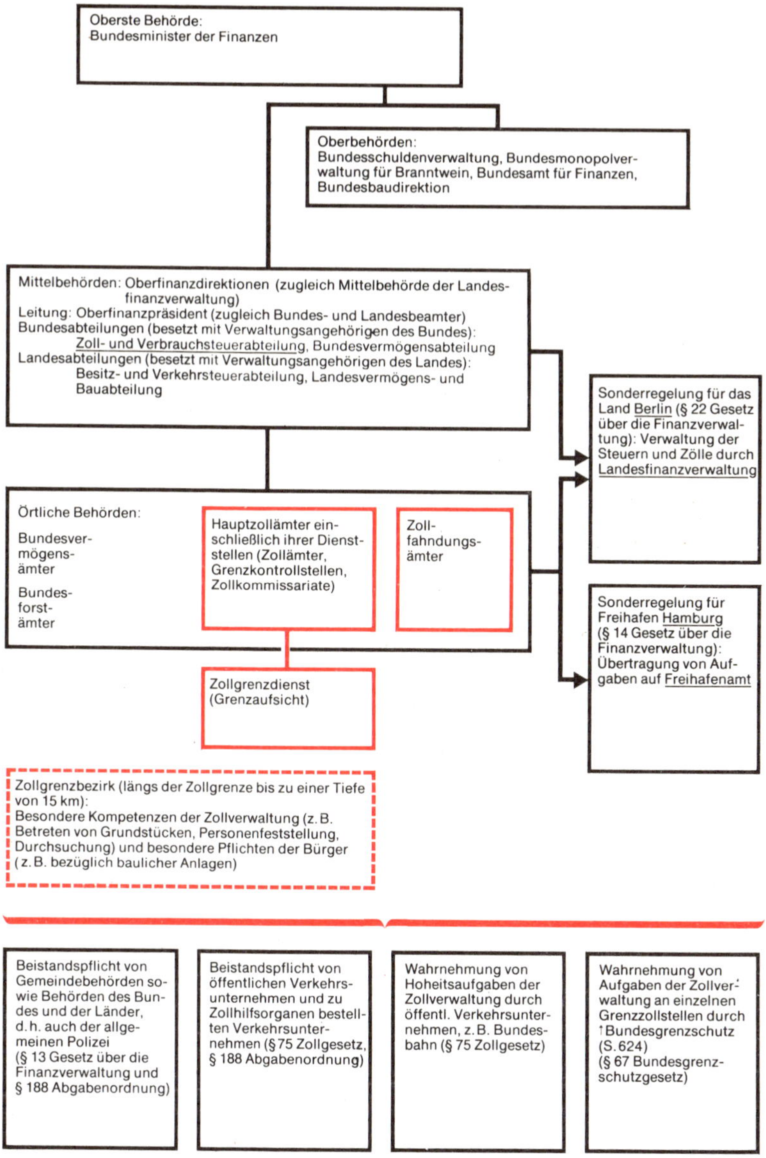

Bundesgrenzschutz

Durch das Bundesgrenzschutzgesetz (BGSG) wurde der Bundesgrenzschutz in bundeseigener Verwaltung (S. 78) eingerichtet. Er dient in der Hauptsache der polizeilichen Gefahrenabwehr (↑Polizeiorganisation S. 528) auf dem speziellen Gebiet des Grenzschutzes und stellt daher eine Sonderpolizei des Bundes dar.

Der Grenzschutz umfaßt die polizeiliche Überwachung der Grenzen, die polizeiliche Kontrolle des grenzüberschreitenden Verkehrs einschließlich der Überprüfung der Grenzübertrittspapiere (Paßnachschau), der Grenzfahndung sowie der Beseitigung von Störungen und der Abwehr von Gefahren, die ihren Ursprung außerhalb des Bundesgebietes haben, ferner im *Grenzgebiet* bis zu einer Tiefe von 30 km die Beseitigung von Störungen und die Abwehr von Gefahren, die die Sicherheit der Grenze beeinträchtigen. Durch die Aufnahme einer ↑Notstandsverfassung (S. 86) in das Grundgesetz kamen 1968 Aufgaben im ↑Verteidigungsfalle (S. 88) und bei Notständen hinzu. Das BGSG von 1972 brachte eine nochmalige Aufgabenerweiterung, und zwar bei der Grenz- und Einfuhrkontrolle sowie dem Schutz von Bundesorganen durch unmittelbare Sicherung ihres Amtssitzes (z. B. des Bundeskanzlers), die Sicherung eigener Einrichtungen und die Durchführung von Maßnahmen auf hoher See, zu denen die Bundesrepublik nach dem ↑Völkerrecht (S. 586) befugt ist. Schließlich hat der Bundesgrenzschutz dadurch eine neue Rechtsstellung erhalten, daß er mit dem Beginn eines bewaffneten Konflikts Teil der bewaffneten Macht ist und damit dem Kriegsrecht untersteht *(Kombattantenstatus)*. Eine Vergleichbarkeit mit der ↑Bundeswehr (S. 566) besteht auch insofern, als der Bundesgrenzschutz zum Ausgleich eines Fehlbestandes auf eine *Grenzschutzdienstpflicht* zurückgreifen kann, die zum Teil an die ↑Wehrpflicht (S. 570) anknüpft.

Der Bundesgrenzschutz untersteht dem Bundesminister des Innern. Mittelbehörden sind vor allem die Grenzschutzkommandos, Unterbehörden die Grenzschutzämter. Die Grenzschutzkommandos verfügen über Verbände und Einheiten für die nicht einzeldienstlich durchführbaren Maßnahmen und für den geschlossenen Einsatz in Notstandsfällen.

Über die Zulassung und Schließung von *Grenzübergangsstellen* entscheidet der Bundesminister des Innern. Eine Überschreitung der Grenze außerhalb der Grenzübergangsstellen oder der für den einzelnen Grenzübergang festgelegten Verkehrsstunden bedarf einer *Grenzerlaubnis* der Grenzschutzämter. Den im grenzüberschreitenden Verkehr tätigen privaten und öffentlichen Verkehrsunternehmen (Bundesbahn, Schifffahrt, Fluggesellschaften) obliegen gegenüber den mit der polizeilichen Kontrolle des grenzüberschreitenden Verkehrs betrauten Beamten besondere Duldungs- und Handlungspflichten (z. B. unentgeltliche Beförderung, Mitteilung von Fahr- und Flugplänen).

Da die Staatsgrenze zumeist mit der Zollgrenze zusammenfällt, nehmen Bundesgrenzschutz und Zollgrenzdienst aufgrund wechselseitiger Übertragung zum Teil sowohl Grenzschutz- als auch Zollschutzaufgaben wahr (↑Zollgrenzdienst S. 534). Hiernach wird an vielen Grenzübergangsstellen die Paßnachschau allein von der Zollverwaltung erledigt. Aufgrund besonderer Vereinbarungen wird die Paßnachschau in Bayern von der Bayerischen Grenzpolizei sowie in den Seehäfen Bremen, Bremerhaven und Hamburg vom dortigen Landespolizeivollzugsdienst vorgenommen. Generell kann auf Ersuchen oder mit Zustimmung der zuständigen Grenzschutzbehörde oder bei Gefahr im Verzug die Zollverwaltung zur Wahrnehmung des Grenzschutzes handeln und die Polizei eines Landes Maßnahmen im gesamten Aufgabenbereich des Bundesgrenzschutzes treffen. Die Zollverwaltung hat dabei dieselben Befugnisse wie der Bundesgrenzschutz.

Drews/Wacke/Vogel/Martens, Gefahrenabwehr, 8. Aufl., Köln u. a. 1975, 1. Bd., § 2, 1 b.
Einwag/Schoen, Bundesgrenzschutzgesetz, München 1973.

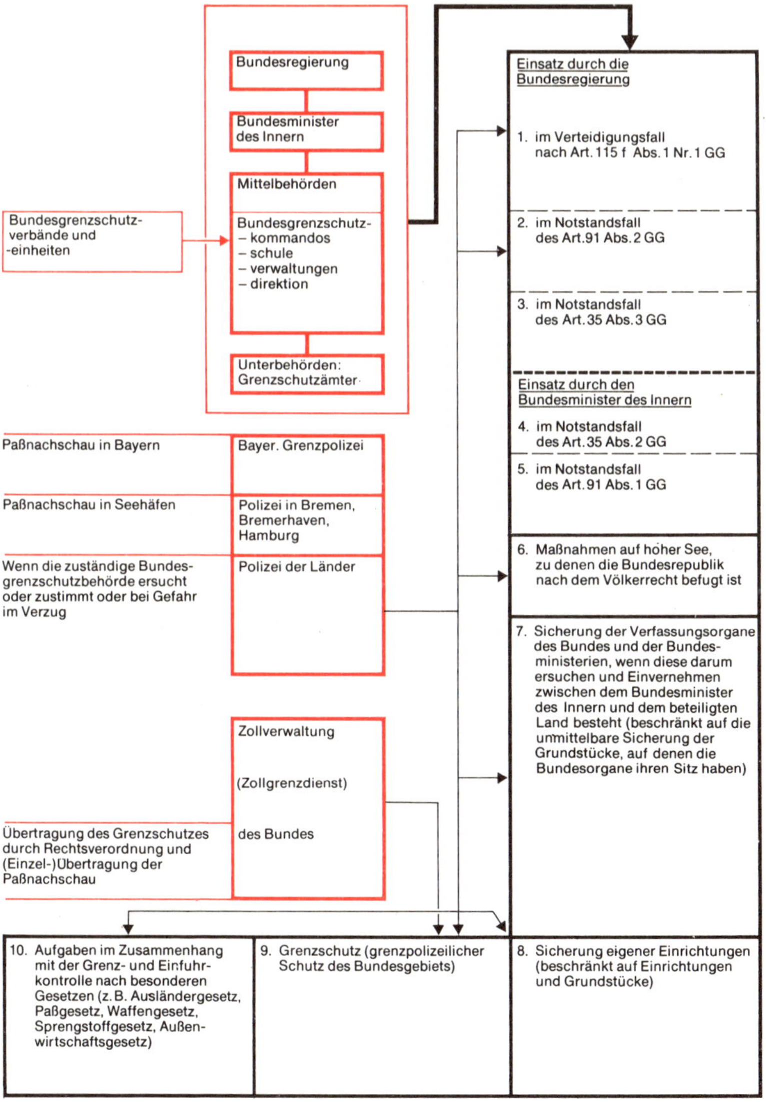
Bundesregierung
Bundesminister des Innern
Mittelbehörden
Bundesgrenzschutz-
– kommandos
– schule
– verwaltungen
– direktion
Unterbehörden: Grenzschutzämter
Bundesgrenzschutz-verbände und -einheiten
Paßnachschau in Bayern
Bayer. Grenzpolizei
Paßnachschau in Seehäfen
Polizei in Bremen, Bremerhaven, Hamburg
Wenn die zuständige Bundesgrenzschutzbehörde ersucht oder zustimmt oder bei Gefahr im Verzug
Polizei der Länder
Zollverwaltung
(Zollgrenzdienst)
des Bundes
Übertragung des Grenzschutzes durch Rechtsverordnung und (Einzel-)Übertragung der Paßnachschau
Einsatz durch die Bundesregierung
1. im Verteidigungsfall nach Art. 115 f Abs. 1 Nr. 1 GG
2. im Notstandsfall des Art. 91 Abs. 2 GG
3. im Notstandsfall des Art. 35 Abs. 3 GG
Einsatz durch den Bundesminister des Innern
4. im Notstandsfall des Art. 35 Abs. 2 GG
5. im Notstandsfall des Art. 91 Abs. 1 GG
6. Maßnahmen auf hoher See, zu denen die Bundesrepublik nach dem Völkerrecht befugt ist
7. Sicherung der Verfassungsorgane des Bundes und der Bundesministerien, wenn diese darum ersuchen und Einvernehmen zwischen dem Bundesminister des Innern und dem beteiligten Land besteht (beschränkt auf die unmittelbare Sicherung der Grundstücke, auf denen die Bundesorgane ihren Sitz haben)
10. Aufgaben im Zusammenhang mit der Grenz- und Einfuhrkontrolle nach besonderen Gesetzen (z. B. Ausländergesetz, Paßgesetz, Waffengesetz, Sprengstoffgesetz, Außenwirtschaftsgesetz)
9. Grenzschutz (grenzpolizeilicher Schutz des Bundesgebiets)
8. Sicherung eigener Einrichtungen (beschränkt auf Einrichtungen und Grundstücke)

Rechtsschutz gegen polizeiliche Maßnahmen

Gegen Maßnahmen der Polizei (↑Polizeiorganisation S. 528) ist grundsätzlich der ↑Verwaltungsrechtsschutz (S. 232) eröffnet. Welches Klagebegehren dabei ein Betroffener geltend machen kann, hängt von der Rechtsform der angegriffenen Polizei-Maßnahmen ab. Bei Anordnungen der Polizei, durch die er in einem Einzelfall zu einem Tun, Dulden oder Unterlassen verpflichtet wird (Räumungsverfügung für ein gefährdetes Haus, Inanspruchnahme eines PKW zur Unfallrettung, Verbot einer Versammlung), handelt es sich um ↑Verwaltungsakte (S. 260). Deren Aufhebung kann vom Betroffenen im Wege einer verwaltungsgerichtlichen *Anfechtungsklage* erreicht werden, jedoch grundsätzlich erst nach erfolgloser Durchführung eines *Widerspruchsverfahrens* bei der Polizeibehörde. Widerspruch und Anfechtungsklage gegen Verwaltungsakte von Polizeibehörden haben *aufschiebende Wirkung*. Das bedeutet, daß die angegriffene Verfügung bis zum rechtskräftigen Abschluß von Rechtsbehelfs- und ↑Rechtsmittelverfahren (S. 170) nicht vollzogen werden kann. Die aufschiebende Wirkung tritt generell nicht ein bei unaufschiebbaren Maßnahmen von Polizeivollzugsbeamten (uniformierte Beamte der Schutzpolizei). Im übrigen kann die sofortige Vollziehung besonders angeordnet werden. Polizeiliche Vollzugsakte können ihrerseits eine selbständige Verfügung darstellen (Anordnung von Zwangsgeld, oder Zwangshaft oder einer Ersatzvornahme, z. B. der zwangsweisen Beseitigung einer rechtswidrigen Anlage). Sie sind dann wiederum mit Widerspruch und Anfechtungsklage angreifbar. Polizeiliche Verwaltungsakte sind häufig schon vollzogen und damit erledigt, ehe Widerspruch und Anfechtungsklage erhoben werden können. Ein solcher Fall liegt vor, wenn eine Versammlung aufgelöst oder das Abschleppen eines rechtswidrig parkenden PKW angeordnet und unverzüglich vollzogen wird. Der Betroffene kann dann unmittelbar mit einer verwaltungsgerichtlichen Feststellungsklage beantragen, daß die Rechtswidrigkeit der polizeilichen Maßnahme festgestellt wird, wenn er ein berechtigtes Interesse an einer solchen Feststellung hat. Das ist bei der Auflösung von Versammlungen im Interesse einer gerichtlichen Garantie der ↑Versammlungsfreiheit (S. 138) generell zu bejahen und im übrigen dann, wenn mit der gerichtlichen Feststellung einer Wiederholungsgefahr vorgebeugt oder ein anschließender Schadensersatzprozeß vorbereitet werden soll oder der polizeiliche Eingriff als fortdauernde Diskriminierung empfunden werden kann. Nur eine gerichtliche Feststellung der Rechtswidrigkeit kommt regelmäßig in Frage, wenn die polizeiliche Maßnahme nicht in einer Anordnung, sondern in einer öffentlich-rechtlichen Realhandlung besteht (Durchsuchung, Anwendung unmittelbaren Zwangs gegen Personen oder Sachen durch körperliche Gewalt oder Waffengebrauch).

Gegen *Polizeiverordnungen* (↑Rechtsetzung durch die Verwaltung S. 258) von Polizeibehörden der Länder einschließlich der ↑Gemeinden (S. 104) kann von den unmittelbar beschwerten mit einem *Normenkontrollantrag* an das Oberverwaltungsgericht (Verwaltungsgerichtshof) vorgegangen werden, soweit die Länder das verwaltungsgerichtliche Normenkontrollverfahren eingeführt haben. Im übrigen können Polizeiverordnungen dadurch einer gerichtlichen Kontrolle zugeführt werden, daß ein Vollzugsakt abgewartet und vom Betroffenen hiergegen Klage erhoben wird.

Auch gegen Maßnahmen, die von der Polizei im Rahmen der *Strafverfolgung* durchgeführt werden, ist grundsätzlich der Verwaltungsrechtsweg eröffnet. Die ordentlichen Gerichte sind nur insoweit zuständig, als die Strafprozeßordnung dies ausdrücklich vorsieht, z. B. bei der ↑Beschlagnahme (S. 148) eines Gegenstandes ohne richterliche Anordnung und bei der Festnahme (↑Recht der Freiheitsentziehung S. 126). Gegen die polizeiliche Verfolgung und Ahndung von *Ordnungswidrigkeiten* einschließlich der Verkehrsordnungswidrigkeiten steht der Rechtsweg zu den ordentlichen Gerichten entsprechend dem Gesetz ↑Ordnungswidrigkeiten (S. 230) zur Verfügung.

Drews/Wacke/Vogel/Martens, Gefahrenabwehr, 8. Aufl., Köln u. a. 1975, Bd. 1, §§ 12f.

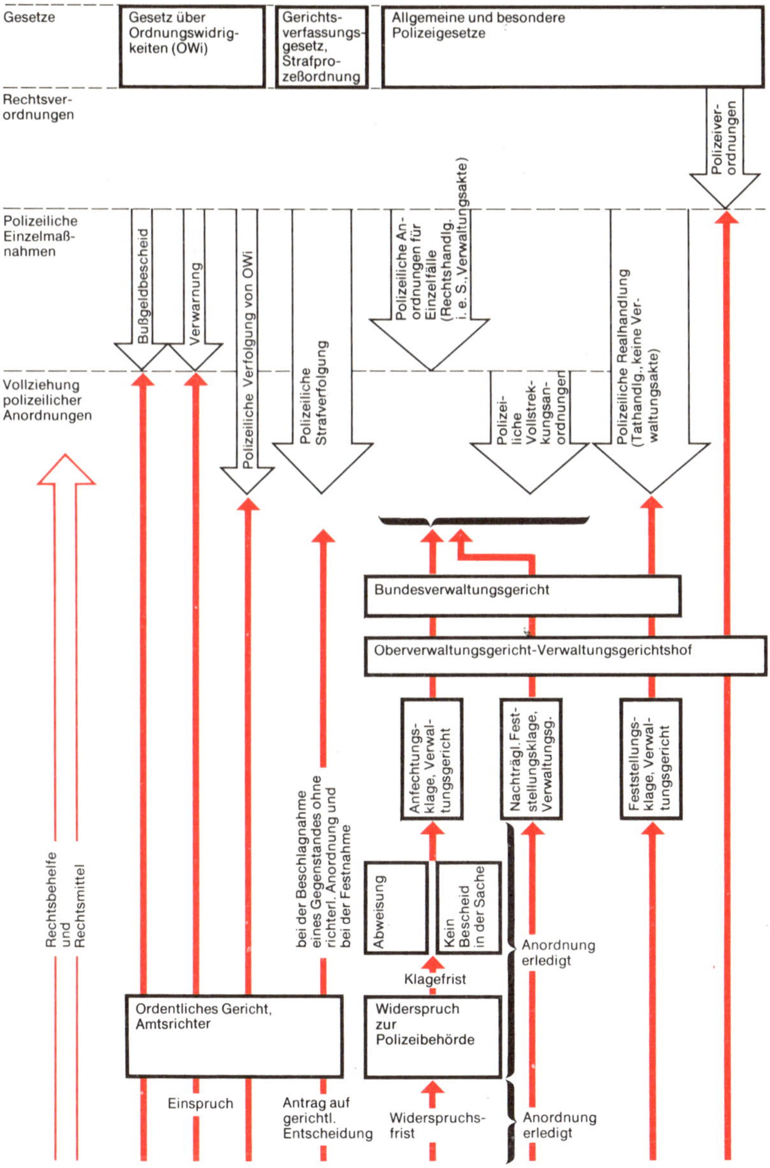

Gesetze
Gesetz über Ordnungswidrigkeiten (OWi)
Gerichtsverfassungsgesetz, Strafprozeßordnung
Allgemeine und besondere Polizeigesetze
Rechtsverordnungen
Polizeiverordnungen
Polizeiliche Einzelmaßnahmen
Bußgeldbescheid
Verwarnung
Polizeiliche Verfolgung von OWi
Polizeiliche Strafverfolgung
Polizeiliche Anordnungen für Einzelfälle (Rechtshandlg. i. e. S., Verwaltungsakte)
Polizeiliche Realhandlung (Tathandlg., keine Verwaltungsakte)
Vollziehung polizeilicher Anordnungen
Polizeiliche Vollstreckungsanordnungen
Rechtsbehelfe und Rechtsmittel
Bundesverwaltungsgericht
Oberverwaltungsgericht-Verwaltungsgerichtshof
Anfechtungsklage, Verwaltungsgericht
Nachträgl. Feststellungsklage, Verwaltungsg.
Feststellungsklage, Verwaltungsgericht
bei der Beschlagnahme eines Gegenstandes ohne richterl. Anordnung und bei der Festnahme
Abweisung
Kein Bescheid in der Sache
Anordnung erledigt
Klagefrist
Ordentliches Gericht, Amtsrichter
Widerspruch zur Polizeibehörde
Einspruch
Antrag auf gerichtl. Entscheidung
Widerspruchsfrist
Anordnung erledigt

Verfassungs- und Staatsschutz

Aufgabe des *Verfassungsschutzes* ist es, die freiheitlich-demokratische Grundordnung im politischen und gesellschaftlichen Leben zu schützen. Nach Art. 73 Nr. 10 b Grundgesetz (GG) ist der Schutz vor allem gegenüber solchen Bemühungen notwendig, die eine Störung, Änderung oder Aufhebung der verfassungsmäßigen Ordnung oder eine ungesetzliche Beeinträchtigung der Amtsführung von Mitgliedern der verfassungsmäßigen Organe der Bundesrepublik Deutschland beabsichtigen.

Während der Verfassungsschutz die besondere Staatsform betrifft, ist Gegenstand des *Staatsschutzes* der Bestand des Staates. Der Staatsschutz richtet sich auf die Sicherung des Bestandes und der Grundeinrichtungen der Bundesrepublik gegen Angriffe von innen und von außen durch bestimmte Maßnahmen. Strafrechtlich dienen diesem Zweck die Staatsschutztatbestände des Strafgesetzbuchs. Für deren Anwendung sind besondere Staatsschutzkammern bei den Oberlandesgerichten zuständig. Es handelt sich hierbei um Straftaten, die gegen den Bestand des Staates und seine verfassungsmäßigen Einrichtungen vorgenommen werden. Dazu gehören insbesondere Hoch- und Landesverrat, politische Denunziation, Mitgliedschaft in verbotenen Vereinigungen und Gefährdung der Landesverteidigung. Während der *Bundesnachrichtendienst* (BND) und der *militärische Abschirmdienst* (MAD) vor allem zur Beobachtung und Bekämpfung der Ausspähung und Preisgabe von Staatsgeheimnissen und bei Beeinträchtigung der Landesverteidigung zuständig sind, bildet das Gesetz über die Zusammenarbeit des Bundes und der Länder in Angelegenheiten des Verfassungsschutzes von 1950 (Neufassung 1972) die Rechtsgrundlage für das als Bundesoberbehörde (↑Bundeseigene Verwaltung S. 78) geschaffene *Bundesamt für Verfassungsschutz* (BfV). Aufgabe des BfV und der nach § 2 des Gesetzes errichteten *Landesämter für Verfassungsschutz* (LfV) ist die Sammlung und Auswertung von Auskünften, Nachrichten und sonstigen Unterlagen über alle gegen die verfassungsmäßige Ordnung gerichteten Bestrebungen. Das BfV und die LfV sind zur Zusammenarbeit verpflichtet; sie haben keine Polizeibefugnisse. Das BfV und die LfV haben die Bundesregierung und die Landesregierungen unmittelbar zu informieren.

Schwierige Rechtsfragen bestehen im Zusammenhang mit der Art und Weise der Nachrichtensammlung durch die Verfassungsschutzämter. Dies kann durch offene Quellen, unmittelbar durch Beauftragte der Ämter, durch Inanspruchnahme von Amtshilfe und durch Verbindungsleute (*V-Männer)* geschehen. Soweit die Nachrichtenbeschaffung ↑Grundrechte (S. 122) berührt, ist dazu eine gesetzliche Ermächtigung notwendig. Diese ist für Art. 10 GG durch das Gesetz zur Beschränkung des Brief-, Post- und Fernmeldegeheimnisses *(G 10- bzw. Abhörgesetz)* gegeben worden. Danach sind BfV, LfV und BND zur Abwehr von drohenden Gefahren für die freiheitlich-demokratische Grundordnung oder den Bestand oder die Sicherheit des Bundes oder eines Landes einschließlich der NATO-Truppen und der alliierten Truppen in Berlin berechtigt, Postsendungen zu öffnen und einzusehen, den Fernschreibverkehr mitzulesen, den Telefonverkehr abzuhören und auf Tonträger aufzunehmen. Eine solche Maßnahme darf jedoch nur bei schwerwiegendem Verdacht von Staatsschutzdelikten durchgeführt werden. Der Betroffene wird nur dann unterrichtet, wenn dies ohne Gefährdung des Ermittlungszweckes erfolgen kann. Der Rechtsweg gegen die Anordnung und Durchführung von Beschränkungsmaßnahmen nach dem Abhörgesetz ist ausgeschlossen.

E. Träfger, Das neue Staatsschutzgesetz in der Praxis, in: 25 Jahre BGH, München 1975, S. 228 f.
G. Willms, Das Staatsschutzkonzept des GG, Karlsruhe 1974.
Verfassungsschutz 1976, Bundesministerium des Innern (Hrsg.), Bonn 1977.

tatsächliche Anhaltspunkte für den Verdacht auf

- Straftaten des Friedensverrats oder des Hochverrats
- Straftaten der Gefährdung des demokratischen Rechtsstaates
- Straftaten des Landesverrats und der Gefährdung der äußeren Sicherheit
- Straftaten gegen die Sicherheit der in Deutschland stationierten NATO-Truppen bzw. alliierten Truppen und Behörden

Anordnung durch

Amt für Sicherheit der Bundeswehr, Bundesnachrichtendienst, Bundesamt für Verfassungsschutz, Landesämter für Verfassungsschutz

Vollzug

Sendungen öffnen und einsehen
Fernschreibverkehr mitlesen
Telefonverkehr abhören und auf Tonband aufnehmen

Rechtsweg
ist ausgeschlossen gegen
Beschränkung und Vollzug

PARLAMENTARISCHE KONTROLLE

Bundesinnenministerium unterrichtet alle 6 Monate ein Gremium von 5 Bundestagsabgeordneten über Durchführung der Maßnahmen.

Bundesinnenminister unterrichtet monatlich Kommission über Maßnahmen. Diese entscheidet von Amts wegen oder aufgrund von Beschwerden über Zulässigkeit und Notwendigkeit von Maßnahmen.

Pässe und Personalausweise

Pässe sind amtliche Reisepapiere, welche die Personalien, die Personalbeschreibung, das Lichtbild sowie die Unterschrift des Inhabers enthalten und für den Grenzübertritt und für einen Aufenthalt im Ausland benötigt werden. Gesetzliche Grundlage ist das Gesetz über das Paßwesen vom 4. 3. 1952. Reisepässe werden als Einzelpässe und als Familienpässe ausgestellt. Daneben gibt es die amtlichen Pässe (wie Diplomatenpässe, Ministerialpässe und Dienstpässe). Für besondere Fälle gibt es sogenannte Paßersatzpapiere (z. B. Kinderausweise, Reiseausweise für den kleinen Grenzverkehr und Reiseausweise für Flüchtlinge).

Paßbehörden im Inland sind in der Regel die staatlichen Landratsämter und die Verwaltungen der kreisfreien Städte. Größere kreisangehörige Gemeinden können zu Paßbehörden erklärt werden. Zur Ausstellung eines Reisepasses sind vorzulegen: Personenstandsurkunde (↑Personenstandssachen S. 202), zwei Lichtbilder und ein Nachweis über die deutsche Staatsangehörigkeit. Der Reisepaß wird in der Regel mit einer Geltungsdauer von fünf Jahren ausgestellt; eine Verlängerung um längstens weitere fünf Jahre ist möglich. Er kann bei Vorliegen bestimmter Gründe versagt oder entzogen werden. Häufige Gründe für die Versagung oder Entziehung sind Tatsachen, welche die Annahme rechtfertigen, daß sich der Paßbewerber oder Paßinhaber z. B. einer gesetzlichen Unterhaltspflicht oder einer Strafverfolgung oder Strafvollstreckung entziehen will.

Paßzwang ist die Verpflichtung, sich beim Grenzübertritt oder beim Aufenthalt in einem anderen Land mit einem gültigen Paß auszuweisen. Innerhalb der ↑Europäischen Gemeinschaften (S. 574) ist der Paßzwang allgemein aufgehoben. Im Touristenreiseverkehr mit einer Reihe anderer Länder außerhalb der Europäischen Gemeinschaften wurde der Paßzwang ebenfalls beseitigt. Der Aufenthalt in einem solchen Land darf in der Regel drei Monate nicht übersteigen. Eine Erwerbstätigkeit ist nicht gestattet. Für solche Touristenreisen genügt der Bundespersonalausweis.

Der *Personalausweis* ist von seinem Ursprung her ein reiner Inlandsausweis. Soweit durch zwischenstaatliche Vereinbarungen im Reiseverkehr in anderen Ländern der Paßzwang, d. h. die Verpflichtung, sich beim Grenzübertritt oder beim Aufenthalt in einem anderen Land mit einem gültigen Paß auszuweisen, beseitigt worden ist, tritt der Personalausweis auch an die Stelle des Reisepasses. Rechtsgrundlage sind das Gesetz über Personalausweise vom 19. 12. 1950 und die von einzelnen Bundesländern erlassenen Gesetze über Personalausweise. Die in ihnen festgelegte Ausweispflicht erstreckt sich auf die über 16 Jahre alten Personen, die nach den Meldevorschriften der ↑Meldepflicht (S. 344) unterliegen, soweit sie sich nicht durch einen gültigen Reisepaß ausweisen können.

Örtlich zuständig für die Ausstellung der Personalausweise ist die Behörde, in deren Bezirk der Ausweispflichtige seine Hauptwohnung hat. Der Personalausweis enthält die Personalien, die Personenbeschreibung, das Lichtbild, die Unterschrift des Ausweisinhabers sowie seine vollständige Wohnungsanschrift. Der Personalausweis wird für eine Gültigkeitsdauer von fünf Jahren ausgestellt. Eine gebührenfreie Verlängerung der Geltungsdauer um zweimal je fünf Jahre ist zulässig, wenn die Beschaffenheit des Ausweises dies zuläßt und das Lichtbild den Ausweisinhaber noch zweifelsfrei erkennen läßt.

Der Ausweispflichtige muß den Personalausweis nicht ständig mit sich führen; er ist jedoch verpflichtet, den Ausweis auf Verlangen einer zur Prüfung der Personalien ermächtigten Behörde oder den Polizeibeamten vorzulegen. Verstöße gegen die Ausweispflicht können mit Geldstrafe geahndet werden.

H. Rausch, Personalausweisrecht nach dem Stande vom 1. 7. 1962, Bielefeld 1962.
Freiherr v. Wolff, Das deutsche Paßrecht, Berlin u. a. 1952.

BUNDESREPUBLIK DEUTSCHLAND

FEDERAL REPUBLIC OF GERMANY
REPUBLIQUE FEDERALE D'ALLEMAGNE

Gebührenmarke
Fiscal stamp
Droit de timbre

REISEPASS

PASSPORT
PASSEPORT

Nr. C 878 3066

Privatpässe:

Einzelpässe
Familienpässe

amtliche Pässe:

Diplomatenpässe
Ministerialpässe
Dienstpässe

Paß-
behörden

Paßbehörde der Hauptwohnung oder des Aufenthaltsortes

im Ausland: vom auswärtigen Amt ermächtigte Auslands-vertretung

auswärtiges Amt

Voraussetzungen für die Erteilung eines Passes

Deutscher i.S. von Art. 116 GG
Personenstandsurkunde
zwei Lichtbilder
u.U. persönliches Erscheinen.

Versagungsgründe

- Gefährdung der inneren und äußeren Sicherheit oder sonstige Belange der Bundesrepublik Deutschland
- Entziehung der Strafverfolgung oder -vollstreckung im Inland
- Entziehung der steuerlichen Pflichten oder der gesetzlichen Unterhaltspflichten
- Eintritt in fremde Heeresdienste

Werden diese Gründe später bekannt, kann der Paß entzogen werden.

Voraussetzungen für die Ausstellung des Personalausweises

- Angaben und Nachweis zur Feststellung der Person und der Staatsangehörigkeit
- erforderliche Unterschriften
- auf Verlangen persönliches Erscheinen
- ein Lichtbild (ohne festen Wohnsitz zwei)
- u.U. Personenfeststellungsverfahren bei Zweifeln über die Identität

Dieser Paß enthält 32 Seiten / This passport contains 32 pages / Ce passeport contient 32 pages

Meldepflicht

Das Meldewesen dient der Erfassung der Bevölkerung. Zur Erfüllung der den staatlichen und kommunalen Behörden obliegenden Aufgaben sind übersichtliche Register erforderlich, die über die persönlichen Verhältnisse der gemeldeten Personen zuverlässig Aufschluß geben. Der Wohn- und Aufenthaltsort des einzelnen ist für zahlreiche behördliche Maßnahmen und Entscheidungen von erheblicher Bedeutung. Darüber hinaus dienen die in den Registern (Meldekarteien) enthaltenen Angaben Feststellungs-, Überwachungs-, Fahndungs- und statistischen Zwecken. So sind die *Melderegister* beispielsweise Grundlage für die Feststellung der Wahlberechtigung, die Ausstellung von Pässen und Personalausweisen und von Lohnsteuerkarten, die Ermittlung der Impf-, Schul- und Wehrpflichtigen, die Überwachung des Fremdenverkehrs und die polizeiliche Fahndungstätigkeit.

Zur Zeit ist das Melderecht noch ausschließlich durch Meldegesetze der Bundesländer geregelt, die in ihren wesentlichen Vorschriften übereinstimmen. Danach gilt folgendes: Wer eine Wohnung bezieht oder wer aus einer Wohnung auszieht, hat sich innerhalb einer Woche bei der Meldebehörde (Ortspolizeibehörde) an- bzw. abzumelden *(allgemeine Meldepflicht)*. Hierbei sind die vorgeschriebenen Meldescheine zu verwenden. Die Pflicht zur Abmeldung entfällt beim Wohnungswechsel innerhalb derselben Gemeinde. Über die Meldung erteilt die Meldebehörde eine Meldebestätigung. Bei der Anmeldung ist die Bestätigung über die Abmeldung in der letzten Wohngemeinde vorzulegen. Wird beim Bezug einer Wohnung eine andere Wohnung beibehalten, so muß bei der Anmeldung erklärt werden, welche Wohnung die *Hauptwohnung* (HW) sein soll. Die HW soll da sein, wo der Meldepflichtige den Mittelpunkt oder Schwerpunkt seiner Lebensverhältnisse sieht. Wer in mehreren Gemeinden wohnt, ist Bürger nur in der Gemeinde, die er zu seinem *Hauptwohnort* im Sinne der Gemeindeordnung erklärt hat. Hauptwohnort im Sinne der Gemeindeordnung ist in der Regel der Ort der Hauptwohnung im Sinne des Melderechts. Das muß aber nicht immer so sein; der Meldepflichtige kann es anders bestimmen. Eine Reihe von Personengruppen ist von der Meldepflicht befreit, z. B. Wehrpflichtige während des Grundwehrdienstes, Angehörige des Bundesgrenzschutzes und der Bereitschaftspolizei bei vorübergehender Abwesenheit vom Standort.

Demnächst ist damit zu rechnen, daß der Bund von seiner Befugnis zur Rahmengesetzgebung (↑Gesetzgebungszuständigkeiten, S. 76) für das Melderecht Gebrauch macht. Ein bestehender Gesetzentwurf bezweckt die Anpassung des Melderechts an die fortschreitende Automation im Einwohnermeldewesen und in anderen Verwaltungen mit personenbezogenen Aufgaben. Die Neuregelung hat auch die Einführung eines einheitlichen *Personenkennzeichens* zu berücksichtigen sowie einen Schutz des Bürgers vor einem das ↑Persönlichkeitsrecht (S. 124) beeinträchtigenden Umgang mit Daten (↑Datenschutz, S. 248).

Die Pflicht zur Anmeldung in Beherbergungsstätten ist bisher in den Bundesländern nicht einheitlich geregelt. Das zu erwartende Bundesgesetz wird jedoch aus Gründen der inneren Sicherheit allgemein eine Verpflichtung der Gäste festlegen, Meldevordrucke handschriftlich auszufüllen und zu unterschreiben. Die Regelung wird auch gelten, wenn Personen in Zelten, Wohnwagen oder Wasserfahrzeugen auf Plätzen übernachten, die gewerbsmäßig überlassen werden.

Verstöße gegen die Meldepflicht sind ↑Ordnungswidrigkeiten (S. 230), die mit einem Verwarnungsgeld oder mit einer Geldbuße geahndet werden können.

D. Lorenz, Das Melderegister als Informationsquelle, in: Die öffentliche Verwaltung 1975, S. 151 ff.
Fischer/Gröpper, Die Daten im Melderecht, in: Die öffentliche Verwaltung 1977, S. 229 ff.

(Eingangsstempel) | Lfd. Nr.

ANMELDUNG

(Anleitung auf der Rückseite beachten)

(Für amtliche Vermerke)

Bisherige Wohnung | Gemeindekennzahl | Gemeindekennzahl **08-2-22-000** | **Neue Wohnung**

Tag des Einzugs: .... 19......

Bisherige Wohnung	Neue Wohnung
Plz./Gemeinde .... (Nicht Gemeindeteil)	Gemeinde **Mannheim** .... (Nicht Gemeindeteil)
Straße/Platz .... Nr.	Straße/Platz .... Nr. ....
Landkreis	Wohnungsgeber ....
Land .... (falls Ausland, Staat angeben)	....

Für Personen, die neben der neuen Wohnung noch weitere Wohnungen haben 3

1) Wo sind die unten aufgeführten Personen außerdem noch gemeldet?

Gemeinde .... Gemeinde ....

Landkreis .... Landkreis ....

2) Wird die bisherige Wohnung beibehalten? ja – nein (Nichtzutreffendes streichen)

3) Wo befindet sich die Hauptwohnung? Gemeinde .... Landkreis ....

Lfd. Nr.	Familienname 4 bei Frauen auch Geburtsname	Vornamen (Rufname unterstreichen)	Geburtsdatum	Geburtsort Gemeinde, Landkreis (falls Ausland, Staat angeben)
	1	2	3	4
1				
2				
3				
4				
5				

Lfd. Nr.	Beruf 5	selbständig? ja – nein	Familienstd. (led., verh., verw., gesch.)	a) Jahr und Ort der Eheschließung b) Wo ist auf Antrag ein Familienbuch angelegt? 6	7 Staatsangehörigkeit	Religionsgemeinschaft
	5		6	7	8	9
1						
2						
3						
4						
5						

Lfd. Nr.	Dauernder Wohnsitz am 1. Sept. 1939 Gemeinde, Land	Buchstabe des Bundesvertriebenenausweises	Nummer des Personalausweises/Reisepasses	Haben Sie schon früher hier gewohnt? falls ja, wann?	Wehrüberwachung 8 ja – nein
	10		11	12	13
1					
2					
3					
4					
5					

Mannheim, den .... 19............

Kraftfahrzeughalter sind nach § 27 STVZO verpflichtet, jede Wohnungsänderung unter Vorlage der Kfz-Papiere der zuständigen Zulassungsstelle zu melden.

....
Unterschrift des Anmeldenden 9

....
Unterschrift des Wohnungsgebers 9

Ausländerrecht

Als Ausländer gelten solche Personen, die nicht Deutsche im Sinne des Art. 116 Grundgesetz (↑ Staatsangehörigkeit S. 18) sind. Ihr Aufenthalts- und Niederlassungsrecht ist im Ausländergesetz, im Gesetz über Einreise und Aufenthalt von Staatsangehörigen der Mitgliedstaaten der Europäischen Wirtschaftsgemeinschaft sowie in mehreren zwischenstaatlichen Abkommen geregelt. Ausländer, die in den Geltungsbereich des Grundgesetzes der Bundesrepublik Deutschland einreisen und sich darin aufhalten wollen, bedürfen einer *Aufenthaltserlaubnis*, sofern sie das sechzehnte Lebensjahr vollendet und nicht durch das Gesetz über die Rechtsstellung der heimatlosen Ausländer im Bundesgebiet oder durch zwischenstaatliche Vereinbarungen davon befreit sind. Für die Angehörigen der EWG-Mitgliedstaaten gelten Besonderheiten. Einen Rechtsanspruch auf Einreise und Aufenthalt im Bundesgebiet haben Ausländer nicht. Die Erteilung der Aufenthaltserlaubnis liegt vielmehr im pflichtgemäßen Ermessen der Ausländerbehörden. Sie kann räumlich beschränkt und zeitlich befristet werden. Die Aufenthaltserlaubnis muß versagt werden, wenn die Anwesenheit eines Ausländers Belange der Bundesrepublik Deutschland beeinträchtigt, insbesondere wenn Gründe vorliegen, die die Ausweisung rechtfertigen würden. Ausländern, die sich seit mindestens fünf Jahren rechtmäßig in der Bundesrepublik Deutschland aufhalten und sich in das wirtschaftliche und soziale Leben der Bundesrepublik eingefügt haben, kann eine zeitlich und räumlich unbeschränkte *Aufenthaltsberechtigung* erteilt werden. Die Aufenthaltserlaubnis und die Aufenthaltsberechtigung erlöschen, wenn der Ausländer keinen gültigen Paß- oder Paßersatz (↑ Pässe und Personalausweise S. 542) mehr besitzt, seine Staatsangehörigkeit wechselt oder verliert, das Bundesgebiet nicht nur vorübergehend verläßt oder ausgewiesen wird.

Aus dem Rechtsgedanken, daß Ausländer kein Recht auf Aufenthalt in einem fremden Staatsgebiet haben, folgt, daß der Staat unerwünschte Ausländer aus seinem Staatsgebiet entfernen kann. Die Ausweisungsgründe sind in § 10 Ausländergesetz abschließend geregelt. Die *Ausweisung* ist ein ↑ Verwaltungsakt (S. 260) und bedarf der schriftlichen Form. Sie steht im pflichtgemäßen Ermessen der Ausländerbehörde und ist nach Würdigung der persönlichen Verhältnisse des Ausländers nach den Umständen des Einzelfalles auszusprechen. Angehörige der EWG-Mitgliedstaaten genießen auch hier eine bevorzugte Stellung. Die Ausweisung hat die Pflicht zur unverzüglichen Ausreise zur Folge. Kommt der Ausländer dieser Pflicht nicht nach, so ist er abzuschieben. Die *Abschiebung* ist ein Verwaltungsakt und soll unter Angabe einer Frist schriftlich angedroht werden. Die Androhung kann bereits mit der Ausweisungsverfügung verbunden werden. Die Abschiebung wird in der Regel so durchgeführt, daß der Ausländer durch Polizeibeamte an die Grenze gebracht und den Grenzschutzstellen übergeben wird, die ihn über die Grenze bringen. Einem Ausländer, der ausgewiesen oder abgeschoben worden ist, darf grundsätzlich keine Aufenthaltserlaubnis mehr erteilt werden. Er ist im Falle einer Wiedereinreise an der Grenze zurückzuweisen oder zurückzuschieben.

Zuständig für die Maßnahmen nach dem Ausländergesetz sind die Landratsämter bzw. Ordnungsämter der Stadtkreise und großen Kreisstädte als Ausländerbehörden. Verstöße gegen die Vorschriften des Ausländergesetzes können als Ordnungswidrigkeit mit einer Geldbuße bis zu 5000.– DM geahndet werden. Gegen die Ausweisung, die Androhung der Abschiebung und die Abschiebung selbst kann der Ausländer ↑ Verwaltungsrechtsschutz (S. 232) beanspruchen. Ist die sofortige Vollziehung einer Maßnahme angeordnet, kann er einen Antrag auf Wiederherstellung der aufschiebenden Wirkung seines Rechtsbehelfs stellen (↑ Vorläufiger Rechtsschutz S. 166).

Kloesel/Christ, Deutsches Ausländerrecht, Stuttgart 1965 (Loseblatt).
W. Kanein, Ausländergesetz, München u. a. 1966.

Aufenthaltsregelung für Ausländer

	Nicht EG-Angehörige	EG-Angehörige
Rechtsgrundlage	Ausländergesetz und zwischenstaatliche Vereinbarungen	Ausländergesetz, Aufenthaltsgesetz/EG und EG-Recht
Einreise	Paßzwang u. U. Fremdenpaß, in besonderen Fällen Sichtvermerk (Visum) oder Durchreisesichtvermerk oder Rückkehrsichtvermerk notwendig	Freizügigkeit Ausweispflicht durch Paß oder amtlichen Personalausweis
Aufenthalt	Aufenthaltserlaubnis (AE), sofern Belange der Bundesrepublik Deutschland nicht entgegenstehen. Als Belange gelten insbesondere: Situation der Wirtschaft und des Arbeitsmarktes, politische Gesichtspunkte, Gesundheitszustand, AE in der Regel nach Dauer der Arbeitserlaubnis. Verlängerung und nachträgliche Beschränkung möglich. Aufenthaltsberechtigung kann nach fünfjährigem rechtmäßigem Aufenthalt erteilt werden. Befreiung von der AE durch zwischenstaatliche Vereinbarungen (Touristenverkehr) oder Verordnung des Bundesinnenministers. Erlöschen der Aufenthaltserlaubnis bei Paß- oder Paßersatzverlust, Verlust oder Wechsel der Staatsangehörigkeit, nicht nur vorübergehendes Verlassen des Bundesgebietes, Ausweisung	AE für Arbeitnehmer fünf Jahre, in der Regel Begrenzung auf Dauer des Arbeitsverhältnisses, AE für niedergelassene selbständige Erwerbstätige fünf Jahre, AE für Erbringer von Dienstleistungen nach Dauer der Dienstleistung, AE für Empfänger von Dienstleistungen nach Dauer der Dienstleistung, AE für Familienangehörige Verlängerung und nachträgliche Beschränkung möglich. Befreiung von der AE während der ersten drei Monate (Arbeitssuche) und für Grenzarbeiter (aber Aufenthaltsanzeige). Erlöschen der AE Aufenthaltsunterbrechung über sechs Monate, es sei denn Wehrdienst oder Ersatzdienst
Ausweisung	Abschließende Regel in § 10 Ausländergesetz: Gefährdung der demokratischen Grundordnung oder der Sicherheit der Bundesrepublik Deutschland, Verurteilung, wegen eines Verbrechens oder Vergehens, Verstoß gegen Steuer- oder Zollrecht, Verstoß gegen das Aufenthaltsrecht, Unrichtige Angaben zum Zwecke der Täuschung oder Verweigern von Angaben gegenüber amtlichen Stellen, Betteln, Gefährdung der öffentlichen Gesundheit und Sittlichkeit, Inanspruchnahme von Sozialhilfe, Beeinträchtigung sonstiger erheblicher Belange der Bundesrepublik Deutschland. Einschränkungen nach § 11 Ausländergesetz bei Aufenthaltsberechtigung.	Einschränkungen nur durch § 12 Aufenthaltsgesetz/EG

Asylrecht
ausländische Flüchtlinge – heimatlose Ausländer

Nach Art. 16 Abs. 2 Satz 2 Grundgesetz genießen *politisch Verfolgte* Asylrecht. Für Flüchtlinge i.S. des Abkommens über die Rechtsstellung der Flüchtlinge vom 18.7.1951 (Genfer Konvention) und sonstige politisch Verfolgte gilt das Anerkennungsverfahren nach §§ 28–46 Ausländergesetz. Unter einem politisch Verfolgten versteht man einen Ausländer, der das Land, in dem er seinen gewöhnlichen Aufenthalt hatte, verlassen hat, weil dort gegen ihn unter Verletzung der Menschenrechte aus politischen Gründen behördliche Maßnahmen eingeleitet worden waren oder mit großer Wahrscheinlichkeit eingeleitet werden sollen, durch die Leib oder Leben oder die persönliche Freiheit des Verfolgten bedroht werden. Das *Asylrecht* gewährt Schutz vor Auslieferung und Ausweisung in das Verfolgungsland und umfaßt alle Maßnahmen, die der Hilfe und Schutzgewährung des Asylberechtigten dienen. Ausländer, die die Anerkennung als *Asylberechtigter* begehren, müssen sich unverzüglich bei der nächsten Grenzschutzbehörde oder der nächsten Ausländerbehörde melden, da sie sonst wegen illegaler Grenzüberschreitung oder fehlender Aufenthaltserlaubnis wieder zurückgewiesen werden müßten. Ist der Ausländer als Asylberechtigter anerkannt worden, so wird er anhand eines Verteilerschlüssels einem Bundesland zugewiesen, das seinen Aufenthaltsort bestimmen und ihm eine Aufenthaltserlaubnis erteilen muß. Asylberechtigte erhalten einen Reiseausweis für Flüchtlinge und genießen die Rechtstellung nach dem Abkommen über die Rechtsstellung der Flüchtlinge. Sie erhalten weiterhin eine besondere Arbeitserlaubnis, die unabhängig von der Lage und Entwicklung des Arbeitsmarktes ist und keine Beschränkungen an eine bestimmte berufliche Tätigkeit oder einen bestimmten Betrieb enthält. Nach § 11 Ausländergesetz dürfen sie nur aus schwerwiegenden Gründen der öffentlichen Sicherheit oder Ordnung ausgewiesen und abgeschoben werden. Eine Ausweisung oder Abschiebung in das Verfolgungsland ist unzulässig (↑Ausländerrecht S. 546).

Eine große Zahl von Asylanträgen erklärt sich daraus, daß viele Asylbewerber in der Bundesrepublik attraktivere Lebensbedingungen vorfinden (Sozialleistungen, Unterbringung, ärztliche Betreuung), als ihnen in den Herkunftsländern geboten werden. Daher versuchen Asylbewerber, durch die Einlegung von Rechtsmitteln (↑Verwaltungsrechtsschutz S. 232) ihren Aufenthalt in der Bundesrepublik zu verlängern. Dem wird durch eine Straffung des Verfahrens und durch eine Verkürzung der Rechtsmittelinstanzen (↑Rechtsmittelverfahren S. 170) entgegengewirkt.

Durch die Kriegseinwirkungen befanden sich nach 1945 zahlreiche Ausländer auf deutschem Boden, die infolge der veränderten Nachkriegsverhältnisse nicht mehr in ihre Heimat zurückkehren konnten. Das Gesetz über die Rechtsstellung *heimatloser Ausländer* im Bundesgebiet von 1951 hat ihren Aufenthalt im Bundesgebiet geregelt. Sie genießen Freizügigkeit und sind von dem Erfordernis der Aufenthaltserlaubnis bzw. der Arbeitserlaubnis befreit. Durch das Gesetz über die Rechtsstellung heimatloser Ausländer wurde eine weitgehende Gleichstellung mit den deutschen Staatsangehörigen bewirkt. Sie können aber aus Gründen der öffentlichen Sicherheit oder Ordnung ausgewiesen und abgeschoben werden. Bei der Ausweisung ist dem Betroffenen eine angemessene Frist zu gewähren, in welcher er um Aufnahme in einen anderen Staat nachsuchen kann.

Politiker können bei akuter Gefahr für Leib und Leben durch das *diplomatische Asylrecht* ausländischer Gesandtschaften Schutz erhalten.

H. Minta/R. Wohlleben/H. Weicken, Ausländerrecht in der Bundesrepublik Deutschland, Frankfurt 1973 (Loseblatt).

R. Schiedermair, Handbuch des Ausländerrechts der Bundesrepublik Deutschland, Frankfurt u. a. 1968.

	Asylberechtigte	Heimatlose Ausländer
Personenkreis	a) Flüchtlinge im Sinne von Art. 1 des Abkommens über die Rechtsstellung der Flüchtlinge vom 18.7.1951 b) sonstige Ausländer, die politisch Verfolgte im Sinne von Art. 16 Abs. 2 Satz 2 Grundgesetz sind	Fremde Staatsangehörige oder Staatenlose, die sich in der Obhut einer internationalen Flüchtlingsorganisation befinden, nicht Deutsche im Sinne von Art. 116 GG sind und am 30.6.1950 ihren Aufenthalt in der Bundesrepublik Deutschland hatten
Rechtsgrundlage	Ausländergesetz vom 28.4.1965, Abkommen über die Rechtsstellung der Flüchtlinge vom 28.7.1951 (verkündet durch Gesetz vom 1.9.1953)	Gesetz über die Rechtsstellung heimatloser Ausländer
Anerkennungsverfahren	Meldepflicht unverzüglich nach Einreise – Sammellager für Ausländer, Antrag an das Bundesamt für die Anerkennung ausländischer Flüchtlinge, Anerkennungsausschuß, Anerkennung, Verteilung auf die Bundesländer nach einem Verteilungsschlüssel	Feststellung der Eigenschaft als heimatloser Ausländer obliegt den örtlich zuständigen Ausländerbehörden
Aufenthaltserlaubnis	nach Anerkennung Anspruch auf Aufenthaltserlaubnis, Reiseausweis für Flüchtlinge	Befreiung vom Erfordernis der Aufenthaltserlaubnis
Erwerbstätigkeit	besondere Arbeitserlaubnis ohne Rücksicht auf Arbeitsmarkt	Befreiung vom Erfordernis der Arbeitserlaubnis
Ausweisung	nur aus schwerwiegenden Gründen der öffentlichen Sicherheit und Ordnung, keine Abschiebung in Verfolgungsland	nur aus Gründen der öffentlichen Sicherheit und Ordnung, angemessene Frist, Schutz für Ausweisung und Abschiebung in Verfolgungsland

Ausländische Arbeitnehmer

Die Zeit des Wiederaufbaus und der wirtschaftlichen Hochkonjunktur mit ihrem großen Bedarf an Arbeitskräften ließ die Zahl der *ausländischen Arbeitnehmer* von 100 000 im Jahr 1957 auf 2,3 Millionen im Jahr 1973 und damit auf einen Anteil von fast 11% der Gesamtzahl der Beschäftigten anwachsen. Diese Entwicklung wurde durch die wirtschaftliche Rezession im Jahre 1974 gestoppt und führte zu einem ständigen Rückgang der Ausländerquote. Sie liegt mit knapp 1,88 Millionen im ersten Halbjahr 1977 nunmehr unter 10%. Ein Ansteigen dieser Zahl ist aufgrund der Arbeitslosigkeit nicht zu erwarten. Vielmehr wird mit einem weiteren Rückgang der ausländischen Arbeitnehmer, vor allem aus Ländern außerhalb der ↑Europäischen Gemeinschaften (S. 574), zu rechnen sein.

Die Rechtsverhältnisse der ausländischen Arbeitnehmer bestimmen sich nach deutschem ↑Arbeitsrecht (S. 368). Zur Arbeitsaufnahme bedürfen Arbeitnehmer, die nicht Deutsche i.S. von Art. 116 GG sind (↑Staatsangehörigkeit S. 18), nach § 19 Arbeitsförderungsgesetz einer Erlaubnis der Bundesanstalt für Arbeit, soweit in zwischenstaatlichen Vereinbarungen nichts anderes bestimmt ist. Als Arbeitserlaubnisersatz gelten die im Rahmen der Anwerbevereinbarungen ausgestellten Legitimationskarten und die Zulassungsbescheinigungen für Gastarbeitnehmer, die im Rahmen von Gastarbeitnehmerabkommen zum Zwecke der beruflichen und sprachlichen Fortbildung von Dienststellen der Bundesanstalt für Arbeit ausgestellt werden. Angehörige der Mitgliedstaaten der Europäischen Gemeinschaften sind von der Arbeitserlaubnis befreit. Sie müssen zur Erlangung einer Aufenthaltserlaubnis nur nachweisen, daß sie in einem Arbeitsverhältnis stehen.

Die *Arbeitserlaubnis*, die beim Arbeitsamt des gewöhnlichen Aufenthaltsortes zu beantragen ist, kann nach Lage und Entwicklung des Arbeitsmarktes erteilt werden. Unabhängig von der Situation des Arbeitsmarktes wird eine besondere Arbeitserlaubnis erteilt, wenn der Arbeitnehmer in den letzten Jahren ununterbrochen eine unselbständige Tätigkeit rechtmäßig im Geltungsbereich der Bundesrepublik ausgeübt hat oder mit einem Deutschen mit gewöhnlichem Aufenthalt in der Bundesrepublik verheiratet ist. Die Arbeitserlaubnis wird in der Regel für eine bestimmte berufliche Tätigkeit und für einen bestimmten Betrieb erteilt; sie ist auf den Bezirk des Arbeitsamtes beschränkt und auf längstens zwei Jahre befristet. Sie wird nur erteilt, soweit der Arbeitnehmer eine Aufenthaltserlaubnis oder Aufenthaltsberechtigung besitzt (↑Ausländerrecht S. 546). Andererseits erteilen die Ausländerbehörden eine Aufenthaltserlaubnis nur, wenn sichergestellt ist, daß eine Arbeitserlaubnis erteilt wird. Dies wird durch eine bedingte Erteilung der Aufenthaltserlaubnis und Rückfragen bei den Arbeitsämtern erreicht. Die Arbeitserlaubnis ist zu versagen, wenn das Arbeitsverhältnis aufgrund einer unerlaubten Arbeitsvermittlung oder Anwerbung zustande kommt, der Antragsteller unerlaubt Arbeitsvermittlungen und Anwerbungen von ausländischen Arbeitnehmern vorgenommen hat oder die Arbeitsbedingungen ungünstiger sind als die vergleichbarer deutscher Arbeitnehmer. Die Arbeitserlaubnis ist auch zu versagen, wenn der Arbeitnehmer als Leiharbeitnehmer tätig werden will. Die Arbeitserlaubnis kann versagt werden, wenn der Arbeitnehmer ohne Erlaubnis der Bundesanstalt eine Beschäftigung ausgeübt hat, eine widerrufene oder erloschene Arbeitserlaubnis trotz Aufforderung nicht dem Arbeitsamt zurückgibt oder wichtige Gründe in der Person des Arbeitnehmers vorliegen. Die Arbeitserlaubnis kann widerrufen werden, wenn Versagungsgründe entstehen oder die Arbeitsmarktlage sich ändert. Sie erlischt, wenn die für den Aufenthalt erforderliche Erlaubnis abgelaufen bzw. erloschen ist oder der Arbeitnehmer sich länger als drei Monate im Ausland aufhält.

H. Minta/R. Wohlleben/H. Weicken, Ausländerrecht in der Bundesrepublik Deutschland, Frankfurt 1973 (Loseblatt).
B. Braun, Niederlassungsrecht der Bundesrepublik Deutschland, Münster 1973.

Die Entwicklung der Ausländerbeschäftigung in der Bundesrepublik

Ende September	Beschäftigte ausländische Arbeitnehmer insgesamt	Mehr (+) oder weniger (−) als im Vorjahr		Ausländerquote[1])
		absolut	%	
1960	329 356	+ 162 527	+ 97,4	1,5
1961	548 916	+ 219 560	+ 66,7	2,5
1962	711 459	+ 162 543	+ 29,6	3,2
1963	828 743	+ 117 284	+ 16,5	3,7
1964	985 616	+ 156 873	+ 18,9	4,4
1965	1 216 804	+ 231 188	+ 23,5	5,7
1966	1 313 491	+ 96 687	+ 97,9	6,1
1967	991 255	− 322 236	− 24,5	4,7
1968	1 089 873	+ 98 618	+ 9,9	5,2
1969	1 501 409	+ 411 536	+ 37,8	7,0
1970	1 948 951	+ 447 542	+ 29,8	9,0
1971	2 240 793	+ 291 842	+ 15,0	10,3
1972	2 352 392	+ 111 599	+ 5,0	10,8
1973[2])				
1974	2 286 625	− 65 767	− 2,8	10,9
1975	2 038 779	− 247 846	− 10,8	10,1
1976	1 920 895	− 117 884	− 5,8	9,5
1977	1 888 585	− 32 310	− 1,7	9,5

[1]) Anteil der beschäftigten ausländischen Arbeitnehmer an der Gesamtzahl der unselbständig Erwerbstätigen in %

[2]) 1973 wurde von der Bundesanstalt für Arbeit keine Erhebung durchgeführt.

Im Bundesgebiet beschäftigte ausländische Arbeitnehmer nach Staatsangehörigkeit und Ländern

Land der Staatsangehörigkeit	30.6.1975	30.6.1976	30.6.1977
Europa	1935936	1798715	1749154
EG-Länder	431641	402771	407402
Belgien	9568	9463	9192
Dänemark	3062	3128	3065
Frankreich	45821	42395	43631
Großbritannien u. Nordirland	21449	22778	25247
Irland	930	941	1170
Italien	297079	276367	281224
Luxemburg	1244	1239	1228
Niederlande	52488	46460	42645
Übrige europäische Länder	1504295	1395944	1341752
Bulgarien	1284	1320	1325
Finnland	2985	2893	2887
Griechenland	203629	178800	162495
Island	420	465	461
Jugoslawien	418745	390079	377206
Norwegen	1178	1097	1107
Österreich	78020	75997	74985
Polen	7531	7339	7524
Portugal	70520	63579	60160
Rumänien	4273	4146	4333
Schweden	2484	2436	2307
Schweiz	6534	6855	6944
Sowjetunion	1374	1426	1343
Spanien	129817	111006	100311
Tschechoslowakei	11890	11832	11776
Türkei	553217	527483	517467
Ungarn	7972	7985	7990
Sonstige	2422	1206	1131
Afrika	34937	34068	33775
Amerika	21300	22085	22545
Asien	42692	46027	47814
Australien und Ozeanien	2446	2458	2459
Staatenlos/ungeklärte Staatsangehörigkeit	33424	33781	32838
Insgesamt	2070735	1937134	1888585

Statistisches Bundesamt 1978

Waffenrecht

Mit dem Bundeswaffengesetz vom 19. 9. 1972 wurde ein bundeseinheitliches Waffenrecht geschaffen. Durch das Gesetz wurden die Vorschriften über den Erwerb und den Besitz von Schußwaffen und Munition verschärft, der Zugang zur Waffenherstellung und zum Waffenhandel neu geregelt und den Gewerbetreibenden zusätzliche Pflichten bei der Gewerbeausübung auferlegt. Die Waffenherstellung und der Waffenhandel bedürfen der Erlaubnis des staatlichen Landratsamtes oder des städtischen Ordnungsamtes des gewerblichen Aufenthaltsortes, soweit sie gewerbsmäßig oder selbständig im Rahmen einer wirtschaftlichen Unternehmung ausgeübt werden. Die Erlaubnis wird nur erteilt, wenn der Antragsteller die erforderliche Zuverlässigkeit und Fachkunde besitzt, die durch eine mündliche Prüfung vor einem durch die Verwaltungsbehörde gebildeten Prüfungsausschuß nachzuweisen ist. Aufnahme und Einstellung des Betriebes sind anzuzeigen; über die Herstellung ist ein *Waffenherstellungsbuch* und über den Vertrieb ein *Waffenhandelsbuch* zu führen. Für jede hergestellte Waffe besteht eine Kennzeichnungspflicht. Durch eine behördliche Beschußprüfung werden die hergestellten Waffen geprüft und zugelassen.

Der Erwerb einer Schußwaffe und die Ausübung der tatsächlichen Gewalt über eine Schußwaffe bedürfen der Erlaubnis, die durch eine *Waffenbesitzkarte* erteilt wird. Schußwaffen im Sinne des Gesetzes sind Geräte, die zum Angriff, zur Verteidigung, zum Sport, Spiel oder zur Jagd bestimmt sind und bei denen Geschosse durch einen Lauf getrieben werden. Darunter fallen nicht Schleudern, Armbrüste, Federdruckgeräte, Spraydosen sowie Schreck- und Reizstoffwaffen, die keinen Lauf haben. Zum Erwerb der Schußwaffenmunition ist ein *Munitionserwerbsschein* notwendig. Dieser wird nur erteilt, wenn der Antragsteller das achtzehnte Lebensjahr vollendet, die erforderliche Zuverlässigkeit und Sachkunde besitzt und ein Bedürfnis nachweisen kann. Die Sachkunde ist in einer Prüfung oder durch entsprechende berufliche Tätigkeit bzw. Ausbildung nachzuweisen. Ein Bedürfnis ist anzunehmen bei Inhabern von Jagdscheinen, bei Sportschützen, Waffensammlern und Personen, die aufgrund ihrer Stellung im öffentlichen oder beruflichen Leben mehr als die Allgemeinheit einer Gefährdung oder Angriffen auf Leib oder Leben ausgesetzt sind, und wenn die Erteilung der Erlaubnis geeignet ist, diese Gefährdung zu mindern.

Für das Führen der Waffe, d.h. für die Ausübung der tatsächlichen Gewalt über sie außerhalb der Wohnung, der Geschäftsräume oder des befriedeten Besitztums, ist ein *Waffenschein* erforderlich. Er wird nur erteilt, wenn die Voraussetzungen für die Waffenbesitzkarte erfüllt sind und der Antragsteller eine Haftpflichtversicherung in Höhe von 250000,– DM für Personenschäden und 25000,– DM für Sachschäden nachweist.

Darüber hinaus bestehen Verbote für bestimmte Waffen und Gegenstände, wie vollautomatische Selbstladewaffen, Stahlruten, Totschläger oder Schlagringe sowie Sprung- und Fallmesser. Bei öffentlichen Veranstaltungen dürfen keine Schuß-, Hieb- oder Stoßwaffen getragen werden.

Erwirbt jemand Schußwaffen oder Munition durch Fund oder Erbfolge, so muß er dies der Behörde anzeigen, desgleichen im Falle des Abhandenkommens der Waffe bzw. der Erlaubnisurkunden. Bei Verstößen gegen das Waffengesetz drohen Freiheitsstrafen von sechs Monaten bis zu fünf Jahren oder Geldstrafen.

E. Apel, Waffenrecht, 2. Aufl., Köln 1977.
G. Potrykus, Waffenrecht, 4. Aufl., München 1977.

Genehmigungsvorgang im Waffenrecht

<table>
<tr><th>Gewerbsmäßige Waffenherstellung, Waffenhandel</th><th>Erwerben und Überlassen von Waffen und Munition</th></tr>
<tr><td>Antrag</td><td>Antrag auf Erteilung einer Waffenbesitzkarte
Antrag auf Erteilung eines Munitionserwerbsscheines</td></tr>
<tr><td><u>Erlaubnisbehörde</u>
(In der Regel Landratsamt oder Ordnungsamt im Stadtkreis und in der großen Kreisstadt)
prüft
Zuverlässigkeit
Fachkunde
↓
Erlaubnis</td><td><u>Erlaubnisbehörde</u>
prüft
Zuverlässigkeit
Sachkunde
körperliche Eignung
Bedürfnis
Sachkundenachweis durch Prüfung
↓
Waffenbesitzkarte
Munitionserwerbsschein → Geltungsdauer 5 Jahre</td></tr>
<tr><td><u>Pflichten:</u>
1. Anzeigepflicht über Aufnahme und Einstellung des Betriebes (Zweigniederlassungen) unter Angabe des Betriebsleiters
2. Führung eines Waffenherstellungsbuches
eines Waffenhandelsbuches
eines Munitionshandelsbuches
3. Kennzeichnungspflicht bei der Herstellung und Einfuhr von Schußwaffen und Munition
4. Beschußpflicht für die Herstellung und Einfuhr von Handfeuerwaffen, Böller, Einsteckläufe und Austauschläufe</td><td><u>Pflichten:</u>
1. Anzeigepflicht bei Erwerb von Schußwaffen und Munition durch Fund, Aneignung, Erbfolge, Vermögensverwaltung
2. Auskunft, Nachschau, Vorzeigepflicht</td></tr>
<tr><td><u>Sonstige Erlaubnisfälle:</u>
Erlaubnispflicht für die Einfuhr von Schußwaffen und Munition
Erlaubnispflicht für das nicht gewerbsmäßige Herstellen, Bearbeiten und Instandsetzen von Schußwaffen

Betrieb von Schießstätten
Schießen außerhalb von Schießstätten</td><td><u>Führen von Waffen:</u>

Antrag auf Erteilung eines Waffenscheins
Erlaubnisbehörde
prüft
Zuverlässigkeit
Sachkunde
körperliche Eignung
Bedürfnis

Nachweis einer Haftpflichtversicherung
250.000,– DM bei Personenschaden
25.000,– DM bei Sachschaden

<u>Verbot:</u>
Führen von Waffen bei öffentlichen Veranstaltungen</td></tr>
</table>

Technische Prüf- und Überwachungsdienste (Technische Überwachungsvereine)

Die Entstehung der Technischen Überwachungsvereine (TÜV) reicht bis in die Mitte des neunzehnten Jahrhunderts zurück. In dieser Zeit wurden die Dampfkesselüberwachungsvereine gegründet, die es sich zur Aufgabe gemacht hatten, zum Schutze der Arbeitnehmer und der Öffentlichkeit ihre Mitglieder bei der Anlage und dem Betrieb von Dampfkesseln zu unterstützen und zu beraten. Der erste Verein wurde 1864 in Mannheim gegründet. Im Laufe der Zeit traten weitere gefährliche Anlagen hinzu und die Dampfkesselüberwachungsvereine wurden im Zuge einer organisatorischen Neuregelung 1937/38 in TÜV unter Beibehaltung ihres privatrechtlichen Charakters umgebildet. Die staatlichen Aufsichtsbehörden haben diese TÜV als Überwachungsorganisationen anerkannt und bedienen sich ihrer in allen die Sicherheit technischer Anlagen betreffenden Angelegenheiten.

In Erfüllung ihrer Überwachungsaufgaben führen bei den TÜV besonders ausgebildete und eigens zu diesem Zweck amtlich anerkannte Sachverständige die durch gesetzliche Bestimmungen und Verordnungen sowie durch Vorschriften der Berufsgenossenschaften (↑ Unfallversicherung S. 402), Versicherungen und anderer Einrichtungen geforderten sicherheitsrechtlichen Prüfungen durch. Darüber hinaus übernimmt der TÜV Prüf- und Beratungsaufgaben, die die Wirtschaftlichkeit von Anlagen betreffen, vornehmlich in der Wärme- und Energiewirtschaft.

Die Tätigkeit der TÜV stellt grundsätzlich keine Ausübung hoheitlicher Gewalt dar. Insbesondere sind den TÜV keine hoheitlichen Funktionen übertragen, die sie zu hoheitlichen Maßnahmen (↑ Verwaltungsakte S. 260) ermächtigen. Die Überwachung von technischen Anlagen ist eine im öffentlichen Interesse liegende Aufgabe des Staates, die dieser durch die TÜV wahrnehmen läßt. Es handelt sich hier um die Wahrnehmung öffentlicher Aufgaben durch Private im Gegensatz zur Übertragung hoheitlicher Befugnis auf Private (Beleihung).

Zu den heutigen Aufgaben der TÜV gehören die Überwachung und Prüfung von dampf- und drucktechnischen Anlagen, die Werkstoffprüfung und die Bauüberwachung von Großanlagen, die Beratung, Prüfung und Überwachung der Anlagen der Kraft- und Wärmewirtschaft im Zusammenhang mit den Problemen des Umweltschutzes, die Überwachung und Abnahme von Aufzugs-, Kran- und sonstigen Anlagen der Fördertechnik, Prüfungen im Bereich der Elektro- und Kerntechnik sowie Aufgaben des Strahlenschutzes. Von besonderer Bedeutung für die Allgemeinheit sind die bei den TÜV zu bildenden *Prüfstellen für den Kraftfahrzeugverkehr*. Ihnen obliegen die sich aus der Straßenverkehrszulassungsordnung (↑ Straßenverkehrsordnung (S. 498) ergebenden Aufgaben, insbesondere die Prüfung von Einzelfahrzeugen und Fahrzeugtypen, die Untersuchung dieser Fahrzeuge auf ihre Verkehrs- und Betriebssicherheit sowie die Prüfung der Antragsteller im Rahmen der Erlaubniserteilung für die Führung von Kraftfahrzeugen auf öffentlichen Straßen. Zur Untersuchung von Unfallursachen sind bei den TÜV medizinisch-psychologische Institute gebildet worden. Die TÜV sind rein privatrechtlich organisierte Vereine des bürgerlichen Rechts. Die Haftung der Vereine und der bei diesen beschäftigten Sachverständigen bestimmt sich allein nach den Vorschriften des Zivilrechts. Da die TÜV keine hoheitliche Tätigkeit ausüben, scheidet eine ↑ Staatshaftung (S. 270) aus.

Zum Teil wird angenommen, daß die Sachverständigen der TÜV bei der Ausstellung der Prüfungszeugnisse hoheitliche Gewalt ausüben, d. h. Verwaltungsakte erlassen.

G. Wiesenack, Wesen und Geschichte des TÜV, Köln 1971.
W. Herschel, Rechtsfragen der Technischen Überwachung (Schriftenreihe Recht und Technik 1), Heidelberg 1972.

Vereinigung der TÜV als Dachverband

TÜV Baden e. V.
Sitz: Mannheim

TÜV Bayern e. V.
Sitz: München

TÜV Berlin e. V.

TÜV Hannover e. V.

TÜV Hessen e. V.
Sitz: Frankfurt

TÜV Norddeutschland e. V.
Sitz: Hamburg

TÜV Pfalz e. V.
Sitz: Kaiserslautern

TÜV Nordrhein-Westfalen e. V.
Sitz: Essen

TÜV Rheinland e. V.
Sitz: Köln

TÜV Saarland e. V.
Sitz: Saarbrücken

TÜV Stuttgart e. V.

TÜV

Mitgliederversammlung

wählt

Vorstand

bestellt

mit Zustimmung der Aufsichtsbehörde

Geschäftsführer

(3) Stellvertreter des Geschäftsführers

Abteilungsleiter

Abt.
Dampf und Druck

Abt.
Werkstoffe und Bauüberwachung

Abt.
Kraft- und Wärmewirtschaft

Abt.
Aufzüge, Krane

Abt.
Elektro-Technik

Abt.
Kerntechnik

Abt.
Kfz-Wesen

Medizinisch-Psychologisches Institut

Verwaltung

Dienststellenleiter der örtlichen Dienststellen

Schornsteinfegerrecht

Die Notwendigkeit der Feuerstellenüberwachung und der vorbeugenden Brandbekämpfung wurde schon im Mittelalter erkannt. Wurden diese Aufgaben zunächst von Handwerkern als Nebenberuf mitausgeübt, so bildete sich mit der Zeit ein eigenständiges Schornsteinfegerhandwerk heraus. Ihre Berufsausübung war durch die Einrichtung von Kehrbezirken und Kehrzwang finanziell abgesichert und in die Zunftangehörigkeit eingebettet. Im neunzehnten Jahrhundert bewirkte die allgemeine Gewerbefreiheit die Aufhebung der Kehrbezirke und einen freien Wettbewerb im Schornsteinfegerhandwerk. Die damit verbundene erhebliche Gefährdung der Feuersicherheit führte in der Folgezeit zur Einschränkung des freien Wettbewerbs durch die Wiedereinführung der Kehrbezirke. Nach mehreren gesetzlichen Regelungen in der Gewerbeordnung ist das Schornsteinfegerwesen nunmehr durch das Gesetz über das Schornsteinfegerwesen umfassend neu geregelt worden.

Nach diesem Gesetz sind die Eigentümer von Grundstücken und Räumen verpflichtet, die kehr- und überprüfungspflichtigen Anlagen fristgerecht reinigen und überprüfen zu lassen *(Kehrzwang)*. Als solche Anlagen kommen Schornsteine, Feuerstätten, Rauchableitungen, Lüftungseinrichtungen und ähnliches in Betracht. Das Nähere ist in landesrechtlichen Kehrordnungen geregelt. Zur Wahrnehmung der Kehr- und Überprüfungsaufgaben werden von den zuständigen Verwaltungsbehörden, die durch Rechtsverordnung der Landesregierung bestimmt werden (in der Regel das staatliche Landratsamt), *Kehrbezirke* eingerichtet, geändert und besetzt. Für jeden Kehrbezirk wird nur ein *Bezirksschornsteinfegermeister* bestellt. Voraussetzung für die Bestellung zum Bezirksschornsteinfegermeister ist die Eintragung in die Bewerberliste sowie der erforderliche Gesundheitszustand und eine mindestens dreijährige Berufspraxis im Bezirk der Bewerberliste. In die Bewerberliste werden nur solche Personen aufgenommen, die die deutsche Staatsangehörigkeit besitzen, die Meisterprüfung im Schornsteinfegerhandwerk abgelegt haben, die für den Beruf erforderliche Zuverlässigkeit besitzen und im Bezirk der Bewerberliste praktisch tätig sind.

Jeder Bewerber wird in der Rangfolge seiner Eintragung zunächst auf ein Jahr zur Probe bestellt. Bei ordnungsgemäßer Verwaltung des Kehrbezirks erfolgt dann die endgültige Bestellung zum Bezirksschornsteinfegermeister. Die Bestellung erlischt durch Rücknahme, Widerruf, Aufhebung, Versetzung in den Ruhestand bei vorzeitigen gesundheitlichen Störungen oder Erreichung der Altersgrenze.

Zu den Aufgaben des Bezirksschornsteinfegermeisters gehören die Ausführung der durch die Kehr- und Überprüfungsordnung vorgeschriebenen Arbeiten, die regelmäßige Überwachung der Arbeit seiner Gesellen und Lehrlinge, die Vornahme der Feuerstätten- und Brandverhütungsschau, die Meldung von Mängeln, die Prüfung und Begutachtung von Feuerstätten, Ausstellung von Bescheinigungen zu Rohbau- und Schlußabnahmen nach jeweiligem Landesrecht, Hilfeleistungen bei der Brandbekämpfung und im Rahmen des Zivilschutzes sowie die Überprüfung von Feuerstätten und ähnlichen Einrichtungen nach Maßgabe der öffentlich-rechtlichen Vorschriften auf dem Gebiet des Immissionsschutzes. Für die Wahrnehmung dieser Aufgaben erhält der Bezirksschornsteinfegermeister Gebühren nach den landesrechtlichen Kehr- und Überprüfungsgebührenordnungen. Die Ausbildung der Schornsteinfeger ist in besonderen Vorschriften, die aufgrund des Schornsteinfegergesetzes und der Handwerksordnung ergangen sind, geregelt. Die Organisation des Schornsteinfegerhandwerks unterliegt der ↑ Handwerksordnung (S. 332).

M.-J. Dohrn, Das Deutsche Schornsteinfegerwesen, 2. Aufl., Berlin 1970 (Loseblatt).
Moelle/Sieger/Musielak, Das Recht des Schornsteinfegerhandwerks, 6. Aufl., Darmstadt 1965.
J. Scheibe/G. Bentin, Handbuch für das Schornsteinfegerhandwerk, 2. Aufl., Köln 1966.

Berufsausbildung des Schornsteinfegers

Lehrverhältnis drei bis vier Jahre
Berufsschulpflicht
Gesellenprüfung
Gesellenzeit mindestens drei bis fünf Jahre
Meisterprüfung

Bestellung zum Bezirksschornsteinfegermeister

Antrag
Eintragung in die Bewerberliste
Voraussetzungen:
1. Deutscher im Sinne von Art. 116 Grundgesetz (↑Staatsangehörigkeit, S. 18)
2. persönliche und fachliche Zuverlässigkeit
3. Meisterprüfung
4. mindestens drei Monate dauernde praktische Tätigkeit im Listenbezirk
5. keine Eintragung in einer anderen Bewerberliste

Probeweise Bestellung zum Bezirksschornsteinfegermeister auf ein Jahr in der Reihenfolge der Eintragung in die Bewerberliste
Voraussetzungen:
1. Eintragung in die Bewerberliste
2. erforderlicher Gesundheitszustand
3. mindestens zweijährige praktische Tätigkeit im Bezirk der Bewerberliste

endgültige Bestellung nach erfolgreicher Probezeit

Die Bestellung erlischt durch:

Rücknahme oder Widerruf, Aufhebung der Bestellung, Versetzung in den Ruhestand, Erreichen der Altersgrenze

Aufgaben des Bezirksschornsteinfegermeisters:

1. Ausführung der in der Kehr- u. Überprüfungsordnung vorgeschriebenen Arbeiten, Überwachung der Gesellen und Lehrlinge
2. Feuerstättenschau im Abstand von fünf Jahren
3. Mängelanzeige an Grundstückseigentümer mit Beseitigungsauflage, bei Nichterfüllung Meldung
4. Prüfung und Begutachtung von Feuerstätten auf ihre Feuersicherheit
5. Beratung in feuertechnischen Fragen
6. Vornahme der Brandverhütungsschau oder Teilnahme an ihr nach Landesrecht
7. Hilfeleistung bei der Brandbekämpfung nach Aufforderung durch die zuständige Behörde
8. Unterstützung der Aufgaben des Zivilschutzes, soweit sie die Brandverhütung betreffen
9. Ausstellung der Bescheinigung von Rohbau- und Schlußabnahmen nach Landesrecht
10. Überprüfung von Feuerstätten nach Maßgabe der öffentlich-rechtlichen Vorschriften auf dem Gebiet des Imissionsschutzes

Pflichten der Grundstückseigentümer und -besitzer:
Die Eigentümer von Grundstücken und Räumen sind verpflichtet, die kehr- und überprüfungspflichtigen Anlagen fristgerecht reinigen und überprüfen zu lassen. Zu diesem Zweck ist dem Schornsteinfeger der Zutritt zu gestatten. Das Zutrittsrecht kann zwangsweise durchgesetzt werden.

Feuerlöschwesen

Das Feuerlöschwesen ist in den Feuerwehrgesetzen der Länder geregelt. Danach gehört die Ausrüstung und Unterhaltung einer den örtlichen Verhältnissen entsprechenden, leistungsfähigen Feuerwehr zu den Pflichtaufgaben der Gemeinden. Die Gemeindefeuerwehr ist eine gemeindliche Einrichtung ohne eigene Rechtspersönlichkeit und von der Polizei (↑Polizeiorganisation S. 528) unabhängig. Die Gemeindefeuerwehr kann eine *freiwillige Feuerwehr* oder eine *Berufsfeuerwehr* sein. Entsprechende Regelungen erfolgen durch die von der Gemeinde zu verabschiedende Feuerwehrsatzung. Berufsfeuerwehren müssen in Gemeinden mit mehr als 100000 Einwohnern aufgestellt werden. Die Angehörigen der Berufsfeuerwehr werden hauptberuflich nach den Vorschriften des Beamtenrechts angestellt. In Gemeinden unter 100000 Einwohnern kann eine Berufsfeuerwehr eingerichtet werden, in der Regel werden diese Gemeinden aber aus finanziellen Gründen auf die Bildung einer freiwilligen Feuerwehr hinwirken. Die Angehörigen der freiwilligen Feuerwehr verrichten ihren Dienst ehrenamtlich. Voraussetzung für die Aufnahme in die freiwillige Feuerwehr nach vollendetem achtzehnten Lebensjahr ist die körperliche Diensttauglichkeit und die moralische Eignung des Bewerbers. Die Entscheidung über die Aufnahme in die freiwillige Feuerwehr stellt einen anfechtbaren ↑Verwaltungsakt (S. 260) der Gemeinde dar. Wird die Sollstärke der freiwilligen Feuerwehr durch freiwillige Meldungen nicht erreicht, kann sie durch Heranziehung von Pflichtfeuerwehrleuten ergänzt werden. Der *Feuerwehrdienstpflicht* unterliegen alle männlichen Gemeindeeinwohner zwischen dem vollendeten achtzehnten und dem vollendeten 50. Lebensjahr, die den gesundheitlichen Anforderungen des Feuerwehrdienstes gewachsen sind. Neben der Gemeindefeuerwehr gibt es staatlich anerkannte *Werkfeuerwehren* für besonders brand- und explosionsgefährdete Betriebe, die auf Verlangen der unteren Verwaltungsbehörde oder freiwillig eingerichtet werden können.

Die Kosten für die Gemeindefeuerwehr sind grundsätzlich von der Gemeinde zu tragen, die aufgrund einer Satzung eine *Feuerwehrabgabe* erheben kann. Abgabepflichtig sind alle feuerwehrdienstpflichtigen Personen, die bei Beginn des Rechnungsjahres in der Gemeinde wohnen und nicht aktiv im Feuerwehrdienst stehen. Im übrigen werden die erforderlichen Mittel durch finanzielle Unterstützungen des ↑Landkreises (S. 106), durch Beihilfen des Landes und durch Kostenerstattung in besonders geregelten Fällen aufgebracht.

Hauptaufgabe der Feuerwehr sind die Brandbekämpfung und die Leistungen bei Explosionen. Außerdem sind die Feuerwehren zur Mitwirkung beim Katastrophenschutz, zur Abwehr von Wasser- und Eisgefahren, zur Bekämpfung von Ölunfällen, zur Hilfeleistung in Notfällen und zur Brandverhütung verpflichtet. Die Leitung der Gemeindefeuerwehr obliegt dem Feuerwehrkommandanten, der für die Leistungsfähigkeit, die ordnungsgemäße Ausrüstung und die Ausbildung der Feuerwehrmänner verantwortlich ist.

Die Landratsämter und ↑Regierungspräsidien (S. 96) überwachen die Aufstellung, Ausrüstung und Einsatzbereitschaft der Feuerwehren in ihrem Bereich und bereiten überörtliche Einsätze planmäßig vor. Sie werden hierbei von feuerwehrtechnischen Beamten unterstützt (Kreisbrandmeister, Bezirksbrandmeister, Landesbranddirektor). Die Bevölkerung ist in Brandfällen verpflichtet, gewisse Hilfspflichten, die von der Anzeige des Brandes bis zur persönlichen Hilfeleistung bei Lösch- und Rettungsarbeiten reichen, zu leisten. Die Grundstückseigentümer und -besitzer trifft eine entsprechende Duldungspflicht. Für Beschädigungen bei Feuerlöscharbeiten bestehen Entschädigungsansprüche (↑öffentlich-rechtliche Entschädigung S. 270).

O. Neuffer, Feuerpolizei, Stuttgart 1967.
W. Hamilton, Handbuch für den Feuerwehrmann, 2. Aufl., Stuttgart u. a. 1975.
O. Gerne, Feuerwehrgesetz für Baden-Württemberg, 3. Aufl., Stuttgart u. a. 1973.

oberste Aufsichtsbehörde		Innenministerium	Landesbranddirektor
höhere Aufsichtsbehörde		Regierungspräsidium	Bezirksbrandmeister
untere Aufsichtsbehörde	Landkreis	Kreisbrandmeister	Stadtkreis Bürgermeister – Feuerwehrkommandant der Berufsfeuerwehr
Kreisangehörige Gemeinde		Feuerwehrkommandant Berufs- oder freiw. Feuerwehr	anerkannte Feuerwehren (Werkfeuerwehren)

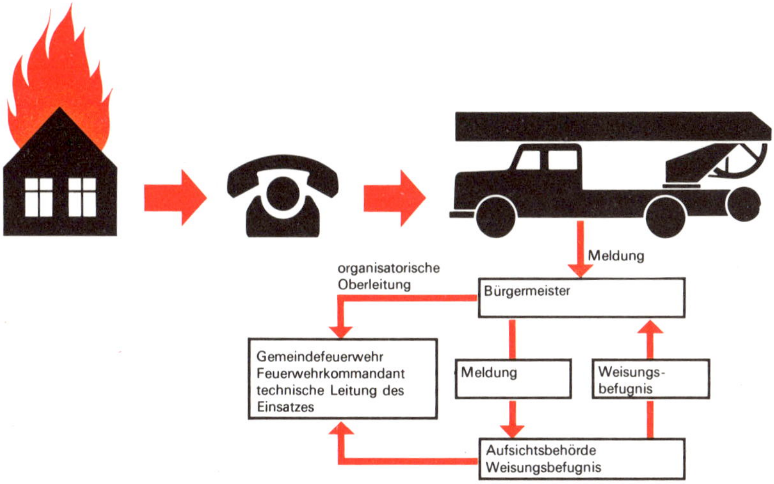

Sammlungsrecht

Sammeln im Sinne des Sammlungsrechts ist jede auf Erlangung freiwilliger unentgeltlicher Leistungen gerichtete Tätigkeit zur Unterstützung fremder Personen oder zur Förderung caritativer, kultureller oder anderer gemeinnütziger Zwecke und Aufgaben. Wer dagegen um Spenden für den eigenen Bedarf oder den Unterhalt seiner Familie bittet, macht sich der strafbaren Bettelei schuldig. Die Anfänge des Sammlungswesens reichen bis in die Antike und das Mittelalter zurück. Im achtzehnten Jahrhundert gewannen die Sammlungen größere Bedeutung und führten in Preußen und anderen Ländern zu polizeilichen Vorschriften über die Genehmigungspflicht von Hauskollekten und öffentlichen Sammlungen. Sie wurden während des ersten Weltkrieges durch reichsrechtliche Regelungen zum Schutze der Opferbereitschaft der Bevölkerung und zugunsten von Kriegswohlfahrtszwecken ergänzt. Heute ist das Sammlungswesen landesrechtlich geregelt, wobei Formulierung und Inhalt der Gesetze weitgehend übereinstimmen. Die landesrechtlichen Sammlungsgesetze sehen für Haus- und Straßensammlungen, die durch unmittelbare Einwirkungen von Person zu Person gekennzeichnet sind, sowie für sammlungsähnliche Veranstaltungen wie den Vertrieb von Waren und das Sammeln von Altmaterial mit gemeinnütziger Zielsetzung und für die Durchführung von Blindenkonzerten eine Erlaubnispflicht vor. Keiner Erlaubnis bedürfen dagegen Sammlungen, die im Rahmen einer Versammlung oder einer Vereinigung innerhalb eines bestimmten Personenkreises erfolgen. Die Gesetze finden auch keine Anwendung auf Sammlungen von Kirchen und Religionsgemeinschaften, die auf deren Grundstücken oder in örtlichem Zusammenhang mit kirchlichen oder religiösen Veranstaltungen durchgeführt werden. Die *Sammlungserlaubnis* ist zu erteilen, wenn durch die Sammlung keine Störung der öffentlichen Sicherheit und Ordnung (originäre ↑Aufgaben und Kompetenzen der Polizei S. 530) zu erwarten, die ordnungsgemäße Durchführung der Sammlung und die entsprechende einwandfreie Verwendung des Sammlungsertrages gewährleistet ist und bei den sammlungsähnlichen Veranstaltungen mindestens ein Viertel bzw. bei den Altmaterialsammlungen zwei Drittel des Erlöses für die mildtätigen und gemeinnützigen Zwecke verbleiben. Auf die Erteilung der Erlaubnis besteht bei Vorliegen der Voraussetzungen ein Anspruch. Die Erlaubnis ist schriftlich für eine bestimmte Zeit und einen bestimmten Sammlungszweck unter Angabe von Ort und Art der Sammlung zu erteilen. Die Erlaubnisbehörde kann von dem Veranstalter der Sammlung Auskünfte und Abrechnungen über das Ergebnis der Sammlung und die Verwendung des Ertrages verlangen. Zeigen sich bei der Durchführung und Abwicklung einer Sammlung erhebliche Mißstände, so kann ein Treuhänder bestellt werden. Bei anderen Sammlungen von Geldspenden, Sachspenden oder geldwerten Leistungen, die durch Spendenbriefe, öffentliche Ausrufe oder in Form der persönlichen Mitgliederwerbung durchgeführt werden, sind den Überwachungsbehörden auf Verlangen die erforderlichen Auskünfte zu erteilen. Diese Sammlungen können verboten werden, wenn die Gefahr einer Verletzung von Recht und Ordnung oder keine Gewähr für die ordnungsgemäße Durchführung der Sammlung besteht oder zu befürchten ist, daß die Unkosten der Sammlung in einem offensichtlichen Mißverhältnis zu dem Reinerlös der Sammlung stehen werden.

Die Zuständigkeiten der allgemeinen Verwaltungsbehörden als Erlaubnis- und Überwachungsbehörden richten sich nach dem räumlichen Umfang der Sammlung. Verstöße gegen das Sammlungsgesetz werden als ↑Ordnungswidrigkeiten (S. 230) mit einer Geldbuße bis zu 10 000,- DM geahndet.

W. Vogel, Sammlungsrecht Nordrhein-Westfalen, Köln 1972.

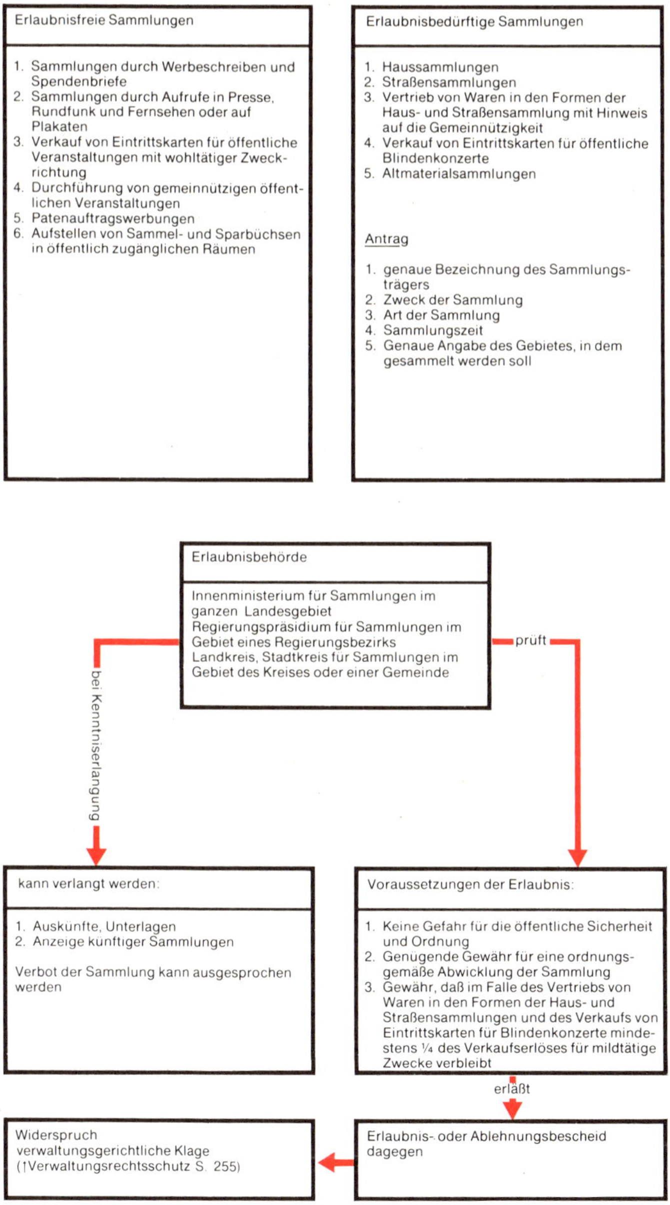
Erlaubnisfreie Sammlungen
1. Sammlungen durch Werbeschreiben und Spendenbriefe
2. Sammlungen durch Aufrufe in Presse, Rundfunk und Fernsehen oder auf Plakaten
3. Verkauf von Eintrittskarten für öffentliche Veranstaltungen mit wohltätiger Zweckrichtung
4. Durchführung von gemeinnützigen öffentlichen Veranstaltungen
5. Patenauftragswerbungen
6. Aufstellen von Sammel- und Sparbüchsen in öffentlich zugänglichen Räumen
Erlaubnisbedürftige Sammlungen
1. Haussammlungen
2. Straßensammlungen
3. Vertrieb von Waren in den Formen der Haus- und Straßensammlung mit Hinweis auf die Gemeinnützigkeit
4. Verkauf von Eintrittskarten für öffentliche Blindenkonzerte
5. Altmaterialsammlungen
Antrag
1. genaue Bezeichnung des Sammlungsträgers
2. Zweck der Sammlung
3. Art der Sammlung
4. Sammlungszeit
5. Genaue Angabe des Gebietes, in dem gesammelt werden soll
Erlaubnisbehörde
Innenministerium für Sammlungen im ganzen Landesgebiet
Regierungspräsidium für Sammlungen im Gebiet eines Regierungsbezirks
Landkreis, Stadtkreis für Sammlungen im Gebiet des Kreises oder einer Gemeinde
bei Kenntniserlangung
prüft
kann verlangt werden:
1. Auskünfte, Unterlagen
2. Anzeige künftiger Sammlungen
Verbot der Sammlung kann ausgesprochen werden
Voraussetzungen der Erlaubnis:
1. Keine Gefahr für die öffentliche Sicherheit und Ordnung
2. Genügende Gewähr für eine ordnungsgemäße Abwicklung der Sammlung
3. Gewähr, daß im Falle des Vertriebs von Waren in den Formen der Haus- und Straßensammlungen und des Verkaufs von Eintrittskarten für Blindenkonzerte mindestens ¼ des Verkaufserlöses für mildtätige Zwecke verbleibt
erläßt
Erlaubnis- oder Ablehnungsbescheid
dagegen
Widerspruch
verwaltungsgerichtliche Klage
(↑Verwaltungsrechtsschutz S. 255)

Außenwerbungsrecht

Die Wirtschaftswerbung hat in jeder Wirtschaftsordnung, namentlich aber in der Marktwirtschaft eine wesentliche volkswirtschaftliche Bedeutung, weil die Nachfrage nach Waren und Dienstleistungen stets ein Ergebnis von Leistung, Preis und Werbung ist. Die Werbung ist jedoch nicht frei von Gefahren soziologischer, gesundheitlicher und umweltgestaltender Art. Der Staat hat darum die Aufgabe, die Freiheit der Werbung zu garantieren und zugleich die Allgemeinheit vor Schädigungen durch die Werbung zu schützen. Die hoheitlichen Beschränkungen der Werbung können sich auf deren Inhalt als solchen beziehen. Das betrifft vor allem die gesundheitsgefährdende Werbung (↑Arzneimittelüberwachung S. 424). Daneben dienen eine Reihe öffentlich-rechtlicher Bestimmungen dem Zweck, Baugestaltung, Landschaft und Kulturdenkmäler vor verunstaltenden Werbeanlagen zu schützen und den Gemeingebrauch auf den öffentlichen Straßen und Wegen sowie die Sicherheit und Leichtigkeit des Verkehrs von Störungen durch Werbung freizuhalten. Diese Vorschriften können unter dem Begriff des Außenwerbungsrechts zusammengefaßt werden.

Eine staatliche Ordnung der Außenwerbung hat von dem Grundsatz der Werbefreiheit auszugehen. Diese ist durch das Grundgesetz (GG) zwar nicht institutionell gewährleistet. Das kann auch nicht im Hinblick auf die Wettbewerbsfunktion der Werbung angenommen werden, weil das GG den Gesetzgeber auf keine bestimmte Wirtschaftsordnung verpflichtet (↑Wirtschaftsverfassung S. 310, ↑Persönlichkeitsrecht S. 124). Die Werbefreiheit und ihre verfassungsrechtlichen Grenzen ergeben sich vielmehr aus den Grundrechten, vor allem aus der ↑Berufs- und Gewerbefreiheit (S. 144). Die Werbefreiheit erscheint einmal als Freiheit der Werbeaussage. Diese nimmt als Bestandteil des eingerichteten und ausgeübten Gewerbebetriebs am Grundrechtsschutz der Berufsausübungsfreiheit (Art. 12 Abs. 1 GG) und der Eigentumsgarantie (Art. 14 GG) sowie des allgemeinen Freiheitsrechts (Art. 2 Abs. 1 GG) teil. Den gleichen Grundrechtsschutz genießen die Eigenwerbung im Rahmen eines eingerichteten und ausgeübten Gewerbebetriebs sowie die unternehmerische Tätigkeit der Vermittlung und Durchführung von Werbung. Schließlich wird die Werbefreiheit durch die Vertragsfreiheit bei der Vergabe von Werbeaufträgen (↑Persönlichkeitsrecht S. 124) und durch die freie Verwertung des Eigentums, besonders des Grundeigentums, zu Werbezwecken begründet. Eine öffentlich-rechtliche Reglementierung der Außenwerbung ist daher nur mit der Maßgabe zulässig, daß sie sich als gesetzliche Inhalts- und Schrankenbestimmung der genannten Grundrechte darstellt.

Das geltende Recht kennt eine Vielzahl von Verwaltungsgebieten mit rechtlicher Bedeutung für die Außenwerbung. Dazu gehören vor allem das Straßenrecht, die ↑Straßenverkehrsordnung (S. 498), der ↑Natur- und Landschaftsschutz (S. 436), der ↑Denkmalschutz (S. 434) und das ↑Baurecht (S. 508). Die Benutzung des öffentlichen Straßenraums für Zwecke der Außenwerbung bedarf in der Regel einer straßenrechtlichen Sondernutzungsgenehmigung (↑Benutzung der öffentlichen Straßen und Wege S. 490). Besonderen straßenverkehrsrechtlichen und baurechtlichen Beschränkungen unterliegt die Außenwerbung außerhalb der geschlossenen Ortschaften bzw. einer zusammenhängenden Bebauung.

Ein vertragliches Recht der Außenwerbung bilden die gemeindlichen Werbenutzungsverträge mit Unternehmen der Außenwerbung. Aufgrund dieser Verträge liegt die Außenwerbung auf öffentlichen Straßen innerhalb der geschlossenen Ortslage und auf sonstigen gemeindlich verwalteten ↑öffentlichen Sachen (S. 246) regelmäßig in der Hand eines bestimmten Unternehmens.

P. Lerche, Werbung und Verfassung, München u. a. 1967.
R. Bartlsperger, Die Werbenutzungsverträge der Gemeinden, Stuttgart u. a. 1975.

Die Werbefreiheit in der Bundesrepublik Deutschland

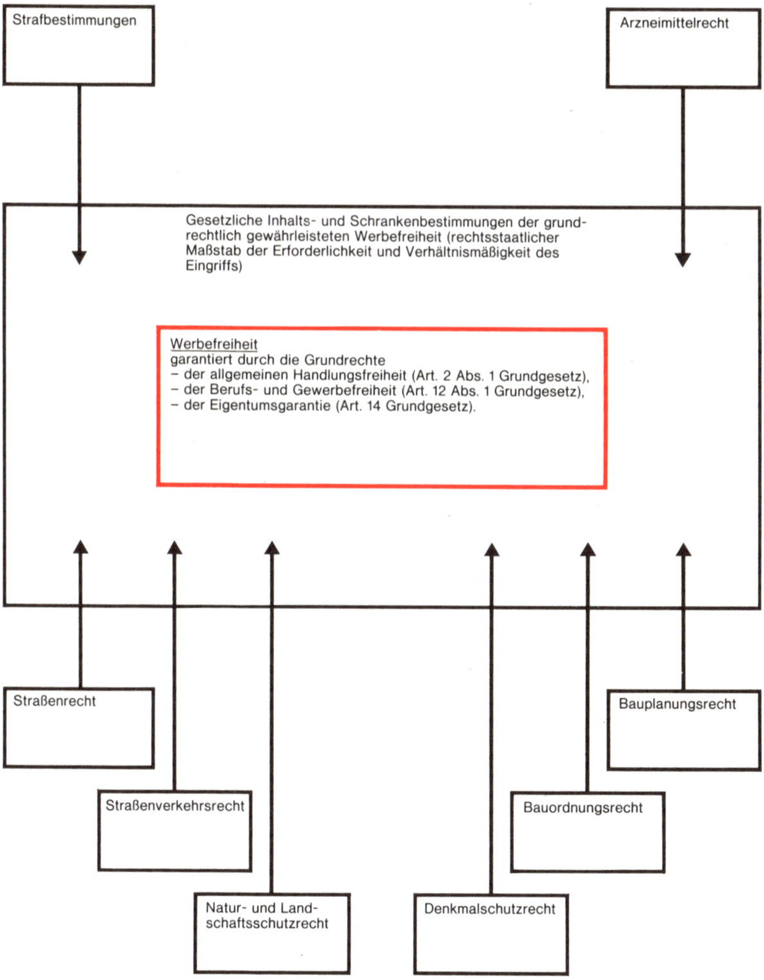

36*

Bestattungsrecht

Das Bestreben der Völker, ihre Toten zu ehren und zu bestatten, ist so alt wie die Menschheit selbst. Im christlichen Kulturkreis unterlag die Totenbestattung bis ins achtzehnte Jahrhundert allein der kirchlichen Ordnung. Als Begräbnisstätte wurde der Platz um die Kirche (Kirchhof) gewählt. Der Staat hat erst im achtzehnten und neunzehnten Jahrhundert dem Bestattungswesen seine volle Aufmerksamkeit gewidmet und darin eine öffentliche Aufgabe erkannt. Soziale Mißstände, religiöse Intoleranz, gesundheitspolizeiliche Gesichtspunkte und die zunehmende Bevölkerungsdichte in den Städten machten die staatliche Aufsicht und Reglementierung des Friedhofs- und Bestattungswesens notwendig.

Das *Friedhofs- und Bestattungswesen* gehört in die ausschließliche ↑Gesetzgebungszuständigkeit (S. 76) der Länder. Der Bund hat nach Art. 74 Nr. 10 Grundgesetz nur die Zuständigkeit für die Kriegsgräber. Nach heutiger Auffassung sind *Friedhöfe* öffentliche Einrichtungen, die in der Rechtsform nicht rechtsfähiger öffentlicher Anstalten organisiert sind und der Abwehr von Gefahren dienen, welche der öffentlichen Ordnung anderenfalls in gesundheitlicher, sittlicher und religiöser Beziehung drohen würden. Für die öffentlichen Friedhöfe besteht Benutzungszwang, dessen Art und Umfang in den Benutzungsordnungen geregelt ist. Der Inhalt dieser *Friedhofsordnungen* ergibt sich aus der öffentlichen Zweckbestimmung und den örtlichen Gegebenheiten und Bedürfnissen. Zweck des Friedhofs ist sowohl die angemessene und geordnete Leichenbestattung als auch die durch eine pietätvolle und würdige Ausstattung der Grabstätte erfolgende Totenehrung. Dabei sind die Würde des Ortes und die Freiheit bei der Totenehrung in das richtige Verhältnis zueinander zu bringen. In den Friedhofs- und Benutzungsordnungen sind in der Regel allgemeine Ordnungsbestimmungen über das Verhalten der Benutzer, Vorschriften über die Rechtsverhältnisse an den Grabstellen, deren Unterhaltung und Pflege, der Errichtung von Grabmalen sowie allgemeine Bestimmungen über die Bestattung und die Benutzung der Friedhofseinrichtungen enthalten. Die von der Friedhofsverwaltung im Einzelfall aufgrund der Friedhofsordnung getroffenen Anordnungen stellen ↑Verwaltungsakte (S. 260) dar. Sie können nach vorheriger Durchführung des Widerspruchsverfahrens durch eine Klage beim Verwaltungsgericht angefochten werden (↑Verwaltungsrechtsschutz S. 232). Für die Leistungen der Friedhofsverwaltung werden Gebühren nach den gemeindlichen Friedhofsgebührenordnungen erhoben.

Zuwiderhandlungen gegen die Friedhofsordnung können im Rahmen der Anstaltsgewalt des Friedhofsträgers durch Zwangsmaßnahmen oder durch Geldbußen im Falle von ↑Ordnungswidrigkeiten (S. 230) geahndet werden. Schwere Delikte sind durch die Bestimmungen des Strafgesetzbuches (§§ 166–168, 304 und 367, Nr. 1 und 2) unter Strafe gestellt.

Neben der *Erdbestattung* in Wahl- oder Reihengräbern gibt es die *Feuerbestattung* als eine weitere Art der Leichenbestattung, die vom Willen des Verstorbenen oder dem Wunsch der Hinterbliebenen abhängig ist. Jede Feuerbestattung bedarf der schriftlichen Genehmigung der Polizeibehörde des Einäscherungsortes. Die Einäscherung selbst darf nur auf behördlich genehmigten Anlagen vorgenommen werden. Die Asche wird in einer Urne in Wahl- oder Reihengräbern oder in einer Urnenhalle beigesetzt. Private Begräbnisstätten außerhalb öffentlicher Friedhöfe werden nur in besonderen Ausnahmefällen von der örtlich zuständigen Verwaltungsbehörde genehmigt (Seemannsgräber bedürfen der Erlaubnis der Friedhofsverwaltung Hamburg). Die Totenbestattung war seit jeher mit einer gewissen gewerblichen Tätigkeit *privater Bestattungsunternehmen* verbunden.

J. Gaedke, Handbuch des Friedhofs- und Bestattungsrechts, 4. Aufl., Köln 1977.
A. Eichleiter, Friedhofs- und Bestattungsrecht in Bayern, München 1968.

Todesfall

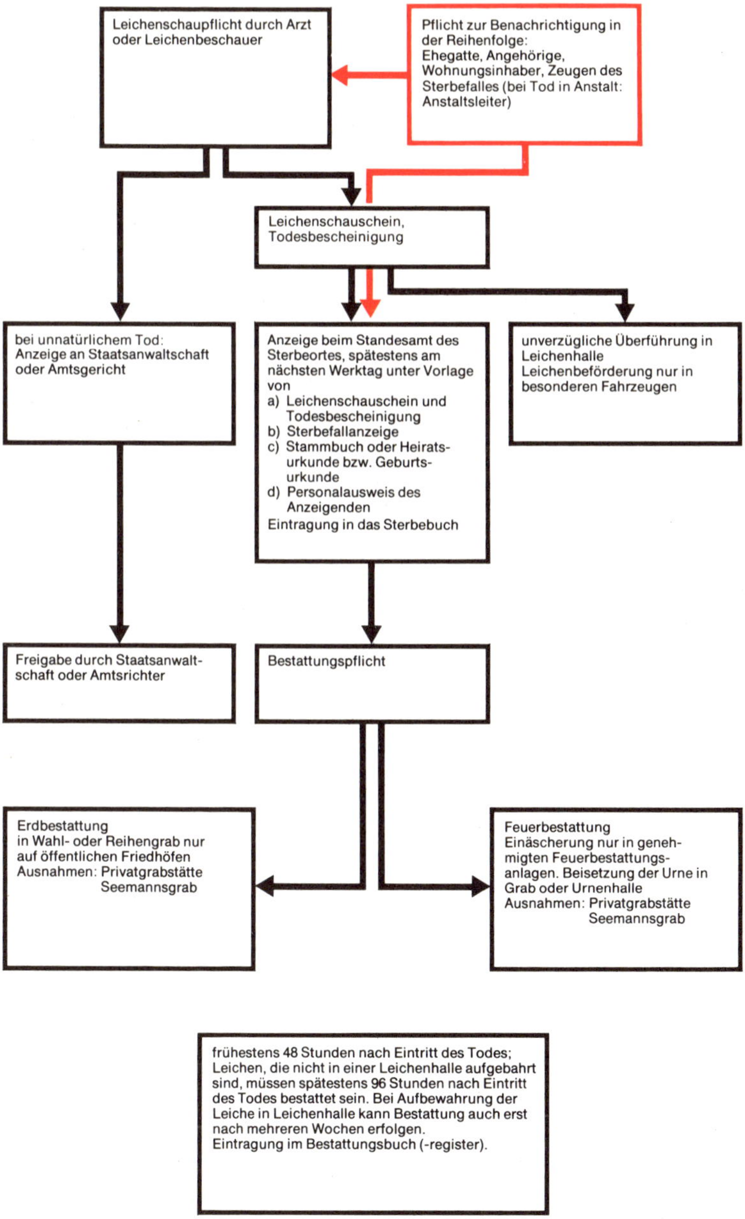
Leichenschaupflicht durch Arzt oder Leichenbeschauer
Pflicht zur Benachrichtigung in der Reihenfolge: Ehegatte, Angehörige, Wohnungsinhaber, Zeugen des Sterbefalles (bei Tod in Anstalt: Anstaltsleiter)
Leichenschauschein, Todesbescheinigung
bei unnatürlichem Tod: Anzeige an Staatsanwaltschaft oder Amtsgericht
Anzeige beim Standesamt des Sterbeortes, spätestens am nächsten Werktag unter Vorlage von
a) Leichenschauschein und Todesbescheinigung
b) Sterbefallanzeige
c) Stammbuch oder Heiratsurkunde bzw. Geburtsurkunde
d) Personalausweis des Anzeigenden
Eintragung in das Sterbebuch
unverzügliche Überführung in Leichenhalle Leichenbeförderung nur in besonderen Fahrzeugen
Freigabe durch Staatsanwaltschaft oder Amtsrichter
Bestattungspflicht
Erdbestattung in Wahl- oder Reihengrab nur auf öffentlichen Friedhöfen Ausnahmen: Privatgrabstätte Seemannsgrab
Feuerbestattung Einäscherung nur in genehmigten Feuerbestattungsanlagen. Beisetzung der Urne in Grab oder Urnenhalle Ausnahmen: Privatgrabstätte Seemannsgrab
frühestens 48 Stunden nach Eintritt des Todes; Leichen, die nicht in einer Leichenhalle aufgebahrt sind, müssen spätestens 96 Stunden nach Eintritt des Todes bestattet sein. Bei Aufbewahrung der Leiche in Leichenhalle kann Bestattung auch erst nach mehreren Wochen erfolgen. Eintragung im Bestattungsbuch (-register).

Bundeswehr

Am Ende des Zweiten Weltkrieges wurde die Deutsche Wehrmacht formell aufgelöst und jede Art militärischer Ausbildung und Betätigung in Deutschland verboten. Das Grundgesetz enthielt deshalb keine systematischen wehrverfassungsrechtlichen Regelungen, sondern nur einzelne Bestimmungen wehrrechtlichen Inhalts, z. B. über die ↑Kriegsdienstverweigerung (S. 570) (Art. 4 Abs. 3 GG), über die Bereitschaft der Bundesrepublik, sich zur Wahrung des Friedens einem System kollektiver Sicherheit einzuordnen (↑NATO S. 604, Art. 24 GG), über das Verbot des Angriffskrieges und der Herstellung und Beförderung von Kriegswaffen (Art. 26). In den Pariser Verträgen von 1955 verpflichtete sich die Bundesrepublik Deutschland, durch die Aufstellung eigener Streitkräfte einen Verteidigungsbeitrag zu leisten. Bis zur Ernennung des ersten Soldaten der Bundesrepbulik am 10. 10. 1955 aufgrund des Freiwilligengesetzes war ein heftiger parlamentarischer Kampf um die deutsche Wiederbewaffnung und den deutschen Verteidigungsbeitrag vorausgegangen. Die erste Wehrnovelle von 1954 und die zweite Wehrnovelle von 1956 schafften auf dem Wege der Grundgesetzänderung die Voraussetzungen für eine Wehrverfassung, durch die die Grundlagen für die allgemeine ↑Wehrpflicht (S. 570), die Wehrverwaltung, Wehrgerichtsbarkeit und den Oberbefehl geschaffen wurden. Die wesentlichen Wehrgesetze sind das Gesetz über die Rechtstellung der Soldaten (Soldatengesetz), das Gesetz über den ↑Wehrbeauftragten (S. 152), die Wehrbeschwerdeordnung, die Wehrdisziplinarordnung, das Wehrpflichtgesetz, das Zivildienstgesetz und die ↑Notstandsgesetze (S. 88). Nach Art. 87 a GG stellt der Bund Streitkräfte zur Verteidigung auf, deren zahlenmäßige Stärke sich aus dem Haushaltsplan ergeben muß.

Organisatorisch sind die eigentliche *Bundeswehr* und die *Bundeswehrverwaltung* zu unterscheiden. Die Bundeswehrverwaltung (BWV) ist eine bundeseigene Verwaltung mit einem eigenen Verwaltungsunterbau gemäß Art. 87 b GG. Die Bundeswehr ist hierarchisch und nach Zweckmäßigkeitsgesichtspunkten aufgebaut.

Gemäß Art. 65 a GG wird die *Befehls- und Kommandogewalt* über die Streitkräfte in Friedenszeiten vom Bundesminister für Verteidigung ausgeübt, im Verteidigungsfall gemäß Art. 115 b GG vom Bundeskanzler. Der Bundespräsident hat nach Art. 60 GG nur das Ernennungs- und Entlassungsrecht für Offiziere und Unteroffiziere, sowie ein Begnadigungsrecht. Die Bundeswehr hat die Aufgabe, die Bundesrepublik Deutschland im Zusammenwirken von Luftwaffe, Marine und Heer im Rahmen der NATO zu schützen. Ein militärisches Oberkommando der Bundeswehr besteht nicht, ebensowenig ein deutscher Generalstab. An dessen Stelle sind die NATO-Stäbe zuständig. An der Spitze der Bundeswehr steht der *Generalinspekteur*. Er erteilt im Auftrag des Bundesministers für Verteidigung Weisungen.

1978 umfaßte die Bundeswehr insgesamt 490 000 Soldaten und 5 000 Wehrübende, von denen rund 36 000 zur Marine, 105 000 zur Luftwaffe und 326 000 zum Heer gehörten. 115 000 Soldaten waren sonstigen Dienststellen zugewiesen. Dazu kommen in der Bundesrepublik noch die 370 000 stationierten Streitkräfte der Alliierten, von denen 105 000 Soldaten zur US-Luftwaffe und zum US-Heer gehören. Im Haushaltsgesetz 1978 betrugen die Ausgaben im Bereich des Bundesministers der Verteidigung 35 Milliarden DM bei einem Gesamthaushalt von 188,7 Milliarden DM.

In seinem Jahresbericht 1977 zeigte sich der Wehrbeauftragte besorgt über die mangelnde Verwirklichung der Grundsätze der „Inneren Führung" und über Versäumnisse in der politischen Bildung. Gleichzeitig teilte er mit, daß nur wenige unzulässige Eingriffe in die verfassungsmäßig geschützte Sphäre der Soldaten bekannt geworden seien.

Zur Sicherheit der Bundesrepublik Deutschland und zur Entwicklung der Bundeswehr (Weißbuch 1975/76, hrsgg. vom Bundesminister für Verteidigung).
Brandstetter, Handbuch d. Wehrrechts (Loseblattsammlung), Köln 1977.

Organisation des Bundesministeriums der Verteidigung

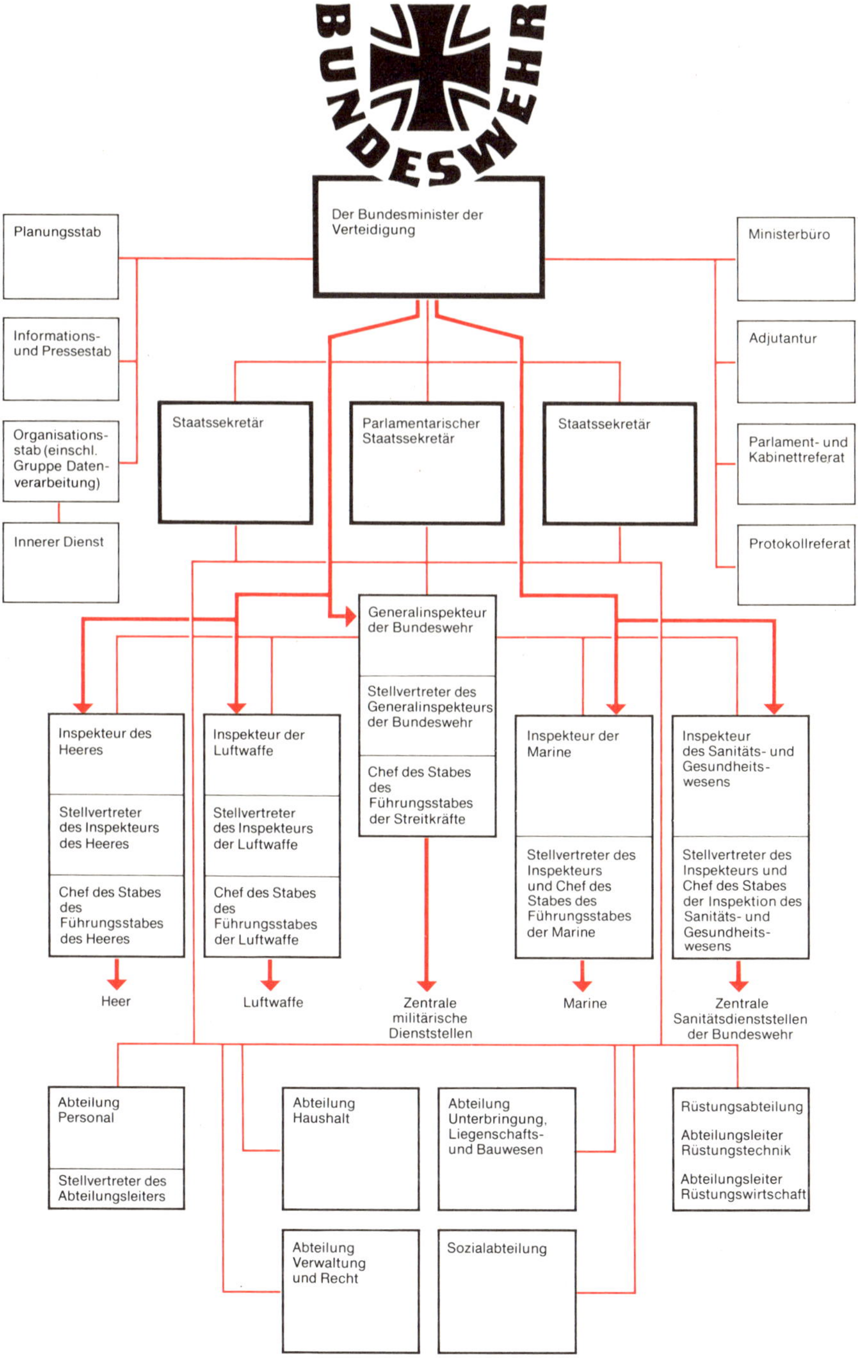

Wehrersatzwesen

Seit der Einführung der allgemeinen ↑Wehrpflicht (S. 570) durch das Wehrpflichtgesetz von 1956 bestehen Wehrersatzbehörden als besondere Behörden der Bundeswehrverwaltung (↑Bundeswehr S. 566). Sie unterstehen dem Bundesminister für Verteidigung und haben die Aufgabe, den Streitkräften die zur Erfüllung ihrer Aufgabe notwendigen Wehrpflichtigen zuzuführen. Bundesoberbehörde ist das *Bundeswehrverwaltungsamt*, als Mittelbehörden sind die *Wehrbereichsverwaltungen*, als Bundesunterbehörden die *Kreiswehrersatzämter* (KWEA) tätig. Die Wehrersatzbehörden betreuen den Wehrpflichtigen als Zivilbehörde von Beginn bis Beendigung der Wehrpflicht.

Die Aufgabe der Wehrersatzbehörden ist die Musterung, Heranziehung und Überwachung der Wehrpflichtigen; die Erfassung erfolgt durch die Meldebehörden. Das Bundeswehrverwaltungsamt veranlaßt in erster Linie die Durchführung der Erlasse des Bundesministers der Verteidigung und ist für die Koordinierung der nachgeordneten Behörden verantwortlich. Die Kreiswehrersatzämter sind für den Wehrpflichtigen zumeist die wichtigste Behörde. Grundsätzlich ist das KWEA des Ortes zuständig, in dem der Wehrpflichtige seinen ständigen Wohnsitz hat. Bei vorübergehendem Aufenthalt (Studenten) ist eine Gastmusterung möglich. Zur *Erfassung* der Wehrpflichtigen werden von den Meldebehörden der Länder Personennachweise erstellt und dem KWEA zugeleitet. Der Wehrpflichtige muß die zur Erfassung erforderlichen Auskünfte erteilen und sich nach Aufforderung durch die Meldebehörde persönlich zur Erfassung melden. Bevor ungediente Wehrpflichtige zum Wehrdienst herangezogen werden, erfolgt eine *Musterung*. Bei der Musterung werden die Wehrpflichtigen auf ihre körperliche und geistige Tauglichkeit untersucht. Das Ergebnis der Untersuchung wird durch Zuteilung eines *Tauglichkeitsgrades* (wehrdienstfähig, und zwar entweder mit oder ohne Einschränkungen; vorübergehend nicht wehrdienstfähig; nicht wehrdienstfähig) festgestellt. Der Musterungsausschuß entscheidet, welche Wehrpflichtigen zum ↑Wehrdienst (S. 572) zur Verfügung stehen, und über die Art des zu leistenden Wehrdienstes (z. B. Waffengattung). Der Musterungsausschuß hört den Wehrpflichtigen an und teilt ihm das Ergebnis der Musterung in einem schriftlichen Musterungsbescheid mit. Die Ausführung des Bescheides erfolgt durch das KWEA mit der *Einberufung* zum Wehrdienst gemäß den Einberufungsanordnungen des Bundesministers der Verteidigung. In dem Einberufungsbescheid werden Ort und Zeit des Dienstantritts mitgeteilt. Von der Musterung an bis zur Vollendung des 32. Lebensjahres (bei Unteroffizieren: 45., bei Offizieren: 60. Lebensjahr) unterliegen die Wehrpflichtigen der *Wehrüberwachung*, während der sie u. a. jede Änderung ihres ständigen Aufenthalts oder ihrer Wohnung innerhalb einer Woche der zuständigen Wehrersatzbehörde mitteilen müssen. Außerdem muß die Absicht gemeldet werden, den Aufenthaltsort länger als acht Wochen zu verlassen. Für Auslandsaufenthalte über drei Monate ist eine Erlaubnis erforderlich. Die KWEA und der Musterungsausschuß entscheiden auch über Zurückstellungsanträge. Beim Kreiswehrersatzamt ist außerdem der Antrag auf Anerkennung als Kriegsdienstverweigerer zu stellen (↑Kriegsdienstverweigerung S. 570).

Gegen den Einberufungs- und den Musterungsbescheid kann nach Durchführung eines Widerspruchsverfahrens Klage beim Verwaltungsgericht erhoben werden; diese hat jedoch keine aufschiebende Wirkung.

G. Hahnenfeld, Wehrpflichtgesetz (Loseblattkommentar), München 1976.
Wehrpflicht- und Soldatenrecht (dtv 5012), München 1978.

Zusammensetzung der Verteidigungsausgaben 1976 (in Mrd. DM und Prozenten)

Ausgabenkategorien des Verteidigungshaushaltes 1976 (in Mrd. DM und Prozenten)

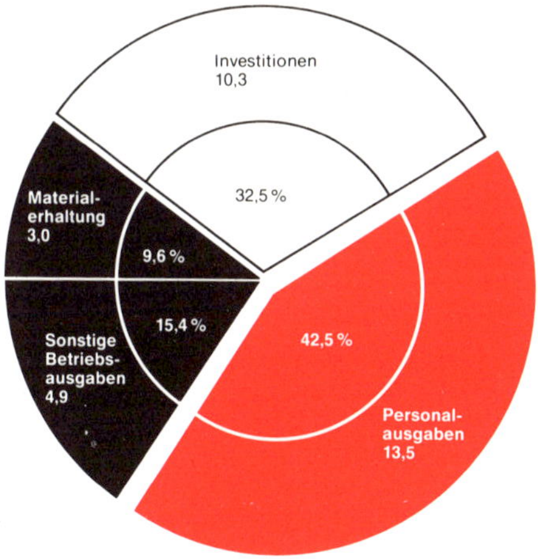

Statistisches Bundesamt 1978

Wehrpflicht, Kriegsdienstverweigerung, Zivildienst

Wehrpflicht bedeutet die öffentlich-rechtliche Pflicht aller wehrfähigen Bürger, ↑Wehrdienst (S. 572) in der ↑Bundeswehr (S. 566) zu leisten. In der Bundesrepublik wurde die allgemeine Wehrpflicht 1956 durch das *Wehrpflichtgesetz* (WPflG) eingeführt. *Wehrpflichtig* sind alle Männer über achtzehn Jahren, die Deutsche im Sinne des Grundgesetzes (↑Staatsangehörigkeit S. 18) sind und ihren ständigen Aufenthaltsort im Geltungsbereich des WPflG haben oder sich z. B. durch Erwerb eines Passes oder einer Staatsangehörigkeitsurkunde der Bundesrepublik unter ihren Schutz gestellt haben. Das WPflG gilt nicht in Berlin (West); die Wehrpflicht erlischt jedoch nicht, wenn der Wehrpflichtige nach Aufruf seines Geburtsjahrgangs ohne Genehmigung des KWEA dorthin verzieht. Jedoch kann ein Einberufungsbescheid in Berlin (W) nicht zugestellt werden. Die Wehrpflicht ruht bei einem auf Dauer beabsichtigten Aufenthalt im Ausland. Sie endet in Friedenszeiten für Mannschaftsdienstgrade mit Vollendung des 45. Lebensjahres, für Offiziere mit dem 60. Lebensjahr; im Verteidigungsfall für alle Wehrpflichtigen mit Vollendung des 60. Lebensjahres. Die Wehrpflicht wird erfüllt durch den Wehrdienst oder im Falle der Anerkennung als Kriegsdienstverweigerer durch den Zivildienst. Der Grundwehrdienst beträgt zur Zeit 15 Monate. Die Wehrgerechtigkeit steht vor der Schwierigkeit, die verfügbaren Wehrpflichtigen eines Jahrgangs möglichst gleichmäßig heranzuziehen. Dabei darf nach Tauglichkeitsgrad, Alter und besonderer Eignung unterschieden werden. Die notwendige Gleichbehandlung aller Wehrpflichtigen wurde bereits durch die Herabsetzung der Grundwehrdienstdauer auf fünfzehn Monate angestrebt. Die Wehrstrukturkommission lehnte eine Weiterverkürzung des Grundwehrdienstes auf unter 15 Monate aus Ausbildungs-, Präsenz- und Kostengründen ab. Die Einführung einer Wehrersatzsteuer für die nicht einberufenen Wehrpflichtigen oder eine Berufsarmee oder Miliz als Alternative zur allgemeinen Wehrpflicht wird zur Zeit nicht erwogen.

Die Anträge von *Kriegsdienstverweigerern* (KdV) sind in den letzten Jahren stark gestiegen (1968: 11 900; 1976: 40 600 Anträge). Nach Art. 4 Abs. 3 GG darf niemand gegen sein Gewissen zum Kriegsdienst mit der Waffe gezwungen werden. Der KdV hat jedoch einen *Zivildienst* von 16 Monaten außerhalb der Bundeswehr zu leisten. Voraussetzung ist, daß er als Kriegsdienstverweigerer anerkannt wird. Dazu muß er einen Antrag beim Kreiswehrersatzamt stellen. Über den Antrag entscheidet ein besonderer Prüfungsausschuß. Bei seiner Entscheidung muß der Ausschuß die gesamte Persönlichkeit des Antragstellers und sein sittliches Verhalten berücksichtigen. Anerkannt werden kann nur, wer sich aus *Gewissensgründen* der Beteiligung an *jeder* Waffenanwendung zwischen den Staaten widersetzt. Wird dem Antrag nicht stattgegeben, so ist Widerspruch zur Prüfungskammer bei den Wehrbereichsverwaltungen und notfalls Anfechtungsklage beim zuständigen Verwaltungsgericht möglich. Das geltende Anerkennungsverfahren wird verbreitet als reformbedürftig angesehen. Ein Änderungsgesetz von 1977 sah für ungediente Wehrpflichtige den Wegfall der Überprüfung vor. Es wurde aber vom Bundesverfassungsgericht am 13. 4. 1978 als gleichheitswidrig für nichtig erklärt.

Die *Zivildienstpflichtigen* sind in ihrer Rechtsstellung weitgehend den Soldaten gleichgestellt. Ende 1977 standen 34 000 Zivildienstplätze zur Verfügung. Beim Bundesminister für Arbeit und Sozialordnung ist ein *Bundesamt für den Zivildienst* gebildet worden, das den Dienstpflichtigen vor allem in sozialen Einrichtungen (Kranken-, Heil- und Pflegeanstalten) Dienstplätze zuweist. Wie beim Wehrdienst kann Befreiung oder Zurückstellung beantragt werden (z. B. für Tätigkeit als Entwicklungshelfer).

M. Harrer/J. Haberland, Zivildienstgesetz (Kommentar), Opladen 1975.
A. Kroells, Kriegsdienstverweigerung, Leverkusen 1976.

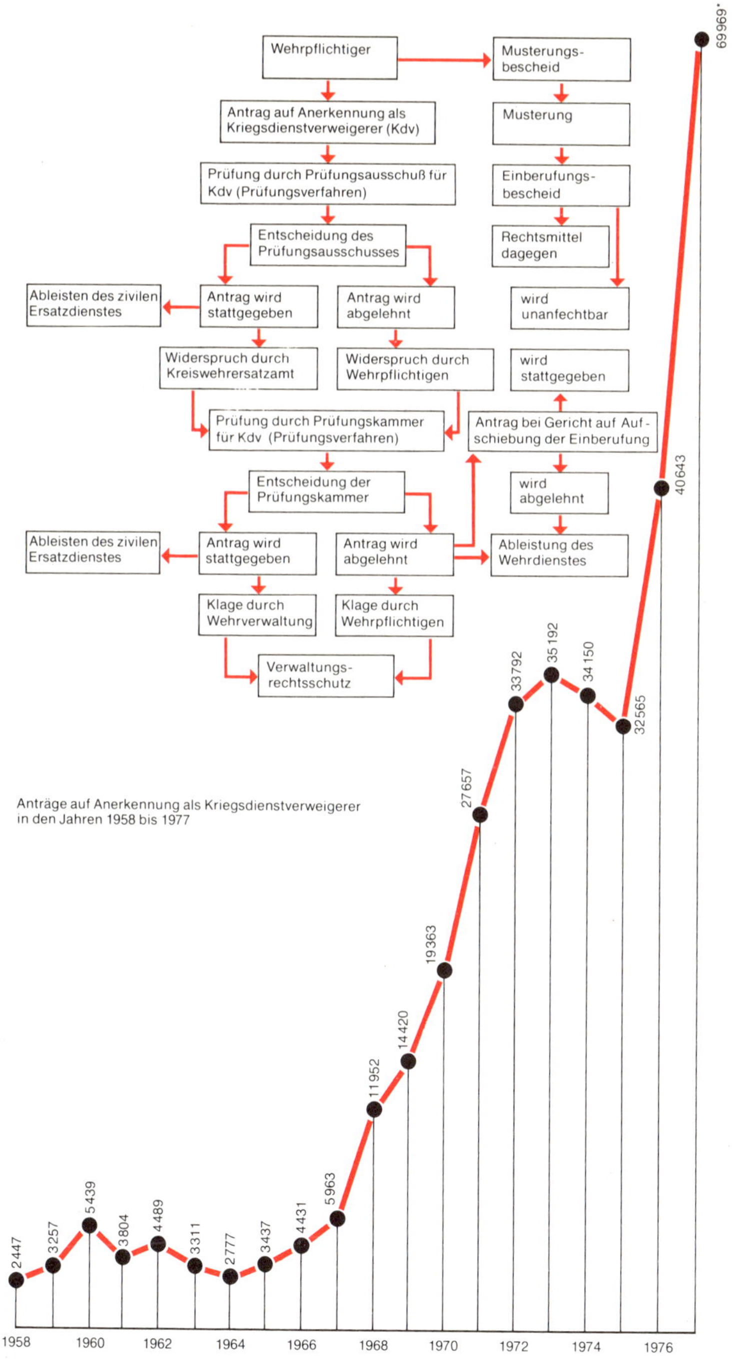

Anträge auf Anerkennung als Kriegsdienstverweigerer in den Jahren 1958 bis 1977

*Nach dem bis zum 31. 7. 1977 geltenden Recht 28765, vom 1. 8. – 31. 12. 1977 41204 Anträge

Wehrdienst – Unterhaltssicherung

Wehrdienst ist der aufgrund der ↑Wehrpflicht (S. 570) oder aufgrund freiwilliger Verpflichtung zu leistende Dienst des Soldaten. Der aufgrund der Wehrpflicht zu leistende Wehrdienst umfaßt den Grundwehrdienst, den Wehrdienst in der Verfügungsbereitschaft, die Wehrübungen und im Verteidigungsfall den unbefristeten Wehrdienst. Soweit Wehrpflichtige in der ↑Bundeswehr (S. 566) gedient haben, gehören sie zur *Reserve*, die ungedienten Wehrpflichtigen bilden die *Ersatzreserve*. Vom Wehrdienst ausgeschlossen sind u. a. Personen, die durch ein deutsches Gericht wegen eines Verbrechens zu Freiheitsstrafe von mindestens einem Jahr verurteilt worden sind oder denen die Fähigkeit zur Bekleidung öffentlicher Ämter aberkannt worden ist. Vom Wehrdienst befreit sind Geistliche aller Konfessionen, Schwerbeschädigte und Heimkehrer. Auf Antrag werden auch letzte bzw. einzig überlebende Söhne befreit. Eine *Zurückstellung* vom Wehrdienst ist für Bundestags- und Landtagskandidaten vorgesehen, ferner auf Antrag für solche Wehrpflichtige, deren Heranziehung zum Wehrdienst aus persönlichen, vor allem häuslichen, wirtschaftlichen und beruflichen Gründen eine besondere Härte bedeuten würde (z. B. bei Gefährdung der Versorgung der Familie des Wehrpflichtigen oder seiner hilfsbedürftigen Angehörigen oder bei Unentbehrlichkeit des Wehrpflichtigen für die Erhaltung und Fortführung des eigenen oder elterlichen landwirtschaftlichen Betriebes oder Gewerbebetriebs). Häufigster Zurückstellungsgrund ist die Unterbrechung eines bereits weitgehend geförderten Ausbildungsabschnitts (mindestens ein Drittel der Ausbildungszeit ist schon zurückgelegt).

Grundwehrdienst von 15 Monaten Dauer leisten Wehrpflichtige, die das 28. Lebensjahr (in Ausnahmefällen das 32. Lebensjahr) noch nicht vollendet haben. Der Grundwehrdienst soll dem Wehrpflichtigen die grundlegende militärische Ausbildung vermitteln. Durch die Straffung von Grund- und Spezialausbildung wird angestrebt, daß der Wehrpflichtige nach zwölf Monaten ausgebildet den Kampfeinheiten zur Verfügung steht.

Der Einsatzwert der Alarmreserve von 800 000 Reservisten für den Fall der Mobilmachung wird durch *Wehrübungen* gefördert. Einzelwehrübungen bis zu 3 Monaten Dauer sollen vor allem der Weiterbildung des einzelnen Reservisten dienen. Die Gesamtdauer der Wehrübungen beträgt bei Mannschaften höchstens 9 Monate, bei Offizieren höchstens 18 Monate.

Im *Soldatengesetz* sind die Rechte und Pflichten der Soldaten geregelt. Der Soldat hat die gleichen staatsbürgerlichen Rechte wie jeder andere Staatsbürger, allerdings werden bestimmte Rechte im Rahmen der Erfordernisse des militärischen Dienstes durch seine gesetzlich begründeten Pflichten beschränkt. Grundpflicht des Soldaten ist es, der Bundesrepublik Deutschland treu zu dienen und das Recht und die Freiheit des deutschen Volkes tapfer zu verteidigen. Die *Truppendienstgerichte* sind nach der *Wehrdisziplinarordnung* für Disziplinarverfahren gegen Soldaten und nach der *Wehrbeschwerdeordnung* für Beschwerden von Soldaten zuständig.

Der Staat ist zur *Fürsorge* gegenüber Berufs- und Zeitsoldaten wie auch gegenüber Soldaten verpflichtet, die ihre Wehrpflicht erfüllen. Die Fürsorgepflicht umfaßt ebenfalls die Familienangehörigen der Soldaten.

Soweit der zum Wehrdienst einberufene Wehrpflichtige von ihm wirtschaftlich abhängige Angehörige besitzt und er nicht aufgrund dieser Tatsache zurückgestellt worden ist, übernimmt der Staat die Unterhaltssicherung während der Ableistung des Wehrdienstes nach den Vorschriften des *Unterhaltssicherungsgesetzes*. Durch das *Arbeitsplatzschutzgesetz* werden der Arbeitsplatz des Wehrpflichtigen und damit verbundene soziale Ansprüche gesichert.

H. Johlen, Wehrpflichtrecht in der Praxis, München 1975.
W. Scherer, Soldatengesetz (Kommentar), München 1976.

Restbestand an Wehrpflichtigen der Geburtsjahrgänge 1947 bis 1965

Umstellung der Dauer des Grundwehrdienstes von 18 Monaten auf 15 Monate am 1. Januar 1973

Geburts-jahrgang	Einberufungsjahr														
	1971	1972	1973	1974	1975	1976	1977	1978	1979	1980	1981	1982	1983	1984	1985
1947	9 700														
1948	14 100														
1949	22 400														
1950	30 100	774													
1951	62 000	62 000													
1952		62 993	33 489												
1953			97 155	43 431											
1954				106 763	62 971										
1955					109 013	84 816									
1956						119 278	116 948	29 815							
1957							129 271	129 271	71 949						
1958								133 647	133 647	118 460	31 324				
1959									147 952	147 952	147 952	92 140	5 004		
1960										152 307	152 307	152 307	152 307	70 175	
1961											163 441	163 441	163 441	163 441	146 480
1962												166 551	166 551	166 551	166 551
1963													176 192	176 192	176 192
1964														179 116	179 116
1965															171 527
Restbestand an nicht eingezogenen Wehrpflichtigen	138 300	125 767	130 644	150 194	171 984	204 094	246 219	292 733	353 548	418 719	495 024	574 439	663 495	755 475	839 866

	1972	1973	1974	1975	1976	1977	1978-85
Organisatorischer Umfang :	460 000	460 000	460 000	460 000	460 000	460 000	460 000
Anteil der Längerdienenden :	52,3 %	52,7 %	53,2 %	53,7 %	54,0 %	54,2 %	54,3 %
Anteil der Wehrpflichtigen am variablen Umfang :	15 100	2 500	19 500	16 300	16 300	16 300	16 300

Europäische Gemeinschaften

Sechs europäische Staaten stimmten dem Plan des französischen Außenministers Robert Schumann vom 9. Mai 1950 zur Schaffung eines gemeinsamen Marktes für Kohle und Stahl zu. Unter der Leitung des französischen Wirtschaftpolitikers Jean Monnet erarbeiteten die Bevollmächtigten Frankreichs, Italiens, der Bundesrepublik Deutschland, Belgiens, der Niederlande und Luxemburgs den Vertrag zur Gründung der *Europäischen Gemeinschaft für Kohle und Stahl (EGKS)*, der Mitte 1952 für diese *Montanunion* in Kraft trat. Die Mitgliedstaaten verpflichteten sich im Bereich von Kohle, Stahl, Eisenerz und Schrott zum schrittweisen Abbau der Zölle, der mengenmäßigen Beschränkungen, der Preis- und Frachtdiskriminierungen, der Grenzabfertigungsgebühren und Währungsbeschränkungen. Die EGKS entwickelte eine gemeinsame Industriepolitik für Kohle und Stahl und schuf erstmals Kartellrechtsvorschriften auf europäischer Ebene (↑ Sicherung der Wettbewerbsordnung S. 316). Zusammen mit einem gemeinsamen Außenzolltarif ermöglichte dies die rationelle Entwicklung der Produktion in den Mitgliedstaaten und entzerrte den Wettbewerb, der in diesem Wirtschaftszweig teilweise ruinös geworden war. Die Einführung der Freizügigkeit für die Montanarbeiter sowie die Unterstützung von Forschungen auf dem Gebiete des Gesundheitswesens und der Arbeitssicherheit führten zu einer wesentlichen Verbesserung im sozialen Bereich. Die Finanzierung der Gemeinschaftsaufgaben wird durch Erhebung einer Umlage auf den Umsatz der Kohle- und Stahlerzeuger sichergestellt, welche man als die erste „europäische Steuer" bezeichnet. Unter Leitung des Belgiers Paul-Henri Spaak wurden zur Fortsetzung der europäischen Integration zwei neue Verträge ausgearbeitet, welche am 25. März 1957 in Rom von den Regierungen der sechs Mitgliedstaaten unterzeichnet worden sind. Dies war die Gründung der *Europäischen Wirtschaftsgemeinschaft (EWG)* und der *Europäischen Atomgemeinschaft (Euratom)*. Die Vertragsstaaten verpflichteten sich, untereinander alle Zoll- und sonstigen Handelsschranken schrittweise abzubauen und schufen gegenüber Drittländern einen gemeinsamen Außenzolltarif. Diese Zollunion war der Beginn der wirtschaftlichen Integration, der eine Wirtschafts- und Währungsunion folgen soll. Die Mitgliedstaaten haben sich verpflichtet, für ihre Wirtschaft gemeinsame Regeln und Normen zu entwickeln. Dies bedingt die Verfolgung einer gemeinsamen Wirtschafts- und Währungspolitik, Landwirtschafts-, Handels-, Wissenschafts- und Technologiepolitik, Verkehrs-, Regional- und Sozialpolitik, Umwelt- und Energiepolitik sowie ein gemeinsames Vorgehen bei der Außenpolitik. Die EG unterhält mit rund 90 Ländern diplomatische Beziehungen. Sie ist durch Assoziationsabkommen u. a. mit Griechenland, der Türkei und Malta, durch Handelsabkommen mit Drittländern verbunden. Mit den Ländern der Europäischen Freihandelszone (EFTA) und anderen bestehen Freihandelsabkommen (Israel, Finnland, Norwegen, Österreich, Portugal, Schweden, Schweiz). Das Europäische Parlament ist an der wirtschaftlichen und finanziellen Zusammenarbeit der Gemeinschaft mit 47 Ländern Afrikas, des karibischen und pazifischen Raumes (AKP-Länder) aufgrund des Vertrages von Lomé vom 28. Februar 1975 unmittelbar beteiligt. Der Vertrag ist eine Weiterentwicklung der Abkommen von Jaunde und Arusha, die die Assoziation von 22 afrikanischen Staaten und Madagaskar mit der Gemeinschaft begründeten.

Die Beziehungen der EG zur DDR spiegeln die bei Abschluß der Verträge bestehenden und aufrechtzuerhaltenden besonderen wirtschaftlichen Beziehungen der Mitgliedsstaaten wider: Der Handel zwischen beiden Teilen Deutschlands ist Bestandteil des innerdeutschen Handels, Bestimmungen des Gemeinschaftsrechts finden keine Anwendung; Importe aus der DDR können innerhalb der EG ungehindert zirkulieren.

A. Bleckmann, Europarecht, Bonn 1978.
F. Deppe (Hrsg.), Europäische Wirtschaftsgemeinschaft, Reinbek 1975.
Groeben/Boeckh/Thiesing, Kommentar zum EWG-Vertrag, 2. Aufl., 1974.

Libanon
Zypern
Syrien
Marokko
Tunesien
Malta
Israel
Westsahara
Algerien
Libyen
Ägypten
Jordanien
Kap Verde
Mauretanien
Mali
Niger
Tschad
Sudan
Senegal
Obervolta
Guinea
Benin
Dschibuti
Nigeria
Athiopien
Sierra Leone
Ghana
Zentralafrikanisches Kaiserreich
Liberia
Togo
Kamerun
Elfenbeinküste
Principe
Uganda
Somalia
Äquat.-Guinea
Kenia
Kongo
Gabun
Guinea-Bissau
Gambia
São Tomé
Rwanda
Burundi
Seychellen
Zaire
Tansania
Karibik
Bahamas
Barbados
Grenada
Guyana
Jamaika
Surinam
Trinidad und Tobago
Pazifik
Fidschi
Papua-Neuguinea
Tonga
Westsamoa
Angola
Moçambique
Sambia
Malawi
Rhodesien
Südwestafrika Namibia
Botswana
Madagaskar
Mauritius
Swasiland
Lesotho
Republik Südafrika
Zollbegünstigte afrikanische Länder des AKP-Abkommens
Zollbegünstigte Gebiete des Mittelmeerraumes

Organe der Europäischen Gemeinschaften

Vor dem 1. Juli 1967 bestanden für jede der drei ↑Europäischen Gemeinschaften (S. 574) gesonderte Exekutivorgane, nämlich die Hohe Behörde der Montanunion, die EWG-Kommission und die Euratom-Kommission, sowie drei Ministerräte als Legislative. Das Europäische Parlament und der ↑Europäische Gerichtshof (S. 582) hingegen waren seit ihrem Bestehen als gemeinsame Organe für alle drei Gemeinschaften tätig. Es stellte sich jedoch als notwendig heraus, auch die Exekutiv- und Legislativorgane zu vereinigen, um eine einheitliche und rationelle Arbeit zu ermöglichen. Durch den am 1. Juli 1967 in Kraft getretenen Vertrag über die Fusion der Organe der Europäischen Gemeinschaften wurden ein einheitlicher Ministerrat gebildet und die Verschmelzung der Kommission von EWG, Euratom und der Hohen Behörde zu einer einheitlichen Kommission vollzogen. Die Gemeinschaften selbst bestehen rechtlich selbständig nebeneinander fort, bis auch sie durch Errichtung eines gemeinsamen Vertrages zusammengefaßt werden. In dem Bereich, für die die Gemeinschaften nach den Verträgen zuständig sind, haben die Mitgliedstaaten die Entscheidungsbefugnis auf die gemeinsamen europäischen Organe übertragen.

Die *Kommission* der Europäischen Gemeinschaften besteht aus dreizehn Mitgliedern, die von den Regierungen der Mitgliedstaaten für jeweils vier Jahre ernannt werden. Die Kommissionsmitglieder sind von ihren Regierungen vollkommen unabhängig und dürfen keine Weisungen entgegennehmen. Wegen ihres Initiativrechts für die Vorschläge an den Ministerrat wird die Kommission auch der „Motor" der Gemeinschaften genannt. Zugleich ist sie aber auch ausführendes Organ für alle Beschlüsse des Ministerrats. Für ihre Arbeit steht ihr eine umfangreiche Verwaltung zur Verfügung, die in zwanzig *Generaldirektionen* und eine Anzahl *gemeinsamer Dienste* gegliedert ist. Daneben wird sie noch von mehreren Ausschüssen beraten. Sie verwaltet außerdem die ihr angegliederten Fonds, wie den Europäischen Sozialfonds, den Europäischen Entwicklungsfonds und den Ausrichtungs- und Garantiefonds für die Landwirtschaft (↑Europäischer Agrarmarkt S. 584). Der Sitz der gemeinsamen Kommission ist Brüssel.

Der *Ministerrat* ist die Legislative der Europäischen Gemeinschaften und setzt sich aus je einem Mitglied der Regierung der Mitgliedstaaten zusammen. Je nach dem Beratungsgegenstand wird er von den entsprechenden Ressortministern gebildet. Im Zusammenwirken mit der Kommission und dem Parlament trifft er die grundsätzlichen gesetzgeberischen Entscheidungen auf den Gebieten, die den Gemeinschaften durch die Verträge übertragen worden sind. Neben dem Ministerrat gibt es noch einen Rat der ständigen Vertreter, der sich aus Beamten der Mitgliedstaaten im Botschafterrang zusammensetzt, mit der Aufgabe, die jeweiligen Arbeiten des Ministerrates vorzubereiten. Ministerrat und Rat der ständigen Vertreter haben ihren Sitz ebenfalls in Brüssel.

Das *Europäische Parlament* (ständiger Sitz: Luxemburg, tagt in Straßburg) mit z. Zt. 198 Abgeordneten, die aus den nationalen Parlamenten dorthin entsandt werden, soll ab 1978 nach dem Beschluß der Staats- und Regierungschefs der Mitgliedsländer in direkter Wahl bestimmt werden. Den Mitgliedsstaaten bleibt bis zur Ausarbeitung eines einheitlichen Wahlverfahrens die Ausgestaltung des Verfahrens für ihr Hoheitsgebiet überlassen; ein Trend zum Prinzip der Verhältniswahl ist erkennbar. Das Parlament hat Befugnisse bei der Gesetzgebung, der Kontrolle und im Haushalt, mit $^2/_3$-Mehrheit kann es die Kommission zum Rücktritt zwingen.

Der ↑*Europäische Gerichtshof* (S. 582) der Gemeinschaften überwacht die Rechtmäßigkeit des Handelns von Rat und Kommission und sichert die Wahrung des Rechts bei der Anwendung und Auslegung der Gemeinschaftsverträge.

Runge, Einführung in das Recht der Europäischen Gemeinschaften, München 1975.
P.-Chr. Müller-Graff, Die Direktwahl des europäischen Parlaments, Tübingen 1977.

Organe der Europäischen Gemeinschaften

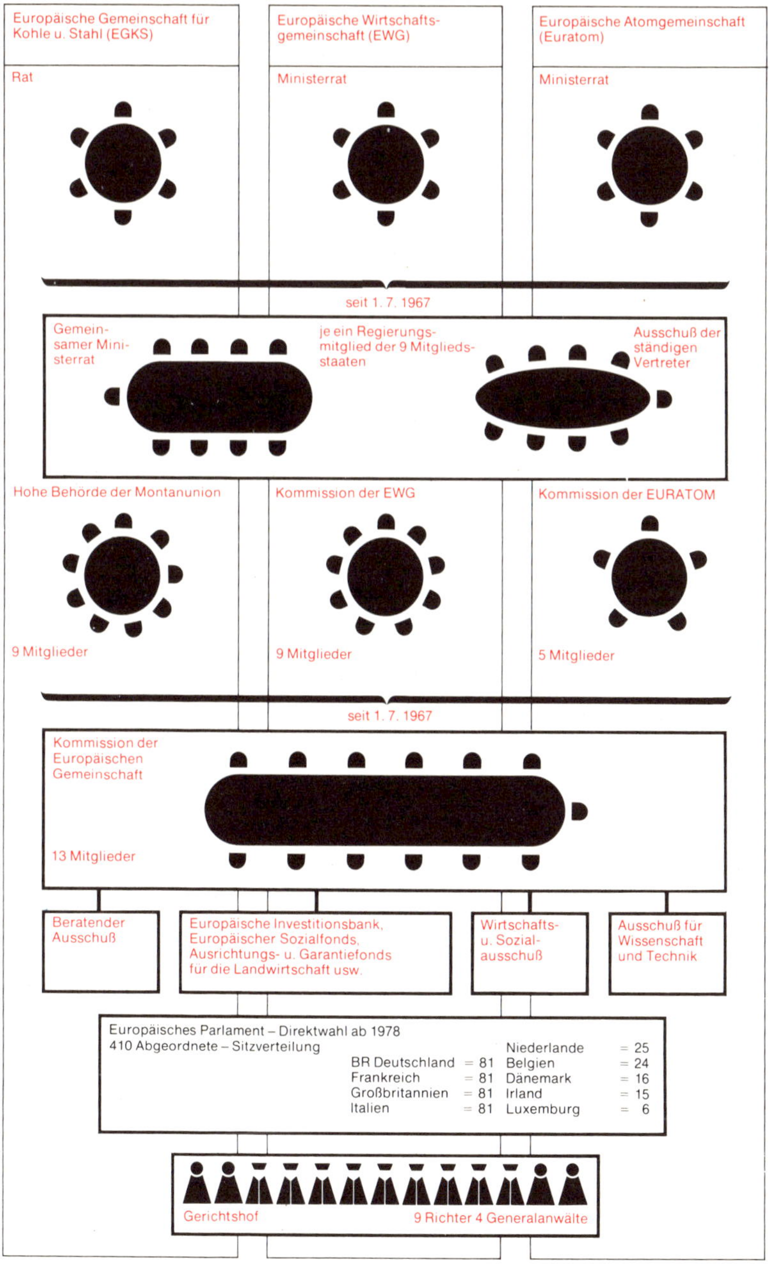

Europäisches Gemeinschaftsrecht

Als Europäisches Gemeinschaftsrecht wird das Recht der drei Europäischen Gemeinschaften bezeichnet. Das primäre Gemeinschaftsrecht besteht aus dem Recht der drei Verträge zur Gründung der Europäischen Gemeinschaft für Kohle und Stahl (EGKS), der Europäischen Wirtschaftsgemeinschaft (EWG) und der Europäischen Atomgemeinschaft (EAG) und aus den zusätzlichen Protokollen und Abkommen, auf die in den Verträgen Bezug genommen wird (z. B. Protokoll über den innerdeutschen Handel und die damit zusammenhängenden Fragen). *Sekundäres Gemeinschaftsrecht* ist das aufgrund der Verträge von den Organen der Europäischen Gemeinschaften gesetzte Recht. Allen drei Verträgen gemeinsam sind allgemeine Bestimmungen über Aufgaben und Ziele der Gemeinschaften, über die Errichtung und das Funktionieren eines Gemeinsamen Marktes, ein Organisationsrecht, in dem die Errichtung der Gemeinschaften, die Schaffung, Willensbildung und das Zusammenwirken der Organe und deren Aufgaben bestimmt sind. Schließlich enthalten die Verträge Vorschriften über den Rechtsschutz und die Gerichtsverfassung. Das Gemeinschaftsrecht ist weder Völkerrecht noch nationales deutsches Recht. Seine Eigenart beruht auf der Übertragung nationaler Hoheitsrechte durch die Mitgliedstaaten in funktional begrenztem Umfang auf zwischenstaatliche Organisationen, denen dadurch eigene Hoheitsgewalt im Gebiet der Mitgliedstaaten eingeräumt wurde *(Supranationalität)*. Die Gemeinschaftsrechtsordnung ist daher nicht aus dem nationalen Recht abgeleitet, sondern originär und autonom. Normen des Gemeinschaftsrechts haben gleichermaßen Geltung in allen Mitgliedstaaten und können im Durchgriff Wirkungen für die Organe der Mitgliedstaaten und den einzelnen entfalten. Für das Sekundärrecht folgt dies direkt aus den Verträgen. Die gleiche Wirkung haben nach der Rechtsprechung des Europäischen Gerichtshofes Normen des Primärrechts, wenn sich nach Wortlaut, Inhalt und Auslegung ermitteln läßt, daß sie ohne weitere Mitwirkung des Mitgliedstaates Rechtswirkungen für den einzelnen entfalten können (self-executing). Im Falle einer Kollision von nationalem Recht mit einer Norm des Gemeinschaftsrechts hat letztere Vorrang vor der nationalen Norm, kann jedoch auf ihre Vereinbarkeit mit den Grundrechten des deutschen Grundgesetzes überprüft werden (S. 580).

Das Gemeinschaftsrecht enthält zur Erfüllung der in den Gründungsverträgen der Gemeinschaften genannten Ziele einen Katalog rechtlicher Handlungsformen. Die *Verordnung* des EWG- und EAG-Vertrages und die *allgemeine Entscheidung* des EGKS-Vertrages ist in allen ihren Teilen verbindlich und gilt ohne weiteren nationalen Hoheitsakt in jedem Mitgliedstaat. Die *Richtlinie* des EWG- und EAG-Vertrages und die *Empfehlung* des EGKS-Vertrages richten sich an die Mitgliedstaaten – letztere auch an einzelne Unternehmen – und schreiben verbindlich das zu erreichende Ziel vor, lassen jedoch die Wahl der Mittel und Form frei. Die *Entscheidung* kann sich an Mitgliedstaaten oder an den einzelnen Marktbürger richten und ist in allen ihren Teilen verbindlich. Empfehlungen und *Stellungnahmen* sind unverbindlich, können rechtlich jedoch insofern relevant sein, als sie z. B. nachfolgende Maßnahmen blockieren oder erst ermöglichen können. Autoren der Rechtsakte sind der Rat und die Kommission, die „nach Maßgabe des Vertrages“ oder „im Rahmen der Bedingungen dieses Vertrages“ tätig werden, d. h. sie haben keine Generalkompetenz, sondern es gilt das Prinzip der begrenzten Einzelermächtigung.

In den Katalogen der drei Verträge sind nicht alle Rechtsakte der Gemeinschaftsorgane aufgeführt. Es sind weiterhin denkbar Beschlüsse im Rahmen des Verfahrens der autonomen Vertragsänderung und Beschlüsse zur Schließung von Vertragslücken. Rat und Kommission geben sich Geschäftsordnungen. Schließlich können die Gemeinschaftsorgane Verträge völkerrechtlicher Art abschließen.

H. P. Ipsen, Europäisches Gemeinschaftsrecht, Tübingen 1972, S. 405ff.
L.-J. Constantinesco, Das Recht der Europäischen Gemeinschaften, Bd. I, Baden-Baden 1977, S. 531ff.

Beispiel für Verordnung und Entscheidung

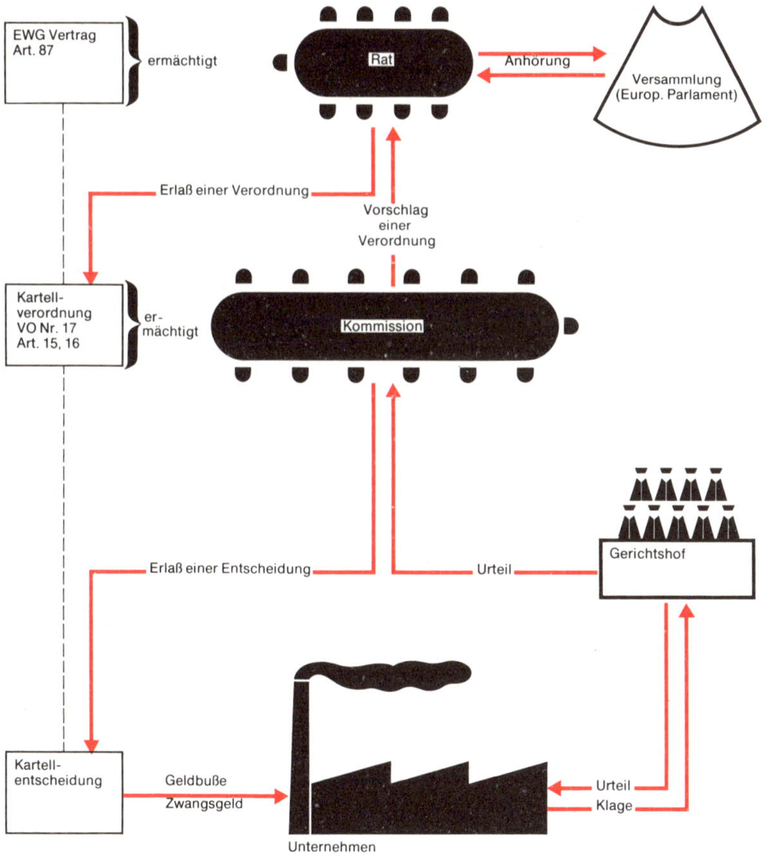

Rechtsstellung der EG-Bürger

Die Aufgabenbestimmung der ↑ Europäischen Gemeinschaften (S. 574) zielt auf die Errichtung eines *Gemeinsamen Marktes* ab. Alle Vertragsbestimmungen – auch die bezüglich der natürlichen oder juristischen Personen – sind auf die Erreichung dieses Zieles abgestimmt, sie sind sach- und nicht menschenbezogen. Die Rechtsstellung des Individuums hat daher nur einen Ausschnitt der in den Rechtsordnungen der Mitgliedstaaten gewährten rechtlichen Positionen zum Inhalt und zwar in dem Umfang, wie sie zur Erfüllung der ökonomischen Ziele der Gemeinschaften erforderlich sind. Rechtspositionen dieser Art werden dem Marktbürger vor allem aufgrund spezieller Ausformungen des in den Verträgen zur Gründung der Europäischen Gemeinschaft für Kohle und Stahl (EGKS), der Europäischen Wirtschaftsgemeinschaft (EWG) und der Europäischen Atomgemeinschaft (EAG) enthaltenen Grundsatzes der Gleichbehandlung ohne Unterscheidung nach Kriterien der Staatsangehörigkeit, der wirtschaftlichen Lage, des Geschlechts und des Grundsatzes der Wirtschaftsfreiheit gewährt. So beinhaltet z. B. die Freizügigkeit nach den Bestimmungen der drei Verträge (unter Berücksichtigung nationaler Regelungen hinsichtlich der Befähigung zur Berufsausübung und der nationalen Schranken aus Gründen der öffentlichen Ordnung, Sicherheit und Gesundheit) das Recht auf freien Zugang zum Arbeitsmarkt, das Recht auf Gleichstellung bei der Berufsausübung, die Gewährleistung sozialer Sicherheit und das Recht auf Einreise, Aufenthalt und Verbleib. Nur im EWG-Vertrag sind mit den gleichen Einschränkungen wie oben Bestimmungen zur Niederlassungsfreiheit (das Recht auf Ausübung aller Erwerbstätigkeiten unternehmerischer oder freiberuflicher Art im Gemeinschaftsgebiet) und zum freien Dienstleistungsverkehr (das Recht auf Ausübung einer kaufmännischen, handwerklichen oder freiberuflichen Tätigkeit in einem anderen Mitgliedstaat, ohne sich dort niederzulassen) enthalten. Neben den Grundsätzen der Gleichbehandlung und der Wirtschaftsfreiheit anerkennt das Gemeinschaftsrecht noch andere Grundrechtsbereiche wie das Koalitionsrecht (↑ Vereinigung und Koalitionsfreiheit S. 140), das ↑ Petitionsrecht (S. 150) und den Schutz des Geschäfts- und Berufsgeheimnisses. Nach der Rechtsprechung des ↑ Europäischen Gerichtshofes (S. 582) wird der Grundrechtsschutz im Wege der Rechtsfortbildung dergestalt erweitert, daß aus den gemeinsamen Verfassungsüberlieferungen der Mitgliedstaaten Grundrechte der Person erarbeitet und in die allgemeinen Rechtsgrundsätze des Gemeinschaftsrechts aufgenommen werden. Auf dem gleichen Weg wurden bereits einige aus dem Verfassungsprinzip der ↑ Rechtsstaatlichkeit (S. 34) fließende Grundsätze verwaltungsrechtlicher Art in das Gemeinschaftsrecht aufgenommen. Sie entfalten ebenfalls Wirkungen eines gemeinschaftsrechtlichen Grundrechtsschutzes (Gesetzmäßigkeit, Verhältnismäßigkeit, Übermaßverbot). Der Marktbürger ist also im Falle der Durchbrechung nationalen Rechts durch Akte der Gemeinschaftsgewalt nicht schutzlos, sondern kann sich auf die der Gemeinschaftsrechtsordnung immanenten Grundrechte berufen. Gewähren sie keinen Schutz, so können Gemeinschaftsakte nach einem Beschluß des BVerfG aus dem Jahre 1974 auch auf ihre Vereinbarkeit mit den Grundrechten des deutschen Grundgesetzes überprüft werden. Dem Marktbürger stehen jedoch keine aktivbürgerlichen Rechte zu, d. h. er nimmt nicht an der Legitimierung und Ausübung öffentlicher Gewalt teil.

Den Rechten des Marktbürgers entsprechen Pflichten, wie z. B. die Pflicht zur Auskunfterteilung an die Kommission, zur Erbringung finanzieller Leistungen (Zwangsgelder, Geldbußen), zur Duldung von Nachprüfungen, Kontrollen oder Überprüfungen. Der Sicherung dieser Rechtsstellung dient in allen drei Verträgen ein Rechtsschutzsystem mit Klagemöglichkeiten gegen die Organe der Gemeinschaften.

L.-J. Constantinesco, Das Recht der Europäischen Gemeinschaften, Bd. 1, Baden-Baden 1977, S. 692 ff.
H. P. Ipsen, Europäisches Gemeinschaftsrecht, Tübingen 1972, S. 715 ff.

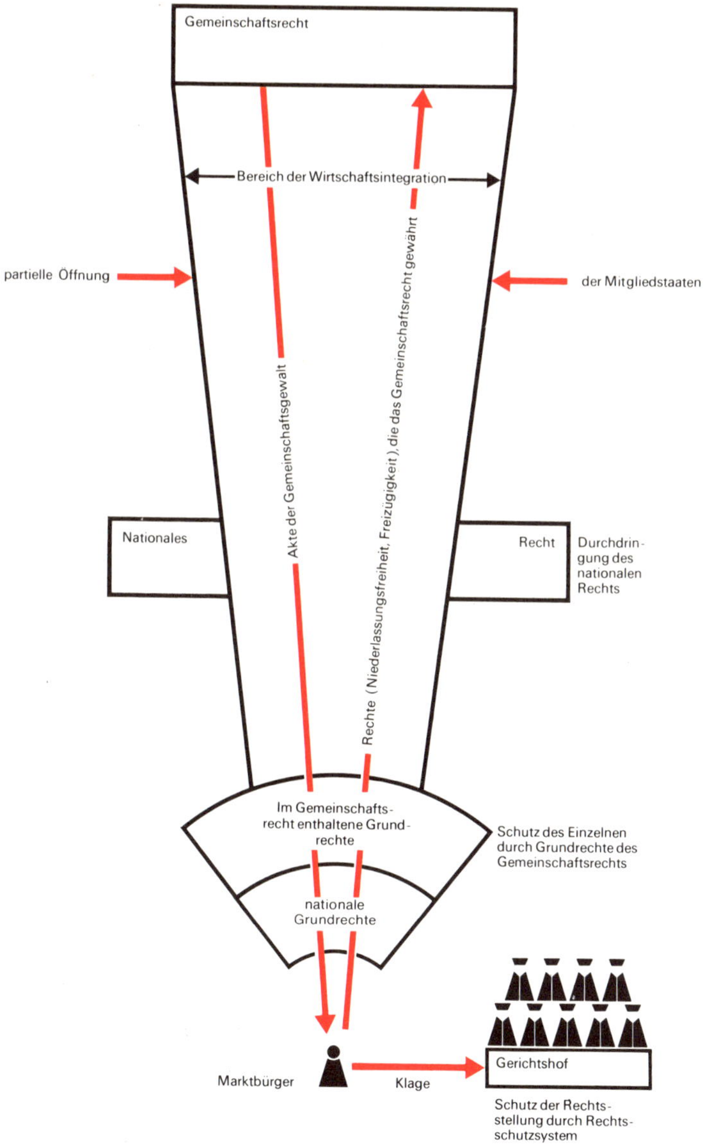

Gemeinschaftsrecht
Bereich der Wirtschaftsintegration
partielle Öffnung
der Mitgliedstaaten
Akte der Gemeinschaftsgewalt
Rechte (Niederlassungsfreiheit, Freizügigkeit), die das Gemeinschaftsrecht gewährt
Nationales
Recht
Durchdringung des nationalen Rechts
Im Gemeinschaftsrecht enthaltene Grundrechte
Schutz des Einzelnen durch Grundrechte des Gemeinschaftsrechts
nationale Grundrechte
Marktbürger
Klage
Gerichtshof
Schutz der Rechtsstellung durch Rechtsschutzsystem

Europäischer Gerichtshof

Der Europäische Gerichtshof (EuGH) mit Sitz in Luxemburg ist zu unterscheiden vom Europäischen Gerichtshof für Menschenrechte (↑ Europarat, S. 608) in Straßburg. Der EuGH wurde als gemeinsames Organ der ↑ Europäischen Gemeinschaften (S. 574) aufgrund des Abkommens vom 25. 3. 1957 gegründet und bildet innerhalb der Gemeinschaften die richterliche Gewalt. In ähnlicher Form hatte er bereits zuvor als Gerichtshof der europäischen Gemeinschaften für Kohle und Stahl mit einer auf den Rahmen des Montan-Vertrages von 1951 beschränkten Zuständigkeit bestanden. Seit dem 7. Oktober 1958 wurden die Kompetenzen des EuGH durch die Verträge über die Europäische Wirtschaftsgemeinschaft und über die Europäische Atomgemeinschaft erweitert. Die Anwendung der gemeinsamen Grundsätze und Rechtsnormen der drei Verträge hat häufig eine Umgestaltung der nationalen Rechtsvorschriften der Mitgliedstaaten der Gemeinschaften zur Folge, die schwierige Rechtsfragen auf dem Gebiet des öffentlichen Rechts und des Privatrechts aufwerfen. Da weiterhin durch die Verträge der Europäischen Gemeinschaften ein Wirtschaftssystem bundesstaatlicher Art zwischen den Mitgliedstaaten geschaffen wurde, ergab sich die Notwendigkeit einer einheitlichen Rechtsprechungskontrolle.

Die Zuständigkeiten des EuGH werden in drei verschiedenen Hinsichten wahrgenommen: In seiner *zwischenstaatlichen* Funktion sind dem Gerichtshof alle Streitigkeiten zwischen zwei Mitgliedstaaten vorzulegen, soweit es um die Auslegung und Anwendung der Gemeinschaftsverträge geht. Der Gerichtshof wird dadurch jedoch nicht zu einem internationalen Gericht, sondern bleibt ein internes Gericht der Unterzeichnerstaaten. Der EuGH entscheidet in diesem Zusammenhang ebenfalls über Verstöße von Mitgliedstaaten gegen ihre Verpflichtungen aufgrund der Verträge. So wurden vom Gericht Pflichtverletzungen u. a. der Bundesrepublik Deutschland (Urteil vom 8. 3. 1960: Nichtbeachtung der Entscheidungen der Hohen Behörde), Belgiens, (Urteil vom 13. 11. 1964: Verstoß gegen den EWG-Vertrag durch Einführung einer Einfuhr-Sonderabgabe), Italiens und Luxemburgs geahndet.

In seiner *verfassungsrechtlichen* Funktion ist der Gerichtshof der Hüter der Verfassungsstruktur der Gemeinschaftsverträge. Der EuGH hat ferner eine *verwaltungsrechtliche* Funktion, da er sowohl die Rechtmäßigkeit des Handelns der Europäischen Gemeinschaftsorgane sowie die zulässige Auslegung der Verträge durch die Organe überwacht. Der Gerichtshof kann durch Urteil eine von den Gemeinschaftsorganen erlassene und daraufhin angefochtene Entscheidung bestätigen oder für nichtig erklären. Dies geschieht nach Erhebung einer Anfechtungsklage z. B. wegen Unzuständigkeit, Verletzung wesentlicher Formvorschriften und Ermessensmißbrauch durch Gemeinschaftsorgane. Die Klage kann von allen Unterzeichnerstaaten und unter eingeschränkten Voraussetzungen auch von juristischen und natürlichen Personen erhoben werden. Die Klagebefugnis von Privatpersonen gegen Gemeinschaftsentscheidungen ist nach dem Vertrag zur Gründung der europäischen Wirtschaftsgemeinschaft und dem Euratom-Vertrag nur gegeben, wenn es sich um Individualentscheidungen oder um solche Entscheidungen handelt, die zwar als Verordnung ergangen sind, den einzelnen aber individuell und unmittelbar betreffen.

Der EuGH besteht aus neun Richtern, die von den Regierungen der Mitgliedstaaten im gegenseitigen Einvernehmen auf sechs Jahre ernannt werden. Der Gerichtshof wählt seinen Präsidenten auf drei Jahre und ernennt einen Kanzler. Bei seinen Sitzungen wird er durch vier Generalanwälte unterstützt, die unparteilich die Schlußanträge begründen. Das Verfahren des Gerichtshofs findet in einer der Amtssprachen statt und ist kostenfrei.

C. J. Hamson, Gerichtshof der Europäischen Gemeinschaften, Luxemburg 1976.
Gerichtshof der Europäischen Gemeinschaften, Textsammlung; Verfassung, Zuständigkeit und Verfahrensregeln, 3. Aufl., Luxemburg 1975.
H. Kutscher, Gerichtshof der Europäischen Gemeinschaften, Luxemburg 1976.

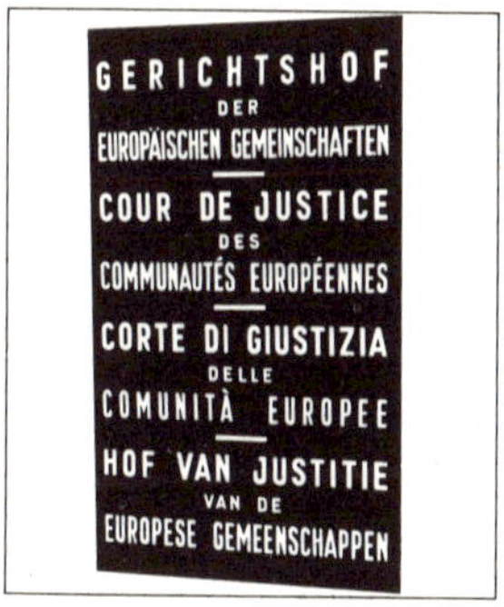
GERICHTSHOF
DER
EUROPÄISCHEN GEMEINSCHAFTEN
COUR DE JUSTICE
DES
COMMUNAUTÉS EUROPÉENNES
CORTE DI GIUSTIZIA
DELLE
COMUNITÀ EUROPEE
HOF VAN JUSTITIE
VAN DE
EUROPESE GEMEENSCHAPPEN

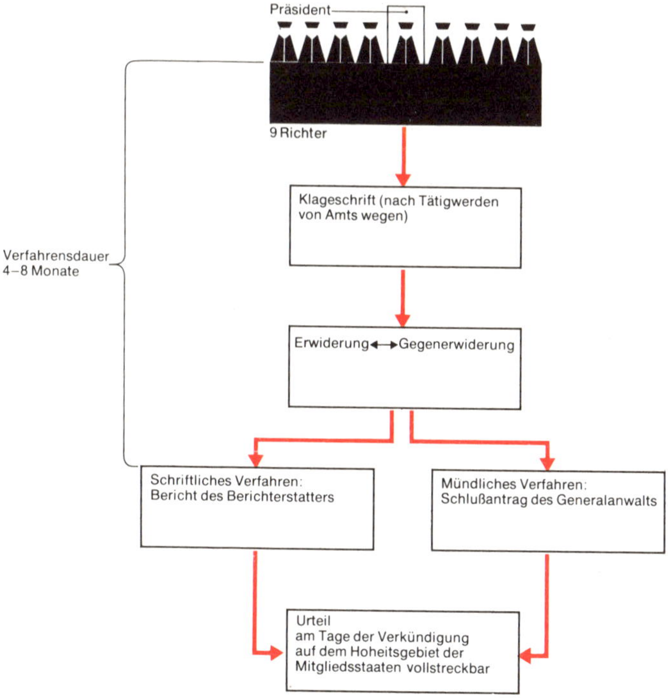
Präsident
9 Richter
Verfahrensdauer
4–8 Monate
Klageschrift (nach Tätigwerden von Amts wegen)
Erwiderung ↔ Gegenerwiderung
Schriftliches Verfahren: Bericht des Berichterstatters
Mündliches Verfahren: Schlußantrag des Generalanwalts
Urteil
am Tage der Verkündigung
auf dem Hoheitsgebiet der
Mitgliedsstaaten vollstreckbar

Europäischer Agrarmarkt

Jeder Mitgliedstaat der ↑ Europäischen Gemeinschaften (S. 574) verfolgte vor der Schaffung des Gemeinsamen Marktes eine eigene Agrarpolitik, bei der hauptsächlich die nationale Landwirtschaft durch eine Fülle von Subventionen und Zollschranken gegen Einfuhren aus dem Weltmarkt geschützt wurde. Bei der Errichtung eines gemeinsamen Agrarmarktes konnte daher nicht in gleicher Weise verfahren werden wie bei der Beseitigung von Handelsschranken und Wettbewerbshindernissen im Industriegüterbereich. Die unterschiedlichen nationalen Agrarsysteme ließen sich nicht angleichen. Man beschloß deshalb eine einheitliche Agrarpolitik zur zentralen Steuerung der europäischen Landwirtschaft. Im Gegensatz zum System der Marktwirtschaft mit dem freien Spiel von Angebot und Nachfrage verfolgt die europäische Agrarpolitik den Schutz der Produzenten durch *Agrarmarktordnungen*. Den Landwirten soll durch Schaffung eines einheitlichen Preisniveaus für ihre Erzeugnisse ein Schutz ihrer Einkommen gewährt werden, um zu verhindern, daß Landwirte, deren Einkommen hinter denen von Arbeitnehmern der Industrie zurückbleiben, die Landwirtschaft aufgeben. Nach Abbau der innergemeinschaftlichen Handelsschranken und Schaffung einer gemeinschaftlichen Präferenz umfaßt der gemeinsame Agrarmarkt heute über 90 % aller landwirtschaftlichen Erzeugnisse der Gemeinschaft. Die ↑ Organe der Europäischen Gemeinschaften (S. 576) setzen jährlich *Richt- und Interventionspreise* für Gemeinschaftserzeugnisse fest. Wenn der Produzent für sein Erzeugnis einen Preis erzielt, der unter dem dafür geltenden Richtpreis liegt, und sich dem Interventionspreis nähert, so sind die Interventionsstellen verpflichtet, die ihnen angebotenen Produkte durch Stützungskäufe zum Interventionspreis aufzukaufen, um so den Marktpreis über dem Interventionspreis zu halten. Da Richt- und Interventionspreis meist über dem Weltmarktpreis liegen, werden Exporteuren von landwirtschaftlichen Überschüssen *Exportbeihilfen* gewährt, um auf dem Weltmarkt wettbewerbsfähig zu sein. Sowohl Stützungsmaßnahmen als auch Exportbeihilfen werden durch den *Europäischen Ausrichtungs- und Garantiefonds für die Landwirtschaft* finanziert. Um die Landwirte der Mitgliedstaaten vor billigen Einfuhren aus Drittländern zu schützen, werden diese Importe durch sogenannte *Abschöpfungen* an der Grenze des Einfuhrlandes auf den Binnenmarktpreis angehoben. Dies betrifft jedoch nur diejenigen Produkte, die den Gemeinschaftsprodukten Konkurrenz machen können. Für Einfuhren in einen Mitgliedstaat aus einem anderen Mitgliedstaat gilt dasselbe, weil der Grundrichtpreis in den Ländern der Gemeinschaft verschieden hoch sein kann.

Das gegenwärtige System der *Agrarpreisfestsetzungen* bringt eine Fülle von Schwierigkeiten und Unzulänglichkeiten mit sich. An der Agrarpolitik entzünden sich stets neue Krisen der Gemeinschaft. Teilweise sind die von den Organen festgesetzten Preise zu niedrig, um allen Landwirten ein angemessenes Einkommen zu sichern. Volkswirtschaftlich gesehen sind die Preise wiederum zu hoch. Durch die fortschreitende Modernisierung und Mechanisierung landwirtschaftlicher Betriebe produzieren die Landwirte im Hinbick auf die ihnen garantierten hohen Preise mehr, als der Markt verkraften kann. Die so entstandenen Überschüsse müssen, sofern sie auf dem Weltmarkt nicht abgesetzt werden können, bei leichtverderblichen Erzeugnissen vernichtet werden. Andere Produkte, wie z. B. Milcherzeugnisse oder Fleisch müssen unter großem finanziellen Aufwand eingelagert werden. Überschüsse, die auf dem Weltmarkt ihren Absatz finden sollen, müssen subventioniert werden. Somit hat der Verbraucher auf zweierlei Weise die Kosten zu tragen: Einmal hat er volkswirtschaftlich zu hohe Preise für Agrarprodukte hinzunehmen, zum anderen muß er als Steuerzahler die Beseitigung, Lagerung oder Ausfuhr von Überschüssen finanzieren.

H. Willgerodt, Der „Gemeinsame Agrarmarkt der EWG", Tübingen 1974.
O. Gottsmann, Der gemeinsame Agrarmarkt, Baden-Baden 1977.
N. Koester, EG-Agrarmarkt in der Sackgasse?, Baden-Baden 1977.

Das Abschöpfungssystem am Beispiel der Getreidemarktordnung

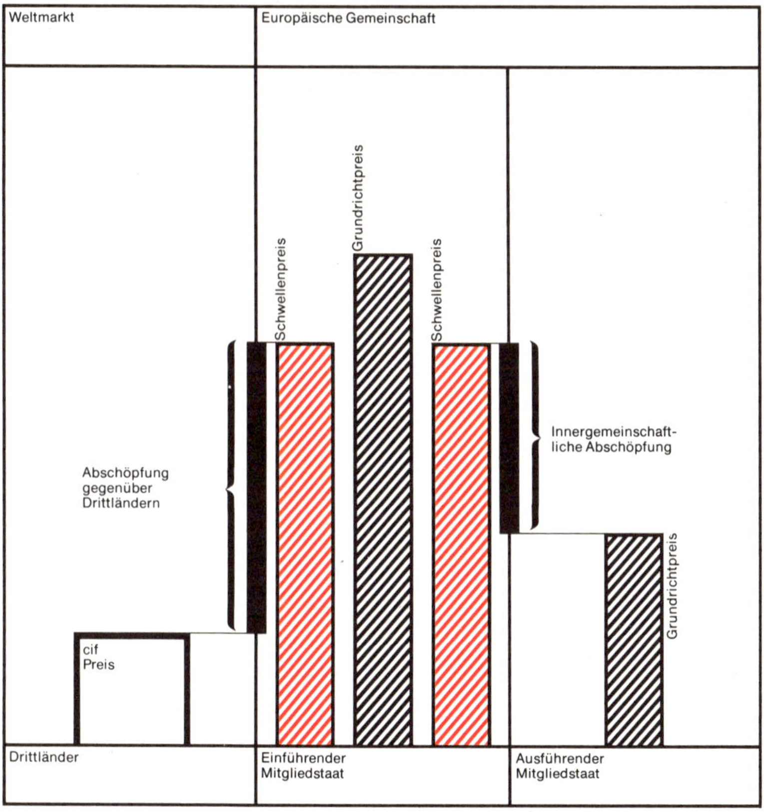

cif = cost for insurance and freight, d. h. cif-Preise sind Weltmarktpreise einschließlich Versicherungs- und Frachtkosten

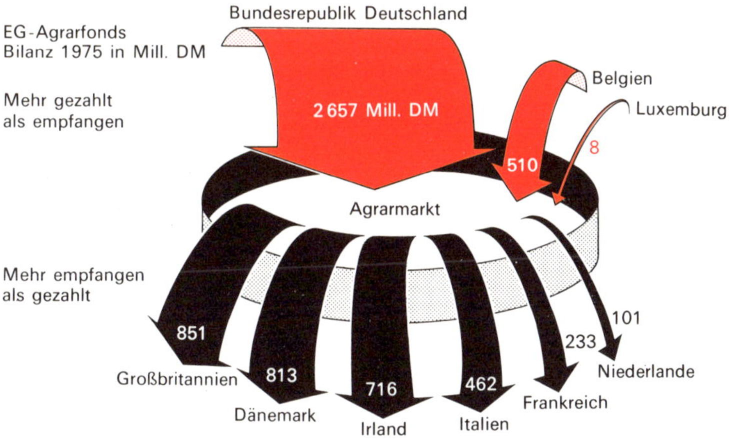

Völkerrecht

Das Völkerrecht ist historisch aus den Herrschaftsverhältnissen des europäischen Mittelalters erwachsen; erst im 19. und 20. Jahrhundert erlangte es weltweite Geltung. Gemäß seiner Rechtsidee, die internationalen Beziehungen auf der Grundlage des Friedens und der Selbstbestimmung unter der Anforderung der Gerechtigkeit zu gestalten, regelt es in erster Linie die hoheitlichen Rechtsbeziehungen zwischen den voneinander rechtlich unabhängigen, obersten politischen Herrschaftsorganisationen. Das sind derzeit die Staaten und, von ihnen abgeleitet, die Staatenverbindungen (↑Staat S. 1). Sie sind dementsprechend die hauptsächlichen *Völkerrechtssubjekte*, d. h. die Träger völkerrechtlicher Rechte und Pflichten und die Adressaten völkerrechtlicher Normen. Das Allgemeine Völkerrecht ist eine dezentralisierte Rechtsordnung; es verfügt nicht über besondere Rechtsetzungs-, Vollzugs- und Rechtsprechungsorgane. Völkerrecht entsteht durch kollektives Verhalten der Völkerrechtssubjekte hauptsächlich in Form von: (1) *Gewohnheitsrecht* und allgemeinen *Rechtsgrundsätzen* (=*Allgemeines* Völkerrecht); (2) *Vertragsrecht* und, darauf gestützt, Beschlußrecht internationaler Staatenorganisationen, das die Parteien bindet (=*Besonderes* Völkerrecht). Nicht hierzu gehören die Entscheidungen internationaler Gerichtshöfe und die Völkerrechtslehre. Da Allgemeines Völkerrecht der universalen Anerkennung bedarf, ist seine Bildung und Weiterentwicklung, nicht zuletzt infolge der ideologischen Gegensätze der Staatenwelt, oftmals ein schwerfälliger, mit Unsicherheiten belasteter Vorgang. Über vertragliche Kodifikationen, z. B. des allgemeinen Vertragsrechts, Seerechts, Kriegsrechts, des diplomatischen und konsularischen Verkehrs wird versucht, diesen Mängeln teilweise abzuhelfen. Die ↑internationalen Organisationen (S. 598) haben die Entwicklung des Völkerrechts beschleunigt. Die Entwicklung der Technik, u. a. zum Vordringen in den Luftraum und die Tiefsee, bewirkt neue Rechtsfragen, die nur auf der Ebene des internationalen Rechts gelöst werden können (Abgrenzung der Unterwasserzone, Recht auf die Stratosphäre).

Inhaltlich bestimmt das Allgemeine Völkerrecht zunächst den Kreis seiner Rechtssubjekte, insbesondere den Tatbestand „Staat" sowie die räumlichen, personellen und sachlichen Grenzen für die Ausübung der Hoheitsgewalt eines Völkerrechtssubjekts; es untersagt sachfremde, willkürliche Anknüpfungen, z. B. im Staatsangehörigkeits-, Steuer- oder Wettbewerbsrecht. Es regelt die Rechtsformen des internationalen Verkehrs und der Zusammenarbeit, z. B. des diplomatischen und konsularischen Verkehrs, des Vertragsrechts, der Staatenimmunität und der friedlichen Streitbeilegung. Es enthält materielle Rechtssätze bezüglich zahlreicher internationaler Sachgebiete, z. B. das Kriegs-, Neutralitäts- und Besatzungsrecht, das See-, Luft-, Weltraumrecht, das internationale Wirtschafts- und Verkehrsrecht, das Fremdenrecht, den Schutz der Menschenrechte und das Deliktsrecht. Diese und weitere Sachbereiche bilden auch den Gegenstand zahlreicher zwei- und mehrseitiger Verträge und internationaler Organisationen. Hauptverpflichtungen des Allgemeinen Völkerrechts sind das Gewaltverbot, das Verbot der Intervention in die inneren Angelegenheiten eines anderen Völkerrechtssubjekts sowie die Pflicht zur friedlichen Streitbeilegung. Unbefriedigend bleibt, daß kein allgemeines obligatorisches Streitbeilegungssystem besteht, weshalb bloße Machtpositionen zu Lasten von Rechtspositionen begünstigt werden. Völkerrecht und innerstaatliches Recht sind grundsätzlich getrennte Rechtskreise (↑Rechtsordnung S. 18); das Völkerrecht bindet nicht unmittelbar die innerstaatlichen Rechtsunterworfenen, sondern nur kraft eines innerstaatlichen Rechtsanwendungsbefehls, der z. B. in der Verfassung oder durch ein Gesetz erteilt sein kann, vgl. Art. 25 und 59 Abs. 2 des Grundgesetzes (↑Völkerrechtliche Verträge S. 592).

I. v. Münch, Völkerrecht in programmierter Form, Berlin 1971.
F. Berber, Lehrbuch des Völkerrechts, 3 Bände, München 1977.
H. J. Schlochauer, Wörterbuch des Völkerrechts, 2 Bände, Berlin 1960–62.

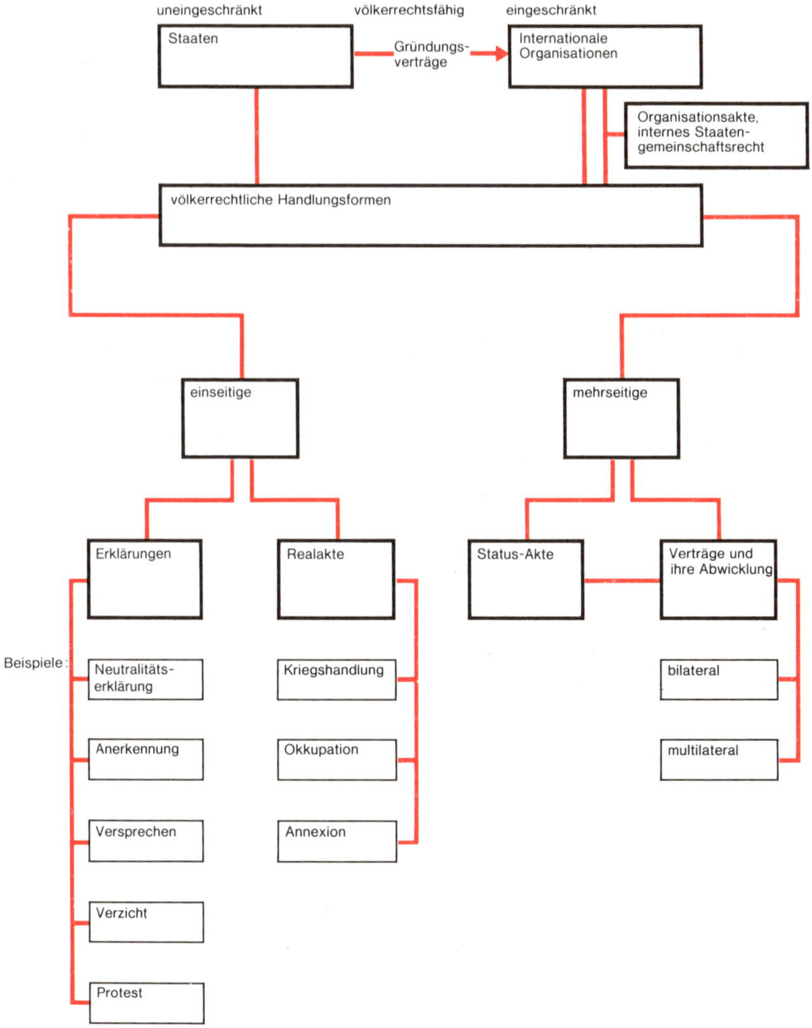
uneingeschränkt
völkerrechtsfähig
eingeschränkt
Staaten
Gründungs-
verträge
Internationale
Organisationen
Organisationsakte,
internes Staaten-
gemeinschaftsrecht
völkerrechtliche Handlungsformen
einseitige
mehrseitige
Erklärungen
Realakte
Status-Akte
Verträge und
ihre Abwicklung
Beispiele:
Neutralitäts-
erklärung
Anerkennung
Versprechen
Verzicht
Protest
Kriegshandlung
Okkupation
Annexion
bilateral
multilateral

Selbstbestimmungsrecht

Das Selbstbestimmungsrecht wird im ↑Völkerrecht (S. 586) zu den Grundrechten aller Völker gezählt und soll vor allem die schwächeren Staatengebilde gegen Übergriffe stärkerer Staaten schützen. Es ist in Art. 1 und Art. 55 der Satzung der ↑Vereinten Nationen (S. 600) aufgenommen worden. Die von der Menschenrechtskommission formulierte und 1952 mit Mehrheit der UN-Mitglieder angenommene Resolution lautet: „Alle Völker und alle Nationen sollen das Recht der Selbstbestimmung haben, nämlich das Recht, frei ihren politischen, wirtschaftlichen, sozialen und kulturellen Status zu bestimmen".

Am Ende des 19. Jahrhunderts hatte der Begriff der Selbstbestimmung vor allem in Europa Bedeutung für die Lösung der zahlreichen Nationalitätenfragen in den beiden Vielvölkerstaaten der Habsburger Donaumonarchie und des Zarenreiches. Das Recht, sich aufgrund eigener unabhängiger Willensentscheidung in einem Staat zu organisieren, hatte entscheidenden Einfluß auf die Friedensregelungen nach dem Ersten Weltkrieg. Unvereinbar mit dem Selbstbestimmungsrecht ist die Annexion oder Abtretung eines Teils des Staatsgebiets ohne die Zustimmung der betroffenen Bevölkerung.

Im Ersten Weltkrieg wurde das Selbstbestimmungsprinzip auch völkerrechtlich verfestigt, als die russische Revolution 1917 den Völkern Rußlands die Berechtigung zur Bildung selbständiger Staaten zugestand und die Vereinigten Staaten 1918 das Selbstbestimmungsrecht zu einem Grundsatz staatlichen Handelns erklärten (Wilsons 14-Punkte-Programm). Das Selbstbestimmungsrecht wurde zwar nicht in der Völkerbundsatzung festgehalten und in der Völkerbundepoche auch in wichtigen Fragen nicht beachtet (Sudetengebiet), doch wurde z. B. im Versailler Vertrag die Entscheidung über territoriale Fragen vom Ausgang entsprechender Abstimmungen der betroffenen Bevölkerung abhängig gemacht (z. B. Nordschleswig, Eupen-Malmedy, Oberschlesien). Auch nach der Aufnahme in die UN-Satzung hat das Selbstbestimmungsprinzip noch keine volle Völkerrechtsqualität erhalten; zum Teil ist es bislang nur eine unvollkommen verwirklichte Forderung der internationalen Ethik und ein politisches Prinzip geblieben. Die internationale Rechtsprechung läßt jedoch eine Tendenz zur Anerkennung des Selbstbestimmungsrechts erkennen.

Das Selbstbestimmungsrecht der Völker war von besonderer Bedeutung bei der Abtretung von Teilen des Staatsgebietes, die nach dem Ende des Zweiten Weltkriegs in vielen Fällen ohne den frei in einer Abstimmung geäußerten Willen der betroffenen Bevölkerung erfolgte. Da das Selbstbestimmungsrecht vielfach als ein Recht des ganzen Volkes angesehen wird und nicht nur als ein Recht der betroffenen Region, wird auch die Abtretung ohne eine Zustimmung der Bevölkerung im betroffenen Gebiet als völkerrechtlich zulässig angesehen. Häufig wird wenigstens der betroffenen Bevölkerung ein Optionsrecht für den alten Staat gewährt, das sie aber in der Regel zum Verlassen der alten Heimat zwingt.

Vom Selbstbestimmungsrecht der Völker als Recht eines Volkes auf einen eigenen Staat ist das Rechtsprinzip der Selbstbestimmung zu unterscheiden, das sich auf bereits bestehende selbständige Staaten und Völkerrechtssubjekte bezieht. Im Rahmen des Rechtsprinzips der Selbstbestimmung wird das Recht auf äußere Selbstbestimmung und das Recht auf innere Selbstbestimmung unterschieden.

Für die Bundesrepublik wurde das Selbstbestimmungsrecht ausdrücklich in der Präambel des Grundgesetzes („in freier Selbstbestimmung die Einheit und Freiheit Deutschlands zu vollenden") erwähnt und anläßlich des Grundvertrags im Brief zur deutschen Einheit vom 21. 12. 1972 noch einmal festgestellt.

K. Doehring, Das Selbstbestimmungsrecht der Völker als Grundsatz des Völkerrechts, Karlsruhe 1974.

D. Thuerer, Das Selbstbestimmungsrecht der Völker, Bern 1976.

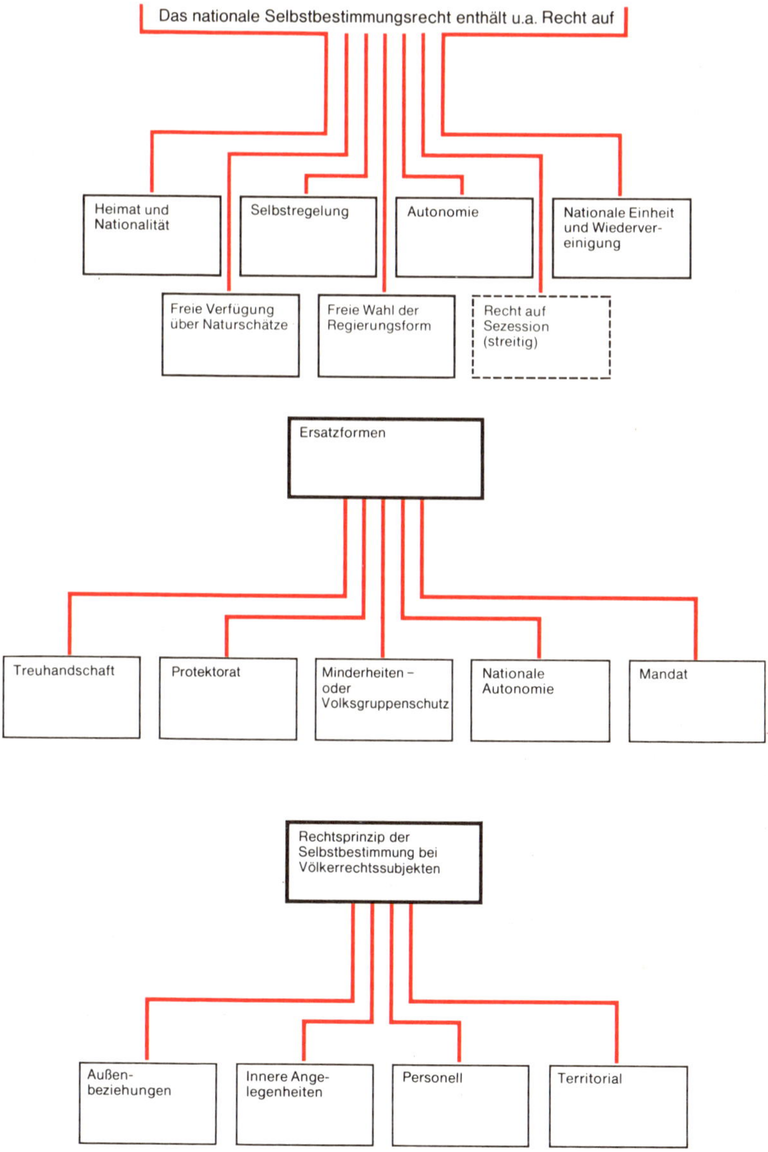

Das nationale Selbstbestimmungsrecht enthält u.a. Recht auf
Heimat und Nationalität
Selbstregelung
Autonomie
Nationale Einheit und Wiedervereinigung
Freie Verfügung über Naturschätze
Freie Wahl der Regierungsform
Recht auf Sezession (streitig)
Ersatzformen
Treuhandschaft
Protektorat
Minderheiten – oder Volksgruppenschutz
Nationale Autonomie
Mandat
Rechtsprinzip der Selbstbestimmung bei Völkerrechtssubjekten
Außenbeziehungen
Innere Angelegenheiten
Personell
Territorial

Völkerrechtliche Vertretung und Gesandtschaftsrecht

Nach dem Grundgesetz ist im internationalen Verkehr grundsätzlich der ↑Bundespräsident (S. 58) zur *völkerrechtlichen Vertretung* der Bundesrepublik befugt. Dazu gehören insbesondere: (1) die Entsendung und der Empfang von diplomatischen Vertretern, (2) die internationalen Vertragsbeziehungen der Bundesrepublik, (3) sonstige rechtlich erhebliche Erklärungen im internationalen Bereich, wie z. B. Anerkennung von Staaten und Regierungen, Proteste, Geltendmachung von Rechten und Vorbehalten, Klagen bei internationalen Gerichten. In der staatsrechtlichen Praxis wird die Bundesrepublik aber auch in erheblichem Maße durch die Bundesregierung bzw. durch den Außenminister oder seine Bevollmächtigten im Zusammenwirken mit dem Bundespräsidenten nach außen vertreten. Die verfassungsrechtliche Regelung über die Vertretung der Bundesrepublik nach außen sagt noch nichts darüber, wer für die Akte der innerstaatlichen Willensbildung im Bereich der auswärtigen Angelegenheiten zuständig ist. Die Fülle der *auswärtigen Gewalt* liegt insoweit bei der Bundesregierung. Innerstaatlich sind die Akte der völkerrechtlichen Vertretung der Bundesrepublik durch den Bundespräsidenten von der Gegenzeichnung des Regierungschefs bzw. des zuständigen Fachministers abhängig. Darüber hinaus bestimmt die Richtlinien der Politik – auch der Außenpolitik – der Bundeskanzler unter der parlamentarischen Kontrolle des Bundestages. Daher gibt es keine eigene Außenpolitik des Bundespräsidenten. Ein Mitwirkungsrecht anderer Organe des Bundes an der auswärtigen Gewalt anderer Organe des Bundes an der auswärtigen Gewalt kommt nur in Betracht, sofern das Grundgesetz dies ausdrücklich vorsieht. Die Zustimmung des Bundestages ist bei Verträgen erforderlich, die die politischen Beziehungen des Bundes regeln oder sich auf Gegenstände der Bundesgesetzgebung beziehen. Hierzu zählen Verträge, die die Existenz des Staates, seine territoriale Integrität, seine Unabhängigkeit, seine Stellung oder sein maßgebliches Gewicht in der Staatengemeinschaft berühren. Daneben ist eine Zustimmung oder Mitwirkung des Bundesrates je nach Inhalt und Art des Vertrages erforderlich.

Der völkerrechtliche Verkehr zwischen den Staaten als Völkerrechtssubjekten wird vorwiegend durch bestimmte Organe *(diplomatische Vertreter)* wahrgenommen. Die Rechtsstellung der diplomatischen Vertreter in ihrem Gastland richtet sich nach völkerrechtlichen Abkommen und Gewohnheitsrecht. Der Empfangsstaat ist verpflichtet, die Unverletzlichkeit des Diplomaten zu garantieren und Angriffe gegen seine Person, z. B. durch erhöhten strafrechtlichen Schutz, abzuwehren. Die Exterritorialität des Diplomaten bedeutet vor allem seine Befreiung von der Gerichtsbarkeit und von bestimmten Steuern des Empfangsstaates. Das Depeschenrecht betrifft die Befugnis zum geheimen und chiffrierten Nachrichtenverkehr. Ein Diplomat wird zwar nach den Gesetzen seines Heimatlandes ernannt, jedoch wird die Ernennung des Missionschefs nicht vollzogen, bevor der Empfangsstaat seine Zustimmung erteilt hat. Nach Erteilung des förmlichen Agrément (Zustimmung) kann die Tätigkeit des Missionschefs erst mit der Übergabe seines Beglaubigungsschreibens an das Staatsoberhaupt beginnen. Die diplomatische Tätigkeit wird beendet z. B. durch die beantragte Abberufung (freiwillige Demission), Erklärung des Missionschefs zur persona non grata (unerwünschte Person) oder durch Abbruch der diplomatischen Beziehungen.

Die diplomatische Tätigkeit wird in der Bundesrepublik seit 1951 in ↑bundeseigener Verwaltung (S. 78) vom Auswärtigen Amt (AA) wahrgenommen. Das AA besteht aus einer Zentrale in Bonn-Bad Godesberg sowie den diplomatischen und konsularischen Vertretungen. Von besonderer Bedeutung sind die politische Abteilung, die Abteilung für Außenwirtschaftspolitik, Entwicklungspolitik und europäische wirtschaftliche Integration und die Rechts- und Konsularabteilung.

G. Boehmer, Der völkerrechtliche Vertrag im deutschen Recht, Köln u. a. 1965.
W. Rudolf, Völkerrecht und deutsches Recht, Tübingen 1967.

Völkerrechtliche Vertretung u. auswärtige Gewalt

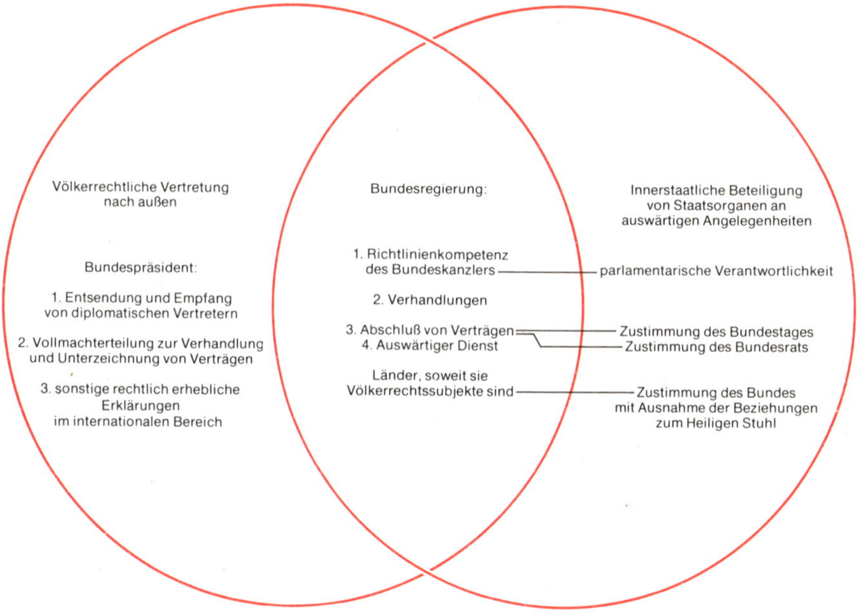

Organisationsschema des Auswärtigen Amts

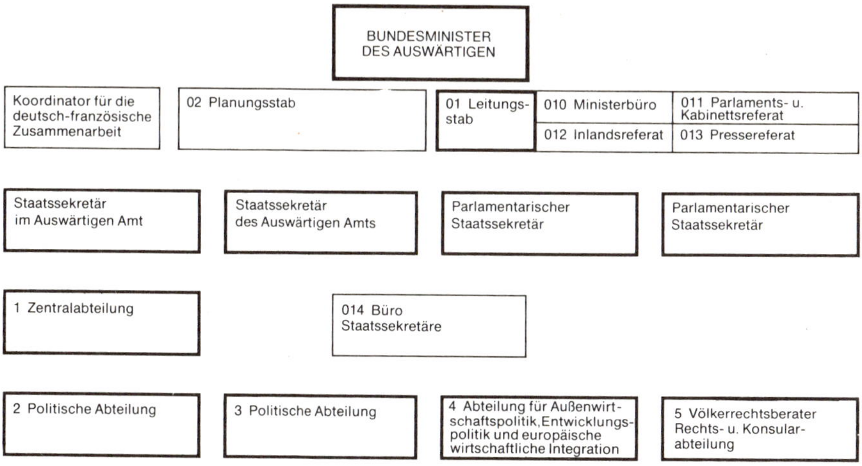

Völkerrechtliche Verträge

Völkerrechtliche Verträge werden dadurch für Staaten bindend, daß sie von den Staatsoberhäuptern oder sonstigen nach dem innerstaatlichen Verfassungsrecht zuständigen Organen ausgehandelt und abgeschlossen werden. Regelmäßig fallen jedoch bei wichtigen Verträgen die Feststellung des Vertragsinhalts und das Eingehen der völkerrechtlichen Bindung auseinander. Zunächst wird ein Text von den bevollmächtigten Unterhändlern ausgehandelt, festgestellt und unterzeichnet oder mit den Initialen der Unterhändler abgezeichnet *(Paraphierung)*. Damit wird der Vertrag noch nicht bindend. Mit der Unterzeichnung wird lediglich die Pflicht begründet, den Vertrag in angemessener Zeit der Stelle vorzulegen, die über dessen Annahme oder Ablehnung zu entscheiden hat. Völkerrechtlich bindend wird der Vertrag erst mit der feierlichen Unterzeichnung der Ratifikationsurkunde durch das Staatsoberhaupt *(Ratifikation)*, die zum Ausdruck bringt, daß der Staat sich nunmehr an den Vertrag für völkerrechtlich gebunden hält, und durch den Austausch der Ratifikationsurkunden. Bei multilateralen Verträgen tritt an die Stelle des Austausches der Ratifikationsurkunden die Hinterlegung bei einem Depositar. Ob ein Vertrag der Ratifikation bedarf oder nicht, ist meist im Vertrag geregelt (Ratifikationsklausel).

Von der Ratifikation ist die nach dem innerstaatlichen Recht erforderliche Mitwirkung derjenigen Organe zu unterscheiden, die für die Willensbildung in auswärtigen Angelegenheiten zuständig sind. In der BRD bedürfen Verträge, welche die politischen Beziehungen des Bundes regeln oder sich auf Gegenstände der Bundesgesetzgebung beziehen, der Zustimmung oder der Mitwirkung der jeweils für die Bundesgesetzgebung zuständigen Körperschaften (Bundestag und Bundesrat) in der Form eines Bundesgesetzes. In anderen Fällen ist die Bundesregierung kraft ihrer auswärtigen Gewalt allein zum Abschluß von Verträgen zuständig. Die parlamentarische Zustimmung zu einem völkerrechtlichen Vertrag in der Form eines Ratifikationsgesetzes hat eine doppelte Funktion. Zum einen ermächtigt sie den Bundespräsidenten innerstaatlich zum Abschluß des Vertrages. Zum anderen bewirkt sie, daß der Inhalt des Vertrages in der innerstaatlichen Rechtsordnung wirksam wird. In der Lehre ist umstritten, ob durch das Zustimmungsgesetz dem Inhalt des Vertrages die Qualität als innerstaatliches deutsches Recht verliehen wird *(Transformationstheorie)* oder ob das Zustimmungsgesetz lediglich ein staatlicher Befehl zur Anwendung völkerrechtlicher Vertragsnormen ist *(Vollzugstheorie)*.

Nur der unmittelbar anwendungsfähige Vertragsinhalt kann innerstaatliche Geltung erlangen. Es gibt Vertragsnormen, die sich schon ihrem Inhalt nach nur an die Staaten wenden. So werden Verträge über die politischen Beziehungen des Bundes im allgemeinen nur die Bundesrepublik nach außen binden, aber keine Rechte und Pflichten für den einzelnen erzeugen. Ob ein Vertrag transformationsfähige Bestimmungen enthält, kann nicht vom Gesetzgeber, etwa in der Verkündungsformel, entschieden werden, sondern beurteilt sich nach der Intention der Parteien.

Der völkerrechtliche Vertrag erlangt durch die Zustimmung in Gesetzesform den Rang eines einfachen Gesetzes. Für sein Verhältnis zum innerstaatlichen Recht gelten damit die allgemeinen Grundsätze (↑ Rechtsordnung S. 18). Der Vertrag kann also in bezug auf seine innerstaatliche Wirksamkeit durch ein späteres Gesetz aufgehoben werden oder vom Bundesverfassungsgericht wegen Verstoßes gegen das Grundgesetz für nichtig erklärt werden. Die völkerrechtliche Verbindlichkeit kann aber durch derartige einseitige Akte eines Staates nicht aufgehoben werden. Der Staat bleibt vielmehr völkerrechtlich haftbar, wenn innerstaatlich der Vertrag nicht durchgeführt werden kann.

H. Mosler, Die auswärtige Gewalt im Verfassungssystem der Bundesrepublik Deutschland, Festschrift für C. Bilfinger, Köln u. a. 1954, S. 243ff.
A. Verdross/C. Simma, Universelles Völkerrecht, Berlin 1976, S. 446ff.

Entstehung und Wirksamwerden völkerrechtlicher Verträge

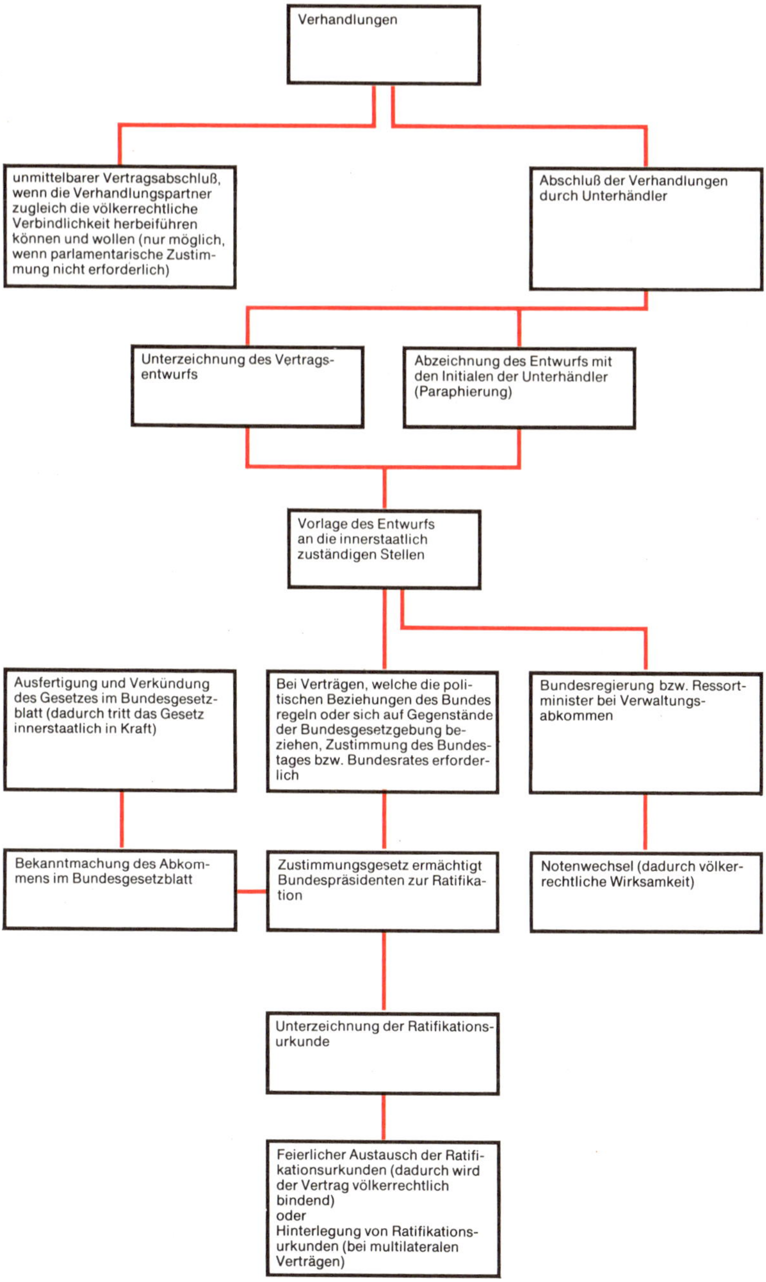

Abrüstung und Rüstungskontrolle

Abrüstung und Rüstungskontrolle dienen dazu, Kriege durch politische Maßnahmen unmöglich zu machen. Dies scheint erstmals im 20. Jahrhundert im Rahmen einer internationalen Willensbildung möglich zu sein, wenngleich bislang noch keine größeren und dauerhaften politischen Vereinbarungen getroffen wurden.

Bereits vor dem Ersten Weltkrieg gab es vereinzelte territoriale Vereinbarungen, die wie das Rush-Bagot-Abkommen 1817 die Zahl der Kriegsschiffe der Vereinigten Staaten und Kanadas auf den großen Seen begrenzten, oder humanitäre Beschlüsse wie 1864 die Genfer Konvention. 1899 fand auf Initiative des Zaren Nicolaus II. eine erste Friedenskonferenz in Den Haag statt, die mit dem Verbot von Giftgasen und Dumdumgeschossen eine erste Rüstungsbeschränkung bewirkte und mit der Landkriegsordnung und dem ständigen internationalen Schiedsgerichtshof in Den Haag – heute der ↑Internationale Gerichtshof (S. 602) – um eine Humanisierung der Kriegführung bemüht war. Im Anschluß an die Friedenskonferenz in Versailles wurde 1919 der *Völkerbund* gegründet, der in Art. 8 seiner Satzung die „nationale Abrüstung bis zu einem Minimum, das mit der nationalen Sicherheit und nationalen Aufgaben vereinbar ist" proklamierte. Weder der Völkerbund noch der 1925 folgende Kriegsächtungspakt (Briand-Kellogg-Pakt) hatten auf dem Gebiet der Rüstungskontrolle Erfolg.

Seit 1952 beschäftigt sich die Abrüstungskommission der UN mit Abrüstung und Rüstungskontrolle. Diese meist in Genf tagende Abrüstungskonferenz hatte 1973 ihre 626. Sitzung. Seit dem Zweiten Weltkrieg sind verschiedene Einzelabkommen über Abrüstung und Rüstungskontrolle zustande gekommen: (1) Das Antarktis-Abkommen 1961 wurde von 14 Staaten – darunter USA und UdSSR – unterzeichnet und verbietet militärische Stützpunkte und Kernexplosionen in der Antarktis. (2) Der Moskauer Vertrag über das Verbot von Kernwaffenversuchen in der Atmosphäre, im Weltraum und unter Wasser von 1963 (Atomteststopp-Abkommen) verpflichtete die drei Atommächte USA, UdSSR und England bis auf weiteres, keine Kernladungen mehr zu zünden. Das Abkommen wurde allerdings weder von China noch Frankreich unterzeichnet, das 1960 seine erste Kernladung zündete und auch 1974 ebenso wie China Atomtests vornahm. (3) 1966 wurde von den USA und der UdSSR ein Vertrag über friedliche Nutzung des Weltraums unterzeichnet, den allerdings Volkschina und Frankreich ablehnten. (4) 1970 trat der Vertrag „über die Nichtweiterverbreitung von Kernwaffen" in Kraft. Die Kernwaffenstaaten sind allerdings keiner nuklearen Rüstungsbeschränkung und Kontrolle unterworfen. (5) 1971 wurden von der UdSSR und den USA gleichlautende Entwürfe zum Vertrag über das Verbot und die Herstellung und Lagerung von bakteriologischen Waffen vorgelegt.

Die politischen Risiken neuer Kernwaffensysteme (z. B. Mehrfachsprengköpfe, Neutronenwaffe) führten in der jüngsten Zeit zu verstärkten politischen Anstrengungen zwischen den Westmächten und dem Ostblock. Das augenblickliche Gleichgewicht der Waffensysteme hat 1972 zum ersten sowjetisch-amerikanischen Abkommen über die Begrenzung der Rüstung (SALT = Strategic Arms Limitation Talks) für den Zeitraum bis 1977 geführt. Über ein zweites Begrenzungsabkommen für Offensivwaffensysteme wird verhandelt (SALT II). 1977 wurde eine Verlängerung von SALT I vereinbart; bis zum Abschluß von SALT II sollen keine Schritte unternommen werden, die dem Abkommen widersprechen. Weitere bedeutende diplomatische Bemühungen auf diesem Gebiet sind die europäische Sicherheitskonferenz (KSZE = Konferenz über Sicherheit und Zusammenarbeit in Europa), die in Helsinki vorbereitet wurde und in Genf tagt, sowie die Wiener Truppenabbaugespräche (MBFR = Mutual Balanced Force Reductions).

H. Groten, Friedensforschung, Anspruch und Praxis, Baden-Baden 1977.
C. F. v. Weizsäcker, Wege in die Gefahr, München 1976.
D. Lutz/V. Rittberger, Abrüstungspolitik und Grundgesetz, Baden-Baden 1976.

Das SALT I-Abkommen

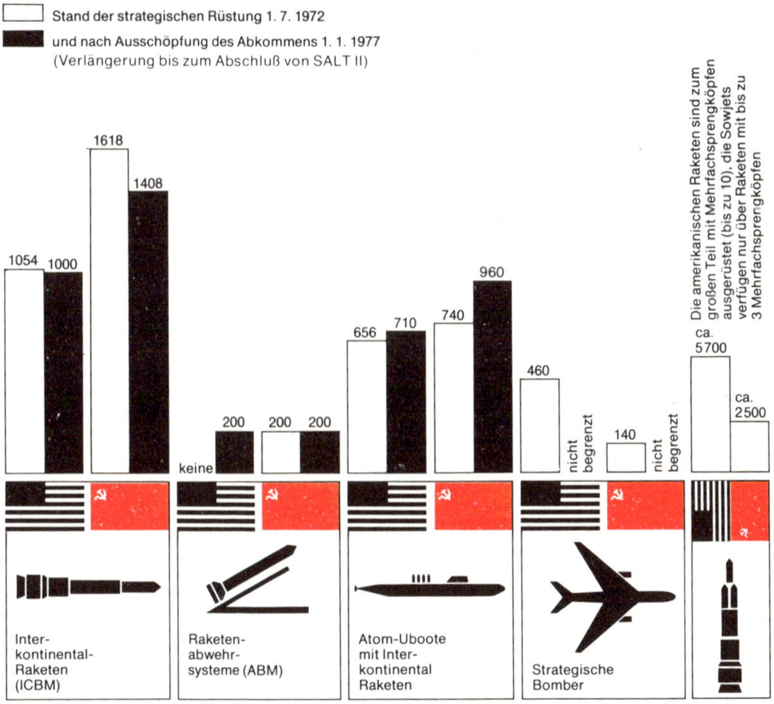

Organisation der KSZE

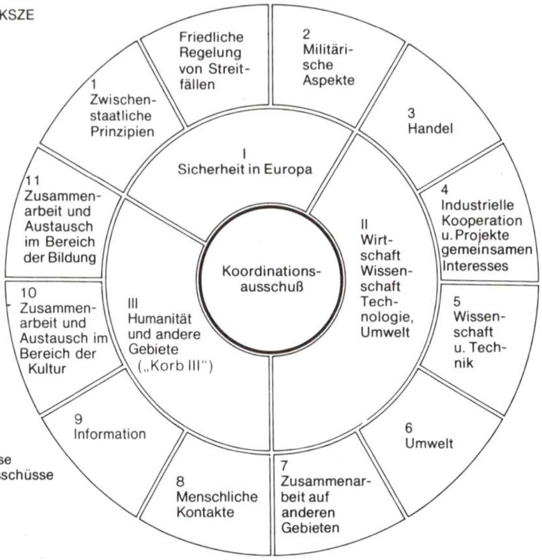

I–III = Ausschüsse
1–11 = Unterausschüsse

Internationale Entwicklungshilfe

Die internationale Entwicklungshilfe wird heute in den Ländern der Dritten Welt durch die ↑Internationalen Organisationen (S. 598) wie die ↑Vereinten Nationen (UN; S. 600), durch Europäische Organisationen wie die ↑OECD (S. 606) und über zwischenstaatliche Hilfsvereinbarungen geleistet. Unter öffentlicher Entwicklungshilfe sind dabei alle Beiträge zu verstehen, die zur Förderung der wirtschaftlichen Entwicklung und Wohlfahrt der Entwicklungsländer als dem wesentlichsten Ziel geleistet und zu vergünstigten finanziellen Bedingungen gewährt werden. Die Notwendigkeit nationaler und internationaler Koordinierung der öffentlichen und privaten Entwicklungshilfe wurde bereits in den 60er Jahren deutlich, als die Generalversammlung der Vereinten Nationen dieses Jahrzehnt auf Vorschlag Präsident Kennedys zur ersten Entwicklungsdekade erklärte. Als wesentlichste Ziele wurde von der UN proklamiert: (1) Das wirtschaftliche Wachstum der Dritten Welt sollte am Ende der Dekade einen Zuwachs von mindestens fünf Prozent des Bruttosozialproduktes (BSP) haben. (2) Zur Verringerung des Einkommensgefälles zwischen Industrie- und Entwicklungsnationen sollte sich bis 1975 der Lebensstandard verdoppeln. (3) Die Erhöhung der Industrieproduktion der Entwicklungsländer sollte 8,5 %, die Erhöhung ihrer landwirtschaftlichen Produktion 4 % jährlich betragen. Da diese Zielvorstellungen vor allem politisch motiviert und der Maßnahmenkatalog nicht genügend detailliert waren, wurden sie nicht verwirklicht. Als Ziel für die weltweite Entwicklungspolitik der zweiten Dekade in den 70er Jahren ist nunmehr von den Vereinten Nationen ein generelles Wachstum des Bruttosozialproduktes der Entwicklungsländer um mindestens 7% vorgesehen, was allerdings bislang nicht erreicht wurde.

In Deutschland nimmt das 1961 neu gegründete Bundesministerium für wirtschaftliche Zusammenarbeit (BMZ) die Aufgaben des Bundes auf dem Gebiet der Entwicklungspolitik wahr. Die Bundesstelle für Entwicklungshilfe (BfE) arbeitet auf dem Gebiet der technischen und multilateralen Hilfe. Weiterhin sind für die nationale Entwicklungshilfe die Deutsche Förderungsgesellschaft für Entwicklungsländer (GAWI), der deutsche Entwicklungsdienst (DED) und für die Finanzhilfe die Kreditanstalt für Wiederaufbau (KfW) tätig. Neben dem BMZ ist das Auswärtige Amt für Entwicklungshilfe zuständig.

Einschließlich privater Leistungen hat die BRD 1977 insgesamt 13 Milliarden DM Entwicklungshilfe geleistet. Gemessen am BSP beträgt die deutsche Leistung 1,12 Prozent des BSP, während die UN 0,7 Prozent gefordert hatten. Auf europäischer Ebene unterstützt vor allem die Organisation für wirtschaftliche Zusammenarbeit und Entwicklung (OECD) durch den Ausschuß für Entwicklungshilfe (DAC = Development Assistance Committee) die internationale Entwicklungshilfe. Der DAC vergibt selbst keine Mittel, führt aber umfangreiche Jahresprüfungen durch, deren Ergebnisse als Empfehlung an die Mitgliedsländer verabschiedet werden. Die Jahresprüfung 1972 ergab, daß die von den DAC-Mitgliedern geleistete öffentliche Entwicklungshilfe von 3,65 Dollar pro Einwohner im Jahre 1961 auf 4,05 Dollar im Jahre 1971 gestiegen ist. Die Gesamtleistung der DAC-Mitglieder erhöhte sich 1977 um 1 Milliarde Dollar gegenüber 1976 auf 14,8 Milliarden Dollar. Die öffentliche Entwicklungshilfe besteht zu zwei Dritteln aus finanziellen Zuschüssen. Rund fünfzehn Prozent der öffentlichen Entwicklungshilfe werden in Form der bilateralen Nahrungsmittelhilfe geleistet. Die EG-Länder gewähren jährlich 7mal mehr öffentliche Entwicklungshilfe als die Comecon-Länder. Unter weltumfassenden Aspekten haben sich insbesondere die Vereinten Nationen (UNCTAD und FAO) mit entwicklungspolitischen Leitvorstellungen für die erste und zweite Entwicklungsdekade beschäftigt.

D. Nohler/N. Nuscheler (Hrsg.), Handbuch der 3. Welt, 4 Bde., Hamburg 1978.
E. Eppler, Wenig Zeit für die 3. Welt, Stuttgart 1975.
E. Bechler, Internationale Arbeitsteilung und Entwicklungsländer, Köln 1976.

Die ärmsten Länder der Welt
Bruttosozialprodukt 1976 je Einwohner bis 200 US-$

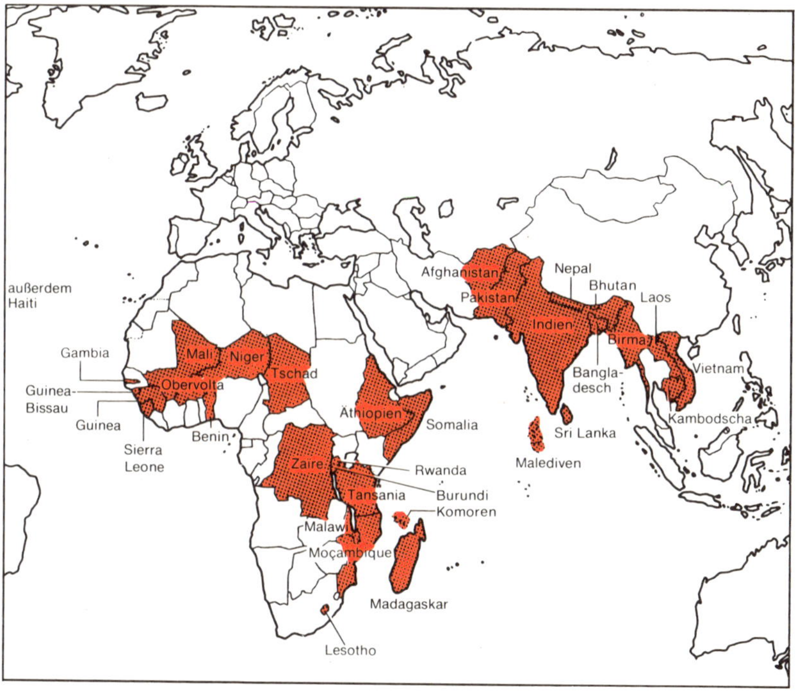

Leistungen der Bundesrepublik Deutschland an Entwicklungsländer

	Öffentliche Entwicklungshilfe in Mill. DM	in % des BSP	Private Leistungen in Mill. DM	Leistungen insgesamt in Mill. DM	in % des BSP
1950–1969	25495	–	26033	51129	–
1970	2203	0,32	2767	5453	0,80
1971	2563	0,34	3550	6686	0,88
1972	2605	0,31	2572	5659	0,68
1973	2941	0,32	1269	4822	0,52
1974	3715	0,38	4264	8228	0,83
1975	4165	0,40	8039	12227	1,19
1976	3483	0,31	9784	13376	1,19
1977	3218	0,27	9999	13358	1,12

Internationale Organisationen

Das Brüsseler Jahrbuch der Internationalen Organisationen führt über 230 Internationale Organisationen auf. Der Begriff Internationale Organisation (IO) ist dabei die völkerrechtliche Kurzform für verschiedene Bezeichnungen wie „zwischenstaatliche", „amtliche internationale", „öffentliche internationale" Organisation. Im ↑Völkerrecht (S. 586) bezeichnet man als IO eine durch Vertrag gebildete und autonom organisierte *völkerrechtliche Verbindung* von mehreren Staaten zur Verfolgung gemeinsamer Ziele der Mitgliedstaaten. Die autonome Organisation bedeutet die Einrichtung eines eigenen Organs, das für alle Mitgliedstaaten eine einheitliche Zuständigkeit ausübt. Gemeinschaftsinterne Institutionen, Unterorganisationen oder unselbständige Einheiten einer Organisation sind deshalb keine IO. Dies gilt z. B. für die Europäische Kernenergie-Agentur, die innerhalb der ↑OECD (S. 606) tätig ist, für das Europäische Währungsabkommen, die Europäische Verkehrsministerkonferenz und das ↑GATT (S. 606). Allen diesen Organisationen fehlt die erforderliche organisatorische Verselbständigung. Die internationalen *(zwischenstaatlichen)* Organisationen sind zu unterscheiden von den supranationalen *(überstaatlichen)* Organisationen, die eine von den Mitgliederstaaten unterschiedene Hoheitsgewalt ausüben. Das ist z. B. bei der gemeinsamen Kommission der ↑Europäischen Gemeinschaften (S. 574) der Fall.

Als früheste internationale Organisationen sind die Heilige Allianz und vor allem die Haager Friedenskonferenz von 1899 und 1907 (↑Abrüstung S. 594) sowie der Völkerbund zu nennen.

Die IO kommen in der Regel auf der Grundlage von völkerrechtlichen Verträgen zustande, sie sind allerdings nur dann Völkerrechtssubjekte, wenn sie als solche anerkannt werden. Alle Staaten sind frei zu entscheiden, ob sie einer Internationalen Organisation Völkerrechtsfähigkeit zubilligen wollen oder nicht. Für die ↑Vereinten Nationen (S. 600) ist eine solche Anerkennung ausnahmsweise nicht erforderlich, da die UN universalen Charakter besitzt. Die Internationalen Organisationen begründen nur in bestimmten Fällen Recht, z. B. die Vereinten Nationen und die ↑NATO (S. 604). Im Gegensatz dazu steht die Rechtsetzungsbefugnis von supranationalen Organisationen (z. B. Europäische Gemeinschaften für Kohle und Stahl, Euratom). Als Völkerrechtsquelle sind die von den IO gefaßten Beschlüsse insofern zu werten, als das Recht zu solchen Beschlüssen auf dem *Gründungsstatut* der IO beruht. Eine rechtliche Bindung tritt aber nur für die Unterzeichnerstaaten des Gründungsvertrages ein. Diese Rechtsetzung – ebenso wie die der supranationalen Organisationen – wird auch als internationale Gesetzgebung bezeichnet. Die IO verfügen grundsätzlich über das ↑Gesandtschaftsrecht (S. 590) (z. B. diplomatische Vertretung der EWG).

Die IO lassen sich in politische, militärische und wirtschaftliche (z. B. Comecon) Organisationen unterscheiden. Zu den politischen sind der Nordatlantik-Pakt (NATO), der Warschauer Pakt, SEATO und CENTO zu zählen, zu den unpolitischen vor allem Organisationen mit gemeinsamen technischen Aufgabenstellungen wie der Weltpostverein. Die IO können zeitlich befristete Aufgaben verfolgen (z. B. Internationale Ruhrbehörde nach dem Zweiten Weltkrieg), insbesondere, wenn der Gründungsvertrag bereits eine zeitliche Begrenzung vorsieht (z. B. NATO, Westeuropäische Union).

Da die IO auf dem Territorium eines Mitgliedstaates ihren Sitz haben und dort tätig sind, genießen die Delegierten in der Regel diplomatische Privilegien, allerdings nicht den vollen diplomatischen Schutz. Internationale Organisationen genießen Grundrechtsschutz. Z. B. können sich ESRO und Euratom als Träger wissenschaftlicher Institute auf die Wissenschaftsfreiheit nach Art. 5 Abs. 3 Grundgesetz berufen.

K. Ginther, Grundfragen der Mitgliedschaft in internationalen Organisationen, Karlsruhe 1975.
B. Schlueter, Die innerstaatliche Rechtsstellung internationaler Organisationen, Köln 1972.
R. Geiger, Internationale Verträge und Organisationen, München 1971.

Internationale Organisationen

Regionale Organisationen:	z. B.	OAS (Organisation Amerikanische Staaten) Arabische Liga, Europarat, OAU (Organisation für Afrikanische Einheit)
Regionale Organisationen zur Verteidigung:	z. B.	NATO (Nordatlantikpakt) SEATO (Südostasienpakt) ANZUS (Pazifischer Sicherheitspakt)
Humanitäre Organisationen:	z. B.	Internationales Komitee vom Roten Kreuz, UNRRA (Weltflüchtlingshilfe) UNHCR (Hohe Kommission der UN für Flüchtlinge)
Organisationen mit sozialen, wissenschaftlichen und ökonomischen Zielen:	z. B.	ILO (Internationale Arbeitsorganisation) WHO (Weltgesundheitsorganisation) CERN (Europäische Kernforschungsorganisation) WMO (Weltorganisation für Meteorologie) FAO (Welternährungsorganisation der Vereinten Nationen) OPEC (Organisation erdölexportierender Länder)
Sonstige:		BIZ (Bank für Internationalen Zahlungsausgleich) IBRD (Internationale Bank für Wiederaufbau und Entwicklung) IWF (Internationaler Währungsfond)
Mitgliedschaft der Bundesrepublik Deutschland:	u. a.	UNO (seit 18. 9. 73), ADB, CCD, EG (EWG, EGKS, Euratom), ECE, Europarat, EWA, FAO, GATT, IAEA, IBRD, ICAO, IDA, IDB, IFC, ILO, IMCO, IMF (IWF), ITU, NATO, OECD, UNCTAD, UNESCO, UNIDO, UPU, WEU, WHO, WMO

Vereinte Nationen (UNO)

Die Vereinten Nationen waren ursprünglich ein Kriegsbündnis von anfänglich 26, bis Ende des Zweiten Weltkrieges 47 Staaten gegen die Achsenmächte. Nach Konferenzen in Moskau 1943, Teheran 1943, Dumbarton Oaks 1944 und Yalta 1945 wurde 1945 in San Franzisko die United Nations Organization (UNO) aufgrund der Charta vom 26. 6. 1945, in Kraft getreten am 24. 10. 1945, gegründet. Mittlerweile sind nahezu alle Staaten der Welt Mitglieder der UNO (derzeit nicht z. B. Schweiz, Liechtenstein, Monaco, Vietnam, Vatikan). Die UN-*Charta* ist ein völkerrechtlicher Vertrag und die Verfassung der UNO. Hauptziele der UNO sind die Friedensbewahrung durch kollektive Sicherheit und friedliche Streitbeilegung, die Förderung der internationalen Zusammenarbeit, insbesondere bei der Hebung des Lebensstandards, der Kultur und der Menschenrechte. Diese Ziele werden auf der Grundlage bestimmter Grundsätze des ↑*Völkerrechts* (S. 586) angestrebt. Die wichtigsten sind: Souveräne Gleichheit und Nichtdiskriminierung der Mitglieder; ↑Selbstbestimmungsrecht (S. 588); das Gewaltverbot in den internationalen Beziehungen; die Pflicht, Streitigkeiten, die den internationalen Frieden oder die internationale Sicherheit gefährden, auf friedlichem Wege beizulegen; nach Treu und Glauben zusammenzuarbeiten; das Recht der individuellen und kollektiven Selbstverteidigung gegen bewaffnete Angriffe. Die UNO selbst ist gehalten, sich nicht in Angelegenheiten einzumischen, die wesentlich der inneren Zuständigkeit eines Mitgliedstaates unterfallen.

Organe der UNO sind: Generalversammlung, Sicherheitsrat, Wirtschafts- und Sozialrat, Treuhandschaftsrat, Internationaler Gerichtshof, Generalsekretär. Im Rahmen ihrer Organisationsgewalt können sie sich Hilfsorgane schaffen. Die *Generalversammlung*, die jährlich mindestens einmal tagt, besteht aus allen Mitgliedstaaten mit je einer Stimme. Sie ist zuständig zur Erörterung aller Angelegenheiten im Rahmen der Charta und kann, vorbehaltlich der Zuständigkeit des Sicherheitsrates für bei ihm anhängige Fragen der Friedensstörung oder -bedrohung, Empfehlungen an die Mitgliedstaaten oder den Sicherheitsrat richten. Abgesehen von Organisationsakten, wie z. B. Aufnahme, Ausschluß von Mitgliedern, Bestellung von Organen, sind Beschlüsse der Generalversammlung grundsätzlich nicht bindend. Beschlüsse werden mit Mehrheit, in wichtigen Fällen mit $^{2}/_{3}$-Mehrheit gefaßt. Der *Sicherheitsrat* besteht aus fünfzehn Mitgliedern, davon fünf ständigen (China, Frankreich, Großbritannien, USA, UdSSR) und zehn nichtständigen, die auf zwei Jahre von der Generalversammlung gewählt werden. Er ist vorrangig zuständig für die Aufrechterhaltung des internationalen Friedens und der Sicherheit. So stellt er das Bestehen einer Friedensbedrohung, eines Friedensbruchs oder eines Aggressionsaktes fest und kann Empfehlungen oder bindende Entscheidungen zur Aufrechterhaltung oder Wiederherstellung von Frieden und Sicherheit treffen; das kann bis zum Einsatz bewaffneter Streitkräfte gehen. Die Mitgliedstaaten sind verpflichtet, Entscheidungen des Sicherheitsrates auszuführen. Jedes Mitglied des Sicherheitsrates hat eine Stimme. Beschlüsse in Verfahrensfragen werden mit mindestens neun Stimmen gefaßt, in allen übrigen Fragen gleichfalls, doch ist hier zusätzlich erforderlich, daß kein ständiges Mitglied dagegen stimmt (sog. Vetorecht). Infolge der Gegensätze zwischen den Atomgroßmächten funktionierte das kollektive Sicherheitssystem der UNO bislang nur sehr beschränkt. Zahlreiche Staaten suchen Sicherheit nach wie vor über regionale Militärallianzen (vgl. ↑NATO S. 604).

Zu den zahlreichen UNO-Einrichtungen gehören u. a.: UNO-Friedenstruppe auf Cypern (UNFICYP); UNO-Waffenstillstandsüberwachungskommission (UNTSOP) im Nahen Osten; UNO-Seerechtskonferenz; Kinderhilfswerk (UNICEF); UNO-Konferenz für Handel und Entwicklung (UNCTAD); Organisation für industrielle Entwicklung (UNIDO).

R. Wolfram (Hrsg.), Handbuch Vereinte Nationen, München 1977.
G. Unser, Die UNO, 2. Aufl., München 1978.

Organisation der Vereinten Nationen

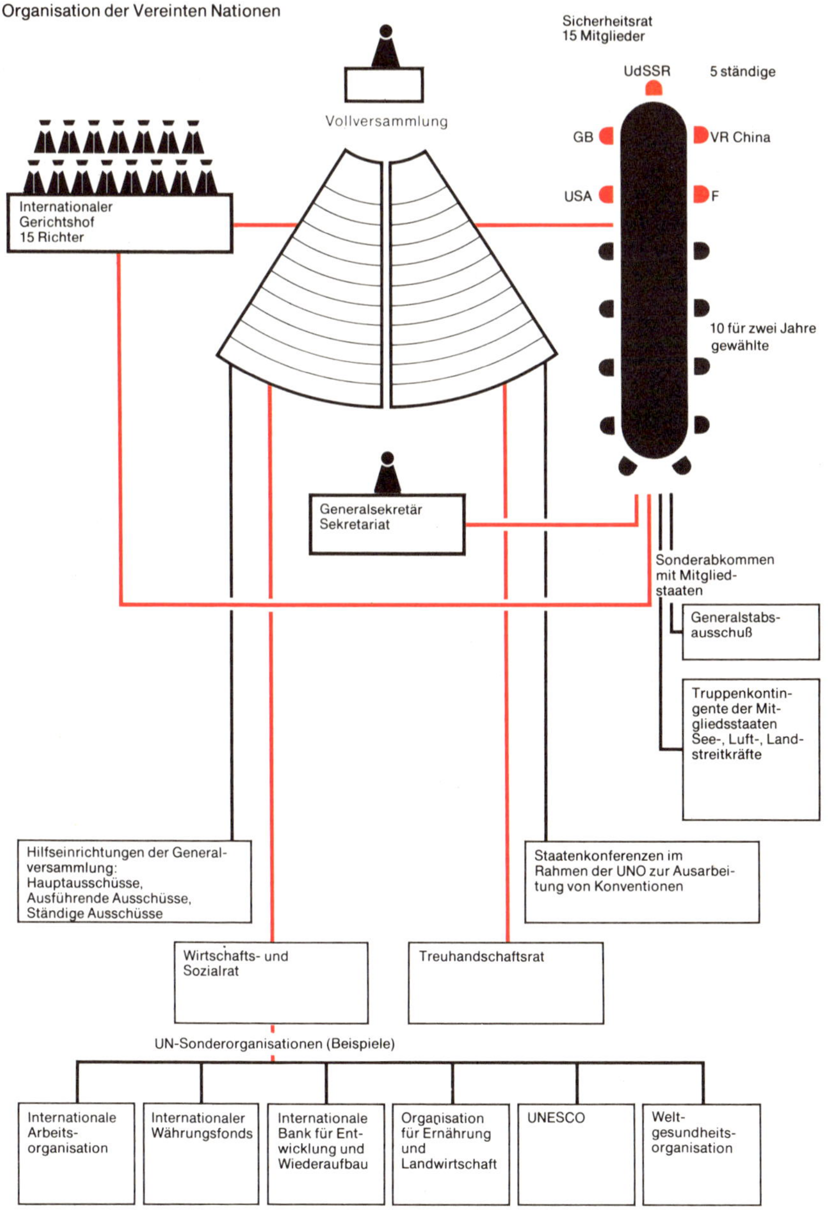

Internationaler Gerichtshof und internationale Schiedsgerichtsbarkeit

Der Internationale Gerichtshof (IGH) mit Sitz in Den Haag ist eines der sechs Hauptorgane der ↑Vereinten Nationen (UNO S. 600). Er besteht aus dem Präsidenten, dem Vizepräsidenten und dreizehn weiteren Richtern aus allen Erdteilen und Rechtssystemen. Ist in einem Verfahren ein Richter Staatsangehöriger einer streitenden Partei, so hat deren Prozeßgegner das Recht, für die Dauer des Verfahrens einen weiteren Richter zu benennen. Nach seinem Statut besitzt der IGH Zuständigkeiten im streitigen und im gutachterlichen Verfahren.

Der IGH übt streitentscheidende Gerichtsbarkeit aus, wenn zwei oder mehr Staaten einen Fall zur Entscheidung bei ihm anhängig gemacht haben. Im Rahmen dieser sogenannten obligatorischen Gerichtsbarkeit kann die Rechtshängigkeit durch gemeinsame oder getrennte Einreichung von Schriftsätzen begründet werden oder dadurch, daß eine Partei durch schlüssiges Verhalten die Zuständigkeit des IGH anerkennt. Weiter kann seine Kompetenz durch Vertrag oder durch Empfehlung des Sicherheitsrates der UNO nach Art. 36 Ziffer 2 des Statuts begründet werden. Gibt ein Staat eine Erklärung im Sinne der Fakultativklausel des Art. 36 Ziffern 2 u. 3 des Statuts ab, so ist die obligatorische Zuständigkeit des IGH von vornherein auch in allen Streitfällen mit Staaten begründet, die ihrerseits eine entsprechende Erklärung abgegeben haben. Bisweilen sehen vertragliche Vereinbarungen im Rahmen von internationalen Organisationen den Gerichtshof auch als Berufungsinstanz neben anderen internationalen Rechtsprechungsorganen vor.

Der IGH entscheidet selbst über seine Zuständigkeit. Bei seiner Sachentscheidung richtet er sich nach geltendem ↑Völkerrecht (S. 586). Sofern er dazu ausdrücklich von den Parteien ermächtigt ist, darf er auch auf Billigkeitserwägungen zurückgreifen. Das Urteil ergeht nach einem teils schriftlichen, teils mündlichen Verfahren und wird stets in öffentlicher Sitzung verkündet. In ihm kann auf Antrag auch über die Kostenfrage entschieden werden. Entsprechend angelsächsischer Rechtstradition dürfen einzelne Richter ihre von der Mehrheit des Gerichtshofs abweichende Begründung (concurring opinion) oder ihre Ablehnung (dissenting opinion) der Entscheidung dem Urteilstext in einem Sondervotum anfügen. Von dieser Möglichkeit wird häufig Gebrauch gemacht. Das Urteil des IGH ist endgültig und für die Parteien bindend. Seine Wirkung kann bei der Auslegung von Kollektivverträgen auch auf am Verfahren beteiligte Drittstaaten ausgeweitet werden. Seine Durchsetzung erfolgt durch freie Unterwerfung der betroffenen Staaten. Nötigenfalls kann der Sicherheitsrat angerufen werden, der aber nur bei unmittelbarer Friedensbedrohung Sanktionen beschließen darf.

Als richterliches Hauptorgan der UNO ist der IGH ferner auf Ersuchen eines Organs derselben zur Erstattung von Rechtsgutachten zuständig. Diese sind nicht bindend und dürfen nicht über den Streitgegenstand eines zwischenstaatlichen Disputes entscheiden. Der IGH hat von 1945 bis 1973 zwanzig Verfahren durch Urteil beendet und vierzehn Rechtsgutachten erstattet. Er hat damit in beachtlichem Umfang zur Fortbildung des Völkerrechts beigetragen.

Die Zuständigkeit des IGH kann mit der des seit 1899 bestehenden „Ständigen Schiedsgerichtshofs" konkurrieren. Dieser bietet lediglich einen Mechanismus zur schriftlichen Streitschlichtung an. Die internationale Schiedsgerichtsbarkeit im Haag ist seit der Tätigkeit des IGH fast bedeutungslos geworden. Ein Schiedsgerichtshof umfaßt meist nur drei Schiedsrichter, von denen zwei je von den Parteien ernannte gemeinsam den neutralen Vorsitzenden kooptieren. Seine Zuständigkeit ist wie beim IGH auf den gemeinsamen Parteiwillen gegründet. Im Verfahren beider Gerichte dürfen die Parteien das anzuwendende Recht weitgehend vorschreiben.

S. Rosenne, The International Court of Justice, Leyden 1957.
H. von Mangoldt, Das Schiedsgericht als Mittel internat. Streitschlichtung, Berlin u. a. 1974.

Internationaler Gerichtshof
(Sitz: Den Haag seit 1945)

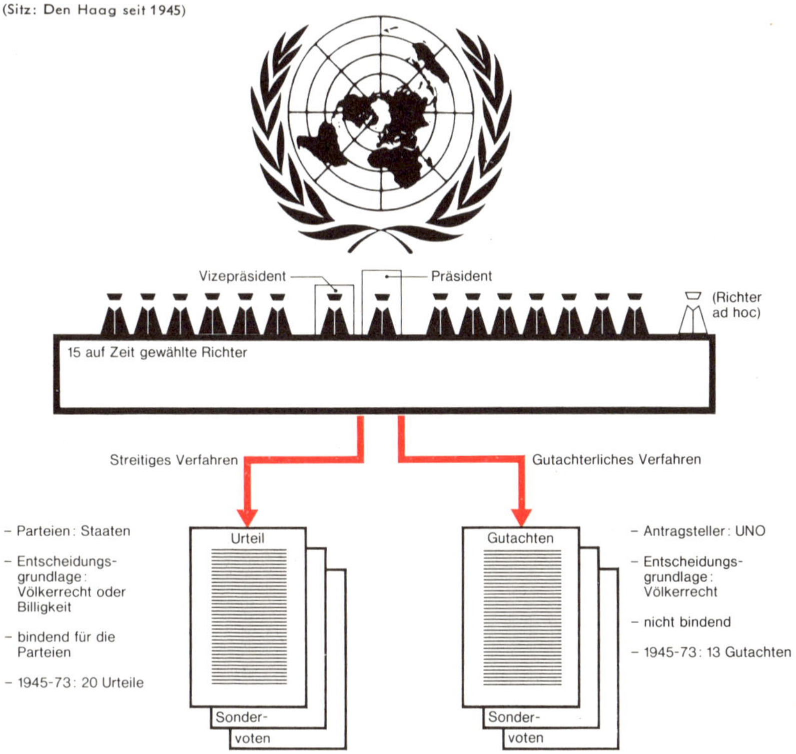

Internationale Schiedsgerichtsbarkeit
„Ständiger Schiedsgerichtshof" seit 1899

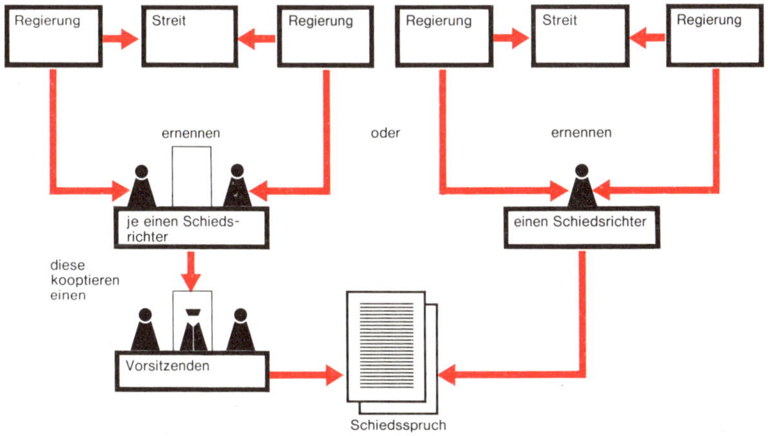

NATO (Systeme kollektiver Sicherheit)

Die Siegermächte des Zweiten Weltkriegs hatten ursprünglich den ↑Vereinten Nationen (S. 600) die Aufgabe der Sicherung des Friedens zugewiesen. Diese erwiesen sich jedoch in internationalen Konflikten als machtlos. Vor allem die Blockade Berlins im Jahre 1948 führte zu Sicherheitsüberlegungen der Westmächte, in deren Folge am 17. 3. 1948 der *Brüsseler Vertrag* zwischen Großbritannien, Frankreich und den Benelux-Staaten zur gemeinsamen Abwehr feindlicher Aggressionen unterzeichnet wurde. Dieser Vertrag wurde nach Verhandlungen mit den Vereinigten Staaten als *Nordatlantik-Vertrag* am 4. April 1949 in Washington die Grundlage der North Atlantic Treaty Organisation (NATO). Außer den Signatarstaaten des Brüsseler Vertrags und den USA traten nacheinander auch Kanada, Norwegen, Dänemark, Island, Portugal, Italien, Griechenland, Türkei und die Bundesrepublik Deutschland (24. 3. 1955) dem Verteidigungsbündnis bei. Der Nordatlantik-Vertrag wurde zwar auf unbefristete Zeit abgeschlossen, gemäß Art. 13 des Bündnispaktes kann aber jedes Mitglied nach zwanzigjähriger Zugehörigkeit den Vertrag kündigen und sich aus der NATO zurückziehen. Von dieser Möglichkeit hat bisher nur Frankreich Gebrauch gemacht, das am 10. 3. 1966 aus dem militärischen Teil des Bündnisses austrat, jedoch weiterhin Mitglied des politischen Teils des Bündnispaktes blieb. Die NATO ist wie der Warschauer Pakt ein System kollektiver Sicherheit.

Der räumliche Geltungsbereich des Bündnisses ist nach Art. 6 in erster Linie auf Europa, Nordamerika und den nordatlantischen Bereich beschränkt. Grundgedanke und Ziel der NATO ist es, jeden internationalen Streitfall, in den eines der Mitglieder verwickelt ist, auf friedlichem Wege zu lösen. Art. 5 des Vertrages besagt, daß jeder bewaffnete Angriff, der sich in Europa oder Nordamerika gegen einen Unterzeichnerstaat richtet, als Aggression gegen sämtliche Mitgliedstaaten angesehen wird. Da die NATO keine supranationale Organisation ist, sondern ein Bündnis mit weitreichenden politischen, wirtschaftlichen und militärischen Verpflichtungen, sind die Mitglieder im Falle eines bewaffneten Angriffs nicht automatisch zum Eingreifen gezwungen.

Die NATO ist in eine zivile Verwaltung und in militärische Organisationseinheiten aufgegliedert. An der Spitze der NATO steht als politische Führung der *Atlantikrat*, in den jeder Staat je nach Tagesordnung einen zuständigen Fachminister entsendet. Die Regierungschefs selbst können ebenfalls die Vertretung der Sitzung des Rats übernehmen, der zweimal jährlich in Brüssel tagt. Zwischen den Ministertagungen besteht der Rat aus *ständigen Vertretern* im Botschafterrang unter Vorsitz des *Generalsekretärs* der NATO. Dieser leitet die zivile Verwaltung, d. h. in erster Linie das internationale Sekretariat, das aus Angehörigen aller Mitgliedstaaten zusammengesetzt ist. Das Sekretariat ist untergliedert in weitere Abteilungen und Fachdirektionen. Unter den Ratsausschüssen sind der politische und der Rüstungsausschuß von besonderer Bedeutung. Problematisch sind vor allem das langfristige Verteidigungsprogramm (Neutronenwaffe) und die Waffenstandardisierung (z. B. Panzer). Sitz des Ministerrats und des Sekretariats ist Brüssel, Hauptquartier der militärischen Organisation (SHAPE = Supreme Head Quarters Allied Powers Europe) Casteau in Belgien.

An der Spitze der militärischen Organisation stehen der Militärausschuß und die Oberkommandos. Der Militärausschuß setzt sich aus den Generalstabschefs der Mitgliedstaaten und einem zivilen Vertreter Islands zusammen. Die Kommandobereiche umfassen: Das alliierte Oberkommando Atlantik (SACLANT = Supreme Allied Commander Atlantic), das Oberkommando Europa (SACEUR = Supreme Allied Commander Europe), das Oberkommando Ärmelkanal und den Ärmelkanalausschuß sowie die regionale Planungsgruppe Kanada-Vereinigte Staaten.

K. D. Schwarz (Hrsg.), Sicherheitspolitik, Bad Honnef 1977.
A. J. Steinhoff, Wohin treibt die NATO, München 1976.
G. Poser, Die NATO, München 1974.

Nordatlantikpakt/NATO
Hauptorgane (mit englischen Abkürzungen)

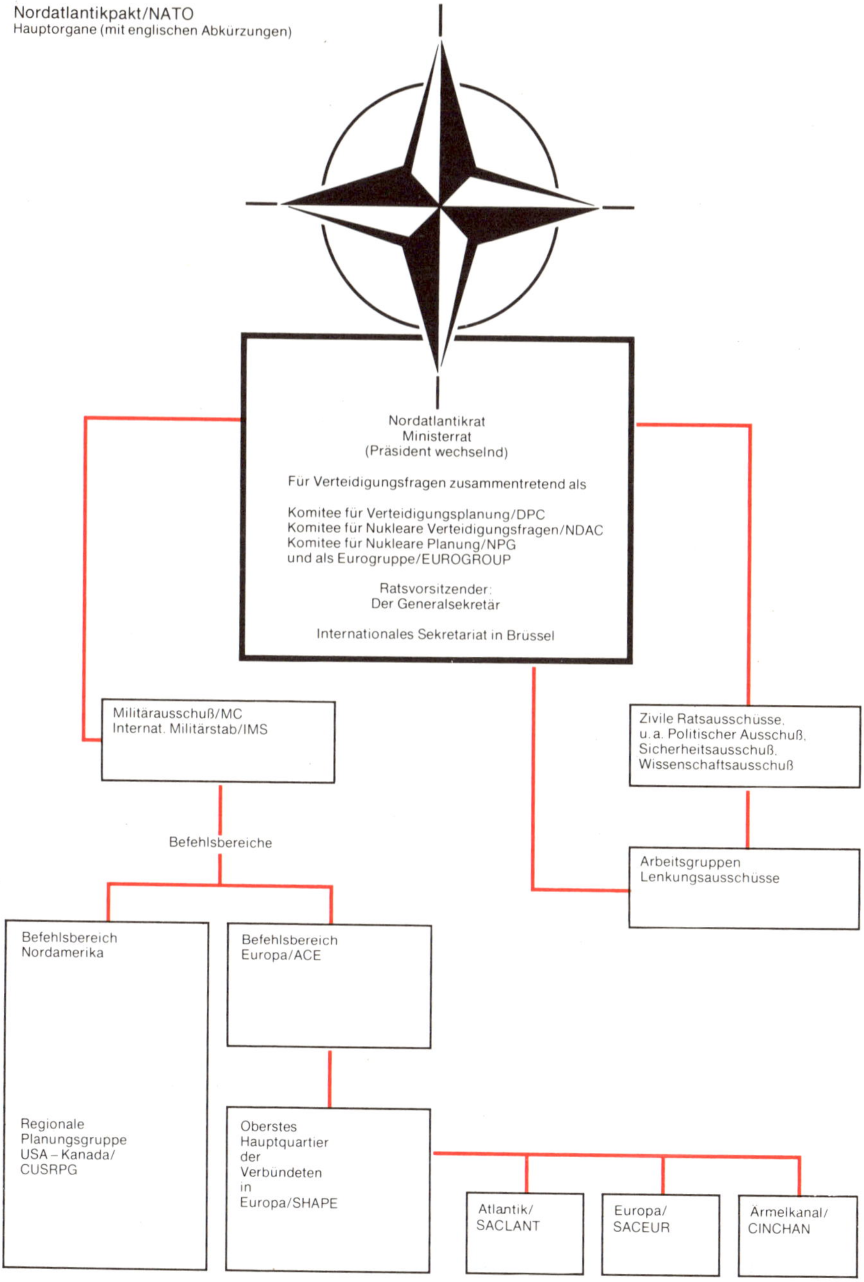

GATT – OECD

Das GATT, General Agreement on Tariffs and Trade, ist ein weltweites Handelsabkommen seit 1948 mit derzeit 83 Parteien, davon über zwei Drittel Entwicklungsländern, und mit einem Anteil von über 80 v. H. des Welthandels. Hauptziel des GATT ist, durch Senkung der Zölle und Abbau sonstiger Handelsbeschränkungen den Welthandel auf der Grundlage der Meistbegünstigung und Nichtdiskriminierung zu fördern. Diesem Ziel dienen vor allem die Zollverhandlungsrunden. Bis 1961 verhandelten bei diesen Runden gleichzeitig die jeweils an einem Zollsatz interessierten Haupthandelspartner miteinander; die Ergebnisse kamen im Wege der *Meistbegünstigung* (Verpflichtung zur Einräumung der jeweils günstigsten Bedingungen) allen übrigen Parteien zugute, eine Art von zweiseitig-mehrseitigem Verfahren, das bis dahin im Welthandel unbekannt war und große praktische Vorteile hat. Seit der sogenannten *Kennedy-Runde* von 1964 bis 1967 wird über linear-globale Zollsenkungen verhandelt. Künftig ist daran gedacht, die Höhe von Zollsätzen einander anzugleichen, für bestimmte Sektoren industrieller Erzeugnisse Zölle und sonstige Handelsbeschränkungen gleichzeitig abzubauen oder in zeitlichen Stufen die Zölle der Industrieländer auf industrielle Erzeugnisse völlig zu beseitigen. Die Erfolge des GATT sind beträchtlich: In den bislang sechs Zollrunden gelang es, das Zollniveau auf etwa ein Drittel zu senken sowie zahlreiche mengenmäßige Handelsbeschränkungen abzubauen. Die geringsten Erfolge wurden beim Abbau von Handelsbeschränkungen für landwirtschaftliche Erzeugnisse erzielt, weil zahlreiche Staaten aus politischen, sozialen und militärischen Gründen am Schutz ihrer Landwirtschaft festhalten. Der Grundsatz der Gegenseitigkeit, auf dem das GATT beruht, führt gegenüber Entwicklungsländern zu unangemessenen Belastungen. Deshalb werden ihnen Vergünstigungen gewährt und sind allgemeine Vorzugsbehandlungen für sie in Abweichung von der Meistbegünstigungspflicht zulässig.

Die Organisation für europäische wirtschaftliche Zusammenarbeit (Organization for European Economic Cooperation = OEEC) wurde durch das Pariser Abkommen vom 16. 4. 1948 zum Zwecke einer koordinierten Verteilung der von den USA für den wirtschaftlichen Wiederaufbau Europas zur Verfügung gestellten Marshall-Plan-Hilfe (ERP = European Recovery Program) gegründet. Die Bundesrepublik wurde 1949 Vollmitglied. Am 14. 12. 1960 wurde in Paris ein neues Abkommen zur Gründung der OECD (Organization for Economic Cooperation and Development = Organisation für wirtschaftliche Zusammenarbeit und Entwicklung) als Nachfolgerin der OEEC beschlossen. Die OECD betätigt sich vor allem auf drei Gebieten: der Koordinierung der Wirtschaftspolitik der Mitgliedstaaten, der Unterstützung der Entwicklungsländer und des Handels- und Zahlungsverkehrs. Daneben sind noch die Gebiete Landwirtschaft und Fischerei, Industrie und Energie, Arbeitskräfte und Sozialfragen in der Zuständigkeit einzelner Ausschüsse. Die Koordinierung der *wirtschaftlichen Zusammenarbeit* der Mitgliedstaaten erfolgt durch Studien und regelmäßige Statistiken über die Wirtschaftslage der Mitgliedstaaten, ihre Währungssituation und Zahlungsbilanz. Die Unterstützung der Entwicklungsländer liegt in der Zuständigkeit des Ausschusses für Entwicklungshilfe (DAC = Development and Assistance Committee) und beim Ausschuß für technische Zusammenarbeit. Aufgrund der jährlichen Überprüfung der von den Mitgliedstaaten vergebenen Entwicklungshilfe werden Richtlinien für die Entwicklungshilfepolitik empfohlen. Beschlußorgan des GATT ist die Versammlung der Vertragsparteien, die jährlich ein- bis zweimal tagt und mit einfacher, in einigen wichtigen Fällen mit Zwei-Drittel-Mehrheit beschließt. Zwischen den Tagungen werden die laufenden und dringlichen Geschäfte vom GATT-Rat wahrgenommen. Dazu kommt ein kleines, aber höchst wirkungsvolles Sekretariat mit Sitz in Genf.

H. Steinberger, GATT und regionale Wirtschaftszusammenschlüsse, Köln 1963.
U. Frantz, 25 Jahre Welthandelspolitik, Berlin 1975.
H. J. Hahn/A. Weber, Die OECD, Baden-Baden 1976.

GATT

1. Organisation

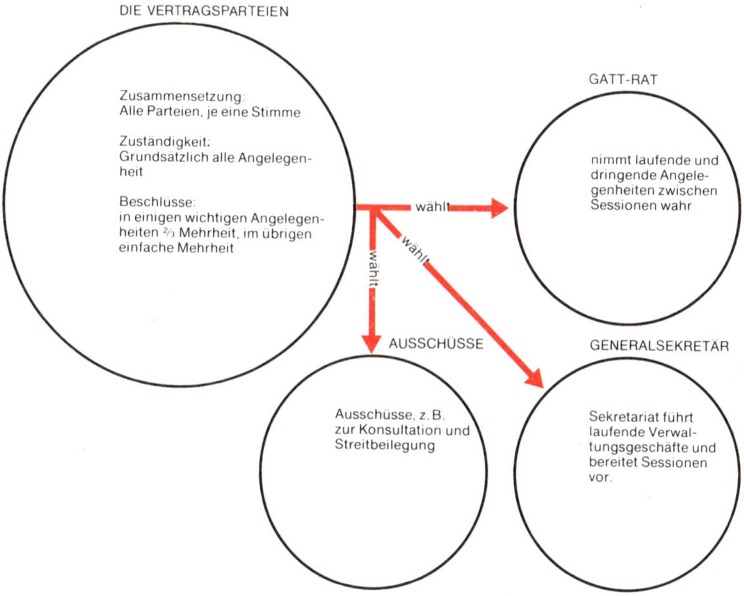

2. Zollrunden

a) zweiseitig – mehrseitiges Verfahren:

Ausfuhrland A –
Ausfuhrland B –
} verhandeln über Zollsätze für Ware mit { Einfuhrland C, Einfuhrland D, Einfuhrland E

Ergebnisse kommen über Meistbegünstigung allen GATT-Parteien zugute

OECD

Organisation:
Das oberste Organ der OECD ist der Rat mit Sitz in Paris, der entweder als Ministerrat oder als Gremium der ständigen Vertreter unter Vorsitz eines Generalsekretärs tagt. Der Exekutivausschuß besteht aus den jährlich vom Rat zu bestimmenden Vertretern von zehn Mitgliedstaaten. Daneben besitzt die OECD zahlreiche Fachausschüsse. Da die OECD rechtlich als Rahmen einer dauernden diplomatischen Konferenz zu werten ist, besteht ihre wesentlichste Aktivität in der regelmäßigen Konsultation und Information der Mitgliedstaaten. Die Beschlüsse der OECD verpflichten die Mitgliedstaaten, während Empfehlungen von Staaten oder Internationalen Organisationen nur beachtet zu werden brauchen, wenn sie als zweckmäßig betrachtet werden. Außerdem kann die OECD Entschließungen annehmen. Beschlüsse und Empfehlungen bedürfen der Einstimmigkeit.

Europarat

Der Europarat wurde am 5. Mai 1949 als einer der ersten europäischen Zusammenschlüsse gegründet. Bereits vor dem Zweiten Weltkrieg hatten Politiker wie Briand, Stresemann und Coudenhove-Kalergie eine europäische Einigung angestrebt. Im Mai 1948 kam es in Den Haag zum Kongreß der europäischen Bewegung, an dem über 700 Vertreter des öffentlichen Lebens der meisten europäischen Staaten teilnahmen. In dem abschließenden Memorandum an die europäischen Regierungen wurde die Bildung eines Europarats gefordert. Der französische Außenminister Bidault ergriff 1948 auf der Tagung der fünf Mitgliedstaaten des Brüsseler Pakts (↑NATO S. 604) die Initiative zu ersten zwischenstaatlichen Verhandlungen. Dabei zeigten sich bereits die bis heute bestehenden Meinungsverschiedenheiten zwischen den einzelnen europäischen Staaten über den Weg zur europäischen Einheit. Während die Föderalisten einen europäischen Bundesstaat forderten, lehnten die britischen Vertreter eine Organisation mit supranationalem Charakter ab; die Franzosen nahmen eine „integrationistische" Haltung ein. Nach schwierigen Verhandlungen wurde 1949 in London das Statut des Europarats von zehn europäischen Staaten unterzeichnet (Großbritannien, Frankreich, Belgien, Niederlande, Luxemburg, Italien, Irland, Dänemark, Norwegen und Schweden). Als Sitz wurde Straßburg bestimmt. Nach Art. 1 der Satzung hat der Europarat „zur Aufgabe, eine eigene Verbindung zwischen seinen Mitgliedern zum Schutze und zur Förderung der Ideale und Grundsätze, die ihr gemeinsames Erbe bilden, herzustellen und ihren wirtschaftlichen und sozialen Fortschritt zu fördern". In den folgenden Jahren traten noch weitere Staaten dem Europarat bei: Griechenland, Türkei, Island, Österreich, die Bundesrepublik Deutschland (1951), Zypern, Schweiz und Malta. Griechenland kam der drohenden Aufhebung seiner Mitgliedschaft zuvor, schied am 12. 12. 1969 wieder aus, trat aber am 7. 11. 1974 wieder bei.

Politische Organe des Europarats sind die *Beratende Versammlung* und *das Ministerkomitee*. Dieses – auch als Ministerrat bezeichnet – setzt sich aus den Außenministern der Mitgliedstaaten zusammen, die sich durch ein Regierungsmitglied vertreten lassen können. Der Präsident des Ministerkomitees wird nicht gewählt, die Mitgliedstaaten haben dieses Amt vielmehr nacheinander in der Reihenfolge der Unterschriften beim Londoner Vertrag inne. Der Ministerrat entscheidet bindend über Fragen der inneren Organisation des Europarats und ist ausschließlich zum Abschluß von Abkommen zuständig. Er kann Empfehlungen an die Regierungen der Mitgliedstaaten geben, die allerdings keine rechtlichen Verpflichtungen schaffen (↑Europäische Gemeinschaften S. 574). Die Beratende Versammlung besteht aus 140 Mitgliedern, von denen achtzehn aus der Bundesrepublik Deutschland kommen. Jedes nationale Parlament bestimmt die Vertreter aus den Reihen seiner Abgeordneten entsprechend der Stärke der einzelnen Parteien. Daneben besteht ein gemeinsames Komitee als Verbindung zwischen Ministerrat und Beratender Versammlung. Auf Empfehlung des Ministerkomitees wird von der Beratenden Versammlung ein Generalsekretär ernannt; das Generalsekretariat bilden über 600 Beamte aus allen Mitgliedstaaten. Von besonderer Bedeutung ist die am 28. September 1953 wirksam gewordene *Europäische Menschenrechts-Konvention*. Nach Wahrnehmung aller innerstaatlichen Rechtsmittel kann jede Vertragspartei oder natürliche Person über den Generalsekretär die Menschenrechts-Kommission anrufen, soweit sich die Beschwerde gegen die Verletzung der Konvention durch einen Unterzeichnerstaat richtet. Der Bericht der Kommission ist Grundlage für die Behandlung der Beschwerde vor dem *Europäischen Gerichtshof für Menschenrechte*, dessen Urteile für die Parteien bindend sind und möglicherweise auch Entscheidungen des Bundesverfassungsgerichts widersprechen können.

Leitfaden durch den Europarat, Straßburg 1976.
K. Carstens, Das Recht des Europarats, Berlin 1956.

Europarat Sitz Straßburg

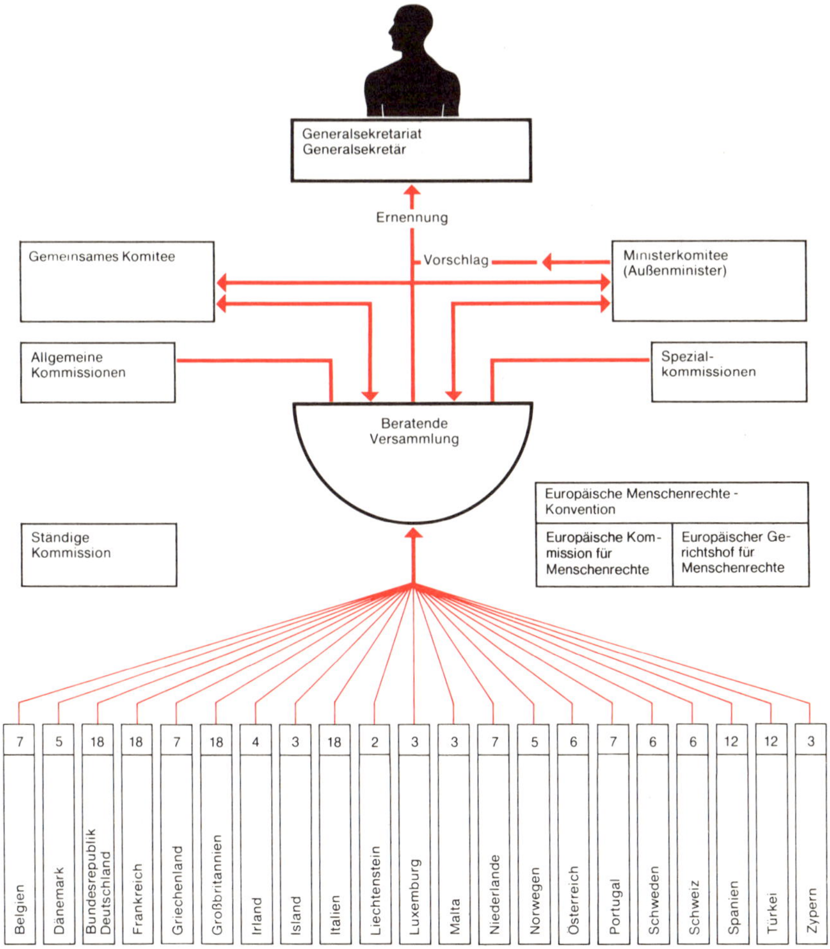

Mitgliedsstaaten
Mit Anzahl der entsandten Mitglieder

Staat und Kirche

Das Verhältnis von Staat und Kirche in der Bundesrepublik Deutschland ist gekennzeichnet durch die Anerkennung der gegenseitigen Unabhängigkeit bei gleichzeitiger Zusammenarbeit in zahlreichen Angelegenheiten von gemeinsamem Interesse. Seine Grundlage findet es in den aus der Weimarer Verfassung (WRV) in das Grundgesetz (GG) übernommenen „Weimarer Kirchenartikeln" (Art. 136 ff. WRV i.V.m. Art. 140 GG). Diese Bestimmungen sind voll gültiges Verfassungsrecht (sog. Staatskirchenrecht oder äußeres Kirchenrecht im Gegensatz zum Recht, das die Kirche sich selbst gibt – sog. inneres Kirchenrecht). Sie müssen jedoch so interpretiert werden, daß sie mit den „elementaren Grundsätzen des GG, insbesondere den Grundrechten" vereinbar sind. So verbieten der ↑Gleichheitssatz (S. 128) sowie die ↑Religions-, Glaubens- und Gewissensfreiheit (S. 130) dem Staat, sich mit einem bestimmten Bekenntnis zu identifizieren (Identifikationsverbot) oder bestimmte Religionsgemeinschaften gegenüber anderen zu begünstigen (Neutralitätsgebot). Das Kirchenvertragsrecht (↑Konkordate und Kirchenverträge S. 612) hat sich an dieser Verfassungslage zu orientieren. Im einzelnen machen folgende Grundzüge die – formelmäßig nicht erfaßbare – Eigenart des Verhältnisses von Staat und Kirche in der Bundesrepublik Deutschland aus:

Die Selbständigkeit der Kirchen zur Ordnung und Verwaltung ihrer Angelegenheiten ist innerhalb der Schranken des für alle geltenden Gesetzes verfassungsrechtlich gewährleistet (Art. 137 Abs. 3 WRV). Das kirchliche Vermögen unterliegt einem besonderen verfassungsrechtlichen Schutz (Art. 138 Abs. 2 WRV). Das Grundrecht der freien Religionsausübung (Art. 4 Abs. 2 GG) sichert den Kirchen über die Freiheit von Kultus und Bekenntnis hinaus die Freiheit zur sozialen Arbeit in der Gesellschaft, soweit diese Funktion dem Selbstverständnis der Kirchen entspricht. Der Staat ist seinerseits an der karitativen Tätigkeit der Kirchen (Kranken- und Altersversorgung, Kindergärten u. a.) interessiert (↑Sozialhilfe und freie Wohlfahrtspflege S. 388). Er räumt den Kirchen teilweise durch Gesetz Vorrang vor den eigenen Veranstaltungen vergleichbarer Art ein (Subsidiaritätsprinzip) und gewährt finanzielle Zuwendungen. Die Kirchen sind Körperschaften des öffentlichen Rechts (↑Körperschaften – Anstalten – Stiftungen S. 244). Andere Religionsgemeinschaften können diesen Status unter bestimmten Voraussetzungen erwerben. Zugleich mit dem Körperschaftsstatus hat der Staat den Kirchen besondere öffentlich-rechtliche Befugnisse verliehen (Dienstherrnfähigkeit, Besteuerungsrecht, ↑Kirchensteuer S. 614). Die Kirchen wirken als gesellschaftliche Kräfte in zahlreichen „pluralistisch" strukturierten Organen des Staates und seiner Verwaltungsträger, wie z. B. im Rundfunkrat mit (↑Rundfunk- und Fernsehanstalten S. 464).

Das deutsche Staatskirchenrecht kennt eine Reihe von Fällen, in denen der Staat ein religiöses Bekenntnis unter wissenschaftlichen, seelsorgerlichen oder unterrichtsmäßigen Gesichtspunkten zum Gegenstand einer staatlichen Veranstaltung macht (↑Religionsunterricht S. 616 an öffentlichen Schulen; Anstalts- und Militärseelsorge; theologische Fakultäten an den ↑Universitäten S. 452). Diese institutionellen Verbindungen zwischen Staat und Kirche sind mit dem geltenden Verfassungsrecht vereinbar, das ein Gebot der strikten Trennung von Staat und Kirche nicht kennt.

In der DDR gesteht die neue Verfassung (1968; geändert 1974) den Kirchen auch nominell nicht mehr die Stellung von Körperschaften des öffentlichen Rechts zu. Sie gewährleistet den Kirchen das Recht der Selbstverwaltung „in Übereinstimmung mit der Verfassung und den gesetzlichen Bestimmungen" der DDR. Die Sozialarbeit der Kirchen erfährt keine vergleichbare staatliche Unterstützung wie in der Bundesrepublik Deutschland.

E. Friesenhahn/U. Scheuner, Handbuch des Staatskirchenrechts der Bundesrepublik Deutschland, 2 Bde., Berlin 1974/75.

Die „Verzahnung" von Kirchen und Staat im geltenden Staatskirchenrecht der Bundesrepublik Deutschland

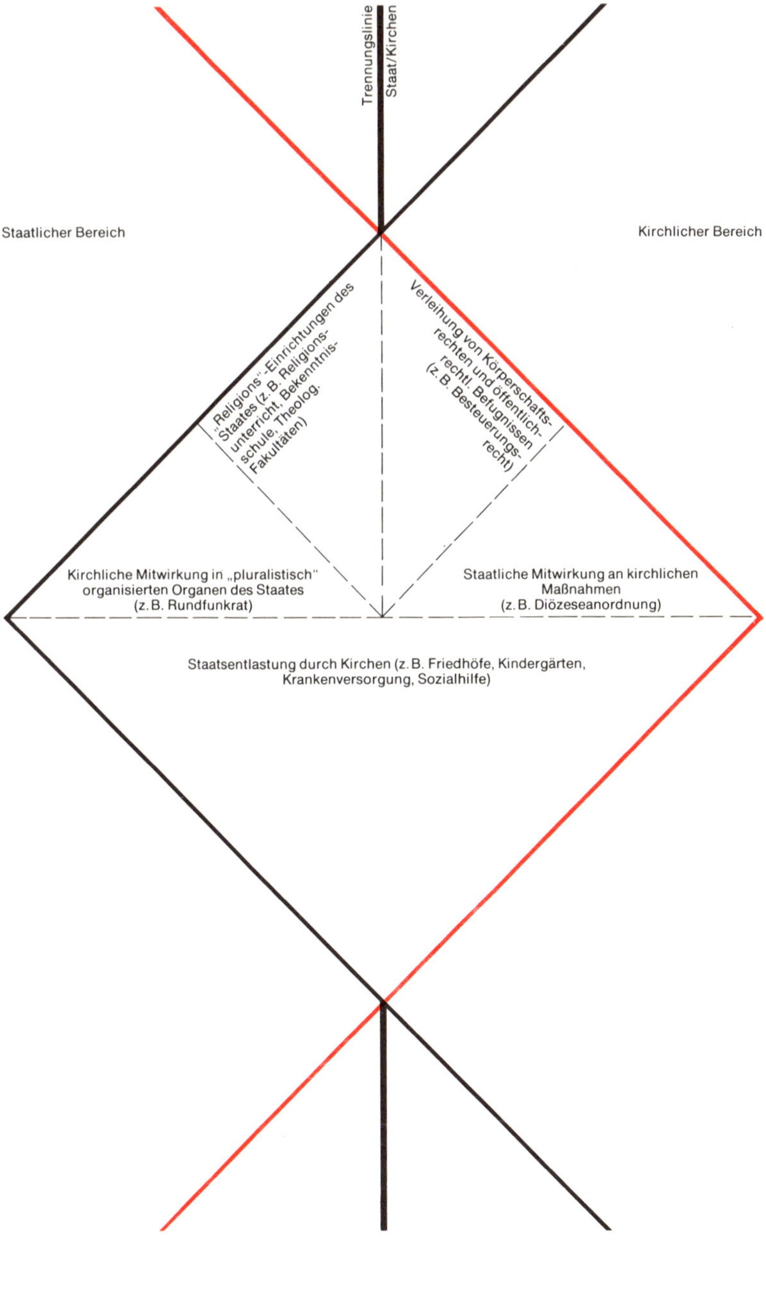

Konkordate und Kirchenverträge

Als Konkordate (K.) werden Abkommen zwischen dem Heiligen Stuhl und dem Staat bezeichnet, in denen beide Seiten ihr Verhältnis zueinander zusammenfassend, teilweise sogar umfassend regeln. Für zusammenfassende Abkommen zwischen dem Staat und den evangelischen Kirchen hat sich der Begriff „Kirchenvertrag" (Kv.) durchgesetzt. Daneben kennt das heutige Staatskirchenvertragsrecht eine Reihe von Vereinbarungen zwischen Staat und Kirchen in Einzelfragen (z. B. zwischen der Evangelischen Kirche Deutschlands und der Bundesrepublik Deutschland über die Einrichtung der Militärseelsorge). Herkömmlicher Gegenstand von K. und Kv. sind Absprachen über den staatlichen Schutz der Kirchen, der Tätigkeit ihrer Geistlichen und des Kirchenvermögens, über Schul- und Hochschulfragen (Lehrerbildung, Religionsunterricht an öffentlichen Schulen, Errichtung staatlicher theologischer Fakultäten), Ausbildung von Geistlichen, Krankenhaus- und Anstaltsseelsorge, Staatsleistungen, Kirchensteuer, Denkmalpflege u. a. m. Der Staat kann nach neuerer staatsrechtlicher Auffassung kraft seiner Gebietshoheit sein Verhältnis zu den auf seinem Territorium befindlichen Kirchen in den Grenzen des geltenden Verfassungsrechts anstatt durch Vertrag durch einseitiges Gesetz regeln. In der Bundesrepublik Deutschland wird jedoch der Staatskirchenvertrag als das (unter historischen, rechts- und kirchenpolitischen Gesichtspunkten) angemessene Instrument für die Regelung des Verhältnisses von Staat und Kirchen gesehen. Sein sachlicher Spielraum wird durch den Vorrang des verfassungsmäßig fixierten Staatskirchenrechts begrenzt.

Das in der Bundesrepublik Deutschland geltende Konkordatsrecht wird – vom niedersächsischen Konkordat (1965) abgesehen – durch die Fortgeltung des Reichskonkordats (1933) und der in der Weimarer Zeit abgeschlossenen Länderkonkordate (Bayern 1924; Preußen 1931; Baden 1932) bestimmt. Es wird durch eine Reihe von Vereinbarungen über Einzelfragen ergänzt (z. B. zwischen dem Heiligen Stuhl und dem Lande Nordrhein-Westfalen über die Errichtung des Bistums Essen 1956). Die Rechtsbeziehungen zwischen dem Staat und den evangelischen Kirchen haben nach 1945 in einer Reihe von Bundesländern im Gefolge des niedersächsischen Kirchenvertrags (sogenannter Loccumer Vertrag 1955) eine neue kirchenvertragliche Basis gefunden (Schleswig-Holstein 1957; Hessen 1960; Rheinland-Pfalz 1962). Daneben gelten mehrere Kirchenverträge aus der Weimarer Zeit fort (Bayern 1924; Preußen 1931; Baden 1932).

Die Kompetenz zum Abschluß von K. und Kv. steht nach der Zuständigkeitsordnung des Grundgesetzes auf staatlicher Seite grundsätzlich den Ländern zu (↑ Bundesstaatliche Ordnung S. 44). Auf katholischer Seite kommt als Partner von K. der Heilige Stuhl in Betracht. Kv. werden von den evangelischen Landeskirchen geschlossen. Das Verfahren beim Abschluß von K. und Kv. bestimmt sich aus staatlicher Sicht herkömmlich nach den Regeln über den Abschluß von Staatsverträgen. Für die kirchlichen Partner bestimmt das jeweilige Kirchenrecht den Gang des Verfahrens und die Voraussetzungen für die Verbindlichkeit.

Die neueren K. und Kv. sehen vor, daß Meinungsverschiedenheiten über die Auslegung des Vertragstextes „auf freundschaftliche Weise" zu beseitigen sind. Haben die Verhältnisse, die für den Vertragsinhalt maßgebend waren, sich seit Abschluß des K. bzw. Kv. so wesentlich geändert, daß einer Vertragspartei das Festhalten an der ursprünglichen vertraglichen Regelung nicht zuzumuten ist, so kann diese Vertragspartei eine Anpassung des Vertragsinhalts an die geänderten Verhältnisse verlangen. Sie kann den Vertrag kündigen, sofern eine Anpassung nicht möglich oder einer Vertragspartei nicht zuzumuten ist.

H. Weber, Staatskirchenverträge (Textsammlung), München 1967.
A. Hollerbach, Die vertragsrechtlichen Grundlagen des Staatskirchenrechts, in: Handbuch des Staatskirchenrechts der Bundesrepublik Deutschland, Band I, Berlin 1974, S. 267–296.

Das Verfahren beim Abschluß von Konkordaten und Kirchenverträgen

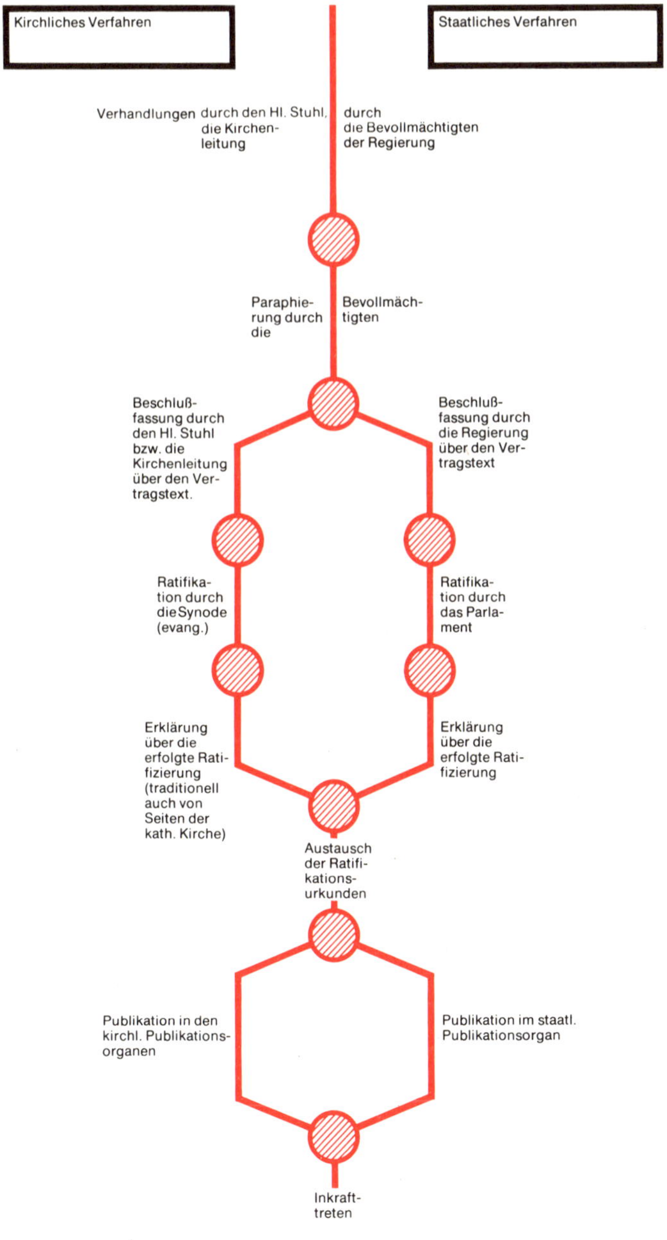

Kirchensteuer

Den Kirchen ist als öffentlich-rechtlichen Körperschaften vom Staat kraft Verfassungsrecht die Befugnis verliehen, von ihren Mitgliedern Kirchensteuer als ↑Öffentliche Abgabe (S. 272) zu erheben (↑Staat und Kirche S. 610). Die Einnahmen aus der Kirchensteuer bilden die Grundlage zur Finanzierung der kirchlichen Aufgaben, die sich in den Diözesen und Landeskirchen nach Art und Umfang unterschiedlich gestalten. 1976/77 betrug das Steueraufkommen der Gliedkirchen der Evangelischen Kirche Deutschlands insgesamt 3818691000,– DM und der römisch-katholischen Kirche 3826141000,– DM.

Das Kirchensteuerrecht ist in den Bundesländern unterschiedlich geregelt. Im allgemeinen gibt die staatliche Gesetzgebung den rechtlichen Rahmen vor, den die Kirchen mit eigenen Bestimmungen ausfüllen. Die Kirchensteuer wird teils als Ortskirchensteuer, vorwiegend aber als Landes- oder Diözesankirchensteuer erhoben. Steuerpflichtig sind ausschließlich die Mitglieder der steuerberechtigten Religionsgemeinschaft. Von juristischen Personen darf Kirchensteuer nicht erhoben werden. Für die Besteuerung von Ehegatten gilt: Gehört nur einer der Ehegatten einer steuerberechtigten Religionsgemeinschaft an (glaubensverschiedene Ehe im Sinne des Steuerrechts), so ist eine Heranziehung des anderen Ehegatten zur Kirchensteuer nicht zulässig. Sind die Ehegatten Mitglieder in verschiedenen steuerberechtigten Religionsgemeinschaften (bekenntnisverschiedene Ehe im Sinne des Steuerrechts), so kann jede Religionsgemeinschaft nur den ihr angehörigen Ehegatten aufgrund des Besteuerungstatbestandes heranziehen, den er erfüllt.

Die Kirchensteuer wird hauptsächlich als 8 bis 9%iger Zuschlag zur ↑Einkommen- und Lohnsteuer (S. 282) erhoben (Zuschlagsteuer). Daneben oder ersatzweise kann die Kirchensteuer auch als Zuschlag zur Vermögensteuer (↑Vermögen- und Erbschaftsteuer S. 292) festgelegt werden. Grundlage sind kirchliche *Tarifbeschlüsse*, die der Staat genehmigt. Ein selbständiger kirchlicher Tarif liegt dem in den meisten Bundesländern neben der Zuschlagsteuer erhobenen *Kirchgeld* zugrunde. Die Kirchenlohnsteuer wird zusammen mit der staatlichen Lohnsteuer vom Arbeitgeber einbehalten. Die Veranlagung, Erhebung und Beitreibung des Zuschlags zur Einkommensteuer ist mit Ausnahme von Bayern den staatlichen Finanzämtern oder kommunalen Behörden gegen Erstattung der Erhebungskosten übertragen.

Die Kirchensteuerpflicht entfällt mit einer gegenüber dem zuständigen Amtsgericht oder Standesamt abgegebenen Kirchenaustrittserklärung. Die Austrittserklärung darf nicht mit dem Zusatz versehen werden, der Austritt beziehe sich nur auf die Kirche als steuerberechtigte Körperschaft, nicht aber auf die Kirche als Glaubensgemeinschaft. Es ist mit dem Grundrecht der Glaubensfreiheit unvereinbar, wenn der aus der Kirche Ausgetretene noch bis zum Ende des laufenden Steuerjahres zur Kirchensteuer herangezogen wird.

In der DDR kann die Kirchensteuer seit 1952 nicht mehr im Verwaltungszwangsverfahren, seit 1956 auch nicht mehr vor den ordentlichen Gerichten geltend gemacht werden.

Die Kirchensteuer in ihrer gegenwärtigen Form und Praxis steht unter Krtitik. Von theologischer Seite wird die Verknüpfung der Kirchensteuer mit der staatlichen Hoheit und dem staatlichen Steuersatz sowie die Anonymität des Einzugsverfahrens beanstandet. Verfassungsrechtliche Bedenken werden teilweise gegen die Verpflichtung des Arbeitgebers geäußert, zugunsten einer fremden Kirche Steuern einzubehalten und abzuführen.

H. Engelhardt, Die Kirchensteuer in der Bundesrepublik Deutschland, Bad Homburg u. a. 1968.
A. Pochkammer, Die Kirchensteuer bei glaubens- und konfessionsverschiedenen Ehen, Berlin 1976.
F. Kastenbauer, Die Grundlagen des Besteuerungsrechts der Kirchen, München 1967.

Voraussichtliche Einnahmen der Kirchengemeinden, Kirchenkreise und der Landeskirche im Jahre 1978

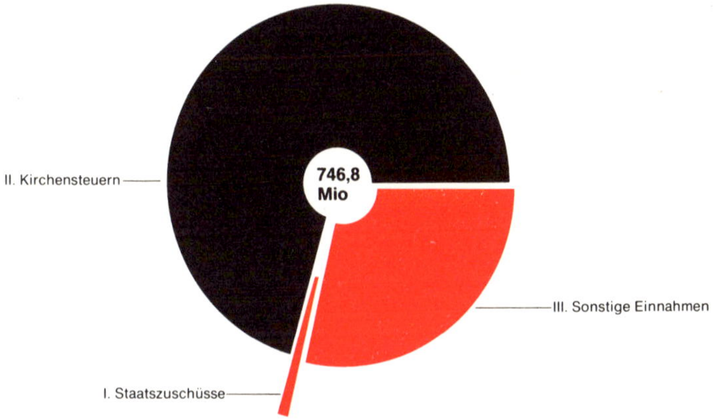

	DM	%
I. Staatsdotationen und Staatszuschüsse zur Pfarrbesoldung und Versorgung	6.310.000,--	0,84
II. Kirchensteuern	525.000.000,--	70,30
III. Sonstige Einnahmen (aus Grundvermögen, angelegten Geldern, Kindergärten, Kollekten und Opfer, Verwaltungserträge u.a.)	215.531.000,--	28,86
	746.841.000,--	100,00

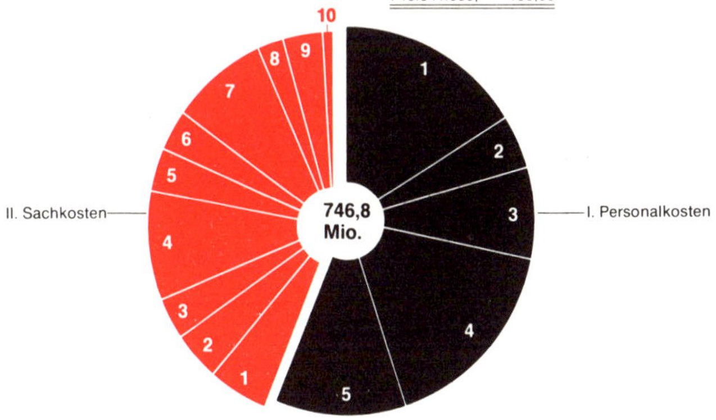

	DM	%
I. Personalkosten		
1. Kindergärten	118.300.000,--	15,84
2. Sonstige diakonische Einrichtungen	31.200.000,--	4,18
3. Versorgung der Pfarrer und Kirchenbeamten	57.434.000,--	7,69
4. Besoldung der Pfarrer	73.650.000,--	9,86
5. Sonstige Beamte und Angestellte	135.235.000,--	18,11
	415.819.000,--	55,68
II. Sachkosten		
1. Innergemeindliche Aufgaben	33.000.000,--	4,42
2. Kindergärten	26.000.000,--	3,48
3. Sonstige diakonische Einrichtungen	34.309.000,--	4,59
4. Unterhaltung u. Bewirtschaftung der Gebäude	67.966.000,--	9,10
5. Verwaltungskosten	27.941.000,--	3,74
6. Schuldendienst	26.192.000,--	3,51
7. Sonstige Ausgaben	66.147.000,--	8,86
8. Umlage an EKD und EKU	17.316.000,--	2,32
9. Kirchlicher Entwicklungsdienst, Weltmission und Oekumene	26.250.000,--	3,51
10. Landeskirchliche Schulen	5.901.000,--	0,79
	331.022.000,--	44,32
Summe I und II	746.841.000,--	100,00

Religionsunterricht

Der Religionsunterricht (RU) ist in der Bundesrepublik Deutschland mit Ausnahme von Berlin und Bremen (Art. 141 Grundgesetz – GG) *ordentliches Lehrfach* an allen öffentlichen Schulen einschließlich der berufsbildenden Schulen (Art. 7 Abs. 3 Satz 1 GG). Er ist damit – unter wirksamer Durchbrechung des Grundsatzes der Trennung von Kirche und Staat (Art. 137 WRV) – eine staatliche und nicht nur eine – z. B. durch Verfügungstellung von Schulräumen – staatlich geförderte Lehrveranstaltung. Ihr Inhalt wird in der Praxis unter Berufung auf Art. 7 Abs. 3 Satz 2 GG von den Kirchen bestimmt. Einzelheiten der schulrechtlichen Stellung des RU, insbesondere die Abgrenzung von kirchlichem und staatlichem Einfluß, sind in den Landesverfassungen und in ausführenden Bestimmungen der Länder geregelt. Die Garantie des RU als ordentlichen Lehrfachs hat zur Folge, daß der Unterricht in Religion im Lehrplan und in der Schulorganisation grundsätzlich wie andere Pflichtfächer zu behandeln ist. Andererseits will Art. 7 Abs. 3 Satz 1 GG für das Fach „RU" nicht den Spielraum beseitigen, der dem Staat in bezug auf die schulrechtliche Behandlung und Bewertung von Pflichtfächern zusteht. Die Folgerungen, die in der gegenwärtigen Schulpraxis aus dem Charakter des RU als ordentlichen Schulfachs gezogen werden, sind daher nicht durchgehend verfassungsrechtlich geboten.

Der RU ist für Schüler und Lehrer *freiwillig* (Art. 7 Abs. 2 und Abs. 3 Satz 3 GG). Über die Teilnahme des Schülers am RU entscheiden bis zum vierzehnten Lebensjahr (in einigen Bundesländern bis zum achtzehnten Lebensjahr) die Erziehungsberechtigten, ab diesem Zeitpunkt der Schüler selbst. Nach dem geltenden Schulrecht ist der Schüler zur Teilnahme am RU verpflichtet, solange er sich nicht ordnungsgemäß abmeldet. Doch läßt das GG auch eine Ersetzung des Abmeldeprinzips durch das Prinzip der Anmeldung zu. Eine schulorganisatorisch begründete Beschränkung der Abmeldung auf bestimmte Zeitpunkte (z. B. Beginn und Ende des Schuljahres) begegnet keinen verfassungsrechtlichen Bedenken. Einige Bundesländer, wie z. B. Bayern, haben einen Ersatzunterricht in Ethik oder Religionskunde eingerichtet. Die Teilnahme an diesem Unterricht ist Pflicht für den, der sich vom RU abmeldet. Die schulrechtliche Anerkennung der Abmeldung vom RU darf nicht an eine Gewissensprüfung geknüpft werden.

Die inhaltliche *Ausgestaltung* des RU wird seit Jahrzehnten in der Religionspädagogik diskutiert. Sie ist gegenwärtig angesichts der „Krise" des RU, die durch erhebliche (landschaftlich verschieden hohe und mit dem Alter der Schüler ansteigende) Austrittszahlen signalisiert wird, verstärkt Gegenstand der öffentlichen Diskussion. Praxis und Theorie des RU in Vergangenheit und Gegenwart weisen ein breites Spektrum von Unterrichtskonzepten auf, das von der Vorstellung des RU als „kirchlicher Unterweisung" bis zum Verständnis des RU als einer religionskundlichen oder religionskritischen Veranstaltung reicht. Heute konzipieren Staat und Kirchen überwiegend den RU als wissenschaftlichen Unterricht auf der Grundlage der Lehre der jeweiligen Religionsgemeinschaft mit dem Ziel, dem Schüler Einsichten in die Sinn- und Wertfragen des Lebens zu vermitteln und ihn zu einem verantwortlichen Handeln in der Gesellschaft anzuleiten. Im Zuge der Reform der Oberstufe an den staatlichen Gymnasien nimmt der RU in den einzelnen Bundesländern eine unterschiedliche Stellung ein.

F. Müller/B. Pieroth, Religionsunterricht als ordentliches Lehrfach, Berlin 1974.
T. Maunz, Der Religionsunterricht in verfassungsrechtlicher und vertragskirchenrechtlicher Sicht, München 1974.
D. Ehlers, Entkonfessionalisierung des Religionsunterrichts, Neuwied 1975.

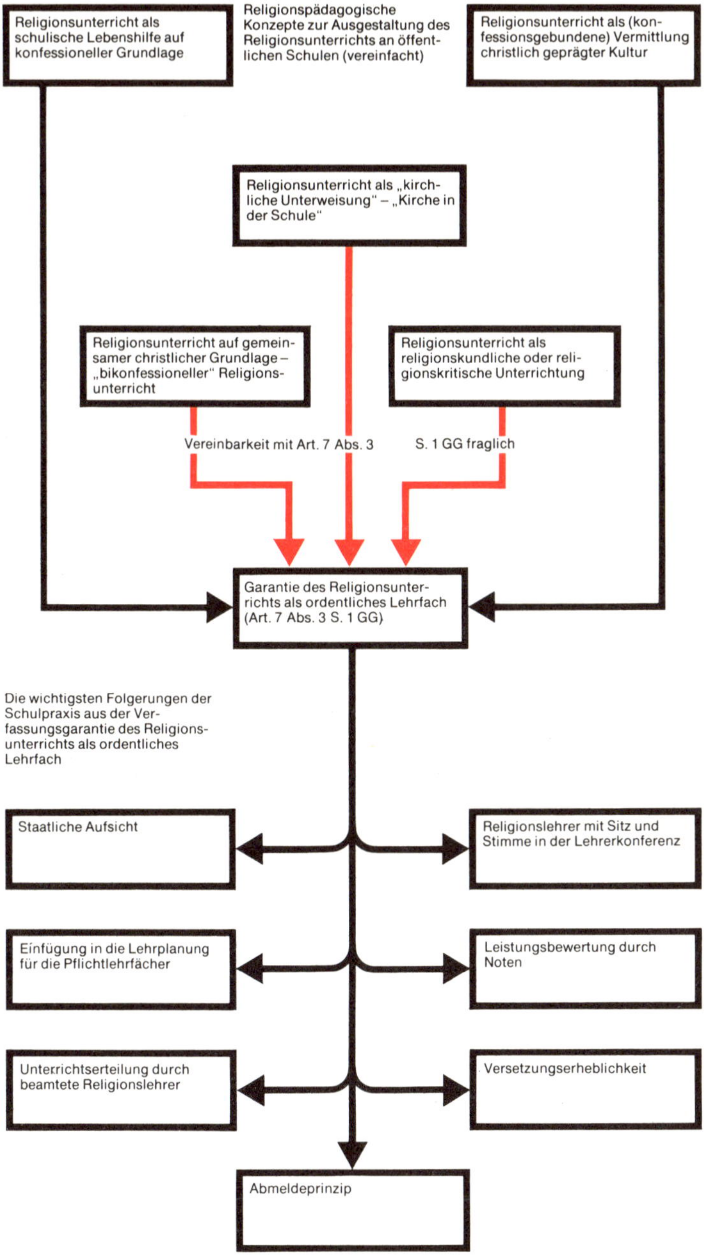
Religionsunterricht als schulische Lebenshilfe auf konfessioneller Grundlage
Religionspädagogische Konzepte zur Ausgestaltung des Religionsunterrichts an öffentlichen Schulen (vereinfacht)
Religionsunterricht als (konfessionsgebundene) Vermittlung christlich geprägter Kultur
Religionsunterricht als „kirchliche Unterweisung" – „Kirche in der Schule"
Religionsunterricht auf gemeinsamer christlicher Grundlage – „bikonfessioneller" Religionsunterricht
Religionsunterricht als religionskundliche oder religionskritische Unterrichtung
Vereinbarkeit mit Art. 7 Abs. 3 S. 1 GG fraglich
Garantie des Religionsunterrichts als ordentliches Lehrfach (Art. 7 Abs. 3 S. 1 GG)
Die wichtigsten Folgerungen der Schulpraxis aus der Verfassungsgarantie des Religionsunterrichts als ordentliches Lehrfach
Staatliche Aufsicht
Religionslehrer mit Sitz und Stimme in der Lehrerkonferenz
Einfügung in die Lehrplanung für die Pflichtlehrfächer
Leistungsbewertung durch Noten
Unterrichtserteilung durch beamtete Religionslehrer
Versetzungserheblichkeit
Abmeldeprinzip

Kirchliches Eherecht und Zivilehe

Das Verhältnis von kirchlichem und staatlichem Eherecht in der Bundesrepublik Deutschland ist durch die Ehehoheit des Staates geprägt. Das bedeutet: Die Ehe ist als staatliches Rechtsinstitut ausgestaltet. Sie kann seit dem Personenstandsgesetz (PStG) von 1875 (Kulturkampf) rechtsgültig nur vor dem Standesbeamten abgeschlossen werden (§ 13 Abs. 1 Ehegesetz; sogenannte *obligatorische Ziviltrauung*). Die kirchliche Trauung darf grundsätzlich nicht der standesamtlichen Eheschließung vorausgehen (§ 67 PStG). Das Verhältnis von Staat und Kirchen in bezug auf die Institution der Ehe steht damit unter einem doppelten Aspekt.
Evangelische und katholische Kirche versuchen, auf grundsätzliche Entscheidungen der staatlichen Ehegesetzgebung Einfluß zu nehmen. Diese Versuche sind von der (auch staatlicherseits anerkannten) kirchlichen Verantwortung für die soziale Institution der Ehe bestimmt. Sie respektieren aber zugleich die Verpflichtung des religionsneutralen Staates, seine Rechtsetzungshoheit unter Rücksichtnahme auf die Glaubensüberzeugungen aller Staatsbürger auszuüben (Art. 4 Grundgesetz). Beide Kirchen halten in ihren Stellungnahmen zu den am 1. 7. 1977 in Kraft getretenen Scheidungserleichterungen am Grundverständnis der Ehe als einer Gemeinschaft auf Lebensdauer fest. Die Frage der innerkirchlichen Anerkennung staatlicher Akte in bezug auf die einzelne Ehe *(Eheschließung, Ehescheidung)* wird von den Kirchen unterschiedlich beantwortet. Die evangelische Kirche gesteht der Eheschließung und Ehescheidung durch staatliche Organe Wirkung auch für den kirchlichen Bereich zu. Die Entscheidung über die Trauung Geschiedener wird in die seelsorgerliche Verantwortung des einzelnen Geistlichen gelegt. Nach katholischer Auffassung hat die staatliche Eheschließung eines Katholiken (ebenso wie die Eheschließung nach anderen kirchlichen Riten) keine Wirkung für den kirchlichen Bereich. Der örtlich zuständige Bischof dispensiert jedoch auf Antrag des katholischen Partners von der Formpflicht der katholischen Trauung, falls das Brautpaar zur katholischen Trauung nicht bereit ist. Die staatliche Ehescheidung der vollzogenen Ehe findet in allen Fällen (also auch bei Ehen nichtkatholischer Christen und Ungetaufter) wegen des im Naturrecht ebenso wie im Sakramentscharakter der Ehe verankerten Prinzips der Unauflöslichkeit in der katholischen Kirche keine Anerkennung.

Besonderes Interesse beansprucht angesichts der konfessionellen Spaltung der Bevölkerung in Deutschland die Einstellung der Kirchen zur sogenannten *Mischehenfrage*. Nach evangelischer Auffassung ist die (religions- und konfessionsverschiedene) Mischehe gültig, mit Rücksicht auf das Wesen der Ehe aber nicht bedenkenfrei. Die katholische Kirche sieht auch nach dem Zweiten Vatikanischen Konzil in der Konfessionsverschiedenheit des Ehepartners ein Ehehindernis. Auf der Grundlage des Apostolischen Schreibens „Matrimonia mixta" vom 31. 3. 1970 haben die deutschen Bischöfe jedoch die Seelsorger, die Trauungsvollmacht haben, ermächtigt, Katholiken vom Ehehindernis der Konfessionsverschiedenheit zu dispensieren. Bei den „Gegebenheiten in Deutschland" liegt nach Auffassung der Bischöfe stets ein Dispensgrund vor. Der Dispens wird jedoch nur erteilt, wenn der katholische Ehepartner auf förmliche Frage des Geistlichen hin seinen Willen bezeugt, in der Ehe als katholischer Christ zu leben, und sich verpflichtet, „sich nach Kräften darum zu bemühen", die Kinder katholisch taufen und erziehen zu lassen, soweit dies in der Ehe „möglich" ist. Eine ähnliche Regelung gilt bei religionsverschiedenen Ehen.

D. Pirson, Eherecht, in: E. Friesenhahn u. U. Scheuner (Hrsg.), Handbuch des Staatskirchenrechts der Bundesrepublik Deutschland, Bd. 2 (1975), S. 741 ff.
R. Beaupère u. a., Die Mischehe in ökumenischer Sicht, Freiburg 1968.

Verhältnis von Staat und Kirchen im Bereich der Ehe
und des Eherechts

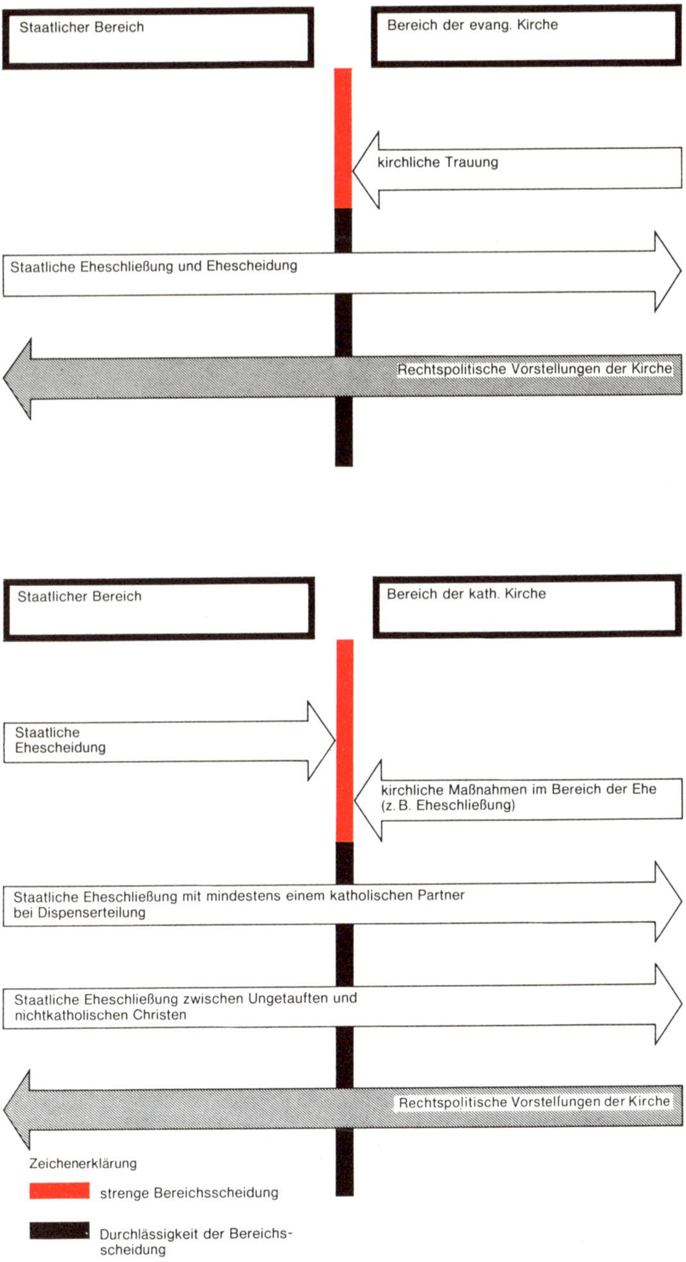

Ordnung der evangelischen Kirchen Deutschlands

Die Ordnung der evangelischen Kirchen Deutschlands wird in der Gegenwart durch die Existenz von 28 selbständigen *Landeskirchen* (ca. 27 Millionen Gemeindeglieder) mit lutherischem, reformiertem und uniertem Bekenntnisstand bestimmt. Die kirchliche Organisation ist – mit wenigen Ausnahmen – auf fest umrissene Territorien bezogen und folgte bis 1934 den staatlichen Gebietsentwicklungen. Verhandlungen zwischen einzelnen Landeskirchen über eine gegenseitige Annäherung sind – unbeschadet der vorhandenen gesamtkirchlichen Zusammenschlüsse – im Gange oder bereits abgeschlossen („Nordelbien").

Die evangelischen Kirchen in Deutschland haben sich nach 1945 fast durchweg neue Verfassungen (Grundordnungen, Ordnungen) gegeben, die Gemeinsamkeiten (z. B. im Hinblick auf die Dreistufigkeit des kirchlichen Aufbaus), aber auch erhebliche Strukturverschiedenheiten aufweisen. Diese tragen der unterschiedlichen historischen, bekenntnismäßigen und sozialen Lage der einzelnen Landeskirchen Rechnung. Gleichartige Züge weisen Leitung und Verwaltung der örtlichen *Kirchengemeinden* auf. Sie sind regelmäßig zur gemeinsamen Verantwortung dem (den) Pfarrer(n) und einem Kollegialorgan *(Presbyterium, Kirchenvorstand)* anvertraut, das sich aus dem (den) Pfarrer(n) und gewählten Gemeindemitgliedern zusammensetzt. Erhebliche Unterschiede zwischen den einzelnen Landeskirchen lassen sich dagegen in der Verfassung der landeskirchlichen Spitze erkennen. Zwar kehren in den Grundordnungen drei Organtypen wieder: Die (aus „geborenen", berufenen und gewählten) Mitgliedern zusammengesetzte *Landessynode*, ein ständiges kirchenleitendes Organ (teils als Präsidium der Landessynode fungierend, teils selbständig, aber von dieser gewählt) und ein persönlicher Amtsträger *(Bischof, Präses, Kirchenpräsident)*. Die Zuständigkeit der einzelnen Organe und ihre wechselseitige Zuordnung gestalten sich jedoch in den einzelnen Verfassungen verschieden. Teilweise wird die synodale Leitungsgewalt der in der Synode vertretenen Gemeindekräfte betont (Einheitsprinzip), teilweise die Verantwortung für die Kirchenleitung zwischen den aus Wahlen hervorgegangenen Organen und den kontinuierlich wirkenden Amtsträgern geteilt (Trennungsprinzip). Ähnliche Organformen und Strukturprinzipien bestimmen auch die Organisation der kirchlichen Mittelinstanz (Synode/Vorstandsgremium/Dekan, Superintendent), die als verbandsmäßiger Zusammenschluß mehrerer Kirchengemeinden koordinierende und (zwischen den kirchlichen Ebenen) vermittelnde Funktionen hat. In der Gegenwart sind im kirchlichen Bereich wieder Verfassungsbewegungen sichtbar.

Die 1948 ins Leben gerufene *Evangelische Kirche in Deutschland* (EKD) bildet in der Gegenwart den umfassendsten organisatorischen Zusammenschluß des evangelischen Kirchentums (Vorläufer: Kirchenbund 1922; Deutsche Evangelische Kirche 1933). Sie vereinigt sämtliche Landeskirchen (einschließlich der Evangelischen Kirche der Union) auf förderativer Grundlage. Seit der Gründung des Bundes evangelischer Kirchen in der DDR im Jahre 1969 gehören die Landeskirchen in der DDR der EKD nicht mehr an (Berlin-Brandenburg ohne Berlin-West, Kirchenprovinz Sachsen, Görlitz, Greifswald, Mecklenburg, Thüringen, Anhalt). Die EKD will unbeschadet der Bekenntnisbindung ihrer Gliedkirchen deren Einheit in wesentlichen Fragen des kirchlichen Lebens und Handelns herbeiführen. Die noch nicht rechtsverbindlich abgeschlossenen Bemühungen um eine Reform der Grundordnung der EKD zielen auf eine Verstärkung der unitarischen Verfassungselemente. In der Vereinigten Evangelisch-Lutherischen Kirche Deutschlands (VELKD) ist die Mehrzahl der lutherischen Kirchen der BRD zusammengefaßt. Die Evangelische Kirche der Union (EKU) ist aus der Evangelischen Landeskirche Preußens hervorgegangen.

O. Lingner, EKD – Struktur- und Verfassungsreform, Witten u. a. 1972.
H. G. Fischer, Evangelische Kirche und Demokratie nach 1945, Lübeck u. a. 1970.

Aufbau, Organe und Amtsstellen der Evangelischen Kirche in Deutschland

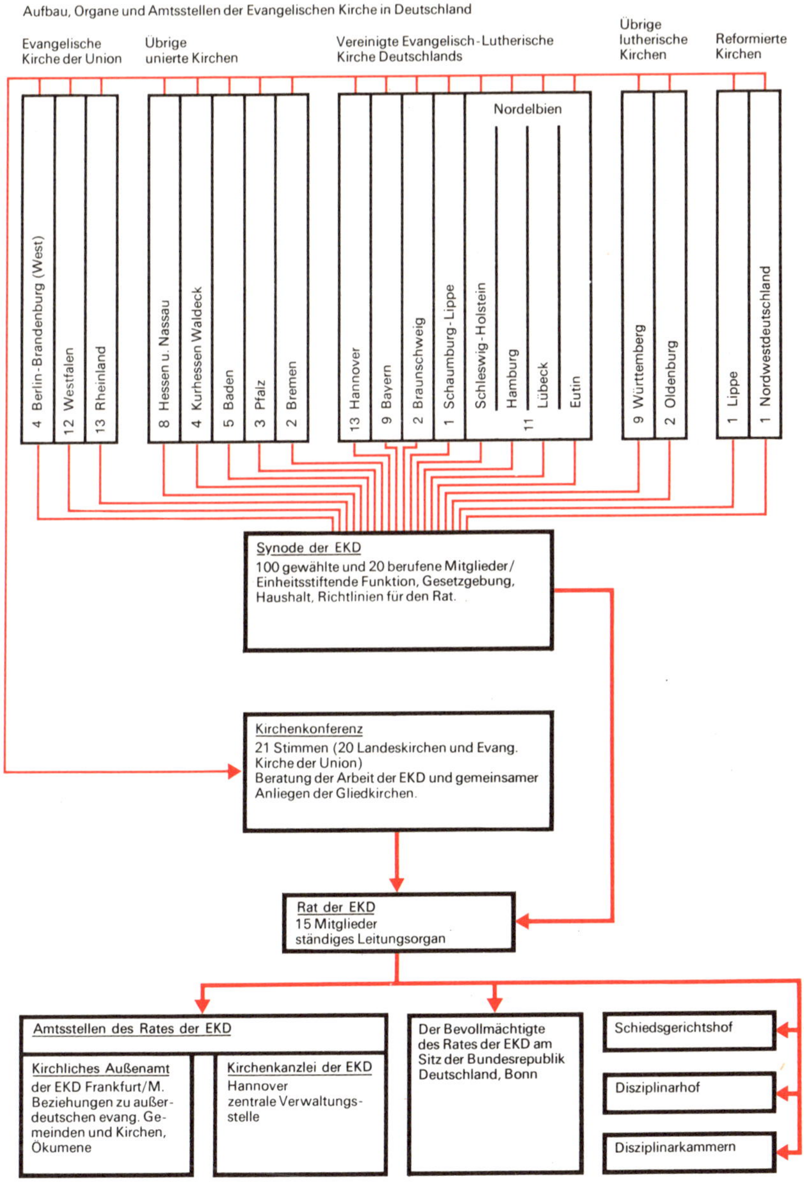

Katholische Kirche

Die katholische Kirche (k. K.) ist mit 717 Millionen Mitgliedern unterschiedlicher nationaler Herkunft (territorial gegliederte) Weltkirche. Sie wird kraft einer aus dem göttlichen Recht abgeleiteten, allein dem Klerus vorbehaltenen umfassenden Leitungsgewalt regiert (sogenannte *Jurisdiktionsgewalt)*. Höchster Träger der gesamtkirchlichen Jurisdiktionsgewalt ist nach traditioneller Auffassung der *Papst*. Die ortskirchliche Gewalt ist den Bischöfen anvertraut. Die hierarchisch-klerikal bestimmte Ordnung der k. K. hat inzwischen als Folge des Zweiten Vatikanischen Konzils eine vorsichtige Modifizierung erfahren. Diese zeigt sich einmal in der Anerkennung einer gesamtkirchlichen Jurisdiktionsgewalt des *Bischofskollegiums* sowie in der Zuweisung von Beschlußkompetenzen an die *Bischofssynode* und die (nationalen und übernationalen) *Bischofskonferenzen* (als Zwischenstufe zwischen dem Papst und den örtlichen Inhabern der Jurisdiktionsgewalt). Zum anderen wird sie sichtbar in der Aufwertung des Laienstandes („Laienrat") auf allen Ebenen der Kirche. Die Weiterentwicklung der kirchlichen Verfassung wird vor allem dadurch erschwert, daß die k. K. wesentliche Prinzipien ihrer Organisation aus dem göttlichen und damit unwandelbarem Recht herleitet (z. B. die Trennung von Klerus und Laien und der Ausschluß der Laien von der Teilhabe an der Jurisdiktionsgewalt).

Dem Papst steht zur zentralen Leitung der Kirche die römische *Kurie* zur Verfügung. Ihre 1967 erfolgte Neuordnung zielt teils auf organisatorische Verbesserungen (Straffung des kurialen Apparats, Klärung von Kompetenzen), teils auf die Verwirklichung kirchenpolitischer Anliegen im Zuge der Verhandlungen des Zweiten Vatikanischen Konzils (Intensivierung der Zusammenarbeit zwischen römischer Kurie und residierenden Bischöfen bzw. Bischofskonferenzen; Berücksichtigung der Laien im „Laienrat"). Das kuriale System ist gekennzeichnet durch eine Kombination von Behörden mit Entscheidungskompetenzen (Staatssekretariat samt Ämtern; Kurienkongregationen für bestimmte Sachbereiche; Gerichtshöfe) und Einrichtungen zu Beratungszwecken (Kardinalskollegium). An der Spitze der k. K. finden sich ferner Organe, deren Legitimation sich zumindest nicht ausschließlich aus der Jurisdiktionsgewalt des Papstes ableitet. Hierzu gehört neben der Bischofssynode (als Vertretung des Weltepiskopats mit teils beratender, teils beschließender Funktion) das Bischofskollegium. Eine Reihe von Kommissionen, Räten und Sekretariaten ist zum Vollzug der Beschlüsse des Zweiten Vatikanischen Konzils eingesetzt.

In der jurisdiktionellen Hierarchie folgen dem Papst (für den deutschen Bereich) die Leiter der *Kirchenprovinzen* (im Range von Erzbischöfen) und die Bischöfe (als Leiter der *Diözesen*). Den Bischöfen stehen zur Verwaltung der Diözesen Generalvikare zur Seite. Die Ortsgemeinden haben – im Gegensatz zur evangelischen Kirchenverfassung – nur den Charakter von Verwaltungsbezirken.

In der Bundesrepublik Deutschland gliedert sich die k. K. in vier Kirchenprovinzen mit entsprechenden Diözesen. Nach der kirchlichen Neuordnung des Oder-Neiße-Gebiets im Jahre 1972 hat der Papst 1973 für den Bereich der DDR die bisherigen Generalvikare bzw. Bischöflichen Kommissare in den Gebieten, die zu Diözesen auf dem Gebiet der Bundesrepublik Deutschland gehören, zu Apostolischen Administratoren ernannt. Damit ist die Jurisdiktion der zuständigen Bischöfe in der Bundesrepublik Deutschland suspendiert. Die Apostolischen Administratoren üben die gleichen Rechte wie Diözesanbischöfe aus und sind dem Heiligen Stuhl direkt unterstellt.

A. Erler, Kirchenrecht, 4. Aufl., München 1975, § 42 ff.
A. Gnaegi, Katholische Kirche und Demokratie, Zürich u. a. 1970.

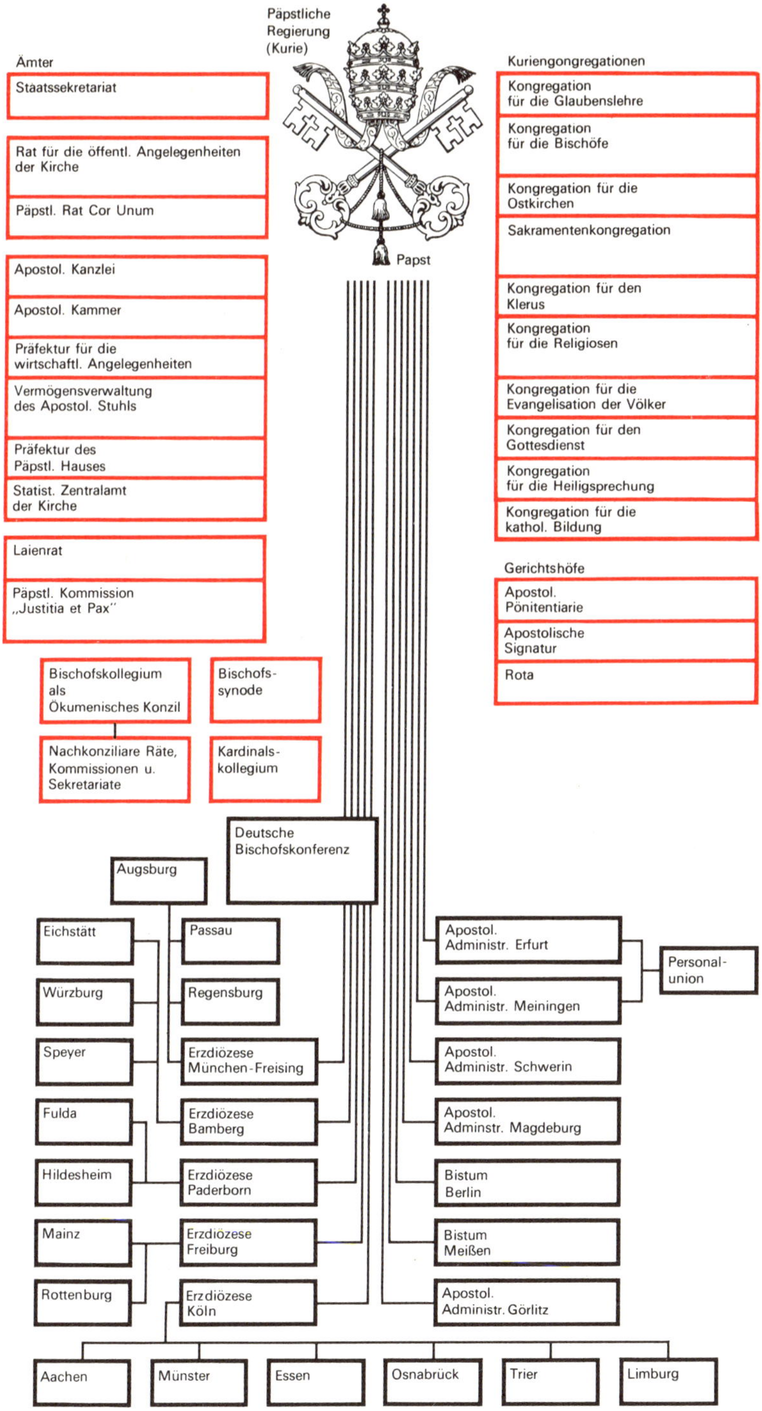
Päpstliche Regierung (Kurie)
Papst
Ämter
Staatssekretariat
Rat für die öffentl. Angelegenheiten der Kirche
Päpstl. Rat Cor Unum
Apostol. Kanzlei
Apostol. Kammer
Präfektur für die wirtschaftl. Angelegenheiten
Vermögensverwaltung des Apostol. Stuhls
Präfektur des Päpstl. Hauses
Statist. Zentralamt der Kirche
Laienrat
Päpstl. Kommission „Justitia et Pax"
Kuriengongregationen
Kongregation für die Glaubenslehre
Kongregation für die Bischöfe
Kongregation für die Ostkirchen
Sakramentenkongregation
Kongregation für den Klerus
Kongregation für die Religiosen
Kongregation für die Evangelisation der Völker
Kongregation für den Gottesdienst
Kongregation für die Heiligsprechung
Kongregation für die kathol. Bildung
Gerichtshöfe
Apostol. Pönitentiarie
Apostolische Signatur
Rota
Bischofskollegium als Ökumenisches Konzil
Nachkonziliare Räte, Kommissionen u. Sekretariate
Bischofs-synode
Kardinals-kollegium
Deutsche Bischofskonferenz
Augsburg
Eichstätt
Passau
Würzburg
Regensburg
Speyer
Erzdiözese München-Freising
Fulda
Erzdiözese Bamberg
Hildesheim
Erzdiözese Paderborn
Mainz
Erzdiözese Freiburg
Rottenburg
Erzdiözese Köln
Aachen
Münster
Essen
Osnabrück
Trier
Limburg
Apostol. Administr. Erfurt
Apostol. Administr. Meiningen
Personal-union
Apostol. Administr. Schwerin
Apostol. Adminstr. Magdeburg
Bistum Berlin
Bistum Meißen
Apostol. Administr. Görlitz

Register

Kursiv gesetzte Zahlen sind Hauptfundstellen

T